Dokumente zur Geschichte der Mathematik

Band 6

Dokumente zur Geschichte der Mathematik

Im Auftrag der
Deutschen Mathematiker-Vereinigung
herausgegeben von Winfried Scharlau

Band 1
Richard Dedekind
Vorlesung über Differential- und Integralrechnung

Band 2
Rudolf Lipschitz
Briefwechsel mit
Cantor, Dedekind, Helmholtz, Kronecker, Weierstraß

Band 3
Erich Hecke
Analysis und Zahlentheorie

Band 4
Karl Weierstraß
Einleitung in die Theorie
der analytischen Funktionen

Band 5
Mathematische Institute in Deutschland
1800 - 1945

Band 6
Ein Jahrhundert Mathematik
1890 - 1990
Festschrift zum Jubiläum der DMV

Dokumente zur Geschichte der Mathematik

Band 6

Ein Jahrhundert Mathematik 1890 – 1990

Festschrift zum Jubiläum der DMV

herausgegeben von

Gerd Fischer, Friedrich Hirzebruch,

Winfried Scharlau und Willi Törnig

Deutsche Mathematiker-Vereinigung

Friedr. Vieweg & Sohn Braunschweig / Wiesbaden

Prof. Dr. *Winfried Scharlau*
Mathematisches Institut der Universität Münster

Der Verlag Vieweg ist ein Unternehmen der Verlagsgruppe Bertelsmann International.

Softcover reprint of the hardcover 1st edition 1990

Satz: Zechnersche Buchdruckerei, Speyer
Reproarbeiten: Schütte & Behling, Berlin

ISBN-13: 978-3-322-80266-8 e-ISBN-13: 978-3-322-80265-1
DOI: 10.1007/978-3-322-80265-1

Inhaltsverzeichnis

Partielle Differentialgleichungen und Variationsrechnung

Josef Bemelmans, Stefan Hildebrandt, Wolf von Wahl

Grundlagen der Geometrie

Walter Benz

Numerik

Lothar Collatz

Differentialgeometrie

Peter Dombrowski

Über die Entwicklung der Funktionentheorie in Deutschland von 1890 bis 1990

Dieter Gaier

Zur Geschichte der Konvexgeometrie und der Geometrie der Zahlen

Peter Manfred Gruber

Wahrscheinlichkeitstheorie

Ulrich Krengel

Zur Entwicklung der angewandten Analysis und mathematischen Physik in den letzten hundert Jahren

Rolf Leis

Vom Hilbertschen Basissatz bis zur Klassifikation der endlichen einfachen Gruppen

Gerhard O. Michler

Algebraische Zahlentheorie

Jürgen Neukirch

ERICH HECKE und die Rolle der *L*-Reihen in der Zahlentheorie

Samuel J. Patterson

Quadratische Formen

Albrecht Pfister

Algebraische Topologie

Hans-Werner Henn und Dieter Puppe

Mathematische Logik

Kurt Schütte und Helmut Schwichtenberg

Geschichte der analytischen Zahlentheorie seit 1890
Wolfgang Schwarz

Mathematische Statistik
Hermann Witting

Vorwort

Im Jahr 1990 besteht die Deutsche Mathematiker-Vereinigung hundert Jahre. Sie entstand aus einer Abteilung der Gesellschaft Deutscher Naturforscher und Ärzte; ihre Gründung wurde vor allem von *Georg Cantor* betrieben. Die Deutsche Mathematiker-Vereinigung feiert dieses Jubiläum; sie nimmt es aber auch zum Anlaß, auf das vergangene Jahrhundert zurückzublicken und darüber nachzudenken, wie die Mathematik sich in dieser Zeit entwickelt hat, was die Vereinigung seither erreicht hat und was versäumt wurde. Wir meinen, daß auch die wissenschaftliche Öffentlichkeit im Inland wie im Ausland zu einem solchen Anlaß erfahren sollte, wie die Mathematiker die Entwicklung ihres Faches sehen und einschätzen. In diesem Sinne also soll die vorliegende „Festschrift" ein kritischer Rückblick auf das vergangene Jahrhundert sein, wobei es selbstverständlich ist, daß dieser Blick nicht auf alle Gebiete und alle Epochen mit gleicher Eindringlichkeit fallen kann.

Als unsere Vereinigung gegründet wurde, befanden sich viele Gebiete der Mathematik im Umbruch und ganz neue mathematische Disziplinen entstanden. Erwähnt seien nur so unterschiedliche Gebiete wie Mathematische Logik, Abstrakte Algebra, Algebraische Topologie oder weite Teile der Angewandten Mathematik. Ein Blick zurück war also in jedem Fall verlockend und lohnend und das Jubiläum nur ein zusätzlicher äußerer Ansporn. So ist der Entschluß, den vorliegenden Festband zu planen, dem Präsidium der DMV und den Herausgebern leicht gefallen. Viel schwerer war es, die Fragen zu beantworten, die sich bei der Ausführung dieses Vorhabens stellen: Einerseits ist die Mathematik mit allen ihren Rand- und Nachbargebieten eine internationale Angelegenheit und kennt keine politischen Grenzen. Andererseits wäre es vermessen und unangebracht, aus Anlaß des hundertjährigen Bestehens der DMV eine Geschichte der Mathematik in den letzten hundert Jahren schreiben zu wollen.

Eine Begrenzung bot sich somit von selbst an, nämlich solche Entwicklungen in den Mittelpunkt zu stellen, die im deutschen Sprachraum stattgefunden haben oder von dort ausgegangen sind. Wir haben aber nicht versucht, die Autoren der fachlichen Beiträge zu einem einheitlichen Konzept zu überreden. Vielmehr wollten wir sie ermutigen, ihren Darstellungen eine möglichst individuelle Note zu verleihen und so der Vielfalt der möglichen Ansätze, Denkrichtungen und Standpunkte Ausdruck zu geben. Die Herausgeber freuen sich, daß viele

Fachleute zur Mitarbeit bereit waren und daß die gemeinsamen Gespräche so anregend waren. Einige große Lücken in dem Spektrum der behandelten Disziplinen schmerzen uns sehr, aber der nicht zu verschiebende Jubiläumstag setzte der Suche nach weiteren Autoren eine Grenze. Wir hoffen dennoch, daß unser wichtigstes Ziel erreicht wird, die Bedeutung der Mathematik und die Vielfalt ihrer Entwicklungen in den letzten hundert Jahren darzustellen.

Kein Rückblick auf die letzten hundert Jahre kann an den dramatischen und tragischen Ereignissen der deutschen Geschichte in dieser Zeit vorbeisehen. Auch im engen Rahmen der Geschichte der Deutschen Mathematiker-Vereinigung ist viel geschehen, das einer sorgfältigen Aufarbeitung bedarf. Es war ein besonderes Anliegen der Herausgeber, im Rahmen des Möglichen die Vorgänge während der Zeit des Nationalsozialismus zu erfassen und darzustellen. Dies geschieht in dem einleitenden Beitrag von *Schappacher* und *Kneser*, die die schwierige und mühevolle Aufgabe übernommen haben, die vorhandenen Quellen und Akten zu sichten und eine ins Einzelne gehende Darstellung dieser Zeit geben.

Die historische Entwicklung hat auch dazu geführt, daß „Hundert Jahre Deutsche Mathematiker-Vereinigung“ nicht nur ein „rundes“ Jubiläum ist, sondern auch mit dem Abschluß einer langen Periode der Trennung der Mathematiker in Deutschland zusammenfällt. Blieb zu Beginn der Planungen für diesen Band der Versuch, Mitarbeiter aus der DDR zu gewinnen, aus politischen Gründen noch erfolglos, so gibt es inzwischen vielfältige Kontakte zwischen den Mathematikern in beiden Teilen Deutschlands. Diese werden schon bald zu Vereinbarungen über eine enge Zusammenarbeit und eventuell auch eine Zusammenführung der beiden mathematischen Gesellschaften führen, so daß das Jahr 1990 Abschluß und Neuanfang zugleich ist.

Der Dank der Herausgeber gilt zunächst den Autoren, die sich alle große Mühe mit ihren Beiträgen gegeben haben, darüber hinaus allen, die uns bei diesem Vorhaben unterstützt und ermutigt haben. Der Vieweg-Verlag hat das Projekt in vielfältiger Weise gefördert; seine Mitarbeiter – in der Planungsphase vor allem Frau U. Schmickler-Hirzebruch und in der Herstellungsphase besonders Frau Dr. M. Reményi – haben sich mit ganz besonderem Engagement dieses Festbandes angenommen. Dafür gebührt ihnen nicht nur der Dank der Herausgeber, sondern auch der Leser.

Mai 1990 *Die Herausgeber*

Fachverband - Institut - Staat

Streiflichter auf das Verhältnis von Mathematik zu Gesellschaft und Politik in Deutschland seit 1890 unter besonderer Berücksichtigung der Zeit des Nationalsozialismus

Norbert Schappacher
unter Mitwirkung von
Martin Kneser

Einführung

Das hier folgende erste Kapitel dieses Bandes zum 100jährigen Bestehen der Deutschen Mathematiker-Vereinigung ist im Gegensatz zu den späteren Beiträgen nicht einem Teilgebiet der Mathematik gewidmet, sondern ihrer ‚äußeren' Entwicklung in Deutschland seit Gründung der DMV. Was wir dabei genauer im Auge haben, soll in dieser Einleitung vorläufig erläutert werden. Sie hat außerdem den Zweck, die mitunter etwas verschlungene Anordnung verschiedener Themen im Text durchsichtig zu machen.

Unsere Darstellung orientiert sich vorwiegend an den großen Linien der umwälzungsreichen deutschen Geschichte der letzten einhundert Jahre. Wir zeichnen aber bei weitem kein durchgängiges Bild von der Stellung der Mathematiker in der historischen Entwicklung Deutschlands und Europas seit 1890. Die Beispiele, die wir geben, illustrieren dennoch recht deutlich, wie nahe Mathematiker in dieser Zeit dem politischen Bereich standen.

Dem Anlaß dieses Bandes gemäß werden einige bedeutende Ereignisse der *Geschichte der DMV* abgehandelt:

Die Gründungsgeschichte der Vereinigung wird in Abschnitt 1 rekapituliert; die Abspaltung der GAMM findet kurz in 2.3 Erwähnung; den internen

Richtungskämpfen innerhalb der DMV unter den Vorzeichen des Nationalsozialismus 1933–35 geben wir relativ viel Raum, in den Abschnitten 4.1 und 4.3–4.5; das Verhalten der DMV gegenüber ihren Mitgliedern jüdischer Abstammung ab 1938 wird in 4.6 besprochen; ein Abriß der Entwicklung nach dem Zweiten Weltkrieg findet sich in dem zeitraffenden letzten Abschnitt 5.

Insgesamt sind also die Abschnitte 1 und 4 wesentlich der Verbandsgeschichte gewidmet. Auch sie aber streben keineswegs eine Chronik der DMV an.[1] Vielmehr haben wir besonders solche Ereignisse herausgegriffen, die *die allgemeine politisch-soziale Lage der Mathematik in Deutschland* innerhalb der Vereinigung widerspiegeln, oder sich mindestens auf dem Hintergrund dieser allgemeinen Lage schildern und einordnen lassen.

Dies erklärt z. B. auch die in den Abschnitt 4 eingeschobene Rückblende 4.2 auf Auseinandersetzungen zwischen Mathematikern während der Weimarer Republik, bei denen die DMV als Organisation der beteiligten Mathematiker zwar nicht bemüht wurde, die aber in bemerkenswerter Weise Politik und mathematische Fachpolitik mischten und damit bestimmte Muster für die Auseinandersetzungen in den Gremien der DMV 1933–35 bildeten.

Wir geben jetzt einen nach den Epochen der politischen Geschichte geordneten Überblick über den weiteren Inhalt unseres Artikels.

In der *wilhelminischen Zeit* dominierte FELIX KLEIN eindeutig als mathematischer Fachpolitiker. Wir widmen uns Aspekten seiner Tätigkeit als Forschungsorganisator; die Entwicklung der Mathematik in dieser Periode behandeln wir jedoch nicht.[2]

Im Mittelpunkt von Abschnitt 2 stehen KLEINS hochschulpolitische Bemühungen um eine Öffnung der Universitäten in Richtung auf die Ingenieurwissenschaften und auf die Anwendungen. Diese Pläne KLEINS waren eine Provokation für das Selbstverständnis sowohl der Universitäten wie der Technischen Hochschulen. Schon das rechtfertigt unser Eingehen hierauf. Uns interessiert aber auch die zeittypische (wenn auch insgesamt einmalig gebliebene) Art, mit der KLEIN seine Ideale wenigstens in Göttingen weitgehend verwirklichen konnte: die Gründung und Arbeit der *Göttinger Vereinigung*, deren Ziel die durch industrielle Geldgeber geförderte Grundlagenforschung war. – In diesem Abschnitt stützten wir uns auf bekannte Sekundärliteratur.

Die *Weimarer Republik* wird im Hinblick auf unsere allgemeine Fragestellung durch die mindestens *de facto* politischen Verhaltensweisen charakterisiert, die viele deutsche Wissenschaftler nach dem Schock des verlorenen Krieges und

1 Eine solche liegt in knapper Form in [Gericke 1980] vor.

2 Bei Fertigstellung dieser Arbeit erfahren wir von einem neuen, breit angelegten Manuskript H. MEHRTENS' zur Gesamtentwicklung der Mathematik in dieser Zeit.

angesichts eines politischen Systems entwickelten, mit dem sie sich mehrheitlich nicht identifizieren konnten.

Auf dieser allgemeinen Ebene bieten wir nichts Neues; daher nur die oben schon erwähnte Rückblende in 4.2, die mehr oder weniger Bekanntes resümiert. Im Hinblick auf einen Ort allerdings, was das *Ausnahmephänomen des Göttinger Mathematischen Instituts* angeht, gehen wir über die einschlägige Sekundärliteratur hinaus. Diese Darstellung des politischen Hintergrundes aus Weimarer Zeit der Zerstörung des Göttinger Mathematischen Instituts 1933 findet sich, ebenfalls in Form einer Rückblende, im Abschnitt 3.3.

Auf der *Zeit des Nationalsozialismus* liegt das Schwergewicht dieser Arbeit. Dies war ursprünglich nicht beabsichtigt: wegen unserer beschränkten Zeit und Kräfte haben wir uns aber anderen Epochen nicht mehr mit derselben Intensität widmen können wie der, mit deren Bearbeitung wir begonnen hatten. Trotzdem ist die entstandene Betonung des „Dritten Reiches“ im Lichte unserer Fragestellung natürlich nicht sinnlos, weil zu keiner anderen Zeit die Mathematiker in Deutschland so unmittelbar mit politischen Anforderungen konfrontiert wurden.

Nach einem Überblick über die verschiedenartigen Auswirkungen des Nationalsozialismus auf die Mathematik in Deutschland, im Vorspann zu Abschnitt 3, konzentrieren wir uns auf den universitären Bereich und dort insbesondere auf die *Vertreibungen von Universitätsmathematikern* unter dem Nationalsozialismus. Abschnitt 3.1 gibt die globale Statistik. Die weitere Darstellung ist in erster Linie nach den stufenweisen gesetzgeberischen Maßnahmen der Nationalsozialisten gegliedert: 3.2, 3.6, 3.9. Innerhalb jeder Entlassungsphase besprechen wir *wichtige Mathematische Institute* und die *Einzelschicksale* bestimmter Mathematiker, die in der jeweiligen Phase besonders betroffen waren. Neben den Orten Göttingen (3.3), Berlin (3.4), Frankfurt (3.7) und Heidelberg (3.8), deren Instituten jeweils ein eigener Abschnitt gewidmet ist, werden in 3.5 die Institutsgeschichten von Aachen, Breslau, Freiberg (Sachsen), Leipzig, München und Königsberg kurz angerissen; Bonn wird in 3.6 erwähnt, Hamburg und Tübingen in 3.9 kurz gestreift. Insgesamt ergibt sich ein im Detail bemerkenswert uneinheitliches Spektrum der Auswirkungen des Nationalsozialismus auf die Entwicklung Mathematischer Institute.

Wenn wir bei der Diskussion eines Nazigesetzes oder bei der Behandlung eines Instituts auf eine Person näher eingehen, so entweder aufgrund ihrer Bedeutung für die Mathematik, oder weil wir neue Aspekte zu ihrer Geschichte beitragen können. Eine Vollständigkeit wie in der Sammlung von Einzelschicksalen durch Max Pinl [Pinl 19**] ist nicht angestrebt.

Wie schon erwähnt, wird die ideologische Einflußnahme des Nationalsozialismus auf die DMV im Abschnitt 4 behandelt.

Die Abschnitte 3 und 4 ergänzen sich also gegenseitig und überschneiden sich chronologisch. Sie ergeben zusammengenommen ein Mosaik politischer Elemente im Leben der Mathematiker in Deutschland zwischen den beiden Weltkriegen. Dieses Mosaik ist allerdings keineswegs vollständig. So haben wir, um nur ein Beispiel zu nennen, darauf verzichtet, die Geschichte der mathematischen Referatenorgane einzuweben – d. h. des *Jahrbuchs über die Fortschritte der Mathematik*, des *Zentralblatts* und der 1939 in den USA als Reaktion auf diskriminierende Regeln beim *Zentralblatt* gegründeten *Mathematical Reviews*. Diese Geschichte würde sich nahtlos in die im Abschnitt 4 – besonders 4.2 und 4.6 – nachgezeichneten Kontroversen und Entwicklungen einfügen. Siehe hierzu [Alberts 1989], [Mehrtens 1987, 216f], [Reingold 1981, § 6], [Siegmund-Schultze 1984a].

Für die *Zeit nach dem Zweiten Weltkrieg* geben wir nur einen gedrängten und in vieler Hinsicht unvollständigen Überblick in Abschnitt 5.

Für großzügige Hilfestellung bei der Übermittlung von Dokumenten und für zahlreiche außerordentlich nützliche Bemerkungen in Briefen oder Gesprächen sind wir folgenden Herren zu besonderem Dank verpflichtet: K. R. Biermann, H. J. Dahms, H. Mehrtens, W. Scharlau, R. Siegmund-Schultze.

Herrn Barner danken wir herzlich für die Möglichkeit zu gemeinsamer Arbeit im Mathematischen Forschungsinstitut Oberwolfach während mehrerer Wochen im Jahre 1988.

1 Gründung der DMV

Obwohl die Zeit reif war, bedurfte es fast eines Vierteljahrhunderts und der ausdauernden Initiative mehrerer Mathematiker, damit 1890 schließlich die *Deutsche Mathematiker-Vereinigung (DMV)* in Bremen aus der Taufe gehoben werden konnte.

Die Zeit war reif; denn die Mathematik hatte seit Anfang des 19. Jahrhunderts inhaltlich eine Vielzahl einzelner Disziplinen hervorgebracht, die ihr zusammengenommen eine neue Unabhängigkeit und Bedeutung gegenüber den Naturwissenschaften gaben; und entsprechend war äußerlich schon im letzten Drittel des 19. Jahrhunderts die Professionalisierung der Mathematik im Wesentlichen in der Form etabliert, wie sie uns noch heute geläufig ist. Versucht man große Züge in der komplizierten Geschichte zu erkennen, so fällt für die erste Hälfte des 19. Jahrhunderts besonders die Herausbildung einer eigenständigen, professionellen *Reinen Mathematik*, ohne unmittelbaren Anwendungsbezug und geleitet von internen Qualitätsmaßstäben, auf. So stand in der Mitte des 19. Jahrhunderts in Berlin eine Universität neuen Typs bereits in ihrer ersten Blüte, die besonders in der Mathematik die Funktionen einer Lehranstalt um die Anleitung zum Forschen erweiterte. Genauer: „Die ‚Ehre' der Wissenschaft wird [an der Berliner Universität] ab etwa 1830 mehr oder weniger in der Pflege der ‚reinen' Mathematik erblickt, die nicht nach Nutzen oder überhaupt nach Beziehungen zur Praxis fragt. Die Anwendungen werden der Physik zugerechnet oder den technischen Hochschulen zugewiesen."[3] Die Mathematiker, die den wachsenden Ruhm der Berliner Universität begründeten - DIRICHLET, JACOBI, EISENSTEIN, KUMMER, KRONECKER, WEIERSTRASS - waren unter den ersten, die in Deutschland zu dem ausdrücklichen Zweck angestellt wurden, die neu sich entfaltende reine Mathematik in Forschung und Lehre zu vertreten. Diese Etablierung der reinen Mathematik sollte allerdings bald ihre Ergänzung finden in der Weiterentwicklung der angewandten Mathematik, die besonders gegen Ende des 19. Jahrhunderts zunehmend an Bedeutung gewann - vgl. Abschnitte 2.2, 2.3 unten.

Daß die Zeit für eine Mathematikervereinigung reif war, und das nicht nur in Deutschland, wird einerseits durch die Gründung zahlreicher örtlicher mathematischer Vereinigungen belegt,[4] und andererseits durch vergleichbare Gründungen nationaler Gesellschaften im Ausland: das Moskowskoe Matematitscheskoe Obedinenie 1864, die London Mathematical Society 1865, die Société Mathématique de France 1872 und die New York Mathematical Society 1888 (ab 1894: American Mathematical Society) [Gericke 1980, 3]. Erstaunlicherweise wird in dem ersten ausführlichen Bericht über die Gründung und die ersten Jahre der DMV: [Gutzmer 1904], an keiner Stelle ein Blick über die Grenzen der Nation riskiert.

Der erste Anlauf zur Gründung der DMV ist der persönlichen Initiative A. CLEBSCHS zu verdanken, der 1867 auf der Jahrestagung der Gesellschaft deutscher Naturforscher und Ärzte (GdNÄ) für eine Abspaltung der dort vertretenen Mathematiker plädierte.[5] Die darauf folgenden separaten Mathematikertreffen zur Vorbereitung der Gründung einer eigenen Vereinigung setzten sich durch ihren betont „ungezwungenen" Stil von den offiziellen Tagungen der GdNÄ ab, strebten aber gleichzeitig eine straffere Organisation als die der GdNÄ an.[6] Auf dem ersten derartigen Treffen allerdings, einer Pfingstwanderung 1868 an der Bergstraße, wurde nicht die DMV, sondern eine neue Fachzeitschrift ins Leben gerufen: die *Mathematischen Annalen*. Und die nächste Zusammenkunft kam erst Ostern 1872 in Berlin zustande. KRONECKER war dabei und FELIX KLEIN hielt eine programmatische Rede. Ein dreizehnköpfiges Gründungskommitee wurde eingesetzt, das im September 1872 in Göttingen tagte und für Ostern 1873 eine allgemeine Mathematikerversammlung dorthin einberief. Diese verlief äußerlich erfolgreich, fand aber schon statt, nachdem CLEBSCH 39jährig an Diphtherie gestorben war und die auf ihr beschlossenen weiteren Schritte wurden nie getan.

Das dort von BRILL im Namen des Kommitees verkündete *Gründungsprogramm* stellt die DMV in erster Linie als einen losen Zusammenschluß zum „zeit-

3 [Biermann 1988], S. 240. Vgl. auch [Richenhagen 1985], S. 86-89, der auf einen - unseres Erachtens nicht gar so großen - Unterschied zwischen KUMMER und (später) WEIERSTRASS in dieser Frage hinweist.

4 [Tobies 1982], insbesondere Tabelle 3.

5 Hier und im folgenden halten wir uns, soweit nicht anders vermerkt, an [Gutzmer 1904].

6 Vgl. [Gericke 1980, I.3] für eine politisch-historische Erklärung der losen Organisationsform der GdNÄ, aus der die DMV entstand.

weilige[n] Austausche in zwangloser Unterhaltung“ dar. Das Bedürfnis hierzu wird aus dem „ins Unermeßliche anwachsenden Stoffe“ abgeleitet, und BRILL äußert die Erwartung, daß durch regelmäßige Tagungen kollegiale Spannungen und Mißverständnisse ausgeräumt werden könnten. Erst hiernach werden die angestrebten Treffen auch als „Sammelpunkt für gemeinnützige wissenschaftliche Untersuchungen“ und als „eine nicht zu unterschätzende Macht“ dargestellt. Diese zuletzt erwähnte fachpolitische Rolle solle die zu gründende Vereinigung „über den Parteien und Privatinteressen“ stehend wahrnehmen, mit „vielleicht“ als „einzige[r] Einseitigkeit ... einem ausgeprägten nationalen Bewußtsein“ [Gutzmer 1904, Anhang 1, S. 20f].

Als Gründe für das Scheitern dieses ersten Anlaufs führt GUTZMER [Gutzmer 1904, 3] nur „persönliche Mißverständnisse und Verstimmungen“ an. Durch den neueren Fund von Briefen FELIX KLEINS an ADOLPH MAYER läßt sich etwas mehr sagen [Tobies 1986]: Auf der Göttinger Versammlung waren eine Reihe von Kollegen nicht anwesend, deren Mitwirken KLEIN (wie auch KIEPERT und MAX NOETHER) für wichtig hielten.[7] Und es gelang offenbar auch danach durch direktes Ansprechen nicht, alle mathematischen Richtungen in dem Gründungsprojekt zu versammeln.

GEORG CANTOR

Der zweite, erfolgreiche Anlauf zur Gründung der DMV war das Werk GEORG CANTORS. Es mag sein, daß er wegen der schleppenden Anerkennung seiner Mengenlehre durch die Kollegen (insbesondere darf man einen Streit mit LEOPOLD KRONECKER annehmen[8]) mehr als andere Mathematiker eine freie Vereinigung wünschte, die ja auch ein Forum für seine Ideen sein konnte. Sein Engage-

7 Nach der Aufzählung im Brief vom 25. 1. 1873: RICHELOT, HEINE, ARONHOLD, „die Berliner“ [das waren zu dieser Zeit: KRONECKER, KUMMER, WEIERSTRASS], FUCHS, SCHWARZ, HESSE, CHRISTOFFEL, REYE, WEBER, LIPSCHITZ, FIEDLER, GRASSMANN, SCHLAEFLI. Siehe [Tobies 1986, 114].

8 Siehe etwa [Purkert, Ilgauds 1987].

Gründungsversammlung der DMV 1890

ment für die DMV paßt aber auch ohne dieses Eigeninteresse durchaus zur vielseitig interessierten, aufgeschlossenen und vor allem ausdauernd-gründlichen Persönlichkeit Cantors.

Auf der Jahrestagung 1889 der GdNÄ wurde auf CANTORS Betreiben hin eine Absichtserklärung der Mathematiker zur Gründung einer eigenen Vereinigung beschlossen. Für die folgende Jahrestagung im September 1890 in Bremen wurde dann der Gründungsakt vorbereitet. KLEINS erste Reaktion war durchaus skeptisch: „... die Erlebnisse 1872–74 lasten noch zu schwer auf mir; ich würde auch ablehnen, jetzt bei dieser Sache einen hervorragenden Antheil zu haben."[9] Die Briefe DYCKS an KLEIN aus dem Sommer 1890 geben weitere Eindrücke von den Schwierigkeiten, die CANTOR bei Kollegen zu überwinden hatte, denen seine Pläne zu großartig vorkamen.[10] CANTORS Prioritäten für die DMV waren demnach nicht so gewichtet wie die oben wiedergegebene Aufzählung der Vereinsziele in BRILLS Gründungsprogramm. Auch die Einladung zum Beitritt vom Dezember

9 Brief an MAYER vom 30. 10. 1889, zitiert nach [Tobies 1986, 115].

10 [Purkert, Ilgauds 1987, Dok. Nr. 34, S. 211-214]. Etwa S. 212, DYCK an KLEIN 22. 6. 1890: „... so glaube ich hat Cantor überhaupt eine Deutsche Mathematische Gesellschaft nach Art der Pariser Société Math. de France im Auge." Vgl. DYCKS Äußerung über die „weitgehenden und etwas zu großartig aussehenden" Pläne CANTORS, *loc cit.* S. 213. - Siehe auch [Purkert, Ilgauds 1987, Dok. Nr. 36, S. 214f]: CANTORS Brief vom 14. 7. 1891 an den Verleger Hirschfeld zur Vorbereitung der Veröffentlichung des Jahresberichts der noch kein Jahr alten DMV.

II. Bericht über die wissenschaftlichen Sitzungen

der Deutschen Mathematiker-Vereinigung, in Verbindung mit der ersten Abteilung für Mathematik und Astronomie der Gesellschaft deutscher Naturforscher und Aerzte, abgehalten auf der Versammlung zu Halle, 22—26. September 1891.

1. Schreiben von L. Kronecker zur Einleitung 23
2. C. Neumann. Einfacher Beweis eines F. Neumann'schen Satzes (Briefliche Mitteilung) 26
3. R. Dedekind. Ueber Gleichungen mit rationalen Coefficienten (Briefliche Mitteilung) 33
4. F. Klein. Ueber neuere englische Arbeiten zur Mechanik 35
5. E. Papperitz. Ueber das System der rein mathematischen Wissenschaften 36
6. M. Simon. Ueber das Parallelenaxiom 39
7. S. Finsterwalder. Ueber die Bilder dioptrischer Systeme grösserer Oeffnung und grösseren Gesichtsfeldes 41
8. C. Rohn. Modelle der rationalen Raumcurven vierter Ordnung und ihrer Developpabeln 43
9. H. Wiener. Ueber Grundlagen und Aufbau der Geometrie 45
10. H. Schubert. Mitteilungen aus der abzählenden Geometrie p-dimensionaler Räume ersten und zweiten Grades 48
11. V. Eberhard. Grundzüge einer Gestaltenlehre der Polyeder . . . 50
12. L. Boltzmann. Ueber ein mechanisches Modell zur Versinnlichung der Anwendung der Lagrange'schen Bewegungsgleichungen in der Wärme- und Elektricitätslehre 53
13. K. Hensel. Ueber den Fundamentalsatz der Theorie der algebraischen Function einer Variabeln 56
14. F. Müller. Ueber litterarische Unternehmungen, welche geeignet sind, das Studium der Mathematik zu erleichtern 59
15. W. Dyck. Gestaltliches über den Verlauf der Haupttangentencurven einer algebraischen Fläche 60
16. D. Hilbert. Ueber volle Invariantensysteme 61
17. A. Schönflies. Ueber Configurationen, welche sich aus gegebenen Raumelementen durch blosses Schneiden und Verbinden ableiten lassen 62
18. H. Minkowski. Ueber Geometrie der Zahlen 64
19. F. Kötter. Ueber das Kowalevski'sche Rotationsproblem 65
20. A. Piltz. Mitteilung über das Dreikörperproblem 68
21. P. Stäckel. Ueber bedingte Biegungen krummer Flächen 70
22. A. Wangerin. Ueber die Abwickelung von Rotationsflächen mit constantem negativen Krümmungsmass auf einander 71
23. E. Wiltheiss. Ueber die Differentialgleichungen der hyperelliptischen Thetafunctionen 72
24. G. Cantor. Ueber eine elementare Frage der Mannigfaltigkeitslehre 75

Verzeichnis der Mitteilungen auf der DMV-Jahrestagung 1891

1890, die die in Bremen tatsächlich gegründete DMV aussandte, war nach CANTORS Vorstellungen abgefaßt [*Jber. DMV* **1** (1890–91), S. 3f]. In KRONECKERS Brief an CANTOR vom 18. 9. 1890 (der geschrieben wurde, weil KRONECKER nach dem Tode seiner Frau nicht selber nach Bremen kommen und seinen angekündigten Vortrag über EISENSTEIN halten konnte) klingt es dagegen wieder ähnlich wie bei BRILL: „Die Hauptsache ist die Gelegenheit zur Einleitung persönlicher Verbindungen, zur mündlichen Diskussion, ...“[11]

Die erste reguläre Jahrestagung der neugegründeten DMV – weiter zusammen mit dem Treffen der GdNÄ; ein Brauch, der bis 1931 im wesentlichen beibehalten wurde [Gericke 1980, 7] – fand 1891 in Halle statt, mit CANTOR als eigentlichem Gastgeber. Hier wurden die vorbereiteten Statuten und die Geschäftsordnung verabschiedet. Die Liste der Mitteilungen [*Jber. DMV* **1** (1890–91), 26–78] auf diesem Treffen dokumentiert, in welchem Maße die Mitglieder der jungen Vereinigung sich neue Ergebnisse mitzuteilen hatten. Besonders die schnell eingeführte Praxis, ***Berichte*** über einzelne Gebiete der Mathematik in Auftrag zu geben und zu veröffentlichen, förderte die Anerkennung mancher neuen mathematischen Entwicklung – z. B. der Mengenlehre [Tobies 1986, 115f] – und bereicherte bald die mathematische Literatur um teilweise bedeutende Werke.[12]

In den ersten Jahren ihres Bestehens entwickelte die DMV schnell internationale Anziehungskraft. Die Mitgliederliste von 1902 [*Jber. DMV* **12** (1903), 1ff] zählt neben 368 Deutschen: 63 Mathematiker aus Österreich-Ungarn, 25 Schweizer, 15 Mathematiker aus dem damaligen Rußland (incl. Polen und Finnland), 12 Italiener, 9 Holländer, 9 Mathematiker aus Großbritannien, 6 Franzosen, 22 Mathematiker aus anderen europäischen Ländern, 50 (Nord-)Amerikaner und vier

11 Auszugsweise abgedruckt in *Jber. DMV* **1** (1890–91), S. 23-25. Zitat S. 24.

12 Man denke nur an HILBERTs einflußreichen *Zahlbericht* von 1897. – Zur Tätigkeit der DMV in ihren ersten Jahren siehe [Gutzmer 1904]; vgl. [Gericke 1980] und natürlich die laufenden Bände des Jahresberichts.

Mathematiker aus Asien. Die niedrige Zahl französischer Mitglieder (von denen übrigens die meisten keine Universitätsmathematiker sondern Verlagsvertreter waren) verwundert auf dem Hintergrund der Zeitumstände weniger als der hohe Anteil von Amerikanern.[13] Unter den insgesamt fast 600 Mitgliedern findet sich genau eine Frau,[14] CHARLOTTE ANGAS SCOTT vom Bryn Mawr College, Pennsylvania.

2 FELIX KLEIN und die Anwendungen der Mathematik

In den ersten drei Jahrzehnten des Bestehens der DMV war FELIX KLEIN der Mathematiker in Deutschland mit den am weitesten reichenden fachpolitischen Zielen. In diesem Beitrag, der allgemein den gesellschaftlichen und politischen Rahmenbedingungen der Mathematik gewidmet ist, findet KLEIN daher einen natürlichen Platz. Wir beschränken uns aber auf seine hochschulpolitischen Vorhaben, unter Einschluß seiner Aktivitäten in Göttingen, aber ohne sein Engagement für die Schulmathematik.

2.1 Göttingen versus Berlin: KLEINS Berufung und das Jahr 1892

1866 wurde das Königreich Hannover, und damit Göttingen, von Preußen annektiert. Die Universität Göttingen mußte sich danach zunächst in die Rolle einer preußischen Provinzuniversität mit reduziertem Budget fügen. Dann aber begann FRIEDRICH ALTHOFF - seit 1882 Dezernent, ab 1897 bis zum Rücktritt 1907 Ministerialdirektor im preußischen Kultusministerium - allmählich seine dezentralen Reformpläne für die preußischen Universitäten zu entwickeln und mit wachsender Macht in die Tat umzusetzen. Danach sollten in Göttingen Mathematik und Naturwissenschaften besonders gefördert werden, während er aus Berlin ein Zentrum der Altertums- und Geschichtswissenschaft machen wollte.[15] Bereit, sich bei wichtigen Berufungen persönlich einzuschalten,[16] reiste ALTHOFF im März 1885 nach Leipzig, um FELIX KLEIN für Göttingen zu gewinnen. KLEIN kam im gleichen Jahr nach Göttingen. Als einen Grund zu diesem Entschluß no-

13 Eine Fortsetzung dieser Zahlen über ausländische Mitglieder in der DMV bis 1931 findet sich tabellarisch in [Tobies 1986, 134]. Vgl. auch die Berufsstatistik der DMV-Mitglieder für denselben Zeitraum in [Tobies 1986, 134].

14 Genauer gesagt ist jedenfalls nur eine Frau als solche durch ihren ausgeschriebenen Vornamen erkennbar.

15 So [Biermann 1988, 177], mit Verweis auf [Sachse 1907]. Vgl. [Manegold 1970, 98]. Zu ALTHOFF allgemein siehe auch [v. Brocke 1980] und [Manegold 1970, 159-162].

16 Vgl. etwa [Biermann 1988, 168].

tierte er später die „Anziehung der Althoff'schen Persönlichkeit; seine Andeutungen, mir in Preussen eine ausgedehnte Wirksamkeit zu eröffnen".[17]

Wir werden in diesem Abschnitt sehen, wie umstritten der nach außen stets mit großer Entschiedenheit auftretende, innerlich häufig von Selbstzweifeln geplagte FELIX KLEIN war. Er selber empfand seinen gesundheitlichen Zusammenbruch im Herbst 1882 als das Ende seiner großen mathematischen Produktivität und bezeichnete seine wachsenden organisatorischen und politischen Aktivitäten einmal als „Ersatz für das verlorene Genie".[18]

Auch seine Tätigkeit in Göttingen machte sich wesentlich in organisatorischen Leistungen bemerkbar. So schuf er gleich im Dezember 1885 das Lesezimmer, die Präsenzbibliothek für Studenten und Mitarbeiter und gründete (1892 mit HEINRICH WEBER) die Mathematische Gesellschaft, das ständige Kolloquium für Gastvorträge.[19] Den größten Einfluß auf die Göttinger Mathematik hatte aber seine Berufungspolitik. Allerdings war dabei in KLEINS ersten Göttinger Jahren (und häufiger auch noch bis Ende 1896) das Zusammenwirken mit ALTHOFF nicht stets einträchtig. Und KLEINS Stellung in Göttingen war anfangs durch Reibereien mit Kollegen, besonders mit HERMANN AMANDUS SCHWARZ, stark beeinträchtigt.[20] Die entscheidende Weichenstellung, die KLEIN in Göttingen freie Hand gab, und in der Folge für vierzig Jahre Göttingen ein Übergewicht in der traditionellen Rivalität mit Berlin sicherte, geschah im Jahre 1892, an das wir gleich etwas genauer erinnern werden.

1895 holte KLEIN dann DAVID HILBERT nach Göttingen. Dieser blieb dort bis zu seiner Emeritierung 1930, trotz zweier Rufe nach Berlin. Anläßlich seines ersten Rufs nach Berlin 1902 wurde für HERMANN MINKOWSKI, den Begründer der Geometrie der Zahlen und Jugendfreund HILBERTS, ein neues Ordinariat eigens geschaffen. 1904 konnte ein Ordinariat für CARL RUNGE neu eingerichtet werden (s. u., 2.3). Ein deutliches Zeichen für die überragende Bedeutung Göttingens als mathematischer Anziehungspunkt im ersten Drittel unseres Jahrhunderts – neben der großzügigen Personalausstattung – ist die außerordentlich große Anzahl von Mathematikern, die eine Phase ihrer Ausbildung oder Karriere an dieser Universität verbracht haben.[21]

17 [Klein 1977], Persönliche Notizen Seite 1, Fußnote. Die drei vorangehenden Gründe sind: „Anhänglichkeit an Göttingen, bez. meine dortigen Freunde. Abneigung gegen die große Stadt [= Leipzig], wo es mir u[nd] d[en] meinigen auch gesundheitlich schlecht geht. Vereinsamung in der überalterten Leipziger Fakultät."

18 [Klein 1977], *Vorläufiges über Leipzig*, S. 3, 5; KLEIN zur Ursache des Zusammenbruchs 1882: siehe etwa [Klein 1977], *Vorläufiges über Leipzig*, S. 2.

19 Zum Lesezimmer: [Klein 1977], *Vorläufiges über Leipzig (Fortsetzung 1885)*, S. 5. Zur Mathematischen Gesellschaft: [Tobies 1981, 60].

20 [Klein 1977], *Persönliche Notizen*, S. 3, 1890: „Starke Spannung mit der Mehrzahl der Göttinger Kollegen". Vgl. [Manegold 1970, III, 1 c]; [Frei 1984, 248]; [Tobies 1981, 57]; [Rowe 1986, 432f]. – SCHWARZ und SCHERING hatten sich in Separatvoten *gegen* die Berufung KLEINS ausgesprochen. Die treibende Kraft *dafür* in Göttingen war der Physiker EDUARD RIECKE, ein Freund KLEINS, gewesen. Daß SCHWARZ anfangs die Berufung KLEINS angeregt haben soll – so [Frei 1984, 246] –, konnten wir nicht belegen.

21 Siehe etwa die Tabellen über Göttingen in [Scharlau 1989].

FELIX KLEIN

FRIEDRICH ALTHOFF

Anlaß für die Ereignisse des Jahres 1892 war der Tod LEOPOLD KRONECKERS in Berlin am 29. 12. 1891. Danach regelte WEIERSTRASS dort sowohl KRONECKERS als auch seine eigene Nachfolge. Wohl auch eingedenk der alten Animositäten zwischen der WEIERSTRASSschen und der (von KLEIN propagierten) RIEMANNschen Schule der Funktionentheorie, und in direkter Anspielung auf KLEINS organisatorische Aktivitäten und seine auf eine gewisse Breitenwirkung angelegten Publikationen wurde KLEIN bei der Beschlußfassung über die beiden Berufungslisten mit geradezu beleidigenden Attributen bedacht [„Blender, Faiseur". Sein Buch über das Ikosaeder sei eine „Compilation von Schwarz und Fuchs im Feuilletonstil".] und so als Kandidat von vornherein ausgeschlossen.[22] Es wurden FROBENIUS und H. A. SCHWARZ berufen. In Göttingen wurde SCHWARZ' Stelle mit HEINRICH WEBER besetzt.[23]

Die auf den ersten Blick erstaunlichste Einschätzung, die die Berliner 1892 zu Papier brachten, war, daß KLEINS „ganze Wirksamkeit ... in Schrift und Lehre mit der ... Tradition [der Berliner] Universität im Widerspruch" stehe, derzufolge die „Studierenden zu ernster und selbstloser Vertiefung in die mathematischen Probleme" angeleitet werden sollten. [Biermann 1988, 307 f].

Dies ist erstaunlich; denn FELIX KLEIN war 1892 vielleicht der erfolgreichste akademische Lehrer der Mathematik in Deutschland. So waren etwa allein aus Kleins sechs Jahren in Leipzig (1880-1885) 16 Dissertationen und 3 Habilitatio-

22 [Biermann 1988, 151, 305-309]. - 1889 hat ALTHOFF KLEIN eine Professur in Berlin angeboten und dazu gesagt, er habe auch HELMHOLTZ' Zustimmung zu diesem Plan. KLEIN lehnte mit dem Hinweis ab, er bleibe lieber in Göttingen: Siehe [Klein 1977], *Persönliche Notizen*, S. 3, April 1889. [Frei 1984, 248] erklärt diese Ablehnung durch Verweis auf das KLEIN angenehmere Leben in der kleinen Stadt; [Manegold 1970, 113] durch KLEINS universitätspolitischen Pläne (s. u.). (Zu MANEGOLDS Interpretation vgl. allgemein [Rowe 1985 b].) - Laut [Manegold 1970, 114, Fußn. 35] hat ALTHOFF auch 1892 bei den Berliner Neubesetzungen wieder an KLEIN gedacht. HELMHOLTZ' protokollierte Äußerungen in [Biermann 1988, 305-307] lassen 1892 allerdings kein Eintreten für KLEIN erkennen. Möglicherweise hätte KLEIN es 1892 begrüßt, einen Ruf nach Berlin zu bekommen. Siehe [Biermann 1988, 151, Fußnote 5].

23 KLEIN selber hätte hier FROBENIUS oder HURWITZ vorgezogen. Siehe [Rowe 1986, 433 f].

nen entstanden, und acht von ihm betreute Dissertationen wurden bis 1892 in Göttingen abgeschlossen.[24]

Aber die Berliner fällten dennoch nicht einfach ein blindes Fehlurteil über Klein. Ihre Beurteilung hat vielmehr einen konkreten Hintergrund in der von Klein verfolgten, gegen die neuhumanistische Gründungsidee der Berliner Universität gerichteten Politik der Vermittlung zwischen Universitäten und technischen Disziplinen – der wir uns jetzt zuwenden.

2.2 Universitäten, Technische Hochschulen, Großindustrie

Mit der 1794 als Folge der Revolution gegründeten Pariser École Polytechnique übernahm in Frankreich in der ersten Hälfte des 19. Jahrhunderts eine überaus erfolgreiche Institution die besondere Pflege der modernen Natur- und Technikwissenschaften. Sie stand im bewußten Gegensatz zur Tradition der mittelalterlichen Universität. Die Gründung der Berliner Universität (einschließlich ihrer Vorgeschichte) im ersten Viertel des 19. Jahrhunderts war demgegenüber – ähnlich wie die Konzeption des humanistischen Gymnasiums – von neuhumanistischen Idealen geprägt. Den Naturwissenschaften wurde insofern Platz eingeräumt, als reine Erkenntnis ihr Ziel war. Eine Vermischung mit den unmittelbar anwendungsbezogenen Lehrinhalten von Spezialschulen wurde organisatorisch strikt vermieden. So war eine prinzipielle Trennung dieser beiden Typen von Hochschulen vorgezeichnet, die dann auch von den bald gegründeten Technischen Lehranstalten ihrerseits als Teil ihrer Selbstbestimmung angesehen wurde.[25]

Am 27. Mai 1888 entwickelte Felix Klein in einem Brief an Althoff seinen Plan, die Technischen Hochschulen mit den Universitäten zu verschmelzen [Manegold 1970, 85ff]. Schon 1872, zum Schluß seiner Erlanger Antrittsrede, hatte er nach einem Vergleich der Lehrangebote den aufrüttelnd gemeinten, aus dem Munde eines Universitätsprofessors höchst ungewöhnlichen Rat für Mathematikstudenten formuliert, „die ersten beiden Jahre auf einem Polytechnikum zuzubringen" [Rowe 1985a, 135]. In seiner Zeit an der TH München (1875–1880) war er dann technischen Anwendungen näher gekommen – besonders auch durch persönliche Kontakte, wie etwa zu Carl Linde, der ab 1879 industrieller Kältefabrikant war.[26]

24 [Tobies 1981, 50]; [Klein 1923, Anhang, 12–13].

25 [Manegold 1970, 18–43]. Die folgenden Absätze stützen sich, wie schon aus der Struktur der Verweise erkennbar ist, wesentlich auf die grundlegende Studie [Manegold 1970]. Ergänzend zu unserer knappen Darstellung sei dem Leser der Essay [Rowe 1985b] zur Gesamtorientierung über Felix Klein und zur Einordnung von Manegolds Buch empfohlen.

26 [Tobies 1981, 42]; [Manegold 1970, 128f].

Pläne zur Verschmelzung von Universitäten und Technischen Hochschulen standen aber nicht nur in Gegensatz zu den Gründungsidealen der Berliner Universität,[27] sondern vor allem zum Selbstverständnis nahezu aller Professoren an beiden Typen von Hochschulen. So stieß KLEINS Brief vom Mai 1888 beim Kultusminister VON GOẞLER - milde gesagt - auf Unverständnis und blieb unbeantwortet [Manegold 1970, 102]. ALTHOFF selbst war in der Folge eher geneigt, KLEIN zu stützen. Aber sowohl KLEINS erste konkrete Pläne für die Eingliederung der Technischen Hochschule Hannover in die Universität Göttingen, wie sein Vorschlag für eine Neuorganisation der Göttinger Akademie der Wissenschaften unter Aufnahme von Technikwissenschaftlern stießen auf den erbitterten Widerstand der überwiegenden Mehrzahl seiner Kollegen aus der Göttinger Philosophischen Fakultät, die damals, noch ungeteilt, die Naturwissenschaften und die Mathematik mit umfaßte. Diese Opposition in weiten Teilen der Fakultät sollte ihn bis zu seiner Emeritierung begleiten.[28]

Auch abgeschwächte Pläne KLEINS für eine Annäherung von Universität und Technikdisziplinen trafen auf fast ausnahmslose, meist heftige Abwehr von seiten der Universität wie der Ingenieure. Insbesondere seine Idee, an den Universitäten Ingenieure mit besonderem wissenschaftlichen Überblick („Generalstabsoffiziere der Technik" im Gegensatz zu deren „Frontoffizieren") auszubilden, wurde an den Technischen Hochschulen als der Versuch empfunden, sie zu Lehranstalten zweiter Klasse in der Ingenieurausbildung zu degradieren. Daran änderten auch KLEINS Beitritt 1895 (als erster deutscher Universitätsordinarius) zum Verein Deutscher Ingenieure und sein Auftreten auf der Aachener Tagung des VDI im gleichen Jahr nichts. Vielmehr mußte er schließlich im Sommer 1900 jeglichem Versuch, einen noch so kleinen Teil der Ingenieurausbildung an die Universität zu ziehen, gewissermaßen offiziell abschwören. [Manegold 1970, 128-144 und 213 f].

Im Anschluß an seine erste USA-Reise 1893 begann KLEIN, beeindruckt ebenso von *Maschinenlaboratorien*, die er dort in Universitäten besichtigt hatte, wie überhaupt von der engen Verflechtung zwischen Privatindustrie und Hochschulen in den USA, auch in Deutschland für privat mitfinanzierte Universitätslaboratorien einzutreten.

Im ersten Anlauf allerdings lehnte es insbesondere FRIEDRICH ALFRED KRUPP 1895 ab, beim Aufbau eines großangelegten, der Universität angegliederten physikalisch-technischen Instituts mitzuhelfen. 1897 jedoch, im Jahr nach KLEINS zweiter USA-Reise, konnte dann, durch Vermittlung von LINDE und ALTHOFF, das Vorstandsmitglied der Bayer-AG, HENRY THEODOR BÖTTINGER dazu bewegt werden, mit LINDE und dem Lokomotivfabrikanten KRAUSS zusammen zunächst die verhältnismäßig geringe Summe von 20000 Mark zur Verfügung zu

27 In der Tat wollte KLEIN für Berlin selbst nicht die Vereinigung der beiden Hochschulen, sondern nur eine völlige Gleichstellung der Technischen Hochschule. - [Manegold 1970, 107].

28 [Manegold 1970, 103-115]; vgl. etwa [Pohlenz 1940, 51].

stellen für die Einrichtung eines kleinen Maschinenlabors (ein Gasmotor und eine Dampfmaschine) als neuer Technischer Abteilung des Göttinger Physikalischen Instituts [Manegold 1970, 157–168].

Diese Zusammenarbeit KLEINS mit industriellen Geldgebern führte Anfang 1898 zur Gründung der *Göttinger Vereinigung zur Förderung der angewandten Physik* (im Dezember 1900 erweitert zur *Göttinger Vereinigung zur Förderung der angewandten Physik und Mathematik*), eines Zusammenschlusses von zunächst 7 Industriellen (an der Spitze Böttinger, aber unter ihnen jetzt auch ein Krupp-Vertreter) mit 5 Göttinger Ordinarien (ihnen voran KLEIN, als einziger beteiligter Mathematiker) und 2 Extraordinarien, sowie der neue, KLEIN überaus hilfreiche Universitätskurator HÖPFNER.[29]

Außerhalb Göttingens ward KLEINS vielseitigem Engagement um Neugründungen oder Weiterentwicklung von Technischen Hochschulen bzw. technischen Fakultäten oder Instituten an Universitäten bestenfalls bescheidener Erfolg zuteil. Abgesehen von Jena, wo mit der *Carl-Zeiss-Stiftung* ein kleineres Pendant zur *Göttinger Vereinigung* entstand, konnte sich KLEINS Konzeption, obwohl sie im ersten Jahrzehnt unseres Jahrhunderts mehr und mehr diskutiert wurde, und obwohl KLEIN über ALTHOFF und ab 1909 als Mitglied im preußischen Herrenhaus einen wachsenden Einfluß in der gesamten preußischen Hochschulpolitik ausüben konnte, nirgends durchsetzen [Manegold 1970, III 6].

In Göttingen allerdings war die *Vereinigung* sehr erfolgreich. Sie erhielt im Laufe der Jahre Zuwachs sowohl von seiten der Industrie wie aus den Reihen der Göttinger Professoren (1903 zählten alle Ordinarien der Mathematik, Physik und Chemie zu den Mitgliedern) [Manegold 1970, 231]. Den Aktivitäten der *Vereinigung* ist der Aufbau einer Reihe wichtiger Göttinger Institute wesentlich mitzuverdanken. Ihre vielen finanziellen und organisatorischen Einzelleistungen bis zum Beginn des Weltkrieges sind in ihrer Gesamtbedeutung für den Ausbau der Naturwissenschaften an der Universität Göttingen kaum zu überschätzen.[30]

Bei all ihren großen lokalen Erfolgen blieb die *Göttinger Vereinigung* aber ein völlig singuläres Phänomen, ohne Vorgänger und ohne eigentliche Nachfolger; sie ging 1922 in der auf Reichsebene neugegründeten *Helmholtzgesellschaft*

29 [Manegold 1970, 168–180]. Vgl. [Tobies 1982, 137f, Tab. 1].

30 Vgl. [Manegold 1970, 232ff]; vgl. die im Teubner Verlag erschienenen Festschriften der *Göttinger Vereinigung:* „Die physikalischen Institute der Universität Göttingen", 1906; sowie „Zum 20jährigen Bestehen der G.V.", 1918. Die Gesamtsumme der Beiträge, Schenkungen und Stiftungen nach der Liste aller Beitragspflichtigen Mitglieder bis 31. 7. 1921 betrug laut [Tobies 1986, 130–132] 2318900 „Mark". Allerdings ist aus dieser Aufstellung nicht zu entnehmen, welche Beiträge aus welcher Zeit stammen. In [Manegold 1970, 241] ist von „mehr als 1 Million Goldmark" die Rede, die die *Göttinger Vereinigung* im Laufe ihrer Existenz aufbrachte. – Nach der Technischen Abteilung des Physikalischen Instituts konnten z. B. 1905 ein großzügiges neues Hauptgebäude des Physikalischen Instituts und ein neues Institut für Angewandte Elektrizität eingeweiht werden. Auch PRANDTLS 1908 fertiggestellter erster Göttinger Windkanal wurde mit wesentlicher Unterstützung der *Vereinigung* realisiert. Ein vorbereitetes Neubauprojekt für das Mathematische Institut wurde durch den Krieg verhindert.

Symbol der *Göttinger Vereinigung* (Bundesschluß von Merkur und Minerva unter dem Baum, der goldene Früchte trägt. Im Hintergrund Göttingen vom Hainberg aus gesehen.)

zur Förderung der physikalisch technischen Forschung auf. Einerseits war zwar die Zeit des ausgehenden 19. Jahrhunderts für die Gründung lokaler und nationaler mathematischer oder naturwissenschaftlicher Zusammenschlüsse günstig. Und ein Teil dieser Vereine bezog die Anwendungen durchaus in ihr Beschäftigungsfeld ein [Tobies 1982, 136f]. Ihnen fehlte jedoch die Unterstützung durch die Industrie. Auf der anderen Seite wuchs zwar, besonders nach der Jahrhundertwende, die Bereitschaft auf seiten der Industrie, Geld für Zwecke der Grundlagenforschung zu stiften. Die Gründung der *Kaiser-Wilhelm-Gesellschaft* 1911 mag hier als Beleg dafür genügen.[31] Aber wenn die Gründung der *Kaiser-Wilhelm-Gesellschaft* auch mitinspiriert war von der *Göttinger Vereinigung* [Manegold 1970, 242], so schuf doch auch sie nirgends wieder eine mit Privatmitteln geförderte Initiative, die wie die Göttinger Vereinigung gleichzeitig: -

(i) der Ausbildung von Studenten, insbesondere Lehramtskandidaten diente - das unterschied sie von den *Kaiser-Wilhelm-Instituten;*

(ii) Grundlagenforschung mit starkem Anwendungsbezug förderte;

(iii) eingebettet war in einen vielseitigen, nicht auf ein Spezialgebiet angelegten Ausbau der naturwissenschaftlich-mathematischen Forschung und Lehre einer Universität - das unterscheidet sie von der Idee der Sonderforschungsbereiche.

2.3 Angewandte Mathematik und Mechanik

Die enger mit der Mathematik verknüpfte Förderung angewandter Forschung und Lehre in Göttingen durch FELIX KLEIN wurde am handgreiflichsten in den Berufungen von LUDWIG PRANDTL und CARL RUNGE erreicht, sowie (wenn auch in dieser Form erst als verspätete Erfüllung KLEINscher Pläne und außerhalb der *Göttinger Vereinigung*) in der Gründung von PRANDTLS *Kaiser-*

31 Siehe etwa [Wendel 1975].

Wilhelm-Institut für Strömungsforschung mit der Aerodynamischen Versuchsanstalt (AVA).[32]

RUNGES Berufung 1904 als erster Ordinarius für Angewandte Mathematik in Deutschland muß im Sinne von KLEINS Plänen als Idealfall gelten. Dieser eigenwillige und bewegliche Mathematiker war in Berlin unter KRONECKER und WEIERSTRASS sozusagen als reiner Mathematiker groß geworden; hatte sich dann aber, nach seiner Berufung 1886 zum Ordinarius an die Technische Hochschule Hannover, mit spektralanalytischen Forschungen und anderen Fragen aus Physik, Astronomie und Geodäsie beschäftigt. Ihm verdankt man wesentlich die Etablierung numerischer Approximations- und Rechenverfahren – einschließlich ihrer praktischen Durchführung mit Hilfe von Rechenmaschinen – als eigene Disziplin innerhalb der Mathematik. Seine Vielseitigkeit und seine Fähigkeit zur Zusammenarbeit mit anderen Wissenschaftlern, nicht nur Mathematikern, sicherten seinen stark besuchten Vorlesungen und der Arbeit an dem für ihn eingerichteten Institut für Angewandte Mathematik (gegenüber der Göttinger Universitätsbibliothek) eine über Göttingen hinausreichende Vorbildrolle.[33]

So stellte auch die Berliner Fakultät im Juni 1918, auf Initiative von ERHARD SCHMIDT, den Antrag auf Einrichtung eines Ordinariats für Angewandte Mathematik. In dem Antrag wurde verstärkend auch das ungeahnte, durch den Krieg zu Tage getretene Bedürfnis nach praktisch und theoretisch durchgebildeten Mathematikern zitiert [Biermann 1988, 186].

Der Antrag der Berliner Fakultät wurde abschlägig beschieden, was in der unmittelbaren Nachkriegszeit nicht verwunderlich war. 1920 aber wurde RICHARD VON MISES als Nachfolger auf dem Extraordinariat KNOPPS zum persönlichen Ordinarius berufen. Noch im gleichen Jahr wurde sein *Institut für Angewandte Mathematik* gegründet [Biermann 1988, 190f], dessen Konzeption dem RUNGEschen Vorbild in Göttingen nachempfunden war. v. MISES war eine nicht weniger vielseitige und agile Persönlichkeit als RUNGE. Eine umfassende Biographie, die diesem hochinteressanten Mann gerecht wird, steht noch aus.

Die allgemein empfundene wachsende Bedeutung der Angewandten Mathematik als eigenständiger Disziplin führte 1922 zur Gründung einer eigenen Fachvereinigung, der *Gesellschaft für Angewandte Mathematik und Mechanik*, GAMM. Vorher wurden die Belange der Angewandten Mathematik und Mechanik vom VDI und in starkem Maße auch von der DMV wahrgenommen. [Tobies 1982, Abschnitt 3]. Schon 1921 wurde vom VDI eine neue *Zeitschrift für Angewandte Mathematik und Mechanik*, ZAMM, initiiert, deren Schriftleitung VON MISES übernahm. Dieser arbeitete dann mit PRANDTL und H. J. REISSNER (TH Berlin) auf

32 Was PRANDTL und die AVA angeht, siehe etwa [Kraemer 1975] und [Tollmien 1987], sowie dort angeführte weitergehende Literatur. PRANDTL wurde 1904 zum Extraordinarius für Technische Physik berufen. Ab 1907 war er Ordinarius für Angewandte Mechanik, ab 1909 mit einem zusätzlichen Lehrauftrag für Aeronautik, dem ersten seiner Art in Deutschland.

33 Zu RUNGE verweisen wir auf die sehr persönliche Biographie aus der Feder der ältesten Tochter [Runge 1949], sowie auf die Studie [Richenhagen 1985]. Vgl. auch [Courant 1927].

eine eigene Fachvertretung hin, die sich, wie 32 Jahre zuvor die DMV, anläßlich einer Jahrestagung der GdNÄ zunächst gewissermaßen nur als eigene Sektion und ohne die Intention einer Abspaltung von der DMV konstituierte. Vgl. [Gericke 1972].

3 Folgen des Nationalsozialismus für die Mathematik an den Universitäten

Die Einstellung des Nationalsozialismus zur Mathematik war insgesamt gekennzeichnet durch die Ambivalenz zwischen *ideologischer* Verachtung und *praktischer* Anerkennung ihrer Unentbehrlichkeit.

Soweit überhaupt eine geschlossene *Ideologie* des Nationalsozialismus existierte, gründete sie wesentlich auf irrationalen, nicht auf (vorgeblich) wissenschaftlichen Prinzipien und räumte den Naturwissenschaften und der Mathematik nur eine Randstellung ein.[34] Die Umsetzung dieser ideologischen Vorgabe in der Hochschulpolitik verlief aber keineswegs geradlinig - wir werden sehen, wie stark z. B. die Entwicklung verschiedener Mathematischer Institute je nach den lokalen Besonderheiten differierte. Immerhin lassen sich die wichtigsten Folgen des Nationalsozialismus für die (Mathematik an den) Universitäten zur vorläufigen Gesamtorientierung leicht zusammenfassen:

(i) Die Studentenzahlen gingen insgesamt stark zurück; in der Mathematik aber war dieser Rückgang geradezu katastrophal.
Die *Gesamtzahl aller Studenten* an den deutschen Universitäten hatte im Sommer 1931 (bei den Technischen Hochschulen im Winter 1930/31) ihr absolutes Maximum zwischen den Weltkriegen erreicht und begann ab 1932 stetig zu sinken. Sie fiel von 98852 im Sommer 1932 auf 40716 im Sommer 1939, was einen Rückgang auf 41,2% bedeutet. Bei den Technischen Hochschulen stiegen demgegenüber die Studentenzahlen seit Sommer 1937 wieder, so daß dort von Sommer 1932 auf Sommer 1939 nur ein Rückgang auf 60% zu verzeichnen ist [Titze 1987, 30].
Der allgemeine Rückgang ist wohl nicht in erster Linie eine Auswirkung der nationalsozialistischen Hochschulpolitik. Vielmehr dürften die Geburtenschwäche der Weltkriegsjahrgänge und, als indirekte Einwirkung des Nationalsozialismus, die Altersverzögerung durch Arbeitsdienst und (ab Mai

34 So heißt es etwa in Hitlers *Mein Kampf* [2. Band, München 1927, S. 452]: „Der völkische Staat hat ... seine gesamte Erziehungsarbeit in erster Linie nicht auf das Einpumpen bloßen Wissens einzustellen, sondern auf das Heranzüchten kerngesunder Körper. Erst in zweiter Linie kommt dann die Ausbildung der geistigen Fähigkeiten. Hier aber wieder an der Spitze die Entwicklung des Charakters, besonders die Förderung der Willens- und Entschlußkraft, verbunden mit der Erziehung zur Verantwortungsfreudigkeit und erst als Letztes die wissenschaftliche Schulung."

1935) Wehrdienst wichtige Faktoren sein: vgl. [Titze 1987, 203 f]. Inwieweit die neue Belastung des studentischen Alltags mit nicht-akademischen Pflichten [Dahms 1987a, 33-35] eine abschreckende Wirkung ausübte, ist schwer abzuschätzen.

Die *Zahl der Mathematikstudenten* an den deutschen Universitäten sank rapide von 4245 im Sommer 1932, über 1778 im Sommer 1934 und 1514 im Sommer 1936, auf nur 306 im Sommer 1939 [Titze 1987, 147].[35] Von Sommer 1932 bis Sommer 1939 stellt das einen Rückgang auf 7,2% dar! Dieser steile Abfall hat keine Parallele in den Naturwissenschaften: Mathematik und Naturwissenschaften insgesamt gingen an den deutschen Universitäten zwischen Sommer 1932 und Sommer 1939 auf 25,7% zurück. Ebenso teilte sich die Zahl der Physikstudenten [Titze 1987, 148], und auch z. B. die aller Studenten der Sprach- und Kulturwissenschaften [Titze 1987, 89], von 1932 auf 1939 nicht ganz durch 4. Im Fach Chemie an den Universitäten gab es ab 1937/38 sogar wieder eine Aufwärtsentwicklung, so daß es im Sommer 1939 immerhin 54,2% so viele Studenten der Chemie gab wie im Sommer 1932 [Titze 1987, 89]. Übrigens waren die Fachbereiche (im Sinne der Einteilung bei [Titze 1987]) mit den geringsten zahlenmäßigen Studenteneinbußen die Medizin und die Wirtschafts-, Agrar- und Forstwissenschaften [Titze 1987, 89].

Ein genaues Verständnis der dramatischen Entwicklung der Studentenzahlen in Mathematik bleibt ein wichtiges Desiderat der historischen Forschung. Jedenfalls muß das Mathematikstudium für junge Leute im nationalsozialistischen Staat besonders unattraktiv gewesen sein. Es scheint plausibel, daß dies ebenso ein Reflex der ambienten Ideologie war, wie der sich bietenden Berufsmöglichkeiten, insbesondere außerhalb des Lehrerberufs.[36]

(ii) Die Lehrkapazität im Fach Mathematik wurde an den meisten Hochschulen herabgesetzt, wenn auch in der Regel nicht drastisch, jedenfalls bei weitem nicht im Maße des Rückgangs der Studentenzahlen. Das wichtigste Element hierbei ist aber nicht wissenschaftsspezifisch, sondern es ist die allgemeine nationalsozialistische Beamtenpolitik mit ihren konsequent durchgeführten Entlassungen aus rassischen und politischen Gründen. Ihre Folgen für die Mathematik werden wir in diesem Abschnitt sowohl global als auch in ihrer örtlichen Differenziertheit genauer darstellen. Häufig wurden dann Stellen,

35 Diese und die folgenden Angaben beziehen sich nur auf die Universitäten. In der Mathematik ändert sich aber das Bild qualitativ nicht, wenn man alle deutschen Hochschulen betrachtet: siehe [Lorenz 1943, 42-45].

36 Die nationalsozialistische Hochschulreform im Fach Mathematik besprechen wir nicht näher, weil sie zu spät einsetzte, um sichtbare Folgen für die Mathematikerausbildung an den Universitäten zu zeitigen. Allerdings verdankt man ihr z. B. das Mathematikdiplom und die Einrichtung der angewandten Mathematik als eigenes Prüfungsfach. Diese formale Aufwertung der angewandten Mathematik wurde aber an den Universitäten keineswegs inhaltlich verwirklicht: vgl. etwa die Entwicklungen von Göttingen und Berlin, Abschnitte 3.3, 3.4 unten.

deren Inhaber aus rassischen oder politischen Gründen entlassen waren, gestrichen oder herabgestuft. Eine Statistik über solche Stellenverluste liegt uns allerdings nicht vor, und noch weniger existieren Untersuchungen etwa über die Budgetentwicklung Mathematischer Institute im Nationalsozialismus.

Weil die beiden Entwicklungen (i) und (ii) so verschieden stark waren, entstand gegen Ende der dreißiger Jahre in der Mathematik ein zahlenmäßiges Lehrer-Schüler-Verhältnis, das man normalerweise als geradezu idyllisch bezeichnen würde. - Siehe die mit feiner Ironie geschriebenen Seiten [Adam 1977, 154-159].

(iii) Sei es als Gegenbewegung zu der marginalen Rolle, die der Mathematik von der Ideologie zugedacht war, sei es im Interesse einer genuinen Politisierung und Ideologisierung der Mathematik, versuchten einige Mathematiker, ein spezifisches, mit der nationalsozialistischen Ideologie verträgliches Ideal der Mathematik oder wenigstens ihrer Ausübung und Lehre zu entwickeln und zu propagieren. Diese Versuche faßt man unter dem Titel *„Deutsche Mathematik"* zusammen. LUDWIG BIEBERBACH in Berlin war der bekannteste Vertreter solcher Ansätze. Die hochschulpolitische Bedeutung der *„Deutschen Mathematik"* war nach 1935 insgesamt sehr gering und örtlich im wesentlichen auf Berlin und Heidelberg beschränkt. Wir werden Aspekte der *„Deutschen Mathematik"* schon in diesem Abschnitt bei unserer Behandlung der Institute in Göttingen, Berlin und Heidelberg antreffen, und im Abschnitt 4 wird BIEBERBACHS *„Deutsche Mathematik"* kurz in den historischen Rahmen des Streits um Nationalismus versus Internationalismus in der Mathematik während der Weimarer Republik gestellt, sowie der von BIEBERBACH angezettelte Streit in der DMV eingehend behandelt.

(iv) Auf einer eher alltäglichen Basis gab es eine (von Ort zu Ort verschieden ausgeprägte) Politisierung des Universitäts- und Institutslebens. Dies ist natürlich keine Besonderheit des universitären Bereichs im NS-Staat, wenn sie auch von der nationalsozialistischen Hochschulreform systematisch unterstützt wurde. Wir werden an verschiedenen Beispielorten die Skala dessen, was hier möglich war, andeuten.

Die in (iii) angesprochenen Ideologisierungsversuche lassen *keine* Verquikkung mit den beamtenrechtlichen Entlassungen von Punkt (ii) erkennen. Es gab zwar einen Einfluß politischer Kriterien bei der Auswahl von Stellenbewerbern - das fällt unter (iv) -; es gab aber insgesamt keine planmäßige Bevorzugung oder Benachteiligung bestimmter mathematischer Gebiete unter ideologischem Vorzeichen. Dies gilt unbeschadet der Tatsache, daß in einer Hochburg *„Deutscher Mathematik"* wie Berlin z. B. die Reduzierung der Algebra durch BIEBERBACH wohl auch ideologisch interpretierbar ist - siehe 3.4 unten -; daß sich mitunter vorgesetzte Stellen eine ideologische Bewertung mathematischer Disziplinen zueigen machen konnten - siehe z. B. Fußnote 92 unten -; daß schließlich Gebiete wie etwa die Mathematische Statistik - vgl. das entsprechende Kapitel dieses Bandes -, oder auch die Grundlagen der Mengenlehre, als offenbar unbeabsichtigter Nebeneffekt der nationalsozialistischen Amtsverdrängungen in Deutschland nahezu ausgerottet wurden.

Wir fassen zusammen: Die Mathematik *an den Universitäten* wurde im Nationalsozialismus - vor allem durch Entlassung von Mathematikern jüdischer Abstammung - erheblich dezimiert und war durch den politisch-ideologischen Rahmen in ihrer Ausübung mehr oder weniger eingeengt. Der Effekt des Nationalsozialismus war aber vor allem in der Forschung nicht der einer veritablen „Kulturrevolution" von der Art, daß die Mathematik an den Universitäten insgesamt verödete.

Diesem insgesamt jedenfalls nicht rosigen Bild der Mathematik an den Universitäten stand die Verwendung von Mathematikern für die *praktischen* Bedürfnisse der Aufrüstung, insbesondere in der Flugzeugtechnologie, gegenüber. Sie fand in der Regel nicht an der Universität statt, sondern in Forschungsgruppen, die direkt einem Ministerium - etwa dem Reichsluftfahrtministerium - oder einer militärischen Dienststelle - etwa dem Oberkommando der Wehrmacht (OKW) oder der Kriegsmarine (OKM) - unterstanden. Diese Forschungsgruppen erfreuten sich häufig eines relativen politisch-ideologischen Freiraums, was sich dahin deuten läßt, daß ihre Effektivität dem Regime wichtiger war als enge politische Reglementierung. Auf diese Weise wurden in der zweiten Hälfte der Herrschaft des Nationalsozialismus *viele und bedeutende Forschungsarbeiten in angewandter Mathematik* geleistet, auf die wir hier nur summarisch verweisen.[37]

Eine Zwischenstellung zwischen den Mathematischen Instituten an den Universitäten und den eben erwähnten Forschungsgruppen nahmen einige Mathematische Institute an Technischen Hochschulen ein. An erster Stelle steht hier das äußerst erfolgreiche Institut für praktische Mathematik (IPM) ALWIN WALTHERS in Darmstadt: ein Recheninstitut, das prototypisch eine ganze Periode der Vorgeschichte der heutigen Informatik repräsentiert. Es bearbeitete Rechenaufträge verschiedener Forschungsgruppen und delegierte seinerseits Aufgaben an andere, kleinere Rechenbüros. Neben dem IPM gab es z. B. an der TH Braunschweig eine bemerkenswerte mathematische Arbeitsgruppe. Vgl. zu diesem Komplex [Mehrtens 1986].

Im Kriege verlief einerseits die nationalsozialistische Hochschulreform im Sande. Insbesondere wurden auch Frauen wieder im Lehrbetrieb eingesetzt, nachdem sie vorher z. B. von der *venia legendi* ausgeschlossen gewesen waren - siehe Ende von Abschnitt 3.7 unten. Andererseits waren nicht einberufene oder freigestellte Universitätsmathematiker und auch ganze Mathematische Institute häufig aufgerufen, kriegswichtige Rechenaufgaben oder unmittelbare Zweckforschung für außeruniversitäre Stellen auszuführen. Diese Arbeiten waren in der Regel viel weniger anspruchsvoll als die oben angesprochenen angewandten Arbeiten in Forschungsgruppen oder an den Technischen Hochschulen.

37 Siehe [Mehrtens 1986]; vgl. [Weissinger 1985].

3.1 Vertreibungen von Mathematikern, Gesamtüberblick

Wir beginnen mit der statistischen Gesamtbilanz der nationalsozialistischen Vertreibungen in der Mathematik. Wir beschränken uns dabei grundsätzlich auf solche Mathematiker, die durch den Einfluß des Nationalsozialismus eine akademische Stellung - d.h. wenigstens eine *venia legendi* - verloren, oder vorzogen eine solche aufzugeben. Dieser Personenkreis läßt sich vergleichsweise leicht überblicken.[38] Weiterhin schließen wir im Folgenden emeritierte Ordinarien von der Betrachtung aus, um die Auswirkungen der nationalsozialistischen Politik auf das Funktionieren der Institute in den Zahlen klarer hervortreten zu lassen.[39]

In seinem Stichjahr 1931 zählt das Tabellenwerk [Ferber 1956] an den deutschen Universitäten, Technischen Hochschulen und Bergakademien im Fach Mathematik (unter Einschluß des Gebietes Geschichte der Technik) insgesamt 18 Emeriti, 95 Ordinarien, 2 ordentliche Honorarprofessoren, 7 beamtete und 38 nicht beamtete Extraordinarien, sowie 55 Privatdozenten. Wir zählen ordentliche Honorarprofessoren und persönliche Ordinarien als Ordinarien. So erhalten wir die erste Zeile der folgenden Tabelle.

Vertreibung von Universitätsmathematikern im Nationalsozialismus 1933-1937

		Gesamt	Ordinarien
Bestand	1931	197	97
Verluste:	1933-1934	35 (30)	15 (11)
	1935-1936	19 (16)	11 (10)
	1937	5 (0)	3 (0)
	Summe	59 (46)	29 (21)

38 Wir lassen hier also alle Mathematiker methodisch außer Acht, die durch Einfluß des Nationalsozialismus nach abgeschlossenem Hochschulstudium eine zu erwartende akademische Stellung nicht erlangten, und erst recht z.B. alle diejenigen, die ohne abgeschlossenes Studium (etwa als Kinder) Deutschland verließen und dann in der Emigration als Mathematiker wirkten. - Von weiter ausgreifenden Untersuchungen sind zu nennen: an erster Stelle das grundlegende Nachschlagewerk [Röder, Strauß 1980ff], Band II. Eine nach Universitäten und Fächern geordnete Zusammenstellung daraus ist in [Kröner 1983] versucht worden. Im Falle der Mathematik ist aber, was die Menge erfaßter Individuen angeht, [Pinl, Furtmüller 1973] vollständiger; geht insbesondere über den von uns betrachteten Personenkreis hinaus.

39 Es sollte aber nicht unerwähnt bleiben, daß die Nationalsozialisten es für angebracht hielten, Emeriti jüdischer Abstammung die *venia* zu entziehen. Der Entzug geschah in der Regel Anfang 1936 nach dem Reichsbürgergesetz (siehe 3.6 unten). Allerdings wurden zunächst alle Emeriti im Dezember 1935 reichsweit mit Berufung auf dessen Erste Durchführungsverordnung in den Ruhestand versetzt. Noch vor Weihnachten 1935 besann man sich aber und entschied, daß Emeriti nicht Beamte im Sinne dieser Verordnung seien. So wurde allen ihr Entpflichtetenstatus rückwirkend wieder zuerkannt. Dieser Vorgang ist in den jeweiligen Personalakten dokumentiert. - Betroffen waren in erster Linie ALFRED PRINGSHEIM in Mün-

Hier enthält die erste Spalte die Gesamtzahl der Betroffenen des abgegrenzten Personenkreises, die zweite die der Ordinarien. In Klammern stehen die Zahlen der jeweils betroffenen Mathematiker jüdischer Abstammung.

Im Vergleich zum Bestand 1931 ergibt sich also ein zahlenmäßiger Verlust von etwa 30%, sowohl insgesamt unter den Universitätsmathematikern als auch bei den Ordinarien. An diesem Bild dürfte sich auch durch weiteres Nachrecherchieren der hier verwendeten Daten nichts Wesentliches ändern.[40]

Die Bilanz ist also schon auf dieser abstraktesten Ebene der Totalzahlen, auf der man noch nicht sieht, daß z. B. ein HERMANN WEYL und ein EMIL ARTIN Deutschland verließen, die eines schweren Eingriffs in das Leben der Mathematik in Deutschland – wenn es auch möglich ist, daß er durch die zeitliche Staffelung manchen Zeitgenossen an bestimmten Orten als nur wenig mehr erschien denn der natürliche Generationenwechsel.

Unsere zeitliche Abgrenzung 1933–1937 entspricht der jetzt zu schildernden Abfolge beamtenrechtlicher Gesetze und Erlasse. Sie ist außerdem so gewählt, daß wir die österreichischen Universitäten sowie die Universität Prag nicht behandeln. Wir erwähnen aber hier einen späten, bedeutenden Emigranten aus dem Deutschen Reich in den Grenzen von 1937, der durch unsere Zeitbeschränkung nicht miterfaßt ist: CARL LUDWIG SIEGEL. Er ging erst im Frühjahr 1940, weil er den Krieg ablehnte, von Göttingen über Norwegen in die USA.[41]

chen (der 1933 nicht weniger als 83 Jahre alt war), KURT HENSEL in Marburg (*1861), LUDWIG SCHLESINGER in Gießen (*1864) (und nach dem „Anschluß" 1938 ALFRED TAUBER (*1866) in Wien. – Zu Wien allgemein vgl. [Einhorn 1985].) Aber auch alle Ordinarien, die in Folge der nationalsozialistischen Entlassungspolitik bis Herbst 1935 emeritiert worden waren, wurden dann noch einmal in ihren, allerdings sowieso schon illusorisch gewordenen, Rechten beeinträchtigt; so z. B. die formal auf eigenen Antrag emeritierten RICHARD COURANT (Göttingen, mittlerweile USA) und ISSAI SCHUR (Berlin).

40 Die insgesamt wohl vollständigste Aufstellung von Mathematikern, die unter dem Nationalsozialismus zu leiden hatten, ist [Pinl, Furtmüller 1973], eine Überarbeitung und der Versuch einer Auswertung der von MAX PINL für den Jahresbericht der DMV [Pinl 19**] gesammelten Lebensläufe. Leider sind die von PINL mühevoll zusammengetragenen biographischen Angaben häufig ungenau oder fehlerhaft. Wir konnten bei unseren Recherchen mitunter von der Vorbereitung des Bandes [Scharlau 1989] profitieren, wofür wir herzlichen Dank sagen. Um dem Leser die Vergleichsmöglichkeit zu geben, listen wir hier die in [Pinl, Furtmüller 1973] berücksichtigten Personen auf, die in unsere Zahlen eingegangen sind. *Kursiv* sind die Namen von Ordinarien geschrieben.

1933/34: BAER, BARRUCH/BARNECK, ST. BERGMANN, BERNAYS, *F. BERNSTEIN*, *BLUMENTHAL*, BOCHNER, R. BRAUER, BREUER, COHN-VOSSEN, *COURANT*, FELLER, *FRAENKEL*, GUMBEL, HERTZ, *L. HOPF*, JOACHIMSTHAL, *KORN*, *LANDAU*, H. LEWY, *LICHTENSTEIN*, *LOEWY*, *V. MISES*, NEUGEBAUER, E. NOETHER, *F. NOETHER*, POLLACZEK-GEIRINGER (/MISES), PRAGER, *RADEMACHER*, *REIDEMEISTER*, REMAK, SZÁSZ, WEINSTEIN, *WEYL*, *WILLERS*.

1935/36: A. BRAUER, *DEHN*, EPSTEIN, GRELL, GRÖTZSCH, *HAMBURGER*, *HARTOGS*, *HAUSDORFF*, *HELLINGER*, F. W. LEVI, *LIEBMANN*, ROGOSINSKI, *ROSENTHAL*, ROTHE, *SCHUR*, STERNBERG, *SZEGÖ*, *TOEPLITZ*, *ZERMELO*.

1937: *ARTIN*, *FRIEDRICHS*, KAMKE, J. O. MÜLLER, *PÖSCHL*.

41 [Pinl, Furtmüller 1973] erwähnen auch noch den 1938 vorzeitig pensionierten Kölner Ordinarius teilweise jüdischer Abstammung ERNST FISCHER, der durch unsere Zeitbeschränkung in der Tabelle unberücksichtigt bleibt. Inhaltlich gehört dieser Fall in die zweite Entlassungsphase, siehe 3.6.

3.2 Das Gesetz zur Wiederherstellung des Berufsbeamtentums (BBG)

Dieses Gesetz vom 7. 4. 1933 war mit seinem „Arier“-Paragraphen § 3 das erste von den Nationalsozialisten erlassene Judengesetz. Vorrang vor der obligatorischen Entlassung eines „nicht-arischen“ Beamten gemäß § 3 hatte aber in jedem Einzelfall die Prüfung, ob er aus Gründen *‚politischer Unzuverlässigkeit‘* (§§ 2a, 4) entlassen werden könne.[42] Insbesondere gab § 4 die Möglichkeit, Beamte zu entlassen, die nicht die Gewähr dafür boten, „jederzeit rückhaltlos für den Nationalen Staat einzutreten“. Der Gummiparagraph § 6 erlaubte die Versetzung in den Ruhestand „zur Vereinfachung der Verwaltung“: als überflüssig erachtete Stellen konnten kassiert werden. § 5 gab die Möglichkeit einer Herabstufung und/oder Versetzung von Beamten an andere Orte. Von ihm wurde im schulischen Bereich stärker Gebrauch gemacht als an der Universität. Er ließ aber jedenfalls eine direktere Einflußnahme des Ministeriums bei der personellen Besetzung der einzelnen Universitäten vorausahnen.

Durch eine Intervention Hindenburgs während des Gesetzgebungsverfahrens wurden „Nicht-Arier“, die entweder schon vor August 1914 Beamte oder Frontkämpfer im Ersten Weltkrieg gewesen waren, vom § 3 ausgenommen. (Eine ebenfalls diskutierte Ausnahmeregelung für „hervorragende Wissenschaftler“ kam aus uns unbekannten Gründen nicht zustande.) Die Folge davon war die Praxis, z. B. Altbeamte jüdischer Abstammung, die also nach § 3 nicht entlassen werden konnten, nach § 6 und damit doch nach dem BBG in den Ruhestand zu versetzen, wenn man einen Anlaß zu diesem Schritt fand. Hatte man zu dieser Maßnahme gegriffen, so war allerdings die Stelle des Entlassenen im Prinzip nicht wieder besetzbar. Das wurde dann in einigen Fällen durch *ad hoc* Entscheidungen wieder zurückgenommen.

Ursprünglich war das Gesetz wohl als Handhabe für Entlassungen in einer beschränkten Anzahl für wichtig gehaltener Fälle gedacht. Dazu gehörten besonders die Professoren, die den nationalsozialistisch denkenden Studenten oder Universitätsangehörigen nicht genehm waren. Hier sollte spontanen Aktionen der „Basis“ durch hoheitliche Maßnahmen zuvorgekommen werden. Insofern ist das BBG einer der ersten wichtigen Schritte zur Umlenkung des Mißverständnisses der Machtergreifung als Revolution in obrigkeitsstaatliche Bahnen. Seiner beschränkten Aufgabe entsprechend war die Geltung des BBG zunächst auf den Zeitraum bis Ende September 1933 beschränkt. Nachdem man aber dann doch darangegangen war, alle Fälle aufzurollen, wurde seine Anwendung auf anhängige Entlassungsfälle in insgesamt sechs Änderungsgesetzen schließlich bis zum Inkrafttreten des neuen deutschen Beamtengesetzes (1. 7. 1937) ermöglicht. Dies schuf systematisch ein Klima großer Unsicherheit an den anfangs von Entlassungen verschonten Instituten, das allerdings nicht in der anfänglichen Absicht des Gesetzes gelegen hatte.[43]

42 Die Entlassung nach § 4 war im Hinblick auf Ruhegehaltsansprüche nachteiliger als die nach § 3.

43 Vgl. etwa [Mommsen 1966], [Vézina 1982], [Dahms 1987a, S. 26f].

Vor den Vertreibungen: Gästetagung der Mathematischen Gesellschaft Jena Oktober 1930

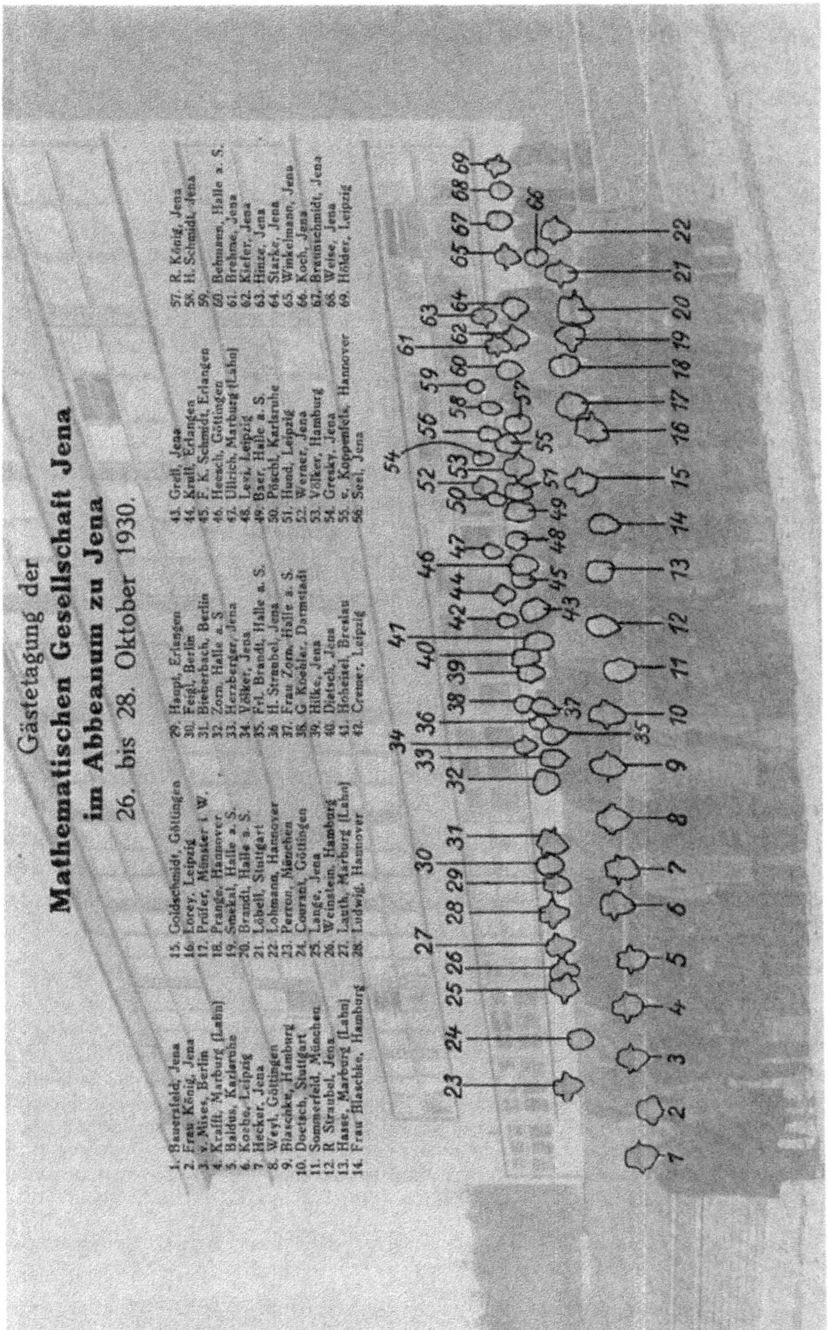
Gästetagung der
Mathematischen Gesellschaft Jena
im Abbeanum zu Jena
26. bis 28. Oktober 1930.
1. Bauersfeld, Jena
2. Frau König, Jena
3. v. Mises, Berlin
4. Krafft, Marburg (Lahn)
5. Baldus, Karlsruhe
6. Koebe, Leipzig
7. Hecker, Jena
8. Weyl, Göttingen
9. Blaschke, Hamburg
10. Doetsch, Stuttgart
11. Sommerfeld, München
12. R. Straubel, Jena
13. Hasse, Marburg (Lahn)
14. Frau Blaschke, Hamburg
15. Goldschmidt, Göttingen
16. Lorey, Leipzig
17. Prüfer, Münster i. W.
18. Prange, Hannover
19. Smekal, Halle a. S.
20. Brandt, Halle a. S.
21. Löbell, Stuttgart
22. Lohmann, Hannover
23. Perron, München
24. Courant, Göttingen
25. Lange, Jena
26. Weinstein, Hamburg
27. Lauth, Marburg (Lahn)
28. Ludwig, Hannover
29. Haupt, Erlangen
30. Feigl, Berlin
31. Bieberbach, Berlin
32. Zorn, Halle a. S.
33. Herzberger, Jena
34. Völker, Jena
35. Frl. Brandt, Halle a. S.
36. H. Straubel, Jena
37. Frau Zorn, Halle a. S.
38. G. Koehler, Darmstadt
39. Hilke, Jena
40. Dietsch, Jena
41. Hoheisel, Breslau
42. Cremer, Leipzig
43. Grell, Jena
44. Krull, Erlangen
45. F. K. Schmidt, Erlangen
46. Heesch, Göttingen
47. Ullrich, Marburg (Lahn)
48. Levi, Leipzig
49. Baer, Halle a. S.
50. Pöschl, Karlsruhe
51. Hund, Leipzig
52. Werner, Jena
53. Völker, Hamburg
54. Gresky, Jena
55. v. Koppenfels, Hannover
56. Seel, Jena
57. R. König, Jena
58. H. Schmidt, Jena
59.
60. Behmann, Halle a. S.
61. Brehme, Jena
62. Kiefer, Jena
63. Hinze, Jena
64. Starke, Jena
65. Winkelmann, Jena
66. Koch, Jena
67. Braunschmidt, Jena
68. Weise, Jena
69. Hölder, Leipzig

Der § 4 hatte – jedenfalls in der Anwendung des BBG auf Mathematiker – vorwiegend die Funktion eines Damoklesschwertes, das gar nicht wirklich herabzufallen brauchte – und dies tatsächlich selten tat; etwa in Aachen und Breslau, s. u. Abschnitt 3.5 –, um einschüchternd zu wirken. Das Erziehungsministerium zögerte häufig, diese Kann-Bestimmung wirklich einzusetzen. Man sparte aber nicht mit impliziten oder expliziten Verweisen auf ihn.

Aus dem Kreis der von uns hier betrachteten Mathematiker, zählen wir 35, davon 30 „Nicht-Arier", die in der ersten Phase, also in den Jahren 1933 und 1934 eine akademische Stellung verloren oder aufgaben. Unter ihnen sind 15 Ordinarien, davon 11 jüdischer Abstammung. Obwohl von diesen 35 bei weitem nicht alle unter Berufung auf einen Paragraphen des BBG ihrer Stelle enthoben wurden, gehört ihrer aller Ausscheiden (mit Ausnahme des von E. J. GUMBEL in Heidelberg, s. u. 3.8) doch zu den breiteren Folgen des Gesetzes, wie gleich an den Beispielen einzelner Orte klar werden wird.

Das örtliche Spektrum dieser ersten Entlassungsphase ist wie folgt (in Klammern jeweils die Anzahl der Ordinarien): Von den 35 (15) waren 10 (4) in Göttingen,[44] 7 (2) in Berlin,[45] 3 (2) in Breslau,[46] und 2 (2) in Aachen betroffen.[47] In Kiel und Königsberg waren es jeweils 2 (1). Freiberg (Sachsen), Freiburg und Leipzig verloren jeweils genau einen Ordinarius. Die übrigen sechs Nichtordinarien kamen aus Frankfurt, Halle, Heidelberg, Karlsruhe, Köln und München.

3.3 Göttingen

Die Zerstörung des Göttinger Mathematischen Instituts durch die Nationalsozialisten in weniger als 8 Monaten, zwischen April und November 1933, ist nicht nur wegen der überragenden Bedeutung Göttingens als mathematischen Zentrums von Interesse, sondern auch durch die Schnelligkeit und Vollständigkeit der Zerstörung. Nirgends sonst wurde ein Institut vergleichbarer Größe von den Nazis schon 1933 zugrundegerichtet. Wir beschäftigen uns in diesem Abschnitt mit den Gründen für diesen ungewöhnlichen Vorgang.

44 Nämlich BERNAYS, BERNSTEIN, COURANT, HERTZ, LANDAU, LEWY, NEUGEBAUER, E. NOETHER, PRAGER und WEYL. PRAGER hatte zwar Anfang 1933 einen Ruf auf ein Ordinariat nach Karlsruhe bekommen, konnte diese Stelle aber nicht mehr antreten und wurde deshalb als in Göttingen entlassener Privatdozent in den Akten behandelt: Siehe [Becker 1987, Fußnote 8]. – Um an dem (allerdings extremen) Beispiel Göttingen anzudeuten, was für Mathematiker durch unsere Beschränkung auf Habilitierte ausgeschlossen werden, erwähnen wir die dort in der ersten Periode verdrängten Assistenten (oder assistentenähnlichen Mitarbeiter) BUSEMANN, FENCHEL, HEILBRONN, F. JOHN, K. MAHLER, STEINHAUS, WARSCHAWSKI.

45 BARNECK, BERGMANN, JOACHIMSTHAL, KORN, VON MISES, POLLACZEK-GEIRINGER, REMAK.

46 F. NOETHER, RADEMACHER, WEINSTEIN.

47 BLUMENTHAL, L. HOPF.

Keiner der Göttinger Ordinarien war von § 3 des Gesetzes vom 7. 4. 1933 bedroht: Der Mathematiker und Statistiker FELIX BERNSTEIN, sowie der analytische Zahlentheoretiker EDMUND LANDAU waren Altbeamte, RICHARD COURANT - der Nachfolger FELIX KLEINS als Organisator und ständiger geschäftsführender Direktor des Mathematischen Instituts - war Frontkämpfer im Weltkrieg gewesen, und GUSTAV HERGLOTZ (der einzige Ordinarius am Institut, der 1933 nicht Göttingen verließ) sowie HERMANN WEYL, der Nachfolger des 1930 emeritierten DAVID HILBERT, waren nicht jüdischer Abstammung. Trotzdem wurden BERNSTEIN und COURANT schon am 25. 4. 1933 per Telegramm (!) „bis zur endgültigen Entscheidung auf Grund des Beamtengesetzes" beurlaubt (unter Beibehaltung der Bezüge). Und auch EMMY NOETHER, der Begründerin der modernen Algebra und bis heute größten Mathematikerin, wurde diese telegraphische Sonderbehandlung zuteil, obwohl sie zu diesem Zeitpunkt als nichtbeamtete außerordentliche Professorin noch unter keine Durchführungsverordnung des BBG fiel.[48] Dies war das einzige Mal, daß sie vom Ministerium so behandelt wurde, wie es ihrem wissenschaftlichen Gewicht entsprach.

Die Behörden gaben also Anlaß zu der Vermutung, sie wollten auf die telegraphisch Beurlaubten § 4 anwenden. Dies um so mehr als sich eine von nationalsozialistischen Studenten und Dozenten getragene öffentliche Kampagne in Göttingen zu dieser Zeit besonders auf das Mathematische Institut einschoß, das als „Hochburg des Marxismus"[49] u. ä. apostrophiert wurde. Dies erklärt das eilige Handeln der Behörden, die selbst die Kontrolle über die Lage behalten wollten. Wozu die Göttinger „Basis" in der Lage war, hatten lokale SA- und SS-Gruppen am 28. 3. 1933 bei ihrem eigenmächtigen, gegen die zentrale Planung um 3 Tage verfrühten Boykott jüdischer Geschäfte demonstriert, bei dem auch Geschäftsinhaber mißhandelt wurden.[50]

Wenn so das Vorgehen der Behörden durch die politische Stimmung vor Ort erklärt wird, so bedarf doch diese politische Kampagne gegen das Göttinger Mathematische Institut ihrerseits noch einer Erklärung. Daß ausgerechnet die Mathematiker, die doch sonst wahrlich nicht im Brennpunkt des öffentlichen Interesses stehen, hier zur Zielscheibe wurden, läßt sich aber nur durch einen Rückblick auf die ersten Jahre nach dem Ersten Weltkrieg und die Weimarer Republik verstehen.

BERNSTEIN und COURANT gehörten zu den wenigen Göttinger Professoren, die nach der Novemberrevolution, besonders im bewegten Wahlkampf für die Wahlen zur Nationalversammlung am 19. 1. 1919, wiederholt öffentlich gegen die bürgerlichen Parteien auftraten. COURANT wird in den Zeitungsberichten von da-

48 Vgl. hier und im Folgenden die detaillierte Beschreibung der Göttinger Ereignisse in [Schappacher 1987].

49 So COURANT an H. KNESER, 28. 4. 1933.

50 Siehe [Wilhelm 1978, 41 ff].

mals als „bekannter Sozialist“ bezeichnet.[51] BERNSTEIN war zeitweise stellvertretender Vorsitzender der linksliberalen Göttinger *Deutschen Demokratischen Partei* (DDP), und war schon sofort nach der Novemberrevolution auch auf studentischen Versammlungen in Erscheinung getreten.[52] HILBERT hielt keine politischen Reden, engagierte sich aber für die DDP.[53]

Aus den Göttinger Zeitungen dieser beiden Monate: Dezember 1918/Januar 1919, bekommt man ein sehr lebendiges Bild davon, wie sich der Schock der unverstandenen Kapitulation politisch umsetzte: Die Suche nach Schuldigen, die häufig ein schnelles Ventil im Antisemitismus fand,[54] und das fundamentale Mißtrauen gegen die neue Staatsform bestimmten die Kritik an den liberalen oder linken Wahlkämpfern. Die Kräfte, die 1933 ihre alten Wünsche erfüllt sahen, hatten die Auftritte BERNSTEINS und COURANTS offenbar nicht vergessen.

EMMY NOETHER trat zwar 1918/19 nicht öffentlich auf, war aber in der frühen Weimarer Republik politisch aktiv (erst in der USPD, dann in der SPD) und galt 1933 als Marxistin oder Kommunistin.[55]

Aus der späteren Weimarer Republik erwähnen wir noch zwei Affairen, die ebenfalls als Vorspiel zu den Ereignissen im Sommer 1933 anmuten. Die erste, um FELIX BERNSTEIN, begann innerhalb der großen Philosophischen Fakultät.[56] Sie ist ein Beispiel dafür, wie die politischen Gegensätze der beginnenden Weimarer

51 Siehe insbesondere Berichterstattung in *Göttinger Tageblatt* und *Göttinger Zeitung* nach COURANTS Rede über Wege und Ziele des Sozialismus vom 11. 1. 1919. Vgl. [Dahms, Halfmann 1988], [Schnath 1976, 188, 201], [Popplow, 1976, 230f].

52 [Schnath 1976, 180, 185]; vgl. auch [Marshall 1972, 118].

53 Er unterzeichnete den Beitrittsappell zur DDP vom 28. 12. 1918 [Dahms, Halfmann 1988, 71] und war z. B. bei der DDP-Wahlversammlung für Akademiker am 7. 1. 1919 sichtbar: In dem Tumult nach einer antisemitischen Äußerung des Oberlehrers und Honorarprofessors für Geschichte Hugo Willrich sprangen „Teilnehmer, die in der ersten Reihe vor der Bühne saßen, darunter der berühmte Mathematiker David Hilbert, ... auf und riefen immer wieder: ‚Abbitten, abbitten!‘“ [Popplow 1976, 231, Fußnote 202]. Zu Willrich vgl. auch [Dahms 1987a, 17f]; zur DDP als Zielscheibe des Antisemitismus, siehe [Dahms, Halfmann 1988, 74f].

54 Der Vorwurf der „Drückebergerei“ im Kriege gegen Mitbürger jüdischer Abstammung war alltäglich. Mehrfach stand COURANT in Versammlungen als Gegenbeispiel auf: siehe etwa Göttinger Zeitung 1. 1. 1919, S. 6; Göttinger Tageblatt 7. 1. 1919, S. 4. EDMUND LANDAU wurde in einem „Dr. R.“ gezeichneten Leserbrief im Göttinger Tageblatt vom 24. 12. 1918, S. 3, der „Drückebergerei“ bezichtigt. In diesem (Ausnahme-)Fall entschuldigte sich aber die Zeitung in aller Form am Tage danach (S. 3).

55 [Schappacher 1987, Fußn. 20]. Ein in Wirklichkeit völlig unpolitischer Diebstahl elementarer Lehrbücher aus dem Lesesaal des Mathematischen Instituts Anfang März 1933 wurde in der politisch überhitzten Atmosphäre als „kommunistischer Racheakt“ aufgefaßt, mit der Folge (!), daß „beispielsweise bei Fräulein Noether Haussuchung gemacht [wurde], weil sie seinerzeit einen Vortrag über russische Unterrichtsfragen gehalten hat.“ – MIG, Neugebauer an Courant, 25. 3. 1933.

56 Von dieser spaltete sich 1922 die Math. Nat. Fakultät ab, übrigens in Folge des ebenfalls nicht unpolitischen Streites zwischen Mathematikern und Geisteswissenschaftlern um die Berufung des Philosophen Leonard Nelson UAG, Akte *Spaltung der Fakultät*, Phil. Fak. II, PH Str 1k; vgl. auch die Akte UAG K XVI IV B 7.II. Siehe auch [Dahms 1987b, 171f]; [Ratzke 1987, 202f]; [Dahms 1987a, 16f].

Republik an scheinbar universitätsinternen Inhalten ausgefochten werden konnten.

Am 7. 6. 1919 beantragte BERNSTEIN selbst beim Ministerium seine Ernennung zum Ordinarius. Die Mathematisch Naturwissenschaftliche Abteilung der Phil. Fak. reagierte piquiert auf den Alleingang. Sie wies den Antrag zurück, vor allem aus formalen Gründen, aber auch mit einem Seitenhieb auf seine angeblich mangelnde Qualifikation für ein Ordinariat der Mathematik in Göttingen.[57]

Zwischen August 1919 und etwa Januar 1920 konzipierte BERNSTEIN dann für den Reichsfinanzminister MATTHIAS ERZBERGER[58] eine Sparprämienanleihe des Reiches und verfaßte auch eine Propagandabroschüre dazu. Zur Prüfung der Propagandaausgaben für die Anleihe wurde ein parlamentarischer Untersuchungsausschuß eingesetzt. Als dann im Sommer 1920 wieder BERNSTEINS Ernennung zum (persönlichen) Ordinarius anstand, behauptete die Philosophische Fakultät unter Berufung auf (nicht öffentliche) Protokolle der Untersuchungskommission, BERNSTEIN habe versucht, sich um das Honorar für die Werbebroschüre zu bereichern.[59]

So ergriff die überwiegende Mehrheit der Fakultät (letztlich nur gegen die Stimmen von COURANT, HILBERT und RUNGE[60]) die Möglichkeit, unter Berufung auf ihren eigenen Wertekodex Front gegen die BERNSTEIN stützende republikanische Ministerial- und Universitätsverwaltung (vertreten durch den Kurator) zu machen. Weder die ministerielle Ablehnung, ein von BERNSTEIN beantragtes Disziplinarverfahren gegen ihn zu eröffnen, noch seine schließliche Ernennung zum persönlichen Ordinarius am 13. 10. 1921 (vom Minister mit dem Hinweis gerechtfertigt, er habe nach eingehender Prüfung die Verdachtsmomente der Fakultät nicht begründet gefunden) konnten die Fakultät beruhigen. Noch 1929

57 UAG, Einzelmappe II Ph Nr. 45 *Berufungen (Bernstein, Prandtl):* Protokoll Sitzung vom 7. 7. 1919; UAG K XVI IV Aa 117, Bericht vom 10. 7. 1919 über dieselbe Sitzung. Die fachliche Kritik an Bernstein stammte **nicht** von den Mathematikern, die an der Sitzung teilnahmen: UAG K XVI IV Aa 117, Fakultät an Kurator, 12. 5. 1921. Zu BERNSTEINs vielseitigem mathematischen Werk vgl. [Frewer 1978], [Frewer 1981].

58 Der Zentrumspolitiker Erzberger hatte schon im Sommer 1917 einen annexionsfreien Frieden gefordert, 1918 war er Vorsitzender der Compiègne-Waffenstillstandskommission gewesen, und 1919 verwirklichte er eine durchgreifende Finanzreform, die eine der bedeutendsten Verwaltungsneuordnungen der jungen Republik war und unter anderem große Einkommen stärker belasten sollte. Erzberger war in den Jahren bis zu seiner Ermordung durch Rechtsradikale im August 1921, zu der die rechte Presse jahrelang öffentlich aufgerufen hatte (das Göttinger Tageblatt noch am Tage vor der Tat), ein in nationalen Kreisen besonders verhaßter „Erfüllungspolitiker".

59 BERNSTEIN bestritt dies, anscheinend aber ohne die Fakultät in der Mehrheit überzeugen zu können: Siehe Bleistiftnotizen des Kurators auf Blatt 24 und 25 der Akte UAG K XVI IV Aa 117, wohl von einem Gespräch mit Mitgliedern der Phil. Fak. nach dem 16. 9. 1921. Dort unter anderem: „Runge glaubt selbst, daß B. lügt; mir sagt er, wir können ihm nichts nachweisen, folglich können wir ihn nicht so behandeln, als hätte das Disziplinarverfahren gegen ihn entschieden. [...] Mit Bezug auf die Unwahrhaftigkeit ist fast Einstimmigkeit in der Fak. vorhanden."

60 Separatvotum für BERNSTEIN, UBG Hilbert-Nachlaß, Nr. 460.

dokumentieren die Akten Echos dieser Affaire [Schappacher 1987, 348]. Der wesentlich politische Hintergrund dieser Auseinandersetzungen ist durch die beteiligten Personen und den Tenor des Streits offensichtlich [Marshall 1972, 118].

Eine andere, eher groteske Göttinger Affaire aus der Weimarer Republik wurde von nationalistischen Kreisen zur Diffamierung RICHARD COURANTS schon vor 1933 ausgenutzt. Die Mathematikstudentin Elisabeth Praetorius war durch die Prüfungen gefallen und erhob darauf zuerst erfolglos Klage gegen den Vorsitzenden der Prüfungskommission, dann zweimal nacheinander Privatklage gegen COURANT, als einen der Prüfer, wegen Beleidigung. Insbesondere hatte sie erfahren, daß COURANT in das Prüfungsprotokoll geschrieben hatte, sie sei „gegen ihn ausfallend geworden", was er „auf psychopathische Veranlagung" zurückführe. (Den Gerichtsakten lag später eine psychiatrische Bescheinigung an, daß die Klägerin an „schwerer Nervenzerrüttung" leide.) Gerichtlich ging die Affaire bis zum Oberlandesgericht Celle, ohne daß das von der Klägerin gewünschte Verfahren eröffnet wurde. Politisch wurde sie z. B. in einem Artikel des *Niedersächsischen Beobachters* vom 22. 5. 1926 unter dem Titel „Was an deutschen Universitäten möglich ist" ausgeschlachtet, der (ansonsten ausverkauft) längere Zeit eingerahmt im Schaufenster der *Volksbuchhandlung Göttingen* aushing, und in dem COURANTS Amtsführung scharf angegriffen wurde. Im März 1927 gab es eine deutschnationale Anfrage in Sachen Praetorius im preußischen Landtag an die Adresse des Bildungsministers.[61] Daß hiervon in den Augen gewisser Kreise etwas an dem Beschuldigten hängenblieb, zeigt sich z. B. an dem Eintrag COURANT im antisemitischen Nachschlagewerk *Semi-Kürschner* [Schappacher 1987, 362, Fußn. 7].

Nun zurück zu den Ereignissen und Folgen des Sommers 1933 in Göttingen!

Obwohl der Kurator dem Ministerium im Falle EMMY NOETHERS die Anwendung von § 4 BBG nahelegte [Schappacher 1987, 351], wurde letztlich kein Göttinger Mathematiker wegen politischer Unzuverlässigkeit entlassen. EMMY NOETHER wurde nach § 3 entlassen.[62] Als von BERNSTEIN klar war, daß er nicht aus den USA zurückkommen würde, wurde er nach § 6 entlassen; COURANT wurde 1934 schließlich zu verstehen gegeben, er solle selbst um seine Emeritierung einkommen, was er dann auch tat. Die Zurückhaltung des Ministeriums in der Benutzung von § 4 könnte damit zusammenhängen, daß sich die politischen Anschuldigungen gegen die Göttinger Mathematiker auf zurückliegende Ereignisse bezogen, und mindestens im Falle COURANTS für die dreißiger Jahre schwer nachzuweisen gewesen wären.

HERMANN WEYL wurde von den Nationalsozialisten nicht aktiv bekämpft. Er hätte also im Prinzip die Möglichkeit gehabt, sich den Verhältnissen anzupas-

61 UAG K XVI IV Aa 106, Blatt 43ff.

62 Da EMMY NOETHER ohnehin keine Versorgungsansprüche hatte, hätte es in ihrem Fall keinen praktischen Unterschied zwischen der Entlassung nach § 3 oder § 4 gegeben.

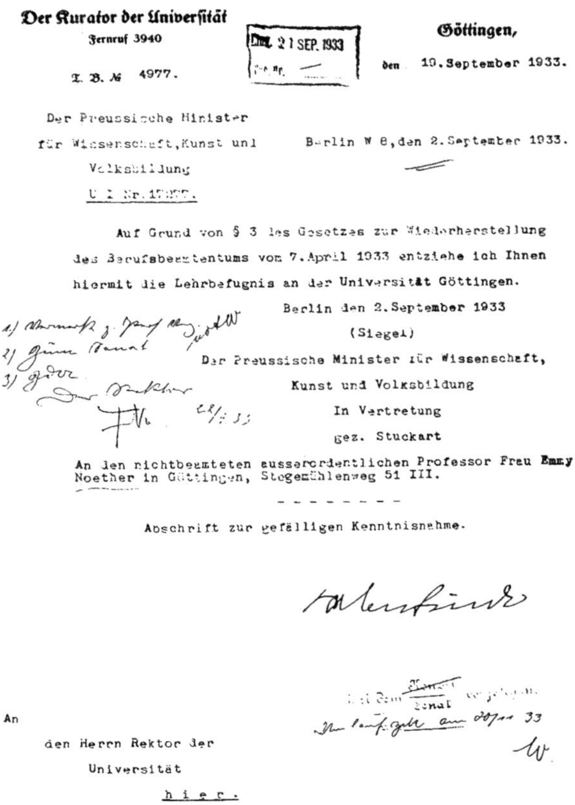

Der Kurator der Universität
Fernruf 3940

Eing. 21 SEP. 1933

Göttingen,

den 19. September 1933.

T. B. № 4977.

Der Preussische Minister
für Wissenschaft, Kunst und
Volksbildung
U I Nr. 17...

Berlin W 8, den 2. September 1933.

Auf Grund von § 3 des Gesetzes zur Wiederherstellung des Berufsbeamtentums vom 7. April 1933 entziehe ich Ihnen hiermit die Lehrbefugnis an der Universität Göttingen.

Berlin den 2. September 1933
(Siegel)
Der Preussische Minister für Wissenschaft,
Kunst und Volksbildung
In Vertretung
gez. Stuckart

An den nichtbeamteten ausserordentlichen Professor Frau Emmy Noether in Göttingen, Stegemühlenweg 51 III.

- - - - - - - -

Abschrift zur gefälligen Kenntnisnahme.

An
den Herrn Rektor der
Universität
hier.

Entlassung EMMY NOETHERS (Faksimile)

Der Anfang einer Emigration: EMMY NOETHER auf dem Göttinger Bahnhof

sen und bis 1937 auf seiner Stelle zu bleiben (s. u., Abschnitt 3.9). Den Göttinger Scherbenhaufen vor Augen, zog er es aber im Oktober 1933 vor zurückzutreten, um einen neuerlichen Ruf an das neugegründete Institute for Advanced Study in Princeton anzunehmen [Schappacher 199*].

EDMUND LANDAU hatte das traurige Privileg, Opfer des einzigen nationalsozialistischen Boykotts gegen einen Göttinger Mathematiker zu werden. Daß es nur eine solche studentische Aktion gab, ist den schnellen Maßnahmen des Ministeriums zuzuschreiben, das, in richtiger Einschätzung der Lage, über das oben diskutierte Telegramm hinaus allen bei den nationalsozialistischen Studenten unbeliebten Dozenten deutlich nahelegte, im Sommersemester ihre *venia legendi* nicht auszuüben. Nach dem Sommer 1933 waren diese fast alle schon nicht mehr in Göttingen. Nur LANDAU entschloß sich, in der ersten Vorlesung des Wintersemesters, am 2. 11. 1933, die Probe aufs Exempel zu machen und versuchte, seine Vorlesung wieder selber abzuhalten. Der Boykott (mit SA-Wachen an den Eingängen zum Hörsaal) wurde von dem mathematisch brillanten Studenten OSWALD

TEICHMÜLLER geleitet.[63] LANDAU beantragte seine „Emeritierung oder Pensionierung“ und wurde, unter Rückgriff auf § 6, in den Ruhestand versetzt [Schappacher 1987, 352f].

So blieb Ende 1933 von 5 lesenden Ordinarien: FELIX BERNSTEIN, RICHARD COURANT, GUSTAV HERGLOTZ, EDMUND LANDAU und HERMANN WEYL, nur HERGLOTZ übrig. Zunächst erfüllte der Courant-Schüler und Assistent FRANZ RELLICH, der von Nationalsozialisten als „letzte Stütze des liberalistischen Geistes im Institut“ bezeichnet wurde [Weber 1940, Anhang 70], die Aufgaben des geschäftsführenden Direktors. Ab Januar 1934 löste ihn der mathematisch unbedeutende WERNER WEBER ab, ein früherer Schüler EMMY NOETHERS und Assistent EDMUND LANDAUS, der spätestens ab Sommer 1933 stramm nationalsozialistisch dachte.

So wie Göttingen das erste von den Nationalsozialisten zerstörte Mathematische Institut war, sollte es auch als erstes wieder aufgebaut werden. Selbstverständlich war 1933 Göttingen als einzigartiger Anziehungspunkt für junge mathematische Talente von allen Enden der Welt vernichtet, und Princeton begann, diese Rolle zu übernehmen. Trotzdem hofften sogar COURANT und WEYL, daß der bedeutende Zahlentheoretiker HELMUT HASSE wieder ein solides mathematisches Zentrum aus Göttingen würde machen können.[64]

Als erstes Hindernis stellten sich HASSE der Assistent WERNER WEBER und die durch den erfolgreichen Landau-Boykott in ihrem Selbstbewußtsein gestärkten nationalsozialistischen Studenten, insbesondere OSWALD TEICHMÜLLER entgegen. Ihre eher ‚revolutionäre‘ Auffassung von Nationalsozialismus ließ sie nach einem Institutsdirektor verlangen, den sie auch als politischen Führer respektieren konnten, was bei dem eher konservativ-nationalen HASSE nicht der Fall war. Ihr Wunschkandidat war der Darmstädter Ordinarius UDO WEGNER, dessen spätere politische Leitung des Heidelberger Instituts wir unten in 3.8 diskutieren werden.

Das Ministerium reagierte auf diesen Widerstand durch Entsendung des rabaukenhaften Kieler Privatdozenten ERHARD TORNIER als Ordinarius nach Göt-

63 Daß wirklich TEICHMÜLLER den Boykott leitete und dann LANDAU die Gründe dafür persönlich erläuterte und auf LANDAUs Bitte hin auch schriftlich nachreichte, wird belegt durch:

1. Brief COURANT (Cambridge) an WEYL, 12. 1. 1934 [ETH Zürich, Wiss. hist. Sammlung, Hs 91]: „Über die Landauaffaire sind Sie ja schon unterrichtet. Wissen Sie auch, daß Teichmüller der Anführer der boykottierenden Studenten war?“
2. Brief der Mutter Gertrud Teichmüller an Kleinsorge, 20. 11. 1948 [Privatbesitz Kleinsorge]: „... Und Oswald? Der hat in Bieberbachs Horn geblasen, lauter als er. Und 1933 hat O[swald] verhindert, daß Studenten in eines alten verdienten Juden Vorlesung gingen und hat es d[em] Juden zu m[einem] Entsetzen sogar schriftlich gegeben, daß ‚wir‘ beim Juden nicht mehr hören wollen. Vorm Examen. Dies Schriftstück wird weiterleben.“ – In Wirklichkeit ist uns jedenfalls der Text unbekannt. LANDAU gab allerdings eine Abschrift an das Ministerium weiter, ohne jedoch TEICHMÜLLERs Namen zu nennen.

In der Literatur, die auf *oral history* beruht, wird der Landauboykott häufig falsch datiert; in [Bigalke 1988, 105] werden sogar mehrere Boykotte fingiert.

64 Siehe hier und bis zum Ende von 3.3 [Schappacher 1987, § 2].

tingen. Dieser war dann für HASSE mehr ein weiterer Stein des Anstoßes, als daß er ihm bei der Organisation des Instituts half. HASSE gelang es aber schließlich, TORNIER aus Göttingen nach Berlin zu verdrängen, indem er seine Beschwerden immer wieder dem Ministerium vortrug, das ihn letztendlich stützte.

HASSE leistete eine angesichts der allgemeinen Beschneidung des akademischen Bereichs und angesichts der beiden Entlassungen nach § 6 BBG[65] beachtliche Aufbauarbeit. Dies einerseits für sein eigenes Gebiet der Algebra und Zahlentheorie, indem er junge Mathematiker in seinen Seminaren versammelte - nach WITT und TEICHMÜLLER etwa M. EICHLER, P. HUMBERT, H. L. SCHMID -, und auch internationale Kontakte weiterpflegte. Andererseits gelang es ihm 1937, R. NEVANLINNA für ein Jahr als Gastprofessor aus Helsinki nach Göttingen zu holen, und 1938 organisierte er C. L. SIEGELS Versetzung von Frankfurt nach Göttingen. HASSE und SIEGEL versprachen sich von dieser Versetzung eine fruchtbare Zusammenarbeit auf ihren eng verwandten Arbeitsgebieten. Ihr gemeinsames Seminar 1938/39 machte Göttingen - ganze drei Semester lang - zum Spitzenort auf dem Gebiet der Arithmetischen Algebraischen Geometrie. Die Atmosphäre zwischen HASSE und SIEGEL wurde aber schon vor Kriegsbeginn durch persönliche und politische Differenzen getrübt.

Bei der Angewandten Mathematik, die doch, wie geschildert, in Göttingen eine besondere Tradition hatte, wurde der 1933 angerichtete Schaden nicht annähernd wettgemacht. Als Nachfolger auf der Stelle COURANTS wurde, nachdem man einen vollwertigen Vertreter der Anwendungen nicht nach Göttingen hatte ziehen können, THEODOR KALUZA aus Kiel berufen, der sich nicht als Repräsentant der Angewandten Mathematik fühlte.

Promotions- und Habilitationsverfahren sind häufig ein gutes Kriterium dafür, inwieweit ein Institut unfachlichen Einflüssen ausgesetzt ist. An HASSES Institut kam ein solches Element in der Person seines mathematisch unbedeutenden, nationalsozialistischen Assistenten PAUL ZIEGENBEIN zum Tragen. HASSE wollte ihn habilitieren, was SIEGEL und HERGLOTZ aber verhinderten, bevor das Verfahren eröffnet war.

3.4 Berlin

Die Berliner Mathematik wurde durch die Entlassungen nicht zerstört, obwohl die Berliner Universität insgesamt vom BBG erheblich stärker heimgesucht wurde als die Universität Göttingen.

Ein, wie sich schnell herausstellen sollte, vernichtender Schlag traf allerdings Ende 1933 die Berliner Angewandte Mathematik mit dem Weggang des

65 Die damit verbundene Streichung der Stellen mußte eigens rückgängig gemacht werden; nach dem Verlust von TORNIERS (früher LANDAUS) Stelle nach Berlin wurde im Herbst 1937 das Extraordinariat (*persönliche* Ordinariat) BERNSTEIN durch Tausch gegen die Stelle des 1935 zwangsemeritierten FELIX HAUSDORFF in Bonn zu einem Vollordinariat aufgewertet.

persönlichen Ordinarius und Leiters des separaten Instituts für Angewandte Mathematik, RICHARD VON MISES. Dieser äußerst vielseitige Mathematiker, der die Wahrscheinlichkeitstheorie ebenso vertreten konnte wie ingenieurmathematische Anwendungen in der Strömungsphysik, war als Altbeamter von § 3 BBG nicht betroffen. Im Oktober 1933 bat er aber um Genehmigung, einen Ruf an die (1932 reformiert neugegründete) Universität Istanbul anzunehmen, „da die Annahme eines solchen Rufes wohl im Interesse des Deutschen Reiches liegt".[66] Zum 1. 1. 1934 trat er seine Stelle in der Türkei an. (Die Türkei bemühte sich 1933 systematisch um deutsche Emigranten zum Aufbau des neuen Universitätssystems.) Das Institut für Angewandte Mathematik verödete im Folgenden fast gänzlich unter dem Astronomen ALFRED KLOSE, der anscheinend durch die Protektion VAHLENS[67] an die Spitze dieses Instituts geriet.

Der Algebraiker ISSAI SCHUR, wie VON MISES als Altbeamter nicht von § 3 BBG betroffen, war zwar am 29. 4. 1933 beurlaubt worden; die Beurlaubung wurde aber am 14. 10. 1933 wieder aufgehoben. Allerdings hat SCHUR keine großen Vorlesungen mehr, sondern nur ein kleines Seminar mit durchschnittlich 10 Studenten abgehalten. Am 29. 8. 1935 beantragte er seine Emeritierung. (Der Institutsdirektor LUDWIG BIEBERBACH hatte dem Ministerium am 29. 7. 1935 vorgeschlagen, SCHUR in den Ruhestand zu versetzen.)[68] SCHUR gehört damit zu einer Gruppe von Betroffenen der zweiten Entlassungsphase - siehe 3.6 unten -, die nicht lange vor dem Erlaß des Reichsbürgergesetzes, teils formal auf eigenen Antrag, emeritiert wurden: vgl. unten die Abschnitte 3.7 und 3.8 über Frankfurt und Heidelberg.

Die Entwicklung der Mathematik an der Berliner Universität im Nationalsozialismus[69] war im wesentlichen das Werk BIEBERBACHS. Seit 1935 war BIEBERBACH Dekan: zunächst der Philosophischen, ab 1. 4. 1936 der neugegründeten Mathematisch-Naturwissenschaftlichen Fakultät. Mit VAHLENS Ausscheiden aus dem Ministerium Anfang 1937 allerdings ging BIEBERBACHS allgemeiner hochschulpolitischer Einfluß, über das Mathematische Institut hinaus, zurück. Die Entwicklung des Instituts unter BIEBERBACH wird - abgesehen von der schon angedeuteten Verödung des Instituts für Angewandte Mathematik - gekennzeichnet durch einen allmählichen wissenschaftlichen Verfall aufgrund politisch-ideologischer Rücksichtnahmen in der Institutsverwaltung.

Vor allem wirkte BIEBERBACH eher als Sammelpunkt für Gesinnungsgenossen denn als erfolgreicher mathematischer Fachpolitiker. So beantragte er selber den Wegfall der Stelle SCHURS - wie er etwas später behauptete, im Hinblick auf die Dozententätigkeit WERNER WEBERS, der mittlerweile (von seiner Assistenten-

66 Freundliche Mitteilung Siegmund-Schultze aus Personalakte V. MISES im Archiv der Humboldt-Universität Berlin.

67 Zu VAHLEN, s. Fußnote 114.

68 Freundliche Mitteilung Siegmund-Schultze aus Personalakte Schur im Archiv der Humboldt-Universität Berlin; vgl. [Siegmund-Schultze 1989].

69 Siehe [Siegmund-Schultze 1989], auf dem dieser Abschnitt 3.4 wesentlich beruht. Vgl. auch [Biermann 1988], [Siegmund-Schultze 1987]. Für die TH, siehe [Knobloch 199*].

stelle aus Göttingen, über die Vertretung des SIEGEL-Lehrstuhls in Frankfurt) in Berlin sein politisch-mathematisches Zuhause gefunden hatte. WEBER war nicht in der Lage, die Algebra annähernd so zu vertreten wie SCHUR es getan hatte.

Auch OSWALD TEICHMÜLLER ließ sich aus politisch-ideologischen Gründen von Göttingen nach Berlin, in die Gruppe nationalsozialistischer Mathematiker um BIEBERBACH, versetzen. VAHLEN hatte ihm ein Stipendium des Ministeriums zugesichert und BIEBERBACH hielt ihn auch weiterhin mit Stipendien über Wasser. In Berlin brach dann seine geniale mathematische Kreativität voll durch, und er entwickelte ab 1938 zunächst heuristisch das Forschungsprogramm über den Zusammenhang zwischen quasikonformen Abbildungen und quadratischen Differentialen auf Riemannschen Flächen, dessen Weiterführung heute seinen Namen trägt. Diese unstreitige große Bereicherung der Berliner Mathematik ist aber die Frucht eines Ortswechsels aus politischen Gründen, und war die Leistung eines Stipendiaten ohne Stellung am Institut. Persönlich fühlte sich TEICHMÜLLER überdies am neuen Ort eher isoliert. Im Frühjahr 1943 meldete er sich freiwillig an die zusammenbrechende Ostfront, wo er im September 1943 offenbar umkam.[70]

OSWALD TEICHMÜLLER
1935 in Göttingen

TEICHMÜLLER war nicht nur der beste Mathematiker, den BIEBERBACH nach Berlin zog; er war der einzige von Format. ERHARD TORNIER, der immerhin respektable Beiträge zur Grundlegung der Wahrscheinlichkeitstheorie geliefert hatte, verlor 1939 wegen seines Lebenswandels sein Ordinariat und wurde wenig später aus der Partei entlassen [Schappacher 1987, 358]. Der Mengentheoretiker E. FORADORI aus Innsbruck, dem BIEBERBACH 1934 - offenbar aus politischen Gründen - einen Lehrauftrag für Grundlagen der Mathematik verschaffte, war ebenfalls nicht ein Mann, der das Absinken des Niveaus der Berliner Mathematik hätte aufhalten können.

70 Zu TEICHMÜLLER, siehe [Helling, Schappacher, Scholz 199*].

Die Politisierung des Berliner Instituts läßt sich auch an dem Habilitationsverfahren des Assistenten K. MOLSEN abschätzen. Dessen zahlentheoretische Habilitationsschrift war von WERNER WEBER und BIEBERBACH – wohl aus Rücksicht auf diesen ‚verdienten' Nationalsozialisten – vorsichtig positiv bewertet worden und es bedurfte des übrigens allseits als integer geschätzten ERHARD SCHMIDT, der die Habilitation mit einem Zusatzgutachten verhinderte.

Bezeichnend für BIEBERBACHS Führung des Mathematischen Instituts ist schließlich, daß mehrere vielversprechende junge Mathematiker – etwa COLLATZ, GRUNSKY, RINOW, WIELANDT – höchstens als „Hilfskräfte" am Institut, oder in der Redaktion des von BIEBERBACH im Auftrag der Akademie herausgegebenen Referateorgans *Jahrbuch über die Fortschritte der Mathematik* arbeiteten.

3.5 Die erste Entlassungsphase im übrigen Reich

Die Zerstörung Göttingens durch die Nationalsozialisten hat (innerhalb der Mathematik) keine Parallele im Reich während der ersten Phase der Entlassungen, d. h. vor 1935. Es gab sogar Orte der relativen personellen Kontinuität über die ganze Nazizeit hinweg. In diesem Abschnitt gehen wir kurz auf einige Mathematische Institute ein, die in der Aufstellung der von der ersten Phase Betroffenen genannt wurden.

In **Aachen**[71] fällt unter den Opfern des Nationalsozialismus besonders der Hilbertschüler und Herausgeber der *Mathematischen Annalen* OTTO BLUMENTHAL auf. Seine Schikanierung und Entlassung 1933 zeigt übrigens exemplarisch die Rolle, die dem BBG von seinen Vätern zugedacht war. BLUMENTHAL gehört mit GUMBEL in Heidelberg (s. u., Abschnitt 3.8) zu den ersten Opfern nationalsozialistischer Willkür unter den Mathematikern, und wie GUMBEL wurde er wegen seiner jüdischen Abstammung *und* aus politischen Gründen verfolgt, wenn uns auch die politischen Vorwürfe gegen ihn sehr viel weniger deutlich motiviert erscheinen als im Falle GUMBELS. Schon am 1. 2. 1932 veröffentlichte das *Westdeutsche Grenzblatt* einen Propagandaartikel über den angeblichen „Salonbolschewismus" an der Technischen Hochschule Aachen, in dem auch BLUMENTHAL erwähnt wurde. BLUMENTHAL war Mitglied eines „Vereins der Freunde des neuen Rußlands"; vermutlich war dies eher Ausdruck einer intellektuellen Offenheit nach Art der Göttinger Mathematiker um HILBERT (denen er sich in jeder Hinsicht verbunden fühlte) denn irgendeiner Linientreue. Am 18. 3. 1933 – also vor dem BBG – forderte der Aachener AStA in einem Brief an das Ministerium, fünf kommunistischen/jüdischen Aachener Professoren, darunter auch BLUMEN-

71 Unsere Angaben zum Vollzug des BBG in Aachen stammen aus der Akte: *Durchführung des Berufsbeamtengesetzes, TH Aachen*, im Nordrhein-Westfälischen Hauptstaatsarchiv Düsseldorf; NW 5,831. Wir verdanken die Informationen der freundlichen Mitteilung von H. Mehrtens.

OTTO BLUMENTHAL

THAL, die Prüfungsberechtigung zu entziehen. Kurz darauf wurde BLUMENTHAL (und mit ihm auch der Wirtschaftswissenschaftler MEUSEL) für einige Zeit in „Schutzhaft" genommen. Am 10. 5. 1933 wurde er von seiner Stelle beurlaubt; am 22. 9. 1933 wurde die Entlassung nach dem politischen § 4 BBG ausgesprochen. Bis 1938 blieb BLUMENTHAL in Aachen und war weiterhin Herausgeber der Mathematischen Annalen. 1939 emigrierte er nach Holland, wurde von dort aber später doch deportiert und kam 1944 im Konzentrationslager Theresienstadt um.

Außer BLUMENTHAL wurde in Aachen auch der mathematische Physiker LUDWIG HOPF entlassen (nach § 3, nicht § 4 BBG), einer von zwei Aachener Professoren, die der AStA seiner Denunziationsliste vom 18. 3. 1933 wenig später noch hinzugefügt hatte. In seinem Falle hatten Kollegen versucht, ihn durch Gutachten über seine Bedeutung für die Luftfahrtforschung vor dem zwangsweisen Ruhestand zu bewahren. Die Gutachten (besonders eines von TH. V. KÁRMÁN) wurden aber als nicht positiv genug angesehen.

In **Breslau** wurden zu Beginn des Sommersemesters 1933 die Mathematischen Institute von Universität und TH zusammengelegt.[72] Ob diese Maßnahme auch tatsächlich Bestand hatte, ist uns nicht bekannt. Beide Mathematischen Institute zusammengenommen verloren zwei bedeutende Ordinarien: den analytischen Zahlentheoretiker HANS RADEMACHER (1892–1969) (von der Seite der Universität) und FRITZ NOETHER (von der Seite der TH). Beide waren pazifistisch gesinnt und wurden unter Hinweis auf ihre Tätigkeit in der *Liga für Menschenrechte* nach § 4 BBG entlassen - NOETHER am 11. 9. 1933, RADEMACHER nach vergeblicher Berufung am 20. 2. 1934.[73] RADEMACHER emigrierte in die USA; NOETHER als einer von wenigen - z. B. auch der in Köln entlassene Privatdozent STEFAN COHN-VOSSEN und der Berliner Privatdozent ST. BERGMANN - in die Sowjetunion, wo er einige Jahre in Tomsk arbeitete. Im Herbst 1937 wurde er

72 Dies geht aus einer entsprechenden Nachricht FRITZ NOETHERs an den Schatzmeister der DMV (HASSE) hervor - siehe die in den Abschnitten 4.3 ff benutzten Akten.

73 Freundliche Mitteilung Siegmund-Schultze aus den Akten des Merseburger Archivs.

der Spionage für Deutschland und anderer anti-sowjetischer Aktivitäten bezichtigt und zu 25 Jahren Gefängnis verurteilt. 1941 wurde er in Orel kurz vor der Einnahme der Stadt durch deutsche Truppen ohne weiteres Verfahren erschossen. 1988 wurde sein Fall vor dem obersten Gerichtshof der Sowjetunion erneut verhandelt und festgestellt, daß die gegen ihn erhobenen Anschuldigungen völlig unbegründet waren.[73a]

An der Bergakademie **Freiberg** wurde mit FRIEDRICH WILLERS 1934 der einzige Ordinarius für Mathematik aus dem Amt gedrängt. Die Zerstörung dieses mathematischen Instituts ist also relativ noch totaler als in Göttingen, wiegt aber absolut natürlich nicht sehr schwer. WILLERS war nicht jüdischer Abstammung und wurde durch nachhaltigen Druck der nationalsozialistischen Studentenschaft dazu gebracht, seine Emeritierung zu beantragen. Er schied am 30. 9. 1934 aus dem Dienst aus. Wohl als Vorwand in einem (hochschul-)politischen Machtkampf innerhalb der Bergakademie hatte die Studentenschaft WILLERS' Einsatz für eine Verbesserung der Mathematikausbildung in Freiberg kritisiert und dem Senat eine Entschließung nahegelegt, in der für das SS 1934 „auf die Abhaltung der mathematischen Vorlesungen und Übungen verzichtet“ wurde. Ein Teil der Fakultät versuchte vergeblich, WILLERS zu stützen. 1944 schließlich wurde WILLERS in Dresden wieder Ordinarius [Flaxa 1984].

In **Leipzig** starb LEON LICHTENSTEIN 55jährig, bevor das BBG auf ihn formal Anwendung fand. Wir haben uns erlaubt diesen frühen Tod als Stellenverlust unter dem Nationalsozialismus mitzuzählen. Spätestens 1935 hätte er als Mathematiker jüdischer Abstammung seine Stelle aufgeben müssen. – Leipzig behielt mit LICHTENSTEINS Nachfolger EBERHARD HOPF, mit PAUL KOEBE und BARTEL VAN DER WAERDEN drei herausragende Mathematiker bis 1945.[74]

Das Mathematische Institut der Universität **München** erhielt sich, abgesehen von der Vertreibung SALOMON BOCHNERS (Lehrauftrag für Analytische Geometrie), in dieser ersten Phase 1933/34 eine praktisch uneingeschränkte Kontinuität über die „Machtergreifung“ hinweg. Die drei Ordinarien CARATHÉODORY, PERRON und TIETZE blieben über die Nazizeit hinweg im Amt; ihr Kollege FRIEDRICH HARTOGS aber wurde 1935, in der zweiten Phase, entlassen.

Der Fall KURT REIDEMEISTER, Ordinarius in **Königsberg,** früher Mitglied des „Wiener Kreises“ des logischen Positivismus, ist interessant, insofern REIDEMEISTER nicht entlassen sondern am 23. 9. 1933 nach dem Zwangsversetzungen (und auch Degradierungen) ermöglichenden § 5 des BBG an „eine andere Universität“ versetzt wurde. Anscheinend hatte er sich die Gegnerschaft nationalsozialistischer Studenten zugezogen, wobei nicht klar ist, wie weit weltanschaulich/politische Gründe eine Rolle spielten.[74a] 1934 kam er (als Nachfolger HASSES) nach Marburg. Königsberg hat in der zweiten Phase noch einen weiteren Ordinarius, GABOR SZEGÖ, eingebüßt.

73a Diese Angaben verdanken wir Fritz Noethers Sohn Gottfried Noether.

74 Zur Geschichte der Mathematik in Leipzig, siehe [Beckert, Schumann 1981].

74a Freundliche Mitteilung R. Siegmund-Schultze.

3.6 Die zweite Entlassungsphase

Anfang und Ende 1935 verzeichnen jeweils ein neues Gesetz, von denen besonders das letzte noch einmal einschneidende Auswirkungen auf die Universitäten hatte.

Am 21. 1. 1935 wurde das „Gesetz über die Entpflichtung und Versetzung von Hochschullehrern aus Anlaß des Neuaufbaus des deutschen Hochschulwesens" erlassen. Mit dem im Titel erwähnten „Neuaufbau" hingen besonders §§ 3, 4 dieses Gesetzes zusammen, insofern sie dem Ministerium ermöglichten, „wenn es das Reichsinteresse erfordert", Professoren zu versetzen oder von ihren „amtlichen Verpflichtungen" zu entbinden. Uns ist kein Beispiel bekannt, daß dieser Paragraph auf einen Mathematiker angewandt worden wäre. Das Gesetz bestimmte aber außerdem in §§ 1, 2, daß, falls nicht „überwiegende Hochschulinteressen" dagegen stünden, „die beamteten Hochschullehrer des Deutschen Reiches zum Schluß des Semesters, in dem sie ihr 65. Lebensjahr vollenden, kraft Gesetzes von ihren amtlichen Verpflichtungen entbunden" werden.

FELIX HAUSDORFF

In **Bonn** wurde Anfang 1935 der Ordinarius der Mathematik FELIX HAUSDORFF nach § 1 des „Neuaufbau"-Gesetzes emeritiert: er stand in seinem 66. Lebensjahr. HAUSDORFF war jüdischer Abstammung. Es verwundert nicht, daß das Ministerium kein „überwiegendes Hochschulinteresse" wahrnahm, von dieser Maßnahme abzusehen. Außerdem wollte es selber gerne ERHARD TORNIER nach Bonn bringen, der zu dieser Zeit noch in Göttingen gegen HELMUT HASSE seinen besonders rabaukenhaften Nationalsozialismus durchzusetzen versuchte. Die Bonner Fakultät setzte sich dagegen zwar erfolgreich zur Wehr. Dafür wurde aber dieses Ordinariat zunächst überhaupt nicht wieder besetzt und im Oktober 1937 wurde es gegen das Extraordinariat (persönliches Ordinariat) FELIX BERNSTEINS in Göttingen getauscht: In Göttingen wurde CARL LUDWIG SIEGEL aus Frankfurt zum 1. 1. 1938 auf das neuerhaltene Ordinariat versetzt; in Bonn trat ERNST PESCHL schon kurz vorher das hier angekommene Extraordinariat an [Mehrtens 1980].

Außer HAUSDORFF war in Bonn auch der Ordinarius OTTO TOEPLITZ betroffen: er wurde Ostern 1933 beurlaubt. Als Altbeamter war er aber nach § 3 nicht zu entlassen und wurde Ende 1935 nach dem jetzt zu schildernden Reichsbürgergesetz (RBG) in den Ruhestand versetzt. 1939 wurde der Algebraiker WOLFGANG KRULL zu seinem Nachfolger berufen.

Am Sonntag, den 15. 9. 1935, wurden in Nürnberg von dem aus Anlaß des NSDAP „Parteitags der Freiheit" dort versammelten „Reichstag" einstimmig zwei neue Rassengesetze angenommen, die laut Angaben eines Beteiligten in abenteuerlicher Hast am selben Wochenende zusammengeschrieben worden waren [Bracher 1960, 389–392]. Davon bestimmte das Reichsbürgergesetz (RBG) in seinem § 2: „Reichsbürger ist nur der Staatsangehörige deutschen und artverwandten Blutes, der durch sein Verhalten beweist, daß er gewillt und geeignet ist, in Treue dem Deutschen Volk und Reich zu dienen." Das klang nicht nach Ausnahmeregelungen, und in der Tat bestimmte der § 1 der 1. Durchführungsverordnung zum RBG vom 14. 11. 1935 lakonisch: „Jüdische Beamte treten mit Ablauf des 31. Dezember 1935 in den Ruhestand".[75] Der Vollständigkeit halber sei angemerkt, daß im RBG allerdings der Begriff des „Juden", wie es in einem Kommentar der Zeit hieß, „großzügiger" gefaßt war als der des „Nicht-Ariers" im BBG: während vorher ein jüdischer Elternteil – und somit auch ein jüdischer Großelternteil – ausgereicht hatte, mußten es jetzt in der Regel drei jüdische Großelternteile sein.

Im Sinne unserer Abgrenzung wurden in den Jahren 1935 und 1936 insgesamt weitere 16 Mathematiker jüdischer Abstammung ihrer Stellungen enthoben, davon 10 Ordinarien. Bei diesen Entlassungen mischen sich späte Anwendungen des § 6 BBG mit den neuerlassenen Gesetzen. Die Zahlen, obwohl natürlich beträchtlich, zeigen im Vergleich, wie gründlich das BBG die „Judenfreiheit" bereits vorbereitet hatte, die jetzt nach dem RBG (im Sinne der neuen Judendefinition) erreicht wurde.

Die örtliche Verteilung dieser 16 Entlassungen ist (in Klammern hinzugefügt wieder jeweils die Anzahl der Ordinarien): Frankfurt 3 (2), Bonn und Heidelberg jeweils 2 (2), Berlin und Königsberg 2 (1), Breslau 2, München und Köln jeweils ein Ordinarius, Leipzig ein Nicht-Ordinarius.

1935 zählen PINL, FURTMÜLLER auch noch drei aus dem Amt gedrängte Mathematiker nicht-jüdischer Abstammung: HERBERT GRÖTZSCH in Gießen, OTTO NEUGEBAUER in Göttingen und ERNST ZERMELO in Freiburg.

GRÖTZSCH war seit Oktober 1930 in Gießen Assistent und seit 1931 für Reine Mathematik habilitiert und Privatdozent. Zum 1. 10. 1935 sollte seine Assistentenstelle auslaufen. Laut PINL sollte er auf Geheiß des Reichsstatthalters zum 30. 6. 1935 gekündigt werden. Jedenfalls trat er, spätestens dann ohne Stelle, zum 1. 10. 1935 von seiner Dozentur zurück. Nach seinen eigenen Angaben war sein Ausscheiden aus der Universität eine Konsequenz seines Austritts aus dem Stahl-

75 Allerdings bekam der so in den Ruhestand versetzte jüdische Beamte nur dann das volle Ruhegehalt, wenn er Frontkämpfer im Ersten Weltkrieg gewesen war.

helm (nach dessen scheibchenweiser Eingliederung in die SA). GRÖTZSCH, der bedeutende Beiträge zur Theorie der quasikonformen Abbildungen geliefert hat, kam nach seinem Ausscheiden in Gießen als Mitarbeiter beim *Poggendorf* unter.[76]

NEUGEBAUER war im April 1933 auf Geheiß des Ministers gebeten worden, seine *venia* nicht auszuüben - auch dies eine implizite Drohung mit § 4 (bzw. § 2a) BBG, da eine phantastische Gerüchtekampagne in Göttingen ihn als Kommunisten verdächtigte [Schappacher 1987, 352]. Er ließ sich daraufhin Ende 1933 nach Kopenhagen beurlauben, wo man beim Aufbau eines neuen Mathematischen Instituts von seinen Erfahrungen aus Aufbau und Einrichtung des Göttinger Institutsgebäudes Ende der zwanziger Jahre profitieren konnte. Obwohl er sicher bald nicht mehr an eine Rückkehr in das neue Göttingen dachte, sah er doch vor 1935 keinen Anlaß, um Ausscheiden aus seiner Oberassistentenstelle zu bitten. Er gehört also trotz seines späten formalen Ausscheidens zu den ersten Opfern des BBG, wo wir ihn auch mitgezählt haben.

Für den Fall ZERMELO wurden auch von PINL Akten herangezogen. Danach wurde gegen diesen Honorarprofessor 1935 ein Disziplinarverfahren wegen Verweigerung des Hitlergrußes eröffnet, mit dem Ziel, ihm die *venia* zu entziehen. Dem Ergebnis kam der 63jährige am 2. 3. 1935 durch eigenen Verzicht auf seine Lehrtätigkeit zuvor.[77].

Ein weiterer Fall, der in das Jahr 1935 gehört (bei PINL, FURTMÜLLER ist keine Datierung angegeben), ist der von HEINRICH GRELL in Halle. Am 2. 11. 1934 wurde GRELL der Lehrauftrag für Mathematik des in der ersten Welle nach § 3 BBG entlassenen REINHOLD BAER übertragen, am 12. 3. 1935 „bis auf weiteres" verlängert. GRELL versah zu dieser Zeit zahlreiche NS-Dienste. Am 11. 4. 1935 wurde er von der Geheimen Staatspolizei verhaftet und „in Schutzhaft überführt", aus der er am 3. 9. 1935 entlassen wurde. Es wurde ihm Verstoß gegen § 175 StGB vorgeworfen. Ein Strafverfahren gegen ihn wurde aber nicht eingeleitet. Am 13. 11. 1935 wurde ihm nach § 18a Reichs-Habilitationsordnung vom 13. 12. 1934[78] die Lehrbefugnis entzogen. GRELL kam bei der Messerschmidt AG Augsburg unter, und wechselte von dort 1944 in den Reichsforschungsrat.[79]

76 Siehe [Pinl 19**, I, S. 223]. Einige Angaben über GRÖTZSCH verdanken wir Herrn Jentsch, Halle.

77 So [Pinl 19**, I, S. 221]. Vgl. [Peckhaus 1989, 1.3].

78 „Der Reichswissenschaftsminister kann die Lehrbefugnis entziehen oder einschränken, wenn es im Universitätsinteresse geboten ist."

79 Die Angaben über GRELL verdanken wir zum Teil der freundlichen Mitteilung von Herrn Jentsch, Halle.

3.7 Frankfurt

Die Universität Frankfurt[80] wurde im Sommer 1914 aufgrund bedeutender Stiftungen Frankfurter Bürger gegründet; der Beginn des Lehrbetriebes fiel schon in den Ersten Weltkrieg. 1933 war etwa ein Drittel der Lehrenden an der Universität jüdischer Abstammung. Dieser unter den Universitäten anscheinend maximale Anteil von Lehrenden jüdischer Abstammung[81] erklärt sich wohl aus der Stiftungsstruktur und der kurzen Geschichte dieser Universität. Als LUDWIG BIEBERBACH 1921 von Frankfurt nach Berlin ging, berücksichtigte er bei Vorschlägen für seinen Frankfurter Nachfolger, daß ein Kandidat jüdischer Abstammung an dieser Universität bessere Chancen hätte [Mehrtens 1987, 200]. Während des Nationalsozialismus wurde die Frankfurter Universität denn auch als „Juden-Universität" diffamiert, und während sie einerseits anfangs von der Wissenschaftsbürokratie als Sammelbecken für im Amt verbleibende nichtarische Professoren ausersehen war, gab es andererseits Pläne für ihre völlige Schließung, die aber abgewendet werden konnten. Allerdings wurde ihre Hörerzahl auf 2000 begrenzt.

In der Mathematik konnte das normal ausgestattete Seminar (zwei Ordinariate, ein planmäßiges Extraordinariat) zunächst noch über 1933 hinaus mit nur einem Verlust seinen vorbildlich harmonischen und mathematisch hochkarätigen Betrieb aufrechterhalten: Nur dem nicht-beamteten außerordentlichen Professor OTTO SZÁSZ war am 8. 9. 1933 nach § 3 BBG die Lehrberechtigung entzogen worden. Schon während des Sommersemesters 1933 war er beurlaubt und las nicht mehr.

Die eigentliche Zerstörung des Frankfurter Mathematischen Seminars begann mit der späten aber plötzlichen Entlassung des Ordinarius MAX DEHN. Er wurde am 19. 6. 1935 nach § 6 BBG in den Ruhestand versetzt. Er war Altbeamter. Das „erklärt" nach der schon bekannten BBG-Logik die Anwendung von § 6. Der Lehrstuhl wurde hier auch tatsächlich, sogar rückwirkend zum 1. 4. 1935, gestrichen. DEHN ist das erste Opfer einer kleinen Welle von Entlassungen, die vor dem RBG, im Sommer 1935 plötzlich in Gang kam – vgl. das Heidelberger Beispiel unten. Es ist unklar, was seine Entlassung herbeigeführt hat.[82]

80 Die Geschichte der Zerstörung des Frankfurter Seminars ist in der eindringlichen und, verglichen mit anderen Erlebnisberichten aus dieser Zeit, sehr sorgfältigen Rede SIEGELs [Siegel 1965] dargestellt. Weitere Angaben verdanken wir dem jüngsten Entwurf einer Geschichte des Mathematischen Seminars der Universität Frankfurt bis 1945 von W. Schwarz und J. Wolfahrt. Die einzelnen Daten und der Wortlaut des Briefes zur Habilitation MOUFANG, entstammen den entsprechenden Personalakten im Frankfurter Universitätsarchiv.

81 Vgl. als Beleg hierfür etwa die relativ wohl zutreffenden gesamtuniversitären Entlassenenzahlen in [Bracher 1960, S. 435].

82 In [Siegel 1965, 468] wird ein persönlicher Racheakt VAHLENs aus dem Ministerium unterstellt (zu Vahlen, s. Fußnote 114). Siegel dachte wohl an Dehns Verriß eines Buches von Vahlen im Jber. DMV 1905 – vgl. [Siegmund-Schultze 1984b, 54]. Möglicherweise forderte hier nur der allgemeine Haushaltsabbau der Frankfurter Universität ein Opfer. Oder hatte WERNER WEBER, der im Sommersemester 1935 den nach Princeton beurlaubten SIEGEL vertrat, seine Hand im Spiel?

MAX DEHN

Am 24. 9. 1935 bat der nicht-beamtete außerordentliche Professor PAUL EPSTEIN selber darum, von seinen Lehrverpflichtungen entbunden zu werden. Dem wurde am 5. 11. 1935 (also vor der ersten Durchführungsverordnung zum RBG) ohne Hinweis auf eine gesetzliche Bestimmung entsprochen. Er war Frontkämpfer im Ersten Weltkrieg gewesen. Zur Gestapo vorgeladen, wählte er im August 1939 den Freitod.

Zum 15. 10. 1935 wurde der persönliche Ordinarius (auf dem planmäßigen Extraordinariat) ERNST HELLINGER „bis zum Erlaß von Ausführungsbestimmungen zum Reichsbürgergesetz" beurlaubt. Demgemäß wurde er am 23. 12. 1935 unter Verweis auf die oben erwähnte 1. Durchführungsverordnung zum RBG in den Ruhestand versetzt. HELLINGER war zum 1. 9. 1914 als beamteter außerordentlicher Professor an die neugegründete Frankfurter Universität gekommen, also kein Altbeamter. Er war aber Frontkämpfer im Ersten Weltkrieg gewesen. Das erklärt, warum er nicht früher betroffen war. - Vgl. [Rovnyak 1989].

Als einziger Ordinarius blieb also CARL LUDWIG SIEGEL in Frankfurt übrig. Er ließ sich, was wohl wesentlich von HASSE mit in die Wege geleitet worden war, zum 1. 1. 1938 nach Göttingen versetzen.

Wiederbesetzt wurden die Stellen HELLINGERS (ab 1936 mit G. AUMANN) und SIEGELS (ab 1938 mit W. THRELFALL). Von einem gelungenen Wieder- oder Neuaufbau des Seminars im Nationalsozialismus kann aber damit höchstens in einem sehr eingeschränkten Sinne die Rede sein.

Die Mathematikerin RUTH MOUFANG hatte 1936 in Frankfurt den Dr. habil. erworben. Ihr Antrag auf Zulassung zur Probevorlesung und somit Erwerbung der *venia legendi* wurde aber, trotz einer Befürwortung durch den nationalsozialistischen Rektor der Universität, vom Ministerium am 17. 2. 1937 mit der Begründung abgelehnt, daß sie nicht zum Dozenten ernannt werden könne. Auf ihre Nachfrage hin wurde ihr am 9. 3. 1937 mitgeteilt:

> „Da dem Dozenten im Dritten Reich außer seinen wissenschaftlichen Leistungen wesentlich erzieherische und Führereigenschaften voraussetzende Aufgaben zufallen und die Studentenschaft fast ausschließlich aus Männern

besteht, fehlt dem weiblichen Dozenten künftig die Voraussetzung für eine ersprießliche Tätigkeit. Die Reichshabilitationsordnung hat mit Einführung des Gemeinschaftslagers (Wehrsportlager und Dozentenakademie) bereits einen ausschließlich männlichen Hochschullehrernachwuchs im Auge gehabt. Bei dieser Sachlage ist es mir leider nicht möglich, Ihnen die Erteilung der Dozentur in Aussicht zu stellen. Gegen eine forschende Tätigkeit an einer Hochschule oder in einer Forschungsanstalt bestehen jedoch keine Bedenken. Als solche betrachte ich auch eine Beteiligung an speziellen Seminaren und Übungen."

MOUFANG erfüllte daraufhin außeruniversitäre Forschungsaufträge. Von 1937 bis 1946 war sie bei Krupp tätig.

Eine andere in Frankfurt ausgebildete Mathematikerin, HEL BRAUN, die 1936 bei SIEGEL promovierte und mit ihm dann nach Göttingen ging, wartete den Krieg ab, bevor sie dort erfolgreich Dr. habil. und *venia* erwarb, um dann einen wesentlichen Teil des mathematischen Lehrbetriebs am ausgedünnten Göttinger Mathematischen Institut während des Krieges sicherzustellen.

3.8 Heidelberg

Die Universität Heidelberg hat die Entlassung eines Mathematikers aus nationalsozialistischen oder jedenfalls nationalen Motiven zu verzeichnen, die schon vor der Machtergreifung eingeleitet wurde: die des Statistikers EMIL JULIUS GUMBEL. Der engagierte Republikaner und Pazifist hatte neben seinen theoretischen Arbeiten auch z. B. eine außerordentlich sorgfältige statistische Untersuchung politischer Morde in der frühen Weimarer Republik vorzuweisen[83] und machte sich von Zeit zu Zeit durch Polemiken bei der politischen Rechten ausgesprochen verhaßt.[84]

So forderte er im Juli 1924 die Teilnehmer an einer „Nie-wieder-Krieg" Kundgebung zu zwei Schweigeminuten für die Toten des Weltkriegs auf, „die – ich will nicht sagen, auf dem Feld der Unehre gefallen sind – aber doch auf gräßliche Weise ums Leben kamen." Auf den Protest des AStA hin wurde vom Rektor gegen GUMBEL ein Untersuchungsverfahren wegen Entzug der *venia* eingeleitet, das aber im Mai 1925 ‚nur' in der Veröffentlichung eines universitätsoffiziellen Gutachtens über GUMBEL endete, in dem er u. a. als „ausgesprochene Demagogennatur" bezeichnet wurde, und das ihm abgesehen von „geradezu elementarem Mangel an Takt" auch „vollkommene[n] Mangel an Objektivität" bescheinigte, der Eigenschaft, die seine akribischen politischen Veröffentlichungen doch gerade auszeichnete.

83 Siehe etwa [Gumbel 1979]; vgl. [Rasehorn 1987].

84 Das folgende Aperçu des Falles GUMBEL lehnt sich an [Gumbel 1979], [Jansen 1985] und [Vézina 1982] an.

Nationalsozialistische Propagandapostkarte gegen EMIL JULIUS GUMBEL

Im August 1930 wurde GUMBEL, mit Zustimmung des Dekans der Philosophischen Fakultät, immerhin zum (nicht-etatmäßigen) außerordentlichen Professor ernannt, was kurz darauf von derselben Fakultät mißbilligt wurde. Nach zahlreichen studentischen Protestveranstaltungen erklärte der nationalsozialistisch dominierte AStA am 15. 1. 1931 im Namen der Studentenschaft dem Rektor in einem Brief, sie werde bei Universitätsfeierlichkeiten nicht mehr chargieren, solange GUMBEL dem Lehrkörper der Universität angehöre. Das Kultusministerium widerrief daraufhin die Genehmigung der Satzung der Studentenschaft. Mittelfristig stärkte dies die nationalsozialistische Fraktion der Studenten, und GUMBEL wurde schließlich am 5. 8. 1932 - nach seiner berühmten öffentlichen, auf den Hunger im Krieg anspielenden Äußerung (27. 5. 1932), eine Kohlrübe sei ein besseres Kriegsdenkmal als eine leichtbekleidete Jungfrau - auf Empfehlung einer Kommission, die von dem republiktreuen Professor für öffentliches Recht (Kommentator der Weimarer Verfassung!) Gerhard Anschütz geleitet wurde, wegen eines akademischen Lehrers unwürdigen Benehmens entlassen. Er legte Berufung ein, die erst im Februar 1933 abgewiesen wurde (deshalb wird er in unserer globalen Statistik in 3.1 mitgezählt). Er emigrierte nach Frankreich und hat in [Gumbel 1938] eine der ersten detaillierten und scharfsinnigen Darstellungen der nationalsozialistischen Hochschulpolitik und der *„Deutschen Mathematik“* herausgegeben.

In Baden ging dem BBG ein Erlaß um zwei Tage vorher, der ohne nähere Spezifikation die Beurlaubung aller Juden im Staatsdienst verfügte. Seine Weitergabe an die Universität Heidelberg am 6. 4. 1933 rief dort große Verwirrung hervor. Dieser besonders chaotische Hereinbruch der nationalsozialistischen Rassenpolitik über die Universität führte aber letztlich dazu, daß die höheren Universitätsorgane - zwar keineswegs offenen Widerstand leisteten, aber - die Anwendung des BBG anfangs doch in vergleichsweise gedämpfte Bahnen lenkten. So wurde insbesondere der Ordinarius der Mathematik ARTHUR ROSENTHAL zwar am 28. 4. 1933 beurlaubt, seine Beurlaubung wurde aber sofort auch ausgesetzt. Und im Sommer 1933 wurde ihm und dem anderen Geometer unter den Heidelberger Ordinarien, HEINRICH LIEBMANN, offiziell bescheinigt, daß sie unter die Ausnahmen zu § 3 fielen: LIEBMANN war Altbeamter, ROSENTHAL Frontkämpfer des Weltkriegs.[85]

Zwei Jahre später aber, am 17. 5. 1935, startete der NS-Studentenbund einen Vorlesungsboykott gegen diese beiden Mathematiker. Gleichzeitig richtete die Math. Nat. Fachschaft parallel zu beider Vorlesungen und Übungen Arbeitsgemeinschaften ein. Nachdem der Heidelberger Rektor und das Ministerium jede Unterstützung abgelehnt hatten, beantragten beide am 2. 6. 1935 (LIEBMANN aus Gesundheitsgründen) ihre Emeritierung, die zum 30. 9. 1935 erfolgte. Nach dem RBG wurde ihnen dann am 3. 1. 1936 rückwirkend zum 31. 12. 1935 überdies noch die Lehrbefugnis entzogen.

LIEBMANNS Lehrstuhl vertrat ab November 1935 der bekannte, damals gerade dreißigjährige Topologe HERBERT SEIFERT (gemeinsam mit THRELFALL Autor des berühmten „Lehrbuchs der Topologie"). Zum Nachfolger LIEBMANNS wurde er am 1. 7. 1937 ernannt.

Am 1. 4. 1937 erhielt UDO WEGNER den Lehrstuhl ROSENTHALS in Heidelberg, nachdem er ihn schon seit dem WS 1936/37 vertreten hatte. Vom April 1941 bis März 1945 war er Dekan der Heidelberger Math.-Nat. Fakultät.

WEGNER lagen die Anwendungen der Mathematik sehr am Herzen. Von seinen immerhin sehr vielseitigen mathematischen Arbeiten sind mindestens einige algebraische von zweifelhafter Qualität.[86] Auch TEICHMÜLLER meinte 1934, als die Göttinger ‚Basis' WEGNER gegen HASSE als neuen Direktor des Mathematischen Instituts in Göttingen propagierte, das von WEGNER für den Göttinger Kampf aufzustellende „mathematisch-politische Arbeitsprogramm" müsse „nicht in jeder Hinsicht besser [sein] als das der Gegenseite. In Einzelheiten dürfe es sogar schlechter sein; es müsse aber so beschaffen sein, daß man im Notfall unendlich lange darüber diskutieren könne." [Weber 1940, S. 43].

Dieses Programm wurde damals, trotz Mahnung WERNER WEBERS, nicht geschrieben. Wie es geklungen hätte, kann man aus einem späteren Grundsatzvortrag WEGNERS ahnen, in dem es u. a. heißt: „Jetzt, wo wir auf allen Gebieten den Materialismus überwunden haben, wird die Mathematik ... wieder zu dem richtigen Ansehen gelangen, falls sie ... von ihren Jüngern in ihren großen Lebenszusammenhängen, in ihren Aufgaben und ihrer Stellung im organischen Weltbild erkannt wird."[87] Was das genau heißen soll, erfährt man übrigens auch aus dem Kontext nicht.

85 Vgl. hier und im Folgenden [Vézina 1982].

86 Siehe etwa die Sequenz von Arbeiten von WEGNER, HASSE, VAN DER WAERDEN in den *Mathematischen Annalen* **105**, **106**, **109**.

87 Vortrag WEGNERs auf einem Lager der Reichsfachgruppe Naturwissenschaft des NSD-Studentenbundes in Heidelberg am 4. 8. 1936: [Wegner 1937, S. 7].

Eine detaillierte Institutsgeschichte Heidelbergs aus der Zeit der Direktorenschaft WEGNERS scheint noch nicht zu existieren. Der einflußreiche Chemiker Freudenberg berichtete 1947 Folgendes.[88]

„[Wegners] Berufung erfolgte ohne Wissen eines Teiles und zwar eines nicht nationalsozialistischen Teiles der Fakultät. ... Bei einem normalen Berufungsverfahren, wie es vor dem Nationalsozialismus üblich war, wäre Herr Wegner bestimmt nicht nach Heidelberg berufen worden. ... Er betrieb die Habilitation des Mathematikers Dr. Joachim Fischer, eines scharfen Nationalsozialisten, und zwar gegen das Gutachten seines mathematischen Kollegen Seifert. Wegner erklärte, daß eine Verfügung bestände, nach der mangelnde Leistungen durch politische Verdienste ausgeglichen werden könnten ... In der Fakultät baute er seine Machtstellung immer rücksichtsloser nach dem „Führerprinzip" aus. Die Handhabung des Führerprinzips ging so weit, daß er, wie sich später herausstellte, seine Amtsbefugnis mißbrauchte, indem er mit [dem 1937 gegen den Willen des Dekans, durch Fürsprache Lenards und des Rektors, vom Assistenten zum Ordinarius für theoretische Physik berufenen zuverlässigen Nationalsozialisten Ludwig] Wesch Promotionen[89] vornahm, die in jeder Weise gegen die Promotionsordnung verstießen und vor der Fakultät geheim gehalten wurden."

Daß in Heidelberg eine derartige Politisierung des Institutsbetriebs Platz greifen konnte, ist wohl direkt oder indirekt dem Einfluß PHILIPP LENARDS zuzuschreiben. Dieser Nobelpreisträger von 1905 und Vertreter der *Deutschen Physik*, Träger des goldenen Parteiabzeichens, war zwar seit dem 31. 3. 1931 emeritiert. Laut einem Schreiben des Reichsinnenministeriums vom 22. 4. 1933 sollte er aber (nur in Heidelberg?) „bei Berufungsfragen, die Naturwissenschaften und Mathematik betreffen, zur Begutachtung herangezogen werden" [Vézina 1982, 147]. In welchem Maße er diese Rolle ausfüllte, wurde von Vézina eindrucksvoll dokumentiert: [Vézina 1982, 146ff].

3.9 Die dritte Entlassungsphase

Schon am 30. 6. 1933 wurde das *Gesetz zur Änderung von Vorschriften auf dem Gebiete des allgemeinen Beamten-, des Besoldungs- und des Versorgungsrechts* erlassen, das das Reichsbeamtengesetz vom 31. 3. 1873 um einen § 1a ergänzte, in dem es u.a. heißt: „(3) Wer nicht arischer Abstammung oder mit einer Person nicht arischer Abstammung verheiratet ist, darf nicht als Reichsbeamter berufen

88 [Vézina 1982, S. 155]. Die Angaben werden durch Notizen D. Puppes über ein Gespräch mit SEIFERT am 10. 1. 1986 bestätigt und erweitert, die er uns freundlicherweise mitgeteilt hat.

89 Laut SEIFERT im Gespräch mit PUPPE handelte es sich bei dem während des Krieges im Alleingang Promovierten um einen Herrn LIPPISCH. Der Vorgang sei so irregulär gewesen, daß WEGNER dafür sogar damals eine Rüge des Ministeriums erhalten habe.

werden. Reichsbeamte, die mit einer Person nicht arischer Abstammung die Ehe eingehen, sind zu entlassen." Es gab aber keine gesetzliche Handhabe, die „nicht-arisch versippten" Beamten, die vor 1933 eine Stelle erhalten hatten, zu entlassen. In der eigenen Logik der nationalsozialistischen Rassenpolitik lag es also nach dem RBG nahe, auch das systematische Vorgehen gegen „jüdisch versippte" Beamte durch ein neues Gesetz formal zu legalisieren. Dies geschah denn auch im neuen Deutschen Beamtengesetz, verkündet am 26. 1. 1937, dessen § 59 beginnt: „Der Beamte ist zu entlassen, wenn sich nach seiner Ernennung herausstellt, daß er oder sein Ehegatte nicht deutschen oder artverwandten Blutes ist, oder wenn er nach seiner Ernennung die Ehe mit einer Person nicht deutschen oder artverwandten Blutes ohne ... Genehmigung geschlossen hat."

Die Historiker des Nationalsozialismus würde es kaum wundern, wenn dieser Paragraph, obwohl er einen solchen Fall nicht vorsieht, als Rechtsgrundlage für die Entlassung „jüdisch versippter" Beamter benutzt worden wäre, die vor Ende Juni 1933 ihre Stelle als bekanntermaßen „jüdisch Versippte" angetreten hatten. Die Behörden wählten aber nicht diesen Weg. Ganze drei Monate, bevor das neue Beamtengesetz am 1. 7. 1937 in Kraft trat, überkam sie offenbar der Ehrgeiz, das Gesetz mit einer ‚sauberen' Bilanz beginnen zu können. So griff das Ministerium zu folgendem erbärmlichen Konstrukt, um die Universitäten von „jüdisch-versippten" Beamten zu ‚reinigen'. – Im Runderlaß des Ministeriums vom 19. 4. 1937 heißt es:

> „Mein Rundschreiben, das dem deutschblütigen Ehegatten, der in einer deutsch-jüdischen Mischehe lebt, verbietet, in seiner Wohnung die Reichs- und Nationalflagge zu hissen, gilt auch für Beamte. Da der Zustand, daß ein Beamter nicht flaggen darf, auf die Dauer nicht tragbar ist, ist der jüdisch versippte Beamte in der Regel gemäß § 6 BBG in den Ruhestand zu versetzen. ... Eine Danksagung für die geleisteten Dienste ist mit der Pensionierung nicht zu verbinden."[90]

Von diesem Erlaß waren betroffen: ARTIN in Hamburg (s.u.), KAMKE in Tübingen (s.u.), der nichtbeamtete außerordentliche Professor JOHANNES MÜLLER in Bonn (Entzug der *venia legendi*) und der Ordinarius für angewandte Mathematik THEODOR PÖSCHL in Karlsruhe.[91] Der Courant-Schüler KURT FRIEDRICHS, mittlerweile Ordinarius in Braunschweig, verließ von selbst seine Stelle, um seine jüdische Braut zu heiraten, und mit ihr in die USA zu emigrieren.

Jetzt spätestens hätte auch HERMANN WEYL seine Stelle in Göttingen verlassen müssen, wäre er nicht schon 1933 – übrigens auch mit einem Verweis auf das Gesetz vom 30. 6. 1933 – von selber ausgewandert [Schappacher 199*].

90 Hier zitiert nach [Maas 1987], betr. ARTIN. Vgl. [Adam 1977, 37], wo allerdings Verkündung und Inkrafttreten des Beamtengesetzes fälschlicherweise identifiziert werden.

91 Bei MÜLLER und PÖSCHL ist nicht geklärt, ob wirklich der Flaggenerlaß oder vielleicht eine andere Bestimmung – etwa § 18a der Reichshabilitationsordnung; siehe Fußnote 78 – herangezogen wurde.

EMIL ARTIN

Des Flaggenerlasses wegen *mußte* EMIL ARTIN sein Ordinariat verlassen, nachdem er bis Anfang 1937 vom zuständigen Referenten im Ministerium zuverlässig gestützt worden war - ein Stützen, das im übrigen für ARTIN durchaus nicht nur Vorteile hatte: Noch einen Monat vor dem Flaggenerlaß war ihm die Genehmigung zu einer USA-Reise mit der ausdrücklichen Begründung verweigert worden, daß dies „der Übergang zur Auswanderung sein würde" - wohl eine richtige Einschätzung. ARTINs Stelle wurde zu einem Extraordinariat herabgestuft, auf das dann ERNST WITT aus Göttingen kam.

In **Hamburg** war übrigens gleich 1933 der wissenschaftliche Hilfsarbeiter MAX ZORN in Anlehnung an § 4 BBG entlassen worden. In seiner Stellung war eine ausdrückliche Anwendung des BBG gar nicht vonnöten, um ihn vor die Tür zu setzen.

Ansonsten war das Hamburger Mathematische Seminar, mit seinen drei Ordinarien ARTIN, BLASCHKE und HECKE immerhin bis zu ARTINs Entlassung ein Glanzpunkt auf der mathematischen Landkarte Deutschlands geblieben. Verglichen mit anderen Orten und auch angesichts der Tatsache, daß 1958 ARTIN nach Hamburg zurückkehrte, kann man sogar davon reden, daß es „recht glimpflich und unspektakulär durch den Nationalsozialismus gekommen ist" [Maas 1987], wenn auch der Verlust ARTINs 1937 kaum überschätzt werden kann.

Der **Tübinger** planmäßige Extraordinarius ERICH KAMKE wurde wie ARTIN nach dem Flaggenerlaß als „jüdisch Versippter" entlassen. Seine Haltung zum nationalsozialistischen Regime war bekanntermaßen ablehnend und er verdankte diese späte, unpolitische Entlassung vermutlich dem Einsatz des Tübinger Rektors FOCKE [Adam 1977; 35, 37, 67, 141].[92]

92 Es fehlt anscheinend noch eine solide Geschichte der Tübinger Mathematik. Über diesen Mangel kann auch die frühe und in vieler Hinsicht vorbildliche Monographie [Adam 1977] nicht ganz hinweghelfen. So verstehen wir z. B. im Moment nicht einmal die Anspielung auf „einen schwachen" mathematischen „Berufungsvorschlag" in [Adam 1977, 149 und 171], der vom Rektor mit dem Hinweis verteidigt wurde, daß „infolge der Neigung jüdischer Mathematiker für die Analyse, die Geometrie in Deutschland ... erheblich zurückgedrängt worden ist."

Nach dem Krieg setzte KAMKE sich, wie bis 1933, aktiv in der Tübinger Universitätspolitik ein und war z. B. Mitautor eines Papieres, das (wohl teilweise in Anlehnung an die alliierten Kontrollratsbestimmungen) auch für die Universität eine gründliche Säuberung von allen Personen forderte, die unter dem Nationalsozialismus eine verantwortliche Stellung innegehabt hatten: –

> „Bei dieser Säuberungsaktion darf es keine Halbheiten und keine unangebrachte Milde geben. Man muß sich immer die Schwere der Schuld vor Augen halten, die die Nazis mit ihrem Anhang auf sich geladen haben und die Erbarmungslosigkeit, die sie gezeigt haben. Ein besonders strenger Maßstab muß bei den gebildeten Kreisen angelegt werden, von denen das Volk erwartet hätte, daß sie kraft ihrer Intelligenz und Bildung erkennen, was Recht und Unrecht, Wahrheit und Lüge, Gut und Böse ist. Zu diesen gebildeten Kreisen haben sich in allererster Linie immer die Angehörigen der Universität gerechnet. Sie sind auch deswegen einer besonders strengen Prüfung zu unterwerfen, weil ihnen die Ausbildung des größten Teils der künftigen Führungsschicht obliegt. Jede Halbheit in diesem Sektor würde sich eines Tages schwer rächen und zu einer neuen, vielleicht kaum noch überwindlichen Vertrauenskrise für die Universitäten führen.“[93]

4 „Nationalismus versus Internationalismus“

Die Geschichte der DMV im Nationalsozialismus[94] verlief eigentümlich unabhängig, zunächst fast unberührt, von den Ereignissen an den Mathematischen Instituten in Deutschland, denen Abschnitt 3 gewidmet war. Deutliche, wenn auch späte, Parallelen zeigen sich erst bei der Behandlung der DMV-Mitglieder jüdischer Abstammung ab 1938 – siehe 4.6 unten. Vorher gab es einen großen politisch-ideologisch gefärbten Machtkampf innerhalb der DMV, den 1934 LUDWIG BIEBERBACH vom Zaun brach. Dieser Streit in der DMV ist, auf der Ebene der Mathematischen Institute, Auseinandersetzungen um die Politisierung des In-

93 Freundliche Mitteilung durch Herrn Barner eines Durchschlags dieses Schriftstücks im Aktenbestand Oberwolfach, *Dienstl. Korr. Süss 1946–1958*, KAMKE.

94 Die grundlegende Arbeit über die DMV (sowie die GAMM und den Mathematischen Reichsverband, MR) im Nationalsozialismus stammt von HERBERT MEHRTENS, [Mehrtens 1985]. Sie mußte allerdings aufgrund beschränkter Akten geschrieben werden und behandelt deshalb z. B. nicht das Verhalten der DMV gegen ihre Mitglieder jüdischer Abstammung – siehe 4.6. Für die Jahre 1934–35 konnten wir die Akten des DMV-Schatzmeisters (= HASSE) heranziehen, die zwar auch keine vollständige Dokumentation, aber doch ein recht detailliertes Bild der Vorgänge im Vorstand (= von Herbst 1933 bis Ende 1934: BIEBERBACH, HASSE, KNOPP) liefern. Unsere Darstellung in den Abschnitten 4.1, 4.3–4.5 bietet daher mehr Einzelheiten als MEHRTENS. Am Gesamtbild ändert sich dadurch aber kaum etwas. – Soweit nicht anders vermerkt, entstammen Zitate im Folgenden diesen Schatzmeisterakten im Aktenbestand der alten DMV in Oberwolfach. Wir danken Herrn Barner für die gewährte Akteneinsicht.

stitutsbetriebs vergleichbar, wie wir sie für Göttingen 1934 (3.3) besprochen und allgemein für Berlin (3.4) und Heidelberg (3.8) angedeutet haben. Teilweise ließe er sich auch als Ausdruck verschiedener mathematischer Grundlagenstandpunkte, oder auch als Rivalität zwischen verschiedenen Instituten – insbesondere zwischen Göttingen und Berlin – auffassen. In jedem Fall führt dieser Streit seiner Struktur nach die heftigen Auseinandersetzungen um die Teilnahme deutscher Mathematiker am Internationalen Mathematiker Kongress in Bologna 1928, sowie den Streit im Kreis der Herausgeber der *Mathematischen Annalen* 1928/29 unter veränderten politischen Bedingungen weiter. Diese wichtigen Ereignisse aus der Weimarer Zeit lassen wir daher im Abschnitt 4.2 Revue passieren, ähnlich wie wir das in 3.3 mit der politischen Vorgeschichte einiger Göttinger Mathematiker getan haben.

4.1 Das Jahr 1933 in der DMV

Bis einschließlich April 1934, also ein volles Jahr nach dem BBG (s. o., 3.2) verzeichnen die DMV-Akten fast ausschließlich normalen Geschäftsgang und nur an wenigen Stellen spiegeln sich die dramatischen Ereignisse, die sich gleichzeitig in Deutschland an den Universitäten abspielten. Im Vorstand der DMV[95] schien ein stillschweigendes Übereinkommen zu bestehen, es sei nicht Aufgabe der DMV, die neue Lage (unter anderem) der Mathematik in Deutschland offiziell zu behandeln.

Neben dem Schriftführer BIEBERBACH und dem Schatzmeister HASSE war OTTO BLUMENTHAL als drittes Vorstandsmitglied der DMV satzungsgemäß mit der federführenden Herausgabe der Jahresberichte der DMV betraut gewesen. Allerdings erledigte *de facto* BIEBERBACH dies schon seit Jahren fast allein; BLUMENTHAL half im wesentlichen nur bei der Fahnenkorrektur. BIEBERBACH nahm auch seit einigen Jahren schon in eigener Regie, ohne es satzungsgemäß vom Gesamtvorstand absegnen zu lassen, routinemäßig die Neumitglieder der DMV auf. So hatte er etwa am 6. 10. 1929 Gumbel korrekt mit einer Postkarte in der DMV willkommen geheißen.

95 Die Satzung der DMV sah vor: In dem neunköpfigen Ausschuß der DMV gibt es sechs Mitglieder, die im Rhythmus von 2 pro Jahr bei einer Amtszeit von 3 Jahren von der jährlichen Mitgliederversammlung gewählt werden. Wiederwahl ist erst nach 2 Jahren möglich. Die sechs wählen Schriftführer (der das Protokoll der Mitgliederversammlung und das Mitgliederverzeichnis führt und das Archiv der Vereinigung verwahrt), Schatzmeister und Herausgeber der Jahresberichte in den Ausschuß hinzu. Diese drei bilden den Vorstand des Vereins im Sinne des BGB. Ihre Ämter erlöschen nur mit der Mitgliedschaft oder durch Verzicht. Der Ausschuß wählt aus seiner Mitte den Vorsitzenden, der die Vereinigung nach außen repräsentiert. Der Ausschuß vertritt alle Interessen der DMV insbesondere muß er die Jahrestagungen vorbereiten. Der Vorstand nimmt Mitglieder auf und schließt Geschäfte im Namen der DMV ab.

Ende Mai oder Anfang Juni 1933 trat OTTO BLUMENTHAL von seinem Amt im Vorstand der DMV zurück. Man muß dies sicher in Verbindung mit seiner Verhaftung und Beurlaubung in Aachen sehen (s. o., Abschnitt 3.5). So schrieb BIEBERBACH am 25. 6. 1933 an HASSE, er habe sich mit BLUMENTHAL „vorher ausführlich über die Notwendigkeit dieses Schrittes unterhalten. Ich konnte ihm von seinem Vorhaben nicht abraten“.[96]

Als Nachfolger stellte sich BIEBERBACH zunächst, wenig satzungsgemäß, eine junge Hilfskraft vor, die ihn von Routineaufgaben des Herausgebers entlasten könnte. Dem widersprach HASSE. Auf der Jahrestagung 1933 der DMV in Würzburg wählte der Ausschuß OSKAR PERRON (München) zum Vorsitzenden und KONRAD KNOPP (Tübingen) als drittes Vorstandsmitglied.

Unter dem 14. 11. 1933 teilte BIEBERBACH den Ausschußmitgliedern mit, Herr SCHUR habe „aus freiem Entschluß auf sein Amt in unserem Ausschuß verzichtet. Im Einvernehmen mit unserem Herrn Vorsitzenden und mit Herrn Baldus [dem vorigen Vorsitzenden] schlage ich vor ... Herrn Prof. Conrad Müller in Hannover, den Geschäftsführer der nächsten Naturforscherversammlung, zu kooptieren. Herr Müller ist (ebenso wie seine Frau) rein arischer Abstammung.“

Diese letzte Bemerkung spielt auf einen in Würzburg am Rande der DMV-Jahrestagung 1933 gefaßten Ausschuß-Beschluß an, den BIEBERBACH in einem Schreiben vom 9. 8. 1934 dahingehend wiedergab, „daß die Erklärung der Wahlannahme die Versicherung in sich schließt, daß der Betreffende rein arischer Abstammung ist und gewillt ist, im Sinne des nationalen Staates zu arbeiten.“ Soweit jedenfalls hatte sich die DMV im ersten Jahr des Hitlerregimes in aller Stille ‚gleichgeschaltet‘.

Proteste gegen die nationalsozialistische Entlassungspolitik im Namen der DMV gab es nicht. Der einzige uns bekannte *Versuch*, die mathematischen Verbände zum Warner gegen die Folgen der Entlassungspolitik zu machen, ist ein Brief KAMKES vom 11. 11. 1933 an den Vorsitzenden (mit Durchschlägen an die Ausschußmitglieder und den „Leiter“ des Mathematischen Reichsverbandes, GEORG HAMEL[97]): –

96 Genaueres über diesen Vorgang ist uns nicht bekannt. Es ist vielleicht bemerkenswert, daß in dieser „Unterhaltung“ zwei Akteure des *Annalenstreits* unter den Vorzeichen des Nationalsozialismus aufeinander trafen – vgl. unten 4.2.

97 Seit Gründung des Mathematischen Reichsverbandes MR – genauer *Reichsverband deutscher Mathematischer Gesellschaften und Vereine* – 1921 war HAMEL dessen Vorsitzender. Zu den Gründungszielen des MR, siehe Rundbrief PERRON an Ausschuß, 1. 8. 1934: „Als nach dem verlorenen Krieg Regierungen zur Macht kamen, von denen man befürchten konnte, daß sie den Wissenschaften nicht die gebührende Aufmerksamkeit schenken würden, da gewann für die deutschen Mathematiker die zweite der obigen Aufgaben“ – d. i. „der Mathematik die gebührende Geltung im Staat zu verschaffen“ – „an Wichtigkeit, und zu ihrer Erfüllung wurde der Mathematische Reichsverband gegründet.“ Dieser Rundbrief PERRONs bestätigt übrigens aus erster Hand die These von der Arbeitsteilung zwischen DMV und MR in [Mehrtens 1985], bei der dem MR sozusagen die ‚niedrige‘ politische und propagandistische Arbeit – besonders im Hinblick auf die Schulmathematik – zukam, so daß sich die DMV als reine wissenschaftliche Vereinigung verstehen konnte.

„Sehr geehrter Herr Perron!

Wollen Sie mir, bitte, gestatten, Ihnen als dem Vorsitzenden der DMV von den Sorgen zu schreiben, die ich wegen unserer Wissenschaft habe. Ihnen wird schon länger als mir folgendes bekannt sein:

> v. Mises geht von der Universität Berlin als Leiter eines Instituts für reine und angewandte Mathematik nach Konstantinopel.
> Weyl geht von der Universität Göttingen nach Princeton.
> Schrödinger geht von der Universität Berlin nach Oxford.
> In Kopenhagen wird demnächst ein neues mathematisches Institut eingeweiht, das von Harald Bohr geleitet werden soll; dieses neue Institut soll ... (s. Deutsche Zukunft vom 5. 11., S. 7) ein Brennpunkt der wissenschaftlichen Forschung werden. ... Die Redaktion des Zentralblatts für Mathematik soll, wie verlautet, nach Kopenhagen verlegt werden.[98]

Diese Ereignisse und Pläne stimmen sehr nachdenklich. Bei den genannten Forschern ... handelt es sich ja nicht um beliebige Leute, sondern um Forscher allerersten Ranges. ... Der Weggang gerade dieser Forscher wird bei uns Lücken hinterlassen, die kaum zu schließen sind. Aber nicht nur das, sondern da diese großen Forscher ... im Ausland neue Forschungsmittelpunkte bilden werden, wird ein Teil der Leistungen, die bisher auf das Konto deutsche Wissenschaft gebucht werden konnten, nunmehr dem ausländischen Konto gutgeschrieben werden. ... solche Nachrichten wie die über Kopenhagen lassen vermuten, daß im Ausland zielbewußt auf eine Erschütterung der bisherigen führenden Stellung Deutschlands auf wissenschaftlichem Gebiet hingearbeitet wird, und das kann bei der bestehenden Lage für uns gefährlicher werden als die brutale und darum schließlich erfolglose Boykottierung deutscher Wissenschaft nach Kriegsende. [...]

Die Männer, die jetzt über die deutschen Hochschulen und die deutsche Forschung die letzte Entscheidung haben, kommen leider ... aus ganz anderen Wissensgebieten als den mathematisch-naturwissenschaftlichen, und es ist zu befürchten, daß sie ... manchen Verlust zulassen, der in Zukunft nur schwer oder vielleicht garnicht wieder einzubringen sein wird. Ich sehe z. Z. nur eine Möglichkeit, um die nach meiner Ansicht für unsere Wissenschaft bedrohliche Lage zu bessern: Unterrichtung entscheidender oder einflußreicher Persönlichkeiten über die besondere Lage in den exakten theoretischen Wissenschaften. [...]

Vielleicht bietet sich Ihnen die Möglichkeit, im Sinne dieser Gedanken, falls Sie sie billigen können, zu wirken. Darüber hinaus möchte ich aber, um diese Wirkung dem Zufall zu entziehen, vorschlagen, daß die DMV als die berufene Vertretung der mathematischen Wissenschaft (viel-

98 Dies geschah mit NEUGEBAUERs Übersiedlung nach Kopenhagen. Vgl. oben, Abschnitt 3.6.

leicht zusammen mit dem mathematischen Reichsverband und der Deutschen Physikalischen Gesellschaft) auch bei den entscheidenden Stellen in Berlin aufklärend wirkt."

KAMKE führt hier nur Wissenschaftler auf, die nicht von § 3 BBG betroffen waren und formal freiwillig Deutschland verließen. Ein Protest gegen die ‚legalen' Entlassungen nach dem BBG erschien wohl auch ihm unrealistisch. – Reaktionen auf sein Schreiben sind uns nicht bekannt.

4.2 Rückblende auf die Weimarer Republik

Wir schieben diesen Abschnitt ein, um der nachfolgenden Geschichte des Jahres 1934 historisches Relief zu geben.

Als Reaktion auf das schockierende Ende des Ersten Weltkrieges und auf den nachfolgenden alliierten Boykott deutscher Wissenschaft – zu den Internationalen Mathematikerkongressen 1920 in Strasbourg und 1924 in Toronto etwa wurden deutsche Mathematiker nicht eingeladen – entwickelte die überwiegende Mehrheit der deutschen Wissenschaftler eine *de facto* politische Verhaltensweise, die durch ihre merkwürdige Mischung teilweise widersprüchlicher Prinzipien die Aufmerksamkeit von Wissenschaftshistorikern und -soziologen erregt hat.[99] Gemischt waren hier: die Auffassung der deutschen Wissenschaft als Deutschlands letztem Trumpf, mit der Verachtung der bestehenden Regierung; die Grundüberzeugung vom über- und damit internationalen Charakter wissenschaftlicher Erkenntnis, mit der Ablehnung internationaler Zusammenarbeit (wobei die Schuld in der Regel dem potentiellen Partner gegeben wurde); die Beteuerung des unpolitischen Charakters der Wissenschaft, mit der ausdrücklichen Berücksichtigung staatspolitischer Kriterien im Wissenschaftsbetrieb (auch hier wurde im Zweifelsfalle das alliierte Gegenüber für die Politisierung verantwortlich gemacht). Stellenweise brachte dieses aus der politischen Lage geborene Nachdenken über den Internationalismus in der Wissenschaft auch Versuche hervor, nationale stilistische Verschiedenheiten beim Betreiben derselben Wissenschaft zu betonen.[100]

Was die Mathematik angeht, so wurde dieser ganze Komplex in zwei innerdeutschen Affairen in besonderer Form offen ausgetragen: in der Auseinandersetzung um die deutsche Teilnahme am Internationalen Mathematikerkongreß in Bologna im September 1928 und im sogenannten *Annalenstreit*, der 1928/29 kulminierte. Besonders der *Annalenstreit* stellte hierbei eine wohl einmalige Vermengung dreier verschiedener Kontroversen dar. Wir geben hier nur einen kurzen Abriß beider Affairen.[101]

99 Siehe [Forman 1971] und [Forman 1973], und die dort zitierte Literatur.

100 Vgl. [Forman 1973, § III].

101 Die beste, wenn auch gedrängte, Darstellung beider Vorgänge ist [Mehrtens 1987, 211–217]. Der *Annalenstreit* ist detailliert geschildert in [van Dalen 1989]; dort werden die persönli-

Die Geschichte begann 1925 anläßlich eines geplanten Riemann-Gedenkbandes der *Mathematischen Annalen*, zu dem der geschäftsführende Herausgeber, OTTO BLUMENTHAL, auch französische Beiträge ohne politische Selektion der Autoren plante. Insbesondere der durch EINSTEINS Vermittlung ins Gespräch gekommene PAINLEVÉ wurde von den Mitherausgebern BIEBERBACH und dem germanophilen Holländer L. E. J. BROUWER[102] wegen chauvinistischer Äußerungen im Ersten Weltkrieg scharf abgelehnt. Dieser erste Konflikt wurde durch politische Selektion der französischen Autoren im Kompromiß beigelegt.

Der nächste Akt, die Auseinandersetzung um die Teilnahme deutscher Mathematiker am Internationalen Mathematikerkongreß in Bologna im September 1928, wurde in der mathematischen Öffentlichkeit geführt und definierte die Fronten für das Weitere. Wieder standen BIEBERBACH und BROUWER auf der nationalen Seite, die in dieser Kontroverse die Teilnahme von Deutschen ablehnte, weil eine Beteiligung des durch seine Boykottpolitik gegen die deutsche Wissenschaft bekannten *Conseil International de Recherche* an der Organisation des Kongresses vermutet wurde, und weil das Rahmenprogramm des Kongresses insbesondere einen Ausflug in das „befreite Südtirol" vorsah, der als anti-deutscher Affront gewertet wurde.

Die Gegenseite wurde - wie dann auch die tatsächliche deutsche Delegation in Bologna - von DAVID HILBERT angeführt, der die Bedenken BIEBERBACHS und BROUWERS für grundlos hielt, und ohnehin eine liberalere, nicht deutschnationale Haltung hatte. Die offizielle Delegation der Universität Göttingen bestand aus COURANT, HILBERT und LANDAU; Berlin entsandte keine Delegation. Insgesamt stellten die Deutschen mit 76 Teilnehmern das stärkste ausländische Kontingent in Bologna; aus Frankreich zählte man 56 Teilnehmer. Übrigens war GUMBEL auf diesem Kongreß einer der Sektionsvorsitzenden.

Die Konstellation BIEBERBACH (mit der Unterstützung des Holländers BROUWER) gegen HILBERT ermöglichte die Überlagerung des politischen Konfliktes mit der fachpolitischen Rivalität zwischen Berlin und Göttingen und weiter auch mit dem Grundlagenstreit zwischen Intuitionismus und Formalismus. Tatsächlich stellten sich alle bedeutenden Berliner Mathematiker - also auch E. SCHMIDT und R. VON MISES - hinter BIEBERBACH, während in Göttingen mindestens COURANT und LANDAU HILBERTS Entscheidung für eine Teilnahme am Kongreß aktiv mitvertraten. Und innerhalb Deutschlands war Berlin auch die einzige Universität, an der BROUWERS Intuitionismus starke Resonanz fand - besonders nach seiner Vortragsreihe dort 1927, die bezeichnenderweise als „Putsch" empfunden wurde.

chen Gesichtspunkte stärker herausgearbeitet als die historische Perspektive. Eine nationalsozialistisch eingefärbte Reflektion des Kongresses in Bologna aus der Kriegszeit, die BIEBERBACHS Ansichten keinen Tribut zollt, findet sich in einem von SIEGMUND-SCHULTZE veröffentlichten Ministerialdokument: [Siegmund-Schultze 1986, 9].

102 Auf der Titelseite der *Annalen* standen damals HILBERT, EINSTEIN, BLUMENTHAL und CARATHÉODORY als Herausgeber, und weiter unter der Überschrift „unter Mitwirkung der Herren": BIEBERBACH, BROUWER, H. BOHR, COURANT, DYCK, HÖLDER, VAN KÁRMÁN und SOMMERFELD.

Es wäre ein Fehler, diese hier entstandene Zuordnung Internationalismus-Formalismus, Nationalismus-Intuitionismus inhaltlich begründen zu wollen. Vielmehr wäre sicher ebenso gut die gegensätzliche Polung möglich gewesen – man denke etwa an HERMANN WEYLS politische Liberalität und seine dem Intuitionismus nahestehende Philosophie der Mathematik. Insoweit MEHRTENS [Mehrtens 1987, 207] einmal in die Nähe der These gerät, daß es einen Mathematik und Politik umfassenden Progressivitätsbegriff gibt, lehnen wir also seine Interpretation ab. Weiterhin ist die Parallelität der beiden Kontroversen in Deutschland mit der Rivalität Berlin-Göttingen ebenso zufällig – 1919 war BROUWER ein Ordinariat in Göttingen angeboten worden. Nur die sozusagen formale Tatsache, daß die beiden an sich nicht politischen Kontroversen überhaupt so leicht mit dem politischen Stoff der Weimarer Republik gefüllt werden konnten, ist erklärbar durch die allgemeine Krise, in die das bürgerliche Denken nach dem Ersten Weltkrieg geraten war.[103]

Nach dem Bologneser Kongreß, am 25. 10. 1928, schrieb HILBERT folgenden Brief[104] an BROUWER:

> „Sehr geehrter Herr Kollege!
>
> Da es mir bei der Unvereinbarkeit unserer Auffassungen in grundlegenden Fragen nicht möglich ist, mit Ihnen zusammenzuarbeiten, habe ich die Mitglieder der geschäftsführenden Redaktion der Mathematischen Annalen um die Ermächtigung gebeten und von den Herren Blumenthal und Carathéodory die Ermächtigung erhalten, Ihnen mitzuteilen, daß wir fernerhin auf Ihre Mitwirkung bei der Redaktion der Annalen verzichten und demnach Ihren Namen auf dem Titelblatt weglassen werden.
>
> Zugleich spreche ich Ihnen im Namen der Annalenredaktion unseren Dank für Ihre bisherige Tätigkeit im Interesse unserer Zeitschrift aus.
>
> Hochachtungsvoll und ergebenst – D. Hilbert."

Ohne Zweifel war HILBERTS Krankheit und seine Angstvorstellung, im Falle seines Todes könnte sich BROUWER mit seinen Anschauungen der *Mathematischen Annalen* bemächtigen, der Auslöser dieses ominösen Schreibens. Die ganze folgende Affaire – siehe [van Dalen 1989] für Details – wurde, was HILBERTS Partei anging, von COURANT in die Hand genommen und vor HILBERT geheim gehalten. Sie wurde schließlich durch einen neuen Vertrag zwischen HILBERT und dem Hause Springer geregelt, demzufolge ab Band 101 nur HILBERT, BLUMENTHAL und HECKE als Herausgeber auf der Titelseite erschienen. So eigenmächtig und krankheitsbedingt HILBERTS anfänglicher Brief aber auch sein mag, für den Historiker kommen durch den offenen Ausbruch der Spannungen Konstellationen zu Tage, die sonst schwerer zu dokumentieren wären.

103 Für BIEBERBACHs persönliche Antworten auf diese Krise, die auch er in die Mathematik hineinprojizierte, siehe im Einzelnen [Mehrtens 1987].

104 Eine Kopie des Durchschlags dieses Briefes aus dem Einstein-Archiv (c/o Dep. of Manuscripts and Archives, Jewish Nat. and Univ. Library, Jerusalem) wurde mir freundlicherweise von Herrn van Dalen zur Verfügung gestellt.

So ist, als Vorgeschmack auf BIEBERBACHS Verhalten 1934, für uns der Besuch besonders interessant, den BIEBERBACH und BROUWER am 13. 11. 1928 unangemeldet Ferdinand Springer in Berlin abstatteten, dem Besitzer des Verlags der *Mathematischen Annalen*. Beim Gehen nämlich drohten sie Springer mit Schäden für seinen Verlag, falls dieser durch sein Verhalten im *Annalenstreit* den Ruf mangelnden Nationalgefühls unter den deutschen Mathematikern bekommen sollte. Der Versuch, mit Verweis auf übergeordnete nationale Belange fachpolitische Entscheidungen im eigenen Sinne zu beeinflussen, ist also nicht eine Erfindung aus der Zeit des Nationalsozialismus sondern ein unmittelbares Erbe der Weimarer Zeit. Auch BIEBERBACH selbst sah diese Kontinuität, wenn er etwa in einem Brief an KNOPP vom 7. 6. 1934 erläuterte: „... hat mein offener Brief [an H. Bohr vom Mai 1934 - siehe unten 4.3] den Zweck einige prinzipielle Fragen, wie die Beziehung zwischen Nationalismus und Internationalismus zu klären im Sinne der Haltung, die ich z. B. damals in Bologna einnahm" Und so hatte HILBERT im Vorfeld von Bologna einmal notiert:[105]

> „In Deutschl[and] ist ein polit[isches] Erpressertum schlimmster Sorte entstanden[:] Du bist kein Deutscher, der deutsch[en] Geburt unwürdig, wenn Du nicht sprichst und handelst, was ich Dir jetzt vorschreibe. Es ist sehr leicht, diese Erpresser loszuwerden. Man braucht sie nur zu fragen, wie lange sie im deutschen Schützengraben gelegen haben. Leider sind aber deutsche Math[ematiker] diesem Erpressertum zum Opfer gefallen[,] z. B. Bieberbach. Brouwer hat es verstanden diesen Zustand d[er] Deutschen sich zu Nutze zu machen u[nd] ohne (selbst?) sich im deutsch[en] (Schützengr[aben]??) sich [*sic*] zu betätigen, desto mehr zum Aufhetzen und zum Zwiespalt der Deutschen zu sorgen[,] um sich zum Herren über d[ie] deutsch[en] Math[ematiker] aufzuspielen. Mit vollem Erfolg. Zum zweiten Mal wird es ihm nicht gelingen."

4.3 BIEBERBACHS Vorstöße in der DMV 1934

Am 13. 7. 1933 brachte BIEBERBACH erstmals, in einem Vortrag vor der Physikalisch-mathematischen Klasse der Berliner Akademie der Wissenschaften, anschauliches Denken mit Rassen in Verbindung, indem er an eine diesbezügliche Bemerkung FELIX KLEINS anknüpfte [Biermann 1988, 198], [Rowe 1986]. Ab Anfang 1934 griff er dann die Typologie der damals angesehenen Wahrnehmungspsychologie nach JAENSCH auf, vermengte sie mit rassischen Kategorien und klassifizierte so verschiedene, der Rasse, Herkunft oder Nationalität des Mathematikers entsprechende Stile der Begründung, Auffassung oder Vermittlung von Mathematik. Seine Gründlichkeit ging weiter als etwa eine einfache Einteilung in

105 UBG Hilbert Nachlaß, Cod. Ms. Hilbert 18/1-2, Anlage zu seinem Rundbrief in Sachen Bologna vom 29. 6. 1928.

LUDWIG BIEBERBACH (1954)

deutsche und jüdische Mathematiker und ihre Stile. Den feineren Unterteilungen der zugehörigen beiden Grundtypen *J* und *S* bei JAENSCH ließ er vielmehr differenzierte Herkunftsmerkmale entsprechen.[106] Diese Theorien trafen schnell auf Schwierigkeiten bei dem Versuch, die Individuen der Mathematikgeschichte in das Raster einzuordnen. HILBERT z. B. war ein notorisches Problem, das BIEBERBACH zu verschiedenen Zeiten verschieden ‚löste' [Mehrtens 1987, 228].

Daß diese BIEBERBACHsche Version einer ***Deutschen Mathematik*** nicht nur rassentheoretische sondern auch konkrete (fach-)politische und personalpolitische Ziele hatte, zeigte sich zuerst an seinem Aufgreifen des Göttinger Landau-Boykotts (vgl. 3.3 oben). BIEBERBACH begnügte sich nicht damit, LANDAUS Methode zu kritisieren, die Zahl π in der Anfängervorlesung ohne weitere Kommentare als die kleinste positive Zahl x einzuführen, so daß $\cos\left(\frac{x}{2}\right) = 0$ ist (wobei cos durch seine Potenzreihenentwicklung definiert ist). Sondern er belobigte in einem Vortrag vom April 1934 die boykottierenden Studenten für ihr „mannhaftes Auftreten" gegen den alten jüdischen Professor.[107] Über diesen Vortrag erschien in der ***Deutschen Zukunft*** – einer intellektuellen Wochenschrift, die sich in erster Linie an ein akademisches Publikum wandte – ein Bericht, welcher HARALD BOHR in Kopenhagen seinerseits zur Feder für einen sehr verärgerten Zeitungsartikel greifen ließ [Bohr 1934], der mit dem auf BIEBERBACH bezogenen Satz endete: „Wir alle, die wir uns der deutschen mathematischen Wissenschaft in tiefer

106 Die Einzelheiten der Klassifikation sind bei [Lindner 1980] konzise dargestellt; vgl. auch [Mehrtens 1987]. Übrigens hat auch JAENSCH selber in [Jaensch, Althoff 1939] seine angeblich von FELIX KLEIN persönlich inspirierten Ansichten zu Stilunterschieden in der Mathematik niedergelegt. Siehe dazu [Rowe 1986].

107 Dieses explizite Lob der Teilnehmer am Boykott wurde in der veröffentlichten Version des Vortrags abgeschwächt; in [Bieberbach 1934b, 2], redet er aber wieder vom „mannhafte[n] Auftreten der Göttinger Studenten", das „der weiteren Wirksamkeit des Herrn Landau als Lehrer Deutscher Jugend ein Ziel setzte". Vgl. [Mehrtens 1987, S. 227]. – Zur allgemeinen Auseinandersetzung mit dem „Landau-Stil" in der Mathematik, vgl. die Besprechung [Hasse 1929].

Dankbarkeit verpflichtet fühlen, waren daran gewöhnt, als deren Repräsentanten andere, größere und sauberere Gestalten vor Augen zu haben."[108]

Ohne Vorwarnung ließ BIEBERBACH dann als *de facto* federführender Herausgeber unter dem 21. 5. 1934 einen „Offenen Brief an Harald Bohr" [Bieberbach 1934b] beim Jahresbericht der DMV eingehen. Die beiden Mitherausgeber HASSE und KNOPP bekamen ihn Ende Mai 1934 in den Korrekturfahnen zu Gesicht. Der Brief, der als Antwort auf BOHRS Zeitungsartikel konzipiert ist, hinterläßt den Eindruck einer beleidigten verbalen Kraftmeierei. Einerseits zetert BIEBERBACH über die angeblich entstellende Berichterstattung der *Deutschen Zukunft* (des, so BIEBERBACH, „in Deutschland erscheinenden Blatt[es] der ewig Gestrigen"), die ihn als Ausländerfeind hingestellt habe, und welche BOHR ungeprüft übernommen habe. Andererseits betont er, so als bewiese das seinen Internationalismus, er habe in seinem Vortrag versucht, „den inneren Grund" für den Landauboykott „aufzuweisen". Das Pamphlet endet mit den an BOHR gerichteten Sätzen:

> „Sie sind ein Schädling aller internationalen Zusammenarbeit. Diese kann nur auf dem Boden der inneren Stärke und des Selbstbewußtseins der Völker gedeihen, getragen von der gegenseitigen Achtung aller. Sie verdorrt auf dem Boden der Schwäche, der Selbsterniedrigung und der Verächtlichmachung des anderen. Diese betreiben Sie auf Kosten der Wahrheit."

KNOPP[109] und HASSE[110] erhoben bei BIEBERBACH Einspruch gegen die Veröffentlichung des Offenen Briefes. KNOPP vertraute darauf, daß BIEBERBACH sich dem beugen würde, und brachte deshalb die Geschichte nicht vor den weiteren Vorstand. Auch der Vorsitzende PERRON erfuhr in diesem Stadium nichts.

In den ersten Julitagen war dann aber das Heft des Jahresberichts mit BIEBERBACHS Offenem Brief verschickt. HASSE sprach (spätestens kurz nach der Veröffentlichung) persönlich mit BIEBERBACH und erfuhr, daß dieser „sich in einer Zwangslage befunden hat, da er von politischer Stelle wegen seiner Zugehörigkeit zur Redaktion der Compositio Mathematica angegriffen war und sich dort unter Vorlage der Korrekturfahnen seines offenen Briefes verteidigt hat"[111]. KNOPPS

108 Übersetzung von M. Raußen.

109 Briefe vom 28. 5. und 1. 6. an HASSE; 28. 5. [nicht in den Akten] und 13. 6. 1934 an BIEBERBACH. KNOPP war selber in Tübingen nur einer gewissen Skepsis von seiten straffer Nazis ausgesetzt: er habe „bis jetzt bei keiner Gelegenheit eine deutlich nationalsozialistische Haltung gezeigt", wurde ihm 1936 einmal vom Dozentenführer bescheinigt [Adam 1977, 141]. Ansonsten war es am dortigen Mathematischen Institut vergleichsweise ruhig.

110 Siehe BIEBERBACH an HASSE, 7. 6. 1934. HASSE hatte gerade seine Stelle als Direktor des Mathematischen Instituts in Göttingen wegen des Widerstandes WERNER WEBERS noch nicht antreten können - s.o. 3.3. Seine unsichere Stellung machten ihn im Hinblick auf BIEBERBACH erheblich vorsichtiger als KNOPP. So lehnte er es BOHR gegenüber sogar ab, eine persönliche Stellungnahme über BIEBERBACHS Thesen abzugeben: Siehe BOHRS befremdeten Brief an HASSE, 6. 6. 1934. Vgl. [Schappacher 1987, 355f], [Segal 1980].

111 So HASSES persönliches Protokoll der Pyrmonter Mitgliederversammlung 13. 9. 1934. - BIEBERBACHS Herausgebertätigkeit bei der *Compositio Mathematica* war schon von BOHR in [Bohr 1934] als internationalistisches „Doppelspiel" (gegenüber seiner anti-internationalistischen Haltung in Deutschland) angegriffen worden. Dieses Urteil BOHRS erscheint nicht

Empörung war durch solche Erwägungen nicht zu bremsen. Er drohte (an Perron, 5. 7. 1934) mit seinem Rücktritt, forderte aber in jedem Fall eine Erklärung im nächsten Heft, daß Bieberbachs Veröffentlichung gegen den Willen der beiden Mitherausgeber gedruckt wurde.

Hasse wollte zunächst jede Publikation der Auseinandersetzung mit Bieberbach, also auch die von Knopp geforderte Erklärung im Jahresbericht, vermeiden; teilte aber privat Bohr[112] selber und allen, die ihn anschrieben (so Blumenthal, Hecke, Siegel[113]), die Konstellation im Vorstand mit. Außerdem schlug er einen generellen Vorstandsbeschluß gegen weltanschauliche Artikel im Jahresbericht vor. Schließlich war er bemüht, die Angelegenheit in die Hände des Vorsitzenden Perron zu legen.

Perron griff Knopps Plan für eine Erklärung im Jahresbericht zu Bieberbachs Alleingang bei der Veröffentlichung des offenen Briefes auf, worauf auch Hasse zustimmte. Allerdings kamen Knopp Bedenken, ob Bieberbach nicht eine solche Erklärung einfach aus den Fahnen streichen würde. Also beschlossen Hasse, Knopp und Perron, auf eigene Rechnung ein Extrablatt von Teubner drucken und an die DMV-Mitglieder verschicken zu lassen. Darin erklärten Hasse und Knopp, daß Bieberbachs „Artikel ‚Über die Kunst des Zitierens' ... von diesem gegen den ausdrücklichen Einspruch der unterzeichneten Mitherausgeber des Jahresberichts veröffentlich worden" sei; und Perron „bedauerte, daß der Artikel ... trotz des Einspruchs der beiden Mitherausgeber der Jahresberichte von Herrn L. Bieberbach veröffentlicht worden" sei. In seinem Brief an den Teubner-Verlag (23. 7. 1934) zu diesem Plan erwähnte Hasse auch weitergehende Vorhaben Bieberbachs, die anscheinend „von einer hinter ihm stehenden parteiamtlichen Stelle getragen" würden. Der Verlag war nicht bereit, ohne formelle „Anordnung des Vorsitzenden, vielleicht auch sogar ... einen Beschluß des Vorstands" die Extrablätter zu verschicken. So wurde dieser Plan bald endgültig aufgegeben.

Seine weiteren Vorstöße, die das Thema des Offenen Briefes sehr schnell an die zweite Stelle verweisen sollten, hatte Bieberbach zum ersten Mal in einem Brief an Hasse vom 9. 7. 1934 angedeutet:

> „Ihren Antrag, weltanschauliche oder politische Aufsätze weiterhin von der Veröffentlichung im Jahresbericht auszuschließen, halte ich für satzungs-

ganz berechtigt, wenn man daran denkt, daß die *Compositio* gewissermaßen Brouwers Ersatzgründung nach seinem Hinauswurf im *Annalenstreit* war.

112 Hasse an Knopp, 4. 7. 1934: „... möchte ich anregen, daß wir beide den beiliegenden Brief an Herrn Bohr unterzeichnen u. abschicken. Nach Rücksprache mit Herrn Tornier muß ich für mich Wert darauf legen, daß dieses von Herrn Bohr als eine rein persönliche Mitteilung betrachtet wird, die nicht in der Öffentlichkeit Verwendung finden soll, deshalb habe ich dies in dem Schreiben besonders betont." - Zu Hasses Schwierigkeiten mit Tornier, siehe [Schappacher 1987, S. 356ff].

113 Siegel hatte Hasse aufgefordert: „Geben Sie mit Ihrem Austritt aus der DMV ein Zeichen für alle." [Mehrtens 1985, 87]. Dagegen machte Hasse (an Siegel, 9. 7. 1934) geltend, seine Pflicht sei, „jetzt auszugleichen und zu verhindern, daß durch Fortsetzung des Gezänkes die D.M.V. noch weiter geschädigt wird."

widrig, da § 1 es zu den Aufgaben der DMV rechnet, die Stellung der mathematischen Wissenschaften im geistigen Leben der Nation nach Gebühr zu heben. ... Angesichts der eben genannten Stelle in § 1 unserer Satzungen halte ich es auf die Dauer für unerträglich, daß ca. 40% unserer Mitglieder nicht dem Deutschen Volk angehören, und doch zu der Erfüllung dieser Aufgabe beitragen sollen. Ich halte daher eine baldige Satzungsänderung für nötig. Diese muß auch klar die Stellung einer wissenschaftlichen Vereinigung im nationalsozialistischen Staate zum Ausdruck bringen."

Mehr noch, in seinem Rundbrief an den Ausschuß vom 27. 7. 1934 schlug BIEBERBACH zur „stärkeren Betonung" des Würzburger Gleichschaltungsbeschlusses (s. o., Abschnitt 4.1) vor, in Bad Pyrmont die Herren TORNIER und VAHLEN[114] in den Ausschuß zu wählen, und sie im Hinblick darauf bereits zu der vorherigen Ausschußsitzung hinzuzuziehen. Und er fuhr fort: „Weiter fordert meines Erachtens die neue Zeit gebieterisch die Einführung des Führerprinzips in der DMV."

THEODOR VAHLEN
(mit Rangabzeichen eines SS-Führers)

114 Zu VAHLEN, siehe etwa [Siegmund-Schultze 1983], [Siegmund-Schultze 1984c], [Siegmund-Schultze 1984b], [Segal 1986]. Vgl. auch die Erwähnungen VAHLENs in [Zierold 1968]. - Seit 1911 Ordinarius für Mathematik in Greifswald, trat THEODOR VAHLEN im Winter 1923/24 der „Großdeutschen Volkspartei", einer Ersatzorganisation der damals verbotenen NSDAP, bei, war von 1924 bis 1927 (ab 1925 für die NSDAP) „Gauleiter" in Pommern und zeitweise NSDAP-Reichstagsabgeordneter. Als Prorektor der Greifswalder Universität ließ er 1924 am Verfassungstag die Fahnen des Reiches und Preußens auf dem Universitätsgebäude einholen. Dafür wurde er, nach vergeblichen Hilfsbemühungen vieler einflußreicher Männer, 1927 ohne Anspruch auf Ruhegeld entlassen und kam erst 1930 an der TH Wien unter. 1933 wurde er feierlich wieder in seine Greifswalder Stelle eingesetzt und zog außerdem, mittlerweile 64jährig, in die Hochschulabteilung des Preußischen Kultusministeriums ein. 1934 stieg er zum Leiter des Amtes für Wissenschaft in dem Reichsministerium auf, das aus dem Preußischen Kultusministerium entstanden war. Diese bedeutende Stellung im Ministerium verließ er zum 1. 1. 1937, wahrscheinlich im Zusammenhang mit den Machtkämpfen, die zum Sturz Johannes Starks als Präsident der Deutschen Forschungsgemeinschaft führten. - Wie wir sehen werden, bestand BIEBERBACHs Stärke in der DMV genau so lange, wie seine Kontrahenten annehmen mußten, daß VAHLEN und damit das Kultusministerium hinter ihm stünde.

PERRON antwortete (Rundbrief an den Ausschuß vom 1. 8. 1934) mit einer Betonung der wissenschaftlichen Ziele der DMV, deren Erfolg auch die erfreulich hohe Zahl ausländischer Mitglieder möglich gemacht habe.[115] Die Vor-Wahl von TORNIER und VAHLEN lehnte PERRON als dem Führerprinzip widersprechend ab. Dieses selber griff er ohne Zögern auf; an HASSE schrieb er am 28. 7. 1934: „Wenn ich Führer wäre, hätte ich Bieberbach einfach abgesetzt und der ganze Ärger wäre uns erspart geblieben."

Am 3. 8. 1934 trafen sich HASSE, KNOPP und PERRON zu einer Lagebesprechung in Tübingen und einigten sich auf BLASCHKE als Kandidaten für das Führeramt in Bad Pyrmont. HASSE lud in persönlichen Briefen eine Reihe von Kollegen[116] ausdrücklich zur Teilnahme an der Mitgliederversammlung in Bad Pyrmont am 13. 9. 1934 ein. BIEBERBACH schlug in einem weiteren langen Ausschuß-Rundschreiben (9. 8. 1934), in dem er sich mit PERRONS Rundbrief auseinandersetzte, TORNIER als Führerkandidaten vor. Mindestens HASSE und PERRON teilte er außerdem mit, daß auch VAHLEN TORNIER als Kandidaten wünsche. Dies machte PERRON zunächst mutlos. Am 14. 8. 1934 schrieb er an HASSE: „Ich sehe jetzt keine andere Möglichkeit als die DMV aufzulösen." Aber HASSE kamen an diesem Punkt seine Göttinger Erfahrungen zugute: „es erscheint mir leichter, einen Gegenkandidaten gegen Tornier durchzubekommen als gegen Vahlen." (HASSE an PERRON, 16. 8. 1934.)

4.4 Die Mitgliederversammlung in Bad Pyrmont am 13. 9. 1934

„Der Vorsitzende (Perron) eröffnet die Sitzung und weist darauf hin, daß nur Mitglieder Zutritt haben. Dagegen wendet sich der Schriftführer (Bieberbach), der eine Anzahl Studenten zur Teilnahme als Gäste eingeladen hatte, und Tornier, der Hauptmann Weniger[117] (als Freund von Vahlen und Mitglied der Notgemeinschaft) eingeladen hatte. Die Studenten begründen ihren Wunsch zur gastweisen Teilnahme mit der geforderten engen Zusammenarbeit zwischen Dozentenschaft und Studentenschaft und mit dem Interesse für die auf der Tagesordnung stehende politische Frage. Der Vorsitzende macht dagegen geltend, daß es sich nicht um eine Zusammenkunft von Dozenten als solche, sondern um die Mitgliederversammlung einer wissenschaftlichen Vereinigung handelt. Er stellt ferner fest, daß Hauptmann Weniger keinerlei besondere Vollmacht hat. Die Mehrzahl der anwesenden Mitglieder spricht sich gegen die Teilnahme von Nichtmitgliedern aus. Die anwesenden Nichtmitglieder verlassen nach einem erfolglosen Appell um

115 Vgl. seinen Verweis auf den MR, Fußnote 97 oben.

116 Briefe vom 7. 8. 1934 an F. K. SCHMIDT, KRAFFT, KRULL, FRIEDRICHS, V. D. WAERDEN, TREFFTZ, NEUMANN (Marburg) und ULLRICH.

117 Zu WENIGER siehe [Schappacher 1987, 355f], [Tollmien 1987, 474f].

die Gewährung des Gastrechts den Saal. (Der Vorsitzende hatte schon vor Beginn der Versammlung einem Pressevertreter gesagt, daß eine Teilnahme als Nichtmitglied unmöglich sei, da es sich um eine interne Versammlung handle).“

So beginnt HASSES persönliches Protokoll der Mitgliederversammlung, das er u.a. BLASCHKE, DAVENPORT, HENSEL, E. NOETHER, KNOPP und WEYL zugänglich gemacht hat. Es ist an einigen Punkten ausführlicher als das veröffentlichte Protokoll, das durch Korrekturen KNOPPS aus BIEBERBACHS Version entstand. Über die „lange und lebhafte Diskussion“ zum Bohr-Brief erfährt man insbesondere, daß ULLRICH, als Vorbemerkung zu einer Rede *gegen* BIEBERBACH, von „seinem in Skandinavien persönlich gewonnenen Eindruck“ berichtet habe, daß „eine Anzahl angesehener skandinavischer Mathematiker den Bohrschen Zeitungsartikel als unbillig ansehen“. Dies erleichterte offenbar den Übergang der Diskussion von BIEBERBACHS Verhalten innerhalb des Vorstands zu einer allgemeinpolitischen Auseinandersetzung. Hecke machte dafür aus seiner Erinnerung „den unzureichenden Vorsitzenden“ verantwortlich [Mehrtens 1985, 88]. Dieser selber empfand dagegen ULLRICHS Bemerkung „fast wie einen Dolchstoß von hinten, gerade im unglücklichsten Moment“ (Perron an Hasse, 13. 10. 1935.)

So wurde der Antrag angenommen:

> „Die Mitgliederversammlung verurteilt aufs schärfste den Angriff des Herrn Bohr auf Herrn Bieberbach, soweit darin ein Angriff auf den neuen Deutschen Staat und auf den Nationalsozialismus zu sehen ist. Sie bedauert die Form des offenen Briefes des Herrn Bieberbach und sein Vorgehen bei dessen Veröffentlichung, die erfolgt ist gegen den Willen der beiden Mitherausgeber und ohne Wissen des Vorsitzenden.“

Sogar VAN DER WAERDENS Antrag, im zweiten Satz „mißbilligt“ statt „bedauert“ zu schreiben, wurde abgelehnt. Und damit nicht genug, der Zusatzantrag: „Die Mitgliederversammlung erkennt an, daß Herr Bieberbach in der Angelegenheit Bohr die Belange des Dritten Reiches zu wahren bemüht war“, fand eine absolute Mehrheit. Eine Verurteilung von BIEBERBACHS unverantwortlichem Artikel war also unter den in Bad Pyrmont versammelten deutschen Mathematikern jedenfalls dann nicht mehrheitsfähig, wenn die Sache als nationales Anliegen dargestellt wurde. Dies erinnert wieder an Weimarer Denkmuster, allerdings modifiziert durch den Respekt vor dem herrschenden Regime.

Anders lief es beim Streit um Führerprinzip und Gleichschaltung, sowie die Person des Führers:

> „Der Schriftführer [= Bieberbach] verliest eine schriftliche ausführliche Begründung seiner Anträge betr. Übergang zum Führerprinzip. Der Vorsitzende [= Perron] weist auf die Begrüßungsansprache des Vorsitzenden der Deutschen Physikalischen Gesellschaft hin, in der gesagt war, daß der Reichsinnenminister sich für die Beibehaltung des bisherigen unpolitischen Charakters rein wissenschaftlicher Vereinigungen ausgesprochen hat. Der

Vorsitzende verliest ferner im Laufe der weiteren Aussprache eine authentische Erklärung gleichen Sinnes, die er persönlich in der Kulturabteilung des Auswärtigen Amtes eingeholt hatte.[118] Hamel weist darauf hin, daß der Reichsverband als Oberorganisation der Mathematischen Vereine Deutschlands die zuständige Stelle für die Erfüllung der in § 1 der DMV-Satzung genannten politischen Aufgaben sei, daß dieser Reichsverband bereits nach dem Führerprinzip organisiert sei, daß er selbst zwar als Nichtparteimitglied nur ‚Leiter' nicht ‚Führer' sei, aber von seinem Amt zugunsten eines nationalsozialistischen Führers zurücktreten werde, wenn es in der DMV zur Ablehnung des Führerprinzips komme."

BIEBERBACHS Antrag auf Übergang zum Führerprinzip mit TORNIER als Führer fiel durch. Schließlich wurde HECKES Antrag auf ein gemäßigtes Führerprinzip angenommen und BLASCHKE gewählt. Die in diesem Antrag formulierte Satzungsänderung bestand in der Wahl des Vorsitzenden auf zwei Jahre, der allein den Vorstand bildet und die „Vorstands- und Ausschußmitglieder ernennt und entläßt". Daß hier von Vorstandsmitgliedern neben dem Vorsitzenden die Rede ist, welche es andererseits nicht mehr geben sollte, ist vielleicht BIEBERBACH sofort aufgefallen. „Jedenfalls hat er zu Blaschke nach der Wahl gesagt, daß es noch eine Schwierigkeit gäbe."[119]

HELMUT HASSE

KONRAD KNOPP

118 Am 7. 9. 1934 hatte PERRON nach Vermittlung durch F. K. SCHMIDT und den Heidelberger Chemiker Freudenberg ein Gespräch in der Kulturabteilung des Auswärtigen Amtes, in deren Verlauf ihm auch diese Erklärung gegeben wurde. Siehe HASSE an F. K. SCHMIDT, 14. 9. 1934.

119 HASSE an F. K. SCHMIDT, 14. 9. 1934. Vorher heißt es hier: „Während die Diskussion zu Punkt 1 [Bohr-Brief] außerordentlich lebhaft von beiden Seiten war, hat Bieberbach, wie es mir scheint, bei dem 3. Punkt seine Leute durch eine nicht mißzuverstehende Gebärde vom Vorsitzendentisch aus schweigend gehalten. Ich weiß nicht, wie ich das deuten soll, ob als Erkenntnis der doch zu erwartenden Niederlage oder aus dem Gedanken heraus, daß er ja noch einen Trumpf im Hintergrund habe."

HASSE war mit dem Ergebnis der Versammlung, wohl im Hinblick auf den Punkt Führerprinzip, zufrieden.[120] Der immerhin verständliche Stolz auf das Durchgekämpfte, den anscheinend auch KNOPP, wenn auch gemischt mit vorsichtiger Sorge, empfand[121], sollte sich allerdings schnell als unberechtigt herausstellen.

4.5 Die Satzungskrise

Da waren erstens die nicht gut vorzeigbaren Entschlüsse zum Bohr-Brief. BLASCHKE, HASSE und KNOPP waren zunächst bestrebt, das offizielle Protokoll in den Akten verschwinden zu lassen. Das Protokoll mußte aber nach § 10 der Satzung veröffentlicht werden. Außerdem gab es dann, wie gleich auszuführen sein wird, bis November einen solchen Streit mit BIEBERBACH, daß dieser Abdruck schließlich zum Randthema wurde, wie es schon dem Bohr-Brief selber im Vorfeld von Bad Pyrmont ergangen war. Also erschien das Protokoll im Dezemberheft 1934 des Jahresberichts und disqualifizierte, wie nicht anders zu erwarten, die DMV so, daß manche ihrer angesehensten Mitglieder nicht mehr zu halten waren: BOHR trat am 3. 1. 1935 aus; WEYL folgte am 26. 1. 1935, JOHN VON NEUMANN am 28. 1. 1935 und COURANT am 19. 2. 1935. Im Januar 1935 war auch HASSE kurz davor, BLASCHKE und KNOPP den gemeinsamen Austritt vorzuschlagen.[122]

Der eben angedeutete Streit zwischen BLASCHE, HASSE und KNOPP einerseits und BIEBERBACH andererseits[123] wurde ausgelöst von BIEBERBACHS Zögern, die in Bad Pyrmont beschlossene Satzungsänderung beim Vereinsgericht Leipzig eintragen zu lassen. Erst Mitte November schickte er den Ende September vom Vorstand abgezeichneten Antrag nach Leipzig, wies aber in einem Begleitbrief auf formale Unzulänglichkeiten, insbesondere die oben erwähnten Schwierigkeiten mit dem Begriff des ‚Vorstands' hin. Der befaßte Richter bekundete darauf in der Tat ernste Bedenken gegen diese Satzungsänderung. Auch ein Vorsprechen HASSEs bei ihm in Leipzig am 15. 12. 1934 eröffnete nur schwache Hoffnungen, ohne eine neue Mitgliederversammlung zur neuen Satzung zu gelangen.

Mit dem Teubner-Verlag Leipzig allerdings war die Verständigung der Bieberbachgegner jetzt besser als vor Pyrmont. So akzeptierte er eine Umverteilung

120 An WEYL und HAUPT schrieb er (ohne Datum, wohl 14. oder 15. 9. 1934): „Ich denke, man kann mit dem Ergebnis zufrieden sein." An DAVENPORT, 15. 9. 1934: „The results are quite satisfactory from my point of view. None of B.'s proposals has got a majority."

121 Vgl. KNOPP an HASSE, 27. 9. 1934, 1. 10. 1934.

122 HASSE an KNOPP und an BLASCHKE, jeweils 7. 1. 1935. - Die Austrittsgesuche COURANTs und WEYLs sind nicht in den hier zitierten Akten, sondern blieben durch BLASCHKEs Rücktritt und den Schriftführerwechsel (s. u.) mehr als ein Jahr unentdeckt in einem Aktendeckel liegen.

123 Dieser Schriftwechsel nimmt in epischer Breite ungewöhnlich viel Platz in den Akten ein. Fast jeder von uns erwähnte Vorgang spiegelt sich in mehreren Briefen verschiedener Seiten.

THE INSTITUTE FOR ADVANCED STUDY
SCHOOL OF MATHEMATICS
FINE HALL
PRINCETON, NEW JERSEY January 26, 1935

An den Vorsitzenden der Deutschen Mathematiker-Vereinigung,
Herrn Professor Dr. W. Blaschke,
Rothenbaumchaussee 21,
Hamburg 13, Germany.

Lieber Herr Blaschke,

Nach einer Notiz in dem jüngst erschienen Heft der Jahresberichte der DMV ist auf der Mitglieder-Versammlung in Pyrmont am 13. September 1934 ein Beschluss gefasst worden zu dem von Herrn Bieberbach im Jahresbericht veröffentlichten offenen Brief an Herrn H. Bohr, in welchem die Versammlung das Vorgehen von Bieberbach bedauert, aber zugleich "den Angriff des Herrn Bohr gegen Herrn Bieberbach aufs schärfste verurteilt, soweit darin ein Angriff auf den neuen Deutschen Staat und den Nationalsozialismus zu sehen ist".

Danach soll ich, einfach weil ich Mitglied der Deutschen Mathematiker-Vereinigung bin - einer wissenschaftlichen, zur Pflege der Mathematik in Deutschland bestimmten Körperschaft -, nicht mehr das Recht haben, frei meine Meinung über politische, das allgemeine Interesse der Wissenschaft berührende Vorgänge öffentlich zu äussern, ohne ev. von der Mitgliederversammlung jener Vereinigung dafür "aufs schärfste verurteilt" zu werden!

Unter solchen Umständen ist es mir unmöglich, der Vereinigung länger anzugehören, und ich bitte daher, mich aus der Mitgliederliste zu streichen.

Herrn Professor Dr. W. Blaschke - 2 January 26, 1935

Ich muss dies tun, obwohl ich die grösste Sympathie und Hochachtung für jene Mehrzahl der deutschen Kollegen hege, welche Bieberbach's Missbrauch der Jahresberichte die verdiente Rüge erteilten und seinen Antrag auf "Uebergang zum Führerprinzip" ablehnten. Mit den deutschen Mathematikern fühle ich mich nach wie vor solidarisch und für die Sache der deutschen Mathematik mitverantwortlich. Aber ich glaube ihr besser zu dienen, wenn ich der Vereinigung den Rücken kehre, solange sie sich genötigt sieht, derartige Verurteilungen auszusprechen.

Hochachtungsvoll,

H. Weyl

Hermann Weyl

Austritt HERMANN WEYLS aus der DMV

der Aufgaben im neuen Vorstand, durch die KNOPP verantwortlicher Herausgeber des Jahresberichts und BIEBERBACH auf die reinen Funktionen des Schriftführers beschränkt wurde: Führen der Mitgliederliste, Protokollieren und Verwaltung des Archivs der DMV.

Inzwischen hatten BLASCHKE, HASSE und KNOPP Ende November einen Rundbrief mit Zitaten aus ihrem Briefwechsel mit BIEBERBACH an 132 DMV-Mitglieder versandt, der BIEBERBACHS „unaufrichtiges und unkollegiales Verhalten und Vorgehen“ belegen sollte. Daß unter den Adressaten auch eine größere Anzahl Ausländer war, lieferte BIEBERBACH (wie KNOPP, der davon nichts gewußt hatte, sofort entsetzt voraussah) eine gute Gelegenheit, wieder das Staatsinteresse vorzuschieben. Als ihm schließlich die Versandliste zugeschickt worden war, sah er sich in einem eigenen Rundbrief vom 4. 1. 1935 „leider gezwungen, zu erklären, daß die Verbreitung im Auslande eines derartig gegen die Redlichkeit eines deutschen Kollegen gerichteten Rundschreibens - zumal in der jetzigen Zeit der organisierten Hetze gegen alles Deutsche - eine Handlungsweise ist, aus welcher ein bedauernswerter Mangel an Nationalgefühl und Nationalstolz spricht.“ Von dem ganzen Papierkrieg behielt in der Tat nur dieser politische Punkt bei der endgültigen Lösung der Krise Ende Januar 1935 Bedeutung!

Diese Lösung wurde wieder von BIEBERBACH, wenn auch vielleicht auf höhere Weisung hin, initiiert. Am 19. 1. 1935 richtete er, in Abstimmung mit HAMEL, der nach eigenen Angaben[124] den letzten Satz gefordert hatte, ein Rundschreiben an die Ausschußmitglieder:

> „Herr Ministerialdirektor VAHLEN hat mich beauftragt, dem Ausschuß das folgende zu eröffnen: Es ist damit zu rechnen, daß das Reichserziehungsministerium den ihm unterstellten Beamten die Mitgliedschaft bei der Deutschen Mathematikervereinigung untersagt, wenn nicht 1) Hr. BLASCHKE sein Amt im Ausschuß niederlegt, da er für die Diffamation eines Volksgenossen gegenüber Ausländern verantwortlich ist und wenn nicht 2) eine Satzungsänderung herbeigeführt wird, in welcher festgelegt wird, daß die verantwortliche Leitung der Deutschen Mathematikervereinigung des Vertrauens der Staatsführung, d.h. der Bestätigung durch das Reichserziehungsministerium bedarf. Ich fordere somit Herrn BLASCHKE auf, bis zum 24. Januar seinen Rücktritt zu erklären und dafür zu sorgen, daß diese Erklärung zu meiner Kenntnis kommt.
>
> In der sicheren Erwartung dieses Rücktritts schlage ich dem Ausschuß die Kooptation von Herrn HAMEL vor und rege zugleich an, ihn zum Vorsitzenden für die laufende Amtsperiode bzw. für die Zeit bis zur Einführung einer neuen Satzung zu wählen. ... Zwecks Durchführung der notwendigen Satzungsänderung beauftrage ich den Notar HARTMANN, eine juristisch einwandfreie, sowohl den Pyrmonter Beschlüssen, wie der Forderung des Ministeriums gerecht werdende Satzung auszuarbeiten. [...] Mit der Einfüh-

124 Nachlaß H. KNESER, HAMEL an KNESER, 19. 1. 1935.

rung der neuen Satzung erlischt natürlich mein Amt in der Deutschen Mathematikervereinigung."

Daraufhin wurde eine außerordentliche Ausschußsitzung auf den 25. 1. 1935 nach Berlin einberufen. Vorher versuchten die Bieberbachgegner in Gesprächen mit VAHLEN BIEBERBACHS Rückendeckung auszuloten: Am 23. 1. 1935 sprach BLASCHKE mit VAHLEN und schrieb ihm dazu am 24. 1. 1935 u.a.:

> „Zum Brief des Herrn Prof. Bieberbach vom 19. 1. haben Sie gestern mir gegenüber folgendes erklärt: Die darin enthaltenen Forderungen stammen zwar von Ihnen, Sie wären aber bei geeigneter Lösung der Personalfrage bereit darauf zu verzichten, daß in die Satzung der DMV aufgenommen wird: Die Vereinsleitung bedarf der Bestätigung des Reichserziehungsministeriums."

Am 24. 1. 1935 schrieben HASSE und KNOPP an VAHLEN:

> „Herr Prof. Bieberbach hat uns am 19. Januar wissen lassen, daß Sie den Rücktritt ... Herrn Prof. Blaschkes wünschen. In Ihrer gestrigen Unterredung mit Herrn Prof. Blaschke haben Sie darüber hinaus auch unseren Rücktritt aus dem Vorstand der DMV gewünscht. Von Herrn Prof. Blaschke fernmündlich nach Berlin gerufen, haben wir heute morgen versucht, Sie in dieser für uns hochwichtigen Angelegenheit persönlich zu sprechen. Sie ließen uns durch den Amtsgehilfen sagen, daß Sie keine Zeit hätten. Auf unsere weitere Bitte, uns eine Zeit für eine persönliche Unterredung zu nennen, ließen Sie uns wissen, eine solche Unterredung sei nicht mehr nötig, denn Sie hätten Ihre Anordnungen bereits getroffen. Wir ließen dann unter Hinweis auf unsere Eigenschaft als Vorstandsmitglieder der DMV noch einmal dringlich bitten uns vorzulassen, damit wir diese Anordnung, deren Ergehen uns sehr überrascht hätte, kennen lernten. Sie ließen uns daraufhin sagen, wir würden diese Anordnung schon erfahren, und es handele sich nicht um eine dienstliche Angelegenheit. Wenn Sie in einer Angelegenheit einerseits Anordnungen treffen, andererseits die Angelegenheit als nicht dienstlich bezeichnen, so können wir das nur so verstehen, daß die Anordnungen dahin gehen, daß das Reichserziehungsministerium sich nicht weiter mit der Sache befassen will. Wenn wir nichts Gegenteiliges von Ihnen hören, nehmen wir an, daß diese Auffassung auch die Ihre ist und wir sie morgen in einer auf 16 Uhr einberufenen Ausschußsitzung der DMV vertreten dürfen, in der über die im Vorstand der DMV schwebenden Fragen entschieden werden soll. Wir stehen Ihnen selbstverständlich jederzeit noch auf fernmündlichen Anruf zu einer mündlichen Aussprache zur Verfügung."

Auf der Sitzung nahm BLASCHKE die volle Verantwortung für die Versendung des Rundbriefs auf sich. Er und BIEBERBACH traten von ihren DMV-Ämtern zurück. Anstelle von BLASCHKE wurde HAMEL in den Ausschuß kooptiert und dann zum Vorsitzenden gewählt. Zu BIEBERBACHS Nachfolger wurde SPERNER gewählt. Laut Sitzungsprotokoll „wurde vereinbart, daß die beiden verbleibenden Vorstandsmitglieder, die Herren Hasse und Knopp, sich bei allen wichtigen Entscheidungen der Zustimmung des Herrn Hamel versichern." Dies war als nur protokollarische Festschreibung des Führerprinzips in einer sehr schwachen Form und ohne Satzungsänderung zu verstehen, die von VAHLEN jedenfalls toleriert wurde [Mehrtens 1985, 92f].

Damit war die Satzungskrise sogar fast im Sinne der alten Satzung bereinigt; BIEBERBACH war verdrängt, und dem Ministerium war offenbar im Moment genüge getan.

KNOPP achtete in der Folge darauf, daß HAMEL keine Befugnisse an sich zog, die satzungsgemäß HASSE oder ihm zukamen. HAMEL scheint aber auch keine ernsten Versuche in dieser Richtung gemacht zu haben. Der neue Vorstand mit dem neuen Vorsitzenden konnte zur Alltagsarbeit übergehen. Eine massenhafte Austrittsdrohung von Ausländern im Falle neuer weltanschaulicher Artikel im Jahresbericht, wie sie zeitweise durch HARDY vorbereitet wurde, kam nicht zustande.

Wir teilen MEHRTENS' Einschätzung [Mehrtens 1985, 92f], daß BIEBERBACH am Schluß niemanden wirklich hinter sich hatte, und daß auch das Ministerium ein Interesse an einer angesehenen Wissenschaftsvereinigung hatte.

4.6 Wiederwahl des Vorsitzenden Mitglieder jüdischer Abstammung

Auch nach 1935 scheint das Ministerium nicht weiter auf einer formellen Verankerung des Führerprinzips in der Satzung bestanden zu haben. Man muß aber natürlich davon ausgehen, daß die neugewählten Vorsitzenden jeweils mit Berlin abgestimmt waren.

1937, nach dem Internationalen Mathematikerkongreß in Oslo, auf dem die DMV durch ihren Vorsitzenden ERHARD SCHMIDT vertreten war, bestand offenbar der Wunsch, ihn als Vorsitzenden wiederzuwählen, was aber nach der immer noch bestehenden Satzung innerhalb dreier Jahre nicht möglich war. Es wurde der Göttinger Schulmann und Didaktiker W. LIETZMANN gewählt. Dessen Nachfolger wurde 1937 WILHELM SÜSS, der dann gemäß einer 1938 beschlossenen Satzungsänderung insgesamt sechsmal, bis zum Kriegsende wiedergewählt wurde. Ab Frühjahr 1941 vereinigte er auf sich auch das Amt des Schriftführers.[125] Dies bedeutete eine gewisse faktische Annäherung an ein Führerprinzip. Eine Satzungsänderung im Sinne des *Akademieerlasses* (s. u.) unterblieb aber.

Was die Mitglieder jüdischer Abstammung und die Emigranten in der DMV anging, soweit sie nicht wie COURANT und WEYL früher selbst ausgetreten waren, scheint ab 1935 zunächst ein damals als großzügig geltendes Verfahren mit dem

125 Berichtige die Eintragung in der Tabelle in [Gericke 1980].

Ministerium abgesprochen worden zu sein. Jedenfalls wirkte der Ausschuß zunächst nicht mit besonderem Nachdruck auf den Austritt aller Mitglieder jüdischer Abstammung hin; sondern beschränkte sich darauf, z. B. nach der Jahrestagung 1936 im schlesischen Bad Salzbrunn solche Mitglieder jüdischer Abstammung, die mehr als 2 Jahre mit ihrem Mitgliedsbeitrag in Rückstand waren, auszuschließen („Mitgliedschaft erloschen“).[126] Das trifft z. B. auf STEPHAN BERGMANN und THEODORE VON KÁRMÁN zu.

Das Klima änderte sich dann deutlich 1938. Z. B. wurde noch im sechsten Berichtigungsblatt zum Mitgliederverzeichnis, ausgegeben August 1937, eine Adressenänderung von F. LEVI nach Kalkutta bekanntgegeben. Aber Anfang September 1938 wurde eine Adressenänderung BERNAYS' in Zürich schon nur noch intern vom Schatzmeister aufgenommen. Dies war Ausdruck einer neuen Politik. Im Frühjahr 1938 nämlich hatten Vorsitzender und Vorstand aus dem Ministerium erfahren, daß Mitteilungen über den „Verbleib von Juden und Emigranten“ in der DMV, z. B. Adressenänderungen, nicht mehr im Jahresbericht auftauchen sollten. Welche Mitglieder bei geeigneter Gelegenheit auszuschließen seien, könnte in Zweifelsfällen vom Ministerium entschieden werden. Das Ausscheiden „jüdischer“ Mitglieder solle höchstens vorsichtig bekanntgegeben werden.[127]

In dieser ersten Phase der Verschärfung wurde die offizielle Politik also noch von einer gewissen Rücksicht auf Reaktionen aus dem Ausland mitbestimmt. Der angesichts des RBG und des Flaggenerlasses gegen jüdisch Versippte immer noch nicht ganz zeitgemäße Zustand änderte sich aber vollends nach dem Pogrom vom 9./10. November 1938. Einerseits berieten sofort danach Vorsitzender und Vorstand über eigene Wege, der jetzt erwarteten noch härteren Linie der staatlichen Stellen entgegen- oder zuvorzukommen; andererseits erließ das Ministerium ebenfalls sehr rasch, am 15. 11. 1938, einen Schnellbrief, den sogenannten *Akademieerlaß*, der den wissenschaftlichen Akademien in Deutschland recht detailliert Satzungsänderungen vorschrieb. Dazu gehörten das Führerprinzip ebenso wie die Bestimmung, ordentliche Akademiemitglieder müßten Reichsbürger im Sinne des Reichsbürgergesetzes sein. In ausführlichen Erläuterungen wurde daraus gefolgert, daß „reichsdeutsche Juden“ unter den ordentlichen Mitgliedern in geeigneter Weise zum Austritt aufzufordern oder sonstwie zu entlassen seien. Es wurde bald klar, daß dieser Erlaß auch analog auf wissenschaftliche Vereinigungen wie die DMV anzuwenden war.

Zum Jahresende 1938 wurde die Mitgliedschaft von BLUMENTHAL, ALFRED BRAUER, DEHN, HAMBURGER, HELLINGER, ROSENTHAL, SCHUR und TOEPLITZ als erloschen gemeldet. Die Veröffentlichung geschah im zehnten Berichtigungsblatt zum Mitgliederverzeichnis, nach dem Stand vom Jahresende 1938.

126 Ausschlüsse wegen Zahlungsrückstand hatte HASSE als Schatzmeister 1932 systematisch wieder eingeführt.

127 Freundliche Mitteilung durch Herrn Barner eines Briefes von SÜSS an den Vorstand der DMV vom 9. 3. 1938 aus dem Aktenbestand Oberwolfach.

Im Januar 1939 erfuhr man dann definitiv aus dem Ministerium, daß alle ‚deutschen Juden' als Mitglieder auszuschließen seien; daß aber eine gewisse Flexibilität in der Anwendung des *Akademieerlasses* bei ‚ausländischen Juden', sowie Emigranten und Amtsenthobenen, die nicht ‚deutsche Juden' waren, möglich sei. Man einigte sich schließlich zwischen Vorsitzendem und Vorstand darauf, den Mitgliedern, die man als sicher von dem Erlaß Betroffene erkannt zu haben glaubte, weder die 2. Abteilung des Jahresberichts[128] noch Zahlungsaufforderungen für den Mitgliedsbeitrag zuzustellen.[129]

Nach diesen Beschlüssen zeigen das elfte und zwölfte Berichtigungsblatt zum Mitgliederverzeichnis zusammen 22 ausgetretene Mathematiker und 32, deren „Mitgliedschaft erloschen" war.

In Einzelfällen dauerte der Ausschluß dann doch noch mehrere Jahre. Vom neunzehnten Berichtigungsblatt zum Mitgliederverzeichnis (Stand Dezember 1941) ab wird nicht mehr wie vorher zwischen Ausgetretenen und erloschenen Mitgliedschaften (manchmal mit dem ausdrücklichen Zusatz „wegen Versäumnis der Beitragspflicht") differenziert, sondern die Kategorie „ausgeschieden" eingeführt. Auch auf den letzten drei Berichtigungsblättern (Nr. 20 bis 22) zum Mitgliederverzeichnis der alten DMV, die die Entwicklung des Jahres 1942 abdecken, „scheidet" so noch je mindestens ein ‚inländischer Jude' aus der Vereinigung „aus". Es sind aber keine bekannten Namen mehr. Der späteste uns als solcher bekannte „ausgeschiedene" ‚ausländische Jude' ist der im neunzehnten Berichtigungsblatt vermerkte frühere Landauschüler Dr. B. AMIRA von der Hebräischen Universität Jerusalem.

5 Ausblicke

In diesem Abschnitt streben wir keine historische Darstellung an. Eine solche wäre auch zum Teil dadurch behindert, daß wichtige Aktenbestände noch nicht zugänglich sind.[130] Die jetzt zu behandelnde Periode steht aber überhaupt unserem eigenen Erleben schon so nahe, daß wir uns auf wenige Hauptmerkmale beschränken werden. Eine ausführlichere Darstellung der meisten in diesem Abschnitt angesprochenen Entwicklungen findet der Leser in [Schappacher 1985].

Die Fortführung oder der Neuaufbau deutscher Institutionen nach dem Zweiten Weltkrieg mußte jeweils die Frage aufwerfen, in welchem Ausmaß Mitar-

128 Enthaltend die Mitteilung der Vereinigung, im Unterschied zur eigentlichen mathematischen Zeitschrift „Jahresbericht der DMV", die damals unabhängig von der Mitgliedschaft abonniert und bezahlt wurde.

129 Freundliche Mitteilung durch Herrn Barner eines Briefes von SÜSS an den Vorstand der DMV vom 31. 1. 1939 aus dem Aktenbestand Oberwolfach.

130 Dies gilt in besonderem Maße von dem Entnazifizierungskomplex, mit der Folge, daß eine zu Abschnitt 3 analoge detaillierte Untersuchung der Stellenverdrängungen (und, in der Regel, späteren Rehabilitierungen) in den ersten Jahren nach 1945 noch nicht möglich ist.

beiter, die in der Nazizeit Verantwortung getragen hatten, auch weiterhin oder von Neuem verantwortliche Stellungen übernehmen sollten. In dem am Ende von Abschnitt 3 wiedergegebenen Zitat wurde schon deutlich, daß ERICH KAMKE (Tübingen) entschieden für einen klaren Neuanfang ohne alte Mitarbeiter in führenden Stellungen war. So lehnte er auch eine kontinuierliche Weiterführung der DMV ab. Dies setzte ihn in krassen Gegensatz zu WILHELM SÜSS (Freiburg).

WILHELM SÜSS

WILHELM SÜSS war nicht nur, wie schon im letzten Abschnitt erwähnt, seit 1937 Vorsitzender der DMV gewesen; er war auch bis 1945 Rektor der Universität Freiburg und Vorsitzender der Rektorenkonferenz[131] und hatte unter allen Mathematikern in Deutschland den wohl größten Einfluß auf die Forschungsplanung in seinem Fach während des Krieges. Seine Rolle war also der vergleichbar, die LUDWIG PRANDTL für die Forschungen in der Luftfahrttechnologie spielte.[132] Allerdings mußte SÜSS anders als PRANDTL um die genaue Abgrenzung seines Bereiches: die Förderung „kriegswichtiger“ *Mathematik* (im Unterschied zur Förderung technischer Projekte, welche Mathematik in der einen oder anderen Weise brauchten), kämpfen.

Diese Abgrenzungen spielten sich im neuen *Reichsforschungsrat* (RFR) ab[133], dessen *Planungsamt* 1943 WERNER OSENBERG übernahm. Hier wurde um die Jahreswende 1944–45 unter SÜSS' Leitung eine *Fach-*

131 Sein in dieser Eigenschaft am 26. 8. 1943 vor der Rektorenkonferenz gehaltenes Referat „Die gegenwärtige Lage der deutschen Wissenschaft und der deutschen Hochschulen“, das „mit der Bitte um vertrauliche persönliche Kenntnisnahme“ an eine Reihe von Kollegen verschickt wurde – wir beziehen uns auf ein Exemplar im Nachlaß H. KNESER – dokumentiert sehr klar SÜSS' Bestreben, die Situation des Krieges für eine verstärkte Anerkennung der Wissenschaftler und der Universität zu nutzen.

132 Siehe [Tollmien 1987] für eine gründliche Untersuchung der Rolle PRANDTLs. Eine vergleichbare Untersuchung über SÜSS gibt es noch nicht. – Vgl. das in [Siegmund-Schultze 1986] veröffentlichte und kommentierte Protokoll einer Ressortbesprechung im Ministerium, das den Rahmen illustriert, in dem SÜSS operierte. – Vgl. hier und im Folgenden auch [Schappacher 1985].

133 Zu altem und neuem RFR siehe [Zierold 1968] und [Tollmien 1987, 467 f].

sparte Mathematik eingerichtet, in deren Rahmen in erster Linie - „Gruppe Mathematische Literatur I" - knapp 20 Buchprojekte gefördert wurden. Dazu kamen noch ca. 12 weitere mehr oder weniger mathematische Projekte verschiedener Größe und Bedeutung. Unter den Büchern fällt uns neben KAMKES Handbuch *Differentialgleichungen, Lösungsmethoden und Lösungen*, auch WILLERS' *Praktische Analysis* auf, und BIEBERBACH und WEGNER schrieben gemeinsam *Konforme Abbildung in Theorie und Praxis*.

Schon im Sommer 1944 hatte SÜSS außerdem mit den Vorbereitungen für ein *Reichsinstitut für Mathematik* begonnen, für das dann ab September 1944 der *Lorenzenhof* in Oberwolfach bezogen wurde.[134] Dies ist sein bleibendes Vermächtnis an alle Mathematiker. Aber bevor es dazu kommen konnte, stellte sich auch für dieses Institut, wie für die DMV, am Ende des Krieges die Frage der weiteren Existenz.

Nach einer längeren, beiderseits unnachgiebigen, wenn auch von gegenseitigem persönlichen Respekt getragenen Korrespondenz zwischen KAMKE und SÜSS über die Zukunft der DMV[135] setzte sich KAMKE hier letztlich durch. Nach einer nationalen Mathematiker-Tagung in Tübingen im September 1946 konnte KAMKE 1947 nach seinen Vorstellungen eine „Deutsche Mathematiker-Vereinigung in der französisch besetzten Zone" gründen, deren Vorsitzender er wurde und die in den folgenden Jahren allmählich auf die anderen Zonen ausgedehnt wurde. SÜSS'

ERICH KAMKE (links) und PAUL ALEXANDROFF auf der DMV-Tagung 1957 in Dresden.

134 Zur Geschichte des Mathematischen Forschungsinstituts Oberwolfach, vgl. [Süss 1967], [Süss 1980], [Süss 1983], [Todd 1983], [Anniversarium 1984], [Gericke 1984] und [Schappacher 1985, 43-46].

135 Freundliche Mitteilung von Herrn Barner aus dem Aktenbestand SÜSS in Oberwolfach.

Versuche, die alte DMV weiterzuführen, schlugen fehl. So wurde KAMKES Neugründung, insbesondere auch durch die Fortführung des *Jahresberichts*, *de facto*, wenn auch nicht *de jure*, die Nachfolgerin der alten Vereinigung gleichen Namens. KAMKE war eines der deutschen Mitglieder des Internationalen Mathematiker-Kongresses in Harvard 1950 und wurde Vizepräsident der ***Internationalen Mathematischen Union*** IMU.

Dem Leser wird hier der Kontrast zur Zeit nach dem Ersten Weltkrieg (siehe Abschnitt 4.2 oben) nicht entgehen: Obwohl doch nach 1945 sicher nicht weniger moralischer Grund für einen Boykott deutscher Wissenschaft gegeben war als nach 1918, entwickelten sich die internationalen wissenschaftlichen Beziehungen sehr schnell und gut, und fast jeder deutsche Nachwuchswissenschaftler der Nachkriegszeit dürfte Beispiele großzügiger Unterstützung insbesondere durch ehemalige deutsche Emigranten zu berichten haben. Vielleicht wurde diese auf den ersten Blick erstaunliche Entwicklung, abgesehen von der neuen weltpolitischen Lage, auch durch die Monstrosität des Naziregimes selbst mitermöglicht: es war undenkbar, daß junge Leute, die das Kriegsende miterlebt hatten, rückblikkende Begeisterung für das zerschlagene System entwickeln würden, wie das nach 1918 der Fall war.

Was nun Oberwolfach anging, gelang es SÜSS, das Institut weiterzuführen. In der Tat machte SÜSS Oberwolfach sehr schnell zu der mathematischen Institution in Deutschland, die mehr als jede andere in den letzten 40 Jahren die internationale Zusammenarbeit von Mathematikern gefördert hat. 1949 begannen in

Der alte Lorenzenhof in Oberwolfach

Oberwolfach größere Fachtagungen über Spezialgebiete der Mathematik. Sie waren von Anfang an international. Erwähnenswert ist hier vielleicht besonders die französisch-deutsche Arbeitsgemeinschaft vom August 1949 mit je 15 Teilnehmern aus beiden Ländern, in der sich die Bourbaki-Gruppe ihren Zielen nach und persönlich vorstellte [Gericke 1984, 30 und 33].

Nach dem Tode SÜSS' (29. 5. 1958) gab es noch eine schwierige Zeit verschiedener Pläne und unsicherer Finanzierung des Instituts. Nachdem 1960 die Max-Planck-Gesellschaft vor allem aus Gründen der Struktur des Instituts die Übernahme als Max-Planck-Institut abgelehnt hatte, wurde Oberwolfach durch zeitweise Zuwendungen aus der *Thyssen-Stiftung* erhalten, bis das Land Baden-Württemberg die laufenden Betriebskosten übernahm, während die *Stiftung Volkswagenwerk* zunächst mit dem Neubau des Gästehauses 1967 und sieben Jahre später mit einem Neubau für Bibliotheks-, Vortrags- und Diskussionsräume (Einweihung Juni 1975) anstelle des alten *Lorenzenhofes* die optimalen äußeren Voraussetzungen für einen ständigen Tagungsbetrieb schuf. 1988/89 erhielt das Mathematische Forschungsinstitut Oberwolfach zwei weitere (weniger große) Ergänzungsbauten.

Zur Zeit ist das Institut etwa 51 Wochen im Jahr mit Tagungen belegt. In diesen allwöchentlichen, jeweils verschiedenen Spezialgebieten der Mathematik gewidmeten, Treffen ist es ebenso der Ort des Echos neuer mathematischer Resultate wie die fruchtbare Stätte kreativen Meinungsaustausches. Die von SÜSS begonnene, heute sehr gut ausgestattete mathematische Bibliothek hebt Oberwolfach deutlich von sonstigen Tagungsstätten ab.

Die Jahre 1961–62 markieren allgemein eine nicht genau datierbare aber tiefgehende Zäsur in der Geschichte Deutschlands nach dem Zweiten Weltkrieg. Für die Mathematiker brachte 1961 die Abspaltung der DMV-Mitglieder aus der DDR. (1962 wurde die *Mathematische Gesellschaft der Deutschen Demokratischen Republik* gegründet.) Und 1960 hatte der Wissenschaftsrat in seinen *Empfehlungen zum Ausbau der wissenschaftlichen Hochschulen* erstmals die Idee der *Sonderforschungsbereiche* (SFB) artikuliert – die damals noch *Schwerpunkte* hießen.

> „Die deutschen Hochschulen sind zwar prinzipiell immer gleichrangig und universal gewesen; faktisch hatten aber die verschiedenen Fächer oder Fakultäten und auch die verschiedenen Hochschulen schon länger unterschiedliche Gewichte. ... Die fortschreitende Spezialisierung und Differenzierung der Wissenschaft und das schnelle Anwachsen der Mittel, die für die Forschung aufgewandt werden müssen, läßt es aber heute nicht mehr zu, daß an jeder Hochschule auf allen Gebieten mit gleicher Intensität Forschung getrieben wird. ... Es wird darauf ankommen, die Voraussetzungen für die Forschung in den Hochschulen so zu gestalten, daß diese gegenüber den Einrichtungen, die sich auf die Forschung beschränken, konkurrenzfähig bleiben.“[136]

136 So die spätere Paraphrase der ursprünglichen Empfehlungen in: *Empfehlungen des Wissenschaftsrats zum Ausbau der wissenschaftlichen Hochschulen bis 1970*, Juli 1967, 127.

In Bonn wurde 1969, nach etwa sechsjähriger Vorbereitungsarbeit unter Leitung FRIEDRICH HIRZEBRUCHS, der erste mathematische Sonderforschungsbereich eingerichtet: *Nr. 40, „Theoretische Mathematik"* [Schappacher 1985, 46f]. Ursprünglich war ein einziger, auch die Angewandte Mathematik umfassender SFB beantragt worden, der aber dann in zwei überschaubarere Einheiten zerlegt wurde. So entstand ab 1971 der zweite SFB der Bonner Mathematiker: *Nr. 72, „Approximation und mathematische Optimierung in einer anwendungsbezogenen Mathematik"*. Zur Zeit (Sommer 1989) bestehen neben der eben erwähnten Nr. 72 noch zwei mathematische SFB's: *Nr. 123, Stochastische Mathematische Modelle* in Heidelberg und *Nr. 170, Geometrie und Analysis* in Göttingen. Ein weiterer SFB mit dem Titel *Diskrete Strukturen in der Mathematik* begann vor kurzem seine Arbeit in Bielefeld. Ein *Institut für Experimentelle Mathematik* als zentrale wissenschaftliche Einrichtung – kein SFB also, sondern mit einer Starthilfe der Volkswagenstiftung – ist für Essen vorgesehen.

FRIEDRICH HIRZEBRUCH

Die Jahresversammlung der GdNÄ – siehe Abschnitt 1 – im September 1978 bot die Gelegenheit für ein entscheidendes Gespräch HIRZEBRUCHS mit REIMAR LÜST, dem damaligen Präsidenten der Max-Planck-Gesellschaft, über die Zukunft des SFB 40 und die Eventualität, ihn in ein Max-Planck-Institut (MPI) für Mathematik zu überführen. Am 1. November 1978 verfaßte HIRZEBRUCH einen gerade $3\frac{1}{2}$ Schreibmaschinenseiten langen Brief, in dem er ein solches MPI für Mathematik detailliert beschrieb [Schappacher 1985, 47ff]. Dieser Brief blieb das Kernstück der folgenden Anträge und beschreibt immer noch das jetzt seit 1981 auf dem Papier, seit 20. 1. 1982 in seinem Gebäude, Gottfried-Claren-Straße 26 in Bonn-Beuel, existierende *Max-Planck-Institut für Mathematik*.

Mit Oberwolfach als international renommierter Tagungsstätte, einem Max-Planck-Institut für Mathematik in Bonn, drei Sonderforschungsbereichen und einer gegenüber 1945 ziemlich genau verdoppelten Anzahl von Universitäten erfreuen sich die Mathematiker in der Bundesrepublik Deutschland heute eines nie gekannten Reichtums an Pflegestätten ihrer Wissenschaft. Der internationale Charakter mathematischer Resultate und mathematischer Forschung ist selbstverständlich. Die überwiegende Sprache der Vorträge in Oberwolfach und am Bonner Max-Planck-Institut ist das internationale Wissenschaftler-Englisch. Wie HIRZEBRUCH einmal (anläßlich der Eröffnung einer Ausstellung am Rande der 25. Bonner Mathematischen Arbeitstagung 1984) sagte: „Die Auswahl der [zur ersten Bonner Mathematischen Arbeitstagung 1957 eingeladenen] Mathematiker war nicht zufällig, die gleichmäßige Verteilung auf die Länder war ein reiner Zufall, der mir heute zum ersten Male aufgefallen ist. Es stellte keine Imitation des Europaparlaments dar, denn die Mathematik ist so international, daß einem meistens gar nicht bewußt ist, aus welchem Land der Mathematiker stammt, mit dem man gerade diskutiert.“ Man reist viel. Die Dichte der Fachtagungen hat einen Punkt erreicht, an dem viele Mathematiker nicht umhin können, auch interessante Einladungen abzulehnen. Die wissenschaftliche Lebenswelt ist eine andere geworden. Im Laden können wir kalifornische Pfirsiche kaufen; das Mathematical Sciences Research Institute in Berkeley, mit seinem dominierenden Blick auf San Francisco, ist auch für die Mathematiker in Deutschland ein Teil ihrer Welt. Auf diesem Hintergrund sind heute alle grundsätzlichen politischen Aussagen und Auseinandersetzungen zur nationalen Forschungs- und Wissenschaftsplanung zu sehen.

Quellen- und Literaturverzeichnis

Unveröffentlichte Quellen werden in den Fußnoten jeweils beschrieben; dabei verwenden wir folgende Abkürzungen für Aktenbestände:

- MIG Akten des Mathematischen Instituts der Universität Göttingen, etwa 1929–1950 (7 Ordner, 5 Ablageordner).
- UAG Universitätsarchiv Göttingen
- UBG Handschriftenabtlg. Univ.-Bibliothek Göttingen

Der stellenweise zitierte *Nachlaß* (Hellmuth) *Kneser* ist im Familienbesitz.

Die Abkürzung [Weber 1940] verweist auf die Akte:

Auseinandersetzung Hasse % Weber, Bundesarchiv Koblenz, R21 (Rep. 76), Abt. Wissenschaft, Personalia (12c), Weber, Werner, a. pl. Prof. 1940.

Literatur

Adam, U.D. (1977): *Hochschule und Nationalsozialismus – Die Universität Tübingen im Dritten Reich (mit einem Anhang von W. Setzler).* Contubernium **23**, Tübingen: Mohr.

Alberts, G. (1989): *101 Jahre Klassifikationsindex. Zur Geschichte der Dokumentation in der Mathematik.* In Vorbereitung.

Anniversarium (1984): *Mathematisches Forschungsinstitut Oberwolfach, Anniversarium 1984.* Informationsschrift zur Arbeit, Organisation und Geschichte des Instituts, herausgegeben von der Gesellschaft für mathematische Forschung, Freiburg, im Zusammenwirken mit der Stiftung Volkswagenwerk, Hannover, Broschüre.

Becker, H. (1987): *Aufstellung der Professoren ..., die infolge der nationalsozialistischen Maßnahmen die Universität Göttingen verlassen mußten.* In: Becker, Dahms, Wegeler (Hrsg.), Die Universität Göttingen unter dem Nationalsozialismus, K. G. Saur München etc. 1987, 490–501.

Beckert, H. und H. Schumann (Hrsg.) (1981): *100 Jahre Mathematisches Seminar der Karl-Marx-Universität Leipzig.* VEB Dt. Verlag Wiss. Berlin.

Beyerchen, A. D. (1977): *Scientists under Hitler, Politics and the Physics Community in the Third Reich.* New Haven – London 1977.

Bieberbach, L. (1934a): *Persönlichkeitsstruktur und mathematisches Schaffen.* Unterrichtsblätter für Mathematik und Naturwissenschaften **40,** 236–243.

Bieberbach, L. (1934b): *Die Kunst des Zitierens. Ein offener Brief an Herrn Harald Bohr in København.* Jber. DMV **44,** 2. Abtlg., 1–3.

Biermann, K.-R. (1988): *Die Mathematik und ihre Dozenten an der Berliner Universität 1810–1933, Stationen auf dem Wege eines mathematischen Zentrums von Weltgeltung.* Akademie-Verlag Berlin.

Bigalke, H.-G. (1988): *Heinrich Heesch – Kristallgeometrie, Parkettierungen, Vierfarbenforschung.* Vita Math. **3,** Basel–Boston–Berlin (Birkhäuser).

Bohr, H. (1934): *„Ny Matematik" i Tyskland.* Berlinske Aften 1. 5. 1934.

Bracher, K. D. (1960): *Stufen der Machtergreifung,* Erster Teil von: *Die nationalsozialistische Machtergreifung.* Köln/Opladen 1960; wiederaufgelegt Ullstein 1979.

Vom Brocke, B. (1980): *Hochschul- und Wissenschaftspolitik in Preußen und im Deutschen Kaiserreich, 1882–1907: Das ‚System Althoff'.* In: P. Baumgart (Hrsg.), Bildungspolitik in Preußen zur Zeit des Kaiserreichs, Stuttgart (Klett-Cotta), 84–95.

Courant, R. (1927): *Carl Runge als angewandter Mathematiker.* Die Naturwissenschaften **15,** 229–231.

Dahms, A. (1987a): *Einleitung.* In: Becker, Dahms, Wegeler (Hrsg.), Die Universität Göttingen unter dem Nationalsozialismus. K. G. Saur München etc. 1987, 15–60.

Dahms, A. (1987b): *Aufstieg und Ende der Lebensphilosophie: Das philosophische Seminar der Universität Göttingen zwischen 1917 und 1950.* In: Becker, Dahms, Wegeler (Hrsg.), Die Universität Göttingen unter dem Nationalsozialismus. K. G. Saur München etc. 1987, 169–199.

Dahms, A. und F. Halfmann (1988): *Die Universität Göttingen in der Revolution 1918/19.* In: 1918 – Die Revolution in Südhannover, Begleitheft zur Dokumentation des Museumsverbandes Südniedersachsen. Städtisches Museum Göttingen, 59–82.

Van Dalen, D. (1989): *The War of the Frogs and Mice, or the crisis of the Mathematische Annalen.* Math. Intelligencer (to appear).

Dick, A. (1970): *Emmy Noether.* Elemente der Math., Beiheft **13,** Basel.

Einhorn, R. (1985): *Vertreter der Mathematik und Geometrie an den Wiener Hochschulen 1900–1940.* Diss. TU Wien 43/1, 43/II, Wien.

Von Ferber, C. (1956): *Die Entwicklung des Lehrkörpers der deutschen Universitäten und Hochschulen 1864–1954.* Untersuchungen zur Lage der deutschen Hochschullehrer III, Vandenhoeck & Ruprecht, Göttingen.

Flaxa, D. (1984): *Das Wirken Willers' als Hochschullehrer an der Bergakademie Freiberg.* Wiss. Z. der Technischen Universität Dresden **33** (2), 89–92.

Forman, P. (1971): *Weimar Culture, Causality, and Quantum Theory, 1918–1927.* Adaption by German Physicists and Mathematicians to a Hostile Intellectual Environment. Hist. Stud. in the Physical Sciences **3,** 1–115.

Forman, P. (1973): *Scientific Internationalism and the Weimar Physicists: The Ideology and its Manipulation in Germany after World War I.* Isis **64,** 151–180.

Frei, G. (1984): *Felix Klein (1849–1925) – A biographical sketch.* Jahrbuch Überblicke Math. 1984, 229–254.

Frewer, M. (1978): *Das wissenschaftliche Werk Felix Bernsteins.* Diplomarbeit Göttingen.

Frewer, M. (1981): *Felix Bernstein.* Jber. DMV **83,** 84–95.

Gericke, H. (1972): *50 Jahre GAMM.* Beiheft zum Ingenieur-Archiv, Band **41.**

Gericke, H. (1980): *Aus der Chronik der Deutschen Mathematiker-Vereinigung*, ergänzter Nachdruck des Artikels Jber. DMV **68** (1966), 46-74; Teubner-Verlag.

Gericke, H. (1984): *Das Mathematische Forschungsinstitut Oberwolfach - Nach einem Bericht von W. Süss aus dem Jahre 1953, zusammengestellt und ergänzt von H. Gericke*. In: Perspectives in Mathematics, Anniversary of Oberwolfach 1984, Birkhäuser Basel etc., 23-29.

Gumbel, E.J. (1979): *Verschwörer. Zur Geschichte und Soziologie der deutschen nationalistischen Geheimbünde 1918-1924*. Mit einem Vorwort und zwei Dokumenten zum Fall Gumbel wiederherausgegeben von K. Buselmeier, Heidelberg.

Gumbel, E.J. (Hrsg.) (1938): *Freie Wissenschaft - Ein Sammelbuch aus der deutschen Emigration*. Sebastian Brant Verlag, Strasbourg.

Gutzmer, A. (1904): *Geschichte der Deutschen Mathematiker-Vereinigung von ihrer Begründung bis zur Gegenwart dargestellt*. Teubner, Leipzig (=Jber. DMV, **10,** 1. Heft).

Hasse, H. (1929): *E. Landau, Vorlesungen über Zahlentheorie*. Buchbesprechung, Jber. DMV **38,** 2. Abtlg., 52-61.

Helling, H., N. Schappacher und E. Scholz (Hrsg.) (199*): *Oswald Teichmüller - Leben und Werk*. In Vorbereitung für den Jber. DMV.

Hilbert, D., F. Klein (1985): *Briefwechsel David Hilbert - Felix Klein (1886-1918), mit Anmerkungen herausgegeben von G. Frei*. Arbeiten aus der Niedersächsischen Universitätsbibliothek Göttingen **19,** Göttingen.

Jaensch, E.R. und Fritz Althoff (1939): *Mathematisches Denken und Seelenform*, Beiheft **81** der Zeitschrift für angewandte Psychologie und Charakterkunde, Leipzig.

Jansen, C. (1985): *Emil Julius Gumbel - Ein Statistiker des Antimilitarismus*. In: Pazifismus zwischen den Weltkriegen (D. Harth, D. Schubert, R.M. Schmidt, Hrsg.), Heidelberger Bibliotheksschriften **16,** Heidelberg, 31-42.

Klein, F. (1923): *Gesammelte Mathematische Abhandlungen*. Dritter Band, Hrsg. R. Fricke, H. Vermeil, E. Bessel-Hagen, Berlin.

Klein, F. (1977): *Handschriftlicher Nachlaß*. Reproduktion und Transskription, hrsg. von K. Jacobs; Math. Inst. Erlangen.

Knobloch, E. (199*): *Mathematik an der TH/TU Berlin*. Manuskript.

Kraemer, K. (1975): *Geschichte der Gründung des Max-Planck-Instituts für Strömungsforschung in Göttingen*. In: MPI für Strömungsforschung Göttingen 1925-1975. Festschrift zum 50jährigen Bestehen hrsg. vom MPI.

Kröner, P. (1983): *Vor fünfzig Jahren. Die Emigration deutschsprachiger Wissenschaftler 1933-1939*. Katalog anläßlich des 21. Symposiums der Gesellschaft für Wissenschaftsgeschichte (12.-14. Mai 1983) in Wolfenbüttel, Ges. f. Wiss.gesch. Münster.

Lindner, H. (1980): *„Deutsche" und „gegentypische" Mathematik - Zur Begründung einer „arteigenen" Mathematik im Dritten Reich durch Ludwig Bieberbach*. In: H. Mehrtens, S. Richter (Hrsg.), Naturwissenschaft, Technik und NS-Ideologie. Frankfurt, 88-115.

Lorenz, C. (1943): *Zehnjahres-Statistik des Hochschul-Besuchs und der Abschlußprüfungen*. Band **I,** Hrsg. REM, Berlin.

Maas, C. (1987): *Das Mathematische Seminar der Universität Hamburg in der Zeit des Nationalsozialismus*. Preprint: Hamburger Beiträge zur angewandten Mathematik, Reihe **B** Bericht **1,** Juli 1987; erscheint in E. Krause et al. (Hrsg.), Die Hamburger Universität in der Zeit des Nationalsozialismus.

Manegold, K.H. (1970): *Universität, technische Hochschule und Industrie. Ein Beitrag zur Emanzipation der Technik im 19. Jhd. unter besonderer Berücksichtigung der Bestrebungen Felix Kleins*. Schriften zur Wirtschafts- und Sozialgeschichte **16,** Berlin.

Marshall, B. (1972): *The political development of German university towns in the Weimar republic: Göttingen and Münster 1918-1930*. PhD thesis Univ. of London.

Mehrtens, H. (1980): *Felix Hausdorff - Ein Mathematiker in seiner Zeit*. Broschüre des Fachschaftsrates Mathematik und des Mathematischen Instituts Bonn.

Mehrtens, H. (1985): *Die „Gleichschaltung" der mathematischen Gesellschaften im nationalsozialistischen Deutschland.* Jahrbuch Überblicke Math. 1985, 83-103.

Mehrtens, H. (1986): *Angewandte Mathematik und Anwendungen der Mathematik im nationalsozialistischen Deutschland.* Geschichte und Gesellschaft **12** (3): Wissenschaften im Nationalsozialismus, 317-347.

Mehrtens, H. (1987): *Ludwig Bieberbach and „Deutsche Mathematik".* In: E. R. Phillips (ed.), Studies in the History of Mathematics. Studies of Mathematics **26,** Math. Assoc. America, 195-241.

Mommsen, H. (1966): *Beamtentum im Dritten Reich.* Vierteljahrshefte für Zeitgeschichte **13.**

Peckhaus, V. (1989): *,Ich habe mich wohl gehütet, alle Patronen auf einmal zu verschießen' - Ernst Zermelo in Göttingen*, Preprint.

Pinl, M. (19**): *Kollegen in einer dunklen Zeit.* Jber. DMV: Teil I, **71** (1969), 167-228; Teil II, **72** (1971), 165-189; Teil III, **73** (1972), 153-208; Teil IV (mit A. Dick), **75** (1974), 166-208; Nachtrag und Berichtigung, **77** (1976), 161-164.

Pinl, M. und L. Furtmüller (1973): *Mathematicians under Hitler.* Leo Baeck Year Book **XVIII,** 129-182.

Pohlenz, M. (1940): *Eduard Schwartz.* Göttinger Gel. Nachr., Jber. 1939/40.

Popplow, U. (1976): *Göttingen in der Novemberrevolution 1918/1919.* Göttinger Jahrbuch **24,** 205-242.

Purkert, W. und H. J. Ilgauds (1987): *Georg Cantor.* Vita mathematica **2,** Birkhäuser Basel etc.

Pyenson, L. (1983): *Neohumanism and the persistence of pure mathematics in Wilhelmian Germany.* Am. Philos. Soc., Philadelphia.

Rasehorn, T. (1987): *Rechtspolitik und Rechtsprechung - Ein Beitrag zur Ideologie der „Dritten Gewalt".* In: Bracher et al. (Hrsg.), Die Weimarer Republik 1918-1933, Politik Wirtschaft Gesellschaft. Bonner Schriften zur Politik und Zeitgeschichte **22,** 407-428.

Ratzke, E. (1987): *Das pädagogische Institut der Universität Göttingen. Ein Überblick über seine Entwicklung in den Jahren 1923-1949.* In: Becker, Dahms, Wegeler (Hrsg.), Die Universität Göttingen unter dem Nationalsozialismus. K. G. Saur München etc., 200-218.

Reid, C. (1970): *Hilbert.* Springer, Berlin-Heidelberg-New York.

Reid, C. (1979): *Courant. Der Mathematiker als Zeitgenosse.* Springer, Heidelberg-New York.

Reingold, N. (1981): *Refugee Mathematicians in the United States of America, 1933-1941: Reception and Reaction.* Ann. Science **38,** 313-338.

Richenhagen, G. (1985): *Carl Runge (1856-1927): Von der Mathematik zur Numerik.* Studien zur Wissenschafts-, Sozial- und Bildungsgeschichte der Mathematik **1,** Göttingen.

Röder, W. und H. A. Strauss (1980ff): *Biographisches Handbuch der deutschsprachigen Emigration nach 1933.* K. G. Saur München etc.

Rovnyak, J. (1989): *Ernst David Hellinger 1883-1950. Life and Mathematical Work.* Preprint.

Rowe, D. (1985a): *Felix Klein's Erlanger Antrittsrede. A transcription with English translation and commentary.* Hist. Math. **12,** 123-141.

Rowe, D. (1985b): *Essay Review of* [Tobies 1981], [Manegold 1970], and [Pyenson 1983]. Hist. Math. **12,** 278-291.

Rowe, D. (1986): *„Jewish Mathematics" at Göttingen in the Era of Felix Klein.* Isis **77,** 422-449.

Runge, I. (1949): *Carl Runge und sein wissenschaftliches Werk.* Göttingen.

Sachse, A. (1907): *Friedrich Althoff.* Deutsche Revue **32,** Bd. 4, 175-192.

Schappacher, N. (1985): *Max-Planck-Institut für Mathematik. Historical Notes on the New Research Institute at Bonn.* Math. Intelligencer **7,** 41-52.

Schappacher, N. (1987): *Das Mathematische Institut der Universität Göttingen 1929-1950.* In: Becker, Dahms, Wegeler (Hrsg.), Die Universität Göttingen unter dem Nationalsozialismus. K. G. Saur München etc., 345-373.

Schappacher, N. (199*): *Hermann Weyls Entlassungsgesuch vom Oktober 1933.* In: W. Deppert (Hrsg.), Hermann Weyl. Leben und Werk. Erscheint vorauss. Frankfurt a. M. - Bern - New York.

Scharlau, W. (1989): *Mathematische Institute in Deutschland 1800–1945*. Dokumente zur Geschichte der Mathematik **5**, Vieweg.

Schnath, G. (1976): *Göttinger Tagebuch Oktober 1918 bis März 1919*. Göttinger Jahrbuch **24**, 171–203.

Segal, S. L. (1980): *Helmut Hasse in 1934*. Hist. Math. **7**, 46–56.

Segal, S. L. (1986): *Mathematics and German Politics: The National Socialist Experience*. Hist. Math. **13**, 118–135.

Siegel, C. L. (1965): *Zur Geschichte des Frankfurter Mathematischen Seminars*. Gesammelte Abhandlungen, Band **III** (Springer 1966), 462–474.

Siegmund-Schultze, R. (1983): *Ein Mathematiker als Präsident der Berliner Akademie der Wissenschaften in ihrer dunkelsten Zeit*. Mitt. Math. Ges. DDR **2/1983**, 49–54.

Siegmund-Schultze, R. (1984a): *Das Ende des Jahrbuchs über die Fortschritte der Mathematik und die Brechung des deutschen Referatemonopols*. Mitt. Math. Ges. DDR **1/1984**, 91–101.

Siegmund-Schultze, R. (1984b): *Einige Probleme der Geschichtsschreibung der Mathematik im faschistischen Deutschland – unter besonderer Berücksichtigung des Lebenslaufes des Greifswalder Mathematikers Theodor Vahlen*. Wiss. Z. Ernst-Moritz-Arndt Univ. Greifswald, Math-Nat. Reihe **XXXIII**, 51–56.

Siegmund-Schultze, R. (1984c): *Theodor Vahlen – zum Schuldanteil eines deutschen Mathematikers am faschistischen Mißbrauch der Wissenschaft*. NTM-Schriftenreihe Gesch. Natur-wiss., Technik, Med. Leipzig **21/1**, 17–32.

Siegmund-Schultze, R. (1986): *Faschistische Pläne zur „Neuordnung" der europäischen Wissenschaft. Das Beispiel Mathematik*. NTM-Schriftenreihe Gesch. Naturwiss., Technik, Med. Leipzig **23/2**, 1–17.

Siegmund-Schultze, R. (1987): *Berliner Mathematik zur Zeit des Faschismus*. Mitt. Math. Ges. DDR **4/1987**, 61–84.

Siegmund-Schultze, R. (1989): *Zur Sozialgeschichte der Mathematik an der Berliner Universität im Faschismus*. NTM-Schriftenreihe Gesch. Natur-wiss., Technik, Med. Leipzig **26/1**, 49–68.

Süss, I. (1967): *Entstehung des Mathematischen Forschungsinstituts Oberwolfach im Lorenzenhof*. Zur Einweihung des Neubaus 1967 berichtet von Irmgard Süss - mit Reproduktionen von Dokumenten im Anhang. Broschüre Mathematisches Forschungsinstitut Oberwolfach.

Süss, I. (1980): *Origin of the Mathematical Research Institute Oberwolfach at the Countryseat ‚Lorenzenhof'*. In: General Inequalities **2**, Proc. Sec. Int. Conf. on Gen. Inequ. Oberwolfach 1978, ISNM **47**, Birkhäuser Basel etc., 3–13. (= leicht überarbeitete Englische Version des ersten Teiles von [Süss 1967].)

Süss, I. (1983): *The Mathematical Research Institute Oberwolfach through Critical Times*. In: General Inequalities **3**, Third Int. Conf. on Gen. Inequ. Oberwolfach 1981, ISNM **64**, Birkhäuser Basel etc., 3–17. (= leicht überarbeitete Englische Version des zweiten Teiles von [Süss 1967].)

Titze, H. (1987): *Das Hochschulstudium in Preußen und Deutschland 1820–1944*. Datenhandbuch zur deutschen Bildungsgeschichte, Band I, 1. Teil, Göttingen.

Tobies, R. (1981): *Felix Klein (Biographien hervorragender Naturwissenschaftler, Techniker und Mediziner Nr. 50)*. Leipzig.

Tobies, R. (1982): *Die Stellung deutscher mathematischer Fachgesellschaften zur angewandten Mathematik (bis 1917)*. Mitt. Math. Ges. DDR **1-2/1982**, 133–154.

Tobies, R. (1986): *Zur Geschichte deutscher mathematischer Gesellschaften*. Mitt. Math. Ges. DDR **2-3/1986**, 112–134.

Todd, J. (1983): *Oberwolfach – 1945*. In: General Inequalities **3**, Third Int. Conf. on Gen. Inequ. Oberwolfach 1981, ISNM **64**, Birkhäuser Basel etc., 19–22.

Tollmien, C. (1987): *Das Kaiser-Wilhelm-Institut für Strömungsforschung verbunden mit der Aerodynamischen Versuchsanstalt*. In: Becker, Dahms, Wegeler (Hrsg.), Die Universität Göttingen unter dem Nationalsozialismus. K.G. Saur München etc., 464–488.

Vézina, B. (1982): *„Die Gleichschaltung" der Universität Heidelberg im Zuge der nationalsozialistischen Machtergreifung*. Heidelberger rechtswissenschaftliche Abhandlungen **32**, Heidelberg (Winter).

Wegner, U. (1937): *Die Mathematik in Forschung und Lehre (Einiges zum Grundsätzlichen.).* Deutsche Mathematik **2,** 6–10.

Weissinger, J. (1985): *Erinnerungen an meine Zeit in der DVL 1937–1945.* Jahrbuch Überblicke Math. 1985, 105–129.

Wendel, G. (1975): *Die Kaiser-Wilhelm-Gesellschaft 1911–1914 – Zur Anatomie einer imperialistischen Forschungsgesellschaft.* Berlin.

Wilhelm, P. (1978): *Die Synagogengemeinde Göttingen, Rosdorf und Geismar 1850–1942.* Studien zur Geschichte der Stadt Göttingen **11,** Göttingen (Vandenhoeck & Ruprecht).

Zierold, K. (1968): *Forschungsförderung in drei Epochen. Deutsche Forschungsgemeinschaft: Geschichte, Arbeitsweise, Kommentar.* Wiesbaden.

Diskrete Mathematik

Martin Aigner

Einführung

Vor 100 Jahren gab es den Begriff Diskrete Mathematik nicht, und er ist auch heute im deutschen Sprachraum keineswegs gebräuchlich. Vorlesungen dazu werden nicht überall und keineswegs mit einem einheitlichen Themenkatalog angeboten (im Gegensatz z. B. zu den USA, wo sie seit langem einen festen Platz haben). Die Entwicklung der Diskreten Mathematik nachzuzeichnen bedeutet also nicht nur, ganz von vorn zu beginnen, sondern bedingt vor allem eine höchst subjektive Auswahl dessen, was die Diskrete Mathematik ausmacht bzw. was sie im Verlauf dieses Jahrhunderts geprägt hat.

Das Gebiet der Diskreten Mathematik ist heute unüberschaubar (aber von welcher mathematischen Disziplin könnte man dies nicht behaupten). Man könnte es in Teilgebiete zerlegen und die einzelnen herausragenden Resultate aufzeichnen. Für ein Gebiet, das fast vollständig ein Geisteskind dieses Jahrhunderts ist, erscheint jedoch eine Darstellung als Ideengeschichte angemessen. Welche inner- und außermathematische Einflüsse, welche Herausforderungen, welche Ideen haben die Diskrete Mathematik zu dem werden lassen, was sie heute ist?

Möbius-Inversion, endliche projektive Ebenen, Netzwerkplanung – drei völlig verschiedene Themen, und doch wird sie jeder Insider als zur Diskreten Mathematik gehörig empfinden – alle drei Themen haben einen kombinatorischen „Anstrich". Die Kombinatorik bildet demnach die Grundlage für unsere Überlegungen, und die Entwicklung und Erweiterung der Kombinatorik soll Richtschnur für diese Ausführungen sein.

In dem ersten bedeutenden Lehrbuch über Kombinatorik in deutscher Sprache umreißt NETTO 1901 das Gebiet als die Untersuchungen, „welche sich mit der Stellung, Anordnung und Auswahl von Elementen aus endlichen Mengen beschäftigen". Dieselbe Sprechweise findet sich auch in dem Titel „Choice and Chance" eines Lehrbuches von WHITWORTH (ebenfalls 1901). Dieser schöne Titel weist auf den engen Zusammenhang zur Wahrscheinlichkeitstheorie hin, zurückgehend auf LEIBNIZ, WALLIS, PASCAL und vor allem JACOB BERNOULLI (Ars conjectandi 1713) und DE MOIVRE (Probabilities 1718). Im Mittelpunkt stehen die Abzählung von Strukturen unter Nebenbedingungen (heute sagen wir Konfigurationen) wie Permutationen oder Kombinationen. Kombinatorik wurde mehr oder weniger als Grundlage für wichtige Anzahlbestimmungen in der (diskreten) Wahrscheinlichkeitstheorie angesehen. Doch gab es auch schon andere Themen: Erzeugende Funktionen in der Zahlentheorie (auf EULER und LAPLACE zurückgehend), Inversion von Summen mit Anwendungen in der Zahlentheorie (STIRLING, MÖBIUS, TSCHEBYSCHEFF), und es gab die kombinatorische Topologie mit der Euler-Formel für konvexe Polyeder als ein herausragendes Resultat. Allen gemeinsam ist der Abzähl-Aspekt: Wie viele Konfigurationen gibt es unter vorgegebenen Bedingungen oder in welcher numerischen Beziehung stehen bestimmte Konfigurationen? Wir wollen daher als erstes Thema einige bahnbrechende Ideen zur *Abzählung* nachzeichnen.

Gegen Ende der 20er Jahre rückte ein neuer Gesichtspunkt in den Mittelpunkt: die Existenz von Konfigurationen. Ohne Zweifel steht diese Entwicklung in engem Zusammenhang mit dem Aufstieg der abstrakten Algebra und allgemeiner mit dem Studium von Strukturen unter vorgegebenen Axiomen. So nimmt es nicht wunder, daß einige der ersten großen Resultate in dieser Richtung von Algebraikern (VAN DER WAERDEN, P. HALL), Logikern (RAMSEY) oder Topologen (KURATOWSKI, MENGER) erzielt wurden. Besonders in Deutschland war der Boden gut bereitet: in der Algebra z. B. durch E. NOETHER, in der Topologie durch HAUSDORFF, und besonders in der Geometrie durch JACOB STEINER, der zeitlebens den Primat der synthetischen Methode verfocht. Das berühmte Steinersche Problem (1852), das allerdings, wie wir heute wissen, auf KIRKMAN zurückgeht: „Welche Zahl N von Elementen hat die Eigenschaft, daß sich die Elemente so in Dreiern ordnen lassen, daß je zwei Elemente in einer und nur einer Verbindung vorkommen?" machte auf NETTO noch den Eindruck einer „Spielerei, das sich aber durch Forschungen analytischer und geometrischer Art durchaus das Recht auf eine wissenschaftliche Behandlung erworben hat" – jetzt wurde es erstmals gründlich untersucht. Endliche projektive Ebenen, andere axiomatische Strukturen und ein ganz neues Gebiet, die Graphentheorie, mit ihren vielfältigen Verknüpfungen zur Algebra, Topologie und Mengenlehre, waren im Zentrum kombinatorischer Forschung. Unser zweites Thema wird daher die Idee zur *Existenz* von Konfigurationen umfassen.

Die zweite große Entwicklung dieses Jahrhunderts, welche die Kombinatorik vollkommen revolutionierte und sie erst zum heutigen Gebiet der Diskreten Mathematik erweiterte, war die Frage nach einer *optimalen* Konfiguration unter vorgegebenen Bedingungen. Betrachten wir das Problem des Handlungsreisenden, das erstmals von MENGER 1930 in einem Vortrag als „Botenproblem" formuliert wurde: Ein Vertreter möchte n Städte besuchen und wieder an den Ausgangspunkt zurückkehren. Eine Fahrt zwischen den Städten i und j kostet c_{ij} Einheiten. Der Vertreter ist bemüht, eine Tour mit minimalen Gesamtkosten zu absolvieren.

Das Abzählproblem ist trivial, es gibt offenbar $n!$ Touren (oder $(n-1)!$ bei festem Ausgangspunkt), wie auch das Existenzproblem - natürlich gibt es unter den endlich vielen Touren eine optimale. Aber wie findet man diese Tour? Simples Durchprobieren muß aufgrund des expontiellen Wachstums von $n!$ schon für n ab etwa 20 scheitern.[1] Gesucht ist also ein *Algorithmus*, der in einer vernünftigen Laufzeit das Ergebnis für alle möglichen Eingaben c_{ij} liefert.

Genauso wie der Aufstieg der Algebra die Ideen zur Existenz entscheidend beeinflußte, so ist es nicht überraschend, daß dieser Optimierungsgesichtspunkt gerade Ende der 40er Jahre enorm an Bedeutung gewann, genau parallel zur Entwicklung der ersten schnellen Rechner. Das einprägsamste Beispiel bildet sicherlich die Formulierung von linearen Programmen und ihre rechnerische Behandlung mittels des Simplex-Algorithmus durch DANTZIG. Große Systeme von Ungleichungen konnten nun durch die neuen Rechner gelöst werden. Ideen zur *Optimierung* von Konfigurationen und zur *Komplexität* von Algorithmen werden demnach den dritten Themenkreis bilden.

1 Ideen zur Abzählung

1.1 Die Theorie von POLYA zur Abzählung von Mustern

Ein übliches kombinatorisches Abzählproblem sieht folgendermaßen aus: Gegeben ist eine unendliche Familie von endlichen Mengen S_i (wobei i eine Indexmenge durchläuft, z. B. die natürlichen Zahlen), und die Aufgabe besteht darin, die Zählfunktion $f\colon I \to \mathbb{N}, f(i) = |S_i|$ zu bestimmen. Meist sind die Mengen S_i durch einfache kombinatorische Bedingungen gegeben mit wenig zusätzlicher Struktur. Als erstes, mehr philosophisches Problem, stellt sich die Frage, was man unter einer „Bestimmung" von f zu verstehen hat. Am befriedigendsten ist natürlich eine geschlossene Formel, wo dies nicht zu erreichen ist, hat sich die Methode der erzeugenden Funktionen als besonders fruchtbar erwiesen. Man faßt $f(n)$ als Koeffizienten einer formalen Potenzreihe auf (gewöhnliche Reihe, Exponentialreihe, Dirichletreihe, und anderes mehr) und interpretiert die Operationen von Reihen auf eine kombinatorisch signifikante Weise, welche die zugrundeliegende Struktur der S_i widerspiegelt. Für Zahlenpartitionen war diese Methode seit langem bekannt, wie auch zur Lösung von linearen Rekursionen oder zur asymptotischen Abschätzung von $f(n)$.

POLYA griff 1937 in seiner großen Untersuchung zur Abzählung chemischer Verbindungen (modelliert als Bäume) ein Enumerationsproblem auf, das bis dahin[2] nicht befriedigend behandelt werden konnte. Einige dieser Bäume gehen durch eine Permutation der zugrundeliegenden Eckenmenge ineinander über und sollten daher nur einmal gezählt werden: Wie viele verschiedene Bäume gibt es?

Bisher waren nur die Fälle betrachtet worden, wo die Symmetriegruppe entweder die Identität oder die volle symmetrische Gruppe ist – hier hingegen handelt es sich um die auf den Kanten induzierte Paargruppe. POLYAS Lösungsansatz war der folgende: Gegeben seien zwei Mengen N und R, $|N| = n$, $|R| = r$ und eine Permutationsgruppe G auf N. G operiert auf der Menge aller Abbildungen a von N nach R vermittels $a \to ag$ $(g \in G)$. Gesucht ist die Anzahl der Muster (= Bahnen) unter G. Allgemein wird zu jedem $j \in R$ eine Variable x_j (über $\mathbb{Q}$) assoziiert und dadurch eine Gewichtsfunktion $w(a) = \prod_{i \in N} x_{a(i)}$ erklärt, die offenbar konstant auf den Mustern ist, so daß das Gewicht eines Musters M durch $w(M) = w(a)$, $a \in M$, erklärt werden kann. Das Problem lautet nun: Man bestimme den Enumerator $W = \sum_{M} w(M)$. Durch Substitution $x_j = 1$ für alle j erhält man das ursprüngliche Abzählproblem. POLYA zeigte nun (unter Zuhilfenahme des Lemmas von Cauchy-Frobenius-Burnside), daß die Zyklenformen der Permutationen aus G bereits alle nötigen Informationen zur Berechnung von W liefern. Definieren wir den Zyklenindikator $Z(G) = Z(G; t_1, \ldots, t_n) = \frac{1}{|G|} \sum_{g \in G} t_1^{b_1(g)} \ldots t_n^{b_n(g)}$, wobei $b_i(g)$ die Anzahl der Zyklen von g der Länge i angeben, so lautet POLYAS Hauptsatz: $W = Z(G; s_1, \ldots, s_n)$, $s_k = \sum_{i=1}^{r} x_i^k$ $(k = 1, \ldots, n)$. Insbesondere ist die Anzahl der Muster gleich $Z(G; r, \ldots, r)$.

GEORGE POLYA (1887–1985)
„Das Lösen von Aufgaben ist eine praktische Kunst wie Schwimmen, Skilaufen oder Klavierspielen“

POLYAS Ideen wurden in den 50er und 60er Jahren wesentlich weiterentwickelt. DE BRUIJN verallgemeinerte den Hauptsatz auf den Fall, daß eine weitere Gruppe H auf der Bildmenge R operiert; der Zusammenhang zwischen Operationen auf Gruppen und den zugehörigen Zyklenindikatoren wurde intensiv untersucht – insgesamt erwies sich die Polya-Methode als äußerst erfolgreich. Eine große Zahl von Abzählproblemen konnte gelöst werden, HARARY-PALMER geben darüber Auskunft. Als historische Notiz sei hinzugefügt, daß in den 60er Jahren eine Arbeit von REDFIELD aus dem Jahre 1927 entdeckt wurde (übrigens REDFIELDS einzige mathematische Publikation, er war von Hause aus Linguist[3]), in der praktisch alle diese Ideen vorweggenommen waren, die aus welchen Gründen auch immer übersehen worden war. Der große Graphentheoretiker und Poet W. T. TUTTE ehrte REDFIELD mit den folgenden Zeilen:

Enumerational

Polya had a theorem
(which Redfield proved of old).
What secrets sought by graphmen
Whereby that theorem told!

So Polya counted finite trees
(as Redfield did before).
„Their number is exactly such,
and not a seedling more."

Harary counted finite graphs
(Like Redfield, long ago),
and pointed out how very much
To Polya's work we owe.

And Read piled graph on graph on graph
(which is what Redfield did).
So numbering the graphic world
That nothing could be hid.

Then hail Harary, Polya, Read,
Who taught us graphic lore,
And spare a thought for Redfield too,
Who went too long before.

1.2 Abzählung auf geordneten Mengen

Möbiusfunktion und Möbiusinversion waren (wie schon der Name andeutet) seit langem Standardwerkzeuge in der Zahlentheorie mit Anwendungen von der Eulerschen φ-Funktion bis zur Abschätzung der Primzahlfunktion. Ebenso war geläufig, daß es sich tatsächlich – wenn geeignet definiert – um eine Matrix-Inversion handelte. Erst mit dem Studium geordneter Mengen (= Halbordnungen) als eigener mathematischer Disziplin, beginnend mit BOOLE, SCHRÖDER, DEDEKIND und vor allem in den 30er Jahren durch G. BIRKHOFF, wurde die Anwendungsbreite der Möbiusinversion und allgemein der Abzählung auf geordneten Mengen voll erkannt. Eine erste bedeutende Idee war der Begriff der Inzidenzalgebra einer geordneten Menge, der auf Arbeiten von DEDEKIND und BELL zurückverfolgt werden kann. Es sei P eine lokal-endliche geordnete Menge (d. h. alle Intervalle sind endlich) und K ein Körper der Charakteristik 0. Die Inzidenzalgebra ist die K-Algebra aller Funktionen f: $P \times P \to K$ mit $f(x, y) = 0$ falls $x \nleq y$, wobei als Produkt die Konvolution $(f \cdot g)(x, y) = \sum_z f(x, z)\, g(z, y)$ erklärt ist. Definieren wir die ζ-Funktion durch $\zeta(x, y) = 1$ für alle $x \leq y$, so hat ζ ein Inverses, eben die Möbiusfunktion μ. Aus der Definition von ζ und μ folgt sofort die allgemeine Möbius-Inversionsformel (als diskretes Analogon zum Hauptsatz der Differential-Integralrechnung): Seien f, g: $P \to K$, wobei der Einfachheit halber P ein minimales Element besitze, dann gilt

$$g(x) = \sum_{y \leq x} f(y) \Leftrightarrow f(x) = \sum_{y \leq x} g(y)\mu(y, x).$$

Die Inversionsformel wurde zuerst von WEISNER 1935 und davon unabhängig von P. HALL 1936 entdeckt. Neben der zahlentheoretischen Möbiusinversion enthält sie das Prinzip der Inklusion-Exklusion, Stirling Inversion, und andere Formeln als Spezialfälle. Mit Hilfe der Inzidenzalgebra wurden solcherart viele Abzählprobleme zu Routinekalkulationen reduziert.

Um die allgemeine Inversionsformel anwenden zu können, mußten Berechnungsformeln für die Möbiusfunktion μ hergeleitet werden. Eine besonders interessante Darstellung gab bereits P. HALL an. Sei P eine endliche geordnete Menge; wir adjungieren zu P ein universelles minimales Element $\hat{0}$ und ein maximales Element $\hat{1}$, und bezeichnen die neue Ordnung mit $\hat{P}$. Dann ist $\mu_{\hat{P}}(\hat{0}, \hat{1}) = c_0 - c_1 + c_2 - c_3 + \ldots$, wobei c_i die Anzahl der Ketten von $\hat{0}$ nach $\hat{1}$ der Länge i bezeichnet. Die Formel zeigte, daß $\mu(\hat{0}, \hat{1})$ und damit auch $\mu(x, y)$ für jedes Intervall $[x, y]$ als Euler-Charakteristik interpretiert werden kann: wir definieren dazu den Komplex $\Delta(P)$ mit den Elementen von P als Ecken und den i-Ketten als i-dimensionalen Seiten. Dieser homologische Gesichtspunkt, der zur Lösung von Anzahlproblemen auf geordneten Mengen die Methoden der algebraischen Topologie eröffnete, wurde von ROTA in einer einflußreichen Arbeit 1964 vorgeschlagen. ROTAs Arbeit war der Ausgangspunkt einer systematischen Untersuchung der Möbiusfunktion und anderer Abzählinvarianten. Der Zusammenhang zwischen kombinatorischen und topologischen Eigenschaften wurde nach Arbeiten von FOLKMAN vor allem von BACLAWSKI, BJÖRNER und STANLEY intensiv studiert, mit dem Schwerpunkt auf Verbänden mit geometrischer Struktur (semimodular, geometrisch) und geordneten Mengen vom Cohen-Macauley-Typ. SOLOMON führte den Begriff der Möbius-Algebra ein, der einen besonders eleganten Zugang zu Abzählproblemen auf Verbänden erlaubt. Eine umfassende Darstellung von Abzählproblemen, welche mittels gewöhnlicher oder exponentieller Reihen und noch anderer Typen beschrieben werden können, wurde durch die Theorie der binomischen geordneten Mengen geliefert.

1.3 Rationale Funktionen und Reziprozität

Eine der nützlichsten Abzähltechniken (besonders in der Variante des zweifachen Abzählens) gründet sich auf das folgende Prinzip: Es sei S eine endliche

Menge, deren Mächtigkeit gesucht ist. Diese wird berechnet durch explizite Angabe einer Bijektion von S auf eine Menge P, deren Größe bekannt ist. Dual dazu steht die folgende Aufgabe: Gegeben eine Identität $a = b$ in natürlichen Zahlen, gesucht ist ein Paar von Mengen A, B mit $|A| = a$, $|B| = b$ zusammen mit einer „natürlichen" Bijektion $A \leftrightarrow B$, die die gegebene Identität kombinatorisch erklärt. Klassische Beispiele für diese duale Sicht sind die Rogers-Ramanujan-Identitäten in der Zahlentheorie.

Betrachten wir das folgende einfache Beispiel. Es bezeichne $f(n, r)$ die Anzahl der n-Kombinationen von $\{1, \ldots, r\}$ mit Wiederholungen und $\bar{f}(n, r)$ jene ohne Wiederholungen. Klarerweise ist $\bar{f}(n, r) = \binom{r}{n} = \frac{[r]_n}{n!}$, (hierbei bezeichnet $[r]_n$ die fallenden Faktoriellen). Die Abbildung $\varphi\colon a_1, a_2, \ldots, a_n \to a_1, a_2 + 1, a_3 + 2, \ldots, a_n + n - 1$ für alle $1 \leq a_1 \leq a_2 \leq \ldots \leq a_n \leq r$ liefert eine Bijektion zwischen der Menge aller n-Kombinationen von $\{1, 2, \ldots, r\}$ mit Wiederholungen auf die n-Kombinationen von $\{1, 2, \ldots, r + n - 1\}$ ohne Wiederholungen, und wir erhalten $f(n, r) = \bar{f}(n, r + n - 1) = \binom{r + n - 1}{n} = \frac{[r]^n}{n!}$, $[r]^n$ steigende Faktorielle. Erweitern wir den Definitionsbereich der Funktion f von r auf ganz $\mathbb{Z}$, so folgt $f(n, -r) = \frac{[-r]^n}{n!} = (-1)^n \frac{[r]_n}{n!} = (-1)^n \bar{f}(n, r)$, oder $\bar{f}(n, r) = (-1)^n f(n, -r)$. Ersetzen wir nun $r \to x$ über $\mathbb{Q}$, so erhalten wir die Polynomgleichung $\frac{[x]_n}{n!} = (-1)^n \frac{[-x]^n}{n!}$. Die Ersetzung $x \to -x$ spiegelt also die Reziprozität der beiden Abzählprobleme wider.

Allgemein seien zwei Familien von endlichen Mengen $S_r (r \in \mathbb{N})$ und $\bar{S}_r (r \in \mathbb{N})$ gegeben mit den Zählfunktionen f und $\bar{f}$. Angenommen $f, \bar{f}$ sind Polynome in r, dann interessieren Formeln der Gestalt $\bar{f}(x) = (-1)^d f(-x)$, $d = \operatorname{Grad} f$. Stanley hat in einer Arbeit 1974 eine Fülle solcher Reziprozitätsgesetze herausgearbeitet (Ordnungspolynom, Zetapolynom, konvexe Polyeder, chromatische Polynome). Analoge Resultate findet man für erzeugende Funktionen innerhalb der Polya-Theorie.

Eine weitreichende Verallgemeinerung wurde von Stanley, motiviert durch Arbeiten von Ehrhart, im Rahmen Diophantischer Gleichungssysteme vorgeschlagen. Es sei $E_i(x_1, \ldots, x_q) = 0$ $(i = 1, \ldots, p)$ ein lineares homogenes Gleichungssystem über $\mathbb{Z}$, kurz $E(x) = 0$. Zu jedem x_i assoziieren wir eine formale Variable X_i und definieren die formalen Reihen $F(X) = \sum_{\alpha} X_1^{\alpha_1} \ldots X_q^{\alpha_q}$, $\bar{F}(X) = \sum_{\beta} X_1^{\beta_1} \ldots X_q^{\beta_q}$, wobei $\alpha = (\alpha_1, \ldots, \alpha_q)$ alle Lösungen von $E(X) = 0$ in nichtnegativen ganzen Zahlen durchläuft, und $\beta = (\beta_1, \ldots, \beta_q)$ jene in positiven ganzen Zahlen. Dann gilt: $F(X)$ und $\bar{F}(X)$ sind rationale Funktionen über $\mathbb{Z}$ (in der Algebra der formalen Reihen) mit $\bar{F}(X) = (-1)^l F(X^{-1})$, $l =$ Korang von E, sofern $E(X) = 0$ eine positive ganzzahlige Lösung besitzt. Um aus einem solchen „rationalen" Gesetz auf Polynomreziprozitäten zu schließen, muß ein Verbindungsprinzip zwischen der Ersetzung $t \leftrightarrow t^{-1}$ für rationale Funktionen und $x \to -x$ für Polynome hergeleitet werden. Die Entdeckung dieses Prinzips wird heute POPOVICIU 1953 zugeschrieben: Angenommen $f: \mathbb{Z} \to \mathbb{C}$ genügt einer linearen Rekursion, dann ist $F(x) = \sum_{n \geq 0} f(n)x^n$ eine rationale Funktion, und es gilt $\sum_{n \geq 1} f(-n)x^n = -F(x^{-1})$. Die Anwendbarkeit dieser Ideen ergibt sich also in zwei Schritten: Zuerst interpretiert man das Zählproblem als diophantisches Gleichungssystem, wendet das rationale Reziprozitätsgesetz an und schließt mittels des Popoviciuschen Resultates auf die zugehörige Polynomreziprozität.

Es ergaben sich eine Fülle von interessanten Anwendungen: Unter anderem Abzählung von Punkten in rationalen konvexen Polyedern (die Ehrhartschen Quasipolynome), magische Quadrate. STANLEY hat analoge Ergebnisse für inhomogene Systeme erzielt und sie später mit Methoden aus der Kommutativen Algebra auf tiefsinnige Weise verallgemeinert.

1.4 Partitionen, Permutationen, Young Tableaux

Zahlenpartitionen erschienen laut DICKSON zum ersten Mal in einem Brief von LEIBNIZ an JOHANN BERNOULLI 1669. Die richtige Untersuchung beginnt wohl mit EULER, und zusammen mit Permutationen und Kombinationen bilden sie das klassische Thema der Kombinatorik, zusammengefaßt in dem großen Werk von Major MACMAHON 1915. Zu Beginn der Jahrhundertwende zeigte der Reverend A. YOUNG in einer bemerkenswerten Serie von Arbeiten mit dem Titel „On quantitative substitutional analysis" zwischen 1901 und 1952 die Bedeutung der Partitionen für die Darstellung der symmetrischen Gruppen S_n auf. Eine seiner Hauptideen war ein Schema, das wir heute ein Young-Tableau nennen. Sei $\alpha: \alpha_1 \alpha_2 \ldots \alpha_t$ eine Partition von n in t Summanden $n = \sum_{i=1}^{t} \alpha_i$, wobei $\alpha_1 \geq \alpha_2 \geq \ldots \geq \alpha_t$ gelten soll. Wir stellen uns α als ein Tableau vor, in der ersten Reihe sind α_1 Kästchen, in der 2. Reihe α_2 Kästchen, usw. Ein Young-Tableau mit Rahmen α besteht in der Belegung der n Kästchen mit den Zahlen $1, \ldots, n$, so daß in jeder Reihe und Spalte die Zahlen monoton ansteigend erscheinen. Diese Partitionen α sind assoziiert zu den gewöhnlichen irreduziblen Darstellungen von S_n, und die Anzahl $e(\alpha)$ der Young-Tableaux mit Rahmen α ist genau die Dimension der zugehörigen irreduziblen Darstellung. Dieses faszinierende Zusammenwirken von Gruppentheorie und Kombinatorik wurde, aufbauend auf den Arbeiten von YOUNG, VON ROBINSON, SCHENSTED und in Deutschland von BÖRNER und KERBER weitreichend fortgeführt. Deutet man eine Partition α als Ideal im Young-Verband Y, so ist ein Young-Tableau gerade eine monotone Abbildung von Y in $\{1, \ldots, n\}$. Eine allgemeine Theorie solcher Ordnungsfunktionen wurde von STANLEY in seiner Dissertation 1972 vorgelegt. Schließlich sei auf die großen Arbeiten zur klassischen Partitionstheorie mittels erzeugender Funktionen vor allem von ANDREWS hingewiesen - ein jahrhundertealtes Thema ist lebendig wie eh und je.

2 Graphentheorie

Die Graphentheorie nimmt in der Entwicklung der Diskreten Mathematik eine gewisse Sonderstellung ein. Ihre Entstehung und die Epoche bis etwa 1930 waren weitgehend durch das Bemühen um eine Lösung des 4-Farbenproblems gekennzeichnet. Die ersten großen Resultate waren der Satz von MENGER, den wir noch besprechen werden, und die Charakterisierung der in die Ebene einbettbaren Graphen durch KURATOWSKI (1930). In den 30er Jahren entstand die eigentliche Graphentheorie, weitgehend beeinflußt durch den Topologen H. WHITNEY; im deutschen Sprachraum erschien das erste, sehr einflußreiche, Lehrbuch von D. KÖNIG. In den 50er und 60er Jahren nahm die Graphentheorie einen enormen Aufschwung, sowohl in der Theorie (vor allem W. T. TUTTE ist hier zu nennen und in Deutschland RINGEL und WAGNER) als auch in den Anwendungen. Eine Fülle von Optimierungsproblemen wurde formuliert und gelöst. Heute ist die Graphentheorie unentbehrliche Grundlage für Datenstrukturen und die algorithmische Beschreibung einer Vielzahl diskreter Phänomene. Wir wollen diese Epochen ganz knapp anhand von vier Themenkreisen nachzeichnen.

2.1 Das 4-Farbenproblem

Durch das internationale Aufsehen, das die Lösung des 4-Farbenproblems im Jahre 1976 hervorrief, ist allgemein bekannt, wie alles anfing. Der englische Rechtsanwalt A. KEMPE hatte 1878 eine Lösung des Problems vorgestellt, welche 1890 (also genau zu Beginn unseres Berichtszeitraumes) von P. J. HEAWOOD als fehlerhaft erkannt wurde. HEAWOOD konnte allerdings zeigen, daß 5 Farben genügen, um jede ebene Landkarte zu färben. Dann griff er das Färbungsproblem auf beliebigen geschlossenen Flächen auf. Er zeigte, daß für den Torus immer 7 Farben genügen, und daß es tatsächlich Landkarten gibt, welche 7 Farben benötigen. Allgemein folgerte er aus der Euler-Formel für geschlossene Flächen S, daß stets $\chi(S) \leq \left\lfloor \frac{7+\sqrt{49-24e(S)}}{2} \right\rfloor$ gilt, wobei $e(S)$ die Euler-Charakteristik von S bezeichnet und $\chi(S)$ die kleinste Anzahl von Farben ist, die nötig sind, um jede reguläre Landkarte auf S zu färben - allerdings mit Ausnahme von $e(S) = 2$, also der Ebene. HEAWOOD vermutete, daß stets Gleichheit gilt. Interessanterweise war der nichtorientierbare Fall leichter. Nach Vorarbeiten von HEFFTER und anderen gelang es RINGEL 1954, die Heawoodsche Vermutung für alle nichtorientierbaren Flächen zu bestätigen (mit Ausnahme der Kleinschen Flasche, die nur 6 Farben benötigt). Der orientierbare Fall war ungleich schwerer. In einem genialen Zusammenspiel von topologischen und kombinatorischen Ideen vermochten RINGEL und YOUNGS bis 1968 auch den orientierbaren Fall positiv zu lösen (einige Einzelfälle wurden separat erledigt). Das einzige, was offen blieb, war die Ebene, also das ursprüngliche 4-Farbenproblem.

Gerhard Ringel (geb. 1919)
„Wahrscheinlich ist jeder Baum graziös"

Seit den 30er Jahren waren viele theoretisch ausgefeilten Ansätze zu einer Lösung verwandt worden – vergebens. Was schließlich zum Ziel führte, war Kempes ursprüngliche Idee einer unvermeidlichen Menge reduzibler Konfigurationen. Eine Konfiguration heißt ***reduzibel***, falls sie in einer hypothetischen minimalen Landkarte, welche 5 Farben benötigt, nicht auftreten kann, und eine Konfigurationenmenge heißt ***unvermeidlich***, wenn jede Landkarte mindestens eine Konfiguration aus der Menge enthalten muß. Existiert demnach eine unvermeidliche Familie reduzibler Konfigurationen, so kann es keine minimale und damit überhaupt keine 5-chromatische Landkarte geben. Heesch war der erste, der das Kempesche Programm zur Lösung des 4-Farben-Problems etwa 1935 wieder aufnahm und große Fortschritte sowohl im Reduzibilitätsaspekt wie in der Analyse unvermeidlicher Mengen erzielte. Bald wurde klar, daß eine unvermeidliche Menge möglicherweise tausende, jedenfalls zu viele, Konfigurationen enthalten muß, um ohne Rechenhilfe bewältigt werden zu können. Folgerichtig ist die endgültige Lösung des 4-Farbenproblems auch eine Geschichte der Entwicklung der Hochgeschwindigkeitsrechner der 70er Jahre. Aufbauend auf den Ideen von Heesch konstruierten 1976 Appel und Haken (ursprünglich aus Kiel) eine unvermeidliche Menge von 1936 reduziblen Konfigurationen – und aus dem 4-Farben-Problem war der 4-Farben-Satz geworden.

2.2 Matroide

Anfang der 30er Jahre erzielte Whitney tiefgreifende Ergebnisse über die Struktur plättbarer (d.h. in die Ebene einbettbarer) Graphen. Neben seinem berühmten Satz über Hamiltonsche Graphen war es vor allem eine Entdeckung, die eine wichtige neue Entwicklung einleitete. Whitney gelang es, die schon lange bekannte Dualität zwischen ebenen Graphen mittels der Bijektion Ecken $\leftrightarrow$ Länder rein kombinatorisch zu formulieren, und daraus eine neue Charakterisierung plättbarer Graphen abzuleiten. Ein Graph ist genau dann plättbar, wenn er ein kombinatorisches Dual besitzt, das wieder ein Graph ist. Ausgehend von den dualen Begriffen Baum ↔ Kreis vermochte er dann die genauen Axiome für die Existenz eines kombinatorischen Duals in beliebigen Mengensystemen herauszuarbeiten – der grundlegende Begriff eines Matroides war entstanden. Getreu dem Diktum seiner Zeit gab er mehrere Axiomensysteme für Matroide an, die später vor allem unter den Händen von TUTTE und EDMONDS zu tiefliegenden Einsichten über die Koordinatisierung von Matroiden, unimodulare Matrizen und optimale Packungen führten. Beginnend mit Arbeiten von GALE, MINTY und LEHMAN wurde die fundamentale Bedeutung der Matroide für Optimierungsprobleme erkannt. Gegeben sei ein Unabhängigkeitssystem mit nicht-negativer Kostenfunktion. Gesucht ist eine Basis (= maximal unabhängige Menge) mit minimalen Kosten. Es stellte sich heraus, daß der Greedy-Algorithmus (man nehme immer ein zulässiges Element minimaler Kosten hinzu) genau dann zu einer optimalen Lösung führt, wenn das Unabhängigkeitssystem das Steinitzsche Austauschaxiom erfüllt, also ein Matroid ist. Zu der abstrakten Definition war eine rein algorithmische getreten. Damit rückten Matroide ins Zentrum kombinatorischer Optimierung.

2.3 Hypergraphen

Ein Hypergraph ist eine Familie von Untermengen einer endlichen Menge X. Ein Graph ist somit ein ganz spezieller Hypergraph, nämlich der Fall, daß alle Untermengen genau zwei Elemente enthalten. Obwohl dieser Begriff zunächst zu allgemein erscheint, um nützlich zu sein, erkannte man etwa mit Beginn der 60er Jahre, daß viele der aus der Graphentheorie bekannten Begriffe wie Matching-Zahl, Transversalzahl, Färbungszahl zur Analyse beliebiger Hypergraphen herangezogen werden können. Die Bedeutung dieses neuen Gebietes und die Prominenz ungarischer Mathematiker darin (vor allem LOVÁSZ ist hier zu nennen), sind untrennbar mit dem Namen ERDÖS verbunden. Über ERDÖS braucht man nicht viele Worte zu verlieren – er ist wahrscheinlich der bekannteste lebende Mathematiker, geschätzt und verehrt wie kein zweiter. Seine Meisterschaft in den verschiedensten Gebieten hat sich in über 1000 Publikationen in unzähligen Sprachen niedergeschlagen.[4] Eine andere durchgehende Leitidee mit großer Anwendungsbreite ist die Abschätzung der Maximalzahl von Untermengen unter vorgegebenen Regularitätsbedingungen. Das erste Beispiel war wohl SPERNERS Ergebnis aus dem Jahre 1928: Sei $A_1, \ldots, A_m$ ein Hypergraph auf einer n-Menge, so daß niemals $A_i \subseteq A_j$ gilt. Dann ist $m \le \binom{n}{\lfloor n/2 \rfloor}$, und die extremalen Hypergraphen bestehen genau aus den $n/2$-elementigen Untermengen, falls n gerade ist, und aus den $\lfloor n/2 \rfloor$- bzw. $\lceil n/2 \rceil$-elementigen Untermengen für ungerades n. Gedeutet als Aussage über den Booleschen Verband 2^n bestimmt Sperners Satz also die maximal großen Antiketten in 2^n. Diese Ideen wurden von DILWORTH, KLEITMAN und anderen weitreichend fortgeführt – die „Sperner-Theorie" geordneter Mengen war entstanden. Heute stehen Methoden aus Hypergraphen aufgrund ihrer universellen Anwendbarkeit an vorderer Stelle zur kombinatorischen Analyse vieler diskreter Strukturen.

PAUL ERDÖS (geb. 1913)
„Vollständiges Chaos ist unmöglich"

2.4 Optimierung

Die Entwicklung der Graphentheorie von einer ad hoc Disziplin zur Lösung des 4-Farbenproblems über eine kombinatorische Disziplin per se zu ihrer heutigen Stellung ist untrennbar verbunden mit den Anforderungen moderner angewandter Gebiete wie Operations Research, Netzwerkplanung, Scheduling-Theorie. Auch im Zeitalter der Hochgeschwindigkeitsrechner erfordert die Größe der Probleme in der Praxis ausgefeilte Datenstrukturen und schnelle Algorithmen. Für alle diese Aspekte ist die Graphentheorie unverzichtbar. Baumstrukturen, Flußdiagramme, Netzwerke gehören heute zum Rüstzeug jedes Informatikers. Die ersten schnellen Algorithmen (wir werden auf den Begriff „schnell" im letzten Abschnitt näher eingehen) wurden von KRUSKAL 1956 bzw. PRIM 1957 für einen minimalen aufspannenden Baum gefunden und von DIJKSTRA 1959 für das kürzeste Wegeproblem. Seit Beginn der 60er Jahre gibt es eine unübersehbare Anzahl von Optimierungsfragen, die mit graphentheoretischen Methoden befriedigend gelöst wurden – aus den „slums of topology" (WHITEHEAD) hat sich die Graphentheorie zu einer Grundlagenwissenschaft der angewandten Mathematik entwikkelt.

3 Ideen zur Existenz

3.1 Ramsey-Theorie

Traditionell wird das Schubfachprinzip DIRICHLET zugeschrieben, und Sätze vom Ramsey-Typ können als Verallgemeinerung dieses Prinzips aufgefaßt werden: Verteilen wir viele Elemente auf wenige Klassen, so enthält mindestens eine Klasse viele Elemente. Oder in einer breiteren Auslegung: Viele mathematische Systeme sind von der Art, daß sie ein großes Untersystem mit einem wesentlich höheren Organisationsgrad als das ursprüngliche enthalten. Aus der Analysis sind Existenzaussagen dieser Art geläufig, z. B.: Jede beschränkte Folge komplexer Zahlen enthält eine konvergente Teilfolge. F. P. RAMSEY war ein vielseitiger Forscher. Er lieferte bemerkenswerte Beiträge zur Ökonomie (hoch gelobt von KEYNES) und war vor allem interessiert an Logik und Philosophie, unter dem Einfluß von RUSSELL, WHITEHEAD und WITTGENSTEIN. Sein Satz, den wir nun zitieren wollen, entstand 1929 (kurz vor seinem Tod mit 27 Jahren) aus seiner Arbeit an Entscheidungsprozessen für logische Systeme. Bezeichnenderweise trägt sie den Titel: „On a problem in formal logic". Seien X eine unendliche Menge und k, r beliebige natürliche Zahlen. Teilen wir alle k-elementigen Untermengen von X in r Klassen ein, so existiert eine unendliche Teilmenge X', deren k-elementige Teilmengen alle in ein und derselben Klasse liegen. In der endlichen Version lautet das Resultat: Gegeben k, l, r mit $k \leq l$, dann gibt es eine Zahl $R(k, l, r)$, so daß folgendes gilt: Ist $n \geq R(k, l, r)$ und teilen wir alle k-elementigen Teilmengen einer n-Menge X in r Klassen ein, so gibt es eine l-Untermenge in X, deren k-Teilmengen alle in derselben Klasse liegen. RAMSEYS Satz, zunächst unbemerkt, wurde durch eine Arbeit von ERDÖS und SZEKERES 1935, in der sie seinen Ansatz wieder entdeckten und auf ein Problem der konvexen Geometrie anwandten, einer breiten Öffentlichkeit bekanntgemacht, und später durch ERDÖS und RADO in ihrem berühmten Partitionskalkül auf unendliche Kardinalzahlen übertragen.

Bereits vor RAMSEY waren zwei Sätze dieses Typs bewiesen worden. SCHUR zeigte 1916 (in Vorarbeiten zum Fermatschen Satz über endlichen Körpern): Zu einem gegebenen r existiert $S(r)$, so daß für alle $n \geq S(r)$ folgendes gilt: Zerlegt man das Intervall $\{1, 2, \ldots, n\}$ in r Klassen, so ist in mindestens einer der Klassen die Gleichung $x + y = z$ lösbar. Das zweite Resultat war die Lösung des sogenannten Baudetschen Problems durch VAN DER WAERDEN 1927: Teilt man die natürlichen Zahlen in 2 (oder r) Klassen ein, so gibt es mindestens eine Klasse, welche eine arithmetische Progression beliebig vorgegebener Länge enthält.

SCHURS Ergebnis wurde von RADO in seiner Dissertation 1931 auf die definitive Form gebracht. Er charakterisierte reguläre Gleichungssysteme, d. h. solche, welche die Schursche Lösbarkeitsbedingung in sinnvoller Verallgemeinerung auf n Variablen und m homogenen Gleichungen erfüllen. RADOS Ansatz erwies sich als besonders fruchtbar. Er wurde später von DEUBER, FOLKMAN, HINDMAN und anderen aufgegriffen und weitreichend verallgemeinert.

Kehren wir nochmals zu VAN DER WAERDENs Satz zurück: Er besagt, daß eine bestimmte Klasse eine Progression beliebiger Länge enthalten muß, gibt aber keinen Hinweis, welche Klasse dies ist. ERDÖS und TURÀN vermuteten 1936 die folgende quantitative Version: Jede Menge natürlicher Zahlen mit positiver oberer Dichte enthält beliebig lange arithmetische Progressionen. Diese Vermutung wurde nach Teilergebnissen, unter anderem von ROTH, 1975 von SZÉMERÉDI in einer kombinatorischen tour-de-force vollständig bewiesen. Der zentrale Teil des Beweises, Szémerédis großartiges Regularitätslemma, veranlaßte ERDÖS zu dem Ausruf: „Complete chaos is impossible!" FÜRSTENBERG gab 1977 einen weiteren Beweis, unter Verwendung von Methoden aus der Ergodentheorie.

In den 60er und 70er Jahren erfuhr die Ramsey-Theorie eine enorme Ausweitung. Andere „homogene" Strukturen wie Vektorräume oder affine Räume wurden auf Ramsey-Eigenschaften untersucht (GRAHAM-ROTHSCHILD-LEEB). Analoge Resultate wurden für Graphen erzielt (DEUBER, NEŠETRIL, RÖDL). Als ein zentrales Ergebnis hatte sich dabei ein Satz von HALES-JEWETT über Würfel herausgestellt: Der n-Würfel über t Elementen ist $C_t^n = \{(x_1, \ldots, x_n)$: $x_i \in \{0, 1, \ldots, t-1\}\}$, und eine Gerade in C_t^n ist eine Menge von Punkten $X_0, \ldots, X_{t-1}, X_i = (x_{i1}, \ldots, x_{in})$, so daß bei geeigneter Numerierung für alle Koordinaten j entweder $x_{0j} = x_{1j} = \ldots = x_{t-1,j}$ oder $x_{sj} = s$ $(0 \leq s < t)$ gilt, wobei das letztere mindestens einmal auftreten muß. Der Satz besagt, daß bei gegebenen t, r eine Zahl $HJ(t, r)$ existiert, so daß folgendes gilt: Ist $n \geq HJ(t, r)$ und sind die Würfelpunkte von C_t^n in r Klassen eingeteilt, dann gibt es eine Gerade, die ganz in einer Klasse liegt. Dieser Satz ist die Grundlage für weitere Teile der Ramsey-Theorie mit interessanten Anwendungen auf kombinatorische Spiele. Die Beweise für die Existenz der Zahlen $R(k, l, r)$ oder $HJ(t, r)$ ergeben enorme Schranken, doch hat SHELAH kürzlich die überraschende Tatsache aufgezeigt, daß sie primitiv rekursiv sind.

3.2 Kombinatorische Designs

Wir erinnern uns an das Steinersche Dreierproblem. Allgemein verstehen wir unter einem (kombinatorischen) Design eine Anordnung von Elementen in Blöcke unter vorgegebenen Regularitätsbedingungen. Der Grundtyp wird durch den Begriff eines (v, k, λ)-Blockplanes geliefert: Sei X eine v-elementige Menge, dann besteht ein Blockplan aus Untermengen (= Blöcken) von X der Mächtigkeit k, so daß je zwei Elemente in genau λ gemeinsamen Blöcken enthalten sind. Für welche v, k, λ existieren solche Pläne? Einen Spezialfall bilden die projektiven Ebenen $(v = n^2 + n + 1,\ k = n + 1,\ \lambda = 1)$, oder die Steiner-Tripel-Systeme $(k = 3, \lambda = 1)$. Ein anderes Beispiel, Magische Quadrate, geht in die Antike zurück; Lateinische Quadrate (fülle die n^2 Felder einer $n \times n$-Matrix so mit n Elementen, daß jedes Element in jeder Zeile und Spalte genau einmal vorkommt) etwa auf Eulers Zeit.

Der plötzliche Aufschwung dieses Gebietes in den 30er Jahren kam aus drei Quellen: der synthetische Standpunkt in der endlichen Geometrie (insbesondere projektive Ebenen) gewann an Bedeutung; Lateinische Quadrate sind Multiplikationstafeln binärer algebraischer Systeme mit Kürzungsregeln – das Interesse an abstrakten algebraischen Strukturen fand seinen Niederschlag in den kombinatorischen Grundlagen; in der Statistik wiesen FISHER und YATES auf die praktische Anwendung von Blockplänen für die Planung statistischer Experimente hin.

Die moderne Theorie der Designs beginnt mit BOSES Arbeit 1939, in der er eine Fülle von Methoden angab und vor allem auf die Bedeutung endlicher Körper zur Konstruktion von Designs hinwies. Eine seiner Entdeckungen war die Tatsache, daß die Existenz einer projektiven Ebene der Ordnung n äquivalent ist zur Existenz von $n-1$ paarweise orthogonalen lateinischen Quadraten (derselben Ordnung). Dabei heißen zwei Quadrate orthogonal, wenn sie übereinander gelegt jedes der n^2 geordneten Paare genau einmal ergeben. Die Bestimmung der Maximalzahl $N(n)$ (es gilt offenbar $N(n) \leq n-1$) von orthogonalen lateinischen Quadraten hatte schon EULER beschäftigt. Aus $N(p^e) = p^e - 1$ (p^e Primzahlpotenz) und der leicht zu beweisenden Ungleichung $N(mn) \geq \min(N(m), N(n))$ folgt also $N(n) \geq 2$ für alle $n \geq 3$, außer wenn $n \equiv 2 (\text{mod } 4)$ ist. Die berühmte Eulersche Vermutung, daß für alle diese n stets $N(n) = 1$ gilt[5], wurde mit einer Reihe äußerst scharfsinniger Ideen endgültig 1960 von BOSE, SHRIKHANDE und PARKER widerlegt: Für alle $n \geq 3$ gilt $N(n) \geq 2$ (abgesehen von $n = 6$).

R. C. BOSE
„Die Widerlegung einer jahrhundertealten Vermutung erfordert sehr viel Mut – und Geduld"

Die von ihnen vorgeschlagenen direkten und rekursiven Konstruktionsmethoden wurden später von HANANI und vor allem WILSON weitreichend verallgemeinert, und schließlich von WILSON 1975 zu einem krönenden Abschluß gebracht: Aus der Existenz eines (v, k, λ)-Planes leitet man gewisse arithmetische Bedingungen für die Parameter v, k, λ ab. WILSON zeigte nun mit einer eleganten

Anwendung zahlentheoretischer Ideen, daß bei gegebenen k und λ diese Bedingungen auch hinreichend sind, sofern v groß genug ist.

Eine andere Forschungsrichtung verfolgte das Ziel, neben den trivialen arithmetischen Bedingungen weitere notwendige Bedingungen für v, k, λ herzuleiten, um so Nichtexistenzresultate zu erzielen. Die grundlegende Idee hierzu besteht in der Untersuchung der Inzidenzmatrix eines gegebenen Designs (ebenfalls zurückgehend auf BOSE). Man faßt die Inzidenzmatrix als 0,1-Matrix über $\mathbb{Q}$ auf und versucht, die arithmetischen Bedingungen in Matrizenbedingungen umzuformen. Auf diese Weise hatte man die Theorie der positiven Matrizen, Eigenwertsätze und quadratische Formen zur Verfügung. Ein Pionier dieser Gedanken war RYSER, der zusammen mit BRUCK 1949 das folgende Nichtexistenzresultat für projektive Ebenen bewies: Sei $n \equiv 1$ oder 2 (mod 4). Angenommen, n ist nicht die Summe zweier Quadrate, dann existiert keine projektive Ebene der Ordnung n. Die Existenz oder Nichtexistenz projektiver Ebenen wurde seither für keine einzige weitere Ordnung n entschieden, die nicht Primzahlpotenz ist oder zur Bruck-Ryser-Serie gehört. Der erste offene Fall ist Ordnung 10, für die man bisher nur zwei (anstelle der nötigen 9) orthogonale Lateinische Quadrate angeben kann. Die Existenz einer solchen Ebene ist also eher unwahrscheinlich, zumal nach Arbeiten von JANKO und anderen bekannt ist, daß eine Ebene der Ordnung 10 starr sein müßte, so daß eine Konstruktion nahezu ausgeschlossen scheint, oder um ROTA zu zitieren: „A combinatorial object without symmetries doesn't exist – by definition“[6].

In den 60er und 70er Jahren rückte die Untersuchung von Designs in den Mittelpunkt kombinatorischer Forschung. Die große geometrische Tradition in Deutschland wirkte sich auch in dem neuen Gebiet der „endlichen Geometrie“ fruchtbringend aus. Als Pionier sei hier WITT genannt, und in neuerer Zeit ANDRÉ, DEMBOWSKI, HERING, LÜNEBURG, stellvertretend für viele andere. Ein wesentlicher Grund für das große Interesse an Designs war ihre Bedeutung in der algebraischen Codierungstheorie. Für viele interessante Codes induzieren gewisse Teilmengen von Codewörtern (z. B. jene gleichen Gewichts) ein Design. Struktur- und Existenzsätze über Designs fanden ihren unmittelbaren Niederschlag. Umgekehrt ermöglichte der neue Codierungsgesichtspunkt viele bemerkenswerte Einsichten über Designs. Tiefe Querverbindungen wurden zu geometrischen Objekten hergestellt, zur Theorie endlicher einfacher Gruppen, dichtesten Kugelpakkungen, n-dimensionalen Gittern (vorrangig das LEECH-Gitter mit seinen bemerkenswerten Eigenschaften). Das faszinierende Zusammenspiel all dieser Gebiete kann in dem großen Werk von CONWAY und SLOANE nachgelesen werden.

3.3 Matchings, Auswahlfunktionen, Maximum-Minimum-Sätze

P. HALL bewies 1935 folgenden Satz, der eine gänzlich neue Existenzaussage zum Inhalt hatte: Es seien $A_1, \ldots, A_n$ Untermengen einer Menge E. Dann existieren n verschiedene Elemente $a_1, \ldots, a_n$ aus E mit $a_i \in A_i$ $(i = 1, \ldots, n)$ genau dann, wenn je k der Mengen A_i zusammen mindestens k Elemente enthalten. Eine solche Menge $\{a_1, \ldots, a_n\}$ heißt dann ein System verschiedener Repräsentanten oder eine Transversale der Mengenfamilie. Es ist charakteristisch für Existenzaussagen dieses Typs, daß die Notwendigkeit der Bedingung trivial ist, und die enorme Anwendungsbreite in der Tatsache begründet ist, daß diese offensichtliche Bedingung zur Existenz eben auch hinreichend ist. HALLS Resultat ist implizit schon in früheren Arbeiten von KÖNIG, EGERVARY und MENGER enthalten (wir werden darauf noch zu sprechen kommen), aber in den Worten von MIRSKY: „It was precisely Hall's formulation that has turned out to be the master key which has unlocked many closed doors."

Formulieren wir den Hallschen Satz als Aussage über binäre Relationen oder bipartite Graphen, so erhält man folgendes Resultat: Es sei G ein bipartiter Graph auf den definierenden Eckenmengen S und T, $|S| = n$, dann existieren n eckendisjunkte Kanten in G genau dann, wenn je k Ecken aus S zu mindestens k Ecken aus T benachbart sind. Durch die amüsante Interpretation von G als Heiratsgraph (S = Menge von Damen, T = Menge von Herren, $s_i t_j \in G$ falls s_i und t_j einem Heiratswunsch nicht abgeneigt sind) ist das Hallsche Ergebnis als Heiratssatz in die Literatur eingegangen, wobei für die n eckendisjunkten Kanten (= Hochzeiten) der englische Terminus „matching" heute allgemein Verwendung findet.

Die Anwendungen verschiedener Varianten und Erweiterungen des Heiratssatzes sind inzwischen Legion, wir wollen hier, entsprechend dem Titel dieses Abschnittes, drei besonders interessante Gesichtspunkte aufzeigen. Erstens: Wie kann die Existenzaussage über Matchings von bipartiten Graphen auf allgemeine Strukturen erweitert werden?

Eine fundamentale Erweiterung wurde hierzu von RADO 1942 gegeben. Es sei E ein endliches Matroid (oder ein Matroid mit einer geeigneten finitären Bedingung). E besitzt eine Rangfunktion r (welche im Fall Boolescher Algebren genau die Mächtigkeit von Mengen ist). Dann besitzt eine Familie $A_1, \ldots, A_n$ von Untermengen von E genau dann eine unabhängige Transversale, wenn die Vereinigung von je k der Mengen mindestens den Rang k hat. Dieses Resultat gab den Schlüssel zu vielen weiteren Sätzen via der Interpretation von speziellen Situationen als geeignetes Matroid. Symmetrische Formen dieses Ergebnisses, in dem auf beiden Seiten des bipartiten Graphen jeweils ein Matroid erklärt ist, gaben EDMONDS bzw. BRUALDI. Die Anwendung von Ideen aus der Matroid- bzw. Matching-Theorie auf Packungs- und Bedeckungsprobleme gehen zurück auf grundlegende Arbeiten von EDMONDS und NASH-WILLIAMS. Eine weitere bedeutende Entdeckung (EDMONDS-FULKERSON) war die Tatsache, daß die partiellen Transversalen einer Mengenfamilie, aufgefaßt als unabhängige Mengen, ein Matroid bilden. Dies öffnete den Weg für eine befriedigende algorithmische Behandlung (Greedy-Algorithmus) des „Optimal Assignment Problems" und seiner Varianten. Für beliebige Graphen löste TUTTE 1947 das Matchingproblem und eröffnete damit eine allgemeine Faktorisierungstheorie von Graphen.

RICHARD RADO (1906–1989)
„Endliche und unendliche Mathematik sind durch viele Brücken verbunden“

Unser zweiter Gesichtspunkt ist mengentheoretischer Natur: eine Transversale wird als Auswahlfunktion $\varphi: \{1, \ldots, n\} \to E$ gedeutet. Aus jeder Menge A_i wird ein Element $a_i = \varphi(i)$ ausgewählt und die ausgewählten Elemente sollen alle verschieden sein. Die Verallgemeinerung der Situation des Hallschen Satzes auf beliebige Indexmengen I und Mengen A_i erwies sich als äußerst schwierig. Eine direkte Verallgemeinerung ist nur für endliche Mengen richtig. Eine sehr interessante und fruchtbare Methode zum Übergang vom endlichen zum transfiniten Fall wurde von RADO 1949 entdeckt – heute als Rado's selection principle bekannt: Es sei eine Familie $(A_i: i \in I)$ endlicher Mengen gegeben, und $\mathscr{T}$ die Menge aller endlichen Untermengen von I. Wenn für jedes $J \in \mathscr{T}$ eine Auswahlfunktion φ_J von $(A_j: j \in J)$ existiert, dann gibt es eine universelle Auswahlfunktion φ, so daß für jedes $J \in \mathscr{T}$ ein $K \in \mathscr{T}$ mit $J \subseteq K$ existiert, deren Einschränkungen $\varphi|_J = \varphi_K|_J$ auf J übereinstimmen. Später wurde ein enger Zusammenhang des Radoschen Prinzips zu Kompaktheitssätzen aus der Topologie und zu KÖNIGS Unendlichkeitslemma hergestellt, und weitere interessante Querverbindungen erkannt. Das allgemeine Matching-Problem erfuhr schließlich nach vielen Vorarbeiten eine befriedigende Lösung durch AHARONI, NASH-WILLIAMS und SHELAH 1983.

Der dritte Aspekt betrifft eine Quantisierung des Problems. Der bipartite Graph G auf den Eckenmengen S und T sei gegeben. Wir nennen allgemein ein System eckendisjunkter Kanten ein Matching und fragen nach $\mu = \max |M|$, der maximal möglichen Größe eines Matchings. Natürlich schließt dies den Extremfall $\mu = |S|$ des Hallschen Satzes mit ein. KÖNIG hatte dieses Problem schon 20 Jahre früher gelöst und damit implizit (wie oben erwähnt) den Hallschen Satz vorweggenommen. Doch das fundamentale und in seinen Auswirkungen vielleicht einflußreichste Resultat der gesamten Diskreten Mathematik wurde von MENGER in seiner Arbeit „Zur allgemeinen Kurventheorie“ erzielt. MENGER formulierte seinen Satz in topologischer Sprechweise, in graphentheoretischen Begriffen lautet er folgendermaßen: Es sei G ein beliebiger Graph und X, Y disjunkte Eckenmengen von G. Dann ist die Maximalzahl eckendisjunkter Wege, die X und Y verbinden, gleich der minimalen Mächtigkeit eines X, Y-Separators. Dabei heißt eine Eckenmenge S ein X, Y-Separator, falls nach Entfernung von S kein Weg von X nach Y mehr existiert. Offensichtlich ist die Mächtigkeit eines Separators stets eine obere Schranke für die Anzahl eckendisjunkter Wege, d.h. Weg-max $\leq$ Separator-min ist trivialerweise gültig. Die Aussage max $=$ min ist ein Gleichgewichtssatz, der das Verhältnis zwischen den dualen Konzepten „Verbinden“ und „Trennen“ kombinatorisch beschreibt. Varianten davon finden sich in praktisch allen Zweigen der Diskreten Mathematik. Der Fluß-Schnitt-Satz in Netzwerken von FORD-FULKERSON 1956 war eine weitreichende Verallgemeinerung. Heute wissen wir, daß der Mengersche Satz das Paradigma für Dualitätsaussagen in der ganzzahligen linearen Optimierung darstellt.

KARL MENGER (1902–1985)
„Eine Definition muß sich als Erkenntnisquelle erweisen dadurch, daß sie den Ausgangspunkt einer umfassenden, ästhetisch vollkommenen Theorie bildet“

3.4 Probabilistische Ideen

Die meisten der bisher besprochenen Existenzaussagen bestanden in der tatsächlichen Konstruktion der geforderten Konfiguration (direkt, rekursiv, algorithmisch). Eine völlig neue, nichtkonstruktive, Methode von bestechender Einfachheit und Eleganz wurde von ERDÖS und RENYI 1959 im Rahmen der Graphentheorie vorgeschlagen. Gegeben sei eine Menge von Konfigurationen und eine bestimmte Eigenschaft. Wir schätzen die Gesamtzahl der Konfigurationen durch n nach unten ab, und die Anzahl derer, die die Eigenschaft nicht besitzen, durch n' nach oben. Falls $n' < n$ ist, schließen wir, daß eine Konfiguration mit der geforderten Eigenschaft existiert. Es handelt sich also eigentlich um ein Abzählungsargument, doch bietet der von ERDÖS und RENYI vorgeschlagene wahrscheinlichkeitstheoretische Gesichtspunkt eine wesentliche Vereinfachung in methodischer Hinsicht und eine größere Anwendungsbreite. Man definiert ein geeignetes Wahrscheinlichkeitsmodell und zeigt, daß innerhalb dieses Modells die Wahrscheinlichkeit für eine Konfiguration, die Eigenschaft nicht zu besitzen, < 1 ist.

Frühe Arbeiten von ERDÖS betrafen Abschätzungen von Ramsey-Zahlen, vielleicht das erste Resultat dieses Typs wurde von SZELE 1943 über die Anzahl

Hamiltonscher Wege in Turnieren erzielt. Ein berühmtes Beispiel ist die Idee der Zufallscodes, die SHANNON 1948 zum Beweis seines Hauptsatzes zur Kanalcodierung anwandte (siehe dazu den Abschnitt über Information und Codierung). Heute hat der probabilistische Gesichtspunkt in vielen Gebieten der Diskreten Mathematik Eingang gefunden (wie Boolesche Schaltkreise, Färbungsprobleme, Graphen und das ganze neue von MARGULIS und PINSKER initiierte Gebiet der Expander und Konzentratoren).

Eine quantitative Verschärfung der Existenzbehauptung liegt der folgenden Aussage zugrunde: Es existiert nicht nur *eine* Konfiguration mit der geforderten Eigenschaft, *fast alle* Konfigurationen haben diese Eigenschaft. Die interessantesten Ergebnisse darüber wurden ausgehend von den Arbeiten von ERDÖS und RENYI in der Theorie der Zufallsgraphen erzielt. Eine charakteristische Tatsache ist die Existenz von Schwellen. Oberhalb der Schwelle haben fast alle Graphen die Eigenschaft, unterhalb der Schwelle fast keine. Die Idee der Schwellenfunktion führte zu tiefen Einsichten über graphentheoretische Eigenschaften mit vielfältigen Anwendungen auf die Abschätzung der Laufzeit von Algorithmen.

4 Ideen zur Optimierung

4.1 Lineares Programmieren

Lineares Programmieren besteht in der Maximierung oder Minimierung eines linearen Funktionals unter vorgegebenen linearen Nebenbedingungen. Beispiele sind $\max cx$ unter $Ax \leq b, x \geq 0$ oder $\min cx$ unter $Ax \geq b, x \geq 0$, wobei A eine $m \times n$-Matrix und b, c m- bzw. n-dimensionale Vektoren über $\mathbb{R}$ oder $\mathbb{Q}$ sind. Die theoretische Behandlung von Systemen von Gleichungen und Ungleichungen geht bis auf FOURIER, GAUSS und GORDAN zurück, aber die Entstehung des Linearen Programmierens als eigenständiger Disziplin mit einer unglaublichen Anwendungsbreite ist in den 40er Jahren anzusetzen, verbunden mit den Namen VON NEUMANN, DANTZIG, KANTOROVICH und KOOPMANS. Frühe Formulierungen eines linearen Programms gehen hauptsächlich auf Fragen der mathematischen Ökonomie zurück: Input-Output-Modell (LEONTIEF), Transportmodell (KOOPMANS, HITCHCOCK), Spieltheorie (VON NEUMANN, MORGENSTERN).

Geometrisch betrachtet besteht ein lineares Programm also aus der Maximierung eines Funktionals über einem Polyeder. Das grundlegende Resultat, welches den Weg zur Dualitätstheorie eröffnete, ist das Lemma von FARKAS 1894 (unabhängig davon MINKOWSKI 1896): Sei A eine Matrix und b ein Vektor. Dann existiert $x \geq 0$ mit $Ax = b$ genau dann, wenn $yb \geq 0$ für alle y mit $yA \geq 0$ gilt. Der geometrische Inhalt dieses Satzes ist vollkommen klar: Wenn ein Vektor b nicht zu dem von den Spalten $a_1, \ldots, a_n$ von A erzeugten Kegel gehört, dann gibt es eine

Hyperebene, welche b von $a_1, \ldots, a_n$ trennt. Zu Beginn dieses Jahrhunderts wurden darauf aufbauend durch FARKAS, STEINITZ, MINKOWSKI, WEYL die Grundlagen der algebraischen Theorie der Polyeder gelegt. Als das fundamentale Resultat für die lineare Programmierung erwies sich der Dualitätssatz, der von GALE, KUHN, TUCKER 1948 und VON NEUMANN 1947 aus dem Lemma von FARKAS entwickelt wurde: Zu dem Programm I: $\max\{cx: Ax \leq b, x \geq 0\}$ betrachte man das duale Programm II: $\min\{yb: yA \geq c, y \geq 0\}$. Falls (I) und (II) zulässige Lösungen besitzen, dann haben ihre optimalen Lösungen $\max\{cx\} = \min\{yb\}$ denselben Wert. Für die Praxis ergeben sich daraus zwei wichtige Gesichtspunkte. Zum einen führt die Formulierung eines linearen Programmes (z. B. aus einem Problem der Ökonomie) meist zu einer „natürlichen" Interpretation des dualen Programms mit einer aus dem Dualitätssatz resultierenden Stabilitätsaussage. Zum anderen sieht man sofort, daß $cx \leq yb$ für zulässige Lösungen stets gilt, und damit $\max\{cx\} \leq \min\{yb\}$. Hat man also „Gleichgewichtspunkte" x und y mit $cx = yb$ gefunden, so stellen sie den gesuchten Optimalwert dar. Dieser Stabilitätsgesichtspunkt bildet die gedankliche Grundlage für die VON NEUMANN-MORGENSTERNsche-Theorie der Spiele (popularisiert unter dem Namen Nullsummenspiele).

GEORG DANTZIG (geb. 1914)
„Der endgültige Prüfstein einer Theorie ist ihre Befähigung, die Probleme zu lösen, aus denen sie entsprang"

Wie findet man nun eine optimale Lösung? Die zulässigen Lösungen bilden ein Polyeder und eine optimale Lösung muß unter den Ecken erscheinen. DANTZIG entwarf 1947 einen Algorithmus, der, ausgehend von einer Startecke, entlang Kanten in endlich vielen Iterationsschritten eine optimale Ecke erreicht. Er nannte sein Verfahren Simplex-Algorithmus[7] und testete den Algorithmus anhand großer Programme unter Zuhilfenahme der neuen schnellen Rechner. Der durchschlagende Erfolg des Simplexverfahrens und der nachfolgenden Varianten ist von überragender inner- und außermathematischer Bedeutung. Der Simplex-Algorithmus gehört heute zum Grundwissen eines jeden Anwenders, der sich mit Optimierungsfragen beschäftigt. DANTZIG selbst hat das Zusammenspiel aus ökonomischen, militärischen und mathematischen Einflüssen eindrucksvoll dokumentiert.

Tabelle 2–1–I. *Geschichte der linearen Programmierung. Ursprünge und Einwirkungen*

militärisch	wirtschaftlich-industriell: Anwendung	wirtschaftlich-industriell: Theorie	mathematisch: Theorie	mathematisch: Rechentechnik
Oberbefehlshaber plant Operationen persönlich ↓ Entstehen des Generalstabs (1860) ↓ Aufteilung des Programmierungsprozesses auf Stabsabteilungen (1917) ↓ Zentralstelle für den Programmierungsprozeß (1942)	*Tableau Économique* (Quesnay, 1759) Größere Untersuchungen durch die Regierung (1932) ↓ Leontiefs Modell (1936) Planung der Kriegsproduktion (1940)	Walrasisches System (1874) von Neumanns Gleichgewichtsmodell (1937) Transportmodell von Koopmans (1944)	Fourier (1823) Gauss (1826) Gordan (1873) Minkowski (1896) Farkas (1903) Stiemke (1915) Statistische Theorie (1900) (Neyman, 1936; Wald, Dantzig, 1939) Motzkin (1936) Kantorowicz (1939) Hitchcocks Transportproblem (1941) Spieltheorie (von Neumann, Morgenstern, 1944)	Finger ↓ Abakus (600 v. Chr.) Pascals Addiermaschine (1642) ↓ Babbages Differenzenmaschine (1822) ↓ Holleriths Lochkartenmaschine (1890) ↓ *Relay Computer* (Aiken, 1946; Stibitz, Williams) ↓ ENIAC (von Neumann, Mauchley, Eckert, Goldstine, 1945)
Mechanisierung (1947) Lineare Programmierung (1947) Dreiecksmodell (Wood, Dantzig, Geissler, 1948) US-Luftwaffenkodes BINAC 1949 IBM–604 1949 SEAC 1950 UNIVAC 1952 Anwendungen der Linearen Programmierung: Ausschreibung von Angeboten (1952) Planung, Training, Aufmarschpläne (1952) Personalzuordnung (1952) Planung von Luftbrücken (Manne, 1954)	Planung bei Raffinerien (Charnes, Cooper, Mellon, 1951) Lebensmittelverteilung (1953) Metallverarbeitende Industrie (Markowitz, 1953) Papiermühlen (1954) Elektrizitätswerke (Masse, Gibrat, 1955) Verschiedenartigste Anwendungen (seit 1956), viele den 1939 ausgesprochenen Vorschlägen von Kantorowicz ähnlich	Allgemeines Wirtschaftsmodell von Koopmans (1948) Dorfmans *Theorie der Firma* (1951) Dorfman, Samuelson und Solow: *Lineare Programmierung und Wirtschaftsanalyse* (1958)	Simplexmethode (Dantzig, 1947) Dualität (von Neumann, 1947) Theorie (Tucker, Gale, Kuhn, Koopmans, 1948) ↓ Konferenz in Chicago (1949) Symposia in Washington (1951, 1955) Entwicklung in UdSSR (1957) Ganzzahlige Programmierung Handlungsreisende (Dantzig, Fulkerson, Johnson, 1954) Allgemeine Theorie (Gomory, 1958) Ungewißheit (Dantzig, 1954) Netzwerktheorie (Orden, 1950; Kuhn, Ford, Fulkerson, 1956) Quadratische, Nichtlineare Programmierung (Markowitz, Wolfe, 1955) Dekompositionsprinzip (Dantzig, Wolfe, 1958) Symposium bei RAND (1959)	Simplexlösung des Ernährungsproblems (Laderman, 1948) Transportproblem (Dantzig, 1949) Simplex-Kode SEAC (1952) Orchard-Hays RAND-Kodes IBM-CPC (1953) IBM-701 (1954) IBM-704 (1956)

Innerhalb der Mathematik war die Arbeit von Dantzig der Ausgangspunkt für den enormen Aufschwung der Algorithmentheorie in den letzten Jahrzehnten. In jüngster Zeit fanden zwei neue Verfahren von Khachian bzw. Karmarkar zur Lösung linearer Programme große Beachtung. Beide Algorithmen weisen polynomielle Laufzeit auf, während das Simplex-Verfahren im schlechtesten Fall exponentiell ist (KLEE-MINTY-HOFFMAN). In der Praxis ist der Simplex-Algorithmus bis jetzt unübertroffen; erfahrungsgemäß ist die Anzahl der Iterationen etwa linear bezogen auf die Eingabegröße. Dieses heuristische Ergebnis wurde durch einen bedeutenden Satz von BORGWARDT 1982 untermauert, der eine durchschnittliche polynomielle Laufzeit nachwies - unter Annahme eines naheliegenden Wahrscheinlichkeitsmodelles. Eine spezielle und vor allem für kombinatorische Probleme relevante Frage ist das Problem, wann ein lineares Programm eine optimale Lösung in ganzen Zahlen besitzt. Integrale Lösungen sind natürlich ein altes Thema der Zahlentheorie (Diophantische Gleichungen, Geometrie der Zahlen). Vom Standpunkt der kombinatorischen Optimierung beginnt das Thema mit den schon erwähnten Sätzen von KÖNIG und MENGER zur Maximalzahl disjunkter Wege in Graphen. Die dort herausgearbeiteten Charakteristiken eines max – min Satzes findet nun den breiteren Rahmen als Gleichgewichtsbeziehung zwischen zwei dualen integralen Programmen. Transport- und Angebot-Nachfrage-Probleme traten hinzu. In den 50er Jahren zeigte DANTZIG, daß ganzzahlige Transportprobleme stets ganzzahlige optimale Lösungen aufweisen. Eine Reihe anderer ganzzahliger linearer Programme wurde studiert (Problem des Handlungsreisenden, Flußprobleme, Zuordnungsprobleme), bedeutende Beiträge wurden von FULKERSON, JOHNSON, MOTZKIN und GOMORY geleistet. HOFFMAN und KRUSKAL zeigten 1956 den tiefliegenden Zusammenhang zwischen der integralen Lösbarkeit und der totalen Unimodularität der zugrundeliegenden Matrix auf. Beginnend mit Arbeiten von EDMONDS wurde der Linear Programming-Gesichtspunkt als fundamentales Organisationsprinzip für große Bereiche der kombinatorischen Optimierung wie auch der Strukturtheorie erkannt. Besonders schöne Beispiele bieten die Arbeiten von FULKERSON, LOVÁSZ und anderen über perfekte Graphen, und die Lovászschen Resultate über die Shannonsche Kapazitätsfunktion von Graphen.

4.2 Information und Codierung

Jedem sind aus der Alltagssprache Begriffe wie „Information, Informationswert, Informationsaustausch" geläufig. In einer Arbeit von enormer Tragweite gelang es SHANNON 1948 (nach Vorarbeiten von HARTLEY und NYQUIST in den 20er Jahren), ein mathematisches Modell für diese Begriffe zu entwerfen, welches eine befriedigende Antwort auf Fragen wie z. B. „Wie mißt man Information? Wie bereitet man Information auf? Wie überprüft man Information?" gibt. In den Worten von SLEPIAN: „Probably no single work in this century has more profoundly altered man's understanding of communication than Shannon's paper ‚A mathematical Theory of Communication'."

Die zentrale Idee der Shannonschen Theorie ist der Begriff der Entropie. Er ging von folgendem Gedankenexperiment aus: Vor einem Versuch F herrscht Unsicherheit oder Unbestimmtheit über seinen Ausgang. Wir möchten eine Zahl $H(F)$, die Entropie von F, definieren, die ein Maß für die Unbestimmtheit (und damit auch für den Informationsgehalt des Ergebnisses) des Versuchs sein soll: Wenn der Ausgang von F vorbestimmt ist, der Versuch also determiniert ist, soll $H(F) = 0$ sein, je ungewisser der Ausgang ist, desto höher soll $H(F)$ sein. Eine natürliche Anforderung an die Entropie ist, daß $H(F)$ nur von der Verteilung $p = (p_1, \ldots, p_n)$ abhängt, wobei p_i die Wahrscheinlichkeit des Ausgangs i von F bezeichnet. Heuristische (und axiomatische) Überlegungen führten SHANNON zur grundlegenden Definition $H(F) = -\sum p_i \log_2 p_i$ als Maß der Information, die durch den Ausgang von F erhalten wird. Die Tragweite dieser Definition wurde durch SHANNON in seinem berühmten „noiseless coding theorem" demonstriert. Wie viele ja-nein-Fragen benötigen wir im Durchschnitt, um den Ausgang eines Experimentes mit Sicherheit festzustellen? Jede Fragestrategie wird durch eine Folge von Zeichen codiert, und das Wort „noiseless" deutet darauf hin, daß die Antworten exakt gegeben werden. Sei L die durchschnittliche Anzahl von Fragen in einer optimalen Strategie, dann gilt nach SHANNON: $H(F) \leq L < H(F) + 1$. Eine andere Interpretation dieses fundamentalen Ergebnisses besagt, daß die minimale durchschnittliche Codewortlänge L (als Maß für die Datenkompression der Nachrichten aus einer Quelle) durch die Entropie reflektiert wird.

CLAUDE SHANNON (geb. 1916)
„Redundanz, richtig verwendet, erhöht die Effektivität"

Das Kernstück der Shannonschen Informationstheorie ist das Studium der Übertragung von Nachrichten über einen Kanal, der Störungen ausgesetzt ist. Er entwarf ein Modell für die Störquelle und den dadurch beeinträchtigten Informationsfluß und beschrieb sodann eine Methode, wie der Störung effektiv entgegengewirkt werden kann, um eine verläßliche Nachrichtenübertragung zu gewährleisten. Vor allem seine Ideen zur sicheren Übertragung waren bahnbrechend. Jedem gesendeten Wort werden Korrekturzeichen (Redundanz) angehängt, um dem Empfänger eine möglichst große Sicherheit bei der Decodierung des empfangenen Wortes zu ermöglichen. Zwei (entgegengesetzte) Ziele stellt man fest: Die Übertragungsrate soll möglichst groß sein („schnelle Übertragung"), die Fehlerwahrscheinlichkeit bei der Decodierung möglichst klein („sichere Übertragung"). Shannons Hauptsatz zur Kanalcodierung (bewiesen mit Hilfe von Zufallscodes) löst dieses Problem in der Theorie vollkommen: Es gibt eine Konstante K, die Kapazität des Kanals (nur abhängig von der wahrscheinlichkeitstheoretischen Beschreibung des Kanals), so daß folgendes gilt: Für eine Übertragungsrate $> K$ kann eine sichere Decodierung nicht gewährleistet werden. Umgekehrt gibt es zu jedem $\varrho < K$ und $\varepsilon > 0$ einen Blockcode (alle Wörter haben gleiche Länge), der eine Rate $\geq \varrho$ und eine Fehlerwahrscheinlichkeit $< \varepsilon$ aufweist.

Die beiden Shannonschen Hauptsätze führten zu zwei Gebieten von großer Anwendungsbreite – Suchtheorie und Codierungstheorie. Die möglichen Ausgänge eines Experimentes werden als Elemente eines Suchbereiches interpretiert, wobei p_i die Wahrscheinlichkeit angibt, daß das gesuchte Element $= x_i$ ist. Die Größe L des 1. Shannonschen Satzes ist dann die durchschnittliche Suchdauer einer optimalen Suchstrategie. Ein berühmter Algorithmus zur exakten Bestimmung von L wurde von HUFFMAN 1952 angegeben im Falle, daß alle Tests zugelassen sind. 1971 lösten HU und TUCKER den Fall, wenn nur alphabetische Tests (oder Codes) erlaubt sind. Mit den Anforderungen der theoretischen Informatik traten Such- und Sortierprobleme von Listen in den Vordergrund – KNUTH widmete einen ganzen Band seiner „Art of Computer Programming" diesem Thema. Heute wird dieser algorithmische Gesichtspunkt gewinnbringend in vielen Teilen der Diskreten Mathematik angewandt.

Shannons Analyse der Kanalübertragung und, im besonderen, sein Hauptsatz über die Existenz von „bestmöglichen Codes" führte zu einem ganz neuen Zweig der Diskreten Mathematik, der Codierungstheorie. In den Worten von MCELIECE waren es drei Fragen der Praxis, die durch den Hauptsatz aufgeworfen wurden: „Wie findet man gute Codes?, Wie mißt man die Güte von Codes?, Wie implementiert man Codes effizient?" Beginnend mit Arbeiten von HAMMING entstand die algebraische Codierungstheorie, in der die Codierung und Decodierung mittels Matrizenoperationen erklärt werden. Ideen zur Fehlerentdeckung und Fehlerkorrektur führten zu Fragen optimaler Kugelpackungen – das Problem perfekter (= lückenloser) Kugelüberdeckungen (im Hammingschen Sinn) wurde im wesentlichen gelöst, der Zusammenhang zu Designs, Packungen, endlichen Gruppen intensiv studiert. Weitere Modelle zur (gestörten) Nachrichtenübertragung entstanden. Als besonders aktuelles Beispiel sei die Kryptographie genannt.

4.3 Digitalisierung

Kaum ein anderer mathematisch-technischer Begriff ist so tief in die Alltagssprache und in das allgemeine Bewußtsein eingedrungen wie der der Digitalisierung: Von der EEG-Umwandlung in der Medizin zum Telefon, von der Mustererkennung zur Satellitenübertragung, vom Fernsehen bis zur Compactdisc.

Das Prinzip, Nachrichten in digitaler Form zu übertragen, war natürlich seit langem bekannt. Die Übermittlung von Telegraphiesignalen begann ja mit dem (digitalen) Morse-Code. Sprechsignale oder optische Eindrücke eines Musters sind aber von Natur aus analog (kontinuierlich) und müssen erst in eine geeignete digitale (diskrete) Form gebracht werden. Die mathematische Behandlung dieser Probleme in den letzten Jahrzehnten zusammen mit der Erfindung geeigneter technischer Bauteile, beginnend mit dem Transistor, resultierte in einer interdisziplinären Erfolgsbilanz ohnegleichen.

Wir wollen nur einige wenige Ideen herausgreifen, die zum engeren Bereich der Diskreten Mathematik gehören. Gegeben eine kontinuierliche Funktion f, z. B. die Grauwerte eines Bildes. Wie viele Werte von f benötigt man zu einer angemessenen Darstellung von f? Die Antwort liefert das berühmte *Abtasttheorem* von WHITTAKER-KOTELNIKOV-SHANNON: $f(x)$ habe die Fourier-Transformierte $F(t)$, und es gelte $F(t) = 0$ für $|t| \geq 2\pi f_c$. Dann kann f exakt rekonstruiert werden, falls die abgetasteten Werte $\frac{1}{2f_c}$ oder näher liegen. In der Sprache der Nachrichtentechnik: Der Wert der Abtastfrequenz muß größer sein als das Doppelte der höchsten vorkommenden Signalfrequenz. Eine allgemeine Abtast-Theorie mittels eines periodischen Gitters wurde erstmals von PETERSEN und MIDDLETON vorgelegt. Das nächste Problem betrifft die Diskretisierung des Wertebereichs von f (Puls-Code-Modulation). Eine Theorie der optimalen Quantisierung wurde von MAX angegeben. Trade-off-Fragen zwischen Abtasten und Quantisieren kamen hinzu.

Und schließlich das Problem der Datenkompression und Codierung: Wie soll z. B. ein Muster möglichst ökonomisch und möglichst störungsfrei übertragen werden? Die grundlegende Idee dazu ist, das digitale Muster $f = (f_{ij})$ in ein neues Muster $\hat{f} = (\hat{f}_{kl})$ umzuwandeln, welches für die weitere Verarbeitung besser geeignet ist als f. Viele Transformationen sind bekannt, ein herausragendes Beispiel ist die KARHUNEN-LOÈVE-Kompression. Innerhalb der Diskreten Mathematik und der Theorie schneller Algorithmen nimmt die Fast-Fourier-Transformation (FFT) von COOLEY-TUKEY aus dem Jahr 1965 eine zentrale Bedeutung ein.

Die FFT kann verstanden werden als eine Transformation von der Darstellung eines Polynoms $f(x) = \sum_{i=0}^{n} a_i x^i$ mittels der Koeffizienten $\langle a_0, a_1, \ldots, a_n \rangle$ in eine Punkte-Werte-Darstellung $\langle (x_0, f(x_0)), \ldots, (x_s, f(x_s)) \rangle$, $s \geq n+1$. COOLEY-TUKEY zeigten, daß mit der Wahl von $x_i = \omega^i$, ω primitive $(n+1)$-ste Einheitswurzel, die Transformation wie auch ihre Inverse in $O(n \log n)$ Rechenschritten ausgeführt werden können, während z. B. mittels des Horner-Schemas $O(n^2)$ Schritte nötig sind. Daraus resultierten eine Vielzahl schneller Algorithmen, z. B. zur Berechnung des Produkts von Polynomen (mittels der Konvolutionseigenschaft der Diskreten Fourier-Transformation), schnelle Division von ganzen Zahlen, Interpolation, und als besonders einprägsames Beispiel der $O(n \log n \log \log n)$-Algorithmus von SCHÖNHAGE-STRASSEN zur Multiplikation von n-bit Zahlen. Kaum ein Begriff wie Digitalisierung als Synonym für Diskretisierung symbolisiert besser die wachsende Bedeutung der Diskreten Mathematik in den angewandten Wissenschaften und der modernen Technik.

4.4 Algorithmen und Komplexität

Eine der folgenreichsten Entwicklungen, die die Diskrete Mathematik (und nicht nur diese) im Verlauf der letzten Jahrzehnte erlebte, ist der ständig wachsende Einfluß des konstruktiven Standpunktes. Um in unserem Sprachgebrauch zu bleiben, es genügt nicht, lediglich die Existenz einer Konfiguration nachzuweisen, man möchte sie durch eine explizite Angabe von Rechenschritten effektiv konstruieren. Diese Entwicklung gründet sich wahrscheinlich auf zwei Tatsachen. Zum einen auf den Grundlagenstreit der Mathematik zu Beginn des Jahrhunderts, HILBERTS Beweistheorie, GÖDELS Resultate, und vor allem die tiefe Analyse von TURING zur Berechenbarkeit von Funktionen. TURING demonstrierte in dem stärksten möglichen Sinn, daß manche Probleme unlösbar sind, indem er zeigte, daß es keinen Algorithmus gibt, der entscheiden kann, ob ein beliebiges Programm, angewandt auf eine beliebige Eingabe des Problems, letztlich stoppen wird oder nicht. Ein berühmtes Beispiel dafür ist HILBERTS 10. Problem über die Lösbarkeit Diophantischer Gleichungen.

Es dauerte bis in die 60er Jahre, bis entscheidbare, aber beweisbar unangreifbare (intractable) Probleme gefunden wurden, d. h. Probleme, die selbst mit einem nichtdeterministischen Berechnungsmodell (unbeschränkt viele Rechenschritte können parallel ausgeführt werden) nicht in polynomialer Zeit gelöst werden können (HARTMANIS, STEARNS, RABIN). Schließlich wurde in der epochalen Arbeit von COOK 1971, „The Complexity of Theorem Proving Procedures", die Grundlage für die heutige Klassifikation der Komplexität gelegt. Der fundamentale Begriff (der schon bei DANTZIG und anderen auftaucht) ist die polynomiale Reduzierbarkeit. Zwei Probleme werden als „gleich schwer" eingestuft, falls eine effektive Transformation, d. h. in polynomialer Zeit, von einem Problem auf das andere existiert. COOK studierte dann die Klasse P der polynomial lösbaren Probleme sowie der NP-Probleme, die von einem nicht-deterministischen Rechenmodell in polynomieller Zeit entschieden werden können und gab das erste Beispiel eines „schwersten" Problems in NP, eines sogenannten NP-vollständigen Problems – das Satisfiability Problem. Er zeigte, daß die polynomiale Lösbarkeit des Satisfiability Problems die polynomiale Lösbarkeit jedes Problems aus NP nach sich zieht, und daß umgekehrt das Satisfiability Problem exponentiell ist, falls irgend ein Problem aus NP diese Eigenschaft hat. Heute kennt man tausende solcher NP-vollständigen Probleme (ein allseits bekanntes Beispiel ist wieder das Problem des Handlungsreisenden) und das $P-NP$-Problem, ob $P=NP$ oder $P \neq NP$ ist, gehört heute ohne Zweifel zu den großen offenen Fragen der gesamten Mathematik.

Die zweite Quelle der heutigen Algorithmentheorie waren die immer komplexer werdenden Anforderungen aus der Praxis im Zusammenhang mit dem Entwurf immer schnellerer Rechner. Wie schnell können arithmetische Rechenschritte durchgeführt werden, wie komplex sind Standardoperationen auf Matrizen, beispielsweise die Gaußsche Elimination oder die Inversion von Matrizen? Wie schnell kann man Polynome faktorisieren? (LENSTRA-LENSTRA-LOVÁSZ). Wie schnell kann man Zahlen faktorisieren? (RABIN) Große Bedeutung hat auch die schnelle Fourier-Transformation von COOLEY und TUKEY, die wir schon im vorigen Abschnitt erwähnt haben. In den 60er Jahren entstand daraus die Komplexitätstheorie. Vor allem zu arithmetischen Funktionen wurden dazu im deutschen Sprachraum grundlegende Beiträge von STRASSEN, SCHÖNHAGE und SCHNORR geliefert. Innerhalb der eigentlichen Diskreten Mathematik war es vor allem EDMONDS 1965, der auf die grundlegende Bedeutung der effektiven, d.h. polynomiellen Berechenbarkeit hinwies. Seine polynomielle Lösung des Matchingproblems in Graphen war ein Meilenstein für das Verständnis dieser Materie. In den 80er Jahren entstanden zwei ganz neue Gebiete, Computer Algebra und Computer Geometrie - effektive Lösung von z.B. großen Gleichungssystemen und von geometrischen Problemen.

5 Ausblick

Kombinatorik hat über lange Zeit ein Außenseiterdasein innerhalb der mathematischen Welt geführt. Es scheint, daß sich dieses Bild in den letzten Jahrzehnten gewandelt hat. Zum einen sind es sicherlich die Erfolge der Diskreten Mathematik in den angewandten Wissenschaften, die das Interesse vieler Wissenschaftler an den Methoden, Begriffen und Ideen dieses Gebietes weckten. Zum anderen ist es die enorme Entwicklung der Informatik, die in immer neuen und immer komplexeren Problemen an vorderer Stelle auf die Diskrete Mathematik als theoretisches Fundament zurückgreift und sie vorantreibt. Und schließlich innermathematisch: Es wurde oft angemerkt, daß die Diskrete Mathematik viele interessante und oft schwierige Probleme hervorgebracht und auch gelöst hat, daß sie aber als Gesamtheit eine Sammlung von Methoden und Resultaten ist, die noch keine kohärente Theorie erkennen lassen. Dies ist ein Charakteristikum jedes Gebietes in einem frühen Stadium seiner Entwicklung - und die Diskrete Mathematik ist ein ganz junges Gebiet. LOVÁSZ, einer der großen Kombinatoriker unserer Zeit, fügt eine optimistische Anmerkung hinzu: „As long as the main questions have not been formulated and the abstractions to a general level have not been carried through, there is no way to distinguish between interesting and less interesting results. Those deep results and techniques whose absence has been disapproved await their discoverers. So underdevelopment is not a case against, but rather for, directing young scientists toward a given field.“ Es scheint, daß die Ideen der letzten Jahrzehnte, unvollkommen skizziert in diesem Bericht, das Fundament für diese Entdeckungen sein können.

Anmerkungen

1 Schon die frühen Kombinatoriker wie WALLIS (1685) erfreuten sich an dem Wachstum von $n!$. Er gab dazu folgendes Beispiel: „Die 24 Buchstaben des Alphabets sollen auf alle möglichen Arten untereinander permutiert werden; jede Permutation werde durch ein Glockenzeichen kundgetan; in jeder Minute mögen 5 solcher Zeichen gegeben werden. Wäre diese Untersuchung bei Erschaffung der Welt begonnen worden, so wäre sie heute noch nicht beendet." WALLIS gibt getreu dem Glauben seiner Zeit das Alter der Erde mit 6000 Jahren an, aber selbst bei unserem heutigen Wissensstand würde die Glocke noch immer läuten.

2 Siehe aber die historische Anmerkung am Ende dieses Abschnittes.

3 Vor kurzem wurde (37 Jahre nach seinem Tod) eine weitere bemerkenswerte Arbeit „Redfields lost paper" aufgefunden, und möglicherweise ist in seinem Nachlaß noch eine dritte vorhanden.

4 LEO MOSER widmete diesem Phänomen einen liebevollen Schüttelreim:

A conjecture both deep and profound
Is whether every circle is round.
In a paper of Erdös
Written in Kurdish
a counter-example is found.

5 Für $n = 6$ wurde dies 1900 von TARRY mit einer langwierigen Analyse aller Fälle bestätigt.

6 ROTA hatte recht: Die Nichtexistenz der projektiven Ebene der Ordnung 10 wurde kürzlich von LAM und anderen Mathematikern mit Einsatz von Computern bewiesen.

7 Möglicherweise stammt daher die Neigung der Ökonomen, jedes Polyeder als Simplex zu bezeichnen.

Literaturverzeichnis

Appel, K., W. Haken, J. Koch (1977): *Every planar map is four-colorable.* Ill. Math. J. **21**, 429–567.

Birkhoff, G. (1967): *Lattice Theory* 3rd edition. Amer. Math. Soc. Coll. Publ. vol. 25, Providence.

Bose, R. C. (1939): *On the construction of balanced incomplete block designs.* Ann. Eugen. **9**, 353–399.

Bose, R. C., S. S. Shrikhande, E. T. Parker (1960): *Further results on the construction of mutually orthogonal latin squares and the falsity of Euler's conjecture.* Canad. J. Math. **12**, 189–203.

Bruck, R. H., H. J. Ryser (1949): *The nonexistence of certain finite projective planes.* Canad. J. Math. **1**, 88–93.

Conway, J., N. Sloane (1988): *Sphere packings, lattices and groups.* Springer Verlag, Berlin, Heidelberg, New York.

Cook, S. A. (1971): *The complexity of theorem-proving procedures.* Proc. 3rd Ann. ACM Symp. on the Theory of Computing. Association for Computing Machinery. New York, 151–158.

Cooley, J. W., J. Tukey (1965): *An algorithm for the machine calculation of complex Fourier series.* Math. Comp. **18**, 297–301.

Dantzig, G. B. (1963): *Linear Programming and Extensions.* Princeton Univ. Press, Princeton.

Dilworth, R. P. (1950): *A decomposition theorem for partially ordered sets.* Annals Math **51**, 161–166.

Edmonds, J. (1965): *Paths, trees and flowers.* Canad. J. Math. **17**, 449–467.

Erdös, P., A. Rényi (1959): *On random graphs I.* Publ. Math. Debrecen **6**, 290–297.

Ford, L. R., D. R. Fulkerson (1962): *Flows in Networks.* Princeton Univ. Press, Princeton.

Hales, A., R. I. Jewett (1963): *Regularity and positional games.* Trans. Amer. Math. Soc. **106**, 222–229.

Hall, P. (1935): *On representatives of subsets.* J. London Math. Soc. **10**, 26–30.

Harary, F., E. M. Palmer (1973): *Graphical Enumeration.* Addison-Wesley, Reading.

Knuth, D. E. (1973): *The Art of Computer Programming*, Vol. III, Sorting and Searching. Addison-Wesley, Reading.

König, D. (1936): *Theorie der Endlichen und Unendlichen Graphen*. Leipzig. Reprinted Chelsea (1959), New York.

Kuratowski, K. (1930): *Sur le problème des courbes gauches en topologie*. Fund. Math. **15**, 271–283.

MacMahon, P. A. (1915/16): *Combinatory Analysis*. Cambridge University Press, Cambridge.

Menger, K. (1927): *Zur allgemeinen Kurventheorie*. Fund. Math. **10**, 96–115.

Netto, E. (1927): *Lehrbuch der Kombinatorik*, 2. Aufl. Teubner, Leipzig.

Polya, G. (1937): *Kombinatorische Anzahlbestimmung für Gruppen, Graphen und chemische Verbindungen*. Acta Math. **68**, 145–254.

Rado, R. (1931): *Studien zur Kombinatorik*. Dissertation, Berlin.

Rado, R. (1942): *A theorem on independence relations*. Quart. J. Math. (Oxford) **13**, 83–89.

Ramsey, F. P. (1930): *On a problem of formal logic*. Proc. London Math. Soc. (2) **30**, 264–286.

Redfield, J. H. (1927): *The theory of group-reduced distributions*. Amer. J. Math. **49**, 433–455.

Ringel, G. (1974): *Map Color Theorem*. Springer-Verlag, Berlin, Heidelberg, New York.

Rota, G.-C. (1964): *On the foundations of combinatorial theory I: theory of Möbius functions*. Z. Wahrscheinlichkeitsrechnung u. verw. Geb. **2**, 340–368.

Shannon, C. E. (1948): *A mathematical theory of communication*. Bell System Techn. J. **27**, 379–424, 623–657.

Sperner, E. (1928): *Ein Satz über Untermengen einer endlichen Menge*. Math. Z. **27**, 544–548.

Stanley, R. P. (1972): *Ordered structures and partitions*. Memoirs Amer. Math. Soc. **119**.

Stanley, R. P. (1974): *Combinatorial reciprocity theorems*. Advances Math. **14**, 194–253.

Szémerédi, E. (1975): *On sets of integers containing k elements in arithmetic progression*. Acta Arith. **27**, 199–245.

Tutte, W. T. (1947): *The factorization of linear graphs*. J. London Math. Soc. **22**, 107–111.

Tutte, W. T. (1959): *Matroids and graphs*. Trans. Amer. Math. Soc. **90**, 527–552.

Whitney, H. (1932): *A logical expansion in mathematics*. Bull. Amer. Math. Soc. **38**, 572–579.

Wilson, R. M. (1975): *An existence theory for pairwise balanced designs III.: Proof of the existence conjectures*. J. Combinatorial Theory (A) **18**, 71–79.

Young, A. (1901): *Quantitative substitutional analysis I*. Proc. London Math. Soc. (1) **33**, 97–146.

Kurzer Abriß der Geschichte der Informatik 1890–1990

F. L. Bauer

1 Informatik und Mathematik

Die Informatik fällt aus zwei Gründen aus dem Rahmen der vorliegenden illustren Sammlung mathematischer Disziplinen. Zuallererst: sie ist sehr jung. 1890 existierte sie nicht nur dem Namen nach noch nicht. Ein großer Teil ihrer Entwicklung fällt in die zweite Hälfte des Centenniums, von 1940 bis 1990. Trotzdem ist es eine gute Gelegenheit, auch die relativ wenig bekannte Frühgeschichte ausführlicher zu durchleuchten; diese reicht in Ansätzen Jahrhunderte zurück und kräftigt sich in der zweiten Hälfte des 19. Jahrhunderts. Sie ist nicht nur, aber doch zu einem guten Teil auch mit Mathematikern verbunden.

Hierin liegt schon die zweite Besonderheit: die Informatik ist bestenfalls, sofern man den Begriff überhaupt zuläßt, eine mathematische Wissenschaft. Zur Mathematik gehört sie so viel oder so wenig wie die Theoretische Physik oder die Geodäsie. Was sie von der Mathematik unterscheidet, ist, daß diese eine reine Geisteswissenschaft ist – das gilt eigentlich auch für die sogenannte Angewandte Mathematik. Die Informatik hingegen ist eine Ingenieurwissenschaft, und das sollte sogar für die sogenannte Theoretische Informatik gelten.

Für den Mathematiker bezeichnend ist die Fähigkeit, ein rein gedankliches, ein abstraktes Gebäude aufzubauen. Die wahre Realität liegt für ihn einzig im Geistigen: Bilder und (Gips-)Modelle werden „nur" zur Anschauung zugelassen, als didaktische Krücken; aber vor ihrer Verselbständigung wird sofort gewarnt: sie sind eigentlich entbehrlich und insofern unanständig.

Für den Informatiker kennzeichnend ist die Fähigkeit, einen überraschenden Einfall zur Realisierung einer schwierigen Aufgabe zu haben. Er ist mit *ingenium*, mit Scharfsinn und Erfindergeist schöpferisch auf ein Ziel gerichtet, will am Ende eine nützliche Tätigkeit einer Maschinerie sehen. Vor rein gedanklichen

Spekulationen wie beispielsweise transfiniter Induktion wird sofort gewarnt; bloße Existenzsätze sind nutzlos, weil unproduktiv und insofern verpönt.

Überspitzt könnte man, ungeachtet des zu erwartenden Hohngelächters der Böotier sagen: Die Mathematik dient der Erbauung des Menschen an den Früchten seines Verstands.

Die Informatik hingegen dient der Befreiung des Menschen von der Last eintöniger geistiger Tätigkeit.

Was verschiedene Zielsetzungen hat, braucht nicht unvereinbar zu sein. Selbstverständlich gibt es (mehr oder weniger) reine Mathematiker in diesem Sinn, und (mehr oder weniger) reine Informatiker in jenem Sinn; es gibt aber auch einen *homo faber* in fast jedem Mathematiker, so wie es einen *homo cogitans* in fast jedem Informatiker gibt.

Innerhalb der gesamten Geisteswissenschaft ist die Mathematik die einzige „exakt" zu nennende Spielart; sie steht deshalb sicher derjenigen Ingenieurwissenschaft, die sich mit immateriellem, mit physikfreiem *ingenium* befaßt, am nächsten.

Mathematik und Informatik sind eben beide abstrakt, sind beide immateriell. Das verbindet sie, das macht sie zu Geschwistern. Somit ist auch die Aufnahme der Informatik in diesen Jubiläumsband gerechtfertigt. Von den Informatikern sollte dies im übrigen als freundliche Geste der Mathematiker verstanden werden; die Informatik in den Kreis mathematischer Disziplinen zu bitten, bezeugt den Respekt der Mathematiker vor ihr und verdient den Dank der Informatiker. Es zeigt sich, daß die Geringschätzung der Maschinen, die man vor vierzig Jahren noch finden konnte, weitgehend verschwunden ist.

Im folgenden soll die Entwicklung der Informatik hauptsächlich in ihren Kerngebieten, der

> problemorientierten praktischen Informatik („algorithmische Programmierung")

und der

> maschinenorientierten praktischen Informatik („Systemprogrammierung")

betrachtet werden, ohne die Flügel der

> theoretischen Informatik und der
> technischen Informatik

zu vernachlässigen.

Die in den USA zur „Computer Science" gezählte Numerische Mathematik, in der Namen wie W. N. Faddeeva (* 1906), Alston Scott Householder (* 1904) und James Hardy Wilkinson (1918–1986), aber auch Eduard Stiefel (1909–1978), Wallace Givens (* 1910) und George Forsythe (1917–1972) zu nennen wären, wird an anderer Stelle behandelt.

2 Die Situation von 1890

Es waren vor 1890 nur einige Rinnsale, die der noch nicht formierten Informatik teils Sandkörner, teils Kieselsteinchen zutrugen. Es waren ganz konkrete, spezialisierte und voneinander noch völlig getrennte Aufgaben, die auf die Befreiung des Menschen von der Last eintöniger geistiger Tätigkeit abzielten:

- o Die Mechanisierung und Automatisierung des Zahlenrechnens
- o Die Mechanisierung von Umcodierungen, mit Ursprüngen in der Kryptologie, der Logik, der Sicherungs- und Nachrichtentechnik
- o Die Ablaufsteuerung und -regelung technischer Systeme

2.1 Zahlenrechnen

Für das *mechanisierte* 4-Spezies-Zahlenrechnen war 1890 der Stand der Technik charakterisiert durch die „arithmomètres" des Elsässers CHARLES-XAVIER THOMAS (1785–1870), handwerklich gefertigte Staffelwalzenmaschinen nach der Bauart von GOTTFRIED WILHELM LEIBNIZ (1646–1716). Es waren von 1820 bis 1878 etwa 1500 Maschinen zu einem Stückpreis von einigen Hundert französischen Franken gebaut worden (bis 1930 lief die Produktion und erreichte insgesamt etwa 4000 Stück). Billigere und trotzdem schnelle Maschinen waren gefragt. Daneben gab es Kolonnen-Addiermaschinen, einfache Geräte für das Aufaddieren einer Ziffernkolonne, seit 1850 D. D. PARMALEE darauf ein Patent erhielt. (Weder PASCALS Maschine, noch die kunsthandwerklichen Prachtstücke von HAHN und SCHUSTER aus dem 18. Jh., hatten es zu praktischer Brauchbarkeit gebracht.) Logarithmische Rechenschieber gab es 1890, vierzig Jahre nachdem VIKTOR MAYER AMÉDÉE MANNHEIM (1831–1906) ihnen ihre endgültige Gestalt gegeben hatte, zu billigen Preisen.

2.2 Umcodierungen in Kryptologie, Nachrichtentechnik und Logik

In der *Kryptologie* waren noch 1890 Schieber und Scheiben die einzigen Hilfsmittel für polyalphabetische Chiffrierung. Seit 1863 FRIEDRICH W. KASISKI (1805–1881) gezeigt hatte, wie man periodische polyalphabetische Chiffrierungen systematisch angehen kann, waren maschinelle Chiffrierungen nicht nur ein Gebot der Bequemlichkeit, sondern auch der Sicherheit.

In der *Logik* hatte 1847 GEORGE BOOLE (1815–1864) das Prinzipielle des Arbeitens mit Wahrheitswerten geklärt, GOTTLOB FREGE (1848–1925) und CHARLES SANDERS PEIRCE (1839–1914) hatten um 1870 das Fundament einer mathematischen Logik gelegt. Als praktische Aufgabe war aber immer noch die Bearbeitung von Syllogismen interessant, hier waren mechanische Hilfsmittel wie Fensterkarten u. ä. von JOHN VENN (1834–1923) und CHARLES LUTWIDGE DODGSON (1832–1898) nach 1880 propagiert worden. Lediglich WILLIAM STANLEY JEVONS (1835–1882) sticht hervor: Er hatte 1869 ein „mechanisches Klavier" konstruiert, das beliebige Aussagenverbindungen mit bis zu vier Variablen zu behandeln gestattete.

Der Zusammenhang zwischen Binärcodierung und der zweiwertigen Logik begann sich 1890 gerade aufzuhellen, wozu besonders ALEXANDER MACFARLANE (1851–1913) beigetragen hatte.

Mit dem Ausbau des Eisenbahnverkehrs kamen logische Probleme der *Sicherungs- und Signaltechnik* gerade erst auf.

Am weitesten war man mit *Codierungsproblemen* in der Nachrichtentechnik. Technische Codes zur Nachrichtenübermittlung hatte es schon bei den optischen Telegraphen 1787 von JOSEPH CHUDY (ca. 1752–1813) und 1789 von CLAUDE CHAPPE (1763–1805) gegeben.

Der Zusammenhang mit der Binärcodierung zeigte sich schon 1841 beim lochstreifengesteuerten Telegraphensender von CHARLES WHEATSTONE (1802–1875) und dann wieder 1874 beim Drucktelegraphen von EMILE BAUDOT (1845–1903). BAUDOTs Einführung von Kettencodes (1889) und von einschrittigen Codes (1874) war ein Durchbruch: Codes wiesen erstmals innere Eigenschaften auf, die über lexikographische Anordnung hinausgingen.

2.3 Ablaufsteuerung und Regelung

Die *Ablaufsteuerung* hatte um 1890 einen hohen Stand von Präzision erreicht, beispielsweise bei Musikautomaten. Sie war aber im wesentlichen einfach-repetitiv, gelegentlich traten geschachtelte Schleifen auf. Von der Ablaufsteuerung stand die Regelung, wie sie James Watt (1736–1819) für den sicheren Betrieb von Dampfmaschinen erfunden hatte, noch abseits, sie war lediglich für die hohe Konstanz der Ablaufgeschwindigkeit in Musikautomaten von Belang.

Die Ablaufsteuerung von Rechenmaschinen hatte nach dem Fehlschlag der Pläne von CHARLES BABBAGE (1791–1871) für die „Analytical Engine" bis 1890 keine über die Differenzenmaschine von PEHR GEORG SCHEUTZ (1785–1873) hinausgehenden Fortschritte aufzuweisen.

Das Jahr 1890 markiert jedoch den erfolgreichen ersten Einsatz von Lochkarten-Zählmaschinen bei den Volkszählungen in den USA und in Österreich durch HERMANN HOLLERITH (1860–1929), der sie 1884 erfunden hatte, und durch OTTO SCHÄFFLER (1838–1928), der sie in Lizenz baute. SCHÄFFLER erfand 1891 mit dem „Generalumschalter" eine Vorrichtung, die einen raschen Wechsel der logischen Verknüpfungen der Abfühlergebnisse erlaubte und damit den Weg für den programmgesteuerten Gebrauch der Tabelliermaschine bereitete. SCHÄFFLER erhielt so das erste Patent für Programmierung.

Bereits 1887 versah HOLLERITH seine Zählmaschinen mit einem Addierwerk. Die Anwendung für numerische Aufgaben ließ jedoch auf sich warten.

Einschlägig ist auch, daß JOSEF PETZVAL (1807–1891) bereits 1840 zur Durchführung umfangreicher Berechnungen beim Entwurf optischer Linsensysteme eine Gruppe von Artilleristen beschäftigte, die nach einem Programm („Rechenplan") arbeiteten.

2.4 Mathematische Wurzeln einer aufkeimenden Informatik

Auf der rein mathematischen Seite waren die Ursprünge der Informatik um 1890 für die Fachgenossen nur undeutlich beobachtbar, die Ingenieure übersahen sie noch lange Zeit völlig. Die nach und nach aufkommende Axiomatisierung der Algebra – frühe Vorläufer waren BERNARD BOLZANO (1781–1848) mit seiner „Größenlehre" und HERMANN GRASSMANN (1809–1877) mit seiner „Ausdehnungslehre" – gab die ersten Anstöße. 1882 hatte WALTHER VON DYCK (1856–1934) geometrische Transformationsgruppen durch Erzeugende und Relationen charakterisiert. 1889 hatte GIUSEPPE PEANO (1858–1932) mit seiner Definition der natürlichen Zahlen ein Beispiel einer konkret erzeugbaren algebraischen Struktur gegeben. Diese Schritte markieren den Beginn des Denkens in formalen Sprachen.

Die Formalisierung der Mathematik hatte 1877 ERNST SCHRÖDER (1841–1902) mit seinem Erstlingswerk „Operationskreis des Logikkalküls" einen großen Schritt vorangetrieben, 1890 war gerade seine „Algebra der Logik" erschienen. Gleichzeitig hatte SCHRÖDER bereits die Grundlage für eine allgemeine Relationstheorie gelegt.

Diskretheit und Diskretisierung standen jedoch noch im Hintergrund. Der Triumph der reellen Zahlen unter GEORG CANTOR (1845–1918), RICHARD DEDEKIND (1831–1916) und KARL WEIERSTRASS (1815–1897) machte um 1890 das Kontinuum zum bevorzugten Schauplatz der Mathematik. Topologische Gruppen waren interessanter als diskrete Gruppen; 1888 hatte WILHELM KILLING (1847–1923) die halbeinfachen Darstellungen der „Klassischen Gruppen" aufgezählt, gefolgt 1894 von dem jungen ELIE JOSEPH CARTAN (1869–1921) in seiner *thèse*. Schon um 1875 hatte MARIUS SOPHUS LIE (1842–1899) die „infinitesimalen" Transformationsgruppen studiert, nachdem 1868 von CAMILLE JORDAN (1838–1922) die Bewegungsgruppen im euklidischen dreidimensionalen Raum und ihre abgeschlossenen Untergruppen bestimmt worden waren. JORDAN trieb jedoch auch eine Theorie der endlichen Gruppen voran. 1894 markiert das „Lehrbuch der Algebra" von HEINRICH WEBER (1842–1913) den Stand der Gruppentheorie,

Ringtheorie und Körpertheorie, der Lieblingskinder der Algebra. Die Verbandstheorie, mit DEDEKINDS Dualgruppen von 1897, war noch in den Anfängen.

Die Kombinatorik war 1890 im Aufschwung. Die Spielereien eines RAIMUNDUS LULLUS (1232–1315) in der „ars magna" wie auch die „ars combinatoria" von LEIBNIZ waren bedeutungslos geworden, aber praktische Erfolge gaben der Kombinatorik Auftrieb, so etwa durch die Arbeiten von ARTHUR CAYLEY (1821–1895) über eine Abzählung der Bäume, die für die Strukturformeln der Chemie von Bedeutung waren, und von EUGÈNE CHARLES CATALAN (1814–1894).

Der Algorithmenbegriff und damit zusammenhängende Fragen wie die der Komplexität war 1890 noch kein Thema. Man sprach wohl gelegentlich vom Algorithmus der Multiplikation, der Division und des Wurzelziehens mit Ziffern in einem Stellenwertsystem, wie es auch LEIBNIZ getan hatte. Nicht nur war der Ausdruck „Gaußscher Algorithmus" zur Lösung eines Systems linearer Gleichungen noch nicht gebräuchlich, es schlummerte auch noch ein allgemeiner Algorithmusbegriff. FREGE begann jedoch 1884 („Die Grundlagen der Arithmetik"), die Mathematik mit reiner Logik zu begründen, in einer wesentlich konstruktiven Weise.

Diese wenigen Stichworte mögen genügen, um den Standort der Mathematik vor der Jahrhundertwende hinsichtlich einer aufkeimenden Informatik zu umreißen. Manches Grundsätzliche fehlte noch völlig.

3 Die ersten 45 Jahre: Im Banne mechanischer und elektromechanischer Geräte

In den Jahren 1890–1935 steht die aufkeimende Informatik noch ganz im Schatten der Geräte und Maschinen, die das Arbeiten mit Zahlen und anderen Daten erleichtern sollen. Es dominieren die klassischen Forderungen, die auf den Ingenieur zukommen: zuverlässige Realisierungen zu vernünftigen Preisen zu bauen.

Die Probleme sind einerseits solche der Informationsverarbeitung, andererseits solche der Programmsteuerung, wobei meistens der eine oder der andere Aspekt deutlich überwiegt und die Synthese oft gar nicht gesucht wird.

Formale Aspekte sind noch zweitrangig; lediglich gegen das Ende der Epoche kommt das Denken in abstrakten Objekten (ZUSE mit seiner abstrakten Schaltkreisnotation gibt ein unverdächtiges Beispiel) und in Sprachen und Algorithmen auf.

3.1 Informationsverarbeitung

3.1.1 Mechanisierung und Automatisierung des Ziffernrechnens

„Das numerische Rechnen wird in alter Zeit als eine Kunst, nämlich als die Rechenkunst, bezeichnet. Gegenwärtig ist es jedoch angemessener, von einer Technik des Rechnens zu reden.“ HEINRICH BRUNS, 1907

Das digitale Rechnen ist ein Verarbeitungsprozeß entweder von Strichzahlen, wie sie die Primitiven haben, oder von Zahlen, die mit Ziffern in einem Stellenwertsystem geschrieben sind. Für theoretische Zwecke bietet das Rechnen mit Strichzahlen, wie es die Logiker tun, Vorteile; für die Mechanisierung eignet sich vornehmlich der letztere, effiziente Fall. Dabei kommt es, wie schon BLAISE PASCAL (1623–1662) gezeigt hatte, auf die Stellenwerte nicht so sehr an: PASCALS Maschine hatte, bei sonst dezimalem Aufbau, auf der letzten Stelle das Stellengewicht Zwölf, auf der vorletzten Zwanzig – der karolingischen Münzordnung entsprechend; das zugrundeliegende Zahlsystem war kein reines Radixsystem. Entscheidend war für die Maschinen PASCALS und vermutlich auch für die von WILHELM SCHICKARD (1592–1635) eine Addiereinrichtung mit automatischem durchgehenden Übertrag, die in jede Stelle (nacheinander) eine Addition einer Stellenziffer mit Hilfe eines Griffels durchzuführen erlaubte. Reine Addiermaschinen wurden ab 1890 konstruktiv verbessert; insbesondere wurden sie leichter und billiger – TRONCET und GUTHRIE eröffneten um 1890 eine Serie von kleinen, oft aus Blech gefertigten Maschinen mit Zahnrädern, Zahnstangen und Zahnketten, unter denen die einfachsten nur einen halbautomatischen Übertrag aufwiesen. MICHAEL BAUM konstruierte 1913 die wohl flachste Griffeladdiermaschine.

Weitere Verbesserungen geschahen mit der Einführung von Volltastaturen ab 1884 durch DORR EUGENE FELT (1862–1930) und WILLIAM SEWARD BURROUGHS (1857–1898). In Verbindung damit steht insbesondere die Konstruktion einer Einrichtung zur mehrmaligen Addition eines gespeicherten Summanden („zweistufige Addition“), die BURROUGHS 1888 einführte, um auch den Abdruck der Einzelposten einer Summe möglich zu machen. Die eingerastete Taste war das Schaltorgan, das der Staffelwalze in LEIBNIZ' Maschine entsprach. Den für kaufmännische Zwecke gebauten Maschinen von FELT, BURROUGHS und ihren Nachfolgern fehlte jedoch der bewegliche Schlitten, der die Stellenversetzung des gespeicherten Multiplikanden ermöglichte. Erst nach 1945, als die Zeit der mechanischen Rechenmaschinen fast abgelaufen war, wurden die konstruktiven Schwierigkeiten überwunden.

W. W. HOPKINS, H. HOPKINS und O. SUNDSTRAND führten ab 1901 für Addiermaschinen die bequeme Zehnertastatur ein, die insofern einen Rückschritt bedeutete, als das vollgriffige Eintasten, das schneller ging, nicht mehr möglich war.

Als Multiplikationsmaschinen waren Staffelwalzenmaschinen von ARTHUR BURKHARDT (1857–1918) in Glashütte um 1890 erstmals in effizienter industrieller Fertigung hergestellt worden; ab 1895 folgten eine Reihe von Herstellern, die nacheinander auch Volltastaturen einbauten und später sogar Zehnertastaturen für den Multiplikator.

Ein anderes Schaltorgan, das Sprossenrad, war 1872 von FRANK STEPHEN BALDWIN (1838–1925) und 1874 durch WILLGODT T. ODHNER (1845–1905) eingeführt worden. Es erlaubte den Bau kleinerer und billigerer Multiplikations- und Divisionsmaschinen, die während der ganzen Epoche den Markt beherrschen.

1921 bringt die Firma Marchant eine konstruktive Verbesserung des Sprossenrads, das Stellsegment – man vermeidet damit die umlaufenden Einstellhebel – und 1933 erzielt HAROLD T. AVERY (1892–1974) mit dem Proportionalrädergetriebe eine bedeutende Steigerung der Rechengeschwindigkeit. Damit wird die MARCHANT zum Star der mechanischen Rechenmaschinen. Als 1943 in Los Alamos umfangreiche numerische Berechnungen von Hand durchgeführt werden müssen, besorgt man sich MARCHANTs und FRIDENs – die letzteren reine Staffelwalzenmaschinen.

Andere Schaltorgane erfand CHRISTEL HAMANN (1870–1948): Proportionalhebel 1913 und Schaltklinken 1925.

Echte Multiplikationsmaschinen verwenden nicht wiederholte Addition des Multiplikanden, sondern bilden die Teilprodukte direkt. Nach einem mißglückten Versuch von EDUARD SELLING (1834–1920) im Jahre 1866 hatte LÉON BOLLÉE (1870–1913) mit dem Multiplikationskörper zur Darstellung des kleinen Einmaleins Erfolg: OTTO STEIGER (1858–1923) machte daraus eine gut funktionierende Maschine, die MILLIONAIRE. Sie war jedoch schwer und teuer; auch fehlte ihr die direkte Divisionsmöglichkeit. Trotzdem wurden bis 1935 knapp 5000 Stück gebaut. Bei kleinen Sprossenradmaschinen kam man demgegenüber in die Hunderttausende. Auch bei Buchungsmaschinen wurden gelegentlich Einmaleinskörper eingeführt, so in der „Moon-Hopkins“ von BURROUGHS 1892, in der „United“ von 1927, in der „Rheinmetall“ von 1934.

Die wesentlichen Ideen zur Beherrschung der Mechanisierung des Ziffernrechnens finden sich also bereits zu Anfang der Epoche 1890–1935. Dies gilt fernerhin auch für die Automatisierung. Mit dem Aufkommen motorischer Antriebe beginnt schon 1902 ALEXANDER RECHNITZER (1883–1922) mit der Automatisierung der Multiplikation und Division; sie wird vollendet in der Proportionalhebel-Maschine MERCEDES EUKLID von HAMANN 1913 und in der MADAS von HANS W. EGLI (1862–1925) und ERWIN JAHNZ, einer Staffelwalzenmaschine.

Typischerweise dienen in diesen mechanischen Rechenmaschinen Zahnräder oder auch Zahnstangen zur (vorherrschend dezimalen) Zahlendarstellung. Da für das Arbeiten im Dualsystem Zahnräder mit zwei Zähnen keine brauchbare Lösung sind, schlug schon 1931 R. VALTAT vor, mit acht Zähnen, d. h. im Oktalsystem zu arbeiten, um damit dem Dualsystem näher zu sein – ohne daß sich dafür besondere Vorteile anboten. Ab 1935 ging dann KONRAD ZUSE (* 1910) von den Zahnrädern weg und zu technisch zweckmäßigeren rein binären Prinzipien über. Für die Verbreitung der LEIBNIZschen Ideen über das Dualsystem war LOUIS COUTURAT (1868–1914) tätig.

Eine elektromechanische Durchführung der Speziesoperationen lag nur dort nahe, wo die Elektromechanik ohnehin einzusetzen war, insbesondere in Verbindung mit Lochkarten-Tabelliermaschinen. Elektromechanische Schrittzähler dienten dabei der Zahldarstellung und -speicherung. Die Addition und Subtraktion mit Schrittzählern findet sich um 1910 bei JAMES POWERS (1870–1915) und bei HERMAN HOLLERITH (1860–1929); ab 1931 gibt es Tabelliermaschinen, die auch die Multiplikation und Division vollautomatisch bewältigen. Während das Ausdrucken von Ergebnissen im Vordergrund stand, fehlten noch völlig Einrichtungen zum Einlesen von (geschriebenen) Anfangsdaten. GUSTAV TAUSCHEK (1899–1945) entwarf 1931 eine Vorrichtung zum Lesen gedruckter Ziffern.

Alle hier besprochenen Rechenmaschinen sind auf feste Stellenzahl beschränkt.

3.1.2 Mechanische und elektrische kryptologische Geräte, Nachrichtencodierungstechnik

> „De tous les cryptographes qui ont eté inventés dans ces dernières années, celui de Wheatstone me parait étre, sinon le plus sùr, du moins le plus simple.“ AUGUSTE KERCKHOFFS, 1883

Später als beim Zahlenrechnen setzt in der Kryptographie die Mechanisierung ein. Im Vordergrund steht zunächst die Substitution eines Alphabets von $Z = 10$ Ziffern oder von (in moderner Zeit) $Z = 26$ Buchstaben. Die klassische Chiffrierscheibe wird erst 1925 von ALEXANDER VON KRYHA mit einer Vorrichtung versehen, die sie zwecks polyalphabetischer Chiffrierung unregelmäßig mit hoher Periode fortschaltet. Vorhergegangen waren einfache Geräte, die größenordnungsmäßig zehn bis dreißig Chiffrieralphabete auf einer Walze anordnen, derart daß durch Drehung der ganzen Walze jeweils *ein* Alphabet in einem Fenster sichtbar wird, so 1908 von KARL HAAS und HEINRICH STUDT oder später von ARVID GERHARD DAMM. Ebenso banal waren Vorrichtungen, die 1911 SERGE KANSCHINE und EMIL JELLINEK-MERCEDES, 1914 EDWARD HUGH HEBERN (1869–1952) und FRED HOFFMAN patentiert bekamen: Auf die Tasten einer Schreibmaschine wurden Plättchen aufgesteckt, die das Alphabet permutierten.

Elektrische Realisierungen liegen nahe. 1912 schlägt HEBERN vor, zwei elektrische Schreibmaschinen durch ein Bündel von Drähten zu verbinden; die Substitution wird durch eine Permutation der Anschlüsse bewirkt. 1917 ersinnt er dann eine Vorrichtung, „Rotor“ genannt, zur Gewinnung wechselnder Permutationen $\varrho^{-i} \pi \varrho^{i}$, wo ϱ zyklisch von der Ordnung Z ist. Die gleiche Idee haben 1918 ARTHUR SCHERBIUS (1878–1929) (ursprünglich für 10 Ziffern, später auch für 26 Zeichen), 1919 HUGO ALEXANDER KOCH (1870–1928) und DAMM (ihre

Patenteinreichungen in den Niederlanden bzw. in Schweden liegen nur um drei Tage auseinander).

Bald werden mehrere Rotoren hintereinandergeschaltet und unregelmäßig fortgeschaltet. SCHERBIUS reicht bereits 1920 (fünf Jahre vor KRYHA) ein diesbezügliches Patent ein. WILLI KORN sorgte um 1930 dafür, daß die Rotoren auch austauschbar waren. Die kommerzielle Version mit dem Handelsnamen ENIGMA war ab 1923 frei käuflich. Der geschäftliche Erfolg blieb jedoch aus. Das änderte sich nach 1933. Eine fortentwickelte ENIGMA C war schon 1926 für die Marine, 1928 für das Heer der Reichswehr eingeführt worden. Die ENIGMA-I von 1930 hatte eine zusätzliche steckbare Substitution. Von der Wehrmacht-ENIGMA von 1936 wurden dann schätzungsweise 100000 Stück eingesetzt.

Von den elektrischen Rotoren von DAMM ging 1926 BORIS HAGELIN (1892–1983) ab. Seine erste Maschine B-21 war bereits ein Erfolg. Die Streitkräfte der USA stellten schließlich in Hagelin-Lizenz 140000 Stück der M-209 her.

Einen grundsätzlich anderen Weg für eine polyalphabetische Verschlüsselung ging 1917 GILBERT S. VERNAM (1890–1960). Ausgehend von der 5-Bit-Codierung bei Fernschreibern (Internationales Telegraphen-Alphabet Nr. 2) brauchte er nur Bit für Bit eine Addition modulo 2 vorzunehmen, also die Identität für den Schlüssel 0, die Vertauschung der Binärzeichen O und L für den Schlüssel 1 (Vernam-Substitution). VERNAM verband dies mit dem Einfall, als Schlüssel eine individuelle und völlig zufällige 0,1-Folge zu benutzen, sender- und empfängerseitig realisiert durch identische 5-Bit-Lochstreifen, die nach einmaligem Gebrauch vernichtet werden. VERNAMS ursprüngliches Verfahren konnte sich praktischer Schwierigkeiten wegen nicht allgemein durchsetzen, obwohl es bei diszipliniertem Gebrauch unbrechbar war – eine Erkenntnis, die etwa in den USA JOSEPH O. MAUBORGNE, in Deutschland WERNER KUNZE und RUDOLF SCHAUFFLER zu verdanken war.

Die Vernam-Substitution wurde jedoch in Verbindung mit unregelmäßiger Fortschaltung hoher Periode in den Fernschreib-Chiffriermaschinen Siemens T 52 von 1931 und „Schlüsselzusatz 42" der Lorenz AG von 1942 gebraucht. Die Siemens T 52 verwendete zusätzlich noch Transpositionen der Bits einer 5-Bit-Gruppe. Dies läuft jedoch grundsätzlich auf Substitutionen eines Alphabets mit $Z = 32$ Zeichen hinaus.

Polyalphabetische Verschlüsselung durch Addition im Ring der ganzen Zahlen modulo einer Zahl p, die bereits dem System von ALBERTI (1404–1472) und VIGENÈRE (1523–1596) zugrunde liegt, ist insbesondere für Zifferncodes (modulo 10) naheliegend. Die algebraische Auffassung kommt um 1885 bei GAETAN DE VIARIS (1847–1901) erstmals zum Tragen. Im Prinzip hatte schon 1868 F. J. SITTLER die „Überschlüsselung" eines Codes, hier von Vierergruppen modulo 10000, propagiert. Gegen Ende des 19. Jh. war der Gebrauch von „additives" zur Überschlüsselung von Codes eine Standardmethode. Um so verwunderlicher ist es, daß anscheinend niemand auf den Gedanken kam, in einer Additionsmaschine an geeigneten Stellen den Ziffernübertrag auszubauen und so in einer Breite von etwa einem Dutzend Ziffern eine polyalphabetische Substitution zu mechanisieren. Im übrigen waren auch für Überschlüsselungen auf besonderen Nachrichtenwegen „one-time pads" – individuelle und völlig zufällige Folgen von „additives" – in Gebrauch gekommen.

Einen wesentlichen Schritt weiter in diese Richtung ging 1929 LESTER S. HILL (1891–1961). Er schlug die Verwendung n-dimensionaler linearer Transformationen im Restklassenring modulo Z vor, mit einer typischen Breite $n = 4$. HILL entwarf um 1930 auch eine rädergetriebene Chiffriermaschine, die nach diesem Prinzip arbeitete. Somit war in den zwanziger Jahren bereits professionelle Mathematik in die Kryptographie eingezogen, insbesondere Algebra und Stochastik – für die letztere sorgte WILLIAM FREDERICK („Wolf") FRIEDMAN (1891–1969), der bedeutendste Kryptologe des Jahrhunderts. Seine Methoden der Kryptanalyse („index of coincidence", 1920) sowie Chi-Test und Phi-Test, von SOLOMON KULLBACK (* 1907) 1935 und ABRAHAM SINKOV (* 1907) unter FRIEDMANS Einfluß entwickelt, erforderten umfangreiche statistische Auswertungsarbeiten und führten so zunächst zum heftigen Einsatz von Lochkartenmaschinen in der Kryptanalysis. Für den Vergleich von Zeichenmustern wurden insbesondere auch optische Hilfsmittel herangezogen; eine Idee, die auch DERRICK HENRY LEHMER (* 1928) in seinem Zahlensiebgerät zur Faktorisierung großer Zahlen vor 1933 schon benutzt hatte. Die Bedeutung mathematischer Denk- und Arbeitsweise für die Kryptologie unterstrich 1941, nach dem Kriegseintritt der USA, der Algebraiker A. ADRIAN ALBERT (* 1905).

Im allgemeinen waren die verwendeten Geräte, falls sie eine Technologie voll ausnützten, durchaus geeignet, gegnerischen Angriffen mit Geräten der gleichen Technologie standzuhalten. Die britischen Behörden erreichten ihre Einbrüche bei den deutschen elektromechanischen Chiffrierfernschreibern nur unter Einsatz schneller elektronischer Vergleicher.

Im Gegensatz zur Kryptographie ist bei der Nachrichtencodierungstechnik kein Verbergen der Nachricht beabsichtigt; die Codierung dient technischen Effizienzzwecken und es handelt sich meist um feststehende Umcodierungen.

EMILE BAUDOT (1845–1903) hatte 1874 einen 5-Bit-Code für Telegraphenzwecke eingeführt, der dem Morse-Code bei maschinellen Einsätzen überlegen war, CARPENTER hatte ihm 1887 die bis heute gebräuchliche Form des Internationalen Telegraphen-Alphabets gegeben. Jahrzehntelang geschah kein wesentlicher Fortschritt – die Codierung von Sprache findet erst nach 1935 Verbreitung.

3.1.3 Geräte und Maschinen für die Aussagenlogik, Signal- und Sicherungstechnik

> „A logic machine is a device, electrical or mechanical, designed specifically for solving problems in formal logic. Let no reader imagine that logic machines are merely the playthings of engineers who happen to have a recreational interest in symbolic logics." MARTIN GARDNER, 1958

Auch bei Geräten für die Aussagenlogik zeigte sich nach den mechanischen Ansätzen von JEVONS und den Verbesserungen, die 1883 ALLEN MARQUAND (1853–1924) vorgenommen hatte, lediglich 1890 ein bedeutsamer Schritt. MARQUAND diskutierte mit dem Logiker CHARLES SANDERS PEIRCE (1839–1914) Kontaktschaltungen für Aussagenverbindungen. Auch HERMAN HOLLERITH (1860–1929) benutzte solche Kontaktverbindungen in den Auswahlschaltungen für seine Lochkartenmaschinen.

Die erste praktische Verwendung von elektrischen Kontakten zur Überprüfung von Syllogismen nahm BENJAMIN BURACK 1936 vor – also am Ende der betrachteten Epoche und nur ein Jahr vor SHANNONS grundsätzlichen Untersuchungen über die Gleichwertigkeit von Aussagenlogik und Kontaktschaltungen.

Ohne ausdrücklichen Bezug zur Aussagenlogik hatten allerdings schon 1905 ROBERT A. W. EDLER (1874–1958) und 1911 N. LISCHKE Kontaktschaltungen analytisch untersucht, und die Analogie von Aussagenlogik und Kontaktschaltungen hatte 1910 PAUL EHRENFEST (1880–1933) festgestellt.

In die Mitte der dreißiger Jahre fallen schließlich Arbeiten über Relaisschaltungen von VITALI IWANOVICH SHESTAKOV (* 1907) in der Sowjetunion, von AKIRA NAKASIMA (* 1908) und MASAO HANZAWA (* 1913) in Japan sowie 1939 von JOHANNA PIESCH (* 1898). Die Eisenbahn-Signal- und Sicherungstechnik entwickelte frühzeitig Bedingungskombinationen, die auf aussagenlogische Formeln hinauslaufen. Den Zusammenhang mit elektrischen Kontaktschaltungen erkennt bereits 1897 M. BODA. Zunächst bleiben jedoch mechanische Lösungen, beispielsweise bei der Verriegelung von Fahrstraßen, dominant. KONRAD ZUSE hat als Jugendlicher Einzelheiten über Eisenbahn-Verkehrsvorschriften kennengelernt, möglicherweise bereitete dies seine frühen Versuche zu einer mechanischen Schaltgliedtechnik vor. Im übrigen war er durch die Arbeit von PIESCH beeinflußt.

3.1.4 Analogrechnen. Während Zahlenrechnen, Chiffrieren und logisches Kalkulieren typisch „diskreter" digitaler Natur sind, gibt es auch eine „kontinuierliche" Realisierung des Rechnens. Vorherrschend ist dabei die „analoge" Darstellung der rationalen oder der reellen Zahlen durch Verschiebungen und Drehungen, konkret ausgebildet durch Stangen und Schieber einerseits, durch Räder und Scheiben andrerseits. Sofern hierbei Zahnstangen und Zahnräder gebraucht werden, dienen sie nur der formschlüssigen Verbindung und haben in rein analog arbeitenden Geräten keine diskretisierende Bedeutung.

Einfache Analoggeräte, etwa zum Zeichnen von Kurven – geschlitzte Lineale und Gelenktriebe – waren 1864 mit dem Inversor von CHARLES PEAUCELLIER zu einer gewissen Vollendung gelangt; ein reiner Gelenktrieb zum Zeichnen einer Halbellipse, 1891 von JOHANN KLEIBER (1865–1941), einem Schüler VON DYCKS, angegeben, hat keine praktische Bedeutung. Jedoch gibt es auch hier Überraschungen: 1926 konstruiert SEMEN ARONOVICH GERSHGORIN (1901–1933) einen Ellipsenzeichner mit Rädertrieb, der besonders leichtgängig ist.

Zum Rechnen gelangt man über Skalen. Das Addieren wird auf Schiebern und Scheiben als Zusammenfügen realisiert. Ist aber ϕ eine Skalenabbildung, so wird durch Schieber- oder Scheibenaddition $\phi^{-1}(\phi(a) + \phi(b))$ realisiert. Nicht nur die Multiplikation mittels logarithmischer Skala, sondern auch viele andere kommutative monotone zweistellige Funktionen lassen sich so beherrschen.

Der nächste Schritt geht zu Nomogrammen. Sie dienen in den beiden geometrisch dualen und damit theoretisch gleichwertigen Formen der Netzdiagramme und der Fluchtliniendiagramme ebenfalls zur Realisierung nicht mehr notwendigerweise kommutativer zweistelliger Funktionen. Praktische Bedeutung kommt damit HILBERTS Problem zu, unter welchen Bedingungen eine n-stellige Funktion als Baum über zweistelligen Funktionen realisiert werden kann. Wesensgemäß führen Nomogramme nicht zu weitergehenden maschinellen Realisierungen.

Vom Analogrechnen kann man erst sprechen, wenn mindestens die Addition und das Vervielfachen mit einem konstanten Faktor voll mechanisiert sind. Um 1890 sind längst Zahnradübersetzungen für die letztere Aufgabe und Planetengetriebe für die Addition bekannt. Neben solchen Zahnradgetrieben werden auch gerne Seilrollengetriebe verwendet. WILLIAM THOMSON, der spätere LORD KELVIN (1824–1907), baute schon 1879 eine derartige Maschine zum Lösen linearer Gleichungssysteme; mit Rädergetrieben arbeitet JOSEF NOWAK (1879–1916).

Das technische Problem ist die Analogrealisierung der Multiplikation. Einstellige Funktionen sind demgegenüber mittels Kulissen leichter zu beherrschen; man findet häufig Realisierungen der Multiplikation als $\mathrm{sq}(a + b) - \mathrm{sq}(a - b)$, wo sq durch $\mathrm{sq}(x) = x^2/4$ definiert ist – eine für das Zahlenrechnen womöglich schon in der Antike benutzte Methode. Typisch für solche Lösungen ist ein relativ enger Argumentbereich.

Was das Analogrechnen eine Weile auszeichnet, ist die naheliegende und einfache Durchführung einer Integration mit einem Reibradgetriebe, wie es von den Planimetern her geläufig war. Da dieses nicht genügend kraftschlüssig ist, muß ein Drehmomentverstärker eingesetzt werden. VANNEVAR E. BUSH (1890–1974) baute 1930 erstmals erfolgreich eine Analoganlage zur Integration von Differentialgleichungen. Andere „differential analyzer" wurden 1933 von DOUGLAS RAYNER HARTREE (1897–1958), 1938 von SVEIN ROSSELAND erstellt. Den Drehmomentverstärker erfand auf der Basis des auf Schiffen und in Häfen geläufigen Spills 1927 C. W. NIEMAN (1886–1963). Um 1940 ging man zu elektrischen Drehmomentverstärkern über, solche Verstärkung durch einen „Servomechanismus“ benutzten 1943 ROBERT SAUER (1898–1970) und H. PÖSCH. Servomechanismen benutzt man auch in den „Kurvenfolgern“, die neben der Kurveneingabe auch zur Darstellung einstelliger Funktionen dienten. Die Multiplikation $u \cdot v$ schließlich wurde häufig als $\int u\,dv + \int v\,du$ realisiert.

Gelegentlich wurde statt des Reibradgetriebes das Schneidenrad verwendet, so ab 1939 von ALWIN WALTHER (1898–1967) und WILFRIED DE BEAUCLAIR (* 1912).

Das Analogrechnen führte noch in die Epoche 1935–1960 der elektronischen Realisierungen.

3.2 Automatisierung

Vergleicht man die Bildung eines Vielfachen in der Staffelwalzenmaschine von LEIBNIZ und in der Einmaleinskörper-Maschine MILLIONAIRE von STEIGER, so erkennt man, daß in letzterer nur ein einziger Schritt durchzuführen ist, in ersterer jedoch eine Folge von Schritten. Dementsprechend erfordert die Automatisierung auf der Staffelwalzenmaschine eine zusätzliche Ablaufsteuerung; bei der Einmaleinskörper-Maschine geht demgegenüber ein größerer Aufwand in das Verarbeitungswerk, das Schaltorgan.

Für eine Multiplikation mit einem mehrstelligen Faktor benötigt jedoch auch die MILLIONAIRE eine Folge von Schritten – die Summation der Teilprodukte. Für nicht zu große Stellenzahl wäre es denkbar, auch alle diese Teilprodukte gleichzeitig zu bilden und zusammenlaufen zu lassen. Damit würde auch die mehrstellige Multiplikation in einem Schritt ablaufen.

Somit erscheint eine Ablaufsteuerung als Mittel, eine Verarbeitungsaufgabe mit einem einfacher aufgebauten Werk durchzuführen, dafür aber mehrere Schritte (und damit auch mehr Zeit) in Anspruch nehmend. Es herrscht eine Dualität: Aufwand im Bau des Verarbeitungswerks kann gegen Aufwand für eine Ablaufsteuerung eingetauscht werden und umgekehrt.

Für die Epoche bis 1935 ist nun bezeichnend, daß Ablaufsteuerung lediglich unter diesem Aspekt eingesetzt wird, den maschinellen Aufwand im Verarbeitungswerk klein zu halten. Dafür sprachen sowohl Kostengründe wie auch technologische Gründe: Mechanische wie elektrische Lösungen stießen bald an Grenzen der Komplexität, die ein zuverlässiges Funktionieren nicht mehr gewährleisteten.

3.2.1 Ablaufsteuerung und Programmsteuerung. Auf der Basis der von Uhren und Spielautomaten her geläufigen starren Anordnung von allenfalls geschachtelten Schleifen kam man bei der Automatisierung der Informationsverarbeitung zunächst auch gut zurecht. ALEXANDER RECHNITZER (1883–1922) gelang damit 1902 eine vollständige Automatisierung der Multiplikation und Division. Selbst die Bildung der Quadratwurzel wurde später für die FRIDEN mechanisch automatisiert. Ab 1931 war bei Lochkarten-Tabelliermaschinen vollautomatische Multiplikation und Division verfügbar. Komplizierte, aus vielen Verarbeitungsschritten zusammengesetzte Abläufe werden zunächst in den Tabelliermaschinen der Lochkartentechnik automatisiert. Über Schalttafeln mit Steckerschnüren wurde die Abfolge der Auslösung festgelegt, ein recht mühsames Unterfangen. Austauschbare Schalttafeln („Schnellschalter") erlauben jedoch, auf eine einmal gesteckte Aufgabe immer wieder zurückzukommen. In der Schalttafel steckt also das Programm, das den Ablauf steuert – wenn man von äußeren Eingriffen von Hand oder durch Steuerlöcher auf den Lochkarten absieht. Diese Art der Programmsteuerung, die in den auswechselbaren Programmen für die Figurenautomaten des 18. Jh. oder in den auswechselbaren Lochplatten der Musikautomaten vorweggenommen war, kam in den zwanziger Jahren auf. Ein Höhepunkt der Entwicklung ist 1936 die Tabelliermaschine D 11 der DEHOMAG.

Auch Buchungsmaschinen wurden in kleinerem Umfang mit Möglichkeiten zur Ablaufsteuerung ausgerüstet. Ein Höhepunkt ist hier 1931 die auf FRANCISCO P. CAMPOS zurückgehende LOG ABAX, die eine eindrucksvolle Anzahl von Speicherwerken besitzt.

Neben diesen praktisch erfolgreichen Konstruktionen blieben einige weiterreichende Ansätze Episoden: PERCY EDWIN LUDGATE (1883–1922), in den Bahnen der „Analytical Engine" von BABBAGE schlug 1903 Sprünge im Ablauf vor. Damit wäre die Vielfalt der verfügbaren (aber nach wie vor starren) Schleifenstrukturen leichter handhabbar geworden. LEONARDO TORRES Y QUEVEDO (1852–1936) baute schon zwischen 1910 und 1920 eine elektromechanische Maschine mit automatischer Multiplikation und Division. Dabei nahm er 1913 erstmals eine theoretische Untersuchung der möglichen Ablaufstrukturen vor. GUSTAV TAUSCHEK (1899–1945) entwarf eine elektromechanische Buchungsmaschine, die 10000 Konten speichern können sollte.

Handelsübliche Buchungsmaschinen, die er als Differenzenmaschinen organisierte, benutzte 1929 LESLIE JOHN COMRIE (1893–1950). HAMANN hatte schon 1909 für zweite Differenzen eine druckende Doppelrechenmaschine gebaut, F. TRINKS folgte 1928 mit der Brunsviga Dupla. 1920 verband A. J. THOMPSON vier Tischrechenmaschinen der Marke Triumphator zu einer Differenzenmaschine vierter Ordnung. In den zwanziger Jahren wurden auch Komplexe aus Lochkartenmaschinen zusammengestellt, so 1927 von COMRIE, 1928 von BENJAMIN DEKALBE WOOD, 1933 von WALLACE J. ECKERT (1902–1971), 1936 von BUSH. Häufig benutzt wurde die Buchungsmaschine Modell 3000 von NCR, die sechs Ergebniswerke hatte und eine halbautomatische Durchführung von Interpolationsaufgaben erlaubte, so 1943 von JOHN TODD (* 1911). Einen pneumatischen Steuerungszusatz für Tischrechenmaschinen meldete 1926 EMIL SCHILLING (1887–1963) zum Patent an.

3.2.2 Rückkopplung. Die Rückkopplung ist eine Besonderheit analoger Rechengeräte. Im Gegensatz zu einer reinen Formelauswertungs- und/oder Integrationsaufgabe ergibt sich durch eine Gleichung oder Differentialgleichung von selbst eine Rückkopplung, insbesondere wenn die Differentialgleichung nach der höchsten Ableitung aufgelöst ist. In mechanischen Integrieranlagen wird auch die unabhängige Veränderliche durch eine Drehgröße (und nicht durch die reale Zeit) dargestellt. In diesem Fall hat die reale Zeit eine reine Hilfsfunktion und die Rückkopplung ist das einzige Element einer klassischen Integrieranlage, das eine Schleifenstruktur - nicht der Abfolge, sondern der Wirkung - zeigt („Wirkungskreis"). Direkte Übersetzungsmöglichkeiten bestehen jedoch nicht. Analoges Rechnen einerseits, digitales programmgesteuertes Rechnen andrerseits mußten zwangsläufig auseinanderstreben.

Negative Rückkopplung ist insbesondere ein wesentliches Hilfsmittel der klassischen Regelungstechnik. Die Regelgüte der oben erwähnten Servomechanismen hängt kritisch davon ab, wie gut man die Rückkopplung in ihnen beherrscht.

3.3 Das Aufkommen von formalen Sprachen und Algorithmen

Noch um 1930 spürten Mathematiker kaum ein Bedürfnis, die Syntax der von ihnen gebrauchten Notation formal zu beschreiben. Sie legten sie im Gegenteil durch Gebrauch fest, wobei Schulen entstanden, die nach Ländern, Orten und manchmal auch nach Druckereien Unterschiede aufwiesen.

Logiker, mit ihrem natürlichen Bedürfnis, alles in Frage zu stellen, begannen zu Beginn der dreißiger Jahre unter dem Einfluß des expliziten Studiums von Ableitungsregeln und -systemen, aufmerksam zu werden, so etwa 1929 PAUL HERTZ. 1930 führte JAN ŁUKASIEWICZ (1878–1956) die klammerfreie „polnische" Notation noch informell ein. RUDOLF CARNAP (1891–1970) greift dann 1934 den schon 1826 von E. COLLINS gebrauchten Ausdruck „Syntax" auf und gibt bereits ein volles formales System an: „formale Sprache" einer Theorie, Termbildungsregeln und Ableitungsregeln. 1943 erscheint eine fundamentale, auf die Jahre 1920–1922 zurückgehende Arbeit über „normale Systeme" von EMIL LEON POST (1897–1954). Noch spricht man jedoch nicht von Post-Algorithmen, und auch noch nicht von Markov-Algorithmen. Das Wort „Algorithmus" ist noch nicht in aller Munde, der Begriff jedoch breitet sich aus.

Die Beweistheorie der dreißiger Jahre bereitet so nebenbei den Boden für die Theoretische Informatik, ebenso wie die Theorie der Berechenbarkeit, die, auf EMILE BOREL (1871–1956) bauend, zunächst die allgemein-rekursiven Funktionen einführt: 1931 (in Ansätzen) durch JACQUES HERBRAND (1908–1931), 1934 durch KURT GÖDEL (1906–1978). Auf dieser Grundlage gibt 1935 STEPHEN COLE KLEENE (* 1909) eine erste Ausarbeitung einer Theorie der Rekursion mittels

Textersetzung und Vereinfachung, die später für die Informatik zentral wird; er zeigt auch die Gleichwertigkeit mit den μ-rekursiven („partiell rekursiven") Funktionen. 1936 erscheint dann die bahnbrechende Arbeit „On computable numbers" von ALAN MATHISON TURING (1912–1954). Die Turing-Maschine, eine gedankliche Konstruktion, ist geboren. Sie sollte Turing-Post-Maschine genannt werden, denn POST gab 1936, völlig unabhängig, eine verblüffend ähnliche Konstruktion. Gleichwertigkeit der Turing-berechenbaren Funktionen mit den „λ-definierbaren Funktionen", die ab 1932 ALONZO CHURCH (* 1903) und KLEENE untersuchten, und den damit verwandten kombinatorisch definierbaren Funktionen, die ab 1924 M. SCHÖNFINKEL und ab 1930 HASKELL B. CURRY (* 1900) einführten, sowie mit den allgemein-rekursiven Funktionen, ist bereits 1937 festgestellt. Aus theoretischen Gründen bräuchte die universelle Rechenmaschine – weder die TURINGsche noch die KLEENEsche – nicht mehr gebaut zu werden.

Rekursives Denken war jedoch nicht das Reservat der Logiker: Die Hilbert-Kurven von 1890, die Sierpiński-Kurven und ihre Nachfolger waren bereits durch rekursive Algorithmen definiert.

4 Der Umbruch zwischen 1935 und 1960: Universelle Maschinen, elektronische Realisierungen

1935 waren im Keim fast alle Inhalte der Informatik vorhanden. Die Jahre 1935–1960 bringen nun auf vielfache Weise neue Begriffe und Techniken, die das Gebiet der Informatik auszufüllen beginnen. Die Epoche bewirkt auch einen Umbruch in den Denk- und Arbeitsweisen, der das Gesicht der Informatik prägt. Es sind Pionierjahre, in denen – verglichen mit heute – nur wenige Leute an der Front der Forschung stehen. Das Feld ist fruchtbar, die Ergebnisse fallen oft fast zwangsläufig an. Erfolge sind also häufig; dies führt zu einem oft überschießenden, manchmal naiven Optimismus. Das Machbare bestimmt die Denkhaltung. Und hat man nur genügend Mittel, scheint vieles machbar zu sein, von dem man vorher nur träumen konnte. Rechenanlagen werden zu Prestigeobjekten.

Die Abstraktion gewinnt mehr und mehr an Bedeutung, die *hardware* dominiert aber noch das Geschehen. Erst gegen Ende der Epoche kann man erahnen, daß die *software* einmal als wirtschaftlicher Faktor überragende Bedeutung bekommen wird.

4.1 Daten-Grundstrukturen

4.1.1 Dualarithmetik

„Der Übergang zum konsequenten Denken in Ja-Nein-Werten war um 1934 keineswegs selbstverständlich". KONRAD ZUSE, 1970

Äußerlich am auffallendsten für die Epoche des Umbruchs ist der Übergang zum binären System. Er verläuft in zwei getrennten Bahnen, die beide aus ein und derselben Erkenntnis herrühren: Geht man von mechanischen zu elektrischen Realisierungen über, so ist das „Ein-Aus" der Kontaktschaltungen ein bestimmendes Element. Die eine Bahn war dadurch charakterisiert, daß das Rechnen weiterhin im Dezimalsystem erfolgte, die einzelnen Dezimalziffern jedoch binär codiert wurden. Die andere Bahn benützt sogleich das Rechnen im Dualsystem. Da im alltäglichen Gebrauch der Übergang zu einem dem Dualsystem trivial verwandten Radixsystem, wie das Oktal- oder das Hexagesimalsystem, nicht erreichbar ist, besteht dabei das Problem der fortwährenden Konvertierung zwischen Dualsystem und Dezimalsystem bei der Ein- und bei der Ausgabe.

Diese letztere Entwicklung begann aber nicht mit elektrischen Realisierungen. Im Gegensatz zu VALTAT, der an der Verwendung von Rädern klebte, ging 1935 KONRAD ZUSE (* 1910) einen neuen Weg: Er benutzte genuin binäre mechanische Schaltglieder. Die Technik – Pakete aus geschlitzten Blechen, aufeinander schwimmend, mit senkrecht zur Ebene stehenden Führungsstiften – hätte auch 1890 oder früher schon angewendet werden können. Diese Schaltglieder waren billig und mit einfachsten Werkzeugen herstellbar – ZUSE benutzte für sein erstes Versuchsmodell, heute Z 1 genannt, das er 1936 begann, die Laubsäge zur Herstellung der geschlitzten Bleche. Gleichwohl war diese Technologie für größere Anlagen nicht mehr einfach zu beherrschen. ZUSE schreibt „zwei Jahre ... hatte ich mich mit mechanischen Konstruktionen herumgequält, bis ich es schließlich doch aufgeben mußte" und, daß er oft vierzehn Tage Arbeit hineinstecken mußte, um die Anlage zu zerlegen, wenn etwas klemmte. Festzustellen hierzu ist, daß in ZUSES Gedankenwelt am Anfang das Problem der Speicherung größerer Datenmengen stand (das er, siehe 4.2.1, schon 1934 anging) und daß er, seinen Angaben nach, zuerst zu Relais greifen wollte, aber aus Platzgründen davor zurückschreckte. Da sein mechanisches Flip-Flop vorzüglich arbeitete, wollte er zunächst auch die arithmetische Einheit in dieser Technik bauen – „mußte ich allerdings feststellen, daß die Mechanik für solche Aufgaben nicht flexibel genug ist".

Wie ZUSE auf den Gedanken der Bleche kam, hat er bisher nicht berichtet; eine Resonanz zwischen seinen jugendlichen Bastelarbeiten mit dem Metallbaukasten und seinen Eindrücken über Eisenbahnsicherungsanlagen, die er aus einem Buch in der väterlichen Bibliothek gewonnen hatte, ist denkbar. Gleichermaßen bleibt unklar, ob ZUSES ursprüngliche Vorstellungen über das Lochen von Daten in Formulare (s. u.) ihn zum binären Denken führten.

1936 war der mechanische Speicher, 1938 auch das Rechen- und Steuerwerk der Z 1 fertiggestellt.

Nach einem weiteren Fehlschlag mit dem heute Z 2 genannten Relais-Versuchsmodell eines Rechen- und Steuerwerks wurde die heute Z 3 genannte, Mitte 1940 begonnene Relais-Maschine ein voller Erfolg. Sie wurde am 12. Mai 1941 betriebsfähig vorgeführt, die erste frei programmierbare, programmgesteuert-automatische binäre Rechenanlage. Sie enthielt im Rechenwerk 600, im Speicher 1400 Relais.

Mit der konsequenten Verwendung nicht nur binärer Schaltglieder, sondern auch des Dualsystems war ZUSE seiner Zeit einige Jahre voraus. Bei Zählern klebte man noch lange am Dezimalsystem, als man schon Glühkathodenröhren verwendete, man entwarf auch dezimale Zählröhren, 1938 M. MATHIAS, 1939 W. HÜNDORF.

Unabhängig von ZUSE kam 1936 E. WILLIAM PHILLIPS in Kenntnis der Patentanmeldung von VALTAT zu dem Vorschlag, das Dualsystem insbesondere für eine schnelle Multiplikationseinheit zu verwenden, und zwar in Verbindung mit optischen Schaltgliedern. Nach seinen Angaben hatte er auch eine Realisierung mit Glühkathodenröhren im Auge, in seiner Patentanmeldung aber auf Anweisung der britischen Regierung alle Hinweise darauf ausgemerzt.

Auch LOUIS COUFFIGNAL (1902–1966) propagierte 1936 das Rechnen im Dualsystem. Für Höhenstrahlungsexperimente in der Physik hatte schon 1932 CHARLES ERYL WYNN-WILLIAMS (1903–1979) Dualzähler („Untersetzer") aus Thyratrons gebaut. Den direkten Zugang zum Dualsystem als Konsequenz der Verwendung von Röhren hatte 1935 der ebenfalls mit der Physik vertraute JOHN VINCENT ATANASOFF (* 1903). Sein Entwurf von 1938 führte, in Zusammenarbeit mit CLIFFORD EDWARD BERRY (1918–1963), zu einem Versuchsmodell, einem Spezialrechner für die Auflösung linearer Gleichungssysteme, das im Herbst 1939 funktionierte. Weitere Arbeiten an der Maschine wurden 1942 kriegsbedingt eingestellt.

Duale Arithmetik tritt dann wieder auf in dem auf die ENIAC 1944 folgenden EDVAC-Entwurf von JOHN WILLIAM MAUCHLY (1907–1980) und JOHN PRESPER ECKERT (* 1919), der von JOHANNES („John") VON NEUMANN (1903–1957) unter Mitarbeit von HERMAN HEINE GOLDSTINE (* 1913) und ARTHUR WALTER BURKS (* 1915) ausgestaltet wurde. In den zahlreichen durch diesen Entwurf beeinflußten Maschinen war das Dualsystem integrierter Bestandteil.

Am binär codierten Rechnen im Dezimalsystem hingen demgegenüber zunächst GEORGE R. STIBITZ (* 1903) und HOWARD HATHAWAY AIKEN (1900–1973). Sie begannen beide 1937; STIBITZ verwendete teils biquinäre, teils Exzeß-3-Codierung, AIKEN eine eigentümliche Codierung mit den Stellengewichten 2 4 2 1.

Interne Verwendung eines binär codierten Dezimalsystems hielt sich auch für größere Anlagen, sofern sie für kaufmännische Zwecke gedacht waren, eine ganze Weile, da man den umständlichen Übergang vom Dezimalsystem zum Dualsystem vermeiden wollte. In Taschenrechnern und tragbaren Kleinrechnern wird binär codiertes dezimales Rechnen bis heute benutzt.

4.1.2 Gleitpunktarithmetik. Handelte es sich bei der Dualarithmetik lediglich um eine Frage der Darstellung natürlicher Zahlen, so kommt bei der Gleitpunktarithmetik eine neue Art von Zahlen und von darauf ausgeübten Operationen ins Spiel, wobei es zunächst keine Rolle spielt, ob zur Darstellung dieser Zahlen das Dualsystem oder das Dezimalsystem herangezogen wird.

Numerische Rechnungen zu physikalischen und technischen Problemen sind selten von Natur aus ganzzahlig. Auch die Berechnung, genauer gesagt die Approximation irrationaler Zahlen zwingt dazu, von ganzzahliger Rechnung ab- und zu Brüchen überzugehen. Eine Art, nämlich mit Zahlenpaaren (Zähler, Nenner) zu rechnen, wird später zu besprechen sein. Die andere Art ist es, zu Stellenbrüchen überzugehen. Nur selten hat man dabei die günstige Situation, daß Ausgangsdaten und alle Zwischenergebnisse in einem Größenordnungsintervall $a : 10a$ oder $a : 2a$ bleiben, die Lage des Dezimal- bzw. Dualpunktes also fest bleibt – etwa wenn eine Zahl monoton von oben und von unten approximiert wird, wie es bei alternierenden Reihen oder beim Gaußschen arithmetisch-geometrischen Mittel der Fall ist. Im allgemeinen kann man aber eine numerische Rechnung mit Stellenbrüchen nicht automatisch ablaufen lassen, ohne die Größenordnung der Zwischenergebnisse zu kennen – man bekommt entweder Bereichsüberschreitung, was den Abbruch erzwingt, oder man verliert an genauen Stellen, was meist inakzeptabel ist. Die richtige Skalierung zu finden, ist schwierig.

In der Physik wurde es ab 1920 zusehends üblich, Meßwerte mit Skalenfaktoren anzugeben, etwa $2{,}99776 \cdot 10^8$ m/sec statt 299 977 600 m/sec. Eine „halblogarithmische" Darstellung $a \cdot 10^b$ mit ganzzahligen a, b erfordert bei der Multiplikation eine Multiplikation der „Pseudomantissen" a und eine Addition der „Exponenten" b. Die Addition solcher „Gleitpunktzahlen" wird dagegen kompliziert, sie erfordert eine Exponentenangleichung.

Schon 1914 erwähnte Torres y Quevedo die Mechanisierung des Arbeitens mit dieser Zahldarstellung, das jedem Handrechner natürlich geläufig war. Konrad Zuse sah schon für die Z 1 eine binäre Gleitpunktarithmetik vor, wie eine Patentanmeldung von 1936 zeigt. In der Z 3, fertiggestellt 1941, war sie verwirklicht: die Mantisse enthielt 14 Bits und Vorzeichen, der Exponent 7 Bits und Vorzeichen. Gleitpunktarithmetik wurde jedoch zunächst nicht des Aufwands an zusätzlicher Hardware wert gehalten, wie von Neumann, Goldstine und Burks 1946 schrieben.

Verdrahtete binäre Gleitpunktarithmetik hatte auch Ende der vierziger Jahre die Relaismaschine BARK von Conny Palm sowie die Münchner PERM (1955) von Hans Piloty (1894–1969) und Robert Sauer (1898–1970). In den meisten Fällen wurde jedoch, unter Inkaufnahme großer Geschwindigkeitseinbußen, Gleitpunktarithmetik durch interne Programmierung realisiert.

Gleitpunktarithmetik im Dezimalsystem fand sich (1944) in der Relaismaschine Model V von STIBITZ (7 Dezimalziffern und Vorzeichen für Mantisse, 1 Dezimalziffer und Vorzeichen für Exponent, biquinäre Codierung) und in der Mark II (1945) von AIKEN (Aiken-Codierung) sowie im Card Programmed Calculator (1946) von JOHN W. SHELDON und LISTON TATUM. Heute besitzen selbst programmierbare Taschenrechner Gleitpunktarithmetik.

4.1.3 Unbeschränkte Ganzzahlarithmetik. Die Verarbeitungsbreite üblicher mechanischer und elektromechanischer Rechenwerke war, durch die parallele Addition bestimmt, fest. Beim Übergang zu elektronischen Schaltungen änderte sich daran nichts. Zwar hätten die frühen Maschinen, die die binäre oder binärcodierte Addition seriell ausführten, wie EDSAC (1949) von MAURICE VINCENT WILKES (* 1913), beliebig lange Zahlen addieren können, aber das Speicherungssystem legte eine Längenbeschränkung nahe. Maschinen mit paralleler Addition, wie SWAC (1950) von HARRY DOUGLAS HUSKEY (* 1916); WHIRLWIND (1951) von PERRY O. CRAWFORD (* 1917), JAY W. FORRESTER (* 1918) und ROBERT R. EVERETT (* 1921) oder PERM arbeiteten dann ohnehin wieder mit konstruktionsbedingt festgelegter Stellenzahl. Durch besondere Programmierung konnte man in der Regel mit verdoppelter oder verdreifachter Stellenzahl rechnen. Unbeschränkte Ganzzahlarithmetik warf jedoch Probleme der Speicherzuteilung auf. FRIEDRICH LUDWIG BAUER (* 1924) und KLAUS SAMELSON (1918–1980) schlugen 1957 vor, Kellerspeicher zur Durchführung der Ganzzahlarithmetik zu verwenden. Heute ist unbeschränkte Ganzzahlarithmetik in einer Reihe von Programmier- und Formelmanipulationssystemen verfügbar.

4.1.4 Das Binärprinzip. Elementarer als das Rechnen im Dualsystem, von THOMAS HARRIOTT (1560–1621) erstmals diskutiert und von GOTTFRIED WILHELM LEIBNIZ (1646–1716) propagiert, ist binäre Codierung, für kryptographische Zwecke 1623 von FRANCIS BACON (1561–1626) verwendet. Binäre Codierung fand sich wieder in den 5-Bit-Codes von SCHÄFFLER und von BAUDOT, aus denen das Fernschreibalphabet CCIT 2 hervorging, aber auch auf den Lochkarten von HOLLERITH (zunächst mit einem 1-aus-10-Code). Binäre Codes mit Codeworten gleicher Länge sind die Basis der meisten technischen Codierungen. Im Falle von Codeworten ungleicher Länge entsteht das Problem der Fugen-Rekonstruktion, wobei R. M. FANO (* 1917) eine Lösung gab. CLAUDE ELWOOD SHANNON (* 1916) zeigte, daß man für eine stochastische Nachrichtenquelle die Länge der einzelnen Codeworte optimal wählen kann und damit die Redundanz aus der Nachricht entfernt. RICHARD WESLEY HAMMING (* 1915) nutzte andererseits die Redundanz aus, um fehlerkorrigierende Codes zu erhalten.

Daß aber jede Codierung in einfacher Weise auf eine Binärcodierung zurückgeführt werden kann, hat KONRAD ZUSE schon 1937 in seinen Tagebuchnotizen ausgesprochen. Dieses Binärprinzip wurde dann in seinem „Plankalkül“ von 1945 zu einem Definitionsmechanismus für „zusammengesetzte Angaben“ ausgeweitet. Damit war erstmals die freie Definition von Daten-Grundstrukturen ermöglicht. Die Bildung von numerisch indizierten Tupeln von Objekten zur stufenweisen Definition komplexer Datenstrukturen wurde dann 1958 und 1960 in den ALGOL-Berichten zugrundegelegt. Rekursive Definitionen von Datenstrukturen betrachtete schon 1961 JOHN MCCARTHY (* 1927), systematisch studierte sie 1970 CHARLES ANTONY RICHARD HOARE (* 1937), 1971 JACKSON CLARK EARLEY.

4.2 Operative Grundstrukturen

Für den Umbruch zwischen 1935 und 1960 besonders bezeichnend ist die Befreiung der operativen Grundstrukturen von den starren Ablaufstrukturen, die Einführung der Rekursivität als prototypisches Merkmal der universellen Maschine in die praktische Programmierung. Dies war allerdings zu sehen vor dem Hintergrund des schon 1936 von CHURCH und 1937 von TURING erzielten Resultats, daß es Probleme gibt, die so allgemein sind, daß sie algorithmisch unlösbar sind.

4.2.1 Die von-Neumann-Maschine. KONRAD ZUSE ging 1934 von einer natürlichen Vorstellung aus: eine Rechenmaschine für die arithmetischen Operationen, mit einem Lese- und Schreibrüssel, der von einem Laufkran über ein ausgedehntes Rechenformular bewegt wird. Insofern besteht eine Ähnlichkeit mit TURINGS und POSTS Vorgehen, alles zu mechanisieren, was ein menschlicher Rechner nach und nach tut. Praktisch endete jedoch 1936 ZUSES Formular beim überschreibbaren Speicher und der Rechenablauf bei der Schleifenstruktur.

Die einfachste operative Grundstruktur, die Ablaufschleife, findet sich auch in den ersten Programmen, die 1945 und 1946 für die EDVAC in der Form von Ablaufplänen geschrieben wurden, noch ganz deutlich. Die praktische Programmierung gewann jedoch schon durch NICHOLAS CONSTANTINE METROPOLIS (* 1915) in Los Alamos, STANLEY GILL (1926–1975) und DAVID J. WHEELER an der EDSAC raffiniertere Züge. Daß man mit dem EDVAC-Entwurf von JOHN PRESPER ECKERT (* 1919) und JOHN WILLIAM MAUCHLY (1907–1980) trotzdem eine universelle Maschine hatte, lag daran, daß das Programm sich selbst abhändern konnte, der Ablaufplan also während des Laufs der Rechnung in einen anderen übergehen konnte. 1946 bemerkten JOHN VON NEUMANN (1903–1957) und HERMAN HEINE GOLDSTINE (* 1913), 1947 auch MAUCHLY explizit, daß die EDVAC eine universelle Maschine sei; der strenge Beweis wurde anschließend mehrfach von Logikern geführt, zuerst wohl 1954 von HANS HERMES (* 1912). Die Abänderung im Programm erfolgte im übrigen hauptsächlich als Abänderung im Adressenteil von Befehlen. Die Abänderung von Datenadressen lag für indizierte Größen nahe, sie war auch schon 1945 von ROBERT E. SEEBER im SSEC der IBM vorgesehen worden. Ausschlaggebend war die Abänderung von Sprungzielen und Rückkehradressen, wie insbesondere HEINZ RUTISHAUSER (1918–1970) erkannte und beim Bau der ERMETH berücksichtigte. RICHARD F. CLIPPINGER benutzte im übrigen schon 1948 die einstellbaren Funktionstafeln des ENIAC zur Speicherung wandlungsfähiger Programme.

War dies zunächst nur eine theoretische Untersuchung, so bekam das Problem praktische Bedeutung, als in den aufkommenden Programmiersprachen Rekursion (im Sinne der allgemein-rekursiven Funktionen nach HERBRAND, GÖDEL und KLEENE) als Formulierungsmittel fast natürlich auftrat.

> „Church's theorem has sometimes been interpreted pessimistically as a proof that there are absolutely unsolvable problems. But optimistically speaking, it is a rigorous proof that brains are indispensable, and that should be comforting to anyone who hopes that he can solve problems which a moron cannot." PAUL C. ROSENBLOOM (* 1907), 1950

4.2.2 Sequentielle Formelübersetzung und das Kellerprinzip. Eine naheliegende Fortsetzung der Abänderung eines Programms durch den Rechner selbst war die Übersetzung arithmetischer Formeln in Maschinensprache durch den Rechner selbst – die Errechnung seines eigenen Programms. Dies wurde 1951 von HEINZ RUTISHAUSER behandelt, kurz darauf auch von ANDREI PETROVICH ERSHOV (1931–1988). RUTISHAUSERS Prozeß war eine Springprozession über das Klammergebirge. ALAN J. PERLIS (1922–1990) beschränkte sich 1956 auf Sprachen, bei denen der Übersetzungsprozeß durch den Vergleich zweier unmittelbar aufeinanderfolgender Zeichen gesteuert werden konnte. BAUER und SAMELSON führten 1955 zur sequentiellen Formelübersetzung Kellerspeicher ein, aufbauend auf ein formelgesteuertes Relaisgerät STANISLAUS von 1950 für aussagenlogische Berechnungen. Die ursprünglich als Hardware konzipierten Kellerspeicher verwendeten sie später systematisch als programmierte Datenstrukturen zur Übersetzung von ALGOL in Maschinensprache. In Zusammenarbeit mit RUTISHAUSER zeigten sie, wie die allgemeine Rekursion durch Abkellerung der Aufrufe beherrscht werden kann. Patentrücksichten verzögerten die Publikation; so gelang es unabhängig davon EDSGER WYBE DIJKSTRA (* 1930), die praktische Beherrschung der Rekursion in Programmiersprachen durch programmierte Kellerspeicher 1961 vorzuführen.

Programmierte Kellerspeicher verwendeten ebenfalls ERSHOV 1956 für sein „programmierendes Programm", seit 1957 auch ALLEN NEWELL (* 1927) und JOHN CLIFFORD SHAW (* 1922) beim Beweis mathematischer Sätze. In einem Zusammenspiel zwischen dem Algebraiker MARCEL PAUL SCHÜTZENBERGER und dem Linguisten NOAM CHOMSKY (* 1928) wurde 1962 der Begriff des Kellerautomaten eingeführt, der sich als zur Charakterisierung kontextfreier Sprachen geeignet erwies.

4.2.3 Höhere Programmiersprachen und Algorithmen. Das äußere Erscheinungsbild der Informatik gegen Ende der Epoche 1935–1960 ist geprägt durch die Verwendung höherer Programmiersprachen. Die erste höherere Programmiersprache, jedoch noch nicht auf Übersetzbarkeit zugeschnitten, war ZUSES Plankalkül von 1945. Auch die Notation von A. A. LJAPUNOV und Y. J. JANOV aus dem Jahr 1957 zeigte diesen Mangel. Die ersten „compiler" andrerseits, etwa der von GRACE MURRAY HOPPER (* 1906), folgten nicht dem Formelbild. Beginnend 1955 mit dem noch stark maschinenabhängigen FORTRAN von JOHN WARNER BACKUS (* 1921) gelang mit ALGOL 58 und ALGOL 60, die unter wesentlicher europäischer Beteiligung entstanden, die Hinwendung zum problemorientierten Programmieren. Syntaktische Aspekte standen dabei, motiviert durch die Probleme der automatischen Übersetzung in Maschinensprache, zunächst im Vordergrund; semantische Probleme wurden noch vernachlässigt – am wenigsten bei LISP (ab 1958) von JOHN MCCARTHY (* 1928). Die praktische Notwendigkeit einer formalen Beschreibung von Programmiersprachen wurde von HEINZ ZEMANEK (* 1920) und seinen Mitarbeitern („Wiener Definitionssprache") unterstrichen. Die ersten erfolgreichen Versuche zur Definition der Semantik einer formalen Sprache hatte jedoch schon 1931 ALFRED (TAJTELBAUM) TARSKI (* 1904) unternommen.

Der Algorithmenbegriff blühte nach 1950 auf; nicht zufällig nannte sich ALGOL eine „algorithmic language". 1951 schrieb ANDREI ANDREEVICH MARKOV (1903–1979) sein Buch „Theorie der Algorithmen". 1954 sprach RUTISHAUSER vom „Quotienten-Differenzen-Algorithmus". Nach 1960 begann mit DONALD ERVIN KNUTH (* 1938) die systematische Untersuchung grundlegender nichtnumerischer Algorithmen. Um Effizienzprobleme kümmerte sich besonders SHMUEL WINOGRAD (* 1936).

Als Basis der Programmiersprachensemantik schlug 1965 PETER J. LANDIN den Lambda-Kalkül vor; LANDIN, CHRISTOPHER S. STRACHEY (1917–1975) und DANA S. SCOTT (* 1932) führten seit 1964 rekursive Programme auf die klassische Theorie zurück. Die Turing-Maschine fand 1963 ihr Gegenstück in einer „reinen von-Neumann-Maschine", der Registermaschine von J. C. SHEPHERDSON und HOWARD EWING STURGIS (* 1936), mit einem Vorläufer 1959 von HEINZ KAPHENGST (* 1932). 1964 studierten ABRAHAM ROBINSON (1900–1974) und C. C. ELGOT die Registermaschine unter dem Aspekt der programmiersprachlichen Semantik. Andere Ansätze zur Definition universeller Maschinen, die der vorherrschenden Programmierung nahe stehen, machten 1958 ERSHOV (Operatoralgorithmen) und ROSZA PÉTER (Graphschemata).

Die Komplexitätstheorie der Algorithmen begann jedoch erst 1971 mit dem Ergebnis von STEPHEN A. COOK (* 1939), daß das Erfüllbarkeitsproblem für Aussageformen – dessen klassischer, exhaustiver Lösungsalgorithmus eine exponentiell mit der Anzahl der Variablen anwachsende Laufzeit hat – nichtdeterministisch-polynomiell vollständig ist.

4.2.4 Maschinenorientierte Programmierung. Die maschinenabhängige Programmierung tritt um 1960 mehr und mehr in den Hintergrund, mit einer Ausnahme: die mit der Speicherzuteilung und Adressierung zusammenhängenden Fragen. Die indirekte Adressierung, 1954 von HEINZ SCHECHER (1922–1984) erfunden, erlaubt auf bequemste Weise die Abbildung von komplexen „zusammengesetzten Angaben" im Sinne von ZUSES Plankalkül auf einen homogenen, durchnumerierten Speicher. Frühe Verwendung von Bezugsadressen („links", „pointers") findet sich 1953 auch durch HANS PETER LUHN, 1956 durch NEWELL, SHAW und HERBERT ALEXANDER SIMON (* 1916) in IPL-II. Versuche, auch diese maschinennahe Adressenbehandlung durch geeignete „höhere", der maschinenunabhängigen Programmierung besser angepaßte Konzepte auszudrücken, führten zum abstrakt-programmiersprachlichen Begriff der Referenzen, den unter anderen 1959 JULIAN GREEN studierte. Der damit verbundene Programmierstil der „organisierten Speicher", mit dem Schlagwort „prozedural" belegt und durch das technische Faktum des überschreibbaren und wegen Knappheit auch zu überschreibenden Speichers hervorgerufen, prägt die Programmierung dieser Zeit noch eine ganze Weile.

Für die Implementierung von Listen und Bäumen mittels Referenzen leisteten besondere Beiträge 1960 MCCARTHY mit der Speicherbereinigung, 1960 ALAN J. PERLIS (1922–1990) und ANATOL WOLF HOLT VON HOPFENBERG mit gefädelten Bäumen, 1961 DOUGLAS TAYLOR ROSS mit Mehrfach-Referenzen, 1963 JOSEPH WEIZENBAUM (* 1923) mit den Referenzzählern.

4.2.5 Das Ende der Analogrechner. Auch bei Analogrechnern versuchte man, die starren Schaltungen flexibler zu machen; sogar Verbindungen mit digitalen Recheneinheiten (Hybridrechner) wurden geschaffen. Digital und analog verträgt sich aber wie Feuer und Wasser, und das Feuer trocknete das Wasser aus: 1960 zeichnete sich ab, daß die Analogrechner zu teuer, fehleranfällig und ungenau waren, um gegenüber den Digitalrechnern voll bestehen zu können. Die Analogtechnik wurde in Anwendungsnischen abgedrängt. Für die bislang weitgehend auf Analogtechnik ausgerichtete Regelungstechnik bedeutete das eine völlige Kursänderung. Die Zweipunktregelung, ab 1950 theoretisch untersucht, lag bereits in dieser Richtung. In der Abtastregelung wurde die Hinwendung zur Digitaltechnik endgültig vollzogen.

4.3 Systeme

Systeme sind, einer österreichischen Definition zufolge, Gebilde, die schwierig zu verstehen sind, wenn man nur von *einer* Seite – gleich welcher – anfängt. Technische Beschränkungen erlaubten bis hin zum Ende der Epoche nur mit einfachen Objekten, wie Zahlen, komplizierte Berechnungen auszuführen oder mit komplizierten Objekten, wie ganzen Textseiten, nur einfachste Operationen vorzunehmen. Gegen 1960 beginnen jedoch die ersten erfolgreichen Anwendungen, die große Systeme mit komplizierten Berechnungen auf komplizierten Objekten erfordern, beispielsweise Bestell- oder Reservierungssysteme. Sie kommen bald aus allen Bereichen. Im Innenverhältnis der Informatik und Automatik fallen zwei Aufgabenkreise auf: erste Ansätze zu Erkennungssystemen und erste Ansätze zu Rechner-Verbundsystemen.

4.3.1 Erste Schritte zu Erkennungssystemen

> „Sinnlos herumzuraten ist für Automaten ebenso wertlos wie für Menschen". K. STEINBUCH, 1959

Erkennungssysteme haben die Aufgabe, in einem Gebilde von sehr komplizierter Struktur bestimmte Teilstrukturen zu finden. Einfachste Fälle von klassisch-mathematischen Erkennungsaufgaben sind: das Finden gemeinsamer Teilausdrücke in einem arithmetischen Ausdruck (allgemeiner: das Vernetzen eines Baumes), das Finden einer Stammfunktion zu einer komplexen Funktion einer Veränderlichen (allgemeiner: die Umkehrung einer komplizierten Abbildungsaufgabe) und die Faktorisierung von Polynomen mit mehreren Unbestimmten. Für letztere Aufgabe hatte immerhin bereits 1792 FRIEDRICH THEODOR SCHUBERT einen Algorithmus angegeben.

Nachdem schon 1952 HARRY GEORGE KAHRIMANIAN ein Programm zum mechanischen Differenzieren geschrieben hatte, behandelte 1961 JAMES R. SLAGLE (* 1934) die formelmäßige Integration mit beachtlichem Erfolg.

Auch die Formelübersetzung war ein Erkennungsproblem dieser Art, nämlich die Rekonstruktion einer absichtlich vergessenen Baumstruktur. Das Finden gemeinsamer Teilausdrücke war eine Aufgabe, der sich die Übersetzerbauer ebenfalls zuwandten, unter anderen 1958 ANDREI PETROVICH ERSHOV (1931–1988).

Ein weiteres allgemeines Erkennungsproblem, das für jede algebraische Struktur von Bedeutung ist, ist das Vereinheitlichungsproblem (unification problem) für zwei Terme. Es wurde zunächst in der Logik untersucht, 1930 von JACQUES HERBRAND (1908–1931), wo es aber erst 1963 in Verbindung mit der Resolventenmethode von JOHN ALAN ROBINSON (* 1930), aufbauend auf einer Methode (1960) von DAG PRAWITZ, besondere Bedeutung bekam.

Am Rande der Mathematik finden sich andere Erkennungsprobleme, beispielsweise bei Schachstellungen. TURING und DAVID G. CHAMPERNOWNE (* 1912) beschäftigten sich schon 1947 mit dem maschinellen Schach. SHANNON führte 1949 ein rationales Vorgehen durch Anwendung der VON NEUMANN-MORGENSTERNschen Minimax-Prozedur ein. Die erste methodische Beschränkung des Suchsraums („Vorwärts-Abschneiden") gelang 1956 ALEX BERNSTEIN. ALLAN NEWELL (* 1927), JOHN CLIFFORD SHAW (* 1922) und HERBERT ALEXANDER SIMON (* 1916) gaben 1958 mit einer Vorform des $\alpha-\beta$-Abschneidens eine wesentliche Vereinfachung an, verbessert 1961 von T. P. HART und D. J. EDWARDS.*

Die Zugregeln des Schachs hatte schon 1945 KONRAD ZUSE als Beispiel für seinen Plankalkül benutzt. Einer seiner Vorgänger war TORRES Y QUEVEDO, der um 1900 eine Maschine für das Endspiel König gegen König und Turm baute. Die Endspielproblematik nahm 1952 D. G. PRINZ auf.

Für andere Spiele, wie Dame, 1952 von CHRISTOPHER S. STRACHEY (1917–1975), 1956 und verbessert 1959 von ARTHUR LEE SAMUEL (* 1902) programmiert, oder Go, 1961 von HORST REMUS (* 1928), war die Problemstellung ähnlich.

Solche Aufgaben, die bei lediglich kombinatorischer Betrachtung zu einem exponentiell anwachsenden Aufwand führten, bewirkten das Aufkommen des Begriffs der Komplexität. NEWELL studierte ihn 1958 am Beispiel von Schachproblemen. Es gibt inzwischen zahlreiche nichtdeterministisch-polynomiell vollständige Probleme – Färbungsproblem, Hamiltonsches Problem, Rucksackproblem, Problem des Handlungsreisenden –, für die kein Verfahren bekannt ist, das nicht exponentiell wachsenden Aufwand erfordert. Ein rein mathematisches Beispiel ist die Zerlegung einer natürlichen Zahl in Primfaktoren, eine Aufgabe, die typischerweise mit Mersenne-Primzahlen getestet wurde. 1952 gab RAPHAEL M. ROBINSON mit der Hilfe der SWAC die 13.–17. Mersenne-Primzahl an. 1957 wurde von Hans RIESEL $2^{3217}-1$ als prim nachgewiesen, 1961 von ALEXANDER HURWITZ und JOHN L. SELFRIDGE $2^{4253}-1$ und $2^{4423}-1$. Oft ist, wie hier, die Umkehrung einer Aufgabe erheblich komplexer als diese selbst. Solche „Falltüren" haben seit 1974 in der Kryptologie Bedeutung erlangt.

In den späten fünfziger Jahren sprach man bei Systemen in Verbindung mit heuristischen Ansätzen häufig von „Lernen" und führte auch „kybernetische Lernmodelle" ein: die elektromechanische Schildkröte, 1948 durch W. GREY WALTER (* 1910); die Maus im Labyrinth, 1950 durch SHANNON; der „Homöostat", 1952 durch W. ROSS ASHBY (* 1903). Die Verbindung von Theorie und Spekulation zur „Cybernetics" geht auf den skurril-genialen NORBERT WIENER (1894–1964) zurück.

Noch schwieriger ist das Erkennungsproblem beim maschinellen Übersetzen natürlicher Sprachen. Die ersten Ansätze hierzu, die jedoch nicht zu einer Maschine führten, machte 1933 P. P. SMIRNOV-TROYANSKIY. 1946 schon diskutierten WARREN WEAVER (1894–1978) und ANDREW DONALD BOOTH (* 1918) die Möglichkeit der maschinellen Durchführung einer Wort-für-Wort-Übersetzung. Mit den Querverbindungen zwischen Logik und Linguistik befaßte sich vor allem YOSHUA BAR-HILLEL (1915–1975). Übergroßer Optimismus führte jedoch nach 1960 zu Rückschlägen. Man hatte nicht berücksichtigt, daß es sich um mehr

* SIMON war dabei zu optimistisch, als er 1958 vorhersagte, 1968 würde ein Programm Schachweltmeister sein. ZUSE, der 1938 prophezeite, 1988 würde ein Programm Schachweltmeister sein, war etwas treffsicherer.

als ein Erkennungsproblem handelt, das nur auf vorher definierte Strukturen („Vor-Bilder") abgestellt ist, nämlich um ein Problem des Verstehens, das über eine Anpassung des Systems an die Reaktionen der Umwelt hinausgehend die Bildung von Vor-Bildern aus dem Nichts heraus fordert. Diese Erschwerung hat man auch bei der Umsetzung des gesprochenen Worts in Schrift oder Handlung. Das Problem ist nicht auf Sprache im linguistischen Sinn beschränkt: Bildverstehen und Situationsverstehen erfordern ebenfalls mehr als Mustererkennung. 1960 bestanden jedoch dafür noch kaum Ansätze.

In der Kryptanalyse handelt es sich darum, eine in der sprachlichen Mitteilung ursprünglich vorhandene Struktur, die durch die Chiffrierung verborgen wurde, aus noch so kleinen verbliebenen Resten zu rekonstruieren. Entscheidende Fortschritte erzielten beim Brechen der ENIGMA-Chiffrierung MAXWELL HERMAN ALEXANDER NEWMAN (1897–1984), TURING und WILLIAM GORDON WELCHMAN (* 1906). Die kryptanalytischen Aufgaben führten nicht nur 1944 zum Bau der COLOSSI, der ersten schleifengesteuerten elektronischen Auswertungsgeräte, durch THOMAS H. FLOWERS und ALLEN W. M. COOMBS und zu den amerikanischen Maschinen GOLDBERG von 1947 und DEMON von 1948, sondern auch zu HARVEST, der kryptanalytischen Schwestermaschine der für damalige Zeiten riesigen STRETCH von IBM in den späten fünfziger Jahren und BOGART, dem Gegenstück der CDC 1604 (1964) – schließlich gipfelnd 1976 in der CRAY I von SEYMOUR R. CRAY (* 1925). Mit diesen Superrechnern sind wir allerdings außerhalb des betrachteten Zeitraums.

Die Nachrichtentechnik schließlich ist 1960 gerade so weit, mit der Einführung digitaler Vermittlungssysteme zu beginnen, die die Auslastung des Netzes zu erkennen vermögen und eine Reaktion darauf erlauben.

4.3.2 Erste Schritte zu Verbundsystemen. Als KONRAD ZUSE 1944 erwog, auf der Basis der Röhrenschaltungen von HELMUT T. SCHREYER (1912–1984) eine Rechenanlage zu bauen, wollte er eine „minimale" Lösung: einerseits waren Röhren teuer und schwer zu beschaffen, andrerseits war die Schnelligkeit elektronischer Schaltungen so beeindruckend, daß es vertretbar schien, mit sehr wenig Schaltorganen möglichst alle Tätigkeiten nacheinander auszuführen – also hinter die bei mechanischen Rechnern übliche Parallelisierung der Addition zurückzugehen. Auch ZUSES Z 22 von 1958, von THEODOR FROMME (1908–1959) konzipiert und von FRITZ-RUDOLF GÜNTSCH (* 1925) rationalisiert, zeigt noch Einflüsse dieser Idee. Später ging man jedoch überall zu elektronischen Rechnern mit paralleler Addition und sogar teilparalleler Multiplikation über. Diese Parallelarbeit wie auch der Transport zwischen Registern und Arbeitsspeicher erfolgte taktsynchronisiert.

Ein- und Ausgabegeräte auch in die Taktsynchronisation einzubeziehen, erschien jedoch wenig zweckmäßig. So waren schon die ersten elektronischen Rechenanlagen Verbundsysteme von Rechnern (aus zentralem Prozessor und Arbeitspeicher bestehend, engl. computer) und Peripheriegeräten, die asynchron miteinander verkehrten. Die dabei zunächst auftretenden organisatorischen Probleme veranlaßten Carl Adam Petri (* 1926) zu tiefgehenden Untersuchungen, die zu der deskriptiven Theorie der sog. Petri-Netze führten.

Auf der praktischen Seite finden sich anfangs der sechziger Jahre Betriebssysteme, zunächst für Ein-Rechner-Anlagen. Dabei waren insbesondere auch Speicherverwaltungsprobleme zu beachten. Praktische Notwendigkeiten der optimalen Nutzung großer Rechenanlagen führten zum Mehrprogramm-Betrieb und Teilnehmer-System („time sharing"), wofür Fernando J. Corbato (* 1926) der Durchbruch gelang. Eine kompatible Rechnerfamilie (IBM System/360) brachte Frederick P. Brooks, Jr. 1965 zustande.

Neue Probleme brachte der Rechnerverbund. Lawrence G. Roberts (* 1937) führte 1966 für das ARPA-Netz das Verfahren der Paketvermittlung ein. Weitaus kompliziertere Fragestellungen brachten Mehr-Rechner-Anlagen mit sich. Hierfür waren nun operative Theorien erforderlich, die 1968 mit den Semaphoren von Edsger Wybe Dijkstra (* 1930) begannen. Die konsequente Weiterentwicklung der Rechenanlagen-Verbunde und Rechner-Verbundnetze bis hin zu ausfallgeschützten Systemen fällt bereits außerhalb des betrachteten Zeitabschnitts.

4.4 Randbemerkung über elektronische Schaltungen und Anlagen

Obschon die Physiker und Elektrotechniker, die zwischen 1945 und 1960 elektronische Grundschaltungen entwarfen und Rechenanlagen damit bauten, kaum für die Informatik vereinnahmt werden können, gebietet es doch die Achtung vor der Ingenieurleistung, einige noch nicht aufgeführte Pioniere zu nennen: Samuel N. Alexander (1910–1967) SEAC; C. Gordon Bell (* 1934) DEC; Robert S. Barton Burroughs B 5000; Heinz Billing (* 1914) G 2; Jeffrey Chuan Chu (* 1919) Schaltlogik; Jerrier A. Haddad (* 1922) IBM 701; Cuthbert C. Hurd (* 1911) frühe IBM-Anlagen; David A. Huffman (* 1925) Schaltlogik; Reynold B. Johnson (* 1906) RAMAC 305; Tom Kilburn (* 1921) ATLAS; Nikolaus Joachim Lehmann (* 1921) Dresdner Entwicklung; Herman Lukoff (* 1923) Schaltlogik; Robert Piloty (* 1924) PERM; Willem L. van der Poel (* 1926) ZEBRA; James H. Pomerene (* 1920) IAS, HARVEST; Nathaniel Rochester (* 1919) IBM 701 und 702; Harold D. Ross (* 1922) Rechenwerk der IBM 701; Heinz Zemanek (* 1920) MAILÜFTERL.

5 Die letzten 30 Jahre: Die Informatik formiert sich

Um 1960 ist die Informatik voll entwickelt – nur den Namen trägt sie noch nicht. Nach 1960 gewinnt sie mehr und mehr selbständige Züge. Im gleichen Maße wird sie ein akademisches Fach. An der Technischen Universität München beispielsweise findet ab 1963 ein personeller Aufbau statt, der von der Deutschen Forschungsgemeinschaft unterstützt und vom Freistaat Bayern sanktioniert wird. 1965 sind an einer Reihe von Orten Verselbständigungsschritte feststellbar, so in den USA an der Stanford University und am MIT. 1967 findet bereits eine Konferenz der ACM in Stony Brook statt, die ein Computer Science-Curriculum diskutiert. Dadurch ermuntert, wird im Herbst 1967 an einigen amerikanischen und europäischen Universitäten, darunter auch an der Technischen Universität München, ein Studiengang begonnen, letzterer bis 1968 unter der Bezeichnung „Informationsverarbeitung". Im Sommer 1968 gewinnt dann in Deutschland die Bezeichnung „Informatik" rasch an Boden. Der Ausbau des neuen Faches geht insbesondere bis 1974 übereilt voran, nimmt dann ein ruhigeres, aber stetes Tempo an.

In dieser Situation, die durch weiteres rasches Wachstum gekennzeichnet ist, scheidet für die Jahre 1960–1990 schon dem Volumen nach ein personell bezogener Überblick, wie er den vorigen Kapiteln zugrunde lag, aus. Es ist auch sachlich schwierig, das breit ausufernde Gebiet zu überblicken; eine objektive Bewertung ist durch den fehlenden Abstand erschwert.

Es soll also im folgenden nur ein Überblick gegeben werden über die Struktur der Disziplin Informatik, die sich 1960–1990 herausgebildet hat.

Recht bald treten am Rand des neuen Gebiets, an dem sich Informatik einerseits mit Mathematik, andrerseits mit Elektrotechnik berührt und sogar überlappt, zwei Kennzeichnungen auf: Theoretische Informatik und Technische Informatik. Beide Gegenstände sind naturgemäß nicht prägend für den Inhalt der eigentlichen Informatik: So wie aber in der Physik nach dem Auftreten der Theoretischen Physik um 1910 die eigentliche Physik sich die Bezeichnung „Experimentalphysik" zulegen muß, um nicht mißverstanden zu werden, so muß die eigentliche Informatik sich bald gelegentlich Kerninformatik oder enger Praktische Informatik nennen, um sich richtig darzustellen.

Dieses Herzstück der Informatik läßt sich mit fließenden Grenzen untergliedern in „Problemorientierte Informatik" und „Maschinenorientierte Informatik". Für erstere sind typisch Gebiete wie: Programmiersprachen, Programmiermethodik, grundlegende Datenstrukturen und Algorithmen, Spezifikation und Modellierung.

An der Grenze liegen: Implementierung von Programmiersprachen, Implementierung von Datenbanken.

Maschinenorientiert sind: Systemprogrammierung, Betriebssysteme, Mikroprogrammierung, Echtzeitinformationsverarbeitung, graphische Systeme, Schnittstelle Mensch-Maschine.

Für die Technische Informatik sind charakteristisch: Speicherstrukturen, Prozessorstrukturen, Rechnerarchitektur, Chip-Entwurf, Transaktionssysteme, Kommunikationsnetze. Dabei bestehen enge Berührungen mit Halbleiterphysik und Werkstoffwissenschaften.

Die Theoretische Informatik hat Themen wie: Automatentheorie, Formale Sprachen, Theorie der Programmierung, Codierung und Chiffrierung, Datenkompression, Berechenbarkeits- und Komplexitätstheorie; dabei reicht sie oft weit in die Mathematik, insbesondere in die Algebra, und in die Logik hinein. So wie früher die Vorlesung „Mechanik fester Körper" oft im Wechsel von einem Mathematiker und einem Theoretischen Physiker gelesen wurde, können auch einige für Informatiker zentrale Vorlesungen stark mathematischer Natur im Wechsel zwischen Informatiker und Mathematiker gehalten werden.

Anwendungen der Informatik finden sich heute in fast allen wissenschaftlichen Disziplinen. Wo sie für den Kern-Informatiker nicht besonders anziehend sind und seine schöpferischen Beiträge nicht unmittelbar verlangen, werden sie häufig als „Bindestrich-Informatik" bezeichnet: Wirtschafts-Informatik und Betriebs-Informatik, Rechts-Informatik, Medizin-Informatik; gelegentlich, wegen der Wissensvermittlung aus zweiter Hand, mehr oder weniger zu Recht mit abschätzigem Unterton.

Anders verhält es sich mit gewissen Anwendungen, die den Informatiker voll fordern oder sogar heute noch überfordern. Hier sind zunächst zu nennen Anwendungen in der Mathematik und in der Logik – sie werden hoffentlich in den anderen Beiträgen dieses Bandes einigermaßen berücksichtigt werden.

Ein weiteres Anwendungsgebiet von höchsten Ansprüchen, mit „Künstlicher Intelligenz" nur sehr verwaschen bezeichnet, umfaßt zwei Themenkreise, die sich gegenseitig bedingen und durchdringen: die Ausweitung von Erkennung (rein kognitive Verfahren) zu Verstehen (Bildverstehen, Sprachverstehen, Textverstehen, Situationsverstehen) und die Ausweitung der bloßen Extraktion von Wissen (Expertensysteme, wissensbasierte Folgerungssysteme) zur Formation von abstrakten Inhalten (begriffliche Such- und Vergleichsverfahren, beispielsweise für juristische Zwecke und für Patentliteratur).

In jedem Falle handelt es sich darum, komplizierte Operationen mit komplizierten Objekten durchzuführen.

Die beiden Themenkreise haben gemeinsam, daß man von einer äußeren, syntaktisch erfaßbaren Schicht zu einem tiefer liegenden, semantischen Kern vorstoßen muß. Beide sind breit in den verschiedensten Gebieten der Kerninformatik, von der Theoretischen Informatik über die Praktische Informatik bis hin zur Technischen Informatik verankert und stellen höchste Ansprüche. Sie werden bis ins 21. Jahrhundert hinein ihre Faszination behalten. Sie werden auch noch für längere Zeit eine Klammer zwischen Mathematik und Informatik bilden. Ganz besonders aber ist ein Einfluß auf das Selbstverständnis der mathematischen Logik zu erwarten: „... daß durch die Forschung auf dem Gebiet des maschinellen Beweisens ein weiteres Teilgebiet der Mathematik, nämlich die Logik, auf dem Weg ist, eine angewandte Wissenschaft zu werden" (BERGMANN, NOLL 1977).

Andere Anwendungsgebiete der Informatik mit nichttrivialen Anforderungen sind Simulation, anwendungsgerechter Entwurf von Programmen, technischer Datenschutz und Datensicherung.

Eine Fülle von Namen hier aufzuzählen, verbietet sich. So sollen nur für die Fortschritte bei den Anlagen, den materiellen Instrumenten der Informatik, und bei den Programmiersprachen, den sprachlichen Instrumenten der Informatik, einige wenige Markierungen gegeben werden.

KENNETH HARRY OLSEN (* 1926) führte 1960 mit der PDP-1 die neue Klasse der leistungsfähigen Minicomputer ein. SEYMOUR R. CRAY (* 1925) und GENE M. AMDAHL (* 1922) gingen in den frühen siebziger Jahren bei den Großrechnern neue Wege, WESLEY A. CLARK bei den Arbeitsplatzrechnern. MARCIAN EDWARD HOFF (* 1937) schließlich brachte es 1969 fertig, einen ganzen Mikroprozessor auf einem einzigen Chip unterzubringen.

Bei den Programmiersprachen beeinflußte ALGOL60 viele Entwicklungen, konnte sich jedoch selbst nicht behaupten. Das Mammutunternehmen ALGOL 68 (1965–1968) von ADRIAAN VAN WIJNGAARDEN (1916–1987) verfehlte seine Zielsetzung, während der einfachere Ansatz PASCAL (1971) von NIKLAUS EMIL WIRTH (* 1934) erfolgreich war. Abseits des Hauptstroms fanden aber auch das ausdrucksstarke APL (1972) von KENNETH EUGENE IVERSON (* 1920) und ADIN FALKOFF (* 1921) sowie das ausdrucksschwache BASIC von JOHN GEORGE KEMENY (* 1926) ihre Adepten. Für besondere Anwendungsfelder entstanden Spezialsprachen, wie 1963 COMIT von VICTOR HUSE YNGVE für Zeichenkettenverarbeitung, 1964 SNOBOL von DAVID JACK FARBER. Mit SIMULA von OLE-JOHAN DAHL (* 1931) und KRISTEN NYGAARD setzte aus ALGOL heraus eine Entwicklung zu operativ-aktiven Objekten („Klassen") ein, die über MODULA von WIRTH 1977 und SMALLTALK von ALAN KAY ab 1972 fortgesetzt wurde; diese Entwicklung von „objektorientierten Programmiersprachen" läuft seit 1975 mit der theoretischen Entwicklung der „abstrakten Datenstrukturen" zusammen. Eine andere Richtung, die der „funktionalen Programmiersprachen", schlug ab 1971 JOHN WARNER BACKUS (* 1921) ein (reduction languages).

Schließlich führte 1973 ROBERT KOWALSKI auf der Basis der Resolventenmethode von JOHN ALAN ROBINSON (* 1930), einen Gedanken von P. J. HAYES ('computation and deduction are very nearly the same') aufgreifend, eine „Programmiersprache der prädikatenlogischen Spezifikation" in der von ALAIN COMERAUER 1972 als PROLOG gefaßten Form ein.

6 Ausblick: Die Informatik einerseits, die Mikroelektronik andrerseits bedingen sich gegenseitig

In den letzten dreißig Jahren des Centenniums 1890–1990 nahm die Informatik einen vorher ungeahnten Aufschwung. Die Zahl der Forscher, der Bücher, der Zeitschriften, der wissenschaftlichen Arbeiten verzehnfachte sich rund alle zehn Jahre. Das sich entwickelnde Umfeld der Softwareindustrie, das die Informatiker anzieht wie das Licht die Motten, machte sich gegenüber dem vorher dominierenden Hardwaregebiet breit. Die Mikrominiaturisierung, die 1960 einsetzte und zur Mikroelektronik führte, gab Rechenleistung und Speicherkapazität ebenfalls alle zehn Jahre um den Faktor zehn billiger. Große Rechenanlagen bis hin zu den Superrechnern wurden weiterhin in der Großforschung benötigt und wuchsen bei eher gleichen Preisen in der Leistung ebenfalls alle Jahre rund um den Faktor zehn. Zahlenmäßig sind sie mehr und mehr unbedeutend, die aufkommenden Rechner für jedermann machen auch das Geschäft. Sie stützen eine blühende Industrie – sind sie doch 1990 weiter verbreitet als Rechenschieber und Logarithmentafeln es je waren.

Die Mikroelektronik hat ihre ersten Anfänge 1958, als JACK ST. CLAIR KILBY (* 1923) und ROBERT N. NOYCE (1927–1990) versuchen, an Stelle einer verdrahteten Zusammenschaltung von einzelnen Silicium-Transistoren die gesamte Schaltung einschließlich der galvanischen Verbindungen und den Transistorfunktionen auf der Oberfläche eines Silicium-Einkristall-Plättchens unterzubringen. 1960 konnten zehn Transistorfunktionen integriert werden. Der sich herausbildende Herstellungsprozeß, von GORDON E. MOORE (* 1929) und JEAN A. HOERNI (* 1924) besonders vorangetrieben, umfaßt heute mehrere hundert Maskierungs-, Dotierungs-, Aufdampf- und Ätzprozesse in wechselnder Abfolge; er erfordert Reinsträume mit weniger als 3 Staubpartikeln pro Liter Luft und benützt geometrische Abmessungen nahe der Lichtwellenlänge. Die Investitionskosten sind dementsprechend hoch; das Endprodukt, der „Chip“, ein (rechteckiges) Plättchen von etlichen Quadratmillimetern bis zu einigen Quadratzentimetern Oberfläche, von denen Hundert und mehr auf einer (kreisrunden) Siliciumscheibe von bis zu 20 cm Durchmesser gleichzeitig gefertigt werden, ist aber wegen hoher Stückzahlen billig. Die Abgabepreise liegen je nach Größe, Komplexität und Marktgängigkeit zwischen einigen zehn Pfennigen (billige Uhrenchips) bis zu einigen zehn Mark (Speicher für eine Million Bit).

Selbstverständlich braucht es mehr als einen Prozessorchip und einen Speicherchip, um einen leistungsfähigen Rechner zusammenzustellen. Allein schon die Fassung und Kontaktierung des Chips kostet Geld. Ein Kleinrechner von 1989 erfordert mindestens eine Tastatur, mit einem Marktpreis von 150 Mark, und eine Bildschirmanzeige für 200 Mark. Andrerseits erfordert ein Superrechner mit beispielweise 16000 Prozessoren für diese allein weniger Kosten als ein mittlerer Ein-Prozessor-Rechner 1960 erforderte – die Kosten für die Wärmeabfuhr und Kühlung sind von gleicher Größenordnung.

Bei dieser Kostensituation für die *hardware* kommt der *software* zunehmend eine dominierende Rolle zu. 1989 kann man, grob geschätzt, 80% der Kosten der Anschaffung und des Betriebs einer Rechenanlage auf software-Kosten rechnen. Anders als *hardware* ist *software* immateriell und deshalb ohne Materialwert, hingegen billig produzierbar und von hohem geistigen Wert.

Der durch diese Situation aufbrechende Konflikt mit tradierten Vorstellungen zeichnet sich in seiner ganzen Konsequenz allmählich ab. Für das Jahr 1990 noch überspitzt, für das Jahr 2010 vielleicht zutreffend kann man sagen: Die *software*, die „Formwerdung des flüchtigen Geistes" *(formatio animi fugacis)* wird erstmals in der Geschichte der Zivilisation zu einer Handelsware, zu einem Wirtschaftsgut. Nicht nur Informatikern sollte das zur Freude gereichen, die gesamten mathematischen Wissenschaften erfahren dadurch eine Aufwertung sondergleichen. Der höhnischen Bemerkung des Party-Löwen „in Mathematik war ich eine Null" wird man künftig erwidern können „Hätten Sie Mathematik ordentlich gelernt, hätten Sie es zu was gebracht". Soziologisch bedeutet die Dominanz der *ratio* für die *software* in den Hochtechnologien einen scharfen Kontrast zu der sich ausbreitenden „esoterischen", irrationalen Geisteshaltung des letzten Viertels des Jahrhunderts. Jedoch ist dies ein weites, der vorliegenden Betrachtung eher entrücktes Feld.

Näher liegen Probleme, wie sie durch die neue Situation im Patentwesen und im Verhältnis zwischen klassischen (hardware-)Ingenieuren und neuzeitlichen (software-)Ingenieuren auftreten.

Im Patentwesen taten sich rein geistige Leistungen lange Zeit schwer. „Anweisung an den menschlichen Geist" war ein böses Wort, das zur Ablehnung eines Patentanspruchs trefflich geeignet war. Derzeit ist geistige Leistung in Deutschland nur urheberrechtlich geschützt. Daß dies zumindest unpraktisch ist, zeigen Beispiele, wo *software*, sobald sie in Schaltungen verkleidet war, patentfähig war – eine absurde Vorschrift zur zwangsweise spezialisierenden Beschreibung eines abstrakt schärfer faßbaren Erfindungsgedankens. Dazu schreibt ZEMANEK (Geschichte der Schaltalgebra, 1989) „Bis heute haben die zuständigen Stellen nicht begriffen, daß die Ordnungskraft des Patentwesens, vor allem durch die Reduktion gefundener Neuerungen auf die klare Fassung von Patentansprüchen, für die Softwaretechnik nicht weniger nützlich wäre als für die Hardwaretechnik und daß daher – in Überwindung aller juridischen Schwierigkeiten – das Konstruktive am Software Engineering von Beginn an den gleichen Schutz hätte erhalten sollen wie jedes andere Feld der Ingenieur-Innovation." Im europäischen Patentwesen ist man aufgeschlossener und es ist abzusehen, daß *software* bis zum Ende des Jahrhunderts, auch wenn sie als solche beschrieben wird, patentfähig sein kann. In den USA ist die Entwicklung weiter vorangeschritten. 1988 wurden erstmals zwei mathematische Algorithmen patentiert, darunter (US Patent Nr. 4744028) einer für NARENDRA KARMARKAR, ein linear-programming-Algorithmus, der bisher benutzten Algorithmen an Effizienz weit überlegen ist. So erfreulich diese Entwicklung ist, schon regt sich auch der Neid der „reinen" Mathematiker und Logiker. „Während die Mathematik verarmt, verdienen sich einige Mathematiker eine goldene Nase“, warnte Jon Barwise.

Aber vielleicht wollen sich doch mehr Mathematiker an dem zu erwartenden Segen beteiligen. Die Sorge, daß der traditionell offenen Mathematik Geheimniskrämerei drohe, mag berechtigt sein, wird jedoch den Lauf der Dinge nicht aufhalten können. Es wird interessant sein, wo sich am Ende die verarmte Mathematik wiederfinden wird.

Im Verhältnis der hardware-Ingenieure zu den software-Ingenieuren liegt im wesentlichen ein Generationenproblem vor. Daß die Informatik eine Ingenieurwissenschaft ist, wird auch von konservativen Ingenieuren nicht mehr in Frage gestellt.* Die klassischen Gebiete Nachrichtentechnik, Starkstromtechnik, Regelungstechnik haben ihre Blütezeit hinter sich und befinden sich forschungsmäßig in einer Zange; von der einen Seite her drücken die (durch die Physik geprägten) Werkstoffwissenschaften, von der anderen Seite her die (durch die Mathematik geprägte) Informatik. Dadurch wird ihnen zusehends die selbständige Basis geschmälert. Es wird abzuwarten sein, ob und wie sie sich als Brücke behaupten können. Neugegründete technische Fakultäten, die nicht den vollen Ballast der klassischen Ingenieurfächer mit sich schleppen, sind dabei bisher besser weggekommen.

Doch zurück zu Informatik und Mikroelektronik: Sie stehen in einem gegenseitigen Abhängigkeitsverhältnis. Ohne Mikroelektronik wäre vieles, was die Informatik verspricht – die Übertreibungen der „Künstlichen Intelligenz“ ungerechnet –, nicht machbar. Ohne Informatik ist jedoch auch der hochentwickelte Chip ein wertloses Stück. Fest programmierte Chips sind nur für starre Aufgaben brauchbar. Gerade die ungeheure Flexibilität, die die Programmierbarkeit dem programmierbaren Chip verleiht, ist der Schlüssel zum technologischen Fortschritt. Er kann sich nur im Zusammenwirken von Informatik und Mikroelektronik entfalten.

Den Herren Heinz Zemanek, Horst Remus und Michael Lundgreen danke ich für ihre Hilfe bei der Beschaffung biographischer Daten.

* Dies zeigten die Leserbriefe, die auf mein Editorial „Informatik oder Informationstechnik – Ein Gegensatz?“ im Informatik-Spektrum (1988) 11:231–232 eingingen.

Partielle Differentialgleichungen und Variationsrechnung

Josef Bemelmans – Stefan Hildebrandt – Wolf von Wahl

I Die Quellen der Theorie

1 Einführung

Das Studium von Differentialgleichungen und Variationsproblemen begann mit der Entwicklung der neueren Astronomie und Physik und war von Anbeginn diesen Wissenschaften aufs engste verbunden, lassen sich doch alle klassischen Naturgesetze angemessen in Form von Differentialgleichungen oder Variationsprinzipien ausdrücken. Die Untersuchung der mathematischen Gestalt von Himmelskörpern, der Bahnkurven von Planeten oder der Strömungen von Flüssigkeiten und Gasen gehörte ebenso wie das Studium der Schwingungen elastischer Körper, der Ausbreitung von Schall und Licht oder von Gleichgewichts- und Stabilitätsfragen zu den grundlegenden physikalischen Aufgaben, die die Entwicklung der mathematischen Analysis in so erstaunlicher Weise angeregt und gefördert haben. Zu den klassischen Fragen der Analysis zählten auch der Bau optischer Instrumente, die Untersuchung der Wellennatur des Lichtes und – etwas später – die Theorie der Wärmeausbreitung und der elektromagnetischen Phänomene.

Entsprechend der Vielfalt und Schwierigkeit der behandelten Aufgaben verwundert es nicht, daß sich die großen Mathematiker und Physiker des 18. und 19. Jahrhunderts zunächst Einzelfragen zuwandten und nicht zu einer geschlossenen Theorie der partiellen Differentialgleichungen vordrangen.

Noch um 1890 konnte keine Rede sein von einer solchen Theorie; ehestens hätte man zu dieser Zeit von einer Theorie der partiellen Differentialgleichungen erster Ordnung sprechen können, die nach Anfängen bei EULER vornehmlich durch LAGRANGE, MONGE, PFAFF, CAUCHY, JACOBI, GRASSMANN, A. MAYER, LIE und FROBENIUS geschaffen worden war. Die wesentlichen Hilfsmittel waren zunächst algebraischen Methoden nachgebildet und lassen sich oberflächlich durch die Begriffe Reduktion, Differentiation (Enveloppenbildung) und Elimination beschreiben. MONGE rückte die mehr algebraischen Betrachtungen LAGRANGES in ein geometrisches Licht und hat damit die weitere Entwicklung ganz wesentlich beeinflußt. Insbesondere hat sich der von ihm eingeführte Charakteristikenbegriff als zentral erwiesen. JACOBI entwickelte eigens die Theorie der Funktionaldeterminanten zur Auflösung nichtlinearer Gleichungssysteme. LIE hielt dies für JACOBIS größte Leistung auf dem Gebiet der partiellen Differentialgleichungen, vgl. [175, p. 182]. CAUCHYS Beiträge sind außerordentlich vielfältig und überragen die aller anderen bei weitem; insbesondere verdanken wir ihm neben dem Ausbau des Charakteristikenverfahrens die Majorantenmethode, die es erlaubte, Potenzreihen ins Arsenal der Hilfsmittel einzubeziehen. SONJA KOWALEWSKAJA entwickelte später die Majorantenmethode zu voller Stärke, so daß sie heute das allgemeinste und zugleich einfachste Verfahren zur Lösung des Cauchyproblems analytischer partieller Differentialgleichungen mit analytischen Anfangsdaten darstellt.

GRASSMANN erzielte den größten Fortschritt für die Theorie des sogenannten Pfaffschen Problems; fast noch wichtiger als das Resultat ist die methodische Neuerung, die in der Anwendung der äußeren Algebra auf partielle Differentialgleichungen besteht. Im Jahre 1876 bewiesen FROBENIUS und LIE fast gleichzeitig, aber auf ganz verschiedenen Wegen, das sogenannte Fundamentallemma für Pfaffsche Formen, dem schon GRASSMANN sehr nahe gekommen war. FROBENIUS stellt die „bilineare Kovariante einer Pfaffschen Form“ (heute würden wir sagen: das äußere Differential einer 1-Form) in den Mittelpunkt seiner Untersuchungen. In Verbindung mit Arbeiten von POINCARÉ und BURALI-FORTI entstand hieraus der *äußere Differentialkalkül* E. CARTANS, der heute zu den grundlegenden mathematischen Hilfsmitteln zählt und aus den meisten mathematischen Gebieten nicht mehr wegzudenken ist, seien es Analysis, algebraische Geometrie, Topologie, Differentialgeometrie oder mathematische Physik. E. CARTAN selbst sah die Anwendungen vornehmlich auf dem Gebiet der Differentialgleichungen, der kontinuierlichen Gruppen, der Differentialgeometrie und der Mechanik. Zur Verbreitung des CARTANschen Kalküls hat eine kleine, aber inhaltsreiche Schrift von KÄHLER [136], die 1934 erschien, wesentlich beigetragen; an dieser Stelle findet sich auch erstmals die Bezeichnung $d\omega$ für das äußere Differential einer Differentialform ω, während CARTAN dafür das Symbol ω' verwandte. KÄHLER hat übrigens auch als erster die Maxwellschen Gleichungen mittels des Differentialformenkalküls formuliert und damit neben H. WEYL den Weg zu nichtabelschen Eichtheorien gewiesen. Als wesentliche Anwendungen des CARTANschen Kalküls erwähnen wir nur die von DE RHAM entdeckte Beziehung zwischen Homologie und Kohomologie, die von HODGE und WEYL [251] begründete Theorie der harmonischen Differentialformen sowie die charakteristischen Klassen, die CHERN [28] entdeckt hat beim Versuch, den Satz von Gauß-Bonnet auf höhere Dimensionen zu verallgemeinern.

LIE schließlich führte in die Theorie der partiellen Differentialgleichungen gruppentheoretische Methoden ein; ihm schwebte wohl vor, eine Art Galoistheorie für Differentialgleichungen zu schaffen. Transformationsgruppen und insbesondere Gruppen von Berührungstransformationen waren die von ihm bevorzugten Hilfsmittel, mit denen er beispielsweise der CAUCHYschen Charakteristikentheorie eine neue und sehr geometrische Wendung gab und auch die von JACOBI eingeführten kanonischen Transformationen in neuer Weise deutete. In heutiger Sicht sind kanonische Transformationen die zulässigen Transformationen symplektischer Mannigfaltigkeiten, während Berührungstransformationen die zulässigen Abbildungen von Kontaktmannigfaltigkeiten darstellen, vgl. Arnold [9] und Arnold-Gusein-Zade-Varchenko [10].

Die schöne und so einleuchtende Idee von LIE, daß Invarianzeigenschaften einer Differentialgleichung gegenüber einer kontinuierlichen Gruppe gewisse Relationen für ihre Lösungen nach sich ziehen müssen, war lange Zeit fast vergessen und hatte fast nur in den Sätzen von EMMY NOETHER [201] überlebt. Diese im Jahre 1918 auf Anregung von KLEIN bewiesenen Resultate gehören mittlerweile zu den grundlegenden Hilfsmitteln der theoretischen Physik. Denken wir uns beispielsweise ein physikalisches „Feld“, beispielsweise ein elektromagnetisches Feld, das ein bestimmtes, als „Wirkung“ bezeichnetes Variationsintegral minimiert oder ihm zumindest einen stationären Wert verleiht. Ist nun dieses Wirkungsintegral gegenüber einer gewissen Lieschen Gruppe invariant, so befriedigt das stationäre Feld einen *Erhaltungssatz*. Die klassischen Erhaltungssätze der Punktmechanik liefern Beispiele für diesen Zusammenhang. In den vergangenen zwanzig Jahren ist dieser Teil der Lieschen Theorie aber zu neuem Leben erwacht, wie man der 1986 erschienenen Monographie [202] von OLVER über die Anwendungen von Lieschen Gruppen auf partielle Differentialgleichungen entnehmen kann (vgl. auch Bluman-Kumei [18]). Erhaltungssätze aller Art spielen ja inzwischen auch bei der Behandlung nichtlinearer hyperbolischer Differentialgleichungen eine zentrale Rolle.

Wenden wir uns aber wieder dem Stand der Dinge um 1890 zu. Die Variationsrechnung war zu dieser Zeit nach allgemeiner Auffassung nicht viel mehr als ein zwar sehr nützlicher und anwendungsreicher, aber doch höchst formaler Kalkül, vor dessen unbedachter Anwendung schon GAUSS gewarnt hatte. Zwar hatte WEIERSTRASS in seinen Berliner Vorlesungen große Teile der Variationsrechnung erstmals auf festen Grund gestellt, doch waren diese Resultate weithin unbekannt geblieben. Erst durch das von A. KNESER um 1900 publizierte „Lehrbuch der Variationsrechnung“ wurde die WEIERSTRASSsche Theorie einer breiten Öffentlichkeit bekannt. Es erscheint heute nahezu unglaublich, daß noch um die Jahrhundertwende der enge Zusammenhang zwischen eindimensionaler Variationsrechnung und partiellen Differentialgleichungen nahezu unbekannt war. CARATHÉODORY schrieb 1935 im Vorwort zu seinem bekannten Lehrbuch [25]:

Vor nahezu hundert Jahren hat JACOBI die Entdeckung gemacht, daß die Differentialgleichungen, die in der Variationsrechnung vorkommen, und die partiellen Differentialgleichungen erster Ordnung miteinander verknüpft sind und daß insbesondere jeder derartigen partiellen Differentialgleichung Variationsprobleme zugeordnet werden können. Für die spezielleren Probleme der geometrischen Optik war diese Wechselwirkung zwischen Variationsrechnung und partiellen Differentialgleichungen schon ein Jahrzehnt früher von W. R. HAMILTON, dessen Arbeiten übrigens JACOBI beeinflußt haben, beobachtet worden. Und HAMILTON hat eigentlich nichts anderes getan, als das uralte Problem zu beantworten, das durch die doppelte Begründung der geometrischen Optik durch das Fermatsche und das Huygenssche Prinzip aufgeworfen worden war.

Trotzdem nun die Problemstellung selbst und die aus ihr fließenden Ergebnisse so alt sind, sind die Konsequenzen, die aus ihnen folgen, bis heute nur wenigen zum Bewußtsein gekommen. Unter diesen muß man an erster Stelle BELTRAMI nennen, der in mehreren wundervollen Arbeiten die Beziehungen der Flächentheorie von GAUSS zu den Resultaten von JACOBI ergründet hat. Dagegen haben bei der Pflege der eigentlichen Variationsrechnung weder JACOBI, noch seine Schüler, noch die vielen anderen hervorragenden Männer, die diese Disziplin im Laufe des XIX. Jahrhunderts so glänzend vertreten und gefördert haben, irgendwie an die Verwandtschaft gedacht, die die Variationsrechnung mit der Theorie der partiellen Differentialgleichungen verbindet. Dies ist um so auffälliger, als sich die meisten dieser großen Mathematiker auch speziell mit partiellen Differentialgleichungen erster Ordnung beschäftigt haben. Es scheint wohl, daß die ursprüngliche Bemerkung JACOBIS – sogar von ihm selbst – nicht als die grundlegende Tatsache, die sie wirklich ist, sondern eher als eine formale Zufälligkeit betrachtet wurde.

Erst nach der Wendung, die HILBERT um 1900 der WEIERSTRASSschen Theorie der Variationsrechnung durch die Einführung seines „unabhängigen Integrals" gegeben hat, wurde der Schleier ein wenig gelüftet.

A. KNESERS Lehrbuch hat, wie CARATHÉODORY [26, Bd. V, p. 337] schrieb, *„in der Geschichte der Variationsrechnung eine bedeutende und seltene Rolle gespielt. ... Man kann ohne Übertreibung sagen, daß fast alle Forscher, die seit 1900 über Variationsrechnung gearbeitet haben, mehr oder weniger durch Kneser beeinflußt worden sind, da auch die Lehrbücher, die seitdem erschienen sind, alle auf diese erste Darstellung der modernen Variationsrechnung angewiesen waren."* Wenig später traten die großen Monographen von BOLZA [20] und HADAMARD [91] hinzu; letzterer betonte erstmals den funktionalanalytischen Standpunkt in der Variationsrechnung, so wie er auch den Begriff „Funktional" an jener Stelle prägte. Als dann schließlich 1927 WEIERSTRASS' „Vorlesungen über Variationsrechnung" als Band 7 seiner „Mathematischen Werke" erschienen, konnte CARATHÉODORY [26, Bd. V, p. 343] schreiben: *„Durch die jetzige Veröffentlichung der Weierstraßschen Variationsrechnung hat also ein Märchen ausgelebt, an welches in* *den letzten Jahren fast niemand mehr geglaubt hat, das aber früher, besonders im Auslande, ziemlich verbreitet war: danach sollten – ich weiß nicht welche – geheimnisvolle Entdeckungen von Weierstraß auf dem Gebiete der Variationsrechnung in seinen Papieren noch verborgen und dem mathematischen Publikum vorenthalten sein. Die Publikation des siebenten Bandes der Werke von Weierstraß kommt also zu spät, um einen erkennbaren Einfluß auf die Variationsrechnung noch zu veranlassen.*"

Im Jahre 1935 erschien schließlich CARATHÉODORYS eigenes Lehrbuch [25] unter dem Titel „Variationsrechnung und partielle Differentialgleichungen erster Ordnung", das nicht nur eine meisterhafte Darstellung der klassischen eindimensionalen Variationsrechnung und ihrer Verbindungen zur Theorie der Eigenwertprobleme und der partiellen Differentialgleichungen erster Ordnung bot, sondern auch CARATHÉODORYS eigene Sicht der WEIERSTRASSschen Feldtheorie wiedergab, die in der Folgezeit so große Bedeutung für die Entwicklung der optimalen Kontrolltheorie erlangen sollte. Wie ein roter Faden durchziehen CARATHÉODORYS Anschauungen die von L. C. YOUNG [254] gegebene Darstellung dieser Resultate. Wir wollen darauf verzichten, diese schönen Theorien näher zu würdigen. Ebenso könnten wir die Beiträge von CARATHÉODORY, DE DONDER, WEYL, LEPAGE, BOERNER, E. HÖLDER, VAN HOVE, VELTE, KLÖTZLER und anderen, die die WEIERSTRASSsche Feldtheorie auf höherdimensionale Probleme verallgemeinern, in diesem Bericht darstellen. Statt dessen wollen wir uns mit einem ganz anderen Teil der Entwicklung der Variationsrechnung und der Theorie der partiellen Differentialgleichungen seit dem Jahre 1890 befassen. Vorbereitet wurde diese Entwicklung durch Arbeiten von CARL NEUMANN, POINCARÉ und SCHWARZ. Insbesondere haben die SCHWARZschen Beiträge durch ihre Ideenvielfalt und mustergültige Strenge einen großen Einfluß ausgeübt. Hinzu traten grundlegende Arbeiten von ARZELÀ und ASCOLI über Kompaktheit von Mengen stetiger Funktionen, die auf eine Begründung des Dirichletschen Prinzips zielten, sowie das von VOLTERRA ins Auge gefaßte Konzept einer „Funktionalanalysis". Als Beginn unseres Berichtes mag das Jahr 1900 stehen, in dem HILBERTS dreiundzwanzig mathematische Probleme [101] erschienen. Von diesen galten übrigens drei der Variationsrechnung, nämlich zwei den direkten Methoden und der Regularitätstheorie, und eines dem Ausbau der WEIERSTRASSschen Feldtheorie.

In dem folgenden Jahrzehnt wurden nahezu alle Ergebnisse gefunden, die die weitere Entwicklung in diesem Jahrhundert bestimmen sollten: HILBERTS Rettung des Dirichletschen Prinzips, LEBESGUES Maß- und Integrationstheorie, die Fredholmsche Integralgleichungstheorie und ihre Fortführung durch HILBERT mitsamt der Spektralzerlegung vollstetiger und später auch beschränkter Operatoren, der Entwurf einer Analysis der unendlich vielen Variablen durch HILBERT, die Lösung des Riemann-Hilbert-Problems (Existenz einer linearen Differentialgleichung mit vorgegebener Monodromiegruppe) durch HILBERT und PLEMELJ mittels potentialtheoretischer Methoden, Beginn der Verzweigungstheorie der Lösungen nichtlinearer Gleichungen mit der Habilitationsschrift von E. SCHMIDT und den großen Arbeiten LJAPUNOWS über Gleichgewichtsfiguren rotierender

Körper, der Anfang der Theori der L^p-Räume mit dem Satz von Fischer-Riesz und den Arbeiten von F. RIESZ über lineare Integralgleichungen, die Begründung der Methode der a priori-Schranken durch SERGE BERNSTEIN, schließlich der Entwurf einer Theorie konvexer Körper durch BRUNN und MINKOWSKI, die nicht nur viele reizvolle neue Probleme aufwarf, sondern auch die Begriffe „konvexe Funktion", „konvexe Menge" und „Norm" als fundamentale Ideen ins Zentrum des mathematischen Interesses rückte. In der Physik eröffneten die Entdekkung der Quantentheorie durch Max Planck und die neue Deutung von Raum und Zeit mit der EINSTEINschen speziellen Relativitätstheorie, insbesondere deren Formulierung in MINKOWSKIS Vortrag [184] von 1908, neue Bereiche mathematischer Forschung.

Im Rahmen dieses Berichtes ist es nicht möglich, diese grundlegenden Ergebnisse und die an sie anschließende Entwicklung angemessen zu beschreiben. Wir werden im folgenden zweiten Teil (Abschnitte 2–8) an Hand ausgewählter Beispiele zeigen, wie sich die moderne Theorie partieller Differentialgleichungen herausbildete. Diese erste Phase erstreckte sich ungefähr über den Zeitraum von 1870 bis zum Beginn des zweiten Weltkrieges. Es ist ein wichtiges Charakteristikum dieser Periode, daß sich in ihr der Lösungsbegriff für Differentialgleichungen entscheidend wandelte. Die älteren Mathematiker versuchten, alle nur denkbaren Lösungen einer Differentialgleichung möglichst explizit in die Hand zu bekommen, sei es durch geschlossene Formeln oder durch Superposition einfacher Lösungstypen in Form von konvergenten Reihen. Diese Überlegung bietet sich naturgemäß bei linearen Gleichungen an wie etwa bei der Potentialgleichung

$$\Delta u(x) = 0, \tag{1.1}$$

der Wärmeleitungsgleichung

$$u_t(x,t) - \Delta u(x,t) = 0, \tag{1.2}$$

oder bei der Wellengleichung

$$u_{tt}(x,t) - \Delta u(x,t) = 0, \tag{1.3}$$

wobei Δ den Laplaceoperator $\sum_{j=1}^{n} D_j D_j$ bezeichnet und D_j für die partielle Ableitung $\frac{\partial}{\partial x_j}$ steht. Wir vereinbaren, daß über doppelt auftretende Indices summiert werden soll, und schreiben daher $D_j D_j$ für $\sum_{j=1}^{n} D_j D_j$, $a_{ij} D_i D_j u$ für $\sum_{i,j=1}^{n} a_{ij} D_i D_j u$, etc.

Bereits bei GAUSS findet sich der Gedanke, daß man für eine gegebene Gleichung die Existenz einer Lösung nachweisen kann, ohne eine solche Lösung explizit zu bestimmen. Auf diese Weise hat GAUSS sowohl den Fundamentalsatz der Algebra wie auch die Existenz einer durch ein Variationsproblem charakterisierten Potentialfunktion bewiesen, und bei letzterem Beweis hat er wohl auch als erster das sogenannte „Dirichletsche Prinzip“ angewandt. Dieses Prinzip behauptet, grob gesprochen, daß ein Funktional auf einer Menge seine untere Grenze annimmt, wenn diese Grenze endlich ist. Bekanntlich ist das Dirichletsche Prinzip in dieser Allgemeinheit falsch; wohl aber gilt es für „vernünftige“ Funktionale und nicht zu exotische Mengen. Bei GAUSS, dem Meister der Rechnung und der Formel, blieb der indirekte Existenzbeweis ein Gedanke unter vielen, während er bei DIRICHLET und mehr noch bei RIEMANN als leitende Idee hervortrat. KUMMER schrieb über DIRICHLET, daß er seinen Hörern und sich selbst gern zeitraubende Rechnungen erspart habe, indem er dieselben, wo möglich, durch einfache Gedanken ersetzte, was MINKOWSKI einmal *das andere Dirichletsche Prinzip* genannt hat, nämlich, *mit einem Minimum an blinder Rechnung, einem Maximum an sehenden Gedanken die Probleme zu zwingen*, und über RIEMANNS Arbeit zur Theorie der hypergeometrischen Reihe äußerte FELIX KLEIN [142, Bd. 1, p. 270]: „*Hier zeigt sich wieder einmal der Grundcharakter seiner* [Riemanns] *Überlegungen recht deutlich: nicht durch Formeln, sondern durch ihre grundlegenden Eigenschaften sucht er seine Funktion zu fassen.*“ Mit anderen Worten, DIRICHLET und RIEMANN versuchten, gewisse Funktionentypen durch Differentialgleichungen zu beschreiben und aus dieser Charakterisierung die wichtigen Eigenschaften der betreffenden Funktionen zu erschließen, ohne eine explizite Darstellungsformel für sie zu haben, ja, ohne zu wissen, daß es solche Funktionen überhaupt gibt. Das von E. HOPF [119] in voller Schärfe formulierte *Maximumprinzip* für Lösungen linearer elliptischer Gleichungen

$$a_{ij} D_i D_j u + b_i D_i u + c u = 0 \qquad (1.4)$$

zeigt den Gedanken von DIRICHLET und RIEMANN in vollendeter Form: Eine Funktion u, von der bloß bekannt ist, daß sie eine Differentialgleichung der Form (1.4) in einem Gebiet Ω erfüllt, kann ihr Maximum und ihr Minimum nur auf dem Rand von Ω annehmen. Weil hierbei schwache Voraussetzungen an die Koeffizienten a_{ij}, b_i und c gemacht werden, gilt das Maximumprinzip auch für Funktionen u, die eine nichtlineare Differentialgleichung wie etwa $a_{ij}(x, u, Du)\, D_i D_j u = 0$ erfüllen, weil wir ja $a_{ij}(x, u(x), Du(x))$ als Funktion von x auffassen können. Damit ist das Maximumprinzip nicht nur ein an Einfachheit kaum zu überbietendes Hilfsmittel, es ist auch das vielseitigste, robusteste und zugleich kräftigste Werkzeug, das dem Analytiker zur Verfügung steht. Es ist schon erstaunlich zu sehen, was für tiefliegende Informationen NIRENBERG oder CAFFARELLI mit Hilfe des Maximumprinzips hervorzaubern.

Im übrigen gründet eine Reihe moderner „Existenzbeweise“ gerade auf der Methode, die Eigenschaften einer Funktion aus der sie definierenden Differentialgleichung zu gewinnen, ohne eine explizite Darstellung zu besitzen, ja ohne zu wissen, ob sie mehr als ein hypothetisches Gebilde ist. Die *Methode der a priori Schranken*, von S. BERNSTEIN eingeführt und von LICHTENSTEIN und SCHAUDER zu großer Vollkommenheit entwickelt, basiert genau auf diesem Gedanken, der dem Außenstehenden oft wie ein Zirkelschluß erscheint. Man betrachtet die Objekte, deren Existenz erst noch zu zeigen ist; über diese hypothetischen Objekte sammelt man ausreichend viele Informationen („a priori Schranken"), mit deren Hilfe dann wiederum die Existenz bewiesen wird. Freilich findet diese indirekte Methode nicht jedermanns Gefallen; viele Mathematiker beharren auf der Meinung, daß man ein mathematisches Objekt nicht kenne, bevor man es nicht zu konstruieren oder zu berechnen wisse. Je nach Geschmack hält man dann eine Potenzreihe oder einen anderen konvergenten Ausdruck noch für zulässig, oder man wünscht sich gar Konstruktionen in endlich vielen Schritten. Bekanntlich fanden WEIERSTRASS und seine *„sogenannte Analysis"* vor KRONECKER keine Gnade, und zu HILBERTS erster Lösung des Invariantenproblems äußerte GORDAN: *„Das ist nicht Mathematik. Das ist Theologie."* In der Tat hatte HILBERT die Endlichkeit einer Basis für ein Invariantensystem bewiesen, ohne sie zu konstruieren. Inzwischen hat die indirekte Methode längst in den meisten mathematischen Gebieten Bürgerrecht, trotz des *„intuitionistischen Putschversuches"* (so HILBERT).

Es ist wieder eine andere Frage, ob ein mathematischer Existenzbeweis wirklich nötig ist oder ob sich die Existenzfrage nicht durch „Evidenz" erledigen läßt. RIEMANN hat bekanntlich die Berechtigung und Richtigkeit der WEIERSTRASSschen Kritik am Dirichletschen Prinzip durchaus anerkannt, während die Physiker einen ganz anderen Standpunkt einnahmen. KLEIN schrieb [142, Bd. 1, p. 264]: *„Die Physiker ... haben sich ablehnend gegen die Weierstraßsche Kritik verhalten. Helmholtz, den ich gelegentlich fragte, sagte mir: ‚Für uns Physiker bleibt das Dirichletsche Prinzip ein Beweis.' Er unterschied also offenbar zwischen Beweisen für Mathematiker und Physiker, wie es ja überhaupt eine allgemeine Tatsache ist, daß sich Physiker um mathematische Beweise wenig kümmern, es genügt ihnen die ‚Evidenz'."*

In der Zeit vor 1900 waren Evidenzbetrachtungen selbst bei Mathematikern gang und gäbe. Es findet sich eine Vermischung mathematischer und physikalischer Argumente, die keinen wirklichen Nachweis für die Existenz einer Lösung liefert. Beispielsweise galt die Existenz als evident in allen Fällen, in denen die zu untersuchende Differentialgleichung ein Modell für einen physikalischen Sachverhalt darstellte. Dies bedeutet dann, daß etwa einer realen Flüssigkeitsströmung, deren Existenz niemand bezweifelt, auch eine Lösung der die Physik beschreibenden Gleichung entsprechen müsse. Hier liegt aber ein Zirkelschluß vor, denn damit diese Differentialgleichung überhaupt ein mathematisches Modell für einen physikalischen Prozeß darstellen kann, muß sie erst einmal eine Lösung besitzen. Damit wird aber der Existenzbeweis ein zentrales mathematisches Problem. Dies sehen heute auch viele Physiker so, und die Aufgabe erscheint um so dringlicher, je abstrakter das Problem ist. Allerdings setzte sich diese Einsicht nur langsam durch. Noch um 1930 hat sich ein so prominenter Vertreter der angewandten Mathematik wie R. VON MISES recht verächtlich geäußert über LICHTENSTEINS vielfältige und erfolgreiche Bemühungen, Existenzbeweise für die grundlegenden Aufgaben der Hydromechanik zu gewinnen, und 1967 schrieb der Nobelpreisträger CHANDRASEKHAR [27], nachdem er kurz die Arbeiten von POINCARÉ, DARWIN, LJAPUNOW, JEANS und E. CARTAN über die Gleichgewichtsfiguren rotierender Flüssigkeiten gestreift hatte und ohne die Untersuchungen LICHTENSTEINS und seiner Schüler zu erwähnen: *„And at this point the subject quietly went into a coma."*

Im dritten Teil der Arbeit (Abschnitte 9–13) befassen wir uns mit dem Ausbau der Theorie der partiellen Differentialgleichungen und der Variationsrechnung nach 1945. Diese neuere Entwicklung ist äußerst vielfältig und weitreichend, so daß wir uns darauf beschränken müssen, einige der wichtigsten Richtungen aufzuzeigen und Beiträge aus der Bundesrepublik jeweils einzuordnen.

Im vierten Teil des Berichts wird mit der Regularitätstheorie der instationären Navier-Stokes-Gleichungen ein einzelner Problemkreis genauer beschrieben, der gegenwärtig von aktuellem Interesse ist. Dabei wird insbesondere gezeigt, wie die verschiedenen Methoden zusammenwirken, die in der modernen Theorie zur Verfügung stehen.

In den Teilen II und III dieser Arbeit wird hinsichtlich der einzelnen Teilgebiete und innerhalb dieser nochmals in bezug auf die Resultate, die wir aufgenommen haben, eine einschneidende Auswahl getroffen. Sie führt zu einem Bild, das den Reichtum und die Verzweigtheit der Theorie überhaupt nicht adäquat wiedergeben kann. Diese Einschränkung läßt sich aber bei den uns gestellten Vorgaben und Bedingungen nicht vermeiden. Uns war nämlich aufgegeben, die Entwicklung der partiellen Differentialgleichungen im Bereich der DMV, der ursprünglich den gesamten mitteleuropäischen Raum umfaßte, darzustellen. Es versteht sich von selbst, daß sich diese Entwicklung nicht isoliert von den allgemeinen Entwicklungslinien beschreiben läßt, und es ist auch nahezu unmöglich, eine klare Trennungslinie zu ziehen zwischen dem Bereich der DMV einerseits und dem übrigen Geschehen auf der Welt andererseits. Zudem liefe eine solche Grenzziehung auch dem internationalen Geist der Wissenschaft zuwider. Für den Zeitraum vor 1933 war die Aufgabe der Berichterstattung leichter, weil sich hier die meisten Strömungen im Bereich der DMV wiederfinden. Erheblich schwieriger und eigentlich gar nicht zu bewältigen war die Aufgabe, die Entwicklungslinien nach 1945 zu beschreiben, und zwar nicht nur wegen der schieren Fülle der erzielten Resultate, sondern auch aufgrund der Tatsache, daß die in der DMV vertretenen Mathematiker zunächst ganz isoliert waren und daß auch heute noch viele wichtige Gebiete der Analysis im Bereich der Bundesrepublik nicht bearbeitet werden. Wir haben die uns gestellte Aufgabe als unlösbar empfunden, und wir bitten den Leser um Entschuldigung für die vielen Unterlassungen, die er uns mit Recht vorhalten kann.

Vor die Wahl gestellt, es entweder bei einer bloßen Aufzählung von Autoren und ihren Beiträge zu belassen oder aber ganze Teilgebiete gar nicht zu behandeln, haben wir uns dafür entschieden, einige wesentliche, aber durchaus willkürlich ausgewählte Aspekte der Entwicklung der Theorie partieller Differentialgleichungen anhand von Beispielen darzustellen, die dem Gebiet der nichtlinearen Gleichungen entnommen sind.

Wie wir im folgenden genauer ausführen werden, stellen der Umbruch beim Begriff der Lösung einer Differentialgleichung und die damit verbundenen neuen

Methoden zum Nachweis von Lösungen sehr wichtige Aspekte dieser Entwicklung dar. Wir zeigen dieses neue „funktionalanalytische" Vorgehen anhand der nichtlinearen Theorie auf und weisen auf lineare Methoden wie etwa Distributionentheorie, Sobolewräume und die großartig ausgebaute Theorie linearer Differentialgleichungen nur insoweit hin, als sie für die Untersuchung nichtlinearer Fragen herangezogen werden.

Manche Lücke unseres Berichtes ist auch darin begründet, daß nach der ursprünglichen Planung des gesamten Festbandes Teile der Theorie partieller Differentialgleichungen in den Berichten über Funktionalanalysis, komplexe Analysis, Differentialgeometrie und Mathematische Physik behandelt werden sollten. Dies hat sich leider nur zum Teil realisieren lassen. So erklärt sich, warum der Leser in unserem Bericht nichts über Distributionentheorie und Integralgleichungen findet, warum die meisten differentialgeometrischen und funktionentheoretischen Aspekte ebenso unberücksichtigt blieben wie die fundamentalen Arbeiten von FRIEDRICHS, RELLICH, KATO, LAX und PHILLIPS zur Spektral- und Streutheorie. Für Einzelheiten zu den letzteren Gebieten verweisen wir auf die Originalarbeiten von FRIEDRICHS und RELLICH sowie auf die Kommentare von KATO in FRIEDRICHS' Selecta [73]. Ferner geben die Monographien zur Streutheorie von LAX und PHILLIPS [151], zur Störungstheorie von KATO [138] und das umfassende Werk [209] von REED und SIMON zur Mathematischen Physik einen Eindruck von der Tiefe dieser Methoden. Die weitere Entwicklung dieses Gebietes in Deutschland, die vor allem den Schülern RELLICHS zu danken ist, wird in der Monographie [98] von HELLWIG und in dem Übersichtsartikel [137] von KALF, SCHMINKKE, WALTER und WÜST dargestellt. Die möglicherweise größte Unterlassungssünde unseres Berichtes besteht darin, daß wir die grundlegenden Beiträge von GÅRDING, LADYSCHENSKAJA, FRIEDRICHS, LAX, NIRENBERG, MORREY, AGMON, F.E. BROWDER und insbesondere auch HÖRMANDER zur Theorie linearer elliptischer Systeme sowie der Pseudodifferentialoperatoren nicht dargestellt haben, obwohl diese Resultate zu den großen mathematischen Leistungen dieses Jahrhunderts gehören.

Wir haben auch darauf verzichtet, über die Ergebnisse bei hyperbolischen Differentialgleichungen zu berichten. Es fehlen also insbesondere die Resultate von HADAMARD und HERGLOTZ über Grundlösungen und Darstellungsformeln, die Differenzenverfahren von COURANT, FRIEDRICHS und LEWY und die Methode von SCHAUDER, der nichtlineare Gleichungen hyperbolischen Typs durch analytische Gleichungen dieser Art approximierte und über a priori-Abschätzungen zu Lösungen der allgemeinen Gleichungen gelangte. Ebensowenig wird die neuere Entwicklung behandelt wie etwa die Ergebnisse über nichtlineare Wellengleichungen, die mit der grundlegenden Arbeit [128] von JÖRGENS beginnen, die Resultate von JOHN und KLAINERMAN über den „Blow-up" von Lösungen nichtlinearer Wellengleichungen, oder die Arbeiten von LAX, DIPERNA, DAFERMOS und vielen anderen über Differentialgleichungen in Form von Erhaltungssätzen. Diese werden zumindest teilweise im Bericht von LEIS gestreift. Wir beenden unseren Bericht mit einem IV. Teil, in dem die instationären Navier-Stokesschen

Gleichungen behandelt werden als ein Beispiel für die moderne Theorie parabolischer Gleichungen bzw. Evolutionsgleichungen. Wir hoffen, daß sich wesentliche Eigenschaften der modernen Theorie partieller Differentialgleichungen am Beispiel der von uns ausgewählten Teilgebiete erkennen lassen, so daß der Mangel an Vollständigkeit nicht zu sehr ins Gewicht fällt.

Die Teile I–III unserer Arbeit wurden von den ersten beiden Autoren verfaßt, während Teil IV vom dritten Autor geschrieben wurde. Wir danken Willi Jäger, Rolf Leis, Friedrich Tomi und Ernst Wienholtz sehr herzlich für eine kritische Durchsicht einer ersten Version dieses Berichtes und für nützliche Hinweise.

II Die Grundlegung der modernen Theorie

2 Probleme der Physik und Geometrie und ihre Formulierung durch Differentialgleichungen

Die wichtigste partielle Differentialgleichung vom elliptischen Typ ist die Potentialgleichung

$$\Delta u = 0\,; \tag{2.1}$$

schon ihr Name deutet auf den physikalischen Hintergrund hin, daß sie nämlich erfüllt wird von Potentialen der Gravitationsfelder bzw. der elektrischen Felder.

Wenn $\Omega \subset \mathbb{R}^3$ einen Körper bezeichnet, in dessen Punkten x die Massendichte $\varrho(x)$ beträgt, so ist das Potential der von dieser Masse herrührenden Anziehungskraft nach geeigneter Normierung

$$u_\Omega(x) = \int_\Omega \frac{\varrho(y)}{|x-y|}\, dy\,. \tag{2.2}$$

Analog kann man sich auch Flächen $\Sigma \subset \mathbb{R}^3$ oder Linien $\Gamma \subset \mathbb{R}^3$ mit Masse belegt vorstellen und erhält dementsprechend die Potentiale

$$u_\Sigma(x) = \oint_\Sigma \frac{\varrho(y)}{|x-y|}\, d\sigma(y) \quad \text{und} \quad u_\Gamma(x) = \oint_\Gamma \frac{\varrho(y)}{|x-y|}\, ds(y)\,. \tag{2.3}$$

Gibt ϱ die Dichte der elektrischen Ladung an, so stellten die Ausdrücke (2.2) und (2.3) die entsprechenden Coulombpotentiale dar. Beim Doppelschichtpotential

$$v_\Sigma(x) = \oint_\Sigma \varrho(y) \frac{\partial}{\partial n} \frac{1}{|x-y|} d\sigma(y), \tag{2.4}$$

wobei n die äußere Einheitsnormale an Σ bezeichnet, nennen wir ϱ das Moment der Belegung. Die Formeln (2.2)-(2.4) erlauben zwar, aus der Kenntnis von Ω, Σ oder Γ und ϱ auf das Potential und damit auf das Kraftfeld zu schließen, das der Körper hervorruft; bei anderen Problemen gehört aber die Dichte gerade nicht zu den Daten, beispielsweise wenn nach der Ladungsverteilung auf einem Leiter gefragt ist. Derartige Aufgaben können nur gelöst werden, indem man Eigenschaften der Potentiale ausnutzt, und dazu gehören als wichtigste die Differentialgleichungen

$$\Delta u_\Omega(x) = 0 \qquad \text{für alle } x \in \mathbb{R}^3 \backslash \overline{\Omega} \tag{2.5}$$

und

$$\Delta u_\Omega(x) = -4\pi\varrho(x) \qquad \text{für alle } x \in \Omega. \tag{2.6}$$

Weil der Integrand in (2.2) für $x = y$ nicht differenzierbar ist, setzt man zum Nachweis, daß u_Ω zweite Ableitungen besitzt, Regularität von ϱ voraus. GAUSS zeigte, daß die stetige Differenzierbarkeit von ϱ die Existenz der zweiten Ableitungen $D_i D_j u$ nach sich zieht. Ein wesentlich schärferes Resultat bewies O. HÖLDER 1882 in seiner Dissertation [117]: Unter der Voraussetzung, daß

$$\sup_{x \neq y} \frac{|\varrho(x) - \varrho(y)|}{|x-y|^\alpha} \leq H \tag{2.7}$$

für ein $\alpha \in (0, 1)$ gilt, ist u_Ω bereits zweimal stetig differenzierbar. Ferner erfüllen die zweiten Ableitungen von u_Ω ebenfalls (2.7), d. h., sie sind hölderstetig mit dem Exponenten α. Bezeichnen wir mit $C^{k,\alpha}$ die Menge der Funktionen $u: \Omega \to \mathbb{R}$, die mitsamt ihren Ableitungen bis zur Ordnung k die Bedingung (2.7) erfüllen, so können wir die Relation zwischen dem Laplace-Operator Δ und der Faltung mit dem singulären Kern $\frac{1}{|x-y|}$ so ausdrücken: sie sind zueinander inverse Operationen, die von $C^{2,\alpha}$ nach $C^{0,\alpha}$ beziehungsweise in umgekehrter Richtung abbilden. Wie Gegenbeispiele zeigen, ist die Faltung keine beschränkte Abbildung von C^0 nach C^2. Dieses zunächst als Kuriosum erscheinende Resultat ist von fundamentaler Bedeutung für die Lösbarkeit von elliptischen Gleichungen, wie wir in Abschnitt 7 genauer ausführen werden.

Als ein weiteres Problem aus der Physik, das auf eine elliptische Differentialgleichung führt, erwähnen wir den stationären, d. h. zeitlich unveränderlichen Wärmefluß in einem Körper Ω. Die Temperatur u als Funktion von Ort und Zeit in diesem Körper erfüllt die Differentialgleichung $\Delta u = \varrho$ in Ω, wobei ϱ die Stärke der Wärmequellen angibt. Dieselbe Gleichung charakterisiert auch ebene Flüssigkeitströmungen. Bei diesen Beispielen ist nunmehr nicht länger ein Potential wie in (2.2) der grundlegende physikalische Begriff. Beschreibt man etwa eine Flüssigkeitsströnung durch ihre Geschwindigkeit v, den Druck p und gegebenenfalls durch weitere Größen, die alle Funktionen des Ortes $x \in \Omega$ und der Zeit t sind, so ist unter der Annahme, daß die Flüssigkeit inkompressibel und ohne innere Reibung ist, die Wirbelstärke bei einer ebenen Strömung stets konstant. Wenn nun für jede geschlossene Kurve $\gamma \subset \Omega$ die Beziehung $\oint_\gamma v_1 dx_1 + v_2 dx_2 = 0$ gilt, so ist $u(x) = \int_y^x v_1 dx_1 + v_2 dx_2$ wegunabhängig, und die so definierte skalare Funktion u erfüllt

$$v_1 = D_1 u, \qquad v_2 = D_2 u;$$

sie heißt daher Geschwindigkeitspotential von v. Zusammen mit der Kontinuitätsgleichung $\operatorname{div} v \equiv D_1 v_1 + D_2 v_2 = 0$, die ausdrückt, daß die Flüssigkeit inkompressibel ist, liefert dies $\Delta u = 0$ in Ω.

Wenn wir unsere Betrachtung der Laplace-Gleichung (2.1) und der Poisson-Gleichung

$$\Delta u = -4\pi\varrho \qquad \text{in } \Omega \tag{2.8}$$

mit Potentialen der Form (2.2)–(2.4) begonnen haben, so bedeutet das keine Einschränkung, da jede Lösung von (2.8) als Summe solcher Potentiale dargestellt werden kann:

$$\begin{aligned} u(x) = \int_\Omega \frac{\varrho(y)}{|x-y|}\, dy + \frac{1}{4\pi} \oint_\Sigma \frac{\partial u}{\partial n} \frac{1}{|x-y|}\, d\sigma(y) \\ - \frac{1}{4\pi} \oint_\Sigma u(y) \frac{\partial}{\partial n} \frac{1}{|x-y|}\, d\sigma(y). \end{aligned} \tag{2.9}$$

Zum Beweis von (2.9) machen wir Gebrauch von der Grundlösung

$$\gamma(x,y) = \frac{1}{4\pi} \frac{1}{|x-y|} \tag{2.10}$$

der Potentialgleichung ($n = 3$), die für $x \neq y$ eine harmonische Funktion ist.

Durch die Differentialgleichung (2.1) oder (2.8) allein wird eine Lösung nicht festgelegt; vielmehr benötigt man dazu vorgegebene Randwerte. Bei der Vorschrift

$$u(x) = g(x) \qquad \text{für alle } x \in \Sigma \tag{2.11}$$

sprechen wir von der ersten oder Dirichletschen Randwertaufgabe; die Forderung

$$\frac{\partial u}{\partial n}(x) = h(x) \qquad \text{für alle } x \in \Sigma \tag{2.12}$$

heißt Neumannsche oder zweite Randbedingung, und eine Kombination von beiden stellt die dritte oder gemischte Randbedingung dar:

$$\alpha(x)u(x) + \beta(x)\frac{\partial u}{\partial n}(x) = k(x) \qquad \text{für alle } x \in \Sigma, \tag{2.13}$$

wobei α und β nunmehr gegebene Funktionen mit $\alpha^2(x) + \beta^2(x) \neq 0$ sind. Wenn u wie bei dem stationären Wärmefluß die Temperatur bezeichnet, so sagt (2.11) aus, daß auf dem Rand des Körpers die Temperatur auf dem Wert $g(x)$ gehalten wird, während (2.12) beschreibt, wie Wärme nach außen abgegeben bzw. von außen aufgenommen wird.

Neben den Anregungen aus der Physik, von denen wir hier nur einige erwähnen konnten, hat die Theorie partieller Differentialgleichungen in großem Maße von funktionentheoretischen Fragestellungen profitiert. RIEMANN gründete seinen Zugang zur Funktionentheorie und eine Reihe fundamentaler Resultate auf die Lösbarkeit der Laplace-Gleichung. Eine holomorphe Funktion $w = f(z)$, $w = u + \mathrm{i}v$, $z = x + \mathrm{i}y$, erfüllt die Cauchy-Riemannschen Differentialgleichungen

$$u_x = v_y, \quad u_y = -v_x, \tag{2.14}$$

woraus sofort die Gleichungen $\Delta u = 0$ und $\Delta v = 0$ folgen. Diese Beziehung beschreibt im Grunde genommen eine geometrische Eigenschaft holomorpher Funktionen, daß sie nämlich zwischen der z-Ebene und der w-Ebene eine konforme Abbildung herstellen; für diese Fragen verweisen wir auf die Arbeit „Funktionentheorie“ von D. Gaier in diesem Band.

Die Existenz von in Ω harmonischen Funktionen bei Randwerten der Form (2.11) erlaubte es RIEMANN nun, algebraische Funktionen und ihre Integrale zu studieren. Wenn nämlich u harmonisch ist, so kann man daraus über die Cauchy-Riemannschen Gleichungen, d.h. mittels $v = \int -u_y\,dx + u_x\,dy$, eine holomorphe Funktion $f = u + \mathrm{i}v$ gewinnen, deren Realteil vorgeschriebene Randwerte annimmt. Indem man nun diese Konstruktion auf Riemannschen Flächen $\mathscr{R}$ durchführt, nachdem diese in geeigneter Weise zerlegt worden sind, kann man auf $\mathscr{R}$ eindeutige Funktionen w mit Polen vorgeschriebener Art konstruieren, so daß eine algebraische Gleichung $F(z, w) = 0$ erfüllt ist. RIEMANN begründete die Lösbarkeit der Randwertaufgabe (2.1), (2.11) mit dem Dirichletschen Prinzip, das wir in Abschnitt 4 erörtern werden.

Mit diesem Prinzip werden wir auf eine weitere Disziplin geführt, die aufs engste mit der Theorie partieller Differentialgleichungen verknüpft ist. Wenn nämlich ein Variationsproblem der Form

$$\mathscr{I}(u) = \int_\Omega f(x, u(x), Du(x))\,dx \to \min \qquad \text{in } \mathscr{C} \tag{2.15}$$

gegeben ist, wobei $\mathscr{C}$ eine bestimmte Klasse von Funktionen $u\colon \Omega \to \mathbb{R}$ bezeichnet, so ergibt sich in vielen Fällen eine partielle Differentialgleichung als notwendige Bedingung dafür, daß u das Integral (2.15) in $\mathscr{C}$ minimiert, nämlich die sogenannte Eulersche Gleichung

$$D_i \frac{\partial}{\partial p_i} f(x, u, Du) - \frac{\partial}{\partial u} f(x, u, Du) = 0, \tag{2.16}$$

wobei mit p_i die letzten n der insgesamt $2n + 1$ reellen Argumente von f bezeichnet werden.

Neben dem Dirichletschen Integral

$$\mathscr{D}(u) = \int_{\Omega} |Du|^2 \, dx, \tag{2.17}$$

als dessen Eulersche Gleichung sich gerade die Potentialgleichung (2.1) ergibt, gehört der Flächeninhalt zu den wichtigsten Beispielen eines Variationsintegrals; für eine Fläche, die als Graph einer skalaren Funktion $u\colon \Omega \to \mathbb{R}$ geschrieben werden kann, ist dies

$$\mathscr{A}(u) = \int_{\Omega} \sqrt{1 + |Du(x)|^2} \, dx, \tag{2.18}$$

und $\mathscr{A}(u) \to \min$ in $\mathscr{C} = \{u\colon \Omega \to \mathbb{R},\ u = g \text{ auf } \Sigma\}$ liefert eine Fläche kleinsten Inhalts, die von der auf dem Zylinder $\Sigma \times \mathbb{R}$ gelegenen Kurve $\Gamma = \{(x, g(x))\colon x \in \Sigma\}$ berandet wird. Ein Minimum u erfüllt $\mathscr{A}(u + \varepsilon\varphi) - \mathscr{A}(u) \geq 0$ für alle $\varphi\colon \Omega \to \mathbb{R}$, die auf dem Rand verschwinden, und folglich ist

$$\lim_{\varepsilon \to 0} \frac{\mathscr{A}(u + \varepsilon\varphi) - \mathscr{A}(u)}{\varepsilon} = 0.$$

Dies liefert

$$\int_{\Omega} \frac{Du}{\sqrt{1 + |Du|^2}} \cdot D\varphi \, dx = 0,$$

und, genügende Differenzierbarkeit von u vorausgesetzt,

$$D_i \left(\frac{D_i u}{\sqrt{1 + |Du|^2}} \right) = 0 \quad \text{in } \Omega. \tag{2.19}$$

Das Minimum u erfüllt also eine nichtlineare partielle Differentialgleichung zweiter Ordnung.

In den bisher betrachteten Beispielen war die unbekannte Funktion stets skalarwertig. Vektorielle Unbekannte treten unter anderem als Geschwindigkeit in den Bewegungsgleichungen der Hydromechanik auf (vgl. Kap. IV) oder als Verschiebung in den Gleichungen der Elastizitätstheorie. Aus der Geometrie wollen wir die Differentialgleichungen einer zweidimensionalen Fläche im $\mathbb{R}^3$ erwähnen, die bei gegebener Berandung kleinsten Flächeninhalt besitzt. Sei dazu $\mathfrak{x}\colon D \to \mathbb{R}^3$ eine parametrisierte Fläche, $D \subset \mathbb{R}^2$ die Einheitskreisscheibe, so daß $\mathfrak{x}\colon C \to \mathbb{R}^3$, $C = \partial D$, gerade eine vorgeschriebene geschlossene Jordan-Kurve ist. Wenn $\mathfrak{x}$ konform parametrisiert ist, so liefert

$$\mathscr{A}(\mathfrak{x}) = \tfrac{1}{2} \iint_{D} |D\mathfrak{x}|^2 \, du \, dv$$

gerade den Flächeninhalt, und als notwendige Bedingung, daß $\mathscr{A}(\mathfrak{x})$ minimal wird, erhalten wir in D die Gleichungen

$$\Delta \mathfrak{x} = 0 \quad \text{und} \quad \mathfrak{x}_u \cdot \mathfrak{x}_v = 0, \quad |\mathfrak{x}_u|^2 = |\mathfrak{x}_v|^2.$$

Die in diesem Paragraphen erwähnten Beispiele sind durchaus willkürlich ausgewählt; viele andere physikalische oder geometrische Probleme führen ebenso zu interessanten Differentialgleichungen. Die vielfältigen Quellen, angefangen bei differentialgeometrischen oder funktionentheoretischen Problemen bis hin zu solchen aus ganz unterschiedlichen Disziplinen der Physik, sollen aber nicht den Eindruck erwecken, als ergäben sie ein bloßes Nebeneinander der verschiedensten Differentialgleichungen. Im Gegenteil liegt der Reiz der Theorie gerade darin, daß eine ständige Wechselwirkung zwischen den einzelnen Bereichen besteht. Zum Beispiel ermöglichen funktionentheoretische Methoden fundamentale Aussagen über die Geometrie von Minimalflächen; für eine umfassende Darstellung sei auf die Monographie [200] von J. C. C. NITSCHE hingewiesen. Die Gleichung für Flächen vorgeschriebener mittlerer Krümmung beschreibt auch die Trennfläche zwischen zwei Flüssigkeiten unter dem Einfluß von Oberflächenspannung. In erster Linie durch die Arbeiten von FINN aus den letzten zwanzig Jahren ist die mathematische Kapillaritätstheorie zu einem eigenen, aktiven Forschungsgebiet geworden, das seinerseits die Theorie nichtlinearer Differentialgleichungen nachhaltig beeinflußt hat. Als Beispiel für diesen Austausch erwähnen wir die Hebbarkeit von isolierten Singularitäten. Im Unterschied zu (2.1) ist bei einer Klasse nichtlinearer Gleichungen, zu denen (2.19) als ein typischer Vertreter gehört, *jede* isolierte Singularität hebbar; vgl. [58]. Bei der Untersuchung hängender Tropfen wurde von CONCUS und FINN eine Lösung einer H-Flächen-Gleichung mit einer isolierten Singularität gefunden, die insbesondere das von FINN in [58] angegebene Kriterium als scharf nachweist. Auch hier können wir auf Einzelheiten nicht eingehen, sondern verweisen auf die Monographie [59] von FINN sowie auf Beiträge von GERHARDT (zum Beispiel [79]), der Kapillarflächen auch über das zugehörige Energiefunktional mit Methoden der Variationsrechnung studiert hat.

3 Klassische Existenzbeweise für die Randwertaufgaben der Potentialtheorie

Bei gewöhnlichen Differentialgleichungen kann man in einer Reihe von Fällen eine Lösung dadurch gewinnen, daß man den Hauptsatz der Differential- und Integralrechnung anwendet, wonach Differentiation und Integration zueinander inverse Operationen sind. Eine dazu analoge Methode gibt es, von einigen Spezialfällen abgesehen, bei partiellen Differentialgleichungen nicht. Daher sind für die Randwertaufgaben der Potentialtheorie neue Verfahren entwickelt worden, die von Eigenschaften der Potentiale (2.2), (2.3) und (2.5) bzw. von der Darstellungsformel (2.9) ausgehen. Als Beispiele solcher Verfahren betrachten wir hier zunächst die *Greensche Funktion*. Danach erwähnen wir *kombinatorische Verfahren* und weisen am Schluß kurz auf die *Integralgleichungsmethode* sowie auf PERRONS *Verfahren* hin.

Zur Lösung der Dirichletschen Randwertaufgabe (2.1), (2.11) in einem Gebiet Ω setzen wir in (2.9) $\varrho \equiv 0$ ein und erhalten

$$u(x) = -\frac{1}{4\pi} \oint_{\Sigma} \left(u \frac{\partial}{\partial n} \frac{1}{r} - \frac{\partial u}{\partial n} \frac{1}{r} \right) d\sigma, \quad r = |x - y|. \tag{3.1}$$

Da in den Randwertaufgaben nur u selber vorgeschrieben ist, versucht man, den zweiten Summanden in (3.1) zu eliminieren. Wenn u und v harmonisch sind, so gilt

$$0 = -\frac{1}{4\pi} \oint_{\Sigma} \left(u \frac{\partial v}{\partial n} - v \frac{\partial u}{\partial n} \right) d\sigma. \tag{3.2}$$

Gelänge es also, eine harmonische Funktion v zu finden, die $\frac{1}{|x-y|} + v(x, y) = 0$ für alle $y \in \Sigma$ erfüllt, so lieferten (3.1) und (3.2)

$$u(x) = -\frac{1}{4\pi} \oint_{\Sigma} u(y) \frac{\partial}{\partial n} G(x, y) d\sigma(y), \tag{3.3}$$

wobei $G(x, y) = \frac{1}{|x-y|} + v(x, y)$ die zu Ω gehörige *Greensche Funktion* erster Art heißt. Die Gleichung (3.5) stellt nun eine Lösung der Randwertaufgabe dar, wenn man auf der rechten Seite für u die Randwerte g einsetzt.

Damit ist die Lösbarkeit der Aufgabe (2.1), (2.11) auf die einer anderen Randwertaufgabe zurückgeführt, doch läßt sich letztere für eine Reihe von einfachen Gebieten (Kreis, Kugel, Rechteck, ...) nachweisen, weil die Randwerte $\frac{1}{|x-y|}$ eben sehr speziell sind. Der Gewinn der Methode besteht darin, daß in (3.3) beliebige Randwerte eingesetzt werden können; sie müssen lediglich hinreichend regulär sein. Für die Neumannsche Randwertaufgabe kann man ganz analog vorgehen.

Aufbauend auf der Lösbarkeit der Randwertaufgabe (2.1), (2.11) für einfache Gebiete entwickelte H. A. SCHWARZ in [221] ein Verfahren, das an die Fortsetzung von Potenzreihen erinnert, mit dem er insbesondere eine Lösung nachweisen konnte für einige der Randwertprobleme, die RIEMANN für die Behandlung der in Abschnitt 2 erwähnten funktionentheoretischen Fragen benötigte. Beispielsweise für die Vereinigung Ω zweier Kreisscheiben D_1 und D_2 mit $D_1 \cap D_2 \neq \emptyset$ löste SCHWARZ die Randwertaufgabe (2.1), (2.11) mittels sukzessiver

Approximationen, bei denen im m-ten Schritt harmonische Funktionen u_m^1 und u_m^2 in D_1 bzw. D_2 konstruiert werden mit den Randwerten

$$u_m^1 = \begin{cases} u_{m-1}^2 & \text{in } \partial D_1 \cap D_2 \\ g & \text{sonst} \end{cases}, \quad u_m^2 = \begin{cases} u_m^1 & \text{in } \partial D_2 \cap D_1 \\ g & \text{sonst} \end{cases}.$$

Dieses *alternierende Verfahren* liefert für $m \to \infty$ eine in Ω harmonische Funktion mit g als Randwerten.

Die *Integralgleichungsmethode* geht von der Tatsache aus, daß die Potentiale der einfachen und der doppelten Schicht in Ω harmonisch sind; damit stellt sich die Frage, ob die Dichte bzw. das Moment ϱ so bestimmt werden kann, daß

$$u(x) = \frac{1}{4\pi} \oint_\Sigma \varrho(y) \frac{\partial}{\partial n} \frac{1}{|x-y|} d\sigma(y) \tag{3.4}$$

auf Σ vorgeschriebene Werte g annimmt. Bei Annäherung von x an den Rand Σ erhält man

$$u|_\Sigma = -\varrho + K\varrho, \tag{3.5}$$

wobei

$$(K\varrho)(x) = \frac{1}{2\pi} \oint_\Sigma \varrho(y) \frac{\partial}{\partial n} \frac{1}{|x-y|} d\sigma(y) \tag{3.6}$$

ist. Daraus ergibt sich zur Bestimmung von ϱ die Gleichung

$$g(x) = -\varrho(x) + (K\varrho)(x), \quad x \in \Sigma. \tag{3.7}$$

Für derartige Integralgleichungen gelang es C. NEUMANN [185], eine Resolvente in der Form der Reihe

$$\mathbb{1} + K + K^2 + K^3 + \dots$$

anzugeben; sie konvergiert, sofern die Norm der durch K definierten Abbildung kleiner als Eins ist.

Das Studium dieser Integralgleichungen durch FREDHOLM, der in [61] die für (2.1), (2.11) benötigte Lösung von (3.7) nachwies, und insbesondere durch HILBERT [103] brachte die Lösungstheorie für die Laplace-Gleichung einen großen Schritt voran, denn nunmehr konnte man für Gebiete Ω, deren Rand von der Klasse C^2 ist, bei nur stetigen Randdaten g eine Lösung der Dirichletschen Randwertaufgabe nachweisen. Zudem führten die sechs bahnbrechenden Arbeiten HILBERTS über die Integralgleichungen der Form (3.7) zur Begründung einer neuen mathematischen Disziplin, der linearen Funktionalanalysis. Wesentlich für HILBERTS Weise, diese Integralgleichungen zu studieren, war, daß er sie als ein System von unendlich vielen linearen Gleichungen für unendlich viele reelle Unbekannte interpretierte. Damit begann die moderne Entwicklung, die nicht zuletzt durch eine Verbindung von algebraisch-geometrischen Methoden mit solchen der Analysis gekennzeichnet ist. Wir werden in Abschnitt 5 darstellen, wie nichtlineare Integralgleichungen in ähnlicher Weise zur Entwicklung der nichtlinearen Funktionalanalysis beigetragen haben.

Eine überraschend elementare Methode zur Lösung der Dirichletschen Randwertaufgabe (2.1), (2.11) wurde von PERRON [204] gegeben. Sie basiert zum einen auf dem Maximumprinzip und benutzt zum anderen, hierin dem SCHWARZschen Verfahren ähnlich, die Lösbarkeit von (2.1), (2.11) auf Kugeln. Diese Eigenschaften klingen bereits in der Definition subharmonischer Funktionen, die nur stetig sind, an. Eine Funktion $u \in C^2(\Omega)$ heißt in Ω subharmonisch, wenn dort $\Delta u \geq 0$ gilt. Eine in Ω stetige Funktion u nennen wir subharmonisch, wenn sie in jeder Kugel $B \subset \subset \Omega$ die Ungleichung $u \leq h$ erfüllt für alle h mit $\Delta h = 0$ in B und $h \geq u$ auf ∂B, und es zeigt sich, daß für C^2-Funktionen die letztere Definition der Subharmonizität mit der zuvor gegebenen übereinstimmt.

PERRON bewies nun, daß das Supremum u der Menge aller in Ω subharmonischen Funktionen, die auf dem Rand kleiner als die in (2.11) vorgeschriebenen Randwerte sind, selber eine harmonische Funktion ist. Damit liefert diese Methode in Ω harmonische Funktionen, ohne daß irgendeine Voraussetzung hinsichtlich der Regularität des Randes gemacht werden müßte; allerdings wird dabei (2.11) zu $u \leq g$ abgeschwächt. Die stetige Annahme der Randwerte ist dann ein von der Existenz der harmonischen Funktion u unabhängiges Problem. Es wird mittels sogenannter Barrieren untersucht, vgl. auch Abschnitt 11, die wiederum nur unter geeigneten Bedingungen an Σ konstruiert werden können.

Bei der kurzen Darstellung dieser Methoden haben wir darauf verzichtet, die Voraussetzungen an die Daten Ω, f und g näher zu beschreiben. Sie betreffen vor allem die Regularität dieser Größen, also die Frage, ob ihr Stetigkeitsmodul bzw. der ihrer Ableitungen eine Höldersche Bedingung wie in (2.7) erfüllt. Solche Regularitätseigenschaften entscheiden auch darüber, ob die Methoden für allgemeinere elliptische Gleichungen der Form $a_{ij}(x) D_i D_j u + b_i(x) D_i u + c(x) u = f$ angewandt werden können. Manches läßt sich übertragen, doch erweisen sich die im Anschluß an das Dirichletsche Prinzip entwickelten Verfahren als wesentlich flexibler.

4 Das Dirichletsche Prinzip und die direkten Methoden der Variationsrechnung

Den Zusammenhang zwischen Variationsproblemen und ihren Euler-Lagrange-Gleichungen wollte RIEMANN ausnützen, um die Lösbarkeit von Randwertaufgaben nachzuweisen. Die Schlußweise, die er in den Vorlesungen DIRICHLETS kennenlernte und die er Dirichletsches Prinzip nannte, ist die folgende: Das Integral

$$\mathscr{D}(u) = \int_{\Omega} |Du|^2 \, dx \tag{4.1}$$

ist auf der Klasse $\mathscr{C}$ der Funktionen $u: \Omega \to \mathbb{R}$, die in Ω stetig differenzierbar sind und auf Σ vorgeschriebene Werte g annehmen, nach unten beschränkt. Daher, so die Behauptung, gibt es mindestens eine Funktion u^* aus $\mathscr{C}$, für die $\mathscr{D}$ den kleinsten Wert annimmt, und die folglich in Ω die zugehörige Eulersche Gleichung $\Delta u^* = 0$ erfüllt. Mit anderen Worten: das Minimum des Variationsproblems liefert eine Lösung der Randwertaufgabe (2.1), (2.11).

Diesem Schluß liegen verschiedene Annahmen zugrunde, die nicht für jedes Variationsproblem erfüllt sein müssen oder, wenn sie doch zutreffen, mitunter nur durch aufwendige Beweise begründet werden können. So muß ein Variationsproblem zunächst einmal keine glatten Minima besitzen, und daß eine differenzierbare Funktion, die $\mathscr{D}(u)$ minimiert, tatsächlich auch zweite Ableitungen besitzt und sich somit der Ausdruck Δu bilden läßt, ist überhaupt nicht evident.

Vor allem aber ist die Annahme, daß das Infimum von $\mathscr{D}(u)$ auf $\mathscr{C}$ für eine Funktion $u^* \in \mathscr{C}$ angenommen wird, alles andere als selbstverständlich. Obgleich DIRICHLET selbst eine derartige Annahme in STEINERS Beweis der isoperimetrischen Eigenschaften des Kreises als Lücke betrachtet hatte, übersah er wohl in seinen eigenen Ausführungen genau diesen Punkt.

Die erste Kritik an DIRICHLETS Prinzip wurde von WEIERSTRASS geäußert, der ein Beispiel angab, wo eine reguläre Funktion das Minimum nicht annehmen kann. Wir betrachten hier das Integral

$$\mathscr{F}(u) = \int_0^1 (1 + |u'|^2)^{\frac{1}{4}}\, dt$$

auf der Klasse $\mathscr{C}$ der stetig differenzierbaren Funktionen $u: [0, 1] \to \mathbb{R}$ mit $u(0) = 1$ und $u(1) = 0$. Das Infimum von $\mathscr{F}(u)$ auf $\mathscr{C}$ ist 1. Um dies einzusehen, betrachte man die Folge

$$u_n(t) = \begin{cases} (1 - nt)^2 & \text{für } 0 \le t \le \frac{1}{n} \\ 0 & \text{für } \frac{1}{n} \le t \le 1 \end{cases},$$

für die $\lim_{n \to \infty} \mathscr{F}(u_n) = 1$ gilt. Die Funktion $u_0 \equiv 0$ ist jedoch die einzige, für die $\mathscr{F}(u_0) = 1$ gilt; sie ist aber andererseits kein Element von $\mathscr{C}$.

Die erste korrekte Version des Dirichletschen Prinzips wurde 1900 von HILBERT für zwei Spezialfälle [102] angegeben. Die Formulierung seiner Probleme 19 und 20 aus demselben Jahr zeigt, daß HILBERT erwartete, seine Rettung des Dirichletschen Prinzips werde sich auch auf andere Variationsprobleme ausdehnen lassen. Der Beweis, daß das Infimum eines Variationsintegrals auch angenommen wird, ist dem bekannten Satz von Weierstraß nachgebildet, daß eine reelle Funktion f auf einer kompakten Menge K ihr Infimum auch erreicht, sofern sie stetig oder zumindest unterhalbstetig ist. Letzteres bedeutet, daß aus $x_n \to x_0$ die Beziehung $f(x_0) \leq \liminf_{n\to\infty} f(x_n)$ folgt. Wenn f auf K nach unten beschränkt ist, so gibt es jedenfalls eine Folge $\{x_n\}$ in K, so daß

$$\lim_{n\to\infty} f(x_n) = \inf_K f(x) \tag{4.2}$$

gilt. Weil K kompakt ist, besitzt $\{x_n\}$ eine Teilfolge $\{x_{n_k}\}$, die gegen $x_0 \in K$ konvergiert. Nun liefert die Stetigkeit bzw. Unterhalbstetigkeit, daß f in x_0 das Infimum annimmt:

$$f(x_0) \leq \liminf_{k\to\infty} f(x_{n_k}) \leq \inf_K f(x),$$

woraus

$$f(x_0) = \inf_K f(x)$$

folgt.

Um diese Schlußweise auf Variationsprobleme übertragen zu können, muß die Klasse $\mathscr{C}$ geeignet gewählt werden. Zunächst soll sie so beschaffen sein, daß eine Minimalfolge relativ kompakt ist. Da wir beim Dirichletschen Integral nur die Abschätzungen

$$\int_\Omega |Du_n|^2 dx \leq C \tag{4.3}$$

mit einer von u_n unabhängigen Konstanten C erhalten, werden wir einen möglichst schwachen Konvergenzbegriff wählen. Andererseits ist der Nachweis der Stetigkeit bzw. Unterhalbstetigkeit um so leichter zu führen, je stärker die Konvergenz der Minimalfolge bzw. deren Teilfolge ist. Damit sind also zwei Forderungen bei der Wahl von $\mathscr{C}$ zu berücksichtigen, die in gewisser Weise einander entgegenwirken.

Die Schranke (4.3) zusammen mit der Tatsache, daß die Randwerte vorgeschrieben sind, legt nahe, in $\mathscr{C}$ alle Funktionen zuzulassen, deren Dirichletsches Integral endlich ist. Ist g_0 eine Fortsetzung von g auf Ω mit $\mathscr{D}(g_0) < \infty$, so wählen wir

$$\mathscr{C} := \{u : u = g_0 + v, v \in \mathring{\mathrm{H}}{}^1_2(\Omega)\}, \tag{4.4}$$

wobei $\mathring{\mathrm{H}}{}^1_2(\Omega)$ als Abschluß der Menge aller C^1-Funktionen definiert ist, die in Ω kompakten Träger haben, unter der Norm $\|u\| := \left\{\int_\Omega |Du|^2 dx\right\}^{\frac{1}{2}}$. Eine bezüglich dieser Norm beschränkte Folge $\{u_n\}$ besitzt eine Teilfolge $\{u_{n_k}\}$, die schwach gegen ein $u \in \mathscr{C}$ konvergiert; hinsichtlich dieser schwachen Konvergenz ist das Dirichlet-Integral unterhalbstetig.

Bei dieser Beschreibung des Dirichletschen Prinzips haben wir die von LEBESGUE und TONELLI stammende Idee der Unterhalbstetigkeit des Variationsintegrals bereits eingeschlossen. Sie findet sich noch nicht bei HILBERT, der, da er ausschließlich das spezielle Problem $\mathscr{D}(u) \to \min$ behandelte, die Minimalfolgen in geeigneter Weise glättete und so die Konvergenz erzwang.

In der von verschiedenen Mathematikern (unter ihnen LEBESGUE [152], COURANT [30], LICHTENSTEIN [167] und insbesondere TONELLI [244]) gegebenen Form stellen die ***direkten Methoden*** der Variationsrechnung eines der fruchtbarsten Hilfsmittel dar, um die Existenz von Minima für Variationsprobleme und damit auch von Lösungen für partielle Differentialgleichungen nachzuweisen. Die Bezeichnung „direkte Methoden“ bedeutet aber keineswegs, daß man die Lösungen in die Hand bekommt; sie ist nur als Abgrenzung der klassischen Methode der Variationsrechnung zu verstehen, wo zunächst die notwendige Bedingung erfüllt wird durch Lösung der Eulerschen Gleichungen. Die auf diese Weise „indirekt“ gewonnenen Lösungen werden dann durch geeignete Verfahren (*Eigenwertkriterien, Feldtheorie*) daraufhin untersucht, ob sie wirklich Minima des vorliegenden Funktionals liefern.

5 Gleichgewichtsfiguren rotierender Flüssigkeiten

Die mathematische Theorie der Gleichgewichtsfiguren rotierender Flüssigkeiten wurde begründet durch NEWTONS Untersuchungen zur Gestalt der Erde, die er in die *Philosophiae Naturalis Principia Mathematica* aufnahm. Die damals höchst aktuelle Frage, ob die Erde aufgrund ihrer Rotation am Äquator oder aber an den Polen abgeplattet sei, studierte NEWTON anhand des folgenden Modells: Die Erde wird als Flüssigkeitskörper betrachtet, dessen Teilchen sich nach dem „Newtonschen Gesetz“ anziehen, d.h., die Kraft zwischen ihnen sei zum Quadrat ihrer Entfernungen umgekehrt proportional. Das zugehörige Potential ist dann $u_\Omega(x) = c \int_\Omega |x-y|^{-1}\,dy$, wobei Ω das von der Flüssigkeit eingenommene Gebiet ist. Dieser ins Innere von Ω gerichteten Kraft wirkt die Zentrifugalkraft entgegen; wenn die Flüssigkeit um die x_3-Achse mit konstanter Winkelgeschwindigkeit ω rotiert, so ist das Potential gerade

$$h(x) = \frac{\omega}{2} r^2(x), \qquad r^2(x) = x_1^2 + x_2^2.$$

Wenn wir nun annehmen, daß außer Selbstattraktion und Rotation keine weiteren Kräfte wirken, daß es also keine Relativbewegungen innerhalb von Ω gibt, so wird der Rand Σ von Ω als Äquipotentialfläche durch

$$c \int_\Omega |x-y|^{-1}\,dy + \frac{\omega}{2} r^2(x) = \text{const} \qquad \text{für alle } x \in \Sigma \tag{5.1}$$

bestimmt. In dieser Gleichung für Σ tritt die Unbekannte als Parameter im Integranden sowie im Integrationsgebiet auf. Wegen dieser Schwierigkeit ist es naheliegend, zunächst spezielle Lösung zu suchen.

Wenn Ω ein Ellipsoid mit Achsen der Länge a_1, a_2 und a_3 ist, so erhält man aus (5.1) eine Gleichung der Form

$$Ac - c\left(A_1 x_1^2 + A_2 x_2^2 + A_3 x_3^2\right) + \frac{\omega}{2}\left(x_1^2 + x_2^2\right) = C, \tag{5.2}$$

wobei $A, A_i, i = 1, 2, 3$, elliptische Integrale sind, die sich für den Fall, daß zwei Achsen gleich lang sind (d.h. $a_1 = a_2$) durch elementare Funktionen ausdrücken lassen. Für jedes $\omega \leq \omega_M = \sqrt{2\pi c \cdot 0{,}2247\ldots}$ existieren zwei Werte von $\frac{a_3}{a_1}$, so daß (5.2) erfüllt ist. Bei diesen Rotationsellipsoiden erhält man stets $a_3 \leq a_1$; sie sind also an den Polen abgeplattet.

MacLaurin hat diese nach ihm benannten Lösungen in den Jahren 1740 und 1742 gefunden. Für seinen Beweis war es entscheidend, die Anziehung eines solchen Ellipsoids auf einen in seinem Innern bzw. auf einen außerhalb, auf der Verlängerung der Achse gelegenen Punkt exakt anzugeben. Die Bedeutung dieses Resultats zeigt sich schon daran, daß Newton das entsprechende Ergebnis für Kugeln zu den wichtigsten seiner *Principia* zählte.

Jacobi bemerkte 1834 zur großen Überraschung seiner Zeitgenossen, daß die Gleichung (5.2) für $\omega \leq \omega_J, \omega_J = \sqrt{2\pi c \cdot 0{,}1871\ldots}$ auch ein Ellipsoid mit drei verschiedenen Achsen $a_1 > a_2 > a_3$ als Lösung zuläßt, vgl. [125]. Dieses Ergebnis ist auch insofern bemerkenswert, als die Lösung nicht mehr die volle Symmetrie des zugrundeliegenden Problems besitzt. Jacobi hat aber diese, wie sich später zeigte, für das Verständnis von nichtlinearen Gleichungen ganz wesentliche Eigenschaft nicht weiter untersucht, und auch die Dissertation [182] seines Schülers C.O. Meyer, in der die Beziehungen zwischen den MacLaurinschen und den Jacobischen Ellipsoiden studiert werden, führt nicht an den Kern der Sache heran, daß nämlich Lösungsverzweigung mit Symmetriebrechung vorliegt. Ein großer Schritt hin zu dieser Erkenntnis gelang Riemann [211], dessen Untersuchung allerdings ein etwas allgemeineres Modell betrifft.

Die Annahme, daß in Ω keine Strömungen auftreten, wurde als zu starke Einschränkung empfunden, und man ging daher etwa ab 1850 dazu über, Gleichgewichtsfiguren zu untersuchen, bei denen eine Relativbewegung der Teilchen zugelassen ist. Allerdings verlangte man zunächst, daß die Geschwindgkeit $v(x)$ an der Stelle x eine lineare Funktion sei: $v(x) = A \cdot x$; A könnte von der Zeit abhängen. Für dieses Modell, das die Dynamik der Strömung noch nicht einschließt, fand Dirichlet Lösungen (Ω, A) von der Gestalt eines Rotationsellipsoides; vgl. [44].

In seiner Arbeit [211] griff Riemann dieses Problem auf und erweiterte zugleich die ursprüngliche Fragestellung. Er beschrieb die Strömung nicht in Lagrangeschen Koordinaten, sondern bezog sie auf die ebenfalls zeitabhängigen Hauptachsen des Ellipsoids. Für alle möglichen Strömungen der genannten Art kann dann die Geschwindigkeit in eine gleichmäßige Rotation α und ein Geschwindigkeitsfeld $\bar{v}$ mit konstanter Wirbelstärke β zerlegt werden. Neben der Klassifikation aller Lösungen der Form $v = A \cdot x$ durch die beiden Größen α und β zeigte RIEMANN hinsichtlich der Stabilität des MacLaurinschen Ellipsoids: Für einen kritischen Wert der Winkelgeschwindigkeit ω wird dieses Ellipsoid instabil in dem Sinne, daß es ein ungleichachsiges Ellipsoid gibt mit einer inneren Strömung, bei der sich die Teilchen auf zueinander ähnlichen Ellipsen um die Rotationsachse bewegen; jedes Teilchen führt dabei zwei Umdrehungen um diese Achse aus, wenn das Ellipsoid sich einmal gedreht hat. Die Energie dieser Lösung ist kleiner als die des entsprechenden MacLaurinschen Ellipsoids.

Damit wurden von RIEMANN erstmals Resultate vorgelegt, wie sie für die moderne Theorie nichtlinearer Gleichungen ganz typisch sind: Die Lösungsgesamtheit wird klassifiziert und die einzelnen Lösungen werden hinsichtlich ihrer (physikalisch) relevanten Eigenschaften untersucht. Dabei fand RIEMANN beim Vergleich des MacLaurinschen mit dem allgemeineren Ellipsoid, daß der energetisch günstigere Zustand weniger Symmetrie besitzt. In der heutigen Interpretation derartiger Phänomene als „Verzweigung von Lösungen“ kommt noch hinzu, daß die Lösungen als Punkte einer nach dem Parameter ω parametrisierten Kurve in einem Funktionenraum betrachtet werden. Dieser Gedanke ist naheliegend, wenn zum Existenzbeweis ein Verfahren herangezogen wird, das die stetige Abhängigkeit von ω gleich mitliefert. Im Unterschied dazu nutzten DIRICHLET und RIEMANN den folgenden Zusammenhang aus: Wenn $v = A \cdot x$ eine Lösung ist, so ist $w = A^T \cdot x$ eine weitere Lösung. Diese Dualität führt aber nicht unmittelbar zur Vorstellung von Lösungszweigen.

Die ersten allgemeinen Resultate darüber, was heute Verzweigungstheorie genannt wird, entstanden wiederum aus der Frage nach der Existenz von Gleichgewichtsfiguren für Winkelgeschwindigkeiten $\omega > \omega_M$. Wir wollen jetzt jede glatte, geschlossene Fläche Σ zulassen, die sich als Graph $\zeta: \Sigma_0 \to \mathbb{R}$ über einer explizit bekannten Lösung Σ_0 schreiben läßt. LJAPUNOW untersuchte dieses Problem zunächst in seiner Dissertation, wo er jedoch nur die Existenz von Näherungslösungen beweisen konnte. Ab 1900 griff er dann diese Frage erneut auf und zeigte in einer Reihe langer Arbeiten (vgl. [178]) erstmals die Existenz neuer Lösungen in der Nähe der bekannten MacLaurinschen und Jacobischen Ellipsoide.

Zum Nachweis dieser Lösungen entwickelte LJAPUNOW das Potential $u_\Omega(x)$ nach Potenzen von ζ in eine Reihe und erhielt aus (5.1) die Relation

$$\alpha(\xi)\zeta(\xi) - \oint_{\Sigma_0} \frac{\beta(\eta)\zeta(\eta)}{D(\xi,\eta)}\, d\sigma(\eta) = N(\zeta(\xi),\omega) + \text{const}, \tag{5.3}$$

wobei α, β, D glatte Funktionen von ξ bzw. $\eta \in \Sigma_0$ bezeichnen. Hier ist $N(\zeta)$ eine sogenannte Integralpotenzreihe, welche Ausdrücke der Form

$$\frac{\partial^k}{\partial \xi_1^{k_1} \partial \xi_2^{k_2}} \oint_{\Sigma_0} \frac{[\zeta(\eta)]^{k_2+1}}{D(\xi,\eta)} d\sigma(\eta),$$

mit $k = k_1 + k_2 = 0, 1, 2, \ldots, n$, $n = 2, 3, \ldots$ enthält. Für kleine Werte von $|\omega - \omega_0|$ besitzt (5.3) Lösungen ζ, die stetig von dem Parameter $\omega - \omega_0$ abhängen. Bei seinem Vorgehen blieb LJAPUNOW sehr stark der Darstellung mittels spezieller Koordinaten verhaftet und benutzte die bereits vorliegende Theorie linearer Integralgleichungen fast gar nicht. Das macht seine Arbeiten schwer zugänglich und hat letztlich den Blick auf die wichtige Methode, die er entdeckt hat, beträchtlich verstellt. Wir stellen daher ein etwas anderes Verfahren, das etwa zur selben Zeit von E. SCHMIDT [217] entwickelt wurde, in der Form dar, die LICHTENSTEIN ihm gegeben hat (vgl. [173]). Es sei allerdings vermerkt, daß SCHMIDT mit seiner Methode die stark singulären Integrale in (5.3) nicht behandeln konnte.

Sofern der lineare Anteil von (5.3) invertierbar ist, kann die Gleichung mittels sukzessiver Approximationen gelöst werden. In vorliegenden Fall interessiert man sich aber gerade für solche Ausgangskonfigurationen Σ_0 und ω_0, bei denen die Linearisierung nicht invertierbar ist und man somit eine Lösungsverzweigung vermuten kann, wie sie für Gleichungen der Form $f(x, y) = 0$ mit $f_x(x_0, y_0) = f_y(x_0, y_0) = 0$ bekannt ist.

Die homogene lineare Integralgleichung

$$u(x) + \int K(x,y)u(y)dy = 0 \tag{5.4}$$

besitze also n linear unabhängige Lösungen $u_1, \ldots, u_n$. Wenn beispielsweise die Faltung mit dem Kern K als Abbildung von C^0 in sich ein kompakter Operator ist, so hat die adjungierte Gleichung

$$v(x) + \int K(y,x)v(y)dy = 0 \tag{5.5}$$

ebenfalls n linear unabhängige Lösungen $v_1, \ldots, v_n$. Die Integralgleichung

$$u(x) + \int L(x,y)u(y)dy = 0 \tag{5.6}$$

mit dem Kern

$$L(x,y) = K(x,y) + \sum_{j=1}^{n} v_j(x)u_j(y) \tag{5.7}$$

ist dann offenbar eindeutig lösbar; diese „Zerspaltung des Kerns“ verwendet man nun, um für die nichtlineare Integralgleichung

$$u(x) + \int K(x,y)u(y)dy = F(\varepsilon, u(x)) \tag{5.8}$$

zunächst eine formale Lösung zu konstruieren; da zu (5.6) eine Resolvente M existiert, folgt aus (5.8) und (5.7)

$$u(x) = F(\varepsilon, u(x)) - r_j \mathbf{v}_j(x) - \int M(x,y)F(\varepsilon, u(y))dy - \int r_j v_j(y)M(x,y)dy$$

mit $r_j = \int u_j(x) u(x)\, dx$, und diese Gleichung ist eindeutig lösbar, wenn nur $|\varepsilon|, |r_1|, \ldots, |r_n|$ hinreichend klein sind. Somit erhalten wir $u(x)$ für analytisches F als Funktion von $\varepsilon, r_1, \ldots, r_n$ mit Koeffizienten, die glatte Funktionen von x sind:

$$u(x) = \mathscr{P}(\varepsilon, r_1, \ldots, r_n; x). \tag{5.9}$$

Aus (5.8) erhält man mit der Definition von r_j Gleichungen der Form

$$\mathscr{F}_j(\varepsilon, r_1, \ldots, r_n; v_1, \ldots, v_n) = 0, \quad j = 1, \ldots, n, \tag{5.10}$$

wobei wir für $u(x)$ die Potenzreihe $\mathscr{P}$ einsetzen. Sofern nun diese Gleichungen eine oder mehrere Lösungen $r_j = r_j(\varepsilon)$ zulassen, ist $u(x) = \mathscr{P}(\varepsilon, r_1(\varepsilon), \ldots, r_1(\varepsilon); x)$ eine Lösung von (5.8).

Diese Methode wird Ljapunow-Schmidt-Reduktion genannt, weil das Verzweigungsverhalten der nichtlinearen Gleichungen auf das Studium der n reellen Gleichungen (5.10), der sogenannten *Verzweigungsgleichungen*, zurückgeführt wird. Von der nichtlinearen Gleichung (5.8), die wir abstrakt in der Form $\mathscr{F}(\varepsilon, u) = 0$ schreiben können, wird also der invertierbare Anteil

$$(\mathbb{1} - Q)\, F(\varepsilon, v + w) = 0,$$

abgespalten, wobei $\mathbb{1} - Q$ die orthogonale Projektion auf den Wertebereich der Linearisierung M von $\mathscr{F}$ angibt; hier ist $u = v + w$ ebenfalls aufgespalten in den Anteil v, der im Nullraum von M liegt, und den dazu senkrechten Teil w. Für gegebenes v ist (5.11) nach w auflösbar, und dies entspricht der „formalen Lösung“ (5.9) von vorhin. Der restliche Teil der Gleichung $\mathscr{F}(\varepsilon, u) = 0$ besteht aus den Verzweigungsgleichungen, die jetzt die Form $Q\mathscr{F}(\varepsilon, v + w) = 0$ annehmen, wobei als w die Lösung von (5.11) eingesetzt wird. Es ist also die von E. SCHMIDT ganz konsequent verfolgte Idee, mit orthogonalen Funktionensystemen zu arbeiten und in der Menge der Funktionen, in der die Lösung einer Gleichung (5.8) gesucht wird, geometrische Operationen wie die Orthogonalprojektion anzuwenden, die die Methode so durchsichtig und gerade wegen ihrer Abstraktheit so flexibel gemacht hat.

Neben den verschiedensten Arbeiten zur lokalen Lösbarkeit von Gleichungen der Form (5.3) sowie den zugehörigen Stabilitätsbetrachtungen hat LICHTENSTEIN in [171] erstmals Eigenschaften formuliert, die einer jeden möglichen Gleichgewichtsfigur zukommen. So besitzt etwa jede Lösung von (5.1) eine Symmetrieebene, die senkrecht zur Rotationsebene steht. Ferner gibt es eine universelle Schranke für die Winkelgeschwindigkeit, nämlich $\omega < \sqrt{2\pi c}$; man vergleiche hiermit die Werte für ω_M und ω_J. Schließlich kann auch die maximale Entfernung eines Punktes $x \in \Sigma$ von der Rotationsachse für jede Gleichgewichtsfigur durch c, ω und das Volumen $|\Omega|$ a priori abgeschätzt werden.

Eine Reihe von Beiträgen zur Theorie der Gleichgewichtsfiguren wurden durch Schüler und Mitarbeiter LICHTENSTEINS geliefert, insbesondere von E. HÖLDER, KÄHLER und MARUHN. Dabei wurden meistens Gleichgewichtsfiguren mit speziellen geometrischen Eigenschaften untersucht, so etwa Konfigurationen, die aus drei Massen bestehen und aus der Lagrangeschen Lösung des Dreikörperproblems der Himmelsmechanik abgeleitet sind. Die Arbeiten E. HÖLDERS sind besonders hervorzuheben, da in ihnen eine allgemeine Eigenschaft der Verzweigungsgleichungen aufgedeckt wurde, die für die gesamte Theorie von Bedeutung ist. Die Integro-Differentialgleichung, deren Lösung die gesuchte Gleichgewichtsfigur Ω sein soll, ergibt sich aus einer Entwicklung des Potentials in der Nähe von Ω_0. Weil aber die Figuren Ω_0^*, die sich aus Ω_0 durch eine Translation (in Richtung der Rotationsachse) oder eine Drehung hervorgehen, das Potential unverändert lassen, führen diese zu Eigenlösungen des linaren Anteils L der Integralgleichung. Diese sogenannten trivialen Eigenlösungen machen nun die ohnehin schwer zu analysierenden Verzweigungsgleichungen noch komplizierter. Zunächst konnten sie nur unter zusätzlichen Symmetrieannahmen an Ω gelöst werden; wie Beispiele belegen, besitzt aber Ω diese Symmetrien im allgemeinen nicht. E. HÖLDER zeigte nun in [114], [115], daß es gerade aufgrund der Invarianz des Potentials Relationen zwischen den Verzweigungsgleichungen gibt, so daß die zu den trivialen Lösungen gehörenden automatisch erfüllt sind, wenn nur die übrigen eine Lösung zulassen.

Am Beispiel der Gleichgewichtsfiguren sehen wir erneut, wie sich die Theorie der Differential- und Integralgleichungen entwickelt hat: Ausgehend von der Aufgabe, einzelne Lösungen für eine Gleichung zu finden, die zur Beschreibung eines physikalischen Phänomens aufgestellt wurde, führt der Weg zum Nachweis der Existenz von Lösungen mittels subtiler funktionalanalytischer Methoden und zur Untersuchung von Eigenschaften der Lösung sowie der Struktur der Lösungsmenge.

Wir bemerken abschließend, daß LICHTENSTEIN und seine Schüler zwischen 1920 und 1933 nichtlineare Störungs- und Verzweigungsprobleme von einem Schwierigkeitsgrad behandelt haben, der erst in den letzten Jahren wieder erreicht oder übertroffen worden ist. LICHTENSTEIN konnte diese Ergebnisse noch in seiner Monographie [174] über Gleichgewichtsfiguren rotierender Flüssigkeiten publizieren, die 1933 erschien. Im selben Jahr wurde er als Jude von der Naziregierung seiner Leipziger Professur enthoben; wenige Monate später starb er an Sorgen und Aufregungen, denen seine geschwächte Gesundheit nicht mehr gewachsen war. LICHTENSTEIN war einer der bedeutendsten Analytiker, die je in Deutschland gewirkt haben. Zu seinen großen Verdiensten gehört, daß er sehr früh die Bedeutung der C^α-Abschätzungen von Potentialen erkannte, die ihren Ursprung in Arbeiten von O. HÖLDER, KORN, MÜNTZ und LJAPUNOW haben. Diese Abschätzungen baute er im Laufe der Jahre zu einem äußerst wirkungsvollen Hilfsmittel aus, ohne das die moderne Analysis nicht mehr denkbar ist. Übrigens sind ihm dabei nur wenige gefolgt; hier sind insbesondere SCHAUDER und E. HOPF zu nennen. In der Göttinger Schule der Analysis, die zwischen 1920 und 1933 vor allem durch HILBERT, COURANT, HERGLOTZ und jüngere Mathematiker wie FRIEDRICHS, LEWY, RELLICH sowie zeitweise durch WEYL vertreten war, fanden LICHTENSTEINS Arbeiten zunächst weniger Anklang. Man kann dies noch aus dem 1937 erschienenen zweiten Band von Courant-Hilbert [34] ersehen, in dem sich nichts über C^α-Abschätzungen findet; erst in der 1962 publizierten Neufassung des zweiten Bandes (vgl. [35]) ist die Bedeutung dieser Methode gewürdigt, was wohl auf den Einfluß von FRIEDRICHS, NIRENBERG und BERS zurückzuführen ist. Es ist nun aber gerade die Schärfe der LICHTENSTEINschen und SCHAUDERschen Abschätzungen, bei denen nichts verschenkt wird, auf der ihr Erfolg bei nichtlinearen Problemen beruht. SCHAUDER hat die Abschätzungen von KORN und LICHTENSTEIN weitergeführt und insbesondere in Verbindung mit neuen funktionalanalytischen Hilfsmitteln den Anwendungsbereich beträchtlich erweitert. Er gehört zusammen mit seinem Freunde LERAY zu den herausragenden Mathematikern dieses Jahrhunderts; die Analysis verdankt beiden ganz entscheidende Schritte in ihrer Entwicklung. Um so tragischer ist der frühe Tod SCHAUDERS; er wurde während des Krieges in Lwow von der Gestapo ermordet, vgl. [158].

6 Das Plateausche Problem und die Einbettungsprobleme von WEYL und MINKOWSKI

Als Plateausches Problem bezeichnet man im einfachsten Fall die Aufgabe, zu einer gegebenen Jordankurve $\Gamma \subset \mathbb{R}^3$ eine Fläche S zu finden, die, über der Kreisscheibe konform parametrisiert, von Γ berandet wird und unter allen anderen Flächen mit diesen Eigenschaften den kleinsten Flächeninhalt besitzt. Wie wir in Abschnitt 2 erwähnt hatten, ist die Funktion $u\colon B_1(0) \to \mathbb{R}^3$, welche S beschreibt, bei konformer Parametrisierung ein Minimum des Dirichletschen Integrals, mithin harmonisch, und damit wird es möglich, durch Methoden der komplexen Analysis eine Vielzahl von Minimalflächen explizit anzugeben. Insbesondere erlaubt jede einfach zusammenhängende Minimalfläche $S \subset \mathbb{R}^3$ eine Darstellung der Form

$$\begin{aligned} u_1(z) &= u_1^0 + \operatorname{Re} \int_0^z (\phi^2 - \psi^2)\,d\zeta \\ u_2(z) &= u_2^0 + \operatorname{Re} \int_0^z i(\phi^2 + \psi^2)\,d\zeta \\ u_3(z) &= u_3^0 + \operatorname{Re} \int_0^z 2\phi\psi\,d\zeta \end{aligned} \tag{6.1}$$

wobei ϕ, ψ in $B_1(0)$ oder in $\mathbb{C}$ erklärte analytische Funktionen sind, die keine gemeinsame Nullstelle besitzen.

Diese oder gleichwertige andere Darstellungen waren bereits von WEIERSTRASS, RIEMANN und ENNEPER benutzt worden; für Einzelheiten verweisen wir auf J.C.C. NITSCHE [200].

Auf der Basis dieser Formeln lieferte GARNIER [78] einen Existenzbeweis zum Plateauschen Problem für stückweise lineare Ränder Γ und mittels eines Grenzübergangs auch für solche Randkurven, die aus Bögen von beschränkter Krümmung zusammengesetzt und unverknotet sind. Allerdings ist GARNIERS Methode so kompliziert, daß sie wohl von kaum jemandem in allen Einzelheiten gelesen worden ist. Sie hatte auf das weitere Studium des Plateauschen Problems keinen Einfluß.

Erste Existenzbeweise, die auch nochvollziehbar und für die weitere Entwicklung bedeutsam waren, lieferten 1930–1931 DOUGLAS [45], [46] und RADÓ [207], [208]. RADÓs Methode besteht im wesentlichen aus einem Approximationsschluß, mit dem es ihm gelang, die Konformalitätsrelation und die Plateausche Randbedingung von dem Variationsproblem zu trennen. Wenn Γ stückweise linear ist, so stimmen die Infima der Flächeninhalte von allen Polyederflächen, die von Γ berandet werden, und von allen stetigen Flächen mit Γ als Rand überein. Dieses Infimum sei mit m bezeichnet. Dann gibt es eine Polyederfläche P, deren Flächeninhalt kleiner als $m + \delta$ ist; sie erlaubt eine konforme Parametrisierung $v = v(x_1, x_2)$ über $B_1(0)$. Nunmehr bestimmte RADÓ einen harmonischen Vektor $u = u(x_1, x_2)$, der mit v auf $\partial B_1(0)$ übereinstimmt. Für u sind die Konformalitätsbedingungen angenähert erfüllt, d.h., es gilt $\int \big||D_1 u| - |D_2 u|\big|^2 dx_1 dx_2 < \varepsilon$, $\int |D_1 u \cdot D_2 u| \, dx_1 dx_2 < \varepsilon$. Für $\delta \to 0$ strebt auch $\varepsilon = \varepsilon(\delta)$ gegen Null, so daß damit für polygonale Ränder Γ der Beweis erbracht ist. Den allgemeinen Fall erledigte RADÓ, indem er die gegebene Jordankurve durch Polygone approximierte und die Konvergenz der zugehörigen Minima nachwies.

JESSE DOUGLAS wendete die direkten Methoden der Variationsrechnung in anderer Weise an. Anstelle des Dirichletintegrals benutzte er das Funktional

$$\mathscr{H}(u) = \frac{1}{4\pi} \int_0^{2\pi} \int_0^{2\pi} \frac{|u(\cos\alpha, \sin\alpha) - u(\cos\beta, \sin\beta)|}{4\sin^2 \dfrac{\alpha - \beta}{2}} \, d\alpha \, d\beta, \tag{6.2}$$

das er auf der Klasse der monotonen Abbildungen $u\colon \partial B_1(0) \to \Gamma$ betrachtete. Mittels der Poissonschen Formel läßt sich zeigen, daß $2 \cdot \mathscr{H}(u)$ für eine harmonische Funktion u gerade das Dirichletsche Integral von u ergibt, womit der Zusammenhang mit dem Flächeninhalt klar ist. Da $\mathscr{H}(u)$ keine Ableitungen enthält, ist bei der Anwendung der direkten Methoden der Nachweis der Unterhalbstetigkeit besonders einfach.

DOUGLAS hat in weiteren Arbeiten, etwa in [47], [48], diesen Zugang ausgebaut für den Fall, daß die Minimalfläche von mehr als einer geschlossenen Kurve berandet wird; ebenso hat er Minimalflächen vom Geschlecht $p > 0$ untersucht. Dies beeindruckt um so mehr, als zu seiner Zeit die funktionentheoretischen Hilfsmittel, die heute eine völlig befriedigende Existenztheorie ermöglichen (vgl. Abschnitt 13), noch gar nicht zur Verfügung standen. Für seine herausragenden Beiträge wurde DOUGLAS 1936 mit der erstmals verliehenen Fieldsmedaille geehrt.

Weitere Existenzsätze, die großen Einfluß auf die Entwicklung dieses Gebietes hatten, wurden von TONELLI, vgl. [245], und vor allem von COURANT [31], [32], [33] geliefert. Sie wendeten die direkten Methoden der Variationsrechnung unmittelbar auf das Dirichletintegral an; dabei wurde ausgenutzt, daß für den Flächeninhalt $\mathscr{A}(u)$ einer durch u parametrisierten Fläche die Beziehung

$$\mathscr{A}(u) \leq \frac{1}{2} \int_{B_1(0)} |Du|^2 dx_1 dx_2, \tag{6.3}$$

gilt, wobei Gleichheit genau dann eintritt, wenn die Fläche in isothermen Parametern gegeben ist. Mit anderen Worten: Bei der Plateauschen Randbedingung, wo die Bildmenge $u(\partial B_1(0)) = \Gamma$ des Randes des Parametergebietes vorgeschrieben wird, ist das Minimum automatisch konform parametrisiert und liefert wegen (6.3) eine Fläche kleinsten Inhalts.

Der Beweis erfolgt nun in der Weise, daß $\mathscr{D}(u)$ unter allen Abbildungen $u: B_1(0) \to \mathbb{R}^3$ minimiert wird, die den Rand $\partial B_1(0)$ monoton auf Γ abbilden und zudem in drei Punkten vorgeschrieben werden: $u(z_k) = u_k$, $k = 1, 2, 3$, etwa für $z_1 = (0, 1)$, $z_2 = (1, 0)$, $z_3 = (-1, 0)$ und $u_k \in \Gamma$. Letzteres ist notwendig, da das Dirichletsche Integral invariant ist unter einer von einer linearen Transformation bewirkten konformen Abbildung des Einheitskreises auf sich. Wenn nun $\{u_n\}$ eine Minimalfolge ist, d.h., $\mathscr{D}(u_n) \to \inf \mathscr{D}(u) =: d_0$, so bestimmt man den harmonischen Vektor v_n, der dieselben Randwerte wie u_n besitzt. Offenbar ist dann auch $\{v_n\}$ eine Minimalfolge. Weil die Randwerte gleichmäßig stetig sind, konvergiert eine Teilfolge $\{v_{n_l}\}$ aber auf $B_1(0)$ gleichmäßig, und gemäß dem Harnackschen Satz ist die Grenzfunktion harmonisch. Anschließend wird mit Hilfe „innerer" Variationen gezeigt, daß die Grenzfunktion konform parametrisiert ist.

Damit war für ein schwieriges Problem der Variationsrechnung ein überraschend einfacher Beweis gefunden. Nicht zuletzt deswegen konnten COURANT und seine Schüler dann auch allgemeinere Versionen des Plateauschen Problems studieren; wir kommen darauf in Abschnitt 11 zurück.

Weitere differentialgeometrische Probleme, die für die Entwicklung der nichtlinearen elliptischen Gleichungen und Systeme bedeutsam waren, sind die Einbettungsprobleme von WEYL und von MINKOWSKI. Die von WEYL in [250] formulierte Frage lautet, ob man im $\mathbb{R}^3$ eine konvexe Fläche finden kann, wenn deren Metrik, die positive Gaußsche Krümmung haben soll, vorgegeben ist. Analytisch formuliert heißt das: Sei auf der Einheitssphäre S^2 eine positive quadratische Form $ds^2 = E dx_1^2 + 2F dx_1 dx_2 + G dx_2^2$ gegeben, deren zugehörige Gaußsche Krümmung K positiv ist. Gibt es dann eine geschlossene, konvexe Fläche, die sich eineindeutig auf S^2 abbilden läßt, so daß deren erste Fundamentalform, bezogen auf die Parameter x_1, x_2 in S^2, gerade ds^2 ist? WEYL gab in [250] eine Fortsetzungsmethode an, die dem in Abschnitt 8 angegebenen Verfahren ähnlich ist: Wenn ds_0^2 die Metrik der Einheitssphäre ist (für die das Einbettungsproblem trivialerweise gelöst ist), so verbinde man ds_0^2 und $ds_1^2 := ds^2$ durch eine Familie von Metriken ds_τ^2 und zeige, daß die Menge der Werte τ, für die das Problem eine Lösung besitzt, in [0, 1] offen und abgeschlossen ist. Die zur Anwendung dieser

Methode erforderlichen a priori-Schranken konnte WEYL jedoch nicht beweisen. Dies gelang erst H. LEWY [164] für den Fall, daß die Koeffizienten E, F und G analytische Funktionen sind. Er benutzte dazu Abschätzungen, die er zuvor für die elliptischen Monge-Ampèreschen-Gleichungen

$$D_1 D_1 u\, D_2 D_2 u - (D_1 D_2 u)^2 = e + a D_1 D_1 u + b D_1 D_2 u + c D_2 D_2 u \qquad (6.4)$$

gegeben hatte. Eindeutigkeit der Lösung bewiesen COHN-VOSSEN [29] für den analytischen Fall und HERGLOTZ [100] für den Fall, daß die Koeffizienten von der Klasse C^3 sind.

Beim Minkowskischen Einbettungsproblem ist eine positive Funktion $K = K(n)$ auf S^2 vorgelegt. Gefragt ist nach einer geschlossenen, konvexen Fläche Σ, die $K(n)$ als Gaußsche-Krümmung besitzt in dem Punkt x, in dem ihre Normale $n(x)$ gerade die Richtung $n \in S^2$ hat. Da für jede geschlossene Fläche Σ die Bedingung

$$\oint_{\Sigma} K(n)\, n\, d\sigma = 0 \qquad (6.5)$$

gilt, stellt sich insbesondere die Frage, ob dies die einzige Bedingung ist, die K erfüllen muß.

In der Untersuchung [183] von MINKOWSKI wird neben der Eindeutigkeit auch die Existenz einer solchen Fläche für den Fall konvexer Polyeder gezeigt. MINKOWSKI konnte zwar auch einen Grenzübergang durchführen, doch nur in einer „schwachen" Metrik, so daß für die Grenzfläche überhaupt keine Gaußsche Krümmung erklärt werden kann. Auch hier gelang H. LEWY der Durchbruch. In [165] bewies er die Existenz einer Lösung bei analytischen Daten. Wiederum waren a priori-Abschätzungen für die Monge-Ampèreschen Gleichungen

$$D_1 D_1 u\, D_2 D_2 u - (D_1 D_2 u)^2 = K^{-1}(1 + |D_1 u|^2 + |D_2 u|^2)^{-2},$$

die LEWY zuvor bewiesen hatte, das entscheidende Hilfsmittel, vgl. [163].

Da wir in Teil III von den weiteren Beiträgen zu den Problemen von WEYL und MINKOWSKI ausschließlich Arbeiten von HEINZ im Zusammenhang mit a priori-Schranken für elliptische Systeme anführen werden, sei an dieser Stelle auf die Beiträge von NIRENBERG [197] und von POGORELOW [205] wenigstens hingewiesen. Sie befassen sich mit dem Fall differenzierbarer Daten; vgl. auch den Artikel „Differentialgeometrie" von P. Dombrowski in diesem Band.

7 Regularität von Lösungen elliptischer Differentialgleichungen

HILBERT nannte es *„eine der begrifflich merkwürdigsten Tatsachen"*, daß es partielle Differentialgleichungen gibt, die ausschließlich analytische Funktionen als Lösungen besitzen. So wird durch $\Delta u = 0$ eine Aussage allein über die zweiten Ableitungen von u gemacht; sie legt aber fest, daß alle Ableitungen von u existieren müssen und gewissen Wachstumsbedingungen genügen. HILBERT fand, daß die Beispiele für dieses Verhalten jeweils Euler-Lagrange-Gleichungen von Variationsintegralen der Form $\int f(x, u, Du)\,dx$ sind, bei denen f eine analytische Funktion und $f_{p_i p_j}(x, u, p)\xi^i\xi^j \geq \nu|\xi|^2$ ist. In seinem 19. Problem stellte HILBERT dann die Frage, ob diese Eigenschaft bei allen Variationsintegralen dieser Art vorliege.

Diese Fragestellung wurde bereits in den ersten Untersuchungen über die Variationsprobleme hinaus auf allgemeine elliptische Gleichungen ausgedehnt und regte vielfältige Beiträge an. Zur nichtlinearen Gleichung

$$F(x, y, u, p, q, r, s, t) = 0 \tag{7.1}$$

mit $p = u_x$, $q = u_y$, $r = u_{xx}$, $s = u_{xy}$ und $t = u_{yy}$ stammt das erste Resultat von S. BERNSTEIN, vgl. [13]: Wenn F in allen Argumenten analytisch und vom elliptischen Typus ist, d.h. $4F_rF_t - F_s^2 > 0$ erfüllt, dann ist auch die Lösung u analytisch, sofern sie bereits stetige Ableitungen dritter Ordnung besitzt. Zum Beweis benutzte BERNSTEIN komplizierte Reihenabschätzungen sowie ein Resultat für die speziellere Gleichung

$$\Delta u = f(x, y, u, p, q), \tag{7.2}$$

deren Lösung u er bereits unter der Voraussetzung $u \in C^2$ als analytisch nachwies; in früheren Beiträgen war hier dreimalige Differenzierbarkeit vorausgesetzt worden. Die Beschränkung auf zwei unabhängige Variable schien den Mathematikern damals von geringer Bedeutung zu sein; erst später wurde klar, daß der Fall von drei oder mehr Veränderlichen unter Umständen ganz andere Methoden erfordert.

Analog zu BERNSTEINS Verbesserung für (7.2) richtete sich zunächst die Aufmerksamkeit auf die Frage, ob die Voraussetzung $u \in C^3$ nicht auch für andere Gleichungen abgeschwächt werden könnte. Für quasilineare Gleichungen

$$au_{xx} + 2bu_{xy} + cu_{yy} = f, \tag{7.3}$$

wo a, b, c und f analytische Funktionen von x, y, u, p, q sind, wies LICHTENSTEIN [168] nach, daß $u \in C^2$ bereits Analytizität impliziert; die Klasse (7.3) umfaßt insbesondere die Eulerschen Gleichungen von regulären Variationsproblemen.

Die Aufmerksamkeit richtete sich nun als nächstes auf die Frage, wann die BERNSTEINsche Voraussetzung $u \in C^3$ erfüllt ist. Ein erstes Resultat erzielte 1912 LICHTENSTEIN [168], der zeigen konnte, daß $u \in C^2$ ausreicht.

Obgleich er als Anfangsregularität $u \in C^4$ voraussetzen mußte, ist der Analytizitätsbeweis von H. LEWY [161], [162] doch methodisch bedeutsam. Ihm gelang es nämlich, über eine Anfangswertaufgabe für ein hyperbolisches Problem die Lösung ins Komplexe fortzusetzen und zu zeigen, daß diese Fortsetzung holomorph ist.

Eine solche Fortsetzung benutzte auch E. HOPF [121] bei dem Nachweis, daß eine Lösung analytisch ist, sobald sie von der Klasse $C^{1,\alpha}$, $\alpha \in (0, 1)$, ist.

Dazu nutzte er aus, daß die ersten Ableitungen der Lösung eine Integralgleichung erfüllen; auch brauchte er keine Einschränkung über die Anzahl der unabhängigen Variablen zu machen. Zuvor hatte HOPF in [120] den LICHTENSTEINschen Satz bei zweidimensionalen Variationsproblemen verbessert; aus $u \in C^{1,\alpha}$ konnte über eine gleichmäßige Abschätzung für die Differenzenquotienten von u_x und u_y auf $u \in C^2$ geschlossen werden.

Das Resultat von E. HOPF erwies sich insofern als fundamental, als auch bei Regularitätsuntersuchungen für Variationsprobleme oder für allgemeinere elliptische Gleichungen sich die Klassen $C^{k,\alpha}$ der hölderstetigen Funktionen als methodisch angemessen herausgestellt hatten. Was jetzt noch fehlte, war der Schritt von der minimalen Regularität, die eine Lösung gemäß dem Existenzbeweis besitzt, zur Regularitätsklasse $C^{1,\alpha}$. Wie wir beim Dirichletschen Prinzip gesehen haben, wurde die Lösbarkeit durch Erweiterung des Lösungsbegriffes erzielt, was aber mit sehr geringer Regularität der Lösung zu bezahlen war. Die endgültige Lösung des 19. Hilbertschen Problems gelang C. B. MORREY um 1940. Im Falle zweier unabhängiger Variablen bewies er in [188], daß eine Lösung von

$$-D_i(a_{ij}D_j u) + b_i D_i u + cu = 0 \tag{7.4}$$

mit nur meßbaren und beschränkten Koeffizienten notwendig hölderstetig ist. Dabei wird u als Lösung von (7.4) angesehen, wenn es mitsamt seinen ersten Ableitungen quadratintegrabel ist und die Gleichung

$$\int_\Omega (a_{ij}D_j u D_i\varphi + b_i D_i u\varphi + cu\varphi)dx = 0 \tag{7.5}$$

für alle φ mit Randwerten Null gilt, die dieselben Integrabilitätseigenschaften wie u besitzen. Solche Gleichungen treten aber bei den Untersuchungen von Variationsintegralen $\int f(x, u, Du)dx$ auf. Ist f beispielsweise von quadratischem Wachstum, gilt also

$$m|p|^2 \le f(p) \le M|p|^2,$$

so kann man das Variationsintegral in H_2^1 minimieren. Damit aber die elliptische Gleichung

$$D_i(f_{p_ip_j}(Du)D_jD_k u) = 0$$

für die Ableitung $v_k = D_k u$ überhaupt sinnvoll ist, muß $f_{p_ip_j}(Du) \in L_\infty$ vorausgesetzt werden. Man beachte, daß in die analytische Funktion f eine nur wenig reguläre Funktion eingesetzt wird.

MORREY bewies nun mit einem Kriterium, welches das Wachstum des Dirichletschen Integrals $D(r) := \int_{B_r(x_0)} |Du|^2 dx$ als Funktion von r betrifft, daß eine H_2^1-Lösung von (7.4) hölderstetig ist. Die Ungleichung $D(r) \le Cr^{2\alpha}$ für alle $x_0 \in \Omega' \subset \Omega$ impliziert nämlich, daß u in $\Omega'' \subset\subset \Omega'$ hölderstetig ist mit dem Exponenten α. Damit fand MORREY eine Bedingung, die eine Brücke schlägt vom Verhalten von L_2-Funktionen (hier: $Du \in L_2$), für die punktweise Aussagen zunächst keinen Sinn haben, zu der punktweisen Eigenschaft der Hölderstetigkeit. Weitere Kriterien dieser Art werden wir in Abschnitt 10 bei der Besprechung von anderen Beiträgen zu HILBERTS 19. Problem kennenlernen.

Wir haben uns hier auf Beiträge zu allgemeinen Gleichungen beschränkt; für verschiedene spezielle Fälle, etwa für die Minimalflächengleichung, hatten HAAR und RADÓ schon früher Analytizitätsbeweise gegeben. Darüber hinaus zeigte HAAR, daß sich für das Flächenfunktional (2.18) das von HILBERT ins Auge gefaßte Existenz- und Regularitätsprogramm lückenlos ausführen läßt.

8 Die Methode der a priori-Schranken

Unter einer a priori-Schranke verstehen wir eine Ungleichung der Form

$$\|u\| \leq C, \tag{8.1}$$

die für jede möglicherweise existierende Lösung u einer partiellen Differentialgleichung oder eines Randwertproblems für eine solche gilt; die hierbei auftretende Norm muß im Einzelfall festgelegt werden. Wie wir in anderem Zusammenhang in Abschnitt 1 bereits sagten, beruht auf derartigen Ungleichungen eine wichtige Methode, Lösungen nichtlinearer Gleichungen nachzuweisen.

Eine leicht zu zeigende a priori-Schranke ist die folgende: Sei u eine in $\Omega \subset \mathbb{R}^n$ harmonische Funktion, die auf $\Sigma := \partial\Omega$ die Randwerte g annimmt. Dann gilt

$$|Du(y)| \leq \frac{n}{\operatorname{dist}(y,\Sigma)} \sup_{\Sigma} |g|. \tag{8.2}$$

Zum Beweis benutzen wir, daß mit u auch Du harmonisch ist; also liefert die Gaußsche Mittelwertformel

$$Du(y) = \frac{1}{|B_R(y)|} \int_{B_R(y)} Du(x)\,dx = \frac{1}{|B_R(y)|} \oint_{\partial B_R(y)} u \cdot \nu\, d\sigma(x) \leq \frac{n}{R} \sup_{\partial B_R(y)} |u|,$$

und somit

$$|Du(y)| \leq \frac{n}{\operatorname{dist}(y,\Sigma)} \sup_{\Omega} |u|. \tag{8.3}$$

Zusammen mit dem Maximumprinzip für harmonische Funktionen erhalten wir damit (8.2). Man beachte, daß bei den im Beweis von (8.2) verwandten Hilfsmitteln, nämlich der Mittelwertformel und dem Maximumprinzip, kein Existenzsatz für die Dirichletsche Randwertaufgabe der Potentialtheorie benutzt wurde.

Eines der wichtigsten Hilfsmittel bei dem Beweis von a priori-Schranken sowie bei einer Reihe anderer Fragen wie etwa nach der Eindeutigkeit einer Lösung stellen Maximumprinzipien dar. Ist u eine Funktion der Klasse $C^0(\bar{\Omega}) \cap C^2(\Omega)$, die in Ω die Ungleichung

$$Mu := a_{ij} D_i D_j u + b_i D_i u \geq 0 \quad (\text{bzw. } \leq 0)$$

erfüllt, so nimmt sie ihr Maximum (bzw. Minimum) auf $\bar{\Omega}$ in einem Randpunkt von Ω an. Hieraus ergibt sich

$$\sup_{\Omega} u = \sup_{\Sigma} u \quad (\text{bzw. } \inf_{\Omega} u = \inf_{\Sigma} u),$$

wobei Σ den Rand von Ω bezeichnet.

Eine wichtige Verschärfung dieses Maximumprinzips entdeckte E. Hopf [124]; sie besagt das folgende: Ist u eine C^2-Lösung der Ungleichung $Mu \geq 0$ in Ω, die auf $\bar{\Omega}$ stetig ist und die Ungleichung $u(x_0) > u(x)$ für einen Punkt $x_0 \in \partial\Omega$ und für alle $x \in \Omega$ erfüllt, so gilt für die Ableitung von u in Richtung der äußeren Normalen ν von Σ an der Stelle x_0 die Ungleichung

$$\frac{\partial u}{\partial \nu}(x_0) > 0,$$

sofern Σ regulär ist und diese Richtungsableitung existiert (andernfalls ist sie als ein limes inferior geeigneter Differenzenquotienten zu interpretieren). Hieraus folgt unmittelbar, daß eine Lösung u von $Mu \geq 0$ eine Konstante sein muß, wenn sie ihr Maximum in einem inneren Punkt annimmt.

Arbeiten über a priori-Schranken wirken nicht nur durch ihre Beweise, sondern auch in ihren Resultaten als sehr technisch, weil sie im allgemeinen nur zusammen mit anderen a priori-Schranken und einem abstrakten Fixpunktargument einen Existenzsatz liefern. Wir wollen daher die heute gebräuchlichen Verfahren zuerst erläutern, weil nur so zu ersehen ist, welche Art von a priori-Schranken dann im einzelnen benötigt werden.

Randwertaufgaben für die allgemeine lineare elliptische Differentialgleichung zweiter Ordnung

$$Lu := a_{ij}(x) D_i D_j u + b_i(x) D_i u + c(x) u = f(x) \tag{8.4}$$

oder für eine nichtlineare Gleichung der Form

$$\Delta u = f(x, u, Du, D^2 u) \tag{8.5}$$

können, wenn geeignete Regularitätsannahmen an die Koeffizienten in (8.4) bzw. Kleinheitsannahmen an die Nichtlinearität f in (8.5) gemacht werden, mittels eines Fixpunktsatzes gelöst werden. Das bedeutet, daß eine Funktionenmenge $\mathscr{X}$ und eine Abbildung $T: \mathscr{X} \to \mathscr{X}$ gefunden werden müssen, so daß die Probleme (8.4) und (8.5) letztlich auf die Gestalt

$$u = T(u) \tag{8.6}$$

gebracht werden können. Bezeichnen wir mit Δ^{-1} den Lösungsoperator der Poissonschen Gleichung bei homogenen Dirichletschen Randwerten, die der Einfachheit hier vorliegen mögen, so kann man (8.5) in der Form

$$u = \Delta^{-1} f(x, u, Du, D^2 u) \tag{8.7}$$

schreiben. Selbst für eine analytische Funktion f ist die Zusammensetzung $f(x, u, Du, D^2 u)$ nur so regulär wie die zweiten Ableitungen von u. Damit also der durch $v(x) = T(u(x)) := \Delta^{-1} f(x, u, Du, D^2 u)$ definierte Operator T eine Funktionenmenge $\mathscr{X}$ in sich abbildet, muß diese so beschaffen sein, daß $\Delta^{-1} w$ für $w \in \mathscr{X}$ um (mindestens) zwei Ableitungen regulärer ist als w selbst. Wie in Abschnitt 2 bereits ausgeführt wurde, besitzen Hölderräume gerade diese Eigenschaft: Der Lösungsoperator Δ^{-1}, der durch eine Kombination von Potentialen ausgedrückt werden kann, bildet $C^{0,\alpha}$ nach $C^{2,\alpha}$ ab. Also müssen wir $\mathscr{X} = C^{2,\alpha}$ wählen, damit in $\mathscr{X}$ die Ausdrücke $T(u)$, $T(Tu)$, usw. gebildet werden können. Konvergenz einer solchen Folge ergibt sich im einfachsten Falle, wenn man zeigen kann, daß T eine kontrahierende Abbildung ist. Falls beispielsweise $f(x, 0, 0, 0) = 0$ ist, so gilt offenbar für hinreichend kleine u

$$\| f(\cdot, u, Du, D^2 u)\|_{C^{0,\alpha}} \leq C_1 \|u\|_{C^{2,\alpha}}, \tag{8.8}$$

wobei die Konstante C_1 nur von f, nicht aber von u abhängt, so daß zum Nachweis, daß T kontrahierend ist, noch die Abschätzung

$$\|\Delta^{-1} \varphi\|_{C^{2,\alpha}} \leq C_2 \|\varphi\|_{C^{0,\alpha}} \tag{8.9}$$

mit $C_1 C_2 < 1$ fehlt. Die Ungleichung (8.9) ist nun die zur Lösung von (8.5) benötigte a priori-Schranke; üblicherweise formuliert man sie so: Sei u eine Lösung von

$$\Delta u = \varphi \text{ in } \Omega, \qquad u = 0 \text{ auf } \Sigma.$$

Dann gilt

$$\|u\|_{C^{2,\alpha}} \leq C_2 \|\varphi\|_{C^{0,\alpha}}, \tag{8.10}$$

wobei C_2 nicht von u abhängt. Schließlich ergibt sich die Abschätzung $C_1 C_2 < 1$ aus einer geeigneten Kleinheitsannahme an f.

Zur Lösung der ersten Randwertaufgabe für (8.4) betrachtet man eine Fortsetzung längs eines Parameters τ, die durch die Gleichung

$$L_\tau u := (1 - \tau)\Delta u + \tau L u = f \tag{8.11}$$

definiert wird. Für $\tau = 0$ ist die Lösbarkeit bekannt; gesucht ist eine Lösung zum Parameter $\tau = 1$, und diese läßt sich mittels der folgenden a priori-Schranke zeigen: Ist u eine Lösung der Dirichletschen Randwertaufgabe zu (8.11), so gilt

$$\|u\|_{C^{2,\alpha}} \leq C \|f\|_{C^{0,\alpha}}, \tag{8.12}$$

wobei C nur von den Koeffizienten von L und von Ω, nicht aber von u oder τ abhängt.

Ist nun (8.11) für den Parameterwert τ lösbar, so auch für $\tau + \varepsilon$, wobei $\varepsilon > 0$ nicht von τ abhängt. Beginnt man also bei $\tau = 0$, so erreicht man nach endlich vielen Schritten den Parameterwert $\tau = 1$. Wir schreiben dazu $L_{\tau+\varepsilon}u = f$ in der Form

$$L_\tau u = f + (\varepsilon\Delta - \varepsilon L)u \quad \text{oder} \quad u = L_\tau^{-1}(f + \varepsilon\Delta u - \varepsilon L u).$$

Dann liefert aber dieselbe Überlegung wie zuvor bei (8.7) die Behauptung.

A priori-Schranken in Höldernormen für elliptische Randwertaufgaben nennt man üblicherweise Schauderschranken. Es gelang nämlich SCHAUDER in den Arbeiten [215] und [216] folgendes zu zeigen: Sei die Differentialgleichung $Lu = f$ in Ω zusammen mit der Randbedingung „$u = g$ auf Σ" gegeben, wobei Ω ein Gebiet im $\mathbb{R}^n$ bezeichnet, dessen Rand Σ von der Klasse $C^{2,\alpha}$ ist; die Koeffizienten a_{ij}, b_i und c seien hölderstetig mit dem Exponenten α. Dann gilt für jede Lösung u:

$$\|u\|_{C^{2,\alpha}(\bar{\Omega})} \leq C\left\{\|f\|_{C^{0,\alpha}(\bar{\Omega})} + \|g\|_{C^{2,\alpha}(\Sigma)}\right\}. \tag{8.13}$$

SCHAUDER bewies (8.13), indem er das Problem lokal auf den Fall konstanter Koeffizienten zurückführte; $Lu = f$ ist nämlich von der Form

$$a_{ij}(x_0)D_iD_ju = f(x) + [a_{ij}(x_0) - a_{ij}(x)]D_iD_ju - b_i(x)D_iu - c(x)u,$$

und für x mit $|x_0 - x| < \delta$ ist die Differenz $a_{ij}(x_0) - a_{ij}(x)$ nach Voraussetzung klein, so daß die allgemeine lineare Gleichung lokal als Störung der Poisson-Gleichung betrachtet werden kann.

Wie wir bereits in Abschnitt 2 ausführten, fand O. HÖLDER in [117] den fundamentalen Zusammenhang zwischen der Existenz von zweiten Ableitungen des Newtonschen Potentials und der Hölderstetigkeit der Belegungsdichte. Die a priori-Abschätzungen für das Newtonsche Potential wurden von KORN [145] geliefert, allerdings unter Voraussetzungen an den Rand, die nicht optimal waren. Die Abschätzungen von $\|u\|_{C^{2,\alpha}}$ bis zum Rand gelang im allgemeinen Fall KELLOGG [139]. Für das Volumenpotential sowie für Flächenpotentiale lieferte LICHTENSTEIN in seinen vier Arbeiten [172] über Hilfssätze der Potentialtheorie die verschiedensten Abschätzungen; hier findet sich auch eine genaue Diskussion der optimalen Voraussetzungen der Randregularität. Zuvor hatte LICHTENSTEIN schon alle Abschätzungen in voller Schärfe in seinem berühmten und vielzitierten Enzyklopädieartikel [169] formuliert. Mit SCHAUDERS Untersuchungen, deren Resultate, wie er selbst ausführte, zum Teil schon in LICHTENSTEINS „*Hilfssätzen*" in allen Einzelheiten bewiesen waren, lagen dann die a priori-Schranken mit sehr durchsichtigen Beweisen vor. Sie stellen für die Behandlung linearer und quasilinearer elliptischer Differentialgleichungen ein wichtiges Hilfsmittel dar. Aus Gründen der historischen Gerechtigkeit sollte man also besser von Lichtenstein-Schauder-Abschätzungen sprechen.

Die Idee, a priori-Schranken zusammen mit einem Fortsetzungsargument zu verwenden, stammt von S. BERNSTEIN, der in [14] Randwertaufgaben für semilineare Gleichungen der Form $\Delta u = f(x, u, Du)$ in zwei unabhängigen Variablen studierte. Weil er f als analytisch voraussetzte und dementsprechend mit Majoranten für höhere Ableitungen von u arbeiten konnte, war es ihm möglich, mit einer a priori-Schranke für $\|u\|_{C^2}$ zu argumentieren. Allerdings ist seine Beweisführung insgesamt so kompliziert, daß die fundamentale Idee der a priori-Schranken bei ihm nicht völlig klar hervortritt. Erst in Verbindung mit der Rolle der Hölderräume wurde sie in den Händen von LICHTENSTEIN, SCHAUDER und LERAY-SCHAUDER zu einer Methode, die auf eine Vielzahl von Problemen angewendet werden kann. Ein Meilenstein auf diesem Wege war SCHAUDERS Arbeit [213], in der gezeigt wurde: Wenn eine elliptische Differentialgleichung für gewisse Daten lösbar ist, so ist sie es auch bei einer Störung dieser Daten, solange nur ihre Eindeutigkeit gesichert ist.

Von der Bedingung der Eindeutigkeit konnten sich LERAY [157] und LERAY-SCHAUDER [159] befreien. In seiner Dissertation [153] gelang es LERAY für verschiedene Probleme, insbesondere für die stationären Navier-Stokesschen Gleichungen, die Existenz von Lösungen nachzuweisen, ohne die Daten f bezüglich ihrer Kleinheit einschränken zu müssen. In solchen Fällen ist aber Eindeutigkeit nicht mehr gegeben. LERAYS Arbeit läßt schon in vielem die Entdeckung des Abbildungsgrades im Unendlichdimensionalen erahnen, die dann in der bahnbrechenden Arbeit [159] von LERAY und SCHAUDER zu finden ist. Wir werden später in Abschnitt 13 Beispiele dafür angeben, welch tiefe Aussagen über nichtlineare Probleme der Abbildungsgrad ermöglicht. Hier genügt es, den folgenden Fixpunktsatz von LERAY-SCHAUDER zu betrachten, den man übrigens auch mit Hilfe des Abbildungsgrades beweisen kann: Sei $\mathscr{X}$ ein Banach-Raum und $T\colon \mathscr{X} \times [0, 1] \to \mathscr{X}$ eine kompakte Abbildung mit $T(u, 0) = 0$ für alle $u \in \mathscr{X}$. Es gebe eine Konstante C, so daß für jedes $(u, \tau) \in \mathscr{X} \times [0, 1]$ mit $u - T(u, \tau) = 0$ die Abschätzung $\|u\|_{\mathscr{X}} < C$ gilt. Dann gibt es ein $u_0 \in \mathscr{X}$, so daß $u = T(u, 1)$ erfüllt ist.

Die Anwendung dieses Satzes auf quasilineare Differentialgleichungen der Form

$$\begin{aligned} a_{ij}(x, u, Du) D_i D_j u + b(x, u, Du) &= 0 \quad \text{in } \Omega \\ u &= g \quad \text{in } \Sigma \end{aligned} \tag{8.14}$$

erfolgt nun dadurch, daß wir (8.14) in eine Familie

$$\begin{aligned} a_{ij}(x, u, Du; \tau) D_i D_j u + b(x, u, Du; \tau) &= 0 \quad \text{in } \Omega \\ u &= \tau g \quad \text{in } \Sigma \end{aligned} \tag{8.15}$$

einbetten, die für $\tau = 1$ gerade das Ausgangsproblem (8.14) liefert; ferner sei $b(x, u, Du; 0) = 0$. Die nichtlineare Abbildung T wird dadurch definiert, daß jedem $v \in C^{1,\beta}(\overline{\Omega}) =: \mathscr{X}$ und jedem $\tau \in [0, 1]$ die eindeutige Lösung $u \in C^{2,\alpha\beta}(\overline{\Omega})$ des linearen Problems

$$\begin{aligned} a_{ij}(x, v, Dv; \tau) D_i D_j u + b(x, v, Dv; \tau) &= 0 \quad \text{in } \Omega \\ u &= \tau g \quad \text{in } \Sigma \end{aligned} \tag{8.16}$$

zugeordnet wird. Wenn es also gelingt, eine a priori-Schranke der Form

$$\|u\|_{C^{1,\beta}(\overline{\Omega})} < C \tag{8.17}$$

zu beweisen für alle u und τ, die (8.15) erfüllen, so ist T als Abbildung von $C^{1,\beta}(\overline{\Omega})$ in sich kompakt, da nach den Schauder-Schranken für *lineare* elliptische Gleichungen $T(v)$ in der $C^{2,\alpha\beta}(\overline{\Omega})$-Norm durch $\|v\|_{C^{1,\beta}(\overline{\Omega})}$ abgeschätzt werden kann und beschränkte Mengen aus $C^{2,\alpha\beta}(\overline{\Omega})$ in $C^{1,\beta}(\overline{\Omega})$ präkompakt sind. Zudem liefert die Regularität der Koeffizienten die Stetigkeit von T, so daß der Fixpunktsatz von Leray-Schauder angewandt werden kann. Damit ist dann die Existenz einer Lösung unseres Ausgangsproblems (8.14) gezeigt.

Neben Anwendungen dieses abstrakten Resultates auf nichtlineare Randwertaufgaben in [157] hat insbesondere LERAY in der Arbeit [156] die Frage untersucht, unter welchen Voraussetzungen es die Existenz einer C^1-Schranke ermöglicht, die zweiten Ableitungen abzuschätzen, und unter welchen Bedingungen an das Gebiet C^1-Schranken existieren. Hier wurden erstmals Zusammenhänge zwischen b und der Krümmung der Randkurve Σ aufgedeckt, die 30 Jahre später SERRIN vollständig beschrieben hat, vgl. Abschnitt 10.

Dem oben erwähnten globalen Existenzsatz von LERAY für stationäre Bewegungen zäher Flüssigkeiten entspricht bei ebenen isentropen Unterschallströmungen das folgende Resultat, das E. HÖLDER in seiner Lilienthal-Preisschrift von 1943 bewies, vgl. [116]. In einem ringförmigen ebenen Kanal werde ein Körper umströmt; als Maß für die Größe der äußeren Kräfte, die die Strömung bewirken, kann man den Fluß d durch einen beliebig fixierten Querschnitt des Kanals betrachten. Zu vorgegebenem d weist HÖLDER die Existenz einer Lösung nach; das Problem ist damit global gelöst, weil sich in der Strömung Geschwindigkeiten ergeben können, die beliebig nahe an die Schallgeschwindigkeit heranreichen. HÖLDERs Beweis benutzt eine Kontinuitätsmethode wie in (8.16). Die a priori-Schranken für eine Lösung bei großen Werten von d werden in Anlehnung an die Methoden von BERNSTEIN und SCHAUDER erbracht. Einen globalen Existenzsatz zu beweisen unter Verwendung des zu diesen Gleichungen gehörigen Variationsproblems gelang SHIFFMAN [225]; BERS [17] lieferte einen Beweis, der auf seinen Abschätzungen quasikonformer Abbildungen beruhte.

III Die Ausgestaltung der modernen Theorie

Einige wesentliche Aspekte der Entwicklung der Theorie partieller Differentialgleichungen bis zum 2. Weltkrieg haben wir in den vorangegangenen Paragraphen kurz beschrieben. Zu den Einseitigkeiten unserer Darstellung gehört, daß wir zwar betont haben, wie viele Anregungen die Mathematik auf diesem Gebiet der Physik verdankt, andererseits aber darauf verzichten, den umgekehrten Weg zu beschreiben. So hat etwa das Lehrbuch „*Methoden der mathematischen Physik*“ von COURANT und HILBERT, das viele der neueren Forschungsrichtungen aufgegriffen und weitergeführt hat, gerade im ersten Band eine Reihe mathematischer Verfahren bereitgestellt, die bei der Entwicklung der Quantenmechanik von größtem Nutzen waren. Nur zu oft verlaufen die Entwicklungen in der Mathematik und in den Wissenschaften, die sich mathematischer Methoden bedienen, völlig asynchron: Neue mathematische Verfahren sind für die meisten Anwendungsgebiete nicht direkt oder nicht sogleich von Bedeutung. Das Werk von COURANT und HILBERT bildet hier eine rühmliche Ausnahme.

Durch die Einwirkung der nationalsozialistischen Regierung auf die Universitäten, insbesondere durch Entlassung, Verfolgung und Vertreibung jüdischer Mathematiker, schließlich durch den weitgehenden Zusammenbruch des wissenschaftlichen Betriebes während des Krieges, verlor Deutschland seine führende Rolle auf dem Gebiet der partiellen Differentialgleichungen. An einigen Instituten gelang es jedoch, die Tradition aufrechtzuerhalten und an der weiteren Entwicklung mitzuarbeiten, so durch F. RELLICH und E. HEINZ in Göttingen, durch E. HÖLDER, H. BECKERT und P. GÜNTHER in Leipzig, durch W. HAACK und G. HELLWIG in Berlin, und durch C. MÜLLER in Aachen. Diese Mathematiker haben dann mit ihren Schülern erreicht, daß die partiellen Differentialgleichungen in Deutschland wieder zu einem Gebiet intensiver Forschung geworden sind. Einen Einfluß, der gar nicht überschätzt werden kann, hatte dabei das Courant Institute der New York University, wo sich viele Analytiker der ersten und zweiten Nachkriegsgeneration fortbilden und den Anschluß an die internationale Entwicklung wiedergewinnen konnten.

9 Schwache Lösungen - Lineare partielle Differentialgleichungen

Die Idee, Lösungen von Differentialgleichungen dadurch nachzuweisen, daß man den Begriff der Lösung selbst erweitert, finden wir bereits bei HILBERTS Begründung des Dirichletschen Prinzips und in seinem 19. Problem. „Verallgemeinerung des Lösungsbegriffs“ bedeutet dabei insbesondere, daß wir auch dann von einer Lösung sprechen wollen, wenn diese die ursprünglich vorgelegte Gleichung nicht notwendigerweise in allen Punkten erfüllt, etwa weil sie die in der Differentialgleichung auftretenden Ableitungen gar nicht im klassischen Sinne besitzt.

Neben den Variationsmethoden spielen die schwachen Lösungen eine wichtige Rolle; grundlegende Beiträge hierzu stammen von FRIEDRICHS und WEYL. Wir wollen hier die schwache Form der Potentialgleichung von WEYL in [251] wegen ihrer Anschaulichkeit kurz erläutern. Wenn man eine auf $\Omega \cup \Sigma$ gegebene Funktion f als Summe $f = \varphi + h$ darstellen kann, wobei $\varphi|_\Sigma = 0$ und h harmonisch ist, so hat man offenbar die erste Randwertaufgabe der Potentialtheorie gelöst, denn h nimmt auf Σ vorgeschriebene Randwerte f an. Betrachtet man für solche Funktionen das Skalarprodukt

$$\langle u, v\rangle_{\mathscr{D}(\Omega)} := \int_\Omega Du \cdot Dv\,dx,$$

so sind φ und h zueinander orthogonal:

$$\int_\Omega D\varphi \cdot Dh\,dx = -\int_\Omega \varphi \Delta h\,dx + \oint_\Sigma \varphi \frac{\partial h}{\partial n}\,d\sigma = 0,$$

und diese Eigenschaft liegt letztlich den Existenzbeweisen für schwache Lösungen zugrunde.

Weyl untersuchte die Randwertaufgabe der Potentialtheorie im Zusammenhang mit der Frage, wann ein Vektorfeld $f \in \mathrm{L}_2(\Omega; \mathbb{R}^3)$ sich als Gradient einer skalaren Funktion u schreiben läßt. Die Bedingung $\operatorname{rot} f = 0$ kann nicht nachgeprüft werden, da f nicht differenzierbar ist. Die Idee der schwachen Lösung besteht nun darin, die Differentialgleichung durch eine Integralrelation zu ersetzen,

$$\int_\Omega f \cdot \operatorname{rot} v\,dx = 0 \qquad \text{für alle } v \in C_c^1(\Omega; \mathbb{R}^3). \tag{9.1}$$

Die Differentiation wirkt nunmehr auf eine sogenannte Testfunktion und nicht auf die Lösung selbst. Wir nennen ein Vektorfeld f, das (9.1) erfüllt, wirbelfrei im schwachen Sinne. Analog heißt f im schwachen Sinne divergenzfrei, wenn

$$\int_\Omega f \cdot \operatorname{grad} u\,dx = 0 \qquad \text{für alle } u \in C_c^1(\Omega, \mathbb{R}) \tag{9.2}$$

gilt. Weyl bewies dann für ein im schwachen Sinne wirbelfreies Vektorfeld $f \in \mathrm{L}_2(\Omega; \mathbb{R}^3)$ die Zerlegung $f = \psi + k$, wobei ψ zum L_2-Abschluß der Felder der Form $\operatorname{grad}\varphi$, $\varphi \in C_c^1(\Omega; \mathbb{R})$, gehört und k im schwachen Sinne sowohl divergenzfrei als auch wirbelfrei ist. Wegen $\Delta k = \operatorname{grad}\operatorname{div} k - \operatorname{rot}\operatorname{rot} k$ ist ein solches k aber ein harmonischer Vektor, sofern k zweite Ableitungen besitzt. Tatsächlich implizieren (9.1) und (9.2), daß $\Delta f = 0$ gilt, und damit ist für die schwache Lösung gezeigt, daß sie auch eine Lösung im klassischen Sinne ist. Die Idee Weyls wurde von Kodaira in [144] für elliptische Gleichungen der Form $Lu = f$ ausgeführt.

Weitere grundlegende Beiträge zu diesem Fragenkreis stammen von Friedrichs, der insbesondere den Zusammenhang klärte zwischen den verschiedenen Möglichkeiten, einen Differentialoperator, der zunächst nur für reguläre Funktionen erklärt ist, fortzusetzen, d.h. auf einem umfassenderen Raum zu erklären, vgl. [70], [71]. Ebenfalls von Friedrichs stammen die ersten Resultate über H_2^2- bzw. höhere Regularität der schwachen Lösungen. Von Interesse sind in diesem Zusammenhang auch a priori-Schranken der Form

$$\|u\|_{\mathrm{H}_p^{k+2}} \leq C\{\|f\|_{\mathrm{H}_p^k} + \|u\|_{\mathrm{L}_2}\} \tag{9.3}$$

für Lösungen u des homogenen Dirichlet-Problems zu (8.4). Erste Sätze für $n = 2$, $k = 0$, $p = 2$ stammen von LICHTENSTEIN [170] und SCHAUDER [214]; den allgemeinen Fall behandelte wiederum FRIEDRICHS, vgl. [72]. Die Untersuchungen von FRIEDRICHS, LAX, NIRENBERG und F. E. BROWDER waren in vielerlei Hinsicht vorbildlich für die ganze nachfolgende Entwicklung der Regularitätstheorie.

Der Zugang mittels schwacher Lösungen ist nicht auf elliptische Differentialgleichungen zweiter Ordnung beschränkt. Für Differentialgleichungen $2m$-ter Ordnung der Form

$$\sum_{|\alpha|,\,|\beta|=0}^{m} D^{\alpha}(a_{\alpha\beta} D^{\beta} u) = f$$

mit $\alpha = (\alpha_1, \ldots, \alpha_n)$ und $\beta = (\beta_1, \ldots, \beta_n) \in \{(\mathbb{N} - \{0\})^n$, $|\alpha| = \alpha_1 + \ldots + \alpha_n$ und $D^{\alpha} u = \dfrac{\partial^{|\alpha|}}{\partial x_1^{\alpha_1} \ldots \partial x_n^{\alpha_n}} u$, können wir eine schwache Lösung (für das zugehörige homogene Dirichletproblem) durch

$$a(u, \varphi) = \int_{\Omega} (-1)^{|\alpha|} a_{\alpha\beta} D^{\beta} u \, D^{\alpha} \varphi \, dx = \int_{\Omega} f \varphi \, dx \qquad \text{für alle } \varphi \in \mathring{H}_2^m(\Omega)$$

erklären. Wesentlich für den Existenzbeweis sind Ungleichungen der Form

$$\|u\|_{\mathring{H}_2^m} \leq C \operatorname{Re}\{a(u, u) + \lambda \|u\|_{L_2}^2\},$$

die zuerst von L. GÅRDING [77] bewiesen wurde. Zu diesem Gebiet wie auch hinsichtlich der abschließenden Arbeiten von AGMON-DOUGLIS-NIRENBERG [1] über Abschätzungen für allgemeine elliptische Gleichungen und Systeme müssen wir für weitere Einzelheiten auf die Lehrbücher von MORREY [190] und LIONS-MAGENES [177] hinweisen.

Mit diesen Gegenständen haben wir den Bereich der Differentialoperatoren zweiter Ordnung, auf den sich die vorliegende Arbeit konzentriert, bereits verlassen, und in der Tat ist die Theorie der (allgemeinen) linearen Differentialoperatoren nach 1945 in einer höchst eindrucksvollen Weise aufgebaut worden. Ein Durchbruch gelang MALGRANGE [179] und EHRENPREIS [54] mit dem Nachweis, daß zu einem linearen Differentialoperator mit konstanten Koeffizienten stets eine Grundlösung existiert. Ausgehend von den klassischen Fällen hatte HERGLOTZ [99] für eine hyperbolische Anfangswertaufgabe höherer Ordnung sowie für ein elliptisches Problem solche Grundlösungen konstruiert. Von grundlegender Bedeutung für die in dem vorliegenden Bericht dargestellten Probleme sind die Beiträge [130] und [131] von JOHN. Auf den von ihm konstruierten Grundlösungen und Darstellungsformeln bauen nämlich unter anderem die Untersuchungen von AGMON, DOUGLIS und NIRENBERG [1] auf. Durch die systematische Verwendung von Methoden der Funktionalanalysis, insbesondere der Distributionentheorie, wurde auf diesem Gebiet eine klar strukturierte Theorie entwickelt; hiervon gibt die neue, vierbändige Monographie [118] von HÖRMANDER, dem viele wichtige und tiefliegende Beiträge in diesem Bereich zu verdanken sind, ein beeindruckendes Zeugnis. Insbesondere ist auf die Theorie der Pseudodifferentialoperatoren hinzuweisen.

10 Regularitätstheorie

In Abschnitt 7 haben wir bereits erwähnt, daß es für die Untersuchung der Regularität der Minima von Variationsproblemen entscheidend ist, schwache Lösungen von Gleichungen der Form

$$D_i(a_{ij} D_j u) + b_i D_i u + D_i(d_i u) + cu = f \tag{10.1}$$

zu untersuchen, bei der die Koeffizienten a_{ij}, b_i, c, d_i nur wenig regulär sind; insbesondere sollen die Koeffizienten a_{ij} bloß meßbar und beschränkt sein. Ohne Einschränkung an die Anzahl der unabhängigen Variablen gelang der Nachweis der Hölderstetigkeit einer schwachen Lösung von (10.1) DE GIORGI [38] und NASH [195] für den Fall $b_i = d_i = c = f = 0$. DE GIORGI verschärfte das von MORREY eingeführte Kriterium für das Wachstum des Dirichletschen Integrals, indem er nicht nur die Abhängigkeit vom Radius des Intergrationsgebietes kontrollierte, sondern im Integrationsgebiet, das nun $A(k, r) = B_r(x_0) \cap \{x: u(x) > k\}$ bzw. $B(k, r) = B_r(x_0) \cap \{x: u(x) < k\}$ ist, einen zweiten Parameter k einführte. Sein Kriterium besagt dann: Wenn $u \in L_2(\Omega) \cap H^1_{2,\mathrm{loc}}(\Omega)$ die Ungleichungen

$$\begin{cases} \displaystyle\int_{A(k,r)} |Du|^2 dx \leq \frac{\gamma}{(r-s)^2} \int_{A(k,s)} |u(x) - k|^2 dx \\ \displaystyle\int_{B(k,r)} |Du|^2 dx \leq \frac{\gamma}{(r-s)^2} \int_{B(k,s)} |u(x) - k|^2 dx \end{cases} \tag{10.2}$$

mit einer Konstanten γ und $0 < r < s$, $B_s(x_0) \subset\subset \Omega$, erfüllt, so ist u in $B_{s-\varepsilon}(x_0)$ hölderstetig.

Von MORREY [189] und STAMPACCHIA [234] wurde DE GIORGIS Methode auch auf den Fall erweitert, daß die Terme niederer Ordnung in (10.1) nicht verschwinden; ebenso ließ sie sich für den Nachweis der Regularität am Rand verwenden. Die bei weitem umfangreichste Untersuchung linearer und nichtlinearer elliptischer Gleichungen und Systeme auf der Basis von DE GIORGIS Verfahren lieferten LADYSCHENSKAJA und URALZEWA [150]; in Zusammenarbeit mit SOLONNIKOV konnten sie auf diese Weise auch parabolische Probleme behandeln, vgl. [148].

MOSER [193] gab 1960 einen weiteren Beweis des Regularitätssatzes von DE GIORGI und NASH mittels eines ganz neuen Verfahrens, das sich in der Folge für das Studium elliptischer Differentialgleichungen ebenfalls als sehr fruchtbar erwies. Bei der MOSERschen Methode werden, grob gesprochen, für Lösungen von (10.1) Ungleichungen der Form

$$\|u\|_{L_{p^\kappa}} \leq C\|u\|_{L_p}$$

mit $\kappa > 1$ nachgewiesen, die sich iterieren lassen und damit die „wesentliche Beschränktheit" der schwachen Lösung liefern. Mit derselben Methode gelangte MOSER in [194] zu einer Harnackschen Ungleichung

$$\sup_{B_r(x_0)} u \leq C \inf_{B_r(x_0)} u, \tag{10.3}$$

die es dann erlaubt, die Oszillation von u auf Kugeln zu kontrollieren, so daß sich am Ende Hölderstetigkeit ergibt. Auch MOSERS Verfahren ist in die Untersuchungen vieler Autoren eingeflossen; wir verweisen zur weiteren Orientierung auf die Monographie [83] von GILBARG und TRUDINGER.

Die Frage der höheren Regularität, d.h. ob eine Lösung von (10.1) zur Klasse H_p^{k+2} gehört, wenn die rechte Seite ein Element von H_p^k ist und die Koeffizienten geeignete Differenzierbarkeitsvoraussetzungen erfüllen, haben wir bereits in Abschnitt 9 berührt. Derartige Resultate erlauben es aber nicht, selbst wenn sie für alle k gelten, auf die Analytizität der Lösung zu schließen, da in einer Abschätzung der Form (9.3) die Konstante C von k abhängt. Nach Resultaten für spezielle Gleichungen durch PETROVSKI gelangen hier MORREY und NIRENBERG [192], nochmals erweitert durch MORREY [190], und FRIEDMAN [68], die abschließenden Analytizitätssätze für elliptische Gleichungen und Systeme. MORREY und NIRENBERG verwendeten dabei die Fortsetzung ins Komplexe, während FRIEDMAN sukzessive alle Ableitungen der Lösung abschätzte und das Wachstum der Konstanten genau kontrollierte.

Wir betrachten nun die Frage nach der Regularität vektorwertiger Lösungen von Variationsproblemen bzw. von Lösungen für Systeme elliptischer Differentialgleichungen. Für $u \in H_2^1(\Omega; \mathbb{R}^N)$, $N > 1$, bezeichne Du die Matrix der ersten Ableitungen $\left\{\frac{\partial u^i}{\partial x^\alpha}\right\}_{\substack{i=1,\dots,N\\ \alpha=1,\dots,n}}$. Dann kann man ein Variationsproblem der Form

$$\int_\Omega F(x, u, Du)\,dx \to \min \tag{10.4}$$

untersuchen, wobei F bezüglich Du quadratisch wächst, oder wir können schwache Lösungen $u \in H_2^1(\Omega; \mathbb{R}^N)$, $N > 1$, von

$$\sum_{\alpha,\beta=1}^{n} \sum_{j=1}^{N} D_\alpha(A_{ij}^{\alpha\beta}(x) D_\beta u^j) = f^i, \tag{10.5}$$

ins Auge fassen, die durch die Integralrelation

$$\int_\Omega A_{ij}^{\alpha\beta} D_\beta u^j D_\alpha \varphi^i\,dx = \int_\Omega f^i \varphi^i\,dx \quad \text{für alle } \varphi \in C_c^\infty(\Omega; \mathbb{R}^N) \tag{10.6}$$

definiert sind.

Wie im Falle einer einzelnen Gleichung stellt sich auch hier die Frage, unter welchen Bedingungen u regulär ist. Die zuvor genannten Methoden liefern für Systeme nicht die analogen Resultate, und in der Tat verhalten sich Systeme ganz anders als skalare Gleichungen. DE GIORGI [41] zeigte 1968, daß $u(x) = x \cdot |x|^{-\gamma}$, $\gamma = \frac{n}{2} \cdot \left(1 - [(2n-2)^2 + 1)^{-\frac{1}{2}}\right)$, $n \geq 3$ das eindeutig bestimmte Minimum von

$$\int\limits_{B_1(0)} A_{ij}^{\alpha\beta} D_\beta u^j D_\alpha u^i \, dx$$

mit Randwerten $u(x) = x$ auf $\partial B_1(0)$ ist. Die Matrix

$$A_{ij}^{\alpha\beta} = \delta_{\alpha\beta}\delta_{ij} + \left((n-2)\delta_{\alpha i} + n\frac{x^i x^\alpha}{|x|^2}\right)\left((n-2)\delta_{\beta j} + n\frac{x^i x^\beta}{|x|^2}\right)$$

ist meßbar und beschränkt. Die Funktion u ist ein Element von $H_2^1(B_1(0), \mathbb{R}^n)$ und erfüllt die zugehörigen Euler-Lagrange-Gleichungen, ist aber nicht beschränkt und erst recht nicht hölderstetig. GIUSTI und MIRANDA [87] lieferten ein schöneres Gegenbeispiel, bei dem $u(x) = x \cdot |x|^{-1}$ wie oben eindeutig bestimmtes Minimum des Variationsproblems

$$\int\limits_{\Omega} A_{ij}^{\alpha\beta} D_\alpha u^i D_\beta u^j \, dx \to \min$$

ist, bei dem die Koeffizienten $A_{ij}^{\alpha\beta}(x, u)$ sogar analytisch sind.

Angesichts dieses fundamentalen Unterschieds in der Regularität bei Gleichungen einerseits und Systemen andererseits hat man sich bei der Untersuchung von letzteren neuen Fragen zugewandt, so der partiellen Regularität. Hier stammen die ersten Beiträge von MORREY [191], GIUSTI und MIRANDA [86] und GIUSTI [84]. Sie haben zum Ziel, die Ausnahmemenge $\Omega_0 \subset \Omega$, auf der die Lösung nicht glatt ist, dem Maße nach abzuschätzen. Ein wesentliches analytisches Hilfsmittel stellt die Größe

$$\frac{1}{|B_r(x_0)|} \int\limits_{B_r(x_0)} |u - u_{x_0,r}|^2 \, dx \qquad \text{mit } u_{x_0,r} := \frac{1}{|B_r(x_0)|} \int\limits_{B_r(x_0)} u \, dx$$

dar. Sie beschreibt die Schwankung von u um den Mittelwert $u_{x_0,r}$ und kann als Maß für die Regularität von u dienen. Ein wesentlich stärkeres Hilfsmittel sind Abschätzungen der Form

$$\frac{1}{|B_r(x_0)|} \int\limits_{B_r(x_0)} |Du|^2 \, dx \leq c \frac{1}{|B_{2r}(x_0)|} \int\limits_{B_{2r}(x_0)} |Du|^q \, dx,$$

die wegen $q = \frac{2n}{n+2} < 2$ (für $n \geq 3$) *umgekehrte Höldersche Ungleichungen* genannt werden. Sie wurden von GIAQUINTA, GIUSTI und G. MODICA in wichtigen Beiträgen zur partiellen Regularität verwandt. Für Einzelheiten verweisen wir auf den Bericht [80] von GIAQUINTA.

Eine andere Richtung der Regularitätstheorie bezieht sich auf Systeme, die eine besondere Struktur aufweisen. Sie ergeben sich häufig aus differentialgeometrischen Fragestellungen, z. B. für harmonische Abbildungen zwischen Riemannschen Mannigfaltigkeiten oder für Flächen vorgeschriebener mittlerer Krümmung. Harmonische Abbildungen $u\colon \mathscr{X} \to \mathscr{M}$ zwischen zwei Riemannschen Mannigfaltigkeiten $\mathscr{X}$, $\mathscr{M}$ der Dimension n bzw. N und mit den Metriken $\gamma_{\alpha\beta}$ und g_{ij} sind definiert als kritische Punkte des Energiefunktionals

$$\mathscr{E}(u) = \int_M g_{ij}(u) u^i_{x^\alpha} u^j_{x^\beta} \gamma_{\alpha\beta}(x) \sqrt{\gamma(x)}\, dx,$$

wobei $(\gamma^{\alpha\beta}) = (\gamma_{\alpha\beta})^{-1}$ und $\gamma = \det(\gamma_{\alpha\beta})$.

Analytisch wesentliche Eigenschaften der zugehörigen Euler-Lagrange-Gleichungen sind zum einen die Diagonalform der Koeffizienten $A^{\alpha\beta}_{ij}$, d. h.

$$A^{\alpha\beta}_{ij} = a^{\alpha\beta} \delta_{ij},$$

und das quadratische Wachstum der rechten Seite

$$|f(x, u, p)| \leq a|p|^2 + b. \tag{10.7}$$

Die ersten grundlegenden Resultate über harmonische Abbildungen finden sich in der Arbeit [53] von Eells und Sampson. Sie wurden fortgesetzt von Hamilton [92], Hildebrandt-Kaul-Widman [113] und Jäger-Kaul [127] und neuerdings durch Schoen-Uhlenbeck [218] und Giaquinta-Giusti [81]. Regularität schwacher Lösungen u von Systemen

$$D_\beta(a^{\alpha\beta} u^i) = f^i(x, u, Du),$$

die $\|u\|_{L_\infty} \leq M$ erfüllen, konnte unter der optimalen Bedingung $aM < \lambda$ gezeigt werden, wobei λ die zu $a^{\alpha\beta}$ gehörige Elliptizitätskonstante ist. Wir verweisen hier insbesondere auf die Arbeiten von Wiegner [252]. Sätze vom Liouvilleschen Typ werden für gewisse Systeme erstmals von Frehse [65] bewiesen. Die Entwicklung bei diesem und anderen Problemen für harmonische Abbildungen ist ausführlich beschrieben in [108], [109].

Harmonische Abbildungen haben bei der Untersuchung geometrischer Fragen zu tiefen Resultaten geführt; des weiteren werden sie im Zusammenhang mit nichtlinearen Feldtheorien der theoretischen Physik benutzt. Wir weisen hier insbesondere hin auf die Berichte von Eells-Lemaire [50], [51], [52] sowie auf die Lecture Notes [108], [111] für Einzelheiten, die auch belegen, daß die Theorie der partiellen Differentialgleichungen in einem dauernden Austausch mit Geometrie und Physik steht.

Bei Minimalflächen und Flächen vorgeschriebener mittlerer Krümmung werden über die allgemein gestellten Fragen nach Existenz, Regularität und Eindeutigkeit von Lösungen hinaus geometrisch relevante Eigenschaften untersucht; als Beispiel sei nur das Auftreten von Verzweigungspunkten genannt, d. h. von Punkten, in denen die ersten Ableitungen $D_1 u$, $D_2 u$ des Ortsvektors u verschwinden. Ferner werden ganz neue Problemstellungen studiert; so ist bei freien Randwertproblemen die gesuchte Fläche nur zum Teil von einer vorgegebenen Kurve berandet, im übrigen endet sie auf einer Stützfläche.

Für die Untersuchungen von Verzweigungspunkten verweisen wir auf die wichtigen Beiträge von GULLIVER [88], GULLIVER-OSSERMAN-ROYDEN [90], H. W. ALT [5], [6] und GULLIVER-LESLEY [89], für die Regularität am Rande auf [105], [110], [93]. Neuere Beiträge zur Regularität am Rand studieren das Verhalten von Lösungen, wenn die Randkurve ein Streckenzug ist. Über den Bereich der Minimalflächen hinausgehend hat DZIUK sehr detaillierte Resultate geliefert, vgl. etwa [49].

Von der Vielfalt der geometrischen Eigenschaft und der Kraft der verwendeten Methoden in der Theorie von Minimalflächen geben die Monographie [200] von J. C. C. NITSCHE sowie die Lecture Notes von STRUWE [238], [240] und JOST [133] Zeugnis. Verschiedene Verallgemeinerungen der klassischen Fragestellungen wurden von OSSERMAN [203] diskutiert (insbes. Anhang 2 und 3).

11 A priori Schranken für elliptische Gleichungen und Systeme

Wie wir in Abschnitt 8 erläutert haben, bildet der Fixpunktsatz von Leray-Schauder das funktionalanalytische Gerüst für die Lösbarkeit quasilinearer elliptischer Differentialgleichungen. Dazu muß man für jede mögliche Lösung von

$$\begin{aligned} a_{ij}(x,u,Du;\tau)\,D_iD_ju &= b(x,u,Du;\tau) \quad &&\text{in } \Omega \\ u &= \tau g &&\text{auf } \Sigma \end{aligned} \tag{11.1}$$

eine a priori-Schranke

$$\|u\|_{C^{1,\beta}(\bar{\Omega})} \le C \tag{11.2}$$

nachweisen. Dies gelingt aber keineswegs für alle Gleichungen der Gestalt (11.1), und Gegenbeispiele zeigen, daß dies auch gar nicht anders zu erwarten ist. Inzwischen hat sich aber eine allgemeine Strategie zum Beweis von a priori-Schranken herausgebildet. Der Nachweis von (11.2) wird in vier Schritten geführt: Hierbei werden die vier verschiedenen Schranken

(i) $\sup_{\Omega} |u| \le C_1$

(ii) $\sup_{\Sigma} |Du| \le C_2$

(iii) $\sup_{\Omega} |Du| \le C_3$

(iv) $[Du]_{\beta,\bar{\Omega}} \le C_4$

bewiesen, wobei die Konstante C_i jeweils von denen der vorangehenden Ungleichungen abhängen darf; die Hölder-Halbnorm $[f]_{\alpha,E}$ einer Funktion $f\colon E \to \mathbb{R}^N$ ist erklärt durch $[f]_{\alpha,E} = \sup\limits_{x,y \in E} \dfrac{|f(x) - f(y)|}{|x - y|^{a}}$.

Die Ungleichungen (i)–(iv) sind unter ganz unterschiedlichen Voraussetzungen etabliert worden. Das allgemeinste Resultat bewiesen LADYSCHENSKAJA-URALZEWA [149] für (iv): Diese a priori-Schranke gilt, sofern nur die Koeffizienten $a_{ij} \in C^1$ und $b \in C^0$ (bzgl. aller Argumente) sind. Die wesentliche Idee des Beweises besteht darin, daß geeignete Kombinationen von $D_i u$ eine Differentialungleichung in Divergenzform erfüllen. Da für sie eine Harnackungleichung gilt, kan man für $D_i u$ die Oszillation, wie in (iv) gefordert, abschätzen.

In den Schritten (i) bis (iii) spielt eine geschickte Anwendung von Maximumprinzipien die wesentliche Rolle; dabei werden zum Nachweis der Gradientenschranken am Rande sogenannte Barrieren konstruiert. In vielen Fällen sind gerade diese Vergleichsfunktionen der entscheidende Schritt zum Nachweis der Existenz einer Lösung, d.h. in den Fällen, in denen es keine Lösung von (11.1) gibt, wird $|Du|$ bei Annäherung an den Rand gerade unendlich groß. Als Beispiel betrachten wir die Minimalflächengleichung

$$D_i \left(\frac{D_i u}{\sqrt{1 + |Du|^2}} \right) = 0$$

im Kreisring $\{(x_1, x_2) \in \mathbb{R}^2 : r^2 < x_1^2 + x_2^2 < R^2\}$. Schreibt man auf $\partial B_R(0)$ Randwerte $g \equiv 0$ und auf $\partial B_r(0)$ Randwerte $g \equiv M = \text{const}$ vor, so existiert keine klassische Lösung zu diesem Problem, wenn nur M größer als eine geeignete Konstante $M_0(r, R)$ ist. Untersucht man die Lösungen, die zu $M < M_0$ gehören, so stellt man fest, daß für $M \to M_0$ die Normalableitung auf $\partial B_r(0)$ nicht mehr beschränkt bleibt.

Das Beispiel zeigt auch, daß die Gradientenschranken am Rand im allgemeinen von der Geometrie des Gebietes abhängen, und diese geht in die Konstruktion der Barrieren explizit ein. Als Barrieren bezeichnet man Funktionen v^+ und v^-, die in einer Umgebung U von $x_0 \in \Sigma$ definiert sind und folgende Bedingungen erfüllen:

$$\begin{cases} \pm\, a_{ij}(x, v^{\pm}, Dv^{\pm}) D_i D_j v^{\pm} < b(x, v^{\pm}, Dv^{\pm}) & \text{in } U \cap \Omega \\ v^{\pm}(x_0) = u(x_0) & \\ v^-(x) \le u(x) \le v^+(x) & \text{auf } \partial(\Omega \cap U). \end{cases} \tag{11.3}$$

Die Anwendung des Maximumprinzips liefert dann

$$v^-(x) \le u(x) \le v^+(x) \quad \text{in } \Omega \cap U,$$

woraus

$$\frac{v^-(x) - v^-(x_0)}{|x - x_0|} \le \frac{u(x) - u(x_0)}{|x - x_0|} \le \frac{v^+(x) - v(x_0)}{|x - x_0|}$$

und schließlich mit $x = x_0 + hn(x_0)$ und $h \nearrow 0$ die Abschätzung

$$\frac{\partial v^-}{\partial n}(x_0) \le \frac{\partial u}{\partial n}(x_0) \le \frac{\partial v^+}{\partial n}(x_0)$$

folgt.

Einen Zusammenhang zwischen der Geometrie von Ω und dem Bestehen von $C^1(\bar{\Omega})$-Schranken hatte bereits LERAY in [157] erkannt. Nachdem verschiedene einzelne Resultate erbracht worden waren, lieferte SERRIN in [224] eine umfangreiche Untersuchung dieses Problems. Es ist erstaunlich, wie die abstrakte Methode der a priori-Schranken, kombiniert mit geometrischer Einsicht in die Gleichungen, zu abschließenden Resultaten führt. Als Beispiel sei der folgende Satz aus [224] zitiert: Sei $\Omega \subset \mathbb{R}^n$ eine beschränkte Menge mit C^2-Rand Σ. Dann ist das Dirichletproblem für die Gleichung vorgeschriebener mittlerer Krümmung $H = \text{const}$,

$$D_i\left(\frac{D_i u}{\sqrt{1+|Du|^2}}\right) = nH \text{ in } \Omega, \qquad u = g \text{ auf } \Sigma$$

für beliebige C^2-Randwerte g genau dann lösbar, wenn für die mittlere Krümmung h der Berandung Σ gilt:

$$h(x) \ge \frac{n}{n-1}|H|.$$

Eine Erweiterung auf den Fall variabler mittlerer Krümmung $H \in C^1(\bar{\Omega})$ ist möglich, wenn $H(x)$ eine weitere Ungleichung in Ω erfüllt, in die eine gewisse Fortsetzung der Randkrümmung eingeht.

Weitere Beispiele für Eigenschaften von Lösungen, wie sie typisch für nichtlineare Gleichungen im Gegensatz zu linearen sind, stellen die Hebbarkeitssätze für Singularitäten und der Bernsteinsche Satz dar. Eine in der punktierten Kreisscheibe $B_1(0) - \{0\} \subset \mathbb{R}^2$ harmonische Funktion u kann bekanntlich als harmonische Funktion in den Nullpunkt hinein fortgesetzt werden, wenn sie in der Umgebung dieses Punktes langsamer als $-\log|x|$ wächst; eine derartige Wachstumsbedingung ist für lineare elliptische Differentialgleichungen im allgemeinen die Voraussetzung dafür, die Lösung in einen isolierten Randpunkt hinein fortsetzen zu können. Bei der Minimalflächengleichung ist eine solche Singularität jedoch stets hebbar; sie kann also als Lösung in den Nullpunkt hinein fortgesetzt werden, ohne daß irgendeine zusätzliche Bedingung erfüllt sein müßte, vgl. BERS [16] und FINN [58].

In gleicher Weise typisch für nichtlineare Gleichungen ist der Bernsteinsche Satz, der besagt, daß eine Lösung der Minimalflächengleichung, die auf der ganzen Ebene definiert ist, notwendigerweise eine lineare Funktion sein muß. Verglichen mit dem Liouvilleschen Satz der Funktionentheorie ist auch hier hervorzuheben, daß die Lösung keinerlei Wachstumsbedingung unterworfen sein muß. Für diesen zuerst von S. BERNSTEIN [15] gefundenen Satz sind inzwischen verschiedene neue Beweise geliefert worden; der folgende stammt von J.C.C. NITSCHE [198]:

Für eine Lösung $u = u(x_1, x_2)$ der Minimalflächengleichung auf $\mathbb{R}^2$ sind die Kurvenintegrale

$$\int\limits_{(0,0)}^{(x_1,x_2)} \frac{1}{\sqrt{1+|Du|^2}} \left\{\left(1+u_{x_2}^2\right)dx_1 + u_{x_1}u_{x_2}\,dx_2\right\} \quad \text{und}$$

$$\int\limits_{(0,0)}^{(x_1,x_2)} \frac{1}{\sqrt{1+|Du|^2}} \left\{u_{x_1}u_{x_2}\,dx_1 + \left(1+u_{x_2}^2\right)dx_2\right\}$$

wegunabhängig; folglich können die Integranden aus Potentialen φ_1 und φ_2 gewonnen werden. Wegen $\varphi_{1,x_2} = \varphi_{2,x_1}$ ist auch (φ_1, φ_2) Gradient einer skalaren Funktion ϕ, und wir erhalten

$$\phi_{x_1x_1} = \frac{1+u_{x_1}^2}{\sqrt{1+|Du|^2}}, \qquad \phi_{x_1x_2} = \frac{u_{x_1}u_{x_2}}{\sqrt{1+|Du|^2}}, \qquad \phi_{x_2x_2} = \frac{1+u_{x_2}^2}{\sqrt{1+|Du|^2}}.$$

Dies liefert aber

$$\phi_{x_1x_1}\phi_{x_2x_2} - \phi_{x_1x_2}^2 = 1, \tag{11.4}$$

und folglich ist

$$\xi_1 = x_1 + \phi_{x_1}(x_1, x_2), \qquad \xi_2 = x_2 + \phi_{x_2}(x_1, x_2)$$

ein Diffeomorphismus des $\mathbb{R}^2$ auf sich. Definiert man nun $\zeta = \xi_1 + \mathrm{i}\xi_2$ und

$$w(\zeta) = x_1 - \phi_{x_1}(x_1, x_2) - \mathrm{i}(x_2 - \phi_{x_2}(x_1, x_2)),$$

wobei $x_i = x_i(\xi_1, \xi_2)$, $i = 1, 2$, einzusetzen ist, so ist w eine ganze holomorphe Funktion der neuen Variablen ζ. Wegen

$$|w'(\zeta)|^2 = \frac{\phi_{x_1x_1} + \phi_{x_2x_2} - 2}{\phi_{x_1x_1} + \phi_{x_2x_2} + 2} < 1$$

ist w' nach dem Liouvilleschen Satz konstant. Aus $\left|\frac{\partial}{\partial \xi_1} \operatorname{Re} w(\zeta)\right|^2 = \alpha^2 < 1$ folgt

$$\phi_{x_2x_2} = \frac{2\alpha}{1-\alpha} + \frac{1+\alpha}{1-\alpha}\phi_{x_1x_1},$$

und setzt man dies in $|w'(\zeta)|^2 = \beta^2 < 1$ ein, so ergibt sich für $\phi_{x_1x_1}$ eine quadratische Gleichung, deren Koeffizienten nicht von x_1 oder x_2 abhängen. Damit sind $\phi_{x_1x_1}$ und $\phi_{x_2x_2}$, und wegen (11.4) auch $\phi_{x_1x_2}$, auf $\mathbb{R}^2$ konstant. Daraus ergibt sich, daß Du ein konstanter Vektor sein muß. Ein vorangehender Beweis von JÖRGENS [129] benutzte reelle Methoden, um zu zeigen, daß die Monge-Ampèresche Gleichung (11.4) nur Lösungen zuläßt, die höchstens quadratisch in ihren Argumenten sind.

In höheren Dimensionen wurde der Bernsteinsche Satz von DE GIORGI [40] für $n = 3$, ALMGREN [3] für $n = 4$ und SIMONS [226] für $n = 5, 6, 7$ bewiesen. BOMBIERI-DE GIORGI-GIUSTI [21] zeigten dann, daß der von SIMONS studierte Kegel $C = \{x \in \mathbb{R}^8: x_1^2 + \ldots + x_4^2 = x_5^2 + \ldots + x_8^2\}$ in $\mathbb{R}^8$ ein absolutes Minimum des Flächeninhalts liefert. Damit ließ sich für $n \geq 8$ die Existenz nichtlinearer Lösungen der Minimalflächengleichung zeigen.

Der Bernsteinsche Satz ist ein zentrales Resultat der Theorie nichtlinearer Differentialgleichungen; dies zeigt sich auch daran, daß er ganz unterschiedliche weiterführende Resultate angeregt hat. So gab FEDERER [56] eine Abschätzung für das Hausdorffsche Maß der Singularitätenmenge einer n-dimensionalen, minimalen Hyperfläche. Andererseits liefert ein Liouvillescher Satz für harmonische Abbildungen einen Satz vom Bernsteinschen Typ im $\mathbb{R}^n$, nunmehr bei beliebiger Dimension und Kodimension, falls die Gaußabbildung der betrachteten minimalen Mannigfaltigkeit nicht zu stark oszilliert, vgl. [112], [60].

Nach diesem Ausblick auf geometrische Aspekte nichtlinearer Differentialgleichungen wollen wir als neuere a priori-Abschätzungen auf die Arbeit [146] von KRYLOV über quasilineare Gleichungen und die Beiträge von CAFFARELLI-NIRENBERG-SPRUCK [24] zu den Monge-Ampèreschen Gleichungen hinweisen. Sie stehen als herausragende Ergebnisse für vieles, was wir hier nicht besprechen können.

Bei der Darstellung von a priori-Schranken für elliptische Systeme wollen wir uns hier auf grundlegende Arbeiten von E. HEINZ aus den Jahren 1953–1957 konzentrieren. Das Gebiet der nichtlinearen Systeme hat in den letzten 15 Jahren einen großen Aufschwung genommen, wie wir hinsichtlich der Regularitätstheorie für ihre Lösungen im vorangegangenen Paragraphen erwähnt haben. Die Untersuchungen von HEINZ sind jedoch wesentlich früher entstanden und haben verschiedene, gerade für das Verhalten der Lösungen von Systemen charakteristische Eigenschaften erstmals aufgedeckt.

HEINZ untersuchte Systeme der Form

$$\Delta u = f(x, u, Du) \tag{11.6}$$

für Abbildungen $u: \Omega \to \mathbb{R}^N$, $N > 1$, $\Omega \subset \mathbb{R}^2$, wobei f ein in Du quadratisches Polynom ist. Wichtige Beispiele stellen die folgenden Systeme dar, die bei der Untersuchung differentialgeometrischer Fragen auftreten. Wenn u eine Fläche der mittleren Krümmung H in isothermen Parametern darstellt, so gilt

$$\Delta u = 2H(D_1 u \wedge D_2 u). \tag{11.7}$$

Will man auf einer Fläche positiver Gaußscher Krümmung isotherm-konjugierte Parameter u_1, u_2 einführen, d.h. soll die zweite Fundamentalform von der Gestalt $\lambda(du_1^2 + du_2^2)$ sein, so erfüllt u die Darbouxschen Gleichungen; sie sind von der Form (11.6) mit

$$f_i = \alpha_1^i |Du_1|^2 + \alpha_2^i (D_1 u_1 \cdot D_1 u_2) + \alpha_3^i |Du_2|^2. \tag{11.8}$$

Ferner gehören die elliptischen Monge-Ampère-Gleichungen

$$\begin{aligned} &A D_1 D_1 z + 2 B D_1 D_2 z + C D_2 D_2 z \\ &+ D_1 D_1 z\, D_2 D_2 z - (D_1 D_2 z)^2 - E = 0, \end{aligned} \tag{11.9}$$

die unter anderem beim Weylschen und Minkowskischen Einbettungsproblem untersucht werden, in diesen Zusammenhang, da man sie auf ein System der Form

$$\begin{aligned} \Delta u_i = {} & h_1^i\, |Du_1|^2 + h_2^i (Du_1 \cdot Du_2) + h_3 |Du_2|^2 \\ & + h_4 (D_1 u_1 D_2 u_2 - D_1 u_2 D_2 u_1) \end{aligned} \tag{11.10}$$

transformieren kann, so daß a priori-Schranken für dieses System zu Abschätzungen für (11.9) führen.

Unter der Voraussetzung, daß $\max_{\bar{\Omega}} |u|$ bereits beschränkt ist und die Koeffizienten in (11.7), (11.8), (11.10) beschränkte Funktionen sind, erfordert die Methode der a priori-Schranken, den Gradienten Du von Lösungen u der Differentialungleichung

$$|\Delta u| \le a\, |Du|^2 + b \tag{11.11}$$

mit $a, b \in \mathbb{R}^+$ abzuschätzen. Dies führt Heinz in drei Schritten durch:

(i) Herleitung der inneren Gradientenschranke, d.h. Beweis von $\max_{\bar{\Omega}'} |Du| \le C_1(a, b, \Omega')$ mit $\Omega' \subset\subset B_1(0)$;

(ii) Abschätzung des Stetigkeitsmoduls von u auf $B_1(0)$ durch a, b und den Stetigkeitsmodul von $u|_{\partial B_1(0)}$

(iii) Beweis der Ungleichung $\max_{B_1(0)} |Du| \le C_3(a, b, u|_{\partial B_1(0)})$.

Für die H-Flächen-Gleichung (11.7) bewies Heinz in [96] die gewünschten Schranken unter den Bedingungen $|H| < 1$, $|H| < \frac{1}{2}$ bzw. $|H| < \frac{1}{8}(\sqrt{17} - 1)$ und $\sup_{\Omega} |u| \le 1$. In [93] gelang es Heinz, diese a priori-Schranken für allgemeine Systeme der Form (11.6) bzw. (11.11) zu beweisen, sofern nur $a < 1$ bzw. $a < \frac{1}{2}$ ist. Die Voraussetzung $a < 1$ für innere Gradientenschranken ist scharf, wie das Beispiel $|\Delta u| = |Du|^2$ zeigt; es wird von $u_1 = \cos k x_1$, $u_2 = \sin k x_2$ erfüllt, und für $k \to \infty$ wird $|Du|$ beliebig groß. Man vergleiche hierzu die Voraussetzungen für (10.7) bei der Regularität harmonischer Abbildungen.

Für eineindeutige Abbildungen zwischen ebenen Gebieten, die einem System der Form (11.10) mit analytischen Koeffizienten genügen, hat H. Lewy bewiesen, daß die Jacobideterminante im Inneren des Gebietes nicht verschwindet. Diese Lösungen besitzen also eine Eigenschaft, die in der komplexen Analysis für schlichte Funktionen bekannt ist. Die sich hieran anschließende Frage, ob die Jacobische Determinante durch eine positive Konstante nach unten abgeschätzt werden kann, studierte Heinz in [95], [97]. Wie ein von ihm angegebenes Gegenbeispiel zeigt, ist dies im allgemeinen nicht möglich; überraschenderweise gilt aber stets

$$\min_{B_1(0)} |Du| \geq C_0 > 0.$$

Hinreichende Bedingungen für eine Schranke an die Jacobische Determinante sind nach [97, I] die Kleinheit der Koeffizienten und eine Schranke für das Dirichletsche Integral der Lösung oder nach [97, II] spezielle Relationen zwischen den Funktionen h_j^i aus (11.10).

Die HEINZschen Abschätzungen erwiesen sich insbesondere als nützlich, um die Existenz zweidimensionaler harmonischer Diffeomorphismen zu beweisen; vgl. Schoen-Yau [219], Jost [132] und Jost-Schoen [134].

12 Variationsrechnung

Nach der Grundlegung der direkten Methoden und Beiträgen zu einzelnen Problemen wurden für allgemeine Integrale $\mathscr{I}(u) = \int\limits_{\Omega} f(x, u, Du)\,dx$ Unterhalbstetigkeitssätze sehr intensiv studiert. Aus der Fülle der Ergebnisse greifen wir einen wichtigen Beitrag von DE GIORGI [42] heraus. Er bewies für vektorwertige Funktionen $u: \Omega \to \mathbb{R}^N$ die Unterhalbstetigkeit von $\mathscr{I}(u)$, wenn u_n in L_1 gegen u konvergiert und wenn Du_n schwach in L_1 gegen Du strebt. Vom Integranden f wird dabei vorausgesetzt, daß er meßbar in x ist für alle $(u, p) \in \mathbb{R}^N \times \mathbb{R}^{nN}$, stetig in der zweiten Variablen u für alle p und für fast alle x und konvex in p für alle u und fast alle x.

Das Plateausche Problem und seine Verallgemeinerungen stellt bis heute den Mathematikern Fragen, die sie zur Entwicklung immer neuer Methoden herausfordern. Wir können hier (mindestens) drei Richtungen unterscheiden, in die sich die Untersuchungen einordnen lassen. Bei der ersten wird der klassische Rahmen des Plateauschen Problems insofern nicht verlassen, als alle Fragestellungen zweidimensionale Flächen im $\mathbb{R}^3$ betreffen, die konform parametrisiert sind. Die Ausweitung des Plateauschen Problems besteht darin, daß nach Flächen vorgeschriebener mittlerer Krümmung $H \not\equiv 0$ gefragt wird, oder daß die Berandung nur zum Teil vorgeschrieben ist (halbfreies Problem), oder daß die zulässigen Flächen durch Ungleichungen, sog. Hindernisse, eingeschränkt sind.

Dann hat die Frage nach Flächen kleinsten Inhalts, wenn man sich nicht länger auf Hyperflächen im $\mathbb{R}^3$ beschränkt, zu sehr allgemeinen Konzepten für den Flächeninhalt geführt. Hieraus ist eine eigene mathematische Disziplin entstanden, die geometrische Maßtheorie.

Schließlich hat die Frage nach der Anzahl der Lösungen des Plateauschen Problems, jetzt wieder im klassischen Sinne verstanden, und damit verwandte Fragestellungen nach Stabilität, Isoliertheit usw. zu Untersuchungen mit Methoden der globalen Analysis geführt. Auch hier wird das Gebiet der Variationsrechnung im Grunde genommen verlassen, und wir stellen daher einige wichtige Resultate in Abschnitt 13 vor.

Das Plateausche Problem für Flächen konstanter mittlerer Krümmung wurde erstmals von HEINZ [94] gelöst, der solche Flächen als Minima des Variationsintegrals

$$\mathscr{E}(u) = \int_{B_1(0)} |Du|^2 dx_1 dx_2 + \tfrac{4}{3} H \int_{B_1(0)} u \cdot (D_1 u \wedge D_2 u) dx_1 dx_2 \tag{12.1}$$

charakterisierte, wobei $u: B_1(0) \to \mathbb{R}^3$ eine Darstellung der Fläche in konformer Parametrisierung ist. HEINZ wies die Existenz eines Minimums nach, indem er eine Minimalfolge geeignet glättete, wozu er die Lösbarkeit des Dirichlet-Problems für das System (11.7) benötigte. Wie in Abschnitt 11 ausgeführt, gelang ihm dies für $|H| < \frac{1}{8}(\sqrt{17} - 1)$, vorausgesetzt, daß der Umkugelradius der Randkurve ≤ 1 ist. H. WERNER [249] dehnte das Resultat auf den Fall $|H| < \frac{1}{2}$ aus.

Ein anderer Weg findet sich in [106] und [107], wo das zu (12.1) gehörige Variationsproblem in einer Kugel $\{|u| \leq R\}$ gelöst und anschließend mittels eines Maximumprinzips gezeigt wird, daß die Fläche den Rand dieser Kugel nicht berührt. Dies führt zu einer Lösung unter der Annahme $|H| \leq 1$.

In den Beiträgen von WENTE [248] und STEFFEN [235] werden Flächen konstanter mittlerer Krümmung als Minima des Flächeninhalt nachgewiesen unter der Nebenbedingung, daß das von u und einer gegebenen, ebenfalls von Γ berandeten Fläche eingeschlossene Volumen vorgeschrieben wird. Die Konstante H ergibt sich dann als Lagrangescher Parameter dieser Nebenbedingung.

Für Flächen vorgeschriebener variabler mittlerer Krümmung $H = H(u)$ wurden das Plateausche Problem sowie halbfreie Randwertaufgaben erstmals in [104] behandelt. Zum Nachweis einer Lösung wird das Funktional

$$\mathscr{E}(u) = \int_{B_1(0)} |Du|^2 dx_1 dx_2 + \int_{B_1(0)} Q(u) \cdot (D_1 u \wedge D_2 u) dx_1 dx_2 \tag{12.2}$$

mit $\operatorname{div} Q(u) = 4H(u)$ eingeführt, dessen Minima gerade Flächen der mittleren Krümmung $H(u)$ sind.

Hindernisprobleme stellen ein weiteres wichtiges Gebiet dar. Im skalaren Fall ist beispielsweise eine Fläche kleinsten Inhalts gesucht, die sich als Graph einer Funktion u über Ω schreiben läßt, auf Σ vorgeschriebene Randwerte g annimmt und zusätzlich eine Hindernisbedingung $u(x) \geq \psi(x)$ erfüllt. Da man nun nur in einer Richtung variieren kann, erfüllt das Minimum statt der Eulerschen Gleichung nur eine Variationsungleichung. In der Regularitätstheorie für solche Variationsungleichungen ist insbesondere von Interesse, wie sich die Lösung in der Nähe der Koinzidenzmenge $I = \{x \in \Omega: u(x) = \psi(x)\}$ verhält. Das optimale Ergebnis, daß nämlich u von der Klasse $C^{1,1}$ ist (und besser kann u im allgemeinen nicht sein, auch wenn die Daten ψ glatt sind), wurde erstmals von FREHSE

[63] geliefert. Für irreguläre ψ wiesen FREHSE und MOSCO [67] sowie FREHSE [66] nach, daß die Lösung hölderstetig ist. Für niederdimensionale Hindernisse (hier ist gemeint, daß der zweidimensionale Graph von u über einer durch ψ beschriebenen Kurve liegt) stammen die ersten Resultate von LEWY [166] und J.C.C. NITSCHE [199]; der Zusammenhang mit der Hebbarkeit von Singularitätenmengen macht diese Aufgabe besonders interessant. Variationsungleichungen höherer Ordnung wurden erstmals von FREHSE in [62], [64] studiert. Für parametrische Flächen wurden die ersten Untersuchungen von TOMI [241], [242] geliefert. Diese und verwandte Variationsmethoden haben sich auch bei den verschiedensten freien Randwertaufgaben der Physik als äußerst schlagkräftig erwiesen. Hier ist im allgemeinen die Lösung einer partiellen Differentialgleichung nachzuweisen auf einem Gebiet, das nicht vorgegeben ist, sondern durch eine weitere Relation festgelegt wird. Für derartige Probleme sind in letzter Zeit Variationsmethoden entwickelt worden, die zu weitreichenden Ergebnissen geführt haben. Auf dem Gebiet der Freistrahlströmungen, die bisher – unter geeigneten Einschränkungen – mit funktionentheoretischen Methoden untersucht wurden, gelang H.W. ALT, CAFFARELLI und FRIEDMAN der Durchbruch; man vergleiche [7] sowie weitere, in dem Standardwerk [69] von FRIEDMAN zitierte Arbeiten dieser Autoren. Auch bei diesem Fragenkreis ließe sich herausarbeiten, was wir in anderen Bereichen als wesentlich für die Entwicklung in den letzten 100 Jahren festgestellt haben.

Das Plateausche Problem, wie es in der geometrischen Maßtheorie formuliert wird, erfordert Begriffe, die den einer zweidimensionalen parametrisierten Fläche im $\mathbb{R}^3$ und ihres Flächeninhalts so auf den Fall höherer Dimension und Kodimension verallgemeinern, daß die direkten Methoden der Variationsrechnung anwendbar sind. Es geht also immer darum, daß man in der Klasse der zulässigen Objekte Kompaktheitsschlüsse ausführen kann, so daß die Klasse bezüglich schwacher Konvergenz abgeschlossen ist. Zumindest bei der ersten Stufe dieser Verallgemeinerungen, wo die Mengen endlichen Perimeters untersucht werden, läßt sich das leicht zeigen. Wir wollen aber zuvor daran erinnern, daß der Flächeninhalt auch bei klassischen zweidimensionalen Flächen im $\mathbb{R}^3$ ein schwieriger Begriff ist. So zeigte H.A. SCHWARZ [222], daß man für eine reguläre Fläche eine stückweise lineare Approximation angeben kann, die gleichmäßig konvergiert, deren Flächeninhalt aber gegen einen beliebig vorgegebenen Wert $A \geq A_0$ konvergiert, wenn A_0 der (elementargeometrisch bestimmte) Flächeninhalt der Grenzfläche ist.

Ein Maß für den Flächeninhalt von n-dimensionalen Hyperflächen im $\mathbb{R}^{n+1}$, das für die Anwendung der direkten Methoden geeignet ist, stellt der Perimeter dar. Nach Vorarbeiten von CACCIOPPOLI [22] wurden die grundlegenden Sätze von DE GIORGI [36], [37] bewiesen. Wir übernehmen hier aber nicht dessen Zugang, der Approximationen durch glatt berandete Mengen benutzt, sondern formulieren den Perimeter mit Begriffen der Maßtheorie, vgl. Miranda [187]. Sei $\Omega \subset \mathbb{R}^{n+1}$ eine offene, beschränkte Menge. Dann bezeichnen wir mit

$$P_\Omega(E) := \int_\Omega |D\varphi_E| \tag{12.3}$$

den Perimeter von E in Ω. Hierbei ist φ_E die charakteristische Funktion von E und $|D\varphi_E|$ die Totalvariation des Vektormaßes $D\varphi_E$, d.h.

$$\int_\Omega |D\varphi_E| := \sup\left\{\int_\Omega \varphi_E \sum_{i=1}^{n+1} D_i g_i dx : g_i \in C_c^1(\Omega), \sum_{i=1}^{n+1} g_i^2(x) \leq 1\right\}. \tag{12.4}$$

Wenn ∂E eine Hyperfläche der Klasse C^1 ist, so stimmt $D\varphi_E$ mit $\nu d\mathscr{H}^n$ überein, wobei ν die ins Innere von E gerichtete Einheitsnormale und $\mathscr{H}^n$ das n-dimensionale Hausdorffsche Maß ist. Das Plateausche Problem kann man nun so formulieren: Sei $\Omega \subset \mathbb{R}^3$ eine offene Menge und $K \subset \mathbb{R}^3$ eine weitere Menge, so daß $\partial K \cap \partial\Omega$ gerade die vorgeschriebene Berandung Γ ist. Dann bestimme man eine Menge $E \subset \mathbb{R}^3$, die außerhalb von Ω mit K übereinstimmt, so daß

$$\int_\Omega |D\varphi_E| \leq \int_\Omega |D\varphi_F|$$

für alle $F \subset \mathbb{R}^3$ mit $F \cap \Omega = E \cap \Omega$ ausfällt. Ist einmal der Perimeter wie in (12.4) erklärt, so machen die zum Nachweis eines Minimums erforderlichen Kompaktheits- und Unterhalbstetigkeitsschlüsse keine Mühe, da eine Folge von Maßen $D\varphi_{E_n}$, für die $|D\varphi_{E_n}|$ beschränkt ist, eine schwach konvergente Teilfolge besitzt. Der Ausweitung dieser Formulierung auf $\mathbb{R}^{n+1}$ statt $\mathbb{R}^3$ steht offenbar nichts im Wege. Hinsichtlich der Regularität der Minima bewies DE GIORGI [39], daß $\partial E \cap \Omega$ analytisch ist für $n \leq 7$; damit sind die Lösungen also wiederum klassische Hyperflächen. Es ist jedoch zu beachten, daß viele der Fragen, die beim Plateauschen Problem für zweidimensionale parametrisierte Flächen gestellt werden, im Rahmen der Theorie der Caccioppoli-Mengen nicht formuliert werden können. Das gilt für halbfreie Randwertprobleme, ja für die Frage der Randregularität überhaupt, da das minimale Objekt ∂E ja bereits selber Rand einer Menge ist; der Rand von ∂E ist aber in Ω von der Kodimension 2. Im übrigen ist zu bedenken, daß man nicht für jede Kurve Γ Mengen Ω und K angeben kann, so daß einerseits $\Gamma = \partial\Omega \cap \partial K$ ist, andererseits aber die Lösungen des Plateauschen Problems in Ω liegen. Der jeweils allgemeinere Zugang zum Plateauschen Problem hebt also keineswegs stets die vorangegangenen Methoden als überholt auf; vielmehr sind die verschiedenen Verallgemeinerungen und die mit ihnen einhergehenden Methoden eher als komplementär anzusehen. Dies geht auch aus dem folgenden Resultat für klassische Minimalflächen von HARDT und SIMON [93] hervor, das mit Methoden der geometrischen Maßtheorie bewiesen wurde: Jede genügend glatte Jordansche Kurve $\Gamma \subset \mathbb{R}^3$ berandet eine eingebettete Minimalfläche, deren topologischer Typ allerdings nicht bekannt ist. Vor allem ist hier aber hinzuweisen auf die vielfältigen Resultate von K. STEFFEN [236], [237] zum klassischen Plateauschen Problem bei variabler mittlerer Krümmung H, bei denen ebenfalls Methoden der geometrischen Maßtheorie herangezogen wurden. Neben Verschärfungen bereits bekannter Kriterien für die Lösbarkeit dieses Problems, die jeweils punktweise Abschätzungen an H fordern, fand STEFFEN, daß $\int_{\mathbb{R}^3} |H|^3\,dx < \frac{9\pi}{2}$ bereits die Lösbarkeit erzwingt.

Um n-dimensionale Minimalflächen im $\mathbb{R}^N$ bei beliebiger Kodimension studieren zu können, ist die Klasse der rektifizierbaren Ströme für die Anwendung von Variationsmethoden gerade geeignet. Bezeichnet $\mathscr{D}^p(\Omega)$ den Raum der reellen Differentialformen vom Grad p mit C^∞-Koeffizienten, deren Träger kompakt in Ω enthalten ist, so nennt man ein stetiges lineares Funktional auf $\mathscr{D}^p(\Omega)$ bekanntlich einen Strom. Von Interesse in unserem Zusammenhang sind nun speziell solche Ströme, die sich durch Integration darstellen lassen; sie sind, grob gesprochen, eine abzählbare Vereinigung von C^1-Mannigfaltigkeiten. Fundamentale Beiträge hierzu stammen von FEDERER und FLEMING [57], und insbesondere FEDERERS Buch [55] zeigt in beeindruckender Weise, wie tief die geometrische Maßtheorie in Topologie und Variationsrechnung verankert ist.

Weitere erstrangige Beiträge stammen von REIFENBERG [210] und insbesondere von ALMGREN [4], der auch allgemeinere Integrale als den Flächeninhalt untersuchte. Läßt man die Forderung, daß die zugrundeliegende Mannigfaltigkeit einen orientierten Tangentialraum besitzen soll, fallen und verlangt statt dessen nur, daß jedem Punkt der Mannigfaltigkeit lineare Räume der richtigen Dimension zugeordnet werden, so gelangt man zum Begriff der Varifaltigkeit, vgl. Allard [2]. Die Tangentialstruktur der Mannigfaltigkeit wird nun beschrieben durch ein Maß auf dem Graßmann-Bündel.

13 Verzweigungstheorie, globale Analysis

Bei der Beschreibung der Grundlegung der modernen Theorie haben wir als eine wesentliche Eigenschaft herausgestellt, daß mit der Veränderung der ursprünglichen Fragestellung eine größere Abstraktion einherging. Dies führte dazu, daß die gesuchte Lösung einer Differentialgleichung als Element (Punkt) eines unendlichdimensionalen Raumes aufgefaßt wird. Die Sicht von E. SCHMIDT, konsequent mit orthogonalen Funktionensystemen zu arbeiten, ist letztlich geometrischer Natur. Ebenso ist die Vorstellung eines Lösungszweiges wie etwa bei den Gleichgewichtsfiguren nichts weiter als eine lokale geometrische Beschreibung der Lösungsgesamtheit in der Umgebung einer bekannten Lösung. Dann haben wir im Zusammenhang mit der Methode der a priori-Schranken den Abbildungsgrad von Leray-Schauder erwähnt, ein topologischer Begriff, der weitaus mehr leistet, als einen Beweis für den dort benötigten Fixpunktsatz zu liefern; er stellt eine Invariante der Differentialgleichung dar, die jetzt mehr als Abbildung im Funktionenraum denn als punktweise Vorschrift über das Verhalten der Ableitungen einer einzelnen Funktion betrachtet wird. Die Lösungsmenge eines nichtlinearen Problems kann, wie die Gleichgewichtsfiguren zeigen, ganz verschieden sein für unterschiedliche Daten. Um diese Lösungsmenge aber beschreiben zu können, müssen wir sie für eine ganze Klasse von Daten betrachten. Das führt zur globalen Analysis, die im wesentlichen eine geometrische bzw. topologische Untersuchung der Lösungsgesamtheit im Funktionenraum liefert.

Analog zu unserer bisherigen Auswahl wollen wir diese Entwicklung wieder an Beispielen aus der Physik und der Geometrie darstellen: Probleme der Hydrodynamik führten zu immer ausgefeilteren Methoden der Verzweigungstheorie, und Verfahren der globalen Analysis haben ganz neue Aspekte der Lösungsmenge des Plateauschen Problems sichtbar gemacht.

In der mathematischen Hydrodynamik werden die unterschiedlichsten Methoden eingesetzt, weil die dort auftretenden Probleme außerordentlich vielfältig sind und über den Bereich der hier beschriebenen Randwertaufgaben weit hinausgehen. Neben den Randwert- und Anfangswertproblemen für die verschiedenen Bewegungsgleichungen werden unter anderem Stoßwellen, Grenzschichtphänomene und Probleme mit einer freien Oberfläche studiert. So sind Oberflächenwellen von LEVI-CIVITA [160] und LICHTENSTEIN [173] durch Integralgleichungen beschrieben worden, die dann durch sukzessive Approximation gelöst wurden. Derartige Aufgaben können oft mittels konformer Abbildung auf ein Randwertproblem im Einheitskreis oder in einem Kreisring transformiert werden. BECKERT gelang es, die Existenz von Schwerewellen und von Kapillar-Schwerewellen dadurch nachzuweisen, daß er sie als ein nichtlineares Problem auf der Kreislinie formulierte, das dann mit dem Schauderschen Fixpunktsatz gelöst wurde, vgl. z. B. [11], [12]. Wie vielfältig dieser Ansatz einsetzbar ist, belegt die umfangreiche Arbeit [255] von E. ZEIDLER, der eine ganze Klasse freier Randwertaufgaben damit behandeln konnte.

Unter den vielen Beiträgen zu Solitärwellen, periodischen Wellen und ähnlichem wollen wir auf die neue Arbeit [8] von AMICK und KIRCHGÄSSNER hinweisen, in der erstmals Solitärwellen unter dem Einfluß von Oberflächenspannung nachgewiesen werden. Es wird dabei eine überraschende Abhängigkeit des Lösungsverhaltens von dem Parameter $\nu = \sigma/gh^2$ gefunden, wobei σ die Oberflächenspannung, g die Gravitationskonstante und h die Höhe im Unendlichen ist; für $\nu > \frac{1}{3}$ wird eine vollständige Analyse dieses Problems gegeben.

Gegenüber der Lösungsverzweigung, die wir bei den Gleichgewichtsfiguren angesprochen haben, fand E. HOPF in [122] ein völlig neues Verzweigungsverhalten, das wir der Einfachheit halber für eine gewöhnliche Differentialgleichung formulieren. Für alle Werte des reellen Parameters μ sei $u \equiv 0$ eine Lösung von

$$u' = F(u, \mu)\,; \tag{13.1}$$

die Linearisierung von F habe für $\mu = 0$ zwei verschiedene konjugiert komplexe Eigenwerte $\lambda(\mu)$ und $\bar{\lambda}(\mu)$, so daß ferner $\mathrm{Re}\lambda(\mu) > 0$ und $\frac{d}{d\mu}\mathrm{Re}\lambda(\mu)|_{\mu=0} > 0$ ist. Dann gibt es zu jedem $\mu > 0$ eine nichttriviale, zeitlich periodische Lösung von

(13.1). Der Satz von Hopf ist in verschiedener Hinsicht verallgemeinert worden, insbesondere auch auf parabolische Differentialgleichungen; in diesem Fall ist F ein nichtlinearer elliptischer Differentialoperator zweiter Ordnung. Wir verweisen hierzu auf Marsden-McCracken [180] sowie auf die Lehrbücher der nichtlinearen Funktionalanalysis von DEIMLING [43] und ZEIDLER [256].

Einen grundlegenden Beitrag zur weiteren Entwicklung der Verzweigungstheorie lieferte die Arbeit [246] von VELTE, der die Strömung einer zähen, inkompresiblen Flüssigkeit in einem unendlichen Rohr mit kreisförmigem oder recktekkigem Querschnitt, das von unten erwärmt wird, studierte. Solange das Temperaturgefälle klein ist, hat die Erwärmung keinen Einfluß auf die Strömung, das heißt, die Poiseuille-Strömung, die parallel zur Achse des Rohres verläuft, ist die einzige Lösung des Systems von Differentialgleichungen, das dieses Problem beschreibt. Bei einem kritischen Wert des Temperaturgefälles lassen die Gleichungen jedoch eine weitere Lösung zu, bei der die Geschwindigkeitskomponenten senkrecht zur Rohrachse nicht länger verschwinden. VELTE zeigte, daß dieser Wert gerade der kleinste Eigenwert der Linearisierung ist, den er nach der Methode von COURANT durch ein Variationsprinzip ermittelte. Die Existenz des Lösungszweiges, der von der Poiseuille-Strömung abzweigt, ergibt sich aus der Berechnung des Abbildungsgrades. Und gerade darin, daß mit einer so abstrakten Methode Lösungsverzweigung nachgewiesen wird, ist der Fortschritt zu sehen, denn bei einem System von nichtlinearen Differentialgleichungen, der sogenannten Boussinesq-Approximation, mit fünf skalarwertigen Unbekannten (Geschwindigkeit, Druck und Temperatur) scheint eine Analyse mittels der Ljapunow-Schmidt-Methode kaum mehr durchführbar, da sie verlangt, viele Größen explizit zu kennen.

Neben der Verzweigung bei der Boussinesq-Approximation ist die Strömung zwischen konzentrischen Zylindern (Taylor-Wirbel) intensiv studiert worden, vgl. Velte [247], Kirchgässner-Sorger [141]. Für die Anwendung funktionalanalytischer Methoden auf die Stabilität der verschiedenen Lösungen sei auf Kirchgässner-Kielhöfer [140] verwiesen.

Die weitere Entwicklung dieses Gebietes hat einerseits zum Ziel, über die lokale Analysis eines Lösungszweiges hinauszukommen; hier nimmt der Satz von Rabinowitz [206] eine herausragende Stellung ein. Er besagt, daß bei der Verzweigung an einem Eigenwert ungerader algebraischer Vielfachheit die von der trivialen Lösung abzweigende Kurve unbegrenzt fortgesetzt werden kann. Andererseits haben die Anwendung topologischer bzw. gruppentheoretischer Methoden zu einem tieferen Verständnis der Lösungsverzweigung geführt. Hat man z. B. bisher Lösungen mit einer bestimmten Symmetrie gesucht, so geht es nun darum herauszufinden, welche Symmetrien überhaupt möglich sind; man vergleiche Sattinger [212].

Fundamentale Untersuchungen zum Plateauschen Problem mit Methoden der globalen Analysis stammen von BÖHME, TOMI und TROMBA. Wir wollen an einem Beispiel zeigen, daß diese Methoden den Weg zu allgemeinen Sätzen über

Stabilität, Isoliertheit oder Endlichkeit der Anzahl der Lösungen beim Plateauschen Problem eröffnen. Zum anderen haben sich diese Methoden aber auch als erfolgreich erwiesen bei der klassischen Fragestellung nach der Lösbarkeit des Plateauschen Problems, wie wir für Flächen höheren Geschlechts ausführen wollen.

In der Arbeit [19] untersuchten BÖHME und TROMBA Lösungen des Plateauschen Problems vom Typ der Kreisscheibe. Eine wichtige Größe zur Untersuchung eines Minimums eines Variationsproblems stellt die zweite Variation dar; unter anderem kann sie Auskunft geben über die Isoliertheit und die Stabilität einer Lösung. Nun ist aber die zweite Variation des Flächeninhalts für Minimalflächen, die Verzweigungspunkte besitzen, zunächst nicht erklärt; diese singulären Flächenpunkte treten aber im allgemeinen auf. Die zweite Variation des Dirichlet-Integrals hingegen existiert auch für Flächen mit Verzweigungspunkten, und zudem gibt es eine direkte Beziehung zwischen der Dimension des Kerns dieser Abbildung und der Anzahl der Verzweigungspunkte. BÖHME und TROMBA definieren nun das Faserbünbel $\eta = A \times \mathscr{D}$, wobei $A \equiv \{\alpha: \partial B_1(0) \to \mathbb{R}^n: \alpha$ eine Einbettung der Kasse H^s und der Totalkrümmung $\leq \pi(s-2)\}$ die Menge der Randkurven und $\mathscr{D} \equiv \{\beta: \partial B_1(0) \to \partial B_1(0): \deg\beta = 1, \beta \in H^s\}$ die Menge der zulässigen Umparametrisierungen ist. Wenn $\pi: \eta \to A$ die Projektion auf den ersten Faktor ist, so kann man eine Minimalfläche S als Element der Faser $\pi^{-1}(\alpha)$ betrachten, da ja S, in konformen Koordinaten gegeben, harmonisch ist und folglich durch die Randwerte bestimmt wird. In η ist die Menge $\mathscr{M}_\nu^\lambda$ aller Minimalflächen mit p inneren Verzweigungspunkten der Vielfachheit $\lambda = (\lambda_1, \ldots, \lambda_p)$ und q Verzweigungspunkten am Rand der Vielfachheit $\nu = (\nu_1, \ldots, \nu_q)$, als Teilmenge einer C^k-Varietät enthalten. Ein zentrales Resultat ist nun, daß π, eingeschränkt auf $\mathscr{M}_\nu^\lambda$, ein Fredholm-Operator ist, dessen Index

$$I(\lambda, \nu) = 2(2-n) \sum_{i=1}^{p} \lambda_i + 2p + (2-n) \sum_{j=1}^{q} n_j + q + 3 \tag{13.2}$$

ist. Der Indexsatz und die Analyse von $\mathscr{M}_\nu^\lambda$ in η erlauben Aussagen der folgenden Art: Es gibt eine offene, dichte Teilmenge $\hat{A}$ in A, so daß für jedes $\alpha \in \hat{A}$ nur endlich viele Minimalflächen existieren, die von α berandet werden, und diese sind stabil gegenüber Störungen des Randes (generische Endlichkeit).

Für die Anwendung globaler Methoden auf eine klassische Fragestellung wollen wir auf die Arbeit [243] von TOMI und TROMBA hinweisen. Gesucht ist eine Minimalfläche S vom Geschlecht $p > 0$, die von k geschlossenen Jordan-Kurven $\Gamma_1, \ldots, \Gamma_k$ berandet wird. Die klassischen Ansätze von DOUGLAS und dann von COURANT sowie SHIFFMAN stellen eine direkte Weiterentwicklung des Falles $p = 0$ dar und verändern daher das Parametergebiet zu einer Riemannschen Fläche vom Geschlecht p mit k Kreisen als Berandung bzw. zu einem entsprechenden Schlitzgebiet. Um zu einer Lösung des Plateauschen Problems zu gelangen, muß dann aber über alle konformen Klassen minimiert werden. In dem Ansatz von TOMI und TROMBA wird nun gerade die konforme Struktur direkt in das zu minimierende Funktional aufgenommen. Sie wird dazu mittels der Teichmüllertheorie auf einer kompakten Fläche M, die k Randkomponenten besitzt, als Riemannsche Metrik dargestellt.

Ähnlich ist der Zugang von JOST, den er in seiner Monographie [133] über zweidimensionale Variationsprobleme dargestellt hat. JOST und STRUWE [135] haben inzwischen den Ansatz zu einer Theorie der Minimalflächen gefunden, der Flächen verschiedenen topologischen Typs einbezieht. Dabei ist es ihnen gelungen, eine Morsetheorie für Minimalflächen zu entwickeln.

IV Ein Beispiel für die modernen Methoden

14 Die mathematische Behandlung der instationären Gleichungen von Navier-Stokes

Wie schon in der Einleitung erwähnt, stellen wir mit dem kanonischen Rand-Anfangswertproblem für die instationären Navier-Stokesschen Gleichungen einen einzelnen Problemkreis genauer vor. Wir wollen auch auf aktuelle Entwicklungen eingehen und beginnen mit der Schilderung der Ergebnisse von E. HOPF. Wir haben schon mehrfach darauf hingewiesen, daß viele Probleme aus dem Gebiet der partiellen Differentialgleichungen erst dann behandelt werden können, wenn man den Lösungsbegriff erweitert. Dies ist auch hier charakteristisch: Mit der Einführung und dem Nachweis der Existenz einer schwachen Lösung beginnt eine rasche Entwicklung der mathematischen Behandlung der Navier-Stokesschen Gleichungen. Sie ist gekennzeichnet vom Zusammenwirken zahlreicher moderner Methoden wie etwa der Theorie gewöhnlicher Differentialgleichungen in Banachräumen, den sogenannten Evolutionsgleichungen, oder dem Studium partieller Regularität bei Systemen von Differentialgleichungen; auf den letzten Fragenkreis sind wir in Abschnitt 10 schon zu sprechen gekommen.

Wir betrachten das Rand-Anfangswertproblem der hydrodynamischen Grundgleichungen für die Bewegung einer homogenen inkompressiblen Flüssigkeit, die sogenannten Gleichungen von Navier-Stokes. Diese lauten

$$\begin{aligned} D_t u_i - \nu \Delta u_i + (u_j D_j) u_i + D_i p &= f_i \qquad i = 1, 2, \ldots, n, \\ \operatorname{div} u &= 0 \end{aligned} \tag{14.1}$$

(über zweimal auftretende Indizes wird summiert). Dabei ist ν der kinematische Viskositätskoeffizient; die Gleichungen (14.1) werden über einem Zylindergebiet $[0, +\infty) \times \Omega$ untersucht. Für $n = 3$ ist Ω das von der Flüssigkeit ausgefüllte Gebiet, u das Geschwindigkeitsfeld, p der Druck, und wir schreiben die Anfangsgeschwindigkeit

$$u(0,x) = u_0(x), \qquad \operatorname{div} u_0 = 0 \tag{14.2}$$

sowie die Randwerte

$$u(t,x) = 0 \qquad x \in \partial\Omega \tag{14.3}$$

vor (sogenannte Haftbedingung); hierbei ist f eine äußere Kraft. Da die Beschränkung auf glatte Lösungsfelder (u, p) künstlich ist, so ist es naheliegend, die allgemeine mathematische Theorie auf der Integralform von (14.1) aufzubauen. Für diese wählt man ($T > 0$ beliebig)

$$\begin{aligned} &-\int_0^T (u, \varphi')\,dt + \nu \int_0^T (Du, D\varphi)\,dt - \int_0^T (u \cdot u, D\varphi)\,dt = \\ &= \int_0^T (f, \varphi)\,dt + (u_0, \varphi(0)). \end{aligned} \tag{14.4}$$

Hierin ist $u \cdot u$ der Vektor mit den n^2 Komponenten $u_i \cdot u_k$, $i, k = 1, \ldots, n$; Du hat ebenfalls n^2 Komponenten, nämlich die von $Du_1, \ldots, Du_n$; $(\cdot\,, \cdot)$ ist das Skalarprodukt in $(L^2(\Omega))^n$ bzw. $(L^2(\Omega))^{n^2}$; φ durchläuft die Testvektorfelder aus $C^\infty((0, T) \times \Omega)$, die divergenzfrei (bezüglich x) und auf $\partial\Omega$ sowie in T Null sind; $'$ ist die Ableitung nach t. Wir verwenden die bei Rand-Anfangswertproblemen übliche Schreibweise $u = u(t)$ und deuten damit an, daß u als Abbildung eines Zeitintervalls in geeignete Funktionenräume zu verstehen ist. Durch Skalarmultiplikation von (14.1) mit u erhält man bei glatten Lösungsfeldern die Energiegleichung ($\|\cdot\| = (L^2(\Omega))^n$-Norm)

$$\|u(t)\|^2 + 2\nu \int_0^T \|Du(s)\|^2 ds = 2 \int_0^T (f(s), u(s))\,ds + \|u_0\|^2. \tag{14.5}$$

Es liegt also nahe, dem Problem einen Hilbertraum von Vektorfeldern zugrunde zu legen, jedenfalls was u anbetrifft. Der Druck p ist wegen der Divergenzfreiheit der Testvektoren in (14.4) verschwunden und muß später wieder hereinkommen. Die Bestimmung eines Vektorfeldes u, das (14.4) genügt, die vorgeschriebenen Rand-Anfangswerte annimmt und divergenzfrei ist, ist zuerst E. Hopf [123] umfassend gelungen. Er benutzt ein Galerkin-Verfahren, d.h., die Lösung wird in geeigneten Topologien durch endliche Linearkombinationen bekannter Vektorfelder approximiert. Seine berühmte Arbeit ist der Ausgangspunkt unserer Betrachtungen. Das Feld u ist natürlich nicht glatt. Es hat die folgenden Eigenschaften:

$$\begin{cases} u \in L^\infty((0, T), L^2(\Omega)) & \text{für alle } T > 0, \\ Du \in L^2((0, T), L^2(\Omega))^{1} & \text{für alle } T > 0, \\ u \,|\, \partial\Omega = 0 \quad \text{im Sinn des Spuroperators}, & \\ u \text{ erfüllt (14.4)} & \text{für alle } T > 0. \end{cases} \tag{14.6}$$

Weiter ist u für alle $T > 0$ schwach stetig von $[0, T]$ in $L^2(\Omega)$, und in diesem Sinn wird auch der Anfangswert u_0 angenommen. Die Gleichung (14.1) ist im Distributionssinn zu interpretieren. Nach Einsetzen von u aus (14.6) löst man (14.1) nach $D_i p$ auf und bestimmt so eine Distribution p. Dieser Schritt ist nicht ganz einfach. Man kann ihn bei LIONS [176] nachlesen. Wir halten fest: u löst (14.4) global in $t > 0$.

LERAY hat dem Problem (14.1)–(14.3) in den frühen dreißiger Jahren drei fundamentale umfangreiche Arbeiten gewidmet [153], [154], [155]. Darin hat er bereits Hilbertraummethoden herangezogen und eine Integralform von (14.1) zugrunde gelegt. Gelöst hat LERAY die Existenzfrage für alle $t > 0$ in seinen drei Arbeiten in den folgenden Fällen:

Zwei Dimensionen: a) $\Omega =$ ganze Ebene, Nebenbedingung endlicher kinetischer Energie, b) $\Omega =$ oval, Randwerte Null. *Drei Dimensionen:* $\Omega =$ ganzer Raum, Nebenbedingung endlicher kinetischer Energie. Die bemerkenswerten Untersuchungen, die LERAY der Differenzierbarkeitsfrage widmet, weisen auf einen merkwürdigen Unterschied zwischen den Dimensionszahlen $n = 2$ und $n \geq 3$ hin. Während sich im ersten Fall die Lösung als unendlich oft stetig differenzierbar erweist, versagen die in diesem Fall angewandten Beweismethoden schon im Fall $n = 3$ selbst bei beliebiger Glattheit der Daten. Auch gelingt es nicht, im Fall $n = 3$ die Eindeutigkeit von u zu zeigen, wohl aber für $n = 2$. Diese Fragen sind bis heute nicht befriedigend geklärt. Daß jedoch bei nichtlinearen partiellen Differentialgleichungen die Anzahl der unabhängigen Veränderlichen das Differenziebarkeitsverhalten der Lösungen wesentlich beeinflußt, ist ein bekanntes Phönomen.

Neben der Konstruktion einer in t globalen Lösung, wie sie E. HOPF und nach ihm andere durchgeführt haben, existiert noch eine grundsätzliche andere Methode, die an die Funktionalanalysis anknüpft. Die HOPFsche Lösung wird man als schwache Lösung bezeichnen, da ihr die Integralform von (14.1) zugrunde liegt. Mit der funktionalanalytischen Methode konstruiert man sogenannte starke Lösungen, die jedoch im allgemeinen nur für kleine Zeiten existieren. Sie erfüllen (14.1) in einem geeigneten Sinn punktweise; Ω muß dazu hinreichend glatt berandet sein. Grundlage ist die Zerlegung von $(L^q(\Omega))^n$ in

$$(L^q(\Omega))^n = H_q(\Omega) + \{Dg \mid Dg \in (L^q(\Omega))^n\} \tag{14.7}$$

($q > 1$). Der Raum $H_q(\Omega)$ ist der sogenannte divergenzfreie Anteil von $(L^q(\Omega))^n$, d.h. die Komplettierung aller divergenzfreien $C_0^\infty(\Omega)$-Vektorfelder in der L^q-Norm. Für $q = 2$ handelt es sich hierbei um eine orthogonale Zerlegung, die auf WEYL [251] zurückgeht; für $q \neq 2$ stellt (14.7) eine Zerlegung von $(L^q(\Omega))^n$ in zwei direkte Summanden dar. Die Zuordnung P, die jedem u seinen divergenzfreien Anteil Pu zuordnet, ist ein beschränkter Operator von $(L^q(\Omega))^n$ auf $H_q(\Omega)$, der Regularitätseigenschaften von u erhält ($H_q(\Omega)$ ist mit der L^q-Norm ein Banachraum). Diese Eigenschaften der Zerlegung (14.7) konnten erst in jüngerer Zeit befriedigend geklärt werden (Fujiwara-Morimoto [75] für beschränktes Ω, Miyakawa [185] für Außengebiete und $n = 3$.) Wir schreiben (14.1) in der Kurzform

$$\begin{cases} u' - \nu\Delta u + u \cdot Du + Dp = f, \\ \operatorname{div} u = 0. \end{cases} \tag{14.8}$$

Man geht davon aus, daß man ein u mit $Pu = u$ sucht. Formale Anwendung von P auf (14.8) liefert

$$\begin{cases} u' - \nu P\Delta u + P(u \cdot \nabla u) = Pf, \\ u(0) = u_0. \end{cases} \tag{14.9}$$

Dieses Problem läßt sich als semilineare Evolutionsgleichung im Banachraum $B = \mathrm{H}_q(\Omega)$ auffassen. Wenn es gelingt, den Operator $A = -\nu P\Delta$ in geeigneter Weise zu interpretieren, hat man das Cauchy-Problem für die gewöhnliche semilineare Differentialgleichung

$$\begin{cases} u' + Au + M(u) = Pf \\ u(0) = u_0 \end{cases} \tag{14.10}$$

in B zu lösen ($M(u) = P(u \cdot \nabla u)$). Hierbei steht bekanntlich die Halbgruppentheorie beschränkter Operatoren in einem Banachraum zur Verfügung. Wenn $\mathrm{H}^{k,q}(\Omega)$ die Distributionenräume mit zur Potenz q integrierbaren Distributionsableitungen bis zur Ordnung k sind und $\mathring{\mathrm{H}}^{1,q}(\Omega)$ derjenige Unterraum von $\mathrm{H}^{1,q}(\Omega)$ ist, dessen Elemente in einem verallgemeinerten Sinn auf $\partial\Omega$ verschwinden, so setzt man

$$\begin{cases} Au = -\nu P\Delta u \\ u \in D(A) = \mathrm{H}^{2,q}(\Omega) \cap \mathring{\mathrm{H}}^{1,q}(\Omega) \cap \mathrm{H}_q(\Omega), \end{cases} \tag{14.11}$$

A heißt der Stokes-Operator in $\mathrm{H}_q(\Omega)$. Es stellt sich heraus, daß $-A$ eine analytische Halbgruppe e^{-tA} in $\mathrm{H}_q(\Omega)$ erzeugt. Dies kann man sowohl direkt (Giga [82]) als auch mit Hilfe der Abschätzungen von Solonnikov für das lineare Problem $u' - \nu\Delta u + \nabla p = f$, $\operatorname{div} u = 0$ zeigen. Damit steht ein Greenscher Operator für (14.10) zur Verfügung, und man kann (14.10) in der „integrierten Form“

$$u(t) = e^{-tA}u_0 - \int_0^t e^{-(t-s)A}(M(u(s)) - f(s))\,ds \tag{14.12}$$

mit Hilfe des Picardschen Verfahrens auf einem maximalen Intervall $[0, T_{\max})$ lösen. Wählt man q hinreichend groß, so ist jedenfalls unter geeigneten Voraussetzungen an u_0 und f die Lösung wenigstens auf $(0, T_{\max}) \times \overline{\Omega}$ glatt. Diese Methode liefert gleichzeitig eine Aussage darüber, welche Normen von u a priori abzuschätzen sind, wenn die Lösung global in t existieren soll, d.h. $T_{\max} = +\infty$. Wichtig ist nun noch, wie im nächsten Absatz erläutert werden soll, daß an die Anfangswerte möglichst geringe Voraussetzungen gestellt werden. Mittels einer von Fujita und Kato [74] entwickelten Methode kann man zeigen, daß $u_0 \in \mathrm{H}_n(\Omega)$ für beschränktes Ω und $u_0 \in \mathrm{H}_n(\Omega) \cap \mathrm{H}_2(\Omega)$ für unbeschränktes Ω, worauf wir noch zurückkommen, ausreicht. Die Idee, die Navier-Stokes-Gleichungen mit funktionalanalytischen Methoden zu behandeln, geht auf SOBOLEVSKIJ [227] und FUJITA und KATO [74] zurück.

Bisher stehen die HOPFsche Methode und die funktionalanalytische beziehungslos nebeneinander. Für ihre Verbindung sorgt ein Eindeutigkeitssatz von SERRIN [223]. Zur Erläuterung müssen wir auf den ersten Abschnitt zurückgehen. Die von HOPF in seiner Arbeit ausgesprochene Hoffnung, die Energiegleichung (14.5) auch für seine schwachen Lösungen beweisen zu können, hat sich nicht erfüllt. Wenn jedoch Ω beschränkt ist, so liefert die HOPFsche Konstruktion die verallgemeinerte Energieungleichung: Sei u eine schwache Lösung im vorher beschriebenen Sinn. Dann ist für fast alle $r > 0$ und $r = 0$ die Ungleichung ($\|\cdot\| = (L^2(\Omega)^n$-Norm))

$$(E(r)) \qquad \|u(t)\|^2 + 2\nu \int_r^t \|Du(\sigma)\|^2 d\sigma \le \|u(r)\|^2 + 2\int_r^t (f(\sigma), u(\sigma))\, d\sigma$$

für alle $t \ge r$ erfüllt. Diese Ungleichung heißt auch Energieungleichung in $r \ge 0$. Sie wird bei beschränktem Ω durch das Konstruktionsverfahren mitgeliefert. Auf den Fall eines Außengebietes Ω wird noch einzugehen sein. Betrachten wir nun gleichzeitig für ein $\varepsilon > 0$ eine weitere schwache Lösung v in $[r, r+\varepsilon) \times \Omega$ der Navier-Stokes-Gleichung mit $v(r) = u(r)$ und der äußeren Kraft f. Dabei ist f dieselbe äußere Kraft, wie sie der Gleichung für u zugrunde liegt, und u ist die schwache Lösung aus $(E(r))$; insbesondere sei $(E(r))$ in r für u erfüllt. Nun soll auch v der Energieungleichung $(E(r))$ für $r \le t < r + \varepsilon$ genügen und eine zusätzliche Regularitätseigenschaft besitzen, deren Präzisierung für uns hier nicht wichtig ist. Der SERRINsche Eindeutigkeitssatz besagt dann

$$u(t) = v(t) \qquad \text{in } [r, r+\varepsilon).$$

Legen wir den physikalisch interessanten Fall $n = 3$ zugrunde, so folgt mit Hilfe eines Sobolewschen Einbettungssatzes, daß die von HOPF konstruierte schwache Lösung u für fast alle r die Eigenschaft $u(r) \in L^6(\Omega)$ besitzt. Nun wählen wir r so, daß $(E(r))$ für u gilt und $u(r) \in L^6(\Omega))^3$ ist. Mit funktionalanalytischen Methoden konstruieren wir eine starke Lösung v auf $[r, r+\varepsilon)$ mit $v(r) = u(r)$. Hierzu haben wir geeignete Regularitätsvoraussetzungen an f zu stellen, und für ε können wir uns die Länge des maximalen Existenzintervalls eingesetzt denken; die Eigenschaft $u(r) \in (L^6(\Omega))^3$ ist, wie aus der abstrakten Theorie folgt, völlig hinreichend zur Konstruktion der lokalen starken Lösung. Man kann sagen, die mit dem Galerkinverfahren gewonnene schwache Lösung u stimmt mit der starken überein, solange diese existiert. Da die starke Lösung auf $(r, r+\varepsilon)$ glatt ist (unter entsprechenden Voraussetzungen an f), erhält man eine Zerlegung

$$\mathbb{R}^+ = \{t \mid t \ge 0\} = \bigcup_{\nu=1}^{\infty} J_\nu \cup S \tag{14.13}$$

in abzählbar viele offene paarweise disjunkte Intervalle J_ν, in denen u glatt ist, und eine Menge S, die sogenannte singuläre Menge. Sie hat das Lebesguesche Maß Null, und ihre Punkte sind dadurch gekennzeichnet, daß $u(t)$ keine glatte Funktion bezüglich x ist. Übrigens kann man den SERRINschen Eindeutigkeitssatz noch in Hinsicht auf die Regularitätsannahmen an v verbessern (Sohr-v. Wahl [228]). Dies liefert dann ein dem obigen entsprechendes Resultat für $n = 4$ und einen einfachen Beweis der Glattheit *jeder* schwachen Lösung für $n = 2$. Durch SERRINS Eindeutigkeitssatz kann man dem Beweis der Zerlegung (14.13) eine elegante Form geben, doch geht die Idee hierzu zweifellos auf LERAY [155] zurück, der dieses Resultat für $\Omega = \mathbb{R}^3$ gewonnen hat. Wenn f eine Abklingeigenschaft besitzt, etwa $\int_0^{+\infty} \|f(t)\|^2 dt < +\infty$, so ist eines der Intervalle J_ν von der Form $(a, +\infty)$, d.h. für große Zeiten ist u glatt. Dies liegt daran, daß vermöge $(E(r))$ jedenfalls $\int_0^{+\infty} \|\nabla u(\sigma)\|^2 d\sigma$ endlich ausfällt. Dann wird für $n = 3$ auch $\|u(r)\|_{L^6(\Omega)}$ klein, wenn r groß wird. Für kleine Anfangsdaten oder große Zähigkeit ν kann man jedoch in t globale starke Lösungen konstruieren, die dann nach dem Eindeutigkeitssatz mit der schwachen Lösung zu gleichen Daten übereinstimmen. Wir können nun sagen, daß die von HOPF konstruierte schwache Lösung bei beschränktem Ω und bei glatten Daten zunächst regulär auf einem möglicherweise kleinen Zeitintervall ist, dann Zeiten der Irregularität durchläuft, in denen Verzweigung (Nicht-Eindeutigkeit) stattfinden kann, um dann wieder, wenn f abklingt, regulär zu werden; in letzterem Fall konvergiert $\|u(t)\|_{L^2}$ gegen 0 für $t \to \infty$.

Die letzte Feststellung leitet zum Außenraumproblem über, in dem Ω das Komplement einer glatt berandeten kompakten zusammenhängenden Menge ist, während wir im letzten Abschnitt Ω als beschränkt vorausgesetzt haben. Physikalisch kann man sich diese Situation als umströmten Körper vorstellen, und dies ist jedenfalls ein näherliegendes Bild, als es durch den Fall „Ω beschränkt" vermittelt wird, in dem sich die Flüssigkeit in einem abgeschlossenen Gefäß bewegt. Die HOPFsche Konstruktionsmethode liefert nach wie vor eine schwache Lösung, doch fehlt jetzt ein Kompaktheitsschluß, der den Beweis von $(E(r))$ erst ermöglicht. Dies ist von einigen Autoren, die sich insbesondere mit der Frage, ob auch im Fall des Außenraums $\|u(t)\|_{(L^2(\Omega))^3}$ für $t \to \infty$ gegen 0 konvergiert (bei entsprechenden Abklingeigenschaften von f), übersehen worden. Zur Konstruktion einer schwachen Lösung mit $(E(r))$ muß also ein verändertes Konstruktionsverfahren eingesetzt werden, das auch nicht-divergenzfreie Testvektoren in die Integralform einbezieht. Dies ist möglich (Sohr-v. Wahl-Wiegner [231], in modifizierter Form Miyakawa-Sohr [186]), verlangt jedoch eine a priori Information über den Druck, da nun ∇p bei Multiplikation mit den Testvektoren nicht mehr verschwindet. Diese kann man sich über die potentialtheoretischen Abschätzungen von SOLONNIKOV [232], [233] verschaffen. Auf diese Frage werden wir noch zurückkommen.

Hat man erst eine schwache, in t globale Lösung mit $(E(r))$ konstruiert, so führt ein von MASUDA [181] vorgeschlagener Beweis zur Aussage $\|u(t)\| \to 0$ für $t \to \infty$. Da $(E(r))$ zur Verfügung steht und die SERRINsche Eindeutigkeitsaussage auch für Außengebiete Ω gilt, bleibt auch die Aussage (14.13) erhalten, und für große t ist u wieder glatt. Für die letzte Aussage muß allerdings ein gegenüber dem Fall „Ω beschränkt" modifiziertes Verfahren zur Konstruktion von in t globalen starken Lösungen der Navier-Stokes-Gleichung bei kleinen Daten verwendet werden. Der Grund liegt darin, daß im Fall des Außengebiets die Zahl 0 nicht mehr in der Resolventenmenge des Stokes-Operators $-\nu P\Delta$ liegt. Es ist auch möglich, explizite Abklingraten $\|u(t)\| \leq c/T^{\beta}$ mit geeigneten Potenzen $\beta > 0$ anzugeben (Schonbeck [220], Wiegner [253] im Fall $\Omega = \mathbb{R}^3$, Galdi-Maremonti [76] im Fall des Außengebietes). Es sei noch einmal hervorgehoben, daß die gewonnenen schwachen Lösungen des Außenraumproblems nicht in der von HOPF konstruierten Klasse zu liegen brauchen, da sie mit einem anderen Konstruktionsverfahren gewonnen wurden.

Die Methode, nicht-divergenzfreie Testvektoren zu verwenden, geht auf eine Idee von CAFFARELLI-KOHN-NIRENBERG [23] zurück. Diese Autoren haben die instationären Navier-Stokes-Gleichungen untersucht. Ihr Ziel war die Eingrenzung der Singularitätenmenge in (t, x). Dabei verstehen sie unter einer Singularität einer schwachen Lösung u einen Punkt (t, x), für den $|u|$ bei Annäherung an diesen Punkt nicht beschränkt bleibt. Wenn man nicht divergenzfreie Testvektoren zuläßt, ändert sich, wie schon angedeutet, die definierende Gleichung (14.4) für die schwache Lösung, da jetzt der Druck eingeht. Die von einer schwachen Lösung zu erfüllenden Regularitätsanforderungen (14.6) bleiben hingegen unverändert. Vermöge der potentialtheoretischen Abschätzungen von SOLONNIKOV für das lineare instationäre Stokes-Problem $u' - \nu\Delta u + \nabla p = f$, $\operatorname{div} u = 0$, $u(0) = \varphi$ läßt sich damit bereits zeigen, daß aus (14.6) allein bei geeigneten Daten und glattem kompaktem Rand $\partial\Omega$ für alle $T > 0$ folgt

$$\begin{cases} u' \in \mathrm{L}^{5/4}((0, T) \times \Omega), \\ D^{\alpha} u \in \mathrm{L}^{5/4}((0, T) \times \Omega), \quad |\alpha| = 2, \\ \nabla p \in \mathrm{L}^{5/4}((0, T) \times \Omega). \end{cases} \tag{14.14}$$

Eine solche Lösung wurde von LADYSCHENSKAJA in [147] über $(0, +\infty) \times \mathbb{R}^3$ konstruiert, und die Idee zum Beweis von (14.14) geht auf diese Autorin zurück. Die Eigenschaften (14.14) kommen also jeder schwachen Lösung zu, unabhängig davon, ob sie einer Energieungleichung genügt oder nicht. Insbesondere erfüllt jede schwache Lösung fast überall punktweise die instationären Navier-Stokes-Gleichungen, da (14.6) gerade $u \cdot \nabla u \in \mathrm{L}^{5/4}((0, T) \times \Omega)$ impliziert. Nun konstruieren CAFFARELLI, KOHN und NIRENBERG im Fall eines allgemeinen $\Omega \subset \mathbb{R}^3$ mit glattem kompaktem Rand eine schwache Lösung in ihrem abgeänderten Sinn; diese besitzt jedenfalls die Eigenschaften (14.14) und genügt einer (von den Testvektoren abhängigen) Energieungleichung. Daraus folgern die Autoren, daß die Menge der singulären Punkte höchstens eine Menge vom eindimensionalen Hausdorffschen Maß Null ist. Gleichzeitig leiten sie eine Abschätzung für $|u|$ her, in die der Druck eingeht. Daraus ziehen sie im Fall $\Omega = \mathbb{R}^3$ die Folgerung, daß $|u|$ für große $|x|$ beschränkt bleibt. Die untere Schranke für $|x|$ hängt von t ab. Dazu wird eine über (14.14) hinausgehende Eigenschaft des Drucks benötigt; diese läßt sich im Fall $\Omega = \mathbb{R}^3$ dadurch beweisen, daß auf die, wie bereits erwähnt, fast überall in t, x bestehende Gleichung $u' - \nu\Delta u + u \cdot \nabla u + \nabla p = f$ der Operator div angewendet wird. Dies liefert eine Distributionsgleichung für Δp, aus der man $p \in L^{5/3}((0, T) \times \mathbb{R}^3)$ folgern kann.

Es erhebt sich nun die naheliegende Frage, ob man auch im Fall eines Außengebiets Ω ähnliche Aussagen für die Beschränktheit von $|u|$ und die Integrierbarkeitseigenschaften p erhält. Die Methode von CAFFARELLI, KOHN und NIRENBERG zur Abschätzung des Drucks ist dann nicht mehr anwendbar. Diese Fragen wurden in [229], [230] geklärt.

Die bereits erwähnte Aussage über das Hausdorff-Maß der Singularitätenmenge ist kürzlich von STRUWE [239] ohne Verwendung des Drucks bewiesen worden.

[1] $L^q((0, T), B)$, B ein Banachraum, besteht aus den Abbildungen $u: (0, T) \to B$, die meßbar sind und endliche Norm $(\int_0^T \|u(t)\|^q \, dt)^{1/q}$ bzw. $\operatorname{ess\,sup}_{t \in (0,T)} \|u(t)\|$ haben.

SERGEI N. BERNSTEIN (1880–1968)
Studium in Paris und Göttingen; Professor in Charkow.

RICHARD COURANT (1887–1972)
Studium in Breslau, Zürich und Göttingen. Professor in Münster, ab 1921 in Göttingen. 1933 Emigration in die USA; Professor an der New York University und Aufbau des Institute for Mathematics and Mechanics, des heutigen Courant Institute.
KURT OTTO FRIEDRICHS (1901–1983)
Studium in Greifswald, Freiburg, Graz und Göttingen; 1930 Professor an der TH Braunschweig; 1937 Emigration in die USA, Professor an der New York University (Courant Institute).

JESSE DOUGLAS (1897–1965); links
Studium an der Columbia University. Professor am MIT, Brooklyn College und City College of New York. 1936 mit der zum ersten Mal vergebenen Fields-Medaille ausgezeichnet.
GUSTAV HERGLOTZ (1881–1953)
Studium der Mathematik und Astronomie in Wien; 1904 Habilitation in Göttingen. Professor in Wien (für Astronomie), 1909–1925 in Leipzig, dann in Göttingen (Nachfolger von Runge).

OTTO HÖLDER (1859–1937)
Studium in Stuttgart, Berlin (bei Weierstraß und Kronecker) und Tübingen. 1884 Habilitation in Göttingen. Professor in Tübingen, Königsberg, ab 1899 in Leipzig (Nachfolger von Lie).

EBERHARD HOPF (1902–1983)
Studium in Berlin, 1932–1936 Professor am MIT, danach in Leipzig und München. Ab 1947 an der New York University, seit 1949 an der Indiana University in Bloomington.

ARTHUR KORN (1870–1945)
Studium in Leipzig (bei C. Neumann), 1885 Habilitation in München; 1903 Professor in München, ab 1914 an der TH Berlin; 1935 vom Dienst beurlaubt; 1939 Emigration in die USA, Professor in Hoboken, NJ. Er lieferte die grundlegenden Arbeiten, die die erste telegrafische Bildübertragung ermöglichten.

HENRI LEBESGUE (1875–1941);
Studium an der Ecole Normale;
Professor am Collège de France.

JEAN LERAY (*1906)
Studium an der Ecole Normale;
Professor in Nancy, Paris, ab 1947 am Collège de France.

HANS LEWY (1904–1988)
Studium in Göttingen, 1927 Habilitation in Göttingen. 1933 Emigration in die USA, an der Brown University tätig, ab 1935 an der University of California in Berkeley.

LEON LICHTENSTEIN (1878–1933)
Studium der Ingenieur-Wissenschaften, 1908 Dr.-Ing., Dr. phil., Arbeit bei Siemens & Halske; Mathematik-Studium in Berlin, 1910 Habilitation. 1920 Professor in Münster, ab 1922 in Leipzig. Mitbegründer der Mathematischen Zeitschrift; 1919–1927 Leiter des Jahrbuchs über die Fortschritte der Mathematik.

SOPHUS LIE (1842–1899); links
Studium in Oslo, 1869–1870 in Berlin, Göttingen und Paris. Professor in Kristiania, ab 1886 in Leipzig (Nachfolger Kleins).

ALEXANDER M. LJAPUNOW (1856–1918)
Studium in St. Petersburg; 1885 Professor in Charkow, ab 1901 in St. Petersburg.

CHARLES B. MORREY (1907–1984)
Studium an der Harvard University; 1931–1933 Research Fellow in Princeton und an der Rice University; Professor an der University of California in Berkeley.

OSKAR PERRON (1880–1975)
Studium in München und Berlin, Professor in Tübingen, Heidelberg, ab 1922 in München.

TIBOR RADÓ (1895–1965)
Studium in Szeged; arbeitete von 1922–1929 an den Universitäten Jena, Leipzig und München; 1929 Lecturer Harvard University, ab 1930 Professor an der Ohio State University in Columbus, Ohio.

JULIUSZ PAWEL SCHAUDER (1899–1943)
Studium in Lwów (bei Steinhaus und Banach); 1927 Habilitation in Lwów, dort Dozent, ab 1940 Professor.

LEONIDA TONELLI (1885–1946)
Studium in Bologna; Professor in Bologna, Pisa und Rom.

Literaturverzeichnis

[1] Agmon, S., A. Douglis, L. Nirenberg: *Estimates near the boundary for solutions of elliptic partial differential equations satisfying general boundary conditions, I, II.* Comm. Pure appl. Math. **12** (1959) 623–727; **17** (1964) 35–92.

[2] Allard, W. K.: *First variation of a varifold.* Ann. of Math. (2) **95** (1972) 417–491.

[3] Almgren, F. J.: *Some interior regularity theorems for minimal surfaces and an extension of Bernstein's theorem.* Ann. of Math. (2) **84** (1966) 277–292.

[4] Almgren, F. J.: *Existence and regularity almost everywhere of solutions to elliptic variational problems among surfaces of varying topological type and singularity structure.* Ann. of Math. (2) **87** (1968) 321–391.

[5] Alt, H. W.: *Verzweigungspunkte von H-Flächen, I.* Math. Z. **127** (1972) 333–362.

[6] Alt, H. W.: *Verzweigungspunkte von H-Flächen, II.* Math. Ann. **201** (1973) 33–35.

[7] Alt, H. W., L. A. Caffarelli, A. Friedman: *Asymmetric Jet Flows.* Comm. Pure Appl. Math. **35** (1982) 29–68.

[8] Amick, C. J., K. Kirchgässner: *A Theory of Solitary Water Waves in the Presence of Surface Tension.* Arch. Rat. Mech. Anal. **105** (1989) 1–49.

[9] Arnold, V. I.: *Mathematical Methods of Classical Mechanics.* Berlin, 1978.

[10] Arnold, V. I., S. M. Gusein-Zade, A. N. Varchenko: *Singularities of Differentiable Maps.* 2 vols, Boston 1985, 1988.

[11] Beckert, H.: *Existenzbeweise in der Theorie permanenter Schwerewellen.* Arch. Rat. Mech. Anal. **9** (1962) 379–394.

[12] Beckert, H.: *Existenzbeweis für permanente Kapillarwellen einer schweren Flüssigkeit.* Arch. Rat. Mech. Anal. **13** (1963) 14–45.

[13] Bernstein, S. N.: *Sur la nature analytique des solutions de certains équations aux dérivées partielles du second ordre.* Math. Ann. **59** (1904) 20–76.

[14] Bernstein, S. N.: *Sur la généralisation du problème de Dirichlet, I, II.* Math. Ann. **62** (1906) 253–271; **69** (1910) 82–136.

[15] Bernstein, S. N.: *Sur une théorème de géometrie et ses applications aux équations dérivées partielles du type elliptique.* Comm. Soc. Mathém. Kharkov **15** (1915–1917) 38–45; dt. Übersetzung in Math. Z. **26** (1927) 551–558.

[16] Bers, L.: *Isolated Singularities of minimal surfaces.* Ann. of Math. (2) **53** (1951) 364–386.

[17] Bers, L.: *Existence and uniqueness of a subsonic compressible flow past a given profile.* Comm. Pure Appl. Math. 7 (1954) 441–514.

[18] Bluman, G. W., S. Kumei: *Symmetries and Differential Equations.* New York, 1989.

[19] Böhme, R., A. J. Tromba: *The index theorem for classical minimal surfaces.* Ann. of Math. (2) **113** (1981) 447–499.

[20] Bolza, O.: *Vorlesungen über Variationsrechnung.* Leipzig 1909.

[21] Bombieri, E., E. De Giorgi, E. Giusti: *Minimal cones and the Bernstein theorem.* Inventiones math. 7 (1969) 243–269.

[22] Caccioppoli, R.: *Misura a integrazione sugli insiemi dimensionalmente orientati.* Rend. Lincei (8) **12** (1952) 3–11, 137–146.

[23] Caffarelli, L., R. Kohn, L. Nirenberg: *Partial regularity of suitable weak solutions of the Navier-Stokes equations.* Comm. Pure Appl. Math. **35** (1982) 771–831.

[24] Caffarelli, L. A., L. Nirenberg, J. Spruck: *The Dirichlet problem for nonlinear second order elliptic equations.* I. Monge-Ampère equations, Comm. Pure Appl. Math. **37** (1984), 369–402.

[25] Carathéodory, C.: *Variationsrechnung und partielle Differentialgleichungen erster Ordnung.* Leipzig 1935.

[26] Carathéodory, C.: *Gesammelte mathematische Schriften.* 5 Bde, München 1954–1957.

[27] Chandrasekhar, S.: *Ellipsoidal Figures of Equilibrium*. New Haven 1969.

[28] Chern, S. S.: *Characteristic classes of Hermitian manifolds*. Ann. of Math. (2) **47** (1946) 58–121.

[29] Cohn-Vossen, S.: *Zwei Sätze über die Starrheit von Eiflächen*. Nachr. Ges. Wiss. Göttingen 1927, 125–134.

[30] Courant, R.: *Über direkte Methoden in der Variationsrechnung und über verwandte Fragen*. Math. Ann. **97** (1927), 711–736.

[31] Courant, R.: *On the problem of Plateau*. Proc. NAS USA **22** (1936) 367–372.

[32] Courant, R.: *Plateau's problem and Dirichlet's principle*. Ann. of Math. (2) **38** (1937) 679–724.

[33] Courant, R.: *The existence of minimal surfaces of given topological structure under prescribed boundary conditions*. Acta Math. **72** (1940), 51–98.

[34] Courant, R., D. Hilbert: *Methoden der Mathematischen Physik*. 2 Bde, Berlin 1924, 1937.

[35] Courant, R., D. Hilbert: *Methods of Mathematical Physics*. 2 vols, New York 1953, 1962.

[36] De Giorgi, E.: *Su una teoria generale della misura* $(r-1)$*-dimensionale in uno spazio ad r dimensioni*. Ann. Di Mat. (4) **36** (1954) 191–213.

[37] De Giorgi, E.: *Nuovi teoremi relativi alle misure* $(r-1)$*-dimensionali in uno spazio ad r dimensioni*. Ric. Mat. **4** (1955) 95–113.

[38] De Giorgi, E.: *Sulla differenziabilità e l'analiticità delle estremali degli integrali multipli regolari*. Mem. Accad. Sci. Torino Cl. Fis. Mat. Natur. (3) **3** (1957) 25–43.

[39] De Giorgi, E.: *Frontiere orientate di misura minima*. Sem. di Mat. Sc. Norm. Sup. Pisa (1960/61).

[40] De Giorgi, E.: *Una estensione del teorema di Bernstein*. Ann. Sc. Norm. Sup. Pisa **19** (1965) 79–85.

[41] De Giorgi, E.: *Un esempio di estremali discontinue per un problema variazionale di tipo ellittico*. Boll. UMI **4** (1968) 135–137.

[42] De Giorgi, E.: *Teoremi di semicontinuità nel calcolo delle variazioni*. Lezioni tenute all'Ist. Nat. Alta Mat. Roma 1968/69.

[43] Deimling, K.: *Nonlinear Functional Analysis*. Berlin 1985.

[44] Dirichlet, P. G. L.: *Untersuchungen über ein Problem der Hydrodynamik*. Abh. Kgl. Ges. Wiss. Göttingen **8** (1860).

[45] Douglas, J.: *Solution of the problem of Plateau*. Trans. AMS **33** (1931) 263–321.

[46] Douglas, J.: *The mapping theorem of Koebe and the problem of Plateau*. J. Math. Phys. MIT **10** (1930–31) 106–130.

[47] Douglas, J.: *The problem of Plateau for two contours*. J. Math. Phys. MIT **10** (1930–31) 315–319.

[48] Douglas, J.: *Minimal surfaces of higher topological structure*. Ann. of Math. (2) **40** (1939) 205–298.

[49] Dziuk, G.: *Über quasilineare elliptische Systeme mit isothermen Parametern an Ecken der Randkurven*. Analysis **1** (1981) 63–81.

[50] Eells, J., L. Lemaire: *A report on harmonic maps*. Bull. London Math. Soc. **10** (1978) 1–68.

[51] Eells, J., L. Lemaire: *Selected topics on harmonic maps*. CBMS Regional Conference Ser. Nr. 50, 1983.

[52] Eells, J., L. Lemaire: *Another report on harmonic maps*. Bull. London Math. Soc. **20** (1988), 385–524.

[53] Eells, J., J. Sampson: *Harmonic Mappings of Riemannian Manifolds*. Amer. J. Math. **86** (1964) 109–160.

[54] Ehrenpreis, L.: *Solutions of some problems of division I*. Am. J. Math. **76** (1954) 883–903.

[55] Federer, H.: *Geometric Measure Theory*. Berlin 1969.

[56] Federer, H.: *The singular set of area minimizing rectifiable currents with codimension one and of area minimizing flat chains modulo two with arbitrary codimension*. Bull. AMS **76** (1970) 767–771.

[57] Federer, H., W.H. Fleming: *Normal and integral currents*. Ann. of Math. (2) **72** (1960) 458–520.

[58] Finn, R.: *Isolated singularities of solutions of nonlinear partial differential equations*. Trans. AMS **75** (1953) 385–404.

[59] Finn, R.: *Equilibrium Capillary Surfaces*. New York 1986.

[60] Fischer-Colbrie, D.: *Some rigidity theorems for minimal submanifolds of the sphere*. Acta Math. **145** (1980) 29–46.

[61] Fredholm, J.: *Sur une classe d'equations fonctionelles*. Acta Math. **27** (1903) 365–390.

[62] Frehse, J.: *Zum Differenzierbarkeitsproblem bei Variationsungleichungen höherer Ordnung*. Abhandl. Math. Sem. Univ. Hamburg **36** (1971) 140–149.

[63] Frehse, J.: *On the regularity of the solution of a second order variational inequality*. Boll. UMI (4) **6** (1972) 312–315.

[64] Frehse, J.: *On the regularity of the solution of the biharmonic variational inequality*. manuscripta math. **9** (1973) 91–103.

[65] Frehse, J.: *Essential selfadjointness of singular elliptic operators*. Bol. Soc. Bras. Mat. **8** (1977) 87–107.

[66] Frehse, J.: *On the smoothness of variational inequalities with obstacle*. Proc. Sem. Part. Diff. Equ. Banach Center, Warsaw, 1978.

[67] Frehse, J., U. Mosco: *Irregular obstacles and quasi-variational inequalities of stochastic impulse control*. Ann. Sc. Norm. Sup. Pisa (4) **9** (1982) 105–157.

[68] Friedman, A.: *On the regularity of the solutions of non-linear elliptic and parabolic systems of partial differential equations*. J. Math. Mech. **7** (1958) 43–60.

[69] Friedman, A.: *Variational Principles and Free-Boundary Problems*. New York 1982.

[70] Friedrichs, K.O.: *On differential operators in Hilbert spaces*. Amer. J. Math. **61** (1939) 523–544.

[71] Friedrichs, K.O.: *The identity of weak and strong extensions of differential operators*. Trans. AMS **55** (1944) 132–151.

[72] Friedrichs, K.O.: *On the differentiability of the solutions of linear elliptic differential equations*. Comm. Pure Appl. Math. **6** (1953) 299–326.

[73] Friedrichs, K.O.: *Selecta Vol. I, II*. hrsg. von C. Morawetz, Boston, 1986.

[74] Fujita, H., T. Kato: *On the Navier-Stokes initial value problem I*. Arch. Rat. Mech. Anal. **16** (1964) 269–315.

[75] Fujiwara, D., H. Morimoto: *An L_r-theorem for the Helmholtz decomposition of vector fields*. J. Fac. Sci. Univ. Tokyo, Sect. IA Math. **24** (1977) 685–700.

[76] Galdi, G.P., P. Maremonti: *Monotonic decreasing and asymptotic behaviour of the kinetic energy for weak solutions of the Navier-Stokes equations in exterior domains*. Arch. Rat. Mech. Anal. **94** (1986) 253–266.

[77] Gårding, L.: *Dirichlet's problem for linear elliptic partial differential equations*. Math. Scand. **1** (1953) 55–72.

[78] Garnier, R.: *Le problème de Plateau*. Ann. Sci. Ec. Norm. Sup. (3) **45** (1928) 53–144.

[79] Gerhardt, C.: *Global regularity of solutions to the capillarity problem*. Ann. Scuola Norm. Sup. Pisa **3** (1976) 157–175.

[80] Giaquinta, M.: *Multiple integrals in the calculus of variations and non linear elliptic systems*. Princeton, 1983.

[81] Giaquinta, M., E. Giusti: *On the regularity of the minima of variational integrals*. Acta Math. **148** (1982) 31–40.

[82] Giga, Y.: *Analyticity of the semigroup generated by the Stokes operator in L_r spaces*. Math. Z. **178** (1981) 297–329.

[83] Gilbarg, D., N.S. Trudinger: *Elliptic Partial Differential Equations of Second Order*. Berlin, 1977.

[84] Giusti, E.: *Regolarità parziale delle soluzioni di sistemi ellitici quasilineari di ordine arbitrario.* Ann. Sc. Norm. Sup. Pisa **23** (1969) 115–141.

[85] Giusti, E.: *Minimal Surfaces and Functions of Bounded Variation.* Boston 1984.

[86] Giusti, E., M. Miranda: *Sulla regolarità delle soluzioni deboli di una classe di sistemi ellittici quasilineari.* Arch. Rat. Mech. Anal. **31** (1968) 173–184.

[87] Giusti, E., M. Miranda: *Un esempio di soluzioni discontinue per un problema di minima relativo ad un integrale regolare del calcolo della variazioni.* Boll. UMI **2** (1968) 1–8.

[88] Gulliver, R.-D.: *Regularity of minimizing surfaces of prescribed mean curvature.* Ann. of Math. (2) **97** (1973) 275–305.

[89] Gulliver, R. D., F. D. Lesley: *On boundary branch points of minimizing surfaces.* Arch. Rat. Mech. Anal. **52** (1973) 20–25.

[90] Gulliver, R. D., R. Osserman, H. L. Royden: *A theory of branched immersions of surfaces.* Amer. J. Math. **95** (1973) 750–812.

[91] Hadamard, J.: *Leçons sur le Calcul des Variations.* Paris 1910.

[92] Hamilton, R.: *Harmonic Maps of Manifolds with Boundary.* Berlin 1975.

[93] Hardt, R. M., L. M. Simon: *Boundary Regularity and Embedded Solutions to the Oriented Plateau Problem.* Ann. of Math. (2) **110** (1979) 439–486.

[94] Heinz, E.: *Über die Existenz einer Fläche konstanter mittlerer Krümmung bei vorgegebener Berandung.* Math. Ann. **127** (1954) 258–287.

[95] Heinz, E.: *On certain nonlinear elliptic differential equations and univalent mappings.* J. d'Anal. Math. **5** (1956/57) 197–272.

[96] Heinz, E.: *Über das Randverhalten quasilinearer elliptischer Systeme mit isothermen Parametern.* Math. Z. **113** (1970) 99–105.

[97] Heinz, F.: *Existence theorems for one-to-one mappings associated with elliptic systems of second order, I, II.* J. d'Anal. Math. **15** (1965) 325–352; **17** (1996) 145–184.

[98] Hellwig, G.: *Differentialoperatoren der mathematischen Physik.* Berlin, 1964

[99] Herglotz, G.: *Über die Integration linearer partieller Differentialgleichungen mit konstanten Koeffizienten I–III.* Ber. Sächs. Akad. Wiss. Leipzig **78** (1926) 93–126, 287–318; **80** (1928) 69–114.

[100] Herglotz, G.: *Über die Starrheit von Eiflächen.* Abh. math. Sem. Hamburg **15** (1943) 127–129.

[101] Hilbert, D.: *Mathematische Probleme.* Archiv f. Math. u. Phys. (3) **1** (1901) 44–63, 213–237.

[102] Hilbert, D.: *Über das Dirichletsche Prinzip.* Math. Ann. **59** (1904) 161–184; J. reine angew. Math. **129** (1905) 63–67.

[103] Hilbert, D.: *Grundzüge einer allgemeinen Theorie der linearen Integralgleichungen.* Leipzig 1912.

[104] Hildebrandt, S.: *Randwertprobleme für Flächen vorgeschriebener mittlerer Krümmung und Anwendungen auf die Kapillaritätstheorie.* Math. Z. **112** (1969) 205–213.

[105] Hildebrandt, S.: *Boundary behavior of minimal surfaces.* Arch. Rat. Mech. Anal. **35** (1969) 47–82.

[106] Hildebrandt, S.: *Über Flächen konstanter mittlerer Krümmung.* Math. Z. **112** (1969) 107–144.

[107] Hildebrandt, S.: *On the Plateau problem for surfaces of constant mean curvature.* Comm. Pure Appl. Math. **23** (1970) 97–114.

[108] Hildebrandt, S.: *Nonlinear Elliptic Systems and Harmonic Mappings.* Proc. 1980 Beijing Symp. of Diff. Geom. and Diff. Equ. vol 1, pp. 481–615, Beijing 1982.

[109] Hildebrandt, S.: *Quasilinear Elliptic Systems in Diagonal Form.* In: J. M. Ball (Hg.), Systems of Nonlinear Partial Differential Equations, pp. 173–217, Dordrecht 1983.

[110] Hildebrandt, S.: *Free boundary problems for minimal surfaces and related questions.* Comm. Pure Appl. Math. **39** (1986) 111–138.

[111] Hildebrandt, S.: *Harmonic mappings of Riemannian manifolds.* In: Lecture Notes in Math. Nr. 1161, Berlin 1985.

[112] Hildebrandt, S., J. Jost, K.-O. Widman: *Harmonic mappings and minimal surfaces*. Inventiones math. **62** (1980) 269–298.

[113] Hildebrandt, S., H. Kaul, K.-O. Widman: *An existence theory for harmonic mappings of Riemannian manifolds*. Acta Math. **138** (1977) 1–16.

[114] Hölder, E.: *Beiträge zur mathematischen Theorie der Gestalt des Erdmondes*. Ber. Verh. Sächs. Akad. **78** (1926) 73–88.

[115] Hölder, E.: *Mathematische Untersuchungen zur Himmelsmechanik*. Math. Z. **31** (1930) 197–257.

[116] Hölder, E.: *Extremale geschlossene Differentialformen. Unterschallströmungen im Großen*. Math. Z. **72** (1960) 235–258.

[117] Hölder, O.: *Beiträge zur Potentialtheorie*. Stuttgart 1882.

[118] Hörmander, L.: *The Analysis of Linear Partial Differential Operators*. 4 Bde, Berlin 1983–1985.

[119] Hopf, E.: *Elementare Bemerkungen über die Lösungen partieller Differentialgleichungen zweiter Ordnung vom elliptischen Typ*. Sitz.-ber. Preuss. Akad. Wiss. **19** (1927) 147–152.

[120] Hopf, E.: *Zum analytischen Charakter der Lösungen regulärer zweidimensionaler Variationsprobleme*. Math. Z **30** (1929) 404–413.

[121] Hopf, E.: *Über den funktionalen, insbesondere den analytischen Charakter der Lösungen elliptischer Differentialgleichungen zweiter Ordnung*. Math. Z. **34** (1931) 194–233.

[122] Hopf, E.: *Abzweigung einer periodischen Lösung von einer stationären Lösung eines Differentialgleichungssystems*. Ber. Sächs. Akad. Wiss. Leipzig, Math.-phys. Kl. **94** (1942) 1–22.

[123] Hopf, E.: *Über die Anfangswertaufgabe für die hydrodynamischen Grundgleichungen*. Math. Nachr. **4** (1950/51) 213–231.

[124] Hopf, E.: *A remark on linear elliptic differential equations of the second order*. Proc. AMS **3** (1952) 791–793.

[125] Jacobi, C. G. J.: *Über die Figur des Gleichgewichts*. Poggendorffs Ann. **33** (1842) 229–233.

[126] Jäger, W.: *Behavior of minimal surfaces with free boundaries*. Comm. Pure Appl. Math. **23** (1970) 803–818.

[127] Jäger, W., H. Kaul: *Uniqueness and stability of harmonic maps and their Jacobi fields*. manuscripta math. **28** (1979) 269–291.

[128] Jörgens, K.: *Das Anfangswertproblem im Großen für eine Klasse nichtlinearer Wellengleichungen*. Math. Z. **77** (1961) 295–308.

[129] Jörgens, K.: *Über die Lösungen der Differentialgleichungen $rt - s^2 = 1$*. Math. Ann. **127** (1954) 130–134.

[130] John, F.: *The fundamental solution of linear elliptic differential equations with analytic coefficients*. Comm. Pure Appl. Math. **3** (1950) 273–304.

[131] John, F.: *Plane Waves and Spherical Means Applied to Partial Differential Equations*. New York, 1955.

[132] Jost, J.: *Univalency of harmonic mappings between surfaces*. J. reine angew. Math. **342** (1981) 141–153.

[133] Jost, J.: *Two-Dimensional Geometric Variational Problems*. SFB 256 Lecture Notes # 6, Bonn 1988.

[134] Jost, J., R. Schoen: *On the existence of harmonic diffeomorphisms between surfaces*. Inventiones math. **66** (1982) 353–359.

[135] Jost, J., M. Struwe: *Morse-Conley Theory for Minimal Surfaces of Varying Topological Type*. Preprint 62, SFB 256, Bonn, Januar 1989.

[136] Kähler, E.: *Einführung in die Theorie der Systeme von Differentialgleichungen*. Leipzig 1934.

[137] Kalf, H., U.-W. Schmincke, J. Walter, R. Wüst: *On the spectral theory of Schrödinger and Dirac operators with strongly singular potentials*. In: Lecture Notes of Math. **448** (1975) 182–226.

[138] Kato, T.: *Perturbation Theory for Linear Operators*. New York, 1966.

[139] Kellogg, O. D.: *On the derivatives of harmonic functions on the boundary*. Trans. AMS **33** (1931) 486–510.

[140] Kirchgässner, K., H. Kielhöfer: *Stability and bifurcation in fluid dynamics*. Rocky Mountains J. Math. **3** (1973) 275-318.

[141] Kirchgässner, K., P. Sorger: *Branching Analysis for the Taylor Problem*. Quart. J. Mech. Appl. Math. **22** (1969) 183-210.

[142] Klein, F.: *Vorlesungen über die Geschichte der Mathematik im 19. Jahrhundert*. 2 Bde, Berlin 1926-1927.

[143] Kneser, A.: *Lehrbuch der Variationsrechnung*. Braunschweig 1900.

[144] Kodaira, K.: *Über die Rand- und Eigenwertprobleme der linearen elliptischen Differentialgleichungen zweiter Ordnung*. Proc. Imp. Acad. Tokyo **20** (1944) 262-268.

[145] Korn, A.: *Über Minimalflächen, deren Randkurven wenig von ebenen Kurven abweichen*. Abh. Kgl. Preuss. Akad. Wiss. Berlin 1909.

[146] Krylow, N.Y.: *Boundedly inhomogeneous elliptic and parabolic equations*. Math. USSR Izv. **20** (1983) 459-492.

[147] Ladyschenskaja, O.A.: *The mathematical theory of viscous incompressible flow*. New York 1969.

[148] Ladyschenskaja, O.A., V.A. Solonnikov, N.N. Uralzewa: *Linear and Quasilinear Equations of Parabolic Type*. Providence 1968.

[149] Ladyschenskaja, O.A., N.N. Uralzewa: *On Hölder Continuity of solutions and their derivatives of linear and quasilinear elliptic and parabolic equations*. Trudy Steklov Inst. Leningrad **73** (1964) 172-220.

[150] Ladyschenskaja, O.A., N.N. Uralzewa: *Linear and Quasilinear Elliptic Equations*. New York 1968.

[151] Lax, P.D., R.S. Phillips: *Scattering Theory*. New York, 1967.

[152] Lebesgue, H.: *Sur le problème de Dirichlet*. Rend. Palermo **24** (1907) 371-402.

[153] Leray, J.: *Étude de diverses équations intégrales non linéaires et de quelques problèmes que pose l'Hydrodynamique*. J. Math. pures appl., Sér. IX, **12** (1933) 1-82.

[154] Leray, J.: *Essay sur les mouvements plans d'un liquide visqueux que limitent des parois*. J. Math. pures appl., Sér. IX, **13** (1934) 331-418.

[155] Leray, J.: *Sur le mouvement d'un liquide visqueux emplissant l'espace*. Acta math. **63** (1934) 193-248.

[156] Leray, J.: *Majoration de dérivées secondes des solutions d'un problème de Dirichlet*. J. Math. pures appl. **17** (1938) 89-104.

[157] Leray, J.: *Discussion d'un problème de Dirichlet*. J. Math. pures appl. **18** (1939) 249-284.

[158] Leray, J.: *My friend Jules Schauder*. In: Numerical Solutions of Highly Nonlinear Problems, W. Forster (Ed.), North Holland, 1980, 427-439.

[159] Leray, J., J. Schauder: *Topologie et équations fonctionelles*. Ann. Sci. Ec. Norm. Sup. **51** (1934) 45-78.

[160] Levi-Civita, T.: *Détermination rigoureuse des ondes permanentes d'ampleur finie*. Math. Ann. **93** (1925) 264-314.

[161] Lewy, H.: *Über den analytischen Charakter der Lösungen elliptischer Differentialgleichungen*. Nachr. Akad. Wiss. Göttingen 1927, 178-186.

[162] Lewy, H.: *Neuer Beweis des analytischen Charakters der Lösungen elliptischer Differentialgleichungen*. Math. Ann. **101** (1929) 609-619; **107** (1934) 804.

[163] Lewy, H.: *A priori limitations for solutions of elliptic Monge-Ampère equation, I, II*. Trans. AMS **37** (1935) 417-434; **41** (1937) 365-374.

[164] Lewy, H.: *On the existence of a closed convex surface realizing a given Riemannian metric*. Proc. NAS USA **24** (1938) 104-106.

[165] Lewy, H.: *On differential geometry in the large I (Minkowski's problem)*. Trans. AMS **43** (1938) 258-270.

[166] Lewy, H.: *On a variational problem with inequalities on the boundary*. J. Math. Mech. **17** (1968) 861-884.

[167] Lichtenstein, L.: *Über einige Existenzprobleme der Variationsrechnung. Methode der unendlichvielen Variablen*. J. reine angew. Math. **145** (1914) 24–85.

[168] Lichtenstein, L.: *Über den analytischen Charakter der Lösungen regulärer zweidimensionaler Variationsprobleme*. Bull. Ac. sc. Cracovie 1913, 915–941.

[169] Lichtenstein, L.: *Neuere Entwicklung der Potentialtheorie. Konforme Abbildung*. Enzyklopädie der Math. Wiss. II C3, pp. 177–377.

[170] Lichtenstein, L.: *Über das Poissonsche Integral und über die partiellen Ableitungen zweiter Ordnung des logarithmischen Potentials*. J. reine angew. Math. **141** (1912) 12–42.

[171] Lichtenstein, L.: *Über einige Eigenschaften der Gleichgewichtsfiguren rotierender homogener Flüssigkeiten, deren Teilchen einander nach dem Newtonschen Gesetz anziehen*. Sitz.-ber. Preuss. Akad. Wiss. 1918, pp. 1120–1135.

[172] Lichtenstein, L.: *Über einige Hilfssätze der Potentialtheorie, I–IV*. Math. Z. **23** (1925) 72–88; Ber. Sächs. Akad. Wiss. Leipzig **78** (1926) 147–212; **78** (1926) 213–239; **82** (1930) 265–344.

[173] Lichtenstein, L.: *Vorlesungen über einige Klassen nichtlinearer Integralgleichungen und Integro-Differentialgleichungen*. Berlin 1931.

[174] Lichtenstein, L.: *Gleichgewichtsfiguren rotierender Flüssigkeiten*. Berlin 1933.

[175] Lie, S.: Gesammelte Werke. Leipzig 1960, Bd. 7.

[176] Lions, J. L.: *Quelques méthodes de résolution des problèmes aux limites non linéaires*. Paris 1969.

[177] Lions, J. L., E. Magenes: *Non-Homogeneous Boundary Value Problems and Applications*. 3 Bde, Berlin 1972–1973.

[178] Ljapunow, A.: *Sur les figures d'equilibre per différentes des ellipsoides d'une masse liquide homogène, donée d'un mouvement de rotation*. Ière partie: Etude générale du problème, Mem. Acad. Imp. Sc. St. Petersbourg 1906, pp. 1–225; IIième partie: Figures d'equilibre dérivées des ellipsoides de Maclaurin, Mem. Acad. Imp. Sc. St. Petersbourg 1909, pp. 1–202; IIIième partie: Figures d'equilibre dérivées des ellipsoides de Jacobi, Mem. Acad. Imp. Sc. St. Petersbourg 1912, pp. 1–227; IVième partie: Nouvelles formules pour la recherche des figures d'equilibre, Mem. Acad. Imp. Sc. St. Petersbourg 1914, pp. 1–112.

[179] Malgrange, B.: *Existence at approximation des solutions des équations aux dérivées partielles et des équations de convolution*. Ann. Inst. Fourier Grenoble **6** (1955–56) 271–355.

[180] Marsden, J. E., M. McCracken: *The Hopf Bifurcation and its Applications*. New York 1976.

[181] Masuda, K.: *On the stability of incompressible viscous fluid motions past objects*. J. Math. Soc. Japan **27** (1975) 294–327.

[182] Meyer, C. O.: *De aequilibrii formis ellipsoidicis*. J. reine angew. Math. **24** (1842) 44–59.

[183] Minkowski, H.: *Volumen und Oberfläche*. Math. Ann. **57** (1903) 447–495.

[184] Minkowski, H.: *Raum und Zeit*. Phys. Zeitschr. **10** (1909), 104–111, und Jahresber. DMV **18** (1909), 75–88; Sonderabdruck Teubner, Leipzig 1909.

[185] Miyakawa, T.: *On nonstationary solutions of the Navier-Stokes equations in an exterior domain*. Hiroshima Math. J. **12** (1982) 115–140.

[186] Miyakawa, T., H. Sohr: *On energy inequality, smoothness and large time behaviour in L^2 for weak solutions of the Navier-Stokes equations in exterior domains*. Math. Z. **199** (1988) 455–478.

[187] Miranda, M.: *Distribuzioni aventi derivate misure, insiemi di perimetro localmente finito*. Ann. Sc. Norm. Sup. Pisa **18** (1964) 27–56.

[188] Morrey Jr., C. B.: *Multiple integral problems in the calculus of variations and related topics*. Univ. of California Publ. in Math., new series, **1** (1943) 1–130.

[189] Morrey Jr., C. B.: *Second order elliptic equations in several variables and Hölder continuity*. Math. Z. **72** (1959) 146–164.

[190] Morrey Jr., C. B.: *Multiple Integrals in the Calculus of Variations*. Berlin 1966.

[191] Morrey Jr., C. B.: *Partial regularity results for nonlinear elliptic systems*. J. Math. Mech. **17** (1968) 649–670.

[192] Morrey Jr., C. B., L. Nirenberg: *On the analyticity of the solutions of linear elliptic systems of partial differential equations*. Comm. Pure Appl. Math. **10** (1957) 271–290.

[193] Moser, J.: *A new proof of De Giorgi's theorem concerning the regularity problem for elliptic differential equations*. Comm. Pure Appl. Math. **13** (1960) 457–468.

[194] Moser, J.: *On Harnack's theorem for elliptic differential equations*. Comm. Pure Appl. Math. **14** (1961) 577–591.

[195] Nash, J.: *Continuity of solutions of parabolic and elliptic equations*. Amer. J. Math. **80** (1958) 931–954.

[196] Neumann, C.: *Über das logarithmische und Newtonsche Potential*. Leipzig, 1877.

[197] Nirenberg, L.: *The Weyl and Minkowski Problems in Differential Geometry in the Large*. Comm. Pure Appl. Math. **6** (1953) 337–394.

[198] Nitsche, J. C. C.: *Elementary proof of Bernstein's theorem on minimal surfaces*. Ann. of Math. (2) **66** (1957) 543–544.

[199] Nitsche, J. C. C.: *Variational Problems with Inequalities as Boundary Conditions*, or, How to Fashion a Cheap Hat for Giacometti's Brother. Arch. Rat. Mech. Anal. **35** (1969) 83–113.

[200] Nitsche, J. C. C.: *Vorlesungen über Minimalflächen*. Berlin 1975.

[201] Noether, E.: *Invariante Variationsprobleme*. Nachr. Kgl. Ges. Wiss. Göttingen, Math.-phys. Kl. 1918, 235–257.

[202] Olver, P. J.: *Applications of Lie Groups To Differential Equations*. New York 1986.

[203] Osserman, R.: *A Survey of Minimal surfaces*. New York 1986.

[204] Perron, O.: *Eine neue Behandlung der Randwertaufgabe für* $\Delta u = 0$. Math. Z. **18** (1923) 42–54.

[205] Pogorelow, A. W.: *Die eindeutige Bestimmung allgemeiner konvexer Flächen*. Berlin, 1956.

[206] Rabinowitz, P.: *Some global results for nonlinear eigenvalue problems*, J. Funct. Anal. **7** (1971) 487–513.

[207] Radó, T.: *On Plateau's problem*. Ann. of Math. (2) **31** (1930) 457–469.

[208] Radó, T.: *The problem of least area and the problem of Plateau*. Math. Z. **32** (1930) 763–796.

[209] Reed, M., B. Simon: *Methods of Modern Mathematical Physics*. Vol. I–IV, New York, 1972, 1975, 1979.

[210] Reifenberg, E. R.: *Solution of the Plateau Problem for m-dimensional surfaces of varying topological type*. Acta Math. **104** (1960) 1–92.

[211] Riemann, B.: *Ein Beitrag zu den Untersuchungen über die Bewegung eines flüssigen gleichartigen Ellipsoides*. Abh. Kgl. Ges. Wiss. Göttingen **9** (1861).

[212] Sattinger, D. H.: *Group Theoretic Methods in Bifurcation Theory*. Berlin 1979.

[213] Schauder, J.: *Über den Zusammenhang zwischen der Eindeutigkeit und Lösbarkeit partieller Differentialgleichungen zweiter Ordnung vom elliptischen Typus*. Math. Ann **106** (1932) 661–721.

[214] Schauder, J.: *Sur les équations linéaires du type elliptique à coefficients continus*. C. R. Acad. Sci. Paris **199** (1934) 1366–1368.

[215] Schauder, J.: *Über lineare elliptische Differentialgleichungen zweiter Ordnung*. Math. Z. **38** (1934) 257–282.

[216] Schauder, J.: *Numerische Abschätzungen in elliptischen linearen Differentialgleichungen*. Studia Math. **5** (1935) 34–42.

[217] Schmidt, E.: *Zur Lösung der linearen und nichtlinearen Integralgleichungen*. III. Teil. Über die Auflösung der nichtlinearen Integralgleichungen und die Verzweigung ihrer Lösungen. Math. Ann. **65** (1908) 370–399.

[218] Schoen, R., K. Uhlenbeck: *A regularity theory for harmonic maps*. J. Diff. Geom. **17** (1982) 307–335; **18** (1983) 329.

[219] Schoen, R., S. T. Yau: *On univalent harmonic maps between surfaces*. Inventiones math **44** (1978) 265–278.

[220] Schonbeck, M. E.: *L^2-decay for weak solutions of the Navier-Stokes equations*. Arch. Rat. Mech. Anal. **88** (1985) 209–222.

[221] Schwarz, H. A.: *Über einen Grenzübergang durch alternierendes Verfahren*. In: Ges., Math. Abh. Bd. 2, 133–143, 356–358.

[222] Schwarz, H. A.: *Gesammelte Mathematische Abhandlungen*. Bd. 2, Berlin 1890, pp. 309–311.

[223] Serrin, J.: *The initial value problem for the Navier-Stokes equations*. Nonlinear problems (R. Langer, Ed.), 69–98, Madison, 1963.

[224] Serrin, J.: *The problem of Dirichlet for quasilinear elliptic differential equations with many independent variables*. Phil. Trans. Roy. Soc., London (A) **264** (1969) 413–496.

[225] Shiffman, M.: *On the existence of subsonic flows of a compressible fluid*. J. Rat. Mech. Analysis **1** (1952) 605–652.

[226] Simons, J.: *Minimal varieties in Riemannian manifolds*. Ann. of Math. (2) **88** (1968) 62–105.

[227] Sobolevskij, P. E.: *On non-stationary equations of hydrodynamics for viscous fluid*. Doklady Akad. Nauk USSR **128** (1959) 45–48.

[228] Sohr, H., W. von Wahl: *On the singular set and the uniqueness of weak solutions of the Navier-Stokes equations*. manuscripta math. **49** (1984) 27–59.

[229] Sohr, H., W. von Wahl: *A new proof of Leray's structure theorem and the smoothness of weak solution of Navier-Stokes equations for large* $|x|$. Bayreuther Math. Schriften **20** (1985) 153–204.

[230] Sohr, H., W. von Wahl: *On the regularity of the pressure of weak solutions of Navier-Stokes equations*. Arch. Math. **46** (1986) 428–439.

[231] Sohr, H., W. von Wahl. M. Wiegner: *Zur Asymptotik der Gleichungen von Navier-Stokes*. Nachr. Akad. der Wiss. Göttingen, II. Math.-Phys. Kl., 45–59 (1986).

[232] Solonnikov, V. A.: *Estimates of the solutions of a nonstationary linearized system of Navier-Stokes equations*. Am. Math. Soc. Transl. **75** (1968) 1–116.

[233] Solonnikov, V. A.: *Estimates for solutions of nonstationary Navier-Stokes equations*. J. Soviet Math. **8** (1977) 467–529.

[234] Stampacchia, G.: *Problemi al contorno ellitici, con dati discontinui, dotati di soluzioni hölderiane*. Ann. Mat. Pura Appl. (4) **51** (1960) 1–37.

[235] Steffen, K,: *Flächen konstanter mittlerer Krümmung mit vorgegebenem Volumen oder Flächeninhalt*. Arch. Rat. Mech. Anal. **49** (1972) 99–128.

[226] Steffen, K.: *On the existence of surfaces with prescribed mean curvature and boundary*. Math. Z. **146** (1976) 113–135.

[237] Steffen, K.: *Isoperimetric inequalities and the problem of Plateau*. Math. Ann. **222** (1976) 97–144.

[238] Struwe, M.: *Plateau's Problem and the Calculus of Variations*. SFB 72 Lecture Notes # 32, Bonn 1986.

[239] Struwe, M.: *On partial regularity results for the Navier-Stokes equations*. Comm. Pure Appl. Math. **51** (1988) 437–458.

[240] Struwe, M.: *Variational methods and their applications to nonlinear partial differential equations and Hamiltonian systems*. Preliminary Version, May 1989, ETH Türich.

[241] Tomi, F : *Ein teilweise freies Randwertproblem für Flächen vorgeschriebener mittlerer Krümmung*. Math. Z. **115** (1970) 104–112.

[242] Tomi, F.: *Minimal Surfaces and Surfaces of Prescribed Mean Curvature Spanned over Obstacles*. Math. Ann. **190** (1971) 248–264.

[243] Tomi, F., A. J. Tromba: *Existence theorems for minimal surfaces of non-zero genus spanning a contour*. Mem. AMS 382, 1988.

[244] Tonelli, L.: *Sur une méthode directe du calcul des variations*. Rend. Palermo **39** (1915) 233–264.

[245] Tonelli, L.: *Sul problema di Plateau*. I, II. Rend. R. Acad. Lincei **24** (1936) 333–339, 393–398.

[246] Velte, W.: *Stabilitätsverhalten und Verzweigung stationärer Lösungen der Navier-Stokesschen Gleichungen*. Arch. Rat. Mech. Anal. **16** (1964) 97–125.

[247] Velte, W.: *Stabilität und Verzweigung stationärer Lösungen der Navier-Stokesschen Gleichungen beim Taylorproblem*. Arch. Rat. Mech. Anal. **22** (1966) 1–14.

[248] Wente, H.C.: *A general existence theorem for surfaces of constant mean curvature*. Math. Z. **120** (1971) 277-288.

[249] Werner, H.: *Das Problem von Douglas für Flächen konstanter mittlerer Krümmung*. Math. Ann. **133** (1957) 303-319.

[250] Weyl, H.: *Über die Bestimmtheit einer geschlossenen konvexen Fläche durch ihr Linienelement*. Vierteljahresschrift der nat.-forsch. Ges. Zürich **61** (1916) 40-72.

[251] Weyl, H.: *The method of orthogonal projection in potential theory*. Duke Math. J **7** (1940) 411-440.

[252] Wiegner, M.: *Ein optimaler Regularitätssatz für schwache Lösungen gewisser elliptischer Systeme*. Math. Z. **147** (1976) 21-28.

[253] Wiegner, M.: *Decay results for weak solutions of the Navier-Stokes equations on* $\mathbb{R}^n$. J. London Math. Soc. (2) **35** (1987) 303-313.

[254] Young, L.C.: *Calculus of Variations and Optimal Control Theory*. Philadelphia 1969.

[255] Zeidler, E.: *Beiträge zur Theorie und Praxis freier Randwertaufgaben*. Berlin 1971.

[256] Zeidler, E.: *Nonlinear Functional Analysis and its Applications*. Bde I, III, IV, New York, 1986, 1985, 1988.

Grundlagen der Geometrie

Ursprünge und Fortentwicklung anhand ausgewählter Beispiele

Walter Benz

Einführung

Aus Anlaß des achtzigsten Geburtstages von MORITZ PASCH am 8. November 1923 ernannten ihn die naturwissenschaftliche Fakultät der Universität Frankfurt a. M. und die naturwissenschaftlich-mathematische Fakultät der Universität Freiburg i. Br. zum Doktor der Naturwissenschaften honoris causa. Die Auszeichnung aus Freiburg galt „dem um Grundlagen und Aufbau von Geometrie ... hochverdienten Altmeister, der ... nicht müde wurde, ... den mühsamen Weg von der Beobachtung bis zur mathematischen Begriffsbildung immer weiter und sorgfältiger auszubauen" [Pasch 1980a].

In seinem 1882 erschienenen Buch ([Pasch 1882], s. auch [Pasch-Dehn 1926]) „Vorlesungen über neuere Geometrie", das auf akademischen Vorlesungen an der Universität Gießen beruht, ging es PASCH in der Tat um lückenlose Grundlagen und einen strengen Aufbau der Geometrie. Ausgehend vom anschaulichen Begriff der Strecke, spricht PASCH undefiniert

1. von einer zwischen zwei Punkten gezogenen geraden Strecke,
2. von Punkten, die innerhalb einer geraden Strecke liegen,

und es ist zunächst sein Ziel, andere geometrische Wendungen in strenger Weise auf die beiden angegebenen zurückzuführen. Auf der Basis weiterer undefinierter Begriffe, sie heißen Kernbegriffe, und weniger sogenannter Kernsätze, die unbewiesen bleiben, gelingt PASCH in seinem Buch die Einführung von Koordinaten und damit die Darstellung seiner axiomatischen Geometrie als Koordinatengeometrie. Größte Sorgfalt wird aufgeboten, um nicht geometrische Sprechweisen oder Annahmen zu verwenden, die nicht in seinem System der Kernbegriffe und Kernsätze verankert wurden, so wie etwa EUKLID stillschweigend benutzte, daß eine Gerade einer Ebene letztere in zwei Teile zerlegt. „Wir nehmen uns vor, von allen Beweisgründen ohne Unterschied Rechenschaft abzulegen, auch von den unscheinbarsten", schrieb PASCH in seinem Buch, und in einer Festrede 1894 als Rektor der Universität Gießen sagte er [Pasch 1980, 31] - die Notwendigkeit dieser Sorgfalt unterstreichend, und sich vielleicht auch gegen den Vorwurf der Pedanterie wehrend: „Denn auch einem Euklid ist es nicht gelungen, die erforderlichen Schritte immer ohne jede Lücke zu erkennen und zu würdigen. Die zurückgebliebenen Lücken sind sogar von verhängnisvoller Bedeutung, und der Versuch, sie auszufüllen, bringt einen Teil des Gebäudes zum Wanken". Unanfechtbar vorzugehen in der Mathematik, war ein essentielles Programm von PASCH. Hieraus entstand insbesondere seine große und vielzitierte Leistung, nämlich die strenge Analyse der Anordnungsverhältnisse der Ebene, nachdem GAUSS [Gauß 1863, III 222] schon früher bemerkt hatte: „es müssen solche Worte wie ‚zwischen' auch erst auf klare Begriffe gebracht werden, was sehr gut angeht, was ich aber nirgends geleistet finde". Das Buch von MORITZ PASCH war auf einer höheren Stufe der Präzision noch in der Zielsetzung EUKLIDS geschrieben: Ein Naturphänomen, so der Raum, seine Punkte, seine Geraden, die Maß- und Lageverhältnisse, soll in der Vielfalt seiner Erscheinungen mit Hilfe weniger Begriffe und Kernsätze logisch deduzierbar gemacht werden. Um bestimmten, sich für die Beweise als unerheblich herausstellenden Definitionen EUKLIDS aus dem Wege zu gehen, werden dabei wenige und undefiniert bleibende geometrische Wendungen eingeführt und benutzt. Man erinnere sich in diesem Zusammenhang einiger Definitionen EUKLIDS [Euklid 1933], etwa an Definition I „Ein Punkt ist, was keinen Teil hat", etwa an Definition II „Eine Linie ist eine Länge ohne Breite", etwa an Definition IV „Eine Gerade ist eine Linie, die gleichförmig zu den in ihr enthaltenen Punkten liegt". Das Vorgehen von PASCH, bestimmte Begriffe undefiniert zu lassen und diese nur in genau vorgeschriebener Weise zu verwenden, ist eine mathematische Großtat, die später auch bei Begründung der Mengenlehre eine Rolle spielen sollte. Jeder strenge Aufbau nämlich der Geometrie muß von irgendwelchen Grundbegriffen ausgehen, die nicht mehr auf andere Begriffe zurückgeführt werden, und will man nun diese Grundbegriffe nicht alleine auf die Anschauung gründen, so erweist sich das Vorgehen von PASCH in der Tat als Möglichkeit einer akzeptablen Präsentation. Den Schritt allerdings, Punkte, Geraden, Ebenen als Elemente abstrakt gegebener Mengen und Lageverhältnisse als Relationen auf diesen Mengen anzusehen, diesen Schritt tat MORITZ PASCH noch nicht. Es hatte natürlich die Konsequenz, daß viele interessante Strukturen „Punktmenge, Geradenmenge, Ebenenmenge, Relationen hierauf", die eine Reihe seiner Kernsätze erfüllen, andere jedoch nicht, damals noch unentdeckt blieben. Eine Formulierung „gibt es unendlich viele Geometrien, die den Axiomen ... genügen, dagegen nur eine, ... in der auch zugleich ... gültig ist", wie wir sie bei HILBERT [1903², 20] finden, wäre bei PASCH noch unmöglich, da er die Geometrie schlechthin zugrundelegte, die sich allenfalls hinsichtlich der Parallelität verzweigt, wobei offen bleibt, wel-

DAVID HILBERT (1862–1943)
Geboren in Wehlau bei Königsberg. Studium in Königsberg und Heidelberg. 1886 Habilitation in Königsberg, 1893 ordentlicher Professor. Ab 1895 in Göttingen.

MORITZ PASCH (1843–1930)
Geboren in Breslau. Studium in Breslau, 1865 Promotion. 1870 Habilitation in Gießen, 1875 ordentlicher Professor.

GERHARD WILHELM HESSENBERG (1874–1925)
Geboren in Frankfurt a. M. Studium in Straßburg und Berlin. 1899 Promotion in Berlin, 1901 Habilitation. 1910 ordentlicher Professor in Breslau, 1919 in gleicher Position in Tübingen. 1925 noch Annahme eines Rufes nach Berlin.

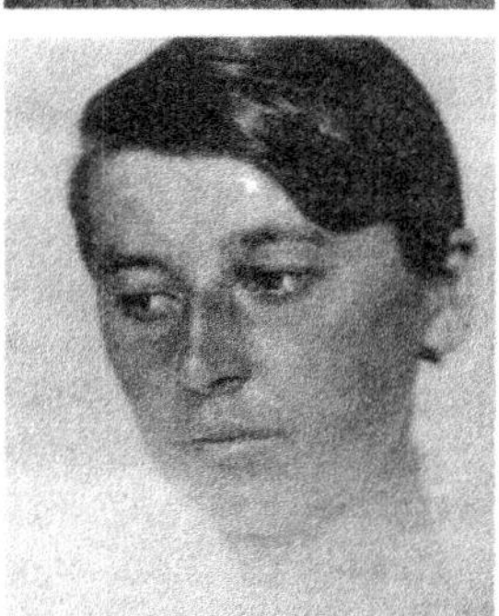

RUTH MOUFANG (1905–1977)
Geboren in Darmstadt. Studium in Frankfurt a. M., 1930 Promotion, 1936 Habilitation. 1951 außerordentliche und 1957 ordentliche Professorin an der Universität Frankfurt a. M. Frau Moufang war die erste ordentliche Professorin für Mathematik in Deutschland.

che Geometrie die wahre, und welche zu verwerfen ist. Den Übergang von der kategorischen zur polymorphen Struktur hat er nicht vollzogen. Diesen Übergang in seinem 1899 erschienenen Buch *„Grundlagen der Geometrie"* bewerkstelligt zu haben, war die geniale und kaum zu überschätzende Leistung DAVID HILBERTS mit geradezu lawinenartigen Konsequenzen für die gesamte moderne Mathematik. Die abstrakten Begriffe Ring, Verband, Hilbertraum, Banachraum, topologischer Raum usf. sind Beispiele polymorpher Strukturen „Menge(n), Relation(en) hierauf". Ein Scherzwort sagt: Geschichte der Wissenschaften treiben, heiße nachzuweisen, daß keiner je etwas Originales schuf, da immer schon Vorläufer da waren. Mehr als ein Vorläufer HILBERTS beim Prozeß der radikalen Loslösung geometrischer Objekte und Lageverhältnisse von ihrer anschaulichen Bedeutung war HERMANN WIENER, der hierbei gleichsam als Geburtshelfer tätig war. Im ersten 1892 erschienenen Band des Jahresberichts der Deutschen Mathematiker Vereinigung finden wir den Aufsatz „Ueber Grundlagen und Aufbau der Geometrie" von HERMANN WIENER, in dem u. a. Folgendes steht: „Man kann von dem Beweis eines mathematischen Satzes verlangen, daß er nur diejenigen Voraussetzungen benutzt, von denen der Satz wirklich abhängt. Die geringsten denkbaren Voraussetzungen sind das Vorhandensein von gewissen Objecten und von gewissen Operationen, durch die diese Objecte unter einander verknüpft werden ... Auch für die Geometrie ist ein derartiges Zurückgehen auf die einfachsten Objecte (Elemente) und Operationen von Bedeutung, da man dann umgekehrt wieder aus diesen eine abstracte Wissenschaft aufbauen kann, die von den Axiomen der Geometrie unabhängig ist, deren Sätze aber Schritt für Schritt mit den Sätzen der Geometrie parallel gehen."

Diesem Aufsatz liegt ein Vortrag WIENERS auf der DMV-Tagung 1891 zugrunde, die noch in Verbindung mit der ersten Abteilung für Mathematik und Astronomie der Gesellschaft deutscher Naturforscher und Ärzte in Halle stattfand. HILBERT, damals Privatdozent an der Universität Königsberg, hörte den Vortrag WIENERS. OTTO BLUMENTHAL schreibt [Blumenthal 1922, 68]: „Hilbert hat mir erzählt, daß ihm dieser Vortrag eine solche Anregung zur Beschäftigung mit den Axiomen der Geometrie gegeben habe, daß er ihr gleich auf der Rückfahrt in der Eisenbahn nachgegangen sei". In einem Berliner Wartesaal – während einer Unterbrechung der Reise von Halle nach Königsberg – kam es dann zu dem berühmten und oft kolportierten Ausspruch HILBERTS [Blumenthal 1935, 403]: „Man muß jederzeit an Stelle von ‚Punkte, Geraden, Ebenen', Tische, Stühle, Bierseidel' sagen können" [Toepell 1986, 42]. HILBERT geht in seinem Aufbau von drei verschiedenen Systemen von Dingen aus: die Dinge des resp. ersten, zweiten, dritten Systems nennt er Punkte, Geraden, Ebenen. Hier ist nicht ausgeschlossen, daß es Dinge gibt, die vielleicht gleichzeitig dem ersten und dem zweiten System angehören. Da aber die Systeme verschieden sind, betrachte ich Paare (Ding Δ, System $S \ni \Delta$); dann soll etwa (Δ, S) Punkt heißen, wenn $S (\ni \Delta)$ das erste System ist und Gerade, wenn $S (\ni \Delta)$ das zweite System ist. Man kann also ohne Einschränkung von drei paarweise disjunkten Mengen ausgehen, $\mathbb{P}$, $\mathbb{G}$, $\mathbb{E}$, wobei jedes $P \in \mathbb{P}$, $g \in \mathbb{G}$, $\alpha \in \mathbb{E}$ resp. Punkt, Gerade, Ebene heißen möge. Nun denkt man sich diese Punkte, Geraden, Ebenen in gewissen gegenseitigen Beziehungen, die durch Worte wie „liegen, zwischen, parallel, kongruent, stetig" bezeichnet werden. HILBERT schreibt [Hilbert 1903^2, 2]: „die genaue und vollständige Beschreibung dieser Beziehungen erfolgt durch die Axiome der Geometrie". Der Beziehung „liegen" etwa legt HILBERT in anderer Formulierung zwei Mengen $I_1 \subset \mathbb{P} \times G$ und $I_2 \subset \mathbb{P} \times \mathbb{E}$ zugrunde: $(P, g) \in I_1$ heißt dann, daß P auf g liegt usf. Der Begriff „eine Gerade liegt in einer Ebene" wird auf I_1 und I_2 zurückgeführt. In ähnlicher Weise lassen sich die Beziehungen „zwischen, parallel, kongruent" beschreiben. HILBERT gliedert die von ihm verwendeten Axiome in fünf Axiomgruppen, die er in folgender Weise benennt:

I Axiome der Verknüpfung,
II Axiome der Anordnung,
III Axiome der Kongruenz,
IV Axiom der Parallelen,
V Axiome der Stetigkeit.

Alle Axiomgruppen zusammen charakterisieren den klassischen Fall. Die Widerspruchsfreiheit des Axiomensystems ist damit gleichwertig mit der eines Axiomensystems des Körpers der reellen Zahlen. Weiterhin widmet sich HILBERT der Frage der Unabhängigkeit von Axiomen. Die Möglichkeit, in vielen Fällen zu beweisen, daß ein geometrisches Axiom A nicht aus den geometrischen Axiomen $B, C, \ldots$ gefolgert werden kann, die HILBERT durch seinen Übergang von der kategorischen zur polymorphen Struktur maßgeblich eröffnete, wurde damals als Sensation und als Durchbruch bedeutenden Ausmaßes empfunden, wie mir mündlich durch ROBERT FURCH, KURT REIDEMEISTER und WILHELM SÜSS überliefert worden ist. Versuchen wir uns in die damalige Zeit zu versetzen: Mißlang es einem Mathematiker, A aus $B, C, \ldots$ herzuleiten, so besagte dies in der Regel wenig, allenfalls, daß ein anderer mit der Herleitung vielleicht mehr Glück haben würde. Im Falle der Unabhängigkeit des Parallelenaxioms hatte FELIX KLEIN allerdings schon 1871 eine strenge Antwort gegeben. Mit der Hilbertschen Methode konnte man nun viele Fragen der Unabhängigkeit systematisch angehen und beantworten. FRIEDRICH SCHUR schrieb in [Schur 1909]: „Diese Schrift [gemeint ist das Hilbertsche Buch] ... gab den Anstoß zu einer Reihe wichtiger Untersuchungen über den Zusammenhang der Axiome und die Abhängigkeit der geometrischen Sätze von ihnen". Welche Genugtuung HILBERT selbst darüber empfand, Fragen der Unabhängigkeit systematisch studieren zu können, geht aus seinem Schlußwort [Hilbert 1903^2, 82] hervor. Hierin lesen wir: „in dieser Untersuchung leitete uns der Grundsatz, eine jede sich darbietende Frage in der Weise zu erörtern, daß wir zugleich prüften, ob ihre Beantwortung auf einem vorgeschriebenen Wege mit gewissen eingeschränkten Hilfsmitteln möglich oder nicht möglich ist. Dieser Grundsatz scheint mir eine allgemeine und naturgemäße Vorschrift zu enthalten; in der Tat wird, wenn wir bei unseren mathematischen Betrachtungen einem Probleme begegnen oder einen Satz vermuten, unser Erkenntnistrieb erst dann befriedigt, wenn uns entweder die völlige Lösung jenes Problems und der strenge Beweis dieses Satzes gelingt oder wenn der Grund für die Unmöglichkeit des Gelingens und damit zugleich die Notwendigkeit des Mißlingens von uns klar erkannt worden ist. So spielt denn in der neueren Mathematik die Frage nach der Unmöglichkeit gewisser Lösungen oder Aufgaben eine hervorragende Rolle, und das Bestreben, eine Frage solcher Art zu beantworten, war oftmals der Anlaß zur Entdeckung neuer und fruchtbarer Forschungsgebiete".

In den folgenden Paragraphen wollen wir Beispiele geometrischer Untersuchungen der letzten 100 Jahre ansprechen, die durch das grundlegende Hilbertsche Werk ermöglicht wurden. Die Entwicklung nach HILBERT verlief so, daß sich gewisse geometrische Strukturen als fundamental herauskristallisierten wie etwa affine Ebene, Möbiusebene, projektiver Raum, Inzidenzgruppe, die zwar weit davon entfernt sind, den jeweils klassischen Fall zu charakterisieren, die aber bestimmte geometrische Grundbegriffe in das Zentrum stellen wie etwa die Inzidenz, die Anordnung, und somit diese einer genauen Analyse zugänglich machen. Es ist die schon geschilderte Wienersche Anregung, die in einem Beispiel und in anderen Worten so wiederholt werden mag: Wenn ich den Kreisbegriff und Schnitte von Kreisen analysieren will, dann sollte ich von Strukturen ausgehen, die nur von Punkten und Kreisen handeln, die aber nicht etwa auch noch von Abständen von Punkten usw. sprechen. – Die Grundbegriffe „Schneiden von Geraden" und „Verbinden von Punkten" führen insbesondere zu dem weiten Feld der projektiven Ebenen, allgemeiner zu dem der Inzidenzräume. Versieht man Punkt- und Geradenräume mit Topologien derart, daß Schneiden und Verbinden stetige Operationen sind, so kommt man insbesondere zu den topologischen projektiven Ebenen. Eine Gruppe heißt Inzidenzgruppe, wenn sie Inzidenzraum (etwa projektiver Raum) ist und das Multiplizieren in der Gruppe zu Kollineationen führt. Wir möchten von dem LEIBNIZschen Ideal der trivialisierten Geometrie sprechen. Ziel dabei ist, direkt mit geometrischen Objekten wie Punkten und Geraden zu rechnen. Das Arbeiten z. B. mit Koordinaten stellt sich als Umweg dar, und erst mit Hilfe von Invarianzkalkülen wird das eigentlich Interessante aus den Koordinaten- oder Parameterrechnungen herausgelesen. Identifiziert man Punkte und Geraden einer Ebene mit den jeweiligen Spiegelungen an ihnen, so kann man tatsächlich direkt mit Punkten und Geraden rechnen, wenn auch vielleicht nicht in der einfachen Weise, die LEIBNIZ vorgeschwebt haben mag. Die sogenannte Spiegelungsgeometrie ist ein weites Feld geometrischer Grundlagenforschung geworden, und Spiegelungen fanden auch im Schulunterricht ausgiebig Verwendung.

Die Spernerschen Ordnungsfunktionen bereichern die Anordnungstheorie von PASCH, die sie kalkülmäßig zu behandeln gestatten, und sie erlauben ein durchsichtigeres Studium der Seiteneinteilungen eines Raumes durch Hyperebenen. – Was ist das aufeinander Senkrechtstehen zweier Geraden? Tatsächlich ist dieser Begriff der Orthogonalität im wesentlichen durch Loteigenschaft und Höhenschnittpunktsatz bestimmt. – Die Begriffe der Kongruenz, des Abstandes, der Bewegung sind aufs engste miteinander verwandt. Welche zusätzlichen Eigenschaften muß ein metrischer Raum erfüllen, um etwa die reelle hyperbolische Ebene zu sein? Wie erhalte ich überhaupt grundlagengeometrisch die absolute Geometrie, die durch die Dreiergabelung hinsichtlich der Parallelität zu den drei klassichen Geometrien führt? – Die RIEMANN-HELMHOLTZ-LIEsche Begründung der Geometrie geht bereits vom Zahlenraum aus und von einer hierauf „frei beweglich" operierenden Gruppe. Allgemeiner kann man Gruppen mit freier Beweglichkeit auf geometrischen Strukturen studieren, wozu die Inzidenzgruppen zählen. – Die Forderung endlicher Punkteanzahl hat ein großes Gebiet geschaffen, das der endlichen Geometrien, mit starken Beziehungen zur Kombinatorik. – Eine kleine Auswahl in der Art des Angesprochenen soll in den folgenden Paragraphen mit der Schilderung weniger Resultate beleuchtet werden. Für alles Weitere und natürlich auch für die Beweise des Angegebenen muß auf die Literatur verwiesen werden. Im Schriftenverzeichnis haben wir – der Linie dieser Aufsatzreihe entsprechend – meist nur Lehrbücher und Berichte angegeben. Kurz vor Fertigstellung unserer Schrift erschien das Buch „*Geschichte der Geometrie seit Hilbert*, Wiss. Buchges., Darmstadt 1988" von HELMUT KARZEL und HANS-JOACHIM KROLL, das auf breiterem Raum unseren Gegenstand behandelt; es sei dem interessierten Leser als Ergänzung des hier Vorgetragenen empfohlen.

1 Inzidenz

1.1 Affine Ebenen

Gegeben seien eine Menge $\mathbb{P}$ und eine Menge $\mathbb{L}$ von Teilmengen von $\mathbb{P}$. Die Elemente $P, Q, \ldots$ von $\mathbb{P}$ werden Punkte genannt und die Elemente $g, h, \ldots$ von $\mathbb{L}$ Geraden. Die Geraden g, h heißen parallel, in Zeichen $g \| h$, wenn $g = h$ oder $g \cap h = \emptyset$ gilt. Statt $P \in g$ sagen wir, daß P auf g liegt, daß g durch P geht, daß P mit g inzidiert. Entsprechend heißt $P \notin g$, daß der Punkt P nicht auf der Geraden g liegt usf.

Definition. $(\mathbb{P}, \mathbb{L})$ *heißt affine Ebene, wenn gilt:*

(AE 1) *Durch zwei verschiedene Punkte geht genau eine Gerade.*

(AE 2) *Ist g Gerade, ist P Punkt, so gibt es genau eine Gerade $h \ni P$ mit $h \| g$.*

(AE 3) *Es gibt drei verschiedene Punkte, die nicht gemeinsam einer Geraden angehören.*

Beispiel. Sei $K = K(+, \cdot)$ Körper und sei $\mathbb{P} := K \times K$.

Genau die Punktmengen

$$g_k \;:= \{(k, y) \mid y \in K\},$$
$$g_{m,b} := \{(x, mx+b) \mid x \in K\}$$

mit $k, m, b \in K$ werden Geraden genannt.

Diese affine Ebene sei kurz durch $A^2(K)$ bezeichnet. $A^2(\mathbb{R})$ heißt die *reelle* oder auch die *klassische affine Ebene*.

Zwei affine Ebenen $\Sigma = (\mathbb{P}, \mathbb{L})$ und $\Sigma' = (\mathbb{P}', \mathbb{L}')$ werden *isomorph* genannt, in Zeichen $\Sigma \cong \Sigma'$, wenn es eine Bijektion σ: $\mathbb{P} \to \mathbb{P}'$ gibt, die Geraden von Σ auf Geraden von Σ' abbildet. Auf jeder Menge affiner Ebenen ist „$\cong$" eine Äquivalenzrelation.

In jeder Ebene $A^2(K)$ gilt

(D) Es seien a, b, c verschiedene Geraden durch den Punkt S und es seien $A_i \in a$, $B_i \in b$, $C_i \in c$ $(i = 1, 2)$ von S verschiedene Punkte mit $A_1 + B_1 \| A_2 + B_2$ und $B_1 + C_1 \| B_2 + C_2$. Dann gilt auch $C_1 + A_1 \| C_2 + A_2$.

Dabei haben wir die Verbindungsgerade der verschiedenen Punkte P, Q mit $P + Q$ bezeichnet. Es heißt (D) die affine Form des *Satzes von* Desargues (Gérard Desargues, 1593–1662).

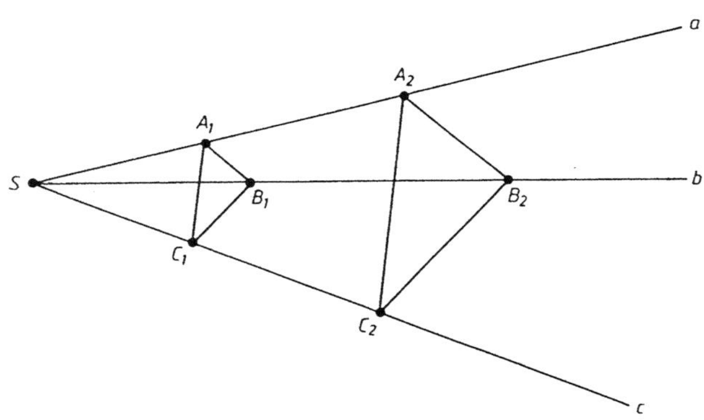

Bild 1

Es gilt der

Satz 1.1. *Eine affine Ebene ist dann und nur dann isomorph zu einer Ebene* $A^2(K)$, *wenn sie* (D) *genügt.*

Man hat viele Klassen affiner Ebenen konstruieren können, die nicht (D) genügen, und hin und wieder werden noch ganze Serien solcher Ebenen entdeckt. Eine affine Ebene, in der (D) gilt, heißt eine desarguessche affine Ebene.

Mit Hilfe eines Levenberg-Beispieles wollen wir eine nichtdesarguessche Ebene angeben. Diese *Levenberg-Ebenen* (verallgemeinerte *Moulton-Ebenen*) sind so definiert: Sei $f: [0, \pi] \to [0, \pi]$ eine stetige und streng monotone Funktion mit $f(0) = 0$ und $f(\pi) = \pi$. Die Punktmenge von $\Sigma(f)$ sei die Punktmenge von $A^2(\mathbb{R})$. Um $\mathbb{L}$ von $\Sigma(f)$ zu definieren, nehmen wir eine feste Gerade von $A^2(\mathbb{R})$, die sogenannte Achse. Zu $\mathbb{L}$ sollen nun zunächst alle Geraden von $A^2(\mathbb{R})$ gehören, die zur Achse parallel sind; die weiteren Elemente von $\mathbb{L}$ werden als Knickgeraden in der aus Bild 2 hervorgehenden Weise eingeführt. Man verifiziert leicht, daß $\Sigma(f)$ affine Ebene ist.

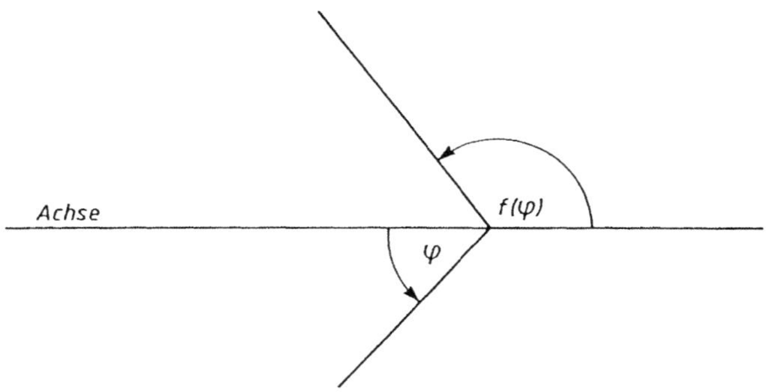

Bild 2

Um eine nichtdesarguessche Ebene $\Sigma(f)$ zu konstruieren, schauen wir uns Bild 3 an. Dort wollen wir verhindern, daß die Parallele zu $C_1 + A_1$ durch C_2 auch durch A_2 geht. Dazu wählen wir f so, daß in P und in R jeweils $\varphi = f(\varphi)$ gilt, in Q hingegen $\varphi \neq f(\varphi)$.

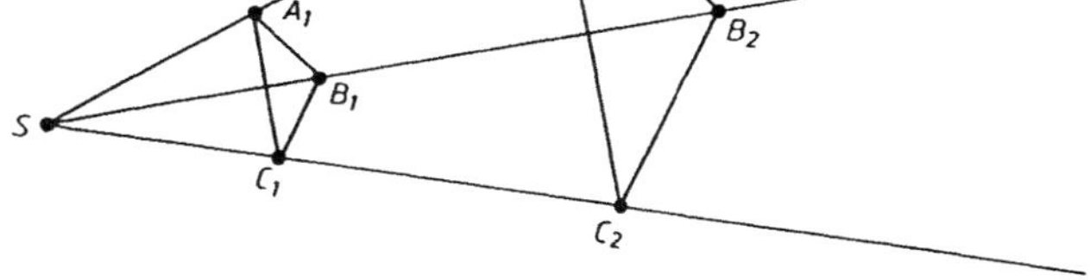

Bild 3

In jeder Ebene $A^2(K)$, für die K ein kommutativer Körper ist, gilt:

(P) Sind $p \neq q$ Geraden und
$P_i \in p \setminus q$, $Q_i \in q \setminus p$ $(i = 1, 2, 3)$ Punkte mit
$P_1 + Q_2 \parallel Q_1 + P_2$ und $P_2 + Q_3 \parallel Q_2 + P_3$, so gilt auch
$P_3 + Q_1 \parallel Q_3 + P_1$.

Es heißt (P) die affine Form des *Satzes von Pappus* (PAPPOS VON ALEXANDRIA, 250–300?).

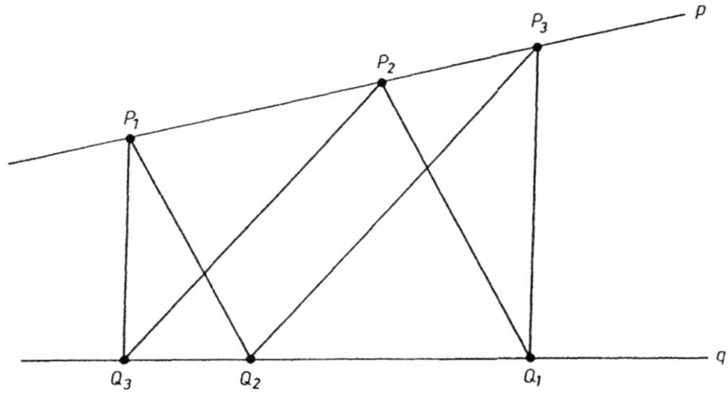

Bild 4

HERMANN WIENER schreibt auf Seite 47 in [1892]: „Den zweitgenannten Schließungssatz [gemeint ist der *Satz von Pappus*] aus dem ersten [gemeint ist der *Satz von Desargues*] abzuleiten, ist nicht geglückt“. Merkwürdig, daß die andere Möglichkeit von ihm gar nicht in Betracht gezogen wurde:

Satz 1.2. (GERHARD HESSENBERG, 1905). *Gilt in einer affinen Ebene* (P), *so gilt dort auch* (D).

Mit Hilfe der Sätze 1.1, 1.2 kann ohne Schwierigkeit hergeleitet werden der

Satz 1.3. *Eine affine Ebene ist dann und nur dann isomorph zu einer Ebene $A^2(K)$ mit K kommutativ, wenn sie* (P) *genügt.*

Die Ebene $A^2(\mathbb{H})$, $\mathbb{H}$ der Körper der *Hamiltonschen Quaternionen*, zeigt, daß (P) in einer desarguesschen affinen Ebene nicht zu gelten braucht.

Der Satz 1.1 ist DAVID HILBERT [Hilbert 1899] zuzuordnen, der ihn zwar so nicht formulierte, ihn aber dennoch offenkundig bewies. G. HESSENBERG leitet in seiner Arbeit [1905] die Körpergesetze alleine aus den projektiven Inzidenzaxiomen und ebenfalls aus dem Desarguesschen Satz her. Unter den Methoden, Satz 1.1 zu beweisen, wollen wir hier nur die beiden folgenden nennen (HESSENBERG selbst arbeitet mit Sechserwürfen):

1) die Hilbertsche Streckenrechnung,
2) der Endomorphismenkalkül von W. SCHWAN und E. ARTIN.

Zu 1): In einer desarguesschen affinen Ebene nehmen wir drei feste Punkte $0, E, F$, die nicht gemeinsam auf einer Geraden liegen. Wir setzen $x := 0 + E$ und $y := 0 + F$. Die Punktmenge der Geraden x sei auch mit K bezeichnet, wobei wir statt E auch 1 schreiben. Unser Ziel ist es, Addition und Multiplikation auf K einzuführen. Seien $a, b \in K$. Die Gerade $g \ni F$ sei zu x parallel. Durch b nehmen

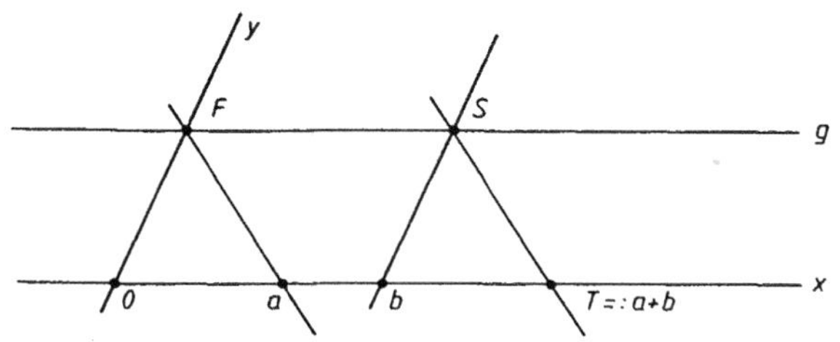

Bild 5

wir die Parallele zu $0+F$, die g in S schneiden möge. Die Parallele zu $F+a$ durch S schneide x in T. Wir setzen dann $a+b := T$, wobei hier natürlich ein anderes Pluszeichen gemeint ist als das, welches zur Bezeichnung von Verbindungsgeraden benutzt wird. Um $a \cdot b$ zu definieren, nehmen wir durch b die Parallele zu $E+F$, die y in S schneiden möge. Die Parallele zu $F+a$ durch S schneide x in T. Wir setzen dann $a \cdot b := T$. Man sieht übrigens sofort, daß die Kommutativität der Multiplikation die Aussage (P) ist für die Geraden x, y.

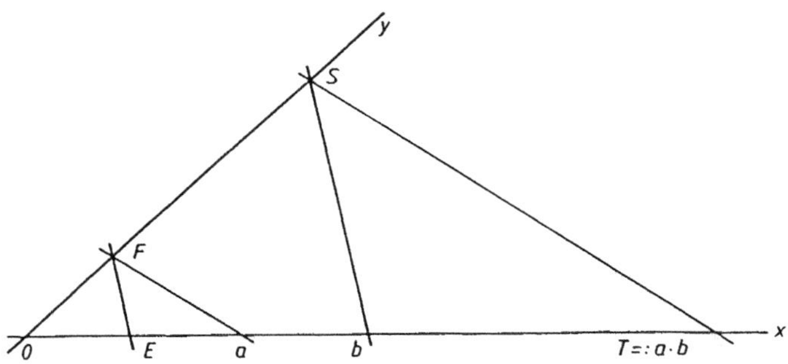

Bild 6

Zu 2): Die Abbildung $\delta\colon \mathbb{P} \to \mathbb{P}$ heißt *Dilatation* der affinen Ebene $\Sigma = (\mathbb{P}, \mathbb{L})$, wenn für je zwei verschiedene Punkte P, Q das Bild Q^δ von Q auf der Parallelen zu $P+Q$ durch P^δ liegt. – Man zeigt, daß eine Dilatation eine Bijektion von $\mathbb{P}$ ist oder aber nur einen einzigen Bildpunkt besitzt. Eine Dilatation $\neq$ id (:= identische Abbildung von $\mathbb{P}$) heißt *Translation*, wenn sie keinen Fixpunkt besitzt. Auch die Abbildung id wird Translation genannt. Die Menge Δ der bijektiven Dilatationen von Σ bildet eine Gruppe gegenüber Hintereinanderschaltung als Verknüpfung. Es ist Δ sogar eine Untergruppe der Automorphismengruppe von $\Sigma = (\mathbb{P}, \mathbb{L})$. Automorphismen von Σ sind dabei Bijektionen von $\mathbb{P}$, die Geraden auf Geraden abbilden. Man zeigt weiter, daß die Menge Γ der Translationen von Σ Normalteiler von Δ ist. Eine Gerade g heißt *Spur* der Dilatation δ, wenn es einen Punkt P gibt mit $P, P^\delta \in g$. Ein Endomorphismus $\alpha\colon \Gamma \to \Gamma$ der Translationsgruppe Γ heißt *spurtreu*, wenn jede Spur einer jeden Translation $\tau \in \Gamma$ auch Spur von τ^α ist. Bei einer desarguesschen affinen Ebene wird nun der gemäß Satz 1.1 gesuchte Körper K als Menge der spurtreuen Endomorphismen von Γ dargestellt.

Sind α, β solche spurtreuen Endomorphismen von Γ, so werden $\alpha + \beta$ und $\alpha \cdot \beta$ definiert durch

$$\tau^{(\alpha+\beta)} := \tau^{\alpha}\tau^{\beta} \quad \text{für alle } \tau \in \Gamma$$

$$\tau^{(\alpha\beta)} := (\tau^{\alpha})^{\beta} \quad \text{für alle } \tau \in \Gamma$$

[Artin 1957].

1.2 Moufang-Ebenen

Eine große Entdeckung in der Inzidenzgeometrie über den Körperfall hinaus stammt von RUTH MOUFANG. Wir schildern den Sachverhalt wiederum so, wie er sich heute darbietet.

Gegeben seien eine Menge $\mathbb{P}$ und eine Menge $\mathbb{L}$ von Teilmengen von $\mathbb{P}$. Die Elemente $P, Q, \ldots$ von $\mathbb{P}$ werden *Punkte* genannt und die Elemente $g, h, \ldots$ von $\mathbb{L}$ *Geraden*. Statt $P \in g$ sagen wir, daß P auf g *liegt* usf.

Definition. $(\mathbb{P}, \mathbb{L})$ *heißt projektive Ebene, wenn gilt*

(PE 1) *Durch zwei verschiedene Punkte geht genau eine Gerade.*

(PE 2) *Zwei verschiedene Geraden haben wenigstens einen Punkt gemeinsam.*

(PE 3) *Es gibt vier verschiedene Punkte, von denen keine drei gemeinsam auf einer Geraden liegen.*

Entfernt man aus der Punktmenge $\mathbb{P}$ einer projektiven Ebene alle Punkte einer festen Geraden g und definiert man die Punktmengen $h \backslash g$ $(g \neq h \in \mathbb{L})$ als neue Geraden, so entsteht eine affine Ebene. Ist vice versa $\Sigma = (\mathbb{P}, \mathbb{L})$ eine affine Ebene, so kann sie leicht zu einer projektiven Ebene erweitert werden: Die Parallelbüschel (maximale Mengen paarweise paralleler Geraden) werden als neue Punkte hinzugenommen, ihre Gesamtheit sei eine neue Gerade. Jede alte Gerade wird ergänzt durch das Parallelbüschel, dem sie angehört.

Der *Satz von Desargues* in seiner projektiven Form lautet so: *Sind zwei Dreiecke bezüglich eines Punktes Z* (das „Zentrum") *perspektiv, so auch bezüglich einer Geraden a* (die „Achse"). Wird dies nur für $Z \in a$ behauptet, so spricht man vom *kleinen Satz von Desargues* (in seiner projektiven Form). Eine projektive Ebene, in der der *kleine Satz von Desargues* (in seiner projektiven Form) gilt, heißt eine *Moufang-Ebene*. Ist K ein Alternativkörper und führe ich wie zu Beginn von Abschnitt 1.1 mit Hilfe von K eine affine Ebene ein, so ist ihre projektive Erweiterung Moufang-Ebene. Andere Moufang-Ebenen gibt es nicht, so daß der kleine Satz von Desargues (in seiner projektiven Form) die Ebenen über Alternativkörpern charakterisiert. RUTH MOUFANG arbeitete mit dem Satz vom vollständigen Vierseit anstelle des kleinen Satzes von Desargues, der ersterer aber nicht den Fall $1 + 1 = 0$ einzuschließen gestattete.

Anmerkung: So wie man den Satz von Desargues in seiner projektiven Form hat, kann man auch den Satz von Pappus in seiner projektiven Form betrachten. G. PICKERT zeigte, daß dieser Satz in einer projektiven Ebene schon dann gilt, wenn er nur für feste Geraden $p \ni P_i, q \ni Q_i$ gefordert wird. Auch R. ARTZY, H. KARZEL, R. LINGENBERG, E. SCHRÖDER, K. SÖRENSEN erreichten eine direkte Koordinatisierung projektiver Ebenen durch kommutative Körper, wenn der Satz von Pappus in seiner projektiven Form mit Festelementen p, q gilt [Karzel-Sörensen 1984, 231].

1.3 Stufenaufbau

Unter dieser Überschrift werden Untersuchungen verstanden, die in der Sprache affiner (projektiver) Ebenen formulierbare geometrische Eigenschaften durch algebraische Eigenschaften der den Ebenen zugrundeliegenden Ternärkörpern charakterisieren. Hier hatten wir schon die Paare „(P), kommutativer Körper“, „(D), Körper“, „kleiner Satz von Desargues (projektive Form), Alternativkörper“. Eine algebraische Entsprechung zur affinen Ebene selbst ist der bereits erwähnte Ternärkörper (ternary ring von M. HALL [1943]). Was auf dem Gebiet des Stufenaufbaus weiterhin geleistet wurde, kann hier nur in wenigen Grundtatsachen angedeutet werden.

Sei Σ eine affine Ebene. Σ genügt dem kleinen Satz von Desargues in seiner affinen Form, wenn gilt

(d) *Es seien a, b, c verschiedene und paarweise parallele Geraden, und es seien $A_i \in a, B_i \in b, C_i \in c$ $(i = 1, 2)$ Punkte mit $A_1 + B_1 \| A_2 + B_2$ und $B_1 + C_1 \| B_2 + C_2$. Dann gilt auch $C_1 + A_1 \| C_2 + A_2$.*

Entfernen wir eine Gerade g aus einer Moufang-Ebene, so genügt die entstehende affine Ebene natürlich (d), da (d) in der Moufang-Ebene eine Desargueskonfiguration ist, bei der g die Achse und Z das Parallelbüschel ist, dem a, b, c angehören. Eine affine Ebene, in der (d) gilt, heißt *Translationsebene.* In der beschriebenen Weise entsteht aus einer Moufang-Ebene eine Translationsebene. Nicht jede Translationsebene kann zu einer Moufang-Ebene fortgesetzt werden. Translationsebenen lassen sich auch in anderer Weise als durch (d) charakterisieren. Ihre wohl wichtigste Kennzeichnung, die auch ihren Namen initiierte, lautet so: *Eine affine Ebene ist genau dann eine Translationsebene, wenn ihre Translationsgruppe Γ transitiv auf der Punktmenge ist.* Translationsebenen werden algebraisch beschrieben (wie zu Beginn von Abschnitt 1.1) mit Hilfe von $(K, +, \cdot)$, wobei K ein *Veblen-Wedderburn-System* ist. Ein solches System K ist definiert als Menge doppelter Komposition $+, \cdot$ mit den Eigenschaften

(VWS 1) $(K, +)$ ist *Gruppe*,

(VWS 2) $(K\backslash\{0\}, \cdot)$, 0 *das neutrale Element von* $(K, +)$, ist *Loop*. ($(L, \cdot)$ heißt dabei *Loop*, wenn L nichtleer ist, wenn ein Element e in L existiert mit $a \cdot e = a = e \cdot a$ für alle $a \in L$, und wenn zu $a, b \in L$ eindeutig $x, y \in L$ existieren mit $a \cdot x = b = y \cdot a$.),

(VWS 3) *Für alle* $a, b, c \in K$ *gilt* $a \cdot 0 = 0 = 0 \cdot a$ *und* $a \cdot (a + b) = a \cdot b + a \cdot c$,

(VWS 4) *Zu vorgegebenen* $a, b, c \in K$ *mit* $a \neq b$ *gibt es genau ein* $x \in K$ *mit* $a \cdot x - b \cdot x = c$.

Die Forderung, daß zu je zwei Punkten einer affinen Ebene eine Translation existiert, die den ersten in den zweiten überführt, kann man in der folgenden Weise abschwächen:

(d_π) *Sei* π *Parallelbüschel der affinen Ebene* Σ. *Zu je zwei verschiedenen Punkten* A, B *mit* $A + B \in \pi$ *gibt es eine Translation, die* A *in* B *überführt.*

Eine affine Ebene, in der es ein Parallelbüschel π so gibt, daß (d_π) gilt (Levenberg-Ebenen sind Beispiele!), läßt sich durch eine kartesische Gruppe algebraisieren. Geometrisch bedeutet (d_π), daß (d) nur für $a, b, c \in \pi$ gefordert wird.

$(K, +, \cdot)$ heißt *kartesische Gruppe*, wenn gilt

(KG 1) $(K, +)$ *ist Gruppe*,

(KG 2) $(K\backslash\{0\}, \cdot)$ *ist Loop*,

(KG 3) *Für alle* $a \in K$ gilt $a \cdot 0 = 0 = 0 \cdot a$,

(KG 4) *Zu* $a, b, c \in K$ *mit* $a \neq b$ gibt es
genau ein $x \in K$ *mit* $ax - bx = c$ *und*
genau ein $y \in K$ *mit* $ya - yb = c$.

Eine größere Klasse kartesischer Gruppen erhält man durch die folgende Konstruktion: Sei φ Bewertung des kommutativen Körpers K, seien M, N Teilmengen von $\varphi(K)\backslash\{0, 1\}$, sei s ein Element aus $K\backslash\{0, 1\}$ mit $\varphi(s) \neq 1$. Dann ist $(K, +, \circ)$ kartesische Gruppe, wenn gesetzt wird

$$a \circ b = \begin{cases} a \cdot s \cdot b & \text{für } \varphi(a) \in M \text{ und } \varphi(b) \in N \\ a \cdot b & \text{sonst} \end{cases}.$$

Gibt es in einer affinen Ebene Σ, deren Translationsgruppe wenigstens zwei Elemente enthält, einen Punkt Z derart, daß zu je zwei verschiedenen Punkten P, Q mit $Z \in P + Q$ eine Dilatation δ existiert mit $Z^\delta = Z$ und $P^\delta = Q$, so läßt sich Σ durch einen planaren Fastkörper algebraisieren.

Anmerkungen. Der Begriff der kartesischen Gruppe geht auf REINHOLD BAER zurück. Nach O. VEBLEN und J. H. M. WEDDERBURN benannte Strukturen wurden von diesen 1907 zur Konstruktion bestimmter Ebenen benutzt. – Translationsebenen werden eingehend bei H. LÜNEBURG [1980] behandelt. Zur Aufklärung der Struktur der Fastkörper und ihrer geometrischen Bedeutung sind wesentliche Beiträge u. a. von HANS ZASSENHAUS, JOHANNES ANDRÉ, HELMUT KARZEL, HEINZ WÄHLING, HEINRICH WEFELSCHEID geliefert worden [Wähling 1987].

1.4 Lenz-Barlotti-Klassifikation

Eine wesentliche Förderung erfuhr die Strukturtheorie projektiver Ebenen durch die Klassifizierung solcher Ebenen nach der Existenz bestimmter Kollineationen. Wichtig sind hier die Gruppen $H(Z, a)$ aller perspektiven Kollineationen (einer festen projektiven Ebene Σ) mit festem Zentrum $Z \in \mathbb{P}$ und fester Achse $a \in \mathbb{L}$. Wichtig ist hier weiterhin, inwieweit diese Gruppen $H(Z, a)$ linear transitiv sind. Dabei heißt $H(Z, a)$ *linear transitiv*, wenn zu je zwei verschiedenen Punkten $P, Q \notin a \cup \{Z\}$ mit $Z \in P + Q$ ein $\delta \in H(Z, a)$ mit $P^\delta = Q$ existiert. Bei der von HANFRIED LENZ begonnenen Klassifikation stehen die Gruppen $H(Z, a)$ mit $Z \in a$ im Zentrum; ADRIANO BARLOTTI nimmt dann auch die Gruppen $H(Z, a)$ mit $Z \notin a$ in die Betrachtungen auf. Die *Lenz-Barlotti-Figur* einer projektiven Ebene ist die Menge F aller Paare $(Z, a) \in \mathbb{P} \times \mathbb{L}$, für die $H(Z, a)$ linear transitiv ist. Man beweist nun, daß die möglichen Lenz-Barlotti-Figuren projektiver Ebenen einer Reihe genau angebbarer Typen angehören. Es sind dies 7 Haupttypen, die allgemein mit römischen Ziffern I, ..., VII bezeichnet werden. Einzelne Haupttypen zerfallen in wenige Untertypen. Der Typ VII.1 ($F = \{(Z, a) \mid Z \in a\}$) kennzeichnet die Moufang-Ebenen, der Typ VII.2 ($F = \mathbb{P} \times \mathbb{L}$) die Desarguesschen Ebenen, der Typ IV.a1 (Es gibt eine Gerade g mit $F = \{(P, g) \mid P \in g\}$) die Translationsebenen [s. etwa Lingenberg 1969].

Die Lenz-Barlotti-Klassifikation hat viele fruchtbare Fragen aufgeworfen, etwa nach der Existenz bzw. Nicht-Existenz bestimmter Typen, nach der Struktur eines ganzen Typs, nach dem Typ bestimmter Ebenen. Viele dieser Fragen konnten entschieden werden.

Anmerkung. Das erste große Lehrbuch über Projektive Ebenen erschien 1955. Diese von GÜNTER PICKERT verfaßte Monographie [1955] hat auf die weitere Forschung einen großen Einfluß ausgeübt. Als weiteres Lehrbuch über Projektive Ebenen nennen wir [Hughes/Piper 1973]. Ein schönes und einführendes Buch stammt von P. SCHERK und R. LINGENBERG [1975].

1.5 Projektive Räume

Projektive Ebenen über Körpern stellen nur einen kleinen Ausschnitt in der Theorie der projektiven Ebenen dar. Fordert man mindestens die Dimension 3, so ergeben sich als projektive Räume nur solche über Körpern, wenn man bestimmte und naheliegende Inzidenzaxiome zugrundelegt. Wir wollen diesen Sachverhalt hier kurz schildern.

Sei wiederum $\mathbb{L}$ eine Menge von Teilmengen der Menge $\mathbb{P}$. Die Elemente von $\mathbb{P}$ heißen Punkte, die von $\mathbb{L}$ Geraden. Für $P \in g$, $P \in \mathbb{P}$, $g \in \mathbb{L}$, übernehmen wir wieder die üblichen Redewendungen.

Es heißt $\Pi = (\mathbb{P}, \mathbb{L})$ *projektiver Raum*, wenn gilt

(PR 1) *Durch zwei verschiedene Punkte geht genau eine Gerade.*
(PR 2) *Schneidet eine Gerade zwei Seiten eines Dreiecks in wenigstens zwei verschiedenen Punkten, dann trifft sie auch die dritte Seite.*
(PR 3) *Jede Gerade enthält wenigstens drei verschiedene Punkte.*

Es heißt $g, h \in \mathbb{L}$ ***windschiefes Geradenpaar***, wenn $g \cap h = \emptyset$ ist.

Der projektive Raum $\Pi = (\mathbb{P}, \mathbb{L})$ ist offenbar genau dann projektive Ebene, wenn $\mathbb{L}$ wenigstens zwei verschiedene Geraden enthält, es aber kein windschiefes Geradenpaar gibt.

Es ist nun schon eine erstaunliche Tatsache, daß ein projektiver Raum Π, der ein windschiefes Geradenpaar enthält, bereits in klassischer Weise beschreibbar ist: Es gibt einen (kommutativen oder nichtkommutativen) Körper K und einen Rechtsvektorraum V über K derart, daß resp. die Punkte, die Geraden mit resp. den 1-dimensionalen, den 2-dimensionalen Unterrechtsvektorräumen von V identifiziert werden können. Dabei gilt $P \in g$ genau dann, wenn der Unterrechtsvektorraum P in dem Unterrechtsvektorraum g enthalten ist.

Diesem Satz wird in der Literatur kein Name zugeordnet. Obwohl sein Beweis aufwendig ist, wird man sagen dürfen, daß der Satz nach Vorhandensein des Hilbertschen Buches nahelag. Verdienst kommt in diesem Zusammenhang u.a. O. VEBLEN und J.W. YOUNG [1910] zu. Das Buch, das den nichtkommutativen Körper in der projektiven Geometrie völlig heimisch machte, ist von REINHOLD BAER [1952]. An Literatur über Projektive Geometrie zitieren wir noch [Brauner 1976], [Kerékjárto 1966], [Lenz 1965]. Hinsichtlich eines räumlichen Satzes von Pappus s. [Al-Dhahir 1957].

1.6 Die Kontinuierlichen Geometrien von JOHN VON NEUMANN

G. BIRKHOFF und KARL MENGER zeigten, daß der Unterraumverband eines endlichdimensionalen projektiven Raumes charakterisiert ist als irreduzibler endlichdimensionaler komplementärer moduler Verband. Der Verband V heißt dabei *irreduzibel*, wenn er nicht als direktes Produkt zweier Verbände V_i mit $|V_i| \geq 2$ geschrieben werden kann. In einem komplementären und modularen Verband V ist die Dimension von $x \in V$ als Länge einer maximalen Kette von 0 nach x erklärt, sofern diese Kette nur endlich viele Elemente enthält. Existiert die Dimension d von $1 \in V$, so heißt V *endlichdimensional*, und d ist die Dimension von V. Die Forderung, daß ein komplementärer modularer Verband endlichdimensional ist, stellt natürlich eine starke Einschränkung dar. JOHN VON NEUMANN [1936] hat eine Theorie geschaffen, die der kontinuierlichen Geometrien, die den Begriff des Unterraumverbandes eines projektiven Raumes verallgemeinert in der Form, daß die Menge der auftretenden Dimensionen nicht endlich und nicht einmal total geordnet zu sein braucht, aber noch Verbandsstruktur trägt. Beispielsweise gibt es kontinuierliche Geometrien, in denen jede reelle Zahl größer 0 und kleiner 1 Dimension eines geeigneten Unterraumes ist und in denen es keine Atome (Punkte) und a fortiori keine oberen Nachbarn von Atomen (Geraden) gibt: es liegt dann eine „projektive Geometrie" ohne Punkte und Geraden vor. Wichtig im Zusammenhang der kontinuierlichen Geometrien ist der Begriff des stetigen Verbandes [s. Maeda 1958]. Eine Menge I zusammen mit einer reflexiven und transitiven zweistelligen Relation $\leq$ auf I heißt *gerichtetes System*, wenn je zwei Elemente von I eine obere Schranke besitzen. Eine Abbildung f des gerichteten Systems I in den Verband V heißt *monoton steigende* (bzw. *fallende*) Folge mit der Indexmenge I, wenn $i_1 \leq i_2$ für $i_1, i_2 \in I$ stets $f(i_1) \leq f(i_2)$ (bzw. $f(i_1) \geq f(i_2)$) zur Folge hat. Ist $f\colon I \to V$ monoton steigende Folge, so soll $f(i) \uparrow x$ bedeuten, daß x obere Grenze von $\{f(i) \mid i \in I\}$ ist. Entsprechend ist für monoton fallende Folgen f das Symbol $f(i) \downarrow x$ erklärt. Ein *stetiger* Verband ist nun ein vollständiger Verband, in dem gilt: Sei $f\colon I \to V$ beliebige monoton steigende (bzw. fallende) Folge mit $f(i) \uparrow x$ (bzw. $f(i) \downarrow x$) und sei y beliebiges Element von V. Dann gilt $f(i) \cap y \uparrow x \cap y$ (bzw. $f(i) \cup y \downarrow x \cup y$). (Natürlich sind hier neue Folgen involviert, etwa $g(i) := f(i) \cap y$.) In einem stetigen komplementären modularen Verband V ist die Perspektivitätsrelation transitiv, also klassenbildend. Die Menge $[V]$ dieser Klassen ist ein vollständiger Verband, wenn $\mathfrak{a} \leq \mathfrak{b}$ für $\mathfrak{a} \neq \mathfrak{b}$ aus $[V]$ genau dann gesetzt wird, wenn Elemente $a \in \mathfrak{a}, b \in \mathfrak{b}$ mit $a < b$ existieren. Es heißt $[V]$ der *Dimensionsverband* von V. Die stetigen komplementären modularen Verbände sind nach Definition die kontinuierlichen Geometrien (im weiteren Sinne). Der *Algebraisierungssatz* von JOHN VON NEUMANN lautet so, daß eine kontinuierliche Geometrie (der Ordnung > 4) beschrieben werden kann als Hauptrechtsidealverband eines regulären Ringes. Dabei heißt ein Ring R mit 1 regulär, wenn zu jedem $r \in R$ ein $x \in R$ mit $r = rxr$ existiert.

Seit den grundlegenden Arbeiten von BIRKHOFF, MENGER und VON NEUMANN hat sich eine umfangreichere mathematische Disziplin entwickelt, die „Geometrische Verbände" genannt wird. Für die Entwicklung dieses Gebietes bis 1970 verweisen wir auf H. H. CRAPO, G.-C. ROTA [1970], und die dort angegebene Literatur. Wir verweisen insbesondere auf die loc. cit. behandelten *Wille Geometries of grade n*, 3.17–3.29, wobei Stufe 0 zu projektiven Geometrien führt, Stufe 2 zu Möbius-Geometrien; für eine Kennzeichnung s. [Wille 1967].

1.7 Gewebe

Die Theorie der Gewebe (auch Waben oder Netze genannt) wurde zwischen den beiden Weltkriegen in Hamburg im Umkreis von WILHELM BLASCHKE bereits weit ausgebaut. SHIINGSHEN CHERN, der 1936 bei BLASCHKE über 3-Gewebe promovierte, schreibt in [Blaschke 1982, Band V] (*Geometrie der Gewebe*) auf Seite 25: „Blaschke created ‚web geometry ...' as a field of geometry and coined the name. It started when he attempted, with G. Thomsen, to study differentialgeometric configurations which have invariants under local diffeomorphisms ...". Gewebe stellten sich alsbald auch als fundamental für die Grundlagen der Geometrie heraus, da auf der Basis eines 3-Gewebes die Einführung der Addition möglich ist und auf der Basis eines 4-Gewebes zudem die Multiplikation.

Um ein 3-Gewebe zu definieren, gehen wir, wie bei der Definition der affinen Ebene in 1.1, von Mengen $\mathbb{P}$ ($\neq \emptyset$), $\mathbb{L}$ von Punkten und Geraden aus. Es seien dann $\mathbb{L}_1, \mathbb{L}_2, \mathbb{L}_3$ drei paarweise fremde Teilmengen von $\mathbb{L}$ mit $\mathbb{L} = \mathbb{L}_1 \cup \mathbb{L}_2 \cup \mathbb{L}_3$. Es liegt ein 3-Gewebe vor, wenn gilt:

(G 1) *Zu jedem $P \in \mathbb{P}$ und zu jeder Zahl $i \in \{1, 2, 3\}$ gibt es genau eine Gerade*

$$g \in \mathbb{L}_i \quad \textit{mit} \quad P \in g.$$

(G 2) *Zwei Geraden aus verschiedenen $\mathbb{L}_i$ schneiden sich in genau einem Punkt.*

(G 3) *Für jedes $g \in \mathbb{L}$ gilt $|g| \geq 2$.*

Die Geraden aus $\mathbb{L}_1, \mathbb{L}_2, \mathbb{L}_3$ nennen wir resp. *x-, y-, z-Geraden*. Seien nun 0 noch ein fester Punkt und L die x-Gerade durch 0. Dann führen wir auf L eine Addition gemäß der Hilbertschen Streckenrechnung ein: Der in Bild 5 eingezeichnete Punkt F hängt aber jetzt von a ab; er soll der Schnittpunkt der y-Geraden durch 0 mit der z-Geraden durch a sein. Wir erhalten

(I) $0 + a = a = a + 0$ für alle $a \in L$,

(II) Zu vorgegebenen $a, b \in L$ gibt es eindeutig bestimmte Elemente $u, v \in L$ mit $a + u = b = v + a$.

Es liegt damit eine Loop $(L, +)$ vor. Jetzt kann man den Punkten sofort Koordinaten zuweisen: Der Punkt $a \in L$ erhält die Koordinaten $(a, 0)$; der Schnittpunkt der y-Geraden durch 0 mit der z-Geraden durch a erhält die Koordinaten $(0, a)$ usf. Offenbar ist dann $\{(x, y) \mid y + x = a\}$ die z-Gerade durch $(a, 0)$. Geht man vice versa von einer Loop $(L, +)$ mit $|L| \geq 2$ aus, so erhält man ein 3-Gewebe mit den folgenden Festsetzungen: Es sei $\mathbb{P} := L \times L$. Jede Punktmenge $\{(x, k) \mid x \in L\}$ mit $k \in L$ heiße *x-Gerade*, jede Punktmenge $\{(k, y) \mid y \in L\}$ *y-Gerade*. Zu jedem $k \in L$ sei schließlich $\{(x, y) \in L \times L \mid y + x = k\}$ *z-Gerade*. Für diese Festsetzungen genügt es, von einer Quasigruppe $(Q, +)$ auszugehen (Menge Q mit binärer Verknüpfung „+" so, daß $a + x = b = y + a$ für vorgegebene $a, b \in Q$ eindeutige Lösungen $x, y \in Q$ besitzen.). Aber zu einer Quasigruppe findet man stets eine isotope Quasigruppe, die Loop ist. Außerdem sind 3-Gewebe isotoper Quasigruppen isomorph. (Gibt es Bijektionen $f, g, h: A \to B$ mit $h(x + y) = f(x) \oplus g(y)$ für alle $x, y \in A$, so heißen die Quasigruppen $(A, +)$, $(B, \oplus)$ isotop.) Man kann ein 3-Gewebe mit einer Isotopieklasse von Quasigruppen identifizieren. Ziel ist es dann, weitere algebraische Eigenschaften von solchen Klassen, etwa potenzassoziativ, assoziativ, abelsch oder moufangsch zu sein, geometrisch zu charakterisieren. Klassisch geworden sind hier Hexagonalbedingung, Reidemeister-, Thomsen- oder Bol-Bedingung. Der heutige Stand der Theorie ist weit entwickelt. Man hat eine Klassifikation von Identitäten geschaffen, in der die vorweg genannten (geometrischen) Bedingungen in ihrer algebraischen Fassung Spezialfälle sind. Von V. D. BELOUSOV, von dem Bücher (1971, 1972, 1979) über den Gegenstand (in russischer Sprache) existieren, zitieren wir hier die grundlegende Schrift [1966]. Außerden nennen wir R. ARTZY [1965], J. ACZÉL, F. RADÓ, R. H. BRUCK [1958], A. BARLOTTI, K. STRAMBACH [1983], J. DÉNES und A. D. KEEDWELL [1974], A. M. TAYLOR. Lesenswert ist zudem der Bericht von J. ACZÉL [1965]. An älterer Literatur zitieren wir das Buch von W. BLASCHKE und G. BOL [1938], das Buch von K. REIDEMEISTER [1930] und die Arbeit von G. THOMSEN [1929].

1.8 Ringgeometrie

Die beiden Mathematiker, die das Studium der Ringgeometrie als erste und – trotz eines Jahrzehnts Zwischenraum – unabhängig voneinander in großen Arbeiten angeregt haben, waren J. HJELMSLEV [1929] und D. BARBILIAN [1940/41]. Im Gegensatz zu BARBILIAN, der more mathematicae die Geometrie hinsichtlich des Koordinatenbereiches vom Fall des Körpers auf den des Ringes verallgemeinern wollte, schwebte HJELMSLEV nichts Geringeres vor als eine bessere Beschreibung der Lageverhältnisse des Anschauungsraumes. Punkte sind nämlich in Wirklichkeit Flecken, und Geraden sind in der Realität Streifen. Zwei sich schneidende Geraden mit kleinem Öffnungswinkel haben viele ideale Punkte (im Sinne der Definition I EUKLIDS) gemeinsam. Es ist nun nicht wirklich einzusehen, daß ein Flecken, der etwa Kreisform habe, durch ständiges Halbieren des Halbmessers zu einem idealen Punkt würde: Denn nach jeder durchgeführten Verkleinerung dieser Art entsteht ein Flecken, der sich immer noch aus unendlich vielen idealen Punkten zusammensetzt. – Was HJELMSLEV nun vorschlägt, ist eine andere Idealisierung als die von alters her gelehrte: Mit einer hinreichend kleinen Zahl $\varepsilon > 0$, deren n-te Potenze ich in guter Näherung Null setze, kann ich kleine Flecken („Punkte der Wirklichkeit") definieren. Dies führt in der Idealisierung im Koordinatenbereich vom Körper der reellen Zahlen hin zu den Ringen $\mathbb{R}[\varepsilon]/\langle\varepsilon^n\rangle$ ($n = 2, 3, 4, \ldots$). Geometrisch gesprochen bedeutet der Übergang zur Ringgeometrie den Verzicht auf die eindeutige Verbindbarkeit zweier Punkte, auf den eindeutigen Schnitt zweier Geraden usf. JOHANNES HJELMSLEV legte nur den Ring der dualen Zahlen zugrunde, BARBILIAN hingegen eine sehr große Klasse von Ringen. Nennen wir für den Moment zwei Punkte *benachbart*, wenn sie keine eindeutige Verbindungsgerade besitzen, so kann man anhand dieser Definition bereits die weitere Entwicklung verdeutlichen, die die Ringgeometrie genommen hat. Diese Nachbarrelation kann klassenbildend sein. Dann haben wir den Hjelmslevschen Ansatz und auch den Ansatz derjenigen, die – an HJELMSLEV anschließend – Geometrie über einem lokalen Ring betrieben. Bei BARBILIAN ist die Nachbarrelation nur in Ausnahmefällen Äquivalenzrelation, und so mußten er und auch diejenigen, die seine Untersuchungen fortführten, auf ein in der Hjelmslev-Geometrie wichtiges methodisches Hilfsmittel verzichten: Großpunkte (Nachbarklassen), Großgeraden etc. und inzidenzerhaltende Abbildung der Ausgangsgeometrie auf ihre Großgeometrie, die letztere hinsichtlich Verbinden und Schneiden wieder klassisches Verhalten zeigt, stehen nicht zur Verfügung. B. ARTMANN, G. DORN, D. DRAKE, G. TÖRNER haben ein umfangreiches Literaturverzeichnis mit dem Titel *„Hjelmslevsche Inzidenzgeometrie und verwandte Gebiete"* veröffentlicht [1976], das die Publikationen auf diesem Gebiet bis 1975 wiedergibt. Dort wird zudem auf das Schriftenverzeichnis der 2. Auflage des Buches *„Aufbau der Geometrie aus dem Spiegelungsbegriff"* von F. BACHMANN [1973] wegen Nennung weiterer Arbeiten über Hjelmslev-Geometrie verwiesen. W. KLINGENBERG hat in mehreren Arbeiten den Hjelmslevschen Ansatz verallgemeinert. Unter einem *Hjelmslevschen Schiefring* (kurz H-Ring) wird ein Ring mit Einselement verstanden, in dem jeder Nichtnullteiler ein Inverses besitzt [Klingenberg 1955]. Die Menge N der Nullteiler, die alle zweiseitige Nullteiler sein sollen, wird als zweiseitiges Ideal im Ring vorausgesetzt. Auch soll von je zwei Elementen a, b aus N wenigstens eines Rechtsvielfaches des anderen und wenigstens eines Linksvielfaches des anderen sein. In naheliegender Weise kann einem H-Ring R eine projektive ebene Struktur zugeordnet werden. Durch Auszeichnung einer Geraden g_∞ einer solchen „projektiven Ebene mit Nachbarelementen" geht man zu einer „affinen Ebene mit Nachbarelementen" über. Hier ist nun die Menge Γ der Translationen Gruppe, die auf der Punktmenge transitiv operiert. Ist weiterhin jede Spur einer Translation τ auch Spur der Translation τ', so gibt es einen spurtreuen Endomorphismus der Gruppe Γ, der τ in τ' überführt. Gelten vice versa die beiden letzten Eigenschaften in einer abstrakten „affinen Ebene mit Nachbarelementen", so kann diese nach KLINGENBERG, loc. cit., in eine „projektive Ebene mit Nachbarelementen" über einem H-Ring eingebettet werden. Allgemein ist eine projektive Ebene mit Nachbarelementen wieder eine Struktur $\Sigma = (\mathbb{P}, \mathbb{L})$ von Punkten und Geraden, wobei gefordert wird: Zwei Punkte haben wenigstens eine Verbindungsgerade, zwei Geraden wenigstens einen Schnittpunkt. Zwei Punkte P, Q (Geraden g, h) heißen *benachbart*, in Zeichen $P \circ Q$ ($g \circ h$), wenn sie mehr als eine Verbindungsgerade (einen Schnittpunkt) besitzen. Es gibt eine projektive Ebene $\bar{\Sigma} = (\bar{\mathbb{P}}, \bar{\mathbb{L}})$ und eine surjektive Abbildung $\pi\colon \mathbb{P} \to \bar{\mathbb{P}}$ so daß $g \in \mathbb{L}$ impliziert $g^\pi := \{P^\pi \mid P \in g\} \in \bar{\mathbb{L}}$. Außerdem gilt $P \circ Q$ ($g \circ h$) genau dann, wenn $P^\pi = Q^\pi$ ($g^\pi = h^\pi$) ist für alle $P, Q \in \mathbb{P}$ ($g, h \in \mathbb{L}$). – Natürlich stellen sich viele Fragen im Zusammenhang dieser allgemeineren affinen (projektiven) Strukturen. Etwa: Wie sieht der höherdimensionale Fall aus? Kann man einen Stufenaufbau, auch unter Hinzuziehung von Schließungssätzen, durchführen? Hat man ein Analogon zur Lenz-Barlotti-Klassifikation? Man betreibe euklidische Geometrie, nichteuklidische Geometrie, Spiegelungsgeometrie, Geometrie der Kugelgruppen, topologische Geometrie in solchen Strukturen mit Nachbarelementen. Manches in Richtung dieser und anderer Fragen wurde bearbeitet, vieles aber steht noch offen. An Autoren nennen wir hier H. LÜNEBURG, B. ARTMANN, F. RADÓ, H. H. LÜCK, S. W. LORIMER, K. MATHIAK, W. SEIER.

In Richtung des Barbilianschen Ansatzes nennen wir Untersuchungen von BINGEN, VELDKAMP, ARNOLD, PERMUTTI, LAWRENCE, SCHAEFFER, LEISSNER.

PERMUTTI studiert affine Geometrie über nullteilerfreien Ringen, ARNOLD betreibt Ringgeometrie, wobei sein Ansatz alle zyklischen Untermoduln eines Moduls über einem Ring zur Definition der Geraden (und nicht nur die sonst üblichen regulären) heranzieht. SCHAEFFER arbeitet mit einer impliziten Nachbarrelation. Bei LAWRENCE wird die Nachbarrelation durch Ringerweiterungen induziert. VELDKAMP definiert eine projektive Barbilian-Ebene als Struktur $\Sigma = (\mathbb{P}, \mathbb{L})$ mitsamt einer Menge $N \subset \mathbb{P} \times \mathbb{L}$. Gilt $(P, g) \in N$, so heißt P zu g *benachbart*, in Zeichen $P \circ g$. Die Punkte P, Q (Geraden g, h) heißen *benachbart*, wenn gilt $P \circ x$ für alle Geraden $x \ni Q$ ($X \circ g$ für alle Punkte $X \in h$). Für eine projektive Barbilian-Ebene sollen nun die folgenden Axiome gelten: *Durch zwei nicht benachbarte Punkte geht genau eine Gerade. Zwei nicht benachbarte Geraden haben genau einen Punkt gemeinsam. Aus $P \in g$ folgt $P \circ g$. Sind g, h nicht benachbarte Geraden, ist $P \in g$ nicht benachbart zu $Q \in g \cap h$, so gilt $P \phi h$. Es gibt wenigstens eine Gerade. Jede Gerade enthält wenigstens einen Punkt. Sind P, Q Punkte, so existiert eine Gerade g mit $P \phi g$* und *$Q \phi g$*. – Die Existenz bestimmter Kollineationen führt dann zur Beschreibung der Ebene durch einen Ring R mit Einselement, der stabilen Rang 2 hat (Aus $\alpha x + \beta y = 1$ für $\alpha, x, \beta, y \in R$ folgt die Existenz von Elementen $\gamma, \delta \in R$ mit $\gamma x + \gamma \delta y = 1$.). Die von BINGEN zugrundegelegten Ringe haben stabilen Rang 2. Alle H-Ringe haben stabilen Rang 2. Der Ring $\mathbb{R}[x]/\langle 1 - x^2 \rangle$ ist kein H-Ring; er hat stabilen Rang 2. Die Ringe $\mathbb{Z}$ oder $\mathbb{R}[x]$ haben nicht stabilen Rang 2. Jeder Ring vom stabilen Rang 2 ist ein Z-Ring (Ring mit 1, in dem $xy = 1$ stets $yx = 1$ zur Folge hat). Die Ringe, die LEISSNER als Koordinatenbereiche seiner Geometrien erhält, sind genau die Z-Ringe. Die Struktur $(\mathbb{P}, \mathbb{L}, \phi, \|)$ heißt nach LEISSNER eine *affine Barbilian-Struktur*, wenn ϕ eine antireflexive und symmetrische zweistellige Relation auf $\mathbb{P}$ ist und $\|$ eine Äquivalenz auf $\mathbb{L}$; $g \in \mathbb{L}$ heißt *Kreuzgerade* zu $h \in \mathbb{L}$, wenn jedes $g' \| g$ jedes $h' \| h$ in genau einem Punkt schneidet. Nun werden folgende Axiome gefordert: *Durch zwei Punkte $P \phi Q$ geht genau eine Gerade. Ist P Punkt, ist g Gerade, so gibt es genau eine Gerade $h \ni P$ mit $h \| g$. Zu jedem Punkt P einer Geraden g existiert ein $Q \in g$ mit $P \phi Q$. Zu jeder Geraden existiert eine Kreuzgerade. Sind g, h Kreuzgeraden, ist $P \in h$ und $P \phi Q \in g \cap h$, so gilt $P \phi X$ für alle $X \in g$, und jede Gerade durch P, die g schneidet, ist Kreuzgerade zu g.* Gelten in einer so definierten *affinen Barbilian-Struktur* zwei Schließungssätze, nämlich kleine und große Parallelodromie (die den kleinen und großen affinen Satz von Desargues verallgemeinern), so spricht LEISSNER von einer *affinen Barbilian-Ebene*. Ein Resultat von LEISSNER besagt nun, daß zu einer affinen Barbilian-Ebene ein Z-Ring R gehört und ein *Barbilianbereich $B \subset R \times R$ mit: $\mathbb{P}$ kann mit $R \times R$ identifiziert werden. $P \phi Q$ gilt genau dann, wenn $P - Q$ Element von B ist. $\mathbb{L} = \{(a, b) + R \cdot (u, v) \mid (a, b) \in \mathbb{P}, (u, v) \in B\}$. Die Geraden $(a, b) + R \cdot (u, v)$ und $(a', b') + R \cdot (u', v')$ sind genau im Falle $R \cdot (u, v) = R \cdot (u', v')$ parallel.* Dabei sind *Barbilianbereiche B* Teilmengen von $R \times R$ mit

(E_1) $(1, 0), (0, 1) \in B$,

(E_2) *Ist $r \in R$ Einheit, so folgt $r \cdot (u, v) \in B$ aus $(u, v) \in B$,*

(E_3) *Zu $(u, v) \in B$ existiert $(a, b) \in B$ so, daß die Matrix $\begin{pmatrix} u & v \\ a & b \end{pmatrix}$ invertierbar ist,*

(E$_4$) *Gilt* $(u, v), (a, b) \in B$, *ist* $\begin{pmatrix} u & v \\ a & b \end{pmatrix}$ *invertierbar, so ist* $(u, v) + \alpha(a, b) \in B$ *für alle* $\alpha \in R$.

Ein Z-Ring R zusammen mit einem Barbilianbereich B von R führt umgekehrt zu einer affinen Barbilian-Ebene.

Bemerkungen.

a) Ist R ein Z-Ring, so ist beispielsweise

$$B_{\max} := \left\{(u, v) \in R \times R \,\middle|\, \exists_{a,b \in R} \begin{pmatrix} u & v \\ a & b \end{pmatrix} \text{ invertierbar}\right\}$$

ein Barbilianbereich. Es gibt Ringe mit wenigstens zwei verschiedenen Barbilianbereichen, aber auch solche mit genau einem Barbilianbereich. Die von VELDKAMP unterlegten Ringe besitzen genau einen Barbilianbereich.

b) F. RADÓ gelingt es in [Radó 1980], den Leissnerschen Aufbau für den Fall des beliebigen Ringes mit Einselement durchzuführen.

1.9 Verallgemeinerte affine Räume

Der Begriff des affinen (projektiven) Raumes wurde nicht nur in der Richtung erweitert, daß nun auch Ringe als Koordinatenbereiche möglich sind. Wir haben vielmehr den allgemeinen Begriff der Inzidenzstruktur (zwei disjunkte Mengen P, G mitsamt einer „Inzidenzrelation“ $I \subset P \times G$), den allgemeinen Begriff des linearen Raumes (LIBOIS: Inzidenzstrukturen mit (I) Zu $P_1 \neq P_2$ aus P gibt es genau ein $g \in G$ mit $(P_1, g), (P_2, g) \in I$, (II) Reichhaltigkeitsforderung), die vielfältigen kombinatorischen Strukturen wie Blockpläne, die Parallelstrukturen von ANDRÉ, die nichtkommutative Geometrie ([André 1974], H. TECKLENBURG), die räumlichen Strukturen über beliebigen Ternärkörpern von EWALD, die affinen Räume mit schwacher Inzidenz von SPERNER [1960]. Ein verallgemeinerter affiner Raum ist eine Struktur $\Sigma = (\mathbb{P}, \mathbb{L})$ mit einem Parallelismus $\parallel$ auf der Menge $\mathbb{L}$ der Geraden, wenn gilt: Durch zwei verschiedene Punkte geht genau eine Gerade. Jede Gerade enthält genau s Punkte, s eine feste Kardinalzahl. Es gibt wenigstens zwei Punkte. $\parallel$ ist Äquivalenzrelation auf $\mathbb{L}$. Zu $P \in \mathbb{P}, g \in \mathbb{L}$ gibt es genau ein $h \ni P$ aus $\mathbb{L}$ mit $g \parallel h$. – In [1960] beschreibt nun SPERNER seine verallgemeinerten affinen Räume durch algebraische Strukturen, die Rudimente von Vektorräumen sind, ganz entsprechend der Darstellung affiner Ebenen mit Hilfe von Ternärkörpern. Während ein affiner Raum einer Dimension ≥ 3 desarguessch sein muß, also durch einen Vektorraum über einem Körper beschrieben wird, gibt es nun auch höherdimensionale verallgemeinerte affine Räume, die nicht desarguessch sind. Ist etwa F Fastkörper, ist $n \geq 3$ ganz, so heiße *Punkt* jedes geordnete n-tupel $\alpha = (\alpha_1, \ldots, \alpha_n)$mit $\alpha_i \in F$. Unter Benutzung naheliegender Definitionen seien die

Geraden durch $\alpha+\beta\cdot F$, $\beta \neq 0$, erklärt. $\alpha+\beta\cdot F \| \alpha'+\beta'\cdot F$ bedeute genau $\beta' \in \beta F$ (das geforderte Distributivgestez für F laute $a\cdot(b+c)=ab+ac$). Unter diesen gerade definierten verallgemeinerten affinen Räumen hat man nicht-desarguessche Beispiele. An Untersuchungen, die sich mit Spernerschen Räumen beschäftigen, nennen wir solche von A. Barlotti, H.-J. Arnold, R. Permutti, M. Marchi.

2 Anordnung, Kongruenz

2.1 Eine Zwischenrelation

Unter einer Zwischenrelation z einer Menge M versteht man eine Teilmenge von $M \times M \times M$. Genau im Falle $(A, B, C) \in z$ sagt man, daß B zwischen A und C (bzgl. der Zwischenrelation z) liegt. Moritz Pasch [1882] war der erste, der den Begriff „zwischen" in der Geometrie einer strengen Analyse unterzog. Wir wollen nun zunächst die Axiome der Anordnung, wie Hilbert sie in [1903²] aufgenommen hat, angeben. Seine Axiome II 1, II 2, II 3 (loc. cit.) formulieren wir für obige Strukturen $(M, z \subset M \times M \times M)$, das Axiom II 4 (das „Axiom von Pasch") für affine Ebenen:

II 1. *Aus* $(A, B, C) \in z$ *folgt* $(C, B, A) \in z$,

II 2. *Zu* $A \neq C$ *aus* M *existieren* $B, D \in M\backslash\{A, C\}$ *mit* $(A, B, C) \in z \ni (A, C, D)$,

II 3. *Unter drei verschiedenen Elementen von M gibt es genau eines, das zwischen den beiden anderen liegt.*

Mit Hilfe der Zwischenrelation z läßt sich der Begriff des Elementes einer Strecke definieren: Sind $A \neq B$ aus M, so heißt das ungeordnete Paar $AB = BA$ eine *Strekke*. Die Elemente zwischen A, B heißen *Elemente* der Strecke, A, B heißen ihre *Endpunkte*. Strecken werden auch mit der Menge ihrer Elemente identifiziert. Sei nun Σ eine affine Ebene und sei zu jeder Geraden g von Σ eine Zwischenrelation $z(g)$ von g gegeben. Das Axiom von Pasch setzt nun gewisse solcher Zwischenrelationen zueinander in Beziehung:

II 4. *Es seien* A, B, C *Punkte von* Σ, *die nicht gemeinsam auf einer Geraden liegen und es sei* g *eine Gerade von* Σ *mit* $g \cap \{A, B, C\} = \emptyset$. *Dann trifft* g *genau zwei der Strecken* AB, BC, CA *oder aber keine.*

2.2 Spernersche Ordnungsfunktionen

Zu jeder Geraden g ist also eine Zwischenrelation $z(g)$ gegeben. Das entspricht offenbar der Anschauung, da ich für irgend drei Punkte auf einer Geraden, die ich sehe, sofort darüber Auskunft geben kann, welcher Punkt zwischen den beiden anderen liegt. Trotzdem wird man zugeben, daß es verwirrend ist, sich auf jeder der unendlich vielen Geraden einer Anschauungsebene eine individuelle Zwischenrelation vorzustellen, wenn auch alle diese Relationen durch das Axiom von Pasch zueinander in Beziehung stehen. EMANUEL SPERNER hat der Anordnungstheorie eine neue und fruchtbare Wendung gegeben. Die grundlegende Vorstellung, die SPERNER benutzt, ist die Seiteneinteilung einer Ebene durch eine Gerade bzw. eines Raumes durch eine Hyperebene. Wir beschränken uns auf den ebenen Fall. Unter einer *Ordnungsfunktion* ω einer (affinen oder projektiven) Ebene Σ versteht SPERNER eine Abbildung

$$\omega\colon \mathbb{P} \times \mathbb{L} \to \{-1, 0, 1\},$$

die der Eigenschaft

$$\omega(P, g) = 0 \Leftrightarrow P \in g$$

genügt. Für eine Gerade $g \in \mathbb{L}$ definiert man

$$g(P) := \omega(P, g) \qquad \text{für alle } P \in \mathbb{P}.$$

Die Seiten g^+, g^- von g werden dann durch

$$g^+ := \{P \in \mathbb{P} \mid g(P) = +1\},$$
$$g^- := \{P \in \mathbb{P} \mid g(P) = -1\}$$

festgelegt. Es ist also

$$g^- \cup g \cup g^+ = \mathbb{P}$$

eine disjunkte Zerlegung der Punktmenge von Σ, eben eine Seiteneinteilung durch g. Definiert man, daß die Gerade g genau dann zwischen den Punkten P, Q liegt, wenn $g(P) \cdot g(Q) = -1$ ist, so kann man ohne jede weitere Annahme bereits das Axiom von Pasch beweisen, das wir jetzt so zugrunde legen: *Es seien A, B, C Punkte, die nicht kollinear liegen und es sei g eine Gerade, die keinen der Punkte A, B, C enthält. Dann gelten genau zwei der Aussagen*

$$g \text{ zwischen } A, B; \quad g \text{ zwischen } B, C; \quad g \text{ zwischen } C, A$$

oder aber keine. – In der Tat ist das Produkt der drei Zahlen $g(A)\,g(B)$, $g(B)\,g(C)$, $g(C)\,g(A)$ offenbar gleich $+1$. Also sind genau zwei der drei Zahlen gleich -1 oder aber keine.

Es macht selbstverständlich keinerlei Schwierigkeiten, Beispiele für Ordnungsfunktionen anzugeben, da man bei der Funktion ω ja nur darauf zu achten hat, daß $\omega(P, g)$ genau dann Null ist, wenn $P \in g$ gilt. Diejenigen Ordnungsfunktionen allerdings, die in der Spernerschen Ordnungstheorie etwa der desarguesschen affinen Ebenen eine besondere Rolle spielen, sind z. B. von der folgenden Art: Seien K ein Körper und $\lambda\colon K\backslash\{0\} \to \{-1, +1\}$ eine beliebige Abbildung, die wir durch $\lambda(0) := 0$ auf K fortsetzen. Für $\Sigma = A^2(K)$ (s. 1.1) setzen wir dann

$$\omega((x, y), g_{m,b}) := \lambda(mx - y + b),$$
$$\omega((x, y), g_k) \quad := \lambda(x - k).$$

Man sagt, daß zwei verschiedene Geraden g, h zwei Punkte P, Q *trennen*, wenn $g(P)\,g(Q)\,h(P)\,h(Q) = -1$ ist. Um solche Mehrfachprodukte kürzer schreiben zu können, definiert man mit einer gegebenen Ordnungsfunktion die abgeleitete Ordnungsfunktion erster bzw. zweiter Stufe durch

$$(g\,|\,P, Q) = g(P)\,g(Q) \qquad \text{für } P, Q \notin g$$

bzw.

$$[g, h\,|\,P, Q] = (g\,|\,P, Q)\,(h\,|\,P, Q) \qquad \text{für } P, Q \notin g, h.$$

Sind A, B, C verschiedene Punkte einer Geraden g, so möchte man erklären, daß B zwischen A und C liegt. Wir nehmen dazu eine Gerade h mit $h \cap g = \{B\}$ und legen fest: *B liegt zwischen A und C* genau dann, wenn h zwischen A und C liegt, d. h., wenn

$$(B\,|\,A, C) := (h\,|\,A, C) = -1$$

ist. Um diese Definition von der durch B gewählten Geraden $h \neq g$ unabhängig zu machen, fordert SPERNER die sogenannte *Geradenrelation:* Für drei verschiedene Punkte A, B, C und drei verschiedene Geraden g, h, i mit $A, B, C \in g$ und $B \in g, h, i$ gilt $[h, i\,|\,A, C] = 1$.

Diese Geradenrelation hat dann offenbar $(h\,|\,A, C) = (i\,|\,A, C)$ zur Folge.

Sind A, B, C, D vier verschiedene Punkte auf einer Geraden g, sind $a \ni A$ und $b \ni B$ von g verschiedene Geraden, so wird die Trennfunktion $[A, B\,|\,C, D]$ durch $[a, b\,|\,C, D]$ erklärt. Sie ist unabhängig von den Hilfsgeraden a, b, da wir für die zugrundeliegende Ordnungsfunktion auch hier die Geradenrelation voraussetzen. In den vorweg genannten Beispielen von Ordnungsfunktionen von $A^2(K)$ gilt die Geradenrelation, wenn λ eine Halbordnung von K ist: Für alle $a, b \in K\backslash\{0\}$ ist $\lambda(ab) = \lambda(a) \cdot \lambda(b)$.

Alle Ordnungsfunktionen ω von Σ zusammen bilden eine Gruppe Γ, wenn wir

$$(\omega_1 \omega_2)(P, g) := \omega_1(P, g) \cdot \omega_2(P, g)$$

für die Ordnungsfunktionen ω_1, ω_2 erklären. Hierin bildet die Menge der Ordnungsfunktionen, die der Geradenrelation genügen, eine Untergruppe. Eine Klasseneinteilung der Ordnungsfunktionen hinsichtlich Gleichheit der abgeleiteten Ordnungsfunktionen zweiter Stufe stellt sich als fundamental heraus. Die Klasse E, die das Einselement von Γ enthält, ist Untergruppe von Γ. Genau die Ordnungsfunktionen aus E heißen *einfach*.

Das Ziel der Spernerschen Ordnungstheorie ist die sukzessive Charakterisierung der vollen Anordnung einer desarguesschen Ebene (eines Raumes) durch entsprechend eingeschränkte Ordnungsfunktionen und die Konstruktion bzw. Kennzeichnung solcher und weiterer eingeschränkter Ordnungsfunktionen, etwa der mit Gültigkeit der Geradenrelation (Hyperebenenrelation), etwa der harmonisch (anharmonisch) genannten Ordnungsfunktionen. Eine volle Anordnung der desarguesschen Ebene (des Raumes) liegt vor, wenn eine Ordnungsfunktion existiert, die der Geradenrelation genügt, die nicht einfach ist, und für die genau einer der Werte $[A, B \mid C, D]$, $[A, C \mid D, B]$, $[A, D \mid B, C]$ die Zahl -1 ist für vier verschiedene kollineare Punkte A, B, C, D. – H. KARZEL überträgt die Spernersche Theorie auf den nichtdesarguesschen Fall, und H.-J. KROLL, [1976], untersucht Ordnungsfunktionen in Möbius-, Laguerre- und Minkowskigeometrien.

2.3 Anordnung und Inzidenz

JOUSSEN bewies unter Verwendung der Methode der Ordnungsfunktionen, daß eine freie projektive Ebene voll anordnungsfähig ist. In [1980] zeigte JOUSSEN sogar die Existenz archimedischer Anordnungen in (endlich erzeugten) freien Ebenen, sicherlich ein unerwarteter Satz. S. PRIESS-CRAMPE, s. [1983], bewies, daß man die archimedisch angeordneten projektiven Ebenen genau als die projektiven Unterebenen derjenigen topologischen projektiven Ebenen erhält, deren affine Geraden homöomorph zur reellen Zahlengeraden sind. Eine Frage von RUTH MOUFANG nach echten Moufang-Ebenen mit einer vollen Anordnung wurde mit einem Resultat von BRUCK und KLEINFELD beantwortet: Solche gibt es nicht, da jeder echte Alternativkörper eine Oktavenalgebra ist. – W. JUNKERS hat in einer Reihe von Arbeiten die Spernerschen Ordnungsfunktionen verallgemeinert: Der Wertebereich ist jetzt – abgesehen von der Null – eine allgemeinere Gruppe als die $\mathbb{Z}_2$. Die Spernersche Seiteneinteilung wird bei JUNKERS durch Zoneneinteilungen verfeinert. E. Glock analysiert den Begriff der Orientierung mit Hilfe von Orientierungsfunktionen, die er auch zu Ordnungsfunktionen in Beziehung setzen kann. – Als eine zusammenfassende Darstellung über angeordnete Geometrie erwähnen wir H. HOTJE [1985].

2.4 Orthogonalität

Wir beschränken uns auch hier auf den ebenen Fall. Sei $\Sigma = (\mathbb{P}, \mathbb{L})$ eine affine Ebene und sei $\perp$ eine Teilmenge von $\mathbb{L} \times \mathbb{L}$. Statt $(g, h) \in \perp$ schreiben wir $g \perp h$ und sagen „g ist zu h orthogonal" oder „g steht auf h senkrecht". Es heißt $\perp$ eine *Orthogonalitätsrelation* von Σ, wenn gilt

(O 1) *Aus* $g \perp h$ *folgt* $h \perp g$,
(O 2) *Aus* $a \perp b$ *und* $b \| c$ *folgt* $a \perp c$,
(O 3) (Lotaxiom) *Zu* $g \in \mathbb{L}$ *und* $P \in \mathbb{P}$ *gibt es genau ein* $h \in \mathbb{L}$ *mit* $g \perp h \ni P$.

Die Gerade g heißt *isotop*, wenn $g \perp g$ gilt, sonst *anisotrop*. Gilt $g \not\perp g$ für alle $g \in \mathbb{L}$, so heißt $\perp$ anisotrop. Setzen wir $g \perp h$ genau dann, wenn $g \| h$ ist, so heißt $\perp$ die *triviale Orthogonalitätsrelation* von Σ. Hier ist jede Gerade isotrop. Ist umgekehrt für die Orthogonalitätsrelation $\perp$ jede Gerade isotrop, so liegt in $\perp$ die triviale Orthogonalitätsrelation vor. Man zeigt leicht: Sei Π die Menge aller Parallelbüschel von Σ. Ist $g \in \mathbb{L}$, so bezeichne $[g]$ das Parallelbüschel, dem g angehört. Ist nun φ eine beliebige involutorische Permutation von Π und setzt man

$$g \perp h \Leftrightarrow [g]^{\varphi} = [h],$$

so liegt eine nichttriviale Orthogonalitätsrelation von Σ vor. Alle nichttrivialen Orthogonalitätsrelationen von Σ können so dargestellt werden.

Sei $(\Sigma, \perp)$ affine Ebene mit Orthogonalitätsrelation. Man sagt, daß $(\Sigma, \perp)$ dem *Höhenschnittpunktsatz* genügt, wenn gilt: Sind A, B, C nicht kollineare Punkte, so schneiden sich die drei Lote von A auf $B + C$, B auf $C + A$, C auf $A + B$ in genau einem Punkt. – Hierbei bezeichnet natürlich z. B. das Lot von A auf $B + C$ die nach (O 3) eindeutig bestimmte Gerade $h \ni A$ mit $h \perp B + C$. Es gilt nun der folgende

Satz: *Sei* $(\Sigma, \perp)$ *Translationsebene mit anisotroper Orthogonalitätsrelation* $\perp$ *und Gültigkeit des Höhenschnittpunktsatzes. Dann ist* Σ *pappussch und es lassen sich alle anisotropen Orthogonalitätsrelationen von* Σ *angeben, die dem Höhenschnittpunktsatz genügen.*

Dieser Satz ist im wesentlichen unabhängig von der Forderung der Anisotropie. Man erhält dann etwa auch das Senkrechtstehen bezüglich einer Minkowskimetrik. Für eine Darstellung des anisotropen Falles verweisen wir auf DEGEN, PROFKE [1976]. Wesentliche Beiträge zur Theorie der Orthogonalität stammen u.a. von F. SCHUR, R. BAER, W. RAUTENBERG, E. QUAISSER, K. SCHÜTTE [1955].

2.5 Kongruenz

Die von HILBERT in [1899] verwendeten Axiome III 1 bis III 6 der Kongruenz umfassen Strecken- und Winkelkongruenz und basieren insbesondere über die Begriffe Strecke und Winkel auf Anordnungseigenschaften. Wir schildern nun Untersuchungen von E. M. SCHRÖDER [1985], die über Kongruenzeigenschaften einen Zugang zur Geometrie eröffnen.

Es sei $\mathbb{P}$ eine Menge, deren Elemente Punkte heißen. Auf der Menge $\mathbb{P}_2$ aller zweielementigen Teilmengen von $\mathbb{P}$ sei eine Äquivalenzrelation $\equiv$ gegeben, die wir auch Kongruenzrelation nennen. Sind A, B verschiedene Punkte, so heiße

$$m_{A,B} := \{X \in \mathbb{P} \mid \{A, X\} \equiv \{X, B\}\}$$

die *Mittelsenkrechte* von A, B. Mit $\mathbb{L}$ bezeichnen wir die Menge aller Mittelsenkrechten. Die Struktur $(\mathbb{P}, \equiv)$ heißt eine *normale euklidische Ebene*, wenn die Eigenschaften (AE), (PG), (KS) erfüllt sind:

(AE) $(\mathbb{P}, \mathbb{L})$ *ist affine Ebene*

(PG) *Sind A, B, C, D vier verschiedene Punkte, von denen keine drei kollinear liegen, mit $A + B \| C + D$ und $B + C \| D + A$, so gilt $\{A, B\} \equiv \{C, D\}$,*

(KS) *Sind M, A verschiedene Punkte auf einer Geraden g, so gibt es genau einen von M, A verschiedenen Punkt B auf g mit $\{M, A\} \equiv \{M, B\}$.*

Der folgende Satz von E. M. Schröder, loc. cit., ist ein überraschendes Ergebnis, da auf der Basis der genannten schwachen und natürlichen Forderungen schon eine Algebraisierung möglich ist (Kein Schließungssatz wurde vorausgesetzt, auch keine Anordnungseigenschaft!): *Ist* $(\mathbb{P}, \equiv)$ *eine normale euklidische Ebene, so gibt es einen kommutativen Körper K von Charakteristik $\neq 2$ und eine kommutative quadratische Körpererweiterung L von K derart, daß eine Bijektion $\alpha: \mathbb{P} \to L$ existiert mit*

$$\{A, B\} \equiv \{C, D\} \Leftrightarrow N(A^\alpha - B^\alpha) = N(C^\alpha - D^\alpha)$$

für alle $A \neq B$ und $C \neq D$ aus $\mathbb{P}$, *wobei $N(\ell)$ die Norm von $\ell \in L$ bezüglich K bezeichnet. Die Gerade durch $A \neq B$ kann in der Form $\{A^\alpha + \gamma \cdot (B^\alpha - A^\alpha) \mid \gamma \in K\}$ dargestellt werden.*

Während der Beweis dieses Satzes nicht schnell geführt wird, liegt seine Umkehrung auf der Hand: Seien $K < L$ kommutative Körper mit $[L : K] = 2$ und $\operatorname{char} K \neq 2$. Setzt man $\mathbb{P} := L$ und $\{A, B\} \equiv \{C, D\} \Leftrightarrow N(A - B) = N(C - D)$ für alle $A \neq B$ und $C \neq D$ aus L, so ist $(\mathbb{P}, \equiv)$ eine normale euklidische Ebene. – Für $K := \mathbb{R}$ und $L := \mathbb{C}$ hat man so die reelle affine Ebene mit der klassischen Kongruenz von Strecken definiert. – In dem Buch von Schröder (loc. cit.) findet man auch eine Charakterisierung der räumlichen Geometrie, die ebenfalls wesentlich von Kongruenzforderungen ausgeht.

2.6 Spiegelungsgeometrie

Entsprechend zu anderen Abschnitten kann auch hier nur ein erster Eindruck vermittelt werden. Das zentrale Werk über Spiegelungsgeometrie ist das Buch von Friedrich Bachmann [1973]. Im Schriftenverzeichnis der 1973 erschienenen zweiten Auflage dieser Monographie sind mehr als 350 Titel aufgenommen. – Zu den ersten Förderern der Theorie gehören Johannes Hjelmslev, Herman Wiener, Gerhard Hessenberg, Gerhard Thomsen, zur zweiten

Generation von Förderern wird man KURT REIDEMEISTER und ARNOLD SCHMIDT zählen. In der dritten Generation erfuhr die Spiegelungsgeometrie vor allem ihren systematischen Ausbau innerhalb der Kieler Schule von BACHMANN, wobei aber auch wichtige Beiträge – wie solche von EMANUEL SPERNER, HELMUT KARZEL, KURT SCHÜTTE – von außerhalb dieser Schule kamen. – Im $\mathbb{R}^2$ wollen wir einen Punkt P mit einer bestimmten Bewegung des $\mathbb{R}^2$ identifizieren, nämlich mit der Spiegelung an P. Entsprechend identifizieren wir die Gerade g des $\mathbb{R}^2$ mit der Spiegelung an g. Man macht sich nun sofort klar, daß P und g genau dann inzidieren, wenn $P \cdot g \cdot P \cdot g$ die identische Bewegung ist. Die verschiedenen Geraden g, h des $\mathbb{R}^2$ stehen genau dann aufeinander senkrecht, wenn entsprechend $g \cdot h \cdot g \cdot h = 1$ gilt. Die Gleichung $P \cdot M \cdot Q \cdot M = 1$ charakterisiert den Sachverhalt, daß M der Mittelpunkt der Punkte P, Q sein muß und entsprechend besagt $g \cdot m \cdot h \cdot m = 1$, daß die Gerade m die Mediane der Geraden g, h ist. Im Buch von GERHARD THOMSEN [1933] sind viele weitere solcher Entsprechungen zu finden. Es versteht sich von selbst, daß man in jeder Geometrie Spiegelungsgeometrie betreiben kann, in der geometrische Objekte mit involutorischen Automorphismen identifizierbar sind. An solchen Geometrien nennen wir hier die absolute (euklidische, hyperbolische, elliptische) Geometrie, aber auch etwa Möbius-, Laguerre-, Minkowskigeometrie. Kehren wir zum $\mathbb{R}^2$ zurück! Auf der Basis bekannter Entsprechungen „Spiegelungsidentität und geometrischer Sachverhalt" kann man bei vorliegenden Konfigurationen durch reines Spiegelungsrechnen versuchen, weitere Lagebeziehungen solcher Konfigurationen zu ermitteln. Schauen wir uns eines einfachen Beispieles wegen die Figur des kleinen Satzes von Desargues in seiner affinen Form an (s. nachfolgendes Bild). Da P_1, Q_1 par-

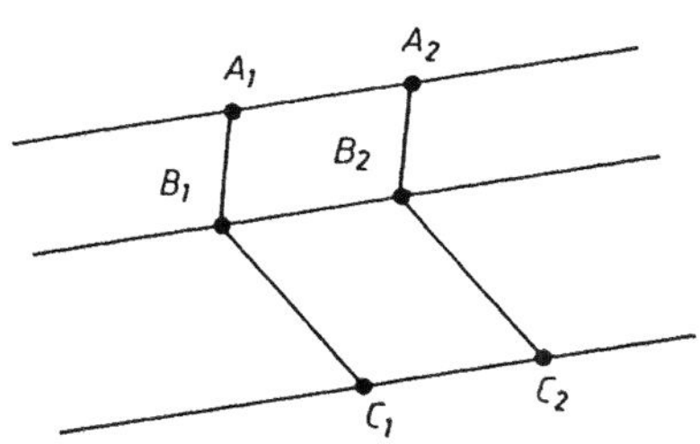

Bild 7

allelgleich P_2, Q_2 durch die Gleichung $P_1 \cdot Q_1 = P_2 \cdot Q_2$ charakterisiert ist, haben wir als Annahmen $A_1 \cdot B_1 = A_2 \cdot B_2$ und $B_1 \cdot C_1 = B_2 \cdot C_2$. Durch Multiplikation der beiden Gleichungen folgt offenbar sofort $A_1 \cdot C_1 = A_2 \cdot C_2$, d.h. die Parallelgleichheit von C_1, A_1 und C_2, A_2. Dieses ist ein einfaches Beispiel zum sogenannten Spiegelungskalkül, der es in der Tat gestattet, direkt mit geometrischen Objekten zu rechnen. Die grundlegende Idee einer modernen Spiegelungsgeometrie nun ist es, von Spiegelungsidentitäten ausgehend eine vorgegebene Geometrie aufzubauen. Das folgende Axiomensystem von F. BACHMANN [1959] ist eine stark abgeschwächte Fassung eines Axiomensystems von A. SCHMIDT: Sei G eine Gruppe, sei E ein aus involutorischen Elementen bestehendes Erzeugendensystem von G mit $g^{-1}Eg \subset E$ für alle $g \in G$. Die Elemente von E heißen Geraden, und die Produkte P zweier Geraden heißen Punkte, wenn $P^2 = 1 \neq P$ ist. Es soll gelten

(1) *Zu Punkten P, Q gibt es eine Gerade g mit $P, Q \mid g$. ($P \mid g$ bedeute, daß Pg involutorisch ist, und $P, Q \mid g$ steht für $P \mid g$ und $Q \mid g$. Entsprechend sind die folgenden Ausdrücke zu interpretieren.*

(2) *Für Punkte P, Q und Geraden g, h mit $P, Q \mid g, h$ gilt $P = Q$ oder $g = h$,*

(3) *Ist P Punkt, sind a, b, c Geraden mit $a, b, c \mid P$, so ist abc Gerade,*

(4) *Sind a, b, c, d Geraden mit $a, b, c \mid d$, so ist ebenfalls abc Gerade,*

(5) *Es gibt Geraden a, b, c mit $a \mid b$ derart, daß weder $c \mid a$ noch $c \mid b$* noch *$c \mid ab$ gilt.*

Diesem Bachmannschen Axiomensystem genügen insbesondere die Bewegungsgruppen der reellen euklidischen und nichteuklidischen Ebenen, wenn E die Menge der jeweiligen Geradenspiegelungen ist; die abstrakten Punkte sind dann die jeweiligen Punktspiegelungen. In der reellen euklidischen Ebene haben wir zu Beginn dieses Abschnitts $P \mid g$ und $g \mid h$ interpretiert, so daß die in (1), (2), (5) geforderten Eigenschaften in diesem Falle unmittelbar anschaulich klar sind; aber auch die sogenannten Dreispiegelungssätze (3), (4) kann man sich in der reellen Ebene rasch klar machen. Natürlich geht es aber um den allgemeinen Fall G, E mit Gültigkeit von (1) bis (5). Das Resultat lautet hier [Bachmann 1973, 120]: G ist als Untergruppe einer Bewegungsgruppe einer projektiv-metrischen Ebene darstellbar. Existieren Geraden a, b, c mit $a, b \mid c$ und $a \mid b$, so liegt eine elliptische Geometrie vor, d. h. eine projektive Ebene über einem kommutativen Körper, in der die Orthogonalität durch eine projektive Polarität ohne selbstkonjugierte Punkte beschrieben wird; existieren solche Geraden nicht, so erhält man euklidische Körpergeometrien oder verallgemeinerte Kleinsche Modelle.

Das vorstehende Resultat ist eines unter vielen der modernen Spiegelungsgeometrie. Wichtige Beiträge zu dieser lieferten neben F. Bachmann u. a. E. Sperner, K. Schütte, R. Lingenberg, H. Karzel, H. Mäurer, U. Ott, W. Nolte, E. M. Schröder, H. Wolff, A. Dress, M. Götzky, H. Lenz, F. Knüppel. F. Bachmann und einige seiner Schüler haben sich später auch der Spiegelungsgeometrie Hjelmslevscher Ebenen und Verallgemeinerungen hierzu gewidmet (s. das posthum erschienene Buch *„Ebene Spiegelungsgeometrie. Eine Vorlesung über Hjelmslev-Gruppen“* von F. Bachmann, BI, Mannheim 1989). H. Mäurer [1965] charakterisierte spiegelungsgeometrisch die Laguerregeometrien.

3 Geometrische Strukturen

Eine Reihe geometrischer Strukturen wie z. B. affine Ebene, projektiver Raum, kontinuierliche Geometrie, Spiegelungsgeometrie haben wir schon in den bisherigen Abschnitten angesprochen. Im vorliegenden Paragraphen 3 wollen wir aus der Vielzahl weiterer geometrischer Strukturen einige herausgreifen, um sie wie bisher vorzustellen. – Es ist ein Handbook of Geometry in Vorbereitung (unter der Leitung von F. BUEKENHOUT), auf das wir generell verweisen, da es in einer Vielzahl von Berichten unseren Gegenstand abhandelt. Daneben werden wir in den einzelnen Abschnitten noch jeweils spezifische Literatur angeben.

3.1 Inzidenzgruppen

Es kommt in der Mathematik häufig vor, daß Mengen betrachtet werden, die zwei Strukturen tragen, die durch eine oder mehrere Verträglichkeitsbedingungen gekoppelt sind. Ein Körper beispielsweise trägt eine additive und eine multiplikative Struktur, die durch die Distributivitätsgesetze gekoppelt sind. Ähnlich liegen die Dinge beim Begriff der topologischen Gruppe und bei vielen weiteren Begriffen, so auch bei dem der Inzidenzgruppe. Da hier nur projektive Inzidenzgruppen zur Sprache kommen sollen, definieren wir gleich diesen spezielleren Begriff: Sei $G(\circ)$ Gruppe und sei $\mathbb{L}$ eine Menge von Teilmengen von G. Dann heißt $G(\circ, \mathbb{L})$ projektive Inzidenzgruppe, wenn $(G, \mathbb{L})$ projektiver Raum ist und die folgende Verträglichkeitsbedingung gilt

(V) Für jedes $g \in G$ ist die Abbildung $g^*: G \to G$, die dem beliebigen Punkt $x \in G$ den Punkt $g \circ x \in G$ zuordnet, ein Automorphismus des projektiven Raumes $(G, \mathbb{L})$.

Für die Theorie der projektiven Inzidenzgruppen verweisen wir auf den Bericht von H. KARZEL [1984, 189–223]. Der Begriff der Inzidenzgruppe stammt von H. KARZEL, der auch viele Beiträge zu dieser Theorie geliefert hat. Vorarbeiten von W. BLASCHKE, J. GRÜNWALD und R. BAER möchten wir hier nennen, außerdem Beiträge u. a. von E. ELLERS und K. SÖRENSEN. Ein wesentliches Ergebnis in der Theorie der projektiven Inzidenzgruppen ist z. B. der folgende Satz: *Ist G eine projektive Inzidenzgruppe mit Existenz eines windschiefen Geradenpaares, so gibt es einen Fastkörper F (als Distributivitätsgesetz sei* $a \cdot (b + c) = ab + ac$ *für alle* $a, b, c \in F$ *vorausgesetzt) und einen Teilschiefkörper K von F mit*

(1) $(\alpha + \beta)a = \alpha a + \beta a$ *für alle* $\alpha, \beta \in K$ *und alle* $a \in F$,
(2) *Die multiplikative Gruppe* K^* *von K ist Normalteiler der multiplikativen Gruppe* F^* *von F,*
(3) *Die Gruppe G ist zu* F^*/K^* *isomorph,*
(4) $(G, \mathbb{L})$ *ist isomorph zum projektiven Raum, der durch den Linksvektorraum F über K definiert ist.*

Das gerade vorgetragene Resultat ist ein Spezialfall des Satzes 3 (loc. cit.), in dem der ebene Fall eingeschlossen ist und auch die Eindeutigkeit (bis auf geeignete Isomorphie) von F über K behauptet wird. – In der weiteren Entwicklung der Theorie hat man zweiseitige Inzidenzgruppen ((V) wird auch noch für die andere Reihenfolge der Faktoren gefordert) studiert, kommutative Inzidenzgruppen, schließlich sogenannte geschlitzte Inzidenzgruppen.

3.2 Kreisgeometrie

Nach grundlegenden Untersuchungen von B. L. VAN DER WAERDEN, L. J. SMID und B. PETKANTSCHIN haben viele Autoren über die Grundlagen der Geometrien von MÖBIUS, LAGUERRE, MINKOWSKI und LIE gearbeitet. Zur Entwicklung der Theorie bis zum Jahre 1973 verweisen wir auf unser Buch [Benz 1973]. Soweit die endliche Kreisgeometrie betroffen ist, zitieren wir das Buch von P. DEMBROWSKI [1968] und das Buch von R. HALDER und W. HEISE [1976]. Wir möchten nun ein wesentliches Resultat über Möbiusebenen angeben, das B. L. VAN DER WAERDEN und L. J. Smid unter Voraussetzung des vollen Satzes von Miquel bewiesen und das YI CHEN alleine auf den 8-Punkte-Miquel gründen konnte. Für den Beweis des in Rede stehenden Resultates vgl. man [Benz 1973].

Definition. *Sei* $\mathbb{P}$ *eine Menge und sei* $\mathbb{K}$ *eine Menge von Teilmengen von* $\mathbb{P}$. *Die Elemente von* $\mathbb{P}$ *heißen Punkte und die von* $\mathbb{K}$ *Kreise.* $(\mathbb{P}, \mathbb{K})$ *heißt Möbiusebene, wenn (unter Verwendung geometrischer Sprechweisen) die folgenden Eigenschaften gelten*

(ME 1) *Durch drei verschiedene Punkte geht genau ein Kreis.*

(ME 2) *(Berührungsaxiom) Ist* k *Kreis, sind* P, Q *Punkte mit* $P \in k \not\ni Q$, *so gibt es genau einen Kreis* l *durch* P, Q *mit* $k \cap l = \{P\}$.

(ME 3) *(Reichhaltigkeit) Jeder Kreis enthält wenigstens einen Punkt. Es gibt vier verschiedene Punkte, die nicht gemeinsam auf einem Kreis liegen.*

Ist K ein kommutativer Körper und ist L eine kommutative und quadratische Körpererweiterung von K, so kann man (K, L) eine Möbiusebene zuordnen, die wir $\Sigma(K, L)$ schreiben: $\mathbb{P}$ sei die Punktmenge der projektiven Geraden über L und Kreis heiße jede maximale Punktmenge $k \subset \mathbb{P}$ derart, daß je vier verschiedene Punkte von k ein Doppelverhältnis $\in K$ besitzen. – Ähnlich dem Fall der affinen Ebenen hat man auch für Möbiusebenen einen Isomorphiebegriff. Zwei Möbiusebenen $\Sigma(K, L)$, $\Sigma(K', L')$ sind übrigens genau dann isomorph, wenn es einen Isomorphismus von L auf L' gibt, dessen Beschränkung auf K den Körper K isomorph auf K' abbildet.

Das in Rede stehende Resultat lautet: *Eine Möbiusebene* Σ *ist genau dann zu einer Möbiusebene* $\Sigma(K, L)$ *isomorph, wenn* Σ *dem Satz von Miquel (8-Punkte-Mi-*

quel) genügt: Lassen sich acht beliebige und verschiedene Punkte von Σ eineindeutig so den Eckpunkten eines Würfels zuordnen, daß fünf Seiten des Würfels konzyklische Lage entspricht, so entspricht auch der letzten Seite konzyklische Lage. (Dabei sagen wir, daß einer Seite Δ konzyklische Lage entspricht, wenn die vier Punkte von Σ, die den Eckpunkten von Δ zugeordnet sind, gemeinsam auf einem Kreise liegen.)

Natürlich ist $\Sigma(\mathbb{R}, \mathbb{C})$ die anschauliche Möbiusebene der um ∞ erweiterten Gaußschen Zahlenebene. Neben dem Satz von Miquel gibt es eine weitere $(8_3, 6_4)$-Konfiguration, den Büschelsatz. Eine miquelsche Möbiusebene genügt dem Büschelsatz. Es gibt aber große Klassen nicht-miquelscher Möbiusebenen, die dem Büschelsatz genügen. JEFF KAHN zeigte 1980 den lange vermuteten Satz, daß sich eine Möbiusebene, die dem Büschelsatz genügt, als Geometrie der ebenen Schnitte eines Ovoids (geeignete Flächen in 3-dimensionalen projektiven Räumen) darstellen läßt.

Weitere wesentliche Beiträge zur Möbiusgeometrie und zu den anderen Kreisgeometrien (Laguerre-, Minkowski-, Lie-Geometrie) stammen von R. ARTZY, G. EWALD, M. FUNK, H. HAVLICEK, W. HEISE, C. HERING, A. HERZER, H. HOTJE, H.J. KROLL, W. LEISSNER, H. MÄURER, H. SCHAEFFER, E.M. SCHRÖDER, K. STRAMBACH, H. WEFELSCHEID, M. WERNER und anderen.

3.3 Topologische Geometrien

Hier liegt wieder die Situation einer Doppelstruktur vor: Neben eine geometrische tritt eine topologische Struktur derart, daß die geometrischen Operationen stetig sind. In einer zweiseitigen Arbeit aus dem Jahre 1932 schlägt A.N. KOLMOGOROFF den Begriff eines dreidimensionalen topologischen projektiven Raumes vor. In den Jahren 1954 bis 1957 erschienen von L.A. SKORNJAKOV, H. SALZMANN, H. FREUDENTHAL Begriff und erste Untersuchungen der topologischen projektiven Ebenen. J. MISFELD, K. SÖRENSEN gaben 1968 und 1969 Definitionen für beliebig-dimensionale topologische projektive Räume, nachdem schon vorher H. KARZEL und H. LENZ analoge Strukturen betrachtet hatten, die aber noch nicht die gewünschte Darstellung erlaubten. Untersuchungen zur Topologischen Geometrie liegen inzwischen für viele Geometrien vor: Neben der projektiven Geometrie für die affine Geometrie, für geometrische Verbände, für Möbius-, Laguerre-, Minkowskigeometrie, für nichteuklidische Geometrien. An Autoren nennen wir – neben schon angeführten – K. STRAMBACH, H. GROTH, D. BETTEN, W. HEISE, H. HÄHL, R. LÖWEN, G. STEINKE, A. SCHENKEL, A. FÖRTSCH, T. BUCHANAN. Weitere Namen wären anzugeben. An den Begriff der Möbiusebene des vorhergehenden Abschnittes anknüpfend, zitieren wir nun nur das folgende Resultat, das der Topologischen Möbiusgeometrie angehört: Die kompakten und zusammenhängenden topologischen Möbiusebenen sind genau diejenigen Möbiusebenen, deren Kreise sich als Jordankurven auf einer 2-Sphäre darstellen lassen. – Für die Entwicklung der Theorie der Topologischen Ebenen bis zum Jahre 1967 verweisen wir auf den Bericht von H. Salzmann [1967].

3.4 Weitere Strukturen

Ein grundlagengeometrisch wichtiger Impuls ging von Untersuchungen von KARL MENGER aus, der den metrischen Raum als Ausgangspunkt geometrischer Entwicklungen wählte. Wir stellen das folgende Resultat aus der Distanzgeometrie [Blumenthal 1970] vor: Ein metrischer Raum M ist genau dann (bis auf Isomorphie) die reelle euklidische Ebene (gemeint ist der metrische Raum $\mathbb{R}^2$ mit dem klassischen Abstandsbegriff), wenn gilt

(E1) *Zu je zwei verschiedenen* $P, Q \in M$ gibt es $Z \in M \backslash \{P, Q\}$ und $A \in M \backslash \{Q\}$ mit $\overline{PZ} + \overline{ZQ} = \overline{PQ}$ und $\overline{PQ} + \overline{QA} = \overline{PA}$. (Hier bezeichne $\overline{ST}$ den Abstand von $S, T \in$ M.)

(E2) *M ist vollständig,*

(E3) *Es gibt $A, B, C \in M$ derart, daß keine der Zahlen $\overline{AB}, \overline{BC}, \overline{CA}$ die Summe der beiden anderen ist,*

(E4) *Für jedes Quadrupel $P_1, P_2, P_3, P_4 \in M$ gilt*

$$\begin{vmatrix} 0 & 1 & 1 & 1 & 1 \\ 1 & \overline{P_1P_1}^2 & \overline{P_1P_2}^2 & \overline{P_1P_3}^2 & \overline{P_1P_4}^2 \\ 1 & \overline{P_2P_1}^2 & \overline{P_2P_2}^2 & \overline{P_2P_3}^2 & \overline{P_2P_4}^2 \\ 1 & \overline{P_3P_1}^2 & \overline{P_3P_2}^2 & \overline{P_3P_3}^2 & \overline{P_3P_4}^2 \\ 1 & \overline{P_4P_1}^2 & \overline{P_4P_2}^2 & \overline{P_4P_3}^2 & \overline{P_4P_4}^2 \end{vmatrix} = 0 .$$

Auch hyperbolische, elliptische, sphärische Geometrie sind als spezielle metrische Räume gekennzeichnet worden (s. loc. cit.). An grundlagengeometrischer Literatur über nichteuklidische Geometrie nennen wir das Buch von R. NEVANLINNA und P. E. KUSTAANHEIMO [1976] und das Buch von H. KARZEL, K. SÖRENSEN und D. WINDELBERG [1973].

A. D. ALEXANDROV hat das Gebiet Grundlagen der Raum-Zeit-Geometrie eingeführt. Die folgenden Kennzeichnungssätze für Lorentztransformationen sind rasch formuliert: Zunächst heißt

$$(PQ) := -(p_1 - q_1)^2 + \sum_{i=2}^{n} (p_i - q_i)^2$$

der *Lorentz-Minkowski-Abstand* der Punkte $P = (p_1, \ldots, p_n)$, $Q = (q_1, \ldots, q_n)$ des $\mathbb{R}^n$, $n \geq 2$. Eine *Lorentztransformation* γ des $\mathbb{R}^n$ ist eine Abbildung $\gamma\colon \mathbb{R}^n \to \mathbb{R}^n$, die alle Lorentz-Minkowski-Abstände erhält. Lorentztransformationen des $\mathbb{R}^n$ stellen sich als Bijektionen des $\mathbb{R}^n$ heraus, die einfach zu beschreibende affine

Abbildungen sind. Der Satz von A.D. ALEXANDROV besagt, daß eine Bijektion des $\mathbb{R}^n$ ($n \geq 3$), die in beiden Richtungen den Lorentz-Minkowski-Abstand 0 erhält, abgesehen von einer Streckung als Faktor Lorentztransformation ist. Ein anderer Satz besagt: Sei $\varrho \neq 0$ eine feste reelle Zahl und sei α eine Abbildung des $\mathbb{R}^n$ ($n \geq 2$) in sich, die den Lorentz-Minkowski-Abstand ϱ erhält. Dann ist α Lorentztransformation des $\mathbb{R}^n$. (Für $\varrho < 0$ stammt dieser Satz von JUNE LESTER, 1981; für $\varrho > 0$ bewies ihn W. BENZ, 1980.) Wir verweisen auf den Bericht von JUNE LESTER und insbesondere auf dort angegebene Charakterisierungssätze von F. RADÓ, E.M. SCHRÖDER und anderen.

Eine Reihe großer und wichtiger Gebiete, die eng mit den Grundlagen der Geometrie verwandt sind, kam bisher noch nicht zur Sprache. In erster Linie ist das weite Feld der Endlichen Geometrie zu nennen (s. [Dembowski 1968], [Halder/Heise 1976] und [Beth/Jungnickel/Lenz 1985]) mit vielfältigsten Anwendungsmöglichkeiten u.a. auf Versuchsplanung, Codierung, Testtheorie. Zu den wichtigsten Vertretern gehören hier u.a. R.C. BOSE, A. BARLOTTI, G. TALLINI, P.V. CECCHERINI. Da sind zu nennen die Metamathematischen Methoden in der Geometrie [Schwabhäuser/Szmielew/Tarski 1983], die Intuitionistische Geometrie (HEYTING, VAN DALEN), die Theorie der Buildings von J. TITS [1974]. Auch weisen wir hin auf die Theorie der Quadratischen Mengen von F. BUEKENHOUT [1969], die Theorie der m-Strukturen (W. HEISE und H. SEYBOLD [Karzel-Sörensen 1984]), die Theorie der Kettengeometrien. Als wichtiges Feld ist weiterhin die Geometrie zwischen Schule und Universität zu nennen, die ebenfalls kräftige Wurzeln im Gebiet der Grundlagen der Geometrie besitzt. Wesentliche Beiträge stammen hier u.a. von G. PICKERT, H. ZEITLER, R. FRITSCH.

Literaturverzeichnis

Aczél, J. (1965): *Quasigroups, Nets and Nomograms*. Advances in Math. **1** (1965), 383–450.

Al-Dhahir, M.W. (1957): A simplified proof of the Pappus-Leisenring theorem. Mich. Math. Journ. 4 (1957), 225–226.

André, J. (1974): *On finite noncommutative affine spaces*. In: Combinatorics, 2nd ed. (M. Hall and S.H. van Lint, eds.) Proc. Adv. Inst. Comb. Breukelen, Amsterdam, Math. Centr. (1974), 65–113.

Artin, E. (1957): *Geometric Algebra*. Interscience Publishers, New York 1957.

Artmann, B., G. Dorn, D.A. Drake, G. Törner (1976): *Hjelmslevsche Inzidenzgeometrie und verwandte Gebiete – Literaturverzeichnis*. Journ. Geom. 7 (1976), 175–191.

Artzy, R. (1965): *Linear Geometry*. Addison-Wesley, New York 1965.

Bachmann, F. (1959): *Aufbau der Geometrie aus dem Spiegelungsbegriff*. Springer, Berlin, Heidelberg, New York 1959[1], 1973[2].

Baer, R. (1952): *Linear Algebra and Projective Geometry*. Academic Press, New York 1952.

Barbilian, D. (1940/41): *Zur Axiomatik der projektiven ebenen Ringgeometrien*, *I*. Jahresber. DMV **50** (1940), 179–229, II, Jahresber. DMV **51** (1941), 34–76.

Barlotti, A., K. Strambach (1983): *The geometry of binary systems*. Advances in Math. **49** (1983), 1–105.

Belousov, V. D. (1966): *Balanced identities in quasigroups*. Math. Sb. (N.S.) **70** (112) (1966), 55-97.

Benz, W. (1973): *Vorlesungen über Geometrie der Algebren*. Springer, Berlin, Heidelberg, New York 1973.

Beth, Th., D. Jungnickel, H. Lenz (1985): *Design Theory*. BI, Zürich 1985.

Blaschke, W. (1982): *Gesammelte Werke*, herausgegeben im Auftrag der Wilhelm-Blaschke-Gedächtnis-Stiftung zu Hamburg. 6 Bände, Thales, Essen 1982-1986.

Blaschke, W., G. Bol (1938): *Geometrie der Gewebe*. Springer, Berlin 1938.

Blumenthal, L. M. (1970): *Theory and Applications of Distance Geometry*. Chelsea, New York, 1970².

Blumenthal, O. (1922): *David Hilbert*. Die Naturwissenschaften **10** (1922), 67-72.

Blumenthal, O. (1935): *Lebensgeschichte*. Hilberts Ges. Abhdlgn. **3** (1935), 388-429.

Brauner, H. (1976): *Geometrie projektiver Räume* I, II. B.I., Mannheim 1976.

Bruck, R. H. (1958): *A survey of binary systems*. Springer, Berlin 1958.

Buekenhout, F. (1969): *Ensembles quadratiques des espaces projectifs*. Math. Z. **110** (1969), 306-318.

Crapo, H. H., G.-C. Rota (1970): *Combinatorial Geometries*. MIT Press, Cambridge/Mass. and London 1970.

Degen, W., L. Profke (1976): *Grundlagen der affinen und euklidischen Geometrie*. B. G. Teubner, Stuttgart 1976.

Dembowski, P. (1968): *Finite Geometries*. Springer, New York 1968.

Dénes, J., A. D. Keedwell (1974): *Latin squares and their applications*. Academic Press, New York, London 1974.

Euklid (1933): *Elemente Euklids von I. L. Heiberg*. Leipzig, I. Bd. 1883, übersetzt von C. Thaer, Ostwald's Klassiker Nr. 235, 236, 240, 241, 243, Leipzig 1933-1937.

Ewald, G. (1971): *Geometry*. Wadsworth, Belmont 1971.

Freudenthal, H. (1957): *Kompakte projektive Ebenen*. Illinois J. Math. **1** (1957), 9-13.

Gauß, C. F. (1863): *Werke. Herausgegeben von der Gesellschaft der Wissenschaften zu Göttingen*. 12 Bände, 1863-1933.

Halder, R., W. Heise (1976): *Einführung in die Kombinatorik*. Hanser Verlag, München, Wien 1976.

Hall, M. (1943): *Projective planes*. Trans. Americ. Math. Soc. **54** (1943), 229-277.

Herzer, A. (1984): *On a projective representation of chain geometries*. Journ. Geom. **22** (1984), 83-99.

Hessenberg, G. (1905): *Ein geometrischer Calcul*. Acta Math. **29** (1905), 1-23.

Hilbert, D. (1899, 1903², 1977¹²): *Grundlagen der Geometrie*. Teubner, Leipzig 1899, 1903², 1977¹².

Hjelmslev, J. (1929): *Einleitung in die allgemeine Kongruenzlehre*. Danske Vid. Selsk., Mat.-Fys. Medd. 8, nr. 11 (1929); 10, nr. 1 (1929); 19, nr. 12 (1942); 22, nr. 6 und nr. 13 (1945); 25, nr. 10 (1949).

Hotje, H. (1985): *Angeordnete geometrische Strukturen*. Ausarbeitung der im SS 1985 an der Universität Hannover gehaltenen Vorlesung, Hannover.

Hughes, D., F. Piper (1973): *Projective Planes*. Springer, New York 1973.

Joussen, J. (1980): *On the construction of archimedean orders of a free plane*. Lecture Notes in Math. **792** (1980), 73-78.

Karzel, H., K. Sörensen (1984): *Wandel von Begriffsbildungen in der Mathematik*. Wissenschaftl. Buchges., Darmstadt 1984.

Karzel, H., K. Sörensen, D. Windelberg (1973): *Einführung in die Geometrie*. UTB Vandenhoeck, Göttingen 1973.

Kerékjártó, B. (1966): *Les Fondements de la Géométrie I, II*. Gauthiers-Villars, Paris 1966, 1969².

Klingenberg, W. (1955): *Desarguessche Ebenen mit Nachbarelementen*. Abhdlgn. Math. Sem. Hamb. **20** (1955), 97-111.

Kroll, H.-J. (1976): *Anordnungsfragen in Benz-Ebenen*. Abh. Math. Sem. Hamb. **46** (1976), 217-255.

Lenz, H. (1965): *Vorlesungen über Projektive Geometrie*. Akad. Verlagsges., Leipzig 1965.

Lester, J.: *Distance preserving Transformations*. Erscheint.

Lingenberg, R. (1969): *Grundlagen der Geometrie I*. BI, Mannheim 1969.

Lingenberg, R. (1979): *Metric Planes and Metric Vector Spaces*. J. Wiley, New York 1979.

Lüneburg, H. (1980): *Translation planes*. Springer, Berlin, Heidelberg, New York 1980.

Maeda, F. (1958): *Kontinuierliche Geometrien*, Springer, Berlin, Göttingen, Heidelberg 1958.

Mäurer, H. (1965): *Ein spiegelungsgeometrischer Aufbau der Laguerre-Geometrie*. Math. Z. **87** (1965), 78-100 und 263-282.

von Neumann, J. (1936): *Lectures on continuous geometries I, II, III*. Princeton 1936/37.

Nevanlinna, R., P. E. Kustaanheimo (1976): *Grundlagen der Geometrie*. Birkhäuser, Basel 1976.

Pasch, M. (1882): *Vorlesungen über neuere Geometrie*. Teubner, Leipzig 1882.

Pasch, M. (1980): *Über den Bildungswert der Mathematik*. In: Mitt. Math. Sem. Gießen **146** (1980), 20-39.

Pasch, M. (1980a): *Eine Selbstschilderung*. In: Math. Sem. Gießen **146** (1980), 1-19.

Pasch, M. und M. Dehn (1926): *Vorlesungen über neuere Geometrie*. Springer, Berlin 1926.

Pickert, G. (1955): *Projektive Ebenen*. Springer, Berlin, Göttingen, Heidelberg 1955.

Prieß-Crampe, S. (1983): *Angeordnete Strukturen: Gruppen, Körper, projektive Ebenen*. Springer, Berlin 1983.

Radó, F. (1980): *Affine Barbilian Structures*. J. Geom. **14** (1980), 75-102.

Reidemeister, K. (1930): *Grundlagen der Geometrie*. Springer, Berlin 1930.

Salzmann, H. (1967): *Topological planes*. Advances in Math. **2** (1967), 1-60.

Scherk, P. and R. Lingenberg (1975): *Rudiments of plane affine geometry*. Toronto and Buffalo 1975.

Schröder, E. M. (1985): *Geometrie euklidischer Ebenen. Mathematische Grundlegung der Schulgeometrie*. Ferdinand Schöningh, Paderborn 1985.

Schur, F. (1909): *Grundlagen der Geometrie*. Teubner, Leipzig und Berlin 1909.

Schütte, K. (1955): *Ein Schließungssatz für Inzidenz und Orthogonalität*. Math. Ann. **129** (1955), 424-430.

Schwabhäuser, W., W. Szmielew, A. Tarski (1983): *Metamathematische Methoden in der Geometrie*. Springer, Berlin 1983.

Sperner, E. (1960): *Affine Räume mit schwacher Inzidenz und zugehörige algebraische Strukturen*. J. reine angew. Math. **204** (1960), 205-215.

Thomsen, G. (1929): *Schnittpunktsätze in ebenen Geweben*. Abh. Math. Sem. Hamb. **7** (1929), 99-106.

Thomsen, G. (1933): *Grundlagen der Elementargeometrie in gruppenalgebraischer Behandlung*. Hamburger Math. Einzelschr. 15 (1933).

Tits, J. (1974): *Buildings of spherical type and finite BN-pairs*. Springer, Berlin, New York 1974.

Toepell, M.-M. (1986): *Über die Entstehung von David Hilberts „Grundlagen der Geometrie"*. Vandenhoeck & Ruprecht, Göttingen 1986.

Veblen, O., J. W. Young (1910): *Projective Geometry I, II*. Boston 1910/1917.

Wähling, H. (1987): *Theorie der Fastkörper*. Thales, Essen 1987.

Wiener, H. (1892): *Über Grundlagen und Aufbau der Geometrie*. J. Ber. DMV **1** (1892), 45-48.

Wille, R. (1967): *Verbandstheoretische Charakterisierung n-stufiger Geometrien*. Arch. Math. **18** (1967), 465-468.

Numerik

Lothar Collatz

Einführung

Die Numerische Mathematik hat im letzten Jahrhundert eine sehr große, zu Beginn desselben noch nicht geahnte Entwicklung erfahren, von der man im Rahmen eines kurzen Aufsatzes kaum einen Überblick geben kann. Zu dieser Entwicklung hat wesentlich auch die geradezu stürmische Expansion auf dem Sektor der Computerwissenschaften beigetragen. So können in diesem Beitrag nur einige Entwicklungstendenzen anhand von Einzeltatsachen dargestellt werden. Die Auswahl der Einzelfakten ist sehr subjektiv und erhebt nicht den Anspruch, einen repräsentativen Überblick über moderne Probleme der numerischen Mathematik zu geben.

Das große Gebiet der Numerik hat einerseits enge Beziehungen zu vielen anderen Teilen der Mathematik und zu Anwendungsgebieten, andererseits aber ist es schon in zahlreiche Teildisziplinen aufgesplittert. Daher möge man es mir nachsehen, wenn ich, zum großen Teil aufgrund persönlicher Erlebnisse und unter Beschränkung im wesentlichen auf den deutschsprachigen Raum, versuche, den großen Wandel in der Numerischen Mathematik zu veranschaulichen. Dabei soll die Beschreibung möglichst auch für Nicht-Numeriker verständlich sein. Auch verzichte ich bewußt darauf, Namen vieler Mathematiker zu nennen, die sich um Fortschritte in der Numerischen und Angewandten Mathematik hervorragend verdient gemacht haben. Zudem wird man im Literaturverzeichnis eine Reihe bedeutender Arbeiten nicht zitiert finden.

Es ist auch nicht meine Absicht, die Entwicklung der Computer, der EDV (Elektronische Datenverarbeitung) und Informatik zu schildern.

Das besondere Ziel dieser Arbeit ist es, zu zeigen, daß heute „Reine Mathematik“, Numerik und Anwendungen wieder sehr viel enger zusammengerückt sind, als sie es etwa um die Jahrhundertwende waren. Dies betonte auch der Vorsitzende der DMV, Prof. Dr. Schwarz, auf der DMV-Jahrestagung in Berlin 1987, und PETER LAX drückte es einmal so aus: Die Trennung zwischen Reiner und Angewandter Mathematik ist nur ein vorübergehendes Phänomen.

1 Zeit bis etwa 1920

1.1 Verhältnis zwischen „Reiner" und „Angewandter" Mathematik

Die Wandlung der Numerischen Mathematik zeigt sich deutlich bei einem geschichtlichen Rückblick. Um die Jahrhundertwende waren die Universitäten Göttingen und Berlin die in Deutschland bekanntesten Zentren mathematischer Forschung. Es hatte sich eine gewisse Spannung zwischen „Reiner" und „Angewandter" Mathematik herausgebildet, die es in früheren Jahrhunderten noch nicht gab. Mit beginnender Neuzeit hatte die Mathematik Einzug in verschiedene Gebiete der Naturwissenschaften gehalten und einen Teil dieser Wissenschaften „erobert". Bei den großen Forschern ISAAC NEWTON (1643–1727), GOTTFRIED WILHELM LEIBNIZ (1646–1716), LEONHARD EULER (1707–1783) und CARL FRIEDRICH GAUSS (1777–1855) bestanden noch die Verbindungen zwischen Mathematik und Anwendungen in fast idealer Weise. Bei GAUSS, der Direktor einer Sternwarte war, verbinden sich seine außerordentlichen Leistungen auf sehr verschiedenen Teilgebieten der „Reinen" Mathematik mit einem starken Interesse, die Mathematik auf konkrete Probleme aus den Nachbarwissenschaften anzuwenden, die Fragen bis zum numerischen Resultat zu behandeln und sie selbst durchzurechnen. Sehr bekannt ist seine Wiederauffindung des Sternes Ceres durch mathematische Betrachtungen.

Es war jedoch bei vielen Mathematikern der damaligen Zeit die Freude an der Entdeckung neuer Tatsachen und Zusammenhänge stärker als das Streben nach einer strengen theoretischen Begründung der Resultate. So begann im 19. Jahrhundert eine ruhigere Periode, in welcher man ein größeres Gewicht auf die Beweisführung legte. Bei der starken Erweiterung des Stoffumfanges löste sich etwas der Kontakt zwischen mathematischer Theorie und Anwendungen, und leider wurden in der Folgezeit die beiden Richtungen Reine und Angewandte Mathematik mit Wertungen versehen, indem die Vertreter der einen Richtung die Vertreter der anderen Richtung oft mit großem Eifer und Fanatismus bekämpften.

Die Diskrepanz zwischen den beiden Standpunkten zeigte sich deutlich bei CARL RUNGE (1856–1927) und FERDINAND RUDIO (1856–1929), die beide an demselben Tage, dem 23. Juni 1880, in Berlin ihre Doktorarbeiten durch eine These, wie es damals üblich war, zu verteidigen hatten. Die Doktorthese von RUNGE ([Ahrens 1904, S. 188]) lautete: „Der Wert einer mathematischen Disziplin ist nach

CARL T. RUNGE (1856-1927)
Geb. in Bremen, Studium 1876-1880 München und Berlin. Prom. 1880 Berlin, 1883 Priv. Doz. Berlin, 1886 Prof. T.H. Hannover, 1904-1924 Prof. f. Angewandte Math. in Göttingen, 1909/10 Columbia Univ. in New York, Biographie seiner Tochter, Iris Runge [1949], Sport bis ins Alter (Turnen, Schwimmen, Rudern).

ihrer Anwendbarkeit auf empirische Wissenschaften zu schätzen", und die Doktorthese von RUDIO lautete: „Der Wert einer mathematischen Disziplin kann nicht nach ihrer Anwendbarkeit auf empirische Wissenschaften gemessen werden".

Entscheidende Impulse zur weiteren Entwicklung der Mathematik gingen von Göttingen aus. Dort wirkte um die Jahrhundertwende FELIX KLEIN (1848-1925) wohl als einflußreichster deutscher Mathematiker. 1872 hatte er das berühmte Erlanger Programm aufgestellt. Neben seinen hervorragenden Leistungen auf verschiedenen Gebieten der „reinen" Mathematik war er stark an den Anwendungen interessiert. Zusammen mit ARNOLD SOMMERFELD (1868-1951) schrieb er ein Standardwerk über die Theorie des Kreisels.

Er betonte stets die Notwendigkeit der Forschung auf dem Gebiete der Numerik und die Pflege des Kontaktes zwischen Mathematik und Anwendungen. Seinem Wirken ist die Schaffung eines Lehrstuhls für Angewandte Mathematik zu verdanken, der 1904 mit CARL RUNGE besetzt wurde. Ebenso erkannte er früh die Begabung von LUDWIG PRANDTL (1875-1953) und die Bedeutung seiner bahnbrechenden Arbeiten zur Strömungslehre.

Das Ableben von KLEIN und RUNGE (Nachrufe von Courant [1927] und Prandtl [1927], Biographie von seiner Tochter Iris Runge [1949]) bedeutete in Göttingen einen sehr schweren Verlust für die Numerische Mathematik. Auf den Lehrstuhl von RUNGE wurde GUSTAV HERGLOTZ (1881-1953) berufen, der sich auch mit Anwendungen (z.B. Astronomie) befaßt hatte und ein hervorragender Mathematiker, aber kein Numeriker war und eigentlich auf einen anderen Lehrstuhl hätte berufen werden müssen. Als ich in Göttingen studierte, gab es keine interessanten Vorlesungen über Numerische Mathematik.

Anregungen zur Numerik erhielt ich von RICHARD COURANT (1888-1972) und aus Vorträgen von PRANDTL. Als ich PRANDTL hörte, ging ich in seinen Vortrag mit der Vorstellung, einen Vortrag über Strömungslehre zu hören, und war sehr erstaunt, daß Prandtl einen ausgezeichneten Vortrag über numerische Methoden bei schwierigen hydrodynamischen Problemen hielt.

LUDWIG PRANDTL (1875–1953)
Geb. in Preising (Obb.), Stud. Maschinenbau 1894–1898 TH München, bis 1899 Ass. von A. PÖPPL, Prom. 1900 Univ. München. 1904 a.o. Prof. Göttingen, 1907 o. Prof. dort. 1908 Göttinger Windkanal, 1916–1918 Prandtl's Tragflügeltheorie.

PRANDTL hatte 1901 mit einer Arbeit über die Torsionssteifigkeit von Stäben promoviert, bei welcher er den für die Anwendungen wichtigen kleinsten Eigenwert mit einer für die damalige Zeit großen Genauigkeit numerisch berechnete. So ist PRANDTL nicht nur als Begründer der theoretischen Aerodynamik anzusehen, sondern er hat auch wesentlich zur Entwicklung numerischer Methoden beigetragen.

1.2 Beginn der Numerik der partiellen Differentialgleichungen 1908

Die starke Entwicklung der naturwissenschaftlichen und technischen Disziplinen im 19. Jahrhundert führte zu wachsend komplizierteren mathematischen Problemen, die meist nicht mehr „in geschlossener Form lösbar", sondern nur noch numerisch angreifbar waren. So waren auf dem Gebiet der gewöhnlichen Differentialgleichungen Anfangswertaufgaben über lange Zeitintervalle numerisch zu interegrieren, wie z.B. bei Bahnberechnungen in der Astronomie. Die einfachen Differenzenverfahren wie Polygonzugverfahren, Euler-Cauchy-Verfahren usw., waren bei den höher werdenden Genauigkeitsansprüchen nicht mehr ausreichend. RUNGE ([Runge 1895]) entwickelte daher ein Verfahren, welches von HEUN und KUTTA (1867–1944) verbessert wurde und als Runge-Kutta-Verfahren, mit Verschärfungen durch zahlreiche Varianten, auch jetzt noch in großem Maße verwendet wird. Die Astronomen konstruierten die nach JOHN COUCH ADAMS (engl. Astronom 1819–1892) und CARL STÖRMER [1921] (norweg. Mathematiker, 1874–1957) benannten Differenzenverfahren, die sich mit ihren verbesserten Varianten ebenfalls bis in die Gegenwart erhalten haben.

Während so die näherungsweise Ersetzung von Differentialquotienten durch Differenzenquotienten bei gewöhnlichen Differentialgleichungen geläufig war, ist es der entscheidende Schritt von RUNGE [1908], auch bei partiellen Differentialgleichungen die Ableitungen durch Differenzenquotienten zu ersetzen und

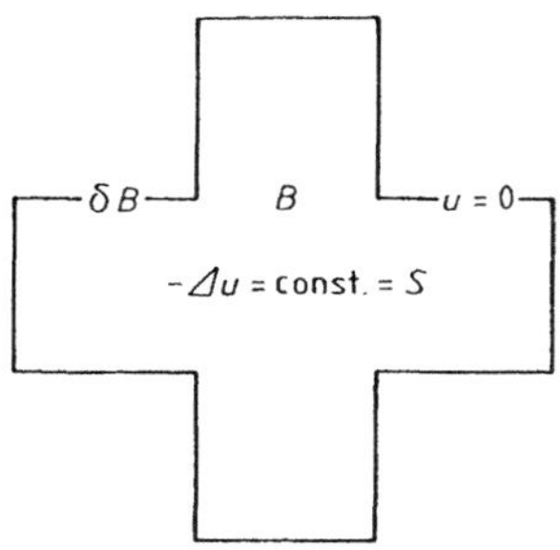

Fig. 1a

dadurch ein System von Gleichungen für Näherungswerte in den Gitterpunkten zu erhalten. Das führte er an dem Beispiel der Torsion eines Trägers von kreuzförmigem Querschnitt B mit dem Randwertproblem

$$\Delta u = \frac{\partial^2 u}{\partial x^2} + \frac{\partial^2 u}{\partial y^2} = \text{const in } B, \quad u = 0 \text{ auf } \partial B \tag{1.1}$$

für eine gesuchte Funktion $u(x, y)$ vor, Fig. 1a.

Beispiel: Differenzenverfahren

Dieses Verfahren erwies sich in der Folgezeit als sehr allgemein anwendungsfähig und leicht zu handhaben (es wurden zahlreiche Verbesserungen und Varianten aufgestellt, vgl. Nr. 3.2).

Man stellt dabei der Differentialgleichung im Punkte $x = jh$, $y = lk$ ($j, l \in \mathbb{N}$) bei den „Maschenweiten" h, k eine Gleichung für Näherungswerte u_{jl} der exakten Lösungswerte $u(x_j, y_l)$ gegenüber:

$$\frac{u_{j+1,l} - 2u_{j,l} + u_{j-1,l}}{h^2} + \frac{u_{j,l+1} - 2u_{j,l} - u_{j,l-1}}{k^2} = (\text{const} = -S). \tag{1.2}$$

Eine solche Gleichung wird für jeden „inneren Punkt" angeschrieben, und man kommt so auf ein lineares Gleichungssystem für die $u_{j,l}$. Z. B. für $k = h = \frac{1}{2}$,

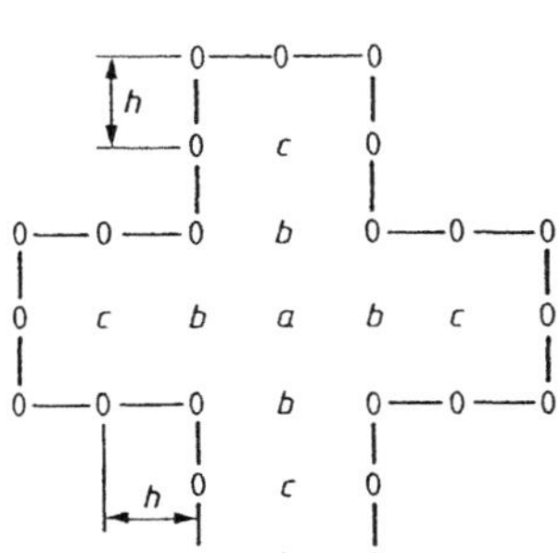

Fig. 1b

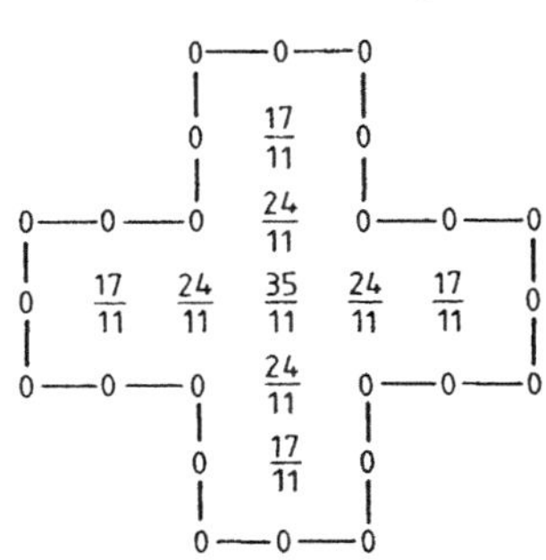

Fig. 1c

$S = 16$ und die Bezeichnungsweise der Werte u_{jl} mit a, b, c, Fig. 1b, erhält man die Gleichungen

$$4a - 4b = 4b - a - c = 4c - b = 4 \quad \text{oder} \quad a = \tfrac{35}{11},\ b = \tfrac{24}{11},\ c = \tfrac{17}{11}, \text{ Fig. 1c.} \quad \blacksquare$$

CARL RUNGE war als Schüler von WEIERSTRASS (1815–1897) und KRONECKER (1823–1891) durch funktionentheoretische Untersuchungen über rationale Funktionen bekannt geworden, hatte schon dabei auch Interesse für numerische Betrachtungen entwickelt und kam durch Vermittlung von KLEIN 1886 als ordentlicher Professor an die Technische Hochschule Hannover. Er schreibt darüber ([Richenhagen 1985, S. 85]) im Jahre 1903: „Ich lehre den Ingenieuren Mathematik und mein Bestreben ist, ihnen zu zeigen, wie sie das mathematische Handwerkszeug zu gebrauchen haben“. Ausführlich wird seine Hinwendung zur Numerik und Physik beschrieben bei Richenhagen [1985] „Carl Runge, von der Reinen Mathematik zur Numerik“.

RUNGE ist der Begründer der modernen Numerischen Mathematik, und viele Methoden tragen seinen Namen: So z. B. „Runge-Kutta-Verfahren für Anfangswertaufgaben bei gewöhnlichen Differentialgleichungen“, „Runge-Schema zur Durchführung der Fourier-Analyse“ u. a. Auch seine Untersuchungen zur Interpolation und Approximation sind zu großer Bedeutung gelangt.

In demselben Jahre 1908 verwendete WALTER RITZ (1878–1909) die Äquivalenz einer Randwertaufgabe mit einem Variationsproblem, um die gesuchte Lösung angenähert zu berechnen, und er führte dies am Beispiel einer partiellen Differentialgleichung 4. Ordnung der schwingenden Platte vor ([Ritz 1908]).

WALTER RITZ (1878–1909)
Geb. in Sitten (Schweiz), Studium in Zürich u. Göttingen, prom. 1902 in Zürich bei Voigt, arbeitete in Leyden, Paris, Tübingen, ging 1908 nach Göttingen, wo er 1909 starb.
Nachruf in Ritz, Gesammelte Werke Paris 1911.

Auch hier war der Zusammenhang von Randwertaufgaben mit Variationsproblemen schon seit EULER bekannt, aber RITZ wandte diesen Zusammenhang erstmalig zur numerischen Behandlung einer partiellen Differentialgleichung an. Das nach ihm benannte Ritzsche Verfahren erwies sich mit seinen Varianten als sehr allgemein anwendungsfähig und als brauchbare numerische Methode.

Der Zusammenhang von Randwertaufgaben mit Variationsproblemen bildete die Grundlage für viele in neuerer Zeit entwickelte Methoden (vgl. z. B. Velte [1976]). In rastloser Arbeit opferte RITZ seine Gesundheit für die Forschung.

Von dem Aufblühen der Numerik in der damaligen Zeit zeugen auch verschiedene Lehrbücher über numerisches Rechnen. Es seien nur die Bücher von LÜROTH [1900], MEHMKE [1902], WILLERS [1928] (FRIEDRICH A. WILLERS, 1883–1959, geb. in Bremervörde, 1906 Prom. Göttingen, 1928 Prof. Freiberg/S., 1944 Dresden) und das vielbenutzte Buch von RUNGE-KÖNIG [1924] genannt.

2 Zeit von etwa 1920 bis zum zweiten Weltkrieg

2.1 ZAMM und GAMM

Die Belange der „Angewandten Mathematik" wurden bis 1921 im wesentlichen von der DMV und dem 1856 gegründeten VDI (Verein Deutscher Ingenieure), insbesondere von seinem „Ausschuß für Mathematik und Mechanik" wahrgenommen. Mit dem Anwachsen der Wissenschaften wurde es aber nötig, eigene Organe für die Angewandte Mathematik zu schaffen. So wurde 1921 die ZAMM (Zeitschrift für angewandte Mathematik und Mechanik) gegründet mit RICHARD VON MISES (1883–1953) als ihrem ersten Schriftleiter. In demselben Jahre wurde zwischen PRANDTL, VON MISES und REISSNER der Plan entwickelt, eine Gesellschaft für diese Gebiete zu gründen. Der Vorschlag von VON MISES, den Namen „Gesellschaft für Angewandte Mathematik und Mechanik" (GAMM) zu wählen, setzte sich durch. PRANDTL legte Wert darauf, auch die Technische Mechanik genügend zu betonen; er schrieb (vgl. Gericke u. a. [1972, S. 8]): „Die angewandten Mathematiker, d. h. die im Sinne der Hauptaufgabe der Vereinigung nützliche Mathematik machen, sollen dabei gerne willkommen sein. Was ich vermeiden will, ist aber das Dominieren der Mathematik und der mathematisierenden Behandlung der Probleme. Ich meine, daß das Experiment mindestens ebenso stark betont werden soll wie die Theorie". Im Anschluß an den Leipziger Naturforschertag wurde am 21. 9. 1922 die GAMM gegründet (Gericke u. a. [1972. S. 8], „deren Aufgabe die Förderung der Forschung auf allen den Ingenieurwissenschaften zuzuzählenden Teilgebieten der Mathematik und Physik ist."

Die Gesellschaft erfuhr bald einen regen Zugang von Mitgliedern. Zum Vorsitzenden der Gesellschaft wurde PRANDTL gewählt, der es bis 1943 blieb. Zum zweiten Vorsitzenden wählte man REISSNER und zum Schriftführer VON MISES; REISSNER und VON MISES behielten ihre Ämter bis 1933.

An ihrer Stelle wurden (1933) E. TREFFTZ und C. WEBER gewählt. L. PRANDTL dankte H. REISSNER und R. v. MISES brieflich im Namen der GAMM, und VON MISES schrieb am 2. 10. 1933 an PRANDTL (Gericke u. a. [1972],

S. 12): „... ich weiß es sehr wohl zu schätzen, namentlich wenn ich mit den Vorgängen in anderen Vereinen einen Vergleich ziehe, in welch würdiger und vornehmer Weise hier in unserer Gesellschaft die Konsequenzen aus Zeitverhältnissen gezogen wurden, für die schließlich niemanden, der unseren Kreisen angehört, eine Verantwortung trifft".

Die Betonung der Mathematik in der GAMM kam in der Ernennung von FELIX KLEIN, anläßlich seines 75. Geburtstages, zum ersten Ehrenmitglied der GAMM 1924 zum Ausdruck: „Felix Klein hat sich in jeder ihm möglichen Weise für die Belange der Angewandten Mathematik zur Praxis eingesetzt. Er hat u.a. dafür gesorgt, daß Ludwig Prandtl nach seinem bahnbrechenden Vortrag über Grenzschicht-Theorie auf dem Internationalen Mathematiker-Kongreß in Heidelberg 1904 nach Göttingen berufen wurde". (Gericke u.a. [1972], S. 11). Weitere Ehrenmitglieder wurden u.a. AUREL, STODOLA, PRANDTL, VON KARMAN.

In den Jahren nach 1933 gelang es PRANDTL weitgehend, die GAMM als unpolitische Vereinigung zu erhalten. In einem Brief an das Reichs- und Preussische Ministerium für Wissenschaft, Erziehung und Volksbildung schrieb er am 15. Juni 1938 (Gericke u.a. [1972], S. 14): „Die Mechanik, ebenso wie die Mathematik und die exakten Naturwissenschaften, haben ihrer ganzen inneren Struktur nach nicht die geringsten Beziehungen zur Politik. Der Fortschritt in diesen Wissenschaften beruht auf internationaler Zusammenarbeit. Ein einzelnes Land bringt bei der heutigen Spezialisierung durchaus nicht mehr genug Köpfe auf, um diese Zusammenarbeit entbehren zu können. Diesem Gesichtspunkt, der seit dem Umbruch von 1933 etwas in den Hintergrund geraten ist, muß allmählich, wenn Deutschland nicht Schaden erleiden will, wieder zur Geltung verholfen werden." Es wird hinzugefügt: „Im Vorstand der GAMM gab es in diesen Fragen keine Meinungsverschiedenheit."

1926 wurden die „Ortsgruppen der GAMM" Berlin und Göttingen gegründet. Natürlich wurde auch an anderen Orten Angewandte Mathematik betrieben, aber es sei hier der Versuch erlaubt, zu beschreiben, wie an diesen beiden Universitäten das Gebiet der Angewandten Mathematik auf Studenten wirkte.

2.2 Göttingen

In Göttingen hatte der Student reiche Gelegenheit, berühmte Mathematiker mit sehr verschiedenen Unterrichtsmethoden kennenzulernen. Ehrfürchtig lauschten wir den Vorlesungen von DAVID HILBERT (1862–1943). Er pflegte in seiner Vorlesung gewöhnlich erst etwa eine Viertelstunde lang über Philosophie der Mathematik, über Wege der Forschung, auch über Irrwege, Irrtümer, über die Sicherheit des Denkens und die Paradoxien der Mengenlehre zu sprechen, während er am Katheder saß. Dann leitete er allmählich zu dem Stoff der jeweiligen Vorlesung über und ging zur Tafel. Wenn dabei sein Begleiter PAUL BERNAYS (1888–

1977) den Eindruck hatte, es sei nicht klar genug, ging er zur anderen Tafel und erklärte es mit seinen Worten, während HILBERT weitersprach.

Eine andere Vortragsweise hatte EDMUND LANDAU (1877–1938). Er sagte u.a.: „Passen Sie genau auf, meine Herren, ich sage kein Wort zuviel und kein Wort zuwenig ... Die Mathematik ist eine Kunst; ein Maler erklärt nicht, was auf seinem Bilde zu sehen ist, ein Hund oder ein Baum, sondern der Betrachter muß es erkennen. So müssen Sie einen mathematischen Satz genau lesen; es steht alles drin, und ich werde es nicht besonders erklären". So waren seine Vorlesungen für diejenigen seiner etwa 15 Hörer, die den Stoff erst lernen wollten, schwer verständlich, da keinerlei Erläuterungen darüber gegeben wurden, was wichtig und was weniger wichtig war, während seine Doktoranden von dem logischen Aufbau seiner Vorlesungen begeistert waren.

RICHARD COURANT (1888–1972)
Geb. in Lublinitz/Oberschlesien, Stud. Breslau, Zürich, Göttingen, 1908 Assistent u. Mitarbeiter Hilberts, Prom. 1910, Habil. 1912, 1914–1918 Soldat im 1. Weltkrieg, 1915 verwundet, 1921 Nachfolger von FELIX KLEIN, 1934 Übersiedlung nach Cambridge, Gründung des „Courant Institutes" an der New York Univ.

Einen völlig anderen Stil hatten die Vorlesungen von COURANT. Ich hörte zwei Semester bei ihm je eine Vorlesung über gewöhnliche bzw. partielle Differentialgleichungen von je 4 Stunden Vorlesung und 2 Stunden Übung pro Woche. Der Hörsaal war bei ihm stets überfüllt von etwa 300 Studenten; man mußte zehn Minuten vorher in den Hörsaal kommen, um noch einen Sitzplatz zu erhalten, sonst standen nur noch Treppenstufen oder Fensternischen zur Verfügung. Neue Begriffe wurden ausführlich motiviert (im Gegensatz zu den Vorlesungen von LANDAU) und dargelegt, warum die bisherigen Methoden nicht ausreichten und weshalb ein neuer Begriff nötig war.

Parallelen zur Physik wurden ständig gegeben. Schon im ersten Semester verwendete COURANT fast einen Monat auf Integralgleichungen, um dieses Hilfsmittel dann ständig einsetzen zu können. So waren seine Vorlesungen modern und faszinierend bis zur letzten Vorlesungsstunde. Da eigentliche Vorlesungen über Numerik fehlten, flocht COURANT in seine Vorlesungen auch numerische Methoden ein. Seine Übungsaufgaben waren sehr anspruchsvoll (oft arbeitete ich den ganzen Sonnabend daran); er verlangte Fertigkeit in der Handhabung der

Hilfsmittel, wie etwa der Integraltransformationen und Besselfunktionen, aber auch numerischer Methoden.

1924 erschien die erste Auflage von Band I des berühmten Buches von COURANT-HILBERT [1928] „Methoden der Mathematischen Physik", welches jahrzehntelang als Standardwerk der Angewandten Mathematik von Generationen von Mathematikern und Physikern benutzt wurde. Es bot eine einheitliche Darstellung der wichtigsten analytischen Hilfsmittel für Anwender, allgemeine Sätze, Integralgleichungen, Eigenwertaufgaben und Variationsmethoden, und das in einer damals moderner gewordenen Darstellung unter engem Kontakt mit physikalischen Vorstellungen. Band II erschien 1937 und brachte eine ausführliche Theorie der wichtigsten bis zum damaligen Zeitpunkt bekannten partiellen Differentialgleichungen. Diese beiden Bände hatten einen außerordentlichen Einfluß auf die Forschung in der Numerik und der theoretischen Physik.

Das berühmte Courantsche Maximum-Minimum-Prinzip war von großer Tragweite für die Analysis, insbesondere für die Theorie und die Numerik der Differentialgleichungen.

COURANT selbst interessierte sich auch sehr stark für die durch RUNGE angeregte numerische Behandlung partieller Differentialgleichungen mit dem Differenzenverfahren. Mit zwei jungen Mitarbeitern, KURT OTTO FRIEDRICHS (1901–1982) und HANS LEWY (1904–1988, geb. in Breslau, Prom. 1926 in Göttingen, 1933 Prof. Brown Univ., 1936 Berkeley), schrieb er 1928 die fundamentale und berühmt gewordene Arbeit zur Theorie der Differenzenverfahren (Courant, ..., [1928] die vielzitierte „Dreierarbeit"). Hier wird das Differenzenverfahren auch auf parabolische und hyperbolische Gleichungen angewendet. COURANT stellte die Begriffe „Fortsetzungsgebiet" und „Einzugsgebiet" auf.

Beispiel (detailliertere Darstellung z. B. bei Collatz [1951]. Bei der Wellengleichung für eine Funktion $u(x, y)$ in der $x-y$-Ebene sei die Anfangswertaufgabe

$$\omega^2 \frac{\partial^2 u}{\partial x^2} = \frac{\partial^2 u}{\partial y^2} \quad \text{für reelles } x, y; \quad u(x, 0) = f(x); \quad \frac{\partial u}{\partial y}(x, 0) = g(x) \tag{2.1}$$

mit etwa stetigem f, g und einer Konstanten ω gegeben, Fig. 2. Der Wert $u(x, y)$ in einem Punkte P hängt dann nur von Anfangswerten auf demjenigen Stück $a \leq x \leq b$ der x-Achse mit den Punkten P_1, P_2 ab, welches von den durch P gehenden „Charakteristiken" (den Geraden $x \pm \omega y = \text{const}$) ausgeschnitten wird. Das Dreieck D der Punkte P, P_1, P_2 ist das „Fortsetzungsgebiet" der Strecke P_1, P_2.

Das gewöhnliche Differenzenverfahren zur Berechnung von Näherungswerten u_{jk} für die Werte $u(jh, lk)$ an der Stelle $x = jh, y = lk$ wird wie beim Übergang von (1.1) zu (1.2) aufgestellt.

Dabei sind h, k die gewählten „Maschenweiten" oder „Schrittweiten". (Zur Berechnung der Werte für $l = 1$ hat man die gegebenen Werte von $\partial u/\partial y$ zu benutzen.)

Ist nun $\omega k > l$, so wird beim Differenzenverfahren der Näherungswert im Punkte Q, Fig. 2, durch die Anfangswerte auf dem Stück $a \leq x \leq b$ bestimmt, hängt aber nicht von Anfangswerten außerhalb des Intervalles (a, b) ab. Es ist daher für $\omega k > l$ im allgemeinen keine Konvergenz des Differenzenverfahrens zu erwarten. Wählt man also die „Zeitmaschenweite" k zu groß, so ist das Differenzenverfahren im allgemeinen nicht konvergent und auch nicht stabil gegenüber kleinen Störungen wie z. B. Rundungsfehlern.

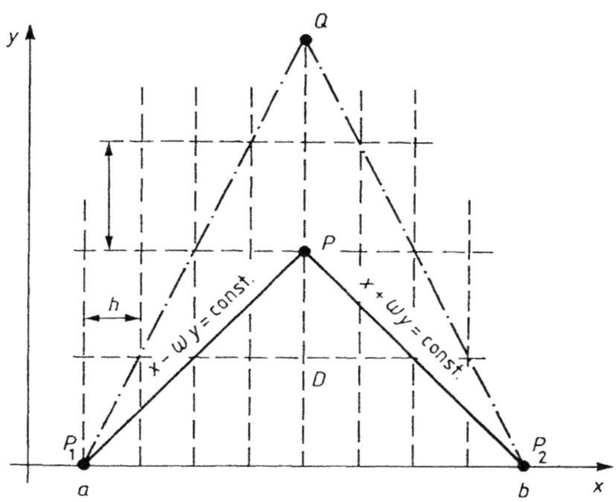

Fig. 2

Bei der Wärmeleitungsgleichung

$$c \frac{\partial u}{\partial y} = \frac{\partial^2 u}{\partial x^2} \tag{2.2}$$

tritt Konvergenz und Stabilität beim gewöhnlichen Differenzenverfahren sogar nur auf, wenn $k \leq \gamma h^2$ (mit einer Konstanten γ) ist, wenn also in Zeitrichtung sehr kleine Schrittweiten verwendet werden.

Die Begriffe Stabilität und Konvergenz wurden in der Folgezeit für die numerische Behandlung von Anfangswertaufgaben von fundamentaler Bedeutung.

COURANT erwarb sich einen sehr großen Schüler- und Freundeskreis; über sein Wesen urteilt P. S. ALEXANDROW (Moskau) 1971 ([Reid 1979, S. 126]):

„Es trifft sich selten, daß sich eine bedeutende mathematische Begabung mit einer menschlich großen Persönlichkeit verbindet. Und in diesem Sinne ... war Courant absolut außergewöhnlich. Ich habe außer ihm nie mehr jemanden mit einer solchen Persönlichkeit gekannt, diese wissenschaftlich ganz uneigennützige Stellung, diese Freude ... am Erfolg der anderen, jüngeren um ihn herum."

2.3 Berlin

Nach dem ersten Weltkrieg bildete sich an der Humboldt-Universität in Berlin ein Zentrum für Numerische und Angewandte Mathematik durch RICHARD VON MISES. Er wurde Direktor des neu gegründeten Instituts für Angewandte Mathematik.

VON MISES hielt einen sechssemestrigen Kursus ab, bei welchem in jedem Semester eine vierstündige mit zwei Stunden Übung verbundene Vorlesung stattfand. Die Themen der Vorlesungen waren Praktische Analysis, Darstellende Geometrie und Kinematik, eine zweisemestrige Vorlesung über Wahrscheinlichkeitsrechnung (im zweiten Teil mit Physikalischer Statistik, VON MISES verfaßte ein vielbenutztes Lehrbuch über Wahrscheinlichkeitstheorie mit einer nicht immer unbestrittenen Grundlegung der Wahrscheinlichkeit als Grenzwert relativer Häufigkeiten) und einen zweisemestrigen Kurs über Mechanik (im 1. Semester über starre Körper und im 2. über elastische und plastische Medien, Hydro- und Aerodynamik bis zur Turbulenz).

RICHARD EDLER VON MISES (1863–1953)
Geb. in Lemberg. Prom. 1908 T. H. Wien, 1909 a. o. Prof. Straßburg, 1919 o. Prof. Dresden, 1920 Berlin, Gründer und Leiter d. Institutes für Angew. Math., 1933 Gründer Inst. f. Reine u. Angew. Math. Istanbul. 1939 Prof. f. Aerodynamik und Angew. Math. Harvard Univ. USA.

Er wurde im ersten Weltkrieg als Pilot eingesetzt und schrieb ein Buch über Fluglehre, wobei er seine außerordentliche Vielseitigkeit zeigte. Den größten Einfluß auf die Numerik übte er wohl durch seine Vorlesungen über Praktische Analysis aus; vielen Gebieten gab er entscheidende Anstöße, wobei kennzeichnend für ihn ist, daß er jeweils nach brauchbaren Abschätzungen des Fehlers fragte.

Dies zeigte sich z. B. bei seinen Untersuchungen über Numerische Quadratur und bei seinen Arbeiten zur numerischen Integration gewöhnlicher Differentialgleichungen, die später von vielen Autoren, die auf seinen Ideen aufbauten, weiterverfolgt und verfeinert wurden.

Besonderes Interesse widmete er den linearen und nichtlinearen Gleichungssystemen, und er schrieb eine vielbeachtete Arbeit zusammen mit seiner Schülerin (und späteren Frau) HILDA POLLACZEK GEIRINGER ([von Mises, ...

1929]). Er hat sich auch nicht gescheut, selbst umfangreiche numerische Rechnungen durchzuführen; von ihm stammt das „v. Mises-Verfahren" zur iterativen Bestimmung der Eigenwerte von Matrizen, d.h. der Wert $\varkappa$, für welche

$$Ax = \varkappa x \tag{2.3}$$

einen nichttrivialen Lösungsvektor x besitzt; dabei ist A eine gegebene quadratische n-reihige Zahlenmatrix. VON MISES hatte numerisch beobachtet: Hat man, ausgehend von einem Vektor $x = (x_1, \dots, x_n)$, durch einen Iterationsschritt einen Vektor $y = Ax = (y_1, \dots, y_n)$ und die Quotienten $q_j = y_j/x_j$ ermittelt, wobei etwa alle Größen reell sein mögen, so schließen die Quotienten q_j meistens eine „charakteristische Zahl" $\varkappa_s$ ein.

$$\min_j q_j \le \varkappa_s \le \max_j q_j \tag{2.4}$$

Dies ist die einfachste Form des später viel verwendeten „Einschließungssatzes".

VON MISES hatte schon an Beispielen festgestellt, daß die Formel (2.4) nicht immer stimmt. Einfaches *Gegenbeispiel:*

$$A = \begin{pmatrix} 6 & 1 \\ -5 & 11 \end{pmatrix}; \quad x = \begin{pmatrix} 2 \\ 1 \end{pmatrix}; \quad y = Ax = \begin{pmatrix} 13 \\ 1 \end{pmatrix}; \quad q = \begin{pmatrix} 6{,}5 \\ 1 \end{pmatrix}.$$

Keine der beiden charakteristischen Zahlen $\varkappa_{1,2} = 1/2(17 \pm \sqrt{5})$, liegt zwischen 1 und 6,5; hier gilt also (2.4) nicht.

VON MISES untersuchte nun, unter welchen Bedingungen für die Matrix A die gewünschte Einschließung (2.4) gilt. Für reelle symmetrische Matrizen wurde (2.4) mit Hilfe des Courantschen Maximum-Minimumprinzipes bewiesen ([Collatz 1941]), von Wielandt [1949] auf normale Matrizen, von Collatz [1941] auf Integralgleichungen erweitert. Sehr bekannt wurden die Einschließungssätze für die charakteristischen Zahlen von Matrizen mit Hilfe der Gerschgorinschen Kreise. (S.A. Gerschgorin 1901–1933)

In der Folge wurde die Einschließung für Eigenwerte von zahlreichen Autoren untersucht, in neuerer Zeit von ALBRECHT, GOERISCH u.a., vgl. Nr. 5.3.

Die VON MISESsche Axiomatik der Wahrscheinlichkeitstheorie und die Diskussion hierüber ist ausführlich in dem Artikel „Wahrscheinlichkeitstheorie" von U. Krengel in diesem Bande in Nr. 3 „Die Kontroverse um v. Mises' Axiomatik" beschrieben.

VON MISES war ein Meister der klaren, präzisen Darstellung. Er tat dies streng nach dem EINSTEINschen Motto: Man soll die Dinge so einfach darstellen wie nur möglich, aber nicht einfacher, als sie sind.

VON MISES galt als strenger Kritiker; er trat für einen engen Kontakt zwischen Mathematik und den Anwendungsgebieten ein und lehnte es ab, die Anwendungen nur als Tummelfeld für Mathematiker zu betrachten. So schrieb er in einer Rezension des Buches von LICHTENSTEIN (1878–1933) über Hydrodynamik:

„Lichtenstein behandelte die Hydrodynamik von 1880 mit der Mathematik von 1930."

Seine Seminare waren bei den Studenten gefürchtet. Ich habe es wiederholt erlebt, daß er den Seminarvortrag eines Studenten abbrach, weil dieser nicht klar genug vortrug. VON MISES ging einfach aus dem Hörsaal. Bei meinem ersten Seminarvortrag ging es mir ähnlich; er unterbrach mich sehr oft, und ich fürchtete schon, er würde den Vortrag abbrechen. Sehr niedergeschlagen sagte ich ihm anschließend: „Herr Professor, ich habe aber alles verstanden". VON MISES antwortete nur kurz: „Das genügt nicht, man muß es auch klar darstellen können". Die Vorbereitung für einen Seminarvortrag kostete die Studenten gewöhnlich ein volles Semester.

Ich hätte Mitte November 1933 die mündliche Prüfung bei ihm ablegen müssen. Da bekam ich am 2. November 1933 eine Karte von ihm: „Wenn Sie die Prüfung noch bei mir machen wollen, müssen sie morgen 10 Uhr kommen." Das tat ich und sagte ihm: „Ich bin aber mit meiner Vorbereitung zur Prüfung noch nicht fertig." Er erwiderte: „Das macht nichts. Ich muß dieses Land verlassen. Ich kenne Sie ja zur Genüge; außergewöhnliche Zeiten erfordern außergewöhnliches Verhalten. Ich möchte in dieser Stunde mit Ihnen durchsprechen, wie sich Ihre Dissertation entwickeln könnte; denn Sie werden nun mit Ihrer Arbeit auf sich allein gestellt sein."

Seine Schülerin und spätere Gattin, Frau HILDA POLLACZEK-GEIRINGER (1893–1973), war die „Institutsmutter" und Organisatorin und bereitete auch die Seminare vor. Sie hielt das Praktikum für Numerische Analysis ab. Das Institut besaß eine größere Zahl von Rechenmaschinen des Typs Brunsviga oder Walther, die noch nicht elektrisch betrieben wurden, sondern von Hand gekurbelt werden mußten, jedoch unverwüstlich waren. In einem großem Übungsraum rechneten wir Studenten an diesen Maschinen; dabei bekamen wir ein Gefühl für das Zahlenrechnen und lernten, wie wichtig und unerläßlich Proben waren. Keine Rechnung durfte ohne Ausführung von Proben abgegeben werden.

Tafelwerke

Als ständige Hilfsmittel dienten Tafelwerke, die Funktionentafeln von Jahnke-Emde [1909], der „kleine Hayashi" [1931] (5stellige Tafeln) und der „große Hayashi" (7stellige Tafeln). Mit Besselfunktionen mußten wir vertraut sein. Wir hörten darüber in den Vorlesungen über Differentialgleichungen, über Funktionentheorie und in der Theoretischen Physik. Wer in Angewandter Mathematik geprüft werden wollte, mußte Praxis in einem Anwendungsfach nachweisen. Ich wählte Astronomie. Im astronomischen Praktikum mußte die geographische Breite des Beobachtungsortes auf eine halbe Bogensekunde (das entspricht 15 Metern) genau ermittelt werden. Dabei arbeiteten immer zwei Studenten zusammen. Einer beobachtete den jeweiligen Durchgang eines Sternes durch das Fadenkreuz (es war notwendig, soweit mit dem Sternenhimmel vertraut zu sein, daß man wußte, welchen Stern man beobachtete) und zählte laut „4-3-2-1-0", und der andere mußte bei „0" die Zeit stoppen. Dann kamen Ausrechnung und Korrektur (Temperatur, atmosphärische Strahlenbrechung usw.) mit Hilfe einer zehnstelligen Logarithmentafel, bei der für die Funktionenwerte quadratische Interpolation nötig war. Eine Meßreihe mit Rechnungen dauerte etwa einen Monat (beobachtet werden konnte natürlich nur bei klarem Sternenhimmel).

Integralgleichungstheorie

In Berlin wurde auch das Gebiet der Integralgleichungen sehr gepflegt. Es erschien das zweibändige Standardwerk „Differential- und Integralgleichungen der Mechanik und Physik" ([Frank/von Mises 1925–30]), welches auch heute noch eine Fundgrube an Material und eine ausführliche Darstellung der bis dahin bekannten Methoden und Sätze über Integralgleichungen enthält, ein Werk von über zweitausend Seiten. 1925 erschien Band I und 1930 Band II.

GEORG HAMEL (1877–1954) schrieb sein vielbenutztes Bändchen über Integralgleichungen ([Hamel 1937]). Wiederholt fand das v. Mises-Seminar bei HAMEL in der Technischen Hochschule Berlin statt.

HAMMERSTEIN war nicht nur durch die nach ihm benannten und als vielleicht wichtigsten Typ nichtlinearer Gleichungen viel untersuchten Hammersteinschen Integralgleichungen (ADOLF HAMMERSTEIN 1888–1941)

$$y(x) = f(x) + \int_B K(x,s)\varphi(y(s))\,ds \tag{2.5}$$

(Punkt x im Bereich B des n-dimensionalen Punktraumes, K gegebener Kern, φ gegebene nichtlineare Funktion einer Veränderlichen, $f(x)$ gegeben, $y(x)$ gesucht), bekannt, sondern auch als sehr versierter Reiter.

Sehr berühmt, hochgeachtet und verehrt hielt ERHARD SCHMIDT (1876–1959) als einer der bekanntesten Begründer der Integralgleichungstheorie Vorlesungen. Er wurde ständig betreut von GEORG FEIGL, der oft davon berichtete, wie abenteuerlich er Professor SCHMIDT, der anscheinend stets „in höheren Sphären" lebte, durch den Großstadtverkehr führte. Er konnte ihn, der einfach geradeaus, ohne zur Seite zu schauen, ging, oft nur im letzten Moment vor einer Straßenbahn oder einem Auto zurückreißen.

OSTROWSKI ([1966, S. 106]) schilderte die damalige Situation in Berlin folgendermaßen: „Ich habe das Gefühl, daß erst mit der 1919 erfolgten Berufung von v. Mises nach Berlin die erste mathematisch seriöse Schule der Angewandten Mathematik in Deutschland sich weithin auszuwirken begann. V. Mises war eine ungemein dynamische Persönlichkeit und zugleich, wie Runge, erstaunlich vielseitig. ... zugleich war die mathematische Atmosphäre in Berlin wesentlich offener und weniger verkrampft als in Göttingen. Der über allem schwebende Olympier Erhard Schmidt, der offene Sinn von Issai Schur für alles mathematisch Bedeutsame und die impulsive Jugendlichkeit von Bieberbach sicherte ein geistiges Klima, in dem v. Mises seine Aktivität frei entfalten konnte." (L. Bieberbach, 1886–1982)

Es gab damals noch nicht die Möglichkeit, Diplom-Mathematiker zu werden, sondern die Mathematikstudenten schlossen ihr Studium mit dem Staatsexamen für das Höhere Lehramt oder mit einer Doktorprüfung ab. Beim Staatsexamen waren zwei schulische Hauptfächer vorgeschrieben, und in jedem dieser beiden Fächer mußte eine schriftliche Hausarbeit, deren Länge gewöhnlich zwischen fünfzig und hundert Seiten betrug, angefertigt werden. Die meisten Mathematikstudenten wählten als zweites Fach Physik, und hierzu gehörte neben Experimentalphysik und physikalischem Praktikum auch die Teilnahme an einem großen sechssemestrigen Kurs über Theoretische Physik (pro Semester 4 Std. Vorlesung und 2 Std. Übung). Von diesen behandelte ein Semester Mechanik. Die anderen fünf Semester hörte ich bei Professor ERWIN SCHRÖDINGER (1887–1961) (je 2 Semester Feldphysik bzw. Korpuskularphysik, 1 Semester Quantentheorie). Er war sehr vital und lebhaft, so daß seine Vorlesungen zu einem unvergeßlichen Erlebnis wurden. Die Mathematikstudenten wurden so viel stärker mit Anwendungen vertraut, als es heute normalerweise der Fall ist.

In Berlin gab es damals, wie auch an verschiedenen anderen Hochschulen, eine „Philosophische", aber keine „Mathematisch-Naturwissenschaftliche Fakultät". Wer in Berlin promovieren wollte, mußte sich auch einer Prüfung in Philosophie unterziehen. Die Prüfungen fanden jeweils in einem Raum allein mit dem Prüfer ohne Beisitzer statt und dauerten in den Hauptfächern 45, in Nebenfächern 30 Minuten. Ich wurde 1934 in „Reiner Mathematik" von ERHARD SCHMIDT, in Physik von MAX VON LAUE, in Philosophie von EDUARD SPRANGER geprüft.

2.4 Andere Orte

Ohne alle Aktivitäten in Numerischer Mathematik aufführen zu können, seien nur noch die TH Darmstadt (ALWIN WALTHER, 1898–1966, vgl. III) und die TH Dresden genannt, wo ERICH TREFFTZ (1888–1937), von der Mechanik kommend, viele dort auftretende Probleme numerisch behandelte und das nach ihm benannte „Trefftzsche Verfahren" entwickelte. Dieses ist ein „Komplementäres Variationsproblem", ein Gegenstück zum Extremalproblem des Ritzschen Verfahrens (späterer Ausbau z. B. bei Velte [1976]).

GRAMMEL [1938] charakterisierte TREFFTZs Denkweise folgendermaßen: „Man fühlt überall, wie ihm (Trefftz) stets die zahlenmäßige Auswertbarkeit vorschwebt, und darum wirken auch seine rein mathematischen Gedankengänge nirgends abstrakt." Auf einer GAMM-Tagung sagte TREFFTZ einmal: „Wir brauchen eigentlich Personen, die zweimal studiert haben, die ein Mathematik- und ein technisches Studium hinter sich haben." TREFFTZ hatte eine starke Ausstrahlung, war von großer Liebenswürdigkeit und besaß Humor. So sagte er einmal, als er während einer Tagung aus einem Hörsaal kam, scherzhaft zu den Umherstehenden: „Die Vorträge waren sehr gut, aber der richtige Schlaf war es doch nicht."

ERICH TREFFTZ (1888–1937)
Geb. in Leipzig, Prom. 1913 Straßburg, 1917–1919 Priv. Dozent TH Aachen, 1919–1922 Prof. TH Aachen, 1922–1937 o. Prof. TH Dresden, gestorben an schwerer Krankheit

In München bestand nicht die Möglichkeit, direkt Vorlesungen über Numerik zu hören, aber bei den theoretischen Vorlesungen sowohl von OSKAR PERRON (1880–1975) über Algebra als auch bei CONSTANTIN CARATHEODORY (1873–1950) kamen auch numerische Gesichtspunkte zur Geltung. Bei PERRON waren in den Übungsaufgaben oft längere Zahlenrechnungen nötig, und es mußten komplizierte Galoissche Gruppen explizit ausgerechnet werden.

PERRON (geb. in Frankenthal, Prom. 1902 in München, 1910 a. o. Prof. Heidelberg, dort 1914 o. Prof., 1922 Prof. München, auch begeisterter Bergsteiger), auch durch sein Standardwerk über Kettenbrüche weltbekannt, hat für die Numerik sehr wichtige Sätze aufgestellt, die Sätze von Perron-Frobenius (Perron [1907]) über charakteristische Zahlen von Matrizen, Sätze über Ober- und Unterfunktionen für Lösungen von Differentialgleichungen, speziell für harmonische Funktionen, und vieles andere. (Perron soll noch im Alter von 64 Jahren das Matterhorn im Alleingang bestiegen haben.)

An manchen Universitäten wurde kaum Numerische Mathematik angeboten, entsprechend dem berühmten (oder berüchtigten) Ausspruch von Landau ([Ostrowski 1966, S. 105]): „Es handelt sich ja bei der Numerischen Mathematik bloß um Schmieröl.“

Aber das Verhältnis zwischen Mathematik und Anwendungen wird vielleicht am treffendsten beschrieben in dem Vorwort des berühmten Buches von HERMANN WEYL (1885–1955) „Gruppentheorie und Quantenmechanik“. Dort steht: „Ich kann es nun einmal nicht lassen, in diesem Drama von Mathematik und Physik – die sich im Dunklen befruchten, aber von Angesicht zu Angesicht so gern voreinander verkennen und verleugnen – die Rolle des (wie ich genugsam erfuhr, oft unerwünschten) Boten zu spielen.“

3 Zeit von etwa 1935 bis etwa 1945

3.1 Niedergang der Numerischen Mathematik

Die politischen Verhältnisse führten von 1933 an bis zum Ausbruch des zweiten Weltkrieges zu einem starken Niedergang der Numerischen und Angewandten Mathematik. Ganze Wissenschaftszweige gerieten als angeblich von Juden beeinflußt in Mißkredit, so z. B. die Theoretische Physik und speziell die Relativitätstheorie, weil sie von EINSTEIN begründet worden war. Es wurde die Zeitschrift „Deutsche Mathematik" herausgegeben, und die Autoren wurden gehalten, nach Möglichkeit keine jüdischen Mathematiker zu zitieren. Sehr viele bedeutende Wissenschaftler, insbesondere der Numerik nahestehende Mathematiker, und auch viele Vertreter der Mechanik und Physik verließen Deutschland. RICHARD VON MISES ging im November 1933 von Berlin fort nach Istanbul und später nach USA, zusammen mit HILDA POLLACZEK-GEIRINGER. RICHARD COURANT, der lange Zeit gehofft hatte, durchhalten zu können, ging 1934 nach USA. ERICH KAMKE (1890–1961), der „vollarisch" war, aber eine jüdische Frau hatte, wurde seines Amtes enthoben, durfte aber in Tübingen bleiben, wo ich ihn oft besuchte. Er hatte mich zum Schreiben eines Buches über Eigenwertprobleme angeregt, und in langen Gesprächen lernte ich viel von ihm (vgl. Nr. 3.3). Auch COURANTS bedeutendster Schüler FRIEDRICHS und ERWIN SCHRÖDINGER (beide vollarisch) verließen Deutschland. E. TREFFTZ starb sehr früh (1937). Mit der Emigration vieler international angesehener Wissenschaftler war ein Niedergang der Forschung in Numerischer und Angewandter Mathematik in Deutschland verbunden.

3.2 Numerik während des Krieges, Differenzenverfahren

In gewissem Maße aber war schon während des Zweiten Weltkrieges und besonders nach dem Zweiten Weltkrieg in verschiedenen Zweigen der Numerik wieder ein Aufstieg zu verzeichnen. Zu diesen Zweigen gehören z. B. die Entwicklung numerischer Verfahren zur Bahnrechnung, zur Berechnung der Nullstellen von Polynomen, welche für Stabilitätsfragen wichtig waren, Kodierungs- und Dekodierungsverfahren und viele andere Problemklassen.

Es ist vielleicht interessant, an einigen Beispielen den Stand der damaligen Numerischen Mathematik mit dem jetzigen zu vergleichen. Ein großes Institut für Numerische Mathematik hatte ALWIN WALTHER in Darmstadt aufgebaut. Von 1940 an arbeitete bei ihm ein Stab von etwa 15 Wissenschaftlern und etwa 110 „Rechenmädchen". Diese Damen rechneten Tag für Tag an Tischrechenmaschinen mit einer Geduld, wie sie von ihren männlichen Kollegen nicht aufgebracht

ALWIN WALTHER (1898–1967)
Geb. in Dresden-Reick, 1916–1919 Militärdienst, zweimal verwundet. Stud. 1919–1922 Dresden und Göttingen. Prom. 1922, Assistent bei COURANT, Rockefeller Stipendium Kopenhagen u. Stockholm, 1924 Habil. (Riemanns ζ-Funktion), 1928 o. Prof. TH Darmstadt, Gründer des IPM (Inst. Prakt. Math.), 1934 Rechenschieber „Darmstadt", 1951 Darmstädter Rechenanlage DERA, 1952–1953 Vorsitzender des GAMM. 1963 Präsident IFIP Kongreß München.

wurde, und jeweils zwei Damen arbeiteten an derselben Aufgabe, ohne daß sie es voneinander wußten. Die wissenschaftlichen Mitarbeiter verteilten die Aufgaben und stellten dann fest, ob die beiden Ergebnisse jeweils übereinstimmten. So wurde eine gewisse Sicherheit der Rechnungen gewährleistet. Natürlich fanden außerdem noch umfangreiche Kontrollrechnungen statt. Sehr häufig waren „größere" lineare Gleichungssysteme zu lösen, und es galt die Faustregel: Der Rechenaufwand wächst mit der Anzahl n der Gleichungen etwa wie n^3.

Für ein System von zehn Gleichungen hatte man bei voll besetzter Matrix rund zehn Stunden zu rechnen, für zwanzig Gleichungen also rund achtzig Stunden.

Bei Bahnrechnungen führten Stabilitätsprobleme oft auf die Ermittlung der reellen und komplexen Nullstellen algebraischer Gleichungen, in einfachen Fällen vom vierten oder sechsten Grade, bei etwas komplizierteren Problemen vom zwölftem oder höherem Grad. Gleichungen noch höheren Grades wurden meiner Erinnerung nach wegen zu hohen Aufwandes nicht mehr behandelt.

Von großer aktueller Bedeutung waren Bahnrechnungen. Oft mußte man mit Systemen von etwa fünf gewöhnlichen Differentialgleichungen zweiter Ordnung rechnen. Dies waren vielfach steife Differentialgleichungen, bei denen eine relativ glatte Bahn von schnellen Schwingungen überlagert war, und es wurden verschiedene Vorschläge gemacht, die Berechnung der „glatten Bahn" von der der überlagerten Schwingungen zu trennen. Es wurden Differenzenverfahren verwendet, und da beim Runge-Kutta-Verfahren zur Erzielung einer einigermaßen vertretbaren Genauigkeit pro Wellenlänge mit etwa acht bis fünfzehn Punkten zu rechnen war, aber andererseits die Bahnberechnung nicht mit vielen Tausenden von Zeitschritten durchgeführt werden konnte, war es kaum möglich, die Verantwortung für die Richtigkeit der Ergebnisse mit gutem Gewissen zu übernehmen.

Auch bei der numerischen Lösung von Randwertaufgaben wurden die Differenzenverfahren in großem Umfang eingesetzt, zeigten jedoch eine langsame Konvergenz bei Maschenverfeinerung. So wurden zahlreiche Varianten der Differenzenverfahren entwickelt, bei welchen eine schnellere Konvergenz erwartet wurde. Eine einfache Möglichkeit war die Ersetzung der Differentialquotienten durch besser approximierende Differenzenquotienten oder Hinzunahme weiterer Funktionswerte (Fig. 3).

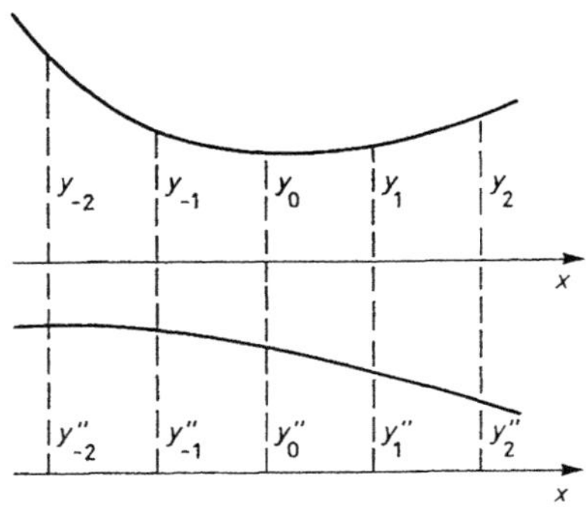

Fig. 3

So hat man z. B. für die zweite Ableitung die folgenden finiten Ausdrücke mit verschieden hoher Ordnung des Restgliedes für eine in einem Intervall $|x| < a$ definierte zweimal bzw. viermal stetig differenzierbare Funktion $y(x)$ bei einer zugrunde gelegten festen Maschenweite h: Dabei sollen alle vorkommenden Abszissen im Intervall $|x| < a$ liegen, und Punkte beim Restglied deuten Terme mit höheren Ableitungen an ([Collatz 1951] u. a.):

$$y_0'' = \frac{1}{h^2}[y_1 - 2y_0 + y_{-1}] - \frac{1}{12}h^2 y_0^{\mathrm{IV}} + \dots \tag{3.1}$$

$$y_0'' = \frac{1}{12h^2}[-y_2 + 16y_1 - 30y_0 + 16y_{-1} - y_{-2}] + \frac{1}{90}h^4 y_0^{\mathrm{VI}} + \dots \tag{3.2}$$

Die Verwendung von „weiter außen" liegenden Punkten bedeutet aber, insbesondere in der Nähe des Randes, eine Komplikation des Verfahrens, welche beim „Mehrstellenverfahren" in vielen Fällen vermieden werden kann. Hier werden Ableitungen an mehreren Stellen verwendet, z. B.

$$y_1'' + 10y_0'' + y_{-1}'' - \frac{12}{h^2}(y_1 - 2y_0 + y_{-1}) = \frac{1}{20}h^4 y_0^{\mathrm{IV}} + \dots \tag{3.3}$$

Eine zu (3.3) gleichwertige Formel war schon 1919 von einem Bauingenieur aufgestellt worden. Er hatte eine Beziehung zwischen den Momenten m_ν an drei Stellen eines Trägers und den Belastungen p_ν an diesen Stellen aufgestellt, die wegen des Zusammenhanges $m'' = -p$ mit (3.3) gleichwertig ist. Diese Formel wurde von ihm jedoch nicht als Beziehung zwischen Funktionswerten und zweiten Ableitungen und auch nicht als allgemeiner Gedanke für beliebige Differentialgleichungen aufgefaßt.

3.3 Eigenwertaufgaben

Eigenwertaufgaben bei Differentialgleichungen waren schon im 18. Jahrhundert (Eulerscher Knickstab) betrachtet worden. Nun gelangte wegen ihres großen Anwendungsbereiches auf Schwingungsaufgaben und Ausweichprobleme (Knicken, Beulen u. a.) auch ihre numerische Behandlung zu großer Bedeutung; und zwar nicht nur für die bisher meistens betrachteten „speziellen Eigenwertaufgaben“ mit Differentialgleichungen der Form

$$Mu = \lambda u \tag{3.4}$$

im Grundbereich B, sondern auch für die „allgemeinen Eigenwertaufgaben“ mit Differentialgleichungen

$$Mu = \lambda Nu, \tag{3.5}$$

die immer häufiger in den Anwendungen auftraten; hier sind M, N lineare homogene Differentialausdrücke in einer oder in mehreren Veränderlichen. Als Beispiele seien etwa genannt: In einer Veränderlichen

$$Mu = \sum_{\mu=0}^{m} \frac{d^\mu}{dx^\mu}\left(p_\mu(x)\frac{d^\mu u}{dx^\mu}\right); \qquad Nu = \sum_{\nu=0}^{n} \frac{d^\nu}{dx^\nu}\left(q_\nu(x)\frac{d^\nu u}{dx^\nu}\right), \tag{3.6}$$

in mehreren Veränderlichen

$$Mu = -\Delta u = -\sum_{\nu=1}^{n} \frac{\partial^2 u}{\partial x_\nu^2} \quad \text{oder} \quad Mu = \Delta\Delta u$$

oder allgemeiner

$$Mu = -\sum_{j+k=1}^{n} \frac{\partial}{\partial x_j}\left[a_{jk}(x_1, \dots, x_n)\frac{\partial u}{\partial x_k}\right]. \tag{3.7}$$

Bei (3.6) und (3.7) sind die Differentialoperatoren in selbstadjungierter Form geschrieben. Zu der Differentialgleichung (3.4) bzw. (3.5) kommen jeweils noch Randbedingungen. (Wegen präziser Formulierungen vergleiche man die Lehrbücher.)

Kamke [1942] entwickelte eine umfassende Theorie der selbstadjungierten allgemeinen Eigenwertaufgaben bei gewöhnlichen Differentialgleichungen, bei denen einer der beiden Operatoren positiv definit sein soll. Es wurden auch „Zwischenstufenaufgaben“ mit Differentialgleichungen $Mu = \lambda p(x_1, \dots, x_n)u$ eingeführt, wobei häufig in der Mechanik und Quantenmechanik die Belegungsfunktion p als positiv vorausgesetzt wird.

Kamke untersuchte bei gewöhnlichen Differentialgleichungen aber auch „polare“ Aufgaben, bei denen p im zugrunde gelegten Gebiet das Vorzeichen wechselt. Eine zusammenfassende Darstellung für gewöhnliche Differentialgleichungen ([Collatz 1945]) wurde von Kamke angeregt. Die Auflage des 1943 fertiggestellten Buches verbrannte bei einem Luftangriff auf Leipzig, so daß das Buch erst Ende 1945 erscheinen konnte.

Schon vorher ([Collatz 1939]) war versucht worden, zahlreiche numerische Methoden einheitlich darzustellen, und es konnten verschiedene, bisher getrennt betrachtete Verfahren unter dem Gesichtspunkt von Iterationsverfahren subsumiert werden.

ERICH KAMKE (1890–1961)
Geb. in Marienburg/Westpreußen. Prom. 1919 bei Landau, 1920–1926 Studienrat in Hagen, 1922 Habil. Münster, 1926 a. o. Prof. Tübingen, 1937 in den Ruhestand versetzt, 1941 Standardwerk über Differentialgleichungen, 1945 o. Prof. Tübingen, 1948–1952 Vorsitzender der DMV. 1950 Vizepräsident der Intern. Math. Union. Gestorben nach schwerer Herzattacke.

Man berechnet eine Folge von Vergleichsfunktionen v_ν nach

$$Mv_{\nu+1} = Nv_\nu \quad (\nu = 0, 1, 2, \ldots) \tag{3.8}$$

und bestimmt die Schwarzschen Konstanten a_n (HERMANN AMANDUS SCHWARZ 1843–1921) und die als Näherungen für Eigenwerte dienenden Schwarzschen Quotienten μ_n

$$a_n = (v_s, v_{n-s}); (0 \leq s \leq n); \quad \mu_{n+1} = a_n/a_{n+1}. \tag{3.9}$$

In Analogie zu Eigenwertaufgaben bei Matrizen (2.3) wird für „Vergleichsfunktionen“ $\varphi(x)$ bei selbstadjungierten Eigenwertaufgaben mit (3.5) (3.6) (mit $Nu = p(x) \cdot u$) für den Quotienten

$$\Phi(x) = \frac{M\varphi}{p\varphi}$$

bewiesen, daß im Wertebereich von $\Phi(x)$, sofern er einheitliches Vorzeichen in B hat, mindestens ein Eigenwert λ_s der Eigenwertaufgabe liegt ([Collatz 1945]):

$$\Phi_{\min} \leq \lambda_s \leq \Phi_{\max}. \tag{3.10}$$

Beispiel: Die Eigenwertaufgabe $My = -(e^{x^2}y')' = \lambda e^{-x^2}y$, $y(0) = y'(1) = 0$ tritt bei Torsionsschwingungen von Scheiben veränderlicher Dicke auf. Als Vergleichsfunktion diene

$$\varphi(x) = e^{0,5x^2}\sin(a_n x),$$

wobei a_n so gewählt wird, daß $a_n \tan(a_n) = 0$ ist und $\varphi(x)$ die Randbedingungen erfüllt. Man erhält nach (3.9)

$$\Phi = a_n^2 + x^2 - 1,$$

also nach (3.10)

$$a_n^2 - 1 \leq \lambda_n \leq a_n^2.$$

So ergeben sich für die ersten 3 Eigenwerte die gerundeten Schranken:

n	a_n	Schranken für λ_n
1	2.029	$3.116 \leq \lambda_1 \leq 4.117$
2	4.913	$23.14 \leq \lambda_2 \leq 24.15$
3	7.978	$62.65 \leq \lambda_3 \leq 63.66$

▲

Für spezielle Eigenwertaufgaben mit gewöhnlichen Differentialgleichungen zweiter Ordnung war der Einschließungssatz von J. Barta [1937] auf elementarem Weg und für den 1. Eigenwert bei gewöhnlichen Differentialgleichungen höherer Ordnung von G. Temple [1929] bewiesen worden.

Extremalprinzipien

Zur genaueren Berechnung von Eigenwertaufgaben erweisen sich die Extremaleigenschaften der Eigenwerte als sehr nützlich. Für den mit einer Vergleichsfunktion $v(x) \neq 0$ gebildeten Rayleigh-Quotienten (J. W. S. Reyleigh, 1842–1919)

$$R[v] = \frac{\int_B v M v \, dx}{\int_B v N v \, dx} \tag{3.11}$$

gilt bei selbstadjungierten volldefiniten Eigenwertaufgaben,

$$\lambda_1 = \operatorname{Min} R[v] \tag{3.12}$$

und aus dem Courantschen Maximum-Minimum-Prinzip ([Courant/Hilbert 1924]) kann man folgern, daß bei Einengung des Bereiches der Vergleichsfunktionen Extremaleigenschaften auch für die höheren Eigenwerte gelten. Beim Ritz-Verfahren werden die $v(x)$ aus einem endlichdimensionalen Raum gewählt, der von den Funktionen $v_1, \ldots, v_k$ aufgespannt wird. Sämtliche Ritzschen Näherungswerte Λ_n sind obere Schranken für die entsprechenden Eigenwerte: $\Lambda_n \geq \lambda_n$.

Temple stellt mit Hilfe der Schwarzschen Konstanten eine gute Schranke für den ersten Eigenwert auf: Wenn man eine untere Schranke l_2 für den zweiten Eigenwert λ_2 kennt, die jedoch größer als μ_k sein muß, $l_2 > \mu_k$, gilt die Einschließung

$$\mu_{k+1} - (\mu_k - \mu_{k+1}) \left(\frac{l_2}{\mu_{k+1}} - 1 \right)^{-1} \leq \lambda_1 \leq \mu_{k+1}. \tag{3.13}$$

LEHMANN [1953] bewies in einer Reihe von Arbeiten Erweiterungen der Einschließungssätze, welche besonders für die numerische Berechnung der Eigenwerte von großem Nutzen sind; dabei schaltet er Iterationsschritte ein, welche die v_ν nach

$$M u_\nu = N v_\nu \tag{3.14}$$

mit den Funktionen u_ν verknüpfen, vgl. auch Nr. 5.3.

Über weitere Entwicklungen bei Eigenwertaufgaben durch LEHMANN, ALBRECHT, GOERISCH vgl. 5.3.

4 Zeit nach dem zweiten Weltkrieg

Über die Zeit nach dem Kriege kann ich, da mir der nötige Abstand fehlt, nur eine sehr subjektive Auswahl treffen, und ich bitte den Leser zu entschuldigen, daß ich dabei hauptsächlich die Gebiete nenne, die meiner eigenen Arbeitsrichtung nahestehen.

Nach dem Kriegsende nahmen die meisten Hochschulen im Laufe von ein oder zwei Jahren ihre Tätigkeit auf, zunächst mit durch Numerus clausus beschränkten Studentenzahlen. Diejenigen, die studieren durften, waren wohl eifriger als Studenten der vorangegangenen und der nachfolgenden Generation. Sie waren reifer, und da die meisten von ihnen viele Jahre durch den Krieg verloren hatten, wollten sie möglichst rasch durch ein Examen zur Ausübung des Berufes kommen. In der Forschung war man bestrebt, den Vorsprung verschiedener anderer Länder wenigstens zu einem gewissen Teil aufzuholen. Seit etwa 1959 setzte eine immer stärkere und durch den Einsatz der Computer immer stürmischer werdende Entwicklung der Numerischen und der Angewandten Mathematik durch das Auftreten neuer großer Gebiete ein, sowohl in der Theorie als auch in der Praxis der numerischen Methoden.

Ferner zeigte sich auf den meisten Teilgebieten der Numerischen Analysis ein durch die Anwendungsgebiete verstärktes Interesse an mehrdimensionalen Aufgaben, die meist nur durch stark erhöhten Rechenaufwand zu bewältigen und gewöhnlich auch viel komplizierter sind. Schon die zweidimensionale Interpolation ist i. a. viel aufwendiger als die eindimensionale.

4.1 Computer und Fehlerschranken

Die Entwicklung von Rechengeräten und Rechenanlagen geht schon auf frühere Jahrhunderte zurück, vgl. z. B. [Willers 1928], [Lehmann 1989] sowie den Artikel von K. SAMELSON in Kapitel K „Rechenanlagen“ von Sauer-Szabo [1967/

70], Teil III (Robert Sauer 1898–1970, geb. in Pommersfelden/Bayern, 1932 a.o. Prof. Aachen und dort 1937 o. Prof., 1948 o. Prof. München, 1958 Vorsitzender der GAMM). Parallel zur Entwicklung der Computer erfolgte das rapide Aufblühen der Informatik, worüber im Artikel von Prof. Dr. F. Bauer in diesem Band berichtet wird.

An vielen Orten wurden Rechenanlagen entwickelt und gebaut, was hier nicht näher beschrieben werden kann. Es seien nur beispielhaft genannt: Berlin (1930, KONRAD ZUSE), Darmstadt (A. WALTHER, Anlage Dara), Göttingen, München, Zürich (STIEFEL, Anlage Ermath) u.a. HÄMMERLIN-HOFFMANN ([1989) S. 36] schreiben: „Als einer der Väter der modernen Computer darf John von Neumann nicht unerwähnt bleiben. Er war einer der größten Mathematiker unseres Jahrhunderts." (JOHN VON NEUMANN (1903–1957) Studium in Budapest, 1926 Promotion bei FEJÉR, habil. 1928 Berlin, Prof. in Princeton).

Über die gegenseitige Beeinflussung von Numerik und der Entwicklung der Computer werden bei Collatz-Kirsch-H. Werner-Janssen [1983] die spezifischen rechentechnischen Fähigkeiten des Menschen denen des Computers gegenübergestellt. Die Stärke des Computers beruht auf der Schnelligkeit, der Genauigkeit, der Zuverlässigkeit, den Speichermöglichkeiten, dem schnellen Zugriff zu Daten, der Wiederholbarkeit, des Ausdruckens der Resultate, der graphischen Darstellung u.a. Die Überlegenheit des Menschen zeigt sich in der Intuition, im Überblick und in der Flexibilität, der qualitativen Entscheidung zur Änderung von Rechengängen und der Fähigkeit assoziativen Kombinierens u.a.

Durch die rapide Entwicklung der Computer mit der enormen Steigerung der Kapazität und ihrer Rechengeschwindigkeit wurde es möglich, den Anwendungsbereich numerischer Methoden in einem früher nicht geahnten Maße zu erweitern.

BULIRSCH [1988] schreibt hier:
„... Doch bei aller Würdigung und Hochschätzung der Mathematik, ohne die Schaffung elektronischer Rechenautomaten hätte die Mathematik nie zu dem werden können, was sie heute ist, nämlich eine fast die gesamte Naturwissenschaft und weite Teile der modernen Technik beherrschende Grundlagenwissenschaft."

Die gegenseitige Beeinflussung von Mathematik und Naturwissenschaft hat A. WALTHER in zahlreichen Vorträgen betont ([Walther 1950]): „Ich möchte zeigen, wie einerseits in den mathematischen Geräten mathematisches Denken sozusagen kristallisiert ist, daß andererseits die Geräte das mathematische Denken zu befruchten und ihm neue Probleme zu stellen imstande sind."

Mit der rasch fortschreitenden Entwicklung der Technik wuchsen die Genauigkeitsansprüche. Die früher weitgehend vorgenommenen Linearisierungen reichten für hohe Genauigkeitsanforderungen nicht mehr aus. So beherrschen jetzt die nichtlinearen Probleme weitgehend die Fortschritte der Forschung. Dadurch ergeben sich neue Forderungen an Forschung und Numerik.

Die nichtlinearen Probleme sind sehr häufig so kompliziert, daß man nicht auf Lösungen in geschlossener Form hoffen kann, sondern auf numerische Näherungslösungen angewiesen ist. So verdankt man den Computern, daß man jetzt Probleme von großer Komplexität numerisch in Angriff nehmen kann.

Damit ergeben sich für die Numerik zwei große neue Aufgabengebiete:

1. Es sind neue numerische Methoden zu entwickeln, die sich
   (a) leicht auf Computern durchführen (bequem „implementieren") lassen,
   (b) keinen allzu großen Rechenaufwand verursachen,
   (c) eine große Genauigkeit und möglichst auch einen Anhalt für die Größe des Fehlers erhoffen lassen.
2. Der Numeriker soll nach Möglichkeit die Genauigkeit des Verfahrens beurteilen können. In der Literatur sind zahlreiche Arbeiten über Fehlerbetrachtungen erschienen. Man kann sie in zwei Klassen einteilen:
   (a) Aufstellung von Fehler*abschätzungen*,
   (b) Aufstellung von Fehler*schranken* (Einschließung der Lösung).

Hat man für eine zu berechnende Größe u eine Näherung v berechnet, so ist man an einer Angabe über den Fehler $\varepsilon = v - u$ interessiert.

Zu (a): Eine Fehlerschätzung ist oft von der Form

$$|\varepsilon| = O(h^p), \qquad \text{das bedeutet } |\varepsilon| \leq K h^p. \tag{4.1}$$

Hierbei ist h eine bei der Rechnung benutzte und für die Rechnung charakteristische Größe wie z. B. eine Schrittweite; p ist die Ordnung des benutzten Verfahrens und K eine im allgemeinen unbekannte Konstante.

Zu (b): Oft hat der Computer Näherungswerte mit einer großen Zahl von Dezimalstellen, z. B. 10 Dezimalen, ausgedruckt. Der Mathematiker soll dann entscheiden, wie viele dieser ausgedruckten Stellen richtig sind, d. h. garantiert werden können. Es wird also nach einer *numerischen Schranke* für den Fehler gefragt, z. B. von der Form $|\varepsilon| \leq 1/2\ 10^{-4}$, d. h. es können 4 Dezimalen garantiert werden. Eine solche Garantie zu geben, ist oft sehr schwierig, in vielen Fällen sogar für den Mathematiker bei dem heutigen Stand der Forschung zu schwierig. Dies gilt z. B. bei Systemen nichtlinearer partieller Differentialgleichungen, die Strömungen um Flugzeuge u. a. beschreiben. Bei einfachen Modellen lassen sich dagegen sogar oft Fehlerschranken berechnen. Näherungswerte kann der Computer jedoch fast immer errechnen, wenn der betreffende Vorgang überhaupt durch ein mathematisches Modell beschreibbar ist. Die Vorgänge dürfen dabei sogar eine beträchtliche Komplexität aufweisen.

Nach dem zweiten Weltkrieg vollzog sich zugleich mit den Erfolgen der Computer in vielen Wissenschaften, auch in der Mathematik und insbesondere in der Angewandten Mathematik, ein Strukturwandel, teilweise mit einer Wendung zum Abstrakten hin. So kam es zu einem Aufblühen der Funktionalanalysis.

4.2 Funktionalanalysis

Die großen theoretischen Erfolge der Funktionalanalysis können hier nicht besprochen werden. Es soll nur der Nutzen der funktionalanalytischen Methoden für die Numerik an einzelnen speziellen Problemklassen gezeigt werden.

Man hat in den letzten 50 Jahren den Bereich der Probleme, bei welchen garantierbare Schranken für die Lösungen aufstellbar sind, beträchtlich erweitert. Dies gilt sogar für nichtlineare Probleme mit partiellen Differentialgleichungen. Ein wesentliches Hilfsmittel waren hierbei funktionalanalytische Methoden. Diese wurden in der Numerik zu verschiedenen Zwecken verwendet:

1. Sie helfen bei der Aufstellung neuer „computergerechter" Rechenverfahren.
2. Es gelang mit ihrer Hilfe, in vielen Fällen einen Überblick über die Größenordnung des zu erwartenden Fehlers ε zu gewinnen, sogenannte „asymptotische Fehlerabschätzungen" (z.B. von der Form $|\varepsilon| = O(h^p)$ wie in (4.1)).
3. Oft kann man den Fehler ε sogar in garantierbare numerische Schranken einschließen (wie oben bei 2b).

OSTROWSKI ([1966], S. 106) schreibt hierzu: „... die starke Heranziehung der Funktionalanalysis, die zugleich auch in der UdSSR betont wurde, erwies sich als von durchschlagender Bedeutung und wurde wesentlich für die Mentalität des numerischen Mathematikers von heute. Man kann nämlich die Funktionalanalysis nicht anders als in voller Strenge betreiben und anwenden. Damit ist der Begriff der Strenge auch in der Numerischen Mathematik in unserem Sprachgebiet zum absoluten Postulat geworden und kann nicht mehr von einem vollausgebildeten numerischen Mathematiker weggedacht werden."

Die Anwendbarkeit der Funktionalanalysis auf die Numerische Mathematik beruht zum Teil auf den topologischen Fixpunktsätzen.

4.3 Banachscher Fixpunktsatz, Schauderscher Satz, 1. und 2. Fassung

Der *Banachsche Fixpunktsatz* (STEFAN BANACH (1892–1945) geb. in Krakau, Studium und Promotion 1920 in Lemberg, dort 1922 a.o. Prof. und 1927 o. Prof.) für kontrahierende Abbildungen T hatte für die Theorie, insbesondere für Existenz- und Eindeutigkeitssätze auch bei nichtlinearen Differential- und Integralgleichungen, sehr große Erfolge erzielt. Seine Anwendbarkeit für numerische Rechnungen war jedoch sehr beschränkt. Er bezieht sich auf Gleichungen

$$Tu = u \tag{4.2}$$

in einem Banachraum R oder auch in einem vollständigen metrischen Raum R, ([Weissinger 1952]), wobei man von dem Operator T in einem gewissen vollständigen Teilbereich D von R voraussetzt, daß eine Lipschitzkonstante $K < 1$ existiert mit

$$\varrho(Tf, Tg) \leq K \cdot \varrho(f, g) \quad \text{für alle } f, g \in T; \tag{4.3}$$

dabei bedeutet $\varrho(f, g)$ den Abstand der Elemente f, g. Man bestimmt Näherungen u_n $(n = 0, 1, \ldots)$ für die gesuchte Lösung u mit einem Iterationsverfahren

$$u_{n+1} = Tu_n \quad (n = 0, 1, 2, \ldots), \tag{4.4}$$

ausgehend von einem Startelement u_0. Wenn alle Näherungen u_n in D liegen, folgt Existenz und Eindeutigkeit einer Lösung u, und es gilt die Fehlerabschätzung

$$\varrho(u_n, u) \leq \frac{K^n}{1-K} \varrho(u_1, u_0). \tag{4.5}$$

Für die numerische Rechnung muß man die Lipschitzkonstante K bestimmen oder abschätzen, bei nichtlinearen Problemen gelangt man oft nur bei sehr kleinen Nichtlinearitäten zu Werten $K < 1$. Dies kann man schon bei nichtlinearen Schwingungen mit gewöhnlichen Differentialgleichungen zweiter Ordnung beobachten, vgl. auch das Beispiel Nr. 4.4.

Der *Schaudersche Fixpunktsatz* aus der Topologie beruht auf dem *Fixpunktsatz von Brouwer* ((1912), (L. E. J. BROUWER, 1881–1966, geb. in Overschie (Holland), Ph. D. 1907, o. Prof. 1913 Amsterdam): *Jede stetige Abbildung T einer abgeschlossenen beschränkten konvexen Teilmenge M des n-dimensionalen Euklidischen Raumes $\mathbb{R}^n$ in sich hat mindestens einen Fixpunkt u; es ist $u = Tu$, $u \in M$.* Dieser Satz wurde auf unendlichdimensionale Räume verallgemeinert:

Fixpunktsatz von Schauder, 1. Fassung [1930]: (PAWEL JULIUSZ SCHAUDER, 1896–1943, Prof. in Lemberg (Lvov)):

Sei T ein stetiger Operator in dem Banachraum R, M eine konvexe und in sich kompakte Teilmenge von R, und T bilde M in sich ab: $TM \subset M$. Dann existiert in der abgeschlossenen Hülle von M mindestens ein Fixpunkt u von T mit $u = Tu$.

Dieser Satz wurde in der Folgezeit in großem Maße für Existenzbeweise von Lösungen, z. B. auch von Randwertaufgaben nichtlinearer partieller Differentialgleichungen benutzt; für die Anwendung ist aber häufig nur die folgende zweite Fassung geeignet, die von SCHAUDER 1930 in einer Bemerkung angegeben wurde:

Fixpunktsatz von Schauder, 2. Fassung [1930]: *Sei T ein stetiger Operator in dem Banachraum R, M eine konvexe abgeschlossene Teilmenge von R, und T bilde M in sich ab; $TM \subset M$; ferner sei die Bildmenge TM kompakt. Dann existiert mindestens ein Fixpunkt u von T in M.*

Der Vorteil der 2. Fassung gegenüber der ersten besteht darin, daß bei der 2. Fassung die Kompaktheit von der Menge TM verlangt wird, bei der 1. Fassung aber von der Originalmenge M. Die 1. Fassung wurde seit 1930 oft für Existenzbeweise benutzt; die 2. wurde jedoch erst über 25 Jahre später in Verbindung mit Iterationsverfahren bei monotonen Operatoren 1956 von J. SCHRÖDER [1956] für numerische Zwecke verwendet.

4.4 Monotone Iteration

In der Literatur gibt es verschiedene Begriffe für monotone Operatoren T:

(a) *Integrale Monotonie*
In einem Hilbertraum R wird

$$(Tf - Tg, f - g) \geq 0$$

für alle Funktionen f, g im Definitionsbereich des Operators T verlangt. Wenn man punktweise Fehlerabschätzungen für den Fehler ε erhalten will, ist dieser Monotoniebegriff ungünstig, denn etwa aus $\int_B \varepsilon^2 dx < 10^{-k}$ kann man nicht auf $|\varepsilon| \leq 10^{-q}$ für irgendwelche positiven ganzzahligen k, q schließen.

(b) *Punktweise Montonie*
Es seien R_1, R_2 halbgeordnete Banachräume; der Operator T bilde Funktionen f, g einer Teilmenge D von R_1 in R_2 ab. Die Elemente von R_1, R_2 seien in einem Bereich B des n-dimensionalen Punktraumes R^n definierte reellwertige Funktionen der Variablen $x = (x_1, \ldots, x_n)$, für welche die Ordnung $f \leq g$ bedeuten möge:

$$f(x) \leq g(x) \quad \text{für alle } x \in B. \tag{4.6}$$

Hierbei bedeutet das Zeichen $\leq$ die klassische Ordnung reeller Zahlen. Dann kann man definieren

Der Operator T heißt synton,
wenn aus $f \leq g$ folgt $Tf \leq Tg$, in Zeichen: $T\nearrow$
Der Operator T heißt antiton,
wenn aus $f \leq g$ folgt $Tf \geq Tg$, in Zeichen: $T\searrow$ (4.7)

Der Operator T heißt monoton zerlegbar,
wenn $T = T_1 + T_2$ mit $T_1\nearrow$ und $T_2\searrow$ gilt, (4.8)

d.h., wenn T als Summe eines syntonen und eines antitonen Operators darstellbar ist.

Beispiel: Der Integraloperator

$$Tf(x) = \int_B K(x,t) f(t)\, dt. \tag{4.9}$$

wobei etwa K und f stetig sind und $x = (x_1, \ldots, x_n)$, $t = (t_1, \ldots, t_n)$ bedeuten, ist synton, wenn $K(x, t) \geq 0$ in $B \times B$ gilt; er ist antiton, wenn $K(x, t) \leq 0$ in $B \times B$ ist; er ist monoton zerlegbar, wenn K beliebig reell ist, denn dann kann man $K = K_1 + K_2$ schreiben mit

$$K_1 = \begin{cases} K, & \text{falls } K \geq 0 \\ 0 & \text{sonst} \end{cases}.$$

Die Idee der „monotonen Zerlegbarkeit" ([J. Schröder 1956]) ist somit viel weitreichender als die der Syntonie und Antitonie.

Auch die nichtlinearen Hammerstein-Operatoren (vgl. (2.5))

$$Tf(x) = \int_B K(x, t)\, \varphi(f(t))\, dt, \tag{4.10}$$

wobei $\varphi(s)$ eine Funktion von beschränkter Variation einer reellen Variablen s ist, sind monoton zerlegbar, denn jede solche Funktion läßt sich nach einem klassischen Satz als Summe einer monoton nicht fallenden Funktion $\varphi_1(s)$ und einer monoton nicht wachsenden Funktion $\varphi_2(s)$ schreiben; dann hat $T = T_1 + T_2$ mit

$$T_1 = \int_B (K_1 \varphi_1 + K_2 \varphi_2)\, dt$$

$$T_2 = \int_B (K_1 \varphi_2 + K_2 \varphi_1)\, dt$$

die geforderte Gestalt.

Ist nun eine Gleichung $Tu = u$ mit einem monoton zerlegbaren Operator T vorgelegt, so kann man ein Iterationsverfahren mit zwei Folgen v_n, w_n von Elementen verwenden

$$\begin{cases} v_{n+1} = T_1 v_n + T_2 w_n \\ w_{n+1} = T_1 w_n + T_2 v_n \end{cases} \quad (n = 0, 1, 2, \ldots). \tag{4.11}$$

Man startet dabei mit zwei Elementen v_0, w_0, für die man v_1, w_1 berechnet. Wenn die Anfangsbedingungen

$$v_0 \leq v_1 \leq w_1 \leq w_0 \tag{4.12}$$

erfüllt sind, kann man leicht durch vollständige Induktion

$$v_n \leq v_{n+1} \leq w_{n+1} \leq w_n \quad (n = 1, 2, \ldots) \tag{4.13}$$

beweisen (symbolische Skizze Fig. 4). Nach J. ALBRECHT kann man (4.12) durch

$$v_0 \leq v_1, \quad w_1 \leq w_0, \quad v_0 \leq w_0 \tag{4.14}$$

ersetzen, man braucht also $v_1 \leq w_1$ nicht nachzuprüfen. Jetzt kann man die „Intervalle"

$$M_n = \{h;\, v_n \leq h \leq w_n\} \tag{4.15}$$

als die Mengen der „zwischen" v_n und w_n liegenden Elemente h einführen und

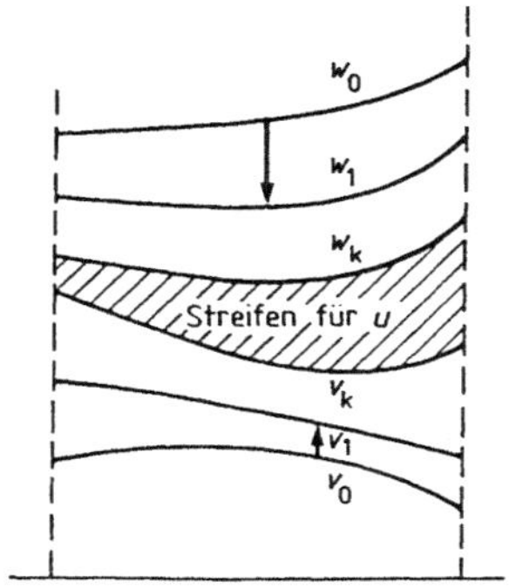

Fig. 4

ebenfalls durch vollständige Induktion zeigen, daß der Operator T das Intervall M_n in M_{n+1} abbildet:

$$TM_n \subset M_{n+1} \subset M_n. \tag{4.16}$$

Nun ist jedes Intervall $\{v, w\}$ eines halbgeordneten Banachraumes mit $v \leq w$ konvex, abgeschlossen und beschränkt. Die Intervalle M_n werden also mit wachsendem n immer kleiner, aber es kann nicht allgemein gezeigt werden, daß sie sich auf ein Element zusammenziehen, und auch nicht, daß sie eine Lösung u enthalten. Zur Anwendung des Schauderschen Satzes muß man noch etwas mehr voraussetzen (ausführliche Darstellung z. B. Collatz [1964], Bohl [1974], Schröder [1980]). Es sei der Operator T nicht nur stetig, sondern sogar vollstetig, d. h. er bildet jede beschränkte Menge in eine (relativ) kompakte Menge ab. In Funktionenräumen sind Intervalle im allgemeinen nicht kompakt, z. B. schon das Einheitsintervall der Funktion $f(x)$ mit $|f(x)| \leq 1$ für $x \in B$ ist nicht kompakt; aber bei Anwendung eines vollstetigen Operators T geht es in eine kompakte Menge über. Man erkennt, daß in Funktionenräumen nur die 2. Fassung des Schauderschen Fixpunktsatzes bequem anwendbar ist, die 1. Fassung aber nicht.

Unter recht allgemeinen Voraussetzungen ist der Hammerstein-Operator (2.5) vollstetig, und die SCHAUDERsche Theorie in der 2. Fassung ist auf die Hammerstein-Gleichung

$$u(x) = \int_B K(x, t)\, \varphi(u(t))\, dt \tag{4.17}$$

anwendbar. Man kann die Lösung in garantierbare Schranken einschließen:

$$v_n \leq u \leq w_n \qquad \text{für jedes } n, \tag{4.18}$$

aber die Eindeutigkeit der Lösung u in M ist nicht bewiesen.

Ferner ergibt sich: Genau dann, wenn die Hammersteinsche Integralgleichung (4.17) überhaupt eine Lösung u besitzt, gibt es auch Start-Elemente v_0, w_0 mit den obigen Anforderungen (4.12).

Beispiel: Das Beispiel soll die bequeme Anwendung des Fixpunktsatzes und die Überlegenheit des Schauderschen Satzes über den Banachschen Satz zeigen. Bei einer Fixpunktgleichung $Tu = u$ mit einem nichtlinearen Integraloperator vom Urysonschen Typ

$$Tu(x) = x + \lambda \int_0^1 \frac{dt}{1 + x[u(t)]^2},$$

sei der Parameter λ positiv, und es werde nach einer positiven Lösung $u(x)$ gefragt. Der Operator ist antiton, also $T = T_2$. Da über die Lösung $u(x)$ von vornherein nichts bekannt ist, versuchen wir $v_0 = 0$ und erhalten $w_1 = Tv_0 = x + \lambda$; da $w_1 \leq \lambda + 1$ für $0 \leq x \leq 1$ gilt, versuchen wir $w_0 = \lambda + 1$ als obere Schranke.

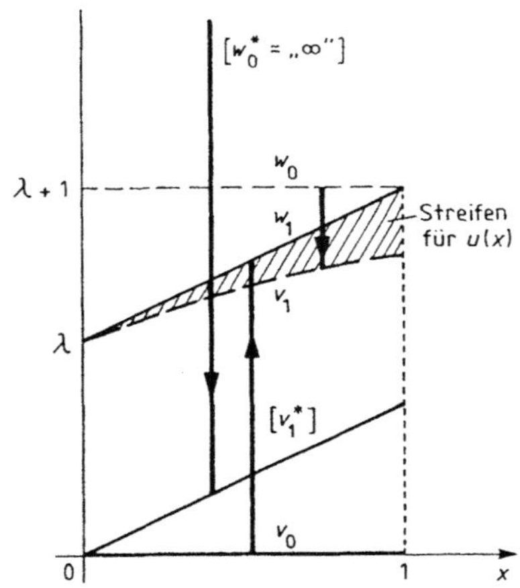

Fig. 5

Es folgt

$$v_1 = Tw_0 = x + \lambda \frac{1}{1 + x(\lambda + 1)^2}.$$

Da (4.12) $v_0 \leq v_1 \leq w_1 \leq w_0$ erfüllt ist (Fig. 5) und der Operator T vollstetig ist, kann nach dem Schauderschen Satz in der 2. Fassung die Existenz von mindestens einer Lösung u im Streifen $w_1 \leq u(x) \leq \lambda + 1$ gesichert werden, und zwar für beliebig große positive λ. Zur Anwendung des Banachschen Satzes muß man die Lipschitz-Konstante K des Operators T ermitteln, man erhält $K \leq 2\lambda(1 + \lambda)$, und $K < 1$ gilt für $\lambda < 0{,}366$. Der Banachsche Satz sichert also die Existenz einer Lösung u nur für die sehr kleinen Werte $\lambda < 0{,}366$.

4.5 Operatoren T „von monotoner Art“

Mit den Bezeichnungen der vorigen Nummer und mit dem Ordnungsbegriff (4.6) heißt der Operator T von monotoner Art ([Collatz 1952]), wenn

$$\text{aus} \quad Tf \le Tg \qquad \text{für alle } f, g \in D \text{ folgt } f \le g. \tag{4.19}$$

Setzt man die Existenz einer Lösung u von $Tu = f$ bei gegebenem, Element f voraus, so ergibt sich bei Operatoren monotoner Art ([Collatz 1952], bei Schröder [1956] „invers-monoton“ genannt) die Möglichkeit der Einschließung von u. Seien v, w zwei Näherungen in D, mit

$$Tv \le f \le Tw, \qquad \text{so folgt } v \le u \le w. \tag{4.20}$$

Die montone Art wurde für große Klassen von Randwertaufgaben mit linearen und nichtlinearen gewöhnlichen und partiellen (elliptischen und parabolischen) Differentialgleichungen ([Nickel 1958], [Redheffer 1962], [Walter 1964] u.a.) und Integralgleichungen bewiesen und hat sich an zahlreichen Beispielen, auch mit Singularitäten, bewährt (Beispiel Fig. 6). (Viele Beispiele bei Collatz [1981].)

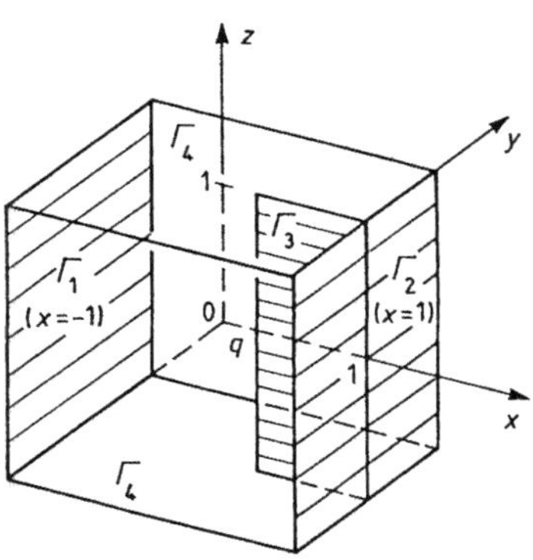

Fig. 6

Bei nichtlinearen Problemen sind die Abschätzungen, welche die monotone Art von Operatoren benutzen, häufig die einzigen Methoden, die garantierbare Einschließungen der Lösungen liefern; Monotonieprinzipien gelten bei vielen physikalischen Vorgängen; sie besagen, daß oft eine Vergrößerung des „Inputs“ auch eine Vergrößerung des „Outputs“ bewirkt. Natürlich gilt das nicht allgemein, und es ist oft auch mathematisch nicht so leicht zu beweisen.

Wenn Monotoniemethoden anwendbar sind, haben sie auch häufig den Vorteil eines geringen Rechenaufwandes, weil die Anzahl der Unbekannten gewöhnlich sehr viel kleiner ist als zum Beispiel bei Diskretisierungsverfahren.

Beispiel: Dieses einfache Beispiel einer nichtlinearen Anfangsrandwertaufgabe soll die oft sehr bequeme Anwendbarkeit der Methode zeigen; in der Literatur finden sich auch wesentlich kompliziertere Beispiele.

Die Aufgabe laute für eine Funktion $u(x, t)$

$$Tu = \frac{\partial u}{\partial t} - \frac{\partial^2 u}{\partial x^2} - \frac{1}{4}u^2 = 0, \quad \text{in } B = \{(x, t), 0 < x < \pi, t > 0\}$$

$$u(x, 0) = \sin x, \quad u(0, t) = u(\pi, t) = 0.$$

$u(x, t)$ kann interpretiert werden als Temperaturverteilung an der Stelle x eines Stabes zur Zeit t, wobei der quadratische Term von chemischen Reaktionen herrührt.

Als Näherungsfunktion $v(x, t)$ für $u(x, t)$ werde gewählt:

$$v(x, t) = e^{-at}\sin x; \quad \text{dann ist } Tv = v \cdot \Phi \text{ mit } \Phi = 1 - a - \frac{1}{4}e^{-at}\sin x.$$

Für $a = 1$ ist $\Phi \leq 0$, also $v \leq u$.
Für $a = \frac{3}{4}$ ist $\Phi \geq 0$, also $v \geq u$,

mithin hat man die Einschließung für die Lösung u:

$$e^{-t}\sin x \leq u(x, t) \leq e^{-\frac{3}{4}t}\sin x.$$

Es ist nicht schwer, die Genauigkeit zu verbessern.

Die numerische Lösung komplizierterer Randwertaufgaben in zwei und mehr Dimensionen mit singulären Randstellen, Ecken, Kanten, unstetigen Daten, freien Randwertaufgaben u. a. wurde möglich durch Verwendung von Approximationstheorie und Optimierung. Dabei approximiert man die Lösung u „möglichst gut" durch eine Näherungsfunktion v und schreibt die Approximationsaufgabe als Optimierung. Man kann dann weitgehend fertige Unterprogramme für die algorithmische Behandlung der Optimierungsaufgabe verwenden.

5 Einige weitere, teils neue Gebiete der Numerischen Mathematik

5.1 Optimierungsprobleme

Die moderne Optimierungstheorie entstand aus den wirtschaftswissenschaftlichen Aufgaben, Erträge zu maximieren, Verluste zu minimieren u. a. Dies soll durch geeignete Wahl von zur Verfügung stehenden Größen, von Material und durch Einsatz von Arbeitskräften entsprechender Qualifikation erreicht werden. Das führte auf Extremwertaufgaben mit zunächst endlich vielen Variablen der zur Verfügung stehenden Größen, die sich von den klassischen Aufgaben für die Ermittlung der Maxima und Minima von Funktionen endlich vieler Variablen durch *Hinzutreten von Ungleichungen* unterscheiden. Im einfachsten Falle ist eine gegebene Funktion Q der Variablen $x_1, \ldots, x_n$ zum Minimum zu machen:

$$Q(x_1, \ldots, x_n) = \text{Min.}, \tag{5.1}$$

wobei für die Variablen Ungleichungen

$$f_j(x_1, \ldots, x_n) \leq 0, \quad (j = 1, \ldots, m),$$

vorgeschrieben sind.

G. H. DANTZIG [1963] hatte für diese im Falle von linearen Funktionen Q und f_j zunächst als „linear programming" bezeichneten Aufgaben eine weitgehende Theorie aufgestellt. Bald traten auch nichtlineare Probleme auf, und alle diese, jetzt als Optimierungsaufgaben bezeichneten Aufgaben, spielen in vielen mathematischen Bereichen und in den meisten einer mathematischen Behandlung zugänglichen Natur-, Ingenieur- und Wirtschaftswissenschaften eine außerordentliche Rolle. Das Gebiet wurde auf die wichtigen infiniten Aufgaben, auf ganzzahlige Optimierung (z. B. [Korte 1971]), optimal control und andere Problemklassen erweitert. Aus der großen Zahl der Bücher über Optimierungsaufgaben seien nur die von DANTZIG [1963] und STOER-WITZGALL [1970] genannt.

Optimierungsaufgaben sind schon seit dem Altertum bekannt, so z. B. das klassische Problem der Dido, mit einem aus einer Kuhhaut geschnittenen Lederstreifen gegebener Länge eine möglichst große Fläche zu umranden. Daß hier eine Optimierungsaufgabe vorliegt, sieht man am einfachsten bei der Diskretisierung des Problems auf ein Dreieck mit den Seitenlängen a, b, c, dem Umfange $2s = a + b + c$ und dem Flächeninhalt F

$$F = +\sqrt{s(s-a)(s-b)(s-c)}\,.$$

Das Optimierungsproblem lautet dann

$$F = \text{Max bei gegebenem Umfang } 2s\,.$$

Zu einer korrekten Formulierung gehören aber noch die Ungleichungen

$$a > 0, \quad b > 0, \quad c > 0; \tag{5.2}$$

dann ergibt sich das Maximum für $a = b = c = 2s/3$ zu

$$F_{\max} = \hat{F} = \frac{s^2}{9}\sqrt{3}\,.$$

Wenn man jedoch die Ungleichungen (5.2) fortläßt, gibt es für F kein Maximum; für $a = b = (1 + \varrho)s$; $c = -2\varrho s$ wird $F = s^2\varrho\sqrt{1 + 2\varrho}$ und kann somit beliebig groß werden. Die korrekte Formulierung erfordert daher die Hinzunahme der Ungleichungen (5.2). Es liegt also in der Tat eine Optimierungsaufgabe vor.

In zunehmendem Maße wurden auch nichtlineare Optimierungsaufgaben in Angriff genommen. Allerdings wünscht man sich bei den in der Industrie oft auf-

EDUARD STIEFEL (1909–1978)
Geb. in Zürich, Stud. 1928–1932 ETH Zürich, Prom. 1935 bei H. Hopf. 1942 Habil., 1943 o. Prof. ETH Zürich. Elektron. Rechenmaschine ERMETH der ETH 1955 in Betrieb genommen, GAMM-Vorsitz 1970–1974.

tretenden sehr großen nichtlinearen Optimierungsproblemen (mit vielen Tausenden von Unbekannten und Restriktionen) effizientere Algorithmen, als sie z.Z. zur Verfügung stehen.

Bei der numerischen Behandlung der Optimierungsaufgaben ist das Austauschverfahren von STIEFEL [1959] viel benutzt.

5.2 Approximationsaufgaben

Es gibt Gebiete der Mathematik, die – seit langem bekannt – einen beträchtlichen Aufschwung nahmen, als sie für die numerische Behandlung vieler in den Anwendungen auftretender Probleme bedeutungsvoll wurden. Dies zeigte sich deutlich bei der Approximationstheorie. Wir stellen das Problem der Approximation einer etwa in einem Intervall $[a, b]$ der reellen x-Achse gegebenen stetigen Funktion $f(x)$ dem Problem der Interpolation von $f(x)$ durch gegebene „einfachere" Funktionen $w_\nu(x)$ einer Klasse W, z. B. durch Polynome, gegenüber. Bei der Interpolation fragt man nach einer Funktion

$$w(x) = \sum_{\nu=1}^{q} a_\nu w_\nu(x), \tag{5.3}$$

die mit der gegebenen Funktion $f(x)$ an im Intervall $[a, b]$ gegebenen Stellen x_s übereinstimmt:

$$f(x_s) = w(x_s) \quad (s = 1, \ldots, q).$$

Dabei sind die a_ν noch zu bestimmende Konstante. Bei der Approximation dagegen sucht man die a_ν so zu bestimmen, daß die Norm des Fehlers $\varepsilon(x) = w(x) - f(x)$ möglichst klein wird.

$$\operatorname*{Inf}_{a_\nu} \|\varepsilon\| = \operatorname*{Inf}_{a_\nu} \|w - f\| = \varrho. \tag{5.4}$$

Es liegt somit eine Optimierungsaufgabe vor. Man nennt ϱ die Minimalabweichung. Die für die Anwendungen wichtigsten Normen sind die L_2-Norm (Forderung des kleinsten mittleren Fehlerquadrates) und die Maximumnorm

$$\|\varepsilon\|_\infty = \operatorname*{Max}_{x \in [a,b]} |\varepsilon(x)| \tag{5.5}$$

(oder etwas allgemeiner die Supremum-Norm). Die hierzu gehörige Approximation wird auch Tschebyscheffsche Approximation (nach PAFNUTI L. TSCHEBYSCHEFF (1821–1894, Studium in Moskau und St. Petersburg, Prom. 1849, o. Prof. 1857 St. Petersburg) genannt.

Für diese hatte CARL WEIERSTRASS (1815–1897) den Approximationssatz für Polynome bewiesen ([Weierstrass 1885]). Sei $f(x)$ in $[a, b]$ stetig, so existiert eine Polynomfolge $P_i(x)$, $(i = 1, 2, \ldots)$, die im betrachteten Intervall gleichmäßig gegen $f(x)$ konvergiert. Man kann eine solche Folge auch explizit angeben z. B. für das Intervall [0, 1] die Bernstein-Polynome (SERGE N. BERNSTEIN (1880–1968))

$$B_n(x) = \sum_{k=0}^{n} f\left(\frac{k}{n}\right) \binom{n}{k} x^k (1-x)^{n-k} \quad \text{(BERNSTEIN 1912).}$$

Jedoch konvergieren die Bernstein-Polynome im allgemeinen sehr langsam und sind für numerische Rechnungen nicht zu empfehlen.

Der Approximationssatz wurde dann stark verallgemeinert, so z. B. auf Approximation mit trigonometrischen Funktionen, im Komplexen, auf Funktionen mehrerer Veränderlicher u. a.

Die L_2-Approximation ist bei linearen Problemen einfacher zu handhaben als die Tschebyscheffsche Approximation und wird wegen der bequemen numerischen Durchführbarkeit sehr viel verwendet. Die Tschebyscheff-Approximation, T. A. abgekürzt, hat aber zwei wichtige Aufgabengebiete, bei denen sie trotz der etwas mühsameren numerischen Durchführung benutzt wird. Sie erlaubt es nämlich oft, eine maximale garantierte Fehlerschranke anzugeben.

1. Bei der Eingabe von Funktionen, z. B. von e^x auf Computern, wird die Funktion $f(x)$ in einem vorgeschriebenen Intervall a, b durch eine Funktion $w(x)$, etwa ein Polynom, eine rationale oder eine sonst für den Computer leicht berechenbare Funktion, approximiert. Auf solche Weise werden transzendente Funktionen gewöhnlich auf Rechenanlagen eingegeben. Dabei darf der maximale Fehler $|\varepsilon|$ eine vorgegebene Schranke nicht überschreiten; z. B. $|\varepsilon| < \frac{1}{2}\, 10^{-k}$, so daß k Dezimalen garantiert werden können.

Eine solche Garantie kann mit der L_2-Approximation, kurz L_2-A., nicht gegeben werden.

2. Bei verschiedenen Typen von Randwertaufgaben gelten Randmaximumprinzipien und Monotonieaussagen, was besonders bei nichtlinearen Problemen wichtig ist, vgl. Nr. 4.5. Als sehr einfaches Beispiel sei die erste Randwertaufgabe der Potentialtheorie für eine Funktion u genannt, welche etwa auf dem Rande einer Kugel vorgegebene Randwerte g annehmen soll. Sucht man eine Nähe-

rungsfunktion $w(x)$ für u nach (5.3), wobei die $w_\nu(x)$ gegebene, der Potentialgleichung genügende Funktionen sind, so hat man die Konstanten a_ν so zu bestimmen, daß auf dem Rande ∂B die vorgeschriebenen Randwerte g möglichst gut angenommen werden, daß also auf dem Rande der Fehler

$$\varepsilon = g - w = g - \sum a_\nu w_\nu \tag{5.6}$$

einen möglichst kleinen Betrag hat. Gilt $|\varepsilon| \leq \delta$ auf ∂B, so hat man im ganzen Innern des Bereiches B die garantierbare Schranke für den absoluten Betrag des Fehlers

$$|\varepsilon| = |w - u| \leq \delta \quad \text{in } B. \tag{5.7}$$

Eine solche Garantie für die Richtigkeit der vom Computer berechneten Dezimalen der Näherungslösung erhält man bei der L_2-Approximation ebenfalls nicht.

Einen für die Numerik entscheidenden Fortschritt erzielte CHARLES DE LA VALLEE POUSSIN (1866–1962) durch seinen Einschließungssatz (1911), der folgendes Alternantenkriterium im einfachsten Falle der Polynomapproximation liefert:

Es sei eine stetige Funktion $f(x)$ im Intervall $[a, b]$ durch ein Polynom

$$w(x) = \sum_{\nu=0}^{q} a_\nu x^\nu \tag{5.8}$$

im Sinne der T.A. zu approximieren. Angenommen, man hat auf irgendeine Weise Werte für die a_ν ermittelt und kann damit den Verlauf der Fehlerfunktion $\varepsilon(x) = w(x) - f(x)$ berechnen. Diese Funktion möge nun im Intervall $(q + 1)$-mal das Zeichen wechseln, d. h. es gebe $q + 2$ Abszissen x_σ mit

$$a \leq x_0 < x_1 < x_2 < \ldots < x_{q+1} \leq b \quad \text{und} \tag{5.9}$$

$$\operatorname{sgn} \varepsilon(x_{\sigma+1}) = -\operatorname{sgn} \varepsilon(x_\sigma) \qquad \text{für } \sigma = 0, 1, \ldots, q, \tag{5.10}$$

dann gilt der Einschließungssatz (vgl. ausführliche Darstellung bei Meinardus [1964]:

$$\operatorname*{Min}_{0 \leq j \leq q+1} |\varepsilon(x_j)| \leq \varrho \leq \operatorname*{Max}_{x \in [a,b]} |\varepsilon(x)|. \tag{5.11}$$

Dabei ist ϱ die nach (5.4) festgelegte Minimalabweichung. Man nennt die Punkte x_ϱ, falls sie (5.9), (5.10) erfüllen, eine Alternante.

Die große Bedeutung des Einschließungssatzes für die Numerik liegt auf der Hand; man kann damit die Güte eine Näherung $w(x)$ und auch zugleich die überhaupt erreichbare Genauigkeit beurteilen:

1. Wenn die Fehlerbeträge $|\varepsilon(x_\varrho)|$ stark voneinander und von der Norm $\|\varepsilon\|$ abweichen, dann ist die Näherung $w(x)$ noch „schlecht", und man wird, etwa durch Iteration mit dem Newtonschen Verfahren, die Schranken in (5.11) einander anzunähern versuchen.
2. Sind (5.11) die untere und obere Schranke für ϱ „nahe" beieinander (unter-

scheiden sich nur etwa um Prozente), so hat man nahezu das Beste erreicht, was mit dem Ansatz (5.3) möglich ist.

3. Fallen in der Ungleichung (5.11) untere und obere Schranken zusammen, so ist $w(x)$ eine „beste Approximation", Fig. 7 (Charakterisierung der besten Approximation).
4. Wenn untere und obere Schranke in (5.11) nahe beieinander liegen, so weiß man, daß die Approximation kaum mehr zu verbessern ist. Wenn die so erreichte Genauigkeit für das betreffende physikalische Problem nicht ausreicht, so muß man einen anderen Ansatz als in (5.3) verwenden, z. B. mehr Ansatzfunktionen w_ν, Polynome höheren Grades oder überhaupt einen anderen Ansatz, z. B. mit rationalen Funktionen oder dergleichen, benutzen.

Schon DE LA VALLEE POUSSIN hatte auch trigonometrische Approximationen betrachtet; in der Folgezeit wurde die Theorie weiter stark verallgemeinert, so z. B. auf nichtlineare Approximationen (rationale, exponentielle Approximationen) und auf allgemeinere Haarsche Systeme (ALFRED HAAR (1885–1933, Habilitation 1910 Göttingen, 1912 Klausenburg, 1920 Szeged)).

H-Mengen. Die allgemeine Theorie der Haarschen Systeme kann nicht auf Funktionen $u(x_1, \ldots, x_m)$ oder kurz $u(x)$ mit mehreren unabhängigen reellen Veränderlichen x_ν erweitert werden. Bei mehreren Dimensionen treten H-Mengen an die Stelle der Alternantenpunkte.

Die in einem Bereich B gegebene stetige Funktion $u(x)$ soll durch eine Funktion w einer von p Parametern $a_1, \ldots, a_p$ abhängenden Funktionenklasse $W(x, a_1, \ldots, a_p)$ im Tschebyscheffschen Sinne möglichst gut approximiert werden. Eine „H-Menge" ([Collatz 1956], zuerst „V-Mengen" genannt) ist die Vereinigung zweier nichtleerer Teilmengen M_1 und M_2 von B derart, daß kein Paar $\hat{w}$, w aus W existiert mit

$$w(x) - \hat{w}(x) \begin{cases} < 0 & \text{für alle } x \in M_1 \\ > 0 & \text{für alle } x \in M_2 \end{cases}. \tag{5.12}$$

Hat man nun ein Element $w(x)$ aus W gefunden, für welches der Fehler $\varepsilon = w - u$ den Ungleichungen

$$w(x) - u(x) \begin{cases} < 0 & \text{für alle } x \in M_1 \\ > 0 & \text{für alle } x \in M_2 \end{cases} \tag{5.13}$$

genügt, so gilt wieder die Einschließungsaussage (vgl. z. B. Meinardus [1964])

$$\operatorname*{Inf}_{x \in M_1 \cup M_2} |\varepsilon(x)| \leq \varrho \leq \operatorname*{Sup}_{x \in B} |\varepsilon(x)|, \tag{5.14}$$

welche (5.11) als Spezialfall enthält.

Beispiel: Die T. A. soll für die Funktion

$$u(x, y) = \frac{1}{4 + x + 2y + y^2}$$

im Einheitsquadrat

$$B = \{(x, y), |x| \leq 1, |y| \leq 1)$$

mittels Funktionen der Form

$$w = a_0 + a_1 x + a_2 y$$

durchgeführt werden. Nun werde die Näherungsfunktion

$$w = \frac{1}{96}(25 - 7x - 11y)$$

mit u verglichen. Der Fehler $\varepsilon = w - u$ nimmt seinen maximalen Betrag $|\varepsilon| = \frac{5}{96}$ in den vier Ecken P_j ($j = 1, 2, 3, 4$) des Quadrates an, Fig. 7, mit den dazugehörigen Fehlern

$$\varepsilon_1 = \varepsilon_3 = -\frac{5}{96}, \quad \varepsilon_2 = \varepsilon_4 = \frac{5}{96}.$$

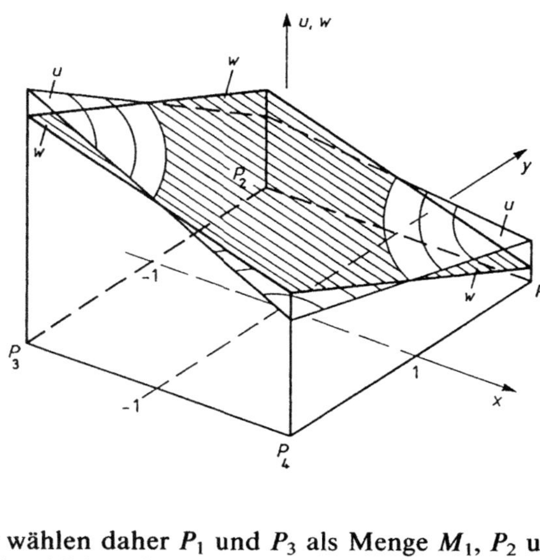

Fig. 7

Wir wählen daher P_1 und P_3 als Menge M_1, P_2 und P_4 als Menge M_2. Diese vier Punkte bilden eine H-Menge; denn es gibt keine (durch eine Ebene repräsentierbare) lineare Funktion, die in einem konvexen Viereck (im Beispiel in einem Quadrat) an zwei gegenüberliegenden Ecken positive und an den anderen beiden gegenüberliegenden Ecken negative Werte annimmt. Nach dem Einschließungssatz ist mithin w eine beste Tschebyscheff-Approximierende.

Der Nachweis, daß eine vorgelegte Punktmenge eine H-Menge ist, kann in manchen Fällen mit Hilfe geeigneter Algorithmen auf Computern erbracht werden. Das gelingt auch häufig bei rationaler Approximation und bei gewissen Fällen von Splineapproximationen mit freien Knoten und Exponentialapproximation. Der Nachweis kann aber bei allgemeiner nichtlinearer Approximation mühsam werden oder sogar nicht gelingen, zumal über die Defekte noch zu wenig bekannt ist, wenn bei n Parametern a_ν weniger als $n+1$ Extremalstellen vorhanden sind.

Ähnliche Ideen hat BROSOWSKI [1965] mit seinen „Sonnen" entwickelt.

Bei Simultan-Approximation untersuchte ELSBETH BREDENDIEK [1970] Charakterisierung und Eindeutigkeit.

HELMUT WERNER (1931-1985)
Geb. in Zwenkau bei Leipzig, Prom. 1956 Göttingen bei SIEGEL und HEINZ, 1958-1960 Ass. Prof. Los Angeles, 1962 Habil. Hamburg, 1964 o. Prof. Münster, 1980 o. Prof. Bonn. USA-Aufenthalte in Stanford u. a. 1982-1983 Vorsitzender des Präsidiums der DMV. Große Verdienste um Blindenschriftübersetzungen.

Für viele Anwendungen ist die rationale Approximation besser geeignet als die Polynom-Approximation. Wenn z. B. unbeschränkte Bereiche vorliegen (Außenraumaufgaben) oder wenn die zu approximierende Funktion Pole oder andere singuläre Stellen hat (einfachstes Beispiel: Differentialgleichung $y^1 = x + y^2$, $y(0) = 1$), worauf H. WERNER [1962-1966] in verschiedenen Arbeiten hingewiesen hat; er hat sich auch ausführlich mit der numerischen Durchführung der rationalen Approximation beschäftigt.

Auch zeigt sich, daß bei gleichem Rechenaufwand die rationale Approximation eine bessere Annäherung liefern kann als die Polynomapproximation, was aus der sogenannten Pade-Tafel zu ersehen ist. Mit verschiedenen Arten der Exponentialapproximation befaßt sich BRAESS [1966]; auch die Approximation im Komplexen läßt viele Anwendungen zu, sie wurde von GAIER [1964], [1980], OPFER [1980] u. a. untersucht.

5.3 Einschließungssätze für Eigenwerte

Auf dem Gebiet der Eigenwerttheorie bei Differentialgleichungen wurden große Fortschritte durch J. ALBRECHT und seine Schüler, insbesondere von F. GOERISCH, erzielt.

Wir betrachten Eigenwertaufgaben $M\Phi = \lambda N\Phi$, wobei M und N symmetrische, positiv definite Operatoren sind (Anordnung der Eigenwerte:

$\lambda_1 \le \lambda_2 \le \lambda_3 \le \ldots$).

Der Einschließungssatz (3.10) von Nr. 3.3 ([Collatz 1945]) wurde in verschiedenen Richtungen verallgemeinert ([Albrecht 1968], [Goerisch-Albrecht 1984]), z. B. auf Aufgaben, bei denen N ein Operator monotoner Art ist.

Wenn die Iteration (D bedeutet Definitionsbereich)

$$MF_k = NF_{k-1}, \quad F_0 \in D(N), F_k \in D(M) \quad (k = 1, 2, \ldots)$$

ausführbar ist, können nach (3.9) die Schwarzschen Quotienten μ_k $(k = 1, 2, \ldots)$ und mit $\mu_1 < L < \lambda_2$ die Templeschen Quotienten $\tau_k(L) = \dfrac{a_0 - La_1}{a_1 - La_2}$ $(k = 1, 2, \ldots)$ gebildet werden; es konnte nun gezeigt werden ([Goerisch-Albrecht 1984]), daß auch die Folge $\{\tau_k(L)\}$ monoton ist:

$$\tau_1(L) < \tau_2(L) < \tau_3(L) < \ldots \le \lambda_1 \le \ldots < \mu_3 < \mu_2\mu_1.$$

Verschiedene Erweiterungen des Quotienteneinschließungssatzes bringen VOSS-WERNER [1979] für den kritischen Parameter, WETTERLING [1977] für partielle Differentialgleichungen u.a. In einer Reihe von Arbeiten behandelte HERSCH [1984] Eigenwertprobleme für symmetrische Membrane.

Das Ritzsche Verfahren liefert bekanntlich mit Ansatzfunktionen u_i *obere* Schranken für $\lambda_1, \lambda_2, \ldots, \lambda_n$. LEHMANN [1953] hat in Verallgemeinerung der Templeschen Quotienten gezeigt, daß man auch *untere* Schranken gleicher Güte für die ersten Eigenwerte erhalten kann, sofern, ausgehend von $v_1, v_2, \ldots, v_n$, jeweils ein Iterationsschritt

$$Mu_i = Nv_i, \quad (i = 1, 2, \ldots, n)$$

ausführbar ist.

GOERISCH hat das LEHMANNsche Verfahren wesentlich verallgemeinert. Auch dann, wenn eine solche Iteration nicht durchführbar ist, lassen sich unter Verwendung komplementärer Extremalprinzipien untere Schranken für die ersten Eigenwerte berechnen. Das Verfahren von GOERISCH hat sich bei zahlreichen Eigenwertaufgaben mit partiellen Differentialgleichungen bewährt.

Auch gewisse nicht selbstadjungierte Eigenwertaufgaben sind erfaßbar, z. B. die Eigenwertaufgabe der Schubbeulung für eine Funktion $u(x, y)$

$$\Delta\Delta u = \lambda \frac{\partial^2 u}{\partial x \partial y} \quad \text{bei gewissen Randbedingungen.}$$

Die neuen Verfahren wurden z. B. auch bei Steckloffschen Eigenwertaufgaben ([Velte 1976], [Goerisch-Albrecht 1982]) u. a. erprobt, nachdem man sich von einigen Beschränkungen der früheren Theorie befreien konnte.

Anwendungsorientierte lehrbuchmäßige Darstellungen haben ZURMÜHL [1952] (RUDOLF ZURMÜHL, geb. 1904 in Soest, Dr. Ing. 1939 Darmstadt, 1939–1945 am Inst. f. Prakt. Math. Darmstadt, 1963 Prof. TU Berlin, dort 1965 gest.) sowie TÖRNIG-SPELLUCCI [1988] u. a. gegeben.

5.4 Finite Elemente und Splines

Ein sehr umfangreiches durch Ingenieure angeregtes Gebiet der Numerik sind die finite Element-Methoden. Das klassische Differenzenverfahren mit seinen Varianten zur numerischen Behandlung von Randwertaufgaben bei gewöhnlichen und partiellen Differentialgleichungen war in großem Umfang zur Behandlung vieler technischer Probleme eingesetzt worden. Dabei hatten sich zwei schwerwiegende Nachteile gezeigt:

1. Die klassischen Verfahren konvergieren zu langsam. Bei den ständig größer werdenden Genauigkeitsansprüchen müßte man mit extrem kleinen Maschenweiten rechnen, wobei der Rechenaufwand sehr stark wächst, insbesondere bei räumlichen Aufgaben. Wenn man dabei die Schrittweite z. B. auf den zehnten Teil verkleinert, wächst die Zahl der Unbekannten, grob geschätzt, auf das Tausendfache. Dem entspricht aber keineswegs, daß das Resultat um eine Zehnerpotenz genauer wird, vielmehr ist der Genauigkeitsgewinn trotz des hohen Aufwandes im allgemeinen relativ gering.
2. Bei komplizierteren Aufgaben, z. B. bei Plattenaufgaben, ist die Aufstellung der Differenzengleichungen in der Regel sehr mühsam. Man hat hierbei oft Randbedingungen mit freien Rändern, in denen auch zweite und dritte partielle Ableitungen auftreten. Dies gilt erst recht für die Aufstellung der Differenzengleichungen bei partiellen Differentialgleichungen mit veränderlichen Koeffizienten und besonders natürlich bei nichtlinearen Differentialgleichungen.

So entwickelten Ingenieure von physikalischen Überlegungen her eine Methode, bei der man von den Ingenieuren geläufigen Energiebetrachtungen ausgeht. Dazu hat man in vielen Fällen Variationsprinzipien zur Verfügung, z. B. fragt man bei statischen Problemen nach dem Minimum der potentiellen Energie, der Formänderungsarbeit und dem etwa hinzukommenden Potential der äußeren Kräfte.

Bei Plattenaufgaben hat man es in der Regel mit einer partiellen Differentialgleichung vierter Ordnung zu tun, während die Formänderungsarbeit nur von den partiellen Ableitungen bis zur zweiten Ordnung einschließlich abhängt. Auch die Behandlung der Randbedingungen wird bei der Energiemethode sehr viel einfacher, da der Ingenieur oft die von den Randteilen herrührenden Energieausdrücke leicht angeben kann. Heute sind die finite Element-Methoden von überragender Bedeutung bei der Lösung zahlreicher Problemstellungen in den Natur- und Ingenieurwissenschaften. In der Technik wandte ARGYRIS u.a. [1968] die Methode ausgiebig auch bei sehr komplexen Problemen an. Erweiterungen wurden von STEPHAN und WENDLAND [1984] und von WENDLAND u.a. auf die in den Anwendungen zu großer Bedeutung gelangten „Randelementmethoden" vorgenommen.

Erst rund zwanzig Jahre später als die Ingenieure wurden die Mathematiker der großen Umstellung in der Numerik der Differentialgleichungen gewahr, und die finiten-Element-Methoden wurden mit tiefliegenden mathematischen Hilfsmitteln, z.B. Sobolevschen Räumen in der Funktionalanalysis, untersucht. Dabei zeigte sich, daß die Sprache der Ingenieure und die der Mathematiker anscheinend schwer miteinander vereinbar sind. Ich habe viele Tagungen erlebt, welche dem engeren Kontakt zwischen Ingenieuren und Mathematikern dienen sollten, wo jedoch weitgehend jede Seite die Schwierigkeit hatte, die Sprache der anderen Seite zu verstehen. Es fehlt nicht an Versuchen der Zusammenführung der verschiedenen Richtungen (es seien nur die Bücher von H.R. SCHWARZ [1984] genannt), aber wir sind doch wohl noch weit davon entfernt, die aus der Theorie Sobolevscher Räume kommenden Fehlerabschätzungen bei etwas komplizierteren praktischen Problemen wirklich anzuwenden.

5.5 Über einige Kontakte mit dem Ausland

Naturgemäß wurde numerische Forschung in unserem Land stark beeinflußt durch die internationale Entwicklung auf diesem Gebiet, und es sei mir gestattet, hier willkürlich einige wenige sehr bekannte Forschungsstätten herauszugreifen und persönliche Eindrücke wiederzugeben.

In den USA haben die meisten Universitäten mehr oder weniger große Zentren für Numerik.

RICHARD COURANT gründete, trotz bitterer Enttäuschungen 1933/34, mit seiner enormen Energie und seinem Organisationstalent, gestützt auf seinen Namen und seine früheren Erfolge, sein „Courant-Institut" in New York, an welchem die Angewandte Mathematik im weitesten Sinne, also Theorie, Numerik und Anwendungen umfassend, geforscht wurde (vgl. die Courant-Biographie von Constance Reid [1979]).

(Vielleicht darf ich eine kleine Anekdote erzählen: Ich war bei COURANT in New Rochelle zum Essen eingeladen und fragte, ob er noch einen Sonderdruck von einer bestimmten Arbeit habe. Wir gingen zusammen zu seinem Zimmer; vor der Tür blieb er stehen und sagte: „Ich führe sonst nicht Gäste in mein Arbeitszimmer, aber wir kennen uns ja schon seit Jahrzehnten." Das Zimmer war um einen großen Tisch herum vom Fußboden bis zur Tischhöhe mit Stößen von Büchern, Zeitschriften, Briefen u.a. belegt. COURANT sagte: „Entweder bekommen Sie den Sonderdruck in einer Minute, oder nie." Er schritt dann, langsam die

Stöße betrachtend, um den Tisch herum und sagte dann: „Den Sonderdruck bekommen Sie nie.") COURANT kam noch verschiedentlich nach Deutschland und hielt viele Vorträge, oft über Variationsrechnung; von ihm stammt auch die Penalty-Methode in der Optimierung, die dabei als Variationsproblem aufgefaßt wird.

Ein anderes Zentrum für Numerik war Los Angeles mit der UCLA und Caltec in Pasadena. Dort waren JOHN TODD und seine Frau OLGA TAUSSKY-TODD aus Österreich, bekannt durch Arbeiten über lineare Algebra und Matrizen, tätig. REY REDHEFFER [1962], der später als Gastprofessor in Hamburg wichtige mathematische Ergebnisse erzielte, und PETER HENRICI [1962], u.a. durch seine anregenden Untersuchungen über Eigenwertaufgaben bei Matrizen bekannt, wirkten dort. Die jungen Mathematiker HELMUT WERNER und WEINITSCHKE, die dort damals als Gastforscher arbeiteten, habilitierten sich in Hamburg.

Es sei noch ein weiterer kurzer Blick in das Ausland gestattet.

Die Funktionalanalysis und besonders ihre theoretische Richtung wurde stark durch die „Bourbaki"-Schule gefördert. Die Anwendbarkeit der Funktionalanalysis bewirkte eine teilweise Aufteilung der „angewandten Mathematiker" in die mehr theoretisch Arbeitenden und in die an Anwendungen bei konkreten Problemen Interessierten. Hier sei kurz über die Beziehungen einiger Vertreter der Funktionalanalysis zu konkreten Problemen berichtet. HENRI CARTAN (geb. 1904) sprach in einem Vortrag in Hamburg über Sinn und Rechtfertigung von Verallgemeinerungen: „Eine Verallgemeinerung ist nur dann wert, betrachtet zu werden, wenn sie mindestens zwei bisher als getrennt angesehene Fakten einheitlich zusammenzufassen erlaubt." Sehr bekannt ist auch der Ausspruch O. PERRONS über den Hut: „Die moderne Mathematik bringt mehr und mehr Dinge jeweils unter einen Hut, aber wer holt sie unter dem Hut hervor?"

Viele der bedeutenden theoretischen Mathematiker hatten durchaus Sinn für konkrete Anwendungen. S.L. SOBOLEV (geb. 1908, die Sobolevschen Räume sind aus der modernen Funktionalanalysis nicht fortzudenken) war sehr vielseitig interessiert an praktischen Anwendungen, an Numerik, insbesondere an numerischer Quadratur, an partiellen Differentialgleichungen. Er interessierte sich aber auch für viele Gebiete außerhalb der Mathematik, etwa für Sprachen und Geschichte. Sehr erstaunt war ich, wie er zur Feier des 80. Geburtstages von MUSHELISVILI in Tbilissi (Georgien) beim Bankett der Tamada war und auf jede Frage, ob sie russisch, englisch, deutsch oder französisch vorgetragen wurde, sofort in derselben Sprache antwortete. ANDREI N. TICHONOW (geb. 1906), der durch seinen abstrakten „Fixpunktsatz von Tichonov" bekannt ist, war Direktor eines Instituts für Angewandte Mathematik in Moskau. M. LERAY, dessen Namen durch den Leray-Schauderschen Fixpunktsatz mit dem topologischen Abbildungsgrad bekannt ist, konnte ich bei einer Tagung in Belgrad jeden Morgen beim Frühstück sprechen. Als das Wort „Bourbakismus" fiel, sagte er: „Ich bin kein Bourbakist; alle Leute denken, weil ich aus Paris bin, müsse ich Bourbakist sein." LERAY hat wichtige und tiefliegende Abschätzungen bei partiellen Differentialgleichungen bewiesen.

In Kyoto (Japan) wurde ich mit der Schule von MINORI URABE bekannt, der seinen Fixpunktsatz für gestörte Operatoren anwendete, um den Begriff der „numerischen Konvergenz“ zu bilden. Er sagte einmal auf einer Konferenz in der Diskussion zu dem Vortragenden: „Nun haben Sie einen allgemeinen Existenzsatz für die Lösung von Randwertaufgaben in gewissen Räumen bewiesen oder, bildlich gesprochen, die Existenz eines Fisches in einem unendlichen Ozean. Nun müssen Sie den Fisch aber auch fangen, das heißt, die Lösung in ein hinreichend enges Intervall einschließen.“ Auch DIEUDONNE (geb. 1906), als kraftvolle und in Sitzungen dominierende Persönlichkeit und als Kämpfer für „sehr reine Mathematik“ bekannt, stellt in seinem schönen Buch „Grundlagen der Analysis“ übersichtlich auch das Rüstzeug für den Numeriker zusammen.

5.6 Weitere Gebiete

Im folgenden werden noch einige wenige Gebiete ohne jedes Streben nach Vollständigkeit herausgegriffen, von denen jedes in neuerer Zeit eine große Entwicklung erfahren und eine fast unübersehbare Literatur aufzuweisen hat und deren Beschreibung den Rahmen dieses Artikels sprengen würde. Daher nenne ich nur einzelne mir nahestehende Gebiete.

Computer und Informatik. Die Entwicklung von Rechengeräten und Rechenanlagen geht schon auf Jahrhunderte zurück (vgl. z. B. [Willers 1928], [Lehmann 1989], den Artikel von K. SAMELSON in Kapitel K „Rechenanlagen“ von Sauer-Szabo [1967/70]) Teil III (ROBERT SAUER 1898–1970, geb. in Pommersfelden, Bayern, 1932 a. o. Prof. Aachen und 1937 dort o. Prof., 1948 o. Prof. München, 1958 Vorsitzender der GAMM). Parallel zur Entwicklung der Computer erfolgte das rapide Aufblühen der Informatik, welche im Artikel von Prof. Dr. F. Bauer in diesem Band besprochen ist.

Lineare Gleichungssysteme. Hier stehen seit Jahrzehnten Iterationsverfahren und direkte Verfahren (Eliminationsverfahren) einander gegenüber, und beide Arten sind ständig verbessert worden. Das Urteil, welche der beiden Klassen den Vorzug verdient, hat im Laufe der Zeit mehrfach gewechselt. Besondere Aufmerksamkeit wurde den schwach besetzten Matrizen (sparse matrices) und den schlecht konditionierten Gleichungssystemen (vgl. [Hämmerlin-Hoffmann 1989]) zuteil.

Intervallarithmetik. Bei Durchführung längerer Rechnungen auf einem Computer kann durch die Rundungsfehler und ihre Fortpflanzung das Resultat stark verfälscht werden. Die Intervallarithmetik untersucht systematisch den Einfluß der Rundungsfehler. Bei der „Vorwärtsanalysis“ verfolgt man dabei die einzelnen bei der Rechnung vorgenommenen Rechenschritte, was sehr aufwendig sein kann und oft auch zu starker Überschätzung der Fehler führt. Bei der „Rückwärtsanalysis“ geht man vom numerischen Ergebnis der Rechnung aus und versucht, direkt den Einfluß einer Störung der Ausgangsdaten auf das Endresultat festzustellen, vgl. NICKEL [1979] und seine Schule, KULISCH [1976] und seine Schule, HÄMMERLIN-HOFFMANN [1989] u. a.

Inkorrekt gestellte Aufgaben. Diese Aufgaben sind früher „unsachgemäße" Aufgaben genannt worden. Inzwischen aber sind so viele physikalische Problemklassen bekannt geworden, die durchaus sinnvoll und von praktischer Bedeutung sind, daß der Name „unsachgemäß" nicht mehr paßt. Auch der Name „inkorrekt gestellt" ist zwar weit verbreitet, aber nicht ganz zutreffend. Die englischen Namen „wellposed, not well posed, illposed problems" sind besser. Diese Aufgaben umfassen auch die „Identifizierungsaufgaben", bei denen man weiß, daß ein Vorgang einer Differentialgleichung mit gewissen Koeffizienten genügt, die man aber nicht kennt, sondern sie aus Messungen des Vorganges zu ermitteln versucht.

Graphentheorie und Kombinatorik. Auch diese schon seit Jahrhunderten (EULER) gepflegten Gebiete sind in neuerer Zeit zu eigenen umfangreichen Disziplinen angewachsen, welche große Bedeutung für die Numerik, die Informatik und die Computer erlangten. Hierzu gehört auch die Frage nach der Komplexität einer Aufgabe, ob z. B. der Rechenaufwand eines Algorithmus bei genauerer Behandlung polynomial oder stärker wächst. Die Idee der Graphen wurde erweitert zu der der Hypergraphen; diese waren zwar schon vor über 2000 Jahren bei den Apollonischen Kreisen und zu Anfang dieses Jahrhunderts bei geometrischen Konfigurationen aufgetreten (Buch von LEVI [1929]), aber der Name „Hypergraph" wurde meines Wissens erstmals von C. BERGE verwendet. (Beispiele von Hypergraphen sind hier bei „Verzweigungsproblemen" gegeben).

Verzweigungen und Hypergraphen. Ausweichprobleme und Schwingungsaufgaben, die bei kleinen Auslenkungen auf lineare Eigenwertaufgaben führen, müssen bei höheren Genauigkeitsforderungen nicht mehr als lineare, sondern als nichtlineare Anfangs- oder Randwertaufgaben modelliert werden. Bei einem einfachen Schwinger führt dies auf einen Zusammenhang zwischen Amplitude und Frequenz der Schwingung, welcher durch ein „Verzweigungsdiagramm" dargestellt werden kann.

Das bekannteste Beispiel eines Verzweigungsproblems ist wohl der Eulersche Knickstab, für welchen man die maximale Auslenkung η eines auf Druck beanspruchten Stabes als Funktion der Druckkraft λ darstellt. Bei Überschreiten der kritischen Last λ_1 kann der Stab seitlich ausweichen. Fig. 8.

Fig. 8

Es soll hier nicht auf die in letzter Zeit enorm angewachsene Literatur über Theorie, Anwendungen und Numerik der Verzweigungsaufgaben eingegangen werden, sondern nur ein Zusammenhang mit der Graphentheorie genannt werden.

Ein Verzweigungsdiagramm hat oft die Struktur eines Hypergraphen. Der Begriff des Hypergraphen ist eine leichte Verallgemeinerung vom Begriff eines Graphen. Ein Graph wird gekennzeichnet durch eine Menge von Punkten (oder „Ecken“ oder „Knoten“) und die Angabe von gewissen Paaren von Punkten, die durch eine „Kante“ verbunden sind. Jede Kante hat somit 2 Ecken als Endpunkte. Beim Hypergraphen wird nun zugelassen, daß auf einer Kante nur eine Ecke oder auch mehr als zwei Ecken liegen. Das möge an zwei einfachen Beispielen erläutert werden.

I. Charakteristische Zahlen K einer Matrix A, deren Elemente von einem Parameter a abhängen ([Collatz 1979a]):

$$A = \begin{pmatrix} 0 & a & -a & 0 \\ 2-a & 1-a & 0 & 1 \\ a & 0 & 0 & a \\ -2-a & -1 & 0 & -1-a \end{pmatrix}; \quad Ax = kx \text{ wie in (2.3)}$$

Es ist $\varphi(k) = \det(A - kI) = k(k+a)Q$ mit $Q = k^2 + ak + 2a^2 - 2a$.

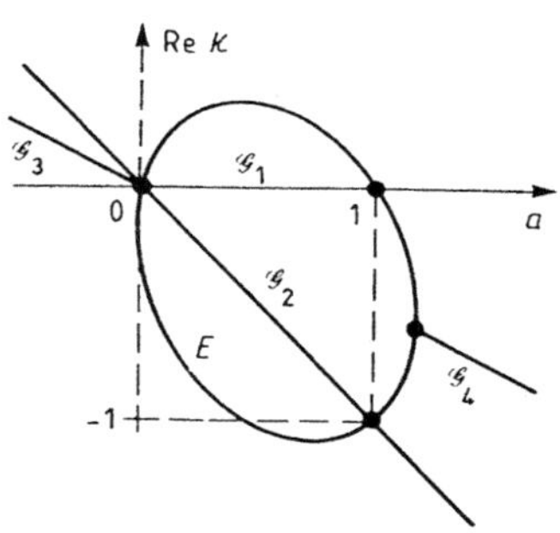

Fig. 9

Das Verzweigungsdiagramm besteht aus allen Paaren a, k mit $\varphi(k) = 0$. Zur Darstellung wird im Falle komplexer k nur der Realteil von k aufgetragen. Figur 9 zeigt ein Diagramm mit 4 Verzweigungspunkten und 5 Kanten, nämlich: Ellipse $Q = 0$, Geraden $G_1: K = 0$, $G_2: K = -a$ und 2 Halbstrahlen G_3, G_4 mit $\operatorname{Re} K = -\frac{a}{2}$ und $a \leq 0$ für G_3 und $a \geq \frac{8}{7}$ für G_4.

II. Ein schwingungsfähiges System werde durch eine gewöhnliche Differentialgleichung mit konstanten Koeffizienten beschrieben, die noch von einer physikalischen Größe a abhängen. Die Gleichung für die Frequenzen sei

$$\lambda^3 - a\lambda^2 - \lambda + 4a = 0.$$

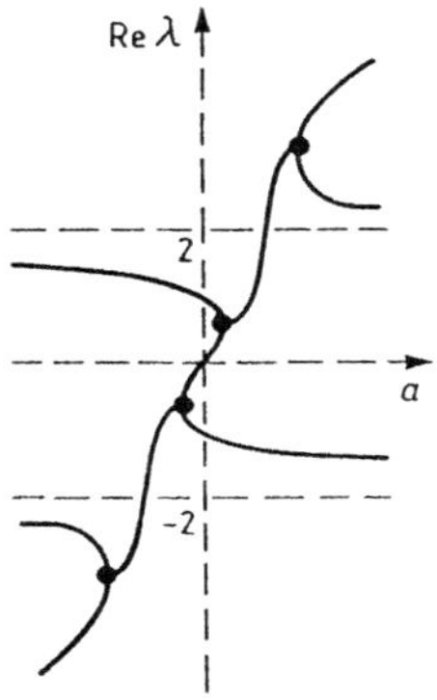

Fig. 10

Insbesondere interessieren die Realteile Reλ; Fig. 10 zeigt als Verzweigungsdiagramm einen Hypergraphen mit 4 Verzweigungspunkten und mehreren Kanten (oder „Ästen").

Die Verzweigungsdiagramme können sehr unterschiedliches Aussehen haben, die einzelnen Äste können von verschiedener Dimension sein (z. B. bei einem Diagramm teils Kurven, teils Flächen). Wegen der sehr großen Bedeutung für die Anwendungen hat sich ein umfangreiches eigenes Gebiet der Verzweigungsaufgaben entwickelt, vgl. z. B. [Chow-Hale 1982].

Stabilität von Diskretisierungsverfahren. Bei dem sehr großen Einsatz von Differenzenverfahren, Mehrgitterverfahren, Finite Element-Methoden u. a. wurde die in Nr. 3.2 kurz erwähnte Stabilitätsfrage von großer Bedeutung. Nach den grundlegenden Untersuchungen (die schon von COURANT-FRIEDRICHS-LEWY [1928] begonnen wurden) von DAHLQUIST [1956], HENRICI [1962] u. a. für Differenzenverfahren bei Anfangswertaufgaben gewöhnlicher Differentialgleichungen wurde die Frage allgemein behandelt bei ANSORGE-HASS [1970] (nichtlineare Anfangswertaufgaben), STETTER [1973] u. a.

Numerische Quadratur. Von diesem viel behandelten Gebiet seien nur einige Richtungen genannt, in welchen man klassische Untersuchungen erweiterte:

1. Entwicklung leistungsfähiger Algorithmen zur genäherten Berechnung von Integralen. Hier ist unter anderem das ROMBERG-Verfahren (W. ROMBERG, geb. 1909) zu nennen. Eine Darstellung findet man z. B. bei BURLIRSCH [1964] und bei HÄMMERLIN-HOFFMANN [1989].
2. Vergleich zwischen genaueren und „robusten" Verfahren. Auf der GAMM-Tagung 1961 wurde der erste Vortrag von STIEFEL (1909–1978) und der letzte von SCHMETTERER (geb. 1919) gehalten. Beide sprachen über numerische Quadratur. STIEFEL sagte, bei „glatten" Funktionen $f(x)$ seien die einfachen Newton-Cotes-Formeln im Vergleich zu genaueren, etwa Gaußschen Formeln, nicht zu empfehlen, da man bei gleichem Rechenaufwand mit den Gaußschen Formeln

eine viel größere Genauigkeit erreichen könne. SCHMETTERER führte aus, daß die einfachen Newton-Cotes-Formeln vorzuziehen seien, wenn z. B. die oft aus experimentellen Messungen erhältlichen Funktionswerte nicht genau bekannt seien und es dann nicht viel Sinn habe, für Funktionen mit höheren Ableitungen aufgestellte Formeln zu verwenden.

PETER HENRICI (1923–1987)
Geb. in Basel, Stud. 1944–1951 ETH Zürich, 1948 Dipl. Elektroing. Zürich, 1951 Dipl. Math. Zürich, 1951 Mitarbeiter Inst. f. Aerodynamik ETH, 1952 prom. Zürich, seit 1962 Prof. ETH Zürich: zahlreich Aufenthalte in USA. Vorsitz der GAMM 1977–1980, gest. an einem Tumor.

3. In vielen weiteren Gebieten, Integralgleichungen, Interpolation, Approximation u. a., sind auch bei der numerischen Quadratur die unbequemen, aber wichtigen mehrdimensionalen Fälle aktuell geworden (vgl. z. B. [Albrecht-Collatz 1958], [Henrici 1964] u. a.). HÄMMERLIN [1963] stellte ableitungsfreie Schranken auf.

Freie Randwertaufgaben. Man unterscheidet zwei Typen solcher Aufgaben: Randwertaufgaben mit von vornherein nicht bekannten inneren (gesuchten) Zwischenflächen oder Rändern, und bewegliche Ränder ([Wilson u. a. 1978]). Eine Aufgabe vom ersten Typ liegt z. B. vor, wenn man verschiedene Flüssigkeiten, etwa Öl, Salzwasser, Süßwasser oder andere Medien hat, bei welchen Grenzflächen zwischen Medien nicht bekannt sind, oder wenn man z. B. in einem Problem aus der Kontinuumsmechanik nicht von vornherein die Grenzfläche zwischen elastischem und plastischem Verhalten kennt. Bewegliche Ränder liegen z. B. bei zunächst flüssigem und dann erstarrendem Stahl vor (zwei Phasen-Problem, [Hoffmann-Kornstaedt 1980]). Diese Aufgaben galten in früherer Zeit als kaum angreifbar, aber durch Behandlung mit Hilfe von Variationsungleichungen sind große Erfolge erzielt worden (es gibt sogar einfache Fälle, in welchen man Monotonieverhalten beweisen und dann den freien Rand in garantierbare Schranken einschließen kann, [Collatz 1979]).

Kontinuitätsmethode. Diese theoretisch untersuchte und bewährte Methode (vgl. z. B. [Wacker 1978]) ist bei vielen in den Anwendungen vorkommenden Differentialgleichungsproblemen mit gutem Erfolg erprobt worden, u. a. von RITA MEYER SPASCHE-KELLER [1985] bei Navier-Stokes-Gleichungen.

Differential-Differenzengleichungen. Gleichungen dieser Art erlangten Bedeutung in der Theorie der Regelungen mit Nachlaufzeiten, insbesondere wegen der dabei auftretenden Stabilitätsfragen u. a.

Literatur

Die Titel sind meist nur stichwortartig angedeutet. Folgende Abkürzungen sind für die Zeitschriften benutzt worden:

Arch. R. M. A.:	Archive Rat. Mechn. Anal.
ISNM:	Internat. Ser. Numer. Math.
Math. A.:	Mathem. Annalen
Num. M.:	Numer. Mathem.
ZAMM:	Z. angew. Math. Mech.

Ahrens, W. (1904): *Scherz u. Ernst in Mathem.*, Berlin, 522 S.

Albrecht, J.; L. Collatz (1958): *Mehrdimens. Integrale*, ZAMM **38**, 1-15.

Albrecht, J. (1968): *Einschließungssatz von Collatz*, ZAMM **48**, T43-T46.

Ansorge, R.; R. Hass (1970): *Konvergenz und Differenzen Verf. Anfangswertaufg.* Lect. Notes in Math. 159 S.

Argyris, J.H.; I. Fried; D.W. Scharpf (1968): *TUBA family of plate elements*, Aeron, J. of the Roy, Earon. Soc. **72**, 701-709.

Barta, J. (1937): Ing. Arch. **8**, 35-37.

Bernstein, S.N. (1912): *Meilleure approx*, Mem acad. roylae Belg. **4**, 1-104.

Bohl, E. (1974): *Monotonie, Operatorgleichungen*, Springer 255 S.

de Boor (1978): *Practical guide to Spline*, Springer.

Braess, D. (1986): *Nonlinear Approx.*, Springer 290 S.

Brass, H. (1977): *Quadraturverfahren*, Vandenhoeck u. Ruprecht, 311 S.

Bredendiek, E. (1970): *Simultan-Approx.* ZAMM **50**, 403-410.

Brosowski, B. (1965): *Extremalsignaturen*, Num. Math. **7**, 396-405.

Brouwer, L.E.J. (1912): *Abbildung von Mannigfaltigkeiten*, Math. Ann. 97-115.

Bulirsch, R. (1964): *Romberg Iteration*, Num. Math. **6**, 6-16.

Bulirsch, R. (1988): *Mathem. in Hochtechnologie*, Vortrag: 19. 10. 88 Forschungszentrum Siemens AG, München.

Chow, S.N.; J.K. Hale (1982): *Bifurcation Theory*, Springer, 511 S.

Collatz, L. (1939): *Eigenwerte ZAMM* **19**, 224-249, 297-318.

Collatz, L. (1941): *Einschließung charakteristi. Zahlen Matrizen*, Math. Z. **48**, 221-226, Integrale eben dort, 395-398.

Collatz, L. (1945), (1963): *Eigenwertprobleme*, Leipzig, 1945, Nachdruck Chelsea 1948, 338 S. mit techn. Anwendung., Leipzig 1963, 500 S.

Collatz, L. (1951): *Numer. Behandl. Differentialgl'n*, Springer, 458 S.

Collatz, L. (1952): *Aufg. monotoner Art*, Arch. R. M. A. **3**, 366-376.

Collatz, L. (1956): *Approx. bei mehreren Veränderl.*, ZAMM **36**, 198-211.

Collatz, L. (1964): *Funkt. anal. Numer. Math.*, Springer, 371 S.

Collatz, L. (1979): *Bounds for Free boundaries*, Proc. Durham, 147-157.

Collatz, L. (1979a): *Typen von Hypergraphen*, ISNM **46**, 37-65.

Collatz, L. (1981): *Monotonie Einschließung*, Jahrb. Überblicke d. Math. 189-225.

Collatz, L.; H. Krisch; H. Werner; P. Janssen (1983): *Einfluß der Computer auf numer. Math.*, Elektron. Rechenanlagen **25,** 118-125.

Courant, R. (1927): *Carl Runge*, Naturwiss. **15,** 229-231, 473-474.

Courant, R.; K. Friedrichs; H. Lewy (1928): *Partielle Differenzengleichungen d. math. Physik*, Math. Ann. **100** (1928) 32-74.

Courant, R.; D. Hilbert (1924): *Methoden der mathematischen Physik*, Springer, Bd. I, 1924, 2. Aufl. 1931, 469 S., Bd. II, 1937, 549 S.

Courant, R. (1943): *Variational methods*, Bull. Amer. Math. Soc. **49,** 1-2/3.

Dahlquist, G. (1956): *Stability numerical integration*, Math. Scand. **4,** 33-53.

Dantzig, G. B. (1963): *Linear programming*, Princeton.

Engeln-Müllges, Gisela F. Reutter (1988): *Formelsammlung*, BI-Wiss. Verl., 788 S.

Frank, Ph.; R. v. Mises (1925-30): *Differential- u. Integralgln.*, Braunschweig Bd. I., 2. Aufl. (1930) 916 S., Bd. II, 2. Aufl. 1935, 1106 S.

Gaier, D. (1964): *Konstruktive konforme Abbidlung*, Springer, 294 S.

Gaier, D. (1980): *Über Approximation im Komplexen*, Birkhäuser Basel.

Glasshoff, K.; B. Werner (1979): *Inverse Monoton.*, J. Math. Anal. Appl. **72,** 89-105.

Goerisch, F.; J. Albrecht (1982): *Stekloff Eigenwertaufg.*, Equadiff. **5,** Proc.

Goerisch, F.; J. Albrecht (1984): *Einschließungssätze*, ISNM **69,** 58-88.

Goerisch, F.; J. Albrecht (1984): *Templesche Quotienten*, ZAMM **64,** T278-T279.

Grammel, R. (1938): *Erich Trefftz*, ZAMM **18,** 1-11.

Hadeler, K. P. (1967): *Mehrparametrige Eigenwertaufg.*, Arch. R. M. A., **27,** 306-328.

Hamel, G. (1937): *Integralgleichungen*, 1. Aufl. Berlin, 166 S.

Hämmerlin, G. (1963): *Ableitungsfreie Schranken (Quadratur)*, Num. M. **5,** 226-233.

Hämmerlin, G.; K. H. Hoffmann (1989): *Numerische Math.*, Springer, 448 S.

Hayashi, K. (1931): *Fünfstellige Tafeln*, Walter de Grutyter, 182 S.

Henrici, P. (1962): *Bounds for iterates*, ..., Num. M. **4,** 24-40.

Henrici, P. (1962): *Discrete Variable Methods*, John Wiley, 407 S.

Henrici, P. (1964): *Elements of Numerical Analysis*, John Wiley, 328 S.

Henrici, P. (1974/1977): *Complex analysis*, John Wiley, Bd. I (1974, Bd. II (1977).

Hersch, J. (1984): *Symmetrische Membranen*, ISNM **69,** 105-113.

Hoffmann, K. H.; H. J. Kornstaedt (1980): *Stefan-Problem*, ISNM **53,** 115-143.

Hoffmann, K. H.; J. Sprekels (1984): *Real-Time Control*, ISNM **68,** 127-143.

Hoffmann, K. H.; W. Krabs (1987): Editors: *Optimal Control*, ISNM **78,** 234 S.

Jahnke, E.; F. Emde (1909): *Funktionentafeln*, Leipzig und Berlin, 176 S.

Kamke, E. (1942): *Differentialgleichungen*, Akad. Verl. Ges. 642 S.

Kantorowitsch, L. W.; W. I. Krylow (1956): *Näherungsmethoden*, Berlin, 611 S.

Kantorowitsch, L. W.; G. P. Akilow (1964): *Normierte Räume*, Berlin 622 S.

Korte, B. (1971): *Lect. Notes in Operations Research*, Bd. 50, Springer.

Kulisch, U. (1976): *Grundlagen des numerischen Rechnens*, Reihe Informatik **K/19,** B. I. Wissenschaftsverlag, Mannheim.

Lax, P. D.; R. D. Richtmyer (1956): *Stability diff. equa.*, Comm. Pure Appl. Math. **9,** 267-293.

Lehmann, N. J. (1949/1950): *Numerik Eigenwertaufg.*, ZAMM **29,** 341-356 u. 30, 1-16.

Lehmann, N. J. (1953): *Optimale Eigenwerteinschließungen*, Num. M. **5,** 246-272.

Lehmann, N. J. (1987): *Leibniz' Ideenskizze zum „Sprossenrad"*, NTM Schriften, Gesch. Technik, Leipzig **24** (1987), 83-89.

Lehmann, N. J. (1989): *Beginn deutsche Rechenmaschinenfertigung*, Akad. Verl. Berlin 1989, 50+XVI S.

Levi, F. (1929): *Konfigurationen*, Leipzig 1929, 310 S.

Lüroth, J. (1900): *Vorlesungen über numerisches Rechnen*, Leipzig 1900.

Mehmke, R. (1902): *Numer. Rechnen*, Enzykl. d. math. Wiss., hier Bd. I, 941-1080.

Meinardus, G. (1964): *Approx. v. Funkt.*, Springer, 180 S., ins Englische übersetzt durch L. Schumaker, Springer, (1967), 198 S.

Meyer-Spasche, Rita; H. B. Keller (1985): *Phys. of Fluids*, **28**, 1248-1258.

v. Mises, R. (1921): *Aufg. u. Ziele d. Angew. Math.*, ZAMM **1**.

v. Mises, R.; H. Pollaczek Geiringer (1929): *Gleichungsaufl.*, ZAMM **9**, 58-77, 152-164.

Nickel, K. (1958): *Prandtl. Grenzschicht*, Arch. R. M. A. **2**, 1-31.

Nickel, K. (1979): *Interval Math. Proc. intern. Symp.*, Mai 1975, Springer, 339 S.

Opfer, G. (1980): *Conformal Mappings*, Num. M. **35**, 189-200.

Ostrowski, A. (1966): *Entwicklung der Num. Analysis*, Jber. Deutsch. Math. Verein. **68**.

Perron, O. (1907): *Theorie der Matrizen*, Math. Ann. **64**, 248-263.

Prandtl, L. (1927): *Carl Runge*, Die Naturwiss. **15**, 227-229.

Prandtl, L. (1901): *Kipperscheinungen*, Diss. Univ. München.

Quade, W.; L. Collatz (1938): *Interpolationstheorie d. reellen periodischen Funktionen*, Sitz. Berichte, Preuss. Akad. d. Wiss. Berlin, 49 S.

Redheffer, R. M. (1962): *Maximum principles*, Mth. Phys. **66**, 32-42.

Reid, Constance (1979): *Courant*, Springer, 373 S.

Richenhagen, S. (1985): *Carl Runge (1856-1927), Von der reinen Mathematik zur Numerik*, Vandenhoeck & Ruprecht, Göttingen, 336 S.

Ritz, W. (1908): *Variationsprobleme d. num. Physik*, J. reine angew. Math. 185, Heft 1 und Ann. Physik **28**, S. 737.

Runge, C. (1894): *Über Angewandte Mathematik*, Math. A. **44**, 437-448.

Runge, C. (1895): *Numer. Aufl. v. Diffgln.*, Math. A. **46**, 167-178.

Runge, C. (1908): *Partielle Diffgl.*, Z. f. Math. u. Physik, 225-232.

Runge, C.; H. König (1924): *Num. Rechnen*, Springer.

Runge, Iris (1949): *Carl Runge*, Göttingen.

Rutishauser, H. (1954): *Quot. Diff. Algor.*, Z. Angew. Math. Phys. **5**, 233-251, 496-508.

Rutishauser, H. (1976): *Num. Math.*, Birkhäuser, Bd. 1/2, 164/228 S.

Sauer, R.; Szabo (1967/1970): *Mathem. Hilfsmittel d. Ingenieurs in 4 Bänden*, Springer; über 2000 S.

Schauder, J. (1930): *Fixpunktsatz*, Stud. Math. **2**, 171-182.

Schoenberg, I. J. (1946): *Approx. equdist. data*, Quart. Appl. Math. **4**, 45 u. 112.

Schröder, J. (1980): *Operator-Inequalities*. Academic Press, 367 S.

Schumaker, L. L. (1981): *Spline Functions*, Basic Theory, John Wiley.

Schwarz, H. R. (1984): *Finite Elemente*, Teubner, Stuttgart, 346 S.

Stephen, E.; W. Wendland (1984): *Method. u. Verf. d. math. Phys.*, Bd. 23.

Stetter, H. J. (1973): *Discretization Methods*, Springer, 388 S.

Stiefel, E. (1959): *Diskrete Tschebyscheff-Appr.*, Numer. M. **1**, 1-28.

Stoer, J.; C. Witzgall (1970): *Convexity and Optimization*, Springer, 285 S.

Störmer, C. (1921): *C. R. cong. intern. math.*, Strassbourg, 243-257 S.

Temple, G. (1929): *Proc. Lond. Math. Soc.* **(2)**, 29, 257-280.

Törnig, W.; P. Spellucci (1988): *Num. Math.*, Bd. I, 2. Aufl., Springer, 350 S.

Trefftz, E. (1926): *Gegenstück zum Ritzschen Verfahren*, Verh. d. 2. Intern. Kongr. f. Techn. Mech., Zürich, 1926, S. 131-137.

de la Vallee-Poussin, Ch. (1911): *Soc. Scient. Bruxelles*, Annales **35**, 1-16.

Velte, W. (1976): *Direkte Meth. Variationsrechn.*, Teubner, Stuttgart, 198 S.

Velte, W. (1976a): *Steklov Problem*, Mitt. Math. Sem. Gießen, **121**, 125-137.

Voss, H.; B. Werner (1979): *Kritische Param.*, ISNM, **49,** 147–158.

Wacker, H. (1978): *Continuation Proc. Ed.*, Linz 1977, Acad. Press, 356 S.

Walter, W. (1964): *Differential- u. Integral-Ungleich.*, Springer, 1964, 269 S., 2. Aufl. (englisch) 1970, 352 S.

Walther, A. (1950): *Mathem.-Physik, Semesterberichte* **1,** 169–188.

Weierstrass, K. (1885): *Sitz.ber. Akad. Wiss. Berlin*, **633** und **789.**

Weissinger, J. (1952): *Iterationsverf.*, Math. Nachr. **8,** 193–212.

Werner, H. (1962/1964): *Rationale Funkt.*, Arch. R. M. A. **11** (1962), 368–384 und **13** (1963), 330–347, und Math. Z. **86** (1964), 317–326.

Werner H. (1966): *Vorlesung Approximationstheorie*, Springer.

Wetterling, W. (1977): *Partielle Diff.gl.*, ISNM **38,** 213–218.

Wielandt, H. (1949): *Eigenwerte normaler Matrizen*, Math. An. **121,** 234–241.

Willers, Fr. A. (1928): *Methoden der praktischen Analysis*, Berlin u. Leipzig, 1. Aufl. 1928, 2. Aufl. 1950, 3. Aufl. 1958, 4. Aufl. 1971, 445 S.

Wilson, D. G.; A. D. Solomon; P. T. Boggs (Editors) (1978): *Moving Boundary Problems*, Acad. Press, 327 S.

Zurmühl, R. (1952): *Matrizen u. Anwendungen*, 5. Aufl. neubearb. v. S. Falk, Springer, 1. Aufl. 1952, Bd. I 1984, 342 S., Bd. II 1986, 476 S.

Zurmühl, R. (1953): *Praktische Mathematik*, Springer, 4. Aufl. 1963, 542 S.

Differentialgeometrie

Peter Dombrowski

Einführung

(I) Die Differentialgeometrie hat im Laufe des verflossenen Jahrhunderts hinsichtlich der Vielzahl ihrer Themen und der Anzahl von einschlägigen Publikationen solche Ausmaße angenommen, daß jeder Versuch, (auf etwa vierzig Seiten) einen auch nur halbwegs vollständigen Überblick über ihre wichtigsten Resultate bzw. Entwicklungen zu geben, bei einer nichtssagenden, reinen Aufzählung von Schlagworten, Namen und Publikationen enden müßte. Andererseits ist die Lage für den Experten und auch für einen „Neugierigen", der bereit ist, etwas Zeit dafür zu investieren, gar nicht so hoffnungslos, sich ein Bild von der Differentialgeometrie (oder einem ihrer Teilgebiete) zu machen.

Da gibt es zunächst

(II) *Lehrbücher*, die z.T. hervorragende Überblicke bieten: Den Stand der Differentialgeometrie bis etwa 1890 beschreibt wohlorganisiert das Lehrbuch von L. Bianchi [1899], aus dem viele Studenten-Generationen Differentialgeometrie lernten, sowie – thematisch zwar spezieller, dafür aber tiefer ins Detail gehend – G. Darboux [1887–1896] in seinem 4-bändigen Werk zur Theorie der Flächen. Die klassische Differentialgeometrie der Kurven und Flächen (mit vielen historischen Hinweisen) bis etwa 1940 findet man dargestellt bei W. Blaschke [1945]. Schon vorher ist É. Cartans [1928] Buch zur Riemannschen Geometrie zum „Klassiker" geworden. Die Differentialgeometrie n-dimensionaler Mannigfaltigkeiten und ihrer Untermannigfaltigkeiten bis etwa 1963 (insbesondere die der „Zusammenhänge" in Prinzipalbündeln und den dazu assoziierten Bündeln) findet einschließlich eines hervorragenden Literaturverzeichnisses eine zusammenfassende Darstellung durch S. Kobayashi und K. Nomizu [1963/1969]. Eine informative Einführung in die „Riemannsche Geometrie im Großen" geben D. Gromoll, W. Klingenberg und W. Meyer [1968]. Speziell die Untermannigfaltigkeits-Geometrie studiert B.-Y. CHEN [1973]. Eine zeitgemäße Behandlung Lorentzscher Mannigfaltigkeiten und ihrer Anwendungen in der Relativitätstheorie präsentiert O'NEILL [1983]. Informationen zu derzeit aktuellen Resultaten der komplexen Differentialgeometrie bieten Vorlesungen von S. KOBAYASHI und H. WU [1983]. Eine inhaltsreiche und durch ihre vielen Ausblicke und Bebilderungen sehr lebendige Darstellung der Differentialgeometrie der Kurven und Flächen, gestützt auf den Mannigfaltigkeitsbegriff, ist die von M. BERGER und B. GOSTIAUX [1988].

Daneben gibt es eine Reihe von

(III) *Monographien* zu spezielleren Themen: Riemannsche Mannigfaltigkeiten konstanter Krümmung (einschließlich des „Clifford-Kleinschen Raumformen-Problems") behandelt J. WOLF [1967]. Resultate über Transformationsgruppen in der Differentialgeometrie faßt S. KOBAYASHI [1972] zusammen. In zweiter Auflage bietet S. HELGASON [1978] das Standardwerk über die „Symmetrischen Räume" von É. CARTAN. Über Riemannsche Mannigfaltigkeiten und deren Geodätische, insbesondere über geschlossene Geodätische, informieren ausführlich A. L. BESSE [1978] und W. KLINGENBERG [1978], [1982]. Über „Partielle Differentialgleichungen und Differentialgeometrie" sowie über offene „Probleme der Differentialgeometrie" berichtet S. T. YAU [1982]. Zum Themenkreis straffer (= „tight") und runder (= „taut") Immersionen Riemannscher Mannigfaltigkeiten (in euklidischen Räume) informieren T. E. CECIL und P. J. RYAN [1985]. Dazu, zur „Totalkrümmung" und „Totalen mittleren Krümmung" der letztgenannten Immersionen unterrichtet auch T. J. WILLMORE [1982]. Eine Darstellung neuer Resultate zur globalen Struktur kompakter bzw. vollständiger Riemannscher Mannigfaltigkeiten nicht-positiver Krümmung geben W. BALLMANN, M. GROMOV und V. SCHROEDER [1985]. Ergebnisse über isometrische Immersionen bzw. Einbettungen von Riemannschen Mannigfaltigkeiten ineinander (z. B. mit deutlichen Verkleinerungen der Codimension beim „Einbettungssatz" von J. NASH) beschreibt M. GROMOV [1986]. Einen Abriß des neuesten Standes der Kenntnisse über Einstein-Mannigfaltigkeiten liefert A. L. BESSE [1987].

(IV) Die Differentialgeometrie dieses Jahrhunderts gewinnt – gestützt auf die (besonders durch H. POINCARÉ, L. E. J. BROUWER und H. HOPF initiierte bzw. entwickelte) *Topologie der Mannigfaltigkeiten* – gegenüber derjenigen des vorigen Jahrhunderts einen signifikant neuen Themenkreis, die *„Differentialgeometrie im Großen"*.

[Diese untersucht – grob gesprochen – die Einflüsse globaler topologischer bzw. metrischer Eigenschaften, wie Kompaktheit, „höhere Zusammenhangsverhältnisse", Homologie- und Kohomologie-Eigenschaften bzw. metrische Vollständigkeit von Riemannschen Mannigfaltigkeiten auf deren Differentialgeometrie.] Zu deren Themen geben sogar die zwei (letzten?) Universalisten der Mathematik, D. HILBERT [1922, Anhang V] und mehr noch H. WEYL (unter anderem 1917, vgl. [1956, 138] und [1939]) wichtige Beiträge und nachhaltige Anregungen.

Insgesamt ist der Gang der Differentialgeometrie dieses Zeitraumes jedoch in vielfacher Hinsicht geprägt durch Ideen und Beiträge zweier Geometer,

ÉLIE JOSEPH CARTAN (1869–1951)
Geb. in Dolomieu (Isère). Élève der École Normale Supérieure. Dort 1894 „Docteur ès Sciences“. Hochschullehrer in Montpellier, Lyon, Nancy, Paris. Professor an der Sorbonne von 1912 bis 1940. –
Er erzielt schon früh tiefe Resultate über Liegruppen und deren Geometrie. Er etabliert Liegruppen in der Differentialgeometrie durch fundamentale Resultate über „Zusammenhänge“ von G-Strukturen und deren Holonomiegruppen, und über „Symmetrische Räume“.

SHIING-SHEN CHERN
Geb. 1911 in Kashing (China). Studienbeginn 1926 in Tientsin. 1931–1934 Assistent in Peking. 1934–1936 als Stipendiat in Hamburg bei Blaschke und Kähler. 1936 dort Promotion. 1936–1937 Studien bei É. Cartan (Paris). Nach Professuren in China und Aufenthalten am Institute for Advanced Study (Princeton) ab 1949 Professor in Chicago, ab 1960 in Berkeley. –
Er leistet grundlegende Beiträge zu verschiedensten Zweigen der Differentialgeometrie im Großen (Satz von Gauß-Bonnet-Chern, „Chernsche Klassen“, Geometrie holomorpher Abbildungen, Integralgeometrie, ...).

HEINZ HOPF (1894–1971)
Studium in seiner Geburtsstadt Breslau (mit Kriegsdienstunterbrechung). 1917 lernt er dort durch E. Schmidt Brouwers Abbildungsgrad kennen (sein mathematisches Schlüsselerlebnis). Mit E. Schmidt geht er 1920 nach Berlin und promoviert 1925 bei diesem. 1926–1931 Priv.-Doz. in Berlin, dazwischen Studienaufenthalte in Göttingen (E. Noether) und Princeton (Veblen, Lefschetz, Alexander). Ab 1931 Professor an der ETH Zürich. –
Er fördert entscheidend die Beziehung der Topologie zur Differentialgeometrie (differentialgeometrischer Einsatz des Index-Summen-Satzes für Vektorfelder und des Abbildungsgrades). Zusammen mit W. Rinow deckt er die Bedeutung metrischer Vollständigkeit auf.

STEFAN COHN-VOSSEN (1902–1936)
1920–1924 Studium in Breslau (seinem Geburtsort) und Göttingen. 1924 Promotion in Breslau bei A. Kneser. 1924–1927 Studien in Berlin. Ab 1927 in Göttingen, dort Habilitation 1929. Ab 1930 Priv.-Doz. in Köln. April 1933 „Beurlaubung“ durch die NS-Regierung (als Jude). Emigration (in der Schweiz Kontakte zu H. Hopf). September 1933 Entzug der Lehrbefugnis für Köln durch die NS-Regierung. Ab 1934 Professor an der Akademie der Wiss. der UdSSR (Moskau). 1936 stirbt er dort im Verlauf einer Lungenentzündung. –
In seiner kurzen Lebensspanne gewinnt er bedeutende Resultate (Starrheitssatz für Eiflächen, globale Struktur der vollständigen, nicht-kompakten 2-dim. Riemannschen Mannigfaltigkeiten positiver Krümmung).

É. CARTAN und S. S. CHERN, deren Gesamtwerk zugleich die Entwicklung vieler Zweige der Differentialgeometrie reflektiert.

Überaus lehrreich ist im zuletzt genannten Sinne É. CARTANS Dokumentation und Kurzbeschreibung [1952, 1–98] seiner eigenen wissenschaftlichen Arbeiten bzw. S. S. CHERNS wissenschaftliche Autobiographie [1978, xxi–xxxi]. Unvergleichlich lebendige Eindrücke von den „Wanderungen" bzw. Entwicklungen gewisser fundamentaler Ideen bzw. Probleme der neueren Topologie und Differentialgeometrie (sowie auch von den Begegnungen unter Mathematikern, die Anstöße und Ansporn gaben), vermitteln S. S. CHERN und C. CHEVALLEY [1952] in ihrem Nachruf auf É. CARTAN, H. HOPF [1961] in einigen Erinnerungen an die Entwicklung der Topologie, sowie A. WEIL [1978] im Rückblick auf seine Freundschaft mit S. S. CHERN und schließlich S. S. CHERN in seiner Würdigung des mathematischen Lebenswerkes von W. BLASCHKE [1985, 11–27]. [Gerade diese (z. T. recht persönlich gehaltenen) Artikel lassen im einzelnen mehr vom „Geist der Geometrie" dieses Jahrhunderts entdecken oder erleben, als mancher enzyklopädische Artikel darüber!]

(V) Angesichts dieses reichhaltigen, leicht zugänglichen und kompetenten Informations-Angebots durfte sich dieser Artikel auf eine gewisse Komplementarität zu den dort behandelten Themen einstellen. Aber selbst mit der dadurch möglichen Reduktion der zu referierenden Themenkreise *fielen mehrere geplante* (und weitgehend mit Literatur-Auszügen vorbereitete) *Kurzreferate den* redaktionellen *Termin- und Umfangs-Vorgaben* für diesen Artikel *zum Opfer*.

Darunter waren z. B. Kurzreferate über:

a) Isometrische Einbettungen Riemannscher Mannigfaltigkeiten in euklidische Räume.
b) „Raumprobleme" nach RIEMANN, v. HELMHOLTZ, LIE und WEYL (und ihre Verallgemeinerungen durch KOLMOGOROFF, FREUDENTHAL und TITS).
c) Differentialgeometrie und Relativitätstheorie.
d) Zur Historie des Integralsatzes von GAUSS-BONNET-CHERN.
e) Der Satz von KORN und LICHTENSTEIN und die Integrierbarkeit fast-komplexer Strukturen nach ECKMANN und FRÖLICHER, bzw. NEWLANDER und NIRENBERG.
f) Die von E. KÄHLER [1933] initiierte Differentialgeometrie Kählerscher Mannigfaltigkeiten.

[Minimalflächen waren (zufolge redaktioneller Absprache) ohnehin in den Artikel über partielle Differentialgleichungen „delegiert" worden. – Auch der in neuerer Zeit wiederbelebte Bezug der Differentialgeometrie zur Physik (Mechanik, Eichfeld-Theorien, ...) mußte – leider – ausgespart bleiben.]

Im Hinblick auf das Ziel dieses Bandes, zu versuchen, mit den Einzelartikeln auch interessierte Nicht-Experten unter den Kollegen zu erreichen, erfolgte daher ein nochmaliger Rückzug auf eine Darstellung der ideen-geschichtlichen Entwicklung einiger zentraler Grundbegriffe der Differentialgeometrie sowie einiger fundamentaler Fragestellungen und Resultate der globalen Differentialgeometrie von Kurven und Flächen in den der Anschauung zugänglichen euklidischen Räumen. Dafür wurde auf den historischen Aspekt einige Sorgfalt verwandt, in der Hoffnung, auf diese Weise (eventuell?) die Experten mit der einen oder anderen Information zu „entschädigen": Da die Wurzeln differentialgeometrischer Begriffe und Probleme meistens in Zeiten weit *vor* dem im Titel des Bandes genannten Berichtszeitraum liegen, wurde die Historie auch weiter zurückverfolgt, um Ideenzusammenhänge nicht durch ein willkürliches Datum zu zerschneiden, und vor allem, um die Resultate der letzten hundert Jahre auf dem richtigen Hintergrund würdigen zu können.

„Nachdem ich Sie so auf die Enttäuschungen vorbereitet habe, die Ihrer warten, will ich mich gleich in die angedeuteten Fragen hineinstürzen, ohne mich weiter in Allgemeinheiten zu verlieren."

(Zitat nach W. BLASCHKE, [1931, 2].)

1 Zur Entwicklung einiger Grundbegriffe und Probleme der Differentialgeometrie

1.1 Zum Mannigfaltigkeitsbegriff

„The importance of manifolds in modern mathematics cannot be overemphasized."
S. S. CHERN [1967, 1]

(I) Das Wort *„Mannigfaltigkeit"*, etwa im Sinne des heutigen differentialgeometrischen Terminus (also nicht nur in der landläufigen Bedeutung einer Vielfalt oder Vielzahl von Dingen und auch nicht nur als Sammelname für Kurven und Flächen in Euklidischen Räumen), tritt wohl erstmalig 1827 bei GAUSS auf. Er verwendet dort „Mannigfaltigkeit" nicht als Allgemeinbegriff, wie ihn RIEMANN (erst 1854) einführte, sondern lediglich exemplarisch, u.z. interessanterweise für ein a priori nicht in einem Zahlraum gelegenes Beispiel einer solchen. In der in deutscher Sprache abgefaßten „Anzeige" seiner „Disquisitiones circa superficies curvas" schreibt er [Gauss, 4, 342]:

„Bei Untersuchungen, wo eine Mannigfaltigkeit von Richtungen gerader Linien im Raume ins Spiel kommt, ist es vorteilhaft, diese Richtungen durch diejenigen Punkte auf der Oberfläche einer festen Kugel zu bezeichnen, welche die Endpunkte der mit jenen parallel gezogenen Radien sind."

Durch die letztgenannte Bijektion „macht" GAUSS also die Menge der Richtungen von (orientierten) Geraden des $\mathbb{E}^3$ zu einer differenzierbaren bzw. Riemannschen Mannigfaltigkeit im heutigen Sinne, nämlich zur heute so genannten *„Graßmann-Mannigfaltigkeit"*[1] der orientierten 1-dim. Untervektorräume des $\mathbb{E}^3$, indem er sie diffeomorph bzw. sogar isometrisch auf die Einheitssphäre S^2, betrachtet als 2-dim. differenzierbare bzw. Riemannsche Untermannigfaltigkeit des $\mathbb{E}^3$, abbildet. [Indem GAUSS letztere Abbildung auf das (lokal orientierbare) Richtungsfeld der Normalen einer ($\mathscr{C}^2$-)Fläche im $\mathbb{E}^3$ anwendet, gelangt er zu seiner (heute so genannten) „sphärischen Abbildung" dieser Fläche, u.z. als einer ($\mathscr{C}^1$-)

differenzierbaren Abbildung, so daß er deren Differential für seine Definition der „Gaußschen Krümmung" der Fläche investieren kann.]

(II) Am 10. 6. 1854 hält RIEMANN (*17. 9. 1826, † 20. 7. 1866) an der Universität Göttingen, noch im Beisein von GAUSS, seinen Habilitationsvortrag: „Über die Hypothesen, welche der Geometrie zu Grunde liegen". Dieser Vortrag wird jedoch dem mathematischen Publikum erst zwölf Jahre später (1866/67) über seine Veröffentlichung durch DEDEKIND (aus dem Nachlaß RIEMANNS nach dessen Tod) bekannt [Riemann, 133–152]. Darin versucht RIEMANN als erstes, den „Begriff einer n-fach ausgedehnten Größe" zu definieren und schlägt dafür (falls $n > 1$) synonym die Termini *„(stetige) n-fach ausgedehnte Mannigfaltigkeit"* bzw. *„Veränderlichkeit von n Dimensionen"* vor[2].

[Diese zweifache Nomenklatur erklärt die Herkunft der zwei verschiedenen, heute (international) gebräuchlichen Ausdrücke *„manifold"* bzw. *„variété"* oder *„variety"*. Durchgesetzt hat sich (in der angelsächsischen und deutschen Literatur) eine Kombination der zwei Termini RIEMANNS, nämlich *„n-dimensionale Mannigfaltigkeit"*.]

RIEMANN will „(stetige) n-fach ausgedehnte Mannigfaltigkeiten" koordinatenfrei, d.h. – wie er sich ausdrückt – ohne „Größenbestimmungen" definieren, und zwar induktiv: Danach soll (für $n > 1$) eine „n-fach ausgedehnte Mannigfaltigkeit" in heutiger Terminologie lokal-homöomorph (bzw. -diffeomorph) zu einem Produktraum aus einer $(n-1)$-fach und einer einfach ausgedehnten Mannigfaltigkeit sein. Bleibt ihm also, „einfach ausgedehnte Mannigfaltigkeiten" (koordinatenfrei!) zu definieren, was er so umschreibt [Riemann, 275]: „... eine einfach ausgedehnte Mannigfaltigkeit, deren wesentliches Kennzeichen ist, daß in ihr von einem Punkte nur nach zwei Seiten, vorwärts oder rückwärts, ein stetiger Fortgang möglich ist." Ohne eine Präzisierung der letzteren Erklärung, etwa durch die Forderung der lokalen Homöomorphie bzw. Diffeomorphie 1-dimensionaler Mannigfaltigkeiten zur Zahlengeraden $\mathbb{R}$ (d.h. aber doch wieder: Heranziehung einer Koordinatenfunktion, die RIEMANN – aus philosophischen Gründen – bei seinem Vorgehen zunächst ja gerade vermeiden will) bleibt die hier skizzierte Definition RIEMANNS n-dimensionaler Mannigfaltigkeiten für unser heutiges begriffliches Verständnis unbefriedigend.

[Er erklärt dann (was uns heute nur modulo der letzteren Präzisierung nachvollziehbar erscheint), daß die Ortsbestimmung in n-dim. Mannigfaltigkeiten – lokal – durch n „Größenbestimmungen" (d.h. durch n reellwertige Koordinaten) erfolgen kann, und daß die Existenz von n lokalen Koordinatenfunktionen gleichwertig zu seiner Definition der n-dim. Mannigfaltigkeit sei.)

Schließlich gibt er einen Hinweis auf den Begriff der heute so genannten *Hilbert-* oder *Banach-Mannigfaltigkeiten*, von ihm exemplifiziert als gewisse Abbildungs-Räume [Riemann, 276]: „Es giebt indess auch Mannigfaltigkeiten, in welchen die Ortsbestimmung nicht eine endliche Zahl, sondern entweder eine unendliche Reihe oder eine stetige Mannigfaltigkeit von Grössenbestimmungen erfordert. Solche Mannigfaltigkeiten bilden z.B. die möglichen Bestimmungen einer Function für ein gegebenes Gebiet, die möglichen Gestalten einer räumlichen Figur u.s.w."

Wir finden bei RIEMANN also keine im heutigen Sinne strenge Definition einer n-dim. Mannigfaltigkeit, dazu fehlt es zu seiner Zeit einfach an einer strengen Fundierung der Topologie.

Erst nach klärenden Arbeiten zur Topologie, inbesondere derer von BROUWER (s. u.), erfolgt eine präzise Definition differenzierbarer Mannigfaltigkeiten in WEYLs „Die Idee der Riemannschen Fläche", [1913].

Andererseits müssen wir im Nachhinein konstatieren, daß RIEMANN die Grundidee dieser Begriffsbildung offenbar doch so inspirierend dargestellt und – für seine Zeit – auch so klar entworfen hat, daß sein Konzept in der Lage war, fast ein halbes Jahrhundert lang (1867 bis 1913) eine reichhaltige Forschung über Mannigfaltigkeiten anzuregen und zu tragen!

(III) Der Begriff der n-dimensionalen *topologischen* (bzw. *differenzierbaren*) *Mannigfaltigkeit* klärt sich in den fünfzig Jahren nach RIEMANNS Vortrag vor allem an Hand des Beispielmaterials der Dimension $n = 2$:

1857 hatte RIEMANN die *homologische Version des Cauchyschen Integralsatzes* für Riemannsche Flächen angegeben [Riemann, 91–92], wonach die Integrale einer geschlossenen Pfaffschen Form über zwei geschlossene Wege einer Riemannschen Fläche F einander gleich sind, wenn diese Wege den orientierten Rand eines berandeten Teilflächenstückes von F bilden (d. h. in heutiger Terminologie „in F zueinander homolog sind"). In der gleichen Arbeit definiert RIEMANN [Riemann, 93–94] *„einfachen* (und auch mehrfachen) *Zusammenhang"* einer – eventuell berandeten – Riemannschen Fläche. Interpretiert man im „Fragment aus der Analysis Situs" (das erstmals 1876 aus dem Nachlaß RIEMANNS publiziert wurde [Riemann, 479–482] die „unbegrenzten k-Strecke" bzw. „die begrenzenden k-Strecke" bzw. die „k-streckigen Querschnitte" einer berandeten n-dim. Mannigfaltigkeit M für $k < n$ als „k-dim. Zyklen von M" bzw. „k-dim. Ränder von M" bzw. „k-dim. Zyklen von $(M, \partial M)$" im Sinne der heutigen singulären Homologietheorie des Raumpaares $(M, \partial M)$ mit Koeffizienten in $\mathbb{Z}$, so lautet die dortige Definition RIEMANNS, M habe *„in der Dimension k einen* $(m+1)$*-fachen Zusammenhang"*, in derzeitiger Terminologie: Die k-te Bettische Zahl von M ist gleich m [Riemann, 479][3], und sein *„einfacher Zusammenhang von M"* ist die heutige Azyklizität von M in den Dimensionen $k = 1, \ldots, n-1$ [Riemann, 480][4].

BETTI (1823–1892) aus Pisa, mit dem RIEMANN seit seinem ersten Italienaufenthalt (1862) eng befreundet war, publiziert [1870/71] damit verwandte Ideen für n-dim. Mannigfaltigkeiten: Bei ihm ist ein k-dim. Zyklus („spazio chiuso") von M eine gewisse gleichungsdefinierte k-dim. Untermannigfaltigkeit von M, ein k-dim. Rand („contorno") von M die Randmannigfaltigkeit ∂N einer $(k+1)$-dim. (durch Gleichungen und Ungleichungen definierten) berandeten Untermannigfaltigkeit N von M.

Diese Ideen bzw. Ausführungen von RIEMANN bzw. BETTI zur Homologie- (= „Berandungs-")Theorie in Mannigfaltigkeiten zielen bei beiden primär (nicht auf Geometrie, sondern) auf analytische Anwendungen (z. B. „Perioden" von Integralen über Zyklen, oder Unterscheidung meromorpher Funktionen durch die unterschiedliche Topologie „ihrer“ Riemannschen Flächen). Es gibt aber auch mehr topologisch-geometrisch motivierte Untersuchungen:

Im Jahre 1858 stellt die Pariser Akademie eine Preisaufgabe: *„Perfectionner en quelque point important la théorie géométrique des polyèdres“*. Dadurch wird MÖBIUS (*17. 11. 1790, † 26. 9. 1868) zur Beschäftigung mit der Geometrie von Polyedern und Flächen angeregt. In seiner 1861 eingesandten Preisarbeit beschreibt er u. a. mehrere „einseitige“ polyedrische Flächen in $\mathbb{R}^3$, seine Beschreibung des *Möbiusbandes*[5] wird 1865 bekannt [Möbius, 484 f], nachdem er aus Teilen einer revidierten Fassung seiner Preisarbeit zwei eigenständige Publikationen macht [Möbius, 433 und 473].

Am Ende einer brieflichen Diskussion mit L. SCHLÄFLI über die Riemannschen Zusammenhangszahlen nicht-orientierbarer (damals „unpaarer“) Flächen, insbesondere der reellen projektiven Ebene, wobei SCHLÄFLI den Begriff der „Doppelfläche“ (d. i. die heutige 2-blättrige „Orientierungsüberlagerung“) eingebracht hatte, führt F. KLEIN (* 25. 4. 1849, † 22. 6. 1925) erstmals [1876, 479] für (nicht notwendig eingebettete!) 2-dim. Mannigfaltigkeiten den *intrinsecen* Begriff der *Orientierbarkeit* ein und stellt für Flächen im $\mathbb{R}^3$ die Äquivalenz von Orientierbarkeit und (extrinsecer) *Zweiseitigkeit* fest. Seine Beschreibung des Kleinschen Schlauchs[6] erscheint erst 1882 [Klein, 1923, 571].

Zurück zu den zuletzt erwähnten zwei Arbeiten von MÖBIUS: In der ersteren („Theorie der elementaren Verwandtschaft“, 1863) will er zeigen, daß zwei zusammenhängende, geschlossene (d. h. kompakte und unberandete) Flächen F und $\tilde{F}$ in $\mathbb{R}^3$ zueinander *homöomorph* (= „elementar verwandt“ bei MÖBIUS) sind genau dann, wenn F und $\tilde{F}$ von gleichem Geschlecht[7] g sind. Wenn MÖBIUS' Beweisargumente für letzteren Satz auch lückenhaft bleiben[8,9],– so finden sich darin doch erstaunlich originelle Überlegungen, mit denen MÖBIUS wesentliche Ideen der *Morse-Theorie* dieses Jahrhunderts vorwegnimmt, z. B. schließt MÖBIUS dort [Möbius, 440 ff]: Für F gibt es eine lineare Funktion des $\mathbb{R}^3$, deren Beschränkung φ auf F nur *nicht-degenerierte kritische Punkte* besitzt, und bei welcher zu verschiedenen kritischen Punkten verschiedene Werte von φ gehören. Ist sodann m die Anzahl der kritischen Punkte von φ, so wählt MÖBIUS $m+1$ reelle Zahlen $\varepsilon_0, \ldots, \varepsilon_m$, die die m verschiedenen kritischen Werte $\varphi_1, \ldots, \varphi_m$ von φ folgendermaßen einschließen: $\varepsilon_m < \varphi_m < \ldots < \varepsilon_1 < \varphi_1 < \varepsilon_0$. MÖBIUS illustriert (1863) diese Situation durch folgende Figuren (s. Seite 331) (Faksimile-Wiedergaben der Original-Abbildungen aus [Möbius, 442 und 445]).

Die identische Ränder-Verheftung unter den 2-dim. berandeten, kompakten (nicht notwendig zusammenhängenden) Untermannigfaltigkeiten $F_i := \varphi^{-1}([\varepsilon_i, \varepsilon_{i-1}])$ von F ($i \in \{1, \ldots, m\}$) liefert offenbar einen „Aufbau“ der topologischen Mannigfaltigkeit F aus den „einfacheren Bausteinen“ F_i, insofern nach MÖBIUS die F_i nur Zusammenhangskomponenten besitzen, welche homöomorph sind zu den drei Flächen-„Grundformen“ D_1, D_2, D_3, wobei D_n ($n \in \mathbb{N}_+$) eine $(n-1)$-fach offen-gelochte (nicht nur punktierte!) kompakte Kreisscheibe D des $\mathbb{R}^2$ ist (z. B. $D_1 = D$, $D_2 =$ kompakter Kreisring in $\mathbb{R}^2, \ldots$). Aber D_{n+1} entsteht aus D_n offenbar durch Anheften eines *2-dim. Henkels* an eine Randkomponente von D_n: Der MÖBIUSsche, oben beschriebene „Aufbau“ von F erweist sich (im

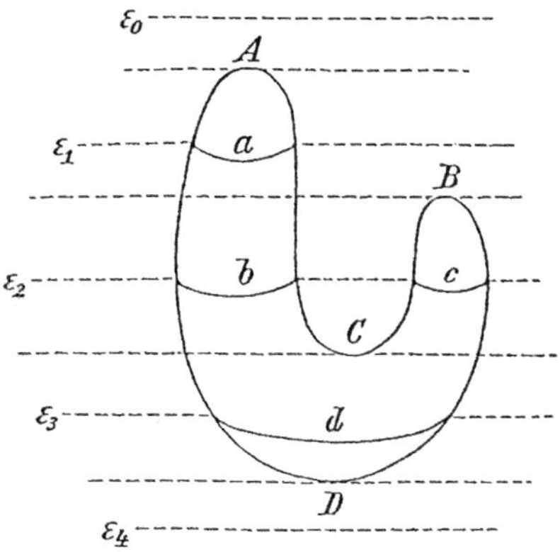

Fig. 4.

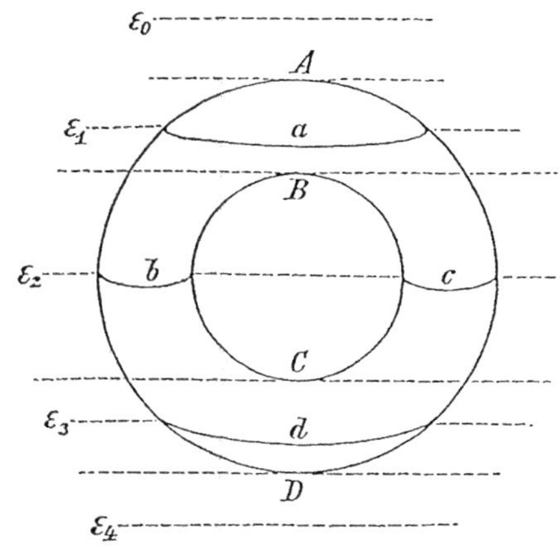

Fig. 5.

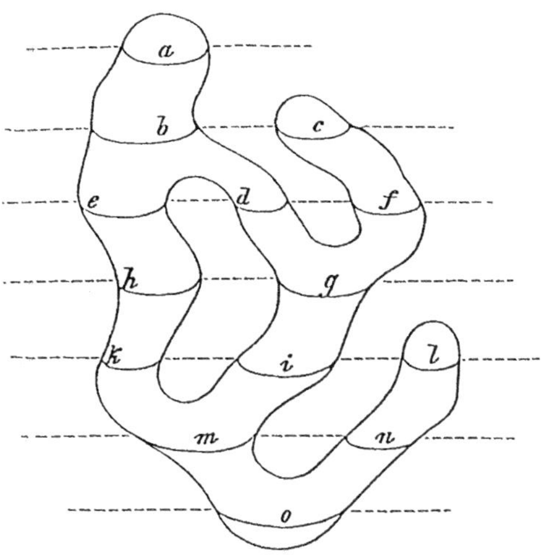

Fig. 6.

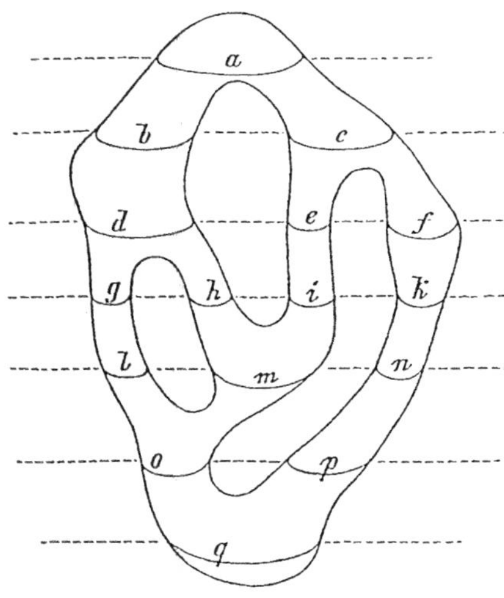

Fig. 7.

Hinblick auf die von ihm angegebene Bilanzierung der beim Anheften von F_i „hinzukommenden“ bzw. „verlorengehenden“ Randkomponenten [Möbius, 441]) de facto als der heute so genannte ***Henkel-Aufbau von F***.

Das entscheidende Ideen-Defizit bei MÖBIUS gegenüber der heutigen Morse-Theorie ist bei ihm das Fehlen des „Flusses“, der von dem geeignet normierten Gradienten-Vektorfeld der „Höhenfunktion“ φ (außerhalb der Menge ihrer kritischen Punkte) erzeugt wird, und mit dessen Hilfe die entsprechenden Homöomorphie-Aussagen heute streng bewiesen werden.

Schließlich enthält seine Arbeit explizite [Möbius, 463] folgenden Satz der Morse-Theorie: Ist F eine geschlossene Fläche des $\mathbb{R}^3$, ist $p_0 \in \mathbb{R}^3 \backslash F$ und besitzt die Beschränkung φ auf F der auf $\mathbb{R}^3$ definierten Abstandsfunktion $p \mapsto \|p - p_0\|$ nur nicht-entartete kritische Punkte auf F, so gilt (für die „Wechselsumme der Anzahlen kritischer Punkte von φ vom Index i"):

$$\# \{\text{Maxima- oder Minima-Punkte von } \varphi\} - \# \{\text{Sattelpunkte von } \varphi\} = \chi(F),$$

wo die Euler-Charakteristik $\chi(F)$ von F bei MÖBIUS mittels seiner topologischen Invariante „Klasse n von F" ausgedrückt ist als $2(2-n)$ [7]. Ferner: Treten unter allen oben genannten Bausteinen F_i insgesamt u bzw. t Zusammenhangskomponenten auf, die zu D_1 bzw. zu D_3 (d.h. zu einer abgeschlossenen Kreisscheibe bzw. zu einer „Hosenfläche") homöomorph sind, so gilt $u - t = \chi(F)$, und MÖBIUS hebt hier den Zusammenhang mit der Eulerschen Polyederformel hervor [Möbius, 461 u. 467].

Anmerkung: Wir haben aus diesem Artikel [Möbius, 433–471] so ausführlich zitiert, weil dieser eklatante Ideen-Vorläufer der Morse-Theorie in den bekannten Darstellungen dieses Gegenstands weder Erwähnung noch Würdigung findet. (Hinweise auf Morse-theoretische Überlegungen bei MÖBIUS begegneten uns nur in einem mathematisch-historischen [E. Scholz, 151] bzw. in einem differentialtopologischen [M. W. Hirsch, 188] Werk.)

(IV) L. EULER (* 15. 4. 1707, † 7. 9. 1783) publiziert 1758 den *Eulerschen Polyedersatz:* In jedem von ebenen Flächen eingeschlossenen Körper ist die Summe aus der Zahl der Ecken und der Zahl der Seitenflächen um zwei größer als die Zahl der Kanten [Euler, 26, 95].

[A. SPEISER bemerkt in seinem Kommentar hierzu [Euler, 26, XVI], daß

1. EULER – entgegen seiner allgemeineren Formulierung des Satzes – in seinem Beweis implizite die Konvexität des Polyeders benutzt und an entscheidender Stelle lückenhaft schließt,
2. jedoch EULERs kombinatorische Abzählungen zusammen mit einem Satz über den Flächeninhalt geodätischer Polygone auf S^2 (nach A. LEGENDRE) für *konvexe* Polyeder einen einfachen Beweis liefern,
3. die Aussage, die man aus dem Eulerschen Polyedersatz gewinnt, wenn man „Zahl der Kanten" durch (die dazu i. S. einer einfachen Bilanz gleiche) „halbe Anzahl der Seitenflächenwinkel" ersetzt, mindestens 100 Jahre früher R. DESCARTES bekannt war (wie man aus 1860 publizierten Notizen erfuhr, die sich LEIBNIZ aus einem später verlorengegangenen Manuskript von DESCARTES gemacht hatte).]

LHUILIER gibt [1812, 186] u.a. für Polyeder des $\mathbb{R}^3$, welche die Gestalt einer „g-fach durchbohrten, geschlossenen Fläche" im $\mathbb{R}^3$ haben, den Satz an, daß deren

$$\text{Euler-Zahl} := \# \{\text{Ecken}\} - \# \{\text{Kanten}\} + \# \{\text{Seitenflächen}\}$$

gleich $2(1-g)$ ist. Diese – von Konvexitäts-Annahmen unabhängige – Aussage weist nun deutlich in Richtung der topologischen Invarianz der Euler-Zahl eines Polyeders, die MÖBIUS mit seinem o.a. Satz [Möbius, 464f] stützen will.

Bewußt auf die Konstruktion einer Invarianten für eine n-dim. kompakte differenzierbare Mannigfaltigkeit M (die für polyedrisch zerlegte geschlossene differenzierbare Flächen gerade die Euler-Zahl sein soll) zielen die Arbeiten von DYCK (* 6. 12. 1856, † 9. 11. 1934, Mitbegründer der DMV), [1888, 1890]. DYCK nennt diese Invariante die *„Charakteristik von M"* (er begründet – unter Rückgriff auf KRONECKERS Terminologie, s.u. – damit vermutlich den heutigen Sprachgebrauch *Euler-Poincaré-Charakteristik* von M) und definiert sie über eine Darstellung von M als einen (speziellen, insbesondere differenzierbaren) *CW-Zellenkomplex*. [Für die Sphären S^n bzw. die reellen projektiven Räume $\mathbb{R}P^n$ gibt er (erstmalig?) die heutigen Standard-CW-Zerlegungen $S^n = E^n \cup E^0$ bzw. $\mathbb{R}P^n = E^n \cup E^{n-1} \cup \ldots \cup E^0$ an (wo E^i eine zu $\mathbb{R}^i$ diffeomorphe Untermannigfaltigkeit meint) und berechnet damit deren Charakteristiken.] Sein Beweisansatz für die Unabhängigkeit dieser „Charakteristik von M" von der speziell gewählten *CW*-Zerlegung von M investiert die von KRONECKER (* 7. 12. 1823, † 29. 12. 1891) 1869 eingeführte „Charakteristik" differenzierbarer Abbildungen [Kronekker, 179], beinhaltet also seinem Wesen nach höchstens Diffeomorphie-Invarianz der Charakteristik.

POINCARÉ (* 29. 4. 1854, † 17. 7. 1912) zeigt dann in seiner berühmten Arbeit „Analysis Situs"[10] [1895], in deren Einleitung er die oben genannten Arbeiten von DYCK eigens zitiert, folgendes: Ist M eine n-dim. orientierbare geschlossene Mannigfaltigkeit, die homöomorph ist zu einem Polyeder mit $\alpha_i \in \mathbb{N}$ „Seitenflächen" der Dimension i, welche einfach-zusammenhängend sind, so gilt für die Euler-Zahl $N := \alpha_0 - \alpha_1 + \ldots + (-1)^n \alpha_n$ dieser polyedrischen Zerlegung von M stets $N = 0$, falls n ungerade und

$$N = 2 - p_1 + p_2 - \ldots + (-1)^{n-1} p_{n-1}, \quad \text{falls } n \text{ gerade,}$$

wo rechts die Bettischen Zahlen von M stehen. Die topologische Invarianz der Euler-Zahl N ist damit auf die der Bettischen Zahlen zurückgeführt.

(V) CANTORS Bijektion [1878][11] und PEANOS stetige Surjektion [1890] von $[0, 1]$ auf $[0, 1]^2$ fordern eine Klärung des Dimensionsbegriffs heraus. JÜRGENS formuliert [1899, 51] explizite, daß einer Menge nur dann „n-Dimensionalität" im Sinne Riemanns zugesprochen werden kann, wenn in ihr „... der Begriff des stetigen Zusammenhangs und damit zugleich auch der Begriff einer kleinen Verschiebung der in ihr vorkommenden Elemente feststehen ...". Damit ist zum Ausgang des vorigen Jahrhunderts die (uns heute geläufige) Einsicht gewonnen: Die Eigenschaft, n-dim. Mannigfaltigkeit zu sein, kommt nicht Mengen, sondern topologischen Räumen zu, und: Die gleiche Menge kann bezüglich verschiedener Topologisierungen Mannigfaltigkeit verschiedener Dimensionen sein.

SCHOENFLIES beweist [1899, 289] den *Satz von der Dimensionsinvarianz* [wonach es für alle $n \in \mathbb{N}$ keine injektive und stetige Abbildung einer m-dim. in eine n-dim. Mannigfaltigkeit geben kann, falls $m > n$] in der ersten nicht-trivialen Dimension $n = 2$, sodann LÜROTH für $n = 3$ [1907, 223] und schließlich BROUWER für alle $n \in \mathbb{N}$ [1911, 165].

Dem letzteren Artikel folgen 1912 (im Band 71 der Math. Annalen) die vier berühmten Arbeiten BROUWERS zu den Themen: *Abbildungsgrad, Summe der Indizes der Nullstellen stetiger Vektorfelder auf n-dim. Spären, Brouwerscher Fixpunktsatz, Satz von der Gebietsinvarianz, Jordan-Brouwerscher Satz* [= Verallgemeinerung des 1887 von JORDAN bewiesenen „Jordanschen Kurvensatzes" in $\mathbb{R}^2$ auf den $\mathbb{R}^n$], *Zweiseitigkeit der kompakten, unberandeten Hyperflächen in* $\mathbb{R}^n$.

FREUDENTHAL und HEYTING schreiben über diese Arbeiten (in [Brouwer, 1976, XIII]): „His writings were known as difficult to read, ... and some time would elapse before others fully comprehended his work and built on it. The first to do so were Erhard SCHMIDT and J. W. ALEXANDER. Through SCHMIDT's lectures, Heinz HOPF became acquainted with BROUWER's work and, more than anybody else, carried on BROUWER's work directly and in a great style."

Das methodische Fundament letzterer Arbeiten von BROUWER sind Triangulationen der Mannigfaltigkeiten (und simpliziale Approximationen stetiger Abbildungen). Da man die erstmals von S. S. CAIRNS [1935] bewiesene Triangulierbarkeit der differenzierbaren kompakten Mannigfaltigkeiten damals noch nicht kannte, findet man zwischen 1912 und 1935 beim Begriff der n-dim. Mannigfaltigkeit die Triangulierbarkeit oft zusätzlich gefordert (sie impliziert die Parakompaktheit der Mannigfaltigkeit), so z. B. im Buch des damals jungen Dozenten

(VI) H. WEYL (* 9. 11. 1885, † 8. 12. 1955): *Die Idee der Riemannschen Fläche* [1913]. WEYL beschreibt hierin (soweit der Autor sehen kann: als erster) den Begriff der *n-dim. differenzierbaren* (bzw. holomorphen) *Mannigfaltigkeit M* [12] in der uns heute geläufigen Weise als zusammengesetzt aus den zwei Daten [Weyl, 1913, 35-36]

1) *die M zugrundeliegende n-dim.* (bzw. $2n$-dim.) *topologische Mannigfaltigkeit* [hier als M_{top} bezeichnet] und

2) *die M zugrundeliegende differenzierbare* (bzw. holomorphe) ***Struktur*** [hier als $F(M)$ bezeichnet, als eine – in gewissen Grenzen frei – ausgewählte Menge von auf offenen Teilmengen von M_{top} definierten $\mathbb{R}$-wertigen (bzw. $\mathbb{C}$-wertigen) Funktionen, für welche – vermöge zu $F(M)^n$ gehörender topologischer Karten – eine zur klassischen Differentialrechnung des $\mathbb{R}^n$ (bzw. zur Funktionentheorie des $\mathbb{C}^n$) analoge Analysis getrieben werden kann].

WEYL nennt außerdem [1913, 24] eine topologische Mannigfaltigkeit *geschlossen*, wenn sie folgenkompakt ist.

P. ALEXANDROFF schlägt 1924 vor, in letzterer Definition – wie es heute üblich ist – „folgenkompakt" durch „kompakt" zu ersetzen mit dem Hinweis, daß WEYLs Definition noch auf Mannigfaltigkeiten zuträfe, die dem anschaulichen Sinn von „Geschlossenheit" nicht entsprächen. Als Beispiel für diese Behauptung gibt er [1924, 295] die (heute oft nach ihm benannte[13] *lange Gerade A* an: dies ist eine totalgeordnete Menge (ohne Maximum und Minimum) mit einer ordnungsumkehrenden Involution, die genau einen Fixpunkt 0 hat, so daß A bzgl. der Ordnungstopologie eine 1-dim. (dem Hausdorffschen Trennungsaxiom genügende) zusammenhängende, folgenkompakte aber nicht kompakte topologische Mannigfaltigkeit ist. Dabei ist für alle $a, b \in A$ mit $a < b$ das Intervall $\{x \in A \mid a < x < b\}$ homöomorph zu $\mathbb{R}$, A und $A^+ := \{x \in A \mid 0 < x\}$ jedoch nicht homöomorph zu $\mathbb{R}$, weshalb A bzw. A^+ die *lange Gerade* bzw. *lange Halbgerade* heißt.

Bei seiner Kritik an WEYLs Geschlossenheits-Definition hatte ALEXANDROFF jedoch übersehen, daß WEYL für topologische Mannigfaltigkeiten die Triangulierbarkeit gefordert hatte, aus der für jede Zusammenhangskomponente die Existenz einer abzählbaren Basis (und damit die Äquivalenz von Folgenkompaktheit und Kompaktheit) folgt, die für A nicht zutrifft. So wird die „lange Gerade" A, was ursprünglich von ALEXANDROFF wohl nicht intendiert war, zugleich mit dem 1923 von PRÜFER gefundenen und von RADÓ [1925, 107] publizierten Beispiel einer 2-dim. zusammenhängenden, hausdorffschen, topologischen Mannigfaltigkeit ohne abzählbare Basis eher zum Paradebeispiel zur Klärung der Bedeutung der *Parakompaktheit*, die für n-dim. topologische Mannigfaltigkeiten M (d. h. für zu $\mathbb{R}^n$ lokalhomöomorphe Hausdorff-Räume) gleichwertig ist zur *Existenz einer abzählbaren Basis der Topologie in jeder Zusammenhangskomponente von M.*

RADÓ beweist [1925] die Triangulierbarkeit, also (s. o.) die Parakompaktheit jeder komplex-1-dim. holomorphen Mannigfaltigkeit und zeigt damit die Entbehrlichkeit von WEYLs Axiom der Triangulierbarkeit für Riemannsche Flächen. CALABI und ROSENLICHT geben [1953] dem oben genannten Beispiel von PRÜFER eine besonders einfache Version, mittels derer sie (nach Komplexifizierung) BOCHNERs Vermutung bestätigen, daß es für alle $n > 1$ komplex-n-dim. holomorphe (also auch $2n$-dim.

reell-analytische) Mannigfaltigkeiten gibt, die *nicht parakompakt* sind. H. KNESER zeigt [1958_1, 4], daß dies im reell-analytischen Fall auch für alle ungeraden Dimensionen richtig ist, daß sogar [1958_1, 8] jede 1-dim. topologische Mannigfaltigkeit eine reell-analytische Struktur gestattet (wobei die letztere Aussage noch informativer wird durch seinen Satz [1958_2, 24], wonach jede 1-dim. topologische Mannigfaltigkeit homöomorph ist zu S^1, zu $\mathbb{R}$, zur Alexandroff-Geraden A oder zur Alexandroff-Halbgeraden A^+ (s.o.)). Auf dem Hintergrund all dieser Resultate erscheint RADÓs Entdeckung der Parakompaktheit aller komplex-1-dim. holomorphen Mannigfaltigkeiten als einsamer Ausnahmefall, dessen Auftreten sich allein durch die bei seinem Beweis einsetzbaren starken Sätze der Uniformisierungstheorie für holomorphe Funktionen einer komplexen Veränderlichen erklärt.

Im Rahmen der Riemannschen Geometrie tritt *Parakompaktheit* (s.o.) als Voraussetzung i.w. nur implizite in Erscheinung, insofern diese für jede $\mathscr{C}^r$-Mannigfaltigkeit M ($r > 1$) mit der (in der Riemannschen Geometrie vorausgesetzten) Existenz einer Riemannschen $\mathscr{C}^{r-1}$-Metrik für M äquivalent ist. Für Resultate der Differentialtopologie jedoch bleibt Parakompaktheit i.a. eine qualitativ einschneidende Voraussetzung: So gibt M. KNESER [1960] eine Menge M an, die er auf zweierlei Weise zu einer 3-dim. bzw. 2-dim. reell-analytischen, zusammenhängenden, nicht-parakompakten Mannigfaltigkeit M^3 bzw. M^2 macht, so daß M^2 eine 2-dim. reell-analytische Blätterung von M^3 (mit nur einem Blatt!) ist, insbesondere die identische Abbildung von M eine reell-analytische Immersion der 2-dim. Mannigfaltigkeit M^2 auf die 3-dim. (also höher-dimensionale!) Mannigfaltigkeit M^3 induziert, wohingegen jede differenzierbare (nicht notwendig $\mathscr{C}^1$-)Abbildung einer zusammenhängenden parakompakten m-dim. $\mathscr{C}^1$-Mannigfaltigkeit in eine n-dim. $\mathscr{C}^1$-Mannigfaltigkeit für $n > m$ stets eine μ_n-Nullmenge als Bild hat, also nicht surjektiv sein kann.

(VII) O. VEBLEN und J. H. C. WHITEHEAD geben [1932] eine Definition n-dim. $\mathscr{C}^r$-Mannigfaltigkeiten ($r \in \mathbb{N} \cup \{\infty, \omega\}$) als „Mengen“ M mit geeignet axiomatisierten *„zulässigen Koordinatensystemen“*, d.s. in heutiger Terminologie *maximale Atlanten $\mathscr{C}^r$-verträglicher Karten* für M (wobei sie sogar die Topologie von M erst mittels der zulässigen Koordinatensysteme definieren!). Mit Ausnahme der letzteren Finesse, die sich nicht durchsetzt [man startet in der Folge meist – wie ehedem H. WEYL bei seiner Mannigfaltigkeitsdefinition (s.o.) – von vornherein mit einem topologischen Raum, nicht mit einer (rein abstrakten) Menge M], gewinnt ihre Darstellung auf die begriffliche Behandlung differenzierbarer Mannigfaltigkeiten (via $\mathscr{C}^r$-verträglicher Atlanten) sowie auch auf diejenige der Faserbündel (bei H. WHITNEY, C. EHRESMANN und N. STEENROD) spürbaren Einfluß.

Überdies präzisieren sie bereits [1932, 90] die (nach S. S. CHERN [1966] i.w. auf É. CARTAN zurückgehende) Idee einer *„G-Struktur“*, wenn auch nur den „integrablen“ (also i.S. É. CARTANs den „holonomen“) Fall. – Klassisch geworden ist auch ihre (oft variierte) Antwort auf die Frage, welche Teile der Mathematik als Geometrie zu bezeichnen seien: „It is likely that there is no definite answer *) to this question, but that a branch of mathematics is called a geometry because the name seems good, on emotional and traditional grounds, to a sufficient number of competent people.

*) Any objective definition of geometry would probably include the whole of mathematics. ...“, [1932, 17].

Eine (differenzierbare) *$\mathscr{C}^r$-Struktur* für eine n-dim. topologische Mannigfaltigkeit M ist heute ein maximaler Atlas $\mathscr{C}^r$-verträglicher lokaler Homöomorphismen offener Teilmengen von M auf offene Teilmengen des $\mathbb{R}^n$ oder (mehr i.s. von H. WEYL [1913] bzw. C. CHEVALLEY [1946], s.u.) eine geeignet axiomatisierte Menge (genauer: eine gewisse *„Prägarbe“*) $\mathscr{C}^r(M)$ von auf offenen Teilmengen von M definierten reellwertigen „$\mathscr{C}^r$-Funktionen“, $r \in \mathbb{N} \cup \{\infty, \omega\}$. Jede $\mathscr{C}^s$-Mannigfaltigkeit mit $s > r$ „ist“ auch $\mathscr{C}^r$-Mannigfaltigkeit und eine Abb. $f\colon M \to \tilde{M}$ von $\mathscr{C}^r$-Mannigfaltigkeiten ist *$\mathscr{C}^r$-(differenzierbare) Abb.*, wenn für alle $\tilde{\varphi} \in \mathscr{C}^r(\tilde{M})$ folgt $\tilde{\varphi} \circ f \in \mathscr{C}^r(M)$, und f heißt *$\mathscr{C}^r$-Diffeomorphismus*, wenn f bijektiv ist und sowohl f als auch f^{-1} $\mathscr{C}^r$-Abb.-en sind.

(VIII) Das 19. Jahrhundert, die Gründerzeit der heutigen Differentialgeometrie, ist so sehr experimentierend tätig bzw. mit der Entfaltung neuer keimhafter Ideen (vor allem derjenigen von GAUSS und RIEMANN) beschäftigt, daß es bei der Vielzahl der im Neuland Forschenden notwendig zu starken *Divergenzen in der begrifflichen und notationellen Ausprägung der Differentialgeometrie* kommt. Selbst großartige Kompendien des damaligen Wissensstandes von L. BIANCHI [1886] oder von G. DARBOUX (4 Bände!) [1887–1896] können diese Entwicklung allenfalls abbremsen, nicht aber aufhalten.

In der ersten Hälfte dieses Jahrhunderts kulminiert die begriffliche und terminologische Zerrissenheit der Differentialgeometrie: Arbeiten verschiedener Autoren zum gleichen Problem sind oft nur nach Anfertigen eines „Lexikons“ zur Übersetzung der unterschiedlichen Sprech- und Schreibweisen zu vergleichen; der „Ricci-Kalkül“ entfaltet eine (inflationäre!) Nomenklatur von „geometrischen Objekten“ und von „Index-Konventionen“, welche die geometrischen Inhalte im Dickicht der Notationen zu ersticken drohen; É. CARTAN entwickelt [1899] den „Differentialformen-Kalkül“: Dabei greift er u.a. auf die von H. GRASSMANN [1862] eingeführten (heute so genannten) alternierenden Produkte zurück. Ferner bezeichnet er dort als „*Ableitung*“ ω' einer Pfaffschen Form ω die (von R. LIPSCHITZ [1869, 72/73] definierte „bilineare Form“ und daraufhin) von G. FROBENIUS [1875, 233] bei seiner Behandlung des Pfaffschen Problems[14] erfolgreich eingesetzte „bilineare Covariante“ von ω, d.i. das heutige „$d\omega$“[15]. (Die Ableitung von Differentialformen höheren Grades definiert er erst 1901.) Bevor die Differentialformen als Integrationselemente (Satz von STOKES[16]) und bei der Darstellung (globaler) Cohomologieklassen (etwa ab 1928 durch Arbeiten von É. CARTAN, G. DE RHAM, W. V. D. HODGE, S.S. CHERN, L. PONTRJAGIN) anerkannte Verbreitung finden, werden sie weithin als ein (zur Formulierung von „Integrabilitätsbedingungen“ zwar effizienter, aber ansonsten) rein „symbolischer“ oder „stenographischer“ Formalismus eingeschätzt.

Eine Wende in diese Entwicklung bringt erst *das Buch* von C. CHEVALLEY: „*Theory of Lie Groups I*“ [1946]. Vor allem die jüngere Mathematiker-Generation nimmt es begeistert auf (darin ähnelt seine Wirkung der von H. WEYLS Buch „Die Idee der Riemannschen Fläche“ nach dessen Erscheinen [1913], wenn man entsprechende zeitgenössische Berichte über jene Jahre liest). Seine ausführliche topologische Grundlegung (einfacher Zusammenhang, Überlagerungsräume), seine algebraisch-begriffliche, koordinatenfreie Einführung von Tangentenvektoren, Differentialformen und Tensorfeldern auf endlich-dim. $\mathscr{C}^{\omega}$-Mannigfaltigkeiten, vor allem aber seine Demonstration der Schlagkraft all dieser Begriffe in sonst kaum zugänglichen Beweisen zentraler *globaler Sätze* [z. B. „Monodromiesatz“ (in einer „garbentheoretischen“, auf Bedürfnisse der Analysis zugeschnittenen Version), der Satz: „Jede abgeschlossene Untergruppe einer Liegruppe ist selbst eine Liegruppe“, „globaler Frobenius-Satz“[17] mit impliziten Beiträgen zum globalen Verhalten von Blätterungen], all dies *wirkt prägend* für die Differentialgeometrie.

Im Geiste dieser begrifflichen Grundlegung durch C. CHEVALLEY [insbesondere auch durch die Einführung von „Zusammenhängen“ für Prinzipalbündel durch H. CARTAN [1950, 20] und C. EHRESMANN [1950, 39], durch die prototypische, invariante Beschreibung des alternierenden Produkts bzw. der Ableitung von Differentialformen bei C. CHEVALLEY [1946, 151] bzw. bei W. AMBROSE und I. M. SINGER [1953, 433], weiter durch J.-L. KOSZULS Einführung kovarianter Ableitungen als gewisse lineare Differentialoperatoren für Tangentenvektorfelder (vgl. K. NOMIZU [1954, 35], der hier KOSZULS Definition benutzt und ihr so zu breiter Aufnahme mitverhilft)] *entwickelt sich seit 1950 ein einheitlicherer Gebrauch von Begriffen und Notationen* in der Differentialgeometrie von $\mathscr{C}^{\infty}$-Mannigfaltigkeiten, welcher vermutlich mit dazu beiträgt, daß bedeutende inhaltliche Resultate, aber auch Methoden der Differentialgeometrie wieder stärker in andere mathematische Disziplinen sowie auch in die Theoretische Physik hineinwirken.

1.2 Einbettungen n-dimensionaler $\mathscr{C}^r$-Mannigfaltigkeiten in $\mathbb{R}^k$

Vorbemerkung: In 1.2 habe jede $\mathscr{C}^r$-Mannigfaltigkeit M eine abzählbare Basis. M heiße eine $\mathscr{C}^r$-Untermannigfaltigkeit der $\mathscr{C}^r$-Mannigfaltigkeit N, wenn M_{top} Teilraum von N_{top} und die Inklusionsabbildung $i\colon M \to N$ eine $\mathscr{C}^r$-Immersion ist.

Die n-dim. $\mathscr{C}^r$-Untermannigfaltigkeiten (Kurven, Flächen, ..., Hyperflächen) der reellen Zahlräume $\mathbb{R}^k$ (bzw. auch der projektiven Räume $\mathbb{R}P^n$ und $\mathbb{C}P^n$) sind die inspirierenden Beispiele für den (von RIEMANN und WEYL initiierten, vgl. 1.1. II, IV) Begriff einer n-dim. $\mathscr{C}^r$-Mannigfaltigkeit. Es liegt nahe zu fragen, ob umgekehrt jede „abstrakte" n-dim. $\mathscr{C}^r$-Mannigfaltigkeit bereits $\mathscr{C}^r$-diffeomorph (vgl. 1.1. VII) zu einer $\mathscr{C}^r$-Untermannigfaltigkeit irgendeines Zahlraumes $\mathbb{R}^k$ ist. Zu dieser Frage hat man – zunächst ohne den Fall $r = \omega$ – folgendes glatte Resultat (s.o. Vorbemerkung) von H. WHITNEY [1936, Theorem 1]: Jede n-dim. $\mathscr{C}^r$-Mannigfaltigkeit mit $r \in \{1, 2, \ldots, \infty\}$ ist $\mathscr{C}^r$-diffeomorph zu einer n-dim. $\mathscr{C}^r$-(sogar: $\mathscr{C}^\omega$-) Untermannigfaltigkeit des $\mathbb{R}^{2n+1}$ [m.a.W.: Jeder $\mathscr{C}^r$-Diffeomorphietyp von n-dim. $\mathscr{C}^r$-Mannigfaltigkeiten wird bereits durch eine reell-analytische(!) n-dim. Untermannigfaltigkeit des $\mathbb{R}^{2n+1}$ repräsentiert).

Streicht man in letzterem „Whitneyschen Einbettungssatz" die Einfügung „sogar $\mathscr{C}^\omega$", so ist die so abgeänderte Aussage im Falle $r = \infty$ mit Techniken der Zerlegung der Eins und Anwendungen des Satzes von A. SARD [1942] relativ einfach zu beweisen (vgl. z.B. G. DE RHAM [1954, 12]). – Der obige Satz von WHITNEY ist allerdings viel stärker und liefert etwa: Jede $\mathscr{C}^r$-Mannigfaltigkeit (mit $r \geqq 1$) besitzt mindestens eine Riemannsche Metrik g und einen Teil-Atlas ihres maximalen $\mathscr{C}^r$-Atlas, welcher aus miteinander reell-analytisch-verträglichen Karten besteht und bezüglich dessen g reell-analytisch ist. – Hinsichtlich des *reell-analytischen* „$\mathscr{C}^\omega$-Falles" zeigt

H. GRAUERT [1958, 470, Zeile 20–24]: Jede n-dim. $\mathscr{C}^\omega$-Mannigfaltigkeit ist $\mathscr{C}^\omega$-diffeomorph zu einer eigentlichen n-dim. $\mathscr{C}^\omega$-Untermannigfaltigkeit eines $\mathbb{R}^k$ (mit genügend großem $k \in \mathbb{N}$).

Dabei heißt eine Untermannigfaltigkeit des $\mathbb{R}^k$ *eigentlich*, wenn ihr Schnitt mit jeder kompakten Menge des $\mathbb{R}^k$ auch kompakt ist. – C.B. MORREY hatte dies Resultat kurz zuvor (1957) für *kompaktes M* in „mimeographed notes" publiziert. – GRAUERT gibt zusätzlich [1958, 471] (unter Rückführung auf ein Resultat von H. WHITNEY [1944, 236], wonach jede n-dim. $\mathscr{C}^1$-Mannigfaltigkeit $\mathscr{C}^1$-diffeomorph zu einer n-dim. $\mathscr{C}^1$-Untermannigfaltigkeit des $\mathbb{R}^{2n}$ ist) für seinen letztgenannten Satz „$k \leqq 2n$" an. – In bezug auf die Möglichkeit, die Codimension der Einbettung zu verkleinern, zeigt (im $\mathscr{C}^\infty$-Fall)

A. HAEFLIGER [1961, 109/110]: Jede kompakte n-dim. $\mathscr{C}^\infty$-Mannigfaltigkeit M, die k-fach ($k \in \mathbb{N}$) zusammenhängend ist (d.h. alle Homotopiegruppen $\pi_0(M), \ldots, \pi_k(M)$ verschwinden), ist – falls $2(k+1) < n$ – $\mathscr{C}^\infty$-diffeomorph zu einer $\mathscr{C}^\infty$-Untermannigfaltigkeit des $\mathbb{R}^{2n-k}$.

Dies Resultat gilt, wie man mittels eines Approximations-Satzes von H. GRAUERT [1958, Prop. 8] folgern kann, auch für „$\mathscr{C}^\omega$" statt „$\mathscr{C}^\infty$"; es hatte Vorläufer in der kombinatorischen Kategorie (vgl. Haefliger loc. cit.).

2 Kurven und Flächen in euklidischen Räumen

2.1 Kurventheorie

(I) In diesem Abschnitt zitieren wir i. w. aus dem ausgezeichneten Artikel von H. GERICKE [1982] und verweisen dazu auf dessen Literatur- bzw. Zitaten-Verzeichnis.

Die Idee, Geraden als ungekrümmt, die *Krümmung* von Kreislinien aber als zunehmend anzusehen, wenn deren „Größe" abnimmt, findet sich bereits bei dem Griechen PLUTARCH (~50-125 n. Chr.) formuliert. Der in Paris lehrende Scholastiker NICOLAS ORESME (1323?-1382) nennt die Krümmung von Kreislinien „gleichförmig", und *mißt* sie durch das Reziproke des Kreisdurchmessers. Ansätze, die Krümmung von Kegelschnitten bzw. algebraischen Kurven der Ebene in einem ihrer Punkte durch das „Krümmungsmaß" eines geeigneten, zur Kurve tangentialen Kreises durch diesen Kurvenpunkt numerisch zu erfassen, gibt es bereits bei J. KEPLER (1571-1630) und R. DESCARTES (1596-1650). I. NEWTON (1643-1727) berechnet 1665 die Koordinaten für den *Schnittpunkt „benachbarter" Normalen* (d. h. für den heute so genannten *„Krümmungsmittelpunkt"*) entlang der Parabel $ay = x^2$. Er beschreibt 1671/2 allgemein die Krümmung bzw. den Krümmungsmittelpunkt ebener Kurven als die Krümmung des Schmiegkreises bzw. als dessen Mittelpunkt (letzteren kennzeichnet er zusätzlich als Schnittpunkt benachbarter Normalen der Kurve), C. HUYGENS (1629-1695) hatte bereits vorher (im Zusammenhang mit dem von ihm 1659 erfundenen „Zykloidenpendel" zur Erzeugung einer vollkommen amplitudenunabhängigen Schwingungsdauer!) die Evolute (= Einhüllende der Normalenschar) für spezielle ebene Kurven berechnet und verwendet 1691 für den heute so genannten Krümmungsradius (als er diesen speziell für den Scheitel der Kettenlinie berechnet) den Namen „radius curvitatis". JOHANN BERNOULLI behandelt 1691/2 die „Inventio centri Circuli osculatoris, ..." und bestimmt letzteren *Schmiegkreis als „Kreis durch drei benachbarte Kurvenpunkte"* [18] (im Stile der Differentialrechnung von LEIBNIZ, welcher ebenfalls in einer eigenen „Meditatio ..." von 1686 eine Präzisierung des Oskulierungs-Begriffs versucht, sich dabei aber z. T. irrt).

JOHANN BERNOULLI bemerkt ferner (1698), daß eine *kürzeste* (also geodätische) *Kurve* auf *einer Fläche* des Raumes gekennzeichnet ist dadurch, daß jede Ebene durch drei benachbarte Punkte dieser Kurve (d. h. jede ihrer „Schmiegebenen") zur entsprechenden Tangentialebene der Fläche senkrecht ist. - 1731 verfaßt CLAIRAUT ein Werk über *„Kurven doppelter Krümmung"*. [Letzterer Terminus, 1724 von PITOT lediglich auf die gewöhnlichen Schraubenlinien im Raume angewendet, fungiert dann (noch bis ins 19. Jahrhundert hinein) als bloßes Synonym für „(nicht notwendig ebene) *Raumkurven*"; er wird meist damit gedeutet, daß eine nicht-ebene Raumkurve in der damals üblichen Parametrisierung $x \mapsto (x, y(x), z(x))$ *zwei* ebene, *gekrümmte* (Projektions-)Kurven $x \mapsto (x, y(x))$ und $x \mapsto (x, z(x))$ besitzt.]

„Einfache" bzw. „doppelte" *Inflexionspunkte t* von Raumkurven (d. h. $\tau(t) = 0$ bzw. $\kappa(t) = 0$) werden von G. MONGE (1771) betrachtet. - Bis dahin werden Raumkurven überwiegend in Parametrisierungen nach einer Raumkoordinaten studiert (s. o.), ähnlich wie ebene Kurven als Graphenwege einer Funktion einer Veränderlichen:

(II) 1775 legt EULER der Petersburger Akademie eine Arbeit über Raumkurven vor: „Methodus facilis ..." (zu deutsch: „Eine einfache Methode, Eigenschaften nicht-ebener Kurven zu untersuchen"); sie wird erst 1782 publiziert. Mit dieser „einfachen Methode" meint er wohl die gleich eingangs von ihm eingeführte (die Bevorzugung einer Raumkoordinaten vermeidende) *Parametrisierung einer Raumkurve nach der Bogenlänge* sowie die aus dieser Parametrisierung gewonnene Repräsentation der *Tangentenrichtung* durch einen Punkt auf einer die Kurve „begleitenden" Sphäre vom Radius 1 mit Zentrum auf der Kurve. Durch - in $\mathbb{E}^3$ parallele - Identifizierung dieser Sphären erhält er, daß die *Krümmung* gerade die *Geschwindigkeit der Änderung der Tangentenrichtung bezogen auf die Bogenlänge* ist, wobei er den „Schwenk" der Tangentenrichtung durch die Länge des Tangentenbildes auf dieser Sphäre mißt (wenigstens infinitesimal: „arculus infinite parvus"). Diese Beschreibung EULERs der Krümmung [wie wir heute „gelehrt" sagen würden: als Radon-Nikodym-Dichte eines extrinsec induzierten Maßes (hier: „Länge des Tangentenbildes") relativ zum intrinsecen Maß (hier: „Bogenlänge") auf der Untermannigfaltigkeit (hier: „Kurve") in $\mathbb{E}^n$] wird Vorbild für die Deutung bzw. Einführung weiterer „extrinsecer" Krümmungsbegriffe: 1805 beschreibt LANCRET die heutige Torsion einer Raumkurve (der Name „Torsion" tritt erst 1819 bei VALLÉE auf) als Änderungsgeschwindigkeit des Winkels zwischen ihren Schmiegebenen. Auch GAUSS' Definition der „Gaußschen Krümmung" einer Fläche in $\mathbb{E}^3$ liegt auf der Linie dieser Idee. GAUSS formuliert 1825 (publiziert aus seinem Nachlaß erst 1900) diese Sichtweise explizite [Gauss 8, 410] anläßlich einer – seinen Flächenuntersuchungen vorausgeschickten – Reflexion über den Krümmungsbegriff bei ebenen Kurven: *„Man sieht also, dass Bogen, Amplitudo* (:= Länge des Tangentenbildes in S^1, der Autor) *und Krümmung in einem solchen Verhältnis zueinander stehen, wie Zeit, Bewegung und Geschwindigkeit, oder Volumen, Masse und Dichtigkeit."*

(III) Im vorigen Jahrhundert überwiegen Untersuchungen von Kurven des $\mathbb{E}^3$, die auf Flächen des $\mathbb{E}^3$ verlaufen, und oft zielen solche Untersuchungen mehr auf ein Verständnis der äußeren wie auch inneren Geometrie dieser Flächen vermittels in ihnen verlaufender Kurven als auf die Geometrie der Raumkurve selbst [bei der „Flächentheorie" (s. u.) wird darauf noch einzugehen sein]. Dabei gibt die Historie uns aus heutiger Sicht der Dinge folgende Frage auf: Wie war eine so erfolgreiche Behandlung von Kurven auf Flächen des $\mathbb{E}^3$, z. B. die von Geodätischen, oder von Abwicklungsaufgaben *vor* der Einführung kovarianter Ableitungen für Vektorfelder auf Flächen (Ricci [1887/88], Levi-Civita [1917]) überhaupt möglich? Die Antwort darauf ist – sieht man die entsprechenden Darstellungen (vor 1890) genauer durch – einfach zu finden: Kovariante Ableitungen von Vektorfeldern (insbesondere der Tangenvektorfelder an Koordinatenlinien allgemeiner und spezieller Flächen-Karten) finden de facto bereits seit GAUSS' „Disquisitiones ..." [1827] bei vielen Autoren Verwendung, formal lediglich implizite, inhaltlich aber keineswegs nur „zwischen den Zeilen". Da man damals noch darauf aus zu sein scheint, differential-geometrische Begriffe bzw. Aussagen möglichst in *Zahlen*-Größen (z. B. in Längen, Winkeln, Volumina, ...) zu erfassen bzw. auszudrükken[18], treten die kovarianten Ableitungen von Vektorfeldern natürlich nicht als *vektorielle* Größen auf, sondern sind (wie später auch noch in den Zusammenhangsformen bzgl. eines „repère mobile" bei É. CARTAN) nur in der numerischen Version ihrer inneren Produkte mit gewissen anderen Richtungen präsent. Zum Beispiel benutzt GAUSS in geometrischen Argumentationen die (numerische) *Geschwindigkeit des Schwenkens eines Vektorfeldes* längs einer Geodätischen gegenüber dem Richtungsfeld dieser Geodätischen, d. h. *gegenüber einer „Geraden der Fläche"* [denn als solche deutet GAUSS (wie seine Vergleichssätze für geodätische Dreiecke auf Flächen belegen) die Geodätischen einer Fläche]. Die enge Verwandtschaft dieses Begriffs bei GAUSS zu Levi-Civitas Parallelverschiebung [1917, S. 175, Z. 19–22] längs Geodätischen auf 2-dim. Flächen springt – a posteriori – ins Auge.

Wir belegen die letzten Feststellungen an Hand zweier Quellen: Ist $(u, v)\colon U \to \mathbb{R}^2$ eine Karte einer Fläche M des $\mathbb{E}^3$ (U offen in M) und sind die Koeffizienten des Linienelements von M (bezüglich (u, v)) bezeichnet mit E, F, G, so findet man in intrinsecen Rechnungen des 19. Jahrhunderts wiederholt folgende intrinsec, aber kartenabhängig definierte Pfaffsche Form ω auf U (bzw. deren Wert auf bestimmten Vektorfeldern):

$$\omega := (2\sqrt{EG - F^2})^{-1} \cdot ((2F_u - E_v)du + G_u dv - F \cdot d(\log E)). \qquad (*)$$

[Die Gestalt von ω ist besonders einfach, wenn (u, v) eine „orthogonale (z. B. Krümmungslinien-)Karte", d. h. $F \equiv 0$, oder noch spezieller eine „geodätische Normal-Karte" (mit $E \equiv 1$ und $F \equiv 0$) ist.] Ist nun c eine in U verlaufende, auf Bogenlänge parametrisierte Kurve von M [deren Tangentenvektor c' (lokal) o. B. d. A. nie in die negative Richtung der u-Koordinatenlinie weist], so definiert GAUSS [1827, Artikel

18] als θ den orientierten Winkel, den c' mit der positiven u-Linien-Richtung (in der durch (u, v) orientierten Tangentialebene an M) im Punkte c bildet. Dann stellt GAUSS folgendes Resultat heraus: c ist Geodätische von M genau dann, wenn gilt:

$$\theta' + \omega(c') = 0, \quad \text{(vgl. [Gauss 1927, S. 243, Z. 14] und (*))}. \tag{**}$$

Das „Aufdecken" der Levi-Civita-kovarianten Ableitung von M in dieser Geodätischen-Differentialgleichung (**) besteht in folgender (kanonisch zu verifizierenden) Feststellung: Ist (E_1, E_2) das orthonormale 2-Beinfeld auf U, das durch Orthonormalisierung des Karten-Basisfeldes $(\partial/\partial u, \partial/\partial v)$ entsteht, so gilt (vgl. (*)):

$$\omega = \omega_{12} := \langle \nabla E_1, E_2 \rangle = -\langle E_1, \nabla E_2 \rangle, \tag{***}$$

d.h. die von GAUSS in (**) verwendete Pfaffsche Form ω *ist die Zusammenhangsform von* M *bezüglich des orthonormalisierten Basisfeldes der Karte* (u, v) im Sinne von É. CARTAN, mit deren Hilfe bekanntlich beliebige kovariante Ableitungen auf M zu berechnen sind. Insbesondere folgt aus (**), (***) für die kovariante Ableitung von E_1 längs der Geodätischen c sofort $\nabla_{c'} E_1 = -\theta' \cdot (E_2 \circ c)$, womit θ' als ein vollwertiges Äquivalent zur kovarianten Ableitung $\nabla_{c'} E_1$ ausgewiesen ist. Die Interpretation (***) von ω liefert auch das heute wohlbekannte Resultat: $\theta' + \omega(c')$ ist für jede auf Bogenlänge parametrisierte Kurve c auf der Fläche M deren *„geodätische Krümmung"* in M. [GAUSS hat seinem Resultat (**) diese Interpretation jedoch nicht gegeben.] Der 23-jährige Berliner Mathematiker F. MINDING[19] stößt $[1830_1]$ auf diesen Begriff, als er beweist: Besitzt c unter allen Kurven auf der Fläche M, welche Teil-Flächenstücke von M festen positiven Flächeninhalts beranden, kürzeste Gesamtlänge, so muß für c gelten:

$$\text{(Krümmung von } c\text{, betrachtet als Raumkurve)} \cdot \cos\varphi = \text{const.}, \tag{M}$$

wobei φ den Winkel zwischen der Hauptnormale der Raumkurve c und der Tangentialebene an M in c bezeichnet. Da diese „isoperimetrische Aufgabe" für M offenbar zur inneren Geometrie von M gehört, reicht MINDING $[1830_2$, 160] auch eine intrinsece Formulierung seiner Lösung (M) dieser Aufgabe nach. [Dort wird die linke Seite von (M), d.i. ja die heutige geodätische Krümmung von c in M, von ihm berechnet allein durch E, F, G und durch erste und zweite Ableitungen von $u \circ c$ und $v \circ c$, wobei wieder die Pfaffsche Form ω (s.o. (*)) und analoge Formen auftreten.] Das Resultat (M) von MINDING ist aber noch aus einem weiteren Grunde lehrreich: Betrachtet man statt der numerischen Krümmung κ von c den *Krümmungsvektor* c'' der auf Bogenlänge parametrisierten Raumkurve c (dessen Länge κ ist), so ist die von MINDING als intrinsec ausgewiesene linke Seite von (M) gerade die *Länge* des Vektors $(c'')^T$, der Orthogonalprojektion von c'' auf die Tangentialebene an M in c. Nun ist aber der *Vektor* $(c'')^T$ selbst die spätere (ebenfalls intrinsece) Levi-Civita-kovariante Ableitung von c' in M! So nahe war MINDING diesem Begriff? Wohl kaum: Für diese vektorielle Interpretation war die Zeit vermutlich noch nicht reif[18].

(IV) Die nun folgenden Resultate gelten meist unter schwächeren bzw. subtileren analytischen Voraussetzungen als hier angegeben; um nicht zu sehr von der eigentlichen Geometrie abzulenken, reden wir im folgenden i.w. von ($\mathscr{C}^\infty$-) *„Frenet-Kurven"* $c\colon J \to \mathbb{E}^n$ im n-dim. Euklidischen Raum, d.h. J ist ein Intervall von $\mathbb{R}$, c eine $\mathscr{C}^\infty$-Abbildung mit $\|c'\| = 1$ und $c', c'', \ldots, c^{(n-1)}$ sind punktweise linear unabhängig [was z.B. für alle n bedeutet: c ist eine auf Bogenlänge parametrisierte (also immersierte) $\mathscr{C}^\infty$-Kurve, die für $n = 2$ keiner weiteren Bedingung unterliegt, für $n = 3$ zusätzlich aber wendepunktfrei (d.h. von nirgends verschwindender Krümmung) sein muß].

Die *lokale* Theorie der Frenet-Kurven in $\mathbb{E}^n$ (s.o.) ist durch die *Frenet-Gleichungen* (EULER, 1775 für $n = 2$; FRENET, 1847 für $n = 3$) vollständig erfaßt. Die in diesen Gleichungen auftretende i-te Krümmung κ_i eines solchen c $(i = 1, \ldots, n-1)$ ist die (numerische) Geschwindigkeit der i-ten Schmiegebenen-Bahn von c: $\operatorname{Spann}(c', \ldots, c^{(i)})\colon J \to G_{i,n}$ in der Grassmann-Mannigfaltigkeit der i-dim. Untervektorräume des $\mathbb{E}^n$ (wobei allerdings κ_{n-1} noch mit einem Vorzeichen versehen wird). Diese Krümmungen erzeugen und kennzeichnen die Gestalt von Frenet-Kurven in $\mathbb{E}^n$ gemäß folgendem Satz: „Sind $\kappa_1, \ldots, \kappa_{n-2}\colon J \to \mathbb{R}_+$

und $\kappa_{n-1}: J \to \mathbb{R}$ $\mathscr{C}^\infty$-Funktionen, so gibt es eine Frenet-Kurve $c: J \to \mathbb{E}^n$, deren Krümmungen die vorgegebenen Funktionen $\kappa_1, \ldots, \kappa_{n-1}$ sind, und jede weitere Frenet-Kurve des $\mathbb{E}^n$ letzterer Art läßt sich durch eine Bewegung (= orient.-treue orth. Abb. und Translation) des $\mathbb{E}^n$ in c überführen."

Dieser Satz klassifiziert also die (koordinatenunabhängigen!) „*Gestalten*" sämtlicher Frenet-Kurven im $\mathbb{E}^n$ durch die Menge ihrer „*natürlichen Gleichungen*", d.i. die Menge aller $\mathscr{C}^\infty$-Abb.-en von Intervallen der Zahlengeraden $\mathbb{R}$ in $\mathbb{R}_+^{n-2} \times \mathbb{R}$. Er gehört (mindestens für $n = 2, 3$ seit dem verbreiteten Lehrbuch von BIANCHI [1886]) zum Allgemeinwissen der Mathematiker über die (lokale) Differentialgeometrie der Kurven.

(V) DELAUNAY studiert 1843 die „Mini-Max-Aufgabe" für die Länge solcher Kurven in $\mathbb{E}^3$, die von vorgegebener konstanter Krümmung (> 0) sind und welche zwei vorgegebene Punkte des $\mathbb{E}^3$ verbinden. WEIERSTRASS gibt 1884 in einem Briefwechsel mit H. A. SCHWARZ eine ausführlichere Behandlung dieser Aufgabe, bei welchem Anlaß SCHWARZ zwei „Vergleichssätze" über Raumkurven konstanter Kümmung entdeckt, die er nie publiziert, die aber durch CARATHÉODORY und HILBERT „tradiert" werden. Ein solcher Hinweis von HILBERT erreicht

A. SCHUR [1921]: Dieser gibt einen *Vergleichssatz* für Raumkurven (nicht-notwendig konstanter Krümmung) an, der in einer von E. SCHMIDT [1925] in naheliegender Weise verallgemeinerten Version die Resultate von SCHWARZ (über Kurven konstanter Krümmung) zu Korollaren hat und folgendermaßen lautet: „Seien $c, \tilde{c}: [0, l] \to \mathbb{E}^3$ zwei gleichlange Frenet-Kurven, so daß für deren Krümmungsfunktionen gilt $\tilde{\kappa} \leqq \kappa$. Ist die erstere Kurve c außerdem eine ebene Kurve, die zusammen mit der $c(0)$ und $c(l)$ verbindenden „Sehne" eine einfach-geschlossene konvexe Kurve dieser Ebene bildet, so gilt $\|\tilde{c}(l) - \tilde{c}(0)\| \geqq \|c(l) - c(0)\|$, und Gleichheit gilt genau dann, wenn c kongruent zu $\tilde{c}$."

(VI) Ist weiter $l \in \mathbb{R}_+$ und $c: \mathbb{R} \to \mathbb{E}^2$ eine l-periodische (also „geschlossene") immersierte $\mathscr{C}^1$-Kurve, so folgt aus der Definition der Krümmung $\kappa (= \kappa_1)$ von c sofort, daß gilt: Das Integral

$$(2\pi)^{-1} \cdot \int_0^l \kappa(x) \|c'(x)\| \, dx \quad \text{ist die } \textit{ganzzahlige Tangentendrehzahl von } c,$$

das ist die Umlaufzahl des geschlossenen Weges $c'|[0, l]$ in $\mathbb{E}^2 \backslash \{o\}$ um $o \in \mathbb{E}^2$. Die Ganzzahligkeit des letzteren Integrals mit $\|c'\| = 1$ ist also eine notwendige (aber noch nicht hinreichende) Bedingung dafür, daß „die" zu einer vorgegebenen l-periodischen $\mathscr{C}^\infty$-Funktion $\kappa: \mathbb{R} \to \mathbb{R}$ existierende Frenet-Kurve von $\mathbb{E}^2$ mit κ als Krümmung (s.o.) eine l-periodische, also „geschlossene" Kurve ist. –

Darüber hinaus tritt offenbar jede ganze Zahl als Tangentendrehzahl einer geschlossenen immersierten $\mathscr{C}^1$-Kurve in $\mathbb{E}^2$ auf (z. B. 0 als die einer Lemniskate). – Wie sieht es mit der Tangentendrehzahl aus, wenn c „einfach geschlossen", d.h. wenn $c|[0, l[$ injektiv ist? Hierzu bemerkt RIEMANN (1857) [Riemann, 113]: „Es findet nun bei einer einfach zusammenhängenden über einen endlichen Teil der z-Ebene ausgebreiteten Fläche zwischen der Anzahl ihrer einfachen Verzweigungspunkte und der Anzahl der Umdrehungen, welche die Richtung ihrer Begrenzungslinie macht, die Relation statt, daß die letztere um eine Einheit größer ist, als die erstere." Daraus folgt, daß – nach RIEMANN – für die (in konventioneller Weise durchlaufene) Randkurve eines einfach-zusammenhängenden Gebietes in $\mathbb{E}^2 = \mathbb{C}$, das ja unverzweigt in $\mathbb{E}^2$ liegt, die Tangentendrehzahl 1 sein muß. Andererseits ist jede einfach geschlossene Frenet-Kurve in $\mathbb{E}^2$ die Randkurve eines einfach-zusammenhängenden Gebietes in $\mathbb{E}^2$ (JORDAN, SCHOENFLIESS), weshalb RIEMANNs Feststellung im Grunde folgende Aussage enthält:

Umlaufsatz. *Ist c eine einfach geschlossene Frenet-Kurve in* $\mathbb{E}^2$, *so ist die Tangentendrehzahl von c gleich* $+1$ (*wenn das „Innengebiet" von c zur „Linken" von c liegt*).

In einer solchen präzisen Form wird diese i. w. von RIEMANN stammende Behauptung (s. o.) von WATSON [1916] formuliert und bewiesen. Nach mehreren weiteren Beweisen gibt H. HOPF [1935] einen geometrisch besonders durchsichtigen, die Homotopieinvarianz der Umlaufszahl ausnutzenden Beweis, der heute „Standard" ist (und von dem H. HOPPF dort selbst sagt, er habe Berührungspunkte mit einem Beweis von RADON). [Bei HOPF (loc. cit.) findet man auch (erstmals?) den Namen „Umlaufsatz".] Der Umlaufsatz ist nicht nur für sich interessant, sondern erweist sich als das probate Mittel, den sog. „lokalen" Gauß-Bonnet-Satz auf 2-dim. Riemannschen Mannigfaltigkeiten M für solche „Dreiecke" oder „Polygone" (mit immersierten Kurven als Randkurven) zu beweisen, welche in zu $\mathbb{R}^2$ diffeomorphen Teilmengen von M liegen.

An die eben genannte Arbeit von H. HOPF anschließend, publiziert WHITNEY [1937] folgenden, ihm von W. C. GRAUSTEIN (inklusive eines Beweises) vorgeschlagenen, heute so genannten

Satz von GRAUSTEIN-WHITNEY. *Zwei 1-periodische immersierte $\mathscr{C}^1$-Kurven $c, \tilde{c}\colon \mathbb{R} \to \mathbb{E}^2$ sind zueinander regulär homotop in $\mathbb{E}^2$ genau dann, wenn ihre Tangentendrehzahlen gleich sind.*

[Dabei ist eine solche reguläre Homotopie eine stetige Abbildung $[0, 1] \times \mathbb{R} \to \mathbb{E}^2((s, t) \mapsto c_s(t))$ mit $c_0 = c$ und $c_1 = \tilde{c}$, welche in der 2-ten Variablen 1-periodisch und differenzierbar ist, so daß die Abbildung $(s, t) \mapsto c_s'(t)$ auf $[0, 1] \times \mathbb{R}$ stetig ist und nirgends verschwindet.]

Ein weiteres globales Resultat über einfach geschlossene Frenet-Kurven im $\mathbb{E}^2$ ist der zuerst von S. MUKHOPADHYAYA [1909] angegebene und bewiesene *Vierscheitelsatz:* „Die Krümmungsfunktion jeder einfach geschlossenen Frenet-Kurve in $\mathbb{E}^2$ besitzt mindestens vier verschiedene lokale Extrema." – Über die Geschichte dieses Satzes und seine diversen Beweise und Versionen (vor 1958) informieren umfassend M. BARNER und F. FLOHR [1958]. – Im Rahmen seiner Behandlung des sog. *verallgemeinerten Minkowski-Problems*, zu vorgegebener stetiger Funktion $K\colon S^n \to \mathbb{R}_+$ eine injektive $\mathscr{C}^2$-Immersion $f\colon S^n \to \mathbb{E}^{n+1}$ zu finden, die K zur Gaußschen Krümmung hat, beschreibt H. GLUCK [1971] folgenden

„Vierscheitelsatz". *Ist $c\colon \mathbb{R} \to \mathbb{E}^2$ eine l-periodische immersierte $\mathscr{C}^2$-Kurve ($l \in \mathbb{R}_+$), so daß $c\,|\,[0, l[$ injektiv ist, so ist die Krümmung κ von c konstant, oder*

$$\text{es gibt } 0 \leqq t_1 < \ldots < t_4 < l, \text{ so daß } \kappa(t_1) = \kappa(t_3) < \kappa(t_2) = \kappa(t_4). \tag{V}$$

Die Namenswahl für diesen Satz ist i. w. gerechtfertigt, da aus (V) trivial die Existenz von mindestens vier lokalen Extrema für eine l-periodische, stetige Funktion $\kappa\colon \mathbb{R} \to \mathbb{R}$ in $[0, l[$ folgt [bei partiell-konstantem κ i. a. jedoch nicht umgekehrt, z. B. wenn (mit $l = 3$) gilt: $\kappa|[0, 1]$ ist konstant, $\kappa|[1, 2]$ bzw. $\kappa|[2, 3]$ ist streng monoton wachsend bzw. fallend!]. – Gleichzeitig zeigt er – wenigstens für $\kappa > 0$ – folgende

„Umkehrung des Vierscheitelsatzes" (H. GLUCK, [1971]). *Sei $\kappa\colon \mathbb{R} \to \mathbb{R}_+$ eine l-periodische stetige Funktion ($l \in \mathbb{R}_+$) mit der obigen Eigenschaft* (V). *Dann gibt es eine l-periodische immersierte $\mathscr{C}^2$-Kurve $c\colon \mathbb{R} \to \mathbb{E}^2$ mit injektivem $c\,|\,[0, l[$, die κ zur Krümmungsfunktion hat (d.h. $\kappa = \|c'\|^{-3} \cdot \det(c', c'')$).*

(VII) Erste globale Resultate für geschlossene Raumkurven gibt an C. G. J. JACOBI [1837]: Seien $c_i\colon [0, l_i] \to \mathbb{E}^3$ für $i = 1, 2, 3$ drei Frenet-Kurven, die die *„Seiten eines einfach geschlossenen räumlichen Dreiecks"* mit der i-ten Ecke $c_i(l_i) = c_{i+1}(0)$ (Indizes mod 3) bilden, so daß das Hauptnormalenfeld N_i von c_i in l_i mit dem von c_{i+1} in 0 übereinstimmt, und das daher bei Hintereinander-Durchlaufung von N_1, N_2, N_3 entstehende, stetige, geschlossene *„Hauptnormalenbild"* N des räumlichen Dreiecks sei eine *einfach-geschlossene* Kurve in der Einheitssphäre S^2. Bezeichnet dann $\alpha_i := \pi - \sphericalangle(c_i'(l_i), c_{i+1}'(0))$ den Dreieckswinkel an der i-ten Ecke [wobei $\sphericalangle$ den in $]-\pi, \pi]$ gemessenen, orientierten Winkel in der zu $N_i(l_i)$ senkrechten (durch $N_i(l_i)$) orientierten Ebene bedeutet], so ist der *Winkelexzeß* $(\alpha_1 + \alpha_2 + \alpha_3) - \pi$ des Dreiecks gleich dem Flächeninhalt desjenigen der zwei vom Hauptnormalenbild N auf S^2 berandeten Gebiete, welches durch N „richtig" umlaufen wird. – Speziell erhält man: Sind c_1, c_2, c_3 in der letzteren Aussage Teilkurven einer einzigen einfach geschlossenen Frenet-Kurve c in $\mathbb{E}^3$, so daß also alle Ecken-Winkel gleich π sind, so folgt, daß der letztgenannte Flächeninhalt gleich 2π ist, also die beiden vom Hauptnormalenbild von c berandeten Gebiete auf S^2 flächengleich sind. Diesen Satz gibt JACOBI separat, erst [1842], an. BONNET liefert ([1848], 132ff) einen weiteren Beweis hierfür. – Diese letztgenannten Aussagen sind bei JACOBI motiviert durch den Satz von Gauß über den Winkelexzeß geodätischer Dreiecke auf Flächen des $\mathbb{E}^3$: Sein eigener Satz folgt nämlich aus dem von Gauß, wenn es gelingt, in das räumliche Dreieck eine Fläche „einzuspannen", in welcher die Kurven c_1, c_2, c_3 Geodätische sind. (Diese Resultate sind daher eher als Sätze über Kurven in Flächen des $\mathbb{E}^3$, denn als Sätze über Raumkurven zu werten.) – Dagegen sind die folgenden echte globale Resultate über geschlossene Raumkurven:

W. FENCHEL [1929]: Ist $c\colon \mathbb{R} \to \mathbb{E}^3$ eine l-periodische ($l \in \mathbb{R}_+$) auf Bogenlänge parametrisierte $\mathscr{C}^2$-Kurve in $\mathbb{E}^3$, so ist deren *Totalkrümmung* (d.i. das Integral ihrer Krümmung bzw. die Länge ihres Tangentenbildes $c'\colon \mathbb{R} \to S^2$ über einem Periodenintervall) $\geqq 2\pi$, und das Gleichheitszeichen gilt genau dann, wenn $c\,|\,[0, l]$ eine einfach umlaufene, ebene, konvexe Kurve ist.

K. BORSUK verallgemeinert 1947 das Resultat von FENCHEL vom $\mathbb{E}^3$ auf den $\mathbb{E}^n$ und spricht die *Vermutung* aus, daß sich FENCHELS Satz, wenn c in $\mathbb{E}^3$ *verknotet* ist, verschärfen läßt zur Aussage, daß die Totalkrümmung von c (s.o.) sogar $\geqq 4\pi$ ist. – Diese Borsuk-Vermutung wird – unabhängig voneinander – von I. FARY [1949] und J. MILNOR [1949] bewiesen. (Letzterer zeigt sogar „$> 4\pi$".) dies wird zu einer Modell-Aussage für weitere Resultate über die Totalkrümmung höherdimensionaler, 2-codimensionaler, verknoteter, kompakter Untermannigfaltigkeiten in euklidischen Räumen [Ferus 1967]).

2.2 Flächentheorie im $\mathbb{E}^3$

Konvention: „Flächen" sind im folgenden stets *zusammenhängend*.

(I) Anders als bei der Kurventheorie im $\mathbb{E}^2$ läßt sich der *Beginn der extrinsecen Krümmungstheorie* der Flächen im $\mathbb{E}^3$ zeitlich recht genau datieren bzw. inhaltlich zwei Publikationen (einer von EULER und einer von MEUSNIER) zuordnen.

Zwar hatte CLAIRAUT bereits 1733 Geodätische auf Rotationsflächen im $\mathbb{E}^3$ untersucht, z. B. mit folgendem – auch noch heute gern benutzten – Resultat: Längs jeder auf Bogenlänge parametrisierten Geodätischen einer Rotationsfläche ist das Produkt aus dem Quadrat des Abstandes von der Achse der Rotationsfläche und aus der Winkelgeschwindigkeit um diese Achse konstant[20]. [Mehr geometrisch gedeutet ist dies äquivalent dazu, daß längs einer solchen Geodätischen das Produkt aus dem Abstand zur Rotationsachse und aus dem Sinus des Winkels zwischen der Geodätischen und den (von ihr geschnittenen) Meridiankurven der Rotationsfläche konstant ist.] Dies waren aber keine Beiträge zur Krümmungstheorie der Flächen.

Fünfzehn Jahre vor seiner grundlegenden Arbeit über Raumkurven (s.o.) legt L. EULER 1760 der Berliner Akademie seine Arbeit „Recherches sur la courbure des surfaces" vor [Euler 28, 1–22]. Den Krümmungsbegriff für ebene Kurven voraussetzend, formuliert er darin sein Programm, das Krümmungsverhalten einer Fläche M des $\mathbb{E}^3$ in einem ihrer Punkte p zu „messen" durch die Gesamtheit der Krümmungen *aller* (ebenen) Schnittkurven dieser Fläche mit Ebenen durch p.

Ausdrücklich sagt er, daß solche Schnittebenen dabei durch beliebige tangentiale Richtungen und in beliebiger Neigung gegen die Flächennormale in p zu betrachten sind (und nicht nur Ebenen durch die Flächennormale, wie EULERs Ansatz oft zitiert wird). Er leitet dann sofort eine explizite (aber nicht sehr übersichtliche) Formel für die Krümmung einer solchen beliebigen ebenen Schnittkurve auf M durch p her, deren Deutbarkeit im Sinne MEUSNIERs er jedoch – vermutlich wegen ihrer Kompliziertheit – nicht erkennt. Eine genauere Deutung dieser Formel gibt er (daher?) nur für den Spezialfall einer Normalschnittkurve von M durch p und berechnet damit als Anwendungen die Normalschnittkrümmungen für Kreis-Zylinder, -Kegel und beliebige Ellipsoide in $\mathbb{E}^3$. – Für den Fall einer beliebigen Graphenfläche M in $\mathbb{E}^3$ über der (x, y)-Ebene, die im Ursprung p tangential zu M ist, erhält er [Euler 28, 19] für die Normalschnittkrümmung von M in p in derjenigen tangentialen Richtung, die gegen die x-Achse um den Winkel φ geneigt ist, folgende Darstellung:

$$V^{-1} \cdot (P \cdot \cos^2 \varphi + 2R \cdot \cos\varphi \sin\varphi + Q \cdot \sin^2 \varphi)$$

mit nur von p abhängenden, von φ aber unabhängigen *Koeffizienten* [das sind die Koeffizienten *der* heutigen *zweiten Fundamentalform* von M in p (bezüglich der Parametrisierung von M als Graphenfläche)]. Er bestimmt dann in p die kleinsten und größten Normalkrümmungswerte $\kappa_1 := f^{-1}$ und $\kappa_2 := g^{-1}$ (f und g sind Krümmungs-Radien), er bezeichnet mit φ nun den Winkel einer in p tangentialen Richtung gegen diejenige Richtung, in der die kleinste Normalschnittkrümmung angenommen wird, und erhält dann die Normalschnittkrümmung $\kappa(\varphi)$ „in Richtung φ" [Euler 28, 22] als:

$$\kappa(\varphi) = 2^{-1} \cdot (\kappa_2 + \kappa_1 - (\kappa_2 - \kappa_1) \cos 2\varphi),$$

ein Resultat, das erst DUPIN in die heutige „Euler-Formel" $\kappa(\varphi) = \kappa_1 \cos^2 \varphi + \kappa_2 \sin^2 \varphi$ umschreibt. Résumé:

EULER entdeckt, daß die Werte der Normalschnittkrümmungen in einem Punkt der Fläche durch eine quadratische Form in den Koordinaten der tangentialen Schnittrichtung beschrieben werden, und bemerkt, daß größte und kleinste Normalschnittkrümmungswerte in zueinander orthogonalen Richtungen angenommen werden (es sei denn, beide sind gleich). –

Die bekannte Ergänzung der obigen Euler-Formel durch den „Satz von Meusnier" (von ihm 1776 zur Publikation vorgelegt, aber erst 1785 gedruckt) geht nach R. TATON [1951, 234] (dem Biographen MONGEs und Chronisten dieser Epoche) auf einen Vorschlag MONGEs im Jahre 1774 an den 20jährigen MEUSNIER zurück, die Sätze der oben genannten Arbeit von EULER (einfacher) zu beweisen.

MEUSNIER wählt einen geschickteren Zugang zu der Formel für die Krümmung einer (beliebig gegen die Flächennormale geneigten) ebenen Schnittkurve der Fläche im Punkte p (die auch EULER, aber zu kompliziert, angegeben hatte), indem er die Fläche lokal als Graphenfläche einer Funktion über ihrer Tangentialebene, als (u, v)-Ebene, darstellt. Das homogene Taylor-Polynom 2-ten Grades (= „Hesse-Form") dieser Funktion in p notiert er als $c\,du^2 + 2e\,du\,dv + f\,dv^2$, das ist die heutige 2-te Fundamentalform der Fläche in p (bezogen auf die genannte Parametrisierung). EULERs Formel (s. o.) gewinnt MEUSNIER dann (nicht wie EULER durch Maximum- und Minimum-Bestimmungen von Normalschnittkrümmungen in p, sondern) durch Hauptachsentransformation. Damit ist man geneigt zu sagen:

Das eigentliche Verdienst von MEUSNIERs Arbeit [1785] (sie bleibt seine einzige math. Publikation vor seinem Tode 1793) um die Krümmungstheorie der Flächen liegt weniger in der Entdeckung des nach ihm benannten „Satzes", als in seinem (durch seine Darstellung implizit gelieferten) begrifflichen Beitrag für die *Deutung der 2-ten Fundamentalform* in p (als Hesse-Form des orientierten Abstandes über der Tangentialebene in p) *sowie die Deutung der Hauptkrümmungsrichtungen als Hauptachsenrichtungen* und *der Hauptkrümmungen als das Reziproke der Haupt-*

achsen einer Quadrik, die die Fläche in p von 2-ter Ordnung berührt, womit die Eigenwert-Deutung der Hauptkrümmungen grundgelegt ist.

(II) In diesem Abschnitt zitieren wir i. w. aus P. LIBERMANN [1978]: EULER hatte (1744) gezeigt, daß das *Katenoid* die einzige nicht-ebene „Minimalfläche" (:= lokal-Flächeninhalt-minimierende Fläche) unter den Rotationsflächen ist; MEUSNIER zeigt (loc. cit.), daß die nicht-ebenen Minimalflächen generell zu kennzeichnen sind dadurch, daß in jedem ihrer Punkte die zwei Hauptkrümmungen das Negativ voneinander sind (der Begriff *„mittlere Krümmung"* wird erst etwas später von SOPHIE GERMAIN eingeführt), und er entdeckt die *Wendelfläche* (= Helicoid) als [die nach CATALAN (1848) einzige nicht-ebene] Minimalfläche unter den „Regelflächen", d. h. unter den durch euklidische Geraden(abschnitte) geblätterten Flächen in $\mathbb{E}^3$. –

Die Zeit von 1780 bis 1827 ist in der Flächentheorie im wesentlichen geprägt von G. MONGE (* 1746, † 1818) und seiner Schule (vgl. dazu [Taton]).

Nabelpunkte, Krümmungslinien, „Kanalflächen", ... werden eingeführt und studiert. *In die Ebene abwickelbare* Graphen-*Flächen* $z = \varphi(x, y)$ werden gekennzeichnet als diejenigen, wo φ der Monge-Ampère-Differentialgleichung $\varphi_{xx}\varphi_{yy} - \varphi_{xy}^2 = 0$ genügt. [EULER hatte 1772 letzteres Thema aufgegriffen und – neben Zylindern und Kegeln – die Tangentenflächen nicht-ebener Raumkurven als Flächen ausgewiesen, die in die Ebene (ohne „Verzerren") abgewickelt werden können.] Vor allem MONGEs Schüler C. DUPIN (* 1784, † 1873) behandelt *Asymptotenlinien*, er zeigt, daß bei *drei 2-dim. Blätterungen* des $\mathbb{E}^3$, *die paarweise ortho-transversal* sind, je zwei sich in Krümmungslinien ihrer Blätter schneiden, und er kennzeichnet 1822 diejenigen Flächen des $\mathbb{E}^3$, deren Krümmungslinien sämtlich ebene Kreislinien sind ($\approx$ die heutigen *Dupinschen Zykliden*) als Einhüllende aller Sphären, die zu drei gegebenen Sphären tangential sind. (Genaueres hierzu und zu moderneren Entwicklungen dieses Begriffs findet man bei U. PINKALL in G. FISCHER [1986].)

(III) Die *„Disquisitiones generales circa superficies curvas"* von C. F. GAUSS [1827] markieren eine Zäsur und zugleich einen „Verzweigungs-Punkt" für die Entwicklung der Differentialgeometrie: Darin wird das völlig neue Thema *„Innere Differentialgeometrie der Flächen"* eingeführt als die Aufgabe, diejenigen Aspekte der Geometrie von Flächen im $\mathbb{E}^3$ zu untersuchen, die nur von den inneren (= intrinsecen) Maßverhältnissen der Fläche (d. h. letztlich nur von den Weglängen der innerhalb der Fläche verlaufenden Kurven) abhängen.

GAUSS erläutert dazu, daß z. B. unter diesem Gesichtspunkt Ebenen, Zylinder und Kegel des $\mathbb{E}^3$ identische Studienobjekte der „Inneren Differentialgeometrie" sind, da sie (lokal) [unter Erhaltung der Längen der in ihnen verlaufenden Kurven] ineinander verbogen werden können. Andererseits haben sie in $\mathbb{E}^3$ eine deutlich voneinander unterschiedene „Äußere Geometrie" (z. B. verschiedene Hauptkrümmungen). Seine dort bewiesene *„Gauß-Gleichung"* wird zum zentralen Bindeglied zwischen äußerer und innerer Differentialgeometrie der Fläche: Sie *koppelt* das Produkt der zwei extrinsecen Hauptkrümmungen der Fläche, das ist *die Gaußsche Krümmung* der Fläche, *mit* einem Differential-Ausdruck zweiter Ordnung für völlig intrinsece Größen dieser Fläche, wobei der letztere, zunächst etwas mysteriöse Differentialausdruck erst später [1866, s. u.) in *dem* intrinsecen Christoffel-Riemannschen *Krümmungstensor der Fläche* einer geometrischen Deutung zugänglich wird. Die Integral-Version dieser differentiellen Gauß-Gleichung ist i. w. der heute so genannte lokale Gauß-Bonnet-Satz. – (Für eine genauere Würdigung dieser Arbeit vgl. [Dombrowski 1979].)

Der von GAUSS eingeführte intrinsece Aspekt wird zum Impulsgeber für die Differentialgeometrie der Flächen in $\mathbb{E}^3$ (wie für die gesamte Untermannigfaltigkeitsgeometrie) und gewinnt ein Eigenleben in Gestalt der Riemannschen Geometrie (s. u.).

(IV) Nach GAUSS' Arbeit von 1827 (s. o.) tritt natürlicherweise folgende Frage auf: *Welche Flächen im* $\mathbb{E}^3$ besitzen (lokal) die gleiche „innere Geometrie", haben z. B.

die gleiche (lokale) Trigonometrie ihrer geodätischen Dreiecke [d. h. in heutiger Terminologie: *sind (lokal-)isometrisch*], *aber sind dabei nicht kongruent* (=: „von gleicher Gestalt") *in* $\mathbb{E}^3$?

Zur Präzisierung dieser Begriffe [ohne den damals noch nicht verfügbaren Begriff „Riemannsche Metrik" (= „erste Fundamentalform")] für Flächen in $\mathbb{E}^3$:

Zwei immersierte Flächen $i: M \to \mathbb{E}^3$ und $\tilde{i}: \tilde{M} \to \mathbb{E}^3$

a) heißen *isometrisch*, wenn es einen Diffeomorphismus $f: M \to \tilde{M}$ gibt, so daß für jeden Weg $c: [0, 1] \to M$ die Kurven $\tilde{i} \circ f \circ c$ und $i \circ c$ in $\mathbb{E}^3$ gleich lang sind,

b) heißen *kongruent in* $\mathbb{E}^3$, wenn es einen Diffeomorphismus $f: M \to \tilde{M}$ und eine Isometrie $h: \mathbb{E}^3 \to \mathbb{E}^3$ (d. h. eine „Bewegung" oder „Umlegung" des $\mathbb{E}^3$ im Sinne der Elementargeometrie) gibt mit $\tilde{i} \circ f = h \circ i$ [in $\mathbb{E}^3$ kongruente Flächen sind also isometrisch, i. a. nicht umgekehrt],

c) heißen *ineinander verbiegbar*, wenn $M = \tilde{M}$ und wenn es eine – im wohlverstandenen Sinne – stetige Schar $i_t: M \to \mathbb{E}^3$ von Immersionen gibt, die sämtlich zu i isometrisch sind mit $i_0 = i$ und $i_1 = \tilde{i}$, jedoch i und $\tilde{i}$ nicht kongruent in $\mathbb{E}^3$ sind [ineinander verbiegbare Flächen sind also isometrisch, i. a. nicht umgekehrt].

Schließlich heißt eine immersierte Fläche des $\mathbb{E}^3$

d) *verbiegbar* in $\mathbb{E}^3$, wenn sie verbogen werden kann in eine andere (also zu ihr nicht kongruente) immersierte Fläche des $\mathbb{E}^3$ (vgl. c)),

e) *lokal-verbiegbar* in $\mathbb{E}^3$, wenn es zu jedem ihrer Punkte ... (wie üblich),

f) *starr* in $\mathbb{E}^3$, wenn jede andere zu ihr isometrische immersierte Fläche zu ihr kongruent ist.

Warnung: W. BLASCHKE verwendet in seinen Publikationen (und ihm folgend viele deutschsprachige Autoren) den Terminus „starr" anders als in *f*), nämlich als ein Synonym für „nicht *infinitesimal verbiegbar*"[23], was die naive Vorstellung von „Starrheit" als *Festigkeit gegenüber einzuleitenden Verformungs-Prozessen* auch besser trifft. Wir sind hier aber dem heutigen internationalen Gebrauch von (engl.:) *„rigid"* mit der landläufigen Übersetzung „starr" gefolgt, was also nicht nur Unverbiegbarkeit, sondern allgemeiner, suggestiv gesprochen, bedeutet: Eine *„starre" Fläche kann nicht in zwei verschiedenen Gestalten* im $\mathbb{E}^3$ *auftreten*, bei welchen korrespondierende 1-dimensionale „Materialfasern" einander gegenüber keine Dehnung oder Stauchungen aufweisen (eine längenerhaltende stetige Deformation der einen in die andere Gestalt ist nicht gefordert).

Das grundlegende notwendige Kriterium für die Isometrie (also für „gleiche innere Geometrie") zweier Flächen in $\mathbb{E}^3$ ist das *Theorema Egregium* von GAUSS [1827]: Sind zwei (immersierte) Flächen des $\mathbb{E}^3$ zueinander isometrisch, so stimmen in (unter der Isometrie) einander korrespondierenden Punkten die Gaußschen Krümmungen beider Flächen überein.

Die lokale Verbiegbarkeit der Ebenen des $\mathbb{E}^3$ in Zylinder und Kegel ist eine historisch nicht genauer zu datierende vorwissenschaftliche Erfahrung. Sie findet sich zu MONGEs Zeiten meist folgendermaßen mathematisch gefaßt: Jede zu einer Ebene des $\mathbb{E}^3$ lokal-isometrische Fläche in $\mathbb{E}^3$ (nach GAUSS hat sie also notwendig verschwindende Gaußsche Krümmung K) ist lokal-verbiegbar. [Die damaligen „Beweise" hierfür gehen aber von der i. a. falschen Annahme aus, eine zu einer Ebene lokal-isometrische Fläche sei lokal eine Torse, also eine (spezielle) Regelfläche.]

F. MINDING[19] zeigt [1838_1]: *Jede Regelfläche* des $\mathbb{E}^3$ (also auch eine solche mit $K \not\equiv 0$) *ist lokal-verbiegbar* (und sogar derart, daß ihre Erzeugenden während der lokalen Verbiegung Geradenabschnitte bleiben). Er beschreibt z. B. explizite eine solche (sogar *globale*) *Verbiegung der Wendelfläche innerhalb der Klasse der Regelflächen* des $\mathbb{E}^3$, und gibt den entsprechenden Ansatz auch für das einschalige Hyperboloid an. – Er zeigt weiter [1838_2], daß die *Wendelfläche global isometrisch ist zum* (nichtkongruenten) *Katenoid*, betrachtet als (unendlich oft „umwickelte") immersierte Rotationsfläche, wobei nun die Erzeugenden der Wendelfläche in die (in $\mathbb{E}^3$ *gekrümmten*!) Profil-Kurven des Katenoids übergehen. Die bekannte stetige Verbiegung von Wendelfläche und Katenoid ineinander durch eine Schar von Minimalflächen [als (nach O. BONNET, 1853) „assoziierte Minimalflächen"] erwähnt er nicht.

In der gleichen Arbeit zeigt er ferner die *lokale Verbiegbarkeit aller Rotationsflächen* innerhalb der Klasse aller Rotationsflächen. Er wendet dies Resultat speziell auf den Fall der 2-dim. Einheitssphäre S^2 in $\mathbb{E}^3$ an und beschreibt explizit die heute bekannte lokale Verbiegungsschar von S^2 in die spindel- und wulst-förmigen Rotationsflächen mit Gaußscher Krümmung $K \equiv 1$. Der *lokale* Charakter der von ihm angegebenen Verbiegungen für die geschlossene, konvexe S^2 ist MINDING voll bewußt, er sagt dazu [1838_2, 368]: „Um Mißverständnissen vorzubeugen, bemerke ich noch, daß bekanntlich eine in sich geschlossene convexe Fläche als unversehrtes Ganzes, unbiegsam ist." – [Dieser von MINDING als „bekannt" unterstellte Satz wird – in dieser Allgemeinheit – jedoch erst 80 bis 100 Jahre danach bewiesen! Siehe unten (V) (→ BLASCHKE, COHN-VOSSEN, HERGLOTZ)].

In seiner Arbeit [1839] beweist F. MINDING das fundamentale Resultat: *Je zwei (immersierte) Flächen in* $\mathbb{E}^3$ *gleicher konstanter Gaußscher Krümmung* $C(\in \mathbb{R})$ *sind lokal-isometrisch* und er formulierte explizite, daß jede solche Fläche mit $C > 0$ lokal-isometrisch ist zu einer Sphäre in $\mathbb{E}^3$ vom Radius $(\sqrt{C})^{-1}$.

Wir geben eine kurze Skizze seines Beweises hierfür, weil dieser einmal für Beweise späterer Resultate Modellcharakter hat, zum anderen weil er ein weitaus besseres Resultat (als das eben genannte) liefert, nämlich eines, das (erstmalig?) in Richtung des Themas *„freie Beweglichkeit in Räumen konstanter Krümmung"* weist (vgl. „Riemann-Helmholtz-Liesches Raumproblem"): GAUSS hatte [1827, 244] für die Koeffizienten E, F, G des Linienelements einer Fläche M des $\mathbb{E}^3$ bzgl. geodätischer Normalkoordinaten (r, φ) (in einem ihrer Punkte p) hergeleitet: $E \equiv 1$, $F \equiv 0$ und $m := \sqrt{G}$ ist eine (in φ 2π-periodische) Lösung der PDGl $m_{rr} + Km = 0$, mit $m(p) = 0$, $m_r(p) = 1$, wobei K die Gaußsche Krümmungsfunktion von M ist. Daraus schließt MINDING [1930_2, 161], daß – wenn K konstant vom Wert C ist – $\sqrt{G}$ von φ unabhängig und als Funktion von r gegeben ist als die Lösung $\sin_C$ der GDGl $y'' + Cy = 0$ mit $y(0) = 0$, $y'(0) = 1$. Das Linienelement von M hat daher in geodätischen Normalkoordinaten von M, wenn K konstant vom Wert C ist, die Gestalt

$$\text{(F. MINDING [}1830_2\text{]):}\quad ds^2 = dr^2 + \sin_C^2(r)\,d\varphi^2\ ^{21}. \tag{C}$$

Sind daher die Flächen $M, \tilde{M}$ des $\mathbb{E}^3$ beide von konstanter Krümmung C, ist p ein beliebiger Punkt in M, (a_1, a_2) ein beliebiges orthonormales Vektor-2-Bein der Tangentialebene an M in p, sind (r, φ) geodätische Normalkoordinaten von M auf $U := \{q \in M \mid r(q) < \varrho\}$ um p bezüglich (a_1, a_2) [d.h. φ mißt den (bzgl. (a_1, a_2)) orientierten Winkel gegen die Richtung a_1] und haben die überschlängelten Symbole die analoge Bedeutung für $\tilde{M}$, so gilt für das Linienelement von $\tilde{M}$ ebenfalls (m. m.) die Aussage (C), weshalb sofort folgt, (wenn $\varrho = \tilde{\varrho}$): Die Abbildung $q \mapsto \tilde{q}$ von U auf $\tilde{U}$, gekennzeichnet durch $r(q) = \tilde{r}(\tilde{q})$ und $\varphi(q) = \tilde{\varphi}(\tilde{q})$, ist eine Isometrie der Teilfläche U von M auf die Teilfläche $\tilde{U}$ von $\tilde{M}$, welche p in $\tilde{p}$ und (vermöge ihres Differentials in p) auch (a_1, a_2) in $(\tilde{a}_1, \tilde{a}_2)$ überführt. In heutiger Terminologie: Ist p bzw. $\tilde{p}$ ein beliebiger Punkt in M bzw. $\tilde{M}$, ist $l\colon T_p M \to T_{\tilde{p}} \tilde{M}$ eine beliebige orthogonale Abbildung, und ist $\varrho \in \mathbb{R}_+$ kleiner oder gleich dem Injektivitätsradius von M in p und dem von $\tilde{M}$ in $\tilde{p}$, so gilt: $\exp_{\tilde{p}} \circ l \circ (\exp_p | U)^{-1}$ ist eine Isometrie der Teilflächen U und $\tilde{U}$ von M bzw. $\tilde{M}$ aufeinander. – MINDING folgert hieraus die lokale „2-Punkt-Homogenität" von Flächen des $\mathbb{E}^3$ konstanter Gaußscher Krümmung (und mit $M = \tilde{M}$ liefert der skizzierte Beweis die „freie Beweglichkeit" kleiner 2-dim. „starrer Körper" in solchen Flächen im Sinne von Riemann-Helmholtz-Lie).

In der gleichen Arbeit beschreibt MINDING [1839] sämtliche Schrauben- und Rotationsflächen konstanter Gaußscher Krümmung $C \in \mathbb{R}$ mit den (uns heute aus Gips-Modellen) wohlbekannten Gestalten[22] und deren lokale Verbiegbarkeit ineinander.

1853 behauptet JELLET die lokale Unverbiegbarkeit einer Fläche positiver Gaußscher Krümmung, wenn dabei eine in ihr verlaufende Kurve festbleibt, während bei Flächen negativer Gaußscher Krümmung eine solche Verbiegbarkeit z. B. unter Festhaltung einer Asymptotenlinie noch möglich sei (vgl. hierzu und für eine Beweis-Analyse [Weingarten 1887]). Für Resultate ähnlichen Typs bei Flächen verschwindender Gaußscher Krümmung vgl. E. KREYSZIG und T. RADÓ [1958, 431]. Für weitere Verbiegbarkeitsfragen z. B. bei gewissen eben-*berandeten* Flächen vgl. N. W. EFIMOW [1957] (insbesondere den „Nachtrag" dazu von K. P. GROTEMEYER und E. REMBS, in welchem sie den Stand dieses Problemkreises bis 1956, inklusive ihrer eigenen Beiträge dazu, résumieren).

(V) *Unverbiegbarkeits- und Starrheits-Resultate für Flächen in* $\mathbb{E}^3$.

EUKLID hatte den „Satz" aufgestellt: „Zwei Polyeder sind kongruent, wenn sie von kongruenten ebenen Figuren begrenzt werden." Diese (bei Zulassung nicht-konvexer Polyeder) i. a. falsche Aussage wird 1813 von CAUCHY für konvexe Polyeder präzisiert und bewiesen. MINDING erklärt [1838_2] (wie bereits gesagt): „... daß bekanntlich eine in sich geschlossene convexe Fläche als unversehrtes Ganzes, unbiegsam ist." – Unter Hinweis auf CAUCHY und MINDING zeigt (aufgrund einer Anregung durch D. HILBERT)

H. LIEBMANN [1900]: *Jede kompakte $\mathscr{C}^\omega$-Fläche des $\mathbb{E}^3$ von positiver konstanter Gaußscher Krümmung ist eine euklidische Sphäre des $\mathbb{E}^3$.* (Insbesondere folgt daraus die *Starrheit der 2-dim. euklidischen Sphären in* $\mathbb{E}^3$.)

Er zeigt darüber hinaus den analogen Satz für kompakte n-dim. $\mathscr{C}^\omega$-Hyperflächen in $\mathbb{E}^{n+1}$ mit positiver konstanter *Gauß-Kronecker-Krümmung* (:= Produkt der n Hauptkrümmungen der Hyperfläche) und ferner „in Richtung" des obigen „Satzes von Minding": Jede kompakte $\mathscr{C}^\omega$-Fläche des $\mathbb{E}^3$ positiver Gaußscher Krümmung gestattet keine infinitesimalen $\mathscr{C}^\omega$-Verbiegungen[23]. [Die Voraussetzung der „Positivität" bei *konstanter* Krümmung ist für *kompakte* Hyperflächen in $\mathbb{E}^{n+1}$ stets von selbst erfüllt, was LIEBMANN aber nicht angibt.]

D. HILBERT gibt 1901 (vgl. [1922, 233]) einen (de facto nur $\mathscr{C}^4$-Voraussetzungen ausnützenden) Beweis des obigen Liebmannschen Satzes (der heute „Standard" ist), welcher sich auf die Kennzeichnung der Sphären als der einzigen kompakten Nabelpunktsflächen stützt, sowie auf das folgende *Hilbert-Lemma:* In einem Nicht-Nabelpunkt einer Fläche des $\mathbb{E}^3$ von konstanter positiver Gaußscher Krümmung kann die (dort und also in einer Umgebung) größere der beiden Hauptkrümmungsfunktionen kein lokales Maximum besitzen. (Vgl. dazu auch [Sacksteder 1960, 628 ff].)

Der Beweis von LIEBMANN für seinen obigen „Sphärensatz" besteht dagegen in folgender Idee: Die *„innere Parallelfläche"* im Abstand 1 zu der gegebenen kompakten Fläche von konstanter Gaußscher Krümmung 1 ist (nach BONNET), *falls sie immersiert* ist, von konstanter negativer mittlerer Krümmung. Dies nutzt er (zusammen mit der vorausgesetzten Kompaktheit und reellen Analytizität!) aus, um zu zeigen: Diese „Parallelfläche" muß zu einem Punkt entarten, also ... ist die Ausgangsfläche eine Sphäre. [Der Einsatz der Parallel-, insbesondere der (dimensionell-entarteten) *Fokal-Flächen* erweist sich auch später beim Studium von É. CARTANs *isoparametrischen Hyperflächen in Sphären* als ein starkes Instrument (vgl. [Münzner 1980, 59/60].)]

Mit Ausnahme der Beweise von *reell-analytischen Starrheitssätzen*, wie z. B. LIEBMANNs (wo die „Rigidität" auch weitgehend von der Analytizität der vorgegebenen Abbildungen induziert wird), stützen sich fast alle Beweise von Starrheits-Resultaten auf folgendes fundamentale

Kongruenz-Kriterium: *Sind $i: M \to \mathbb{E}^3$ und $\tilde{i}: \tilde{M} \to \mathbb{E}^3$ zwei orientierbare zusammenhängende, vermöge $f: M \to \tilde{M}$ isometrische Flächen (s.o. 2.2. IV. a), deren zweite Fundamentalformen l und $\tilde{l}$ (bei geeigneter Wahl ihrer Einheitsnormalenfelder ξ und $\tilde{\xi}$) unter f einander gleich sind (d.h. $f^*\tilde{l} = l$), so gibt es eine Isometrie h von $\mathbb{E}^3$ mit $\tilde{i} \circ f = h \circ i$ (und $\tilde{\xi} \circ f = h_* \xi$), insbesondere sind die beiden Flächen kongruent.*

Für dieses Kriterium, das eine einfache Folge des Eindeutigkeitssatzes für GDGl-Systeme ist, läßt sich vermutlich kein genaues „Geburtsdatum" ausfindig machen. Es wird genannt und bewiesen in einer Arbeit von O. BONNET [1867, 35 (letzte Zeile) bzw. 41–43].

1916 gibt H. WEYL [1956, 148] (im Rahmen eines allgemeineren Problems und ohne vollständigen Beweis[24]) folgenden Satz an, der dann bewiesen wird von:

S. COHN-VOSSEN (* 1902, † 1936) [1927]: Jede kompakte $\mathscr{C}^\omega$-Fläche in $\mathbb{E}^3$ von positiver Gaußscher Krümmung ist *starr* in der Klasse der $\mathscr{C}^\omega$-Flächen des $\mathbb{E}^3$.

BLASCHKE beweist zuvor [1921] die schwächere Aussage, die man aus letzterem Satz erhält, wenn man „starr" durch „unverbiegbar" ersetzt (s. o. (IV), c), f)). Ideen von BLASCHKE aufgreifend beweist im Jahre 1942 G. HERGLOTZ [1947] den Satz von Cohn-Vossen mit „$\mathscr{C}^3$" statt „$\mathscr{C}^\omega$". [HERGLOTZ' Beweis liefert sogar die (technisch-physikalisch interessante) Gültigkeit mit „$\mathscr{C}^2$" statt „$\mathscr{C}^3$", wenn man die von ihm verwendeten differentiellen Gauß- und Codazzi-Gleichungen 3-ter Ordnung mittels der (von É. CARTAN stammenden) „derivierbaren" Differentialformen nach P. HARTMAN und A. WINTNER [1950] in Integral-Relationen 2-ter Differentiationsordnung verwandelt.]

HERGLOTZ' Beweis nutzt auch aus, daß nach J. HADAMARD [1897] eine kompakte Fläche in $\mathbb{E}^3$ von Gaußscher Krümmung $K > 0$ einen konvexen Körper berandet. SACKSTEDER [1960] beweist, daß dieser Satz richtig bleibt, wenn man „Fläche" durch „immersierte Fläche" und „$K > 0$" durch „$K \geqq 0$" ersetzt (die Immersion muß dann schon injektiv sein). Kombiniert man das letztere Resultat mit Zusatzüberlegungen von K. VOSS [1960, 132] zum Herglotzschen Beweis, die sich auf das bekannte „Lemma 2" von S.S. CHERN und R. LASHOF [1957] stützen, so erhält man (zusammen mit den oben angedeuteten Techniken von HARTMAN und WINTNER):

Jede kompakte, immersierte $\mathscr{C}^2$-Fläche in $\mathbb{E}^3$ nicht-negativer Gaußscher Krümmung ist starr in der Klasse der immersierten $\mathscr{C}^2$-Flächen des $\mathbb{E}^3$.

Erweiterungen dieses Satzes innerhalb der Klasse aller Randflächen konvexer Körper in $\mathbb{E}^3$ gibt in den Jahren 1949–1951 auch A.V. POGORELOW [1956] an, wobei aber Resultate und Methoden der „*Differentialgeometrie ohne Differenzierbarkeits-Voraussetzungen*" von A.D. ALEXANDROW investiert werden, deren Skizzierung hier zu weit führte. –

Hinsichtlich der möglichen Starrheit von kompakten Flächen im $\mathbb{E}^3$ von höherem Geschlecht erwähnen wir:

L. NIRENBERG zeigt [1963] (im Rahmen eines allgemeineren Resultats): Die gewöhnlichen Rotationstori in $\mathbb{E}^3$ (d.h. die mit Kreisen als Profilkurven) sind starr in der Klasse aller $\mathscr{C}^4$-immersierten Flächen des $\mathbb{E}^3$.

Was gilt bezüglich der Starrheit im nicht-kompakten Fall? Schon MINDING beschreibt [1838_2, 368], wie die im Nord- und Südpol „punktierte" Einheitssphäre der bekannten spindelförmigen Rotationsfläche konstanter Gaußscher Krümmung 1 mit dem Äquatorradius $a := n^{-1}$ ($n \in \mathbb{N}_+$) n-fach isometrisch überlagert werden kann, insbesondere ist die so punktierte nicht-kompakte Sphäre nicht starr: Aber die zu ihr isometrischen, nicht kongruenten Flächen sind (für $n > 1$) *nicht-injektiv immersierte Flächen*. – Analog sind die 1929 von E. REMBS [1930] explizit angegebenen Verbiegungen der längs kompakter Großkreisbögen geschlitzten Sphären des $\mathbb{E}^3$ nicht-injektiv. Aber:

R.E. GREENE und H. WU zeigen [1972] (bzw. [1971]) (im Rahmen eines allgemeineren Satzes): Ist M eine kompakte $\mathscr{C}^6$-Fläche in $\mathbb{E}^3$ mit Gaußscher Krümmung $K \geqq 0$ und sind $p_1, \ldots, p_n$ ($n \in \mathbb{N}_+$) n Punkte aus M, in denen K positiv ist, so ist die n-fach punktierte Teilfläche $M \backslash \{p_1, \ldots, p_n\}$ von M *starr* in der Klasse aller *injektiv*-immersierten $\mathscr{C}^3$-Flächen des $\mathbb{E}^3$ (bzw. sogar in der Klasse aller solchen $\mathscr{C}^2$-Flächen des $\mathbb{E}^3$, falls $K > 0$ auf M).

Flächen der Gaußschen Krümmung $K \equiv 0$ in $\mathbb{E}^3$ treten als Ebenen, Zylinder, Kegel, Tangentenflächen, ferner als „Zusammenheftungen" von (auch abzählbar vielen, sich häufenden) Teilflächen dieser Typen auf, was bereits signalisiert, daß eine übersichtliche *Klassifikation der Gestalten* (:= Kongruenzklassen) *dieser Flächen* in $\mathbb{E}^3$ nicht zu erwarten ist. Um so mehr überrascht es, daß eine solche Klassifikation in einfacher Weise möglich wird, wenn man von diesen Flächen (da Kompaktheit mit $K \equiv 0$ nicht verträglich ist, als „Kompaktheitsersatz") *metrische Vollständigkeit* fordert. Es gilt nämlich der [für $n = 2$ auf POGORELOW (1956) zurückgehende, hier vereinfacht zitierte] nicht-triviale

Zylinder-Satz von P. HARTMAN und L. NIRENBERG [1959, 901]: *Jede isometrische (d.h. Bogenlängen von $\mathscr{C}^1$-Wegen erhaltende) $\mathscr{C}^3$-Abbildung i: $\mathbb{E}^n \to \mathbb{E}^{n+1}$ beschreibt einen Zylinder mit einer in einer 2-dim. Ebene E des $\mathbb{E}^{n+1}$ verlaufenden Leitkurve und mit zu E orthogonalen $(n-1)$-dim. affinen Unterräumen von $\mathbb{E}^{n+1}$ als Erzeugenden.*

Die Gestalten dieser Abbildungen i in $\mathbb{E}^{n+1}$ werden also (modulo Isometrien der Originalmannigfaltigkeit $\mathbb{E}^n$) durch die *Zylinder-Profile*, das sind die Gestalten der auf Bogenlänge parametrisierten ebenen Kurven $\mathbb{R} \to \mathbb{E}^2$, klassifiziert!

(VI) J. WEINGARTEN[25] studiert [1863] u.a. Bilder der Krümmungslinien unter GAUSS' sphärischer Abbildung für solche Flächen in $\mathbb{E}^3$, bei denen eine der beiden Hauptkrümmungsfunktionen eine gewisse Funktion der anderen ist. Seither bezeichnet man allgemeiner $\mathscr{C}^3$-immersierte Flächen $i: M \to \mathbb{E}^3$ als *W-Flächen* (= Weingarten-Flächen), wenn deren Hauptkrümmungsfunktionen κ_1, κ_2 (mit $\kappa_2 \leqq \kappa_1$) *funktional-abhängig* sind [d.h. per def.: Für jede kompakte Teilmenge C von M gibt es eine $\mathscr{C}^1$-Funktion $W: \mathbb{R}^2 \to \mathbb{R}$, die auf keiner offenen Teilmenge von $\mathbb{R}^2$ identisch verschwindet, mit $W(\kappa_1, \kappa_2)|C \equiv 0$]. Es gilt übrigens das nicht-triviale Kriterium[26]:

$$i: M \to \mathbb{E}^3 \text{ ist } W\text{-Fläche} \Leftrightarrow d\kappa_1 \wedge d\kappa_2 \equiv 0 \text{ auf } G := \{p \in M \mid \kappa_2(p) < \kappa_1(p)\}. \quad (*)$$

Zu den W-Flächen gehören daher alle $\mathscr{C}^3$-immersierten Flächen konstanter mittlerer oder Gaußscher Krümmung, oder die, welche Rotationsflächen bzw. (um $\mathscr{C}^4$-immersierte Kurven des $\mathbb{E}^3$ gelegte) Röhrenflächen sind.

Diese im vorigen Jahrhundert „lokal" bereits ausgiebig studierten W-Flächen gewinnen neues Interesse, als folgendes globale Resultat bekannt wird:

S.S. CHERN [1945]: *Ist M eine kompakte $\mathscr{C}^4$-Fläche in $\mathbb{E}^3$ positiver Gaußscher Krümmung und gibt es eine $\mathscr{C}^1$-Funktion $f: \mathbb{R} \to \mathbb{R}$ negativer Ableitung mit $\kappa_2 = f(\kappa_1)$ [insbesondere ist M also eine W-Fläche, s.o.], so ist M eine Sphäre in $\mathbb{E}^3$.*

H. HOPF bemerkt [1950], daß dieser Satz von Chern sogar für eine beliebige monoton fallende Funktion $f: \mathbb{R} \to \mathbb{R}$ richtig bleibt [wie man einsieht, wenn man HILBERTs Beweis für den Satz von Liebmann (s.o. (V)) analysiert, insofern dieser eigentlich nicht die Konstanz von K auf M, sondern nur folgende Konsequenz davon ausnützt: „$K > 0$ und hat κ_1 in p ein absolutes Maximum auf M, so hat κ_2 in p ein absolutes Minimum"]. Außerdem gelingt H. HOPF der Nachweis, daß die Voraussetzung „$K > 0$" in CHERNs Satz ausgewechselt werden kann gegen die Voraussetzungen, daß $i: M \to \mathbb{E}^3$ eine *reell-analytisch*-immersierte Fläche und M homöomorph zu S^2 ist. [Außerdem benötigt sein Beweis die Negativität der Ableitung von f nur in den Punkten $\kappa_1(p) \in \mathbb{R}$, für welche p ein Nabelpunkt von i ist.] Insbesondere erhält er den

***H*-Satz** (H. HOPF, 1950). *Ist $i: M \to \mathbb{E}^3$ eine $\mathscr{C}^\omega$-immersierte Fläche konstanter mittlerer Krümmung und ist M homöomorph zu S^2, so ist i (ein $\mathscr{C}^\omega$-Diffeomorphismus auf) eine euklidische Sphäre in $\mathbb{E}^3$.*

Zusatz: Nach HARTMAN/WINTNER [1954] gilt der Satz auch mit „$\mathscr{C}^2$" statt „$\mathscr{C}^\omega$".

(Der Beweis erfolgt so, daß aus der Annahme, nicht jeder Punkt von M sei Nabelpunkt von i, geschlossen wird, daß alle Nabelpunkte isoliert und „von negativem Index" sind. Das widerspricht dann aber POINCARÉs Satz, wonach die Summe dieser Indizes auf einer zu S^2 homöomorphen Mannigfaltigkeit positiv sein muß. – Im Falle positiver *Gaußscher* Krümmung war der letztere H-Satz bereits von H. LIEBMANN [1900, 109] angegeben worden.) – H. HOPF erwähnt im Zusammenhang mit dem H-Satz folgendes Problem [1950, 232]:

„Dagegen bleibt die Frage offen, ob es geschlossene Flächen von höherem Geschlecht mit konstantem H gibt."

Anhaltspunkte dafür, daß H. HOPF eine *negative* Antwort auf diese Frage *„vermutet"*, findet der Autor dort nicht. Dennoch findet die Verneinung dieser (für H. HOPF „offenen") Frage als *„Hopf-Vermutung"* Eingang in die Literatur und attrahiert viel Aufmerksamkeit: A. D. ALEXANDROW (1959) zeigt, daß der H-Satz (s.o.) auch ohne die Voraussetzung der Homöomorphie von M zu S^2 gilt, *wenn i injektiv* ist. Hierzu und zu weiterer Literatur vgl. man folgende Arbeit, in welcher die obige Frage von H. Hopf positiv beantwortet wird mit folgendem Resultat.

H.C. WENTE [1986]: Es gibt eine Folge paarweis nicht zueinander isometrischer Immersionen der Torusfläche $S^1 \times S^1$ in $\mathbb{E}^3$ von konstanter mittlerer Krümmung (die notwendig nicht-injektiv sind).

[Für z.T. explizitere analytische bzw. (Computer-graphische) gestaltliche Beschreibungen solcher H-Tori (und ihrer Krümmungslinien) vgl. auch [Abresch 1987] und [Walter 1987].]

(VII) *Minkowski-Probleme* für konvexe Flächen in $\mathbb{E}^3$.

Ist M eine kompakte $\mathscr{C}^2$-Fläche in $\mathbb{E}^3$ von positiver Gaußscher Krümmung K, so ist (J. HADAMARD) M die Randfläche ∂C eines konvexen Körpers C, wofür man auch sagt, M ist eine *„konvexe Fläche"*, oder „Eifläche" (:= Ovaloid). Außerdem ist dann das innere Einheitsnormalenfeld ξ von M ein $\mathscr{C}^1$-Diffeomorphismus von M auf S^2, die Einheitssphäre in $\mathbb{E}^3$. Jedes solche M kann also parametrisiert werden als $\xi^{-1}: S^2 \to M$. Das legt folgende Frage nahe:

Minkowski-Problem: Gibt es zu einer vorgegebenen positiven, stetigen Funktion $\kappa: S^2 \to \mathbb{R}_+$ eine konvexe $\mathscr{C}^2$-Fläche M in $\mathbb{E}^3$, für deren Gaußsche Krümmung K und deren inneres Einheitsnormalenfeld ξ gilt: $\kappa \circ \xi = K$, d.h. salopp: Kann die Gaußsche Krümmung einer konvexen Fläche als Funktion ihrer Normalenrichtungen „willkürlich" vorgeschrieben werden?:

Zunächst erkennt man, daß für das vorzugebende κ die unten folgenden Gleichungen (*) gelten müssen: Ist nämlich ω bzw. σ die Flächeninhalts-Form eines solchen M bzw. von S^2, so muß für jede Linearform λ von $\mathbb{E}^3$ das Integral der 2-Form $\lambda(\xi) \cdot \omega$ über M $(= \partial C)$ nach dem Gaußschen Integralsatz, angewendet auf den von M berandeten konvexen Körper C, verschwinden [denn $\lambda(\xi)$ ist das innere Produkt $\langle L, \xi \rangle$ mit einem konstanten, also divergenzfreien Vektorfeld L auf $\mathbb{E}^3$]. Daher folgt durch die Substitution $\xi^{-1}: S^2 \to M$ aus letzterem Integral [unter Beachtung der klassischen Deutung der Gaußschen Krümmung als Maßdichte von GAUSS' sphärischer Abbildung: $\xi^*\sigma = K\omega$, also $(\xi^{-1})^*\omega = ((1/K) \circ \xi^{-1})\sigma$] sofort $\int (\lambda | S^2) \cdot (1/\kappa)\sigma = 0$ bei Integration über S^2, insbesondere:

$$\int_{S^2} (x_i | S^2) \cdot (1/\kappa)\sigma = 0 \qquad \text{für } i = 1, 2, 3, \qquad (*)$$

wobei $x_i: \mathbb{E}^3 \to \mathbb{R}$ die i-te kanonische Koordinatenfunktion von $\mathbb{E}^3$ bezeichnet [m.a.W. der Ursprung ist Schwerpunkt der 2-dim. Massenverteilung auf S^2 mit der Dichte $1/\kappa$]. MINKOWSKI entdeckt [1903, 481], daß die Gleichungen (*) auch *hinreichend* sind dafür, daß $\kappa: S^2 \to \mathbb{R}_+$ im obigen Sinne als Gaußsche Krümmung einer konvexen Fläche auftritt. [Bei MINKOWSKI ist allerdings die als „Lösung des Problems" konstruierte Fläche lediglich Rand eines konvexen Körpers; sie ist daher a priori nicht $\mathscr{C}^2$, besitzt also keine Gaußsche Krümmung im Sinne der klassichen Differentialgeometrie: Aber MINKOWSKI formuliert das Problem statt für die Punkt-Funktionen κ und K geschickter für die entsprechenden Maße auf S^2 bzw. M, die (im $\mathscr{C}^2$-Falle) $1/\kappa$ bzw. $1/K$ als Radon-Nikodym-Dichten besitzen.]

Das oben genannte Minkowski-Problem wird gelöst, wenn $\kappa: S^2 \to \mathbb{R}_+$ eine $\mathscr{C}^r$-Funktion ist, die den Gleichungen (*) genügt, für $r = 2, \ldots, \infty, \omega$, und zwar durch H. LEWY [1938] im Falle $r = \omega$, im Falle $r \neq \omega$ aber durch A.V. POGORELOW (1952, mittels Resultaten von A.D. ALEXANDROW) bzw. durch L. NIRENBERG [1953] (mittels HILBERTS Theorie der elliptischen DGl-en auf S^2). Bei letzterem wird auch die Geschichte und die Literatur zu diesem Problem (bis 1953) referiert. Für einen weiteren historischen Überblick dazu, sowie für höher- und tiefer-dimensionale Analoga, schließlich auch für ein *„verallgemeinertes Minkowski-Problem"* [nämlich zu einer vorgegebenen stetigen Funktion $\kappa: S^2 \to \mathbb{R}_+$ eine injektive $\mathscr{C}^2$-Immersion $i: S^2 \to \mathbb{E}^3$ zu bestimmen, deren Gaußsche Krümmung K gleich κ ist] siehe [Gluck 1972].

Zum Abschluß: Hier muß der Bericht - nach Lage der Dinge (vgl. Einleitung (V)) - abbrechen. Eine Würdigung der *Gesamt-Leistung* der Differentialgeometrie war ohnehin nicht konzipiert. Die Experten, die ein (verständliches) Ungenügen an der Themenauswahl dieses Artikels verspüren, sind eingeladen, Ergänzendes (oder Zutreffenderes?) zu publizieren! Allen aber, die mir beim Entstehen dieses Artikels mit Rat oder Tat geholfen haben, danke ich an dieser Stelle herzlich, besonders meinem Kollegen H. Reckziegel für manche kritische Empfehlung, die dem Manuskript zugute kam, Herrn S. Nölker für das Lesen der Korrekturen, Frau G. Trossen für ihr unermüdliches Schreiben des (immer wieder zu ändernden) Manuskripts.

Anmerkungen

1 HERMANN GRASSMANN (* 15. 4. 1809, † 26. 9. 1877) war Gymnasial-Professor in Stettin, hätte aber gern an einer Universität gewirkt. Aus der „Vorrede" zu seiner - später sehr anerkannten - „Ausdehnungslehre" von 1862: „Ich weiss, dass, wenn es mir auch nicht gelingt, in einer bisher vergeblich von mir ersehnten Stellung einen Kreis von Schülern um mich zu sammeln, ..., dennoch einst diese Ideen, wenn auch in veränderter Form, neu erstehen ... werden." F. Engel schreibt über die in GRASSMANNS „Ausdehnungslehre" enthaltenen „Unrichtigkeiten und Versehen": »... sie sind alle von untergeordneter Bedeutung und betreffen niemals den Kern des Ganzen. ... Man kann in dieser Hinsicht auch auf GRASSMANN die Worte anwenden, die Lessing in seinem Laokoon über Winkelmann sagt: „Es ist kein geringes Lob, nur solche Fehler begangen zu haben, die ein Jeder hätte vermeiden können."«

2 RIEMANN trifft die Unterscheidung in „stetige *n*-fach ausgedehnte Mannigfaltigkeit" bzw. in „Veränderlichkeit von *n*-Dimensionen" je nach Sichtweise der Elemente der „*n*-fach ausgedehnten Größe" als die verschiedenen „Bestimmungsweisen" eines festen Allgemeinbegriffs bzw. als die verschiedenen Zustände eines (zeitlich) veränderlichen Gegenstandes. Im Sinne dieser Unterscheidung von RIEMANN wäre vermutlich die „Raum-Zeit" (von H. MINKOWSKI) mit den „Ereignissen" als Elementen als „4-fach ausgedehnte Mannigfaltigkeit" bzw. auf der anderen Seite das „Thermodynamische System" einer festen Menge von Molekülen eines sog. idealen Gases, verstanden als die Gesamtheit seiner (im Laufe der Zeit) thermodynamisch möglichen Zustände als „Veränderlichkeit von 2 Dimensionen" zu bezeichnen. Diese semantische Nuancierung, im Falle der letztgenannten zwei Beispiele wohl noch nachvollziehbar, scheint indes kaum objektivierbar und ist daher wohl nicht konsequent durchzuhalten: Auch RIEMANN tut dies nicht.

3 weshalb die für eine *n*-dim. Mannigfaltigkeit M von BETTI [1870/71, 145] eingeführten Zahlen p_k, $k \in \{1, \ldots, n-1\}$, die heute die *Bettischen Zahlen von M* heißen, um 1 kleiner sind als die (in der Literatur der zweiten Hälfte des vorigen Jahrhunderts) so genannten *Riemannschen Zusammenhangszahlen* Z_k $(= p_k + 1)$ von M, welch letztere - hier wird das Verwirrspiel perfekt - von POINCARÉ [1895, 19/20] wieder „Bettische Zahlen" von M genannt und mit P_k bezeichnet werden.

4 Warnung: Dieser von RIEMANN geprägte Begriff des einfachen Zusammenhangs ist von dem heutigen gleichlautenden Begriff verschieden! Auf einer einfach-zusammenhängenden *n*-dim. Mannigfaltigkeit im Sinne RIEMANNS ist jede geschlossene Differentialform *k*-ten Grades für *alle* $k \in \{1, \ldots, n-1\}$ exakt, während dies nach der heutigen Terminologie i.a. nur für $k = 1$ folgt.

5 Die *Einseitigkeit* des - in bekannter Weise - verdrillt verhefteten „Papierstreifens" beschreibt MÖBIUS dort suggestiv so: „Auch hat diese Fläche nur eine Seite; denn wenn man sie - um dieses noch auf andere Weise vorstellig zu machen - von einer beliebigen Stelle aus mit einer Farbe zu überstreichen anfängt und damit fortfährt, ohne mit dem Pinsel über die Grenzlinie hinaus auf die andere Seite überzugehen, so werden nichtsdestoweniger zuletzt an jeder Stelle die zwei daselbst einander gegenüberliegenden Seiten der Fläche gefärbt sein."

6 Nach KLEIN kann man sich von dieser Fläche „... ein Bild machen, indem man etwa ein Stück eines Kautschukschlauches umstülpt und nun so sich selbst durchdringen läßt, daß bei Zusammenbiegung der Enden die Außenseite mit der Innenseite zusammenkommt."

7 bei MÖBIUS eigentlich: "von gleicher Klasse" [Möbius, 458 ff, siehe die kursiv gesetzten Aussagen von § 17]. Dabei ist die „Klasse" einer zusammenhängenden, kompakten, berandeten differenzierbaren Fläche F ($\partial F = \emptyset$ zugelassen!) bei ihm definiert als die Zahl $g+1$ [Möbius, 456 f], wobei das Geschlecht g von F – wie üblich – das Maximum der Anzahl von (nicht-leeren!) Zusammenhangskomponenten solcher 1-dim. (eventuell leerer) kompakter, berandeter differenzierbarer Untermannigfaltigkeiten C von F ist, für welche $(C \backslash \partial C) \subset (F \backslash \partial F)$, $\partial C \subset \partial F$ und $F \backslash C$ zusammenhängend ist.

8 MÖBIUS benutzt implizite 2-malige Differenzierbarkeit von $F, \tilde{F}$ und eine Reihe damals noch gar nicht bewiesener Sätze, z. B. den von der Gebiets- und Dimensions-Invarianz, den Jordanschen Kurvensatz, den über die Homöomorphie der abgeschlossenen Hülle des Innengebiets einer Jordankurve in $\mathbb{R}^2$ zur abgeschlossenen Einheitskreisscheibe in $\mathbb{R}^2$, den Satz von Sard, ...

9 Drei Jahre nach dieser Arbeit von MÖBIUS gibt JORDAN (1838–1922) folgenden weitergehenden Satz an (allerdings mit einem keineswegs vollständigeren Beweis): *Zwei zusammenhängende, kompakte berandete Flächen in* $\mathbb{R}^3$ *sind zueinander homöomorph genau dann, wenn sie gleiches Geschlecht*[7] *und ihre Randmannigfaltigkeiten die gleiche Anzahl von Zusammenhangskomponenten besitzen*, [1866, 105].

10 in welcher er u. a. die Termini „Homöomorphismus", „Homologie" und die *Fundamentalgruppe* einer differenzierbaren Mannigfaltigkeit einführt, aber letztere nicht über die uns heute geläufigen Homotopieklassen von Wegen.

11 Warnung: CANTOR verwendet „*Mannigfaltigkeit*" als Synonym für „*Menge*" im Sinne seiner „*Mannigfaltigkeitslehre*". „Mannigfaltigkeiten" i. S. Riemanns heißen bei CANTOR „stetige Mannigfaltigkeiten".

12 Dies wird bei WEYL, dem Ziel des Buches entsprechend, nur exemplarisch für die Riemannschen Flächen, d. h. für die komplex-1-dim. holomorphen Mannigfaltigkeiten, ausführlich formuliert (die allgemeine Situation wird als naheliegendes Analogon nur kurz apostrophiert). So wird die einer Riemannschen Fläche zugrundeliegende topologische Mannigfaltigkeit von ihm gekennzeichnet als ein zu $\mathbb{R}^2$ lokal-homöomorpher, zusammenhängender, triangulierbarer (s. o.) topologischer Raum, für den er (wie P. ALEXANDROFF [1924, 295] bemerkt) vergißt, das Hausdorffsche Trennungsaxiom zu fordern. Ferner: Die holomorphe Struktur der Riemannschen Fläche wird bei ihm nicht – wie man heute meist vorgeht – mittels eines postulierten Atlas holomorph-verträglicher Karten definiert, sondern wird durch Eigenschaften der zu ihr gehörenden Funktionen (beschrieben und fast) gekennzeichnet. Eine komplette, aber diesem Geiste von WEYL genau nachempfundene Definition n-dim. reell-analytischer Mannigfaltigkeiten gibt CHEVALLEY [1946, 68].

13 Die Grundidee von ALEXANDROFFs Konstruktion von A, nämlich die „Lücken" zwischen je zwei aufeinanderfolgenden Ordnungszahlen $\alpha, \alpha+1$ einer (in natürlicher Weise geordneten, also wohlgeordneten) Menge Ω von Ordnungszahlen durch Intervalle $]0,1[$ zu interpolieren, um eine „kontinuierliche Zahlenreihe" zu gewinnen, ist bereits bei CANTOR [1883, 552, Zeile 15–18] angesprochen und bei VIETORIS [1921, 183] explizite für den Fall ausgeführt, daß Ω eine Menge von Ordnungszahlen ist, die CANTORs *zweite Zahlklasse* (:= Menge aller Ordnungszahlen, die zur Kardinalzahl von $\mathbb{N}$ gehören) enthält, wodurch er also eine die *lange Halbgerade* enthaltende geordnete Menge herstellt.

14 J. F. PFAFF (* 1765, † 1825) [seit 1788 an der Universität Helmstedt, wo er den Göttinger Studenten C. F. GAUSS promoviert, ab 1800 in Halle] behandelt 1814 das nach ihm benannte Problem, das gewöhnlich als eine gewisse „Normalform"-Aufgabe für Pfaffsche Formen des $\mathbb{R}^n$ formuliert wird. FROBENIUS [1875] wendet diese Aufgabe zu der folgenden: Wann gibt es zu zwei Pfaffschen Formen ω und $\tilde{\omega}$ des $\mathbb{R}^n$ (lokal) einen Diffeomorphismus f des $\mathbb{R}^n$ mit $f^*(\tilde{\omega}) = \omega$? Er nutzt die von LIPSCHITZ [1869, 73, Zeile 1–5] angegebene Regel „$f^* d\tilde{\omega} = df^* \tilde{\omega}$" und behauptet, daß die Übereinstimmung der (von ihm eingeführten) „Klasse" ($\in \mathbb{N}$) von ω mit der von $\tilde{\omega}$ notwendig und hinreichend dafür ist. (Sind $d\omega$ und $d\tilde{\omega}$ nicht-entartet, so liefert dies gerade den „Satz von Darboux" für symplektische Mannigfaltigkeiten!)

15 É. CARTAN bezeichnet [1899, 242] seine Differentialformen-Methode als identisch mit dem „geometrischen Kalkül" von BURALI-FORTI in dessen (ein Jahr zuvor erschienenen) Buch: „Introduction à la Géométrie différentielle, suivant la méthode de Grassmann", Gauthier-Villars, 1889. – Die heute

gebräuchliche Notation „$d\omega$“ für die von É. CARTAN als ω' bezeichnete Ableitung einer Differentialform ω wurde von E. KÄHLER [1934, 6] vorgeschlagen.

16 Einen (ersten?) Beweis des Satzes von Stokes für *berandete* orientierte, kompakte Mannigfaltigkeiten in der heutigen Differentialformen-Version (*ohne* Triangulierung oder Zellenzerlegung der Mannigfaltigkeit!) gibt R. DE POSSEL [1938] und zwar mittels einer endlichen „*Zerlegung der Eins*“. Letztere Idee übernimmt er jedoch von S. BOCHNER, der [1937] damit i.w. beweist „ $\int_M d\omega = 0$“, wenn M eine *unberandete*, orientierte, kompakte n-dim. $\mathscr{C}^2$-Mannigfaltigkeit und ω eine $\mathscr{C}^1$-$(n-1)$-Form ist. (Bei BOCHNER ist de facto M eine Riemannsche Mannigfaltigkeit und die Integral-Aussage ist als „Divergenzsatz“ für ein $\mathscr{C}^1$-Vektorfeld fomuliert.)

17 CHEVALLEY nennt dieses Resultat nicht so. Als „*(lokaler) Frobenius-Satz*“ wird heute folgendes Resultat bezeichnet: „Ist ξ ein $\mathscr{C}^\infty$-Untervektorbündel des Tangentialbündels einer n-dim. $\mathscr{C}^\infty$-Mgf. M vom Rang $k < n$ [d.h. ξ ordnet jedem $p \in M$ einen k-dim. Untervektorraum des Tangentialraumes an M in p („in $\mathscr{C}^\infty$-Weise“) zu, so gilt:

$$\xi \text{ ist } \textit{involutiv} \Leftrightarrow \xi \text{ ist } \textit{vollständig integrabel.}\text{“} \qquad (*)$$

Zur Bedeutung und Historie von (*): Ist $\Gamma(\xi)$ die Menge aller $\mathscr{C}^\infty$-Vektorfelder von M, die zu ξ tangential sind, $\Omega(\xi)$ die Menge aller Pfaffschen $\mathscr{C}^\infty$-Formen ω von M mit $\omega(X) = 0$ für alle $X \in \Gamma(\xi)$, und bezeichnet $[X, Y]$ (die bereits von JACOBI [1862, 35 ff] betrachtete) „Lie-Klammer“ der Vektorfelder X, Y, so bedeutet die rechte Seite von (*):

Um jedes $p \in M$ gibt es eine $\mathscr{C}^\infty$-Karte u mit $du_{k+1}, \ldots, du_n \in \Omega(\xi)$. (I)

Ferner hat man folgende vier äquivalente Kennzeichnungen der linken Seite von (*) nach JACOBI (vor seinem Todesjahr 1852!) bzw. CLEBSCH (s. [Clebsch 1866, 257 bzw. 258 ff] bzw. FROBENIUS [1875, 271, Z. 5-1 v.u. und 277, Z. 2 v.u.]):

Um jedes $p \in M$ gibt es ein k-Beinfeld $X_1, \ldots, X_k \in \Gamma(\xi)$ mit $[X_i, X_j] = 0$ für $1 \leqq i < j \leqq k$. (J)

Für alle $X, Y \in \Gamma(\xi)$ gilt $[X, Y] \in \Gamma(\xi)$. (C)

Für alle $\omega \in \Omega(\xi)$ und alle $X, Y \in \Gamma(\xi)$ gilt $d\omega(X, Y) = 0$. (F_1)

Für alle $\omega \in \Omega(\xi)$ gibt es (lokal) $\omega_{k+1}, \ldots, \omega_n \in \Omega(\xi)$ und $\mathscr{C}^\infty$-Fkt.en $\varphi_{k+1}, \ldots, \varphi_n$, so daß $d\omega = \sum_{i=k+1}^{n} (d\varphi_i \wedge \omega_i)$, (F_2)

(wobei FROBENIUS die Bildungen $d\omega$ und $\theta \wedge \omega$ für Pfaffsche Formen θ, ω in Koordinaten notiert und er schreibt [1875, 270 bzw. 272] die Idee für „(C)“ ausdrücklich JACOBI und CLEBSCH (loc. cit.) bzw. die für „(F_1) und (F_2)“ DEAHNA (1840) zu; dabei ist jedoch für heutige Mathematiker die Arbeit des letzteren für sich allein kaum, sondern nur via FROBENIUS' Arbeit zu verstehen).

18 Es braucht eine geraume Zeit, bis (über FRENETs Vektor-Dreibein, CHRISTOFFEL-RIEMANNs Krümmungstensor, RICCIs allgemeine Tensoren, É. CARTANs Differentialformen) *vektorielle* und *tensorielle Begriffe an sich* (nicht nur ihre numerischen Invarianten, wie Längen, Eigenwerte etc.) als Träger interessanter „Größen“ in der Differentialgeometrie verstanden und erfolgreich eingesetzt werden. [Analoges gilt für die Algebraische Topologie: Zunächst gibt es nur numerische Invarianten für topologische Mannigfaltigkeiten und deren stetige Abbildungen [Zusammenhangs-, Betti-*Zahlen*, Euler-Poincaré-Charakteristik, Umlaufszahlen, Abbildungsgrade ($\in \mathbb{Z}$)], erst deutlich später folgen Begriffe wie Fundamental-, Homologie- oder Homotopie-*Gruppen*, Cohomologie-*Ringe*, ... und deren Homomorphismen als an sich interessante „Größen“ der Topologie.

Zusatz: Der „Riemannsche Krümmungstensor“ wird in der Version $g(R(X, Y)Z, W)$ bald nach der ersten Publikation (1866/67) von RIEMANNs Habilitationsvortrag von 1854, in dem der Krümmungstensor noch fehlt, simultan und unabhängig voneinander durch E. B. CHRISTOFFEL [1869] *und* R. LIPSCHITZ [1869] eingeführt und zwar als „Hindernis“ gegen lokale Isometrie der Riemannschen Mannigfaltigkeit (M, g) zum $\mathbb{E}^n$. Seine Einführung durch RIEMANN von 1861 („Pariser Preisschrift“ [1892, 391-404]) wird erst 1876 aus dem Nachlaß RIEMANNs publiziert. CHRISTOFFEL *und* LIPSCHITZ beschreiben explizit *alle* algebraischen Krümmungs-Identitäten (auch die heute oft als „erste Bianchi-Identität“ zitierte). LIPSCHITZ und RIEMANN wählen die Beschreibung als „Doppel-Differentialform“, CHRISTOFFEL kehrt den „Tensor vom Typ (0, 4)“ heraus und führt für *alle* Tensoren vom Typ $(0, r)$ deren kovariante Ableitung als Tensorfeld vom Typ $(0, r+1)$ ein und zeigt $\nabla g = 0$ (heute oft als „Ricci-Gleichung“ zitiert).

19 FERDINAND MINDING (* 11. 1. 1806, † 13. 5. 1885), vielseitig talentiert und interessiert, wirkt von 1830 bis 1843 als Privatdozent an der Berliner Universität, wo er z. B. (vor 4 bis 5 Hörern!) in seinen Differentialgeometrie-Vorlesungen auch über seine – gerade frischen – Forschungsresultate (z. B. Verbiegungen von Flächen) vorträgt. Neben (dem um ein Jahr älteren) DIRICHLET, mit dem er freundschaftlich verbunden ist, und neben STEINER ist MINDING in dieser Zeit Hauptträger eines modernen, forschungsbezogenen Hochschulunterrichts in Berlin; das im letzten Jahrhundert steigende Ansehen der Mathematik an der Berliner Universität beginnt mit dem Wirken dieser drei. – Ab 1843 ist MINDING Ordinarius an der Universität Dorpat.

20 d.h. gerade: Die Orthogonal-Projektion der Geodätischen in eine Ebene senkrecht zur Rotationsachse genügt KEPLERs „Flächensatz“: In der Tat liefern die Geodätischen-DGlen für die Rotationsfläche *M unmittelbar*, daß die letztere Projektionskurve einer normierten Geodätischen von *M* in der genannten Ebene eine „Zentralbewegung“ (um den Durchstoßpunkt der Rotationsachse) ausführt: CLAIRAUTs Satz ist also ein Korollar des früheren Satzes von Newton über Zentralbewegungen (entdeckt 1666, gedruckt 1687).

21 Dies Resultat (C) und auch das Resultat von MINDINGs gleicher Arbeit über den intrinsecen Charakter der geodätischen Krümmung dürften – wenn man den Nachlaß von GAUSS ansieht – u.a. gemeint sein, wenn GAUSS in einem Brief (1832) an ENCKE (Astronom und Sekretär der Berliner Akademie) schreibt: *„Diese* [um größtmöglich innere Vollkommenheit der Darstellung bemühte und daher äußerst zeitaufwendige (der Autor)] *Art zu arbeiten kann zuweilen die Folge haben, und hat sie zuweilen gehabt, daß auf Dinge, die ich schon seit vielen Jahren besessen habe, später ihrerseits auch andere kommen, und in der Bekanntmachung mir zuvorkommen;“*

22 Für eine Beschreibung letzterer und weiterer Flächen konstanter Krümmung, die keine Rotations- oder Schraubenflächen sind, (mit ausdrucksvollen Photos ihrer Gips-Modelle durch G. FISCHER) vgl. H. RECKZIEGEL in [Fischer 1986].

23 Eine *infinitesimale* ($\mathscr{C}^r$-)*Verbiegung* einer immersierten Fläche $i: M \to \mathbb{E}^3$ ist ein ($\mathscr{C}^r$-)Vektorfeld $v: M \to \mathbb{E}^3$ längs i, so daß
a) $\langle di, dv \rangle \equiv 0$ auf M, d.h. daß die Abbildungsschar $i_\varepsilon := i + \varepsilon v: M \to \mathbb{E}^3$ ($\varepsilon \in \mathbb{R}$) die Eigenschaft hat, daß für jeden $\mathscr{C}^1$-Weg $c: [0, 1] \to M$ die Funktion $\varepsilon \mapsto$ Länge $(i_\varepsilon \circ c)$ in $\varepsilon = 0$ verschwindende Ableitung nach ε besitzt (d.h. die Abbildungsschar i_ε läßt in 0 die Bogenlängen in erster Näherung ungeändert), und
b) es kein Killing-Vektorfeld X von $\mathbb{E}^3$ gibt mit $v = X \circ i$ [d.h. v ist nicht das Geschwindigkeitsfeld $p \mapsto B_t(i(p))'(0)$ ($p \in M$) zur Zeit 0 für eine 1-parametrige Schar $t \mapsto B_t$ ($t \in]-\tau, \tau[$) von Isometrien des $\mathbb{E}^3$ mit $B_0 = \mathrm{id}$].
(In dieser Form geht der Begriff auf WEINGARTEN [1887] zurück.)

24 Diesen Tatbestand erläutert WEYL [1956, 178]: „Der Grund für die Publikation der Arbeit in diesem unfertigen Zustand war meine Einberufung zum Heeresdienst in der deutschen Armee im Frühjahr 1915. Ich hatte zwar die Rechnung wesentlich weiter vorgetrieben, als der gedruckte Text erkennen lässt, aber ob es mir damals gelungen wäre, wirklich zum Ziele zu kommen (ich glaubte es) – wer will es heute sagen?“

25 JULIUS WEINGARTEN (* 25. 3. 1836, † 15. 6. 1910) ist als 21jähriger Student der Berliner Universität 1. Preisträger bei der für 1857 von E. KUMMER (für Studierende) gestellten Preisaufgabe, in welcher die Krümmungslinien für noch nicht genauer untersuchte Flächenklassen studiert werden sollten. Besonderes Lob (von KUMMER) erhält seine Behandlung der Krümmungslinien von Minimalflächen (also spezieller W-Flächen). Diese Preisarbeit „De lineis curvaturae superficierum“ (mit der er überdies 1864 in Halle promoviert), mag der Einstieg für seine ersten Studien über W-Flächen [1863] gewesen sein. Seit 1864 unterrichtet er als Dozent an der Bauakademie zu Berlin, vor allem die Anfänger-Kurse in Reiner Mathematik, später (ab 1874) als Professor für Mechanik an der gleichen Institution, die noch während seiner Amtszeit (1879) in die neugegründete Technische Hochschule (Berlin-) Charlottenburg integriert wird.

26 Zu „$\Rightarrow$“: Ist $p \in G$ (d.h. p ist Nicht-Nabelpunkt) mit $(d\kappa_1 \wedge d\kappa_2)(p) \neq 0$, so ist für jede kompakte Nachbarschaft C von p in G der Punkt $(\kappa_1(p), \kappa_2(p))$ *innerer* Punkt von $(\kappa_1, \kappa_2)(C)$ (Umkehrsatz!). Also muß jede auf $(\kappa_1, \kappa_2)(C)$ verschwindende $\mathscr{C}^1$-Funktion $W: \mathbb{R}^2 \to \mathbb{R}$ auf einer *offenen* Teilmenge von $\mathbb{R}^2$ identisch verschwinden. – Zu „$\Leftarrow$“: Sei H bzw. K die mittlere bzw. Gaußsche Krümmung von $i: M \to \mathbb{E}^3$, also:

$$2(dH \wedge dK) = (\kappa_1 - \kappa_2) \cdot (d\kappa_1 \wedge d\kappa_2) \quad \text{auf } G.$$

Daher muß $dH \wedge dK$ (mit $d\kappa_1 \wedge d\kappa_2$) auf G und folglich auch auf $\overline{G}$ verschwinden. Aber $M\backslash\overline{G}$ ist eine offene Teilfläche von M, die nur aus Nabelpunkten von i besteht, d.h. $H^2 - K \equiv 0$ auf $M\backslash\overline{G}$, insbesondere

$$dH \wedge dK = -dH \wedge d(H^2 - K) = 0 \quad \text{auf } M\backslash\overline{G}, \text{ also auf ganz } M.$$

Die $\mathscr{C}^1$-Abbildung (H, K): $M \to \mathbb{R}^2$ hat daher nach SARD eine μ_2-Nullmenge als Bild. Für jede kompakte Teilmenge C von M ist daher $(H, K)(C)$ eine kompakte μ_2-Nullmenge in $\mathbb{R}^2$, also eine in $\mathbb{R}^2$ nirgends dichte Menge. Nach K. KNOPP und R. SCHMIDT [M. Zeitschr. **25** (1926), 373-381] gibt es daher eine auf keiner offenen Teilmenge des $\mathbb{R}^2$ identisch verschwindende $\mathscr{C}^1$-Funktion (sogar $\mathscr{C}^\infty$-Funktion) F: $\mathbb{R}^2 \to \mathbb{R}$ mit $F(H, K)|C \equiv 0$. Dann ist also $W(x, y) := F(2^{-1}(x+y), xy)$ mit F eine auf keiner offenen Teilmenge von $\mathbb{R}^2$ verschwindende $\mathscr{C}^1$ (bzw. $\mathscr{C}^\infty$)-Funktion und $W(\kappa_1, \kappa_2)|C \equiv 0$. – Die letztere Überlegung zeigt überdies, daß die W-Flächen-Eigenschaft geschickter [als mittels der nur auf G differenzierbaren Abbildung (κ_1, κ_2)] dadurch gekennzeichnet werden kann (vgl. [Hartman und Wintner 1954] bzw. [Chern 1955]), daß die $\mathscr{C}^1$-Abbildung (H, K) bzw. $(H, H^2 - K)$ von ganz M in $\mathbb{R}^2$ überall vom Rang $\leqq 1$ ist.

Literaturverzeichnis

Abresch, U. (1987): *Constant mean curvature tori in terms of elliptic functions.* J. reine angew. Math. **374**, 169-192.

Alexandroff, P. (1924): *Über die Metrisation der im Kleinen kompakten Räume.* Math. Ann. **92**, 294-304.

Ambrose, W., I. M. Singer (1953): *A Theorem on Holonomy.* Trans. Amer. Math. Soc. **75**, 428-443.

Ballmann, W., M. Gromov, V. Schroeder (1985): *Manifolds of Nonpositive Curvature.* Birkhäuser, Boston.

Barner, M., F. Flohr, (1958): *Der Vierscheitelsatz und seine Verallgemeinerungen.* Der Mathematikunterricht **4**, Heft 4, 43-73.

Berger, M., B. Gostiaux (1988): *Differential Geometry: Manifolds, Curves, and Surfaces.* Springer, New York.

Besse, A. L. (1978): *Manifolds all of whose Geodesics are closed.* Springer, Berlin.

Besse, A. L. (1987): *Einstein Manifolds.* Springer, Berlin.

Betti, E. (1870/71): *Sopra gli spazi di un numero qualunque di dimensioni.* Annali di Matematica pura ed applicata Ser. II, **4**, 140-158.

Bianchi, L. (1899): *Vorlesungen über Differentialgeometrie.* (Übersetzung von M. Lukat der 1886 lithographierten „Lezioni di geometria differenziale") Teubner, Leipzig.

Blaschke, W. (1921): *Die Starrheit der Eiflächen.* Math. Zeitschr. **9**, 142-146.

Blaschke, W. (1931): *Neue Strömungen der Differentialgeometrie.* Jahresbericht DMV **40**, 1-15.

Blaschke, W. (1945): *Vorlesungen über Differentialgeometrie I.* Springer, Berlin.

Blaschke, W. (1985): *Gesammelte Werke* **5**, THALES-Verlag, Essen.

Bochner, S. (1937): *Remark on the Theorem of GREEN.* Duke Math. J., **3**, 334-338.

Bonnet, O. (1848): *La Théorie générale des Surfaces.* J. École Polytechnique, **19**, 1-146.

Bonnet, O. (1867): *La Théorie des Surfaces applicables sur une Surface donnée.* J. École Polytechnique, **25**, 1-151.

Brouwer, L. E. J. (1911): *Beweis der Invarianz der Dimensionszahl.* Math. Ann. **70**, 161-165.

Brouwer, L. E. J. (1976): *Collected works* **2.** North Holland Publishing Company, Amsterdam.

Cairns, S. S. (1935): *Triangulation of the manifold of class one.* Bull. Amer. Math. Soc. **41**, 549-552.

Calabi, E., M. Rosenlicht (1953): *Complex analytic manifolds without countable base.* Proc. Amer. Math. Soc. **4**, 335-340.

Cantor, G. (1878): *Ein Beitrag zur Mannigfaltigkeitslehre*[11]. J. reine angew. Math. **84,** 242–258.

Cantor, G. (1883): *Ueber unendliche, lineare Punktmannichfaltigkeiten*[11]. Math. Ann. **21,** 545–591.

Cartan, É. (1899): *Sur certaines expressions différentielles et le problème de Pfaff.* Ann. Éc. Norm. **16,** 239–332.

Cartan, É. (1928): *Leçons sur la Géométrie des Espaces de Riemann.* Gauthier-Villars, Paris.

Cartan, É. (1952): *Notice sur les travaux scientifiques.* In: Cartan, É.: *Oeuvres complètes.* Gauthier-Villars, Paris, 1–98.

Cartan, H. (1950): *Notions d'algèbre différentielle; application aux groupes de Lie et aux variétés où opère un groupe de Lie.* Colloque de Topologie (Espaces fibrés), Bruxelles.

Cecil, T. E., P. J. Ryan (1985): *Tight and taut immersions of manifolds.* Pitman, Boston.

Chen, B.-Y. (1973): *Geometry of submanifolds.* Dekker, New York.

Chern, S. S. (1945): *Some new characterizations of the euclidean sphere.* Duke Math. J. **12,** 279–290.

Chern, S. S., C. Chevalley (1952): *Élie Cartan and his work.* Bull. Amer. Math. Soc. **58,** 217–250.

Chern, S. S. (1955): *On special W-Surfaces.* Proc. Amer. Math. Soc. **6,** 783–786.

Chern, S. S. (1966): *The Geometry of G-Structures.* Bull. Amer. Math. Soc. **72,** 167–219.

Chern, S. S. (1967): *Studies in Global Geometry and Analysis.* Studies in Mathemtics **4.** Math. Assoc. America, Prentice Hall.

Chern, S. S. (1978): *A Summary of My Scientific Life and Works.* In: Chern, S. S.: *Collected Works.* Springer, New York.

Chern, S. S., R. K. Lashof: *On the total curvature of immersed manifolds I, II.* Amer. J. Math. **79** (1957), 306–318, Michigan Math. J. **5** (1958), 5–12.

Chevalley, C. (1946): *Theory of Lie Groups I.* Princeton University Press, Princeton.

Christoffel, E. B. (1869): *Über die Transformation der homogenen Differentialausdrücke zweiten Grades.* J. reine angew. Math. **70,** 46–70.

Clebsch, A. (1866): *Ueber die simultane Integration linearer partieller Differentialgleichungen.* J. reine angew. Math. **65,** 257–268.

Cohn-Vossen, St. (1927): *Zwei Sätze über die Starrheit der Eiflächen.* Nachr. Ges. Wiss. Göttingen, Math.-Phys. Klasse, 125–134.

Darboux, G.: *Leçons sur la Théorie générale des Surfaces.* I (1887), II (1889), III (1894), IV (1896) Gauthier-Villars, Paris.

Dombrowski, P. (1979): *150 years after GAUSS' Disquisitiones generales circa superficies curvas.* Astérisque **62,** Soc. Mathém. France, [bzw. Abh. Braunschweig. Wiss. Ges. **27** (1977), 63–102].

Dyck, W.: *Beiträge zur Analysis situs I.* Math. Ann. **32** (1888), 457–512. *II.* Math. Ann. **37** (1890), 273–316.

Efimow, N. W. (1957): *Flächenverbiegungen im Großen.* Mit einem Nachtrag von E. Rembs und K. P. Grotemeyer, Akademie-Verlag, Berlin.

Ehresmann, C. (1950): *Les connexions infinitésimales dans un espace fibré différentiable.* Colloque de Topologie (Espaces fibrés), Bruxelles.

Euler, L.: *Opera omnia.* **26** (1953) und **28** (1955). Orell Füssli Turici, Lausanne.

Fary, I. (1949): *Sur la courbure totale d'une courbe gauche faisant un noeud.* Bull. Soc. Math. France **77,** 128–138.

Fenchel, W. (1929): *Über Krümmung und Windung geschlossener Raumkurven.* Math. Ann. **101,** 238–252.

Ferus, D. (1967): *Über die absolute Totalkrümmung höher-dimensionaler Knoten.* Math. Ann. **171,** 81–86.

Fischer, G. (1986): *Mathematische Modelle.* Vieweg, Braunschweig/Wiesbaden.

Frobenius, G. (1875): *Über das Pfaffsche Problem.* J. reine angew. Math. **82,** 230–315.

Gauß, C. F.: *Werke* **4** (1880) und **8** (1900). Kgl. Ges. Wiss. Göttingen.

Gauß, C. F.: *Disquisitiones generales circa superficies curvas.* 1827, abgedruckt in: C. F. GAUSS Werke **4** (1880), 217–258.

Gericke, H. (1982): *Zur Vorgeschichte und Entwicklung des Krümmungsbegriffs*. Arch. History Exact Sciences, **27,** 1-21.

Gluck, H. (1971): *The Converse to the Four Vertex Theorem*. Enseignement Math. (2) **17,** 295-309.

Gluck, H. (1972): *The generalized Minkowski problem in differential geometry in the large*. Ann. Math. **96,** 245-276.

Grassmann, H. (1862): *Die Ausdehnungslehre*. Enslin, Berlin, abgedruckt in H. Grassmanns Ges. Math. und Phys. Werke **1,** 2-ter Teil, Teubner, Berlin, 1896.

Grauert, H. (1958): *On LEVI's Problem and the Imbedding of real-analytic Manifolds*. Ann. Math. **68,** 460-472.

Greene, R. E., H. Wu: *On the rigity of punctured ovaloids*. Ann. Math. **94** (1971), 1-20; *Part II*. J. Diff. Geometry **6** (1972), 459-472.

Gromoll, D., W. Klingenberg, W. Meyer (1968): *Riemannsche Geometrie im Großen*. Lecture Notes in Math. **55,** Springer, Berlin.

Gromov, M. (1986): *Partial Differential Relations*. Springer, Berlin.

Haefliger, A. (1961): *Differentiable Embeddings*. Bull. Amer. Math. Soc. **67,** 109-112.

Hartman, P., L. Nirenberg (1959): *On spherical image maps whose Jacobians do not change sign*. Amer. J. Math. **81,** 901-920.

Hartman, P., A. Wintner (1950): *On the fundamental equations of Differential Geometry*. Amer. J. Math. **72,** 757-786.

Hartman, P., A. Wintner (1954): *Umbilical points and W-surfaces*. Amer. J. Math. **76,** 302-308.

Helgason, S. (1978): *Differential Geometry, Lie Groups and Symmetric Spaces*. Academic Press, New York.

Herglotz, G. (1943): *Über die Starrheit der Eiflächen*. Abh. math. Seminar Hansische Univ. Hamburg **15,** 127-129.

Hilbert, D. (1922): *Grundlagen der Geometrie*. 5-te Auflage, Teubner, Leipzig.

Hirsch, M. W. (1976): *Differential Topology*. Graduate Texts in Mathematics **33,** Springer.

Hopf, H. (1935): *Über die Drehung der Tangenten und Sehnen ebener Kurven*. Compositio Math. **2,** 50-62.

Hopf, H. (1950/51): *Über Flächen mit einer Relation zwischen den Hauptkrümmungen*. Math. Nachr. **4,** 232-249.

Hopf, H. (1966): *Ein Abschnitt aus der Entwicklung der Topologie*. Jahresbericht DMV **68,** 182-192.

Jacobi, C. G. J. (1837): *Demonstratio et amplificatio nova theorematis Gaussiani ....* J. reine angew. Math. **16,** 344-350.

Jacobi, C. G. J. (1862): *Nova methodus, aequationes differentiales partiales primi ordinis inter numerum variabilium quemcunque propositas integrandi*. J. reine angew. Math. **60,** 1-181.

Jordan, C. (1866): *La déformation des surfaces*. Journal de Mathématiques pures et appliquées. Ser. II, **11,** 105-109.

Jürgens, E. (1899): *Der Begriff der n-fach stetigen Mannigfaltigkeit*. Jahresbericht DMV **7,** 50-55.

Kähler, E. (1933): *Über eine bemerkenswerte Hermitesche Metrik*. Abh. Math. Sem. Hamb. Univ. **9,** 173-186.

Kähler, E. (1934): *Einführung in die Theorie der Systeme von Differentialgleichungen*. Teubner, Leipzig.

Klein, F. (1876): *Ueber den Zusammenhang der Flächen*. Math. Ann. **9,** 476-482.

Klein, F. (1923): *Gesammelte Mathematische Abhandlungen*. **3,** Springer, Berlin.

Klingenberg, W. (1978): *Lectures on Closed Geodesics*. Springer, Heidelberg.

Klingenberg, W. (1982): *Riemannian Geometry*. De Gruyter, Berlin.

Kneser, H. (1958_1): *Analytische Struktur und Abzählbarkeit*. Annales Academiae Scientiarum Fennicae **251**/5, 1-8.

Kneser, H. (1958_2): *Sur les variétés connexes de dimension 1*. Bull. Société Math. Belgique **10,** 19-25.

Kneser, M. (1960): *Beispiel einer dimensionserhöhenden analytischen Abbildung zwischen überabzählbaren Mannigfaltigkeiten*. Archiv der Mathematik **11,** 280-281.

Kobayashi, S., K. Nomizu (1963/69): *Foundations of Differential Geometry I, II.* Interscience, New York.

Kobayashi, S. (1972): *Transformation Groups in Differential Geometry.* Springer, Berlin.

Kobayashi, S., H. Wu (1983): *Complex Differential Geometry.* DMV-Seminar **3**, Birkhäuser, Basel.

Kreyszig, E., T. Radó (1958): *On Rigidity Properties of Developable Surfaces.* J. Math. Mech. **7**, 419-432.

Kronecker, L. (1895): *Werke* **1.** Teubner, Leipzig.

Levi-Civita, T. (1917): *Nozione di parallelismo in una varietà qualunque e conseguente spezificazione geometrica della curvatura Riemanniana.* Rend. Palermo **42**, 173-204.

Lewy, H. (1938): *On Differential Geometry in the Large I (MINKOWSKI's Problem).* Trans. Amer. Math. Soc. **43**, 258-270.

Lhuilier (1812/1813): *Mémoire sur la polyèdrométrie, contenant une démonstration directe du Théorème d'Euler sur les polyèdres et un examen des diverses exceptions auxquelles ce théorème est assujetti.* Annales de Mathématiques pures et appliquées **3**, 169-189.

Libermann, P. (1978): *Géométrie différentielle.* Abgedruckt in J. Dieudonné: Abrégé d'histoire des Mathématiques 1700-1900, Vol. II, 177-210, Hermann, Paris.

Liebmann, H. (1900): *Über die Verbiegung geschlossener Flächen positiver Krümmung.* Math. Ann. **53**, 81-112.

Lipschitz, R. (1869): *Untersuchungen in Betreff der ganzen homogenen Functionen von n Differentialen.* J. reine angew. Math. **70**, 71-102.

Lüroth, J. (1907): *Über Abbildungen von Mannigfaltigkeiten.* Math. Ann. **63**, 222-238.

Meusnier, J. B. M. (1785): *Mémoire sur la courbure des surfaces.* Mémoires de Mathématiques et de Physique **10**, 477-510.

Milnor, J. (1950): *On the total curvature of knots.* Ann. Math. **52**, 248-257.

Minding, F. (1830_1): *Über die Curven kürzesten Perimeters auf krummen Flächen.* J. reine angew. Math. **5**, 297-304.

Minding, F. (1830_2): *Bemerkung über die Abwicklung krummer Linien von Flächen.* J. reine angew. Math. **6**, 159-161.

Minding, F. (1838_1): *Über die Biegung gewisser Flächen.* J. reine angew. Math. **18**, 297-302.

Minding, F. (1838_2): *Über die Biegung krummer Flächen.* J. reine angew. Math. **18**, 365-368.

Minding, F. (1839): *Wie sich entscheiden läßt, ob zwei gegebene krumme Flächen auf einander abwickelbar sind oder nicht; nebst Bemerkungen über die Flächen von unveränderlichem Krümmungsmaß.* J. angew. reine Math. **19**, 370-387.

Minkowski, H. (1903): *Volumen und Oberfläche.* Math. Ann. **57**, 447-495.

Möbius, A. F. (1886): *Gesammelte Werke*, **2.** Hirzel, Leipzig. Die daraus zitierten zwei Arbeiten sind: 1.) *Theorie der elementaren Verwandtschaft.* Berichte über die Verhandl. Kgl. Sächs. Ges. Wiss., math.-phys. Klasse **15** (1863), 18-57. – 2.) *Über die Bestimmung des Inhalts eines Polyeders.* Berichte ü. d. Verhandl. Kgl. Sächs. Ges. Wiss., math.-phys. Klasse **17** (1865), 31-68.

Münzer, H. F.: *Isoparametrische Hyperflächen in Sphären I, II.* Math. Ann. **251** (1980), 57-71, Math. Ann. **256** (1981), 215-232.

Mukhopadhyaya, S. (1909): *New methods in the geometry of a plane arc I.* Bull. Calcutta Math. Soc. **1**, 31-37 (oder: Collected Papers, 13-20).

Nirenberg, L. (1953): *The Weyl and Minkowski Problems in Differential Geometry in the Large.* Comm. Pure Applied Math. **6**, 337-394.

Nirenberg, L.: *Rigidity of a class of closed surfaces.* Nonlinear Problems, Proceedings Symposium Math. Research Center, Madison 1962, University of Wisconsin Press 1963.

Nomizu, K. (1954): *Invariant affine connections on homogeneous spaces.* Amer. J. Math. **76**, 33-65.

O'Neill, B. (1983): *Semi-Riemannian Geometry with Applications to Relativity.* Academic Press, New York.

Peano, G. (1890): *Sur une courbe, qui remplit toute une aire plane.* Math. Ann. **36**, 157-160.

Pogorelow, A. W. (1956): *Die eindeutige Bestimmung allgemeiner konvexer Flächen*. Akademie Verlag, Berlin.

Poincaré, H. (1895): *Analysis Situs*. J. l'École Polytechnique Ser. 11, **1**, 1-123.

de Possel, R. (1938): *La formule de STOKES sur une variété à n dimensions non triangulée*. Bull. Sciences Math. II Ser., **62**, 262-271.

Radó, T. (1925): *Über den Begriff der Riemannschen Fläche*. Acta Scientiarum Mathematicarum, Szeged, **2**, 101-121.

Rembs, E. (1930): *Ennepersche Flächen konstanter positiver Krümmung und Hazzidakische Transformationen*. Jahresbericht DMV, **39**, 278-283.

de Rahm, G. (1955): *Variétés Différentiables*. Hermann, Paris.

Riemann, B. (1892): *Gesammelte Mathematische Werke*. 2-te Aufl. Teubner, Leipzig.

Sacksteder, R. (1960): *On hypersurfaces with no negative sectional curvatures*. Amer. J. Math. **82**, 609-630.

Sard, A. (1942): *The measure of critical values of differentiable maps*. Bull. Amer. Math. Soc. **48**, 883-897.

Schmidt, E. (1925): *Über das Extremum der Bogenlänge einer Raumkurve bei vorgeschriebenen Einschränkungen ihrer Krümmung*. Sitzungsber. Pr. Akad. Wiss. Berlin, 485-490.

Schoenflies, A. (1899): *Über einen Satz der Analysis Situs*. Nachr. Königl. Ges. Wiss. Göttingen, 282-290.

Scholz, E. (1980): *Geschichte des Mannigfaltigkeitsbegriffs von Riemann bis Poincaré*. Birkhäuser, Boston.

Schur, A. (1921): *Über die Schwarzsche Extremaleigenschaft des Kreises unter den Kurven konstanter Krümmung*. Math. Ann. **83**, 143-148.

Taton, R. (1951): *L'Oeuvre Scientifique de Monge*. Presses universitaires de France, Paris.

Veblen, O., J. H. C. Whitehead (1932): *The Foundations of Differential Geometry*. Cambridge, University Press.

Vietoris, L. (1921): *Stetige Mengen*. Monatshefte für Mathematik und Physik, **31**, 173-204.

Voss, K. (1960): *Differentialgeometrie geschlossener Flächen im Euklidischen Raum I*. Jahresbericht DMV **63**, 117-135.

Walter, R. (1987): *Explicit Examples to the H-Problem of Heinz Hopf*. Geometriae Dedicata **23**, 187-213.

Watson, G. N. (1916): *A problem of analysis situs*. Proc. London Math. Soc. (2) **15**, 227-242.

Weil, A. (1978): *S. S. Chern as Geometer and Friend*. In Chern, S. S.: *Collected Works*. Springer, New York.

Weingarten, J. (1863): *Über die Oberflächen, für welche einer der beiden Krümmungshalbmesser eine Function des anderen ist*. J. reine angew. Math. **62**, 160-173.

Weingarten, J. (1887): *Über die Deformation einer biegsamen unausdehnbaren Fläche*. J. reine angew. Math. **100**, 296-310.

Wente, H. C. (1986): *Counterexample to a conjecture of H. Hopf*. Pacific J. Math. **121**, 193-243.

Weyl, H. (1913): *Die Idee der Riemannschen Fläche*. Teubner, Leipzig.

Weyl, H. (1939): *On the volume of tubes*. Amer. J. Math. **61**, 461-472.

Weyl, H. (1956): *Selecta*. Birkhäuser, Basel.

Whitney, H. (1935): *On regular closed curves in the plane*. Compositio Math. **4**, 276-284.

Whitney, H. (1936): *Differentiable Manifolds*. Ann. Math. **37**, 645-680.

Whitney, H. (1944): *The self-intersections of a smooth n-manifold in 2n-space*. Ann. Math. **45**, 220-246.

Willmore, T. J. (1982): *Total Curvature in Riemannian Geometry*. Ellis Horwood Ltd., Chichester.

Wolf, J. A. (1967): *Spaces of Constant Curvature*. McGraw-Hill, New York.

Yau, S. T. (1982): *Survey on Partial Differential Equations in Differential Geometry* and *Problem Section*. In: *Seminar on Differential Geometry*. Ann. Math. Studies **102**, Princeton University Press, Princeton N. J.

Über die Entwicklung der Funktionentheorie in Deutschland von 1890 bis 1950

Dieter Gaier

Einführung

Die Ausgangssituation. Die Theorie der Funktionen einer komplexen Veränderlichen hatte in Deutschland von jeher eine gute Tradition. Ihre ersten Anfänge gehen auf EULER und GAUSS zurück, JACOBI entwickelte um 1830 die Theorie der elliptischen Funktionen, und danach gaben CAUCHY, RIEMANN und WEIERSTRASS der heutigen Funktionentheorie ihre systematische Begründung.

CAUCHYS fundamentale Sätze entstanden um 1825. RIEMANNS berühmte und richtungsweisende Dissertation (1851) gab der Funktionentheorie eine entschieden geometrische Richtung, und WEIERSTRASS baute ab etwa 1860 sein Werk auf der Theorie der Potenzreihen und der analytischen Fortsetzung auf. Im letzten Drittel des 19. Jahrhunderts sehen wir diese beiden Richtungen fein säuberlich getrennt: Absolute Strenge der Begriffe und Schlußweisen kennzeichnen die Anhänger von WEIERSTRASS, während bei denen von RIEMANN geometrische Intuition wesentlicher Bestandteil der Forschung ist.

RIEMANN hatte seinen Lehrstuhl in Göttingen nur von 1857 bis zu seinem frühen Tode 1866 inne, wogegen WEIERSTRASS von 1856 bis 1892 in Berlin lehrte und dadurch Berlin zu einem bedeutenden Zentrum der Funktionentheorie machen konnte. (Auf seinen Lehrstuhl wurde 1892 H. A. SCHWARZ berufen, danach 1918 CARATHÉODORY, danach 1921 BIEBERBACH.) In Göttingen folgten indessen CLEBSCH und FUCHS auf RIEMANN, und danach hatte H. A. SCHWARZ von 1875 bis 1892 den RIEMANNschen Lehrstuhl inne. (Auf SCHWARZ folgte WEBER, bis 1895 HILBERT von Königsberg nach Göttingen kam; KLEIN war bereits 1886 von Leipzig nach Göttingen berufen worden.)

Wie man sieht: Kurz vor der Wende des Jahrhunderts befand sich die deutsche Mathematik und insbesondere die Funktionentheorie in einer hervorragenden Ausgangslage.

Der Boom der Jahre 1900 bis 1930. In den Zentren Berlin und Göttingen reiften bald zahlreiche brillante junge Leute heran. So habilitierten sich

in Berlin:	LANDAU	1901	in Göttingen:	CARATHÉODORY	1905
	LICHTENSTEIN	1910		KOEBE	1907
	KNOPP	1911		WEYL	1910
				BIEBERBACH	1910
				COURANT	1912.

Sie wurden bald Ordinarien und bestimmten das mathematische Leben in Deutschland entscheidend mit. Besonders Göttingen und Berlin zogen junge Wissenschaftler aus aller Welt zum Studium und zu eigenen Forschungen an. Als weitere Schwerpunkte der Funktionentheorie ab den 20er Jahren sind noch Leipzig (LICHTENSTEIN, KOEBE, GRÖTZSCH) und München (PRINGSHEIM, FABER, CARATHÉODORY) zu nennen.

CONSTANTIN CARATHÉODORY (1873–1950)
Geboren in Berlin. Zunächst Ingenieur-Studium und danach als Ingenieur beim Bau des Nil-Staudamms in Assiut. Danach Studium der Mathematik 1900 bis 1904 in Berlin und Göttingen, dort 1905 Promotion, 1906 Habilitation. 1909 Professor in Hannover, 1910 in Breslau, 1913 bis 1918 in Göttingen (Nachfolger von Klein), 1918 bis 1920 in Berlin (Nachfolger von Frobenius). Danach Gründungsrektor von Smyrna und schließlich 1924–1938 Nachfolger von Luckmann in München, wo er 1950 verstarb.

Besonders gefördert wurde diese Entwicklung der Funktionentheorie durch eine ungewöhnliche Produktivität an Lehrbüchern. So erscheint 1907 OSGOODS Lehrbuch der Funktionentheorie bei Teubner (heute erstaunlich: der Harvard-Professor publiziert in Deutschland, und zwar in deutsch); das Buch erreicht drei Auflagen. Auch Vivanti-Gutzmer (1906) ist weit verbreitet. Vom heutigen Standpunkt erscheint jedoch die Vermengung von reeller und komplexer Analysis weniger anziehend. Weiter erscheinen 1913 KNOPPS berühmte Göschen-Bändchen erstmals und 1915 BIEBERBACHS „Einführung in die konforme Abbildung". Es folgen 1916 LANDAUS „Darstellung und Begründung", 1922 das große Lehrbuch von HURWITZ und COURANT (Band 3 der Gelben Reihe bei Springer), und 1921 bzw. 1927 die beiden Bände von BIEBERBACHS Funktionentheorie, die auf vielen Teilgebieten an die damalige Forschung heranführen.

Die Entwicklung von 1930 bis 1950. Wie man weiß, wurde die stürmische Entwicklung der Funktionentheorie durch die bald einsetzende Politisierung an den Universitäten, den 2. Weltkrieg, und die Nachkriegsjahre stark gedämpft. In Berlin

LUDWIG BIEBERBACH (1886–1982)
Geboren in Goddelau bei Darmstadt. Studium 1907 bis 1910 in Göttingen, 1913 Professor in Basel, 1915 in Frankfurt a. M. Von 1921 bis 1945 Nachfolger auf Carathéodorys Lehrstuhl in Berlin. Starb hochbetagt 1982 in Oberaudorf (Oberbayern).

wirkten BIEBERBACH (bis 1945) und E. SCHMIDT, und in Göttingen versuchte R. NEVANLINNA (Gastprofessor 1936/37), die durch den Weggang von LANDAU, WEYL und COURANT entstandenen Lücken zu mildern. In dieser Zeit habilitierten sich

in Berlin:	TEICHMÜLLER	1937	sowie in Gießen:	GRÖTZSCH	1932
	GRUNSKY	1938	in Göttingen:	WITTICH	1939.
	DINGHAS	1939			

Auf die Schwerpunkte ihrer Arbeit kommen wir weiter unten zurück.

ROLF NEVANLINNA (1895–1980)
Geboren in Helsinki, dort Studium bei Lindelöf, ab 1926 Professor in Helsinki. Mehrere längere Besuche in Deutschland, so 1924 in Göttingen, 1936 bis 1937 Gastprofessor in Göttingen mit Einfluß auf die wissenschaftlichen Arbeiten von Wittich und Teichmüller. Schöpfer der Wertverteilungstheorie in $\mathbb{C}$ und des harmonischen Maßes. 1980 in Helsinki verstorben.

Drei Quellen der Funktionentheorie. Versucht man zu ergründen, welche großen Sätze und Ideen des 19. Jahrhunderts bestimmend waren für die Entwicklung der Funktionentheorie im Berichtszeitraum, so lassen sich drei Quellen erkennen.

Riemannscher Abbildungssatz (1851). *Jedes einfach zusammenhängende Gebiet $G \subset \mathbb{C}$, $G \neq \mathbb{C}$, läßt sich konform auf den Einheitskreis $\mathbb{D}$ abbilden. Nach Normierung der Abbildungsfunktion f durch $f(z_0) = 0, f'(z_0) > 0$ für einen Punkt $z_0 \in G$ ist die Abbildung eindeutig bestimmt.*

Dieser Satz gab Anlaß zum Studium folgender Themen:

- Randverhalten der Abbildungsfunktion, variable Gebiete,
- konforme Abbildung mehrfach zusammenhängender Gebiete,
- Riemannsche Flächen, Uniformisierung,
- length-area Prinzip, extremale Länge, Moduln,
- quasikonforme Abbildung,
- Theorie der schlichten Funktionen.

Als zweite Quelle betrachten wir den

Satz von PICARD (1879). *Jede ganze nicht konstante Funktion f nimmt jeden Wert* $a \in \mathbb{C}$ *mit höchstens einer Ausnahme an.*

Er gab Anlaß zum Studium folgender Themen:

- Aufbau der Theorie der ganzen und meromorphen Funktionen,
- Werteverteilung und Randverhalten analytischer Funktionen in $\mathbb{C}$,
- Werteverteilung und Randverhalten analytischer Funktionen in $\mathbb{D}$,
- normale Familien.

An dritter Stelle nennen wir die klassische *Potentialtheorie*. Mit ihr befaßten sich Ende des 19. Jahrhunderts viele Mathematiker, sei es wegen ihrer Verbindung zu den Randwertaufgaben der mathematischen Physik, sei es um damit Probleme der Funktionentheorie, etwa den Riemannschen Abbildungssatz, zu bewältigen. Hier sind potentialtheoretische oftmals durch rein funktionentheoretische Methoden verdrängt worden, doch haben sie neue Bedeutung erlangt im Zusammenhang mit den Themen

- Theorie der subharmonischen Funktionen,
- Perronsche Methode zur Lösung von RWA,
- harmonisches Maß, allgemeines Maximumprinzip,

all dies in der Ebene oder auch auf Riemannschen Flächen.

Natürlich gibt es daneben noch viele interessante Kapitel, die nicht in dieses Schema passen, so z. B. Potenzreihen-Fragen oder die Approximation im Komplexen. Wie man sieht, war die erste Quelle besonders ergiebig. Geometrische Betrachtungsweisen wurden durch Einführung klarer Begriffe auf eine solide Basis gestellt; hier gab H. WEYLS „Idee der Riemannschen Fläche" [1913] entscheidende Impulse. Die beiden Standpunkte von RIEMANN und WEIERSTRASS verschmolzen so zu *einer* Funktionentheorie einer Veränderlichen, in der die geometrische Betrachtung sogar eine besondere Bedeutung hat. AHLFORS (1985) spricht mit Recht von einer „zunehmenden Geometrisierung der Funktionentheorie".

Beschränkungen dieses Artikels. Den Vorgaben der Festschrift-Kommission entsprechend konzentrieren wir uns auf die zwischen 1890 und 1950 in Deutschland stattgefundene Entwicklung der Funktionentheorie; nur gelegentlich wird auf neuere Ergebnisse verwiesen. Um den Artikel nicht zu überladen, machen wir exakte Literaturangaben überhaupt nur bei Büchern oder Übersichtsartikeln; sonst begnügen wir uns mit Jahreszahlen. Eine enzyklopädische Behandlung des Themas wird nicht angestrebt; die enorme Stoff-Fülle einerseits und der begrenzte Kenntnisstand des Autors andererseits sorgten überdies für eine natürliche Auswahl. Auf die Bedeutung der Funktionentheorie für andere Gebiete, sowohl innermathematisch als auch in den Anwendungen, konnten wir nicht eingehen, obwohl auch dies eine reizvolle Aufgabe wäre.

Unsere Darstellung haben wir nach einigen uns wichtig erscheinenden Schwerpunkten gegliedert; eine nach Persönlichkeiten geordnete Darstellung erschien weniger geeignet. Am Schluß des Berichts stellen wir in aller Kürze biographische Angaben über die hier vorkommenden Funktionentheoretiker zusammen.

1 Zur Grundlegung der Funktionentheorie

Wir behandeln zunächst einige den Aufbau der Funktionentheorie betreffende Fragen.

1.1 Gültigkeit des Cauchyschen Integralsatzes

Bekanntlich spielt der Cauchysche Integralsatz $\int_C f(z)\,dz = 0$ eine Schlüsselrolle beim Aufbau der Funktionentheorie. Dabei ist klar, daß C eine rektifizierbare Jordankurve in einem einfach zusammenhängenden Gebiet $G \subset \mathbb{C}$ sein muß. Von f war seit CAUCHY die *stetige* Differenzierbarkeit in G gefordert worden, bis es 1900 GOURSAT gelang, sich von der Annahme der Stetigkeit von f' in G zu befreien. Im Gegensatz zu seinen Vorgängern, die $f = u + iv$ zerlegen und dann reell arbeiten, verwendet GOURSAT direkt die komplexe Differenzierbarkeit von f.

PRINGSHEIM (1901) vereinfacht GOURSATS Beweis noch beträchtlich und bringt ihn in die heute übliche, elegante Form. Für C werden Dreiecke statt Rechtecke genommen, was Vorteile bringt. So folgt etwa sofort der Integralsatz in sternigen Gebieten. Weitere Arbeiten von HEFFTER, PRINGSHEIM, LICHTENSTEIN und LOOMAN schließen sich an, in denen versucht wird, die Differenzierbarkeit von f noch abzuschwächen. Eine Zusammenfassung dieser Ergebnisse findet man bei Heffter [1960].

Erwähnenswert ist, daß für die Holomorphie einer in G stetigen Funktion f nicht hinreicht, daß f' *fast überall* in G existiert. Dazu nimmt man eine in (0, 1) monotone, stetige Funktion g mit $g' = 0$ f.ü. in (0, 1) und setzt

$$f(z) = g(x) \quad \text{in } G = (0,1) \times (0,1) \tag{1.1}$$

Dann ist $f' = 0$ f.ü. in G, aber f ist nicht holomorph in G. Nimmt man jedoch noch Zusatzbedingungen hinzu, etwa

$$\limsup_{h \to 0} \left| \frac{f(z+h) - f(z)}{h} \right| < \infty \quad \text{für } z \in G,$$

so ist f tatsächlich in G holomorph (Looman 1925, damals in Göttingen; Saks [1937, 197]).

1.2 Die Cauchy-Riemannschen Differentialgleichungen

Ist $f = u + iv$ in einem Gebiet G der $z = x + iy$-Ebene holomorph, so sind u und v notwendig partiell differenzierbar, und es gelten

$$u_x = v_y, \quad u_y = -v_x \quad \text{für } (x, y) \in G. \tag{1.2}$$

Der Umkehrschluß ist leicht zu ziehen, sofern u und v aus $\mathscr{C}^1(G)$ sind. Schwächere Forderungen haben LOOMAN (1923) und MENCHOFF (1935) benutzt:

Satz 1.1. *Existieren u_x, v_x, u_y, v_y überall in G mit Ausnahme abzählbar vieler Punkte, und gilt* (1.2) *fast überall in G, so ist die stetige Funktion $f = u + iv$ in G holomorph.*

Das Beispiel (1.1) zeigt, daß die abzählbare Ausnahmemenge nicht durch eine Menge vom Maß 0 ersetzt werden kann. - Die Bücher von MENCHOFF [1936] und TROHIMČUK [1963], sowie die neueren Übersichtsartikel von DISNEY, GRAY, MORRIS [1975] und GRAY, MORRIS [1978] enthalten feinere Ergebnisse zu diesem Thema.

1.3 Holomorphie winkeltreuer Abbildungen

Ist f holomorph in einem Gebiet G und $f'(z) \neq 0$ in G, so existieren in jedem Punkt von G die beiden Grenzwerte

$$\text{(a)} \lim_{h \to 0} \left| \frac{f(z+h) - f(z)}{h} \right| \quad \text{und} \quad \text{(b)} \lim_{h \to 0} \arg \left[\frac{f(z+h) - f(z)}{h} \right]; \tag{1.3}$$

(a) bedeutet lokale Streckentreue, (b) lokale Winkeltreue (incl. Orientierung) der Abbildung f an der Stelle z. Ist der Umkehrschluß richtig, wenn nur einer der beiden Grenzwerte existiert? Nach REMAK (1914), BOHR (1918) und RADEMACHER (1919) bewies MENCHOFF (1926, 1933) sehr allgemeine und tiefliegende Sätze, die z. B. folgendes Ergebnis enthalten.

Satz 1.2. *Es sei $f\colon G_z \to G_w$ ein orientierungserhaltender Homöomorphismus eines Gebiets G_z auf ein Gebiet G_w. Durch jeden Punkt $z \in G_z$, mit Ausnahme abzählbar vieler Punkte, gebe es drei Strahlen, wovon keine zwei kollinear sind, längs derer entweder* (1.3 a) *existiert und den gleichen Wert hat, oder längs derer* (1.3 b) *existiert und den gleichen Wert hat. Dann ist f holomorph in G.*

Insbesondere können winkeltreue Abbildungen nur durch holomorphe Funktionen vermittelt werden. Feinere Sätze dieser Art, auch für Abbildungen, die nur stetig sind, findet man bei TROHIMČUK [1963] zusammengestellt.

1.4 Integralfreier Zugang zur Funktionentheorie

Hier weisen wir noch auf eine Entwicklung hin, die zwar nicht in Deutschland und auch außerhalb des Berichtszeitraums stattgefunden hat, die jedoch von prinzipieller Bedeutung ist. Wir haben schon oben die Schlüsselposition des Cauchyschen Integralsatzes betont: Beim geläufigen Aufbau der Funktionentheorie werden selbst integralfreie Sätze, wie etwa das Maximumprinzip, die Existenz höherer Ableitungen, und der Satz von LIOUVILLE mit seiner Hilfe oder mit der Integralformel abgeleitet. Um etwa 1960 gelang es PLUNKETT (1959), PORCELLI-CONNELL (1961), READ (1961), diese Sätze ganz ohne Integralrechnung zu beweisen. Die dabei verwendeten Hilfsmittel sind ausschließlich allgemein-topologischer und punktmengentheoretischer Art; Windungszahl und Index bei differenzierbaren Abbildungen spielen die entscheidende Rolle. Und hat man einmal die Offenheit holomorpher Abbildungen, so folgen leicht das Maximumprinzip und weitere Sätze, auch für Funktionenfolgen.

Eine zusammenfassende Darstellung gibt WHYBURN [1964]. Insgesamt sind aber diese integralfreien Beweise erheblich komplizierter als die bekannten. Ein Glück, daß wir Cauchys Integralsatz haben!

2 Der Riemannsche Abbildungssatz

Alle Fragen der geometrischen Funktionentheorie hängen direkt oder indirekt mit dem Riemannschen Abbildungssatz zusammen, weshalb wir ihn schon in der Einleitung als eine der Hauptquellen der Funktionentheorie bezeichnet haben. Wir behandeln zunächst einige Fragen, die unmittelbar an ihn anschließen.

2.1 Zum Beweis des Abbildungssatzes

RIEMANN führte seinen Beweis potentialtheoretisch mit der von den Randwertaufgaben her bekannten Methode, das Dirichletsche Integral

$$D[u] = \iint_G (u_x^2 + u_y^2)\, db$$

zu minimieren innerhalb einer Klasse von Funktionen u, welche vorgegebene Randwerte annehmen. WEIERSTRASS wandte (um 1860) ein, daß die Existenz des Minimums nicht a priori klar sei, und PRYM (1871) bemerkte gar, daß jene Klasse eventuell leer sein kann. Auf anderem Weg (alternierendes Verfahren) bewies SCHWARZ (1870) die Existenz der Greenschen Funktion und damit den Abbildungssatz für Gebiete, deren Rand stückweise analytisch war.

SCHWARZ' Verdienst war aber auch, erstmals genau zu trennen zwischen der Aufgabe, das Gebiet G konform auf $\mathbb{D}$ abzubilden, und dem Verhalten der Abbildungsfunktion am Rande; seine Vorgänger waren dagegen stets bestrebt, *G samt Rand* abzubilden.

Zwar gelang es HILBERT ab 1900, das als mangelhaft erkannte Dirichletsche Prinzip „wiederzubeleben" (so HILBERT), jedoch nur unter einschränkenden Annahmen über ∂G und die Randfunktion. Dies gilt auch noch für COURANTS „Dirichlet's Principle" [1950].

So vergingen fast 50 Jahre nach RIEMANN, bis OSGOOD (1900) den ersten strengen Beweis des Abbildungssatzes lieferte, wieder über die Greensche Funktion, durch Ausschöpfung des Gebiets und mit Hilfe des Satzes von Harnack über monotone Folgen harmonischer Funktionen. Er ist eingehend gewürdigt bei WALSH [1973]. Es folgten mehrere rein funktionentheoretische Beweise, so ab 1907 mehrere von KOEBE, darunter einer (1914) mit dem Schmiegungsverfahren, welcher ohne Auswahlsatz auskommt, sowie von CARATHÉODORY (1912, 1914). Schließlich veröffentlichte RADÓ 1923 den heute meist üblichen, eleganten Beweis von FEJÉR und F. RIESZ, der die Abbildung durch eine Extremalaufgabe charakterisiert und das Montelsche Auswahlprinzip (vgl. 3.2) verwendet.

2.2 Verhalten der Abbildung am Rande

Hier ist zu bedenken, daß im Falle eines Schlitzgebiets ein Randpunkt von G in zwei oder gar mehrere Punkte von $\partial\mathbb{D}$ „abgebildet" wird, während umgekehrt bei einem Kammgebiet ein ganzes Randstück in einen Punkt von $\partial\mathbb{D}$ „abgebildet" wird. Hier klare Ordnung geschaffen zu haben, ist das Verdienst von CARATHÉODORY (1913). In heutiger Sprechweise wird G durch Hinzunahme von ***Primenden*** in einen kompakten Raum $\hat{G}$ eingebettet und die konforme Abbildung f von G nach $\mathbb{D}$ zu einem Homöomorphismus $\hat{f}$ von $\hat{G}$ nach $\overline{\mathbb{D}}$ fortgesetzt.

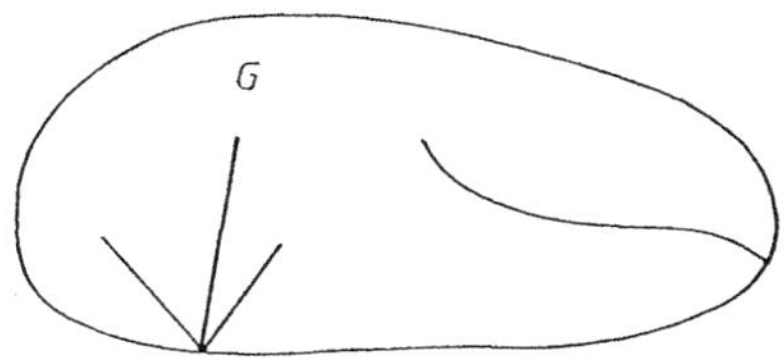

Schlitzgebiet

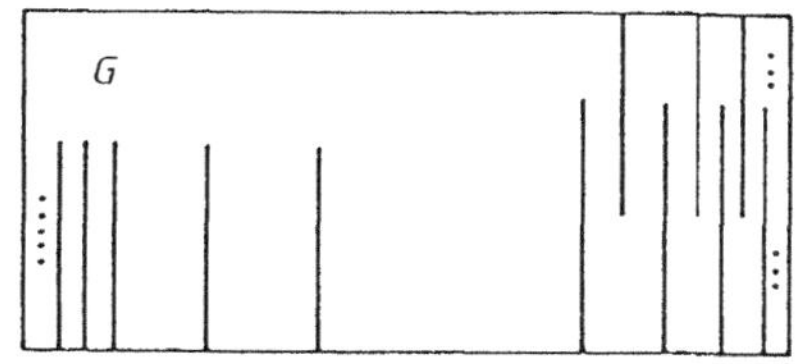

Kammgebiet

Die Primenden werden natürlich rein geometrisch, ohne Kenntnis von f, erklärt. Sie lassen sich klassifizieren: Solche 1. Art sind punktförmig, solche 2. Art bilden ein Kontinuum, tragen aber genau einen erreichbaren Randpunkt, solche 3. Art haben nur nicht erreichbare „Hauptpunkte", während die 4. Art auch „Nebenpunkte" besitzen. All dies schlägt sich im Randverhalten von f oder von f^{-1} nieder. Näheres bei CARATHÉODORY (1912) und [1932], GATTEGNO-OSTROWSKI [1949], OHTSUKA [1970], und POMMERENKE [1975].

KOEBE (1915) erfaßte das Randverhalten von f durch Einführung einer *inneren Distanz* $\varrho(z_1, z_2)$ zwischen zwei Punkten z_1, z_2 aus G. Als solche wird das Infimum der Längen von Polygonzügen genommen, die z_1 und z_2 in G verbinden. Mit dieser Distanz wird f gleichmäßig stetig in G. Dies gilt noch nicht für f^{-1}: Zu benachbarten Punkten w_1, w_2 aus $\mathbb{D}$ können weit entfernte $f^{-1}(w_1), f^{-1}(w_2)$ gehören, falls sie in einer langen „Tasche" von G stecken. Wird aber noch $t(z_1, z_2)$ als Infimum der Längen von Querschnitten genommen, die z_1 und z_2 von einem festen Punkt $z_0 \in G$ abtrennen, und

$$d(z_1, z_2) = \min[\varrho(z_1, z_2), t(z_1, z_2)]$$

gesetzt, so läßt sich $|f(z_1) - f(z_2)|$ mit Hilfe von $d(z_1, z_2)$ nach beiden Seiten hin explizit abschätzen (LAVRENTIEFF 1936).

Für den Sonderfall, daß ∂G eine Jordankurve C ist, hatte OSGOOD in seinem Enzyklopädie-Artikel (1901) vermutet, daß sich $f\colon G \mapsto \mathbb{D}$ zu einem Homöomorphismus $\overline{G} \mapsto \overline{\mathbb{D}}$ fortsetzen läßt. Erste Beweise wurden 1913 von CARATHÉODORY und von OSGOOD und TAYLOR veröffentlicht; kurz darauf folgten KOEBE, LINDELÖF und COURANT, später TSUJI (1930). Zusätzliche Eigenschaften der Jordankurve C ziehen dabei weitere Eigenschaften von f nach sich. Ist etwa C Lipschitzglatt, so lassen sich die Ableitungen von f und f^{-1} stetig nach $\overline{G}$ bzw. $\overline{\mathbb{D}}$ erweitern und gehören dort derselben Lipschitz-Klasse an; Satz von Kellogg und Warschawski (1932).

Das Thema der Ränderzuordnung hat in neuerer Zeit starke Beachtung gefunden. Neue Kurvenklassen wurden eingeführt und entsprechende Eigenschaften von f oder f^{-1} gewonnen.

2.3 Folgen konformer Abbildungen

Schon früh entstand das Problem, Abbildungs- oder Randwertaufgaben für ein kompliziertes Gebiet durch Ausschöpfung mit einfacheren Gebieten G_n zu lösen. Wie verhalten sich die (normierten) konformen Abbildungen f_n von G_n auf $\mathbb{D}$ für $n \to \infty$? CARATHÉODORY (1912) führt hierzu den *Kern* K einer Gebietsfolge $\{G_n\}$ bezüglich eines festen Punktes z_0, der zu allen G_n gehört, ein. Entweder es gibt eine Scheibe um z_0, die zu G_n gehört von einem Index an; dann ist K das größte, z_0 enthaltende Gebiet mit der Eigenschaft, daß jeder kompakte Teil k von K in G_n liegt für $n > N(k)$. Andernfalls ist $K = \{z_0\}$. Konvergenz $G_n \to K$ liegt vor, wenn jede Teilfolge $\{G_{n_k}\}$ den Kern K besitzt.

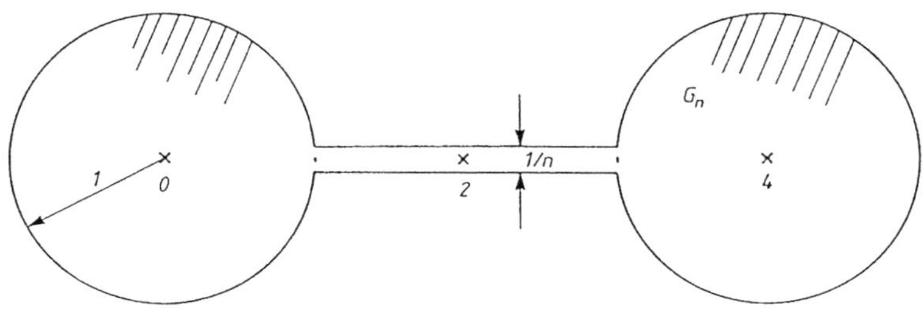

CARATHÉODORY zeigt nun, daß die Funktionen g_n: $\mathbb{D} \to G_n$ in jedem kompakten Teil von $\mathbb{D}$ gleichmäßig gegen eine Grenzfunktion g konvergieren genau dann, wenn Kernkonvergenz $G_n \to K$ $(n \to \infty)$ vorliegt; g bildet dann $\mathbb{D}$ auf K ab. Und wenn der Kern nicht ausartet, so konvergieren auch $f_n = g_n^{-1}$ in jedem kompakten Teil von K gegen g^{-1}. Eingehende Darstellungen finden sich in den Lehrbüchern von BIEBERBACH [1931], CARATHÉODORY [1932], GOLUSIN [1957] und POMMERENKE [1975].

Das Problem der gleichmäßigen Konvergenz der Funktionen g_n in *ganz* $\mathbb{D}$ ist erheblich schwieriger, selbst wenn alle G_n Jordangebiete sind. Siehe hierzu COURANT (1914, 1922), RADÓ (1923) und den Übersichtsartikel von GAIER [1956]. Um $g_n \to g$ in $\mathbb{D}$ zu sichern, muß vermieden werden, daß die Gebiete G_n lange, dünne Taschen besitzen.

2.4 Der allgemeine Abbildungssatz und das Uniformisierungsproblem

Eines der großen Probleme des ausgehenden 19. Jahrhunderts war das sog. Uniformisierungsproblem. HILBERT widmete ihm auf dem Pariser Kongreß (1900) einen Teil seiner historischen Rede (22. Problem). Es geht dabei darum, einer in der komplexen Variablen z mehrdeutigen Funktion $w = w(z)$ eine eindeutige Parameterdarstellung

$$z = z(t), \quad w = w(t) \tag{2.1}$$

mit dem komplexen Parameter t zu geben.

Genauer: Ein reguläres Funktionselement im Weierstraßschen Sinne, $w = f(z) = \sum a_n(z - z_0)^n$, sei ausgehend von einem Punkt $z_0 \in \mathbb{C}$ mit dem Kreiskettenverfahren beliebig analytisch fortgesetzt. Die entstehende, meist mehrdeutige Funktion kann durch die Menge erzeugter Paare (z, w) beschrieben werden, welche sich in natürlicher Weise zu einer Riemannschen Fläche S zusammenfassen lassen. Zu jedem Punkt P von S gehören so eindeutig bestimmte $z = z(P)$, $w = w(P)$: Die durch Abstraktion gewonnene Riemannsche Fläche erlaubt somit eine *uniforme* Darstellung der analytischen Funktion durch die *geometrische* Uniformisierende P.

Gesucht ist aber eine analytische Darstellung (2.1), wo t in der komplexen Ebene variiert. Hier hilft nun der

Allgemeine Riemannsche Abbildungssatz. *Jede einfach zusammenhängende Riemannsche Fläche läßt sich konform abbilden auf eines der Normalgebiete:*

a) *Die Einheitsscheibe* $\mathbb{D}$,
b) *die komplexe Ebene* $\mathbb{C}$,
c) *die Riemannsche Zahlenkugel* $\hat{\mathbb{C}}$.

Zwar ist die Fläche S von oben im allgemeinen nicht einfach zusammenhängend, jedoch gibt es die universelle Überlagerungsfläche $\hat{S}$, die einerseits einfach zusammenhängt und daher (bijektiv und) konform auf $\mathbb{D}$, $\mathbb{C}$ oder $\hat{\mathbb{C}}$ abbildbar ist, also $f\colon \hat{S} \mapsto G$, und andererseits besitzt $\hat{S}$ die Projektion S, also $\pi\colon \hat{S} \mapsto S$. Man erhält so eine Darstellung der Punkte P von S, nämlich $P(t) = \pi \circ f^{-1}(t)$ mit Hilfe der komplexen Variablen t. Das Problem der Uniformisierung ist auf den allgemeinen Abbildungssatz zurückgeführt.

Der Beweis für die Möglichkeit der Uniformisierung gelang gleichzeitig 1907 Koebe und Poincaré. Spätere Beweise stammen von Weyl, Ahlfors, Nevanlinna, Heins und anderen. Bahnbrechend für die Klärung begrifflicher Fragen war Weyls „Idee der Riemannschen Fläche" [1913]. Von den zahlreichen Lehrbüchern zu diesen Themen nennen wir besonders Nevanlinna [1953], Pfluger [1957], Ahlfors [1973] und Strebel [1980]. Was aus Hilberts 22. Problem in neuerer Zeit geworden ist, mag der Leser bei Bers [1976] nachsehen.

Schon im Jahre 1910 gelang Koebe eine Verallgemeinerung des Abbildungssatzes auf nicht einfach zusammenhängende Riemannsche Flächen S. Eine solche heißt *schlichtartig*, wenn sie durch Herausnahme jeder auf S liegenden geschlossenen Kurve zerfällt. Dann lautet das

Allgemeine Uniformisierungsprinzip von Koebe. *Jede schlichtartige Riemannsche Fläche S läßt sich konform auf ein Parallelschlitzgebiet der Ebene abbilden.*

Darunter versteht man $\mathbb{C}$ nach Entfernung endlich vieler oder unendlich vieler paralleler Strecken, die auch zu Punkten ausarten können. (Der Sonderfall $S = \hat{\mathbb{C}}$ ist natürlich auszunehmen.)

Der vorstehende Bericht zeigt, daß KOEBE ein besonders markanter und vielseitiger Vertreter der Riemannschen Funktionentheorie gewesen ist. Seine Arbeiten sind voller Ideen und intuitiver Gedanken. Andererseits wird ihre Lektüre durch die meist breite Darstellung und die dauernden Querverweise sehr erschwert. Man bemerkt aber auch, daß er mit seinem Abbildungssatz eine Lösung des aus der WEIERSTRASSschen Theorie kommenden Problems der Uniformisierung und damit ein Signal zur Verschmelzung beider Richtungen („hie Riemann – hie Weierstraß") gegeben hat. BIEBERBACH beklagt zwar noch [1918, 314], daß mit der analysis situs „immer noch ein Erzübel am Marke der Funktionentheorie frißt", doch sind dies Rückzugsgefechte. Die Funktionentheorie hat im Gegenteil wesentliche Impulse zur Entwicklung der Topologie gegeben, und wo sie heute gebraucht wird, wird sie verwendet.

3 Normale Funktionenfamilien und Verwandtes

Die Auswahlprinzipien von MONTEL sind wichtige Hilfsmittel zum Beweis von Existenzsätzen in der Funktionentheorie. Sie entwickelten sich aus einer verwandten Fragestellung.

3.1 Zum Satz von VITALI

Gegeben seien in einem Gebiet G holomorphe Funktionen f_n mit gleichmäßiger Konvergenz $f_n \rightrightarrows f$ in jedem kompakten Teil von G. Nach WEIERSTRASS ist dann f in G holomorph. Was läßt sich über f sagen, wenn nur *punktweise* Konvergenz

$$f_n(z) \to f(z) \quad (n \to \infty, z \in G) \tag{3.1}$$

bekannt ist?

Nach OSGOOD (1901) gibt es zunächst in jeder Kreisscheibe $K \subset G$ eine Scheibe $k \subset K$, in der $\{f_n\}$ gleichmäßig konvergiert. Es gibt folglich eine in G dicht liegende Menge von Teilgebieten, innerhalb derer gleichmäßige Konvergenz stattfindet. Diese sind einfach zusammenhängend, jedoch ist ihre sonstige Struktur und die Art möglicher Grenzfunktionen kompliziert zu beschreiben; siehe HARTOGS und ROSENTHAL (1928).

Die Situation wird übersichtlich, wenn die f_n *gleichmäßig beschränkt* sind: $|f_n(z)| \leq M$ $(n \in \mathbb{N}, z \in G)$. Nach VITALI (1903) folgt die gleichmäßige Konvergenz in kompakten Teilen von G schon dann, wenn Konvergenz (3.1) wenigstens auf einer Punktmenge in G stattfindet, die einen Häufungspunkt in G besitzt. Das Ergebnis wurde 1911 von CARATHÉODORY und LANDAU verschärft: Statt der gleichmäßigen Beschränktheit reicht es aus, wenn die f_n zwei Werte, etwa 0 und 1, auslassen. Beweishilfsmittel ist der Satz von Landau-Schottky, auf den wir in Abschnitt 9 zu sprechen kommen.

BLASCHKE (1915) behandelte den Fall $G = \mathbb{D}$ genauer und ließ Konvergenzpunkte $z_k \in \mathbb{D}$ zu, die sich am Rand häufen dürfen, sofern nur $\sum (1 - |z_k|) = \infty$ ist: Die z_k dürfen nicht zu schnell gegen $\partial\mathbb{D}$ streben. Das Ergebnis wäre nicht so bedeutsam, wenn nicht dort erstmals die „Blaschke-Produkte"

$$B(z) = \prod_{k=1}^{\infty} \frac{z_k - z}{1 - z\bar{z}_k} \cdot \frac{|z_k|}{z_k}$$

konstruiert wären, die in späterer Zeit bei vielen Fragen der Funktionentheorie eine große Rolle spielten. Falls $\sum (1 - |z_k|) = \infty$, ist B eine in $\mathbb{D}$ holomorphe Funktion, die genau in den Punkten z_k verschwindet, mit $|B(z)| < 1$ für $z \in \mathbb{D}$, und mit radialen Randwerten fast überall vom Betrag 1.

Schließlich ließ OSTROWSKI (1922) sogar Konvergenzpunkte *auf* $\partial\mathbb{D}$ zu. Bilden sie dort eine Menge vom Maß > 0, und sind die f_n wieder gleichmäßig beschränkt in $\mathbb{D}$, so findet gleichmäßige Konvergenz von $\{f_n\}$ in kompakten Teilen von $\mathbb{D}$ statt.

3.2 Normale Familien

Dieser bedeutende Begriff geht auf MONTEL (1912) zurück. Er nennt eine Menge $F = \{f\}$ von in G holomorphen Funktionen *normal*, wenn jede Folge $\{f_n\}$ mit $f_n \in F$ eine Teilfolge $\{f_{n_k}\}$ enthält, die entweder gegen ∞ oder gegen eine in G holomorphe Funktion f konvergiert, gleichmäßig in kompakten Teilen von G. Sein schon in seiner These (1907) vorhandener fundamentaler Auswahlsatz läßt sich damit so aussprechen:

Auswahlsatz von Montel. *Die Menge der in G holomorphen und dort gleichmäßig beschränkten Funktionen bildet eine normale Familie.*

Auf MONTEL (1912) geht auch folgende Verschärfung zurück.

Hauptkriterium für normale Familien. *Die Menge der in G holomorphen Funktionen, die dort zwei feste Werte, etwa* 0 *und* 1, *auslassen, bildet eine normale Familie.*

Das Kriterium zeigt zum Beispiel, daß die Menge der in einem Gebiet G schlichten Funktionen f, die durch $f(z_1) = z_1, f(z_2) = z_2$ normiert sind ($z_1, z_2 \in G$), eine normale Familie bilden. Denn jedes f läßt in $G \backslash \{z_1, z_2\}$ die Werte z_1 und z_2 aus. - Der Beweis des Kriteriums erfolgt am besten wieder mit dem Satz von Landau-Schottky. Ist nämlich $z_0 \in G$, und $F_1 = \{f \in F: |f(z_0)| \leq 1\}$, $F_2 = \{f \in F: |f(z_0)| > 1\}$, so zeigt dieser Satz, daß die Funktionen aus F_1 in G lokal gleichmäßig beschränkt sind, ebenso $\left\{g = \frac{1}{f} : f \in F_2\right\}$, und der Auswahlsatz für gleichmäßig beschränkte Funktionen wird anwendbar. Daher sind F_1 und F_2 normal und daher $F = F_1 \cup F_2$.

MONTELS Buch [1927] zeichnet die weitere Entwicklung nach und gibt Anwendungen. - Eine von CARATHÉODORY (1929) versuchte Einordnung normaler Familien in einen neuen Begriff der stetigen Konvergenz von Funktionenfolgen hat sich nicht durchgesetzt. Diese Arbeit wurde übrigens in Banff in den Canadian Rockies geschrieben.

3.3 Normale Funktionen

Schon MONTEL verwendete normale Familien zum Studium des Randverhaltens *einer* holomorphen Funktion. So liefert das Hauptkriterium einen einfachen Zugang zum großen PICARDschen Satz.

Nach LEHTO und VIRTANEN (1957) heißt eine in einem einfach zusammenhängenden Gebiet G holomorphe Funktion f *normal*, wenn die Menge $\{f \circ S\}$ eine normale Familie bildet, wobei S alle konformen Selbstabbildungen von G durchläuft. Normale Funktionen zeigen oft ein Randverhalten, wie man es von beschränkten Funktionen her kennt. Gilt zum Beispiel $f(z) \to a$ für $z \to z_0 \in \partial G$ längs eines in G laufenden Jordanbogens, so hat f an z_0 den Winkelgrenzwert a, was ein Ergebnis von LINDELÖF verallgemeinert (vgl. Pommerenke [1975, Kap. 9.1]).

4 Konforme Abbildung mehrfach zusammenhängender Gebiete

Im folgenden sei G ein n-fach zusammenhängendes Gebiet in $\hat{\mathbb{C}} = \mathbb{C} \cup \{\infty\}$, mit $\infty \in G$. Seine Randkomponenten C_j seien nicht-punktförmig; bei Bedarf können sie sogar als analytische Jordankurven angenommen werden. Wir beschränken uns auf den Fall $n < \infty$. Im Anschluß an den Riemannschen Abbildungssatz stellen sich zwei *Hauptfragen:*

- Auf welche Normalgebiete kann G konform abgebildet werden?
- Wie lassen sich solche Normalabbildungen charakterisieren?

Die Behandlung dieser Fragen, vor allem durch KOEBE und seinen Schüler GRÖTZSCH, zeigt in glänzender Weise die Wechselwirkung zwischen geometrischen und analytischen Methoden, weshalb die Themen in der Literatur besondere Beachtung gefunden haben. Wir nennen die Bücher von GOLUSIN [1957], GRUNSKY [1978], JENKINS [1958] und den Übersichtsartikel [GAIER 1978].

4.1 Parallelschlitzabbildungen

Die bekanntesten Normalgebiete sind die ϑ-Schlitzgebiete S_ϑ, Gebiete in $\hat{\mathbb{C}}$, deren Rand aus n Strecken mit Steigungswinkel ϑ besteht. Für $\vartheta = 0$ entsteht ein Horizontal-, für $\vartheta = \frac{\pi}{2}$ ein Vertikalschlitzgebiet.

$\vartheta = 0$: Horizontalschlitze

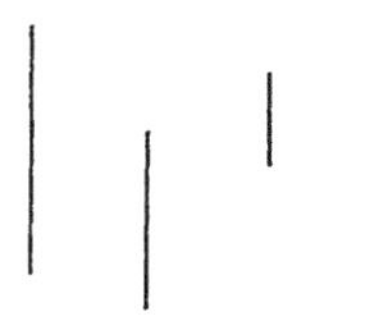

$\vartheta = \frac{\pi}{2}$: Vertikalschlitze

Schon HILBERT (1909), KOEBE (1910) und COURANT (1910) bewiesen, daß sich jedes n-fach zusammenhängende Gebiet G konform auf ein ϑ-Schlitzgebiet abbilden läßt. Ihre Beweise sind potentialtheoretisch und verwenden einen Ausschöpfungsprozeß. Eleganter ist der von DE POSSEL (1931) und GRÖTZSCH (1932) entdeckte Zugang über eine Extremalaufgabe.

Dazu bezeichne

$$\Sigma_0(G) = \left\{ f\colon f \text{ holomorph und schlicht in } G\backslash\infty\,; f(z) = z + \frac{a_1}{z} + \dots \right\}.$$

Das Funktional $a_1 = a_1[f]$ genügt dabei

$$a_1[f \circ g] = a_1[f] + a_1[g] \qquad \text{für } f \in \Sigma_0(g(G)),\ g \in \Sigma_0(G).$$

Für festes $\vartheta \in [0, \pi]$ stellen wir nun das Extremalproblem

$$\operatorname{Re}(e^{-2i\vartheta} a_1[f]) = \max! \qquad \text{für } f \in \Sigma_0(G). \tag{4.1}$$

Das Maximum ist ersichtlich ≥ 0, da $f(z) = z$ zu $\Sigma_0(G)$ gehört.

Satz 4.1. *Das Extremalproblem* (4.1) *besitzt eine Lösung* f_ϑ, *welche G konform auf ein* ϑ-*Schlitzgebiet abbildet. Es gibt genau eine solche Abbildungsfunktion in* $\Sigma_0(G)$.

Die Existenz einer Lösung folgt, weil die Funktionen aus $\Sigma_0(G)$ lokal gleichmäßig beschränkt sind und $\Sigma_0(G)$ daher normal und kompakt ist. Auch die Eindeutigkeit ist leicht zu sehen; man betrachtet $d = f_1 - f_2$. Und daß jede Extremalfunktion eine ϑ-Schlitzabbildung leistet, sieht man so: Ist eine Komponente von $\partial f_\vartheta(G)$ *kein* ϑ-Schlitz, so bildet man ihr gesamtes Äußeres mit h konform und in ∞ normiert auf ein ϑ-Schlitzgebiet ab (Fall $n = 1$). Dann ist $h \circ f_\vartheta \in \Sigma_0(G)$ und

$$\mathrm{Re}(e^{-2i\vartheta} a_1[h \circ f_\vartheta]) = \mathrm{Re}(e^{-2i\vartheta} a_1[h]) + \mathrm{Re}(e^{-2i\vartheta} a_1[f_\vartheta]),$$

wobei der erste Summand > 0 nachgewiesen werden kann; dies widerspricht der Maximaleigenschaft von f_ϑ.

Die Schlitzabbildungen f_ϑ lassen sich mit Hilfe von f_0 und $f_{\pi/2}$ darstellen:

$$f_\vartheta(z) = e^{i\vartheta}[\cos\vartheta f_0(z) - i\sin\vartheta f_{\pi/2}(z)]. \tag{4.2}$$

Denn f_ϑ ist in ∞ richtig normiert, schlicht in G (wie eine Anwendung des Argumentprinzips zeigt), und $\mathrm{Im}(e^{-i\vartheta} f_\vartheta(z)) \to \cos\vartheta c_j + \sin\vartheta d_j$ für $z \to C_j$. Also vermittelt f_ϑ *die* ϑ-Schlitzabbildung.

Betrachtet man den Koeffizienten von $\frac{1}{z}$ in (4.2), also

$$a_1[f_\vartheta] = e^{i\vartheta}(\cos\vartheta a_1[f_0] - i\sin\vartheta a_1[f_{\pi/2}]) = M + \mathrm{R}e^{2i\vartheta}$$

mit

$$M = \tfrac{1}{2}(a_1[f_0] + a_1[f_{\pi/2}]) \quad \text{und} \quad R = \tfrac{1}{2}(a_1[f_0] - a_1[f_{\pi/2}]), \tag{4.3}$$

so erkennt man, daß die Zahlen $a_1[f_\vartheta]$ die Kreislinie mit Mittelpunkt M und Radius R durchlaufen; dazu ist noch zu beachten, daß aus (4.1) für $\vartheta = 0$ und $\vartheta = \frac{\pi}{2}$ folgt

$$\mathrm{Re}\, a_1[f_{\pi/2}] \leq \mathrm{Re}\, a_1[f_\vartheta] \leq \mathrm{Re}\, a_1[f_0],$$

weshalb $R \geq 0$ ist. Aus (4.1) folgt weiter, daß $a_1[f]$ für *jedes* $f \in \Sigma_0(G)$ in diesem Kreis liegen muß, und eine einfache Stetigkeitsüberlegung zeigt, daß tatsächlich alle Werte innerhalb dieses Kreises angenommen werden:

Satz 4.2. *Der Wertevorrat des Funktionals* $a_1[f]$, $f \in \Sigma_0(G)$, *ist die Kreisscheibe* $\{\zeta\colon |\zeta - M| \leqq R\}$ *mit M und R gemäß* (4.3).

Dieses Ergebnis stammt von GRÖTZSCH (1932). Der Durchmesser $2R$ des Kreises wurde später (1943) von SCHIFFER als $\mathrm{Span}(G)$ bezeichnet. Er hat Bedeutung für das arithmetische Mittel $N := \frac{1}{2}(f_0 + f_{\pi/2})$; überraschenderweise ist N in

G schlicht, und alle Randkomponenten von $N(G)$ sind konvexe Jordankurven. Die von ihnen umschlossene Fläche ist maximal in der Klasse $\Sigma_0(G)$, und zwar $\frac{\pi}{2} \cdot \mathrm{Span}(G)$.

4.2 Andere Normalabbildungen

Außer den Parallelschlitzgebieten gibt es noch eine große Zahl weiterer Normalgebiete n-fachen Zusammenhangs. Soweit es Schlitzgebiete sind, liegen ihre Ränder häufig auf Trajektorien eines quadratischen Differentials $Q(z)\,dz^2$ mit meromorphem Q. Dieser Gesichtspunkt wurde 1939 von TEICHMÜLLER allgemein ausgesprochen und später von JENKINS im Zusammenhang mit Variationsmethoden weiterentwickelt.

Hier beschränken wir uns auf zwei weitere Typen: Die Spiralschlitz- und die Vollkreisgebiete. Es sei $0 \in G$ und

$$\Sigma^*(G) =$$
$$\left\{f\colon f \text{ holomorph und schlicht in } G\backslash\infty\,;\, f(z) = z + a_0 + \frac{a_1}{z} + \ldots\,;\, f(0) = 0\right\};$$

jedes $f \in \Sigma^*(G)$ bildet also G ab auf ein n-fach zusammenhängendes Gebiet $f(G)$ mit $f(0) = 0, f(\infty) = \infty$. Man sieht leicht, daß $\log f'(z)$ (für $z = \infty$ gleich 0 gesetzt) in G eindeutig ist, und kann damit in Analogie zu (4.1) für festes $\vartheta \in [0, \pi]$ das Extremalproblem

$$\mathrm{Re}(e^{-2i\vartheta} \log f'(0)) = \min! \qquad \text{für } f \in \Sigma^*(G) \tag{4.4}$$

stellen; als Sonderfälle sind enthalten

$$\text{für } \vartheta = 0\colon |f'(0)| = \min! \qquad \text{für } \vartheta = \frac{\pi}{2}\colon |f'(0)| = \max!.$$

Satz 4.3. *Das Extremalproblem* (4.4) *besitzt genau eine Lösung. Diese bildet G konform und normiert auf ein ϑ-Spiralschlitzgebiet ab.*

Dabei heißt $G_w \subset \hat{\mathbb{C}}$ ein *ϑ-Spiralschlitzgebiet*, wenn jede Randkomponente von G_w auf einer logarithmischen Spirale $\{w\colon \mathrm{Im}(e^{-i\vartheta} \log w) = c\}$ liegt. Für $\vartheta = 0$ artet diese aus zu einem Strahl durch 0, für $\vartheta = \frac{\pi}{2}$ zu einem Kreis um 0. Demzufolge erhält man für $\vartheta = 0$ lauter Radialschlitze, für $\vartheta = \frac{\pi}{2}$ konzentrische Kreisschlitze. – Die Existenz der genannten Abbildung geht schon auf KOEBE (1918) zurück, ihre Charakterisierung durch (4.4) jedoch auf GRÖTZSCH (1931). Wie in Satz 4.2 folgt, daß der Wertevorrat von $\log f'(0)$, und allgemeiner von $\log f'(z)$ für festes $z \in G$, eine abgeschlossene Kreisscheibe ist, wenn f die Klasse $\Sigma^*(G)$ durchläuft; dieses Resultat erhielt auch GRUNSKY (1932) auf völlig anderem Weg, mit seiner Methode der Randintegration. Radius und Mittelpunkt der Scheibe lassen sich angeben, wenn G das Äußere des Einheitskreises ist. Auf diese Weise bestimmte GRUNSKY (1932) den genauen Wertevorrat von $\log f'(z)$ für festes $z \in \mathbb{D}$, wenn f die Klasse S durchläuft (vgl. Abschnitt 7).

Schließlich sind die *Vollkreisgebiete* V besonders bemerkenswert; ihr Rand besteht aus n disjunkten Kreisen. Die Abbildung von G auf V, in ∞ normiert, hat KOEBE ab 1908 in mehreren Arbeiten behandelt. Iterationsverfahren, bei denen die Randkomponenten immer „kreisnäher" werden, dienen zur effektiven Herstellung der Abbildung $G \to V$. Besonders wichtig ist der Fall $n = 2$: Jedes 2-fach zusammenhängende Gebiet kann auf einen konzentrischen Kreisring $\{z\colon 1 < |z| < M\}$ konform abgebildet werden. Die konforme Invariante M $\left(\text{manchmal auch } \frac{1}{2\pi}\log M\right)$ heißt *Modul* des Ringgebiets. Ihre Ermittlung ist für physikalisch-technische Probleme erwünscht: Kapazität, Torsionssteifigkeit.

Ist $n \geq 3$, so wird V durch die n Mittelpunkte und n Radien der Kreise, also $3n$ reelle Parameter, bestimmt. Konform äquivalente Vollkreisgebiete gehen durch eine Möbius-Transformation ineinander über, welche 3 komplexe, also 6 reelle Parameter enthält. Daraus leitet man ab, daß jede Klasse konform äquivalenter Vollkreisgebiete durch Angabe von $3n - 6$ Moduln eindeutig bestimmt ist, sofern $n \geq 3$ ist.

4.3 Geometrische Extremalprobleme

Während bei den Problemen (4.1) und (4.4) analytische Größen extremal gemacht werden, führen auch zahlreiche geometrische Probleme zu interessanten Normalgebieten. Fundamental sind zunächst zwei Extremalprobleme für Ringgebiete eines festen Moduls M. Beim *ersten* Problem ist der Innenrand als $\partial\mathbb{D}$ vorgegeben, und der Außenrand Γ soll so bestimmt werden, daß $\operatorname{dist}(\partial\mathbb{D}, \Gamma)$ minimal wird. Lösung von GRÖTZSCH (1928): $\Gamma = [R, \infty]$. Beim *zweiten* Problem soll das Ringgebiet die Punkte 0 und -1 vom Außenrand Γ trennen. Für welches Γ ist $\operatorname{dist}(0, \Gamma)$ minimal? Antwort von TEICHMÜLLER (1938): Der Innenrand des Gebiets ist $[-1, 0]$, sein Außenrand $\Gamma = [R', \infty]$.

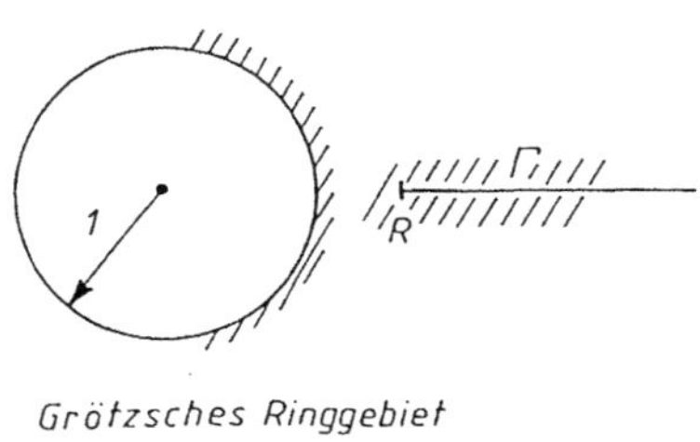

Grötzsches Ringgebiet

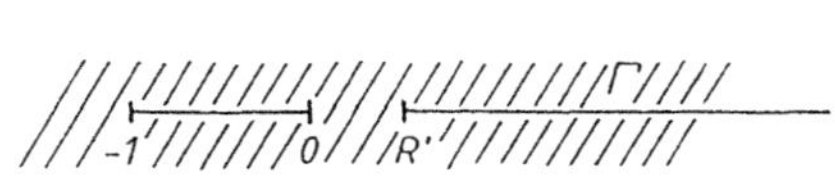

Teichmüllers Ringgebiet

Für n-fach zusammenhängende Gebiete hat GRÖTZSCH in den Jahren 1928 bis 1934 eine große Anzahl sehr schöner geometrischer Extremalprobleme gelöst. Dabei kommt einheitlich seine „Streifenmethode" zur Anwendung, welche später von AHLFORS und BEURLING zur Methode der extremalen Länge weiterentwickelt wurde; siehe Abschnitt 5. Wir beschränken uns auf zwei typische Ergebnisse.

Unser Gebiet G werde also durch eine Abbildung $f \in \Sigma_0(G)$ auf ein Gebiet $f(G) = G'$ mit Randkomponenten C_j' $(j = 1, 2, \dots, n)$ abgebildet. Das *Durchmesser-Problem* lautet: Wann wird $\operatorname{diam} C_j'$, für ein festes j, maximal? Antwort: Genau dann, wenn C_j' eine Strecke ist und die übrigen $n-1$ Komponenten von $\partial G'$ auf Ellipsen liegen, deren Brennpunkte in den Endpunkten dieser Strecke liegen.

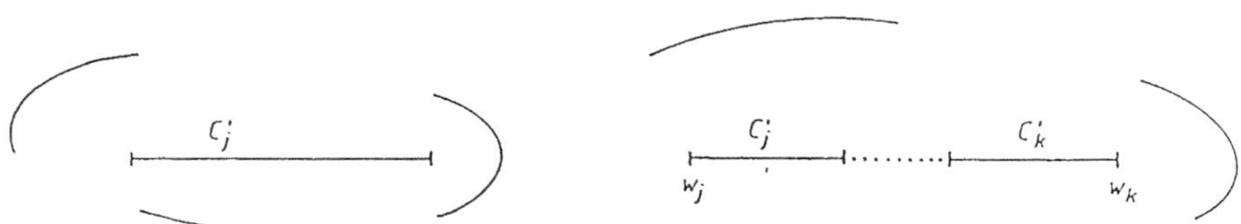

Ellipsenschlitzgebiete

Ferner sei $w_j \in C_j'$ und $w_k \in C_k'$ $(k \neq j)$ verlangt. Wann wird $|w_j - w_k|$ maximal? Antwort: Genau dann, wenn C_j' und C_k' auf einer Strecke liegen, während die übrigen $n-2$ Komponenten von $\partial G'$ auf Ellipsen liegen, deren Brennpunkte die Punkte mit maximalem Abstand sind.

5 Die Methode der extremalen Länge

Diese Methode hat sich als bedeutendes Hilfsmittel in der geometrischen Funktionentheorie erwiesen, hauptsächlich beim Studium des Randverhaltens und bei der Lösung von Extremalproblemen. Ihr Ursprung ist die Längen-Flächen-Methode, die erstmals bei COURANT (1914) auftritt. Ihre Verfeinerung zur Flächenstreifenmethode diente sodann GRÖTZSCH ab 1928 als Grundlage für die Lösung zahlreicher geometrischer Extremalprobleme. Gleichzeitig bewies AHLFORS in seiner Dissertation (1930) auf verwandte Weise seinen Verzerrungssatz, mit dem er die berühmte Vermutung von DENJOY beweisen konnte (siehe Abschnitt 10). Schließlich präparierten AHLFORS und BEURLING etwa ab 1945 die Kerngedanken der Methode heraus und gaben ihr die heutige übliche Form. Im folgenden geben wir Kostprobem dieser Entwicklung.

5.1 Die Längen-Flächen-Methode

Ausgangspunkt ist die Bemerkung, daß $|f'(z_0)|$ die lokale Längenverzerrung, $|f'(z_0)|^2$ aber die lokale Flächenverzerrung einer holomorphen Abbildung f an der Stelle z_0 bedeutet. Sei etwa die obere Hälfte des Einheitskreises durch f auf ein Gebiet G der Fläche A abgebildet. Das Bild des Halbkreises $z = re^{i\varphi}$, $0 < \varphi < \pi$, unter f sei der (lokal rektifizierbare) Bogen γ_r mit Länge $l(r) \leq \infty$. Die Schwarzsche Ungleichung liefert dann

$$[l(r)]^2 = \left(\int_0^\pi |f'(re^{i\varphi})|\, r\, d\varphi\right)^2 \leq \int_0^\pi |f'(re^{i\varphi})|^2 r\, d\varphi \cdot \int_0^\pi r\, d\varphi\,;$$

der letzte Faktor ist πr. Division durch r und Integration über r gibt

$$\int_0^1 [l(r)]^2 \frac{dr}{r} \leq \pi A\,, \tag{5.1}$$

eine Verbindung von Längen und der Fläche A über die Schwarzsche Ungleichung. Integriert man nur von ε^2 bis ε $(0 < \varepsilon < 1)$, so folgt

$$\inf\{[l(r)]^2 \colon \varepsilon^2 < r < \varepsilon\} \leq \pi A / \log\frac{1}{\varepsilon}\,;$$

in jedem Ring $\varepsilon^2 < r < \varepsilon$ gibt es also Werte von r, für die $l(r)$ klein ist.

5.2 Grötzschs Flächenstreifenmethode

Wichtig ist zunächst der Begriff des *Vierecks V*. Dies ist ein Jordangebiet mit vier ausgezeichneten Randpunkten P_1, P_2, P_3, P_4. Es läßt sich konform auf ein Rechteck abbilden, wobei die P_j in die Ecken $0, a, a+ib, ib$ übergehen. Dann ist a/b eindeutig bestimmt und heißt *Modul von V*.

Bei GRÖTZSCH ist nun ein Kreisring $K := \{z \colon r < |z| < R\}$ gegeben und endlich viele Vierecke $V_j \subset K$. Jeweils zwei Ecken P_1, P_2 bzw. P_3, P_4 von V_j liegen auf $|z| = r$ bzw. $|z| = R$, und die V_j seien paarweise fremd. Einer der zentralen Hilfssätze von GRÖTZSCH lautet dann so:

Satz 5.1. *Werden die Moduln der Flächenstreifen V_j mit $\frac{a_j}{b_j}$ bezeichnet, so gilt*

$$\sum_j \frac{a_j}{b_j} \leq 2\pi / \log\frac{R}{r}\,.$$

Gleichheit besteht genau dann, wenn K durch Strahlen $\arg z = \text{const}$ *in die Flächenstreifen V_j aufgeteilt wird.*

GRÖTZSCH hat gleich in seiner ersten Arbeit 1928 mehrere schöne Anwendungen gegeben, darunter Verallgemeinerungen des Koebeschen $\frac{1}{4}$-Satzes auf normierte, schlichte Abbildungen von $\mathbb{D}$, geschlitzt längs endlich vieler Kreisbogen um 0 (vgl. Golusin [1975, Kap. IV, § 5]).

5.3 Extremale Länge, Moduln von Kurvenklassen

Es sei $\Gamma = \{\gamma\}$ eine Menge lokal rektifizierbarer Kurvenbögen, die in einem Gebiet G liegen. Eine in G meßbare Funktion ϱ, $0 \le \varrho(z) \le \infty$, heißt dann für Γ *zulässige Metrik*, wenn $\int_\gamma \varrho\, ds \ge 1$ ist für jede Kurve $\gamma \in \Gamma$. Sodann setzt man $A(\varrho) = \iint_G \varrho^2\, db$ und bezeichnet mit

$$m(\Gamma) = \inf\{A(\varrho)\colon \varrho \text{ zulässig für } \Gamma\}$$

den *Modul* der Kurvenklasse Γ; $\lambda(\Gamma) = 1/m(\Gamma)$ heißt *extremale Länge* von Γ.

Ist beispielsweise Γ die Klasse der Kurven, die die horizontalen Seiten eines Rechtecks $(0, a) \times (0, b)$ verbinden, so ist $\varrho(z) = \frac{1}{b}$ zulässig und folglich $m(\Gamma) \le \frac{a}{b}$; tatsächlich ist $m(\Gamma) = \frac{a}{b}$ leicht zu sehen, $\varrho(z) = \frac{1}{b}$ ist extremale Metrik. Aus der Definition folgt auch sofort $m(\Gamma_1) \le m(\Gamma_2)$, wenn $\Gamma_1 \subset \Gamma_2$ ist, und ferner die konforme Invarianz des Moduls in naheliegendem Sinn.

Als Beispiel für die Leistungsfähigkeit des Begriffs geben wir einen eleganten Beweis des Ahlforsschen Verzerrungssatzes, der auf JENKINS und OIKAWA (1971) zurückgeht. Ein Streifengebiet S_z sei konform auf einen Parallelstreifen S_w der Breite 1 abgebildet:

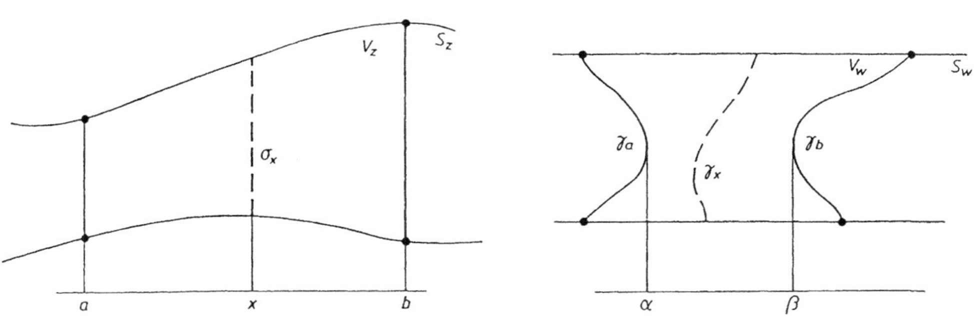

Es sei σ_x ein (ausgezeichneter) Querschnitt in S_z mit Abszisse x, $\theta(x)$ seine Länge, γ_x sein Bild in S_w und $\alpha = \sup\{\operatorname{Re} w\colon w \in \gamma_a\}$, $\beta = \inf\{\operatorname{Re} w\colon w \in \gamma_b\}$.

Satz 5.2 (AHLFORS' Verzerrungssatz). *Mit obigen Bezeichnungen gilt*

$$\int_a^b \frac{dx}{\theta(x)} \leq (\beta-\alpha)+2 \quad \textit{falls } \beta-\alpha > -1$$
$$\leq 1 \quad \textit{falls } \beta-\alpha \leq -1 .$$

Der Satz erlaubt, $\beta - \alpha$ ***nach unten*** abzuschätzen auf Grund der Geometrie von S_z. Zum Beweis betrachten wir die Klasse $\Gamma_z = \{\sigma_x : a < x < b\}$. Ihr Modul $m(\Gamma_z)$ ist $M := \int_a^b \frac{dx}{\theta(x)}$. Denn für jede zulässige Metrik ϱ ist

$$1 \leq \int_{\sigma_x} \varrho\, dy \leq \int_{\sigma_x} \varrho^2 dy \cdot \theta(x),$$

folglich

$$A(\varrho) = \iint_{V_z} \varrho^2 dx\, dy \geq \int_a^b \frac{dx}{\theta(x)} = M, \qquad \text{also } m(\Gamma_z) \geq M .$$

Andererseits erhält man für $\varrho(z) = \frac{1}{\theta(x)}$ aber $A(\varrho) = m$. Also ist $m(\Gamma_z) = M$. – Wegen der konformen Invarianz ist für die Klasse $\Gamma_w = \{\gamma_x\}$ ebenfalls $m(\Gamma_w) = M$, und jede zulässige Metrik ϱ im Viereck V_w liefert dann eine obere Schranke für M.

Ist $\alpha - \beta < 1$, so setzen wir

$$\varrho(w) = 1 \quad \text{falls } w \in V_w \text{ und } \alpha - 1 < \operatorname{Re} w < \beta + 1$$
$$= 0 \quad \text{sonst in } V_w .$$

Dann ist ϱ zulässig für Γ_w, und $A(\varrho) \leq (\beta - \alpha) + 2$. Ist jedoch $\alpha - \beta \geq 1$, so setzen wir

$$\varrho(w) = 1 \quad \text{falls } w \in V_w \text{ und } \beta < \operatorname{Re} w < \beta + 1$$
$$= 0 \quad \text{sonst in } V_w .$$

Auch jetzt ist ϱ zulässig für Γ_w, und $A(\varrho) \leq 1$ ist klar.

Auf weitere Anwendungen der Methode der extremalen Länge, zum Beispiel durch WITTICH [1955] und (1958), können wir nicht eingehen. JENKINS [1958] und AHLFORS [1973] geben gründliche Einführungen mit Anwendungen; Übersichtsartikel gibt es von RODIN [1974] und JENKINS [1986].

6 Quasikonforme Abbildungen

Die Theorie der quasikonformen (qk) Abbildungen ist für die Funktionentheorie wohl eine der wichtigsten Neuentwicklungen dieses Jahrhunderts. Sie ist bedeutsam nicht nur als Verallgemeinerung der Theorie der konformen Abbildungen, sondern auch für zahlreiche andere Gebiete wie z. B. Nevanlinna-Theorie, Kleinsche Gruppen und Riemannsche Flächen, mehrere komplexe Veränderliche, partielle Differentialgleichungen. Qk Abbildungen treten erstmals bei GRÖTZSCH 1928 auf, unabhängig und in anderem Zusammenhang bei LAVRENTIEFF 1935, und dann vor allem bei TEICHMÜLLER (ab 1937) und WITTICH.

Wir bringen die Definitionen und einige markante Anwendungen. Sehr gute Einführungen in die Theorie geben die Bücher von LEHTO und VIRTANEN [1965] und von AHLFORS [1966], weiterführende Themen behandeln KRUSCHKAL und KÜHNAU [1983].

6.1 Reguläre quasikonforme Abbildungen

Ausgangspunkt ist die Aufgabe, zwei Rechtecke R und R' so aufeinander abzubilden, daß sich die Ecken dabei entsprechen. Da dies im allgemeinen konform nicht möglich ist, fragte GRÖTZSCH 1928 nach einer „möglichst konformen" Abbildung, die dies leistet.

Genauer ist gesucht ein orientierungserhaltender Diffeomorphismus $w = f(z)$, der R auf R' mit Entsprechung der Ecken so abbildet, daß seine *Dilatation* möglichst klein ist. Dazu wird die Richtungsableitung $\partial_\alpha f(z_0) = f_z(z_0) + f_{\bar z}(z_0)e^{-2i\alpha}$ und die Jacobi-Determinante $J(z_0) = |f_z(z_0)|^2 - |f_{\bar z}(z_0)|^2$ an einer Stelle z_0 berechnet. Die Orientierungstreue bringt $J(z_0) \geq 0$, und als Dilatation an z_0 wird dann

$$D(z_0) := \frac{\max\limits_{\alpha} |\partial_\alpha f(z_0)|}{\min\limits_{\alpha} |\partial_\alpha f(z_0)|} = \frac{|f_z| + |f_{\bar z}|}{|f_z| - |f_{\bar z}|} \tag{6.1}$$

bezeichnet. Eine *reguläre K-qk Abbildung* liegt dann vor, wenn $D(z) \leq K < \infty$ für $z \in R$ gilt. Dabei ist stets $K \geq 1$, und $K = 1$ steht nur bei konformer Abbildung ($f_{\bar z} = 0$). Bei einer affinen Abbildung $w = Az + B\bar z$ ($A, B \in \mathbb{C}$, $|A| > |B|$) ist $D(z) = \dfrac{|A| + |B|}{|A| - |B|}$ konstant.

Nun sei f eine solche Abbildung von R auf R'; siehe Figur:

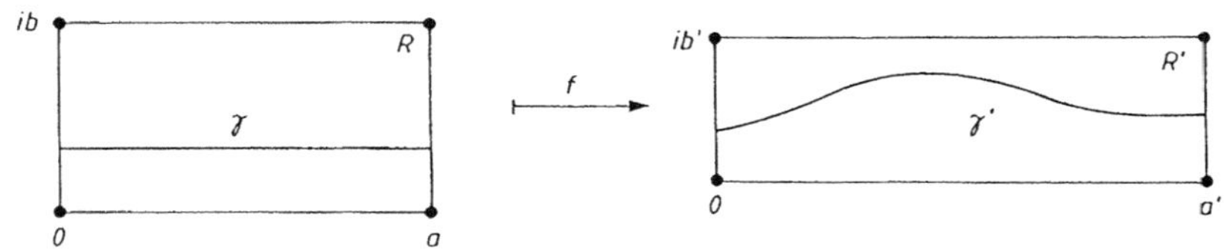

Für die Länge des Bildes γ' von γ ist dann

$$a' \leq \int_{\gamma'} |dw| = \int_{\gamma} |f_z dz + f_{\bar{z}} d\bar{z}| \leq \int_0^a (|f_z| + |f_{\bar{z}}|)\, dx .$$

Der letzte Integrand ist $[D(z)]^{1/2} \cdot [J(z)]^{1/2}$, was eine Anwendung der Schwarzschen Ungleichung nahelegt. Integriert man zuvor nach y, so kommt

$$a'^2 b^2 \leq \iint_R D(z)\, db_z \cdot \iint_R J(z)\, db_z \leq K a b \cdot a' b'$$

und also $K \geq \frac{a'}{b'} : \frac{a}{b}$. Diskutiert man noch das Gleichheitszeichen, so ergibt sich als Lösung des Problems von GRÖTZSCH

Satz 6.1. *Die maximale Dilatation* $\sup\{D(z) : z \in R\}$ *einer regulären qk Abbildung f von R auf R' wird minimal genau dann, wenn f eine affine Abbildung ist.*

6.2 Geometrische Definition, geometrische Anwendungen

Ein orientierungstreuer Homöomorphismus f eines Gebiets G auf ein Gebiet G' heißt *K-quasikonform*, wenn für jede Kurvenklasse $\Gamma = \{\gamma\}$ in G und ihr Bild $\Gamma' = \{\gamma'\}$ in G' gilt

$$m(\Gamma') \leq K \cdot m(\Gamma)\,; \tag{6.2}$$

dabei sind $m(\Gamma), m(\Gamma')$ die in § 5 erklärten Moduln von Γ bzw. Γ'. Diese allgemeine geometrische Definition (PFLUGER 1951, AHLFORS 1954) läßt auch nicht überall differenzierbare Abbildungen zu, doch stellt sich heraus, daß f fast überall in G differenzierbar ist und

$$|f_z| + |f_{\bar{z}}| \leq K(|f_z| - |f_{\bar{z}}|) \qquad \text{f.ü. in } G$$

gilt. Die Funktion $\mu(z) = f_{\bar{z}}(z)/f_z(z)$ heißt *komplexe Dilatation*. Offenbar ist

$$D(z) = \frac{1 + |\mu(z)|}{1 - |\mu(z)|} \quad \text{und} \quad |\mu(z)| = \frac{D(z) - 1}{D(z) + 1} \leq \frac{K - 1}{K + 1} < 1 \tag{6.3}$$

in jedem regulären Punkt der Abbildung. Für konforme Abbildungen hat man $K = 1$, das heißt $\mu = 0$.

Eine erste Anwendung der Definition (6.2) auf die Klasse der Kurven, die den Innenrand eines Ringgebiets umlaufen, zeigt, daß es keine K-qk Abbildung von $\mathbb{D}$ auf $\mathbb{C}$ geben kann. Der Typ einer Riemannschen Fläche bleibt daher invariant bei qk Abbildungen (GRÖTZSCH 1928, TEICHMÜLLER 1937). Auf ähnliche Weise gewinnt man hinreichende Kriterien zum Typenproblem (TEICHMÜLLER 1938, [Wittich 1955]).

Die in 6.1 behandelte Aufgabe ist von TEICHMÜLLER 1939 bis 1943 ganz beträchtlich verallgemeinert worden. Gegeben sei eine Menge von qk Abbildungen f zwischen zwei Gebieten oder Riemannschen Flächen G und G', mit gewissen topologischen Nebenbedingungen; je zwei Abbildungen seien homotop. Gesucht wird f mit minimaler Dilatation. TEICHMÜLLER zeigt die Existenz und Eindeutigkeit einer solchen *extremalen qk Abbildung*, und darüber hinaus, daß es auf G und G' zwei holomorphe quadratische Differentiale Φ und Ψ gibt so, daß die horizontalen Trajaktorien von Φ (dort ist $\Phi(z)dz^2 > 0$) die Kurven maximaler Verzerrung von f, die von Ψ aber ihre Bilder sind. Eine neuere Übersicht findet man in [Strebel 1986].

Ein Beispiel ist das Vierpunkte-Problem: Vier verschiedene Punkte z_1, z_2, z_3, z_4 sollen durch eine in $\hat{\mathbb{C}}$ qk Abbildung f in vier vorgegebene Punkte w_1, w_2, w_3, w_4 abgebildet werden. Sind die Doppelverhältnisse der beiden Quadrupel gleich, so geht dies konform mit einer Möbius-Transformation; andernfalls sucht man eine qk Abbildung mit minimalem K.

Bei der Begründung der Theorie spielten qk Abbildungen von $\mathbb{D}$ auf sich mit $f(0) = 0$ eine wichtige Rolle. Relativ leicht ist es, $|f(z)|$ auf $|z| = r$ bestmöglich nach oben oder unten abzuschätzen, um einiges schwieriger, den Satz von MORI (1956)

$$|f(z_1) - f(z_2)| \leq M(K)|z_1 - z_2|^{1/K} \quad (z_1, z_2 \in \mathbb{D})$$

zu beweisen. Dabei kann man $M(K) = 16$ nehmen, und $M(1) = 1$ ist klar; die Vermutung $M(K) = 16^{1-\frac{1}{K}}$ ist immer noch offen, aber richtig, wenn $z_1, z_2 \in \partial\mathbb{D}$ sind. Eine wichtige Folgerung ist, daß qk Abbildungen von $\mathbb{D}$ auf sich Hölder-stetig auf $\overline{\mathbb{D}}$ erweitert werden können.

Schließlich erwähnen wir noch das Thema *qk Fortsetzung*. Bildet f ein Jordangebiet G konform auf $\mathbb{D}$ ab, so ist f im allgemeinen über ∂G hinaus nicht holomorph fortsetzbar, jedoch sehr oft als qk Abbildung, nämlich genau dann, wenn ∂G eine *quasikonforme Kurve* ist. Dazu gehören alle stückweise glatten Jordankurven, die keine Spitze haben. Man kann dann sogar diese Fortsetzung von f nach $\mathbb{C}$ durch eine *qk Spiegelung* über ∂G hinweg erreichen, die sehr angenehme Eigenschaften hat. Hier hat AHLFORS bedeutende Pionierarbeit geleistet, während GEHRINGS Übersicht [1987] die vielseitige Verwendung qk Kurven beleuchtet.

6.3 Weitere, analytische Anwendungen

Anlaß für TEICHMÜLLERS Beschäftigung mit qk Abbildungen war das *Umkehrproblem* der Nevanlinna-Theorie. Es wurde 1929 von NEVANLINNA formuliert und verlangt (in allgemeiner Form), eine in $\mathbb{C}$ meromorphe Funktion f zu finden, welche an gegebenen Stellen a_n vorgegebene Defekte δ_n und Verzeigungsindizes θ_n besitzt, vorausgesetzt, die notwendigen Bedingungen $0 < \delta_n + \theta_n \leq 1$ und $\Sigma(\delta_n + \theta_n) \leq 2$ sind erfüllt. NEVANLINNA, AHLFORS, ULLRICH konstruierten dazu gewisse Riemannsche Flächen von parabolischem Typ und konnten Teillösungen erbringen. TEICHMÜLLER erkannte in seiner Habilitationsschrift 1938 den Zusammenhang mit qk Abbildungen von $\mathbb{C}$ auf sich. Bei der Methode der qk Modifikation, auf die wir nicht näher eingehen können, benötigt man den Beweis von folgendem

Satz 6.2. *Es sei f eine qk Abbildung von $\mathbb{C}$ auf sich, und für die komplexe Dilatation μ gelte*

$$\iint_{|z|>1} |\mu(z)||z|^{-2} db_z < \infty . \tag{6.4}$$

Dann gibt es eine Konstante $A > 0$, für die gilt

$$\left|\frac{f(z)}{z}\right| \to A \quad \text{für } z \to \infty . \tag{6.5}$$

Die Forderung (6.4) verlangt, daß f nahe ∞ (im Mittel) nicht zu stark verzerrt wird. Bei TEICHMÜLLER wird zwar statt (6.4) mehr gefordert, jedoch bemerkt er (S. 670), daß auch (6.4) ausreicht. WITTICH gab 1944 einen vollen Beweis von Satz 6.2, und BELINSKII zeigte 1953 gar, daß statt (6.5) sogar $f(z)/z \to C$ strebt für $z \to \infty$. Zur vollständigen Lösung des Umkehrproblems benötigte DRASIN 1976 eine Verfeinerung von Satz 6.2.

Weitere Anwendungsbereiche qk Abbildungen seien durch Stichworte angedeutet. Verallgemeinerung des Riemannschen Abbildungssatzes: Qk Abbildung eines gegebenen Gebiets G (ohne Einschränkung $G = \mathbb{C}$) bei vorgegebener Dilatation μ. Zusammenhänge mit partiellen Differentialgleichungen: Für jede Lösung u eines gewissen elliptischen Typs von PDgl läßt sich der komplexe Gradient $u_x - iu_y$ als $f \circ g$ darstellen, wo f holomorph und g eine qk Abbildung ist. Wichtig ist ferner die Möglichkeit, qk Abbildungen in Gebieten des $\mathbb{R}^n$ zu betrachten. BERS [1977] gibt einen Überblick über gewisse Aspekte.

7 Im Einheitskreis schlichte Funktionen

Dieses Thema berührt die geometrische und die analytische Richtung der Funktionentheorie gleichermaßen und ist daher von besonderem Reiz. Betrachtet werden schlichte (injektive), holomorphe und normierte Funktionen im Einheitskreis

$$S: \quad f(z) = z + a_2 z^2 + a_3 z^3 + \ldots \quad \text{für } |z| < 1,$$

gelegentlich solche aus

$$\Sigma: \quad f(z) = z + b_0 + \frac{b_1}{z} + \ldots \quad \text{für } |z| > 1,$$

oder aus $\Sigma_0 = \{f \in \Sigma : b_0 = 0\}$. Gefragt sind einerseits Bedeckungs- und Verzerrungssätze, andererseits Koeffizientensätze. Bedeckungssätze machen Aussagen über den Wertevorrat $f(\mathbb{D})$, bei Verzerrungssätzen werden $|f|$ oder $|f'|$ oder verwandte Ausdrücke abgeschätzt, während Koeffizientensätze Aussagen über die a_n oder die b_n machen.

Auslöser für diese Fragen waren zwei Ergebnisse von KOEBE, die er als Hilfssätze in der Uniformisierungstheorie benötigte. Er bewies 1907, daß es eine universelle Scheibe $\{w: |w| < \varrho\}$ gibt, die von jedem Wertevorrat $f(\mathbb{D}), f \in S$, überdeckt wird. Und weiter 1909, daß

$$Q^{-1} \leq \left| \frac{f'(z_1)}{f'(z_2)} \right| \leq Q \quad \text{für } |z_1| \leq r, \ |z_2| \leq r < 1$$

gilt, wo Q von $f \in S$ unabhängig ist. Eine solche Abschätzung gilt dann auch in einem beliebigen Gebiet G, wenn z_1, z_2 in einem kompakten Teil von G liegen.

7.1 Elementare Methoden

Durch verhältnismäßig einfache Kunstgriffe gelangt man leicht zu ersten scharfen Aussagen. FABER bewies 1916, daß oben $\varrho = \frac{1}{4}$ genommen werden kann, was bestmöglich ist, wie die Koebe-Funktion

$$k(z) = \frac{z}{(1-z)^2} = z + 2z^2 + 3z^3 + \ldots \tag{7.1}$$

zeigt; sie bildet $\mathbb{D}$ konform auf $\mathbb{C} \setminus (-\infty, -\frac{1}{4}]$ ab. BIEBERBACH wählte 1916 den Zugang über seinen „Flächensatz" $\sum_{n=1}^{\infty} n|b_n|^2 \leq 1$ (den allerdings schon GRONWALL 1914 hatte), woraus sich leicht $|a_2| \leq 2$, $\varrho = \frac{1}{4}$ und folgende Verzerrungssätze ergeben:

$$\frac{r}{(1+r)^2} \leq |f(z)| \leq \frac{r}{(1-r)^2}, \quad \frac{1-r}{(1+r)^3} \leq |f'(z)| \leq \frac{1+r}{(1-r)^3} \quad \text{für } |z| = r < 1\,;$$

alle angegebenen Schranken sind scharf. Auch ein erster „Drehungssatz" läßt sich elementar gewinnen:

$$|\arg f'(z)| \leq 2 \log \frac{1+r}{1-r} \quad \text{für } |z| = r < 1 \tag{7.2}$$

(BIEBERBACH 1919), was aber nicht scharf ist.

Die Arbeit von 1916 (Sitz.-Ber. Preuss. Akademie) war in zweierlei Hinsicht für die Zukunft bedeutsam. Auf S. 946 findet sich in einer Fußnote die Vermutung, daß vielleicht allgemein $|a_n| \leq n$ für jede Funktion $f \in S$ gilt. Dies wurde eine der berühmtesten Vermutungen der Funktionentheorie und hat die Mathematiker bis zum Jahr 1984 in Unruhe versetzt. Weiter findet man auf S. 947 die Bemerkung, daß

$$\frac{f(z_1) - f(z_2)}{z_1 - z_2} \neq 0 \quad \text{für } z_1, z_2 \in \mathbb{D}$$

notwendig und hinreichend für die Schlichtheit von f in $\mathbb{D}$ ist. Dieser selbstverständliche Hinweis war wohl der Keim für GRUNSKYS Schlichtheitskriterium; siehe unten in 7.3.

7.2 Die Methode von LÖWNER

Zur Bewältigung von $|a_3| \leq 3$ erfand LÖWNER 1923 eine neue, erheblich kunstvollere Methode. Zunächst ist unschwer zu sehen, daß die Funktionen f aus S, für die der Rand des Bildes $f(\mathbb{D})$ ein analytischer, sich nach ∞ hinziehender Schlitz ist, dicht in S liegen. Zur Gewinnung von Abschätzungen genügt es daher, solche Schlitzabbildungen zu betrachten. Für sie leitet LÖWNER eine Differentialgleichung ab – eine ganz neuartige Idee –, durch die S in gewisser Weise parametrisiert wird, und beweist mit ihrer Hilfe $|a_3| \leq 3$. Auch gelingt es ihm schon, sämtliche Koeffizienten c_n der *Umkehr*abbildung $z = f^{-1}(w)$ scharf abzuschätzen:

$$|c_n| \leq \frac{1}{n} \binom{2n}{n+1} \text{ für } n = 1, 2, \ldots$$

LÖWNERS Methode wurde 1936 von GOLUSIN verwendet, um die scharfe Schranke im Drehungssatz (7.2) zu ermitteln. Zuvor hatte GRUNSKY 1932 mit seiner Methode der Randintegration den genauen Wertevorrat von $f(z)$ beschrieben, wenn $z \in \mathbb{D}$ fest ist und f durch S läuft:

$$\left|\log\frac{f(z)}{z}+\log(1-r^2)\right|\leq\log\frac{1+r}{1-r}\qquad |z|=r.$$

In derselben Arbeit wird auch

$$\left|\arg\frac{zf'(z)}{f(z)}\right|\leq\log\frac{1+r}{1-r}\qquad \text{für } |z|=r$$

bewiesen, und damit gelang GRUNSKY 1934 die Ermittlung der genauen Sternschranke $R_S=\tanh\frac{\pi}{4}=0{,}655\ldots$: Die Scheibe $\{z\colon |z|<R_S\}$ wird durch jedes $f\in S$ auf ein bezüglich $w=0$ sterniges Gebiet abgebildet.

7.3 Die Grunskyschen Ungleichungen

Offenbar liegt eine Schwierigkeit der Probleme in der Frage, wie sich die geometrische Annahme der Schlichtheit von f für die Koeffizienten a_n oder b_n verwerten läßt. Dazu gab GRUNSKY 1939 einen wesentlichen und für die Zukunft entscheidenden Beitrag. Es sei $f(z)=z+b_0+\frac{b_1}{z}+\ldots$ für $1<|z|<\infty$ holomorph und gesetzt

$$\log\frac{f(z)-f(\zeta)}{z-\zeta}=-\sum_{k=1}^{\infty}\sum_{l=1}^{\infty}c_{kl}z^{-k}\zeta^{-1}. \tag{7.3}$$

Ersichtlich ist diese Funktion in $\{(z,\zeta)\colon |z|>1, |\zeta|>1\}$ holomorph genau dann, wenn f für $|z|>1$ schlicht ist. Eine der möglichen (äquivalenten) Formen der Grunskyschen Ungleichungen für die c_{kl} enthält

Satz 7.1. *Es ist f in $\{z\colon |z|>1\}$ genau dann schlicht, also $f\in\Sigma$, wenn*

$$\left|\sum_{k=1}^{N}\sum_{l=1}^{N}c_{kl}x_kx_l\right|\leq\sum_{k=1}^{N}\frac{1}{k}|x_k|^2 \tag{7.4}$$

gilt für beliebige komplexe Zahlen $x_1,\ldots,x_N$ und alle $N\in\mathbb{N}$.

GRUNSKY gibt sogar ein Schlichtheitskriterium für Funktionen in Gebieten endlichen Zusammenhangs, und diskutiert das Gleichheitszeichen in (7.4). Zum Beweis verwendet er seine Methode der Randintegration und die Faber-Polynome, die FABER bereits 1903 in die komplexe Approximationstheorie eingeführt hatte.

Satz 7.1 hatte unmittelbar keine Auswirkung auf Abschätzungen von $|a_n|$ ($f\in S$) oder $|b_n|$ ($f\in\Sigma$). Erst 1960 gaben CHARZYNSKI und SCHIFFER einen (zweiten) Beweis für $|a_4|\leq 4$ mit Hilfe der Grunskyschen Ungleichungen. Darauf folgten $|a_6| \leq 6$ und $|a_5| \leq 5$, und die Überzeugung verstärkte sich, daß die Grunskyschen Ungleichungen zum Beweis der Bieberbachschen Vermutung führen könnten.

7.4 Der Satz von DEBRANGES

Bald stellte sich jedoch heraus, daß der Übergang von Aussagen für die c_{kl} in (7.3) zu Abschätzungen für $|a_n|$ oder $|b_n|$ für größere n sehr schwierig würde. Wichtig wurde vielmehr die Betrachtung der *logarithmischen Koeffizienten* c_n in

$$\log \frac{f(z)}{z} = 2 \sum_{n=1}^{\infty} c_n z^n \qquad \text{für } z \in \mathbb{D} \tag{7.5}$$

durch MILIN; für die Koebe-Funktion k ist $c_n = \frac{1}{n}$. MILIN schreibt 1986, daß ihn die Grunskyschen Ungleichungen veranlaßt haben, (7.5) zu betrachten. Er erkannte um 1970, daß die c_n „im Mittel" für die Koebe-Funktion maximal sein könnten, und stellte die Vermutung auf

$$\sum_{n=1}^{N} \sum_{k=1}^{n} \left(k|c_k|^2 - \frac{1}{k}\right) \leq 0 \qquad \text{für } N = 1, 2, \ldots, \tag{7.6}$$

aus der eine Vermutung von ROBERTSON von 1936 folgt, wonach für ungerade $f \in S$ gilt $\sum_{k=1}^{n} |a_{2k-1}|^2 \leq n$ für $n = 1, 2, \ldots$ Daraus wiederum folgt die Bieberbachsche Vermutung auf elementare Weise.

In der Tat gelang nun 1984 DEBRANGES ein Beweis von (7.6) und damit von

Satz 7.2 (Satz von DEBRANGES). *Ist $f \in S$, so gilt $|a_n| \leq n$ für $n = 1, 2, \ldots$ Gleichheit besteht für ein n genau dann, wenn $f(z) = e^{-i\alpha} k(e^{i\alpha} z)$ ist.*

Methodisch ist interessant, daß im Beweis eine Variante von LÖWNERS Methode angewandt wird, was die geniale Tiefe von LÖWNERS Idee zeigt. Bemerkenswert ist weiter, daß das letzte Glied in der Beweiskette eine Ungleichung $\sum_{k=0}^{n} P_k^{(\alpha,0)}(x) > 0$, $x \in (-1, +1)$, $\alpha = 2, 4, \ldots$, für Jacobi-Polynome $P_k^{(\alpha,\beta)}$ ist, welche schon in einer früheren Arbeit von ASKEY und GASPER (1976) enthalten war. Der Beweis der Bieberbachschen Vermutung hat weltweit große Beachtung gefunden; siehe den von BAERNSTEIN u.a. herausgegebenen Sammelband [1986].

7.5 Einige offene Probleme

a) Ist $f \in S$, so überdeckt $f(\mathbb{D})$ jedenfalls die Kreisscheibe um 0 mit Radius $\frac{1}{4}$. LANDAU fragte schon 1929: Welche Scheibe mit ***beliebigem*** Mittelpunkt hat in $f(\mathbb{D})$ Platz, wenn $f \in S$ ist? Diese „schlichte Bloch-Konstante" ist bis heute nicht ermittelt; sie liegt jedoch zwischen 0,57 und 0,66. Falls man nur $f \in S$ mit konvexem Bild $f(\mathbb{D})$ zuläßt, liegt aber eine Scheibe mit Radius $\frac{\pi}{4}$ in $f(\mathbb{D})$, und $\frac{\pi}{4}$ ist scharf (SZEGÖ 1923).

b) Die Verzerrungssätze von 7.1 lassen vermuten, daß die Koebe-Funktion k das stärkste Wachstum in der Klasse S hat. In einer tiefliegenden Arbeit präzisierte dies BAERNSTEIN 1974: Es gilt $\int |f(re^{i\varphi})|^p \, d\varphi \leq \int |k(re^{i\varphi})|^p \, d\varphi$ für $0 < r < 1$ und $0 < p < \infty$. Offen sind jedoch Fragen, die Integralmittel für f' mit Exponenten < 0 betreffen.

c) Ist $f \in S$ und die Fläche F des Bildgebiets $f(\mathbb{D})$ endlich, also

$$F = \pi \sum_{n=1}^{\infty} n|a_n|^2 < \infty,$$

so hat man $a_n = o(n^{-1/2})$ $(n \to \infty)$. In seinen research problems schrieb LITTLEWOOD: „*The result is doubtless best possible*", jedoch wiesen CLUNIE und POMMERENKE 1967 $a_n = O(n^{-\alpha})$ für gewisse $\alpha > \frac{1}{2}$ nach. Der genaue Exponent ist unbekannt. Und obwohl die Festung $|a_n| \leq n$ erstürmt ist, ist das analoge Problem für die b_n (also $f \in \Sigma$) noch völlig offen. Hier ist man erst bei $|b_3| \leq \frac{1}{2} + e^{-6}$ (scharf!) angekommen, und selbst der genaue Exponent α in $b_n = O(n^{-\alpha})$ ist unbekannt.

d) Schließlich erwähnen wir noch das „omitted area problem", bei dem nach der minimalen Fläche von $f(\mathbb{D}) \cap \mathbb{D}$ gefragt wird, wenn $f \in S$ ist. Es geht auf GOODMAN 1949 zurück, der Rand des extremalen Bildgebiets ist weitgehend charakterisiert, die minimale Fläche ist aber nicht bekannt.

Aus der umfangreichen Literatur nennen wir [Golusin 1957], [Jenkins 1958], [Ahlfors 1973], [Pommerenke 1975], [Duren 1983].

8 Potenzreihen an der Konvergenzgrenze – Summierung

Die wichtigste Form der Darstellung einer in $\mathbb{D}$ holomorphen Funktion f ist die durch ihre Potenzreihe (PR)

$$f(z) = \sum_{n=0}^{\infty} a_n z^n \quad (z \in \mathbb{D}). \tag{8.1}$$

Folgende Fragen stellen sich:

- Wie verhält sich die PR auf oder in der Nähe von $\partial \mathbb{D}$?
- Wie kann man an den Koeffizienten a_n ablesen, ob f über $\mathbb{D}$ hinaus analytisch fortsetzbar, bzw. nicht fortsetzbar ist?

Das Buch von LANDAU-GAIER [1986] beschäftigt sich überwiegend mit diesen Fragen; hier nennen wir einige markante Ergebnisse.

8.1 Potenzreihen auf dem Konvergenzkreis

Das feinere Studium von PR auf dem Konvergenzkreis wurde 1885 durch PRINGSHEIM begonnen: Er gab eine PR (8.1) an, die für jedes $z \in \partial \mathbb{D}$ konvergiert, für die aber dennoch $\Sigma |a_n| = \infty$ ist. HARDY (1913), FEJÉR (1917), LÖSCH (1933) und andere zeigten, daß dabei die Konvergenz auf $\partial \mathbb{D}$ sogar gleichmäßig sein kann. Am einfachsten ist es freilich, $\mathbb{D}$ durch f auf das Innere einer Jordankurve abzubilden, für die ein Punkt (etwa $w = 1$) aus dem Innern nicht rektifizierbar erreichbar ist. Wegen $\int_0^1 |f'(x)|\, dx \le \sum_1^\infty |a_n|$ muß dann $\Sigma |a_n| = \infty$ sein, und die gleichmäßige Konvergenz auf $\partial \mathbb{D}$ folgt aus einem Fejérschen Satz (siehe unten). Hier ist f sogar schlicht in $\mathbb{D}$.

Weiter gab LUSIN (1911), der 1910 bis 1912 bei LANDAU arbeitete, eine PR (8.1) an mit $a_n \to 0$, die jedoch überall auf $\partial \mathbb{D}$ divergiert. NEDER (1921) verschärfte dies beträchtlich: Zu jeder Folge $\{\varrho_n\}$ mit $0 < \varrho_n \searrow 0$ und $\Sigma \varrho_n^2 = \infty$ gibt es eine PR (8.1) mit $|a_n| = \varrho_n$, die auf $\partial \mathbb{D}$ überall divergiert. Dies ist insofern scharf, als nach einem Resultat von CARLESON (1966) fast überall Konvergenz stattfindet, wenn $\Sigma |a_n|^2 < \infty$ ist; LUSIN hatte dies schon 1915 in seiner Dissertation vermutet.

Was läßt sich sagen, wenn man *zusätzliche Annahmen über f* macht? Wir nennen drei Ergebnisse, die besonders bekannt geworden sind.

Zunächst zeigte FEJÉR 1910, daß es Funktionen f gibt, die in $\overline{\mathbb{D}}$ stetig und in $\mathbb{D}$ holomorph sind, für die aber Σa_n divergiert; die PR (8.1) kann sogar auf einer auf $\partial \mathbb{D}$ dichten Menge divergieren. Für die Teilsummen gilt jedoch $s_n = O(\log n)$, was LANDAU genauer untersuchte.

Weiter bewies FEJÉR 1914 den schönen

Satz 8.1. *Hat das Bild von $\mathbb{D}$ unter f endliche Fläche, das heißt ist $\Sigma n |a_n|^2 < \infty$, so konvergiert die PR* (8.1) *an jeder Stelle $z = e^{i\varphi}$, für die $\lim_{r \to 1} f(re^{i\varphi})$ vorhanden ist. Die Konvergenz ist gleichmäßig in φ, wenn der Limes gleichmäßig vorhanden ist.*

Dabei braucht f in $\mathbb{D}$ nicht schlicht zu sein; Flächen mehrfach überdeckter Bereiche werden mehrfach gezählt. SZASZ erkannte später (1928), daß noch mehr gilt: Die Annahme $\Sigma n|a_n|^2 < \infty$ kann zu $\Sigma n^p |a_n|^{p+1} < \infty$ für ein $p > 0$ abgeschwächt, die Konvergenzaussage zu C_k-Summierbarkeit für jedes $k > -1 + \frac{1}{p+1}$ verstärkt werden.

Schließlich ist folgender Satz häufig nützlich.

Satz 8.2 (FATOU 1906). *Ist die PR* (8.1) *über* $z = 1$ *hinweg analytisch fortsetzbar, und gilt* $a_n \to 0$ $(n \to \infty)$, *so ist* Σa_n *konvergent.*

Zahlreiche Sätze dieses Typs schlossen sich an. Sie betreffen die Abschwächung der Fortsetzbarkeit, Aussagen über Konvergenzgeschwindigkeit, oder ein Analogon für absolute Konvergenz.

8.2 Anwendung von Summierungsverfahren

Die bewußte Erweiterung des Cauchyschen Konvergenzbegriffs zu dem im Sinne eines Summierungsverfahrens fand kurz vor der Jahrhundertwende statt. Mit FROBENIUS [1880] beginnt die neue Denkweise, andere Autoren folgen rasch nach: HÖLDER, CESÀRO, BOREL, MITTAG-LEFFLER, KNOPP, PERRON. Überall dort, wo der klassische Konvergenzbegriff versagte, versuchte man, Summierungsverfahren einzusetzen, bei Potenzreihen also *auf* dem Konvergenzkreis und *außerhalb* davon, d. h. zur analytischen Fortsetzung.

Beispielsweise läßt sich Satz 8.2 erweitern zum Satz von FATOU und RIESZ, in dem bei $a_n = o(n^k)$ $(n \to \infty)$ auf C_k-Summierbarkeit von Σa_n geschlossen wird.

Jedoch sind die Cesàro-Verfahren wegen der notwendigen Bedingung $a_n = o(n^k)$ zur analytischen Fortsetzung ungeeignet. Vielmehr haben dafür die Verfahren von EULER, BOREL und MITTAG-LEFFLER Bedeutung erlangt. Das einfachste ist das Verfahren E_1, welches einer Zahlenfolge $\{s_n\}$ eine Transformation $\{\sigma_n\}$ mit

$$\sigma_n = 2^{-n} \sum_{k=0}^{n} \binom{n}{k} s_k \quad (n = 0, 1, 2, \ldots) \tag{8.2}$$

zuordnet. Für die Teilsummen $s_n(z) = \frac{1 - z^{n+1}}{1 - z}$ der geometrischen Reihe $\frac{1}{1-z} = \sum_0^\infty z^n$ ergibt sich

$$\sigma_n(z) = \frac{1}{1-z} - \frac{z}{1-z} \left(\frac{1+z}{2}\right)^n \quad (n = 0, 1, 2, \ldots)$$

und somit $\sigma_n(z) \rightrightarrows \frac{1}{1-z}$ $(n \to \infty)$ in jedem kompakten Teil der Kreisscheibe

$K = \{z: |z+1| < 2\}$. Ist $f(z) = \Sigma a_n z^n$ *beliebig*, und bezeichnet z_φ die vom Nullpunkt aus erste Singularität von f auf dem Strahl $\{z = re^{i\varphi}, r > 0\}$, so zeigt die Anwendung der Cauchyschen Integralformel leicht, daß $\Sigma a_n z^n$ durch das E_1-Verfahren zum Wert $f(z)$ summiert wird, wenn immer $z \in \bigcap (z_\varphi \cdot K)$ ist. Dieses E_1-Summationsgebiet enthält $\mathbb{D}$ dann echt, wenn f über $\mathbb{D}$ hinaus analytisch fortsetzbar ist.

Die Euler-Verfahren und ihre Verallgemeinerungen wurden in den 20er Jahren vor allem durch KNOPP eingehend untersucht und angewendet.

8.3 Sätze vom Tauberschen Typ

Gegeben sei eine PR (8.1) mit Konvergenzradius 1, und es sei $s_n = a_0 + a_1 + \ldots + a_n$. Wir sagen

$$A - \Sigma a_n = s, \qquad \text{wenn } f(x) \to s \text{ für } x \to 1- ;$$

$$C_1 - \Sigma a_n = s, \qquad \text{wenn } \sigma_n := \frac{s_0 + s_1 + \ldots + s_n}{n+1} \to s \text{ für } n \to \infty .$$

Natürlich folgt aus $s_n \to s$ immer $\sigma_n \to s$, aber wegen

$$s_n = \sigma_n + \delta_n \quad \text{mit } \delta_n = \frac{0 \cdot a_0 + 1 \cdot a_1 + \ldots + n \cdot a_n}{n+1}$$

hat man auch einen *Umkehrsatz:* Aus $\sigma_n \to s$ folgt $s_n \to s$ genau dann, wenn $\delta_n \to 0$ $(n \to \infty)$ gilt. Die letzte Bedingung fungiert als „Umkehrbedingung" für das C_1-Verfahren.

TAUBER hat nun 1897 den ersten Umkehrsatz für das Abel-Verfahren bewiesen:

Satz 8.3. *Aus $A - \Sigma a_n = s$ folgt $\Sigma a_n = s$ genau dann, wenn $\delta_n \to 0$ $(n \to \infty)$.*

Hinreichend für $\delta_n \to 0$ ist natürlich

$$n a_n \to 0 \quad \text{oder} \quad a_n = o\left(\frac{1}{n}\right) \quad (n \to \infty), \tag{8.3}$$

was den o-Taubersatz mit der o-Tauber-Bedingung (8.3) ergibt. TAUBERS Satz war der Anfang für viele Untersuchungen, in denen allgemein vom asymptotischen Verhalten einer Transformation auf das asymptotische Verhalten der Funktion selbst zurückgeschlossen wird, unter Zusatzbedingungen, die von Fall zu Fall variieren. Hierzu gibt es umfangreiche Literatur; siehe etwa [Hardy 1949] und [Zeller-Beekmann 1970].

Im Bereich der Potenzreihen gelang es zunächst LITTLEWOOD 1911, die o-Bedingung in (8.3) zu einer O-Bedingung abzuschwächen; bei reellen a_n genügt sogar $n a_n \leq M$. KARAMATA (1930) und WIELANDT (1952) gaben dafür einfachere Beweise. Auch Taubersätze mit Restglied lassen sich so gewinnen.

Der Beweis für den o-Satz zeigt mehr: Die Menge der Häufungspunkte von $\{s_n\}$ und die von $\{f(x)\}$ $(x \to 1-)$ fallen zusammen, wenn $n a_n \to 0$ $(n \to \infty)$. Fordert man nur $n|a_n| \leq 1$, so gilt dies nicht mehr; es gibt aber sog. „Distanztheoreme".

Noch zwei *Erweiterungen* des O-Satzes seien erwähnt. Zunächst ist unschwer zu sehen, daß $\delta_n = O(1)$ und sogar $\sum_1^n k|a_k| = O(n)$ keine Umkehrbedingung für das Abel-Verfahren ist. Jedoch gilt

Satz 8.4 (SZASZ 1928). *Aus $A - \Sigma a_n = s$ folgt $C_k - \Sigma a_n = s$ für jedes $k > -1 + \frac{1}{p}$, sofern für ein $p > 1$*

$$\sum_{k=1}^{n} |k a_k|^p = O(n) \quad (n \to \infty).$$

Gilt also $a_n = O\left(\frac{1}{n}\right)$, so hat man sogar $A \to C_k$ für jedes $k > -1$. Einen funktionentheoretischen Beweis von Satz 8.4 gab 1957 JURKAT.

Das Abel-Verfahren kann so verallgemeinert werden: Mit $p_0 > 0$ und $p_n \geq 0$ bildet man

$$J_p(x) = \sum_{n=0}^{\infty} p_n s_n x^n \Big/ \sum_{n=0}^{\infty} p_n x^n \qquad \text{für } 0 < x < 1,$$

und sagt dann $J_p - \Sigma a_n = s$, wenn $J_p(x) \to s$ für $x \to 1-$. Wenn dann noch $p_n > 0$, $P_n = \sum_{k=0}^{n} p_k \to \infty$ und $n p_n = O(P_n)$ gelten, so hat man folgenden Umkehrsatz:

$$J_p - \Sigma a_n = s \Rightarrow \Sigma a_n = s, \quad \text{sofern} \quad a_n = O(p_n/P_n) \quad (n \to \infty)$$

(TIETZ und TRAUTNER 1988). Für $p_n \equiv 1$ ergibt sich LITTLEWOODS $O - K \to K$-Satz. An die Stelle der δ_n von Satz 8.3 tritt jetzt

$$\delta_n := \frac{P_0 a_0 + P_1 a_1 + \ldots + P_n a_n}{P_n} \quad (n = 0, 1, 2, \ldots).$$

Die Konvergenz dieser Folge $\{\delta_n\}$ *ist* Umkehrbedingung für den $J_p \to K$-Schluß, jedoch nicht $\delta_n = O(1)$ $(n \to \infty)$.

8.4 Nichtfortsetzbarkeit, Überkonvergenz

Dieses umfangreiche Thema ist bei BIEBERBACH [1955] und ILIEFF [1960] eingehend behandelt; wir können hier nur wenige Hauptergebnisse anführen.

Zunächst wurde durch WEIERSTRASS' Beispiel $\Sigma a^n z^{b^n}$, mit $a > 0$ und $b \in \mathbb{N} \backslash \{1\}$, die Aufmerksamkeit auf *Lückenreihen*

$$f(z) = \Sigma a_n z^{\lambda_n} \quad \text{mit Konvergenzradius } 1 \tag{8.4}$$

gelenkt. Nach HADAMARD (1892) entdeckte FABRY (1896) den allgemeinsten Satz für „reine Lücken":

Satz 8.5. *Die durch* (8.4) *erklärte Funktion f ist über* $|z| = 1$ *hinaus nicht fortsetzbar, wenn* $\lambda_n/n \to \infty$ $(n \to \infty)$ *gilt.*

In der Folgezeit wurden neue Beweismethoden und Verallgemeinerungen ersonnen, vor allem durch FABER (1903, 1904), SZEGÖ (1922), PÓLYA (1927, 1929), LÖSCH (1930) und seinen Schüler CLAUS (1943). Neues Beweiselement ist die Verwendung Faberscher Polynome, falls f über $|z| = 1$ hinaus fortsetzbar angenommen wird. Die reine Lückenbedingung wird dabei ersetzt durch die Forderung, daß es eine Indexfolge $\{n_k\}$ „wesentlicher Koeffizienten", d.h. mit $\overline{\lim} \sqrt[n_k]{|a_{n_k}|} = 1$, gibt so, daß $\overline{\lim} \sqrt[n]{|a_n|} < 1$ entweder für $\{n : n_k(1 - \vartheta) < n < n_k\}$ oder für $\{n : n_k < n < n_k(1 + \vartheta)\}$ gilt für ein $\vartheta > 0$. Die Intervalle der Länge ϑn_k können noch verkürzt werden, wenn die Koeffizienten gewissen Abschätzungen genügen, wobei noch „wenige" Ausnahmen zulässig sind (LÖSCH-CLAUS).

Nichtfortsetzbarkeit ist jedoch auch ohne Lücken möglich.

Satz 8.6 (HURWITZ-PÓLYA 1916). *Zu jeder PR* (8.1) *mit Konvergenzradius* 1 *gibt es eine Folge* $\{\varepsilon_n\}$ *mit* $\varepsilon_n = \pm 1$ *so, daß* $\Sigma \varepsilon_n a_n z^n$ *über* $|z| = 1$ *hinaus nicht fortsetzbar ist.*

Fortsetzbarkeit über den Konvergenzkreis hinaus ist sogar die Ausnahme in gewissem Sinne. Dies kann durch Einführung geeigneter topologischer oder maßtheoretischer Begriffe präzisiert werden (PÓLYA 1918, HAUSDORFF 1919, BOERNER 1938). Ist etwa $\sqrt[n]{|a_n|} \to 1$ $(n \to \infty)$, so gibt es nach HAUSDORFF nur abzählbar viele PR $\Sigma \varepsilon_n a_n z^n$, mit $\varepsilon_n = \pm 1$, die über $|z| = 1$ hinaus fortsetzbar sind.

Schließlich bewies SZEGÖ 1922 den

Satz 8.7. *Nehmen die Koeffizienten* a_n *in* (8.1) *nur endlich viele Werte an, so ist f entweder eine rationale Funktion der Form* $f(z) = \dfrac{P(z)}{1 - z^m}$ *(P = Polynom,* $m \in \mathbb{N}$*), oder f ist über* $|z| = 1$ *hinaus nicht fortsetzbar.*

In gewissem Zusammenhang mit dem Thema der Nichtfortsetzbarkeit steht das von PORTER 1906 entdeckte, von JENTZSCH 1916 wiedergefundene Phänomen der *Überkonvergenz*. Während die Teilsummenfolge $\{s_n(z)\}$ einer PR (8.1) mit Konvergenzradius 1 für jedes z mit $|z| > 1$ divergiert, kann möglicherweise eine *Teilfolge* $\{s_{n_k}(z)\}$ über $\partial \mathbb{D}$ hinaus konvergieren. Hier bewies OSTROWSKI 1921 und 1923 die entscheidenden Sätze.

Satz 8.8. *Die PR* (8.1) *habe den Konvergenzradius* 1, *und es sei*

$$a_n = 0 \quad \textit{für } p_k < n < q_k, \textit{ wo } q_k > (1+\vartheta)p_k \text{ mit } \vartheta > 0. \tag{8.5}$$

Dann konvergiert die Folge $\{s_{p_k}(z)\}$ *gleichmäßig in einer Umgebung jedes regulären Punktes von* f *auf* $\partial\mathbb{D}$. *Eine solche Überkonvergenz kann nur dann stattfinden, wenn* f *nach Abzug einer PR mit Konvergenzradius* > 1 *Lücken der Form* (8.5) *aufweist.*

Wie man sieht, kann f nicht über $\partial\mathbb{D}$ hinaus fortsetzbar sein, wenn Hadamard-Lücken vorliegen, also (8.4) gilt mit $\lambda_{n+1}/\lambda_n \geq 1 + \vartheta$ mit $\vartheta > 0$. Das ist der Hadamardsche Lückensatz.

9 Werteverteilung in $\mathbb{D}$

Hier behandeln wir zunächst einige Ergebnisse aus dem Umkreis des Schwarzschen Lemmas, sodann das Randverhalten in $\mathbb{D}$ holomorpher oder meromorpher Funktionen, und schließlich in $\mathbb{D}$ holomorphe Funktionen, welche die Werte 0 und 1 auslassen.

9.1 Verallgemeinerungen und Anwendungen des Schwarzschen Lemmas

In der von CARATHÉODORY 1912 angegebenen Form besagt das

Lemma von SCHWARZ: *Ist* f *in* $\mathbb{D}$ *holomorph,* $f(\mathbb{D}) \subset \mathbb{D}$ *und* $f(0) = 0$, *so gilt* $|f(z)| \leq |z|$ *für* $z \in \mathbb{D}$. *Gleichheit besteht für ein* $z \in \mathbb{D}\backslash\{0\}$ *genau dann, wenn* $f(z) = az$ *ist mit* $|a| = 1$.

H. A. SCHWARZ hatte 1869 nur konforme Abbildungen im Auge und ließ demgemäß nur biholomorphe Abbildungen von $\mathbb{D}$ zu. In den Jahren 1910 bis 1930 zeigte sich erst recht die enorme Tragweite und Anwendungsfähigkeit dieses Lemmas; davon geben wir einige Kostproben.

Zunächst gab PICK 1916 dem Lemma eine elegante, die Forderung $f(0) = 0$ vermeidende Form, indem er in $\mathbb{D}$ die nichteuklidische Distanz (*hyperbolische Metrik*)

$$[z_1, z_2] = \tfrac{1}{2}\log\frac{1+\delta}{1-\delta} \quad \text{mit } \delta(z_1, z_2) = \left|\frac{z_1 - z_2}{1 - \bar{z}_1 z_2}\right|$$

verwendete. Das Schwarzsche Lemma liefert sofort

$$[f(z_1), f(z_2)] \leq [z_1, z_2] \quad \text{für } z_1, z_2 \in \mathbb{D} \tag{9.1}$$

und für beliebige unimodulare Funktionen (d. h. $|f(z)| \leq 1$ in $\mathbb{D}$), wobei Gleichheit für zwei verschiedene Punkte z_1, z_2 aus $\mathbb{D}$ genau dann gilt, wenn f $\mathbb{D}$ linear auf sich abbildet. Die Automorphismen von $\mathbb{D}$ sind somit die *Isometrien von* $\mathbb{D}$ bei Verwendung der hyperbolischen Metrik.

Anlaß für PICKs Arbeit war übrigens der Wunsch, für den Satz von Schottky, der ein entscheidendes Hilfsmittel zum Beweis des Picardschen Satzes darstellt, einen einfachen (die Modulfunktion verwendenden) Beweis anzugeben. Der Picardsche Satz ist also letztlich „Quelle" für PICKs Untersuchungen (vgl. „Einführung; Drei Quellen der Funktionentheorie").

Man kann (9.1) auch aus der Sicht einer *Interpolationsaufgabe* betrachten. Zu zwei Paaren (z_1, w_1), (z_2, w_2) von Punkten aus $\mathbb{D}$ gibt es genau dann eine unimodulare Funktion f mit $f(z_j) = w_j$ $(j = 1, 2)$, wenn $[w_1, w_2] \leq [z_1, z_2]$ ist. PICK fragte 1916 allgemeiner: Welche Bedingungen müssen n Paare (z_j, w_j) von Punkten aus $\mathbb{D}$ erfüllen, damit es eine unimodulare Funktion f gibt mit $f(z_j) = w_j$ $(j = 1, \ldots, n)$? Er zeigt, daß dies genau dann möglich ist, wenn die Hermitesche Matrix

$$A = (a_{jk}) \quad \text{mit } a_{jk} = \frac{1 - w_j \overline{w_k}}{1 - z_j \overline{z_k}} \quad (j, k = 1, \ldots, n)$$

positiv semidefinit ist. Weitere Untersuchungen von PICK, SCHUR, NEVANLINNA schlossen sich an. Oft werden Funktionen betrachtet, welche die rechte Halbebene in sich abbilden. In der Lindelöf-Festschrift von 1929 läßt NEVANLINNA auch unendlich viele Punktepaare zu, gibt rekursiv nachzuprüfende Bedingungen an, und studiert die Eindeutigkeit der interpolierenden Funktion.

Weiter kann man allgemein beschränkte Werte $w_j \in \mathbb{C}$ vorschreiben und nach der kleinsten Schranke M fragen, für die es eine in $\mathbb{D}$ holomorphe Funktion f mit $|f(z)| \leq M$ in $\mathbb{D}$ gibt, die $f(z_j) = w_j$ interpoliert; siehe [Walsh, § 10.3]. *Universell* heißt eine Folge $\{z_j\}$ aus $\mathbb{D}$, wenn es zu jeder Folge $\{w_j\}$ beschränkter Zahlen eine in $\mathbb{D}$ beschränkte Funktion f gibt mit $f(z_j) = w_j$. Ihre Charakterisierung gelang CARLESON 1958.

Einige Grenzfälle der Interpolationsaufgabe von PICK-NEVANLINNA sind besonders wichtig, etwa der Fall, daß alle $z_j = 0$ sind. Dann sind neben $f(0)$ noch Ableitungen $f^{(j)}(0)$ vorgeschrieben, also der Anfang $\sum_{j=0}^{n} c_j z^j$ der Potenzreihenentwicklung von f. Gibt es ein solches f mit $|f(z)| \leq 1$ in $\mathbb{D}$ bzw. mit $\operatorname{Re} f(z) \geq 0$ in $\mathbb{D}$? Eng damit hängt der Schursche Algorithmus (1917) zusammen, welcher an den Koeffizienten c_j abzulesen gestattet, ob $f(z) = \Sigma c_j z^j$ in $\mathbb{D}$ unimodular ist.

Vom Schwarzschen Lemma gelangt man durch einen geeigneten Grenzübergang zur *Winkelderivierten* einer unimodularen Funktion. JULIA hatte dazu ursprünglich (1918) die Regularität von f in $\mathbb{D} \cup \{1\}$ verlangt. Der durch CARATHÉODORY (1929) und LANDAU-VALIRON (1929) abgerundete Satz lautet so:

Satz 9.1. *Für jede in* $\mathbb{D}$ *holomorphe Funktion* f *mit* $|f(z)| < 1$ *in* $\mathbb{D}$ *existiert*

$$\lim \frac{1-f(z)}{1-z} = C \quad \textit{für } z \to 1 \textit{ im Winkelraum.}$$

Dabei ist $C = \infty$ *oder* $C > 0$. *Im letzteren Fall ist auch*

$$\lim f'(z) = C \quad \textit{für } z \to 1 \textit{ im Winkelraum.}$$

LANDAU und VALIRON transformieren den Satz in die rechte Halbebene und führen den Beweis mit Hilfe des Schwarzschen Lemmas in wenigen Zeilen. Eine schöne Darstellung findet man in [Ahlfors 1973, § 1.4].

In den Umkreis des Schwarzschen Lemmas fällt schließlich noch der klassische

Drei-Kreise-Satz (HADAMARD 1896). *Ist* f *im Kreisring* $K = \{z : r_1 \leq |z| \leq r_2\}$ *holomorph, und wird* $M(r) = \max\{|f(z)| : |z| = r\}$ *gesetzt, so gilt*

$$M(r)^{\log(r_2/r_1)} \leq M(r_1)^{\log(r_2/r)} \cdot M(r_2)^{\log(r/r_1)} \quad \text{für } r_1 < r < r_2. \tag{9.2}$$

Das Schwarzsche Lemma folgt hieraus als Grenzfall: $r_2 = 1$, $M(r_2) = 1$; $r_1 \to 0$, $M(r_1) \leq Cr_1$. Allerdings ist (9.2) im allgemeinen nicht scharf. Gleichheit gilt in (9.2) für ein $r \in (r_1, r_2)$ genau dann, wenn $|f(z)| = A|z|^\alpha$ und folglich $f(z) = Bz^\alpha$ ist für ein $\alpha \in \mathbb{R}$, das sich aus $r_1, r_2, M(r_1), M(r_2)$ bestimmt. Ist dieses $\alpha \notin \mathbb{Z}$, so läßt sich daher statt (9.2) eine „scharfe Form" des Drei-Kreisesatzes angeben. Diese hat erstmals TEICHMÜLLER 1939 ermittelt und danach unabhängig HEINS (1940) und ROBINSON (1943).

9.2 Randverhalten in $\mathbb{D}$ meromorpher Funktionen

Der Anfang dieses Jahrhunderts von Lebesgue eingeführte Maß- und Integralbegriff gab dem Studium des Randverhaltens meromorpher Funktionen große Impulse. Schon 1906 bewies FATOU

Satz 9.2. *Ist* f *in* $\mathbb{D}$ *holomorph und beschränkt, so existiert* $\lim\limits_{r \to 1-} f(re^{i\varphi})$ *für fast alle* φ.

In der Folgezeit beschäftigten sich vor allem russische Mathematiker mit Fragen des Randverhaltens, so z. B. LUSIN, PRIWALOW, und SMIRNOW; sie erzielten tiefliegende Sätze. Eine Ausnahme bildet A. I. PLESSNER, der 1919 von Lodz nach Gießen kam und bis 1930 auch dort arbeitete, abgesehen von kurzen Aufenthalten in Göttingen, Berlin und Marburg. Ihm verdankt man eine erhebliche Verallgemeinerung des Satzes von Fatou.

Dazu sei $C_\Delta(e^{i\varphi})$ die Menge der Häufungspunkte von $f(z)$, wenn z in Δ gegen $e^{i\varphi}$ strebt, wobei Δ ein Kreissektor in $\mathbb{D}$ ist mit Spitze in $e^{i\varphi}$. Und wir nennen $e^{i\varphi}$ einen *Fatou-Punkt*, wenn $C_\Delta(e^{i\varphi})$ ein Punkt in $\mathbb{C}$ ist für jeden solchen Kreissektor Δ, dagegen einen *Plessner-Punkt*, wenn $C_\Delta(e^{i\varphi}) = \hat{\mathbb{C}}$ ist für jeden solchen Kreissektor Δ.

Satz 9.3 (PLESSNER 1927). *Ist f in $\mathbb{D}$ meromorph, und bezeichnet M_1 die Menge der Fatou-Punkte von f, M_2 die Menge der Plessner-Punkte von f, so hat $\partial\mathbb{D}\setminus(M_1 \cup M_2)$ das Maß Null.*

Für beschränkte Funktionen ist $M_2 = \emptyset$, also hat f Winkelgrenzwerte fast überall. Erst viel später zeigte man, daß dies nicht mehr gilt, wenn nur $|f(z)| \leq p(r)$ ($|z| = r$) verlangt wird und dabei $p(r)$ in (0, 1) unbeschränkt ist. – Der Satz von Plessner zieht sofort einen Identitätssatz nach sich:

Satz 9.4 (PLESSNER 1927). *Es sei f in $\mathbb{D}$ meromorph, und zu jedem Punkt $e^{i\varphi}$ einer Menge E gebe es einen Sektor $\Delta \subset \mathbb{D}$ mit Spitze in $e^{i\varphi}$ so, daß $f(z) \to 0$ für $z \to e^{i\varphi}$ in Δ. Dann ist entweder E vom Lebesgue-Maß Null, oder es ist $f = 0$.*

Denn ist f nicht identisch Null, so hat $g = \dfrac{1}{f}$ an $e^{i\varphi}$, $\varphi \in E$, weder einen Plessner-Punkt noch einen Fatou-Punkt. Diese Menge muß nach Satz 9.3 das Maß Null haben.

Für radiale Randwerte Null gilt Satz 9.4 freilich nicht mehr, weil es in $\mathbb{D}$ holomorphe Funktionen $f \not\equiv 0$ gibt, für die $f(re^{i\varphi}) \to 0$ für $r \to 1-$ und für fast alle φ gilt (LUSIN und PRIWALOW 1925). Mit Hilfe des Satzes von Mergelyan kann man sogar zeigen, daß es zu jeder meßbaren Funktion $g(e^{i\varphi})$ eine in $\mathbb{D}$ holomorphe Funktion f gibt mit $\lim f(re^{i\varphi}) = g(e^{i\varphi})$, für fast alle φ.

In engem Zusammenhang mit dem Randverhalten stehen gewisse *Darstellungssätze*. Hier versuchte man vor allem, die Poissonsche Integralformel

$$f(z) = \frac{1}{2\pi} \int_0^{2\pi} \operatorname{Re}\left[\frac{e^{i\varphi} + z}{e^{i\varphi} - z}\right] f(e^{i\varphi})\, d\varphi \quad (z \in \mathbb{D})$$

für Funktionen, die in $\mathbb{D}$ holomorph und in $\overline{\mathbb{D}}$ stetig sind, zu verallgemeinern. Richtungweisend war

Satz 9.5 (HERGLOTZ 1911). *Ist f in $\mathbb{D}$ holomorph und von positivem Realteil, so gilt*

$$f(z) = \int_0^{2\pi} \frac{e^{i\varphi} + z}{e^{i\varphi} - z}\, d\mu(\varphi) + iC \quad (z \in \mathbb{D})$$

für eine in $[0, 2\pi]$ *reellwertige und monoton wachsende Funktion* μ.

Hieraus folgt die Charakterisierung der Poisson-Stieltjes-Integrale als Differenzen in $\mathbb{D}$ harmonischer und positiver Funktionen (PLESSNER 1923). – Satz 9.5 ist entscheidend bei der Faktorisierung von Funktionen f der Hardy-Räume H^p ($p > 0$) und damit grundlegend wichtig für das Studium dieser Räume.

Literatur zu diesem Abschnitt: [Collingwood-Lohwater 1966], [Duren 1970], [Priwalow 1956].

9.3 Die Sätze von LANDAU, SCHOTTKY, BLOCH

Anstoß für diese anfangs des Jahrhunderts Aufsehen erregenden Ergebnisse war das Bestreben, für die Picardschen Sätze einen „elementaren", die Modulfunktion vermeidenden Beweisweg zu finden. Am Anfang stand der

Satz von Landau (1904). *Es sei* $f(z) = a_0 + a_1 z + \ldots$ *in* $\mathbb{D}$ *holomorph und* $\neq 0, \neq 1$. *Dann gilt*

$$|a_1| \leq H(a_0),$$

wo H *nur von* a_0 *abhängt.*

Ist demnach $f(z) = a_0 + a_1 z + \ldots$ für $|z| < R$ holomorph und $\neq 0$ und $\neq 1$, so muß $R \leq H(a_0)/|a_1|$ sein, was den kleinen Picardschen Satz beträchtlich verschärft. Mit Hilfe der Modulfunktion τ ermittelte CARATHÉODORY 1905 die beste Schranke im Satz von Landau:

$$H(a_0) = 2\,\frac{\operatorname{Im}\tau(a_0)}{|\tau'(a_0)|},$$

was jedoch wenig explizit war. Spätere Forschungen von JENKINS und HEMPEL ergeben dafür Schranken der Form

$$|a_1| \leq 2\,|a_0|\,(|\log|a_0|| + A).$$

Um den großen Picardschen Satz elementar zu beweisen, war entscheidend der

Satz von Schottky (1904). *Es sei* $f(z) = a_0 + a_1 z + \ldots$ *in* $\mathbb{D}$ *holomorph und* $\neq 0, \neq 1$. *Dann gilt*

$$|f(z)| \leq M(a_0, r) \quad \textit{für } |z| \leq r < 1,$$

wo M *nur von* a_0 *und* r *abhängt.*

Er wurde 1910 von LANDAU dahingehend verschärft, daß $|f(z)| \leq M(\omega, r)$ ist, wenn immer $|a_0| \leq \omega$ ist. Dies fand auch PICK 1916, während explizit brauchbare Schranken erst später gefunden wurden, z. B. von AHLFORS, HAYMAN, JENKINS und HEMPEL. Es gilt etwa

$$|f(z)| \leq \tfrac{1}{16}\,(16\,|a_0| + 8)^{(1+r)/1-r)}.$$

Eine neue Wendung brachte 1924 der Bedeckungssatz von BLOCH. Um ihn zu formulieren, führen wir (mit LANDAU 1929) drei „Weltkonstanten" ein. Es sei

K die Klasse aller in $\mathbb{D}$ holomorphen Funktionen der Form $f(z) = z + a_2 z^2 + \ldots$ Es bezeichne L_f den Radius der größten Kreisscheibe, die in $f(\mathbb{D})$ enthalten ist, und B_f den Radius der größten Kreisscheibe, die in $f(\mathbb{D})$ liegt und schlichtes Bild eines Teilgebiets von $\mathbb{D}$ unter f ist. Dann heißt

$$B = \inf\{B_f : f \in K\} \quad \text{die } \textit{Blochsche Konstante}$$

und

$$L = \inf\{L_f : f \in K\} \quad \text{die } \textit{Landausche Konstante.}$$

Ferner sei

$$A = \inf\{B_f : f \in S\},$$

wo $S \subset K$ die Klasse der in $\mathbb{D}$ schlichten Funktionen ist. BLOCH entdeckte $B > 0$, und seit LANDAU (1929) weiß man

$$0.39 < B \leq L < 0.555, \qquad L < A, \qquad 0.5 \leq A < \frac{\pi}{4}.$$

Diese Schranken sind inzwischen verschiedentlich verbessert worden, doch kennt man keine der Konstanten A, B, L genau.

Auf Grund von $B > 0$, oder auch nur $L > 0$, folgen nun auf verschiedenen möglichen Wegen die Sätze von Landau und Schottky, und damit die Sätze von Picard, auf elementare Weise.

10 Werteverteilung in $\mathbb{C}$

Ausgangspunkt für diesen Abschnitt ist der

Satz von Picard (1879). *Ist f in $G = \{z: R < |z| < \infty\}$ holomorph, und besitzt f an ∞ eine wesentliche Singularität, so nimmt f in G jeden Wert $a \in \mathbb{C}$ an, mit höchstens einer Ausnahme.*

Kurz zuvor hatte PICARD den Sonderfall erledigt, daß f eine *ganze* transzendente Funktion ist; dieser Satz wird auch als „kleiner" Picardscher Satz bezeichnet. Beide Sätze sind typische Aussagen der Wertverteilungstheorie. Sie markieren den Anfang eines tiefgreifenden Studiums ganzer und meromorpher Funktionen, das mit den Namen BOREL, HADAMARD, VALIRON und NEVANLINNA verknüpft ist, und sie haben die funktionentheoretische Forschung im 20. Jahrhundert stark beeinflußt.

Wir berichten zunächst über einige Verschärfungen der Picardschen Sätze, gehen dann auf die Nevanlinna-Theorie ein, und bringen schließlich verschiedene Anwendungen dieser Theorie auf Differentialgleichungen im Komplexen.

10.1 Zu den Picardschen Sätzen

Wie schon in 9.3 erwähnt, gelang LANDAU 1904 eine quantitative Verschärfung des kleinen Picardschen Satzes:

Ist $f(z) = a_0 + a_1 z + \ldots$ für $|z| < R$ holomorph und $\neq 0$ und $\neq 1$, so muß $R \leq H(a_0)/|a_1|$ sein.

Eine ganze, nicht konstante Funktion f kann daher in $\mathbb{C}$ nicht beide Werte 0 und 1 auslassen. Quantitative Verschärfungen des *großen* Picardschen Satzes gaben CARATHÉODORY (1912), OSTROWSKI (1926), LANDAU (1929) und neuerdings HEMPEL (1980).

Satz 10.1 (OSTROWSKI, LANDAU). *Zu jedem Paar* (α, β) *mit* $0 < \alpha < \beta$ *gibt es eine Zahl* $\sigma(\alpha, \beta)$ *mit der Eigenschaft: Ist* $0 \leq \varrho < 1$, *und* f *für* $\varrho\sigma < |z| < 1$ *holomorph und* $\neq 0$ *und* $\neq 1$, *so gilt für* $\varrho < |z| < \sigma$

entweder $|f(z)| > \alpha$ *oder* $|f(z)| < \beta$.

Im Fall $\varrho = 0$ erkennt man, daß f an $z = 0$ meromorph sein muß. – HEMPEL fordert von f Holomorphie in $\mathbb{D}\setminus\{0\}$, setzt $m = \min\{|f(z)| : |z| = r\}$ für ein $r \in (0, 1)$, und zeigt, daß f an $z = 0$ höchstens einen Pol der Ordnung p besitzt mit

$$p \leq \frac{\pi + \log^+ m}{\log(1/r)}.$$

10.2 Beiträge zur Nevanlinna-Theorie

In den Jahren 1924 bis 1926 gelang es ROLF NEVANLINNA, eine Theorie der in $\mathbb{C}$ meromorphen Funktionen aufzubauen. Die Theorie der ganzen Funktionen wurde dadurch entscheidend erweitert. Ziel der Theorie war es, Wachstumseigenschaften mit Aussagen über die Werteverteilung in $\mathbb{C}$ meromorpher Funktionen formelmäßig zu verknüpfen. Nach BIEBERBACH (1975) ist NEVANLINNAS Theorie die „Krone der Weierstraßschen Funktionentheorie“.

Die Theorie wurde in Deutschland bald bekannt, so in Berlin durch ERHARD SCHMIDT und ALEXANDER DINGHAS anfangs der 30er Jahre. DINGHAS promovierte auf diesem Gebiet und leistete später wichtige Beiträge zur Erweiterung und Vertiefung der Theorie. In Göttingen hinterließ NEVANLINNAS Gastprofessur 1936–1937 ihre Spuren. WITTICH, der bereits durch ULLRICH zur Wertverteilungslehre hingeführt war, wurde NEVANLINNAS Assistent. Auch TEICHMÜLLER war (bis Februar 1937) in Göttingen und begann, sich der Wertverteilung zuzuwenden.

Im folgenden geben wir einige Ergebnisse wieder, die mit den Namen TEICHMÜLLER, ULLRICH und WITTICH verknüpft sind. Wir verwenden dabei die geläufigen Bezeichnungen:

$N(r, a; f)$ Anzahlfunktion $(a \in \hat{\mathbb{C}})$; $T(r; f)$ Charakteristische Funktion;
$m(r, a; f)$ Schmiegungsfunktion $(a \in \hat{\mathbb{C}})$; $N_1(r; f) \geq 0$.

Der zentrale Satz in Nevanlinnas Theorie lautet dann wie folgt.

Satz 10.2 (Zweiter Hauptsatz). *Ist f in $\mathbb{C}$ meromorph, und sind $a_1, a_2, \ldots, a_q \in \hat{\mathbb{C}}$ paarweise verschiedene Zahlen $(q \geq 3)$, so gilt*

$$\sum_{j=1}^{q} m(r, a_j) + N_1(r) \leq 2\,T(r) + S(r) \tag{10.1}$$

für alle $r \notin E$, wobei $E \subset (0, \infty)$ von einer Intervallfolge endlicher Gesamtlänge überdeckt werden kann.

Dabei fungiert $S(r)$ als „Restglied“: $S(r) = O(\log r + \log T(r))$ $(r \to \infty$, $r \notin E)$, so daß also $\sum_1^q$ im wesentlichen durch $2\,T(r)$ majorisiert wird. Bei der *Umkehrung des 2. Hauptsatzes* fragt man: Für welche Klassen in $\mathbb{C}$ meromorpher Funktionen besteht Gleichheit in (10.1)?

Hierzu gab Teichmüller 1937 einen Beitrag. Danach kommen solche meromorphen Funktionen in Betracht, deren über der w-Ebene gelegene Riemannsche Fläche W folgende Eigenschaften hat:

(I) Die kritischen Stellen von W liegen über endlich vielen Punkten $a_1, a_2, \ldots, a_q$. Dort kann W beliebig verzweigt sein, während über allen anderen Stellen höchstens algebraische Windungspunkte von beschränkter Blattzahl zugelassen sind.

(II) Die kritischen Stellen von W haben, auf W gemessen, einen Mindestabstand > 0.

Für solche meromorphen Funktionen läßt sich

$$m\left(r, \frac{1}{f'}\right) \leq \Sigma\, m(r, a_j) + \text{Restglied}$$

nachweisen, und hieraus folgt (10.1) mit Gleichheit.

Eine weitere Klasse erhält man in den Lösungen der linearen Differentialgleichung (Dgl)

$$P_m(z)\, w^{(m)} + P_{m-1}(z)\, w^{(m-1)} + \ldots + P_0(z)\, w = 0\,, \tag{10.2}$$

wobei die P_j Polynome sind mit $P_0 \neq 0$. Hier weist man leicht nach (Wittich), daß in (10.1) Gleichheit besteht mit dem Restglied $O(\log r)$, sofern unter den Zahlen a_j 0 und ∞ vorkommen. Übrigens nimmt jede in $\mathbb{C}$ meromorphe Lösung w von (10.2) alle Werte $a \neq 0, \infty$ *gleich oft* an in dem Sinne, daß gilt:

$$\lim_{r \to \infty} \frac{N(r, a)}{N(r, b)} = 1\,.$$

Im Anschluß an den 2. Hauptsatz führt man folgende Größen ein:

$$\delta(a) = 1 - \overline{\lim_{r\to\infty}} \frac{N(r,a)}{T(r)} \quad \text{Defekt der Stelle } a$$

und

$$\vartheta(a) = \underline{\lim_{r\to\infty}} \frac{N_1(r,a)}{T(r)} \quad \text{Verzweigungsindex der Stelle } a,$$

so daß gilt $\delta(a) \geq 0$, $\vartheta(a) \geq 0$ und $0 \leq \delta(a) + \vartheta(a) \leq 1$, und beweist die *Nevanlinnasche Defektrelation*

$$\sum \delta(a) + \sum \vartheta(a) \leq 2\,; \tag{10.3}$$

dabei laufen die Summen über alle $a \in \hat{\mathbb{C}}$. Wird für eine transzendente Funktion der Wert $a \in \hat{\mathbb{C}}$ nur endlich oft angenommen, so ist $\delta(a) = 1$; nach (10.3) kann dies für höchstens zwei Werte gelten, so daß (10.3) den Picardschen Satz enthält.

Das *Umkehrproblem der Wertverteilungstheorie* verlangt nun, zu gegebenen Stellen $a_j \in \hat{\mathbb{C}}$ und gegebenen Zahlen $\delta_j \geq 0$, $\vartheta_j \geq 0$ mit

$$0 < \delta_j + \vartheta_j \leq 1 \quad \text{und} \quad \sum_j (\delta_j + \vartheta_j) \leq 2$$

eine in $\mathbb{C}$ meromorphe Funktion f zu finden, für die $\delta(a_j) = \delta_j$ und $\vartheta(a_j) = \vartheta_j$ ist. Das Problem erwies sich als äußerst schwierig. Im Fall endlich vieler a_j konnte ULLRICH 1936 durch Konstruktion geeigneter Riemannscher Flächen eine wichtige Teillösung erbringen. Spätere Arbeiten in dieser Richtung stammen von TEICHMÜLLER (1944), WITTICH (1948) und PÖSCHL (1951), doch gelang eine vollständige Lösung des Problems erst DRASIN 1977.

10.3 Meromorphe Lösungen gewöhnlicher Differentialgleichungen

Ausgangspunkt sind hier zwei Ergebnisse von RELLICH (1940, 1942), wonach jede der Dgln $w' = f(w)$, $w'' = f(w)$ mit einer ganzen Funktion f nur dann eine nicht-konstante, ganze Lösung hat, wenn f linear ist. WITTICH gab hierfür 1942 einen neuen, die Nevanlinna-Theorie verwendenden Beweis und verallgemeinerte die Aussage auf $w^{(n)} = f(w)$. In der Folgezeit erschienen zahlreiche weitere Arbeiten von WITTICH mit sehr schönen Ergebnissen zu folgenden Fragen:

- Wann hat eine Dgl Lösungen $w(z)$, die in $\mathbb{C}$ meromorph sind?
- Was läßt sich über das Wachstum und die Wertverteilung solcher Lösungen sagen?

Ein älteres Ergebnis dieser Art ist der

Satz 10.3 (MALMQUIST 1913). *Falls die Dgl* $w' = \dfrac{P(z, w)}{Q(z, w)}$ *(P, Q Polynome) eine transzendente meromorphe Lösung besitzt, so ist sie notwendig eine Riccatische*

$$w' = a(z) + b(z)w + c(z)w^2 \tag{10.4}$$

mit rationalen Koeffizienten a, b, c.

Für diesen Satz fand WITTICH kürzere Beweise und auch eine Erweiterung dahingehend, daß die Aussage schon dann gilt, wenn w für $R < |z| < \infty$ meromorph ist und an ∞ eine wesentliche Singularität besitzt. Als Hilfsmittel verwendet WITTICH in seinen Arbeiten vor allem gewisse Vorstufen des 2. Hauptsatzes wie z.B. Abschätzungen von $m\left(r, \dfrac{1}{w'}\right)$ oder $m\left(r, \dfrac{w'}{w}\right)$, sowie auch Hilfsmittel aus der Wiman-Valiron-Theorie (Zentralindex, Maximalglied). Wir erwähnen einige weitere auf diesem Wege gewonnenen Ergebnisse.

Satz 10.4. *Gegeben sei die Dgl*

$$w^{(n)} + P_{n-1}(z)w^{(n-1)} + \ldots + P_1(z)w' = f(w), \tag{10.5}$$

in der die P_j Polynome und f eine ganze Funktion seien.

a) *Ist f ganz transzendent, so ist jede ganze Lösung von* (10.5) *eine Konstante.*
b) *Ist f ein Polynom, so kann* (10.5) *Polynom-Lösungen haben. Falls jedoch* (10.5) *eine ganz transzendente Lösung besitzt, so ist f notwendig linear.*

Darin ist der Satz über $w^{(n)} = f(w)$ enthalten. Über das Wachstum transzendenter meromorpher Lösungen der Riccatischen Dgl bewies WITTICH

Satz 10.5. *Die Koeffizienten a, b, c in* (10.4) *seien rational.*

a) *Die Ordnung $\varrho(w)$ jeder transzendenten Lösung w von* (10.4) *ist $\geq \frac{1}{2}$ und ein ganzzahliges Vielfaches von $\frac{1}{2}$.*
b) *Sind die Koeffizienten a, b, c Polynome, und bestimmt man d gemäß*

$$B(z) := ac - \frac{b^2}{4} + \frac{b'}{2} - \frac{bc'}{2c} = B_0 z^d(1 + o(1)) \quad (z \to \infty),$$

so hat jede transzendente Lösung w von (10.4) *die Ordnung* $\varrho(w) = 1 + \dfrac{d}{2}$.

WITTICH untersuchte auch die Dgl

$$w'' = P(z, w) = P_0(z) + P_1(z)w + \ldots + P_n(z)w^n \tag{10.6}$$

mit Polynom-Koeffizienten P_j eingehend und zeigte zum Beispiel, daß (10.6) nur für $n = 2$ und $n = 3$ transzendente meromorphe Lösungen haben kann. Unter zusätzlichen Annahmen über P_0, P_1, P_2 wird nachgewiesen, daß jede dieser Lösungen von endlicher Ordnung ist, und Wertverteilungseigenschaften dieser Lösungen werden untersucht. – Die Arbeiten von WITTICH wurden in neuerer Zeit erfolgreich fortgeführt von seinen Schülern FRANK, MUES und STEINMETZ. Erhebliche Fortschritte wurden erzielt, jedoch sind noch viele Fragen offen.

Literatur zu diesem Abschnitt: [Dinghas 1961], [Hayman 1964], [Jank-Volkmann 1985], [Nevanlinna 1953], [Wittich 1955].

11 Darstellungssätze – Approximation im Komplexen

Hier handelt es sich um die Konstruktion holomorpher oder meromorpher Funktionen mit vorgegebenen Eigenschaften, und um die Approximation solcher Funktionen durch einfachere, etwa durch Polynome oder rationale Funktionen.

11.1 Vom Satz von WEIERSTRASS zum Satz von RUNGE

Beim Produktsatz von WEIERSTRASS (1876) wird bekanntlich eine holomorphe Funktion mit vorgegebenen Nullstellen konstruiert, während MITTAG-LEFFLERS Teilbruchsatz (1877/1884) eine in einem Gebiet G meromorphe Funktion angibt, welche an vorgegebenen Stellen $a_k \in G$ Pole mit vorgegebenen Hauptteilen besitzt. Hier knüpft der Approximationssatz von RUNGE an:

Satz 11.1 (RUNGE 1885). *Es sei K kompakt in $\mathbb{C}$ und f meromorph auf K. Dann gibt es zu $\varepsilon > 0$ eine rationale Funktion R mit*

$$\max\{|f(z) - R(z)| : z \in K\} < \varepsilon.$$

Dieser Satz markiert den Anfang der Theorie der Approximation im Komplexen. Man beachte, daß f in einer Umgebung $U \supset K$ meromorph vorausgesetzt wird.

Falls f auf K holomorph ist, so liegen die Polstellen ζ_j von R natürlich in $K^c = \mathbb{C}\setminus K$. Bereits RUNGE erkannte, daß man dann mehrere Polstellen zusammenlegen kann. Angenommen, $K^c = g_\infty \cup \{\cup g_k\}$ sei die Zerlegung von K^c in ihre Komponenten (mit $\infty \in g_\infty$), so wählen wir $z_k \in g_k$ beliebig. Alle Pole ζ_j in g_k können dann nach z_k „verschoben" werden, und es entsteht eine rationale Funktion R^* mit Polen der Ordnungen ≥ 1 in den z_k bzw. in ∞. Im Sonderfall, daß K^c zusammenhängend, also $K^c = g_\infty$ ist, hat R^* nur den Pol ∞, und es entsteht

Satz 11.2 (Kleiner Rungescher Satz). *Es sei K kompakt in $\mathbb{C}$ und K^c zusammenhängend, ferner sei f auf K holomorph. Dann gibt es zu $\varepsilon > 0$ ein Polynom P mit*

$$\max\{|f(z) - P(z)| : z \in K\} < \varepsilon.$$

RUNGE verwandte seinen Satz zur Konstruktion meromorpher Funktionen mit vorgeschriebener natürlicher Grenze. Auch läßt sich mit dem Kleinen Satz leicht eine Polynomfolge $\{P_n\}$ angeben mit $P_n(z) \to 0$ $(n \to \infty, z \in \mathbb{C})$, die aber in keiner Umgebung jedes Punktes $x \in \mathbb{R}$ gleichmäßig konvergiert.

Auf die Abschwächung der Annahme „f auf K holomorph" in Satz 11.2 kommen wir in 11.3 zurück. Es soll aber noch auf wichtige Verallgemeinerungen der genannten Sätze für Funktionen mehrerer Veränderlicher hingewiesen werden, die auf BEHNKE und STEIN (1948) zurückgehen. Hier werden die Sätze von Weierstraß und Mittag-Leffler bewiesen für Funktionen, die auf einem Produkt $\mathfrak{Z}$ von n offenen Riemannschen Flächen erklärt sind. Für $n = 1$ ergeben sich direkte Übertragungen der Sätze von Weierstraß und Mittag-Leffler auf offene Riemannsche Flächen. Auch ein Analogon zum Satz von Runge wird bewiesen. Diese Ergebnisse von BEHNKE und STEIN hatten eine große Ausstrahlung auf die Funktionentheorie mehrerer Veränderlicher (REMMERT).

11.2 Polynom-Entwicklungen zur Darstellung holomorpher Funktionen

Nun sei $G \subset \mathbb{C}$ von einer Jordankurve C berandet. FABER stellte 1903 das Problem, nur von G abhängige Polynome P_n vom Grad n zu finden derart, daß jede in G holomorphe Funktion f durch die P_n dargestellt werden kann:

$$f(z) = \sum_{n=0}^{\infty} a_n P_n(z) \quad (z \in G). \tag{11.1}$$

Er löste dieses Problem durch Einführung der *Faber-Polynome*, die ein wichtiges Werkzeug zur Beurteilung der Güte der Polynom-Approximation geworden sind. Es bezeichne $w = \varphi(z)$ die konforme Abbildung des Äußeren von C auf $\{w: |w| > 1\}$, mit $\varphi(\infty) = \infty$, normiert gemäß

$$w = \varphi(z) = dz + d_0 + \frac{d_1}{z} + \ldots, \quad d > 0.$$

Der Polynomanteil der für große $|z|$ gültigen Laurent-Entwicklung

$$[\varphi(z)]^n = F_n(z) + \frac{a_1^{(n)}}{z} + \frac{a_2^{(n)}}{z^2} + \ldots$$

heißt dann das n-te Faber-Polynom F_n $(n = 0, 1, 2, \ldots)$. In Sonderfällen lassen sich die F_n wirklich angeben, ansonsten ist man auf die Gewinnung der konformen Abbildung φ angewiesen. Mit $\psi = \varphi^{-1}$ werden die *Faber-Koeffizienten* von f erklärt zu

$$a_n = \frac{1}{2\pi i} \int f(\psi(w))\, w^{-n-1} dw \quad (n = 0, 1, 2, \ldots);$$

dabei kann auf einem Kreis $|w| = r$ mit $r < 1$ integriert werden, wenn C eine analytische Jordankurve ist. Die Faber-Entwicklung

$$f(z) \sim \sum_{n=0}^{\infty} a_n F_n(z)$$

konvergiert dann gleichmäßig in kompakten Teilen von G gegen f. Neuere Untersuchungen zeigen, daß die Annahme der Regularität von C erheblich abgeschwächt werden kann, sofern f in $\overline{G}$ stetig ist. Ist $G = \mathbb{D}$, so erhält man die Potenzreihendarstellung von f in $\mathbb{D}$, und die Faber-Reihen haben ganz allgemein zahlreiche Eigenschaften mit den Potenzreihen gemeinsam.

Andere Lösungen der Faberschen Aufgabe wurden in den Jahren 1920 bis 1923 fast gleichzeitig von SZEGÖ, BERGMAN, BOCHNER und CARLEMAN angegeben. Die Grundidee ist dabei, die gegebene Funktion f in eine Fourier-Reihe nach Orthogonalpolynomen P_n zu entwickeln. Das innere Produkt (P, Q) ist dabei erklärt durch ein Linienintegral

$$(P, Q) = \int_C P(z)\overline{Q(z)}\,ds \quad \text{(Szegö)}$$

oder durch ein Flächenintegral

$$(P, Q) = \iint_G P(z)\overline{Q(z)}\,db \quad \text{(Bergman, Bochner, Carleman),}$$

und

$$f(z) \sim \sum_{n=0}^{\infty} (f, P_n)\,P_n(z) \tag{11.2}$$

ist die Fourier-Entwicklung von f in G. Führt man die L_2-Norm ein gemäß $\|f\| = \sqrt{(f,f)}$, so hat man wegen der Extremaleigenschaft der Teilsummen S_n der Entwicklung $\|f - S_n\| \searrow (n = 1, 2, \ldots)$, und die Frage nach der Norm-Konvergenz ist äquivalent zur Frage, ob die Polynome im Raum $L^2(C)$ bzw. in $L^2(G)$ dicht liegen.

In $L^2(C)$ liegen die Polynome dicht genau dann, wenn G ein „Smirnov-Gebiet" ist. Hinreichend dafür ist, daß C sternförmig ist bezüglich eines Punktes von G, oder daß C stückweise glatt ist. Und in $L^2(G)$ liegen die Polynome sicher dann dicht, wenn C eine Jordankurve ist. Bei „Mondgebieten", deren Rand aus zwei Jordankurven besteht, die genau einen gemeinsamen Punkt haben, können die Polynome in $L^2(G)$ dicht liegen oder auch nicht.

Falls nun die Polynome dicht liegen in $L^2(C)$ bzw. $L^2(G)$, so konvergiert die Reihe in (11.2) in der Norm gegen f und daher gleichmäßig in kompakten Teilen von G. Eine genauere Untersuchung zeigt, daß sogar *maximale Konvergenz* vorliegt: Ist f innerhalb der äußeren Niveaulinie C_R von C $(R > 1)$ holomorph, so gilt für die Teilsummen S_n der Fourierreihe

$$|f(z) - S_n(z)| \leq \text{Const} \cdot q^n \quad (n \to \infty, z \in \overline{G})$$

für jedes q mit $\frac{1}{R} < q < 1$.

11.3 Polynom-Approximation auf Kompakta

Nun sei das Gebiet G von einer Jordankurve C berandet, und

$$f \text{ sei in } G \text{ holomorph und in } \overline{G} \text{ stetig.} \tag{11.3}$$

Nach dem oben Gesagten gilt für die Entwicklung in $L^2(G)$ $\|f - S_n\| \searrow 0$ $(n \to \infty)$. Gibt es auch Polynome P_n, für die $\|f - P_n\|_\infty \to 0$ $(n \to \infty)$ in der Maximum-Norm gilt? Das heißt: Gilt Satz 11.2 schon unter den schwächeren Annahmen (11.3)?

WALSH kam 1925 als Stipendiat nach München und traf dort die Ideal-Konstellation Carathéodory-Faber an. Auf Anraten von CARATHÉODORY zog WALSH einen Satz von COURANT über die konforme Abbildung monotoner Gebietsfolgen heran und bewies so

Satz 11.3 (WALSH 1926). *Es sei G ein Jordangebiet und f in G holomorph, in $\overline{G}$ stetig. Dann gibt es zu $\varepsilon > 0$ ein Polynom P mit $\|f - P\|_\infty < \varepsilon$.*

Kurz danach bewies er eine Verallgemeinerung des Weierstraßschen Approximationssatzes für Jordanbögen, doch dauerte es noch bis 1951, bis MERGELYAN mit neuen Methoden ein abschließendes Ergebnis gewinnen konnte.

Satz 11.4 (MERGELYAN 1951). *Es sei K kompakt in $\mathbb{C}$ und K^c zusammenhängend, ferner sei f auf K stetig und holomorph in K^o. Dann gibt es zu $\varepsilon > 0$ ein Polynom P mit $\|f - P\|_\infty < \varepsilon$.*

Die Entwicklung ging weiter: Approximation auf nicht kompakten Mengen, durch rationale oder meromorphe Funktionen, Untersuchungen der Konvergenzgeschwindigkeit usf. Siehe [Gaier 1980].

12 Konstruktive Gesichtspunkte

Lange vor dem Erscheinen der Computer versuchten zahlreiche Autoren, von der Theorie gelieferte Existenzaussagen der Funktionentheorie durch konstruktive Verfahren zu ergänzen. Dies gilt vor allem für den Bereich der konformen Abbildung einfach und mehrfach zusammenhängender Gebiete. Das Bedürfnis hierzu kam teilweise aus der Theorie selbst (z. B. KOEBES Uniformisierungstheorem), vorwiegend aber aus praktischen Gründen; spielt doch die konforme Abbildung eine hervorragende Rolle bei der Lösung zweidimensionaler Randwertaufgaben.

Außerdem berichten wir über eine Arbeit von CARATHÉODORY und FEJÉR, welche Ausgangspunkt für eine praktische Methode zur Polynom-Approximation in $\mathbb{D}$ geworden ist, sowie über ein von SCHUR stammendes Stabilitätskriterium für Polynome.

12.1 Konforme Abbildung einfach zusammenhängender Gebiete

a) Der älteste konstruktive Ansatz zum Beweis des Riemannschen Abbildungssatzes geht auf KOEBE (1912) zurück. Ist G ein einfach zusammenhängendes Gebiet mit $0 \in G \subset \mathbb{D}$, das auf $\mathbb{D}$ abgebildet werden soll, so erzeugt er mit einer elementaren Wurzelfunktion eine konforme Abbildung (KA) φ von G in den Einheitskreis mit der Eigenschaft, daß $|\varphi(z)| > |z|$ gilt für alle $z \in G$, $z \neq 0$. Die Punkte z von G werden von 0 zum Rande $\partial\mathbb{D}$ hin weggedrückt; φ heißt *Schmiegungsfunktion*. Durch Komposition solcher Funktionen φ entstehen Näherungen $f_n := \varphi_n \circ \varphi_{n-1} \circ \ldots \circ \varphi_1$, welche – nach geeigneter Normierung – die gesuchte KA f_0 approximieren.

Obgleich die Konvergenz $f_n \to f_0$ langsam ist $\left(\text{OSTROWSKI ermittelte 1929 einen Fehler } O\left(\frac{1}{n}\right)\right)$, eignen sich solche Schmiegungsverfahren sehr gut, um komplizierte Gebiete in einigen wenigen Schritten auf günstigere Gebiete abzubilden und erst dann feinere Methoden einzusetzen. Analoge Methoden zur KA auf eine Halbebene sind möglich und sind auch erfolgreich getestet worden.

b) Ein weiteres, von BIEBERBACH 1914 vorgeschlagenes Verfahren beruht auf einer Extremaleigenschaft der KA f_0 von G auf $\{w: |w| < r\}$; dabei sei angenommen $0 \in G$, $f_0(0) = 0$, $f_0'(0) = 1$. Diese besagt, daß $A[f] := \iint_G |f'(z)|^2 db$ in der Klasse aller in G holomorpher Funktionen f mit $f(0) = 0$, $f'(0) = 1$ minimal wird genau dann, wenn $f = f_0$ ist (Prinzip des kleinsten Flächeninhalts). BIEBERBACH approximiert durch Ritz-Ansatz: $A[f]$ wird minimiert in der Klasse aller Polynome P vom Grad n mit $P(0) = 0$, $P'(0) = 1$. Es existiert genau ein Minimal-Polynom π_n, das n-te *Bieberbach-Polynom*. Seine praktische Ermittlung erfordert die Lösung eines linearen Gleichungssystems und die Berechnung innerer Produkte

$$(z^j, z^k) = \iint_G z^j \overline{z^k}\, db \quad (j, k = 0, 1, \ldots, n).$$

Der Vorteil des Verfahrens liegt in der schnellen Gewinnung einer expliziten Näherung π_n für f_0.

c) Die erste Anwendung einer *Integralgleichung* zur KA eines Gebiets geht auf LICHTENSTEIN (1917) zurück. Hier sei G (mit $0 \in G$) glatt berandet, gesucht ist wieder die KA f_0 von G auf $\mathbb{D}$. Grundidee ist, zunächst die Funktion $\Theta(s) := \arg f_0(z(s))$ zu bestimmen, welche die Abbildung eines Randpunkts $z(s) \in \partial G$ auf seinen Bildpunkt $e^{i\Theta(s)} \in \partial\mathbb{D}$ beschreibt. Setzt man noch $\varphi(s) = \arg z(s)$, so genügt die periodische Funktion $\Theta(s) - \varphi(s)$ nach LICHTENSTEIN der Fredholmschen Integralgleichung

$$\Theta(s) - \varphi(s) = \int_0^L [\Theta(t) - \varphi(t)] K(s, t) dt + g(s), \tag{12.1}$$

wobei K der von der Potentialtheorie her geläufige Neumannsche Kern und g eine aus der Geometrie von ∂G zu berechnende Funktion ist. Das Abbildungsproblem wird also zunächst als *eindimensionales* Problem behandelt, was numerische Vorteile bringt. Um $f_0(z)$ für ein $z \in G$ zu berechnen, verwendet man die Cauchysche Integralformel.

Hat ∂G Ecken, so ist (12.1) zu modifizieren. Auch die KA von Außengebieten und die KA auf Schlitzgebiete ist auf ähnliche Weise möglich.

d) In den Jahren 1931 bis 1933 führten die Amerikaner THEODORSEN und GARRICK ein Verfahren zur KA von $\mathbb{D}$ auf ein Gebiet G ein; dabei sei $0 \in G$, und ∂G sei eine bezüglich $w = 0$ sternige Jordankurve, die in Polarkoordinaten $\varrho = \varrho(\Theta)$ gegeben sei. Diese Methode bestimmt wieder die ***Ränderzuordnung*** $\Theta = \Theta(\varphi)$ von $\partial\mathbb{D}$ nach ∂G, und zwar durch die Theodorsensche Integralgleichung

$$\Theta(\varphi) = \varphi + K[\log \varrho(\Theta(\varphi))], \tag{12.2}$$

in der K den Konjugierten-Operator bedeutet:

$$K[f](x) := \frac{1}{2\pi} \int_0^{2\pi} f(t) \cot \frac{x-t}{2} \, dt. \tag{12.3}$$

Wie man sieht, ist (12.2) eine nichtlineare, singuläre Integralgleichung für $\Theta(\varphi)$. Sie hat in den Jahren 1930–1945 erhebliche Bedeutung in der Tragflügelforschung gehabt. Um sie numerisch zu lösen, wird iterativ vorgegangen, wobei die Approximation des Operators K die wichtigste Rolle spielt.

Hier sind die Arbeiten von WITTICH (1941, 1950) zu erwähnen. Er schlägt vor, f in (12.3) durch ein trigonometrisches Interpolationspolynom T_n zu approximieren und $K[f](x)$ durch $K[T_n](x) = \overline{T}_n(x)$ zu ersetzen. Nimmt man f und nachher $\overline{T}_n$ an $2n$ äquidistanten Stellen in $(-\pi, +\pi]$, so ergibt sich ein linearer Zusammenhang zwischen dem Vektor $a = \{f(x_j)\}$ und dem Vektor $b = \{\overline{T}_n(x_j)\}$, nämlich $b = Wa$ mit einer $2n \times 2n$-Matrix W, welche zu K analoge Eigenschaften besitzt. Insbesondere ist die Abbildung $a \mapsto W(a)$ kontrahierend: $\|Wa\| \leq \|a\|$, was für Konvergenzuntersuchungen entscheidend ist.

Eine ausführliche Darstellung konstruktiver Methoden der KA findet man bei [Gaier 1964] und [Henrici 1986, Kap. 16].

12.2 Konforme Abbildung mehrfach zusammenhängender Gebiete

Hier interessiert zunächst der Fall des *Ringgebiets*. Jedes solche Gebiet läßt eine KA auf einen konzentrischen Kreisring $K = \{w\colon 1 < |w| < M\}$ zu, wobei der Modul M eindeutig bestimmt ist. Diese Größe M ist bei vielen technisch-physikalischen Problemen gefragt. Die Ermittlung der Abbildung und der Zahl M kann durch Erweiterung der in 12.1 besprochenen Methoden geschehen.

Hat man ein n-fach zusammenhängendes Gebiet G gegeben ($n \geq 2$), etwa mit $\infty \in G$, so gibt es eine eindeutig bestimmte *Vollkreisabbildung* f_0, für die der Rand des Bildgebiets $f_0(G)$ aus n Kreisen besteht, und die in ∞ gemäß

$$f_0(z) = z + \frac{a_1}{z} + \frac{a_2}{z^2} + \dots$$

normiert ist. Dies hatte bereits SCHOTTKY (1875, 1877) vermutet, aber erst KOEBE vollständig bewiesen (Kreisnormierungsprinzip). Die effektive Gewinnung von f_0 kann durch zwei eng verwandte Iterationsverfahren von KOEBE (1908, 1910, 1920) geschehen. Grundidee ist dabei, Näherungen f_n für f_0 durch Komposition von n KA *einfach* zusammenhängender Gebiete zu gewinnen: $f_n = \varphi_n \circ \varphi_{n-1} \circ \dots \circ \varphi_1$. Das sog. „iterierende Verfahren" ist auch (später) getestet worden; die Konvergenz ist sehr schnell.

Übrigens spielt beim Konvergenzbeweis für das iterierende Verfahren der Koebesche Verzerrungssatz (siehe vor 7.1) eine prominente Rolle, welcher seinerseits Anlaß war für die ganze Kette von Untersuchungen in der Klasse S.

Auch *Schlitzabbildungen* können auf diese iterierende Weise gewonnen werden. Die Schlitze können dabei parallel oder schief zueinander sein. Will man ein 2-fach zusammenhängendes Gebiet auf ein von einem Vertikalschlitz und einem Horizontalschlitz berandetes Gebiet abbilden, so bietet sich ein alternierendes Verfahren an, dessen Konvergenz aber seit GRÖTZSCH (1935) ein offenes Problem ist.

Schließlich soll erwähnt werden, daß Normalabbildungen mehrfach zusammenhängender Gebiete auch mit Hilfe der *Bergmanschen Kernfunktion*

$$K(z, t) = \sum_{n=1}^{\infty} u_n(z)\overline{u_n(t)}$$

zu gewinnen sind (NEHARI, MESCHKOWSKI). Die u_n bilden dabei ein vollständiges ON-System im Hilbertraum der in G mit eindeutigem Integral versehenen Funktionen u, wobei das innere Produkt durch $\iint_G u\bar{v}\,db$ erklärt ist.

Konstruktive Methoden zur KA mehrfach zusammenhängender Gebiete findet der Leser bei [Gaier 1964, Kap. V] und bei [Henrici 1986, Kap. 17] zusammengestellt.

12.3 Approximation im Komplexen; stabile Polynome

Ist G ein Jordan-Gebiet, f in G holomorph und in $\overline{G}$ stetig, so gibt es ein eindeutig bestimmtes Polynom P_n vom Grad n, welches den Fehler $\|f - P\| := \max\{|f(z) - P(z)| : z \in \overline{G}\}$ minimal macht in der Klasse aller Polynome

P vom Grad n. Die Bestimmung von P_n ist meistens ein größeres Problem, doch gibt es im Falle $G = \mathbb{D}$ eine Näherungsmethode, welche sich auf eine wichtige Arbeit von CARATHÉODORY und FEJÉR (1911) stützt und daher CF-Methode heißt.

Für gegebene komplexe Zahlen $a_0, a_1, \ldots, a_n$ sei

$$K := \{f(z) = a_0 + a_1 z + \ldots + a_n z^n + \ldots; f \text{ holomorph in } \mathbb{D}\},$$

und für $f \in K$ sei

$$M(f) = \sup\{|f(z)| : z \in \mathbb{D}\} \leq \infty$$

gesetzt. Dann gilt

Satz 12.1 (CARATHÉODORY-FEJÉR 1911). *Es wird $M(f)$ in der Klasse K minimal gleich m genau dann, wenn f eine rationale Funktion der Form*

$$f(z) = m \frac{P(z)}{P^*(z)} \tag{12.4}$$

ist mit $P(z) = u_0 + u_1 z + \ldots + u_n z^n$ und $P^*(z) = z^n \overline{P}\left(\frac{1}{z}\right) = \bar{u}_n + \bar{u}_{n-1} z + \ldots + \bar{u}_0 z^n$.

Die gefragten Größen m und u_k können dabei wie folgt ermittelt werden. Man bilde die symmetrische (im allgemeinen aber komplexe) Hankel-Matrix

$$A = \begin{pmatrix} & & & & a_0 \\ & 0 & & a_0 & a_1 \\ & & \cdot & \cdot & \cdot \\ & \cdot & \cdot & \cdot & \cdot \\ a_0 & a_1 & \cdot & \cdot & a_n \end{pmatrix};$$

dann ist $H := \bar{A}A$ Hermitesch und positiv semidefinit. Dann ist m^2 der größte Eigenwert von H. Die Zahlen u_k bestimmen sich durch Koeffizientenvergleich in (12.4): Faßt man $u_0, u_1, \ldots, u_n$ zum Vektor u zusammen, so ist $\bar{u}$ Eigenvektor von H zum Eigenwert m^2. Die Lösung des funktionentheoretischen Extremalproblems $M(f) = \min!$ in der Klasse K ist demnach reduziert auf die Lösung einer Eigenwertaufgabe.

Um nun eine gegebene Funktion $f(z) = \sum_{k=0}^{\infty} b_k z^k$ [etwa $g(z) = e^z$] auf $\overline{\mathbb{D}}$ oder auch nur auf $\partial\mathbb{D}$ durch ein Polynom vom Grad n zu approximieren, betrachten wir (mit TREFETHEN 1981) das Polynom $P_{n+1,N}(z) = \sum_{k=n+1}^{N} b_k z^k$, mit N hinreichend groß, welches nach vorne durch ein geeignetes Polynom Q vom Grad n ergänzt werden soll. Dazu wird auf $z^N P_{n+1,N}\left(\frac{1}{z}\right)$ (mit Potenzen von z^0 bis z^{N-n-1}) der Satz 12.1 angewandt und die Potenzreihe der dort mit f bezeichneten

Funktion nach z^N abgebrochen, so daß ein Polynom $P_{N-n,N}$ mit Potenzen von z^{N-n} bis z^N entsteht, für das $z^N P_{n+1,N}\left(\frac{1}{z}\right) - P_{N-n,N}(z)$ auf $\partial\mathbb{D}$ klein ist. Daher ist $P_{n+1,N}(z) - Q(z)$ auf $\partial\mathbb{D}$ klein, wenn $Q(z) = z^N \cdot P_{N-n,N}\left(\frac{1}{z}\right)$ genommen wird. – Der leitende Gedanke hierbei ist, ein Polynom P zu gewinnen, für welches die Fehlerkurve $\{w = g(z) - P(z) \colon z \in \partial\mathbb{D}\}$ möglichst kreisförmig ist. Einzelheiten entnehme man den neueren Arbeiten von TREFETHEN und GUTKNECHT (1981 und danach).

Für Satz 12.1 hat SCHUR 1917 einen direkteren Beweis gegeben. Verwandt damit sind seine Arbeiten aus den Jahren 1918 bis 1921, in denen SCHUR Algorithmen angab, welche zu entscheiden gestatten, ob

a) eine in $\mathbb{D}$ holomorphe Funktion $f(z) = \sum_{n=0}^{\infty} a_n z^n$ in $\mathbb{D}$ vom Betrag ≤ 1 ist,

b) alle Nullstellen eines Polynoms $P(z) = \sum_{n=0}^{N} a_n z^n$ in $\mathbb{D}$ liegen,

c) alle Nullstellen eines Polynoms $P(z) = \sum_{n=0}^{N} a_n z^n$ in $\{z \colon \operatorname{Re} z < 0\}$ liegen.

Bekanntlich heißt ein Polynom P, welches (c) erfüllt, ein *stabiles Polynom*. Stabilitätskriterien haben vor SCHUR schon ROUTH (1877) und HURWITZ (1895) angegeben. Der Prozeß von SCHUR ist rekursiv: Man bilde zuerst

$$P^*(z) := \bar{a}_0 - \bar{a}_1 z + \bar{a}_2 z^2 \mp \ldots + (-1)^N \bar{a}_N z^N$$

und sodann

$$Q(z) := \frac{P^*(\alpha) P(z) - P(\alpha) P^*(z)}{z - \alpha}.$$

Dann gilt

Satz 12.2 (SCHUR 1921). *Es sei α beliebig mit* $\operatorname{Re}\alpha < 0$. *Das Polynom P ist stabil genau dann, wenn gilt:*

(I) $|P^*(\alpha)| > |P(\alpha)|$, *und*
(II) *das Polynom Q ist stabil.*

Ist P vom genauen Grad N, so ist Q vom genauen Grad $N-1$. Satz 12.2 bietet also ein praktisch leicht realisierbares, rekursives Stabilitätskriterium. Es kann ausgebaut werden, um bei einem beliebigen Polynom die Anzahl der Nullstellen in linker und rechter Halbebene abzuzählen.

Einen Überblick über die weitere Entwicklung der Stabilitätstheorie und die überaus zahlreichen Anwendungen geben (100 Jahre nach dem Erscheinen der ROUTHschen Arbeit) die Artikel von BARNETT und ŠILJAK [1977] und von MACFARLANE und FULLER [1977].

Zeittafel deutscher Funktionentheoretiker 1890 – 1950

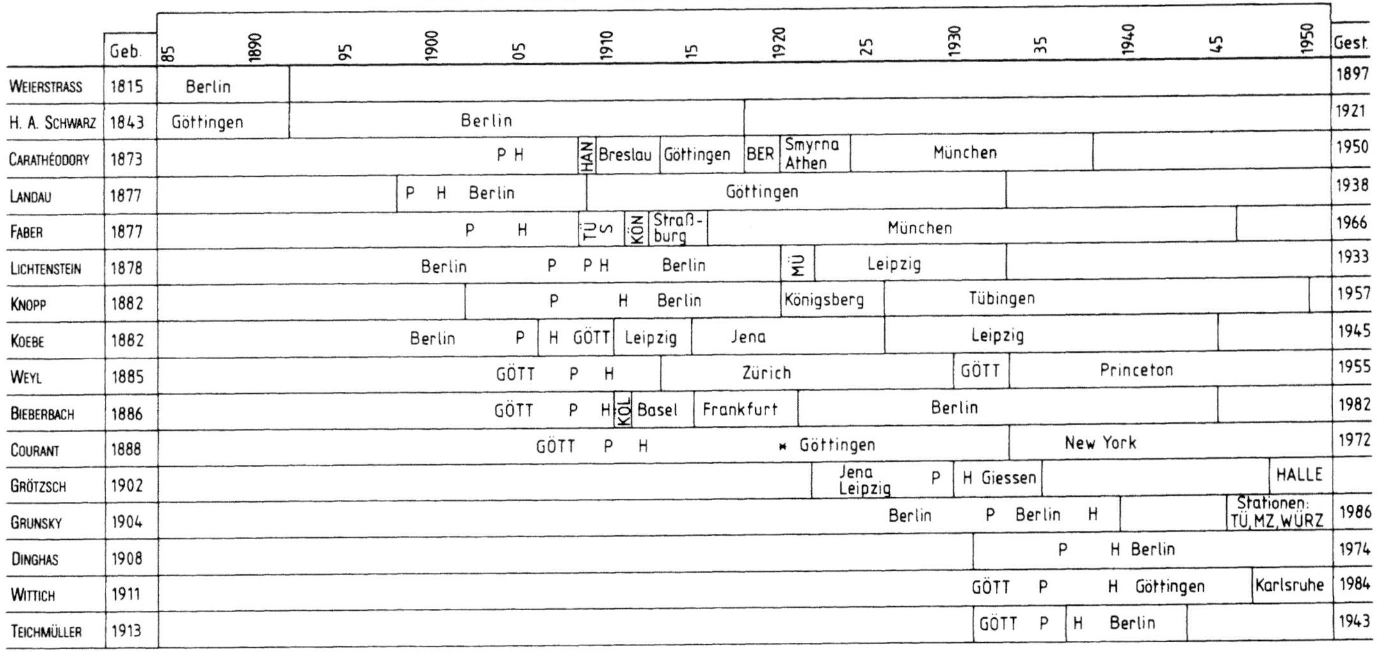

P : Promotion
H : Habilitation
⁎ : Nur SS 1920 in Münster

Literaturverzeichnis

Mit MR, Zbl, JB weisen wir auf die Referate in den Mathematical Reviews, im Zentralblatt für Mathematik, oder im Jahrbuch über die Fortschritte der Mathematik hin. Stets sind die *Seitenzahlen* angegeben.

Die Angabe § 4.2 besagt, daß das Werk in Abschnitt 4.2 zitiert ist.

Ahlfors, L. V. (1966): *Lectures on quasiconformal mappings*. Van Nostrand. Princeton 1966. MR **34**, 59. § 6.

Ahlfors, L. V. (1973): *Conformal invariants. Topics in geometric function theory*. McGraw-Hill. New York 1973. MR **50**, 1404. § 2.4, 5.3, 7.5, 9.1.

Baernstein II, A., D. Drasin, P. Duren, A. Marden (1986): *The Bieberbach conjecture*. Math. Surveys Monographs **21**. Amer. Math. Soc., Providence 1986. MR **87k**, 6209, § 7.4.

Barnett, S., D. D. Šiljak (1977): *Routh's algorithm: a centennial survey*. SIAM Rev. **19** (1977), 472–489. MR **56**, 676. § 12.3.

Bers, L. (1976): *On Hilbert's 22nd problem*. Proc. Sympos. Pure Math. **28** (1976), 559–609. MR **55**, 89. § 2.4.

Bers, L. (1977): *Quasiconformal mappings, with applications to differential equations, function theory and topology*. Bull. Amer. Math. Soc. **83** (1977), 1083–1100. MR **57**, 444. § 6.3.

Bieberbach, L. (1918): *Über die Einordnung des Hauptsatzes der Uniformisierung in die Weierstraßische Funktionentheorie*. Math. Ann. **78** (1918), 312–331. JB **46**, 548. § 2.4.

Bieberbach, L. (1931): *Lehrbuch der Funktionentheorie*, Band II. 2. Auflage. Teubner. Leipzig 1931. JB **57**, 340. § 2.3.

Bieberbach, L. (1955): *Analytische Fortsetzung*. Springer. Berlin 1955. MR **16**, 913. § 8.4.

Carathéodory, C. (1932): *Conformal representation*. University Press. Cambridge 1932. JB **58**, 354. § 2.2, 2.3.

Collingwood, E. F., A. J. Lohwater (1966): *The theory of cluster sets*. Cambridge University Press. Cambridge 1966. MR **38**, 62. § 9.2.

Courant, R. (1950): *Dirichlet's principle, conformal mapping, and minimal surfaces*. Interscience Publ. New York 1950. MR **12**, 90. § 2.1.

Dinghas, A. (1961): *Vorlesungen über Funktionentheorie*. Springer. Berlin 1961. MR **31**, 643. § 10.3.

Disney, S. A. R., J. D. Gray, S. A. Morris (1975): *Is a function that satisfies the Cauchy-Riemann equations necessarily analytic?* Austral. Math. Soc. Gaz. **2** (1975), 67–81. MR **57**, 84. § 1.2.

Duren, P. L. (1970): *Theory of H^p spaces*. Academic Press. New York 1970. MR **42**, 640. § 9.2.

Duren, P. L. (1983): *Univalent functions*. Springer. New York 1983. MR **85j**, 4388. § 7.5.

Frobenius, G. (1880): *Über die Leibnizsche Reihe*. Jour. f. Math. **89** (1880), 262–264. JB **12**, 188. § 8.2.

Gaier, D. (1956): *Über die konforme Abbildung veränderlicher Gebiete*. Math. Z. **64** (1956), 385–424. MR **17**, 1191. § 2.3.

Gaier, D. (1964): *Konstruktive Methoden der konformen Abbildung*. Springer. Berlin 1964. MR **33**, 1291. § 12.1, 12.2.

Gaier, D. (1978): *Konforme Abbildung mehrfach zusammenhängender Gebiete*. Jahresber. DMV **81** (1978), 25–44. MR **58**, 3363. § 4.

Gaier, D. (1980): *Vorlesungen über Approximation im Komplexen*. Birkhäuser Verlag. Basel 1980. MR **82i**, 3769, § 11.3.

Gattegno, C., A. Ostrowski (1949): *Représentation conforme à la frontière; domaines généraux*. Mém. Sci. Math. **109**. Paris 1949. MR **11**, 425. § 2.2.

Gehring, F. W. (1987): *Uniform domains and the ubiquitous quasidisk*. Jahresber. DMV **89** (1987), 88–103. MR **88j**, 5147. § 6.2.

Golusin, G. M. (1957): *Geometrische Funktionentheorie*. Deutscher Verlag der Wissenschaften. Berlin 1957. MR **19**, 735. § 2.3, 4, 5.2, 7.5.

Gray, J. D., S. A. Morris (1978): *When is a function that satisfies the Cauchy-Riemann equations analytic?* Amer. Math. Monthly **85** (1978), 246–256. MR **57**, 1300. § 1.2.

Grunsky, H. (1978): *Lectures on theory of functions in multiply connected domains.* Vandenhoeck und Ruprecht. Göttingen 1978. MR **57**, 440. § 4.

Hardy, G. H. (1949): *Divergent series.* Clarendon Press. Oxford 1949. MR **11**, 25. § 8.3.

Hayman, W. K. (1964): *Meromorphic functions.* Clarendon Press. Oxford 1964. MR **29**, 263. § 10.3.

Heffter, L. (1960): *Begründung der Funktionentheorie auf alten und neuen Wegen.* 2. Auflage. Springer. Berlin 1960. MR **22**, 1624. § 1.1.

Henrici, P. (1986): *Applied and computational complex analysis*, Vol. 3. Wiley. New York 1986. MR **87h**, 4143. § 12.1, 12.2.

Ilieff, L. (1960): *Analytische Nichtfortsetzbarkeit und Überkonvergenz einiger Klassen von Potenzreihen.* Deutscher Verlag der Wissenschaften. Berlin 1960. MR **24A**, 152. § 8.4.

Jank, G., L. Volkmann (1985): *Einführung in die Theorie der ganzen und meromorphen Funktionen mit Anwendungen auf Differentialgleichungen.* Birkhäuser. Basel 1985. MR **87h**, 4153. § 10.3.

Jenkins, J. A. (1958): *Univalent functions and conformal mapping.* Springer. Berlin 1958. MR **20**, 543. § 4, 5.3, 7.5.

Jenkins, J. A. (1986): *The method of the extremal metric.* The Bieberbach conjecture, 95–104. Math. Surveys Monographs **21**. Amer. Math. Soc., Providence 1986. MR **87k**, 6214. § 5.3.

Kruschkal, S. L., R. Kühnau (1983): *Quasikonforme Abbildungen – neue Methoden und Anwendungen.* Teubner. Leipzig 1983. MR **85k**, 4871. § 6.

Landau, E., D. Gaier (1986): *Darstellung und Begründung einiger neuerer Ergebnisse der Funktionentheorie.* 3. Auflage. Springer. Berlin 1986. MR **88d**, 1678. § 8.

Lehto, O., K. I. Virtanen (1965): *Quasikonforme Abbildungen.* Springer. Berlin 1965. MR **32**, 995. § 6.

MacFarlane, A. G. J., A. T. Fuller (1977): *Routh centenary issue.* Internat. J. Control **26** (1977), 167–324. MR **57**, 347. § 12.3.

Menchoff, D. (1936): *Les conditions de monogénéité.* Actualités scient. et industr. Nr. 329. Paris 1936. Zbl **14**, 167. § 1.2.

Montel, P. (1927): *Leçons sur les familles normales de fonctions analytiques et leurs applications.* Gauthier-Villars. Paris 1927. JB **53**, 303. § 3.2.

Nevanlinna, R. (1953): *Eindeutige analytische Funktionen.* 2. Auflage. Springer. Berlin 1953. MR **15**, 208. § 10.3.

Nevanlinna, R. (1953): *Uniformisierung.* Springer. Berlin 1953. MR **15**, 208. § 2.4.

Ohtsuka, M. (1970): *Dirichlet problem, extremal length, and prime ends.* Van Nostrand. New York 1970. Zbl **197**, 84. § 2.2.

Pfluger, A. (1957): *Theorie der Riemannschen Flächen.* Springer. Berlin 1957. MR **18**, 796. § 2.4.

Pommerenke, Ch. (1975): *Univalent functions.* Vandenhoeck und Ruprecht. Göttingen 1975. MR **58**, 3367. § 2.2, 2.3, 3.3, 7.5.

Priwalow, I. I. (1956): *Randeigenschaften analytischer Funktionen.* 2. Auflage. Deutscher Verlag der Wissenschaften. Berlin 1956. MR **18**, 727. § 9.2.

Rodin, B. (1974): *The method of extremal length.* Bull. Amer. Math. Soc. **80** (1974), 587–606. MR **50**, 1852. § 5.3.

Saks, S. (1937): *Theory of the integral.* Second edition. Warschau 1937. JB **63**, 183. § 1.1.

Strebel, K. (1980): *Vorlesungen über Riemannsche Flächen.* Vandenhoeck und Ruprecht. Göttingen 1980. MR **82c**, 1046. § 2.4.

Strebel, K. (1986): *Extremal quasiconformal mappings.* Res. in Math. **10** (1986), 168–210. MR **88a**, 175. § 6.2.

Trohimčuk, Ju. Ju. (1963): *Continuous mappings and monogenicity conditions.* (Russisch). Moskau 1963. Übersetzung: Israel Program for Scientific Translations. Jerusalem 1964. MR **32**, 430. § 1.2, 1.3.

Walsh, J. L. (1969): *Interpolation and approximation by rational functions in the complex domain*. 5. Auflage. Amer. Math. Society. Providence 1969. MR **36**, 349. § 9.1, 11.3.

Walsh, J. L. (1973): *History of the Riemann mapping theorem*. Amer. Math. Monthly **80** (1973), 270-276. MR **48**, 415. § 2.1.

Weyl, H. (1913): *Die Idee der Riemannschen Fläche*. Teubner. Leipzig und Berlin 1913. 3. Auflage: Stuttgart 1955. MR **16**, 1097. § 0.4, 2.4.

Whyburn, G. T. (1964): *Topological analysis*. Second edition. Princeton University Press. Princeton 1964. MR **29**, 537. § 1.4.

Wittich, H. (1955): *Neuere Untersuchungen über eindeutige analytische Funktionen*. Springer. Berlin 1955. MR **17**, 1067. § 5.3, 6.2, 10.3.

Zeller, K., W. Beekmann (1970): *Theorie der Limitierungsverfahren*. 2. Auflage. Springer. Berlin 1970. MR **41**, 1631. § 8.3.

Biographische Hinweise auf die in der Zeittafel genannten deutschen Funktionentheoretiker

L. Bieberbach (1886-1982):

Grunsky, H.: *Ludwig Bieberbach zum Gedächtnis*. Jahresber. DMV **88** (1986), 190-205.

C. Carathéodory (1873-1950):

Behnke, H.: *Constantin Carathéodory 1873-1950*. Jahresber. DMV **75** (1974), 151-165.

Gesammelte mathematische Schriften, Band 5, S. 389-408. C. H. Beck'sche Verlagsbuchhandlung. München 1957.

Perron, O.: *Constantin Carathéodory*. Jahresber. DMV **55** (1952), 39-51.

Shields, A.: *Carathéodory and conformal mapping*. Math. Intelligencer **10** (1988), Heft 1, 18-22.

Tietze, H.: *Dem Andenken an C. Carathéodory*. Sitz. Ber. Bayer. Akad. Wiss. **1950** (1951), 85-101.

Tietze, H.: *Constantin Carathéodory*. Arch. Math. **2** (1949/50), 241-245.

R. Courant (1888-1972):

Behnke, H.: *Gelebte Mathematik. Richard Courant, Heinz Hopf, Siegfried Heller, Kurt Reidemeister zum Gedächtnis*. Math.-Phys. Semesterberichte **19** (1972), 135-145.

Reid, C.: *Courant in Göttingen and New York*. Springer. New York 1976.

Stone, M. H.: Referat des vorgenannten Buchs in Bull. Amer. Math. Soc. **84** (1978), 234-241.

A. Dinghas (1908-1974):

Begehr, H.: *Alexander Dinghas in memoriam*. Jahresber. DMV **81** (1979), 153-176.

Hayman, W. K.: *Alexander Dinghas*. Bull. London Math. Soc. **8** (1976), 299-306.

G. Faber (1877-1966):

Lense, J.: *Georg Faber*. Jahrb. Bayer. Akad. Wiss. **1966**, 207-210.

H. Grötzsch (1902-)

Pinl, M.: *Kollegen in einer dunklen Zeit*. Jahresber. DMV **71** (1969), 222-223.

H. GRUNSKY (1904–1986):

Gaier, D.; Ruscheweyh, St.: Complex Var. **7** (1986), ii–iii.

Jenkins, J. A.: *Helmut Grunsky*. Jahresber. DMV **91** (1989), 159–167.

K. KNOPP (1882–1957):

Kamke, E.; Zeller, K.: *Konrad Knopp*. Jahresber. DMV **60** (1957), 44–49.

Löbell, F.: *Konrad Knopp*. Jahrb. Bayer. Akad. Wiss. **1958,** 187–189.

P. KOEBE (1882–1945):

Bieberbach, L.: *Das Werk Paul Koebes*. Jahresber. DMV **70** (1968), 148–158.

Cremer, H.: *Erinnerungen an Paul Koebe*. Jahresber. DMV **70** (1968), 158–161.

E. LANDAU (1877–1938):

Hardy, G. H.; Heilbronn, H.: *Edmund Landau*. J. London Math. Soc. **13** (1938), 302–310.

Kluge, W.: *Edmund Landau. Sein Werk und sein Einfluß auf die Entwicklung der Mathematik*. Staatsexamensarbeit Duisburg 1983.

Knopp, K.: *Edmund Landau*. Jahresber. DMV **54** (1951), 55–62.

Mirsky, L.: *In memory of Edmund Landau*. Math. Scientist **2** (1977), 1–26.

L. LICHTENSTEIN (1878–1933):

Beckert, H.: *Leon Lichtenstein 1878–1933*. Wiss. Z. Karl-Marx-Univ. Leizig **29** (1980), 3–13.

Hölder, E.: *Lichtensteins wissenschaftliche Wirksamkeit*. Jahresber. DMV **83** (1981), 135–146.

Hölder, O.: *Leon Lichtenstein*. Ber. Verh. Sächs. Akad. Wiss. Leipzig, Math.-Phys. Kl. **87** (1934), 307–314.

Pinl, M.: *Kollegen in einer dunklen Zeit*. Jahresber. DMV **73** (1971/72), 191–198.

H. A. SCHWARZ (1843–1921):

Bieberbach, L.: *Hermann Amandus Schwarz*. Sitz. Ber. Berliner Math. Ges. **21** (1922), 47–52.

Hamel, G.: *Zum Gedächtnis an Hermann Amandus Schwarz*. Jahresber. DMV **32** (1923), 6–13.

Mises, R. v.: *Hermann Amandus Schwarz*. Z. angew. Math. Mech. **1** (1921), 494–496.

O. TEICHMÜLLER (1913–1943):

Abikoff, W.: *Oswald Teichmüller*. Math. Intelligencer **8** (1986), Heft 3, 8–16, 33.

Gesammelte Abhandlungen (Herausg. durch L. V. Ahlfors und F. W. Gehring). Springer. Berlin 1982.

Oswald Teichmüller, Leben und Werk. Erscheint im Jahresber. DMV.

H. WEYL (1885–1955):

Chevalley, C.; Weil, A.: *Hermann Weyl (1885–1955)*. L'Enseignement Math. **3** (1957), 157–187.

König, R.: *Hermann Weyl*. Jahrb. Bayer. Akad. Wiss. **1956,** 236–248.

Müller, C.: *Zum 100. Geburtstag von Hermann Weyl*. Jahresber. DMV **88** (1986), 159–189.

Newman, M. H. A.: *Hermann Weyl*. J. London Math. Soc. **33** (1958), 500–511.

H. WITTICH (1911–1984):

Frank, G.; Mues, E.: *Hans Wittich (1911–1984)*. Resultate Math. **10** (1986), 1–7.

Zur Geschichte der Konvexgeometrie und der Geometrie der Zahlen

Peter Manfred Gruber

Einführung

Im folgenden wird die Entwicklung der Konvexgeometrie und der Geometrie der Zahlen skizziert. Die Geschichte der Konvexgeometrie reicht in das Altertum zurück, die Geometrie der Zahlen kann man bis in das 17. Jahrhundert verfolgen.

Die Konvexgeometrie untersucht konvexe Mengen im Euklidischen Raum $\mathbb{E}^d$ unter Verwendung verschiedenartiger Hilfsmittel aus anderen Gebieten. Sie ist zwischen Geometrie, Analysis und diskreter Mathematik angesiedelt und durch zahlreiche Ausläufer mit vielen Teilen der Mathematik verbunden. Vom Typ her ist sie der elementaren Zahlentheorie verwandt: Probleme und Einzelresultate stehen im Vordergrund. Man kann aber nicht von „den" zentralen Problemen sprechen, um die herum die Konvexgeometrie angesiedelt ist. Einheitliche Grundzüge sind in gewissem Umfang vorhanden.

Die Geometrie der Zahlen war ursprünglich die Brücke zwischen Geometrie und Zahlentheorie. Etwas überzeichnend kann man sagen, daß ihre klassischen Ergebnisse durch die Anwendung konvexgeometrischer Ideen und Resultate auf zahlentheoretische Fragen entstanden. Im Gegensatz zur Konvexgeometrie besitzt die Geometrie der Zahlen mehrere durchgehende Linien und eine eher kleine Anzahl von Standardproblemen, auf die sich ein guter Teil der Anstrengungen konzentriert.

Wegen der vielfältigen Beziehungen zwischen beiden Gebieten erfolgt die Darstellung gemeinsam. Die historische Entwicklung wird sowohl nach Themen und Problemstellungen geordnet dargestellt, als auch nach Epochen und Einzelpersönlichkeiten. Daß dabei nicht vollständige Gerechtigkeit zu erzielen ist, insbesondere für die allerjüngste Zeit, liegt auf der Hand.

1 Das Altertum

Ornamente, Figuren und Körper, die für die Konvexgeometrie von Interesse sind, treten sehr früh auf, allerdings nicht unter mathematischen Aspekten. Die folgenden Fragestellungen haben aber deutlich erkennbare mathematische Züge:

Messung konvexer Körper,
Flächenverwandlung und Zerlegungsfragen,
reguläre Polyeder,
das isoperimetrische Problem,
Starrheit von Polyedern.

Die erste Definition konvexer Kurven und Flächen gibt ACHIMEDES in den „Definitionen“ 2 und 4 zu Anfang seiner Schrift über „Kugel und Zylinder“, I. Buch:

2. Nach einer Seite konkav [besser: konvex] nenne ich ein Kurvenstück von der Eigenschaft, daß, wenn man zwei beliebige Punkte des Kurvenstücks geradlinig verbindet, die zwischen diesen beiden Punkten liegenden Kurvenpunkte alle auf dieser Seite der Geraden liegen oder allenfalls auf der Geraden selbst, keinesfalls aber auf der anderen Seite.
4. Nach einer Seite konkav [besser: konvex] nenne ich solche Flächenstükke, die die Eigenschaft haben, daß, wenn man zwei beliebige Punkte der Fläche durch eine Gerade verbindet, alle Punkte dieser Geraden auf derselben Seite der Fläche liegen oder allenfalls in der Fläche selbst, keinesfalls aber auf der anderen Seite (Archimedes [1922, S. 8]).

ARCHIMEDES (287?–212 v.Chr.)
Ausbildung in Alexandria, lehrte in seiner Vaterstadt Syrakus, vielleicht Verwandter des Königs HIERON.

1.1 Messung konvexer Körper

Zu diesem Problemkreis hat das Altertum sehr viel beigetragen. Hier werden nur einige Dinge festgehalten, die mit unserem Thema näher verbunden sind.

Die Gleichheitsaxiome im I. Buch der Elemente EUKLIDs für Größen wie Längen, Flächeninhalte und Volumina, aber auch für Zerlegungs- und Ergänzungsfragen wirken bis heute nach. Es ist fraglich, ob sie wirklich von EUKLID stammen. Wir geben folgende an:

1. Was demselben gleich ist, ist auch einander gleich.
2. Wenn Gleichem Gleiches hinzugefügt wird, sind die Ganzen gleich.
3. Wenn von Gleichem Gleiches weggenommen wird, sind die Reste gleich.

4. Wenn Ungleichem Gleiches hinzugefügt wird, sind die Ganzen ungleich.
5. Was einander deckt, ist einander gleich.
6. Das Ganze ist größer als der Teil (Euklid [1933–37, S. 3]).

EUKLID (um 300 v. Chr.)
Ausbildung vermutlich an der PLATONischen Akademie, wirkte am Museion in Alexandria.

Schon die Babylonier und Ägypter (Moskauer Mathematischer Papyrus) kennen die Formel für den Inhalt des Pyramidenstumpfes. In den Elementen, XII. Buch, § 4, gibt EUKLID einen Beweis der Formel für das Pyramidenvolumen an unter Verwendung der entsprechenden Formel für Prismen. Er verwendet die „Exhaustionsmethode" des EUDOXUS (ca. 400–ca. 350 v. Chr.), bei der die Pyramiden durch Prismen „ausgeschöpft" werden. Vielleicht stammt eine Herleitung ähnlicher Natur schon von DEMOKRIT (ca. 460–370 v. Chr.). (Eine elementare Rückführung des Pyramidenvolumens auf das Prismenvolumen ist, wie DEHN gezeigt hat, nicht möglich, siehe Abschnitt 4.4.) Neben Polygonen und Polyedern werden auch Parabelsegmente, Kreise, Zylinder, Kegel und Kugeln durch die Exhaustionsmethode erfaßt. Dabei ist vor allem ARCHIMEDES zu nennen.

1.2 Flächenverwandlung und Zerlegungsfragen

Man nennt nach LIEBMANN und HILBERT zwei Polyeder P und Q im $\mathbb{E}^d$ *zerlegungsgleich*, wenn es Polyeder $P_1, \dots, P_n, Q_1, \dots, Q_n$ gibt, wobei $P_1, \dots, P_n$ paarweise disjunktes Inneres haben und ebenso $Q_1, \dots, Q_n$, so daß P die Vereinigung von $P_1, \dots, P_n$ ist, Q die Vereinigung von $Q_1, \dots, Q_n$ und P_i zu Q_i kongruent ist für alle i. P und Q heißen *ergänzungsgleich*, wenn es Polyeder R und S gibt, die zerlegungsgleich sind, so daß P und R disjunktes Inneres haben und ebenso Q und S und $P \cup R$ zerlegungsgleich zu $Q \cup S$ ist. Diese Begriffe treten implizit bei EUKLID an verschiedenen Stellen auf, etwa im I. und XI. Buch. Wir kommen in Abschnitt 4.4 darauf zurück.

1.3 Reguläre Polyeder im $\mathbb{E}^3$

Ein konvexes Polyeder heißt *regulär*, wenn die Seitenflächen kongruente reguläre Polygone sind. Gegenüber dieser „lokalen" Definition, auf die man sich vermutlich in der Antike stützte, hat sich im 19. Jahrhundert eine zweite, „globale" herausgebildet, daß nämlich die Symmetriegruppe des Polyeders transitiv auf den Eckpunkten, Kanten und Seitenflächen ist.

Die Kenntnis der fünf regulären Polyeder (Tetraeder, Würfel, Oktaeder, Dodekaeder und Ikosaeder) wird seit der Antike traditionell den PYTHAGORÄERN zugeschrieben. Heute glaubt man eher, daß sie nur das Tetraeder, den Würfel und das Dodekaeder besaßen, während THEAITETOS (ca. 415–369 v. Chr.) Oktaeder und Ikosaeder fand oder genauer beschrieb. Eine genaue Konstruktion der regulären Polyeder findet man im XIII. Buch, § 13–§ 18, der Elemente. Daß es nicht mehr als fünf gibt, wird in § 19 bewiesen.

Ein konvexes Polyeder heißt *semiregulär*, wenn die Seitenflächen reguläre Polygone von mindestens zwei Arten sind. Im V. Buch seiner Mathematiksammlung berichtet PAPPUS (um 320 n. Chr.) von einer verlorengegangenen Schrift, in der ARCHIMEDES die 13 von ihm entdeckten semiregulären Polyeder beschreibt. Siehe auch Abschnitt 2.1.

1.4 Das isoperimetrische Problem

Das isoperimetrische Problem ist das Problem, unter allen umfanggleichen ebenen Flächenstücken dasjenige oder diejenigen von größtem Inhalt aufzufinden.

Vielleicht war ARCHIMEDES der erste, welcher einen Beweisversuch unternahm, aber die Literaturhinweise darauf sind nicht klar. Der wichtigste Beitrag aus dem Altertum stammt vermutlich von ZENODORUS (zwischen 200 v. Chr. und 90 n. Chr.). Seine Abhandlungen über Figuren von gleichem Umfang sind verloren gegangen, die Ergebnisse wurden aber teilweise in den Werken von THEON von Alexandria (um 370 n. Chr.) und PAPPUS wiedergegeben. PAPPUS schreibt:

> Unter allen Polygonen mit gleicher Seitenzahl und gleichem Umfang hat das reguläre Polygon die größte Fläche. Der Kreis hat größere Fläche als jedes reguläre Polygon von gleichem Umfang. (Pappus [1878])

1.5 Starrheit von Polyedern im $\mathbb{E}^3$

In den Elementen, XI. Buch, findet man unter den „Definitionen" die beiden folgenden:

> 9. Ähnlich sind Körper, die von ähnlichen ebenen Flächen in gleicher Anzahl umfaßt werden.
> 10. Gleich und ähnlich sind Körper, die von ähnlichen ebenen Flächen in gleicher Anzahl und Größe umfaßt werden. (Euklid [1933–37], 5. Teil, S. 1.)

Gemeint sind hier konvexe Polyeder. Verzichtet man auf die Forderung der Konvexität, so ist die Aussage falsch, wie man sich an Beispielen überlegt (Einstülpung einer Ecke). Diese „Definitionen“ sind von EUKLID vielleicht unter dem Eindruck der Auffassung PLATONS formuliert worden, der als das Wesentliche eines Polyeders seine Seitenflächen ansieht. Auch EULER ist später dieser Ansicht, vergleiche Abschnitt 2.3. Wenn man aber ein Polyeder primär als einen im Raum eingebetteten Körper ansieht, dann handelt es sich um „Aussagen“, die eines Nachweises bedürfen, siehe Abschnitt 3.1.

2 Die Neuzeit bis zum Beginn des 19. Jahrhunderts

Die Darstellung der Entwicklung in diesem Zeitraum ist schwierig, da sich hier Kunst und Wissenschaft kräftig mischen, Entdeckungen nicht immer eindeutig einer Person zugeordnet werden können und der Nachweis wichtiger Aussagen manchmal offen bleibt. Folgende Themen werden behandelt:

Reguläre Polyeder,
das isoperimetrische Problem,
kombinatorische Polyedertheorie,
Kreis- und Kugellagerungen.

2.1 Reguläre Polyeder

Das Interesse an PLATON hat vermutlich in der Renaissance an vielen Orten zur Beschäftigung mit den regulären und semiregulären Polyedern geführt.

Im ersten Teil des IV. Buches seiner „Unterweysung ...“ schreibt Albrecht Dürer (1471–1528) folgendes:

> Zum dritten sind corpora, die allenthalben gleich sind, von Feldern Ecken und Seiten, die der Euklides corpora regularia nennt: der beschreibt ihrer fünf, darumb, daß ihr nit mehr können sein, die in eine Kugel, darin sie allenthalben anrühren, verfaßt mügen werden. (Dürer [1525])

Dann gibt er erstmals Netzabwicklungen der regulären Polyeder an und ebenso von 9 der 13 semiregulären Polyeder. Berühmt ist auch Dürers Kupferstich „Melancholie“ aus dem Jahre 1514 mit einem abgestumpften Rhomboeder.

Den nächsten Schritt hat JOHANNES KEPLER (1571–1630) getan. Er zeigt im II. Buch des „Harmonices mundi“, daß es nur 13 semireguläre Polyeder gibt. Dann betrachtete er *uniforme* konvexe Polyeder, das sind solche mit kongruenten Kanten und Eckfiguren, und gibt neben den regulären und semiregulären noch die beiden Familien der Prismen und Antiprismen an. Man beweist, daß es keine weiteren gibt.

Für die neuere Geschichte der regulären Polyeder sei auf Coxeter [1973], Fejes Tóth [1965], Malkevitch [1988], Wills [1983] und die dort angeführte Literatur verwiesen.

2.2 Das isoperimetrische Problem

Die geometrischen Beiträge bis zum 19. Jahrhundert gehen bestenfalls über ZENODORUS nicht hinaus, daneben gibt es viele „Beweise" mit Hilfsmitteln aus der Analysis, wobei die Existenzfrage stets ausgeklammert bleibt. Unter den zahlreichen Namen seien etwa folgende genannt: KEPLER, GALILEO GALILEI (1564–1642), JAKOB BERNOULLI (1654–1705), EULER, JACOPO RICCATI (1707–1775), THOMAS SIMPSON (1710–1761), ADRIEN-MARIE LEGENDRE (1752–1833). Siehe auch Abschnitt 3.4.

2.3 Kombinatorische Polyedertheorie im $\mathbb{E}^3$

Der Eulersche Polyedersatz sagt aus, daß bei einem konvexen Polyeder zwischen den Anzahlen e der Ecken, k der Kanten und f der Seitenflächen die Beziehung

$$e - k + f = 2 \tag{1}$$

besteht. ALEXANDROFF und HOPF kommentieren in ihrem großem Buch über „Topologie 1", S. 1, den Satz wie folgt:

> ... – die Entdeckung des Eulerschen (richtiger[1]: Descartes-Eulerschen) Polyedersatzes darf wohl als das erste wichtige Ereignis in der Topologie gelten (1752).

LEONHARD EULER hat 1752/53 den Polyedersatz publiziert. Sein Beweis benutzt allerdings Hilfsmittel, auf die er nicht näher eingeht. Der erste ganz stichhaltige Beweis scheint von LEGENDRE aus dem Jahre 1794 zu stammen. EULER gibt neben (1) auch die Ungleichungen

$$e \leq 2f - 4, \quad f \leq 2e - 4 \tag{2}$$

an. (STEINITZ zeigt später, daß es zu jedem Tripel natürlicher Zahlen e, k, f, das den Bedingungen (1), (2) genügt, ein konvexes Polyeder gibt mit e Ecken, k Kanten und f Seitenflächen, siehe Steinitz-Rademacher [1934, S. 5–7].) In einer Schrift etwa aus dem Jahre 1630, die aber nur in einer erst 1860 entdeckten handschriftlichen Kopie von LEIBNIZ erhalten ist, gibt RENÉ DESCARTES (1596–1650) die Ungleichungen (2) an, sowie folgende Aussage: Die Anzahl k' der Ecken aller Seitenflächen ist gleich $2f + 2e - 4$. Wegen $2k = k'$ folgt daraus der Polyedersatz unmittelbar. Auch aus anderen Aussagen von DESCARTES folgt (1). Den Eulerschen Polyedersatz und die Ungleichungen (2) kann man als erste Ansätze einer systematischen Durchdringung der Konvexgeometrie ansehen, die im Laufe des 19. Jahrhunderts immer stärker hervortritt.

DESCARTES steht wesentlich auf dem metrischen Standpunkt (etwa Messung von Winkeln), EULER auf dem topologischen. Ihn interessiert bei einem konvexen Polyeder die Struktur des Randkomplexes, nicht die Einbettung in den Raum, wie aus folgender Aussage deutlich wird:

> 5. Die Untersuchung der Körper muß auf ihren Rand gerichtet sein; denn, wenn der Rand, der den Körper auf allen Seiten begrenzt, bekannt ist, ist der Körper bekannt. (Euler [1752/53])

Für eine ausführliche Diskussion weiterer Einzelheiten bei DESCARTES und EULER und der Frage, ob DESCARTES die Polyederformel besessen hat, sei auf Federico [1982] verwiesen.

LEONHARD EULER (1707–1783)
aus Basel, 1730 an der Akademie in St. Petersburg, 1741 an der Akademie in Berlin, 1766 wieder in St. Petersburg, 1766 erblindet.

2.4 Kreis- und Kugellagerungen im $\mathbb{E}^2$ und $\mathbb{E}^3$

Die erste Aussage über Kugellagerungen scheint eine Skizze KEPLERS aus dem Jahre 1611 zu sein, in der er die dichteste gitterförmige Kugellagerung darstellt.

In Form einer Aussage über positive definite quadratische Formen zeigte JOSEPH LOUIS LAGRANGE (1736–1813) 1773, daß die dichteste gitterförmige Lagerung gleicher Kreise in der Ebene durch das „hexagonale" Gitter erzielt wird. Siehe auch die Abschnitte 3.3, 4.2 und 5.4.

3 Das 19. Jahrhundert bis vor die Jahrhundertwende

Während bis zum Beginn des 19. Jahrhunderts hauptsächlich Einzelprobleme im Vordergrund standen, beginnt nun langsam die systematische Phase, die sich gegen Ende des 19. Jahrhunderts noch wesentlich verstärken wird. Daneben treten auch wichtige Einzelfragen auf. Die Entwicklung läßt sich etwa in folgende Themen gliedern:

Starrheit von Polyedern,
Oberfläche und Volumen,
Kugellagerungen,
das isoperimetrische Problem.

3.1 Starrheit von Polyedern im $\mathbb{E}^3$

Die in Abschnitt 1.5 zitierte „Definition" lautet etwas präzisiert so:

Zwei Polyeder sind kongruent, wenn ihre entsprechenden Flächen kongruent sind. (Steinitz-Rademacher [1934, S. 58])

LEGENDRE vermutete die Richtigkeit dieser Aussage für konvexe Polyeder und wies CAUCHY darauf hin, der 1813 einen Beweis publizierte. Der CAUCHYsche Beweis enthält allerdings eine kleine Lücke. Das von ihm entscheidend benützte „Aufbiegungslemma" bedarf trotz seiner Anschaulichkeit einer Begründung. Diese Lücke wurde von STEINITZ 1934 (postum) und HADAMARD 1932 unabhängig voneinander ausgefüllt.

AUGUSTIN-LOUIS CAUCHY (1789–1857)
aus Paris, 1816 Akademiemitglied und Professor an der École Polytechnique, verließ nach der Revolution 1830 Frankreich, 1838 Rückkehr, 1848 Professor an der Sorbonne, sehr überzeugungstreu.

Eine Folgerung aus dem Starrheitssatz besagt, daß eine geschlossene konvexe polyedrische Fläche mit starren Seitenflächen, welche längs der Kanten mit Scharnieren verbunden sind, starr ist. In einer aufsehenerregenden Arbeit hat

R. BRICARD 1897 die stetig verformbaren, geschlossenen polyedrischen Flächen mit Selbstdurchdringungen angegeben, die aus acht starren Dreiecken bestehen, welche längs der Kanten durch Scharniere verbunden sind. Daß es sogar triangulierbare Sphären mit dieser Eigenschaft gibt, konnte R. CONNELLY 1978 zeigen.

In Abschnitt 5.6 werden nochmals Starrheitsfragen behandelt.

3.2 Oberfläche und Volumen

Die beiden folgenden Aussagen über Oberfläche und Volumen kann man schon zur systematischen Entwicklung der Konvexgeometrie rechnen. CAUCHY hat 1850 gezeigt, daß die Oberfläche eines konvexen Körpers im $\mathbb{E}^3$ gleich dem vierfachen Mittelwert des Inhalts seiner Orthogonalprojektionen auf die Ebenen durch einen festen Punkt ist. Eine weitgehende Verallgemeinerung der Cauchyschen Oberflächenformel auf Quermaßintegrale (siehe unten) hat KUBOTA angegeben.

Vielleicht darf man CAUCHY als den ersten Konvexgeometer im modernen Sinn ansprechen; wenn man ihm aber dieses Attribut nicht zubilligt, dann verdient es zweifellos JAKOB STEINER.

JAKOB STEINER (1796-1863)
aus dem Berner Oberland, Schüler PESTALOZZIS und Autodidakt, Studium in Heidelberg und Berlin, 1827 Oberlehrer am Gewerbeinstitut, 1834 Extraordinarius und Akademiemitglied in Berlin.

STEINERS Arbeiten sind durch starke geometrische Intuition ausgezeichnet, weniger durch Strenge.

Von den zahlreichen Beiträgen STEINERS zur Konvexgeometrie sei folgender angeführt: Ist K ein *konvexer Körper*, also eine kompakte konvexe Menge im $\mathbb{E}^3$, dann versteht man unter dem *Parallelkörper* von K im Abstand $\lambda \geq 0$ die Menge aller Punkte mit Abstand $\leq \lambda$ von K. STEINER zeigt 1840, daß das Volumen des Parallelkörpers ein Polynom in λ vom Grad ≤ 3 ist. Die Koeffizienten heißen bis auf multiplikative Konstanten die *Quermaßintegrale* von K. Sie sind für die moderne Konvexität von grundlegender Bedeutung, wie später unter anderem T. KUBOTA, W. BLASCHKE, H. HADWIGER und R. SCHNEIDER gezeigt haben. Weitere Hinweise auf STEINER enthält Abschnitt 3.4.

3.3 Kugellagerungen

Ein *Gitter* G im $\mathbb{E}^d$ ist das System aller ganzzahligen Linearkombinationen von d linear unabhängigen Vektoren. Diese Vektoren bilden eine Basis von G und das Volumen des von ihnen aufgespannten Parallelepipeds heißt die *Determinante* $d(G)$ von G. Ist B eine Kugel, so daß die Kugeln

$$g + B = \{g + x : x \in B\} \quad (g \in G)$$

nicht übereinandergreifen, dann spricht man von einer *gitterförmigen Kugellagerung*. Ihre *Dichte* ist der Anteil des Raumes, der von den Kugeln überdeckt wird.

Carl Friedrich Gauss (1777–1855) hat in Bestätigung einer Vermutung des Kristallographen Ludwig August Seeber (1793–1855) die dichteste gitterförmige Kugellagerung im $\mathbb{E}^3$ bestimmt. Gauss gibt einen eleganten, aber undurchsichtigen Beweis in der Sprache der quadratischen Formen an. In den Dimensionen 4 und 5 wurde das analoge Problem von den beiden Russen Alexander Nikolajewitsch Korkin (1837–1908) und Egor Iwanowitsch Zolotarev (1847–1878) gelöst.

In Abschnitt 5.4 werden wieder Kugellagerungen betrachtet.

3.4 Das isoperimetrische Problem

In den Fragenkreis um das isoperimetrische Problem bringt Jakob Steiner wesentlich neue Ideen ein, insbesondere die Steinersymmetrisierung und – für den ebenen Fall – das Viergelenkverfahren. Steiner zeigt – ebenso wie alle seine Vorläufer, vgl. Abschnitt 2.2 – daß der Kreis, bzw. die Kugel die (einzigen) Lösungen des isoperimetrischen Problems sind, vorausgesetzt das Problem besitzt überhaupt eine Lösung. Auf diese Lücke in allen „Beweisen" bis herauf zu Steiner hat Peter Gustav Lejeune Dirichlet (1805–1859) aufmerksam gemacht. Trotz zahlreicher Bemühungen gelang es erst F. Edler 1882 für die Ebene und Hermann Amandus Schwarz 1884 und Karl Weierstrass (1815–1891) in den 80er Jahren des 19. Jahrhunderts im Raum die Existenzfrage zu erledigen und vollständige Lösungen vorzulegen. Ein guter Teil der Literatur über Konvexität auch im 20. Jahrhundert beschäftigt sich mit dem isoperimetrischen Fragenkreis. Wir kommen in Abschnitt 5.8 nochmals darauf zurück.

Neben den zahlreichen Extremalproblemen geometrischer Natur, die heute unter dem Titel „isoperimetrische Probleme" zusammengefaßt werden, hat sich seit der Mitte des 19. Jahrhunderts eine Theorie von technisch-physikalischen Extremalproblemen entwickelt, die zum Teil ähnliche Hilfsmittel verwendet, z. B. die Symmetrisierung von Steiner oder die Abrundung von Schwarz, und die unter dem Namen „isoperimetrische Probleme der mathematischen Physik" bekannt ist.

HERMANN AMANDUS SCHWARZ (1843–1921)
geb. in Hermsdorf (Schlesien), Schüler von KUMMER und WEIERSTRASS, 1867 Extraordinarius in Halle, 1869 Ordinarius in Zürich, 1875 in Göttingen, 1892 in Berlin als Nachfolger von WEIERSTRASS, Mitglied der Preußischen Akademie.

Dieses Gebiet hat enge Beziehungen zu partiellen Differentialgleichungen. Eine erste Aussage dieser Art ist die Vermutung von ADHÉMAR JEAN CLAUDE BARRÉ DE SAINT-VENANT (1797–1886) aus dem Jahre 1856, daß unter den elastischen Stäben aus homogenem Material und vorgelegter Querschnittsfläche die mit kreisförmigem Querschnitt maximale Torsionssteifigkeit aufweisen. Wichtige spätere Beiträge stammen u.a. von Lord RAYLEIGH (1842–1919), JAQUES HADAMARD (1865–1963), HENRI POINCARÉ (1854–1912), GEORG FABER (1877–1966), E. KRAHN, GEORGE PÓLYA (1887–1985) und GÁBOR SZEGÖ (1895–1985). Siehe Pólya-Szegö [1951], Bandle [1980] und Osserman [1978] für Darstellungen dieses Gebietes.

4 Die systematische Phase um die Wende zum 20. Jahrhundert

Um die Jahrhundertwende entwickeln sich sowohl die Konvexgeometrie als auch die Geometrie der Zahlen zu selbständigen Teilgebieten der Mathematik. Im folgenden werden die nachstehenden zentralen Persönlichkeiten samt ihrem Umfeld dargestellt:

HERMANN BRUNN (1862–1939),
HERMANN MINKOWSKI (1864–1909),
GEORGI FEODOSJEWITSCH VORONOI (1868–1908),
DAVID HILBERT (1862–1943),
WILHELM BLASCHKE (1885–1962),
ERNST STEINITZ (1871–1928).

4.1 Hermann Brunn

Brunn hat in seiner Dissertation 1887 und in seiner Habilitationsschrift 1889 eine Reihe konvexgeometrischer Resultate hergeleitet. Das wichtigste darunter ist die Ungleichung von Brunn(-Minkowski): *Es seien K, L zwei konvexe Körper im $\mathbb{E}^3$ und für $0 \leq \lambda \leq 1$ sei $(1-\lambda)K + \lambda L$ der konvexe Körper $\{(1-\lambda)x + \lambda y: x \in K, y \in L\}$. Dann gilt für das Volumen die Ungleichung*

$$V((1-\lambda)K + \lambda L)^{1/3} \geq (1-\lambda)\, V(K)^{1/3} + \lambda\, V(L)^{1/3}.$$

Gilt für ein λ mit $0 < \lambda < 1$ Gleichheit, dann sind K und L positiv homothetisch. (Der ursprüngliche Beweis für den Gleichheitsfall wurde von Minkowski kritisiert. Darauf gaben Brunn 1894 und Minkowski 1896 korrekte Beweise an.) Brunn schreibt:

> Zum Beweis der Maximaleigenschaft der Kugel läßt sich dieser Satz nicht verwenden. (Brunn [1889, S. 31])

Minkowski hat aber 1901 unter Zugrundelegung seines neuen Oberflächenbegriffes die Brunnsche Ungleichung als *das* Hilfsmittel zum Beweis der isoperimetrischen Ungleichung erkannt.

Der Berliner Konvexgeometer griechischer Herkunft Alexander Dinghas (1908–1974), der durch seine Beiträge zum isoperimetrischen Problem für uns wichtig ist, beurteilt den Brunnschen Beweis der Ungleichung wie folgt:

> Der geniale Gedanke von Brunn über die Abbildung zweier konvexer Punktmengen aufeinander durch gleiche Volumenverhältnisse und die darauf von Minkowski aufgebaute Theorie der konvexen Körper hat in den letzten zwanzig Jahren beachtliche Fortschritte erfahren, die nicht nur zur Verschärfung und Vertiefung alter Resultate, sondern darüber hinaus zu neuen Ergebnissen geführt haben. (Dinghas [1961])
>
> Siehe auch H. Kneser und W. Süss (1895–1958) 1932.

Die Brunnsche Kennzeichnung der Ellipsoide durch die Eigenschaft, Affinspiegelungen in jeder Richtung zu besitzen, hat starkes Interesse auf sich gezogen.

Karl Hermann Brunn (1862–1939)
geboren in Rom als Sohn eines Archäologen, Studium in München und Berlin, 1889 Habilitation in München, 1906 Bibliothekar an der TH München und Honorarprofessor an der Universität München, künstlerische Neigungen.

4.2 Hermann Minkowski

Manchmal wird Minkowski als der Begründer der Konvexgeometrie und mehr noch der Geometrie der Zahlen, die ihm ihren Namen verdankt, angesehen. Jedenfalls sind seine Beiträge zu diesen Gebieten von besonderer Bedeutung.

HERMANN MINKOWSKI (1864–1909)
aus Alexoten (Rußland), Studium in Königsberg bei WEBER und in Berlin bei KRONECKER und WEIERSTRASS, 1887 Extraordinarius in Bonn, 1894 in Königsberg, 1895 Ordinarius in Königsberg, 1896 in Zürich, 1902 in Göttingen auf Betreiben seines Studienfreundes HILBERT, Bruder des Internisten OSKAR MINKOWSKI.

Aus seinen Arbeiten zur Konvexität nennen wir die Bestimmung eines Polyeders durch die Normalen der Seitenflächen und deren Inhalte, Bestimmung eines konvexen Körpers durch Vorgabe der Gaußschen Krümmung, Begriffe wie Distanzfunktion, Stützfunktion, Extremalpunkt, Linearkombination konvexer Körper, gemischte Volumina, Minkowskische Ungleichungen.

Für das isoperimetrische Problem hat sich folgende Oberflächendefinition MINKOWSKIS 1901 als gut geeignet erwiesen: Es sei F ein Flächenstück. Dann betrachtet man für $\varepsilon > 0$ die – Jordanmeßbare – Parallelmenge $F + \varepsilon B^d$ im Abstand ε. Die *obere Minkowskioberfläche* von F ist dann

$$\limsup_{\varepsilon \to +0} \frac{V(F + \varepsilon B^d)}{2\varepsilon}.$$

Sie stimmt für alle hinreichend glatten Flächenstücke mit der gewöhnlichen Oberfläche überein, speziell gilt das für den Rand konvexer Körper. (Das Schwarzsche Beispiel des „einbehauenen Zylinders" zeigt, daß man die Oberfläche nicht ohne weiteres als das Supremum der Oberflächen der einbeschriebenen Polyeder definieren kann.)

Sind $K_1, \ldots, K_n$ n konvexe Körper im $\mathbb{E}^3$, dann gibt es nach MINKOWSKI 1901, 1911 Koeffizienten $V(K_{i_1}, K_{i_2}, K_{i_3})$, die symmetrisch in den Indices i_1, i_2, i_3 sind, die sogenannten *gemischten Volumina*, so daß für $\lambda_1, \ldots, \lambda_n \geq 0$ gilt

$$V(\lambda_1 K_1 + \ldots + \lambda_n K_n) = \sum_{ij} V(K_{i_1}, K_{i_2}, K_{i_3}) \lambda_{i_1} \lambda_{i_2} \lambda_{i_3}.$$

Die Steinerformel für Parallelkörper ist ein Sonderfall. Die gemischten Volumina spielen in der Konvexgeometrie eine bedeutende Rolle und sind eingehend untersucht worden (z. B. Alexandrov-Fenchelsche Ungleichung), siehe die Monographie von SCHNEIDER und das Lehrbuch von LEICHTWEISS [1980].

Bei Untersuchungen positiver quadratischer Formen fand MINKOWSKI ein geometrisches Argument, das er 1893 zu folgendem Fundamentalsatz erweiterte: *Es sei K ein konvexer Körper im $\mathbb{E}^d$, der zentralsymmetrisch bezüglich des Ursprungs*

0 *ist und G ein Gitter. Gilt* $V(K) \geq 2^d d(G)$, *so enthält K mindestens ein Paar von Gitterpunkten* $\pm g \neq 0$ *aus G*. Dieser Satz ist einfach zu zeigen. Im Grunde sagt er bloß aus, daß eine gitterförmige Lagerung eines konvexen Körpers eine Dichte ≤ 1 hat. Er besitzt aber eine Reihe von tiefliegenden Anwendungen, z. B. den folgenden Linearformensatz von MINKOWSKI: *Sind* $l_1, \ldots, l_d$ *d reelle Linearformen in d reellen Variablen mit der Determinante* 1, *dann gibt es zu jedem System positiver Zahlen* $\tau_1, \ldots, \tau_d$ *mit* $\tau_1 \ldots \tau_d = 1$ *einen ganzzahligen Vektor* $u = (u_1, \ldots, u_d) \neq 0$ *mit*

$$|l_1(u)| \leq \tau_1, \ldots, |l_d(u)| \leq \tau_d .$$

MINKOWSKI hat auch eine Vermutung darüber ausgesprochen, wann man die Kleiner-Gleich-Zeichen nicht alle durch Kleiner-Zeichen ersetzen kann. Diese Vermutung wurde nach großen Anstrengungen u. a. von OTT-HEINRICH KELLER (geb. 1906), OSKAR PERRON (1880–1975) und NIKOLAUS HOFREITER (1904–1990) von dem Ungarn GEORG HAJÓS (1912–1972) 1941 bewiesen. Andere Anwendungen des Fundamentalsatzes betreffen diophantische Gleichungen und Fragen der algebraischen Zahlentheorie (Einheiten). Der Fundamentalsatz wurde in vieler Hinsicht verschärft und verallgemeinert, vgl. Abschnitt 5.5. MINKOWSKI selbst hat ihn 1896 zu seinem Satz über sukzessive Minima verallgemeinert.

Ein Gegenstück zum Fundamentalsatz ist die Frage, wann man zu einem Körper ein Gitter, etwa mit Determinante 1 finden kann, das außer eventuell 0 keinen weiteren Punkt des Körpers enthält. Bei zentralsymmetrischen konvexen Körpern läuft das auf die Frage hinaus, wie dicht eine gitterförmige Lagerung sein kann. In einem Brief an HILBERT vom 24. 6. 1899 schreibt MINKOWSKI:

> Der Kugelsatz in Dimensionen lautet, wie ich mich überzeugt habe, thatsächlich folgendermaßen: Man kann den unendlichen Raum von n Dimensionen so mit n-dimensionalen Kugeln von irgendeinem festen Radius erfüllen, daß, wenn man aus diesem Raum einen Würfel mit beliebiger Kante k an gehörigen Stellen ausschneidet, der darin von Kugeln besetzte Raum an Volumen einem Würfel von einer Kante $> (1/2)k$ gleichkommt. [D. h. die Dichte des Kugelsystems ist mindestens 2^{-n}, Anm.] Trotz der Einfachheit dieses Satzes ist es vorderhand ein wirkliches Problem, ihn zu beweisen. (Minkowski [1973, S. 117]).

Folgende, etwas allgemeinere Vermutung MINKOWSKIS aus dem Jahre 1891 hat EDMUND HLAWKA (geb. 1916) 1944 bewiesen: *Ist M eine beschränkte, Jordanmeßbare Sternmenge bezüglich* 0 *im* $\mathbb{E}^d$ *vom Volumen* $\leq \zeta(d)$, *dann gibt es ein Gitter der Determinante* 1, *das keinen Punkt von M enthält, außer eventuell* 0. *Ist M nicht sternförmig, so gilt diese Aussage falls das Volumen* ≤ 1 *ist*. Dieses Ergebnis nennt man heute den Satz von Minkowski-Hlawka. Wir kommen später darauf zurück.

Der Stil MINKOWSKIS ist präzis, seine Arbeiten wirken auch heute noch modern und ihr Einfluß ist bis zur Gegenwart herauf spürbar.

4.3 Georgi Feodosjewitsch Voronoi

Voronoi setzt die russische Tradition der Untersuchung der positiven quadratischen Formen fort, die von Korkin und Zolotarev begonnen wurde. Er betont den geometrischen Hintergrund stärker und baut in sein Werk systematisch die speziellen, von Dirichlet 1850 zur Untersuchung positiver quadratischer Formen eingeführten, gitterförmigen *Pflasterungen* (das sind gitterförmige Lagerungen, die den Raum lückenlos ausfüllen) ein. Diese Pflasterungen heißen Dirichlet-Voronoi-Pflasterungen.

Georgi Feodosjewitsch Voronoi (1868–1908)
aus Schurawka, Studium in St. Petersburg unter Markov, 1894 Magister, dann Professor an der Universität Warschau, 1896 Bunjakowski-Preis, 1897 Doktor d. Wissenschaften, 1907 korr. Mitglied der Petersburger Akademie.

Der Kristallograph Evgraf Stepanowitsch Fedorov (1853–1919) gibt eine Beschreibung der Typen der Polyeder an, die eine gitterförmige Pflasterung im $\mathbb{E}^3$ gestatten. Dieses Ergebnis gehört zum Themenkreis des folgenden ungelösten Problems von Voronoi: *Ist jede gitterförmige Pflasterung des Raumes durch ein konvexes Polyeder bis auf Affinitäten eine Dirichlet-Voronoi-Pflasterung?* Für die Dimensionen $d \leq 4$ ist die Antwort positiv, wie Boris Nikolajewitsch Delone gezeigt hat. Wesentliche Schritte in Richtung auf den allgemeinen Fall haben Voronoi selbst und O. Zitomirskii 1931 getan.

Boris Nikolajewitsch Delone (= Delaunay) (1890–1980)
aus französischer Familie in St. Petersburg geboren, Studium in Kiew, 1916 Magister, ab 1923 Professor in Leningrad, 1928 Aufenthalt in Berlin und Hamburg, 1929 korr. Mitglied der Sowjetischen Akademie, ab 1932 am Steklovinstitut.

Die grundlegenden Beiträge Voronois zur Theorie der Kugellagerungen werden in Abschnitt 5.4 kurz erwähnt.

4.4 David Hilbert

Hilbert ist nicht so sehr durch eigene Beiträge zur Konvexgeometrie hervorgetreten, obwohl er die Theorie der gemischten Volumina in seine Integralgleichungen eingebaut hat, als durch die Formulierung seines 3. und seines 18. Problems, durch die er die Konvexität und ebenso die Geometrie der Zahlen beeinflußte. Das 3. Problem lautet folgendermaßen:

David Hilbert (1862–1943)
aus Königsberg, Studium in Königsberg, Promotion bei Lindemann, Freund von Minkowski und Hurwitz, 1893 Ordinarius und Nachfolger Lindemanns in Königsberg, ab 1895 in Göttingen.

> Gauss[1], spricht in zwei Briefen an Gerling sein Bedauern darüber aus, daß gewisse Sätze der Stereometrie von der Exhaustionsmethode, d. h. in der modernen Ausdrucksweise von dem Stetigkeitsaxiom (oder von dem Archimedischen Axiom) abhängig sind. Gauss nennt besonders den Satz von Euklid, daß dreiseitige Pyramiden von gleicher Höhe sich wie ihre Grundflächen verhalten. Nun ist die analoge Aufgabe in der Ebene vollkommen erledigt worden;[2] auch ist es Gerling[3] gelungen, die Volumengleichheit symmetrischer Polyeder durch Zerlegung in kongruente Teile zu beweisen. Dennoch erscheint mir der Beweis des eben genannten Satzes von Euklid auf diese Weise im allgemeinen wohl nicht als möglich, und es würde sich also um den strengen Unmöglichkeitsbeweis handeln. Ein solcher wäre erbracht, sobald es gelingt, zwei Tetraeder mit gleicher Grundfläche und von gleicher Höhe anzugeben, die sich auf keine Weise in kongruente Tetraeder zerlegen lassen und die sich auch durch Hinzufügung kongruenter Tetraeder nicht zu solchen Polyedern ergänzen lassen, für die ihrerseits eine Zerlegung in kongruente Tetraeder möglich ist. (Hilbert [1900]).

W. Bolyai 1832, der Studienfreund von Gauss und Vater des berühmten J. Bolyai und P. Gerwin 1837 haben für die Ebene gezeigt, daß zwei Polygone genau dann inhaltsgleich sind, wenn sie zerlegungsgleich sind. Darauf aufbauend hat Hilbert 1900 die Inhaltslehre in der Ebene streng axiomatisch auf dem Begriff der Zerlegungsgleichheit aufgebaut. Der von Hilbert geforderte Unmöglichkeitsbeweis in der Dimension 3 erfolgte 1901 durch Max Dehn ((1878–1952), 1900 Promotion bei Hilbert, 1911 Extraordinarius in Kiel, 1913 Ordinarius in Breslau, 1921 in Frankfurt, 1939 Emigration in die USA), aufbauend auf Bricard 1896. Dehn gab notwendige Bedingungen für die Zerlegungsgleichheit von zwei Polyedern an und zeigte, daß ein Würfel und ein volumengleiches reguläres Tetraeder nicht zerlegungsgleich sind. Die Dehnschen notwendigen Bedingungen wurden von Hugo Hadwiger 1954 auf alle Dimensionen ausgedehnt und J. P. Sydler 1965 und B. Jessen 1968, 1972 zeigten, daß diese Bedingungen für $d \leq 4$ auch hinreichend für die Zerlegungsgleichheit sind.

HUGO HADWIGER (1908–1981)
Studium in Bern, 1935 bei BLASCHKE in Hamburg, 1937 Professor in Bern.

Neben der Definition der Zerlegungsgleichheit mit Hilfe der Gruppe aller Bewegungen (Kongruenzen) kann man natürlich analoge Definitionen unter Zugrundelegung kleinerer Gruppen von Bewegungen bilden. Speziell hat man die Gruppen der eigentlichen Bewegungen, der Translationen und der Translationen um Vektoren mit ganzzahligen Komponenten untersucht. Notwendige Bedingungen für den Fall der Translationsgruppe hat HADWIGER 1968 angegeben und JESSEN und THORUP 1978 sowie SAH 1979 haben gezeigt, daß sie hinreichend sind. Für den Fall der Gruppe der Translationen um Vektoren mit ganzzahligen Komponenten gab HADWIGER notwendige und hinreichende Bedingungen an.

Die umfangreiche einschlägige Literatur findet man bei Hadwiger [1957], Boltianskii [1978], Sah [1979] und McMullen und Schneider [1983].

Das 18. Problem von HILBERT besteht aus mehreren Teilen. Im folgenden werden zwei Teile herausgegriffen und zwar zunächst einer, in dem HILBERT an Fragen der Kristallographie anschließt:

> Ein Fundamentalbereich einer jeden Bewegungsgruppe zusammen mit den kongruenten aus der Gruppe entspringenden Bereichen liefert offenbar eine lückenlose Überdeckung des Raumes. Es erhebt sich die Frage, ob ferner auch solche Polyeder existieren, die nicht als Fundamentalbereiche von Bewegungsgruppen auftreten und mittels derer dennoch durch geeignete Aneinanderlagerung kongruenter Exemplare eine lückenlose Erfüllung des ganzen Raumes möglich ist. (Hilbert [1900])

Das erste Beispiel eines nichtkonvexen Polyeders P im $\mathbb{E}^3$, das eine Pflasterung des Raumes gestattet und das so beschaffen ist, daß für keine Gruppe von Bewegungen die Bilder von P unter diesen Bewegungen den Raum pflastern, stammt von K. REINHARDT (1895–1941) aus dem Jahre 1928. Die ersten ebenen Beispiele gab H. HEESCH 1935 an und R. B. KERSHNER fand 1968 ein Beispiel eines konvexen ebenen Polygons. Ein sternförmiges Polyeder im $\mathbb{E}^3$, welches sogar eine Pflasterung durch Translate erlaubt, aber keine Pflasterung mit Hilfe einer Gruppe von Bewegungen, hat S. SZABO 1987 gefunden. Nach einem Satz von B. A. VEN-

KOV 1954 und P. MCMULLEN 1980 gibt es aber zu jedem konvexen Polyeder, welches eine Pflasterung durch Translate gestattet, auch eine Gitterpflasterung. Mit der Untersuchung der topologischen Typen solcher Pflastersteine haben sich DELONE und seine Schule eingehend befaßt, vgl. auch Abschnitt 5.4. Literaturhinweise findet man bei Heesch [1968], Stein [1986] und Erdös-Gruber-Hammer [1989].

HILBERT fährt in seinem 18. Problem in folgender Weise fort:

> Ich weise auf die hiermit in Zusammenhang stehende, für die Zahlentheorie wichtige und vielleicht auch der Physik und Chemie einmal Nutzen bringende Frage hin, wie man unendlich viele Körper von der gleichen vorgeschriebenen Gestalt, etwa Kugeln mit gegebenem Radius oder reguläre Tetraeder mit gegebener Kante (bzw. in vorgeschriebener Stellung) im Raume am dichtesten einbetten, d. h. so lagern kann, daß das Verhältnis des erfüllten Raumes zum nichterfüllten Raum möglichst groß ausfällt. (Hilbert [1900])

Die hier angeschnittene Problemstellung ist außerordentlich umfangreich und umfaßt die diskrete Geometrie und weite Teile der Geometrie der Zahlen. Da diese Bereiche sich auch ohne explizite Formulierung im Rahmen des 18. Problems entwickelt hätten, gehen wir an anderer Stelle darauf ein, siehe die Abschnitte 5.3, 5.4.

4.5 WILHELM BLASCHKE

Von ganz anderem Naturell als MINKOWSKI ist BLASCHKE. Von Ideen sprühend, kein Freund großer Genauigkeit, ein Meister des analytischen Apparats, anregend und neben der allgemeinen Systematik auch dem Einzelproblem zugeneigt, stellt sich sein Beitrag zur Konvexität als eine Sammlung sehr verschiedener Resultate dar.

WILHELM BLASCHKE (1885–1962)
aus Graz, Studium in Graz und Wien, 1908 Promotion bei WIRTINGER, 1910 Habilitation in Bonn bei STUDY, 1912 Extraordinarius in Prag, 1914 in Leipzig, 1917 Ordinarius in Königsberg, ab 1919 in Hamburg, berief u. a. RADON, ARTIN, HECKE und HASSE nach Hamburg, weltoffen, zahlreiche Reisen und Schüler.

Das für die Konvexität wichtigste Ergebnis von BLASCHKE ist sein Auswahlsatz aus dem Jahre 1916. Unter Benutzung der von F. HAUSDORFF 1914 (mit einer Vorleistung von POMPEIU 1905) und dann von BLASCHKE 1916 betrachteten Hausdorffmetrik auf dem Raum der konvexen Körper zeigt er folgendes: *Aus jeder in einer beschränkten Teilmenge des $\mathbb{E}^d$ liegenden Folge konvexer Körper läßt sich eine konvergente Teilfolge auswählen.* Der Auswahlsatz dient häufig zum Nachweis der Existenz von Lösungen von Extremalproblemen, z. B. des isoperimetrischen Problems. Er ist das zentrale topologische Resultat für den Raum der konvexen Körper. Der Auswahlsatz ist auch die Grundlage der Sätze vom Baireschen Typ; das sind Aussagen über das Verhalten „der meisten" konvexen Körper. Sie haben in den letzten Jahren starkes Interesse hervorgerufen. Nach E. HEIL 1967 ist der Blaschkesche Auswahlsatz eng verwandt mit dem Auswahlsatz von Arzelà-Ascoli. (Übrigens scheint der erste, nicht publizierte Beweis BLASCHKES in diese Richtung zu gehen; BLASCHKE hat dann eine Anregung von CARATHÉODORY zu einem anderen Beweis ausgebaut und diesen veröffentlicht.) Weitgehende Verallgemeinerungen des Auswahlsatzes haben L. VIETORIS 1923 und E. MICHAEL 1951 angegeben.

Aus der Fülle weiterer konvexgeometrischer Ergebnisse BLASCHKES seien folgende erwähnt: Rückführung der Schwarzschen Abrundung auf die Steiner-Symmetrisierung, Blaschke-Symmetrisierung, Kennzeichnungen von Kugeln und Ellipsoiden, darunter diese: *Ein konvexer Körper, dessen Selbstschattengrenze bei jeder Parallelbeleuchtung eben ist, ist ein Ellipsoid.* Diese Kennzeichnung hat für normierte Räume durch den Orthogonalitätsbegriff Bedeutung. Blaschke-Addition, Ungleichung von Blaschke-Santaló, Starrheitsfragen. Eine Übersicht über BLASCHKES Beiträge zur Konvexgeometrie gibt LEICHTWEISS 1985 im 3. Band der gesammelten Werke BLASCHKES.

Im Zusammenhang mit der Integralgeometrie und Bemerkungen über Bücher kehren wir später nochmals zu BLASCHKE zurück, siehe die Abschnitte 5.7, 5.10.

4.6 ERNST STEINITZ

Die folgenden Worte H. RADEMACHERS im Vorwort zu den „Vorlesungen über die Theorie der Polyeder" von STEINITZ-RADEMACHER 1934 zeigen das völlig verschiedene Wesen von STEINITZ:

> In seinem Nachlaß fand sich ein unvollendetes Manuskript zu dem geplanten Buche. Bei genauer Durchsicht ergab sich, daß diese Aufzeichnungen fast druckfertig waren und den größeren Teil eines breit angelegten Werkes bildeten, das überall die Vorzüge des Mathematikers STEINITZ zeigt, dieselbe unerhörte Sorgfalt, Gründlichkeit und systematische Einheitlichkeit, die seine schon klassisch gewordene „Algebraische Theorie der Körper" auszeichnet. (Steinitz-Rademacher [1934])

ERNST STEINITZ (1871–1928)
aus Laurahütte (Oberschlesien), 1897 Dozent, später Extraordinarius an der TH Berlin, 1910 an der TH Breslau, 1920 Ordinarius in Kiel.

STEINITZ widmet sich der systematischen Durchdringung der kombinatorischen Polyedertheorie sowohl im Rahmen der Konvexität als auch im Rahmen der Topologie. Im Zentrum steht folgender Satz aus dem Jahre 1922: ***Ein endlicher Graph ist genau dann isomorph zum Kantengerüst eines konvexen Polyeders im $\mathbb{E}^3$, wenn er eben ist, keine Loops besitzt und dreifach zusammenhängend ist,*** d.h. je zwei verschiedene Knoten können durch drei Wege verbunden werden, die sich nur an den Knoten treffen. Die Erweiterung dieses Satzes auf höhere Dimensionen ist offen. Literaturhinweise bei Grünbaum [1967] und Ewald et al. [1979].

4.7 Weitere Entwicklungen

Neben den genannten Personen haben selbstverständlich viele weitere Mathematiker um die Jahrhundertwende Beiträge zur Konvexgeometrie geleistet, zum Teil in analytischer Verkleidung. Wir greifen ein Thema heraus. Eine reelle Funktion f, die auf einem reellen Intervall I definiert ist, heißt *konvex*, wenn die Ungleichung

$$f((1-\lambda)x + \lambda y) \leq (1-\lambda)f(x) + \lambda f(y) \qquad \text{für alle } x, y \in I, \lambda \in [0, 1]$$

gilt, wenn also der ***Epigraph*** $\{(x,y)\colon x \in I, y \geq f(x)\}$ von f eine konvexe Teilmenge des $\mathbb{E}^2$ ist.

Konvexe Funktionen hat vermutlich erstmals OTTO STOLZ (1842–1905) untersucht. 1889 zeigt OTTO HÖLDER (1859–1937) folgende Aussage über differenzierbare konvexe Funktionen:

> Bedeutet $\varphi(x)$ eine Funktion einer reellen Veränderlichen mit zunehmendem Differentialquotienten, so ist das arithmetische Mittel aus einer beliebigen Zahl von Funktionswerten stets größer als der Funktionswert, welcher dem in derselben Weise gebildeten Mittelwert der zugehörigen Argumente entspricht. Dabei ist der Begriff des arithmetischen Mittels gleich in der all-

gemeinen Weise zu nehmen, daß jedem der Werte, aus welchen dasselbe zu bilden ist, eine beliebige positive Größe als Gewicht zugeordnet wird, so daß also die Formel:

$$\frac{a_1\varphi(x_1) + a_2\varphi(x_2) + \ldots + a_n\varphi(x_n)}{a_1 + a_2 + \ldots + a_n} > \varphi\left(\frac{a_1x_1 + a_2x_2 + \ldots + a_nx_n}{a_1 + a_2 + \ldots + a_n}\right)$$

den Ausdruck des genannten Satzes darstellt. (Hölder [1889])

Diese Aussage für beliebige konvexe Funktionen ist die bekannte Ungleichung von J. L. W. V. JENSEN aus dem Jahre 1906.

Eine Zusammenstellung der verstreuten Literatur bei Roberts-Varberg [1973].

5 Die weitere Entwicklung im 20. Jahrhundert

Die Entwicklung im 20. Jahrhundert wird anhand folgender Themen beschrieben, wobei innerhalb dieser Themen vielfach nur einzelne Aspekte behandelt werden:

Kombinatorische Polyedertheorie,
kombinatorische Geometrie,
diskrete Geometrie,
Kugellagerungen,
Geometrie der Zahlen,
innere Geometrie konvexer Flächen,
Integralgeometrie,
Extremalprobleme.

Im Anschluß daran werden Beziehungen zu anderen mathematischen Bereichen kurz gestreift und einige allgemeine Aussagen über beide Gebiete gemacht.

5.1 Kombinatorische Polyedertheorie

Untersuchungen der kombinatorischen Struktur des Randkomplexes von konvexen Polyedern durchziehen das gesamte 20. Jahrhundert, wobei sich die Entwicklung in den letzten drei Jahrzehnten wesentlich verstärkt hat, zum Teil angeregt durch die lineare Optimierung. Als charakteristisches Thema sei die Entwicklung im Anschluß an den Eulerschen Polyedersatz herausgegriffen (vgl. Abschnitt 2.3):

Bei einem konvexen Polyeder im $\mathbb{E}^d$ sei f_0 die Anzahl der Ecken, f_1 die Anzahl der Kanten, ..., f_{d-1} die Anzahl der $(d-1)$-dimensionalen Seitenflächen. Dann gilt

$$f_0 - f_1 + \ldots + (-1)^{d-1} f_{d-1} = 1 - (-1)^d. \tag{1}$$

Diese Relation wurde erstmals von LUDWIG SCHLÄFLI ((1814–1895) Theologe, Mathematiklehrer, 1847 venia legendi, 1854 Professor in Bern) 1852 angegeben, der darüber hinaus wichtige Beiträge zur Theorie der Polyeder, insbesondere der Simplexe in höheren Dimensionen, leistet. SCHLÄFLIS Entdeckung wurde aber erst 1902 publiziert. Nach zahlreichen mißglückten Versuchen in den 80er Jahren des 19. Jahrhunderts gelang der erste Beweis des verallgemeinerten Eulerschen Polyedersatzes POINCARÉ mit Hilfsmitteln der algebraischen Topologie in den Jahren 1893–1899. Der erste elementare Beweis geht auf HADWIGER 1955 zurück, einen einfacheren hat B. GRÜNBAUM in seinem Buch 1967 veröffentlicht.

Neben (1) genügt der f-Vektor $(f_0, f_1, \ldots, f_{d-1})$ den $[d/2] + 1$ linearen Gleichungen von M. BRÜCKNER 1893, DEHN 1905 und D. M. Y. SOMMERVILLE 1927, vgl. die Diskussion bei Grünbaum [1967]. Das Problem, die f-Vektoren konvexer Polyeder zu kennzeichnen, ist bisher nur für $d = 3$ durch EULER und STEINITZ erledigt, siehe Abschnitt 2.3. Für höhere Dimensionen gab MCMULLEN 1971 lineare Ungleichungen an, die zusammen mit (1) und den Dehn-Sommervilleschen Gleichungen die f-Vektoren der konvexen Polyeder kennzeichnen, deren Seitenflächen Simplexe sind. Die Aussage MCMULLENS wurde durch L. BILLERA und C. LEE 1980 und R. STANLEY 1981 bewiesen. Die entsprechenden Bedingungen für allgemeine konvexe Polyeder ab der Dimension $d = 4$ kennt man bisher nicht.

TH. MOTZKIN formulierte 1957 eine Aussage, die sogenannte „upper bound conjecture", über die maximalen Anzahlen der $1, 2, \ldots, (d-1)$-dimensionalen Seiten eines konvexen Polyeders bei vorgelegter Eckenzahl f_0. Seine Vermutung wurde 1971 von MCMULLEN bestätigt unter Verwendung eines Hilfsmittels von M. BRUGGESSER und P. MANI.

Die „lower bound conjecture" über die minimalen Anzahlen der $1, 2, \ldots, (d-1)$-dimensionalen Seiten eines simplizialen konvexen Polyeders bei vorgegebener Eckenzahl f_0 wurde 1971–1973 von D. BARNETTE erledigt. Der Fall beliebiger konvexer Polyeder steht noch aus.

Für weitere einschlägige Resultate sei auf Grünbaum [1967], McMullen-Shephard [1971] und Brøndsted [1982] verwiesen. Sehr allgemeine Fragen hat B. STURMFELS behandelt.

5.2 Kombinatorische Geometrie

Abgesehen von einem Resultat von P. KIRCHBERGER 1903 über die Trennung einer endlichen Menge von roten und schwarzen Punkten im $\mathbb{E}^d$ durch eine Hyperebene in eine rote und eine schwarze Menge und einem Satz von Steinitz 1914 über die minimale positive Erzeugung des $\mathbb{E}^d$, stehen drei Sätze am Beginn der Entwicklung:

CONSTANTIN CARATHÉODORY ((1873–1950) von griechischer Herkunft, Professor in München) hat 1907 gezeigt, *daß jeder Punkt der kleinsten konvexen Menge, die eine Menge M im $\mathbb{E}^d$ enthält, schon in einem Simplex liegt, dessen Eckpunkte zu M gehören.*

Der Wiener EDUARD HELLY ((1884–1943), Studium bei WIRTINGER in Wien, 1921 Dozent, 1938 Emigration) entdeckte 1913 folgenden Satz: *Ein System von endlich vielen konvexen Mengen im $\mathbb{E}^d$ hat jedenfalls dann einen gemeinsamen Punkt, wenn je $d + 1$ darunter einen gemeinsamen Punkt haben.* HELLY publizierte seinen Beweis 1923.

HELLYS Kollege JOHANN RADON ((1887–1956) aus Tetschen, Promotion bei ESCHERICH in Wien, 1919 Extraordinarius in Hamburg, 1922 Professor in Greifswald, 1925 in Erlangen, 1928 in Breslau, ab 1946 in Wien) zeigte 1921 bei seinem Beweis von HELLYS Theorem folgendes: *Jede endliche Menge im $\mathbb{E}^d$ mit mindestens $d + 2$ Punkten läßt sich so in zwei Teilmengen zerlegen, daß bei passender Massenbelegung der Punkte die Schwerpunkte beider Mengen übereinstimmen.*

Es ist unmöglich, die umfangreiche Literatur zu besprechen, die im Anschluß an diese Resultate entstanden ist, z. B. über Transversalen, Überdeckungs- und Durchschnittsfragen, Beleuchtungsprobleme, Zerlegungen, Carathéodory-, Helly- und Radonzahlen, axiomatische Konvexgeometrie, etc. Es sei daher auf Danzer-Grünbaum-Klee [1963], Boltianskii-Gohberg [1972], Hadwiger-Debrunner-Klee [1964] und Eckhoff [1979] verwiesen.

5.3 Diskrete Geometrie (im Sinne von LÁSZLÓ FEJES TÓTH)

Die Hauptprobleme sind das Lagerungs-, das Überdeckungs- und das Pflasterungsproblem, vgl. auch den am Ende von Abschnitt 4.4 zitierten Teil des 18. Hilbertschen Problems. Es sei K ein konvexer Körper.

Die Untersuchung der dichtesten Lagerung von zu K kongruenten Exemplaren, von Translaten von K und der dichtesten gitterförmigen Lagerung von K hat eine lange Tradition. MINKOWSKI beschäftigt sich systematisch mit Gitterlagerungen. Ansätze auch bei Lord KELVIN 1904. Nach dem Satz von Minkowski-Hlawka hat für zentralsymmetrisches K die dichteste Gitterlagerung eine Dichte zwischen $2^{-d+o(d)}$ und 1. Es gibt Indizien, daß man etwa für die Kugel die untere Schranke nicht wesentlich verschärfen kann. Die explizite Konstruktion von Lagerungen der Dichte $2^{-d+o(d)}$ ist bisher mit Hilfe von Methoden, die fehlerkorrigierende Binärcodes benutzen, nur für spezielle Körper, wie Kugeln, und für spezielle Werte von d, allerdings für unendlich viele, gelungen (J. RUSH 1988). Für $d=2$ weiß man nach FEJES TÓTH 1950 und CLAUDE AMBROSE ROGERS 1951, daß (auch im nichtzentralsymmetrischen Fall) die Dichten der dichtesten Gitterlagerung von K und der dichtesten Lagerung durch Translate von K übereinstimmen. Trotz großer Bemühungen ist es bisher für $d \geq 3$ nicht gelungen, ein Beispiel eines konvexen Körpers anzugeben, bei dem eine passende Lagerung von Translaten eine größere Dichte hat als seine dichteste Gitterlagerung. Zusammenstellungen der Literatur findet man in Fejes Tóth [1953], Rogers [1964], Gruber-Lekkerkerker [1987] und Erdös-Gruber-Hammer [1989]. Fejes Tóth behandelt die zahlreichen Ergebnisse für die Dimensionen 2,3.

Die Literatur betreffend Überdeckungen mit zu K kongruenten Exemplaren, mit Translaten von K und Gitterüberdeckungen von K ist deutlich weniger umfangreich. Erstaunlich kleine obere Schranken für die Dichten der dünnsten derartigen Überdeckungen hat ROGERS 1957, 1959 gefunden, explizite Konstruktionen stehen aber noch aus. Für $d=2$ stimmen im zentralsymmetrischen Fall die Dichten der dünnsten Gitterüberdeckung und der dünnsten Überdeckung durch Translate von K nach FEJES TÓTH 1950 und R. P. BAMBAH und ROGERS 1952 überein. Auch hier sind entsprechende Aussagen über höhere Dimensionen nicht bekannt und vermutlich außerordentlich schwierig. Literaturüberblicke wie vorhin.

Über Pflasterungen wurde in den Abschnitten 4.3 und 4.4 schon berichtet. Der ebene Fall wird ausführlich bei Grünbaum-Shephard [1984] diskutiert, insbesondere werden dort auch die aperiodischen Penrose-Pflasterungen behandelt, die in den letzten Jahren starkes Interesse auf sich gezogen haben. Erweiterungen der Penrose-Pflasterungen auf den Fall $d=3$ wurden kürzlich u. a. von L. DANZER 1988 angegeben. Einige Literaturhinweise für höhere Dimensionen findet man bei Grünbaum-Shephard [1980], Gruber-Lekkerkerker [1987] und Erdös-Gruber-Hammer [1989]. Andere Beiträge zu Pflasterungen gab E. SCHULTE.

5.4 Kugellagerungen

Die dichtesten gitterförmigen Kugellagerungen kennt man nach LAGRANGE 1773 ($d=2$), GAUSS 1831 ($d=3$), KORKIN und ZOLOTAREFF 1872, 1877 ($d=4{,}5$) und H. P. BLICHFELDT ((1873–1945), dänischer Herkunft, Professor in Stanford) 1925, 1926, 1934 ($d=6,7,8$). Für $d \geq 9$ kennt man nur Abschätzungen, wenn auch im Prinzip die (lokal) dichtesten gitterförmigen Kugellagerungen in jeder Dimension nach VORONOI 1908 in endlich vielen Schritten bestimmbar sind. Die Dichte der dichtesten Gitterlagerung von Kugeln ist nach MINKOWSKI 1905 mindestens $2^{-d+o(d)}$. Obere Schranken gaben BLICHFELDT 1929 und in den 70er Jahren V. M. SIDELNIKOV, G. A. KABAT'JANSKI und V. I. LEVENŠTEIN an. Die Ergebnisse legen die Vermutung nahe, daß man die obere Schranke bis auf $2^{-d+o(d)}$ herunterdrücken kann. Das würde bedeuten, daß für Kugeln der Satz von Minkowski-Hlawka nicht mehr wesentlich verbessert werden kann. Seit den 60er Jahren wurde die Theorie der Kugellagerungen eng mit der Theorie der fehlerkorrigierenden Binärcodes verbunden, insbesondere durch J. LEECH, N. J. A. SLOANE und J. H. CONWAY. Codes werden zur expliziten Konstruktion von dichten gitter- und nichtgitterförmigen Lagerungen herangezogen. 1988 konnte RUSH für unendlich viele Dimensionen explizit Gitterlagerungen der Dichte $2^{-d+o(d)}$ konstruieren.

Eine Übersicht über die umfangreiche Literatur über Kugellagerungen, spezielle Gitter, wie das Witt- und das Lechgitter, Newtonzahlen, und die Verbindungen zur Quantisierung von Daten, zur numerischen Integration, zu Codes, zu den sporadischen endlichen einfachen Gruppen, zur Chemie, zur Kristallographie und zur Zahlentheorie findet man in der groß angelegten Monographie von Conway-Sloane [1988], zahlreiche Hinweise auch bei Gruber-Lekkerkerker [1987] und Erdös-Gruber-Hammer [1989].

5.5 Geometrie der Zahlen

Zahlreiche Themen der Geometrie der Zahlen wurden in früheren Abschnitten schon angesprochen, z. B. der Fundamentalsatz, der Satz von Minkowski-Hlawka, Lagerungs- und Überdeckungsfragen, insbesondere auch im Falle der Kugel.

Eine Brücke zwischen dem Lagerungs- und dem Überdeckungsproblem stellen die sogenannten Übertragungssätze dar, zu denen K. MAHLER 1939, HLAWKA 1952, M. KNESER 1955 und B. J. BIRCH 1956 beigetragen haben. Hervorzuheben ist dabei der Summensatz von Kneser.

CARL LUDWIG SIEGEL (1896–1981)
aus Berlin, Studium in Berlin bei PLANCK, FROBENIUS und SCHUR, Promotion 1920 bei LANDAU in Göttingen, Habilitation 1921 in Göttingen, 1922 Ordinarius in Frankfurt, 1938 in Göttingen ab 1940 Stipendium in Princeton, permanent member 1945, ab 1951 wieder in Göttingen.

MINKOWSKIS Fundamentalsatz (vgl. Abschnitt 4.2) wurde von CARL LUDWIG SIEGEL 1935 mit Hilfe von Fourierreihen verschärft und BLICHFELD und J. G. VAN DER CORPUT haben ihn 1921 bzw. 1935 zu einer Bedingung ausgebaut, die die Existenz von k (> 1) Gitterpunktpaaren in einem konvexen Körper sicherstellt. Eine allgemeinere Aussage von BLICHFELDT aus dem Jahre 1914 liefert den Fundamentalsatz als Spezialfall. In den beiden letzten Jahrzehnten hat man eine

Reihe von anderen Bedingungen gefunden, welche die Existenz von Gitterpunkten in einem konvexen Körper sicherstellen, insbesondere eine von J. BOKOWSKI, H. HADWIGER und J.M. WILLS 1972 und eine weitere von J. CHALK 1967 und D.L. YATES 1970. Eine Fülle solcher Resultate wurde im Fall $d = 2$ angegeben. Eine andersartige Verfeinerung des Fundamentalsatzes hat MINKOWSKI schon 1896 in Form seines Satzes über sukzessive Minima angegeben, der von WOLFGANG M. SCHMIDT (geb. 1933) in neuerer Zeit erfolgreich bei diophantischen Approximationen eingesetzt wurde.

Der Auswahlsatz für Gitter von KURT MAHLER ((1903–1988) aus Krefeld, Emigration nach England, später in Canberra) aus dem Jahre 1946 für Gitter sichert die Existenz von Gittern, die Extremalprobleme lösen, z. B. garantiert er die Existenz einer dichtesten gitterförmigen Lagerung für jeden konvexen Körper. Nach H. GROEMER 1971 läßt er sich auf den Auswahlsatz von Blaschke zurückführen.

Der Satz von Minkowski-Hlawka (vgl. Abschnitte 4.2, 5.4) hat starkes Interesse auf sich gezogen. SIEGEL hat ihn 1945 aus seinem Mittelwertsatz abgeleitet. Andere Beweise und Verschärfungen gaben A. WEIL, ROGERS, SANTALÓ, A.M. MACBEATH und insbesondere SCHMIDT an. Aus manchen Beweisen können Verfahren herausgelesen werden, um zu einem Bereich von Volumen ≤ 1 ein Gitter zu konstruieren, das in ihm keinen Punkt außer eventuell den Ursprung enthält. Wegen des gewaltigen Rechenaufwandes bei diesen Verfahren wären schnellere Algorithmen höchst wünschenswert, vgl. Abschnitt 5.4.

In den letzten Jahren sind zwei neue Fragenkreise aufgetreten:

Ein *Gitterpolyeder* ist ein konvexes Polyeder, dessen Ecken dem ganzzahligen Gitter angehören, d.i. das Gitter aller Punkte mit ganzzahligen Koordinaten. Um die Frage der Anzahl der Gitterpunkte in einem solchen Polyeder, Zusammenhänge mit dem Volumen und Analoga der Quermassintegrale und gemischten Volumina hat sich eine umfangreiche Theorie gebildet, die auch Ausläufer in die algebraische Geometrie besitzt. Wichtige Beiträge stammen u.a. von E. EHRHART ab 1955, J.A. REEVE 1957, I.G. MACDONALD 1963, 1971, MCMULLEN 1975, 1977 und U. BETKE und M. KNESER 1985. Zu nennen ist dabei auch die „Algebra der Polyeder“ von MCMULLEN.

DELONE, S.S. RYŠKOV und ihre Schüler untersuchten in zahlreichen Arbeiten die Epsteinsche Zetafunktion, eine Verallgemeinerung der Riemannschen Zetafunktion, die, wie S.L. SOBOLEV bemerkt hat, mit Fragen der numerischen Integration zusammenhängt. Frühere Untersuchungen haben in den 50er Jahren J.W.S. CASSEL, R.A. RANKIN und V. ENNOLA durchgeführt.

An großen, offenen Problemen der Geometrie der Zahlen nennen wir folgende:

Verschärfung und Abgrenzung des Satzes von Minkowski-Hlawka,
konstruktive Beweise für den Satz von Minkowski-Hlawka,
das Umkehrproblem von Mordell zum Minkowskischen Linearformensatz,

das Voronoische Problem über Paralleloeder,
Bestimmung der (lokal) dichtesten Kugellagerungen,
Bestimmung dichtester Gitterlagerungen vorgegebener konvexer Körper in den Dimensionen 2, 3,
Bestimmung der (lokalen) Minima der Zetafunktion,
Vermutung über das Produkt inhomogener Linearformen,
Vermutung von Davenport über sukzessive Minima.

Wichtige Beiträge haben außer den in diesem Abschnitt schon genannten Personen auch HAROLD DAVENPORT, LOUIS JOEL MORDELL ((1888-1972), 1923 Professor in Manchester, 1945 in Cambridge) und DELONE samt ihren Schulen geleistet. DAVENPORTS Arbeiten sind durch hohe Präzision und häufig nicht mehr verbesserbare Resultate ausgezeichnet. Wichtig sind seine Aussagen über Gitterkonstanten und indefinite quadratische Formen. Ferner seien die amerikanische und die indische Schule der Geometrie der Zahlen erwähnt. Weiter nennen wir A.C. WOODS, B.F. SKUBENKO, A.V. MALYŠEV, R.J. HANS-GILL und H. ZASSENHAUS. In den letzten Jahren kann man ein deutlich erhöhtes Interesse an der Geometrie der Zahlen feststellen, u.a. wegen ihrer Verbindung zur numerischen Integration, zur Codierung, zur Kristallographie und zur Integralgeometrie.

HAROLD DAVENPORT (1907-1969)
Studium in Manchester und in Cambridge bei LITTLEWOOD, 1932 Fellow am Trinity College, 1937 Lecturer in Manchester, 1940 F.R.S., 1941 Professor in North Wales, 1945 Astor Professor in London, 1958 Rouse Ball Professor in Cambridge.

Ausführliche Literaturübersichten bei Cassels [1972], Conway-Sloane [1988], Gruber-Lekkerkerker [1987] und Erdös-Gruber-Hammer [1989].

5.6 Die innere Geometrie konvexer Flächen

Ist K ein konvexer Körper, dann ist die *innere Metrik* auf dem Rande von K in folgender Weise definiert: Der Abstand zweier Randpunkte ist das Infimum der euklidischen Längen der stetigen Kurven am Rande, welche diese beiden

Punkte verbinden. Mit der Untersuchung der inneren Metrik, insbesondere mit Starrheitsfragen, beschäftigt man sich im Rahmen der Differentialgeometrie und der Konvexität. Differentialgeometrische Starrheitsaussagen über glatte konvexe Flächen stammen u.a. von F. MINDING, H. LIEBMANN, D. HILBERT, H. WEYL, W. BLASCHKE, S. COHN-VOSSEN, G. HERGLOTZ, H. LEWY.

Ohne Differenzierbarkeitsvoraussetzungen, allerdings eingeschränkt auf die Dimension 3, haben A. DANILOWITSCH ALEXANDROV (geb. 1912) und seine Schüler, darunter insbesondere A.V. POGORELOV, die innere Metrik auf dem Rande eines konvexen Körpers eingehend untersucht. Im Vorwort zu seinem Buch über die innere Geometrie konvexer Flächen, in dem die frühe Entwicklung zusammengefaßt ist, schreibt ALEXANDROV folgendes:

> Um mit Minkowski zu sprechen: „Einen besonderen Reiz bieten die Sätze über konvexe Körper noch durch den Umstand, daß sie in der Regel für diese ganze Kategorie von Gebilden ohne jede Ausnahme Geltung haben". Deswegen erweisen sich gerade die konvexen Flächen als ein sozusagen sehr glücklich definiertes Objekt. In der letzten Zeit wurden für konvexe Flächen allgemeine Resultate erzielt, die durch keine Regularitätsvoraussetzungen eingeschränkt sind. Diese Resultate bezogen sich aber nicht auf die innere Geometrie. Es schien daher an der Zeit, Flächen zu untersuchen, und ... (Alexandrov [1955])

Zentrales Ergebnis der Theorie ist folgende Aussage von ALEXANDROV 1947 und POGORELOV 1952: *Es sei M eine zur 2-Sphäre homöomorphe metrische Mannigfaltigkeit, die (eine passend definierte) nichtnegative Krümmung hat. Dann gibt es eine geschlossene konvexe Fläche F im* $\mathbb{E}^3$, *so daß M zu F isometrisch ist, wenn beide mit der inneren Metrik versehen sind. F ist eindeutig bis auf Bewegungen.* Daraus folgt insbesondere die Starrheit von geschlossenen konvexen Flächen im $\mathbb{E}^3$ und der Cauchysche Starrheitssatz aus Abschnitt 3.1 ist ein Sonderfall davon. Das Existenzproblem für konvexe Flächen mit vorgelegter innerer Metrik heißt auch Weylsches Problem. Legt man (auf der Kugel) die Gaußsche Krümmung vor (etwa als Maß, um auf Differenzierbarkeitsvoraussetzungen zu verzichten) und fragt, ob es eine konvexe Fläche gibt, die diese Krümmung besitzt (bei Übertragung durch Normalen auf die Kugel), so spricht man vom Minkowskischen Problem.

Übersichten über die vielfältigen Ergebnisse der inneren Geometrie findet man bei Alexandrov [1955, 1958], Pogorelov [1973] und Busemann [1958]. Modernere Darstellungen wären wünschenswert.

In den letzten Jahren wurden zahlreiche Starrheitsfragen über (zum Teil mit Seilen verspannte) Fachwerke behandelt, vgl. Connelly [1980].

5.7 Integralgeometrie

Das erste einschlägige Resultat ist das Nadelexperiment von GEORGE LOUIS LECLERC DE BUFFON (1707–1788) aus dem Jahre 1733. Auch die Cauchysche Oberflächenformel (siehe Abschnitt 3.2) gehört dazu. Man fragt in der Integralgeometrie typischerweise, „wie viele" kongruente Kopien einer Geraden, einer Ebene, eines konvexen Körpers, etc. eine gewisse Eigenschaft haben, z. B. „wie viele" Ebenen treffen einen festen konvexen Körper. Den Hintergrund bildet die Theorie des Haarschen Maßes.

Im 19. und im beginnenden 20. Jahrhundert gibt es zahlreiche sporadische Resultate, u.a. von JAMES JOSEPH SYLVESTER (1814–1897), MORGAN WILLIAM CROFTON (1826), EMANUEL CZUBER (1851–1925) und HENRI POINCARÉ (1854–1912). In den 30er Jahren begann BLASCHKE mit einem Kreis von Schülern, insbesondere mit L. A. SANTALÓ, mit der systematischen Erforschung dieses Gebietes. Moderne Töchter der Integralgeometrie sind die Theorie der geometrischen Wahrscheinlichkeiten und die anwendungsnahe Stereologie. Besonderes Interesse haben dabei „zufällige Polyeder" auf sich gezogen. Umfassende Darstellungen findet man bei Santaló [1976], Hadwiger [1957], W. Weil [1983], Kendall-Moran [1963] und Matheron [1975].

5.8 Extremalprobleme

Zum engeren Bereich der Konvexität gehören die zahllosen Verschärfungen und Verallgemeinerungen der isoperimetrischen Ungleichung für einen konvexen Körper K:

$$\frac{V(K)^{d-1}}{S(K)^d} \le \frac{V(B^d)^{d-1}}{S(B^d)^d},$$

wobei $S(\ )$ die Oberfläche bezeichnet und B^d die Einheitskugel im $\mathbb{E}^d$ ist. Etwas unsystematisch sei auf Ergebnisse von WILHELM GROSS (1886–1918), T. BONNESEN 1921–1929 und von ERHARD SCHMIDT ((1876–1959) aus Dorpat, Studium bei SCHWARZ und HILBERT, 1906 Habilitation in Bonn, 1908 Ordinarius in Zürich, 1910 in Erlangen, 1911 in Breslau, ab 1917 in Berlin, Mitglied der Preußischen Akademie) aus den 30er und 40er Jahren, sowie von GERRIT BOL und DINGHAS aus den 40er und 50er Jahren hingewiesen. SCHMIDT befaßte sich vor allem mit der Übertragung der Problemstellung in Räume mit konstanter Krümmung.

Neben dem isoperimetrischen Problem im engeren Sinne durchzieht eine Unzahl von weiteren Extremalproblemen die gesamte konvexgeometrische Literatur, vgl. etwa die Bücher von Blaschke [1916], Bonnesen [1929], Bonnesen-Fenchel [1934], Fejes Tóth [1953] und Burago-Zalgaller [1988] und die Übersichten von Osserman [1979] und Florian [1979]. Auf die isoperimetrischen Probleme der mathematischen Physik wurde schon in Abschnitt 3.4 hingewiesen.

5.9 Beziehungen zu anderen Gebieten

Wir betrachten hier nur die Konvexität, da die Verbindungen der Geometrie der Zahlen zu anderen Teilen der Mathematik schon an mehreren Stellen angedeutet wurden. Als typisches Zwischengebiet besitzt die Konvexgeometrie viele Brücken zu anderen mathematischen Disziplinen. Vielleicht kann man sie in folgender Weise einteilen: Anwendungen der Konvexität auf andere Gebiete, konvexgeometrische Aussagen in anderen Gebieten, Anwendungen anderer Gebiete auf die Konvexität.

Daß die Konvexgeometrie ein wesentliches Hilfsmittel der Geometrie der Zahlen ist, geht aus unserer Darstellung deutlich hervor, ebenso, daß manche zahlengeometrische Aussagen im Grunde auch der Konvexität zugerechnet werden können.

Besonders eng sind die Beziehungen zwischen Konvexität und Funktionalanalysis. Namen, die man dabei nennen kann sind u. a. CARATHÉODORY, HELLY, RADON, L. E. BROUWER, H. HAHN, S. BANACH, J. v. NEUMANN, S. MAZUR, M. KREIN, D. MILMAN, S. KAKUTANI und A. DVORETZKY, darüber hinaus auch die zahlreicher lebender Mathematiker. Bindeglieder zwischen beiden Gebieten sind normierte Räume (die schon in RIEMANNS Habilitationsvortrag anklingen), speziell die lokale Theorie der endlichdimensionalen Räume, Trennungssätze und Stützeigenschaften, Fixpunktsätze und nichtexpansive Abbildungen, Wahrscheinlichkeitsmaße auf kompakten Mengen, Extremalpunkte und die Theorie der Simplexe von CHOQUET, BAUER und POULSEN, aber auch vektorwertige Maße und Zonoide. In den letzten Jahren dringen Ideen und Methoden und neue Fragestellungen von der Funktionalanalysis her in die Konvexgeometrie ein, vgl. Milman-Lindenstrauss [1988].

Die Differentialgeometrie, insbesondere die affine Differentialgeometrie, bietet ergiebige Quellen für Konvexitätsprobleme. Beispiele sind das Weylsche und das Minkowskische Problem (siehe Abschnitt 5.6), Aussagen über die Gaußsche Krümmung, die Affinkrümmung, Starrheitsaussagen, geodätische Linien und Fragen der inneren Geometrie, sowie Kennzeichnungen von Quadriken, speziell von Sphären. Allerdings sind die Beweise entsprechender Aussagen in Differentialgeometrie und Konvexgeometrie häufig total verschieden. Manchmal dienen Hilfsmittel aus der Differentialgeometrie auch bei Beweisen von Konvexitätsresultaten, z. B. Aussagen über die Affinoberfläche und die affinisoprimetrische Ungleichung von Blaschke.

Das breiteste Anwendungsfeld der Konvexität ist die Optimierung und zwar sowohl die lineare, als auch die nichtlineare und die ganzzahlige Optimierung. Die ersten Untersuchungen über lineare Ungleichungssysteme dürfte JEAN-BAPTISTE-JOSEPH FOURIER (1768–1830) 1798 durchgeführt haben. 1826 gibt er eine Methode zur Lösung solcher Systeme an. Spätere Beiträge stammen von PAUL GORDAN (1837–1912) 1873 und von J. FARKAS 1902, E. STIEMKE 1915, ALFRED HAAR (1885–1933) 1924 und THEODOR MOTZKIN 1936. Modernere Entwicklungen gehen auf LEONID VITALEVIC KANTOROVIČ (1912–1986) und GEORGE DANTZIG, GEORGE MINTY und VICTOR KLEE (Simplexmethode), auf I. SHOR und L. G. KHACHYAN (Ellipsoidmethode) und zahlreiche andere Mathematiker zurück, vgl. z. B. Stoer-Witzgall [1970] und Rockafellar [1970].

In enger Verbindung zur Optimierung steht die Ökonometrie. Konvexgeometrischer Hilfsmittel haben sich u. a. JOHN V. NEUMANN (1903–1957), O. MORGENSTERN, G. DEBREU, S. SMALE bedient, siehe etwa Debreu [1959], Neumann und Morgenstern [1947] und Nikaido [1968].

Durch die Optimierung wurde innerhalb der Konvexgeometrie der algorithmische Aspekt deutlicher. Das führte zur Computational geometry, vgl. Edelsbrunner [1987] und Lovász [1986].

Die Arbeiten FEDOROVS und das 18. Problem von HILBERT lassen die Beziehung von Konvexgeometrie und Geometrie der Zahlen zur Kristallographie erkennen. An der Nahtstelle dieser drei Gebiete sind die Arbeiten von L. BIEBERBACH 1910–1912, G. WULFF, DINGHAS und von DELONE und seinen Schülern angesiedelt, siehe Engel [1986] und Galiulin [1984].

An weiteren Gebieten mit Berührungen zur Konvexität seien Graphentheorie, partielle Differentialgleichungen, geometrische Maßtheorie, Ungleichungen, Kontrolltheorie und Variationsrechnung genannt.

5.10 Bemerkungen zur Entwicklung der Konvexgeometrie und Geometrie der Zahlen

Wenn man die Konvexgeometrie und die Geometrie der Zahlen betrachtet, und sich die Frage stellt, wodurch die Entwicklung besonders gefördert wurde, so ist für diese beiden Gebiete die Antwort nicht ganz dieselbe. Große Probleme haben zweifellos die Geometrie der Zahlen stärker befruchtet als die Konvexgeometrie, vgl. auch Abschnitt 5.5. Dagegen haben sich in der Konvexität häufig um einzelne, oft sehr einfache, meist aber ästhetisch anziehende Resultate ganze Sammlungen verwandter Ergebnisse angesiedelt, z. B. um die Sätze von Helly, Radon und Carathéodory oder um die isoperimetrische Ungleichung.

Das geschlossene Lebenswerk MINKOWSKIS hat beide Gebiete nachhaltig beeinflußt. Starke Anregungen sind auch von den kleinen Büchern von BLASCHKE [1916] und FEJES TÓTH [1953] und von dem umfassenden Werk GRÜNBAUMS [1967] ausgegangen. Die systematischen Darstellungen von BONNESEN-FENCHEL [1934], ALEXANDROV [1955, 1958] und HADWIGER [1957] sind primär Referenzwerke.

Stärker als bei der Geometrie der Zahlen haben andere Gebiete auf die Konvexgeometrie eingewirkt, vgl. Abschnitt 5.9.

In der Konvexität gibt es nach der systematischen Entwicklung, die um die Wende vom 19. zum 20. Jahrhundert angesiedelt ist, und bis in die 20er Jahre reicht, eine Phase der Einzelresultate, die dann durch die Entstehung von Teildisziplinen abgelöst wird, innerhalb welcher sich systematische Durchforstung und Phasen der Einzelresultate neuerlich abwechseln. Merkwürdigerweise stehen manchmal auch hier, z. B. in der diskreten Geometrie, allgemeinere Aussagen zeitlich vor einer Auffächerung in speziellere Fragen.

Das stetige Wachstum der Geometrie der Zahlen erreicht in den 50er Jahren einen Höhepunkt. Da die großen Probleme dieser Epoche, z. B. Verschärfungen des Satzes von Minkowski-Hlawka und die Vermutung über das Produkt inhomogener Linearformen, sich teilweise als unzugänglich erwiesen, wandten sich zahlreiche Mathematiker gegen Ende der 50er Jahre von der Geometrie der Zahlen ab. Als aber Ende der 60er Jahre andere Themen das Interesse auf sich zogen, wie Gitterpolyeder und die Zetafunktion, begann eine neuerliche Expansionsphase.

6 Schlußbemerkungen

Dem Charakter des vorliegenden Bandes entsprechend wurde die Entwicklung in Deutschland etwas stärker betont. Das bringt mit sich, daß manche bedeutende, nichtdeutsche Autoren nicht erwähnt wurden (aber auch der eine oder andere deutsche).

Für zahlreiche freundliche Hinweise danke ich den Herren Danzer, Fischer, Hammer, Hlawka, Scharlau und Wills sehr herzlich, ebenso Frau Dr. Binder.

Literaturverzeichnis

Alexandrov, A. D. (1955): *Die innere Geometrie der konvexen Flächen*, Akademie-Verl., Berlin, 1955.

Alexandrov, A. D. (1958): *Konvexe Polyeder*, Akademie-Verl., Berlin, 1958.

Archimedes (1922): *Kugel und Zylinder*, Ostwalds Klassiker der exakten Wiss., **202/210**, Akademische Verlagsges., Leipzig, 1922.

Bandle, C. (1980): *Isoperimetric inequalities and applications*, Pitman, Boston, 1980.

Berger, M. (1987): *Geometry I, II*, Springer, Berlin, 1987.

Blaschke, W. (1916): *Kreis und Kugel*, Göschen, Leipzig, 1916; Chelsea, New York 1949; de Gruyter, Berlin, 1956.

Blaschke, W. (1985): *Gesammelte Werke*, **3**, Thales Verlag, Essen, 1985.

Boltianskii, V. G. (1978): *Hilbert's third problem*, John Wiley, New York, 1978.

Boltianskii, W. G., Gohberg, I. Z. (1972): *Sätze und Probleme der kombinatorischen Geometrie*, VEB. Deutsch. Verl. Wiss., Berlin, 1972.

Bonnesen, T. (1929): *Les problèmes des isopérimètres et des isépiphanes*, Gauthier-Villars, Paris, 1929.

Bonnesen, T., Fenchel, W. (1934): *Theorie der konvexen Körper*, Ergebnisse **3**, Springer, Berlin, 1934, 1974; Chelsea, New York, 1948.

Brøndsted, A. (1982): *An introduction to convex polytopes*, Graduate Texts in Math. **90**, Springer, New York-Heidelberg-Berlin, 1982.

Brunn, H. (1887): *Über Ovale und Eiflächen*, Inaugur. Diss., München, 1887.

Brunn, H. (1889): *Über Kurven ohne Wendepunkte*, Habilitationsschr., München, 1889.

Burago, Yu, Zalgaller, V. A. (1988): *Geometric inequalities*, Grundlehren **285**, Springer, Berlin, 1988.

Busemann, H. (1958): *Convex surfaces*, Interscience Publ., New York, 1958.

Cassels, J. W. S. (1972): *An introduction to the geometry of numbers*, 2nd ed., Grundlehren **99**, Springer, Berlin-Göttingen-Heidelberg, 1972.

Connelly, R. (1980): *Conjectures and open questions in rigidity*, In: Proc. Int. Congr. Math. (Helsinki 1978) **1**, 407-414, Acad. Sci. Fenn., Helsinki, 1980.

Conway, J. H., Sloane, N. J. A. (1988): *Sphere packings, lattices and groups*, Grundlehren **290**, Springer, New York, 1988.

Coxeter, H. S. M. (1973): *Regular polytopes*, 3rd ed., Dover, New York, 1973.

Danzer, L., Grünbaum, B., Klee, V. (1963): *Helly's theorem and its relatives*, In: Proc. Sympos. Pure Math. **7**, Convexity (Seattle 1961), 101-180, Amer. Math. Soc., Providence, Rh. I., 1963.

Davenport, H. (1977): *The collected works of Harold Davenport* **1, 2,** Academic Press, 1977.

Debreu, G. (1959): *Theory of values*, Wiley, New York, 1959.

Dinghas, A. (1961): *Minkowskische Summen und Integrale. Superadditive Mengenfunktionale. Isoperimetrische Ungleichungen*, Mem. Sci. Math. **149**, Gauthier-Villars, Paris, 1961.

Dürer, A. (1525): *Unterweysung der messung/mit dem zirckel un richtscheyt/in Linien ebnen und gantzen corporen/durch Albrecht Dürer zusamen getzoge/und zu nutz alle kunstlieb habenden mit zugehörigen Figuren/in truck gebracht/im jar M.D.XXV.*

Eckhoff, J. (1979): *Radon's theorem revisited*, In: Contributions to geometry, 164-185, Birkhäuser, Basel-Boston-Stuttgart, 1979.

Edelsbrunner, H. (1987): *Algorithms in combinatorial geometry*, Springer, Berlin, 1987.

Eggleston H. G. (1966): *Convexity*, Cambridge Tract **47**, Cambridge Univ. Press, Cambridge, 1966.

Engel, P. (1986): *Geometric crystallography*, Reidel, Dordrecht 1986.

Erdös, P., Gruber, P. M., Hammer, J. (1989): *Lattice points*, Longman Scientific and Technical, Harlow, Essex, 1989.

Euklid (1933): *Elemente*, Ostwalds Klassiker der exakten Wiss. **235, 236, 240, 241, 243,** Akademische Verlagsges., Leipzig, 1933, 1933, 1935, 1936, 1937.

Euler, L. (1752 a): *Elementa doctrinae solidorum*, Novi comm. acad. sci. Petropolitanae **4** (1752/53) 109-140 = L. Euler, Opera Math. **26**, 71-93.

Euler, E. (1752 b): *Demonstratio nonnullarum insignium proprietatum quibus solida hedris planis inclusa sunt preaedita*, Novi comm. acad. Sci. Petropolitanae **4** (1752/53) 140-160 = L. Euler, Opera Math. **26**, 94-208.

Ewald, G., Kleinschmidt, P., Pachner, U., Schulz, Chr. (1979): *Neuere Entwicklungen in der kombinatorischen Konvexgeometrie*, In: Contributions to geometry, 131-163, Birkhäuser, Basel-Boston-Stuttgart, 1979.

Federico, P. J. (1982): *Descartes on polyhedra*, Sources in the History of Mathematics **4**, Springer, New York-Heidelberg-Berlin, 1982.

Fejes Tóth, L. (1965): *Reguläre Figuren*, Akadémiai Kiadó, Budapest, 1965.

Fejes Tóth, L. (1953): *Lagerungen in der Ebene, auf der Kugel und im Raum*, Grundlehren **56**, Springer, Berlin-Göttingen-Heidelberg, 1953, 2. Aufl. 1972.

Florian, A. (1979): *Neuere Entwicklungen über reguläre Polyeder*, In: Contributions to geometry, 238-247, Birkhäuser, Basel-Boston-Stuttgart, 1979.

Galiulin, R. B. (1984): *Geometric crystallography*, Nauka, Moscow, 1984.

Gruber, P. M., Lekkerkerker, C. G. (1987): *Geometry of numbers*, 2nd ed., North-Holland, Amsterdam, 1987.

Gruber, P. M., Wills, J. M., eds.: *Handbook of convex geometry*, North-Holland, In preparation.

Grünbaum, B. (1967): *Convex polytopes*, John Wiley, London–New York–Sydney 1967.

Grünbaum, B., Shephard, G. C. (1980): *Tilings with congruent tiles*, Bull. Amer. Math. Soc. (N.S.) **3** (1980) 951–973.

Grünbaum, B., Shephard, G. C. (1984): *Tilings and patterns*, Freeman, San Francisco, 1984.

Hadwiger, H. (1957): *Vorlesung über Inhalt, Oberfläche und Isoperimetrie*, Grundlehren **93**, Springer, Berlin-Göttingen-Heidelberg, 1957.

Hadwiger, H., Debrunner, H., Klee, V. (1964): *Combinatorial geometry in the plane*, Holt, Rinehart & Winston, New York, 1964.

Heesch, H. (1968): *Reguläres Parkettierungsproblem*, Westdeutscher Verlag, Köln-Opladen, 1968.

Hilbert, D. (1900): *Mathematische Probleme*, Göttinger Nachr. **1900**, 253–297 = Arch. Math. Phys. (3) **1** (1901) 44–63, 213–237.

Hlawka, E.: *Selecta*, Springer, Berlin–Heidelberg–New York, 1990.

Hlawka, E., Schoissengeier, J., Taschner, R. (1986): *Geometrische und analytische Zahlentheorie*, Manz, Wien 1986.

Hölder, O. (1889): *Über einen Mittelwertsatz*, Nachr. Ges. Wiss. Göttingen **1889**, 38–47.

Kendall, M. G., Moran, P. A. P. (1963): *Geometric probability*, Griffin, New York, 1963.

Kepler, J. (1941): *Strena seu de nive sexangula* (Vom sechseckigen Schnee), Tampach, Frankfurt, 1611 = Ges. Werke **4**, 259–280, Beck, München, 1941.

Leichtweiß, K. (1980): *Konvexe Mengen*, Springer, Berlin–Heidelberg–New York, 1980.

Lovász, L. (1986): *An algorithmic theory of numbers, graphs and convexity*, SIAM, Philadelphia, 1986.

Lyusternik, L. A. (1963): *Convex figures and pholyhedra*, Dover, New York, 1963.

Malkevitch, J. (1988): *Milestones in the history of polyhedra*, In: Shaping space, 80–92, Birkhäuser, Basel–Boston–Stuttgart, 1988.

Matheron, G. (1975): *Random sets and integral geometry*, John Wiley, New York, 1975.

McMullen, P, Schneider, R. (1983): *Valuations on convex bodies*, In: Convexity and its applications, 170–247, Birkhäuser, Basel–Boston–Stuttgart, 1983.

McMullen, P., Shephard, G. C. (1971): *Convex polytopes and the upper bound conjecture*, London. Math. Soc. Lecture Notes **3**, Cambridge Univ. Press, Cambridge, 1971.

Milman, V. D., Lindenstrauss, J., eds. (1988): *Geometric aspects of functional analysis*, Springer, Berlin, 1988.

Minkowski, H. (1896): *Geometrie der Zahlen*, Teubner, Leipzig–Berlin, 1896.

Minkowski, H. (1907): *Diophantische Approximationen*, Teubner, Leipzig–Berlin, 1907; Chelsea, New York, 1957; Physika, Würzburg, 1961.

Minkowski, H. (1911): *Gesammelte Abhandlungen* I, II, Teubner, Leipzig–Berlin, 1911.

Minkowski, H. (1973): *Briefe an David Hilbert*, Springer, Leipzig–Berlin–Heidelberg–New York, 1973.

Neumann, J. v., Morgenstern, O. (1947): *Theory of games and economic behaviour*, Princeton U Press, Princeton 1947.

Nikaido, H. (1968): *Convex structures and economic theory*, Academic Press, New York 1968.

Osserman, R. (1979): *Bonnesen-style isoperimetric inequalities*, Amer. Math. Monthly **86** (1979) 1–29.

Osserman, R. (1978): *The isoperimetric inequality*, Bull. Amer. Math. Soc. **84** (1978) 1182–1238.

Pappus (1878): In: Pappus Alexandrini Collectiones, Edition of Hultsch, 1878.

Pogorelov, A. V. (1973): *Extrinsic geometry of convex surfaces*, Amer. Math. Soc., Jerusalem, 1973.

Pólya, G., Szegö, G. (1951): *Isoperimetrical inequalities in mathematical physics*, Princeton Univ. Press, Princeton 1951.

Roberts, A. W., Varberg, D. E. (1973): *Convex functions*, Academic Press, New York 1973.

Rockafellar, R. T. (1970): *Convex analysis*, Princeton Univ. Press, Princeton, 1970.

Rogers, C. A. (1964): *Packing and covering*, Cambridge Tract **54,** Cambridge Univ. Press, Cambridge, 1964.

Sah, C. H. (1979): *Hilbert's third problem: scissors congruence*, Res. Notes, **33,** Pitman, San Francisco-London-Melbourne, 1979.

Santaló, L. A. (1976): *Integral geometry and geometric probability*, Addison-Wesley, London, 1976.

Schneider, R.: In preparation.

Schröder, E. (1980): *Dürer in Kunst und Geometrie*, Birkhäuser, Basel-Boston-Stuttgart, 1980.

Schwarz, H. A. (1890): *Gesammelte Mathematische Abhandlungen I, II*, Springer, Berlin, 1890.

Stein, S. K. (1986): *Tiling, packing and covering by clusters*, Rocky Mountain J. Math. **16** (1986) 277-321.

Steiner, J. (1881): *Gesammelte Werke I, II*, Reimer, Berlin, 1881, 1882.

Steinitz, E., Rademacher, H. (1934): *Vorlesungen über die Theorie der Polyeder*, Grundlehren **41,** Springer, Berlin, 1934, Nachdruck, 1976.

Stoer, J., Witzgall, Chr. (1970): *Convexity and optimization in finite dimensions I*, Springer, Berlin, 1970.

Stoka, M. I. (1967): *Geometrie integrale*, Ed. Acad. Repbl. Soc. Rom., 1967.

Voronoi, G. F. (1952): *Gesammelte Abhandlungen* (Russ.) *1-3*, Izdat Akad. Nauk Ukrain. SSR, Kiew, 1952.

Weil, W. (1983): *Stereology: A survey for geometers*, In: Convexity and its applications, 360-412, Birkhäuser, Basel-Boston-Stuttgart, 1983.

Wills, J. M. (1983/84): *Mathematik und Kunst: Die Platonischen Körper*, In: Siegener Studien, Wintersem. 1983/84, 17-27.

Wahrscheinlichkeitstheorie

Ulrich Krengel

Einführung

Der vorliegende Bericht über die Entwicklung der Wahrscheinlichkeitstheorie in den letzten hundert Jahren beschränkt sich auf den deutschen Sprachraum und schildert die internationale Entwicklung nur insoweit wie sie zum besseren Verständnis benötigt wird. Aus Anlaß des Jubiläums der DMV schien mir ein räumlich begrenzter Rückblick legitim. Aus Gründen mangelnden Abstandes werde ich die Entwicklung der letzten 20–30 Jahre nur als Ausblick andeuten. Wer in erster Linie an einem Überblick über die internationale Gesamtentwicklung interessiert ist, kann z. B. den Artikel von LOÈVE [1978] sowie ergänzend den Anhang im Buch von GNEDENKO [1957] lesen. Da die bedeutendsten Anstöße aus der Sowjetunion, aus Frankreich, den USA und aus Skandinavien kamen, findet man dort naturgemäß wenig über Beiträge aus Deutschland.

Über das Thema „Mathematische Statistik" berichtet im nachfolgenden Artikel dieses Bandes Herr Witting. Da Wahrscheinlichkeitstheorie und Statistik oft schwer zu trennen waren, war es nicht in jedem Fall selbstverständlich, welche Ergebnisse und Personen welchem der beiden Artikel zuzuordnen waren. Diese ergänzen sich somit wechselseitig.

Ich bin den zahlreichen Kollegen, die mir Anregungen und Literaturhinweise vermittelt haben, äußerst dankbar; hervorheben möchte ich H. Dinges, A. Reich, G. Reichel und J. Schröter. Man verzeihe bitte, daß ich aus Platzgründen fast ausschließlich Sekundärliteratur zitiere.

1 CZUBERS Bericht

In Band 7 des Jahresberichts der DMV erschien 1898 ein fast 300 Seiten langer Übersichtsartikel des Wiener Mathematikers EMANUEL CZUBER (1851–1925): „Die Entwicklung der Wahrscheinlichkeitstheorie und ihrer Anwendungen". Dieser vermittelt ein Bild von dem Stand der Entwicklung zu der Zeit um die Jahrhundertwende. Einerseits gab es eine Fülle von reizvollen Einzelaufgaben über Urnenmodelle, geometrische Wahrscheinlichkeiten, Münzwurfprobleme und Ähnliches, und teils trickreiche Methoden zur Berechnung von Wahrscheinlichkeiten mittels rekursiver Ansätze, Differenzenrechnung usw. Andererseits fehlte die mathematische Grundlegung, und die Theorie war noch wenig entwickelt.

Höhepunkte waren immer noch der Satz von de Moivre-Laplace von 1733 und 1785/1812 und das Poissonsche schwache Gesetz der großen Zahl von 1837, d. h. das für unabhängige Versuche mit nicht konstanten Erfolgswahrscheinlichkeiten. Völlige Unsicherheit herrschte in bezug auf die Grundbegriffe. KARL STUMPF vertrat noch 1892 im Zusammenhang mit der Laplaceschen Definition der Wahrscheinlichkeit als Quotient der Zahl der günstigen Fälle und der Gesamtzahl der gleichmöglichen Fälle, die Ansicht, daß gleichmögliche Fälle vorliegen, wenn wir absolut nichts darüber wissen, welcher von den unterscheidbaren Fällen eintreten wird. Dagegen verlangte JOHANN VON KRIES 1886, daß die Festlegung der gleichmöglichen Fälle auf Grund eines **objektiven Wissens** geschehen muß.

Betrachten wir ein Beispiel: Ist nur bekannt, daß eine Urne weiße und schwarze Kugeln enthält, so würde STUMPF jedenfalls für die erste Ziehung die Ergebnisse schwarz und weiß als gleichmöglich bezeichnet haben. VON KRIES hätte dies nur zugestanden, wenn bekannt wäre, daß die Urne gleich viele weiße wie schwarze Kugeln enthält. Selbst MARKOW hatte zu Beginn dieses Jahrhunderts noch ähnliche Schwierigkeiten. In seinem Lehrbuch [1912, 5–6] findet sich das folgende Beispiel: In einer Urne gibt es Kugeln mit vier verschiedenen Farben 1, 2, 3, 4 mit den unbekannten Häufigkeiten a, b, c, d. MARKOW gibt an, die Wahrscheinlichkeit, eine Kugel der Farbe 1 zu ziehen, sei $\frac{1}{4}$, denn die vier Farben seien gleichmöglich. Wenn man aber erführe, daß $a < b < c < d$ gilt, ohne auch die Werte von a, b, c und d zu erfahren, müsse man auf die Aufstellung von Wahrscheinlichkeiten verzichten.

Heute würde man bei bekannten Kugelzahlen einen **festen** Wahrscheinlichkeitsraum als Modell wählen, während der Fall unbekannter Kugelzahlen durch eine parametrisierte **Familie** von Wahrscheinlichkeitsräumen beschrieben würde, also durch ein statistisches Modell. Es herrschte offenbar selbst für Experimente mit nur endlich vielen Ausgängen Unklarheit über deren mathematische Modellierung. Die Grundlagenschwierigkeiten lagen nicht nur daran, daß die Maßtheorie noch nicht verfügbar war.

CZUBERS Bericht war für die damalige Zeit äußerst umfassend. Aus heutiger Sicht vermissen wir jedoch neben Einzelheiten wie den Resultaten von GALTON und WATSON einen Abschnitt über die Anstöße, die aus der Physik gekommen waren. 1903 erschien CZUBERS an seinen Bericht angelehntes Lehrbuch „Wahrscheinlichkeitsrechnung und ihre Anwendung auf Fehlerausgleichsrechnung, Statistik und Lebensversicherung“. Schon in die vor CZUBERS Tod (1925) erschienenen Auflagen wurden die fundamentalen Fortschritte insbesondere der russischen Schule nicht mehr eingearbeitet. Dennoch wurde es offenbar geschätzt und viel gelesen, so daß noch 1941 eine unveränderte völlig veraltete sechste Auflage erschien.

2 Schritte auf dem Weg zur Axiomatik KOLMOGOROWS

Obwohl sich in den vergangenen Jahrhunderten einige der berühmtesten Mathematiker wie CARDANO, FERMAT, J. BERNOULLI, LAPLACE, GAUSS, POISSON und SYLVESTER mit Fragen der Wahrscheinlichkeitstheorie beschäftigt hatten, war es zu Beginn dieses Jahrhunderts wegen der ungeklärten Grundlagen nicht klar, ob die Wahrscheinlichkeitsrechnung in erster Linie eine mathematische Disziplin war oder vielleicht eher eine vorwiegend empirische Disziplin, die der Physik oder der Philosophie zuzurechnen wäre.

In dieser Situation stellte DAVID HILBERT in seinem berühmten Pariser Vortrag vom 8. August 1900 auf dem 2. Internationalen Mathematikerkongreß als sechstes Problem die Aufgabe der „mathematischen Behandlung der Axiome der Physik“. Zitat: „Durch die Untersuchungen über die Grundlagen der Geometrie wird uns die Aufgabe nahegelegt, nach diesem Vorbilde diejenigen physikalischen Disziplinen axiomatisch zu behandeln, in denen schon heute die Mathematik eine hervorragende Rolle spielt; dies sind in erster Linie die Wahrscheinlichkeitsrechnung und die Mechanik. Was die Axiome der Wahrscheinlichkeitsrechnung angeht, so scheint es mir wünschenswert, daß mit der logischen Untersuchung derselben zugleich eine strenge und befriedigende Entwicklung der Methode der mittleren Werte in der mathematischen Physik, speziell in der kinetischen Gastheorie Hand in Hand gehe.“

In einer Fußnote verwies HILBERT auf G. BOHLMANN. Dieser formulierte zu Beginn seines Artikels über Lebensversicherung in der Encyclopädie der Mathematischen Wissenschaften Bd. I, Teil 2, Artikel I D 4b (1901), dessen Entwurf im Jahre 1900 auf dem Pariser Kongreß der Aktuare vorgelegt worden war, erste Ansätze einer Axiomatik.

Die Wahrscheinlichkeit wird dort als den Ereignissen E zugeordnete nichtnegative Zahl $p(E)$ definiert, für welche gilt:

(i) Ist E das sichere Ereignis, so ist $p(E) = 1$;

(ii) Sind E_1, E_2 zwei Ereignisse, die nur mit Wahrscheinlichkeit 0 gemeinsam eintreten, so ist die Wahrscheinlichkeit des Ereignisses, daß E_1 oder E_2 eintritt, $p(E_1) + p(E_2)$.

BOHLMANN definierte: Zwei Ereignisse *heißen* unabhängig, wenn die Wahrscheinlichkeit, daß beide eintreten, das Produkt der Wahrscheinlichkeiten der beiden Ereignisse ist. Man beachte, daß bis dahin die Produktregel als *Satz* betrachtet worden war, und man nur unscharf definierte „E_1 heißt von E_2 unabhängig, wenn die Wahrscheinlichkeit, daß E_1 eintritt, nicht davon abhängt, ob E_2 eintritt", ohne zu präzisieren, was dies heißen sollte. Der Begriff des Ereignisses war bei BOHLMANN noch ungeklärt.

Auf dem Internationalen Mathematikerkongreß von Rom modifizierte BOHLMANN [1908] seinen Ansatz und leitete eine Reihe von nicht trivialen Formeln ab. Er definierte Unabhängigkeit von mehreren Ereignissen auf genau die gleiche Weise wie es heute noch geschieht, und zeigte den Unterschied zu paarweiser Unabhängigkeit auf. Sicher war dies nur ein Anfang, aber der Schritt von LAPLACES Begriff und den damals üblichen unklaren Formulierungen weg zu dem obigen Ansatz war nicht klein, und er ging in die richtige Richtung.

1907 schrieb UGO BROGGI aus Como/Italien bei D. HILBERT eine Dissertation mit dem Titel „Die Axiome der Wahrscheinlichkeitsrechnung". Darin werden, allerdings auf etwas nebulöse Weise, Ereignisse bereits durch Teilmengen M_1 einer Menge M beschrieben. BROGGI stellt dem Axiom 2 der Additivität die Aussage 2″ der σ-Additivität an die Seite. Da sich im Existenzbeweis noch die Aussage findet „Es sind die meßbaren Mengen die einzigen, die wir in Betracht ziehen wollen", können wir in BROGGIS Dissertation einen Vorläufer der KOLMOGOROWschen Axiomatik sehen, die mit der endgültigen Formulierung schon manches gemeinsam hatte. Allerdings wirkt die genauere Durchsicht der Arbeit ernüchternd. BROGGI behauptet, daß Additivität und σ-Additivität äquivalent sind, und liefert dafür einen „Beweis", der gleich mehrere Fehler enthält, so daß man wohl schließen darf, HILBERT habe die Dissertation allenfalls überflogen. Festzuhalten bleibt, daß bei BROGGI bereits die Situation allgemeiner Ergebnismengen betrachtet wird, und nicht nur die „geometrischer Wahrscheinlichkeiten".

In ihrem historischen Artikel zur Axiomatik KOLMOGOROWS weisen BARONE und NOVIKOFF [1978] darauf hin, daß der schwedische Mathematiker WIMAN bereits 1901 in der geometrischen Wahrscheinlichkeitstheorie Maße verwendet hat. In diesem Bereich war schon lange die Wahrscheinlichkeit für die Wahl eines Punktes in einem Intervall proportional zu dessen Länge angesetzt worden. Daß Maße damals noch nicht allgemein zur Beschreibung von Wahrscheinlichkeiten als geeignet betrachtet wurden, zeigt das folgende Zitat von BOREL (1905): „Wenn man die Konvention benutzt, daß die Wahrscheinlichkeit einer Menge proportional zu deren Länge (oder Fläche, oder Volumen) ist, sollte es explizit ausgesprochen werden, daß dies eine Konvention ist und nicht die eigentliche Bedeutung von Wahrscheinlichkeit."

Wie BARONE und NOVIKOFF ausführen, verwendet E. BOREL 1909 in seiner berühmten Arbeit zum Gesetz der großen Zahl „abzählbare Unabhängigkeit" statt σ-Additivität. S. N. BERNSTEIN entwickelte 1917 eine Axiomatik, die auf dem qualitativen Vergleich zufälliger Ereignisse nach ihrer größeren oder kleineren Wahrscheinlichkeit beruht. WIENER, PALEY und ZYGMUND arbeiteten mit Wahrscheinlichkeiten wie mit Maßen. Entscheidend war, daß FRÉCHET und CARATHÉODORY die Maßtheorie von den geometrischen Elementen befreiten. Wichtig waren auch die Arbeiten von LOMNICKI (1923) und STEINHAUS (1923), der (in heutiger Sprechweise) zeigte, daß es eine maßtreue Transformation zwischen dem Lebesgue-Maß auf [0, 1] und dem Produktmaß für die Münzwurffolge gibt.

KOLMOGOROW gab 1933 in seinem berühmten Buch „Grundbegriffe der Wahrscheinlichkeitsrechnung" die heute allgemein akzeptierte axiomatische Formulierung der Begriffe Wahrscheinlichkeitsraum, Wahrscheinlichkeit und Ereignis. Im Vorwort sagte er: „Der diesen allgemeinen Gesichtspunkten entsprechende Aufbau der Wahrscheinlichkeitsrechnung war in den betreffenden Kreisen seit einiger Zeit geläufig; es fehlte jedoch eine vollständige und von überflüssigen Komplikationen freie Darstellung des ganzen Systems." Daß KOLMOGOROWS Buch der entscheidende Durchbruch zur Entwicklung der Wahrscheinlichkeitstheorie als mathematische Disziplin war, lag wohl weniger daran, daß nun die Axiome explizit und klar ausgesprochen waren, sondern daran, daß es KOLMOGOROW gelang die theoretischen Grundlagen für die Theorie der stochastischen Prozesse zu legen, bedingte Wahrscheinlichkeiten rigoros zu behandeln, und einen einheitlichen Rahmen für viele klassische Fragen zu schaffen. Man fragt sich natürlich, ob es Zufall war, daß KOLMOGOROW sein Werk relativ bald nach Aufenthalten in Göttingen vorlegte, wo er nach 1930 mehrfach vortrug (vgl. TOBIES [1985]).

Weitere Angaben zu diesem Thema und Nachdrucke relevanter Textpassagen finden sich in dem Quellenband von I. SCHNEIDER [1989].

3 Die Kontroverse um VON MISES' Axiomatik

Im Jahr 1919 erschien in der Mathematischen Zeitschrift RICHARD VON MISES Artikel „Grundlagen der Wahrscheinlichkeitsrechnung", in dem der Autor den Versuch unternahm, die Wahrscheinlichkeitsrechnung auf axiomatische Weise aus der Häufigkeitsinterpretation heraus zu entwickeln. Er meinte, der mathematische, quantitative Begriff der Wahrscheinlichkeit sei nur sinnvoll als Grenzwert von relativen Häufigkeiten. Als Vorläufer für diese Auffassung nannte er COURNOT, ELLIS und HELM.

Grundlegend bei VON MISES ist der Begriff „Kollektiv". Er betrachtet ihn als mathematische Präzisierung des FECHNER-BRUNSschen „Kollektiv-Gegenstandes", (siehe Artikel Witting). Sei $e_1, e_2, \ldots$ eine unendliche Folge (e_i) gedachter

Dinge, die „Elemente" genannt werden. (Als Beispiel wird die Folge der Würfe eines Würfels genannt.) Jedem e_i sei als **Merkmal** eine reelle Zahl x_i (oder ein Vektor) zugeordnet, z. B. jedem Wurf das bei diesem Wurf beobachtete Ergebnis. Die Folge (e_i) heißt **Kollektiv,** wenn die Zuordnung der Merkmale zu den Elementen den folgenden Forderungen I und II genügt:

Forderung I (Existenz der Grenzwerte). Für jede Teilmenge A des Merkmalraums ($\mathbb{R}$ bzw. $\mathbb{R}^d$) konvergiert die relative Häufigkeit, mit der die ersten n der x_i zu A gehören, also

$$h_n(A) = (\text{Anzahl der } i \leq n \text{ mit } x_i \in A)/n$$

gegen einen Grenzwert W_A. Dieser heißt die Wahrscheinlichkeit von A innerhalb des Kollektivs.

Forderung II (Regellosigkeit der Zuordnung). Für beliebige disjunkte Teilmengen A, B des Merkmalraums, mit $W_A + W_B > 0$, gelte die folgende Aussage: Streicht man aus (e_i) alle e_i, für die das zugehörige x_i nicht zu $A \cup B$ gehört, und wählt man aus dieser Teilfolge eine unendliche Teilfolge (e_j') dadurch aus, daß über die Indices der auszuwählenden Elemente **ohne Benutzung ihrer Merkmalunterschiede** verfügt wird, so sollen innerhalb von (e_j') die zu A und B gehörigen Grenzwerte W_A', W_B' der relativen Häufigkeiten existieren, und es soll $W_A' : W_B' = W_A : W_B$ gelten.

Die Gesamtheit der Wahrscheinlichkeiten W_A bestimmt die Verteilung des Kollektivs. Auf verschiedene Arten, z. B. durch Abbildungen des Merkmalraums, „Mischung" unabhängiger Kollektivs usw. lassen sich aus gegebenen Verteilungen von Kollektivs Verteilungen von abgeleiteten Kollektivs bestimmen. Dies zu tun sei Aufgabe der Wahrscheinlichkeitsrechnung.

HAUSDORFF wies VON MISES darauf hin, daß die relativen Häufigkeiten $h_n(A)$ im allgemeinen nicht für alle Teilmengen A konvergieren, nicht einmal für alle meßbaren A. Ferner machte er darauf aufmerksam, daß σ-Additivität von W_A, die VON MISES ohne Beweis unterstellt hatte, im Allgemeinen nicht gelte (Math. Z. Bd. 7).

Der Schwachpunkt der Axiomatik war die Formulierung des Regellosigkeitsaxioms II, das VON MISES mit der Erfahrung begründete, daß es unmöglich sei etwa beim Würfeln oder beim Roulette durch ein Spielsystem, oder genauer: durch Teilnahme nur an einzelnen der Spiele, seine Chancen zu verbessern. Die Formulierung „ohne Benutzung der Merkmalunterschiede" erscheint auf den ersten Blick eindeutig. Sie führt jedoch zu logischen Schwierigkeiten, wenn man versucht zu präzisieren, was die Menge aller zulässigen Stellenauswahlen ist. 1931 war für VON MISES eine Stellenauswahl eine Vorschrift, durch die über die Zugehörigkeit der n-ten Beobachtung zur Teilfolge höchstens unter Benutzung der Kenntnis der vorhergegangenen Beobachtungsergebnisse entschieden wird. In seinem nachgelassenen Buch findet sich die folgende formale Fassung dieses Gedankens: Es gibt eine Folge von Funktionen $f_1, f_2, \ldots$ derart, daß f_n von $n-1$

Variablen abhängt, und x_n in die Teilfolge aufgenommen wird, wenn $f_n(x_1, \ldots, x_{n-1})$ den Wert 1 annimmt.

Ist nun $y_1, y_2, \ldots$ eine beliebige $0-1$-Folge, so definiert die Folge der konstanten Funktionen $f_n \equiv y_n$ eine Stellenauswahl. Ist aber dann (x_ν) die Folge der Merkmale eines Kollektivs mit Merkmalraum $\{0, 1\}$ und $W_{\{0\}} = W_{\{1\}} = \frac{1}{2}$, so ist auch durch $y_\nu = x_\nu$ eine Folge definiert, und also eine Stellenauswahl. Diese wählt x_ν aber genau dann aus, wenn $x_\nu = 1$ ist. Die ausgewählte Teilfolge enthält dann ausschließlich Einsen; in ihr ist also entgegen Forderung II die Häufigkeit der Einsen erhöht. Das bedeutet, daß wir bei dem Versuch, die Menge der zulässigen Stellenauswahlen formal zu beschreiben, auch auf solche gestoßen sind, die gerade ausgeschlossen werden sollten.

Als erster scheint der Dresdener Professor P. E. BÖHMER (1877–1955) ausgesprochen zu haben, daß VON MISES so allgemeine Auswahlen zugelassen hatte, daß es „keine Folge gibt, die der Forderung genügt". In den Berichten der Sächsischen Akademie entwickelte er zwischen 1923 und 1925 eine Theorie mit äußerst engen Auswahlregeln. Da VON MISES nicht sagte, wie die Schwierigkeit zu beheben sei, blieb der Vorwurf der Inkonsistenz des Kollektivbegriffes zunächst unausgeräumt. Die Diskussion wurde teilweise polemisch geführt. Mir wurde berichtet, daß ein Redner einmal eine Folge von kleiner werdenden Kreideflecken an die Tafel malte und erklärte, die VON MISESsche Definition sei genauso als ob man einen Punkt als Limes dieser Folge definieren wollte. In KAMKES DMV-Übersichtsartikel von 1933 war die Inkonsistenz des Kollektivbegriffs der wesentliche Einwand gegen VON MISES Axiomatik.

Selbst unabhängig von der Frage der Inkonsistenz wurde es jedoch von den meisten Mathematikern als unbefriedigend betrachtet, daß sich nach VON MISES eigenen Resultaten Kollektivs nicht konstruieren ließen. Dies führte zu verschiedenen Versuchen, den Grundgedanken zu modifizieren. KARL DÖRGE gab 1930 ein widerspruchsfreies Axiomensystem an, das allerdings wenig geeignet zur Bearbeitung konkreter Fragen war.

Verschiedene Autoren (POPPER, REICHENBACH, COPELAND) gaben spezielle Klassen von Auswahlregeln an, etwa die Bernoulli-Auswahlen, die x_ν in die Teilfolge aufnehmen, wenn $(x_{\nu-k}, x_{\nu-k+1}, \ldots, x_{\nu-1})$ ein fest vorgegebenes „Wort" ist.

Durch VON MISES inspiriert war auch die Häufigkeitstheorie, die E. TORNIER 1933 in den „Acta" entwickelte. Eine Zusammenfassung findet sich in dem 1964 posthum erschienenen Buch von VON MISES, das von seiner Frau HILDA GEIRINGER herausgegeben wurde. Allerdings sollte der Leser nicht unbedingt davon ausgehen, daß die in diesem nachgelassenen Werk gegebene Darstellung und Bewertung der TORNIERschen Arbeiten auf VON MISES selbst zurückgeht. Herrn MEHRTENS verdanke ich den Hinweis, daß TORNIER am Zustandekommen des betr. Kapitels 2 nach VON MISES Tod ganz wesentlich beteiligt war. Es scheint, daß große Teile dieses Kapitels und insbesondere der Anhang über TORNIERS Werk sich auf Vorlagen von TORNIER stützen. Dieser Schluß ergibt sich aus der

Korrespondenz GEIRINGER–TORNIER im VON MISES Nachlaß (HILDA VON MISES papers; Harvard Univ. arch. HUG 4574.105.2). TORNIER erhielt längere Zeit erhebliche finanzielle Unterstützung von Frau GEIRINGER. Es ist eine Ironie, daß TORNIER, der als Nationalsozialist eine denkbar unrühmliche Rolle gespielt hatte (vgl. Artikel Schappacher-Kneser), aus dem Werk des Emigranten VON MISES Vorteile ziehen konnte.

TORNIER betrachtete Folgen von nicht notwendig unabhängigen Teilversuchen und deren Ergebnisfolgen $b = (b_1, b_2, \ldots,)$. Eine Folge $b(n) = (b_1(n), b_2(n), \ldots,)$ von Folgen war für ihn ein Häufigkeitsmodell, wenn für alle in geeignetem Sinn von innen und außen durch Zylindermengen approximierbaren Mengen A die relative Häufigkeit $h_N(A) = card(\{n \leq N : b(n) \in A\})/N$ konvergiert. Daß dies wenig mit Zufälligkeit zu tun hat, sieht man, wenn man auf diese Weise statt einer Versuchsfolge einen einzigen Münzwurf modelliert. Die Folgen $b(n)$ hätten dann die Länge 1. Etwa die Folge mit $b(n) = 0$ für gerades n und $b(n) = 1$ für ungerades n wäre ein Modell. Gerade das von TORNIER weggelassene Regellosigkeitsaxiom hatte solche „deterministischen" Folgen ausschließen sollen.

Zu erwähnen sind auch noch die Arbeiten von HANS BLUME (1935) mit ersten Ansätzen zu einer Theorie der finiten Kollektivs, und – davon angeregt – die Arbeit von H. HUNTEMANN (Deutsche Mathematik 1937), der in gewissem Sinn für endliche Merkmalräume zeigte, daß aus der Regellosigkeit bereits folgt, daß jedes Merkmal eine Wahrscheinlichkeit hat. Er bewies auch, unabhängig von DOOB, aber nur für Zufallsvariable mit endlich vielen Werten, dessen 1936 erschienenen Satz über die maßtheoretische Fassung der Regellosigkeit. In der heute üblichen Terminologie könnte man ihn folgendermaßen ausdrücken: Sind $X_1, X_2, \ldots$ unabhängige Zufallsvariable mit der identischen Verteilung F, und sind $\tau_1 < \tau_2 < \ldots$ Stoppzeiten und $X_i' = X_{\tau_i + 1}$, so sind $X_1', X_2', \ldots$ unabhängig mit Verteilung F.

Der Durchbruch für die logische Rechtfertigung des Kollektivbegriffes gelang dem aus Klausenburg (Cluj) in Rumänien stammenden und in Wien arbeitenden ABRAHAM WALD (1902–1950). Er zeigte 1937 kurz vor seiner Emigration: Schränkt man die Forderung I über die Existenz der Grenzwerte der relativen Häufigkeiten auf die Mengen A einer abzählbaren Algebra von Teilmengen des Merkmalsraumes ein, und wird die Regellosigkeitsforderung II nur für ein vorgegebenes abzählbares System von Stellenauswahlen gestellt, so gibt es kontinuierlich viele Kollektivs. Dabei läßt sich die „Wahrscheinlichkeit" W_A auf der Algebra als beliebige additive, normierte, nichtnegative Mengenfunktion vorgeben.

Neue Einwände ergaben sich aus den tiefliegenden Resultaten des französischen Wahrscheinlichkeitstheoretikers JEAN VILLE. Er konstruierte ein Kollektiv (x_i) für das Münzwurfexperiment mit der Eigenschaft, daß für jedes n die relative Häufigkeit der Einsen unter den ersten n Elementen x_i mindestens $\frac{1}{2}$ war. Eine solche Folge (x_i) erfüllt nicht das Gesetz vom iterierten Logarithmus. Ferner zeigte VILLE, daß sich für eine solche Folge ein Spielsystem angeben läßt, mit dessen

Hilfe man unbegrenzte Summen einspielen kann. Sein Spielsystem erlaubte auch die Variation der Höhe des Einsatzes in Abhängigkeit von den jeweils schon beobachteten x_i. Er nannte es **Martingal.** Ist S_n die Folge der Kontostände eines Spielers, der mit dem Kapital $S_0 = 1$ beginnt und jeweils nicht mehr setzen darf als er besitzt, so ist bei fairem Spiel (Münzwurf), die Folge S_n ein Martingal. VILLE zeigte, daß fast sicher $\sup S_n < \infty$ gilt. Dies ist eine mögliche Präzisierung der VON MISESschen Idee von der Unmöglichkeit eines Spielsystems, mit dem sich beliebig hohe Beträge einspielen lassen. Für das von ihm konstruierte Kollektiv (x_i) dagegen zeigte VILLE, daß sich durch Variation der Einsätze $\sup S_n = \infty$ erreichen ließ. Damit war klar, daß die Forderung II nicht ausreichte, um erfolgreiche Spielsysteme auszuschließen. VILLE stützte sich auf Ergebnisse von P. LÉVY, der 1937 einige Ergebnisse über Martingale bewiesen hatte, ohne bereits diesen Begriff einzuführen. Der von LÉVY und VILLE geschaffene Martingalbegriff wurde bald in den Händen von DOOB zu einem der bedeutendsten Begriffe der Wahrscheinlichkeitstheorie.

Im Oktober 1937 fand an der Universität Genf eine Konferenz über die Grundlagen der Wahrscheinlichkeitstheorie statt. Trotz der von WALD vorgetragenen Resultate, war der Tenor eine negative Einschätzung der Eignung der VON MISESschen Theorie zur Grundlegung der Wahrscheinlichkeitstheorie. FELLER zeigte 1939 noch, daß sich nun mit Hilfe des starken Gesetzes der großen Zahl sehr leicht zeigen ließ, daß fast jede Realisierung einer Folge von unabhängigen identisch verteilten Zufallsvariablen ein Kollektiv ist. Aber die durchschlagenden Erfolge des KOLMOGOROWschen Ansatzes führten dazu, daß man das Interesse an der VON MISESschen Theorie verlor. Es gab und gibt meines Wissens kein Beispiel einer Anwendung dieser Theorie, die nicht ebenso erfolgreich mit Hilfe von Wahrscheinlichkeitsräumen durchgeführt werden kann.

Die heutige historische Bedeutung der Schaffung des Kollektivbegriffs liegt vor allem darin, daß sie den ersten Schritt in Richtung der Klärung der Frage, welche Folgen als zufällig angesehen werden können, darstellt. Es ist zunächst nur intuitiv plausibel, daß die Folge 10011100 eher den Eindruck macht, zufällig entstanden zu sein als die Folge 01010101. KOLMOGOROW führte 1957 unter Bezugnahme auf VON MISES einen Komplexitätsbegriff ein, der die Regelmäßigkeit einer endlichen Folge beschreiben sollte. Dadurch angeregt wurden auch unendliche Folgen wieder intensiv studiert. P. MARTIN-LÖF, SCHNORR, CHAITIN, D. W. MÜLLER, KAMAE, GACS und andere entwickelten eine tiefliegende Theorie der zufälligen Folgen, die sich auf die inzwischen erzielten Fortschritte in der Theorie der rekursiven Funktionen und der Turing-Maschinen stützte. Man wollte eine Folge nicht zufällig nennen, wenn sie z. B. das Gesetz des iterierten Logarithmus nicht erfüllte. Erste Andeutungen auf solche Verschärfungen fanden sich bereits bei WALD und VILLE. Die Theorie der zufälligen Folgen eine „Begründung der Wahrscheinlichkeitstheorie" zu nennen, wie es gelegentlich geschieht, halte ich für nicht mehr passend. Diese Theorie ist ein kleiner Ausschnitt, der für fast alle anderen stochastischen Fragestellungen ohne wesentliche Bedeutung ist.

Die erste umfassende Aufarbeitung der Geschichte der VON MISESschen Axiomatik hat meines Wissens Frau H. BERNHARDT [1984] verfaßt. M. VAN LAMBALGEN [1987] legt das Hauptgewicht auf die neueren Entwicklungen; wer eine kurze Einführung in diese sucht, findet sie bei JACOBS [1970]. In diesen Werken, sowie in den Lecture Notes von SCHNORR [1971], finden sich ausführliche Literaturangaben.

4 Anstöße aus der Physik

Die heutige Bedeutung der Wahrscheinlichkeitstheorie geht nicht zuletzt darauf zurück, daß sie seit der Begründung der Statistischen Mechanik durch MAXWELL und BOLTZMANN eine wichtige Rolle in der Physik spielt. Es scheint sinnvoll, bei diesem Thema nicht erst mit dem Jahr 1890 einzusetzen.

JAMES CLERK MAXWELL (1831–1879) leitete 1859 die Geschwindigkeitsverteilung für aus einzelnen Atomen bestehende Gase ab. Aus der Annahme der Rotationsinvarianz der Verteilung und der Unabhängigkeit der drei Geschwindigkeitskomponenten folgerte er, daß diese normalverteilt sein müssen, und daß die Energie eine χ^2-Verteilung mit drei Freiheitsgraden hat. 1866 gab er eine weitere Ableitung an. Er zeigte, daß die von ihm angegebene Verteilung die Eigenschaft hat, daß sie durch zufällige Zusammenstöße der Teilchen nicht verändert wird.

Der Österreichische Physiker LUDWIG BOLTZMANN verallgemeinerte 1868 diesen Ansatz erheblich: Er ließ mehratomige Moleküle zu und erlaubte, daß diese zusätzlichen Kräften, etwa der Schwerkraft, ausgesetzt sind. Der Schlüssel zu seiner wahrscheinlichkeitstheoretischen Deutung der Entropie war seine Arbeit von 1872 über das H-Theorem. Betrachten wir der Einfachheit halber hier ein aus N Einzelatomen bestehendes Gas. Ist $N \cdot g(u,t)\,du$ die Zahl der Atome im Volumenelement $[u, u + du]$ des 6-dimensionalen Phasenraums eines Atoms zur Zeit t, so genügt g einer Integrodifferentialgleichung, der heute sogenannten Boltzmanngleichung. (Es ist erst 1988 gelungen, für sie einen brauchbaren Existenzsatz zu beweisen!) Man kann zeigen, daß

$$H(t) = \int g(u,t) \ln g(u,t)\,du.$$

nicht zunimmt, daß es vielmehr abnimmt bis g eine Maxwell-Verteilung geworden ist.

1877 führte BOLTZMANN die Einteilung des Phasenraums in r gleich große Zellen ein. Man überlegt sich leicht, daß

$$W = \frac{N!}{n_1!\,n_2!\ldots n_r!}$$

die Zahl der Möglichkeiten ist, die N Atome so auf die Zellen zu verteilen, daß n_i Atome in der i-ten Zelle sind. Unter Vernachlässigung der Normierung heißt W

LUDWIG BOLTZMANN, 20. 2. 1844 Wien – 5. 9. 1906 Duino bei Triest
Prof. in Graz, Wien, München und Leipzig

auch Wahrscheinlichkeit der Besetzungszahlen $(n_1, \ldots, n_r)$. Ist τ das Volumen einer Zelle, so ist $H \approx \tau \sum n_i \ln n_i$. Durch Anwendung der Stirlingschen Formel erhält man $H \approx -\tau \ln W$. Sei ε_i das Energieniveau der i-ten Zelle und U die Gesamtenergie. BOLTZMANN zeigte, daß unter den Nebenbedingungen $\sum n_i = N$ und $\sum n_i \varepsilon_i = U$ die wahrscheinlichste Verteilung von der Form $n_i = N\lambda \exp(\beta\varepsilon_i)$ ist. Ist T die Temperatur und k die Boltzmannsche Konstante, so ist $\beta = 1/kT$. Der Aussage, daß H nur abnehmen kann, entspricht die Aussage, daß die Entropie S nur zunehmen kann. H läßt sich als negativer Wert der Entropie deuten.

Nach 1872 setzte eine lebhafte durch Mängel in BOLTZMANNS Arbeiten begünstigte Kritik ein. LOSCHMIDT wandte 1876 ein, daß eine mechanische Deutung der Wärmelehre unmöglich sein müßte, da mechanische Systeme reversibel seien. ZERMELO wies darauf hin, daß nach dem Wiederkehrsatz von POINCARÉ jedes begrenzte System immer wieder beliebig nahe an seinen Ausgangspunkt zurückkehren müßte. Eine wichtige Rolle in der Klärung dieser Fragen spielte der Encyklopädieartikel von P. und T. EHRENFEST [1911]. Wir verstehen heute, daß die Wahrscheinlichkeit eines Zustands des Gesamtsystems mit kleinerer Entropie um so viele Größenordnungen kleiner ist als die des Gleichgewichtszustands, daß der Erwartungswert der Rückkehrdauer unvorstellbar groß ist.

BOLTZMANNS Ideen ebneten den Weg zur Quantentheorie. Als PLANCK im Jahr 1900 seine Strahlungsformel ableitete, stützte sich seine Ableitung auf die BOLTZMANNsche Wahrscheinlichkeitsdeutung der Entropie, der er die Form $S = k \ln W$ gab, und auf die Abzählung der Fälle eines Systems von Oszillatoren, die nur die Energiestufen $E = nh\nu$ annehmen können.

BOLTZMANN (1871) und MAXWELL (1878) und vor allem der amerikanische Mathematiker JOSIAH WILLARD GIBBS (1839–1903) betrachteten den Phasenraum auch für das Gesamtsystem, also im $\mathbb{R}^{6N}$. Hier bestimmen die Hamiltonschen Gleichungen die Bewegung der Punkte dieses Raums, die die Lage der N Atome in den individuellen Phasenräumen beschreiben. Die Einführung von Wahrscheinlichkeitsdichten (bzw. von Maßen) im Phasenraum eines Gesamtsystems erwies sich als äußerst fruchtbar. Die ganze statistische Mechanik beruht darauf. Der Satz von Liouville über die Invarianz des Lebesgue-Maßes unter dieser Strömung rechtfertigt die Annahme der Gleichwahrscheinlichkeit gleich großer Volumenelemente. Eine zentrale Rolle spielte die Ergodenhypothese. M. PLANCHEREL (1912) und A. ROSENTHAL (1913) zeigten unabhängig voneinander, daß diese für die betrachteten Systeme im schärfsten Sinn („auf einer Energiefläche geht jede Bahn durch jeden Punkt") nicht gelten kann.

Das Wort „Ergode" verwendete BOLTZMANN nicht, wie lange angenommen, erst 1887 sondern schon 1884, und zwar nicht im Sinn der Ergodenhypothese. Stationäre Systeme in einem Gebiet, das durch Gleichungen $\varphi_1 = a_1, \ldots, \varphi_k = a_k$ begrenzt ist, nennt er Monoden. Monoden, welche „nur durch die Gleichung der lebendigen Kraft begrenzt" sind, heißen Ergoden. Für Ergoden existiert nur eine begrenzende Gleichung, die Konstanz der Energie (vgl. Brush [1967], Mathieu [1988]).

Was in der „Statistischen Mechanik" statt der obigen Ergodenhypothese benötigt wurde war nur die Gleichheit der Raummittel und Zeitmittel auf Energieflächen. Die Frage der Existenz der Grenzwerte der Zeitmittelwerte führte J. VON NEUMANN 1931 (als er bereits in den USA war) zum Beweis seines Ergodensatzes. Er zeigte, daß für eine maßtreue Transformation τ und $f \in L_2$ die Mittel $(f + f \circ \tau + \ldots + f \circ \tau^{n-1})/n$ im L_2-Sinn konvergieren. Dadurch angeregt bewies GEORGE BIRKHOFF 1931 die fast sichere Konvergenz. Diese Arbeiten erwiesen sich auch vom rein mathematischen Standpunkt aus als ungemein anregend und fruchtbar. Es entwickelte sich die Ergodentheorie mit zahlreichen Bezügen zu den verschiedensten mathematischen Gebieten. Die Verbindung zur Wahrscheinlichkeitstheorie stellte KHINCHINE 1934 her, als er den Begriff des stationären stochastischen Prozesses einführte.

Auch heute noch besteht eine äußerst fruchtbare Wechselbeziehung zwischen der Physik und der Wahrscheinlichkeitstheorie, wie z. B. das Buch von H. O. GEORGII [1988] über Gibbs-Maße und Phasenübergänge zeigt.

EINSTEINS berühmte 1905 in den Annalen der Physik erschienene Untersuchung der Brownschen Bewegung war ein entscheidender Anstoß für die Entwicklung der Theorie der stochastischen Prozesse.

1827 hatte der britische Botaniker ROBERT BROWN beobachtet, daß nicht nur organische sondern auch anorganische winzige Partikel, die in einer Flüssigkeit schwebten, unter dem Mikroskop eine unregelmäßige tanzende Bewegung zeigten. Dieses Phänomen blieb in der Physik des neunzehnten Jahrhunderts weitgehend unbeachtet. EINSTEIN ging davon aus, daß die schwimmenden Partikel durch die Flüssigkeit diffundierten und Gleichgewicht herrschen müsse zwischen dem osmotischen Druck, der von dem Konzentrationsgradienten herrührt, und der durch die Zähigkeit der Flüssigkeit verursachten Kraft. So fand er eine Formel für die Diffusionskonstante. Dann nahm er an, daß die Bewegung der einzelnen Partikel unabhängig voneinander ist und jedes Partikel in disjunkten Zeitintervallen unabhängige Bewegungen vollführt. Er zeigte, daß die Konzentration zum Zeitpunkt t normalverteilt mit einer zu t proportionalen Varianz ist.

Der polnische Physiker M. SMOLUCHOWSKI publizierte 1906 übereinstimmende mit anderen Methoden abgeleitete Resultate. L. BACHELIER hatte bereits 1900 für Fluktuationen des Wertes von Aktien den Brownschen Prozeß vorgeschlagen. Ein mathematisch befriedigendes Modell gab erst WIENER (1923) an. 1908 verifizierte der französische Physiker JEAN PERRIN die EINSTEINschen Resultate experimentell und bestimmte mit ihrer Hilfe die Avogadrosche Zahl. Dies gilt als endgültige Bestätigung der atomaren Struktur der Materie (siehe auch Purkert [1983]).

Während in den bisher aufgeführten Beispielen Wahrscheinlichkeiten in deterministische, aber für eine direkte Behandlung zu komplexe Modelle aus Plausibilitätserwägungen heraus eingeführt wurden, entstand durch HEISENBERG, BORN und JORDAN (1926) einerseits und durch SCHRÖDINGER (1926) andererseits die Quantenmechanik, die den Begriff Wahrscheinlichkeit als konstituives Element enthält. Sehr plastisch tritt diese Struktur in der von J. VON NEUMANN (1932) angegebenen Hilbertraum-Formulierung der Theorie zutage, sie ist aber auch in allen ihren modernen Versionen sowie in den Quantenfeldtheorien enthalten. Die Anwendungsmöglichkeiten dieser Theorien, die man zusammenfassend als „die" Quantentheorie bezeichnet, sind fast unübersehbar groß. Mikroelektronik, Nuklearmedizin und Atombomben mögen als repräsentative Beispiele dienen. Auch auf rein theoretischer Ebene gingen und gehen von der Quantentheorie zahlreiche Impulse aus, z. B. in der Funktionalanalysis.

Statt dieses näher auszuführen, sollen hier zwei Fragen von mehr grundsätzlicher Bedeutung kurz angeschnitten werden.

1. Welche physikalische Bedeutung hat eine Wahrscheinlichkeitsaussage? Ist eine Wahrscheinlichkeit, die durch die Theorie geliefert wird, auch experimentell meßbar?
2. Gibt es eine deterministische Hintergrundtheorie für die Quantentheorie wie etwa die Klassische Mechanik für die (klassische) Statistische Mechanik?

Die erste Frage hat zu einer auch heute noch nicht beendeten Debatte geführt. Der Minimalkonsens ist etwa folgender: Wahrscheinlichkeitsaussagen werden durch experimentell gewonnene relative Häufigkeiten bestätigt oder widerlegt. Wenn man Wahrscheinlichkeit konsequent nur als relative Häufigkeit interpretiert, spricht man von der „statistischen Interpretation der Quantentheorie". Sie wurde zuerst von MAX BORN (1926) eingeführt und hat ihre präziseste Formulierung durch GÜNTHER LUDWIG [1978 und 1985] erhalten. Andere Physiker, am ausgeprägtesten C.F. VON WEIZSÄCKER [1971] interpretieren den Wahrscheinlichkeitsbegriff subjektiv, etwa als eine Quantifizierung des Erwartungsgefühls.

Die zweite Frage läßt sich kurz so beantworten: Es gibt de facto keine deterministische Hintergrundtheorie zur Quantentheorie, und wenn es eine gäbe, so müßte sie Eigenschaften haben, die mit anderen als gesichert geltenden Ergebnissen der Physik im Widerspruch stehen. Der Wahrscheinlichkeitsbegriff ist demnach aus den mikroskopischen Theorien nicht eliminierbar. Er spielt vielmehr eine fundamentale Rolle in unserem Weltverständnis, oder anders ausgedrückt, es scheint entgegen der Meinung EINSTEINS doch der Fall zu sein, daß Gott würfelt.

5 Nichtaxiomatische Beiträge vor 1945

Neben der eine Zeit lang dominierenden Diskussion um die Axiomatik gab es auch im deutschen Sprachraum eine Reihe von interessanten anderen Beiträgen zur Wahrscheinlichkeitstheorie.

An erster Stelle sei hier LADISLAUS VON BORTKIEWICZ genannt. Im Jahr 1898 erschien sein Büchlein „Das Gesetz der kleinen Zahlen“, in dem er auf die Bedeutung der Poissonverteilung aufmerksam machte, die er wohl als erster richtig einschätzte. Die Poissonapproximation war völlig in Vergessenheit geraten. BORTKIEWICZ erinnerte zunächst daran, daß nach POISSON die Wahrscheinlichkeit, in n unabhängigen Versuchen mit konstanter Erfolgswahrscheinlichkeit p_n genau k Erfolge zu haben, gegen $e^{-\lambda}\lambda^k/(k!)$ strebt, wenn $np_n \rightarrow \lambda > 0$ gilt. Er gab Schätzer für λ und für die Standardabweichung des Schätzfehlers an, und leitete die Normalapproximation der Poissonverteilung für große λ ab. Besondere Aufmerksamkeit erregten seine Beispiele, u. a. das noch heute in vielen Lehrbüchern zitierte Beispiel von der Zahl der durch Hufschlag getöteten Rekruten der preußischen Armee. Er studierte auch den Fall nicht konstanter Erfolgswahrscheinlichkeiten.

1913 legte BORTKIEWICZ ein neues Büchlein „Die radioaktive Strahlung als Gegenstand wahrscheinlichkeitstheoretischer Untersuchungen“ vor. Er leitete die von BATEMAN ohne Beweis angegebene Formel $e^{-\lambda t}(\lambda t)^k(k!)$ für die Wahrscheinlichkeit, in einem Zeitintervall der Länge t genau k Scintillationen zu beobachten, ab, ferner die Exponentialverteilung für die Wartezeit bis zur ersten Scintillation und verschiedene Verteilungen von Schätzgrößen. Möglicherweise war die Studie von BORTKIEWICZ die erste mathematische Untersuchung des Poissonprozesses.

Mit seinem 1917 erschienenen Buch *„Die Iterationen“* griff BORTKIEWICZ in eine kontroverse Diskussion ein. D'ALEMBERT hatte 1761 die Vermutung ausgesprochen, daß lange Folgen von aufeinanderfolgenden gleichen Ergebnissen in einer Folge von Bernoulliversuchen zwar logisch möglich seien, aber viel unwahrscheinlicher als dies nach den Regeln der Wahrscheinlichkeitstheorie zu erwarten sei. Man spricht von einer Iteration (oder einem run) der Länge m, wenn in einer Folge das gleiche Ergebnis m mal hintereinander auftritt. Der Würzburger Philosoph KARL MARBE erregte 1889 großes Aufsehen, als er versuchte, mit experimentellen Daten, z. B. der Auswertung von rund 200 000 Geburtseintragungen nach dem Geschlecht, die These von D'ALEMBERT zu erhärten. MARBES Untersuchung war mathematisch nicht einwandfrei. Die ersten korrekten Formeln für Erwartungswert und Varianz der Zahl der Iterationen gegebener Mindestlänge in n Versuchen hat der Leipziger Astronom HEINRICH BRUNS 1906 in seinem anregenden Buch über Wahrscheinlichkeitstheorie abgeleitet. Mit ihrer Hilfe wies er die Aussagen von MARBE zurück. Nachdem MARBE auf seinem Standpunkt beharrte, leitete BORTKIEWICZ mit einfacheren Methoden den Erwartungswert und die Varianz der Zahl der Iterationen gegebener Länge und zahlreicher damit verwandter Größen ab. Das Buch ist aber auch in anderen Punkten von Interesse. Ein einleitendes Kapitel gab eine elegante Einführung in die Wahrscheinlichkeitstheorie. Ferner wird in dem Buch JAKOB BERNOULLIS Term *„Stochastik"* wiederbelebt. Formeln für die Verteilung der Zahl der Iterationen hat anscheinend erst E. ISING (1925) angegeben. 1940 erlangte die Theorie der Iterationen in der Testtheorie zu erneuter Bedeutung, als WALD und WOLFOWITZ in den USA nichtparametrische Tests der Hypothese der Gleichheit zweier Verteilungen angaben, die sich auf „runs" stützten.

Interessante Beiträge aus dem deutschen Sprachraum gab es auch im Zusammenhang mit EMILE BORELS berühmter Arbeit aus dem Jahr 1909 über das starke Gesetz der großen Zahl. Heute werden die Ergebnisse dieser Arbeit gewöhnlich ohne Kommentar BOREL zugeschrieben, aber so einfach war die Sache nicht. MARC KAC sagte einmal über diese Arbeit „All of its theorems are true, but almost all of the proofs are false".

Ein wesentlicher Einwand gegen BORELS Beweis des starken Gesetzes der großen Zahl war, daß er mit der Normalapproximation der Binomialverteilung rechnete, als ob sie die exakte Verteilung war. Ist S_{2n} die absolute Häufigkeit von Kopf in $2n$ Münzwürfen, Φ die Verteilungsfunktion der Standard-Normalverteilung, und

$$A_n(\lambda) = \{|S_{2n} - n| > \lambda \sqrt{n/2}\}$$

so gilt nach dem Satz von de Moivre-Laplace $P(A_n(\lambda)) \to 2(1 - \Phi(\lambda))$. BOREL benötigte für Folgen λ_n mit $\lambda_n/\sqrt{n} \to 0$ die Aussage $\sum P(A_n(\lambda_n)) < \infty$, zeigte aber nur $\sum(1 - \Phi(\lambda_n)) < \infty$. Ihm fehlte daher die Aussage

$$\sum |P(A_n(\lambda_n)) - 2(1 - \Phi(\lambda_n))| < \infty$$

die richtig ist, aber keineswegs trivial.

Nach BARONE und NOVIKOFF [1978] findet sich der erste vollständig korrekte Beweis von Borels starkem Gesetz der großen Zahl (in der Formulierung mit dyadischen Entwicklungen) in HAUSDORFFS 1914 erschienenem Buch über Mengenlehre. HAUSDORFF ersetzte die Anwendung der Normalapproximation durch eine Abschätzung der vierten Momente. Sein Beweis erhielt bereits das Argument, daß auch ohne Unabhängigkeit für eine beliebige Folge von Ereignissen A_i mit $\sum P(A_i) < \infty$, die Wahrscheinlichkeit des Ereignisses A^*, daß unendlich viele A_i eintreten, 0 ist. Dies gilt als CANTELLIS (1917 bewiesene) Hälfte des Borel-Cantelli-Lemmas. HAUSDORFFS Beweis des starken Gesetzes der großen Zahl lieferte übrigens, wie er selbst hervorhob, auch eine erste Abschätzung der Geschwindigkeit der Konvergenz, nämlich die Aussage, daß die Folge

$$(S_n - n/2)/n^{1/2+\varepsilon}$$

für jedes $\varepsilon > 0$ fast sicher beschränkt ist. Dies war der erste Schritt auf dem Weg zu KHINTCHINES berühmten Gesetz des iterierten Logarithmus (1924).

BARONE und NOVIKOFF berichten auch über die teilweise polemisch geführte Auseinandersetzung zwischen FELIX BERNSTEIN und E. BOREL. Letzterer hatte in seiner Arbeit einen aufsehenerregenden Satz über Kettenbruchentwicklungen angegeben. Dieser besagte:

Ist $a_n(x)$ der n-te Teilnenner in der Kettenbruchentwicklung der irrationalen Zahl $x \in [0, 1]$, und ist P das Lebesguemaß auf $[0, 1]$, so hat für jede beliebige Folge $\varphi(n)$ natürlicher Zahlen

$$P(\{x: a_n(x) > \varphi(n) \text{ für unendlich viele } n\})$$

entweder den Wert 0 oder den Wert 1, und der Wert 0 liegt genau dann vor, wenn $\sum(1/\varphi(n))$ konvergiert.

BERNSTEIN wies 1911 darauf hin, daß die von BOREL verwendete Unabhängigkeit der Mengen $\{x: a_n(x) > \varphi(n)\}$ nicht erfüllt war, und er gab einen eigenständigen korrekten Beweis von BORELS Behauptung an, indem er auf höchst geistreiche Weise Ungleichungen für die zugehörigen bedingten Wahrscheinlichkeiten ableitete und zeigte, daß man in der Richtung $\sum P(A_n) = \infty \Rightarrow P(A^*) = 1$ des Borel-Cantelli-Lemmas die Bedingung der Unabhängigkdit der A_n durch geeignete Ungleichungen für die bedingten Wahrscheinlichkeiten ersetzen kann. Dies dürfte das erste $0-1$-Gesetz für abhängige Zufallsvariable gewesen sein. Der erwähnte Satz über Kettenbrüche wird nicht zu Unrecht heute Satz von Borel-Bernstein genannt.

Große Bedeutung in der Stochastik und in anderen Gebieten der Mathematik haben die zwischen 1907 und 1912 erschienenen Arbeiten von OSKAR PERRON und FERDINAND GEORG FROBENIUS über Matrizen mit nichtnegativen Elementen erlangt. Heute sind die Verallgemeinerungen ein wichtiges Kapitel der Funktionalanalysis. Fast gleichzeitig (1907) untersuchte der russische Mathematiker A. A. MARKOW die Frage, ob Unabhängigkeit eine notwendige Bedingung für ein schwaches Gesetz der großen Zahl sei. Er konstruierte die später nach ihm benannten Markowschen Ketten als Gegenbeispiel. Obwohl die Untersuchung Markowscher Ketten von einer Reihe angesehener Mathematiker fortgeführt wurde, dauerte es ein viertel Jahrhundert bis VON MISES 1931 in seinem Buch den Zusammenhang erkannte und eine Reihe von Sätzen über Markowsche Ketten aus den Resultaten von PERRON und FROBENIUS herleitete.

Ein anderer wichtiger Satz, der ursprünglich nichts mit der Wahrscheinlichkeitstheorie zu tun hatte, aber heute aus ihr nicht wegzudenken ist, stammt von GUSTAV HERGLOTZ. Angeregt durch Analogien zu einem Problem über Potenzreihen zeigte er 1911: Ist $(c_n, n \in \mathbb{Z})$ eine Folge komplexer Zahlen, so existiert ein endliches Maß μ auf dem Torus $[0, 1[$ mit

$$c_n = \int_0^1 \exp(2\pi int)\,\mu(dt)$$

für alle $n \in \mathbb{Z}$ genau dann, wenn die Folge (c_n) nichtnegativ definit ist. Mit anderen Worten: HERGLOTZ charakterisierte die Fourier-Transformierten der endlichen Maße auf dem Torus als die nichtnegativ definiten Folgen. Der aus Polen stammende SALOMON BOCHNER, der 1932 noch in München gearbeitet hatte, dann aber emigrierte, gab 1933 eine analoge Charakterisierung für die Fourier-Transformierten von endlichen Maßen auf $\mathbb{R}$. Der Satz von Herglotz erwies sich später als fundamental in der Theorie der schwach stationären Prozesse. Die Hilbertraumstruktur eines solchen Prozesses wird durch die Folge $c_n = \mathrm{Cov}(X_0, X_n)$ der Kovarianzen vollständig beschrieben, und diese ist nichtnegativ definit. Das zugehörige Maß μ heißt Spektralmaß des Prozesses. Umgekehrt existiert zu jedem Spektralmaß ein schwach stationärer Prozeß.

Einer der kreativsten hier zu erwähnenden Mathematiker war GEORG PÓLYA, der 1887 in Budapest geboren wurde und von 1914 bis 1940 an der ETH Zürich wirkte, später in Stanford. (PÓLYA leistete auch Bedeutendes in der Analysis, Kombinatorik und Didaktik; siehe Artikel Aigner).

In einer Arbeit über den Zentralen Grenzwertsatz (1920, Math. Zeitschr.) entwickelte PÓLYA die Momentenmethode als allgemeine Methode zum Beweis von Verteilungskonvergenz. Bereits TSCHEBYSCHEW und MARKOW hatten die Konvergenz von Momenten zum Beweis der Konvergenz der Verteilung standardisierter Summen von unabhängigen Zufallsvariablen gegen die Normalverteilung eingeführt. PÓLYA zeigte, daß analoge Aussagen für eine große Klasse von Grenzverteilungen gelten: Ist t_m das m-te Moment der Verteilung F und

$$\limsup_{m \to \infty} \sqrt[2m]{t_{2m}}/m < \infty ,$$

und konvergieren für jedes m die m-ten Momente einer Folge F_k von Verteilungen gegen t_m, so konvergiert F_k in Verteilung gegen F. Dieser Satz ist als Stetigkeitssatz des Momentenproblems in die Literatur eingegangen. Nach FELLER ist die Arbeit von PÓLYA die erste, in der der Begriff „Zentraler Grenzwertsatz" verwendet wird.

Berühmt ist auch PÓLYAS Arbeit über die Irrfahrt im Straßennetz (Math. Ann. 1921). PÓLYA zeigt hier, daß die symmetrische Irrfahrt auf $\mathbb{Z}^d$, bei der man in jedem Zeitpunkt mit gleicher Wahrscheinlichkeit $\frac{1}{2}d$ von dem gerade besuchten Zustand $i \in \mathbb{Z}^d$ zu den $2d$ Nachbarzuständen geht, in Fall der Dimension $d \leq 2$ rekurrent ist und im Fall $d \geq 3$ transient. Die hierbei entwickelten Methoden ließen sich stark verallgemeinern und führten zu bedeutenden Fortschritten in der Theorie der Markowschen Ketten und der Brownschen Bewegung. Z.B. gilt das Rekurrenzkriterium, nach dem man zu einem Ausgangszustand genau dann mit Wahrscheinlichkeit 1 zurückkehrt, wenn der Erwartungswert der Zahl der Zeitpunkte, zu denen man zurückkehrt, ∞ ist, ganz allgemein für Markowsche Ketten. Die von PÓLYA zur Bestimmung der Asymptotik der Übergangswahrscheinlichkeiten verwendeten Methoden der harmonischen Analysis sind später von CHUNG, FUCHS, PORT, STONE und anderen im $\mathbb{R}^d$ und in allgemeinen lokalkompakten Abelschen Gruppen angewandt worden.

1928 führte PÓLYA in einer gemeinsamen Note mit EGGENBERGER als Modell für Prozesse mit „Ansteckung" das Urnenschema ein, bei dem sich die Zahl der weißen und scharzen Kugeln, die in den einzelnen Stufen eines Experiments in der Urne sind, entsprechend der Zahl der schon gezogenen weißen und schwarzen Kugeln ändern. Eine gründliche Analyse des Schemas lieferte PÓLYA 1931. Heute wird das Pólyasche Urnenschema in zahlreichen einführenden Lehrbüchern der Wahrscheinlichkeitstheorie behandelt. Bekannt ist u.a. auch PÓLYAS 1923 angegebene Charakterisierung der Normalverteilung als Verteilung F mit endlichem zweiten Moment, für die die Summe zweier unabhängiger zu F ähnlich verteilter Zufallsvariabler zu F ähnlich verteilt ist.

Zu den frühen Sätzen über fast sichere Konvergenz gehört der Satz von Rademacher-Menchow über Orthogonalreihen. HANS RADEMACHER, ein Schüler von CARATHÉODORY, zeigte: Ist $\{\varphi_n, n \geq 1\}$ eine Folge von orthonormierten Funktionen in L_2, und gilt

$$\sum_{\nu=1}^{\infty} c_\nu \log^2 \nu < \infty$$

so konvergiert die Folge $\sum_1^n c_\nu \varphi_\nu$ fast sicher (Math. Ann. 1922). [MENCHOW bewies dies 1923 unabhängig und eine tiefliegende Umkehrung.] Als Beispiel betrachtete RADEMACHER die später nach ihm benannten Funktionen ψ_n auf $[0, 1]$, die in x den Wert 1 haben, wenn die n-te Stelle in der dyadischen Entwicklung von x eine 0 ist, und sonst den Wert -1. Heute deuten wir die ψ_n als unabhängige Zufallsvariable, die die Gewinne und Verluste in einer Folge von Münzwurfexperimenten beschreiben. RADEMACHER bewies, daß für die Folge ψ_n die obige Bedingung durch die schwächere Bedingung $\sum c_\nu^2 < \infty$ ersetzt werden kann. Er wandte sich dann bald anderen Arbeitsgebieten zu. 1934 verlor er aus politischen Gründen – er war Pazifist – seine Professur in Breslau und emigrierte in die USA.

Der aus Wien stammende FÉLIX POLLACZEK wurde durch seine in Berlin in den späten zwanziger Jahren begonnenen – durch Probleme aus dem Fernsprechwesen motivierten – Arbeiten zu einem der Pioniere der Theorie der Warteschlangen. Bereits 1930 betrachtete er die heute mit G/G/1 bezeichneten Bedienungssysteme mit einem Schalter und mit allgemeinen Verteilungen für die Dauer zwischen dem Eintreffen der Kunden und für die Bedienungszeiten. Er legte die Grundlagen für die analytische Behandlung dieser Warteschlangen mittels singulärer Integralgleichungen. Die Khinchine-Pollaczek-Formel über die Grenzverteilung der Wartezeiten ist ein fundamentales mit seinem Namen verbundenes Resultat.

FÉLIX POLLACZEK, 1. 12. 1892 Wien - 29. 4. 1981 Boulogne-Billancourt
Prom. 1922 Berlin (Zahlentheorie). Arbeitete bis zu seiner Emigration 1933 in Berlin, später in Frkr. als wiss. Berater für Post-, Telefon- und Telegrafie-Gesellschaften. Erster Ehemann von H. GEIRINGER, 1977 John v. Neumann-Preis in OR

WILLY FELLER wurde 1906 in Zagreb, Jugoslawien, geboren. Dort begann er auch sein Mathematikstudium, ging aber 1925 nach Göttingen, wo er ein Jahr später im Alter von 20 Jahren promovierte. 1928 ging er als Privatdozent nach Kiel. Seine Arbeiten aus jener Zeit behandelten Fragen über partielle Differentialgleichungen, Maßtheorie und Differentialgeometrie. 1933 mußte FELLER Deutschland verlassen. Er ging zuerst nach Kopenhagen, dann ein Jahr später nach Stockholm zu CRAMÉR, und schließlich 1939 in die USA. Fast sein gesamtes Schaffen nach der Emigration war der Wahrscheinlichkeitstheorie gewidmet – er zählte zu den ganz Großen. Für uns ist es vielleicht eine interessante Fußnote, daß FELLER – wie DOOB in seinem Nachruf erwähnt – seine erste wahrscheinlichkeitstheoretische Arbeit bereits in Kiel begonnen hat, also die 1936 in der Math. Zeitschrift erschienene Arbeit, in der FELLER zeigte, daß für asymptotisch vernachlässigbare Schemata die Lindebergbedingung für den Zentralen Grenzwertsatz auch notwendig ist.

Auf WILHELM BLASCHKE und seine Beiträge zur geometrischen Wahrscheinlichkeitstheorie geht der Artikel Gruber ein.

Unter den an Wahrscheinlichkeitstheorie interessierten Mathematikern, die Ende der dreißiger Jahre noch in Deutschland waren, ist vor allem noch EBERHARD HOPF zu nennen, der „falsche" HOPF, wie damals manche reinen Mathematiker – die Leistungen E. HOPFS verkennend – sagten, weil sie bei dem Namen „HOPF" vor allem an den mit E. HOPF nicht verwandten Topologen HEINZ HOPF dachten. Die Wahrscheinlichkeitstheorie war nur eins von vielen Arbeitsgebieten von E. HOPF. Er machte sich schon früh einen Namen mit Arbeiten über elliptische partielle Differentialgleichungen; vgl. Artikel Bemelmans, Hildebrandt, von Wahl.

Von 1930 bis 1936 hielt sich HOPF in den USA auf (Harvard, MIT). Berühmt wurde die Arbeit von WIENER und HOPF über Integralgleichungen der Form

$$f(s) = \int_0^\infty k(s-t) f(t)\, dt \quad (s \geq 0),$$

die heute Wiener-Hopfsche Integralgleichungen heißen. WIENER und HOPF verwendeten Fourier-Integrale, um eine komplexe Gleichung abzuleiten, die sie durch analytische Fortsetzung lösen konnten. Ihre explizite Lösung der Integralgleichung gilt als einer der Höhepunkte der Analysis. Nachdem HOPF die Methode in Buchform im Zusammenhang mit Strahlungsproblemen dargestellt hatte, folgte eine schier unübersehbare Flut von Anwendungen auf ganz unterschiedliche Gebiete. In der Wahrscheinlichkeitstheorie ergaben sich Anwendungen auf die Ruintheorie, Erneuerungstheorie und auf Warteschlangenprobleme. SPITZER hat 1957 für eine große Klasse wahrscheinlichkeitstheoretischer Anwendungen die Fourier-Methoden durch einfachere kombinatorische Argumente ersetzen können, aber im allgemeinen Fall ist die „Wiener-Hopf-Technik" nach wie vor unersetzlich.

Fast zur gleichen Zeit schrieb HOPF originelle Arbeiten über Kausalität, Wahrscheinlichkeitstheorie und „willkürliche Funktionen". Z. B. zeigte er, daß sich beim Roulette asymptotisch für $a \to \infty$ die Gleichverteilung ergibt, wenn das Rouletterad gut justiert ist und die Anfangsgeschwindigkeit ω eine beliebige Dichte der Form $f(\omega - a)$ hat. Für ein schlecht balanciertes Rad fand er bei gegebener Reibung die Grenzverteilung.

EBERHARD HOPF, 17. 4. 1902 Salzburg – 24. 7. 1983 Bloomington
Studium in Berlin und Tübingen, Prom. bei E. Schmidt, 1926–30 Astron. Rechenzentr. Berlin, 1929 Hab., 1930–32 Harvard, 1932–36 MIT, 1936 Leipzig, 1944 München, ab 1947 USA. Siehe Nachruf von M. DENKER

Bekannter sind seine Beiträge zur Ergodentheorie, z. B. der Satz von Stepanoff-Hopf (1937), sein schöner Ergebnisbericht (1937), die „Hopf-Zerlegung" eines Maßraums in den konservativen und dissipativen Teil, und vor allem sein Beweis der Ergodizität und schwachen Mischung der geodätischen Strömung auf Flächen konstanter negativer Krümmung (1936–39).

1936 folgte HOPF einem Ruf nach Leipzig, aber 1947 ging er zurück in die USA, wo er mehr Zeit für die Forschung fand. Zur Wahrscheinlichkeitstheorie kehrte er noch einmal 1954 mit seiner Arbeit „The general temporally discrete Markov process" zurück, die die Theorie der Markow-Operatoren in L_1 begründete. E. HOPF wurde vielfach geehrt. Höhepunkt war die Verleihung des Steele-Preises im Jahr 1981.

Der Bericht von G. SCHULZ [1947] über deutsche Beiträge zur Wahrscheinlichkeitstheorie in den Kriegsjahren macht deutlich, daß der Kontakt mit der internationalen Entwicklung abgebrochen war.

6 WOLFGANG DOEBLIN und HARRY REUTER

Die Lebensläufe der Wahrscheinlichkeitstheoretiker WOLFGANG DOEBLIN und HARRY REUTER, die in jugendlichem Alter mit ihren Eltern aus Deutschland emigrieren mußten, werfen viel Licht auf die deutsche Geschichte.

WOLFGANG DOEBLIN wurde am 17. März 1915 in Berlin geboren. Sein Vater war der bekannte Schriftsteller ALFRED DOEBLIN, der schon früh die rassistischen Ziele der Nationalsozialisten angegriffen hatte. 1933 emigrierte er nach Frankreich, wo er und seine Familie die französische Staatsbürgerschaft annahmen. WOLFGANG DOEBLIN studierte an der Sorbonne Mathematik. Seine erste wissenschaftliche Arbeit erschien 1936, und bis 1940 erschienen 26 teils umfangreiche Arbeiten. Als er 1939 in den Kampf gegen Hitler-Deutschland zog, nach eigenen Worten bereit, für seine Ideen zu sterben, nahm er den Namen VINCENT DOBLIN an. Für freiwillige gefährliche Einsätze erhielt er das Kriegskreuz mit Palme und die Militärische Medaille. Er fiel am 21. Juni 1940.

Um eine Vorstellung von dem Niveau der DOEBLINschen Beiträge zu geben, sagte PAUL LÉVY in seinem Nachruf: „Ich glaube, daß man die Mathematiker, die

WOLFGANG DOEBLIN, 17. 3. 1915 Berlin – 21. 6. 1940
1933 emigriert, leistete bedeutende Beiträge zur Theorie der Markowschen Prozesse und zum zentralen Grenzwertproblem. Sein Nachlaß befindet sich zusammen mit dem seines Vaters im Deutschen Literatur Archiv Marbach

seit ABEL und GALOIS so jung gestorben sind und ein so bedeutendes Werk hinterlassen haben, an den Fingern einer Hand abzählen kann".

Das erste große Interessengebiet von DOEBLIN war die Theorie der Markowschen Ketten. Bekannt ist z. B. sein Quotienten-Grenzwertsatz für die Übergangswahrscheinlichkeiten. Auf ihn geht die Idee zurück, die Unabhängigkeit des Verlaufs der Kette zwischen den einzelnen Rückkehren zu einem festen Zustand auszunutzen. So bewies er z. B. einen Zentralen Grenzwertsatz für Markowsche Ketten. Ferner studierte er, zuerst im endlichen Fall, dann aber fortschreitend zu allgemeinen nicht notwendig abzählbaren Zustandsräumen, das asymptotische Verhalten und die Klassifikation der Zustände. Die „Doeblin-Bedingung" war die erste allgemeine Bedingung an Übergangswahrscheinlichkeiten, die es erlaubte, die grundlegenden Konvergenzaussagen für Übergangswahrscheinlichkeiten auf beliebige Zustandsräume zu übertragen. DOEBLIN erfand 1938 bei der Untersuchung Markowscher Ketten die heute „coupling" genannte Beweismethode, die in der Theorie der Interaktionsmodelle Bedeutung erlangte. DOEBLIN war auch der erste, der das Studium der Pfadeigenschaften von Markowschen Ketten mit stetiger Zeit aufnahm.

1939 fanden DOEBLIN und GNEDENKO unabhängig voneinander im zentralen Grenzwertproblem für „Schemata" notwendige und hinreichende Bedingungen für die Konvergenz gegen eine gegebene unendlich teilbare Verteilung. Dies zählt LOÈVE [1978] zu den zentralen Ergebnissen der modernen Wahrscheinlichkeitstheorie.

G. E. H. (HARRY) REUTER wurde am 21. November 1921 in Berlin geboren. Sein Vater, ERNST REUTER, der legendäre spätere Oberbürgermeister von Berlin, der in den Nachkriegsjahren den Widerstandswillen der West-Berliner verkörperte (Luftbrücke), wurde nach 1933 von den Nationalsozialisten als SPD-Politiker verfolgt. 1935 floh er nach einen zweiten KZ-Aufenthalt mit seiner Familie nach England, später ging er in die Türkei. HARRY REUTER blieb bei Freunden und wurde 1938 britischer Staatsbürger. Er studierte von 1939 bis 1941 in Cambridge Mathematik und arbeitete dann wissenschaftlich für die Admiralität.

Unmittelbar nach Kriegsende erhielt er den Auftrag, deutsche Universitäten und Forschungsinstitute zu inspizieren. Aus IRMGARD SÜSS' Geschichte von Oberwolfach ist bekannt, wie segensreich sich der Besuch von JOHN TODD und HARRY REUTER in Oberwolfach auswirkte. Die Beschlagnahme des Instituts durch einen französischen Offizier wurde verhindert.

Nach Vervollständigung seines Studiums arbeitete REUTER in Manchester, Durham und am Imperial College in London, zeitweise als Head of the Department. Heute lebt er in Cambridge. Auf meine Frage, ob jemand versucht hätte, ihn für den Neuaufbau der Stochastik in Deutschland zu gewinnen, schrieb er, daß HELLMUTH KNESER einen Anlauf genommen hat, er damals aber schon Familie in England gehabt habe.

Nach verschiedenen nicht-stochastischen Arbeiten entwickelte REUTER mit LEDERMANN 1952 in einer berühmten Arbeit die Existenz-Theorie für Markow-

G. E. H. (HARRY) REUTER, geb. 21. 11. 1921 Berlin lebt in Cambridge, arbeitete u.a. über Markowsche Ketten mit stetigem Parameter

sche Ketten mit einem stabilen konservativen Erzeuger. Von großer Bedeutung ist auch ihre Arbeit über Geburts- und Todesprozesse, in der sie spektraltheoretische Methoden entwickelten. Fruchtbar war REUTERS Zusammenarbeit mit DAVID KENDALL über Prozesse, deren Erzeuger nicht stabil oder nicht konservativ ist. Es gelang ihnen ferner den Zusammenhang des Erzeugers der Markowschen Halbgruppe mit dem Grenzwert der Übergangswahrscheinlichkeiten zu klären. Spätere Arbeiten von REUTER über q-Prozesse hatten Einfluß auf die Entwicklung der „boundary-theory". Mehr findet der Leser in KENDALLS Artikel [1986] in der Reuter-Festschrift.

7 Der Neubeginn

Nach dem Ende des zweiten Weltkrieges geschah in Westdeutschland jahrelang nichts, was der Stochastik hätte auf die Beine helfen können. Die durchaus vorhandenen Kontakte mit dem Ausland reichten offenbar nicht aus, die Augen für die Notwendigkeit der Nachwuchspflege im Bereich der Stochastik zu öffnen. Hätte die DMV nicht wenigstens die Einladung von ausländischen Gästen anregen können? Wäre sie völlig unbeteiligt geblieben, wenn ein wichtiges Gebiet der Reinen Mathematik bis zehn Jahre nach Kriegsende nicht vertreten gewesen wäre?

Eine Ausnahme war HELLMUTH KNESER, der Anfang der fünfziger Jahre beeindruckt von den Fortschritten der Stochastik, insbesondere der Spieltheorie, von einer Reise in die USA zurückkehrte und dafür warb, dieses Gebiet stärker zu fördern. Er war es auch, der 1955 die erste Stochastiktagung in Oberwolfach leitete.

Im gleichen Jahre erhielt HANS RICHTER den neugeschaffenen Lehrstuhl für Mathematische Statistik in München. Er hatte 1936 bei B. L. VAN DER WAER-

DEN mit einem zahlentheoretischen Thema promoviert und sich dann für Versicherungsmathematik interessiert. Nach dem Krieg arbeitete er an einem Forschungsinstitut in St. Louis über Elastizität und Aerodynamik und wandte sich ca. 1950 außerdienstlich der Entwicklung seiner Wahrscheinlichkeitsaxiomatik zu. Er ersetzte z. B. das Axiom der Additivität durch die Forderung, daß die Wahrscheinlichkeit der Vereinigung zweier disjunkter Ereignisse eine strikt monotone Funktion der Wahrscheinlichkeiten der Einzelereignisse ist, brauchte aber dann weitere Forderungen, um zur Additivität zu gelangen. Es ging RICHTER darum, Axiome wie die Additivität als bei Wahl eines geeigneten Maßstabes weitgehend zwangsläufig zu charakterisieren.

RICHTERS 1956 erschienenes Lehrbuch kam durch Betonung der Maßtheorie und Axiomatik wenig zur eigentlichen Wahrscheinlichkeitstheorie, aber es öffnete doch den Zugang zur Literatur. Auch RICHTERS klare Vorlesungen halfen, eine neue Generation an die Wahrscheinlichkeitstheorie heranzuführen. Trotz zahlreicher gesundheitlicher Belastungen hatte er eine ganze Reihe von Schülern.

HANS RICHTER, 2. 5. 1912 Leipzig – 3. 12. 1978 München
Studium in Leipzig, spielte eine wesentliche Rolle beim Neuaufbau der Stochastik in Westdeutschland ab 1955, siehe auch Artikel Witting

Unter RICHTERS wahrscheinlichkeitstheoretischen Arbeiten sind vor allem seine Abschätzungen von Erwartungswerten unter Nebenbedingungen und seine Arbeiten zum Gesetz des iterierten Logarithmus für empirische Verteilungsfunktionen hervorzuheben; vgl. [Bierlein und Mammitzsch 1980].

Mir fehlt der Platz, die Zeit und der Abstand, um ausgewogen über das Werk der noch lebenden Kollegen zu referieren. Daher will ich nur noch stichwortartig einiges Bemerkenswerte festhalten.

1956 nahm LEOPOLD SCHMETTERER einen Ruf nach Hamburg an. Von ihm und seiner Arbeitsgruppe ging u. a. die Wahrscheinlichkeitstheorie auf Gruppen aus, die im deutschen Sprachraum seither intensiv gepflegt wird. Zu den in Hamburg wirkenden Dozenten und Assistenten gehörten K. KRICKEBERG, H. BAUER und W. UHLMANN. Als SCHMETTERER im März 1958 in Oberwolfach eine Tagung über Wahrscheinlichkeitstheorie und Statistik organisierte, war J. NEY-

MANN von den Entwicklungen so angetan, daß er in einem Artikel in SCIENCE schrieb, daß diese Konferenz Zeichen einer bemerkenswerten Steigerung des Interesses an Stochastik in Europa sei, und daß sich die neuen Zentren Paris, Hamburg, München, Prag und Budapest herausbildeten. 1961 kehrte SCHMETTERER nach Wien zurück und fand in HEINZ BAUER einen äußerst erfolgreichen Nachfolger, vgl. Artikel König. (BAUER und Bauer-Schüler pflegten auf hohem Niveau den Zusammenhang der Potentialtheorie mit der Theorie der Markow-Prozesse.)

Ein großes Verdienst von SCHMETTERER ist, daß er die von vorneherein international angelegte „Zeitschrift für Wahrscheinlichkeitstheorie und verwandte Gebiete" mitbegründet und zu einer führenden Zeitschrift gemacht hat. Ursprünglich war eine Zeitschrift für Unternehmensforschung angeregt worden, aber auf der entscheidenden Sitzung am 8. 3. 61 im Springer-Verlag setzten sich SCHMETTERER, RICHTER und PFANZAGL mit ihrer Vorstellung durch, es gäbe noch dringenderen Bedarf für eine neue anspruchsvolle Zeitschrift für Statistik. Daraus wurde dann bald Wahrscheinlichkeitstheorie. Statistik, Unternehmensforschung und Informationstheorie gehörten zu den „verwandten Gebieten".

KLAUS KRICKEBERG war meines Wissens der erste, der an der Quelle, d. h. bei DOOB, die moderne Theorie der stochastischen Prozesse kennenlernte. Angeregt durch Vorlesungen von E. SCHMIDT über Maßtheorie hatte er sich mit der Differentiation von Mengenfunktionen beschäftigt und die Untersuchung von Martingalen $(X_t, t \in T)$ mit halbgeordneter nach rechts filtrierender Indexmenge T begonnen. Er bewies unter einer Vitali-Bedingung V_∞ (die heute V heißt) die fast sichere (bzw. wesentliche) Konvergenz von L_1-beschränkten Martingalen. Von 1955 bis 1957 ging er als Research Associate an die Universitäten von Illinois und Wisconsin. Er entdeckte die heute nach ihm bekannte „Krickeberg-Zerlegung": Jedes L_1-beschränkte Submartingal (X_t) ist darstellbar als Differenz eines positiven Martingals und eines positiven Supermartingals. Er zeigte auch, daß jedes L_1-beschränkte Submartingal stochastisch konvergiert.

KLAUS KRICKEBERG, geb. 1. 3. 1929 Ludwigslust Studium Humboldt Univ. Berlin, 1952 Prom., 1954 Hab. Würzburg, 1958 o. Prof. Heidelberg, 1971–75 Bielefeld, jetzt Paris. Grundleg. Arbeiten zur Martingaltheorie; kam dann zur stoch. Geometrie u. Statistik für Punktprozesse, schließlich zur Epidemiologie der Tropenkrankheiten. Langjähr. Hrsg. der Zeitschr. f. Wahrschth.; Aufbau der Mediz. Statistik in Hanoi

1958 begann KRICKEBERG in Heidelberg ein Zentrum für Wahrscheinlichkeitstheorie aufzubauen, 1969 wurde auf seine Initiative der Sonderforschungsbereich 123 „Stochastische Mathematische Modelle" gegründet. Aber dieser nahm durch KRICKEBERGS Berufung nach Bielefeld seine Arbeit erst 1978 unter seinen Nachfolgern auf. Ziel des Sonderforschungsbereichs ist es, für exemplarische Anwendungssituationen mathematische Modelle zu entwickeln und zu analysieren; konkret werden Interaktionsmodelle, statistische Modelle, Reaktionsprozesse und Ausbreitungsphänomene studiert.

1959 wurde in Göttingen der verlorengegangene Lehrstuhl von F. BERNSTEIN neu geschaffen, und KONRAD JACOBS berufen. Er hatte sich von der funktionalanalytischen Ergodentheorie aus über die Theorie der fastperiodischen Markow-Prozesse und Spieltheorie selbst einen Weg in die Stochastik erarbeitet. In Göttingen kam als Interessengebiet die Informationstheorie hinzu. Er zog zahlreiche Studenten an, von denen nicht wenige heute an Universitäten lehren. Einer der Gründe hierfür dürfte sein, daß er aktuelle Themen frühzeitig erkannte und seine Schüler auch dann zu der Arbeit daran anregte, wenn diese Themen wenig Bezug zu seinen eigenen Arbeiten hatten. Er ermunterte sie, nach oder gelegentlich vor der Promotion im Ausland mehr über ihr Arbeitsgebiet zu lernen.

Diese Möglichkeit des Lernens im Ausland war natürlich nicht nur für die Jacobs-Schüler sondern auch für viele andere eine entscheidende Hilfe. Führende Wahrscheinlichkeitstheoretiker und Statistiker, darunter NEYMANN, SPITZER, KESTEN, LEHMANN, WOLFOWITZ und KARLIN luden junge deutsche Nachwuchsstochastiker ein. Sehr förderlich waren auch die Kontakte mit den ausländischen Wissenschaftlern, die zu Tagungen oder längeren Aufenthalten nach Deutschland kamen, etwa RÉNYI, NEVEU oder LUKACS. Die uns vom Ausland gewährte Unterstützung beim Neuaufbau der Mathematik und besonders der Stochastik nach dem Krieg legt uns gewiß umgekehrt eine moralische Verpflichtung anderen weniger entwickelten Ländern gegenüber auf.

DEMETRIUS A. KAPPOS war mehr als ein regelmäßiger Besucher. Nach dem Studium bei CARATHÉODORY (1934–38 München) arbeitete er in Leipzig, Marburg und Erlangen, und auch noch nach seiner Berufung nach Athen (1953) war er regelmäßig in Deutschland, mehrfach als Gastprofessor. Sein 1959 erschienenes Buch „Strukturtheorie der Wahrscheinlichkeitsfelder und -räume" behandelt maßtheoretische Grundlagenfragen der Wahrscheinlichkeitstheorie im Zusammenhang mit Wahrscheinlichkeitsmaßen auf Booleschen Algebren.

Von der eigenen Generation möchte ich nur VOLKER STRASSEN nennen, der deutlich herausragt, obwohl er nur wenige Jahre in der Wahrscheinlichkeitstheorie gearbeitet hat. Er hat die Entwicklung der Wahrscheinlichkeitstheorie entscheidend beeinflußt. 1962 promovierte STRASSEN bei K. JACOBS mit einer Arbeit über Informationstheorie und Choquetsche Kapazitäten. Die sich daraus entwikkelnde Arbeit *„Meßfehler und Information"* führte in Berkeley durch Kontakte mit P.A. MEYER zu STRASSENS grundlegender Arbeit über die Existenz von Wahrscheinlichkeitsmaßen mit vorgegebenen Marginalverteilungen. STRASSEN leitet eine Integraldarstellung für stetige lineare Funktionale ab, die durch eine subadditive nichtnegativ homogene Funktion dominiert werden. Diese, sowie sein Satz

Volker Strassen (rechts) 1962 in Aarhus im Gespräch mit Alfréd Rényi (links vorn) und Jacques Neveu
Geb. 29. 4. 1936 Düsseldorf. Studium in Freiburg, München, Göttingen, 1966 Hab. Erlangen, Prof. Berkeley, 1968 o. Prof. Zürich, seit 1988 Konstanz. Begründete u. a. die Theorie der fast sicheren Invarianzprinzipien; seit ca. 1967 Arbeiten zur Komplexitätstheorie. Hauptvorträge auf den ICM-Kongressen in Moskau (1966) und Vancouver (1974)

über die Existenz von Maßen mit vorgegebenen Marginalverteilungen und vorgegebenem Träger haben wichtige Anwendungen gefunden.

Hervorzuheben ist ferner Strassens Invarianzprinzip für den Satz von iterierten Logarithmus: Man kann die Pfade einer Irrfahrt mit endlicher Varianz auf einem geeigneten Wahrscheinlichkeitsraum „nah" an einer Brownschen Bewegung konstruieren. Bei passender Normierung hat daher die Irrfahrt und die Brownsche Bewegung fast sicher die gleiche (explizit angegebene) Menge von Limespunkten. In seiner Habilitationsschrift (Erlangen) gab Strassen Geschwindigkeitsabschätzungen für den Satz vom iterierten Logarithmus und für die Approximation durch die Brownsche Bewegung an. Dies führte in den siebziger Jahren durch Beiträge von Major, Komlós und Tusnády zur Theorie der starken Approximationen für Irrfahrten.

In der DDR gingen die ersten Impulse für die Beschäftigung mit Wahrscheinlichkeitstheorie von B. V. Gnedenko aus, der 1954 an der Humboldt-Universität in Berlin Gastvorlesungen hielt. Zu seinen Hörern gehörte Klaus Matthes. Ca. 1960 begann dessen Zusammenarbeit mit Johannes Kerstan, der sich unter Kolmogorows Anleitung der Wahrscheinlichkeitstheorie zugewandt hatte, und etwas später kam Joseph Mecke hinzu. Sie machten die Theorie der Punktprozesse zu einem bald international angesehenen Schwerpunktgebiet. Da in der von H. Sachs [1957] herausgegebenen Geschichte der Mathematik der DDR ausführlich über die Entwicklung der Stochastik berichtet wird, brauchen wir hier nicht die Ergebnisse im Einzelnen zu schildern. Im Vergleich mit dem Westen fällt die starke Betonung der Industrie-Anwendungen ins Auge (Bedienungstheorie, Zuverlässigkeitstheorie, Lagerhaltungstheorie). Im Bereich der Grenzwertsätze trat Wolfgang Richter bereits Ende der fünfziger Jahre mit international beachteten Arbeiten hervor. Zu den Gebieten, die in der DDR besonders gepflegt werden, zählt die für industrielle Anwendungen wichtige Theorie der zufälligen Suchverfahren. Hier ist vor allem P. Heinz Müller zu nennen.

8 Versicherungsmathematik

Während zu Beginn dieses Jahrhunderts die Versicherungsmathematik auch an den Hochschulen gepflegt wurde – z. B. hielt FELIX BERNSTEIN regelmäßig Vorlesungen über Versicherungsmathematik – wurde sie nach dem zweiten Weltkrieg weitgehend vernachlässigt. An einigen wenigen Universitäten hielten Lehrbeauftragte, Privatdozenten, Honorarprofessoren und apl. Professoren Lehrveranstaltungen ab, allerdings fast ausschließlich über die deterministische Theorie der Personenversicherung. Die wichtigsten Beispiele sind Göttingen (REICHEL), Hamburg (RIEBESELL, PÖTTKER), Köln (HEUBECK, KRACKE) und München (BRÜCKNER). Der Aufbau der Stochastik Mitte der fünfziger Jahre wurde nicht zuletzt zu Lasten der Versicherungsmathematik durchgeführt.

Die Gründe dafür, daß man *Lehrstühle* für Versicherungsmathematik für entbehrlich hält, sind plausibel: Erstens gilt die Ausbildung für eine spezifische berufliche Tätigkeit in der Mathematik heute viel weniger als noch zu Beginn dieses Jahrhunderts als Aufgabe der Hochschule. Angesichts der Stoffülle verweist man auf die berufliche Einarbeitungsphase, obwohl manches an der Hochschule leichter geleistet werden könnte. Zweitens gilt die Versicherungsmathematik als Gebiet mit kleinem Methodenspektrum. Wenn allerdings *überall* so gedacht wird, gibt die Hochschulmathematik ein wichtiges Anwendungsgebiet in andere Hände, und sie verliert dann auch die Möglichkeit, in einem bedeutenden Wirtschaftszweig zu zeigen, was moderne Mathematik leisten kann.

Nun zum Inhaltlichen: In den deutschsprachigen versicherungsmathematischen Zeitschriften überwiegen Arbeiten zur Praxis. Typische Themen sind: Bestimmung der Sterblichkeit, Konstruktion von Lebensversicherungstarifen, Rückversicherung, Rechnungslegung und Überschußverteilung.

Im Rahmen dieses Artikels ist vor allen die Risikotheorie von Interesse, die stochastische Modelle einsetzt und zunehmend an Bedeutung für die Praxis gewinnt. Wichtige, sich zum Teil überschneidende Teilgebiete sind:

1. Numerische Berechnung der Gesamtschadenverteilung
2. Ruintheorie
3. Credibility-Theorie
4. Theorie der Prämienprinzipien und
5. Bestimmung des Spätschadenpotentials (sog. IBNR-Problem).

Während z. B. das IBNR-Problem auf Grund seiner erst in den siebziger Jahren erkannten ökonomischen Bedeutung sehr spät eine Mathematisierung erfuhr, sind die zu den Problemkreisen 1 und 2 verwendeten stochastischen Modelle inzwischen klassisch. Die für die Entwicklung der Risikotheorie fundamentalen Arbeiten zum sog. kollektiven Modell sind in der ersten Hälfte dieses Jahrhunderts in Skandinavien von F. LUNDBERG und H. CRAMÉR geschaffen worden. Bezeichnet $N(t)$ die Anzahl der Schäden und Y_i die Höhe des i-ten Schadens, so ist

$$S_{co}(t) = \sum_{i=1}^{N(t)} Y_i$$

der Gesamtschaden des „Portefeuilles“ zur Zeit t. Man nimmt an, daß $(N(t), t \geq 0)$ ein homogener Poissonprozeß ist, und daß die Y_i unabhängig und identisch verteilt sind. Ist u das Startkapital und c die Prämieneinnahme pro Zeiteinheit, so ist

$$U(t) = u + ct - S_{co}(t)$$

das Kapital des Unternehmens zum Zeitpunkt t. Die Ruinwahrscheinlichkeit kann als Maß der Stabilität verwendet werden.

Vor allem schweizerische Mathematiker wie AMMETER, BÜHLMANN und GERBER haben durch Verallgemeinerungen und neue mathematische Techniken die Entwicklung der Ruintheorie vorangetrieben. Von BÜHLMANN und GERBER stammen auch wichtige Beiträge zur Credibility-Theorie und zur Theorie der Prämienprinzipien. In dem DMV-Übersichtsartikel von BÜHLMANN [1988] finden sich genauere Angaben und Literaturhinweise.

Für festes t (etwa 1 Jahr) hat man lange Zeit zur Berechnung der Verteilung von $S_{co}(t)$ diverse Näherungsverfahren benutzt, deren Approximationsgüte meist unbeantwortet blieb. Erst in den achtziger Jahren wurden effiziente Algorithmen etwa im Falle arithmetischer Y_i bekannt.

Im „individuellen Modell“ mit n „Policen“ ist der Gesamtschaden S_{in} die Summe der unabhängigen Schadenshöhen der einzelnen Policen. Die Faltungsformel zur Berechnung der Verteilung von S_{in} ist numerisch unbrauchbar. Daher hat man das realitätsnähere individuelle Modell lange durch ein passend erscheinendes kollektives Modell ersetzt. Erst in jüngster Zeit haben sich mit Erfolg deutsche und andere Risikotheoretiker mit den Fragen beschäftigt, ob es schnelle für das individuelle Modell spezifische Verfahren gibt, ob es praxisrelevante Abschätzungen für den Fehler beim Übergang vom individuellen Modell zum assoziierten kollektiven Modell gibt, und welche Verfahren unter Berücksichtigung des Rechenaufwandes und der Genauigkeit herausragen.

Das Methodenspektrum der Versicherungsmathematik hat in den letzten Jahren eine deutliche Erweiterung erfahren.

9 Stochastik auf der Schule

Die Stochastik spielte, wie aus dem historischen Artikel von H. KÜTTING [1981] hervorgeht, zu verschiedenen Zeiten an der Schule eine sehr unterschiedliche Rolle.

MAX SIMON nannte 1895 in einem Handbuchartikel die Wahrscheinlichkeitsrechnung ein Kapitel, das im Unterricht nicht fehlen darf und das die Schüler ausnahmslos fesselt. 1901 wurden in Preußen die Grundlehren der Kombinatorik und deren Anwendungen auf die Wahrscheinlichkeitslehre in die Lehrpläne für die Primen aufgenommen. Die von F. KLEIN beeinflußten Meraner Pläne (1905) sahen Kombinatorik und Wahrscheinlichkeitslehre in der Unterprima vor. W. LIETZMANN plädierte 1916 für Wahrscheinlichkeitsrechnung und (mit Abstrichen) für Kombinatorik im Schulunterricht. Aber die Kombinatorik galt damals als wenig lebenskräftig und wurde in den revidierten Meraner Plänen von 1922 nicht mehr berücksichtigt.

Ab Mitte der zwanziger Jahre rückte unter dem Einfluß von PAUL RIEBESELL und WALTER LIETZMANN (wegen Unbehagens über die Praxis des Unterrichts in Wahrscheinlichkeitsrechnung) die Statistik zunehmend in den Vordergrund. Bei der aufs Technisch-Praktische orientierten NS-Schulreform von 1938 wurde die Wahrscheinlichkeitsrechnung gestrichen. Statistik wurde bereits für die 6. Klasse vorgesehen.

Nach 1945 waren Nützlichkeitserwägungen und insbesondere Gebiete, die erst die Nationalsozialisten an der Schule eingeführt hatten, suspekt. Die Stochastik wurde im Unterricht weitgehend eliminiert. Z. B. sahen bis 1958 die nordrhein-westfälischen Richtlinien die Wahrscheinlichkeitstheorie nur als eines von 20 möglichen Themen von Arbeitsgemeinschaften vor.

Dann berücksichtigten Reformbewegungen wieder zunehmend die Stochastik. In den 1958 beschlossenen Rahmenplänen der Kultusministerkonferenz (KMK) war Wahrscheinlichkeitstheorie eines von vier Gebieten, von denen mindestens eins im 12. oder 13. Schuljahr des mathematisch-naturwissenschaftlichen Gymnasiums behandelt werden mußte. Auf einem 1959 von der OEEC (einer Vorläuferin der OECD) veranstalteten Seminar über „Neues Denken im Mathematikunterricht" trug L. N. H. BUNT (Utrecht) überzeugende Argumente für eine stärkere Berücksichtigung der Stochastik an der Schule vor. Die Teilnehmer regten die Bildung einer Expertengruppe an, die 1960 in Dubrovnik die „Synopses for modern secondary school mathematics" erarbeiteten. Die starre Haltung in Deutschland äußerte sich noch einmal darin, daß der Delegierte der KMK in seiner deutschen Übersetzung der „Synopses" das umfangreiche und von den Autoren als wesentlich bezeichnete Kapitel über Wahrscheinlichkeitstheorie und Statistik schlicht wegließ.

In den sechziger Jahren sprachen Veröffentlichungen der UNESCO über „New trends in mathematics teaching" wiederholt und sehr eingehend die Wahrscheinlichkeitstheorie im Schulunterricht an (A. ENGEL, H. FREUDENTHAL, u. a.).

Der Deutsche Verein zur Förderung des mathematischen und naturwissenschaftlichen Unterrichts (MNU) legte 1965 Reformpläne vor, die die obligatorische Einführung von Stochastik in der Unter- und Oberstufe vorsahen. KMK-Empfehlungen von 1968 nannten Stochastik als möglichen Themenkreis für die Klassen 11–13, aber es war der einzige Themenkreis, der nicht inhaltlich ausgestaltet wurde. Immerhin berücksichtigten verschiedene Bundesländer die Stochastik nun stärker. 1975 empfahl die KMK, daß jeder Abiturient einen Kurs entweder über Stochastik oder über Lineare Algebra und Analytische Geometrie besuchen sollte.

Die DMV nahm 1976 in einer Denkschrift zum Mathematikunterricht an Gymnasien Stellung. Dort heißt es u. a.: „Im Hinblick auf die große Bedeutung stochastischer Verfahren bei Entscheidungsfindungen und bei Beobachtungsauswertungen begrüßt es die DMV, daß Wahrscheinlichkeitsrechnung und Statistik an vielen Schulen als Lehrstoff angeboten wird. Ziel des Unterrichts sollte dabei sein, den Schülern Verständnis für Möglichkeiten und Grenzen stochastischer Verfahren zu vermitteln. Die DMV hält es für nötig, daß so verstandene Stochastik in den Kern des Mathematikunterrichts eingefügt wird sobald Lehrer-Ausbildung und Fortbildung, fachliche und didaktische Überlegungen sowie hinreichende Schulerfahrungen dies möglich machen." (Der letzte Halbsatz „sobald ..." wurde in den achtziger Jahren gestrichen, nachdem diese Voraussetzungen als hinreichend gut erfüllt angesehen wurden.) In einer weiteren Denkschrift (1979) zählte die DMV die Stochastik zu den in der gymnasialen Lehramtsausbildung wichtigsten Teilgebieten der Mathematik. Sie forderte, jeder Lehramtskandidat sollte wenigstens eine einführende Lehrveranstaltung über Stochastik besuchen.

Dafür, daß die Stochastik an der Schule die ihr gebührende Rolle spielen kann, dürfte es entscheidend sein wie sie unterrichtet wird. Das Lehrbuch von A. ENGEL (1973/76) hat durch zahlreiche schöne Beispiele und Aufgaben didaktisch richtungsweisend gewirkt.

10 Lehren

1. Die Geschichte der Wahrscheinlichkeitstheorie ist ein vorzügliches Beispiel dafür wie sich Reine und Angewandte Mathematik gegenseitig befruchten können. Solange die Grundlagen nicht geklärt waren, stagnierten auch die Anwendungen. Umgekehrt haben zahlreiche Begriffe der Wahrscheinlichkeitstheorie (Martingal, Brownsche Bewegung, Markowscher Prozeß, ...) bereits zu wesentlichen neuen Erkenntnissen aus dem Bereich der Reinen Mathematik beigetragen.
2. Die langfristige Vernachlässigung der Stochastik und allgemeiner der Angewandten Mathematik, die schon VON MISES beklagte, dürfte einer der Gründe dafür sein, daß die Mathematik in Deutschland nicht die Rolle spielt, die sie spielen könnte.
3. Wenn die potentielle Bedeutung einer jungen Disziplin erkannt ist, sollten wir talentierten Nachwuchs ermutigen, dort zu arbeiten, auch wenn der Standard der vorliegenden Arbeiten noch unbefriedigend ist. Nur so kann er gehoben werden.

11 Ergänzende biographische Angaben

Angaben, die im Hauptteil dieses Artikels, in anderen Artikeln dieses Bandes oder in Standard-Lexika leicht auffindbar sind, sind hier aus Platzgründen weggelassen.

GEORG BOHLMANN: 22. 4. 1869 Berlin - 1928, Studium in Berlin, Prom. 1892 Halle, 1894 Priv. Doz. Göttingen, 1901 a.o. Prof. Göttingen, nach 1902 vor allem in Versicherungen tätig.

UGO BROGGI: 29. 12. 1880 Como/Italien - 23. 11. 1965 Italien, Studium 1901-04 in Göttingen, Prof. für Versicherungsmathematik und Statistik in Argentinien (1914-27), Pavia, Madrid, Barcelona und Frankreich. Nachruf von G. RICCI in Rendiconti Inst. Lombardo di Scienze Bd. 100.

ERNST HEINRICH BRUNS: 4. 9. 1848 Berlin - 23. 9. 1919 Leipzig; 1876 Prof. Berlin, 1882 Leipzig, Astronom, bemerkenswertes Lehrbuch über Wahrscheinlichkeitstheorie, Brunssche Reihenentwicklung, Nachruf von HERGLOTZ in dessen Werken.

WILLY (später WILLIAM) FELLER: 6. 7. 1906 Zagreb - 14. 1. 1970, Studium in Zagreb und Göttingen. Arbeitete in Kiel, Kopenhagen, Stockholm, Providence, Cornell, Princeton. Medal of Science 1970.

GUSTAV HERGLOTZ: 2. 2. 1881 Wallern (Böhmen) - 22. 3. 1953 Göttingen. Studium in Wien bei Seeliger, Prom 1902, 1909-25 o. Prof. Leipzig, 1925-47 Göttingen. Arbeiten zu einem breiten Spektrum von Themen der Reinen und Ang. Math., siehe seine Werke.

KONRAD JACOBS: * 24. 8. 1928 Rostock, 1947-54 Stud. in München, Hamburg, 1954 Prom. München (bei Maak), 1954-56 Stip. der DFG f. Math. Forschungsinst. Oberwolfach, 1959 o. Prof. Göttingen, seit 1965 Erlangen. Arbeiten zur Ergodentheorie (Jacobs-Deleeuw-Glicksberg-Zerlegung) und Informationstheorie. Zahlreiche Bücher: u.a. über Ergodentheorie, Maßtheorie, Kombinatorik. Darstellungen neuer Forschungsgebiete für Nicht-Spezialisten, Begründer der Photosammlung in Oberwolfach, weitgespannte außermathematische Interessen.

DEMETRIUS A. KAPPOS: 27. 9. 1904 Lidoriki/Grchld. - 8. 1. 1985 Planegg b. München. Leistete Bedeutendes für die Wiederbelebung der Mathematik in modernem Geist in Griechenland. Zahlreiche Schüler.

JOHANN VON KRIES: 6. 10. 1853 Roggenhausen - 30. 11. 1928 Freiburg. Physiologe, Beiträge zur Logik und Erkenntnistheorie.

HANS REICHENBACH: 26. 9. 1891 Hamburg - 9. 4. 1953 Los Angeles, 1926-33 a.o. Prof. Berlin, 1938-53 Prof. d. Philos. in L.A., Logiker.

ALFRÉD RÉNYI: 20. 3. 1921 Budapest - 1. 2. 1970. Begründer der bedeutenden Wahrscheinlichkeitstheorie-Schule in Budapest; über 200 Publikationen. Nachruf von SCHMETTERER in Proc. VIth Berkeley Symp.

WILMAR HERRMANN ERHARD TORNIER: 5. 12. 1894 Obernigk b. Breslau - 18. 1. 1982 Westerland/Sylt. 1929 Hab. Halle, Umhab. Kiel 1934, o. Prof. Göttingen, 1936-39 o. Prof. Berlin, vorzeitiger Ruhestand wg. Enthüllungen über seinen Lebenswandel und wg. seiner Nervenkrankheit.

Literaturverzeichnis

Barone, J., A. Novikoff (1978): *A history of the axiomatic formulation of probability from Borel to Kolmogorov: Part I.* Arch. Hist. Exact Sci. **18**, 123-190.

Bernhardt, H. (1984): *Richard von Mises und sein Beitrag zur Grundlegung der Wahrscheinlichkeitsrechnung im 20. Jahrhundert.* Dissertation B, Humboldt-Universität Berlin.

Bierlein, D., V. Mammitzsch (1980): *Hans Richter zum Gedenken.* Jber. Dt. Math. Verein **82**, 94-107.

Bohlmann, G. (1908): *Die Grundbegriffe der Wahrscheinlichkeitsrechnung in ihrer Anwendung auf die Lebensversicherung.* Atti del IV Congresso Int. Mat. Roma, III, Sessione IIIb, 244-278.

Brush, S.G. (1967): *Foundations of Statistical Mechanics 1845–1915*. Arch. Hist. Exact Sci. **4,** 145–183.

Bühlmann, H. (1988): *Entwicklungstendenzen in der Risikotheorie*. Jber. Dt. Math. Verein. **90,** 111–128.

Cohen, J.W. (1981): *Obituary: Félix Pollaczek*. J. Appl. Prob. **18,** 958–963.

Denker, M. (1989): *Eberhard Hopf 04-17-1902 to 07-24-1983*. Jber. Dt. Math. Verein. **91.**

Doob, J.L. (1972): *William Feller and twentieth century probability*. Proceed. VIth Berkeley Symp. Math. Stat. Prob. II. Univ. of Cal. Press, Berkeley, XV–XX.

Ehrenfest, P. u. T. (1911): *Begriffliche Grundlagen der statistischen Auffassung in der Mechanik*. Enc. Math. Wiss. IV. 4, Mechanik, Art. 32.

Georgii, H.O. (1988): *Gibbs Measures and Phase Transitions*. de Gruyter Studies in Math. **9,** Berlin.

Gnedenko, B.V. (1957): *Lehrbuch der Wahrscheinlichkeitsrechnung*. Akademie-Verlag, Berlin.

Herglotz, G. (1979): *Gesammelte Schriften*. Vandenhoek und Ruprecht, Göttingen.

Jacobs, K. (1970): *Turing-Maschinen und zufällige 0-1-Folgen*. Selecta Math. II, Heidelberger Taschenb. **67,** Springer, Berlin etc.

Kendall, D. (1986): *Harry Reuter: An appreciation*. Analytic and Geom. Stochastics. Suppl. to Advances in Appl. Prob., 1–7.

Kütting, H. (1981): *Synopse zur Stochastik im Schulunterricht – Aspekte einer Schulgeschichte*. Zentralbl. Did. Math., 223–236.

Lambalgen, M. v. (1987): *Random sequences*. Dissertation, Amsterdam

Lévy, P. (1955): *W. Doeblin (V. Doblin) (1915–1940)*. Revue d'Hist. des Sciences **8,** 107–115.

Loève, M. (1978): *Calcul des probabilités*. Chap. XII in: Dieudonne, J. (Hrsg.): Abrégé d'histoire des mathematiques 1700–1900, II. Hermann, Paris. Deutsche Übersetzung (1985). Vieweg-Verlag.

Ludwig, G. (1978): *Die Grundstrukturen einer physikalischen Theorie*. Springer, Berlin etc.

Ludwig, G. (1985/88): *An Axiomatic Basis for Quantum Mechanics I, II*. Springer, Berlin etc.

Mathieu, M. (1988): *On the origin of the notion „Ergodic Theory"*. Expo. Math. **6,** 373–377.

Pólya, G. (1974): *Collected Papers*. The MIT-Press, Cambridge etc., Insb. Band IV.

Purkert, W. (1983): *Die Bedeutung von A. Einsteins Arbeit über Brownsche Bewegung für die Entwicklung der modernen Wahrscheinlichkeitstheorie*. Mitt. Math. Ges. DDR, 41–49.

Sachs, L. (Hrsg.) (1974): *Entwicklung der Mathematik in der DDR*. VEB Deutscher Verlag der Wissenschaften, Berlin.

Schneider, I. (1989): *Die Entwicklung der Wahrscheinlichkeitstheorie von den Anfängen bis 1933*. Einführungen und Texte. Wiss. Buchges. Darmstadt.

Süss, I. (1967): *Entstehung des Mathematischen Forschungsinstituts Oberwolfach im Lorenzenhof*. Vertrieb im Sekretariat des Forschungsinstituts.

Schnorr, C.P. (1971): *Zufälligkeit und Wahrscheinlichkeit*. Lecture Notes in Math. **218,** Springer, Berlin etc.

Schulz, G. (1947): *Wahrscheinlichkeitsrechnung und Mathematische Statistik*. In: Naturforschung und Medizin in Deutschland 3 (Hrsg. A. Waither), Ang. Math. I, Verlag Chemie, Weinheim, 185–198.

Tobies, R. (1985): *Zu den Beziehungen deutscher und sowjetischer Mathematiker während der Zeit der Weimarer Republik*. Mitt. Math. Ges. DDR **1,** 66–80.

Weizsäcker, C.F. von (1971): *Die Einheit der Natur*. Hanser, München.

Zur Entwicklung der angewandten Analysis und mathematischen Physik in den letzten hundert Jahren

Rolf Leis

Einführung

Zur mathematischen Behandlung beispielsweise eines physikalischen Problems bildet man zunächst ein Modell, dann analysiert man es, und schließlich zieht man Folgerungen daraus. Der erste Schritt erfordert großes Geschick und tiefen Einblick in die Zusammenhänge. Denn das Modell soll einmal alle wesentlichen Phänomene enthalten; es soll aber andererseits auch genügend einfach sein. Im zweiten Schritt geht es dann um das Bereitstellen einer Lösungstheorie, und im dritten bemüht man sich um die Interpretation. Zwischen den einzelnen Schritten ist eine Rückkopplung natürlich unerläßlich.

Für den angewandten Analytiker oder mathematischen Physiker, um bei der Physik als Anwendungsgebiet zu bleiben, steht der zweite Schritt eindeutig im Vordergrund seines Interesses. Beispielsweise entwickelt er eine Theorie der Maxwellschen Gleichungen. Die Gleichungen selbst hinterfragt er jedoch meist nur wenig; auch ist er oft nicht sonderlich an numerischen Resultaten interessiert, so spielt der Computer kaum eine Rolle. Hingegen gilt absolute mathematische Strenge. Seine Untersuchungen erzeugen vielfach eine Eigendynamik, die sich für die Entwicklung der Mathematik als außerordentlich fruchtbar erwiesen hat. Natürlich entsteht dadurch andererseits aber auch die Gefahr eines gewissen Realitätsverlustes.

Im folgenden soll über analytische Methoden zur Behandlung solcher Modelle aus der Physik berichtet werden. In den letzten hundert Jahren sind in der angewandten Analysis außerordentlich viele und äußerst interessante Resultate gefunden worden. Ein Ende dieser Entwicklung ist noch nicht abzusehen. Ein kurzer historisch orientierter Überblick kann daher nur einige Entwicklungslinien

KURT O. FRIEDRICHS (1901–1982)
Geb. in Kiel. Studiert in Greifswald, Freiburg, Graz und Göttingen, dort 1925 promoviert. Assistent in Aachen. 1930 ordentl. Professor in Braunschweig, ab 1937 New York University.

FRITZ JOHN (1910)
Geb. in Berlin. Studiert in Göttingen, 1933 promoviert. 1935 Professor an der University of Kentucky, ab 1946 an der New York University.

KONRAD JÖRGENS (1926–1974)
Geb. in Krefeld. Studiert in Karlsruhe und Göttingen, dort 1954 promoviert. Habilitation 1959 in Heidelberg. Dort 1964 ordentl. Professor für angewandte Mathematik, ab 1968 in München.

CARL NEUMANN (1832–1925)
Geb. in Königsberg. Dort studiert und 1856 promoviert. 1858 in Halle habilitiert. 1863 ordentl. Professor in Basel, 1865 in Tübingen und ab 1868 in Leipzig.

FRANZ RELLICH (1906–1955)
Geb. in Tramin. Studiert in Göttingen, dort 1929 promoviert und 1933 habilitiert. 1934 Dozent in Marburg, 1942 ordentl. Professor in Dresden, ab 1946 in Göttingen.

aufzeigen. Bei der Auswahl, den ‚Variationen über die Wellengleichung', habe ich mich durchaus von persönlichen Interessen leiten lassen. So fehlen leider viele wichtige Ergebnisse, z. B. aus der Relativitätstheorie, der Strömungslehre oder aus der Verzweigungstheorie.

Zur Einführung in den Fragenkreis beginne ich mit dem Beispiel der schwingenden Saite. Es sei G das Intervall $(0, 1) \subset \mathbb{R}^1$, und die Saite möge in den Punkten $x = 0$ und $x = 1$ befestigt sein. Außerdem soll die Saite nur in einer Ebene schwingen, $u(t, x)$ sei ihre Auslenkung. Im Anfang (zur Zeit $t = 0$) seien u und die Geschwindigkeit u_t bekannt. Es sollen also die Rand- bzw. Anfangsbedingung

$$\forall t \in \mathbb{R}_0^+ \quad \forall x \in \partial G \quad u(t, x) = 0 \tag{0.1}$$

$$\forall x \in G \quad u(0, x) = u^0(x), \quad u_t(0, x) = u^1(x) \tag{0.2}$$

gelten.

Um aber $u(t, x)$ wirklich für alle $t \geqq 0$ zu erhalten, muß man mehr über die zugrundeliegende Physik wissen. Die kinetische und die potentielle Energie sind durch

$$T(t) = \tfrac{1}{2} \int_0^1 m(x) u_t^2(t, x)\, dx \quad \text{und} \quad U(t) = \int_0^1 \mu(x) \{[1 + u_x^2(t, x)]^{1/2} - 1\}\, dx$$

gegeben. Dabei ist $m > 0$ die Materialdichte und $\mu > 0$ ein Materialfaktor.

Durch diese Festlegungen, insbesondere durch die Wahl der potentiellen Energie proportional zur Längenänderung, haben wir die Saite definiert. Wir werden sofort sehen, daß $u(t, x)$ damit der Wellengleichung genügt. Hätten wir $U(t)$ z. B. proportional zur Krümmung angenommen, dann würden wir den Balken beschreiben und die Plattengleichung erhalten (diese Gleichung enthält Ableitungen bis zur vierten Ordnung in x, während in der Wellengleichung nur Ableitungen zweiter Ordnung auftreten).

Damit kennen wir die Energie $E(t) := T(t) + U(t)$ des Schwingungsvorgangs, und wir werden im folgenden nach Lösungen $u(t, x)$ mit „endlicher Energie", also $E(t) < \infty$ für alle $t \geqq 0$, suchen. $E(t)$ kann als Norm in geeignet gewählten Räumen dienen.

Die Bewegungsgleichung für $u(t, x)$ erhält man dann aus physikalischen Integralprinzipien, die aus den Newtonschen Gesetzen folgen; nämlich aus dem d'Alembertschen oder dem Hamiltonschen Prinzip, welches besagt, daß man das Funktional

$$J(u) = \int_{t_1}^{t_2} [T(t) - U(t)]\,dt$$

stationär machen muß. Das heißt, u ist durch

$$\forall \varphi \in \mathring{\mathscr{C}}_\infty((t_1, t_2) \times G) \qquad \frac{d}{d\varepsilon} J(u + \varepsilon\varphi)\Big|_{\varepsilon=0} = 0$$

charakterisiert. Dabei sind $\mathring{\mathscr{C}}_\infty(B)$ die „Testfunktionen" von B, d.h. beliebig oft differenzierbare Funktionen mit in B kompaktem Träger. An dieser Stelle werden also Variationsprinzipien benutzt.

Führt man die Rechnung aus, dann folgt

$$m u_{tt} = \frac{\partial}{\partial x} \frac{\mu u_x}{(1 + u_x^2)^{1/2}} .$$

Dies ist eine nichtlineare Wellengleichung und zunächst schwer zu behandeln. Erst im sechsten Abschnitt werden wir auf solche Gleichungen etwas näher eingehen.

Um weiterzukommen hat man schon früh das Problem vereinfacht oder „linearisiert". Das heißt, man betrachtet nur kleine Auslenkungen und ersetzt den Term $[1 + u_x^2]^{1/2}$ in U durch $1 + u_x^2/2$. Damit wird U neu festgelegt zu

$$U(t) = \frac{1}{2} \int_0^1 \mu(x)\, u_x^2(t, x)\, dx .$$

Dies sei von nun an die potentielle Energie der „linearisierten Saite". Für $u(t, x)$ folgt dann die „Wellengleichung"

$$m u_{tt} = \frac{\partial}{\partial x} (\mu u_x) . \tag{0.3}$$

Unsere Aufgabe besteht also jetzt darin, für Gln. (0.1–3) eine Lösungstheorie zu geben. Dazu muß natürlich zunächst gesagt werden, was man unter einer Lösung verstehen will. Es gibt viele Lösungsbegriffe wie klassische, strikte, schwache oder Distributionen-Lösungen. Zum Teil werden sie in den folgenden Abschnitten benutzt. Für den Augenblick denken wir an genügend glatte Lösungen mit endlicher Energie. Außerdem nehmen wir zur Vereinfachung $m = \mu = 1$ an.

Es ist dann leicht, durch Differenzieren $E(t) = \text{const}$ zu zeigen. Daraus folgt die Eindeutigkeit der Lösung. Zum Nachweis der Existenz kann man einen alten physikalisch motivierten Ansatz machen und nach „stehenden Wellen“ fragen. Das heißt, man sucht nach Lösungen der Form $w(t,x) = a(t) \cdot v(x)$. Mathematisch ist das die Methode der Separation der Variablen. Aus diesem Ansatz folgen

$$a'' + \lambda a = 0 \tag{0.4}$$

$$v'' + \lambda v = 0 \quad \text{mit } v(0) = v(l) = 0. \tag{0.5}$$

Dabei ist λ eine Konstante.

Gl. (0.5) wird durch $v(x) = \alpha \sin(\sqrt{\lambda}\, x) + \beta \cos(\sqrt{\lambda}\, x)$ gelöst. Dabei müssen aber die Konstanten so gewählt werden, daß auch die Randbedingung erfüllt ist. Das führt auf $\lambda_n = (n\pi/l)^2$, $n \in \mathbb{N}$, und $v_n(x) = \sqrt{2/l} \cdot \sin(\sqrt{\lambda_n}\, x)$, wobei wir v_n durch $\int v_n(x)^2\, dx = 1$ normiert haben. Man nennt λ_n „Eigenwert“ und v_n „Eigenfunktion“ zum zugrunde liegenden Operator. Die (v_n) bilden eine vollständige Orthonormalfolge in $\mathscr{L}^2(G)$, und die entsprechenden stehenden Wellen haben die Form

$$w_n(t,x) = [\alpha_n \cos(\sqrt{\lambda_n}\, t) + \beta_n \sin(\sqrt{\lambda_n}\, t)] \cdot v_n(x).$$

Eine Lösung $u(t,x)$ kann man dann durch Superposition solcher stehenden Wellen erhalten, nämlich $u(t,x) = \sum w_n(t,x)$, $n \in \mathbb{N}$. Dabei müssen die Koeffizienten α_n und β_n so bestimmt werden, daß

$$u^0(x) = u(0,x) = \sum_n \alpha_n v_n(x) \quad \text{und} \quad u^1(x) = u_t(0,x) = \sum_n \beta_n \sqrt{\lambda_n}\, v_n(x)$$

gilt. Daß das für genügend glatte Anfangswerte möglich ist, folgt aus der Theorie der Fourierreihen, indem man u^0 und u^1 antisymmetrisch und periodisch fortsetzt.

Es sei nur noch kurz bemerkt, daß man auch aus der „d'Alembertschen Lösungsformel“ $u(t,\cdot) = \partial_t I(t) u^0 + I(t) u^1$ mit

$$(I(t)v)(x) := \frac{1}{2} \int_{x-t}^{x+t} v(s)\, ds$$

durch antisymmetrisches und periodisches Fortsetzen der Anfangsdaten die Lösung erhalten kann. Diese Darstellung ist für Streuprobleme besonders wichtig. So läßt sich aus ihr im $\mathbb{R}^3$ das Gelten des „Huygensschen Prinzips“ folgern. Auf damit zusammenhängende Fragen wird im fünften Abschnitt näher eingegangen.

Zu (0.1–3) analoge Aufgaben treten im $\mathbb{R}^n$ auf. Im einfachsten Fall geht es um $u_{tt} = \Delta u$ in einem beschränkten Gebiet $G \subset \mathbb{R}^n$. $\Delta := \sum \partial_i^2$, $i = 1, \ldots, n$, ist der „Laplace-Operator“. Hinzu kommen wieder eine Randbedingung, etwa die homogene „Dirichletsche“ $u(t,\cdot)\,|\,\partial G = 0$, und Anfangsbedingungen $u(0,\cdot) = u^0$ und $u_t(0,\cdot) = u^1$.

Diese Anfangsrandwertaufgabe läßt sich im allgemeinen nicht mehr so einfach direkt lösen wie unser Beispiel im $\mathbb{R}^1$. Schon die Behandlung der zugehörigen stationären Gleichung $\Delta u = 0$, der „Potential-“ oder „Laplace-Gleichung“, mit vorgegebenen inhomogenen Randwerten $u \mid \partial G = f$, die z. B. in der Elektrostatik auftritt, stößt auf große Schwierigkeiten. Im $\mathbb{R}^2$ ist der Satz über die Lösbarkeit dieser Randwertaufgabe äquivalent zum Riemannschen Abbildungssatz. Der erste Abschnitt berichtet über die Schwierigkeiten, die im Zusammenhang mit der Lösung der Dirichletschen Randwertaufgabe in der Potentialtheorie vor der Jahrhundertwende auftraten.

Es hat viele Vorschläge bedeutender Mathematiker zur Lösung der Dirichletschen Randwertaufgabe gegeben. Wir berichten in diesem Überblick nur über zwei, die beide um die Jahrhundertwende von D. HILBERT und seinen Schülern entwickelt bzw. ausgebaut wurden. Einmal geht es um die Integralgleichungsmethode, die im zweiten Abschnitt vorgestellt wird. Diese Methode eignet sich besonders gut bei glattem Rand und homogenem Medium. Ihr liegt die Beobachtung zugrunde, daß sich bei elektrostatischen Problemen die Ladung an der Oberfläche eines Leiters befindet. Man machte daher spezielle Ansätze mit Oberflächenbelegungen und führte so die Differentialgleichung in eine Randintegralgleichung über.

Die zweite Methode, die „direkte" oder Hilbertraummethode, schließt sich enger an die Integralprinzipien der Mechanik an. Es werden quadratische Energiefunktionale eingeführt und minimiert. Hierüber wird im dritten Abschnitt berichtet.

Mit beiden Methoden gelingt auch die Lösung der entsprechenden Eigenwertaufgabe. Natürlich lassen sich die Eigenwerte im allgemeinen nicht mehr direkt ausrechnen wie bei der Saite. Es gelten jedoch asymptotische Entwicklungen

$$\lambda_n \sim \frac{4\pi}{\operatorname{Vol}(G)} \cdot n \text{ im } \mathbb{R}^2 \quad \text{und} \quad \lambda_n \sim \left(\frac{6\pi^2}{\operatorname{Vol}(G)} \cdot n\right)^{2/3} \text{ im } \mathbb{R}^3, \tag{0.6}$$

die auf H. WEYL [1912] zurückgehen und die ursprünglich zum Beweis der Jeansschen Strahlungsformel (Plancksche Hohlraumstrahlung) benötigt wurden.

Die weitere Entwicklung ist gekennzeichnet durch größere Abstraktion und stärkeres Verwenden von funktionalanalytischen Methoden. So wurden Gleichungen in Banachräumen gelöst und der Begriff des Operators präzisiert. In der Physik spielen selbstadjungierte Operatoren eine besonders große Rolle, ihnen entsprechen die Observablen. Weil die dort auftretenden Operatoren i. a. unbeschränkt sind, mußte zunächst die Frage der Fortsetzbarkeit symmetrischer Operatoren zu selbstadjungierten geklärt werden. Dann ging es darum, eine Normalform („Spektraldarstellung") für selbstadjungierte Operatoren herzuleiten. Ein Höhepunkt dieser Entwicklung war der Beweis des Spektralsatzes für selbstadjungierte Operatoren durch J. VON NEUMANN (1929–32). Im vierten Abschnitt wird über diese Entwicklung berichtet.

Doch kehren wir zurück zu Anfangsrandwertaufgaben. Diese treten in der mathematischen Physik oft auf. Typische Beispiele dafür findet man in der Akustik, der Elastizitätstheorie, in der Theorie der Maxwellschen Gleichungen oder in der Theorie der Schrödingergleichung. Mit Hilfe des Spektralsatzes lassen sich

Anfangsrandwertaufgaben zu diesen Gleichungen lösen. Von besonderem Interesse ist dabei der Fall unbeschränkter Gebiete. So wurden Anfangsrandwertaufgaben in „Außengebieten" vielfältig untersucht (Außengebiete sind Gebiete mit beschränktem Komplement; man denke an Streuung an beschränkten Hindernissen). Das Spektrum des auftretenden Operators besteht jetzt nicht mehr nur aus abzählbaren Eigenwerten wie bei der Saite, sondern es hat auch einen stetigen Anteil. So erfordert schon die Behandlung der stationären Randwertaufgabe größeren Aufwand. Von besonderer Bedeutung ist jetzt die Beschreibung des asymptotischen Verhaltens der Lösungen für große Zeiten und ihr Vergleich mit entsprechenden Lösungen im Ganzraumfall (oder „freien Fall", also $G = \mathbb{R}^n$ mit homogenem Medium). Je nachdem, ob klassische Gleichungen (wie die Maxwellschen) behandelt werden oder die Schrödingergleichung, spricht man von klassischer oder Quanten-Streutheorie. Von besonderem Interesse ist hier auch die Frage nach dem Verhalten der Lösungen bei hohen Frequenzen, also der Grenzübergang zur geometrischen Optik. Außerdem spielen Probleme der inversen Streutheorie eine immer größere Rolle. Aus den gemessenen Lösungen sollen die Daten, z. B. die Gestalt des Gebietes oder die Materialkoeffizienten, zurückgewonnen werden. Aus der asymptotischen Entwicklung (0.6) erhält man z. B. unmittelbar das Volumen von G, und es stellt sich die Frage, ob sich durch Verbesserung dieser Entwicklung die Gestalt von G ermitteln läßt. „Can one hear the shape of a drum?", so lautet der Titel einer Arbeit von M. KAC aus dem Jahre 1966. Der fünfte Abschnitt berichtet über solche Fragen.

Im sechsten Abschnitt wird schließlich noch auf zwei nichtlineare Probleme eingegangen. Wir behandeln zunächst einfache Erhaltungsgesetze und erläutern daran Begriffe wie „Stoßwelle" oder „Verdünnungswelle". Sodann berichten wir über die Existenz globaler klassischer Lösungen zur nichtlinearen Wellengleichung bei kleinen Daten. Solche Ergebnisse wurden in den letzten Jahren von F. JOHN und seinen Schülern erhalten.

1 Das Dirichletsche Prinzip

Ein zentrales Anliegen der mathematischen Physik im vorigen Jahrhundert war das Lösen von Randwertaufgaben. Um ein Beispiel vor Augen zu haben, sei G ein homogenes Medium, repräsentiert durch eine offene zusammenhängende Menge im $\mathbb{R}^n$, $\mathbb{R}^n \backslash G$ das Hindernis, $u(t,x)$ ein akustisches Potential, $v = \nabla u$ die Geschwindigkeit und $p = u_t$ der Druck. Dann folgt aus den linearisierten Navier-Stokes-Gleichungen der Gasdynamik für u die Wellengleichung $u_{tt} = \Delta u$. Dabei haben wir alle Materialkonstanten zu eins normiert. Ist der Rand starr, dann hat man die „Neumannsche Randbedingung" $n \nabla u \,|\, \partial G = 0$. Dabei ist n die (äußere) Normale von ∂G. Verschwindet der Druck am Rand, dann gilt die „Dirichletsche Randbedingung" $u \,|\, \partial G = 0$. Es sind auch gemischte Randbedingungen möglich.

Wir beginnen mit dem stationären Fall und inhomogener Dirichletscher Randbedingung. D. h. wir suchen ein $u \in \mathscr{K} := \mathscr{C}(\overline{G}) \cap \mathscr{C}_2(G)$ mit

$$\Delta u = 0 \quad \text{und} \quad u \,|\, \partial G = f. \tag{1.1}$$

Dabei ist $f \in \mathscr{C}(\partial G)$ vorgegeben. Eine Lösung u von $\Delta u = 0$ nennt man auch „Potentialfunktion“ oder „harmonisch“ in G.

Im $\mathbb{R}^2$ treten Potentialfunktionen als Real- bzw. Imaginärteil von holomorphen Funktionen auf. Wie im $\mathbb{R}^2$ gilt auch im $\mathbb{R}^n$ für u die Mittelwertformel

$$u(x) = \frac{1}{\omega_n r^{n-1}} \int\limits_{|y-x|=r} u(y)\,dy.$$

Dabei ist ω_n die Oberfläche der Einheitssphäre S^{n-1}, und die abgeschlossene Kugel $\overline{B(x,r)}$ soll in G liegen. Aus der Mittelwertformel folgt wie in der Funktionentheorie das Maximumprinzip, und im Falle $G = B(0,r)$ gilt die Poissonsche Integralformel

$$u(x) = \frac{r^2 - x^2}{\omega_n r} \int\limits_{|y|=r} \frac{u(y)}{|x-y|^n}\,dy.$$

Zum Beweis benötigt man nur die Kelvin-Transformation (die Spiegelung harmonischer Funktionen an der Kugel) und die Kenntnis einer Grundlösung

$$g(r) = -\frac{1}{2\pi}\log r \quad \text{für } n = 2, \qquad g(r) = \frac{r^{2-n}}{(n-2)\omega_n} \quad \text{für } n \geqq 3. \tag{1.2}$$

Damit ist klar, daß die Dirichletsche Randwertaufgabe der Potentialtheorie höchstens eine Lösung besitzt. Und wenn G eine Kugel ist, liefert die Poissonsche Integralformel ihre Lösung.

Viel schwieriger erwies sich aber die Lösung der Dirichletschen Randwertaufgabe für allgemeinere Gebiete. Hierbei spielte das Dirichletsche Prinzip eine große Rolle. Es geht auf C. F. Gauss und W. Kelvin zurück und wurde wohl von B. Riemann, der es in Dirichlets Vorlesungen gehört hatte, nach diesem benannt.

Das Dirichletsche Prinzip fußt auf den Integralprinzipien der Mechanik und besagt folgendes: Es sei

$$D(u) := \int\limits_G (\nabla u)^2$$

das „Dirichletsche Integral“ und $\mathscr{D} := \{u \in \mathscr{K} \,|\, D(u) < \infty \text{ und } u \,|\, \partial G = f\}$ die zugrundeliegende Funktionenklasse. Es sei $v \in \mathscr{D}$ eine Minimalstelle von $D(u)$, also $D(v) = \min D(u)$ für $u \in \mathscr{D}$. Dann löst v die Dirichletsche Randwertaufgabe.

Daß das so ist, kann man relativ leicht sehen. Aus $D(v + \varepsilon\varphi) \geqq D(v)$ für alle $\varphi \in \mathring{\mathscr{C}}_\infty(G)$ und alle $\varepsilon \in \mathbb{R}$ folgt nämlich

$$\forall \varphi \in \mathring{\mathscr{C}}_\infty(G) \qquad \int\limits_G (\nabla v)(\nabla\varphi) = 0,$$

und aus dem Fundamentallemma der Variationsrechnung ($\mathring{\mathscr{C}}_\infty(G)$ ist in $\mathscr{L}^2(G)$ dicht) erhält man dann nach partieller Integration $\Delta v = 0$.

Weil das Dirichletsche Integral nach unten beschränkt ist, hielt man es lange Zeit für evident, daß das Minimumproblem eine Lösung $v \in \mathscr{D}$ besitzt. Wenn letzteres richtig ist, sagt man, das Dirichletsche Prinzip gelte für $D(u)$ in $\mathscr{D}$. So verwendete es B. RIEMANN zum Beweis seiner fundamentalen Existenzsätze der geometrischen Funktionentheorie. Kritik setzte erst mit K. WEIERSTRASS [1870] ein, der darauf hinwies, daß ein Infimum nicht notwendig angenommen werden muß. Es ist klar, daß es eine Minimalfolge $u_n \in \mathscr{D}$ mit $D(u_n) \to \inf D(u)$ für $u \in \mathscr{D}$ gibt. Es ist aber nicht klar, ob überhaupt oder in welchem Sinne diese Folge konvergiert und ob ein eventuell vorhandener Grenzwert auch zu $\mathscr{D}$ gehört.

Damit hingen die Riemannschen Sätze in der Luft, und es setzte ein intensives Bemühen vieler Mathematiker ein, die Randwertaufgaben zu lösen und das Dirichletsche Prinzip zu retten; letzteres besonders, weil das Dirichletsche Prinzip so elegant und physikalisch so plausibel war. Befriedigend gelöst wurde beides erst um 1900. Es können hier nicht alle Lösungsmethoden vorgestellt werden. So seien nur erwähnt das „alternierende Verfahren" von H. A. SCHWARZ, die Methode von C. NEUMANN, die in die Integralgleichungstheorie einmündete, die Methode „de balayage" von H. POINCARÉ und später die PERRONsche Methode [1923].

Wie schon in der Einleitung gesagt, werden wir in den beiden nächsten Abschnitten über die Integralgleichungs- und die Hilbertraummethode berichten. Mit der Integralgleichungsmethode erhält man eine klassische Lösung $u \in \mathscr{K}$ von Gl. (1.1). Die Hilbertraummethode beweist das Dirichletsche Prinzip in geeignet gewählten Funktionenräumen, und es liefert deshalb verallgemeinerte Lösungen. Es sei etwa $G \subset \{x \in \mathbb{R}^n \mid 0 < x_n < d\}$. Dann folgt durch partielles Integrieren eine Poincarésche Abschätzung [1894]

$$\forall \varphi \in \mathring{\mathscr{C}}_\infty(G) \qquad \|\varphi\| \leqq d \cdot \|\nabla\varphi\|. \tag{1.3}$$

Dabei bezeichnet $\|\varphi\|$ die $\mathscr{L}^2(G)$-Norm von φ. $|u|_1 := D(u)^{1/2}$ ist deshalb eine Norm in $\mathring{\mathscr{C}}_\infty(G)$, und für eine Minimalfolge (u_n) aus $\mathscr{D}$ gilt $\|u_n - u_m\|^2 \leqq d^2 \cdot D(u_n - u_m)$. $\mathscr{D}$ ist jedoch unter dieser Norm nicht vollständig. Das heißt, selbst wenn man die Konvergenz von (u_n) beweisen kann, gehört der Grenzwert i. a. nicht zu $\mathscr{D}$. Aber trotzdem wird man ihn als verallgemeinerte Lösung betrachten. Wir werden das im vierten Abschnitt präzisieren.

Diese Verallgemeinerung des Lösungsbegriffs hat sich als außerordentlich fruchtbar erwiesen und zu vielen schönen Resultaten geführt, über die vom vierten Abschnitt an berichtet wird. Es hat sich gezeigt, daß solche Lösungen für die physikalischen Anwendungen besonders geeignet sind. Trotzdem sollte man aber im Auge behalten, daß damit die Fragestellung abgeändert wurde. Selbst wenn das bei glatten Daten richtig ist, erfordert es i. a. hohen analytischen Aufwand zu zeigen, daß eine verallgemeinerte Lösung auch klassische Lösung ist (für das Umgekehrte gilt dasselbe). So kann man also nicht von vornherein sagen, daß etwa die Hilbertraummethode der Integralgleichungsmethode überlegen ist. Es gibt Randwertaufgaben, die klassisch lösbar sind, aber nicht im verallgemeinerten Sinne, und umgekehrt. Zwei Beispiele aus dem $\mathbb{R}^2$ mögen das zum Abschluß dieses Abschnitts erläutern.

Ein Beispiel einer klassisch lösbaren Randwertaufgabe, für die aber das Dirichletsche Prinzip versagt, wurde zuerst von F. PRYM [1871] angegeben. Etwas einfacher ist das folgende, das von J. HADAMARD [1906] stammt: Es sei G der Einheitskreis und $f(\varphi) := \sum n^{-2} \cdot \sin(n!\varphi)$. Dann ist f stetig, und

$$u(r, \varphi) := \sum_{n=1}^{\infty} r^{n!} \frac{\sin(n!\varphi)}{n^2} \subset \mathscr{H}$$

löst die Dirichletsche Randwertaufgabe. Das entnimmt man der Theorie der Fourierreihen oder der Poissonschen Integralformel. Nun gilt aber für $r < 1$

$$\int_{|x|<r} (\nabla u)^2 = \pi \sum_{n=1}^{\infty} r^{2n!} \frac{n!}{n^4}.$$

Mithin existiert das Dirichletsche Integral $D(u)$ nicht.

Umgekehrt, es sei $G := \{x \in \mathbb{R}^2 \,|\, 0 < |x| < 1\}$. Wir suchen die Lösung der Dirichletschen Randwertaufgabe zu den Randwerten $f(0) = 1$ und $f(x) = 0$ für $|x| = 1$. Als verallgemeinerte Lösung erhält man $u = 0$. Diese Randwertaufgabe ist aber klassisch nicht lösbar. Denn es sei u eine klassische Lösung. Dann folgt wie in der Funktionentheorie aus dem Maximumprinzip und der Kenntnis der Grundlösung, daß der Nullpunkt eine hebbare isolierte Singularität ist. Mithin läßt sich u zu einer Potentialfunktion im Inneren des Einheitskreises fortsetzen und verschwindet dann wegen $u(x) = 0$ für $|x| = 1$. Das steht aber im Widerspruch zu $u(0) = 1$.

2 Integralgleichungen

Wie schon in der Einführung gesagt, liegt es von der Physik her nahe, die Lösung der Dirichletschen Randwertaufgabe (1.1) im $\mathbb{R}^3$ in der Form

$$v(x) := \frac{1}{2\pi} \int_{\partial G} \mu(y) \frac{1}{|x-y|} \, dy$$

anzusetzen. Man nennt v „Potential mit der einfachen Flächenbelegung μ“. Dabei wird angenommen, daß der Rand ∂G genügend glatt und μ stetig ist. G sei zunächst beschränkt, und zur Vereinfachung sei auch $\mathbb{R}^3 \backslash G$ zusammenhängend. v entsteht also durch Faltung der Grundlösung mit der Belegung μ. v ist daher Potentialfunktion in G, und man sieht leicht, daß v im ganzen $\mathbb{R}^3$ definiert und stetig ist. Es gilt auch $v \in \mathscr{C}_\infty(G)$, $v \in \mathscr{C}_\infty(\mathbb{R}^3 \backslash \overline{G})$, und mit etwas Rechnung folgt, daß die Ableitung von v in Normalenrichtung bei Annäherung an den Rand springt, während die Tangentialableitungen stetig bleiben.

Zur Lösung der Randwertaufgabe muß daher μ so bestimmt werden, daß

$$\forall x \in \partial G \quad f(x) = \frac{1}{2\pi} \int_{\partial G} \mu(y) \frac{1}{|x-y|} dy$$

gilt. Dies ist in der Hilbertschen Terminologie eine Integralgleichung erster Art für μ. Sie ist einer analytischen Behandlung nur schwer zugänglich.

Der erste, der an dieser Stelle einen Durchbruch erzielt hat, war A. Beer, der Vorgänger von R. Lipschitz auf dem Bonner Lehrstuhl [1856], abgedruckt in [Neumann 1877, 220f]. Beer ging von der Greenschen Formel angewandt auf die Lösung u und die Grundlösung aus, d.h. von der Darstellung

$$u(x) = \frac{1}{4\pi} \int_{\partial G} \left\{ \frac{\partial u}{\partial n}(y) \frac{1}{|x-y|} - u(y) \frac{\partial}{\partial n_y} \frac{1}{|x-y|} \right\} dy$$

und iterierte. In heutiger Sprechweise setzte er u nicht durch ein einfaches Potential, sondern durch ein „Dipolpotential"

$$w(x) := \frac{1}{2\pi} \int_{\partial G} \nu(y) \frac{\partial}{\partial n_y} \frac{1}{|x-y|} dy$$

an. Dabei soll ν wieder eine auf ∂G stetige Funktion sein und n die (nach außen gerichtete) Normale. Auch w ist in G und $\mathbb{R}^3 \backslash \overline{G}$ eine Potentialfunktion. w ist aber im Gegensatz zu v am Rande nicht mehr stetig, vielmehr gelten die Sprungrelationen

$$w(x) \to \nu(z) + (K\nu)(z) \quad \text{für } x \to z \in \partial G \text{ und } x \in \mathbb{R}^3 \backslash \overline{G}$$
$$w(x) \to -\nu(z) + (K\nu)(z) \quad \text{für } x \to z \in \partial G \text{ und } x \in G$$

mit

$$(K\nu)(z) := \frac{1}{2\pi} \int_{\partial G} \nu(y) \frac{\partial}{\partial n_y} \frac{1}{|z-y|} dy \qquad \text{für } z \in \partial G.$$

Wegen

$$\frac{\partial}{\partial n_y} \frac{1}{|z-y|} = \frac{n(y)(z-y)}{|z-y|^3} = \mathscr{O}\left(\frac{1}{|z-y|}\right) \tag{2.1}$$

für $z, y \in \partial G$ und $|z-y| \to 0$ glättet die Abbildung K; es gilt $K: \mathscr{C}(\partial G) \to \mathscr{C}_\alpha(\partial G)$ etwa mit $\alpha = \frac{1}{4}$. Das Verhalten solcher Potentiale wurde vielfach untersucht; so 1907 von A. Korn, von L. Lichtenstein [1909–21] und von J. Schauder [1931–32].

Damit erhält man für ν eine Integralgleichung zweiter Art, $f = -\nu + K\nu$, die leichter zu behandeln ist. Wie gesagt, Beer erhielt seine Lösung durch Iteriren, d. h. er benutzte das, was wir heute „Neumannsche Reihe“ nennen, also $v = -\sum K^n f$, $n \in \mathbb{N}_0$. Um Konvergenzfragen kümmerte er sich dabei nicht, er schreibt nur, daß es *„einleuchte“*, daß *„Kf gleichförmiger verläuft als f“*.

C. NEUMANN hat dann die Beersche Methode wieder aufgegriffen und sich intensiv um den Nachweis der Konvergenz des Verfahrens bemüht. Die Schwierigkeit liegt darin, daß zwar $\|K\| \leqq 1$, nicht aber $\|K\| < 1$ gilt. In seinem Buch [1877] bringt er einen Konvergenzbeweis für konvexe Gebiete. Weil dieser eine Lücke enthielt (wieder wurde das Minimum mit dem Infimum verwechselt), behandelt er das Thema [1887, 1888] erneut. Die Neumannsche Methode wird in [Dieudonné 1981, 43–46] ausführlich dargestellt. H. LEBESGUE scheint die beiden letztgenannten Neumannschen Arbeiten nicht gekannt zu haben, denn [1937] greift auch er das Thema wieder auf, weist auf die Lücke in [1877] hin und füllt sie durch ein Kompaktheitsargument aus. Vierzig Jahre später nehmen dann J. KRÁL und I. NETUKA noch einmal dazu Stellung. Sie bestätigen und verallgemeinern das Neumannsche Resultat [1887, 1888].

Die Neumannschen Ergebnisse interessieren heute mehr den Anwender. Einmal, weil kontrahierende Operatoren auftreten; zum anderen, weil NEUMANN auch stückweise glatte Ränder zulassen kann. Die theoretische Entwicklung ist jedoch anders weitergegangen. Hier stand die Tatsache im Vordergrund, daß die Abbildung K kompakt ist, und zwar für beliebige glatt berandete Gebiete. Es wurde dann eine Theorie der Gleichung $f = (\mathrm{id} + K)x$ in Banachräumen für kompakte K entwickelt. Das Resultat ist, daß wie in der linearen Algebra die „Fredholmsche Alternative“ für solche Gleichungen gilt. Die Neumannsche Voraussetzung der Konvexität des Gebietes wird dabei nicht mehr benötigt; kurz gesagt, das Kontraktions- wurde durch ein Kompaktheitsargument ersetzt.

Die weitere Entwicklung verlief nun so: Ab 1896 beschäftigte sich V. VOLTERRA mit den nach ihm benannten Integralgleichungen und betrachtete dabei Integralgleichungen als Grenzfall linearer Gleichungssysteme. Außerdem war ab 1890 eine Theorie unendlicher linearer Gleichungssysteme und ihrer Determinanten durch H. VON KOCH entwickelt worden. Beide Ideen nahm I. FREDHOLM auf. Er erzielte [1900] den Durchbruch und konnte die Integralgleichung zweiter Art für stetige Funktionen und damit die Dirichletsche Randwertaufgabe lösen. [1903] bewies er den nach ihm benannten Alternativsatz für solche Gleichungen.

Danach trat die Potentialtheorie zurück, und die Theorie der Integralgleichungen verselbständigte sich. HILBERT und seine Schüler griffen das Thema auf, behandelten Integralgleichungen zweiter Art mit stetigem symmetrischen Kern,

$$(Kx)(s) = \int x(t)k(s,t)\,dt,$$

und zeigten vor allem auch die Existenz von abzählbar unendlich vielen Eigenwerten und den zugehörigen Entwicklungssatz. Den Beweis führte HILBERT über einen Auswahlsatz, ähnlich dem Kriterium von Arzelà-Ascoli, das er wohl nicht gekannt hatte.

Anschließend verallgemeinerte HILBERT seine Ergebnisse auf entsprechende quadratische Formen bzw. auf Gleichungen in Folgenräumen ℓ^2, wie wir heute sagen. Hat man nämlich eine Orthonormalbasis (u_n) für die zugrundeliegenden stetigen Funktionen $\mathscr{C}(\bar{G})$, dann wird jedem x vermöge

$$x \to x_n := (x, u_n) := \int_G x \bar{u}_n$$

eine Zahlenfolge $(x_n) \in \ell^2$ zugeordnet. HILBERT blieb aber nicht bei der bloßen Übertragung seiner Ergebnisse stehen, sondern er bewies auch einen allgemeinen Entwicklungssatz für beschränkte symmetrische Operatoren auf ℓ^2. Das heißt, er verzichtete auf die Kompaktheitsvoraussetzung und erhielt zum erstenmal ein stetiges Spektrum. Damit war der Weg frei für die Untersuchung allgemeinerer Operatoren in allgemeineren Räumen, über die im vierten Abschnitt berichtet wird. HILBERT hat seine Resultate in den berühmten sechs „Mitteilungen" veröffentlicht, die im Buch [1912] vereinigt wurden.

Die Theorie der Integralgleichungen wurde zunächst von HILBERTS Schüler E. SCHMIDT [1907, 1908] weiterverfolgt. SCHMIDT wählte einen direkteren Zugang über Orthogonalreihen, also ohne Fredholmsche Determinanten und Grenzübergang unendlich vieler Gleichungen. Nach HILBERT und ihm sind die „Hilbert-Schmidt-Kerne" benannt, also $k \in \mathscr{L}^2(G \times G)$. Für Integralgleichungen mit Hilbert-Schmidt-Kern gilt die Fredholmsche Alternative.

Die weitere Entwicklung wurde von F. RIESZ geprägt. Er bemerkte, daß die Hilbertsche Methode, eine Integralgleichung vermöge einer Orthonormalbasis (u_n) in ein lineares Gleichungssystem in ℓ^2 zu verwandeln, erst dann völlig befriedigt, wenn es umgekehrt zu jeder Folge $(x_n) \in \ell^2$ auch eine Funktion x gibt mit $x_n = (x, u_n)$. F. RIESZ [1907] und E. FISCHER zeigten, daß das in $\mathscr{L}^2(G)$ wirklich der Fall ist, d. h. die Vollständigkeit von $\mathscr{L}^2(G)$ wurde bewiesen. RIESZ beschäftigte sich dann auch mit den adjungierten Räumen $\mathscr{L}^p(G)$ und $\mathscr{L}^q(G)$, $q = p/(p-1)$, und gab [1918] eine Theorie der Integralgleichungen zweiter Art in $\mathscr{L}^p(G)$ oder $\mathscr{C}(\bar{G})$ mit kompaktem K. J. SCHAUDER [1930] verwandte dann auch die adjungierte Abbildung und verallgemeinerte die Ergebnisse auf beliebige Benachräume. Wir sprechen daher heute von der Riesz-Schauder-Theorie.

Die Theorie besagt folgendes: Vorgelegt seien die Gleichungen

$$f = (\mathrm{id} + K)x \text{ in } \mathscr{B} \quad \text{bzw.} \quad F = (\mathrm{id} + K^*)X \text{ in } \mathscr{B}^*. \tag{2.2}$$

Dabei seien $\mathscr{B}$ und $\mathscr{B}^*$ adjungierte Banachräume, $K: \mathscr{B} \to \mathscr{B}$ kompakt, K^* zu K adjungiert und $f \in \mathscr{B}$ bzw. $F \in \mathscr{B}^*$ vorgegeben. Es sei ferner $T := \mathrm{id} + K$. Dann gilt die Fredholmsche Alternative:

(i) Entweder ist $\dim \mathscr{N}(T) = 0$. Dann sind Gln. (2.2) für alle f, F eindeutig lösbar.

(ii) Oder es ist $0 < \dim \mathscr{N}(T) = \dim \mathscr{N}(T^*) < \infty$. Dann sind Gln. (2.2) lösbar $\Leftrightarrow \forall N \in \mathscr{N}(\mathrm{id} + K^*) \quad N \cdot f = 0 \quad$ bzw. $\quad \forall n \in \mathscr{N}(\mathrm{id} + K) \quad F \cdot n = 0$.

Man beweist den Satz, indem man wie bei der Herleitung der Jordanschen Normalform für Matrizen Eigenfunktionen höherer Ordnung betrachtet. Es gilt $\mathscr{N}((\mathrm{id}+K)^n)=:\mathscr{N}_n\subset\mathscr{N}_{n+1}$, $\mathscr{R}((\mathrm{id}+K)^n)=:\mathscr{R}_n\supset\mathscr{R}_{n+1}$, und man zeigt die Existenz der „Riesz-Zahl“ $r\in\mathbb{N}_0$ mit

$$\begin{aligned}&\forall n<r \quad \mathscr{N}_n \neq \mathscr{N}_{n+1} \quad \text{und} \quad \mathscr{R}_n \neq \mathscr{R}_{n+1},\\ &\forall n\geqq r \quad \mathscr{N}_n = \mathscr{N}_r \quad \text{und} \quad \mathscr{R}_n = \mathscr{R}_r,\end{aligned}$$

sowie $\mathscr{B}=\mathscr{R}_r\oplus\mathscr{N}_r$. In $\mathscr{R}_r$ bzw. $\mathscr{R}_r^*$ sind Gln. (2.2) eindeutig lösbar. In heutiger Sprechweise ist T ein Fredholmoperator mit $\operatorname{ind}T=0$.

Für die Anwendungen sind die Fälle $r=0$, 1 besonders interessant. Im Falle $\mathscr{B}=\mathscr{C}(\overline{G})$ steht das $\mathscr{L}^2(G)$-Skalarprodukt zusätzlich zur Verfügung. Es sei $K^t:\mathscr{L}^2(G)\to\mathscr{L}^2(G)$ der bzgl. dieses Skalarproduktes zu K adjungierte Operator. Weiß man, daß auch $K^t:\mathscr{C}(\overline{G})\to\mathscr{C}(\overline{G})$ abbildet und kompakt ist, dann gilt die Fredholmsche Alternative auch bzgl. dieses Skalarprodukts für $f=(\mathrm{id}+K)x$ in $\mathscr{C}(\overline{G})$ und

$$F=(\mathrm{id}+K^t)X \quad \text{in } \mathscr{C}(\overline{G}). \tag{2.3}$$

Doch nun zurück zur Potentialtheorie. Die Dirichletsche Randwertaufgabe hatten wir auf eine Integralgleichung vom Typ (2.2) zurückgeführt. Es ist nicht schwer zu zeigen, daß für sie die Riesz-Schauder-Theorie mit $r=0$ gilt; damit ist die Dirichletsche Randwertaufgabe der Potentialtheorie für beschränkte Gebiete mit glattem Rand gelöst. Die Neumannsche Randwertaufgabe läßt sich analog behandeln. Es ist von vornherein klar, daß als Lösungen der homogenen Aufgabe nur Konstanten in Betracht kommen. Macht man den Ansatz mit der einfachen Belegung, dann erhält man aus den Sprungrelationen wiederum eine Integralgleichung zweiter Art, diesmal vom Typ (2.3), mit $r=1$ und $\mathscr{N}(\mathrm{id}+K)=[1]$. Die Lösungsbedingung $0=(f,1)=\int f$ aus der Riesz-Schauder-Theorie ist auch physikalisch relevant.

Neben Randwertaufgaben für beschränkte Gebiete spielen aber gerade auch Randwertaufgaben für unbeschränkte Gebiete bei physikalischen Streuproblemen eine große Rolle, z. B. treten sie bei der Reflexion an Hindernissen auf. Mathematisch sind sie äußerst interessant. Es sei $B:=\mathbb{R}^3\setminus\overline{G}$ das Äußere von G. Zur Formulierung der Randwertaufgaben für B legt man als erstes das Verhalten der gesuchten Lösungen im Unendlichen fest, stellt also eine „Randbedingung im Unendlichen“. Eine solche auch physikalisch vernünftige Bedingung ist in der Potentialtheorie im $\mathbb{R}^3$

$$u(x)=\mathscr{O}(|x|^{-1}) \quad \text{und} \quad (\nabla u)(x)=\mathscr{O}(|x|^{-2}) \tag{2.4}$$

für $|x|\to\infty$, und zwar gleichmäßig bzgl. $x_0:=x/|x|$.

Zur Lösung solcher Außenraumaufgaben macht man dann wieder Ansätze mit einfachen bzw. Dipolpotentialen. Beide genügen der Bedingung (2.4). Man erhält Integralgleichungen der Form

	Dirichletsche RWA	Neumannsche RWA
G	$f = (-\mathrm{id} + K)\nu$	$f = (\ \mathrm{id} + K')\mu$
B	$f = (\ \mathrm{id} + K)\nu$	$f = (-\mathrm{id} + K')\mu$

und sieht sofort, daß auch die Neumannsche Außenraumaufgabe eindeutig lösbar ist. Bei der Dirichletschen Außenraumaufgabe muß zunächst $(f, \psi) = 0$ mit $\mathcal{N}(\mathrm{id} + K') = [\psi]$ erfüllt sein. Weil sich aber wegen $(1, \psi) \neq 0$ ein beliebiges f als $f = f_0 + \mathrm{const}$ mit $(f_0, \psi) = 0$ schreiben läßt und weil man eine Potentialfunktion mit konstanten Randwerten leicht durch ein Potential mit einfacher Belegung explizit angeben kann, wird – mit diesem Kunstgriff – auch die Dirichletsche Außenraumaufgabe eindeutig gelöst.

Wir beschreiben die weitere Entwicklung anhand von drei Bemerkungen. Zunächst eine mehr technische. Betrachtet man den Existenzbeweis zur Dirichletschen Außenraumaufgabe, dann fällt auf, daß ihre Formulierung als Integralgleichung nicht gut gelungen war. Die Integralgleichung besitzt Eigenlösungen, das Problem aber nicht. Das macht die Lösungsmethode natürlich auch für numerische Zwecke instabil. Dies blieb lange unbeachtet und kam eigentlich erst nach dem zweiten Weltkrieg zum Vorschein, als intensiver auf dem Gebiet der Streutheorie gearbeitet wurde. Denkt man nämlich wieder an die Wellengleichung und betrachtet man statt des stationären den zeitharmonischen Fall (Entwicklung der Lösung nach stehenden Wellen), dann erhält man mit $k := \sqrt{\lambda}$ die Dirichletsche Außenraumaufgabe zur Helmholtzschen Schwingungsgleichung $(\Delta + k^2)u = 0$ mit $u \mid \partial B = f$ und

$$(x_0 \nabla u)(x) = iku(x) + \mathcal{O}(|x|^{-2}) \qquad \text{für } |x| \to \infty\,. \tag{2.5}$$

Gl. (2.5) ist die Sommerfeldsche Ausstrahlungsbedingung [1912] und ersetzt Gl. (2.4).

Diese Aufgabe ist eindeutig lösbar. Die Existenz einer Lösung läßt sich analog zur Potentialtheorie zeigen. Man hat nur in den entsprechenden Gleichungen den Term $1/|x-y|$, der von der Grundlösung herrührt, durch $e^{ik|x-y|}/|x-y|$ zu ersetzen, und man erhält dann eine Integralgleichung $f = (\mathrm{id} + K(k)) \cdot \nu(k)$. Diese Integralgleichung besitzt für abzählbare Ausnahmewerte $k_n \to \infty$ Eigenlösungen (k_n sind die Eigenwerte der Neumannschen Randwertaufgabe für G, es ist $k_1 = 0$). Man erhält daher verschiedene Darstellungen für die Lösung $u(k)$, je nachdem ob k Ausnahmewert ist oder nicht.

Nun möchte man aber in der Streutheorie u in Abhängigkeit von k genauer studieren, zunächst für $\operatorname{Im} k > 0$ analytisches Verhalten beweisen, dann aber besonders die Grenzübergänge $\operatorname{Im} k \to 0$ (Prinzip der Grenzabsorption) sowie $k \to \infty$ für $k \in \mathbb{R}$ (Hochfrequenzasymptotik, Grenzübergang zur geometrischen Optik) und $k \to 0$ durchführen. Das wird natürlich durch verschiedene Darstellungen erschwert.

Es ist interessant, die Entwicklung der Lösungstheorie zur Dirichletschen Außenraumaufgabe der Schwingungsgleichung zu verfolgen. H. Weyl behandelt die angegebene Integralgleichung [1952] und verwendet dazu die Riesz-Schauder-Theorie mit $r > 1$; er benutzt also Eigenfunktionen höherer Stufe. Das wurde noch im selben Jahr von C. Müller verbessert, der $r = 1$ in den Ausnahmewerten beweist. P. Werner [1962] war wohl der erste, der eine Integralgleichung mit $r = 0$ für alle k aufstellte. Er benutzt eine Kombination von Dipol- und Volumenpotentialen. Danach sind verschiedene weitere Lösungsansätze publiziert worden. Vom Verfasser wurde [1964] ein Ansatz mit gemischter einfacher und Dipol-Flächenbelegung

$$u(x) := \frac{1}{2\pi} \int_{\partial G} \mu(y) \left\{ \frac{\partial}{\partial n_y} + i \right\} \frac{e^{ik|x-y|}}{|x-y|} \, dy$$

angegeben, der zum selben Ziel führt.

Die zweite Bemerkung betrifft die vorausgesetzte Glattheit des Randes. Generell kann man sagen, daß die Integralgleichungsmethode sehr empfindlich ist gegenüber einer Abschwächung dieser Voraussetzung. I.a. bildet dann K oder K' die Menge $\mathscr{C}(\partial G)$ nicht mehr in sich ab oder ist nicht mehr kompakt. Setzt man im Falle der Potentialtheorie ∂G als stückweise glatt voraus, dann läßt sich jedoch bei konvexem G die Neumannsche Methode verwenden. Diese beruht ja auf einem Kontraktionsargument. Es liegt deshalb nahe, bei beliebigem stückweise glatten Rand die Neumannsche Methode mit der Riesz-Schauder-Theorie zu verbinden und zu zeigen, daß $K = K_0 + S$ gilt mit kompaktem K_0 und $\|S\| < 1$. Dann existiert die Neumannsche Reihe $N = (\mathrm{id} - S)^{-1}$ und stellt einen beschränkten Operator dar. Die Integralgleichung geht deshalb in $Nf = (-\mathrm{id} + NK_0)v$ mit kompaktem NK_0 über, und es gilt die Fredholmsche Alternative. Mit dieser Methode hat als erster J. Radon 1919 die Dirichletsche Randwertaufgabe bei stückweise glattem Rand im $\mathbb{R}^2$ gelöst. Vgl. [Riesz-Nagy 1956, 209–211].

Die dritte Bemerkung schließlich betrifft unbeschränkte Ränder und allgemeinere Differentialoperatoren. Auch hier wird man schnell auf singuläre Integralgleichungen mit nicht kompaktem K geführt, und es ist ein großes Forschungsgebiet mit vielen Anwendungsmöglichkeiten entstanden.

Zum Nachweis der Kompaktheit der vom Dipolpotential erzeugten Abbildung $K: \mathscr{C}(\partial G) \to \mathscr{C}(\partial G)$ benötigt man nämlich neben der Beschränktheit des Randes ∂G vor allem Gl. (2.1). Hier geht die Grundlösung ein. Bei Systemen wie den Maxwellschen Gleichungen oder den Elastizitätsgleichungen tritt anstelle der Grundlösung eine Grundlösungsmatrix, und die Gl. (2.1) entsprechende Abschätzung gilt dann selbst bei glattem Rand nicht mehr für alle Komponenten, vielmehr hat man nur noch $\ldots = \mathscr{O}(|z - y|^{-2})$.

Das Studium von Differential- und Integralgleichungen hängt von Anfang an eng zusammen. So löst für $f \in \mathscr{C}_\alpha$ das Newton-Potential

$$u(x) = \frac{1}{4\pi} \int\limits_G \frac{f(y)}{|x-y|} dy$$

die Potentialgleichung $-\Delta u = f$. Kennt man die Grundlösung einer Differentialgleichung, dann erhält man leicht eine ihr entsprechende Integralgleichung, die oft einfacher zu behandeln ist. Diese Integralgleichung muß in einem geeigneten Funktionenraum diskutiert werden; i.a. ist der auftretende Operator aber nicht kompakt, so daß die Riesz-Schauder-Theorie nicht mehr greift. Da andererseits die dahinter stehenden Fragen sehr wichtig und interessant sind, ist viel über solche „singulären" Integralgleichungen gearbeitet worden. Man hat allgemeinere Klassen untersucht, und das hat umgekehrt wieder zur Definition allgemeinerer Differentialoperatoren, den Pseudodifferentialoperatoren, geführt. Über diese Entwicklung soll noch kurz berichtet werden.

Hilbert hatte schon 1906 bemerkt, daß der Kern einer Integralgleichung zum Gelten der Fredholmschen Alternative nicht notwendig quadratintegrabel sein muß. Andererseits kannte er natürlich auch Beispiele, bei denen die Alternative nicht mehr gilt. Sein Schüler H. Weyl beschäftigte sich in seiner Dissertation und Habilitationsschrift mit solchen Fragen. Er gab allgemeinere Bedingungen als die Quadratintegrabilität des Kerns für das Gelten der Fredholmschen Alternative an und untersuchte insbesondere Randwertaufgaben im $\mathbb{R}^1$, die sogenannten „Sturm-Liouville-Probleme" [1909, 1910]. In Abhängigkeit von der Beschränktheit oder Unbeschränktheit des zugrundeliegenden Intervalles und dem Verhalten der Koeffizienten am Rande konnte Weyl eine Fallunterscheidung durchführen (Weylscher Grenzkreis- oder Grenzpunktfall) und zum erstenmal unbeschränkte symmetrische Operatoren zu selbstadjungierten fortsetzen. Liegt an beiden Enden der Grenzkreisfall vor, dann hat der zugrundeliegende Operator ein reines Punktspektrum, andernfalls gibt es auch ein stetiges Spektrum. Im vierten Abschnitt wird ausführlicher über das Problem der Fortsetzbarkeit berichtet. Die analoge Frage für gewöhnliche Differentialgleichungen höherer Ordnung wurde erst von K. Kodaira [1950] aufgegriffen.

Eine wichtige Klasse singulärer Integralgleichungen $f = (\mathrm{id} + K)x$ sind die Gleichungen vom Cauchy-Hauptwert-Typ, nämlich mit

$$(Kx)(t) := \fint\limits_\Gamma \frac{h(t,s)}{t-s} x(s)\,ds \qquad \text{für } t, s \in \Gamma \subset \mathbb{R} \tag{2.6}$$

und glattem $h(t,s)$. Solche Gleichungen wurden von T. Carleman und F. Noether untersucht. Die von F. Noether [1921] gegebene Lösungstheorie in $\mathscr{L}^p(\Gamma)$ bzw. $\mathscr{C}_\alpha(\Gamma)$ ist der Fredholmschen ähnlich, i.a. ist aber $\mathrm{ind}(\mathrm{id} + K) \neq 0$.

Der spezielle Operator K mit $\Gamma = \mathbb{R}$ und $h = \mathrm{id}$ wurde schon von Hilbert diskutiert und heißt Hilbert-Transformation. Er vermittelt den Zusammenhang zwischen Real- und Imaginärteil holomorpher Funktionen in der oberen Halbebene.

Der Gl. (2.6) entsprechende Operator im $\mathbb{R}^n$ wurde von A. CALDERÓN und A. ZYGMUND [1952, 1978] untersucht und ist nach diesen benannt. T. CARLEMAN [1923, 1931] hat auch allgemeinere Gleichungen mit nach ihm benannten Kernen behandelt.

Im Zusammenhang mit Strahlungsproblemen aus der Astrophysik haben N. WIENER und E. HOPF [1931] Faltungsoperatoren mit $k(t,s) = k(t-s)$ und $\Gamma = \mathbb{R}^+$ untersucht. M.G. KREIN und I.C. GOKHBERG [1960, 1962] haben die Theorie solcher Gleichungen und Systeme in den Räumen $\mathscr{L}^p(\mathbb{R}^+)$ mit $k \in \mathscr{L}^1(\mathbb{R})$ systematisch aufgebaut.

Ab 1930 wurde besonders von sowjetischen Mathematikern wie N.I. MUSKHELISHVILI [1953], S.G. MIKHLIN [1965] und I.N. VEKUA (vgl. [1967]) die Theorie der singulären Integralgleichungen weiterentwickelt und vielfältig angewandt. Auch im Buch von K. JÖRGENS [1970] finden sich weitere Einzelheiten.

Um 1960 wurde schließlich bemerkt, daß man die Fourier-Transformation dazu benutzen kann, um eine Klasse von linearen Operatoren zu definieren, die sowohl Differential-, als auch singuläre Integral- sowie gewisse reguläre Integraloperatoren enthält. Das ist die Klasse der „Pseudo-Differentialoperatoren". Einzelheiten findet man in L. HÖRMANDER [1983–85, III].

3 Direkte Bestimmung des Minimums

Unter gewissen Annahmen bzgl. der Glattheit des Randes und der vorgegebenen Randwerte hat D. HILBERT das Dirichletsche Prinzip für Randwertaufgaben der Potentialtheorie im $\mathbb{R}^2$ in den Jahren 1900 und 1901 bewiesen, abgedruckt in [1904] und [1905]. Daß solche Annahmen gemacht werden müssen, ist klar, denn z.B. reicht die Stetigkeit von f allein nicht aus, wie das Prymsche Beispiel gezeigt hatte. Vor HILBERT gab es bereits Lösungsansätze von C. ARZELÀ [1896–97], der auch das nach G. ASCOLI und ihm benannte Kompaktheitskriterium bewiesen hat. HILBERT kannte diese Arbeiten aber vermutlich nicht.

Dabei hat HILBERT sofort erkannt, daß das Dirichletsche Prinzip nur eine spezielle Aufgabe der Variationsrechnung ist, und seine Lösungsmethode im allgemeineren Rahmen gesehen. So formuliert er [1905, 65].

„Eine jede reguläre Aufgabe der Variationsrechnung besitzt eine Lösung, sobald hinsichtlich der Natur der gegebenen Grenzbedingungen geeignete einschränkende Annahmen erfüllt sind und nötigenfalls der Begriff der Lösung eine sinngemäße Erweiterung erfährt".

Damit ist alles gesagt. HILBERTS Lösungsmethode wurde von seinen Schülern, insbesondere von R. COURANT und wiederum von dessen Schule, zu einer der schlagkräftigsten Methoden in der Theorie der partiellen Differentialgleichungen und besonders zur Lösung von Anfangsrandwertaufgaben und Streuproblemen in der mathematischen Physik ausgebaut. Sie hat einen ungeheuren Einfluß auf die weitere Entwicklung der Mathematik gehabt. Im zweiten Band des Buches von R. COURANT und D. HILBERT [1937, 471f] werden viele Resultate ausführlich dargestellt.

Wir wollen zunächst die Methode in ihren wesentlichen Zügen an einem einfachen Beispiel schildern. Im Gebiet $G \subset \mathbb{R}^n$ soll die Dirichletsche Randwertaufgabe zu

$$(-\Delta + 1)u = 0 \quad \text{mit } u|\partial G = f \tag{3.1}$$

bei vorgegebenem f gelöst und dazu das Dirichletsche Integral

$$J(u) := \int_G \{(\nabla u)^2 + u^2\} \tag{3.2}$$

minimiert werden. Ein wesentliches Hilfsmittel dafür ist der folgende

Approximationssatz. *Es sei $\mathscr{H}$ ein Hilbertraum und $\mathscr{K} \subset \mathscr{H}$ abgeschlossen und konvex. Dann gilt:*

$$\forall x \in \mathscr{H} \quad \overset{1}{\exists} k \in \mathscr{K} \quad \|x-k\| = \inf_{y \in \mathscr{K}} \|x-y\|.$$

Zum Beweis des Satzes wählt man eine Minimalfolge $(y_n) \in \mathscr{K}$. Aus der Parallelogrammgleichung folgt unmittelbar ihre Konvergenz. Ist $\mathscr{K}$ sogar ein Unterraum, dann folgen aus dem Approximationssatz der

Projektionssatz. $\mathscr{H} = \mathscr{K} \oplus \mathscr{K}^{\perp}$

und

Der Rieszsche Darstellungsssatz. *Es sei $\mathscr{H}'$ die Menge der beschränkten linearen Funktionale auf $\mathscr{H}$. Dann gilt:*

$$\forall H \in \mathscr{H}' \quad \overset{1}{\exists} f \in \mathscr{H} \quad \forall h \in \mathscr{H} \quad H \cdot h = (h, f),$$

und es ist $\|f\| = \|H\|$.

Aus allen drei Sätzen erhält man unmittelbar Existenzsätze für das Minimum in Gl. (3.2) bzw. für verallgemeinerte Lösungen von Gl. (3.1). Man muß dazu „nur“ geeignete allgemeinere Funktionenräume einführen, die bezüglich der von $J(u)$ induzierten Norm abgeschlossen sind.

Damit hängt natürlich die Verallgemeinerung des Ableitungsbegriffs zusammen. Über sie wollen wir zuerst berichten. Es sei $u \in \mathscr{L}^2(G)$. Dann nennt man $\partial_i u \in \mathscr{L}^2(G)$ schwache i-te Ableitung von u, wenn für alle Testfunktionen $\varphi \in \mathscr{C}_\infty(G)$

$$(u, \partial_i \varphi) = -(\partial_i u, \varphi) \tag{3.3}$$

gilt. Dabei ist (u, v) das $\mathscr{L}^2(G)$-Skalarprodukt. Wenn sie existieren, sind die schwachen Ableitungen eindeutig definiert, und man bezeichnet mit $\mathscr{W}_1(G) \subset \mathscr{L}^2(G)$ die Teilmenge der einmal schwach differenzierbaren Funktionen von $\mathscr{L}^2(G)$. $\mathscr{W}_1(G)$ ist selbst ein Hilbertraum mit dem Skalarprodukt

$$(u, v)_1 := (u, v) + (\nabla u, \nabla v) \tag{3.4}$$

und der Norm $\|u\|_1 := \{(u, u)_1\}^{1/2}$. Analog wird $\mathscr{W}_k(G)$ definiert.

Neben den schwachen benötigt man aber auch starke Ableitungen, die nicht durch Testen definiert, sondern durch Approximieren gebildet werden. Es sei $\mathscr{H}_1(G)$ die Vervollständigung von $\mathscr{C}_1(G) \cap \mathscr{W}_1(G)$ bzgl. der $\|\cdot\|_1$-Norm. $\mathscr{H}_1(G)$ ist ebenfalls ein Hilbertraum mit dem Skalarprodukt (3.4), und es gilt $\mathscr{H}_1(G) \subset \mathscr{W}_1(G)$. Auch für die starken Ableitungen definiert man analog $\mathscr{H}_k(G)$.

Der Begriff der schwachen Ableitung geht auf S. SOBOLEV zurück [1936]. Die Räume $\mathscr{W}_k(G)$ sind nach ihm benannt. SOBOLEV bemerkte auch, daß die Funktionen $f \in \mathscr{W}_k(G)$ mit wachsendem k immer regulärer werden. Beide Ableitungsbegriffe finden sich schon in COURANT-HILBERT II [1937, 480]. Mehr über starke Ableitungen enthalten K. FRIEDRICHS [1944] und [1953].

Für das weitere Hantieren mit verallgemeinerten Ableitungen ist die Aussage

$$\forall k \in \mathbb{N} \qquad \mathscr{H}_k(G) = \mathscr{W}_k(G), \tag{3.5}$$

„stark gleich schwach“, die für beliebiges G erst relativ spät bemerkt wurde, besonders wichtig. Gl. (3.5) geht auf K. FRIEDRICHS [1944] und T. KASUGA [1957] zurück. Für $\mathscr{L}^p$-Räume wurde sie von N. G. MEYERS und J. SERRIN [1964] bewiesen.

$\mathscr{H}_1 = \mathscr{W}_1$ läßt sich leicht einsehen: Aus dem Projektionssatz folgt $\mathscr{W}_1 = \mathscr{H}_1 \oplus \mathscr{H}_1^\perp$, und $u \in \mathscr{H}_1^\perp$ ist schwache Lösung von $(-\Delta + 1)u = 0$. Aus lokalen Regularitätssätzen, die wir anschließend besprechen werden (dem Weylschen Lemma), folgt dann $u \in \mathscr{C}_1(G)$, also $u \in \mathscr{W}_1(G) \cap \mathscr{C}_1(G) \subset \mathscr{H}_1(G)$.

In $\mathscr{H}_1(G)$ haben wir einen geeigneten Hilbertraum zum Minimieren von $J(u)$ gefunden. Es fehlt aber noch die Formulierung des Randverhaltens der gesuchten Lösung. Dazu definiert man zunächst zu $\mathscr{W}_1(G)$ bzw. $\mathscr{H}_1(G)$ jeweils einen Unterraum $\mathring{\mathscr{W}}_1(G)$ bzw. $\mathring{\mathscr{H}}_1(G)$ (beide sind wieder gleich), der das Verschwinden der enthaltenen Funktionen am Rande zum Ausdruck bringen soll. Nämlich

$$\mathring{\mathscr{H}}_1(G) := \{u \in \mathring{\mathscr{C}}_\infty(G);\ \|\cdot\|_1\}^\sim$$
$$\mathring{\mathscr{W}}_1(G) := \{u \in \mathscr{W}_1(G) \mid \forall F \in D(G)\ \ (u, \operatorname{div} F) = -(\operatorname{grad} u, F)\}.$$

Dabei ist $D(G)$ die Menge der Felder $F \in (\mathscr{L}^2(G))^n$, deren Divergenz im schwachen Sinne in $\mathscr{L}^2(G)$ existiert. Durch partielles Integrieren überzeugt man sich im Falle glatter Daten leicht, daß die Aussage $u \in \mathring{\mathscr{H}}_1(G)$ bzw. $\mathring{\mathscr{W}}_1(G)$ die Aussage $u \mid \partial G = 0$ verallgemeinert.

Doch nun zurück zum Dirichletschen Prinzip. Es sei $f \in \mathscr{H}_1(G)$. Das ist die *einschränkende Annahme* an die Anfangsdaten; f soll also nicht nur am Rande, sondern überall in G definiert sein, und es soll das Dirichletsche Integral für f existieren. Diese Annahme ist physikalisch realistisch, weil f in Gl. (3.1) ja beispielsweise von einer einfallenden Welle erzeugt wird, welche (jedenfalls lokal) zu $\mathscr{H}_1(G)$ gehört. Die von F. PRYM und J. HADAMARD angegebenen Beispiele erfüllen diese Voraussetzung nicht. Es sei ferner $\mathscr{D} := \{u \in \mathscr{H}_1(G) \mid u - f \in \mathring{\mathscr{H}}_1(G)\}$. Dann gilt

$$\overset{1}{\exists} u \in \mathscr{D} \qquad J(u) = \inf_{v \in \mathscr{D}} J(v). \tag{3.6}$$

Das folgt unmittelbar aus dem Approximationssatz, weil $\mathscr{D} = \mathring{\mathscr{H}}_1(G) + \{f\}$ in $\mathscr{H}_1(G)$ konvex und abgeschlossen ist.

Natürlich kann man auch den Rieszschen Darstellungssatz benutzen. Es sei $v := f - u$. Dann ist $(\varphi, v)_1 = (\varphi, f)_1$ für alle $\varphi \in \mathring{\mathscr{C}}_\infty(G)$. Wir haben also ein $v \in \mathring{\mathscr{H}}_1(G)$ so zu bestimmen, daß $\forall x \in \mathring{\mathscr{H}}_1(G)\ (x, v)_1 = (x, f)_1$ gilt. Das leistet aber gerade der Rieszsche Darstellungssatz.

Die wohl eleganteste Methode, die Dirichletsche Randwertaufgabe zu lösen (und der man ihre Herkunft aus der Variationsrechnung kaum noch ansieht), besteht im direkten Anwenden des Projektionssatzes. Hierauf hat H. WEYL in seiner wichtigen Arbeit [1940] hingewiesen; diese Arbeit enthält auch das Weylsche Lemma. Es sei wieder $f \in \mathscr{H}_1(G)$ vorgegeben. Man projeziere $\mathscr{H}_1(G) = \mathring{\mathscr{H}}_1(G) \oplus \mathring{\mathscr{H}}_1(G)^\perp$, $f = v + u$. Dann ist u die gesuchte Lösung.

Die soeben geschilderten Verfahren lassen sich auf allgemeinere elliptische Differentialgleichungen und Systeme mit variablen Koeffizienten übertragen. Andere Randwertaufgaben können gelöst werden. Und auch Hindernisprobleme lassen sich behandeln; hierauf hat H. LEWY [1967/68] hingewiesen. Viel schwieriger ist jedoch die Frage nach der Regularität der erhaltenen Lösungen zu beantworten. Hierbei ist zu unterscheiden zwischen lokaler Regularität (Regularität in inneren Punkten von G) und der Regularität bis zum Rande. Naturgemäß ist die erste Frage die leichtere.

Über die Regularität verallgemeinerter Lösungen ist viel gearbeitet worden. Von S. ZAREMBA [1927] stammt das Resultat, daß Lösungen von $\Delta u = f$ mit $f \in \mathscr{C}_\infty$ selbst aus $\mathscr{C}_\infty$ sind. H. WEYL [1940] gab einen anderen Beweis hierfür. Er benutzt eine Darstellung der Lösung mit Hilfe der Grundlösung. Seine Resultate sind auf Differentialgleichungen mit variablen Koeffizienten und auf Systeme verallgemeinert worden. So gilt

Das Weylsche Lemma. *Es sei* $A = a_{ik}\partial_i\partial_k + a_i\partial_i + a$ *mit* $a_{ik} = a_{ki} \in \mathscr{C}_{2+\alpha}(G)$, $a_i \in \mathscr{C}_{1+\alpha}(G)$, $a \in \mathscr{C}_1(G)$, $\zeta_i a_{ik} \zeta_k \geqq p|\zeta|^2$ *mit* $p > 0$. *Es seien ferner* A^* *der zu* A *bzgl.* $\mathscr{L}^2(G)$ *formal adjungierte Operator,* $f \in \mathscr{C}_\alpha(G)$, $u \in \mathscr{L}^1_{\text{loc}}(G)$ *und*

$$\forall \varphi \in \mathring{\mathscr{C}}_\infty(G) \qquad (u, A^*\varphi) = (f, \varphi).$$

Dann stimmt u *fast überall mit einer Funktion aus* $\mathscr{C}_{2+\alpha}(G)$ *überein.*

Einen Beweis findet man im Buch von G. HELLWIG [1960, 189].

Eine andere Methode, zu Regularitätsaussagen zu gelangen, folgt aus dem intensiven Studium der Funktionenräume $\mathscr{H}_k(G)$, das bald einsetzte. Auf S. SOBOLEV [1950] gehen Einbettungssätze der folgenden Art zurück:

Sobolevscher Einbettungssatz. *Es sei* $u \in \mathring{\mathscr{H}}_j(G)$ *und* $k \in \mathbb{N}_0$ *mit* $k \leqq j - [n/2] - 1$. *Dann stimmt u fast überall mit einer beschränkten Funktion aus* $\mathscr{C}_k(G)$ *überein.*

Zum Nachweis der lokalen Regularität der Lösungen bei genügend glatten Koeffizienten bildet man nun in der Differentialgleichung explizit Differenzenquotienten und geht zur Grenze über. Auf diese Weise erhält man $u \in \mathscr{H}_k^{\mathrm{loc}}(G)$ mit genügend hohem k. Einzelheiten findet man bei L. NIRENBERG [1955].

Schwieriger ist der Nachweis der Regularität bis zum Rande. Hier gibt es zunächst direkt auf die Potentialgleichung zugeschnittene Methoden, die auch die zulässigen Berandungen genauer kennzeichnen. In der PERRONschen Methode der subharmonischen Funktionen [1923] werden Barrieren-Funktionen zur Charakterisierung des Randes konstruiert, während N. WIENER die Kapazität der Randpunkte heranzieht [1924].

Ist der Rand genügend glatt, dann lassen sich bei allgemeineren Gleichungen die bereits genannten Ergebnisse benutzen. Man biegt den Rand zunächst lokal gerade und verwendet nach Spiegelung an der Randebene die Resultate für innere Punkte. Die Sobolevschen Einbettungssätze selbst sind auch global (für $u \in \mathscr{H}_j(G)$) bewiesen worden, wenn G (der Rand) die „Kegeleigenschaft" hat. Eine ausführliche Darstellung solcher Fragen findet man im Buch von R.A. ADAMS [1975].

Wir kehren nun zum zweiten Anliegen HILBERTS zurück, nämlich zum Eigenwertproblem. Wir beginnen wieder mit dem einfachen Beispiel der Gl. (3.1) in einem beschränkten Gebiet G mit $u|\partial G = 0$. Zur Abkürzung sei $A := -\Delta + 1$. Dann sucht man Eigenwerte $\lambda \in \mathbb{R}^+$ und zugehörige Eigenfunktionen u mit $\|u\| = 1$ und $Au = \lambda u$. Auch diese Aufgabe läßt sich mit den Variationsmethoden lösen. Man erhält die Existenz einer abzählbaren Folge (λ_n) von Eigenwerten mit $\lambda_n \to \infty$ und eines zugehörigen vollständigen Orthonormalsystems (u_n) von Eigenfunktionen. Genauer, es gilt

$$\forall f \in \mathscr{L}^2(G) \qquad f = \sum_{n=1}^{\infty} f_n \cdot u_n \qquad \text{mit } f_n = (f, u_n) \tag{3.7}$$

und

$$\forall f \in \mathscr{D}(A) \qquad Af = \sum_{n=1}^{\infty} \lambda_n f_n \cdot u_n . \tag{3.8}$$

Dabei ist $\mathscr{D}(A) := \{u \in \mathring{\mathscr{H}}_1(G) \,|\, \Delta u \in \mathscr{L}^2(G)\}$.

Zum Beweis geht man folgendermaßen vor. Es seien

$$\lambda_1 := \inf J(u) \qquad \text{für } u \in \mathring{\mathscr{H}}_1(G) \text{ mit } \|u\| = 1$$

und $\varphi_n \in \mathring{\mathscr{H}}_1(G)$, $\|\varphi_n\| = 1$, eine Minimalfolge. Aus (φ_n) möchte man eine konvergente Teilfolge auswählen und benötigt dazu einen Auswahlsatz. Wie bereits gesagt, hat HILBERT zunächst in der Klasse der stückweise stetig differenzierbaren Funktionen argumentiert und dort das Kriterium von Arzelà-Ascoli benutzt. Auf F. RELLICH [1930] geht der folgende Auswahlsatz zurück:

Rellichscher Auswahlsatz. *Es seien G beschränkt und* (u_n) *eine in* $\mathring{\mathscr{H}}_1(G)$ *beschränkte Folge. Dann gibt es eine Teilfolge* (u'_n) *und ein* $u \in \mathscr{L}^2(G)$ *mit* $\|u'_n - u\| \to 0$.

Dieser Rellichsche Auswahlsatz läßt sich relativ leicht beweisen, indem man die u_n durch null in einen Quader $Q \supset G$ fortsetzt und dann in eine Fourierreihe entwickelt. Er gilt auch für $u_n \in \mathscr{H}_1(G)$ bei geringen Regularitätsannahmen an den Rand von G, z.B. wenn G die „Segmenteigenschaft" besitzt, die besagt, daß man lokal ein Segment in G verschieben kann (ohne Drehungen). Beweise finden sich wieder bei R.A. ADAMS [1975]. Die Klasse der zugelassenen Gebiete kann man weiter verallgemeinern. Eine Platte mit Riß besitzt nicht die Segmenteigenschaft, wohl aber die „finite tiling property" von C.H. WILCOX [1975, 63]. Daß eine Voraussetzung an den Rand notwendig ist, wird in [Courant-Hilbert II 1937, 522] am Beispiel eines „Kamms" belegt. Auswahlsätze vom Typ des Rellichschen wurden von V.I. KONDRACHOV [1945] auch für $\mathscr{L}^p$-Räume bewiesen.

Es sei also (φ_n) eine in $\mathscr{L}^2(G)$ gegen u_1 konvergente Minimalfolge. Dann gilt $\|u_1\| = 1$, und aus

$$\forall \varepsilon \in \mathbb{R} \quad \forall \zeta \in \mathring{\mathscr{H}}_1(G) \quad J(\varphi_n + \varepsilon\zeta) \geqq \lambda_1 \|\varphi_n + \varepsilon\zeta\|^2$$

folgt $J(\varphi_n, \zeta) - \lambda_1(\varphi_n, \zeta) \to 0$. Dabei ist $J(u, v) := \int \{(\nabla u)(\nabla v) + uv\}$. Daraus erhält man die Konvergenz von (φ_n) in $\mathring{\mathscr{H}}_1(G)$ und $u_1 \in \mathring{\mathscr{H}}_1(G)$.

Damit ist $u_1 \in \mathscr{D}(A)$, und λ_1 ist der erste Eigenwert. Aus der Poincaréschen Abschätzung (1.3) folgt für λ_1 unmittelbar eine Abschätzung von unten, nämlich

$$\lambda_1 = J(u_1) = 1 + \|\nabla u_1\|^2 \geqq 1 + 1/d^2, \tag{3.9}$$

also die bekannte Erfahrung, daß die Grundfrequenz um so höher wird, je kleiner der schwingende Körper ist.

Die nächsten Eigenwerte erhält man nun durch Wiederholen dieses Verfahrens, nämlich $\lambda_2 := \inf J(u)$ für $u \in \mathring{\mathscr{H}}_1(G)$ mit $\|u\| = 1$, $(u, u_1) = 0$, und analog λ_n. Auf diese Weise erhält man eine Folge von Eigenwerten (λ_n) und zugehörende orthonormale Eigenfunktionen u_n. Die Folge (λ_n) hat keinen endlichen Häufungspunkt, denn sonst besäße (u_n) eine konvergente Teilfolge. Wegen $\dim \mathring{\mathscr{H}}_1(G) = \infty$ gilt auch $\lambda_n \to \infty$, und für $f \in \mathring{\mathscr{H}}_1(G)$ folgt mit $f_n := (f, u_n)$, $n \in \mathbb{N}$, $J(f) = \sum \lambda_n \cdot f_n^2$. Daraus folgen Gln. (3.7, 8).

Analog lassen sich Eigenwertaufgaben für eine große Klasse von allgemeineren Gleichungen behandeln, und man erhält Spektraldarstellungen für die zugrundeliegenden Operatoren. Hierüber wird im nächsten Abschnitt Näheres berichtet.

Die Theorie der Eigenwertaufgaben ist vor allem von R. COURANT ausgebaut worden, vgl. [Courant-Hilbert II 1937, 471 f]. Vorangegangen war unter anderem seine Arbeit [1920]. COURANT hat insbesondere auch Aussagen über die monotone Abhängigkeit des n-ten Eigenwerts vom Gebiet bewiesen. Hierbei störte es zunächst, daß in die Definition von λ_n die Kenntnis der $\lambda_1, \ldots, \lambda_{n-1}$ eingeht. Das macht Abschätzen schwierig. COURANT gab daher noch eine andere Charakterisierung des n-ten Eigenwerts an, nämlich

Das Courantsche Minimax-Prinzip. *Es seien* $h_1, \ldots, h_{n-1} \in \mathscr{L}^2(G)$ *und* $\mu_n(h_1, \ldots, h_{n-1}) := \inf J(u)$ *für* $u \in \mathring{\mathscr{H}}_1$ *mit* $\|u\| = 1$ *und* $(u, h_i) = 0$ *für alle* $i = 1, \ldots, n-1$. *Dann ist* $\lambda_n = \sup \mu_n(h_1, \ldots, h_{n-1})$ *für* $h_i \in \mathscr{L}^2(G)$.

COURANT hat dieses Prinzip auch verwandt, um in der von H. WEYL gegebenen Asymptotik der Eigenwerte (0.6) das Fehlerglied besser abzuschätzen. Mit diesem Problem haben sich noch viele Mathematiker beschäftigt. Von den neueren Arbeiten sei nur die von R. SEELEY [1978] genannt. Von R. COURANT stammen auch viele schöne Anwendungen des Dirichletschen Prinzips auf Existenzfragen für Minimalflächen. Im Beitrag über partielle Differentialgleichungen wird darüber berichtet.

4 Darstellung linearer Operatoren

D. HILBERT hatte Anfang des Jahrhunderts eine Spektraldarstellung für beschränkte Operatoren bewiesen, insbesondere für von symmetrischen Kernen erzeugte. Dabei ging er zu quadratischen Formen in unendlich vielen Variablen über und erhielt auch ein stetiges Spektrum (vgl. Abschnitt 2).

Vor allem durch den Einfluß von F. RIESZ traten in der Folgezeit die quadratischen Formen immer mehr zurück, und es wurde eine Theorie linearer Operatoren direkt entwickelt. Äußerst wichtig war hierbei der wechselseitige Einfluß zwischen Physik und Mathematik, den man bis hin zum Verwenden derselben Bezeichnungen verspürt. So hatte E. SCHRÖDINGER 1926 die nach ihm benannte Gleichung für den Wasserstoffkern aufgestellt, und sowohl Physiker als auch Mathematiker waren an einer Theorie des zugehörenden Operators stark interessiert. Die Mathematik stand für die neue Physik bereit.

Es sei also $\mathscr{X}$ ein normierter Raum über $\mathbb{C}$ und $A : \mathscr{D}(A) \subset \mathscr{X} \to \mathscr{X}$ ein linearer Operator mit dem Definitionsbereich $\mathscr{D}(A)$, dem Wertebereich $\mathscr{R}(A)$ und dem Nullraum $\mathscr{N}(A)$. Es sei $A_\lambda := A - \lambda \cdot \mathrm{id}$. Dann ist

$$\varrho(A) := \{\lambda \in \mathbb{C} \mid \overline{\mathscr{R}(A_\lambda)} = \mathscr{X}, \mathscr{N}(A_\lambda) = \{0\}, A_\lambda^{-1} \text{ stetig}\}$$

die „Resolventenmenge“ von A. Sie ist stets offen. $\sigma(A) := \mathbb{C} \setminus \varrho(A)$ ist das „Spektrum“ von A. Dieses wird weiter unterteilt in das „Punktspektrum“ σ_p, das „kontinuierliche Spektrum“ σ_c und das „Residuenspektrum“ σ_r. Für $\lambda \in \varrho(A)$ heißt $R(\lambda) := A_\lambda^{-1}$ die „Resolvente“ von A. Sie ist in jeder Zusammenhangskomponente von $\varrho(A)$ holomorph. Ist $\mathscr{X}$ ein Banachraum und A beschränkt mit $\mathscr{D}(A) = \mathscr{X}$, dann existiert der „Spektralradius“ $r_\sigma(A) := \lim \|A^n\|^{1/n}$ für $n \to \infty$. Es ist $r_\sigma(A) \leqq \|A\|$, $\{\lambda \mid |\lambda| > r_\sigma(A)\} \subset \varrho(A)$ und $r_\sigma(A) = \sup|\lambda|$ für $\lambda \in \sigma(A)$.

Es sei nun $\mathscr{B}$ ein Banachraum und $K: \mathscr{B} \to \mathscr{B}$ kompakt. Von F. RIESZ [1918] wurde im Anschluß an seine Theorie der Gleichungen (2.2) auch der Spektralsatz für K bewiesen, nämlich

Spektralsatz für kompakte Operatoren. *Es gilt*

1. $\sigma(K)\backslash\{0\}$ *besteht höchstens aus abzählbar vielen Eigenwerten mit* 0 *als einzig möglichem Häufungspunkt.*
2. *Für* $\lambda \in \sigma(K)\backslash\{0\}$ *sei* $r(\lambda)$ *die Rieszzahl von* K_λ. *Dann ist*

$$\mathscr{B} = \mathscr{R}(K_\lambda^{r(\lambda)}) \oplus \mathscr{N}(K_\lambda^{r(\lambda)}).$$

Beide Räume rechts sind abgeschlossen und K-invariant, es ist $\dim \mathscr{N}(K_\lambda^{r(\lambda)}) < \infty$.
3. *Eigenfunktionen zu verschiedenen Eigenwerten sind linear unabhängig.*
4. *Im Falle* $\dim \mathscr{B} = \infty$ *gilt* $0 \in \sigma(K)$.

Eine weitere wichtige Klasse sind die normalen Operatoren in einem Hilbertraum $\mathscr{H}$. Es sei $\mathscr{D}(A)$ in $\mathscr{H}$ dicht. Dann definiert man durch $\mathscr{D}(A^*) := \{v \in \mathscr{H} \mid \exists f \in \mathscr{H} \;\; \forall u \in \mathscr{D}(A) \;\; (Au, v) = (u, f)\}$ und $A^* v := f$ den zu A adjungierten Operator. A heißt „normal“, wenn $A^*A = AA^*$ ist. Es gilt der

Spektralsatz für kompakte normale Operatoren.

1. *Es gibt einen Eigenwert* λ_1 *mit* $|\lambda_1| = \|K\| = r_\sigma(K)$.
2. *Es sei* $\{\lambda_k \in \mathbb{C}\backslash\{0\} \mid k \in N \subset \mathbb{N}\}$ *die Menge der von null verschiedenen Eigenwerte von K. Dann gilt* $r(\lambda_k) = 1$.
3. *Es seien* E_k *die orthogonalen Projektoren auf* $\mathscr{N}(K - \lambda_k)$ *und* E_0 *auf* $\mathscr{N}(K)$. *Dann gilt*

$$\forall k, l \in N \cup \{0\} \qquad E_k E_l = \delta_{kl} E_k .$$

$$\mathrm{id} = E_0 + \sum_{k \in N} E_k, \quad K = \sum_{k \in N} \lambda_k E_k \quad \textit{und} \quad R(\lambda) = -\frac{1}{\lambda} E_0 + \sum_{k \in N} \frac{1}{\lambda_k - \lambda} E_k.$$

Für einen beliebigen kompakten Operator K ist K^*K kompakt und normal. Es seien $\varkappa_1 \geqq \varkappa_2 \geqq \ldots$ die von null verschiedenen Eigenwerte von K^*K und u_j die zugehörenden orthonormalen Eigenfunktionen. Dann nennt man die $\mu_j := \sqrt{\varkappa_j} > 0$ „singuläre Werte“ von K, und mit $v_j := (Ku_j)/\mu_j$ folgt die Darstellung $K = \sum \mu_j(\cdot, u_j)v_j$. Diese Darstellung läßt sich benutzen, um spezielle Klassen von kompakten Operatoren auszuzeichnen. Es sei $\mathscr{K}(\mathscr{H})$ die Menge der kompakten Operatoren $K: \mathscr{H} \to \mathscr{H}$. Dann definiert man für $\alpha \in \mathbb{R}_0^+$ $\mathscr{K}_\alpha(\mathscr{H}) := \{K \in \mathscr{K}(\mathscr{H}) \mid \sum \mu_j^\alpha < \infty\}$ und $\mathscr{K}_\infty(\mathscr{H}) := \mathscr{K}(\mathscr{H})$. Damit gilt $\mathscr{K}_\alpha \subset \mathscr{K}_\beta$ für alle $\alpha < \beta$. $\mathscr{K}_0$ sind die ausgearteten Operatoren mit

$\dim \mathscr{R}(K) < \infty$. $\mathscr{K}_1$ sind die „nuklearen" oder „Spurklassen"-Operatoren, $\mathscr{K}_2$ sind gerade die „Hilbert-Schmidt"-Operatoren.

Nach diesen Erfolgen konnte das Problem der Spektraldarstellung allgemeinerer nicht notwendig kompakter oder beschränkter Operatoren angegangen werden. Es wurde durch J. VON NEUMANN 1929 bis 1932 für selbstadjungierte und für normale Operatoren gelöst; vgl. die Zitate in [Riesz-Nagy 1956]. J. VON NEUMANN ordnet jedem selbstadjungierten Operator $A: \mathscr{D}(A) \subset \mathscr{H} \to \mathscr{H}$ eine Spektralschar $P(\lambda)$, $\lambda \in \mathbb{R}$, zu. $(P(\lambda))$ ist eine Familie orthogonaler Projektoren mit

1. $P(\lambda)P(\mu) = P(\min(\lambda, \mu))$
2. $P(\lambda + 0) = P(\lambda)$ (d. h. $P(\lambda)$ ist stark stetig von rechts)
3. $P(-\infty) = 0$ und $P(+\infty) = \mathrm{id}$ (ebenfalls jeweils im starken Sinne).

Er bewies dann den

Spektralsatz für selbstadjungierte Operatoren.

$$\forall u \in \mathscr{D}(A) \quad \forall v \in \mathscr{H} \qquad (Au, v) = \int_{-\infty}^{\infty} \lambda \, d(P(\lambda)u, v).$$

Dabei steht rechts das uneigentliche Riemann-Stieltjes-Integral. Für beschränkte A wird das Integral eigentlich. Den Sprungstellen von $\|P(\lambda)v\|$ entsprechen Eigenwerte, und in der Umgebung eines $\lambda \in \varrho(A)$ ist $P(\lambda)$ konstant.

Zum Beweis des Satzes benutzt VON NEUMANN die Cayley-Transformation, die sogleich angegeben wird, und reduziert damit das Problem auf das der Darstellung unitärer Operatoren. Wenig später hat auch M. H. STONE einen Beweis für den Spektralsatz gegeben. [1932] hat er seine Ergebnisse in einem Buch dargestellt. Insbesondere ist nach ihm die Umkehrformel, also die Darstellung von $P(\lambda)$ durch A benannt, nämlich $\forall a, b \in \mathbb{R}$, $a < b$, $\forall f, g \in \mathscr{H}$

$$([P(b) - P(a)]f, g)$$
$$= \lim_{\delta \downarrow 0} \lim_{\varepsilon \downarrow 0} \frac{1}{2\pi i} \int_{a+\delta}^{b+\delta} (\{[A - (t + i\varepsilon)]^{-1} - [A - (t - i\varepsilon)]^{-1}\} f, g) \, dt.$$

Die selbstadjungierten Operatoren spielen in der Physik eine große Rolle, weil ihnen die Observablen entsprechen. Mit dem Spektralsatz für selbstadjungierte Operatoren war damit ein wichtiges Resultat auch für den Physiker bereitgestellt. Für diesen bestand das Problem nun darin, zu überprüfen, ob ein vorgelegter Operator selbstadjungiert ist oder zu einem solchen fortgesetzt werden kann. Über diese Frage ist für spezielle Operatoren viel publiziert worden. Bis heute hat man z. B. zeigen können, daß die Dirac-Operatoren für Atomkerne bis zu den Kernladungszahlen $Z \leqq 118$ wesentlich selbstadjungiert sind. Für $Z \geqq 119$ gibt es selbstadjungierte Fortsetzungen, und zwar für $Z \leqq 137$ sogenannte ausgezeichnete Fortsetzungen. Für $Z > 137$ existieren solche ausgezeichneten Fortsetzungen nicht, vgl. H. KALF, U. W. SCHMINCKE, J. WALTER und R. WÜST [1975].

Wegen ihrer großen Bedeutung soll im folgenden die Frage nach der Fortsetzbarkeit symmetrischer Operatoren zu selbstadjungierten noch etwas vertieft werden. Die in der mathematischen Physik auftretenden Differentialoperatoren sind zwar unbeschränkt, sie haben aber meist zwei wichtige Eigenschaften. Einmal sind sie dicht definiert, und zum zweiten sind sie abgeschlossen oder wenigstens abschließbar. Das heißt, der Graph $G(A) := \{(u, Au) \in \mathscr{H} \times \mathscr{H} \mid u \in \mathscr{D}(A)\}$ von A ist abgeschlossen, oder es gibt einen abgeschlossenen Operator B mit $G(B) = \overline{G(A)}$. $\bar{A} := B$ ist dann der „Abschluß" von A. In $G(A)$ wählt man die Norm $\|u\|_A := [\|u\|^2 + \|Au\|^2]^{1/2}$ und erhält $\mathscr{D}(\bar{A}) = \{\mathscr{D}(A); \|\cdot\|_A\}^{\sim}$ für abschließbare A.

Nun sind die Operatoren $S: \mathscr{D}(S) \subset \mathscr{H} \to \mathscr{H}$, um die es hier geht, symmetrisch. Es ist also $S \subset S^*$. Weil symmetrische Operatoren abschließbar sind, existiert immer die triviale Fortsetzung $\bar{S}$. Damit besitzt S stets zwei abgeschlossene Fortsetzungen, nämlich $\bar{S} = S^{**}$ und S^*. S^{**} ist wieder symmetrisch, S^* aber im allgemeinen nicht. Wenn $\bar{S} = S^*$ ist, heißt S wesentlich selbstadjungiert.

Beispielsweise denke man an den Δ-Operator mit $\mathscr{D}(\Delta) := \mathring{\mathscr{C}}_\infty(G)$. Dann ist $\mathscr{D}(\bar{\Delta}) = \mathring{\mathscr{H}}_2(G)$. Im Falle eines beschränkten Gebietes G ist $\bar{\Delta}$ wegen $\mathscr{D}(\Delta^*) = \{u \in \mathscr{L}^2(G) \mid \Delta u \in \mathscr{L}^2(G)\}$ nicht selbstadjungiert, Δ ist aber symmetrisch.

Es geht also darum, selbstadjungierte Fortsetzungen symmetrischer Operatoren zu finden; d.h. am obigen Beispiel, „vernünftige" Randbedingungen anzugeben. Durch Verwenden der Cayley-Transformation läßt sich diese Problematik gut beschreiben. Sie wurde von A.C. CAYLEY in der Gruppentheorie verwandt; ihre Definition für lineare Operatoren stammt von J. VON NEUMANN. Die Cayley-Transformation ist das Analogon einer Möbius-Transformation, das Spektrum auf der reellen Achse wird in die Kreislinie abgebildet.

Es sei also A ein abgeschlossener symmetrischer Operator. Dann ist

$$V: \mathscr{R}(A+i) \subset \mathscr{H} \to \mathscr{R}(A-i), \qquad u \to (A-i)(A+i)^{-1}u$$

die „Cayley-Transformierte" von A. V ist abgeschlossen, surjektiv und isometrisch. $\mathscr{D}(V)$ und $\mathscr{R}(V)$ sind abgeschlossen, und es gilt

$$A = i(\mathrm{id} + V)(\mathrm{id} - V)^{-1}.$$

A ist nun genau dann selbstadjungiert, wenn V unitär ist (d.h. wenn außerdem $\mathscr{D}(V) = \mathscr{R}(V) = \mathscr{H}$ gilt). Die Frage nach der Möglichkeit, eine symmetrische Abbildung A selbstadjungiert fortzusetzen, wird damit auf die oft leichter zu beantwortende Frage nach der Möglichkeit, ein isometrisches V unitär fortzusetzen, reduziert. Dazu definiert man die „Defektindizes" (m, n) von A

$$m := \dim \mathscr{D}(V)^{\perp} = \operatorname{codim} \mathscr{R}(A+i) = \dim \mathscr{N}(A^* - i)$$
$$n := \dim \mathscr{R}(V)^{\perp} = \operatorname{codim} \mathscr{R}(A-i) = \dim \mathscr{N}(A^* + i).$$

A ist selbstadjungiert, wenn $m = n = 0$ ist. A läßt sich genau dann selbstadjungiert fortsetzen, wenn beide Defektindizes gleich sind.

Im $\mathbb{R}^1$ lassen sich die Defektindizes oft leicht ausrechnen, und es gibt schöne Anwendungsbeispiele. Erinnert sei an die WEYLsche Behandlung von Sturm-Liouville-Problemen. Betrachten wir dazu wieder $A := -\overline{\Delta}$ in $G \subset \mathbb{R}^1$. A hat gleiche Defektindizes, ist also selbstadjungiert fortsetzbar. Im Falle $G = \mathbb{R}^1$ ist $m = n = 0$, d.h. A ist bereits selbstadjungiert. Im Falle $G = (0, \infty)$ ist $m = n = 1$. In diesem Falle ist $\mathscr{D}(V)^\perp = \mathscr{N}(A^* - i) = [u_1]$ mit $u_1(x) = \exp(i\sqrt{i}\,x)$, und durch $V_c u := Vu$ für $u \in \mathscr{D}(V)$, $V_c u := c\bar{u}_1$ für $u = u_1$ mit $|c| = 1$ erhält man die unitären Fortsetzungen von V. $A_c := i(\mathrm{id} + V_c)(\mathrm{id} - V_c)^{-1}$ sind die zugehörenden selbstadjungierten Erweiterungen von A, und es ist $\mathscr{D}(A_c) = \mathring{\mathscr{H}}_2 \oplus [(u_1 - c\bar{u}_1)]$. Im Falle $c = 1$ ist das die Dirichletsche Randbedingung im Randpunkt $x = 0$; für $c = -i$ erhält man die Neumannsche und im allgemeinen gemischte Randbedingungen $u_c'(0) + z_c u_c(0) = 0$ mit $z_c := -(1 + i)(c + i)/\{\sqrt{2}(1 - c)\}$. Im Randpunkt $x = 0$ liegt der Weylsche Grenzkreisfall vor, in $x = \infty$ der Grenzpunktfall.

Für allgemeinere Operatoren sind drei Methoden, die Selbstadjungiertheit nachzuweisen, von Bedeutung

1. Es ist oft möglich, das Problem durch ein System erster Ordnung zu beschreiben. Für solche Systeme folgt die Selbstadjungiertheit meist leicht durch partielles Integrieren und Ausnutzen von „stark gleich schwach" (Gl. (3.5)).
2. Es gilt
   $$\mathscr{D}(A^*) = \mathscr{D}(A) \oplus \mathscr{R}(A + i)^\perp \oplus \mathscr{R}(A - i)^\perp .$$
   Man hat also zu zeigen, daß Gleichungen $(A \pm i)x = f$ gelöst werden können.
3. Eine wichtige Klasse symmetrischer Operatoren sind die „halbbeschränkten", etwa
   $$\exists c \in \mathbb{R} \quad \forall u \in \mathscr{D}(A) \quad (Au, u) \geqq c\|u\|^2 .$$
   Halbbeschränkte Operatoren besitzen eine ausgezeichnete selbstadjungierte Fortsetzung, die „Friedrichssche" Fortsetzung A_F [1934–35]. Etwa für $c = 1$ ist mit $\mathscr{F} := \{\mathscr{D}(A); \|\cdot\|_{\mathscr{F}}\}^\sim$ und $\|u\|_{\mathscr{F}} := (Au, u)^{1/2}$
   $$\mathscr{D}(A_F) := \{v \in \mathscr{F} \mid \exists h \in \mathscr{H} \ \ \forall u \in \mathscr{D}(A) \ \ (Au, v) = (u, h)\} \quad \text{und} \quad A_F v := h .$$

Die Existenz der Friedrichsschen Fortsetzung folgt aus dem Rieszschen Darstellungssatz. Natürlich kann es außer der Friedrichsschen noch andere selbstadjungierte Fortsetzungen von A geben.

Damit ist eine Darstellung für eine große Klasse linearer Operatoren in der mathematischen Physik gelungen. Aber natürlich gibt es dort auch Probleme, die nicht auf selbstadjungierte Operatoren führen, z.B. in der Thermoelastizitätstheorie oder bei allgemeineren Evolutionsgleichungen. Bei solchen Problemen lassen sich die Lösungen i.a. nicht mehr in die Vergangenheit zurückrechnen. Aus den Anfangswerten u^0 etwa zur Zeit $t = 0$ erhält man die Lösung in der Form $u(t) = H(t)u^0$ nur für alle $t \geqq 0$. Es gilt aber $u(t + s) = H(t)u(s) = H(t)H(s)u^0$. Für solche Operatoren ist deshalb eine Darstellung durch Halbgruppen wichtig geworden. Ab 1936 hat sich E. HILLE mit Halbgruppen intensiv beschäftigt. Im Buch von E. HILLE und R. PHILLIPS [1957] wird hierüber berichtet.

Der Satz von Hille-Yosida charakterisiert Operatoren, die sich als stark stetige Halbgruppen darstellen lassen. Er wurde unabhängig voneinander von E. HILLE und K. YOSIDA [1948] bewiesen. Weitere Ergebnisse aus der Halbgruppentheorie und Anwendungen findet man im Buch von A. PAZY [1983].

5 Anfangsrandwertaufgaben und Streutheorie

Anfangsrandwertaufgaben treten in der mathematischen Physik vielfältig auf. Zum Beispiel lassen sich die Wellengleichung, die Plattengleichung oder das System der linearen Elastizitätsgleichungen in der Form

$$u_{tt} + Au = 0 \qquad \text{mit } u(0) = u^0 \text{ und } u_t(0) = u^1$$

schreiben. Dabei ist A ein linearer Differentialoperator in einem Gebiet $G \subset \mathbb{R}^3$.

$$u_t + iAu = 0 \qquad \text{mit } u(0) = u^0$$

stellt die Schrödingergleichung, das System der Maxwellschen Gleichungen oder das System der linearen Akustik dar, und durch

$$u_t + Au = 0 \qquad \text{mit } u(0) = u^0$$

werden Wärmeleitungsvorgänge wie Anfangsrandwertaufgaben in der linearen Thermoelastizitätstheorie beschrieben. Außer im letzten Beispiel ist A selbstadjungiert.

Zur Behandlung solcher Probleme sind zunächst einmal die Gleichungen zu lösen. Dazu muß insbesondere der Lösungsbegriff präzisiert werden. Anschließend interessiert man sich für spezielle Eigenschaften der erhaltenen Lösungen, z.B. fragt man nach ihrer Regularität oder nach ihrem asymptotischen Verhalten für große Zeiten, und beweist die Existenz von Wellen- und Streuoperatoren. Probleme der inversen Streutheorie (aus den reflektierten Signalen sollen Daten wie Anfangswerte, Rand oder Medium zurückgewonnen werden) haben großes mathematisches und praktisches Interesse. Zur Behandlung solcher Fragen muß man z.B. wissen, wie der Streuoperator durch den Rand bestimmt wird, und diese Abbildung dann invertieren. Einfache Formeln erhält man im Grenzfall hoher Frequenzen.

Die Frage nach dem Verhalten akustischer oder elektromagnetischer Wellen bei hohen Frequenzen gehört in das wichtige Gebiet der Asymptotik der Lösungen partieller Differentialgleichungen, die von einem Parameter abhängen. Aus der Erfahrung weiß man, daß sich Wellen bei hohen Frequenzen nach den Regeln der geometrischen Optik ausbreiten. Die Aussage, daß die geometrische Optik asymptotisch die Wellenausbreitung richtig beschreibt, wenn die Frequenz gegen unendlich strebt, ist eine der interessantesten Fragen aus diesem Problemkreis. In dieses Gebiet gehört auch die Untersuchung des Übergangs von der Quantenmechanik zur klassischen Mechanik. Hierbei wird die Schrödinger-Gleichung diskutiert, und der in diesem Falle gegen null strebende Parameter ist das Plancksche Wirkungsquantum. Die zeitharmonische Wellenausbreitung wird gewöhnlich durch eine elliptische Gleichung beschrieben, und die instationäre durch eine dazu korrespondierende hyperbolische. Die Lösungen der hyperbolischen Gleichung kann man durch Überlagerung von Lösungen der elliptischen Gleichung erhalten, und deren asymptotisches Verhalten bei hohen Frequenzen beschreibt die Singularitäten in den Lösungen der hyperbolischen Gleichung. Die Bestimmung des Ortes und insbesondere der Form der Singularitäten in den Lösungen von hyperbolischen Gleichungen ist ein weiterer zentraler Punkt aus diesem Problemkreis. Solche Probleme werden heute in der mikrolokalen Analysis untersucht.

Diese Fragen hatten eine fundamentale Bedeutung für die Entwicklung der Mathematik und der Physik in den letzten 300 Jahren. Wir erinnern hier nur an die wissenschaftlichen Auseinandersetzungen darüber, ob die Ende des 17. Jahrhunderts von HUYGENS aufgestellte Wellenausbreitungstheorie oder die von NEWTON aufgestellte Korpuskulartheorie die Ausbreitung des Lichtes richtig beschreibt. Erst in unserem Jahrhundert konnte dieses Problem im Zusammenhang mit der Quantenmechanik geklärt werden.

Im folgenden soll anhand einer einfachen Wellengleichung über die Entwicklung berichtet werden. In diesem Falle ist der auftretende Operator A selbstadjungiert, so daß der Spektralsatz zur Verfügung steht. Ähnliche Resultate lassen sich für andere Gleichungen der mathematischen Physik herleiten und finden sich z. B. im Buch [1986] des Verfassers.

Es sei also G ein Gebiet im $\mathbb{R}^3$, und es seien $a_{ik} = a_{ki}$ $(i, k = 1, 2, 3)$ reellwertige, beschränkte $\mathscr{C}_1(G)$-Funktionen mit

$$\exists\, p_0 > 0 \qquad \forall x \in G \qquad \forall \xi \in \mathbb{R}^3 \qquad \xi_i a_{ik}(x) \xi_k \geqq p_0 |\xi|^2 .$$

Im Falle eines Außengebietes soll das Medium genügend weit außen homogen und isotrop sein; es gebe also eine Zahl $r_a > 0$ mit

$$\forall x \in G_a := \{x \in G \,|\, |x| > r_a\} \qquad a_{ik}(x) = \delta_{ik} .$$

Weil wir uns hier auf die Dirichletsche Randwertaufgabe beschränken wollen, sei $A\colon \mathscr{D}(A) \subset \mathscr{L}^2(G) \to \mathscr{L}^2(G)$ mit

$$\mathscr{D}(A) := \{u \in \mathring{\mathscr{H}}_1(G) \,|\, \partial_i a_{ik} \partial_k u \in \mathscr{L}^2(G)\} \quad \text{und} \quad Au := -\partial_i a_{ik} \partial_k u .$$

Gesucht ist dann ein $u\colon \mathbb{R}_0^+ \times G \to \mathbb{R}$ mit $u_{tt} + Au = 0$, $u(0) = u^0$ und $u_t(0) = u^1$.

Für diese Anfangsrandwertaufgabe gibt es verschiedene Lösungsbegriffe (es gibt z. B. schwache, Distributionen- oder klassische Lösungen). Wir wählen im folgenden zunächst den von der Physik nahegelegten Begriff der Lösung mit endlicher Energie

$$E(t) := \|u_t(t)\|^2 + \|A^{1/2} u(t)\|^2 < \infty ,$$

also endlicher Summe von kinetischer und potentieller Energie ($A^{1/2}$ entspricht ∇). Dazu müssen wir natürlich $u^0 \in \mathscr{D}(A^{1/2})$ voraussetzen, $\|\cdot\|$ ist die $\mathscr{L}^2(G)$-Norm.

Es seien also im folgenden $\mathscr{H} := \mathscr{L}^2(G)$, $\mathring{\mathscr{C}}(G)$ die Menge der stetigen Funktionen mit in G kompaktem Träger und $\mathscr{Y} := \mathring{\mathscr{C}}(\mathbb{R}, \mathscr{D}(A)) \cap \mathscr{C}_2(\mathbb{R}, \mathscr{H})$. Es seien außerdem $u^0, u^1 \in \mathscr{H}$. Dann heißt $u \in \mathscr{C}(\mathbb{R}_0^+, \mathscr{H})$ „schwache Lösung" der Wellengleichung, wenn

$$\forall \varphi \in \mathscr{Y} \qquad 0 = \int_{\mathbb{R}^+ \times G} u \cdot \overline{\{\varphi_{tt} + A\varphi\}} + (u^0, \varphi_t(0, \cdot)) - (u^1, \varphi(0, \cdot))$$

gilt. Diese Definition geht auf M. Vishik und O. A. Ladyzhenskaya [1956] zurück.

Ist außerdem $u^0 \in \mathscr{D}(A^{1/2})$, dann heißt eine schwache Lösung u nach C. H. Wilcox [1962] „Lösung mit endlicher Energie", wenn $u \in \mathscr{C}(\mathbb{R}_0^+, \mathscr{D}(A^{1/2})) \cap \mathscr{C}_1(\mathbb{R}_0^+, \mathscr{H})$ ist.

Die soeben definierte Anfangsrandwertaufgabe ist eindeutig lösbar. Das folgt relativ leicht aus der Spektral- oder Halbgruppentheorie. In unserem Falle ist A selbstadjungiert, und durch

$$\begin{aligned} u(t) &:= \cos(A^{1/2}t)u^0 + A^{-1/2}\sin(A^{1/2}t)u^1 \\ &= \int_0^\infty \left\{\cos(\sqrt{\lambda}\,t)\,dP(\lambda)u^0 + \frac{\sin(\sqrt{\lambda}\,t)}{\sqrt{\lambda}}\,dP(\lambda)u^1\right\} \end{aligned}$$

erhält man aus dem Spektralsatz die Lösung der Aufgabe. Die Energie ist konstant.

Will man Näheres über die Lösungen wissen, dann benötigt man genauere Kenntnis des Spektrums von A. Ist G beschränkt, dann folgt aus der Spektraldarstellung kompakter Operatoren für A die Entwicklung nach Eigenfunktionen (d. h. Gl. (3.8)) und für u die Entwicklung nach stehenden Wellen. Aus dem Rellichschen Auswahlsatz und der Poincaréschen Abschätzung erhält man nämlich leicht $A^{-1} \in \mathscr{K}(\mathscr{H})$. All dies soll hier nicht weiter vertieft werden.

Vielmehr wollen wir uns im folgenden mit Streuproblemen in unbeschränkten Gebieten beschäftigen. Dabei wählen wir wieder einen einfachen Fall und setzen G als „Außengebiet" voraus. G sei also das Komplement eines beschränkten Gebietes. Damit hat G einen beschränkten Rand. Selbstverständlich sind auch Streuprobleme bei unbeschränkten Rändern äußerst interessant, z. B. für die Halbebene, für periodische Strukturen oder für Wellenleiter. In Übersichtsartikeln berichten E. Meister [1987] über Beugungsprobleme an Keilen und P. Werner [1987] über Resonanzphänomene in Wellenleitern. In seinen Büchern [1984] entwickelt C. H. Wilcox eine Streutheorie für Gitter und für geschichtete Medien.

Es soll nun das asymptotische Verhalten der Lösungen in Außengebieten für große Zeiten beschrieben werden. Dazu behandelt man zunächst den „Ganzraumfall“, d.h. den Fall $G = \mathbb{R}^3$ mit $a_{ik} = \delta_{ik}$. Dieser Fall läßt sich mit Hilfe der Fourier-Transformation explizit durchrechnen, und man kann so das asymptotische Verhalten der Lösungen angeben. Er dient anschließend zum Vergleich mit den Lösungen allgemeinerer Außenraumaufgaben.

Zur Vereinfachung der Darstellung wählen wir die komplexe Notation. Es seien im Ganzraumfall A_0 der zugrundeliegende Operator und u_0^0, u_0^1 die reellen Anfangswerte mit $u_0^1 \in \mathscr{D}(A_0^{-1/2})$. Es sei $v_0^0 := u_0^0 + iA_0^{-1/2} u_0^1$ und $v_0(t) := (\exp(-iA_0^{1/2} t)) \cdot v_0^0$. Dann ist $u_0(t) := \operatorname{Re} v_0(t)$ die Lösung der Aufgabe. v_0 nennen wir auch freie Lösung. Als Resultat folgt die Existenz von aus- bzw. einlaufenden Wellen $v_0^{\pm}(t,x) = G^{\pm}(|x| \mp t, x_0)/|x|$ mit $\lim \|v_0(t,\cdot) - v_0^{\pm}(t,\cdot)\| = \lim \|v_0^{\mp}(t,\cdot)\| = 0$ für $t \to \pm\infty$.

Um im Fall eines beliebigen Außengebiets weiterzukommen, muß man mehr über das Spektrum von A wissen. Es gilt $\sigma(A) = \sigma_c(A) = \mathbb{R}_0^+$. Zum Beweis werden drei Resultate benutzt. Aus der Poincaréschen Abschätzung $\|\varphi/|\cdot|\| \leqq 2\|\nabla\varphi\|$ für alle $\varphi \in \mathring{\mathscr{E}}_1(G)$ folgt zunächst $\mathscr{N}(A) = \{0\}$, und die RELLICHsche Abschätzung [1943]

$$\exists p > 0 \quad \exists r_1 > r_a \quad \forall r > r_1 \quad \int_{r_a < |x| < r} |u(x)|^2 dx \geqq pr$$

impliziert $\sigma_p(A) = \emptyset$ für $a_{ik} = \delta_{ik}$. Für variable Koeffizienten folgt das Ergebnis dann aus dem Prinzip von der eindeutigen Fortsetzbarkeit der Lösungen elliptischer Differentialgleichungen von C. MÜLLER [1954].

Als nächstes betrachtet man wieder den zeitharmonischen Fall (Entwicklung der Lösung nach stehenden Wellen) und löst die Dirichletsche Randwertaufgabe zur Schwingungsgleichung $\partial_i a_{ik} \partial_k u + \lambda u = 0$ für $\lambda \in \mathbb{R}^+$. Weil λ zum Spektrum von A gehört, ist dies jedoch keine übliche Randwertaufgabe mehr. Man spricht vielmehr von „Außenraumaufgaben“ und sucht Lösungen in einem Raum, der größer als $\mathscr{H}$ ist. Das asymptotische Verhalten der Lösungen für große $|x|$ wird dabei vorgeschrieben. Und zwar stellt man eine Sommerfeldsche Ausstrahlungs- oder Einstrahlungsbedingung $(x_0 \nabla \mp i\sqrt{\lambda})u \in \mathscr{H}$, vgl. Gl. (2.5).

Für $a_{ik} = \delta_{ik}$ wurde die Eindeutigkeit der Lösungen der Dirichletschen Außenraumaufgabe von V.D. KUPRADZE [1934], H. FREUDENTHAL [1939] und F. RELLICH [1943] gezeigt. Ihre Existenz wurde von I.N. VEKUA [1943, vgl. 1967], H. WEYL [1952] und C. MÜLLER [1952] mit Hilfe der Integralgleichungsmethode bewiesen. Die Behandlung variabler Koeffienten geschah dann mit Hilbertraummethoden.

Zwei Bemerkungen sollen noch angeschlossen werden. Nämlich einmal, daß die Lösbarkeit von Außenraumaufgaben zur Definition verallgemeinerter Eigenfunktionen und zu Entwicklungssätzen danach geführt hat. Dies ist vielfach verwandt worden, insbesondere wurde auch das Analogon zur Fourier-Transformation im $\mathbb{R}^n$ für Außengebiete angegeben. Diese Entwicklung geht auf T. IKEBE [1960] zurück, vgl. auch C.H. WILCOX [1975].

Zum zweiten sei darauf hingewiesen, daß D. M. EIDUS [1962] das „Prinzip der Grenzabsorption" bewiesen hat. Damit ist gemeint, daß man für $f \in \mathscr{L}^{2f}(G)$ ($\mathscr{L}^2$-Funktionen mit finitem Träger) die ausstrahlende bzw. einstrahlende Lösung $u^{\pm}$ von $-\partial_i a_{ik} \partial_k u - \lambda u = f$ durch den Grenzübergang $u^{\pm} = \lim [A - (\lambda \pm i\varepsilon)]^{-1} f$ für $\varepsilon \downarrow 0$ erhält. Dieser Grenzwert existiert in einer gewichteten $\mathring{\mathscr{H}}_1(G)$-Norm. Weil $\mathscr{L}^{2f}(G)$ in $\mathscr{H}$ dicht ist, folgt damit aus der Stoneschen Formel, daß das Spektrum von A absolut stetig ist, also wegen $\sigma_p(A) = \emptyset$, vgl. [T. Kato 1976, 518],

$$\mathscr{H} = \mathscr{H}_{ac} := \{x \in \mathscr{H} \mid (P(\lambda)x, x) \text{ ist absolut stetig}\}.$$

Damit haben wir die notwendigen Resultate aus der Theorie der Schwingungsgleichung zusammengestellt und kehren zur Wellengleichung zurück. Aus der absoluten Stetigkeit des Spektrums und dem Riemann-Lebesgueschen Lemma folgt unmittelbar das Prinzip vom „lokalen Energieabfall", also $\forall K \subset G, K \subset\subset \mathbb{R}^3$, gilt

$$\lim_{t \to \infty} \{\|A^{1/2} u(t)\|_{\mathscr{L}^2(K)} + \|u_t(t)\|_{\mathscr{L}^2(K)}\} = 0.$$

Man wird daher erwarten, daß $u(t)$ sich für große t wie eine freie Lösung verhält. Genauer, es sei $J_G\colon \mathscr{H} \to \mathscr{H}_0$, $\mathscr{H}_0 := \mathscr{L}^2(\mathbb{R}^3)$, mit $(J_G u)(x) := u(x)$ für $x \in G$, null sonst. Dann sucht man v_0^+ und $v_0^- \in \mathscr{H}_0$ mit

$$\lim_{t \to \pm\infty} \|J_G e^{-iA^{1/2}t} v^0 - e^{-iA_0^{1/2}t} v_0^{\pm}\| = \lim_{t \to \pm\infty} \|e^{iA_0^{1/2}t} J_G e^{-iA^{1/2}t} v^0 - v_0^{\pm}\| = 0.$$

Weil das Spektrum von A absolut stetig ist, läßt sich die Existenz der unitären Wellenoperatoren $W^{\pm}\colon \mathscr{H} \to \mathscr{H}_0$

$$W^{\pm} := s - \lim_{t \to \pm\infty} e^{iA_0^{1/2}t} J_G e^{-A^{1/2}t}$$

beweisen. Mithin existieren $v_0^{\pm} := W^{\pm} v^0$. $S := W^+ (W^-)^*$ ist der „Streuoperator", und es gilt $v_0^+ = S v_0^-$.

Es gibt verschiedene Methoden zum Nachweis der Existenz der Wellenoperatoren. P. LAX und R.S. PHILLIPS [1967] benutzen die Halbgruppentheorie, C.H. WILCOX [1975] die Entwicklung nach verallgemeinerten Eigenfunktionen, und T. KATO [vgl. 1976], A.L. BELOPOLSKII und M.S. BIRMAN [1968] sowie D. B. PEARSON [1978] verwenden Ergebnisse aus der Störungstheorie linearer Operatoren. Dazu wird gezeigt, daß der allgemeine Fall als nukleare Störung des freien gedeutet werden kann. Weitere Resultate aus der Streutheorie, insbesondere aus der Quantenstreutheorie, findet man im vierbändigen Buch von M. REED und B. SIMON [1972–1979].

Bisher wurde gezeigt, wie die Lösungen von Anfangsrandwertaufgaben im Grenzfall großer Zeiten durch die einfacher zu konstruierenden Lösungen von Ganzraumproblemen approximiert werden können. Wie gesagt, es gibt andere Grenzfälle, in denen Approximationen durch einfachere Näherungslösungen möglich sind. Dazu gehört der Grenzfall hoher Frequenzen, also der Grenzübergang zur geometrischen Optik.

Ein erster Ansatz in dieser Richtung geht auf G. KIRCHHOFF [1891] zurück. Zur Berechnung der an einem Hindernis $B \subset \mathbb{R}^3$ reflektierten Welle macht er den Ansatz $u(t,x) = e^{ikt} v(x)$, benutzt für v die Darstellung aus der Greenschen Formel

$$v(x) = \int_{\partial B} \left\{ \frac{\partial v}{\partial n}(y) \frac{e^{ik|x-y|}}{4\pi|x-y|} - v(y) \frac{\partial}{\partial n_y} \frac{e^{ik|x-y|}}{4\pi|x-y|} \right\} dy$$

und nimmt für die fehlenden Randwerte die der geometrischen Optik.

Der nächste wichtige Schritt wurde von A. SOMMERFELD und I. RUNGE [1911] getan. Sie gingen von „ebenen Wellen" $e^{ik(\omega x - t)}$ mit $\omega \in S^2$ aus und versuchten, allgemeinere Lösungen der Wellengleichung durch den Ansatz $u(t,x) = e^{ik(\varphi(x)-t)} v(x)$ zu erhalten. u genügt für alle $k > 0$ der Wellengleichung, wenn

$$(\nabla\varphi)^2 = 1 \tag{5.1}$$

und $2(\nabla\varphi)(\nabla v) + (\Delta\varphi)v = i(\Delta v)/k$ gelten. Die Approximation besteht nun darin, die zweite Gleichung zu vereinfachen und nur

$$2(\nabla\varphi)(\nabla v) + (\Delta\varphi)v = 0 \tag{5.2}$$

zu verlangen. Gl. (5.1) ist die „Eikonalgleichung". Sie wurde von W. R. HAMILTON in seinen Arbeiten über Optik in den Jahren 1827–32 eingeführt. Er betrachtet ein Bündel von Lichtstrahlen, das von einem leuchtenden Punkt y ausgeht und das am Hindernis B reflektiert wird. Zu jedem Punkt x dieses Bündels wird dann durch den Strahl in diesem Punkt eine Richtung definiert, nämlich $\nabla\varphi(x)$. Der Wert von $\varphi(x)$ ist der Abstand des Punktes x von y entlang des Strahls.

Das soeben beschriebene Vorgehen von SOMMERFELD-RUNGE ist die einfachste Version einer allgemeineren Methode, Differentialgleichungen, die einen Parameter enthalten, näherungsweise zu lösen; nämlich die Methode der asymptotischen Reihen. Asymptotische Reihen waren schon im vorigen Jahrhundert bekannt. Die hier interessierende Methode ist die sogenannte „WKB-Methode", die nach G. WENTZEL [1926], H. A. KRAMERS [1926] und L. BRILLOUIN [1926] benannt ist. Bevor wir sie schildern, sei noch auf einen anderen Zusammenhang hingewiesen.

Bisher haben wir für die Lösungen der Wellengleichung den Begriff der Lösung mit endlicher Energie in den Vordergrund gestellt und sie durch stehende Wellen approximiert. Dadurch entsteht vielleicht der Eindruck einer Glattheit der Lösungen, der nicht richtig ist. In der Einführung wurde schon für den $\mathbb{R}^1$ die d'Alembertsche Darstellung der Lösung der Wellengleichung angegeben. Analoge Formeln gelten im $\mathbb{R}^n$. Im $\mathbb{R}^3$ ist $u(t) = \partial_t I(t)u^0 + I(t)u^1$ mit

$$(I(t)v)(x) := \int_{\mathbb{R}^3} v(x-y) g_3(t,y)\,dy = \frac{t}{4\pi} \int_{S^2} v(x - t\omega)\,d\omega .$$

Das ist die „Kirchhoffsche Formel". Dabei ist g_3 die Grundlösung der Wellengleichung, nämlich $g_3(t,x) = \delta(t-|x|)/(4\pi|x|)$. Im $\mathbb{R}^2$ erhält man analog die „Poissonsche Formel" mit $g_2(t,x) = H(t-|x|)/(2\pi\sqrt{t^2-x^2})$. Dabei ist wie üblich $H(s) := 1$ für $s \geqq 0$, null sonst, die Heaviside-Funktion. Es sei $C^+(x_0) := \{(t,x) \,|\, t > 0$ und $|x - x_0| < t\}$ der „Zukunftskegel". Dann ist $\operatorname{supp} g_3 = \partial C^+(0)$, aber $\operatorname{supp} g_2 = \overline{C^+(0)}$. Im $\mathbb{R}^3$ gilt also das „Huygenssche Prinzip"; Dirac-Signale setzen scharf ein und aus. Im $\mathbb{R}^2$ gibt es jedoch Nachhall. In beiden Fällen hat man aber eine endliche Ausbreitungsgeschwindigkeit.

Für das Verständnis der Wellenausbreitung ist das Studium der Singularitäten äußerst wichtig. In allgemeineren Fällen ist das aber nicht mehr so einfach wie gerade geschildert. So treten schon bei den Elastizitätsgleichungen für homogene isotrope Medien im $\mathbb{R}^3$ zwei verschiedene Ausbreitungsrichtungen und Geschwindigkeiten auf. Die Ausbreitung der Singularitäten der Lösungen wird heute in der mikrolokalen Analysis intensiv untersucht. Eine der ersten Arbeiten in dieser Theorie ist die von P. Lax [1957b]. Tiefliegende Resultate wurden von L. Hörmander erhalten, über die in [1983–85] berichtet wird. Hingewiesen sei auch auf die Vorlesung von L. Gårding [1987].

Doch nun zurück zur WKB-Methode. Es seien wieder $G \subset \mathbb{R}^3$ ein Außengebiet, $y \in G$ fest, $r(t,x,y) := g_3(t, x-y)$ und $R(t,x,y)$ die entsprechende Grundlösung zur Dirichletschen Randwertaufgabe der Wellengleichung $(\partial_t^2 - \Delta)u = 0$ in G. Dann soll R in der Form

$$R(t,x,y) \sim r(t,x,y) + \sum_{n=0}^{\infty} H_{n-1}(t - \varphi(x,y)) \cdot z_n(x,y) \tag{5.3}$$

dargestellt werden. Dabei ist $H_{-1}(s) := \delta(s)$ und $H_n(s) := s^n/n!$ für $s \geqq 0$, null sonst. Für diese Funktionen gilt also $H_n' = H_{n-1}$. Die Funktionen φ und z_n in Gl. (5.3) müssen so bestimmt werden, daß die Differentialgleichung und die Randbedingung erfüllt sind. Einsetzen und gliedweises Nullsetzen ergeben $(\nabla\varphi)^2 = 1$ und $2(\nabla\varphi)(\nabla z_n) + (\Delta\varphi) z_n = -\Delta z_{n-1}$ mit $z_{-1} := 0$, sowie für $x \in \partial G$ $\varphi(x,y) = |x-y|$, $z_0(x,y) = -1/(4\pi|x-y|)$ und $z_n(x,y) = 0$ für $n > 0$.

Man erhält also wieder Gleichungen analog zu Gln. (5.1–2). Natürlich wird die Reihe im Ansatz (5.3) i.a. nicht konvergieren. Es geht vielmehr darum zu zeigen, daß eine Differenz $R - R_k$ mit $R_k := r + \sum H_{n-1}(t-\varphi) \cdot z_n$, $n = 0, \ldots, k$, genügend regulär ist.

Den Zusammenhang mit der Schwingungsgleichung erhält man durch Fourier-Transformation bzgl. t. So ist

$$G(k,x,y) := \int_{-\infty}^{\infty} e^{ikt} R(t,x,y)\, dt$$

die Greensche Funktion für die Schwingungsgleichung, und für sie lautet die entsprechende Entwicklung

$$G(k,x,y) \sim \frac{e^{ik|x-y|}}{4\pi|x-y|} + e^{ik\varphi(x,y)} \sum_{n=0}^{\infty} \left(\frac{i}{k}\right)^n z_n(x,y).$$

Bei konvexen Hindernissen gilt diese asymptotische Entwicklung für alle x, die nicht auf Tangentialstrahlen liegen. Das folgt aus Ergebnissen von C.S. Morawetz und D. Ludwig [1968] sowie von C.S. Morawetz, W. Ralston und W. Strauss [1977]. Auch auf Tangentialstrahlen ist diese Asymptotik untersucht worden. Weitere Einzelheiten findet man im Übersichtsartikel von H.D. Alber und dem Verfasser [1988].

Mit diesen und anderen Methoden sind auch Verfahren zur Lösung inverser Streuprobleme gewonnen worden. Hierzu sei auf die Übersichtsartikel von B.D. Sleeman [1982] und D. Colton [1984] hingewiesen.

6 Nichtlineare Probleme

In den vorangegangenen Abschnitten ist viel über lineare Fragen berichtet worden. Aber auch in der nichtlinearen Analysis hat es eine Menge schöner Resultate gegeben, von denen hier nur noch zwei angeschnitten werden sollen. Zunächst werden einfache nichtlineare Erhaltungsgleichungen untersucht, und anschließend wird speziell die Frage nach der Existenz globaler glatter Lösungen bei der nichtlinearen Wellengleichung behandelt.

Wir beginnen mit Erhaltungsgleichungen

$$u_t + f(u)_x = 0 \tag{6.1}$$

mit der Anfangsbedingung $u(0,x) = u^0(x)$. Dabei sei zunächst $u\colon \mathbb{R}_0^+ \times \mathbb{R} \to \mathbb{R}$. Gl. (6.1) bzw. entsprechende Systeme treten beim Studium von Wellenphänomenen ohne Dissipation vielfältig auf. Sie können auch unstetige Lösungen besitzen. Das bedeutet, daß zunächst wieder ein geeigneter Lösungsbegriff gebildet werden muß. Die Theorie solcher Gleichungen geht auf E. Hopf [1950] zurück. Es folgen Arbeiten von O. Oleinik, insbesondere [1957] und P. Lax [1954, 1957a]. Eine ausführliche Darstellung findet man bei J. Smoller [1983].

Wir wollen die Problematik an einem Beispiel entwickeln. Im linearen Fall $f(u) = u$ erhält man $u_t + u_x = 0$, eine Gleichung, die an die Wellengleichung erinnert. Interessanter ist schon der quadratische Fall, etwa $f(u) := u^2/2$. Gl. (6.1) mit diesem f heißt „Burgers-Gleichung“, genauer „Burgers-Gleichung ohne Viskosität“. Auch die „Straßenverkehrsgleichung“ ist vom Typ (6.1) mit quadratischem f.

Gleichungen der Form (6.1) oder mit $a(u) := f'(u)$

$$u_t + a(u) \cdot u_x = 0 \tag{6.2}$$

lassen sich mit der Charakteristikenmethode lösen. Es sei $\Gamma(\sigma) := (0, \sigma, u^0(\sigma))$ die Anfangskurve. Dann erhält man aus den Charakteristikengleichungen

$$t_\tau = 1, \quad x_\tau = a(z), \quad z_\tau = 0 \tag{6.3}$$

$t(\tau, \sigma) = \tau$, $x(\tau, \sigma) = \tau \cdot a(u^0(\sigma)) + \sigma$ und $z(\tau, \sigma) = u^0(\sigma)$. Kann man die beiden ersten Gleichungen nach τ, σ auflösen, dann ist $u(t, x) := z(\tau(t, x), \sigma(t, x))$ die Lösung. Sie ist entlang der Charakteristiken konstant.

Bei glatten Anfangsdaten u^0 existiert lokal in t eine glatte Lösung $u(t, x)$, die jedoch i.a. nach einiger Zeit Unstetigkeiten entwickelt. Das Verhalten der Lösungen sei an zwei typischen Beispielen für die Burgers-Gleichung erläutert. Zur Vereinfachung wählen wir die Anfangswerte bereits unstetig.

1. Es sei $u^0(\sigma) := -1 + 2H(\sigma)$. Dann erhält man $x(t, \sigma)$ bzw. $u(t, x)$ durch

$$x(t, \sigma) = \begin{cases} -t + \sigma & \text{für } \sigma < 0 \\ t + \sigma & \text{für } \sigma > 0 \end{cases} \qquad u(t, x) = \begin{cases} 1 & \text{für } x \geqq t \\ -1 & \text{für } x \leqq -t. \end{cases}$$

Man beachte, daß es in $|x| < t$ keine Charakteristiken gibt. Dort ist u also zunächst nicht erklärt. Es gibt jedoch ein Kontinuum von stückweise stetigen Lösungen in $\mathbb{R}_0^+ \times \mathbb{R}$, etwa mit $\alpha \geqq -1$

$$u_\alpha(t, x) := \begin{cases} -1 & \text{für } 2x < -(1+\alpha)t \\ -\alpha & \text{für } -(1+\alpha)t < 2x < 0 \\ \alpha & \text{für } 0 < 2x < (1+\alpha)t \\ 1 & \text{für } (1+\alpha)t < 2x. \end{cases}$$

2. Es sei $u^0(\sigma) := 1 - 2H(\sigma)$. Dann erhält man

$$x(t, \sigma) = \begin{cases} t + \sigma & \text{für } \sigma < 0 \\ -t + \sigma & \text{für } \sigma > 0 \end{cases} \qquad u(t, x) = \begin{cases} -1 & \text{für } x \geqq t \\ 1 & \text{für } x \leqq -t. \end{cases}$$

Jetzt stoßen die Charakteristiken in $|x| < t$ aufeinander. Auch hier gibt es viele stückweise stetige Lösungen, etwa $u_1(t, x) = 1 - 2H(x)$ oder

$$u_2(t, x) = \begin{cases} -1 & \text{für } x < -t \\ -3 & \text{für } -t < x < 0 \\ 3 & \text{für } 0 < x < t \\ 1 & \text{für } t < x. \end{cases}$$

Um weiterzukommen definiert man zunächst wie üblich eine „schwache Lösung" von Gl. (6.1) durch

$$\forall \varphi \in \mathring{\mathscr{C}}_\infty(\mathbb{R} \times \mathbb{R}) \int\limits_{\mathbb{R}^+ \times \mathbb{R}} \{u\varphi_t + f(u)\varphi_x\} = -\int\limits_{\mathbb{R}} u^0 \varphi(0, \cdot). \tag{6.4}$$

Dabei werden u^0 und u als beschränkt und meßbar angenommen. Schwache stückweise glatte Lösungen können nicht beliebig springen. u möge nämlich entlang der glatten Kurve $x = x(t)$ springen. Dann folgt aus Gl. (6.4) durch partielles

Integrieren mit $s := dx/dt$ und $[u] := u_l - u_r$, der Differenz der Werte von links und rechts,

$$s \cdot [u] = [f(u)] . \tag{6.5}$$

Diese Gleichung heißt „Rankine-Hugoniot-Bedingung".

Für die Burgers-Gleichung lautet sie $s = (u_l + u_r)/2$. Die im ersten Beispiel angegebenen Lösungen u_α genügen alle dieser Bedingung und sind schwache Lösungen. Eine stückweise glatte, aber nicht schwache Lösung wäre $u(t,x) := -1$ für $x < -t$, $:= 0$ für $-t < x < t$ und $:= 1$ für $t < x$. Auch die im zweiten Beispiel angegebenen Lösungen sind schwache Lösungen.

Eindeutigkeit läßt sich also aus Gln. (6.4, 5) noch nicht beweisen. Hierzu ist eine weitere Bedingung erforderlich, die man im $\mathbb{R}^1$ auf verschiedene Weise erhalten kann

1. Durch Verwenden der Viskositätsmethode. Die Lösung $u(t,x)$ wird durch $u := \lim u_\varepsilon$ für $\varepsilon \downarrow 0$ definiert, mit $u_{\varepsilon t} + f(u_\varepsilon)_x = \varepsilon u_{\varepsilon xx}$.
2. Die zweite Formulierung geht auf P. Lax [1957 a] zurück. Sie besagt, daß die Charakteristiken längs Unstetigkeiten aneinanderstoßen, aber nicht verzweigen dürfen. Es werden also nur „Stoßwellen" als Unstetigkeiten zugelassen. Um vom linearen Fall abzuheben, sei $a'(u) \neq 0$ (im linearen Fall gibt es „Kontaktunstetigkeiten" entlang den Charakteristiken). Dann lautet die „Schockbedingung"
$$a(u_l) > s > a(u_r) . \tag{6.6}$$
3. In der Physik gibt es „Entropiebedingungen", die ebenfalls auf Gl. (6.6) hinauslaufen.

Von den in den Beispielen angegebenen Lösungen genügt nur u_1 aus dem zweiten Beispiel der Schockbedingung. Alle anderen Lösungen scheiden aus. Insbesondere fehlt also noch die Lösung für das zunächst einfacher aussehende erste Beispiel.

Um sie zu konstruieren, berechnet man die Charakteristik durch (t_0, x_0, u_0) mit $|x_0| < t_0$. Sie darf die bereits vorhandenen nicht treffen, weil das Verzweigen ergeben würde. So erhält man $x = u_0 t$. Also ist

$$u(t,x) = \begin{cases} -1 & \text{für } x < -t \\ x/t & \text{für } -t \leqq x \leqq t \\ 1 & \text{für } t < x \end{cases} \tag{6.7}$$

die Lösung dieser Aufgabe. Man spricht in diesem Falle von „Verdünnungswellen".

Im $\mathbb{R}^1$ kann man Existenz und Eindeutigkeit von schwachen Lösungen (mit Schockbedingung) für $u^0 \in \mathscr{L}^\infty(\mathbb{R})$ zeigen, indem man die Aufgabe in eine Differenzengleichung überführt. Die Methode der Differenzenapproximation wurde zur Lösung partieller Differentialgleichungen zuerst in der berühmten Arbeit von

R. COURANT, K. FRIEDRICHS und H. LEWY [1928] verwandt. P. LAX [1954] hat einen solchen Existenzbeweis für nichtlineare Erhaltungsgleichungen gegeben.

Bei den zweireihigen Systemen im $\mathbb{R}^1$ ist besonders das Riemann-Problem, das ursprünglich in der Gasdynamik auftrat, von großem Interesse. Hier sind die Anfangsdaten für $x < 0$ und $x > 0$ jeweils konstant. Mit Hilfe der Riemann-Invarianten läßt sich dieses Problem explizit durchrechnen. Schockbedingungen können formuliert werden, und wenn die Differenz der Anfangswerte $|u_l^0 - u_r^0|$ genügend klein ist, herrscht Eindeutigkeit. Das analoge Resultat gilt für entsprechende m-reihige Systeme.

Für variable Anfangswerte mit kleiner Totalvariation wurde für m-reihige Systeme im $\mathbb{R}^1$ von J. GLIMM [1965] ein Existenzbeweis mit Differenzenapproximation geführt. Die Frage nach der Eindeutigkeit scheint noch nicht völlig geklärt zu sein. Für weitere Einzelheiten sei noch einmal auf das Buch von J. SMOLLER [1983] und auf das von A. MAJDA [1984] verwiesen.

Im zweiten Teil dieses Abschnitts soll über die Existenz globaler glatter Lösungen der nichtlinearen Wellengleichung berichtet werden. Hier sind in den letzten Jahren von F. JOHN und seinen Schülern interessante Ergebnisse erzielt worden. Es soll also im $\mathbb{R}^n$ die Gleichung $y_{tt} - \Delta y = f(Dy, \nabla Dy)$ mit $y(0) = y^0$ und $y_t(0) = y^1$ gelöst werden. Dabei ist $D := (\partial_t, \nabla)$. Wir verwenden auch $u := Dy$ und $u^0 := (y^1, \nabla y^0)$. Dann ist

$$u_t + Au = F(u, \nabla u) \tag{6.8}$$

mit $A = -\begin{pmatrix} 0 & \mathrm{div} \\ \mathrm{grad} & 0 \end{pmatrix}$, $F = \begin{pmatrix} f \\ 0 \end{pmatrix}$ und $u(0) = u^0$.

Im $\mathbb{R}^1$ entwickeln Lösungen der nichtlinearen Wellengleichung immer Singularitäten, wie von F. JOHN [1974] und 1976 (zitiert in [1987]) gezeigt wurde. Bei großen Daten gilt das i. a. auch im $\mathbb{R}^n$. Von F. JOHN wurde 1981 (zitiert in [1987]) die „Lebensdauer" solcher Lösungen definiert und abgeschätzt. Andererseits wurde bereits von K. JÖRGENS [1961] im $\mathbb{R}^3$ für spezielle $f = f(y)$ mit kubischem Wachstum und für große Daten die globale Existenz von Lösungen gezeigt, und es gibt auch ein Beispiel von L. NIRENBERG zur globalen Existenz glatter Lösungen im $\mathbb{R}^3$ mit quadratischem Wachstum in f für kleine Daten (in [Klainerman 1980, 45]).

Für eine große Klasse rechter Seiten wurde die globale Existenz glatter Lösungen bei kleinen Daten von S. KLAINERMAN [1980] und 1982 (zitiert in [1986]) bewiesen. Dazu verwendet er einmal einen lokalen Existenzsatz, der auf J. SCHAUDER [1935] und T. KATO [1975] zurückgeht, und zum anderen zunächst ein recht kompliziertes Iterationsschema mit Nash-Moser-Technik (vgl. [Moser 1961] und [Hörmander 1976]). In einer weiteren Arbeit gemeinsam mit G. PONCE [1983] verbessert er dann die benötigte $\mathscr{L}^\infty$-Abschätzung der Lösungen der linearen Gleichungen und ersetzt sie durch $\mathscr{L}^q$-Abschätzungen. Auf diese Weise wird das Iterationsverfahren vermieden, und man kann einen eleganten Existenzbeweis führen. Die wesentlichen Beweisschritte werden im folgenden für den $\mathbb{R}^3$ angegeben. Dabei setzen wir

$$|F(u, \nabla u)| \leqq c(|u| + |\nabla u|)^3 \tag{6.9}$$

für kleine $|u| + |\nabla u|$ voraus.

Es sei $v(t) = e^{-At}v^0$ die Lösung der linearen Gleichung. Dann folgen aus der Energieerhaltung und der Kirchhoffschen Formel unmittelbar

$$\|v(t)\|_{\mathscr{L}^2} = \|v^0\|_{\mathscr{L}^2} \quad \text{und} \quad \|v(t)\|_{\mathscr{L}^\infty} \leqq c_\infty(1+t)^{-1} \cdot \|v^0\|_{\mathscr{L}^1_{,3}}. \tag{6.10}$$

Dabei treten rechts Ableitungen bis zur dritten Ordnung auf. Durch Interpolieren erhält man daraus eine „$\mathscr{L}^p - \mathscr{L}^q$-Abschätzung", nämlich

$$\|v(t)\|_{\mathscr{L}^q} \leqq c_q(1+t)^{-1+2/q} \cdot \|v^0\|_{\mathscr{L}^p_{,N_p}} \tag{6.11}$$

mit $q \geqq 2$, $1/p + 1/q = 1$, $1 \leqq p \leqq 2$ und $3(2-p)/p \leqq N_p < 3(2-p)/p + 1$.

Als nächstes wird der lokale Exixtenzsatz benutzt, um eine Lösung $u \in \mathscr{C}([0, T], \mathscr{H}_s) \cap \mathscr{C}_1([0, T], \mathscr{H}_{s-1})$ von Gl. (6.8) in $[0, T]$ mit $T > 1$ zu erhalten. Es folgt

$$\forall t \in [0, T] \quad \|u(t)\|_{\mathscr{L}^\infty} + \|\nabla u(t)\|_{\mathscr{L}^\infty} < 1 .$$

$\|u^0\|_s$ wird dabei als klein vorausgesetzt ($\|\cdot\|_s$ bezeichnet die $\mathscr{L}^2$-Norm aller Ableitungen bis zur Ordnung s, $s \geqq 3$).

Im dritten Schritt werden „Energieabschätzungen" durch elementares, aber trickreiches partielles Integrieren und Verwenden des Gronwallschen Lemmas hergeleitet, nämlich

$$\|u(t)\|_s \leqq c_s \|u^0\|_s \exp\left\{c_s \int_0^t (\|u(r)\|^2_{\mathscr{L}^\infty} + \|Du(r)\|^2_{\mathscr{L}^\infty})\,dr\right\}.$$

Der vierte Schritt ist wesentlich. Mit $\tau := 3$, $\varrho := \tau + N_{6/5} = 5$ und $\sigma := 1 + \varrho = 6$ definiert man zunächst

$$M_\tau(T) := \sup_{t \in [0, T]} (1+t)^{2/3} \cdot \|u(t)\|_{\mathscr{L}^6_{,\tau}}$$

und zeigt dann, daß eine von T unabhängige Konstante M_0 existiert mit $M_\tau(T) \leqq M_0$ für kleine $u^0 \in \mathscr{L}^2_{,\sigma} \cap \mathscr{L}^{6/5}_{,\varrho}$. Um diese Abschätzung herzuleiten, geht man von

$$u(t) = e^{-At}u^0 + \int_0^t e^{-A(t-r)} F(u, \nabla u)(r)\,dr$$

aus, benutzt Ungleichungen für Produkte von Funktionen

$$\|F(u, \nabla u)\|_{\mathscr{L}^{6/5}_{,\varrho}} \leqq c\|u\|_{\mathscr{L}^2_{,\sigma}} \cdot \|u\|^2_{\mathscr{L}^6_{,\tau}}, \quad \text{sowie} \quad \|u\|_{\mathscr{L}^\infty} + \|Du\|_{\mathscr{L}^\infty} \leqq c\|u\|_{\mathscr{L}^6_{,\tau}}.$$

Die letzte Abschätzung folgt aus der Differentialgleichung und der Sobolevschen Ungleichung. Mit $q = 6$ und $p = 6/5$ erhält man dann für $x := M_\tau(T)$ aus (6.11)

$$x \leqq c\delta(1 + x^2 e^{cx^2}) \quad \text{mit } \delta := \|u^0\|_{\mathscr{L}^2_{\cdot\sigma}} + \|u^0\|_{\mathscr{L}^{6/5}_{\cdot\varrho}}.$$

Wenn δ genügend klein ist, impliziert das $M_\tau(T) \leqq M_0$.

Daraus folgt für kleines δ eine a priori Abschätzung für die lokale Lösung $u(t)$, nämlich

$$\exists K_\sigma \text{ unabhängig von } T \quad \forall t \in [0, T] \quad \|u(t)\|_\sigma \leqq K_\sigma \cdot \|u^0\|_\sigma.$$

Man kann deshalb den lokalen Existenzsatz wieder anwenden und erhält so die gewünschte globale Lösung $u \in \mathscr{C}([0, \infty), \mathscr{H}_\sigma) \cap \mathscr{C}_1([0, \infty), \mathscr{H}_{\sigma-1})$ für genügend kleines u^0. Aus den vorangegangenen Resultaten folgt auch für $t \to \infty$

$$\|u(t)\|_{\mathscr{L}^6_{\cdot\tau}} + \|u(t)\|_{\mathscr{L}^\infty} + \|Du(t)\|_{\mathscr{L}^\infty} = \mathscr{O}(t^{-2/3}).$$

Entsprechende Resultate gelten im $\mathbb{R}^n$ für $n \geqq 2$. Für $n \geqq 6$ kann man in Gl. (6.9) quadratisches Wachstum zulassen. Auch für $n = 4, 5$ gilt das; allerdings muß dann der Beweis und insbesondere Abschätzung (6.10) modifiziert werden, indem man die $\mathscr{L}^1$-Norm durch $\mathscr{L}^2$-Normen geeigneter Γu^0 ersetzt. Die Γ sind Differentialoperatoren, die die Wellengleichung invariant lassen (vgl. S. Klainerman 1985, D. Christodoulou 1986 und F. John 1987; alle Zitate finden sich bei F. John [1987]). Auch im $\mathbb{R}^3$ gibt es bei quadratischem Wachstum globale glatte Lösungen, wenn die Nichtlinearität eine „Null-Bedingung“ erfüllt [Klainerman 1986]. Anfangsrandwertaufgaben in Außengebieten, z. B. für konvexe Hindernisse, wurden von Y. Shibata und Y. Tsutsumi behandelt; und zwar 1983 mit Nash-Moser-Technik und [1986] mit a priori Abschätzungen.

Literaturverzeichnis

Adams, R. A. (1975): *Sobolev spaces.* Academic Press; New York.

Alber, H. D. und R. Leis (1988): *Initial-boundary value and scattering problems in mathematical physics.* Lecture Notes in Mathematics, Vol. 1357, S. Hildebrandt and R. Leis eds., 23–60. Springer-Verlag; Berlin et al.

Arzelà, C. (1896–97): *Sul principio di Dirichlet.* Rend. Ac. Sc. Bologna, nouv. série t. **1**, 71–84.

Beer, A. (1856): *Allgemeine Methode zur Bestimmung der elektrischen und magnetischen Induction.* Poggendorfs Annalen **98**, 137–142.

Belopolskii, A. L. and M. S. Birman (1968): *The existence of wave operators in scattering theory for pairs of spaces.* Math. USSR Izv. **2**, 1117–1130.

Brillouin, L. (1926): *La mécanique ondulatoire de Schrödinger; une méthode générale de résolution par approximations successives.* C. R. **183**, 24–26.

Calderón, A. P. and A. Zygmund (1952): *On the existence of certain singular integrals.* Acta Math. **88**, 85–139.

Calderón, A. P. and A. Zygmund (1978): *On singular integrals with variable kernels.* Applicable Anal. **7**, 221–238.

Carleman, T. (1923): *Sur les equations intégrales singulières à noyan rèel et symétrique*. Uppsala Univ. Arsskrift.

Carleman, T. (1931): *La théorie des équations intégrales singulières et ses applications*. Ann. de l'Inst. H. Poincaré **1**, 401-430.

Colton, D. (1984): *The inverse scattering problem for time-harmonic acoustic waves*. SIAM Review **26**, 323-350.

Courant, R. (1920): *Über die Eigenwerte bei den Differentialgleichungen der mathematischen Physik*. Math. Z. **7**, 1-57.

Courant, R., K. Friedrichs und H. Lewy (1928): *Über die partiellen Differenzengleichungen der mathematischen Physik*. Math. Ann. **100**, 32-74.

Courant, R. und D. Hilbert (1924, 1937): *Methoden der mathematischen Physik I, II*. Springer-Verlag; Berlin et al.

Dieudonné, J. (1981): *History of functional analysis*. North-Holland; Amsterdam et al.

Eidus, D. M. (1962): *The principle of limiting absorption*. Math. Sb. **57** (99), 13-44 und AMS Transl. **47** (2), 157-191 (1965).

Fredholm, I. (1900): *Sur une nouvelle méthode pour la résolution du problème de Dirichlet*. Kong. Vetenskaps-Akademieus Förk. Stockholm 39-46.

Fredholm, I. (1903): *Sur une classe d'équations fonctionnelles*. Acta Math. **27**, 365-390.

Freudenthal, H. (1939): *Über ein Beugungsproblem aus der elektromagnetischen Lichttheorie*. Compositio Math. **6**, 221-227.

Friedrichs, K. (1933): *Spektraltheorie halbbeschränkter Operatoren und Anwendung auf die Spektralzerlegung von Differentialoperatoren*. Math. Ann. **109**, 465-487 und 685-713.

Friedrichs, K. (1944): *The identity of weak and strong extensions of differential operators*. Trans. AMS **55**, 132-151.

Friedrichs, K. (1953): *On the differentiability of the solutions of linear elliptic differential equations*. Comm. Pure Appl. Math. **6**, 299-326.

Gårding, L. (1987): *Singularities in linear wave propagation*. Lecture Notes in Mathematics, Vol. 1241; Springer-Verlag; Berlin et al.

Glimm, J. (1965): *Solutions in the large for nonlinear hyperbolic systems and equations*. Comm. Pure Appl. Math. **18**, 697-715.

Hadamard, J. (1906): *Sur le principe de Dirichlet*. Bull. Soc. Math. Fr. **34**, 135-138.

Hellwig, G. (1960): *Partielle Differentialgleichungen*. B.G. Teubner; Stuttgart.

Hilbert, D. (1904): *Über das Dirichletsche Prinzip*. Math. Ann. **59**, 161-186.

Hilbert, D. (1905): *Über das Dirichletsche Prinzip*. J. reine angew. Math. **129**, 63-67.

Hilbert, D. (1912): *Grundzüge einer allgemeinen Theorie der Integralgleichungen*. B.G. Teubner; Leipzig.

Hille, E. and R. Phillips (1957): *Functional analysis and semigroups*. Amer. Math. Soc. Coll. Publ. **31**.

Hopf, E. (1950): *The partial differential equation* $u_t + uu_x = \mu_{xx}$. Comm. Pure Appl. Math. **3**, 201-230.

Hörmander, L. (1976): *The boundary problems of physical geodesy*. Arch. Rat. Mech. Anal. **62**, 1-52.

Hörmander, L. (1983-85): *The analysis of linear partial differential operators I-IV*. Springer-Verlag; Berlin et al.

Ikebe, T. (1960): *Eigenfunction expansions associated with the Schroedinger operators and their applications to scattering theory*. Arch. Rat. Mech. Anal. **5**, 1-34.

John, F. (1974): *Formation of singularities in one-dimensional nonlinear wave propagation*. Comm. Pure Appl. Math. **27**, 377-405.

John, F. (1987): *Existence for large times of strict solutions of nonlinear wave equations in three space dimensions for small initial data*. Comm. Pure Appl. Math. **40**, 79-109.

Jörgens, K. (1961): *Das Anfangswertproblem im Großen für eine Klasse nichtlinearer Wellengleichungen*. Math. Z. **77**, 295-308.

Jörgens, K. (1970): *Lineare Integraloperatoren*. B.G. Teubner; Stuttgart.

Kalf, H., U.W. Schmincke, J. Walter and R. Wüst (1975): *On the spectral theory of Schrödinger and Dirac operators with strongly singular potentials*. Lecture Notes in Mathematics **448**, W.N. Everitt ed., 182–226. Springer-Verlag; Berlin et al.

Kasuga, T. (1957): *On Sobolev-Friedrichs' generalisation of derivatives*. Proc. Jap. Ac. **33**, 596–599.

Kato, T. (1975): *Quasi-linear equations of evolution, with applications to partial differential equations*. Lecture Notes in Mathematics **448**, W.N. Everitt ed., 25–70. Springer-Verlag; Berlin et al.

Kato, T. (1976): *Perturbation theory for linear operators*. Springer-Verlag; Berlin et al.

Kirchhoff, G. (1891): *Vorlesungen über mathematische Physik*. Bd. **2**, Mathematische Optik. B.G. Teubner; Leipzig.

Klainerman, S. (1980): *Global existence for nonlinear wave equations*. Comm. Pure Appl. Math. **33**, 43–101.

Klainerman, S. (1986): *The null condition and global existence to nonlinear wave equations*. In: Nonlinear systems of partial differential equations in applied mathematics. Lectures in Appl. Math. **23**, 293–326. American Math. Soc.

Klainerman, S. and G. Ponce (1983): *Global, small amplitude solutions to nonlinear evolution equations*. Comm. Pure Appl. Math. **36**, 133–141.

Kodaira, K. (1950): *On ordinary differential equations of any even order and the corresponding eigenfunction expansions*. Amer. J. Math. **72**, 502–544.

Kondrachov, V.I. (1945): *Sur certaines propriétés des fonctions dans l'espace $\mathscr{L}^p$*. C. R. (Doklady) Acad. Sci. URSS (N.S.) **48**, 535–538.

Král, J. and J. Netuka (1977): *Contractivity of C. Neumann's operator in potential theory*. J. Math. An. Appl. **61**, 607–619.

Kramers, H.A. (1926): *Wellenmechanik und halbzahlige Quantisierung*. Z. für Physik **39**, 828–840.

Krein, M.G. (1962): *Integral equations on a half-line with kernel depending upon the difference of the arguments*. AMS Transl. (2) **22**, 163–288.

Krein, M.G. and I. C. Gokhberg (1960): *Systems of integral equations on a half line with kernels depending on the difference of arguments*. AMS Transl. (2) **14**, 217–287.

Kupradze, V. (1934): *Über das „Ausstrahlungsprinzip" von A. Sommerfeld*. Dokl. Akad. Nauk SSSR. **1**, 55–58.

Lax, P. (1954): *Weak solutions of nonlinear hyperbolic equations and their numerical computation*. Comm. Pure Appl. Math. **7**, 159–193.

Lax, P. (1957a): *Hyperbolic systems of conservation laws II*. Comm. Pure Appl. Math. **10**, 537–566.

Lax, P. (1957b): *Asymptotic solutions of oscillatory initial value problems*. Duke Math. J. **24**, 627–646.

Lax, P. and R. Phillips (1967): *Scattering theory*. Academic Press; New York et al.

Lebesgue, H. (1937): *Sur la méthode de Carl Neumann*. J. Math. Pures Appl. 9e sér., **16**, 205–217, 421–423.

Leis, R. (1964): *Zur Eindeutigkeit der Randwertaufgaben der Helmholtzschen Schwingungsgleichung*. Math. Z. **85**, 141–153.

Leis, R. (1986): *Initial boundary value problems in mathematical physics*. B.G. Teubner; Stuttgart und John Wiley & Sons; Chichester et al.

Lewy, H. (1967/68): *On a variational problem with inequalities on the boundary*. J. Math. Mech. **17**, 861–884.

Lichtenstein, L. (1909–1921): *Neuere Entwicklung der Potentialtheorie. Konforme Abbildung*. Encyklopädie d. math. Wiss. **II 3,1**, 197–210.

Majda, A. (1984): *Compressible fluid flow and systems of conservation laws in several space variables*. Springer-Verlag; New York et al.

Meister, E. (1987): *Einige gelöste und ungelöste kanonische Probleme der mathematischen Beugungstheorie*. Expo. Math. **5**, 193–237.

Meyers, N.G. and J. Serrin (1964): *$H = W$*. Proc. Nat. Acad. Sci. USA **51**, 1055–1056.

Mikhlin, S.G. (1965): *Multidimensional singular integrals and integral equations*. Pergamon; Oxford et al.

Morawetz, C.S. and D. Ludwig (1968): *An inequality for the reduced wave operator and the justification of geometrical optics*. Comm. Pure Appl. Math. **21**, 187–203.

Morawetz, C.S., J. Ralston and W. Strauss (1977): *Decay of solutions of the wave equation outside non-trapping obstacles*. Comm. Pure Appl. Math. **30**, 447–508.

Moser, J. (1961): *A new technique for the construction of solutions of nonlinear differential equations*. Proc. Nat. Acad. Sci. U.S.A. **47**, 1824–1831.

Müller, C. (1952): *Zur Methode der Strahlungskapazität von H. Weyl*. Math. Z. **56**, 80–83.

Müller, C. (1954): *On the behavior of the solutions of the differential equation $\Delta u = F(x, u)$ in the neighborhood of a point*. Comm. Pure Appl. Math. **7**, 505–515.

Muskhelishvili, N.I. (1953): *Singular integral equations*. Noordhoff; Groningen.

Neumann, C. (1877): *Untersuchungen über das logarithmische und Newtonsche Potential*. B.G. Teubner; Leipzig.

Neumann, C. (1887): *Über die Methode des arithmetischen Mittels I, II*. Leipziger Abh. **13**, 707–820 und **14**, 565–726.

Nirenberg, L. (1955): *Remarks on strongly elliptic partial differential equations*. Comm. Pure Appl. Math. **8**, 649–675.

Noether, F. (1921): *Über eine Klasse singulärer Integralgleichungen*. Math. Ann. **82**, 42–63.

Oleinik, O. (1957): *Discontinuous solutions of non-linear differential equations*. Usp. Mat. Nauk (N.S.) **12**, 3–73 und AMS Transl. (2) **26**, 95–172 (1963).

Pazy, A. (1983): *Semigroups of linear operators and applications to partial differential equations*. Springer-Verlag; New York et al.

Pearson, D.B. (1978): *A generalization of the Birman trace theorem*. J. Funct. Anal. **28**, 182–186.

Perron, O. (1923): *Eine neue Behandlung der ersten Randwertaufgabe für $\Delta u = 0$*. Math. Z. **18**, 42–54.

Poincaré, H. (1894): *Sur les équations de la physique mathématique*. Rend. Circ. Mat. Palermo **8**, 57–155.

Prym, F.E. (1871): *Zur Integration der Differentialgleichung $\Delta u = 0$*. J. reine angew. Math. **73**, 340–364.

Reed, M. and B. Simon (1972–79): *Methods of modern mathematical physics I–IV*. Academic Press; New York.

Rellich, F. (1930): *Ein Satz über mittlere Konvergenz*. Gött. Nachr. 30–35.

Rellich, F. (1943): *Über das asymptotische Verhalten der Lösungen von $\Delta u + \lambda u = 0$ in unendlichen Gebieten*. Jber. Dt. Math.-Verein. **53**, 57–65.

Riesz, F. (1907): *Sur les systèmes orthogonaux de fonctions*. C.R. Acad. Sc. Paris **144**, 615–619, 734–736.

Riesz, F. (1918): *Über lineare Funktionalgleichungen*. Acta Math. **41**, 71–98.

Riesz, F. und B. Sz.-Nagy (1956): *Vorlesungen über Funktionalanalysis*. VEB Deutscher Verlag der Wissenschaften; Berlin.

Schauder, J. (1930): *Über lineare, vollstetige Funktionaloperationen*. Studia Math. **2**, 183–196.

Schauder, J. (1931–32): *Potentialtheoretische Untersuchungen*. Math. Z. **33**, 602–640 und **35**, 536–538.

Schauder, J. (1935): *Das Anfangswertproblem einer quasilinearen hyperbolischen Differentialgleichung zweiter Ordnung in beliebiger Anzahl von unabhängigen Veränderlichen*. Fund. Math. **24**, 213–246.

Schmidt, E. (1907): *Zur Theorie der linearen und nichtlinearen Integralgleichungen*. I. Teil: Entwicklung willkürlicher Funktionen nach Systemen vorgeschriebener. Math. Ann. **63**, 433–476.

Schmidt, E. (1908): *Über die Auflösung linearer Gleichungen mit unendlich vielen Unbekannten*. Rend. Circ. mat. Palermo **25**, 53–77.

Seeley, R. (1978): *A sharp asymptotic remainder estimate for the eigenvalues of the Laplacian in a domain of $\mathbb{R}^3$*. Adv. Math. **29**, 244–269.

Shibata, Y. and Y. Tsutsumi (1986): *On a global existence theorem of small amplitude solutions for nonlinear wave equations in an exterior domain*. Math. Z. **191,** 165-199.

Sleeman, B. D. (1982): *The inverse problem of acoustic scattering*. IMA Appl. Math. **29,** 113-142.

Smoller, J. (1983): *Shock waves and reaction-diffusion equations*. Springer-Verlag; New York et al.

Sobolev, S. (1936): *Méthode nouvelle á résondre le probléme de Cauchy pour les équations linéaires hyperboliques normales*. Mat. Sborn. (N.S.) **1,** 39-72.

Sobolev, S. (1950): *Applications of functional analysis in mathematical physics*. Leningrad und Amer. Math. Soc. Transl. Math. Mono. **7** (1963).

Sommerfeld, A. (1912): *Die Greensche Funktion der Schwingungsgleichung*. Jber. Dt. Math.-Verein. **21,** 309-353.

Sommerfeld, A. und I. Runge (1911): *Anwendungen der Vektorrechnung auf die Grundlagen der geometrischen Optik*. Ann. Phys. **35,** 277-298.

Stone, M. H. (1932): *Linear transformations in Hilbert space*. Amer. Math. Soc. Coll. Publ. **15;** New York.

Vekua, I. N. (1967): *New methods for solving elliptic equations*. North-Holland; Amsterdam et al.

Vishik, M. and O. A. Ladyzhenskaya (1956): *Boundary value problems for partial differential equations and certain classes of operator equations*. Uspechi Mat. Nauk **11,** 41-97 (6, 72) und AMS Transl. (2) **10,** 223-281 (1958).

Weierstraß, K. (1895): *Über das sogenannte Dirichlet'sche Princip*. Gelesen in der Königl. Akademie der Wissenschaften am 14. 7. 1870. Mathematische Werke von Karl Weierstraß; Bd. II, 49-54. Mayer & Müller; Berlin.

Wentzel, G. (1926): *Eine Verallgemeinerung der Quantenbedingungen für die Zwecke der Wellenmechanik*. Z. für Physik. **38,** 518-529.

Werner, P. (1962): *Randwertprobleme der mathematischen Akustik*. Arch. Rat. Mech. Anal. **10,** 29-66.

Werner, P. (1987): *Resonanzphänomene in akustischen und elektromagnetischen Wellenleitern*. ZAMM **67,** T43-T54.

Weyl, H. (1909): *Singuläre Integralgleichungen*. Math. Ann. **66,** 273-324.

Weyl, H. (1910): *Über gewöhnliche Differentialgleichungen mit Singularitäten und die zugehörigen Entwicklungen willkürlicher Funktionen*. Math. Ann. **68,** 220-269.

Weyl, H. (1912): *Das asymptotische Verteilungsgesetz der Eigenwerte linearer partieller Differentialgleichungen mit einer Anwendung auf die Theorie der Hohlraumstrahlung*. Math. Ann. **71,** 441-479.

Weyl, H. (1940): *The method of orthogonal projection in potential theory*. Duke Math. J. **7,** 411-444.

Weyl, H. (1952): *Kapazität von Strahlungsfeldern*. Math. Z. **55,** 187-198.

Wiener, N. (1924): *The Dirichlet problem*. J. Math. Phys. **3,** 127-146.

Wiener, N. und E. Hopf (1931): *Über eine Klasse singulärer Integralgleichungen*. Sitz. Ber. Preuß. Akad. Wiss. Phys.-Math. Kl. **30-32,** 696-706.

Wilcox, C. H. (1962): *Initial-boundary value problems for linear hyperbolic partial differential equations of the second order*. Arch. Rat. Mech. Anal. **10,** 361-400.

Wilcox, C. H. (1975): *Scattering theory for the d'Alembert equation in exterior domains*. Lecture Notes in Mathematics **442;** Springer-Verlag; Berlin et al.

Wilcox, C. H. (1984): *Scattering theory for diffraction gratings* und *Sound propagation in stratified fluids*. Springer-Verlag; Berlin et al.

Yosida, K. (1948): *On the differentiability and the representation of one-parameter semigroups of linear operators*. J. Math. Soc. Japan **1,** 15-21.

Zaremba, S. (1927): *Sur un problème toujours possible comprenant, à titre de cas particuliers, le problème de Dirichlet et celui de Neumann*. Journ. de Math. (9), **6,** 127-163.

Vom Hilbertschen Basissatz bis zur Klassifikation der endlichen einfachen Gruppen

Gerhard O. Michler

Einführung

Die Entwicklung der Algebra in den vergangenen hundert Jahren wird meiner Meinung nach durch den Kontrast zwischen den beiden im Titel dieses Artikels genannten Sätzen besonders deutlich.

Im Jahre 1890 bewies D. HILBERT den Basissatz in seiner Arbeit [112]. Die prägnanteste Fassung lautet: *Jedes Ideal im Polynombereich von n Variablen besitzt eine endliche Idealbasis, vorausgesetzt, daß im Koeffizientenbereich jedes Ideal eine endliche Basis besitzt.* Dieser Satz spielt eine wichtige Rolle in der Ringtheorie und für die Grundlagen der algebraischen Geometrie. Vor allem aber, er hat nur einen Verfasser. Er macht mathematische Aussagen, die mit wenigen Axiomen zu beschreiben sind. Noch wichtiger, sein Beweis kann in jeder Einführungsvorlesung „Algebra“ jederzeit kurz und klar reproduziert werden.

Wie man dem Buch [11] von D. GORENSTEIN entnimmt, hat der Klassifikationssatz für die endlichen einfachen Gruppen keinen Autor; er ist das Ergebnis eines langjährigen Forschungsprojektes, an dem viele angesehene Gruppentheoretiker, insbesondere J. G. THOMPSON und M. ASCHBACHER beteiligt waren. Unter der Leitung von D. GORENSTEIN gelang es ihnen, zu zeigen, daß eine nicht abelsche endliche einfache Gruppe entweder eine alternierende Gruppe A_n, $n \geq 5$, eine endliche Gruppe vom Lie-Typ oder eine von 26 sporadischen einfachen Gruppen ist.

Die Aussage dieses Satzes ist sehr komplex. Zum Verständnis der benötigten Eigenschaften der endlichen Gruppen vom Lie-Typ studiert man am besten das Buch [19] von R. W. CARTER. Für die Beschreibung der 26 sporadischen Gruppen benötigt D. GORENSTEIN [11] über 50 Seiten. Um all die hier dargestellten Ergebnisse überprüfen zu können, muß man zahlreiche Originalarbeiten lesen und Zugang zu leistungsfähigen Computern und Programmsystemen haben. Der Beweis dafür, daß die genannten einfachen Gruppen bis auf Isomorphie alle einfachen Gruppen sind, ist nach GORENSTEIN [11] mindestens 5000 Druckseiten lang. Er befindet sich in keinem Buch; sondern man muß 300 bis 500 Originalarbeiten zu Rate ziehen. Wäre der Klassifikationssatz nicht ein so zentrales Ergebnis in der Mathematik, man müßte besorgt fragen: Quo vadis Algebra?

Vor 50 Jahren ließ es sich noch nicht absehen, daß Beweismethoden in der Algebra einmal solch einen hohen technischen Aufwand benötigen würden. Ohne auf die bahnbrechende Arbeiten von E. ARTIN, W. KRULL, E. NOETHER und ihren Schülern im einzelnen einzugehen, die Grundlage für VAN DER WAERDENS „Moderne Algebra" [5] wurden, schreibt PHILIP HALL (ehemals Professor an der University of Cambridge, England) in seinem 1940 erschienenen Artikel [107]: „The spirit of this movement is perhaps best expressed by the advice of Poincaré: „Il faut triompher par la pensée et non par le calcul". This does not mean that the old formal kind of algebra has lost its interest. On the contrary, the modern algebraist is probably happiest if he can prove some of these old results, in all their beautiful complexity, by the skilful manipulation of a few simple general ideas."

Der Entwicklung der Algebra in dem Zeitraum von 1890 bis 1940 sind die drei ersten Abschnitte dieses Berichts gewidmet. Zuerst werden die Arbeiten von D. HILBERT, E. ARTIN und E. NOETHER zur Ring- und Modultheorie dargestellt. Da die meisten Ergebnisse sich in den Lehrbüchern befinden, werden hier nur die wesentlichen Prinzipien dieser Theorien beschrieben. Insbesondere wird versucht, den Durchschnitt mit VAN DER WAERDENS Buch „A history of algebra" [63] und dem Buch [57] über EMMY NOETHER so gering wie möglich zu gestalten. Allerdings werden HASSES Lokal-Global-Prinzip, seine wichtigsten Anwendungen in der Algebrentheorie und KRULLS grundlegende Sätze zur Idealtheorie Noetherscher Ringe ausführlich dargestellt. Einige neuere Ergebnisse, die mit diesen Resultaten in Zusammenhang stehen, werden erwähnt.

In Anbetracht der Bedeutung der Arbeiten von F. FROBENIUS und I. SCHUR für die Entwicklung der Gruppen- und Darstellungstheorie ist der zweite Abschnitt der Berliner Schule gewidmet. Das erscheint mir auch aufgrund des folgenden Zitats aus HERMANN WEYLS Nachruf auf EMMY NOETHER [55] gerechtfertigt: „In addition to Artin and Hasse, who in some respects are akin to her, there are algebraists of a still more different stamp, such as I. Schur in Germany, Dickson and Wedderburn in America, whose achievements are not behind hers in depth and significance. Perhaps her followers, in pardonable enthusiasm, have not always fully recognized this fact."

Im dritten Teil wird über Anwendungen der Methoden der abstrakten Algebra in den Gebieten der homologischen Algebra, der algebraischen Topologie und der algebraischen Geometrie berichtet.

Es ist nicht möglich, alle wesentlichen Entwicklungen in der Algebra, an denen deutsche Mathematiker in dem Zeitraum von 1940 bis heute beteiligt waren, in diesem Bericht auch nur skizzenhaft zu erwähnen. Hier wird der Hauptakzent auf die Gruppentheorie und die Darstellungstheorie endlicher Gruppen und endlich-dimensionaler Algebren gelegt. Auf wichtige Anwendungen der Charaktertheorie von Gruppen in der algebraischen Zahlentheorie wird hingewiesen. Fast alle erwähnten Arbeiten stehen in engem Zusammenhang mit dem eindrucksvollen Werk von RICHARD BRAUER.

Der vierte Abschnitt ist der modularen Darstellungstheorie endlicher Gruppen gewidmet. Die Beziehungen zwischen Brauers Theorie der Blöcke mit zyklischer Defektgruppe und der Klassifikation der endlich-dimensionalen Algebren werden dargestellt.

Im fünften Teil werden einige Methoden aus der Gruppentheorie und aus der Darstellungstheorie beschrieben, die bei der Klassifikation der endlichen einfachen Gruppen eine wichtige Rolle spielen. Beispielhaft wird über die Konstruktionen derjenigen sporadischen einfachen Gruppen berichtet, die von Hochschullehrern deutscher Universitäten stammen. In diesem Zusammenhang werden auch einige Aktivitäten der Frankfurter Schule von R. BAER erwähnt.

Schließlich wird der Klassifikationssatz formuliert. Danach werden einige Folgerungen angegeben. Insbesondere wird dargestellt, wie der Klassifikationssatz zusammen mit der Deligne-Lusztig-Theorie der Charaktere endlicher Gruppen vom Lie-Typ zur Berechnung der Charaktere einer beliebigen endlichen Gruppe benutzt werden kann.

Im Literaturverzeichnis sind eine Reihe von Lehrbüchern und Monographien aufgeführt, in denen die Gebiete der Algebra, über deren Entwicklung in den vergangenen hundert Jahren hier berichtet wird, ausführlich dargestellt werden. Bezüglich der Terminologie und Notation wird auf sie verwiesen. Aus Platzgründen enthält das Literaturverzeichnis nicht alle Originalarbeiten, in denen die dargestellten Ergebnisse erstmals erschienen. Dies gilt insbesondere für die Sätze, die inzwischen Bestandteil der Lehrbuchliteratur geworden sind oder sich in zusammenfassenden Überblicksartikeln befinden.

Das Literaturverzeichnis enthält die Gesammelten Werke von E. ARTIN, R. BRAUER, F. G. FROBENIUS, H. HASSE, D. HILBERT, E. NOETHER und I. SCHUR. Dort gibt es auch eine Aufstellung von Nachrufen und Würdigungen, in denen auf die Werke dieser Mathematiker und auf die von R. BAER und W. KRULL eingegangen wird. Insbesondere erübrigt es sich, hier noch einmal ihre Lebensläufe und Schriftenverzeichnisse abzudrucken oder ihre persönlichen Werdegänge darzustellen.

Wie mit den Herausgebern abgesprochen, beschränkt sich dieser Bericht im wesentlichen auf die Gebiete Ringtheorie, Gruppentheorie und Darstellungstheorie. Dieser Ausschnitt der Algebra ist sehr homogen. Auf ihn beschränkt sich auch P. HALLS Artikel „What modern algebra ist about“ [107].

Aus Platzgründen konnte hier leider nicht auf die Entwicklung der topologischen Algebra und die Strukturtheorien der Lie-Algebren bzw. der Lie-Gruppen eingegangen werden. Hierzu wird auf die Bücher von N. BOURBAKI [56] und VAN

DER WAERDEN [63] verwiesen. Insbesondere befindet sich darin eine ausführliche Darstellung der Ergebnisse von S. LIE, É. CARTAN, I. SCHUR und vor allem von HERMANN WEYL und JOHN VON NEUMANN. Für sie hatten die Herausgeber ursprünglich einen eigenen Beitrag zu diesem Festband von einem anderen Autor vorgesehen. Leider hat sich dies nicht realisieren lassen, wodurch ein wesentlicher Teil der Algebra in diesem Buch keine Erwähnung findet. Hierzu zählt insbesondere die Klassifikation der komplexen halbeinfachen Lie-Algebren von É. CARTAN, die später Grundlage für die Klassifikation der klassischen Gruppen, bzw. allgemeiner, der Gruppen vom Lie-Typ wurde.

Schließlich sei noch bemerkt, daß dies kein Beitrag zur „Geschichte der Algebra" ist. Wer wissen möchte, wann und wie die Begriffe „Gruppe" oder „Ring" entstanden sind, der sei auf die Bücher von VAN DER WAERDEN [63] und WUSSING [64] oder auf den Artikel „Commutative Ring Theory" von R. GILMER in [57] verwiesen. In diesem Bericht wird im wesentlichen versucht, die Bedeutung der mathematischen Arbeiten der „Göttinger" und „Berliner" Schulen für einige wichtige aktuelle Entwicklungen in der Algebra herauszustellen. Als Maßstab für die Auswahl des behandelten Stoffes diente mir das folgende Zitat aus W. FEITS Nachruf auf R. BRAUER [44]: „A mathematician is usually judged by several criteria. Among these are his ability to solve open problems of importance, his ability to introduce new concepts which clearify existing problems and his ability to develop coherent theories."

Die vorliegende Fassung des Manuskripts wurde 1988 während eines zweimonatigen Gastaufenthalts am Mathematischen Institut der Universität von Wisconsin in Madison erstellt. Dort fand ich exzellente Arbeitsbedingungen vor. Für die gewährte Gastfreundschaft und zahlreiche Ratschläge schulde ich meinen Gastgebern I. M. Isaacs und D. S. Passman Dank. Kritische Stellungnahmen und Verbesserungsvorschläge habe ich von den Herren B. Huppert, O. H. Kegel, B. Külshammer, C. M. Ringel, J. Ritter und G. Stroth erhalten. Dafür möchte ich ihnen hiermit danken, ohne Verantwortung für den Text auf ihre Schultern zu verlagern.

1 Entstehung der abstrakten Algebra

DAVID HILBERT (Königsberg 1862 - Göttingen 1943) veröffentlichte während seiner Arbeitsperiode in der Invariantentheorie zwischen 1890 und 1893 drei Arbeiten [112], [113], [114], die den Basissatz, den Syzygiensatz, den Irreduzibilitätssatz und den Nullstellensatz enthalten. Diese vier Sätze gehören mit zum Fundament der Ringtheorie, der homologischen Algebra, der konstruktiven Galoistheorie bzw. der algebraischen Geometrie. Bezüglich der modernen Fassungen des Syzygiensatzes und des Nullstellensatzes wird auf N. JACOBSONS Buch *„Basic Algebra II"* [4, S. 385, 426] verwiesen. Die folgende für die Galoistheorie besonders geeignete Formulierung des Irreduzibilitätssatzes findet sich bei MATZAT [26, S. 4].

Satz (HILBERT). *Sei* $K = \mathbb{Q}(t_1, t_2, \ldots, t_n)$ *ein rationaler Funktionenkörper über dem Körper* $\mathbb{Q}$ *der rationalen Zahlen. Sei* $f(t_1, t_2, \ldots, t_n, X) \in K[X]$ *ein irreduzibles Polynom mit Galoisgruppe G. Dann existieren unendlich viele* $(\tau_1, \tau_2, \ldots, \tau_n) \in \mathbb{Q}^n$ *derart, daß*

$$g(X) = f(\tau_1, \tau_2, \ldots, \tau_n, X) \in \mathbb{Q}[X]$$

irreduzibel und G isomorph zur Galoisgruppe $\mathrm{Gal}(E/\mathbb{Q})$ *des Zerfällungskörpers E von* $g(X)$ *über* $\mathbb{Q}$ *ist.*

Hiermit zeigt HILBERT in [113], daß sich die alternierenden und die symmetrischen Gruppen als Galoisgruppen über $\mathbb{Q}$ realisieren lassen.

Bekanntlich hat sich HILBERT noch vielen anderen Gebieten der Mathematik bzw. der Physik zugewandt [36]. Insbesondere beschäftigte er sich intensiv mit den Grundlagen der Geometrie [115] und später der gesamten Mathematik. Schon im Jahre 1900 stellte er in seinem berühmten Vortrag auf dem Internationalen Kongreß in Paris den Nachweis für „Die Widerspruchsfreiheit der arithmetischen Axiome" als ein zentrales Problem der Mathematik heraus [36, Bd. 2, S. 299]. In der Einleitung zu diesem Teil seines Vortrags schreibt er: „Wenn es sich darum handelt, die Grundlagen einer Wissenschaft zu untersuchen, so hat man ein System von Axiomen aufzustellen, welche eine genaue und vollständige Beschreibung derjenigen Beziehungen enthalten, die zwischen den elementaren Begriffen jener Wissenschaft stattfinden. Die aufgestellten Axiome sind zugleich die Definitionen jener elementaren Begriffe, und jede Aussage innerhalb des Bereichs der Wissenschaft, deren Grundlagen wir prüfen, gilt uns nur dann als richtig, falls sie sich mittels einer endlichen Anzahl logischer Schlüsse aus den aufgestellten Axiomen ableiten läßt. Bei näherer Betrachtung entsteht die Frage, ob etwa gewisse Aussagen einzelner Axiome sich untereinander bedingen und ob nicht somit die Axiome noch gemeinsame Bestandteile enthalten, die man beseitigen muß, wenn man zu einem System von Axiomen gelangen will, die völlig voneinander unabhängig sind."

Diese axiomatische Denkweise machte sich EMMY NOETHER (Erlangen 1882 – Bryn Mawr 1935) während ihrer Göttinger Zeit zu eigen. Ausgehend vom Hilbertschen Basissatz zeigte sie 1921 in ihrer Arbeit [128], daß in einem kommutativen Ring R genau dann jedes Ideal endlich erzeugt ist, wenn R der Maximalbedingung für Ideale genügt, d.h. wenn jede echt aufsteigende Kette von Idealen $Y_1 < Y_2 < Y_3 \ldots$ von R nur endlich viele Glieder besitzt. Mit diesem Konzept gelingt es ihr, die Sätze von E. LASKER und F.S. MACAULAY aus der Idealtheorie der Polynomringe über Körpern allgemein für kommutative Ringe R mit Maximalbedingung zu beweisen; insbesondere zeigt sie, daß jedes Ideal eines solchen Ringes R Durchschnitt von endlich vielen Primäridealen ist. Der Erfolg ihrer axiomatischen Methode drückt sich in der Kürze und Klarheit der Beweise für diese Resultate aus.

Mit demselben Konzept gelingt es ihr 1929, die Ergebnisse von R. DEDEKIND zur Idealtheorie der Ringe ganzer algebraischer Zahlen von Zahlkörpern für geeignete kommutative Ringe zu verallgemeinern [130]. Sie heißen jetzt Dedekind-Ringe und werden durch folgenden Satz charakterisiert:

Satz (E. NOETHER). *Sei R ein nullteilerfreier kommutativer Ring mit Einselement. Dann sind folgende Aussagen äquivalent:*

a) *Jedes Ideal $I \neq 0$ von R ist eindeutig als Produkt von endlich vielen Primidealen darstellbar.*

b) *R ist ganz abgeschlossen in seinem Quotientenkörper, erfüllt die Maximalbedingung für Ideale, und jedes Primideal $P \neq 0$ von R ist maximal.*

Kommutative Ringe, die der Maximalbedingung für Ideale genügen, heißen noethersch. Analog definiert man rechtsnoethersche Ringe im nicht kommutativen Fall.

Die wissenschaftliche Bedeutung der algebraischen Arbeiten von E. NOETHER ist ausführlich im Buch [57] in den Artikeln von R.G. SWAN, G. GILMER, T.Y. LAM und A. FRÖHLICH sowie in den Nachrufen von B.L. VAN DER WAERDEN [54], HERMANN WEYL [55] und P.S. ALEXANDROFF [41] gewürdigt worden. Außerdem enthält dieses Buch noch die interessanten Artikel „Emmy Noether und Her Influence" von C. KIMBERLING, „Mathematics at the University of Göttingen" (1931–1933) von S. MACLANE und „My personal recollection of Emmy Noether" von O. TAUSSKY.

Neben den erwähnten Arbeiten von DEDEKIND, HILBERT, LASKER und MACAULAY war die abstrakte Körpertheorie von E. STEINITZ [27] für ihr mathematisches Werk von großer Bedeutung. In [59, S. 5] faßt J. DIEUDONNÉ die Grundideen ihrer frühen Arbeiten zur Algebra wie folgt zusammen: „She was then in the process of entirely reshaping algebra in what became known a few years later, through van der Waerden's book, as „Modern Algebra", systematically giving preeminence to concepts over computations. Concerning in particular linear algebra, she was liberating is from the plague of matrices and determinants from which it had been suffering for a century, replacing these cumbersome and geometrically meaningless tools by intrinsic ideas of modules and homomorphisms."

EMMY NOETHER hat nicht nur mathematische Probleme gelöst und bedeutende Theorien in der Algebra entwickelt, sondern sie hat auch Probleme gestellt, die noch heute die Mathematiker beschäftigen. Ausgehend vom Hilbertschen Irreduzibilitätssatz und seinen schon erwähnten Anwendungen in der Galoistheorie beschäftigte sie sich mit dem

Problem: *Sei K ein algebraischer Zahlkörper. Ist dann jede endliche Gruppe G isomorph zur Galoisgruppe* $\mathrm{Gal}(E/K)$ *einer endlichen Körpererweiterung E von K?*

Von besonderem Interesse ist der Fall $K = \mathbb{Q}$. Im kürzlich erschienenen Buch [26] von B.H. MATZAT wird ein ausgezeichneter Überblick über den derzeitigen Kenntnisstand über diesen Problemkreis gegeben.

Jede endliche Gruppe ist bekanntlich eine Untergruppe einer geeigneten symmetrischen Gruppe. Deshalb reduzierte E. NOETHER das Umkehrproblem der Galoistheorie auf die folgende

Frage. *Sei G eine endliche Gruppe, die als Permutationsgruppe auf den Unbestimmten* $X_1, X_2, \ldots, X_n$ *über dem Zahlkörper K operiert. Ist dann der Fixkörper* $K(X_1, X_2, \ldots, X_n)^G$ *des Funktionenkörpers* $K(X_1, X_2, \ldots, X_n)$ *eine endliche rein transzendente Erweiterung von K?*

Im Jahre 1969 gab R. G. SWAN in seiner Arbeit [134] ein Gegenbeispiel. Andererseits hat dieser Ansatz von E. NOETHER zu zahlreichen interessanten Ergebnissen in der Klassenkörpertheorie, algebraischen Geometrie und Topologie geführt. Hierzu wird auf SWANS Artikel „Galois Theory" in [57] verwiesen.

EMIL ARTIN (Wien 1898 - Hamburg 1962) führte 1927 in seiner Arbeit [68] die zur Noetherschen Maximalbedingung „duale" Minimalbedingung in das Studium der nicht notwendigen kommutativen Ringe ein. Diese Bedingung besagt, daß jede echt absteigende Kette $Y_1 > Y_2 > Y_3 > \ldots$ von Rechtsidealen Y_i von R nur endlich viele Glieder hat. Dadurch gelang es ihm, den Struktursatz von J. H. M. WEDDERBURN über einfache endlich dimensionale Algebren auf halbeinfache Ringe mit Minimalbedingung für Rechtsideale zu übertragen. Ein Ring mit dieser Kettenbedingung heißt rechtsartinsch. Ist das Nullideal des Rings R das einzige nilpotente Ideal von R, so ist R halbprim. Manche Autoren nennen einen halbprimen artinschen Ring auch halbeinfachen Artin-Ring.

Satz (ARTIN-WEDDERBURN). a) *Ein Ring R ist genau dann einfach und rechtsartinsch, wenn R isomorph zu einem vollen Ring* $(D)_n$ *von* $n \times n$ *Matrizen über einem Schiefkörper D ist.*

b) *Ein Ring R ist genau dann halbprim und rechtsartinsch, wenn R isomorph zu einer direkten Summe von endlich vielen einfachen rechtsartinschen Ringen* R_i *ist.*

In [68] setzte ARTIN außer der Minimalbedingung noch die Maximalbedingung für Rechtsideale voraus. Allerdings zeigte C. HOPKINS [116] im Jahre 1939, daß ein rechtsartinscher Ring mit Einselement rechtsnoethersch ist. Deshalb ist nun die obige Fassung des Satzes von Artin-Wedderburn in der Literatur üblich. Im Jahre 1908 veröffentlichte J. H. MACLAGAN-WEDDERBURN diesen Satz für endlich dimensionale Algebren über beliebigen Körpern in den Proceedings of the London Mathematical Society. Im Falle von Algebren über dem Körper $\mathbb{C}$ der komplexen Zahlen hatten ihn 1893 der russische Mathematiker T. MOLIEN und 1898 É. CARTAN bewiesen. Die genauen historischen Zusammenhänge werden von T. HAWKINS in seinen Arbeiten [61] und [62] behandelt.

WEDDERBURN hatte auch noch gezeigt, daß eine endlich dimensionale Algebra R über einem perfekten Körper mit Radikal N stets eine halbprime Unteralgebra S besitzt derart, daß $R = N + S$, $N \cap S = 0$ und $S \cong R/N$ ist. Dieser Satz wurde später von I. MALCEV und G. HOCHSCHILD verschärft bzw. verallgemeinert, vgl. Pierce [33, S. 209]. Ein weiterer bemerkenswerter Satz von Wedderburn lautet: Jeder endliche Schiefkörper ist kommutativ. E. WITT gab 1930 in seiner Arbeit [141] hierfür einen kurzen und genialen Beweis.

Angeregt durch die Arbeit [68] von E. ARTIN veröffentlichte E. NOETHER im Jahre 1929 ihre berühmte Arbeit [130], in der sie die Darstellungstheorie von Ringen und die von Gruppen zugleich entwickelt. Sie zeigt hier, daß jeder endlich erzeugte Modul über einem halbprimen rechtsartinschen Ring R isomorph zu einer direkten Summe von einfachen Rechtsidealen von R ist. Als Anwendung hiervon bewies sie, daß die irreduziblen Darstellungen einer endlichen Gruppe G über einem Körper K mit Charakteristik $\mathrm{char}(K)$ teilerfremd zur Ordnung $|G|$ von G in eindeutiger Beziehung zu den Isomorphieklassen der einfachen Rechtsideale der Gruppenalgebra KG stehen. Ihr Ansatz liefert einfache Beweise für bekannte Resultate von H. MASCHKE, I. SCHUR und G. FROBENIUS. Der Satz bleibt übrigens auch richtig, falls $(\mathrm{char}(K), |G|) \neq 1$, denn nach CURTIS-REINER [6, Bd. I, S. 198] ist die Gruppenalgebra KG von G über jedem Körper K stets eine symmetrische Algebra. Eine ausführliche Würdigung dieser Arbeit befindet sich in VAN DER WAERDENS „A history of algebra“ [63]. Schon 1931 hatte VAN DER WAERDEN die Arbeiten von E. NOETHER und E. ARTIN in sein Lehrbuch „Moderne Algebra“ [5] aufgenommen. Dadurch erfuhren sie kurz nach ihrer Entstehung eine rasche Verbreitung. Dieses Buch wurde Grundlage für viele Algebra-Vorlesungen an den in- und ausländischen Hochschulen.

Im Jahre 1960 verallgemeinerte A. W. GOLDIE den Satz von Artin-Wedderburn erheblich, indem er zeigte, daß ein halbprimer rechtsnoetherscher Ring R einen klassischen Quotientenring $Q(R)$ besitzt, der halbprim und rechtsartinsch ist, vgl. [31, S. 270]. Dieser Satz stellt ein wesentliches Bindeglied dar zwischen den noetherschen Ringen und der erheblich weiterentwickelten Theorie der Artin-Ringe. Er hat zahlreiche Anwendungen im Studium der einhüllenden Algebren von endlich dimensionalen Lie-Algebren, vgl. J. JANTZEN [22], und im Studium der Gruppenringe KG von fast-polyzyklischen Gruppen G über kommutativen noetherschen Ringen K, vgl. D. S. PASSMAN [9]. G ist eine fast-polyzyklische Gruppe, wenn G einen auflösbaren Normalteiler N mit Maximalbedingung für Untergruppen besitzt, der endlichen Index in G hat.

Ein entscheidender Impuls für die Entwicklung der abstrakten Algebra ging von der 1921 unter K. HENSEL an der Universität Marburg angefertigten Dissertation von HELMUT HASSE (Kassel 1898 – Hamburg 1979) aus. Er behandelt darin die Frage nach der Darstellbarkeit einer rationalen Zahl r durch eine gegebene quadratische Form $A(x) = \sum a_{ij} x_i x_j$ mit rationalen Koeffizienten $a_{ij} \in \mathbb{Q}$. Sein Hauptergebnis ist der

Satz (HASSE). *Es gibt genau dann eine Lösung*

$$x = (x_1, x_2, \ldots, x_n)$$

mit $x_i \in \mathbb{Q}$ *von* $A(x) = r$, *wenn es für jede Primstelle* p *von* $\mathbb{Q}$ *eine Lösung* $x^{(p)} = (x_1^{(p)}, x_2^{(p)}, \ldots, x_n^{(p)})$ *im zugehörigen lokalen Körper* $\mathbb{Q}_p$ *gibt, d. h. wenn es eine reelle Lösung* $x^{(\infty)}$ *von* $A(x^{\infty}) = r$ *und für jede Primzahl p eine p-adische Lösung* $x^{(p)}$ *von* $A(x^{(p)}) = r$ *gibt.*

Hiermit wurde das Lokal-Global-Prinzip in die Algebra eingeführt. H. W. LEOPOLDT schreibt in seiner Würdigung [48, S. 5] des wissenschaftlichen Werkes von HELMUT HASSE anläßlich dessen 75. Geburtstages: „Die kraftvolle, im Lokal-Global-Prinzip liegende Methode ist uns heutigen Mathematikern ebenso unentbehrlich wie selbstverständlich geworden."

In der Algebrentheorie fand dieses Prinzip seine erste bedeutende Anwendung in der Arbeit [109] von H. HASSE, E. NOETHER und R. BRAUER. Dort wird eine wichtige Vermutung von L. E. DICKSON über die Struktur einer zentral-einfachen Algebra über einem Zahlkörper gelöst. In seinem Buch über Algebren und ihre Arithmetik [92] hatte L. E. DICKSON 1923 die Frage gestellt, ob jede endlich dimensionale zentral-einfache Algebra A über einem Zahlkörper F zyklisch sei. Dabei heißt eine zentral-einfache Algebra A über einem Körper F *zyklisch*, wenn A einen kommutativen Teilkörper K besitzt derart, daß die Galoisgruppe $\mathrm{Gal}(K/F)$ von K über F eine zyklische Gruppe ist, und $|A : F| = |K : F|^2$ gilt.

Sei A eine (endlich dimensionale) zentral-einfache Algebra über dem algebraischen Zahlkörper F. Dann ist F das Zentrum $Z(A)$ von A. Zu jeder Primstelle P und F gehört eine Algebra $A_P = A \otimes F_P$, die aus A durch die P-adische Erweiterung F_P des Grundkörpers F entsteht. Eine Folge des tiefliegenden Normsatzes von Hasse [33, S. 352] aus der Klassenkörpertheorie ist der

Satz (HASSE, BRAUER, NOETHER). *Sei A eine zentral-einfache Algebra über dem algebraischen Zahlkörper F. Genau dann ist A isomorph zu einem vollen Matrizenring über F, wenn für alle Primstellen P von F die Algebra* A_P *ein voller Matrizenring über dem P-adischen Körper* F_P *ist.*

Hieraus und dem Satz von Grundwald-Wang [33, S. 359] der algebraischen Zahlentheorie folgt der von L. E. DICKSON vermutete

Satz (HASSE, BRAUER, NOETHER). *Jede zentral-einfache Algebra A über einem algebraischen Zahlkörper F ist zyklisch.*

Außerdem bestimmten sie die Struktur der Brauer-Gruppe eines algebraischen Zahlkörpers, vgl. [33]. Schon 1935 gab MAX DEURING in seinem äußerst originellen Ergebnisbericht „Algebren" [30] eine sehr lesenswerte Zusammenfassung dieser und anderer wichtiger Ergebnisse aus der Theorie der endlich dimensionalen Algebren. Hierdurch wurde auch dieser Teil der Algebra rasch in aller Welt bekannt.

Nach dem Satz von Hasse, Brauer und Noether erhielt die Theorie der endlich dimensionalen Algebren erst wieder einen starken Impuls, als S. A. AMITSUR im Jahre 1972 zeigte, daß es endlich dimensionale Divisionsalgebren über kommutativen Körpern gibt, die keine verschränkten Produkte sind [66, S. 14]. Damit löste er ein lange anstehendes Problem von R. BRAUER [79, S. 125]. Seitdem ist dieses Gebiet wieder in rascher Entwicklung begriffen. Bezüglich der neueren Ergebnisse und der zahlreichen offenen Probleme in der Schiefkörpertheorie wird auf AMITSURS Überblicksartikel [66] verwiesen. Schließlich sei noch bemerkt, daß S. A. AMITSUR ein Schüler von JACOB LEVITZKI ist, der wiederum im Jahre 1929 in Göttingen unter Anleitung von EMMY NOETHER seine Doktorarbeit fertiggestellt hatte, vgl. [58].

Die Idee des Lokal-Global-Prinzips erwies sich auch in der kommutativen Algebra als besonders fruchtbar. Grundlegende Beiträge hierzu schuf WOLFGANG KRULL (Baden-Baden 1899 – Bonn 1971) in einer Reihe von bahnbrechenden Arbeiten, die in seinem Ergebnisbericht „Idealtheorie" [25] zusammengefaßt wurden. KRULLS Hauptsätze haben fast alle Eingang in die Lehrbücher über dieses Gebiet gefunden. Bezüglich der Würdigung des Gesamtwerkes von W. KRULL wird auf die Artikel von H. SCHÖNEBORN [51] und H. J. NASTOLD [49] verwiesen.

Um den Krullsche Hauptidealsatz formulieren zu können, benötigt man die Definition des Ranges $\mathrm{rg}(P)$ eines Primideals P in einem kommutativen Ring R. Eine echt absteigende Kette $P = P_0 > P_1 > P_2 > \ldots > P_n$ von Primidealen hat die Länge n; das Primideal P von R hat Rang $\mathrm{rg}(P) = n$, falls solch eine absteigende Kette von Primidealen der Länge n, aber keine Kette der Länge $n + 1$ existiert. Mit dieser Definition lautet der Hauptidealsatz:

Satz (KRULL). *Sei x eine Nichteinheit des kommutativen noetherschen Ringes R. Ist P ein Primideal von R, das minimal über xR ist, dann gilt* $\mathrm{rg}(P) \leq 1$.

In seinem Buch [24, S. 104] schreibt I. KAPLANSKY: „The principal ideal theorem of Krull ist probably the most important single theorem in the theory of noetherian rings." Als eine wichtige Anwendung zeigte W. KRULL schon im Jahre 1928, daß die Primideale eines noetherschen Ringes der Minimalbedingung genügen. In seiner Arbeit [121] entwickelte KRULL im Jahre 1938 die Dimensionstheorie in noetherschen Ringen R. Die Krull-Dimension eines solchen Rings R ist definiert durch $K\text{-}\dim R = \sup\{\mathrm{rg}(P) \mid P \text{ Primideal von } R\}$. Ein lokaler noetherscher Ring mit maximalem Ideal M heißt regulär, falls $K\text{-}\dim R = \dim_{R/M}(M/M^2)$, d. h. falls die Krull-Dimension von R gleich der Dimension des Vektorraumes M/M^2 über dem Restklassenkörper R/M ist.

In [123] zeigte KRULL, daß ein regulärer, lokaler Ring nullteilerfrei und in seinem Quotientenkörper ganz abgeschlossen ist. Mittels der neueren Methoden aus der homologischen Algebra konnten dann M. AUSLANDER und D. BUCHSBAUM [71] im Jahre 1959 sogar beweisen:

Satz (AUSLANDER, BUCHSBAUM). *Ein regulärer lokaler Ring ist ein Ring mit eindeutiger Faktorisierung seiner Nichteinheiten $x \neq 0$ in Primfaktoren.*

Ein eleganter Beweis für diesen Satz befindet sich in KAPLANSKYS Buch [24].

Da in einem kommutativen noetherschen lokalen Ring R mit maximalem Ideal M nach dem Krullschen Durchschnittssatz stets $\bigcap_{n=0}^{\infty} M^n = 0$ gilt, läßt sich

R vervollständigen. KRULL zeigte, daß die Vervollständigung $\hat{R}$ wiederum ein lokaler noetherscher Ring ist. In [123] begann er, die Struktur der vollständigen, regulären lokalen Ringe zu beschreiben. Insbesondere vermutete er, daß ein solcher Ring R, dessen Charakteristik mit der seines Restklassenkörpers $K = R/M$ übereinstimmt, stets zu einem Potenzreihenring $K[[X_1, X_2, \ldots, X_n]]$ in $n = K\text{-}\dim R$ vielen Unbestimmten X_i isomorph ist. Diese Vermutung wurde 1946 von I.S. COHEN in seiner berühmten Arbeit [88] bewiesen. Eine ausführliche Darstellung seiner Struktursätze befindet sich in Band 2 des Buches [28] von ZARISKI-SAMUEL.

Aufgrund der Ergebnisse von KRULL und COHEN wird in der kommutativen Algebra die folgende Standardmethode zur Problemlösung oft angewendet: Mittels des Lokal-Global-Prinzips reduziert man ein gestelltes Problem auf den lokalen Fall. Dann geht man zur Vervollständigung über und wendet die Struktursätze an. Schließlich steigt man von der Komplettierung wieder zum Ausgangsring ab.

Leider funktioniert diese Methode im Studium der nicht kommutativen Ring überhaupt nicht. Es ist seit langem bekannt, daß man hier nicht lokalisieren kann. In seiner Arbeit [121] hat D.A. JORDAN kürzlich ein Beispiel eines rechts- und linksnoetherschen Ringes R angegeben, der ein Primideal P besitzt, für das $\bigcap_{n=1}^{\infty} P^n = 0$ gilt, dessen Vervollständigung $\hat{R}$ bezüglich der P-adischen Topologie aber weder rechts- noch linksnoethersch ist.

Wie SCHÖNEBORN [51] und NASTOLD [49] ausführlich dargestellt haben, hat W. KRULL auch wichtige Beiträge zur Gruppentheorie, zur Galoistheorie unendlich dimensionaler Körpererweiterungen, zur allgemeinen Bewertungstheorie und Zahlentheorie geliefert. Sein Gesamtwerk ist beeindruckend und hat noch immer nachhaltige Wirkung.

2 Berliner Schule

Nach 1890 veröffentlichte GEORG FROBENIUS (Berlin 1849 - Berlin 1917) mehrere Arbeiten über endliche Gruppen und ihre Charaktere, die noch heute zu den wichtigsten Ergebnissen der Gruppentheorie und der Darstellungstheorie gehören. Die Theorie der endlich dimensionalen Darstellungen endlicher Gruppen

$$G \to GL(n, \mathbb{C})$$

über dem Körper der komplexen Zahlen $\mathbb{C}$ wurde fast gleichzeitig von T. MOLIEN, G. FROBENIUS und W. BURNSIDE entwickelt. In [62] ist die Geschichte dieses Arbeitsgebiets ausführlich dargestellt, weshalb hier darauf nicht eingegangen wird.

Zu den eindrucksvollsten Anwendungen der Charaktertheorie in der Gruppentheorie gehört der folgende 1904 von W. BURNSIDE [86] veröffentlichte

Satz (BURNSIDE). *Ist G eine endliche Gruppe der Ordnung* $|G| = p^a q^b$ *mit Primzahlen p und q, so ist G auflösbar.*

FROBENIUS und BRUNSIDE hatten zuvor zahlreiche Spezialfälle dieses Ergebnisses ohne Benutzung der Charaktertheorie bewiesen. Es gibt inzwischen auch solche Beweise für den Satz von Burnside; sie erreichen aber keineswegs die Klarheit und Kürze des Originalbeweises.

Zu den stärksten Hilfsmitteln in der Charaktertheorie endlicher Gruppen gehören die von FROBENIUS gefundenen Orthogonalitätsrelationen [13, S. 478] und sein Reziprozitätssatz [13, S. 555] über die Beziehungen zwischen den induzierten und den eingeschränkten Charakteren. Mit diesen Methoden zeigte er in seiner im Jahre 1900 erschienenen Arbeit [97], daß es eine Bijektion zwischen den irreduziblen Charakteren $\chi\colon S_n \to \mathbb{C}$ der symmetrischen Gruppe S_n vom Grade n und den Partitionen

$$n = \alpha_1 + \alpha_2 + \ldots + \alpha_k \qquad \text{mit } \alpha_1 \geq \alpha_2 \geq \ldots \geq \alpha_k > 0$$

gibt. Als Anwendung erhielt er den

Satz (FROBENIUS). *Die sämtlichen Werte der irreduziblen Charaktere der symmetrischen Gruppe* S_n *liegen im Körper* $\mathbb{Q}$ *der rationalen Zahlen.*

Schon ein Jahr später bestimmte er die irreduziblen Charaktere der alternierenden Gruppen A_n. Über den derzeitigen Kenntnisstand in dem sehr intensiv studierten Gebiet der Darstellungstheorie der symmetrischen Gruppen gibt das Buch [117] von G. JAMES und A. KERBER einen detaillierten Überblick.

Ein großer Teil der im dritten Band der Gesammelten Werke von G. FROBENIUS [40] enthaltenen Arbeiten sind der Gruppentheorie gewidmet. Neben seinen Ergebnissen über Permutationsgruppen und auflösbare Gruppen haben vor allem die Sätze über die nach ihm benannten Gruppen eine große Rolle für die weitere Entwicklung der Theorie der endlichen Gruppen gespielt. Die Frobeniusgruppen sind durch folgenden Satz [13, S. 495] charakterisiert:

Satz (FROBENIUS). *Sei* $H \neq 1$ *eine echte Untergruppe der endlichen Gruppe G mit der Eigenschaft,* daß $H \cap H^g = 1$ *für alle* $g \in G - H$. *Dann ist die Menge*

$$F = G - \{\bigcup_{g \in G} (H-1)^g\}$$

ein Normalteiler von G, und es gilt: $G = FH$, $F \cap H = 1$.

Man nennt F den *Frobeniuskern* und H ein Komplement der Frobeniusgruppe G. Schon 1911 war es W. BURNSIDE [86] bekannt, daß die Sylow-p-Untergruppen eines Komplements H von einer solchen Gruppe G zyklisch oder für $p = 2$ verallgemeinerte Quaternionengruppen sind. Zur Bestimmung der Struktur des Frobeniuskerns F machte Frobenius die folgende

Vermutung (FROBENIUS). *Der Kern einer Frobeniusgruppe G ist nilpotent.*

Erst im Jahre 1959 konnte diese Frage von J.G. THOMPSON [136] allgemein positiv beantwortet werden. Da H durch Konjugation auf F fixpunktfrei operiert, folgt die Vermutung aus seinem

Satz (THOMPSON). *Hat die Gruppe G einen fixpunktfreien Automorphismus von Primzahlordnung, so ist G nilpotent.*

Die Ergebnisse über Frobeniusgruppen haben zahlreiche Anwendungen in der Theorie der endlichen Permutationsgruppen, vgl. Huppert-Blackburn [14, Bd. 3]. Sie sind ebenfalls von großem Nutzen beim Studium der Struktur der lokalen Untergruppen von einfachen Gruppen.

Schließlich sei noch bemerkt, daß FROBENIUS noch sehr wichtige Ergebnisse über Matrizen, quadratische Formen und Algebren veröffentlicht hat. Insbesondere hat er gezeigt, daß die reellen Zahlen $\mathbb{R}$, die komplexen Zahlen $\mathbb{C}$ und die Quaternionen $\mathbb{H}$ die einzigen endlich dimensionalen Schiefkörper über $\mathbb{R}$ sind.

ISSAI SCHUR (Mohilew 1875 – Tel Aviv 1941) war von 1911 bis 1916 Extraordinarius an der Universität Bonn. Von 1916 bis zu seiner zwangsweisen Emeritierung im August 1935 wirkte SCHUR zunächst für drei Jahre als außerordentlicher Professor und dann als Ordinarius an der Berliner Universität. In seiner Gedenkrede auf ISSAI SCHUR [42, S. VII] schreibt ALFRED BRAUER: „Das zwangsweise Ende seiner Lehrtätigkeit im Alter von 61 Jahren bedeutete einen schweren Schlag für Schur ... Die ständigen neuen Bestimmungen, die das Leben aller deutschen Juden mehr und mehr erschweren sollten, führten bei Schur zu schweren Depressionen.“ Im Januar 1939 wanderte SCHUR nach Israel aus, wo er 1941 in Tel Aviv starb.

Mit vielen bedeutenden Arbeiten zur Gruppen- und Darstellungstheorie setzte SCHUR das Werk seines Lehrers FROBENIUS fort. Darüber hinaus hat er wichtige Resultate und elegante Beweise für bekannte Sätze in fast allen Zweigen der klassischen Algebra und Zahlentheorie veröffentlicht. Seine Gesammelten Werke [34] sind ein eindrucksvoller Beleg hierfür. Dort sind auch seine Arbeiten zur Theorie der Integralgleichungen und über unendliche Reihen zu finden.

In seiner Doktorarbeit „Über eine Klasse von Matrizen, die sich einer gegebenen Matrix zuordnen lassen“ [34, Bd. I, S. 1–70] bestimmt I. SCHUR die polynomialen Darstellungen der generellen linearen Gruppe $GL(n, \mathbb{C})$ über dem Körper $\mathbb{C}$ der komplexen Zahlen. Die Ergebnisse und Methoden dieser Arbeit sind noch heute aktuell. In seinem Buch [105] hat J.A. GREEN im Jahre 1980 die polynomialen Darstellungen der $GL(n, K)$ über unendlichen Körpern K mit beliebiger Charakteristik bestimmt; dabei stützt er sich wesentlich auf SCHURS Dissertation. J.A. GREEN [105, S. 1–2] schreibt: „This remarkable work (of Schur) contained many very original ideas, developed with superb algebraic skill. Schur showed that these (polynomial) representations are completely reducible, that each one is „homogeneous“ of some degree $r \geq 0$, and that the equivalence types of irreducible polynomial representations of $GL_n(\mathbb{C})$, of fixed homogeneous degree r, are in one-to-one correspondence with the partitions $\lambda = (\lambda_1, \lambda_2, \ldots, \lambda_n)$ of r into not more than n parts. Moreover Schur showed that the character of an irreducible representation of type λ is given by a certain symmetric function $\underline{S}_\lambda$ in n variables, since described as a Schur function.

This pioneering achievement of Schur was one of the main inspirations for Hermann Weyl's monumental researches on the representation theory of semisimple Lie groups." Nach GREEN [105, S. 2] sind die Methoden von SCHURS Dissertation noch heute für die Theorie der algebraischen Gruppen wichtig.

Im Jahre 1927 gab I. SCHUR in seiner Arbeit „Über die rationalen Darstellungen der allgemeinen linearen Gruppe" [34, Bd. III, S. 68–85] neue Beweise für die Hauptergebnisse seiner Dissertation. Ist V der natürliche n-dimensionale $\mathbb{C}$-Vektorraum, auf dem $GL(n, \mathbb{C})$ operiert, und ist r eine natürliche Zahl, dann ist das r-fache Tensorprodukt $V^{\otimes r}$ über $\mathbb{C}$ ein $GL(n, \mathbb{C})$-Modul, auf dem die symmetrische Gruppe S_r vom Grade r durch Permutation der Tensorfaktoren eines jeden Erzeugenden $c_1 \otimes v_2 \otimes \ldots \otimes v_r$ von $V^{\otimes r}$ ebenfalls operiert. Indem SCHUR diese $S_r - GL(n, \mathbb{C})$-Bimodulwirkung auf $V^{\otimes r}$ ausnutzt, gelingt es ihm, elegante Beweise für seine Sätze zu finden. Diese Arbeit von SCHUR wurde sofort sehr bekannt. GREEN [105, S. 2] schreibt: „Weyl publicized the method of Schur's 1927 paper, with its attractive use of the „double centralizer property", in his influential book on the classical groups", [138].

In seiner 1905 erschienenen Arbeit „Neue Begründung der Theorie der Gruppencharaktere" [34, Bd. I, S. 143–169] verallgemeinert und vereinfacht SCHUR die Ergebnisse von G. FROBENIUS zur Theorie der Charaktere endlicher Gruppen G. Dabei betrachtet er Darstellungen $\varphi: G \to GL(n, K)$ von G über kommutativen Körpern K, deren Charakteristik teilerfremd zur Gruppenordnung $|G|$ ist.

Im Jahre 1904 führt I. SCHUR in seiner Arbeit „Über die Darstellung der endlichen Gruppen durch gebrochene lineare Substitutionen" [34, Bd. I, S. 86–116] den Begriff der projektiven Darstellung einer Gruppe G über einem algebraisch abgeschlossenen Körper der Charakteristik Null ein. Um die irreduziblen projektiven Darstellungen einer Gruppe G zu bestimmen, konstruierte er die Darstellungsgruppen H von G. Eine solche Gruppe H besitzt eine in der Kommutatorgruppe H' enthaltene, zentrale Untergruppe A mit $\|A| = |H^2(G, K^*)|$ derart, daß $H/A \cong G$. SCHUR zeigt dann, daß jede irreduzible projektive Darstellung von G zu einer gewöhnlichen irreduziblen Darstellung von H fortgesetzt werden kann, vgl. [13, Bd. I, S. 639].

Da zu jeder projektiven Darstellung von G eine Faktormenge $\varphi: G \times G \to K^*$ existiert, benutzte er diese Faktormengen von G zur Konstruktion des nach ihm benannten Schurschen Multiplikators $M(G) = H^2(G, K^*)$ von G. Die Identifizierung von $M(G)$ mit der zweiten Kohomologiegruppe $H^2(G, K^*)$ geschah erst viel später. Um so bemerkenswerter ist SCHURS Leistung.

In dieser Arbeit zeigte SCHUR, daß zwei Darstellungsgruppen H_1 und H_2 einer Gruppe G isomorphe Kommutatorgruppen haben. Ist $G = G'$, so gilt stets $H_1 \cong H_2$. Weiter bewies er:

Satz (SCHUR). a) *Die Grade der irreduziblen projektiven Darstellungen einer endlichen Gruppe G teilen* $|G|$.

b) *Der Schur-Multiplikator* $H^2(G, K^*)$ *ist eine endliche abelsche Gruppe, deren Exponent e ein Teiler von* $|G|$ *ist.*

Eine ausführliche, moderne Darstellung dieser Ergebnisse findet man in [13]. Dort sind auch die wesentlichen Resultate von SCHURS Arbeit „Untersuchungen über die Darstellung der endlichen Gruppen durch gebrochene lineare Substitutionen" [34, Bd. I, S. 198–250] zur Berechnung des Schurschen Multiplikators $H^2(G, K^*)$ einer Gruppe G aufgenommen worden. Er zeigt dort, daß der Schur-Multiplikator einer endlichen Gruppe G mit freier Auflösung

$$1 \leftarrow G \leftarrow F \leftarrow R \leftarrow 1$$

berechnet wird durch die Formel

$$M(G) \cong (R \cap F')/[R, F],$$

wobei F' die Kommutatorgruppe der endlich erzeugten freien Gruppe F bezeichnet und $[R, F] = \{rfr^{-1}f^{-1} \mid r \in R, f \in F\}$ ist. Diese Formel ist sehr nützlich für die Berechnung der Schurschen Multiplikatoren der symmetrischen und alternierenden Gruppen, vgl. [13, p. 652].

Als Anwendung seiner Ergebnisse berechnete SCHUR in dieser 1907 erschienenen Arbeit die Multiplikatoren $M(G)$ der Gruppen

$$G \in \{SL(2, q), PGL(2, q)\}.$$

Weiter bestimmt er hier erstmals die vollständigen Charaktertafeln dieser beiden Serien von Chevalley-Gruppen.

Im Jahre 1911 klassifizierte I. SCHUR in seiner Arbeit „Über die Darstellung der symmetrischen und der alternierenden Gruppe durch gebrochene lineare Substitutionen" [34, Bd. I, S. 346–441] alle irreduziblen projektiven Darstellungen der symmetrischen Gruppen S_n und der alternierenden Gruppen A_n. Sie ist äußerst tiefliegend und originell.

Das Verhalten irreduzibler Darstellungen endlicher Gruppen G über kommutativen Körpern K bei Körpererweiterungen $L \geq K$ wurde 1906 zum ersten Mal systematisch in I. SCHURS Arbeit „Arithmetische Untersuchungen über endliche Gruppen linearer Substitutionen" [34, Bd. I, S. 177–197] studiert. Sei A eine (endliche dimensionale) Algebra über K. Ein Erweiterungskörper L von K ist ein Zerfällungskörper von A, wenn $A_L = A \otimes_K L$ eine direkte Summe von vollen Matrizenringen über L ist.

Sei K ein Körper mit Charakteristik Null und L ein Erweiterungskörper von K, der ein Zerfällungskörper von KG ist. Sei χ ein irreduzibler Charakter von G über L. Sei W der zugehörige einfache LG-Modul. Dann existiert bis auf Isomorphie genau ein einfacher KG-Modul V mit $\mathrm{Hom}_{LG}(W, V \otimes_K L) \neq 0$, und jeder einfache Konstituent T von $V \otimes_K L$ kommt mit der gleichen Vielfachheit s vor.

Diese von SCHUR 1906 gefundenen Invariante $s = m_K(\chi)$ des Charakters χ heißt Schur-Index von χ über K. Sei $K(\chi)$ der kleinste Erweiterungskörper von K in L, der alle Charakterwerte $\chi(g)$, $g \in G$, von χ enthält. Mit diesen Bezeichnungen gilt:

Satz (SCHUR). a) *Der Schur-Index $m_K(\chi)$ teilt den Grad $\chi(1)$ eines jeden irreduziblen Charakters χ von G.*
b) *Für jeden Zerfällungskörper E des Charakters von χ von G ist $m_K(\chi)$ ein Teiler von $|E: K(\chi)|$.*
c) *Es gibt mindestens einen Zerfällungskörper $E_0 \geq K(\chi)$ des einfachen KG-Moduls V mit $|E_0: K(\chi)| = m_K(\chi)$.*

In seinem Überblicksartikel [57, S. 145–156] über die Arbeiten von EMMY NOETHER zur Darstellungstheorie geht T. Y. LAM auch auf diese Arbeit von SCHUR ein. Er schreibt [57, S. 153]: „Schur's paper is a highly original piece of work; it dealt with a topic which was completely new to his contemporaries; yet the results were remarkably penetrating and complete. This important paper of Schur was to inspire much subsequent work on splitting fields."

Es ist einfach einzusehen, daß die Werte $\chi(g)$, $g \in G$, der komplexen irreduziblen Charaktere χ einer endlichen Gruppe G mit $|G| = n$ im zyklotomischen Körper $\mathbb{Q}(\omega_n)$ liegen, wobei ω_n eine primitive n-te Einheitswurzel ist. Schon 1906 hatte SCHUR in seiner Arbeit [34, Bd. I, S. 194] gezeigt, daß $\mathbb{Q}(\omega_n)$ ein Zerfällungskörper für jede auflösbare Gruppe G der Ordnung $|G| = n$ ist. Seitdem war es eine offene Frage, ob die Voraussetzung „auflösbar" entbehrlich ist.

RICHARD BRAUER (Berlin 1901 – Boston 1977), der bedeutendste Schüler von ISSAI SCHUR, löste 1945 dieses Problem in seiner Arbeit [81].

Satz (BRAUER). *Der zyklotomische Körper $\mathbb{Q}(\omega_n)$ ist ein Zerfällungskörper für jede endliche Gruppe der Ordnung n.*

Schon während seiner Zeit in Königsberg, wo er von 1925 bis zu seiner Entlassung durch die Nazis im Jahre 1933 zunächst Assistent und ab 1927 Privatdozent war, hatte sich BRAUER mit dem Fragenkreis „Schur-Index" beschäftigt. So verfaßte er 1927 mit EMMY NOETHER die gemeinsame Arbeit „Über maximale Zerfällungskörper irreduzibler Darstellungen" [85]. Die Autoren zeigen dort, daß die Bestimmung der Zerfällungskörper einfacher KG-Moduln mit dem Problem der Bestimmung der Zerfällungskörper einer zentral-einfachen K-Algebra in enger Beziehung steht. Dadurch gelang es ihnen, SCHURS Satz über den Schur-Index für Körper K mit beliebiger Charakteristik zu verallgemeinern.

R. BRAUER widmete einen großen Teil seiner Arbeiten, die während seiner Königsberger Zeit entstanden, dem Studium der endlich dimensionalen einfachen Algebren über einem kommutativen Körper F. In [35, Bd. I, S. 3] würdigte O. GOLDMAN diese Beiträge von BRAUER zu Algebrentheorie wie folgt: „Brauer's work on simple algebras led him to the discovery of the remarkable fact that the set of finite-dimensional division algebras having a given field as center has a natural structure of an abelian group, one of the major mathematical discoveries of this century. This group is quite rightly known as the „Brauer group", the name given to it by Hasse. These papers contain almost the entire theory of simple algebras, including the subject of splitting fields, Galois cohomology, crossed products, etc."

Sei $\mathscr{S}(F)$ die Klasse aller endlichen dimensionalen, zentraleinfachen Algebren über dem kommutativen Körper F. BRAUER nennt zwei Algebren $A, B \in \mathscr{S}(F)$ äquivalent, wenn ein Schiefkörper $D \in \mathscr{S}(F)$ und natürliche Zahlen m, n existieren derart, daß $A \cong (D)_n$ und $B \cong (D)_m$ ist. Diese Äquivalenzbeziehung, die heute Morita-Äquivalenz genannt wird, sei durch das Symbol $\sim$ ausgedrückt. Sei $[A] = \{B \in \mathscr{S}(F) \mid B \sim A\}$. Bekanntlich ist das Tensorprodukt $A \otimes_F B$ zweier zentral-einfacher F-Algebren wiederum zentral-einfach und hat Zentrum F, vgl. [33, S. 226]. Also ist das Produkt

$$[A][B] = [A \otimes B] \quad \text{für alle } A, B \in \mathscr{S}(F)$$

wohl definiert. Da $[F][A] = [A]$ und $[A^* \otimes A] = [F]$ für die entgegengesetzte Algebra A^* von A gilt, ist $B(F) = \{[A] \mid A \in \mathscr{S}(F)\}$ eine abelsche Gruppe, die Brauer-Gruppe des kommutativen Körpers F.

Sei $E \geq F$ eine endliche Galoiserweiterung von F und $B(E/F) = \{[A] \in B(F) \mid E$ ist ein Zerfällungskörper von $A\}$. Dann ist $B(E/F)$ eine Untergruppe von $B(F)$.

Im Jahre 1932 bewies R. BRAUER in [79, S. 124] den

Satz (BRAUER). *Jede endlich-dimensionale zentral-einfache F-Algebra A ist äquivalent zu einem verschränkten Produkt $E_\mu G$ der Galoisgruppe $G = \mathrm{Gal}(E/F)$ einer endlichen Galoiserweiterung $E \geq F$ von F, d.h. $E_\mu G$ hat eine E-Basis $\{u_\sigma \mid \sigma \in G\}$ und es gibt einen 2-Kozykel $\mu: G \times G \to E^* = E - 1$ derart, daß die* Multiplikation in $E_\mu G$ definiert ist durch

$$u_\sigma u_\tau = \mu(\sigma, \tau) u_{\sigma\tau} \quad \text{und} \quad e u_\sigma = u_\sigma e^\sigma$$

für alle $e \in E$ und $\sigma, \tau \in G$.

Sei $H^2(\mathrm{Gal}(E/F), E^*)$ die zweite Kohomologiegruppe des $\mathbb{Z}\,\mathrm{Gal}(E/F)$-Moduls E^*. Mit diesen modernen Bezeichnungen gilt der

Satz: a) $B(F) = \bigcup_E B(E/F)$, *wobei die Vereinigung über alle endlichen Galoiserweiterungen $E \geq F$ genommen wird.*
b) $B(E/F) \cong H^2(\mathrm{Gal}(E/F), E^*)$
c) $B(F) \cong H^2(\mathrm{Gal}(F_s/F), F_s^*)$,
wobei F_s die maximale separable Erweiterung von F ist.

In [33, S. 250] schreibt R.S. PIERCE: „These theorems are absolutely fundamental tools for modern research in the theory of central simple algebras. The only available way to construct the Brauer groups of arbitrary fields is by using these techniques. Moreover, Galois cohomology provides the bridge between central simple algebras and class field theory that leads to the fundamental theorems on the Brauer groups of local fields and algebraic number fields. These are among the most profound results in modern algebra."

Wie ALFRED BRAUER [42] erwähnt, gründete I. SCHUR im Jahre 1918 zusammen mit L. LICHTENSTEIN, K. KNOPP und E. SCHMIDT die *Mathematische Zeitschrift*, „die schnell ein hohes Ansehen gewann". Als Nachfolger von K. KNOPP prägte SCHURS Schüler HELMUT WIELANDT von 1952 (Band 57) bis 1972 (Band 129) das Gesicht dieser Zeitschrift. Ihm gelang es, die Mathematische Zeitschrift nach dem zweiten Weltkrieg wieder international zu einer ersten Adresse für die besten Arbeiten in den Gebieten Darstellungstheorie und Gruppentheorie zu machen.

H. WIELANDT zählt zu den wenigen deutschen Mathematikern, die sich nach FROBENIUS und SCHUR intensiv mit dem Studium der endlichen Permutationsgruppen beschäftigten. Seine Arbeit „Über den Transitivitätsgrad von Permutationsgruppen", die 1960 in der Mathematischen Zeitschrift erschien, lieferte einen wichtigen Beitrag zur Klassifikation der vielfach transitiven Permutationsgruppen. Dort zeigte er, daß jede achtfach transitive Permutationsgruppe G entweder eine alternierende oder eine symmetrische Gruppe ist, sofern die Schreiersche Vermutung gilt, die besagt, daß jede endliche einfache Gruppe X eine auflösbare äußere Automorphismengruppe $\mathrm{Out}(X)$ hat. Sechs Jahre später haben H. NAGAO und M. SUZUKI diesen Satz verschärft, indem sie die gleiche Behauptung für die siebenfachen Permutationsgruppen bewiesen, vgl. Huppert-Blackburn [14, Bd. 3, S. 340]. Es stellte sich dann die Frage, ob ein entsprechender Satz auch für die sechsfach transitiven Permutationsgruppen gelten würde. Diese und die Schreiersche Vermutung wurden erst durch die Klassifikation der endlichen einfachen Gruppen bestätigt.

Die einfachen Gruppen bilden die Bausteine für die endlichen Gruppen. Wie man sie geschickt zusammensetzt, darüber hat HELMUT WIELANDT in seinem Überblicksartikel [140] berichtet. Insbesondere sind dort eine Reihe seiner wesentlichen Ergebnisse und Arbeiten zur Theorie der subnormalen Untergruppen erwähnt. Fast alle bedeutenden Sätze und Beweismethoden dieses Gebiets der endlichen Gruppentheorie stammen von ihm.

Schließlich sei noch bemerkt, daß der von THOMPSON gegebene Beweis für die Vermutung von FROBENIUS über die Nilpotenz des Kerns einer Frobeniusgruppe wesentlichen Gebrauch von Ideen und Beweismethoden der Arbeit [139] von H. WIELANDT zur Verlagerungstheorie macht. Neben R. BRAUER, P. HALL und G. HIGMAN hat auch H. WIELANDT mit seinen Beiträgen die Entwicklung der modernen Theorie der endlichen Gruppen erheblich beeinflußt.

FERDINAND GEORG FROBENIUS
(1849–1917)
Geboren in Berlin. Studium, Promotion 1870 an der Universität Berlin. Dort war er Professor von 1892–1917. Er starb 1917 in Berlin.

ISSAI SCHUR
(1875–1941)
Geboren in Mohilew am Dnjepr in Rußland. Studium, Promotion 1901 und Habilitation 1903 an der Universität Berlin. Von 1911–1916 Extraordinarius an der Universität Bonn. Danach bis 1935 Professor an der Universität Berlin. Er starb 1941 in Tel Aviv, Israel.

EMMY NOETHER
(1882–1935)
Geboren in Erlangen. Studium und Promotion 1907 an der Universität Erlangen. Habilitation 1919 an der Universität Göttingen, wo sie bis 1933 Dozentin war. Von 1933–1935 war sie Professorin am College in Bryn Macor (USA), wo sie 1935 starb.

EMIL ARTIN
(1898–1962)
Geboren in Wien. Studium in Wien und Leipzig. Promotion 1921 in Leipzig. Habilitation 1923 Universität Hamburg, wo er von 1926 bis 1937 ordentlicher Professor war. In den USA war er Professor an der University of Notre Dame (1937–1938), Indiana University in Bloomington (1938–1946) und Princeton University (1946–1958). Danach kehrte er an die Universität Hamburg zurück. Er starb 1962 in Hamburg.

HELMUT HASSE
(1898–1979)
Geboren in Kassel. Studium an den Universitäten Göttingen und Marburg. Promotion 1921 in Marburg. Habilitation 1922 an der Universität Marburg. Er war Professor an der Universität Halle, Marburg, Göttingen, Berlin und Hamburg. Er starb 1979 in Hamburg.

RICHARD BRAUER
(1901–1977)
Geboren in Berlin. Studium an den Universitäten Berlin und Freiburg. Promotion 1925 in Berlin. Habilitation 1927 Königsberg. Dort war er bis 1933 Privatdozent. Von 1934–1935 war er Forschungsassistent bei Hermann Weyl am Institute for Advanced Studies in Princeton. Er war Professor an den Universitäten Toronto (1935–1948), Ann Arbor (1948–1952) und Harvard University (1952–1971). Er starb 1977 in Boston.

WOLFGANG KRULL
(1899–1971)
Geboren in Baden-Baden. Studium an den Universitäten Göttingen und Freiburg. Promotion 1921 in Freiburg, Habilitation 1922 in Freiburg. Er war Professor an den Universitäten Erlangen (1928–1938) und Bonn (1938–1968), wo er 1971 starb.

REINHOLD BAER
(1902–1979)
Geboren in Berlin. Studium an der TH Hannover und der Universität Göttingen. Promotion 1925 in Göttingen. Habilitation 1928 in Freiburg. Privatdozent an der Universität Halle von 1928 bis 1933. Emigration nach Manchester und später nach den USA. Dort war er Assistant Professor in Chapel Hill (1938–1944) und Professor in Urbana (Illinois) von 1944 bis 1957. Danach kehrte er nach Frankfurt (Main) zurück, wo er bis 1967 Professor war. Er starb 1979 in Zürich.

3 Anwendungen der „Modernen Algebra" in anderen Gebieten der Mathematik

Sicherlich sorgten die ausgezeichneten Bücher von BAN DER WAERDEN [5] und DEURING [30] für eine rasche Verbreitung der Ergebnisse und Methoden der „Modernen Algebra". Es zeigte sich jedoch schnell, daß die hier entwickelten mathematischen Ideen auch für die Entwicklung anderer Gebiete der Mathematik fruchtbar waren.

Die axiomatische Denkweise hatte in der Algebra ihren ersten Erfolg in STEINITZ Arbeit [27] zur Körpertheorie. STEINITZ gab dort erstmals eine allgemeine Grundlegung der Körpertheorie bei beliebiger Charakteristik. Insbesondere klärte er u.a. den Begriff der Separabilität. Nach EMIL ARTIN [38, S. 555] wurden durch diese Arbeit „die großen algebraischen Errungenschaften des vorigen Jahrhunderts überhaupt erst auf eine gesunde Grundlage gestellt". Er fährt fort: „Es war Emmy Nother, die die Steinitzschen Ideen weiter entwickelte und unter deren Führung schließlich der ganze Bestand der klassischen Algebra sowie der algebraischen Zahlentheorie axiomatisiert wurde."

In den zwanziger Jahren machte auch die algebraische Topologie große Fortschritte. „Dabei stellte sich überraschenderweise heraus, daß große Teile rein algebraischer Natur waren und daß man sie zweckmäßigerweise aus dem geometrischen Zusammenhang herauszulösen hatte", wie E. ARTIN in [38, S. 555] erwähnt. Hieran war wiederum EMMY NOETHER maßgeblich beteiligt. In seinem Nachruf [57, S. 108] schreibt P.S. ALEXANDROFF: „In the summers of 1926 and 1927 she attended courses given by myself and H. Hopf in Göttingen ... On first learning the systematic construction of combinatorial topology from our lectures, she immediately observed that it would be useful to consider directly the groups of chains and cycles of a given polyhedron. She proposed that instead of the usual definition of Betti numbers and torsion coefficients one should immediately define the Betti group as the factor group of the group of cycles modulo the subgroup of bounding cycles ... Of course now it would scarcely occur to anyone to construct combinatorial topology without using abelian group theory as the foundation - all the more reason to note that the idea was originally Noether's. She immediately observed how simple and transparent the proof of the Euler-Poincaré formula became using the Betti group concept systematically. These remarks inspired Hopf to completely reprove the well-known fixed point theorem which Lefschetz had proved for manifolds and Hopf had generalized to arbitrary polyhedra."

Im folgenden werden Anwendungen der Algebra in der Geometrie dargestellt.

Wie HILBERT in seinen Grundlagen der Geometrie [115] gezeigt hat, gilt in einer projektiven Ebene $\mathscr{E}$ genau dann der Schließungssatz von Desargues, wenn $\mathscr{E}$ sich durch einen Schiefkörper D koordinatisieren läßt. Weiter ist D genau dann kommutativ, wenn der Schließungssatz von Pappus gilt, vgl. E. ARTIN [18]. Der Satz von Wedderburn über die Kommutativität eines endlichen Schiefkörpers hat deshalb folgendes

Korollar. *In einer endlichen projektiven Ebene $\mathscr{E}$ gilt der Schließungssatz von Desargues genau dann, wenn der von Pappus gilt.*

Dem Autor ist kein geometrischer Beweis für dieses schöne Resultat der projektiven Geometrie bekannt.

Die Theorie der lokalen Ringe, die weitgehend von WOLFGANG KRULL entwickelt worden ist, stellt die algebraischen Grundlagen für das lokale Studium der algebraischen und analytischen Varietäten bereit. In seinem Buch über die Geschichte der algebraischen Geometrie schreibt J. DIEUDONNÉ [60, S. 77]: „In 1938, Krull obtained a whole series of remarkable results on noetherian local rings, and a little later, Zariski saw that these results could be put to use in algebraic geometry over an arbitrary field.“ Insbesondere benutzte ZARISKI die regulären lokalen Ringe zur Beschreibung der einfachen Punkte einer algebraischen Varietät, die über einem beliebigen Körper definiert ist.

Auch der Hauptidealsatz von KRULL hat eine geometrische Deutung. Wie H.J. NASTOLD [49, S. 64] erwähnt, folgt aus ihm: „Durch Schnitt von r Hyperflächen erhält man eine algebraische Menge, deren irreduzible Komponenten die Kodimension $\leq r$ haben. Umgekehrt ist jede irreduzible algebraische Menge der Kodimension r Komponente eines Schnitts von r Hyperebenen.“ Allerdings trug zur raschen Entwicklung der algebraischen Geometrie nicht nur die Algebra, sondern vor allem die in der algebraischen Topologie entwickelte Theorie der Garben bei.

Die in der Algebra so erfolgreiche axiomatische Denkweise wird sehr treffend in RICHARD BRAUERS Nachruf auf EMIL ARTIN [43, S. 38] beschrieben: „It was a compulsion for Artin to present each argument in its purest form, to replace computation by conceptual arguments, to strip the theory of unnecessary ballast.“

Besonders erfolgreich war solch eine Beweisanalyse, als ARTIN erkannte, daß der Satz von Chiungtse Tsen über endlich dimensionale Schiefkörper über Funktionenkörpern ein Spezialfall von Ergebnissen aus dem Gebiet der diophantischen Gleichungen sein könnte. In seiner unter EMMY NOETHERS Anleitung angefertigten Dissertation [137] bewies C. TSEN den

Satz (TSEN). *Sei F ein Funktionenkörper vom Transzendenzgrad* 1 *über einem algebraisch abgeschlossenen Konstantenkörper. Dann gibt es nur kommutative endlich dimensionale Divisionsalgebren über F.*

E. ARTINS ehemalige Schüler S. LANG und J. TATE schreiben im Vorwort zu seinen Gesammelten Werken [38, S. X]: „Analysing Tsen's proof, Artin was led to make the following definition. A field K ist quasi-algebraically closed (QAC) if every homogeneous polynomial of degree d in n variables with coefficients in K

has a non-trivial zero in K provided $n > d$. He then observed that the method used by Tsen could be used to prove that a function field as above is QAC. In view of Wedderburn's theorem, he then conjectured that finite fields are QAC."

Schon im Jahre 1936 bewies C. CHEVALLEY diese Vermutung in [87]. Für Formen über p-adische Körpern Q_p machte E. ARTIN die folgende

Vermutung. *Ist* $n > d^2$, *so hat jedes homogene Polynom* $f = f(X_1, X_2, \ldots, X_n) \in Q_p[X_1, X_2, \ldots, X_n]$ *vom Grade d eine nicht triviale Nullstelle.*

Den größten Fortschritt zur Lösung dieser Vermutung erzielten J. AX und S. KOCHEN im Jahre 1965 in ihrer Arbeit [72]. Indem sie die aus der Modelltheorie stammende Konstruktion der Ultraprodukte verwendeten und neue Ergebnisse der allgemeinen Bewertungstheorie von W. KRULL [122] hinzufügten, konnten sie zeigen:

Satz (AX, KOCHEN). *Für jede positive Zahl d gibt es eine endliche Menge $A(d)$ von Primzahlen derart, daß für jede Primzahl $p \notin A(d)$ jede Form*

$$f(X_1, X_2, \ldots, X_n) \in Q_p[X_1, X_2, \ldots, X_n]$$

vom Grade d in $n > d^2$ *Variablen im Körper* Q_p *der p-adischen Zahlen eine nicht triviale Nullstelle hat.*

Schon ein Jahr später fand G. TERJANIAN [135] ein Gegenbeispiel zur Vermutung von ARTIN. Daher kann der Satz von Ax und Kochen nicht wesentlich verschärft werden.

Der systematische Aufbau der homologischen Algebra wurde erst nach dem zweiten Weltkrieg begonnen. Sie hat ihre Wurzeln in der Topologie und in der Algebra. Als ein erstes solches Resultat aus der Algebra muß HILBERTS Syzygiensatz aus dem Jahre 1890 angesehen werden. Er besagt, daß der n-te Kern K_n einer freien Auflösung

$$0 \leftarrow M \leftarrow F_0 \leftarrow F_1 \leftarrow \ldots \leftarrow F_{n-1} \leftarrow K_n$$

eines graduierten R-Moduls M über einem Polynomring $R = K[X_1, X_2, \ldots, X_n]$ in n Unbestimmten über einem Körper K ein freier R-Modul ist, [4, Bd. II, S. 385]. Dieses Ergebnis zeigt erstmals die Bedeutung der viel später eingeführten Begriffe „projektive Auflösung" und „projektive Dimension" eines R-Moduls M über einem beliebigen Ring R. Außerdem kann es als ein Vorläufer des berühmten Satzes von Quillen und Suslin angesehen werden, der besagt, daß projektive R-Moduln P des Polynomrings $R = K[X_1, X_2, \ldots, X_n]$ frei sind.

Im zweiten Abschnitt wurde die Bedeutung des Schurschen Multiplikators $M(G)$ für die Beschreibung der zentralen Erweiterungen einer Gruppe G erwähnt. Seine Konstruktion mit Hilfe der Faktormengen zeigte später, daß $M(G)$ zur zweiten Kohomologiegruppe $H^2(G, \mathbb{C}^*)$ isomorph ist, vgl. [13]. Allgemeinere Faktormengen führte O. SCHREIER 1926 in seiner Erweiterungstheorie von Gruppen ein, vgl. [13, S. 87].

Im Jahre 1934 zeigte REINHOLD BAER (Berlin 1902 – Zürich 1979) in seiner grundlegenden Arbeit [73] zur Erweiterungstheorie von Gruppen, daß man auf der Menge der Erweiterungen $0 \to B \to E \to A \to 0$ zweier fest gewählter R-Moduln A, B eines Ringes R eine Äquivalenzrelation so einführen kann, daß die Äquivalenzklassen bezüglich einer geeigneten Addition eine abelsche Gruppe $\mathrm{Ext}_R(A, B)$ bilden. In seinem Nachruf auf R. BAER [47, S. 351] schreibt K. W. GRUENBERG: „The first paper that Baer published on extension theory is a remarkably original piece of work."

H. CARTAN und S. EILENBERG faßten 1956 in ihrem Buch [15] die verschiedenen Vorläufer der homologischen Algebra mittels des Konzepts „derivierter Funktor" zu einem Gebäude zusammen. Dabei ergab sich, daß die Erweiterungsgruppe $\mathrm{Ext}_R(A, B)$ von Baer gerade der Wert des ersten rechts derivierten Funktors des Funktors $\mathrm{Hom}_R(-, B)$ an der Stelle A ist, vgl. [16, Chap. IV]. Zuvor hatten 1947 S. EILENBERG und S. MACLANE [94] gezeigt, daß die zweite Kohomologiegruppe $H^2(G, A)$ einer Gruppe G mit Koeffizienten in einem G-Modul A benutzt werden kann, um die Erweiterungstheorien von O. SCHREIER und R. BAER zu vereinfachen und zu vereinheitlichen.

Im Jahre 1940 führte R. BAER [74] das Konzept eines injektiven Moduls in die Ring- und Modultheorie ein. Seine Bedeutung belegt der

Satz (BAER). *Jeder Modul M eines Ringes R läßt sich in einen injektiven R-Modul einbetten.*

Dieses Ergebnis legt es nahe, auch injektive Auflösungen eines R-Moduls M zu konstruieren. Es zeigt sich dann, daß man $\mathrm{Ext}_R(A, B)$ sowohl mittels einer projektiven Auflösung des R-Moduls A als auch mittels einer injektiven Auflösung des R-Moduls B berechnen kann. Die Begriffe „injektiv" und „projektiv" gehören heute zu den grundlegenden Konzepten der Ring- und Darstellungstheorie.

Im Jahre 1945 führten S. EILENBERG und S. MACLANE [93] die Begriffe „Kategorie" und „Funktor" im Rahmen ihrer Untersuchungen in der algebraischen Topologie ein. HILTON und STAMMBACH [16, S. 40] schreiben: „Since then an independent mathematical theory has grown up around the basic concepts of the language of categories and functors. The development, elaboration and application of this theory constitute an extremely active area of mathematical research." Die Methoden der homologischen Algebra haben sich inzwischen in vielen Gebieten der Mathematik als besonders fruchtbar erwiesen. Dies gilt nicht nur für die kommutative Algebra, Gruppentheorie und Klassenkörpertheorie [69], sondern auch für die algebraische Geometrie und algebraische Topologie.

4 Darstellungstheorie endlicher Gruppen und endlich-dimensionaler Algebren

Die Weiterentwicklung der Algebra erfuhr durch die politischen Verhältnisse in Deutschland zwischen 1933 und 1945 sowie durch die Wirren des Zweiten Weltkriegs eine erhebliche Beeinträchtigung. Schon 1933 wurden REINHOLD BAER und RICHARD BRAUER wegen ihrer jüdischen Abstammung von ihren Dozentenstellen in Halle bzw. Königsberg entlassen und aus Deutschland vertrieben. Es gelang ihnen jedoch, ihre Karrieren erfolgreich in den USA und in Kanada fortzusetzen. Im Jahre 1937 entschied sich EMIL ARTIN, seine Professur an der Universität Hamburg aufzugeben und ebenfalls in die Vereinigten Staaten auszuwandern. Von 1946 bis 1958 war E. ARTIN Professor an der Universität in Princeton. R. BRAUER hatte von 1952 bis 1971 eine ähnlich ehrenvolle Stellung an der Harvard University inne. An diesen Zentren der internationalen Forschung fanden sie eine große Zahl von ausgezeichneten Schülern. Hiervon profitierte nicht nur die Entwicklung der algebraischen Zahlentheorie, sondern auch die der Darstellungstheorie endlicher Gruppen und endlich-dimensionaler Algebren. Hier kann nur über einige ausgewählte Ergebnisse berichtet werden.

In seinem Nachruf auf R. BRAUER schreibt J. A. GREEN [46, S. 320]: „In 1942 Brauer also spent some time with Emil Artin at Bloomington, Indiana. Brauer had met Artin briefly in Hamburg, but this was their first real mathematical and personal contact. Their discussions and correspondence over the ensuing years resulted in Brauer's famous proof of Artin's L-function conjecture, and a series of subsequent papers relating to class field theory, for which he received the American Mathematical Society's Cole Prize in 1949.“ Auf diese Beziehung zwischen der Darstellungstheorie und der Zahlentheorie wird zunächst eingegangen.

ARTIN führte 1923 seine L-Reihen in seiner Arbeit [67] ein. Schon dort vermutete er, daß sie im Falle von abelschen Erweiterungen L/K eines algebraischen Zahlkörpers K mit den L-Reihen von Dirichlet übereinstimmen. Im Falle $K = \mathbb{Q}$ und $L = \mathbb{Q}(\omega_n)$ – wobei ω_n eine primitive n-te Einheitswurzel ist – spielen die Dirichlet-Reihen eine wichtige Rolle beim Beweis des Dirichletschen Primzahlsatzes, der besagt, daß in jeder arithmetischen Folge

$$a, a + m, a + 2m, a + 3m, \dots \quad \text{mit } (a, m) = 1$$

unendlich viele Primzahlen existieren.

ARTINS Vermutung über die Gleichheit der L-Reihen ergab sich 1927 als eine Folgerung seines allgemeinen Reziprozitätsgesetzes, vgl. Neukirch [127, S. 105]. In seinem Bericht [108, Bd. II, S. 12] schreibt H. HASSE: „Dieses Artinsche Reziprozitätsgesetz ist eine wichtige Ergänzung zum Isomorphiesatz der Klassenkörpertheorie. Es läßt sich aber auch als eine Verallgemeinerung des Zerlegungssatzes ansehen, indem es auch noch die verschiedenen Zerlegungsgruppen gleicher Ordnung zu unterscheiden erlaubt. Auf Grund dieser Beziehungen zu den beiden fundamentalen Gesetzen der Klassenkörpertheorie kann das Artinsche Reziprozitätsgesetz als das Fundamentaltheorem der Theorie der Abelschen Zahlkörper genannt werden." Er fährt später fort [108, Bd. II, S. 123]: „Es ist außerordentlich erstaunlich, daß das Artinsche Reziprozitätsgesetz, das doch seiner Herleitung und Bedeutung nach ganz in der Theorie der Abelschen Zahlkörper wurzelt, seine Reichweite auch darüber hinaus auf die Theorie der beliebigen Galoisschen Zahlkörper erstreckt. Diese Erkenntnis hat Artin gewonnen. Seinen Untersuchungen ist es zu verdanken, daß man heute – trotz der völligen Unkenntnis eines Analogons für beliebige Galoissche Zahlkörper zum Klassenkörperzerlegungsgesetz der Abelschen Zahlkörper – einen tiefen Einblick in die eigenartige arithmetische Gesetzlichkeit der allgemeinen Galoisschen Zahlkörper hat."

Aus den von ARTIN bewiesenen Sätzen ergibt sich die erstaunliche Tatsache, „daß die allgemeinen Artinschen L-Funktionen sich auf die speziellen Abelschen L-Funktionen zurückführen lassen", [108, Bd. II, S. 156]. Dies folgt aus der Definition der Artinschen L-Reihen mittels des Hauptsatzes der Galoistheorie und des Reziprozitätssatzes von FROBENIUS über Induktion und Restriktion von Gruppencharakteren. Zur Erläuterung dieses Sachverhalts werden die folgenden Bezeichnungen und Voraussetzungen benötigt.

Der algebraische Zahlkörper K sei fest gewählt. Für jedes Ideal $a \neq 0$ des Ringes A der ganzen Zahlen von K sei $\mathcal{N}(a) = |A/a|$ die absolute Norm von a.

Sei L eine endliche Galoiserweiterung des Zahlkörpers K mit Galoisgruppe $G = \mathrm{Gal}(L/K)$, und sei B der ganze Abschluß von A in L.

Jedes Primideal p von A zerfällt in B in ein Produkt $pB = (P_1 P_2 \dots P_r)^e$, wobei die P_i Primideale von B sind, $efr = |L:K|$, f der Grad der Restklassenerweiterung und e der Verzweigungsindex von p in B ist.

Sei $P \neq 0$ ein Primideal von B mit $P \cap A = p$. Seine Zerlegungsgruppe ist $G_P = \{s \in G \mid s(P) = P\}$. Sei $\bar{L} = B/P$. Die Trägheitsgruppe von P über p ist

$$T_P = \{t \in G_P \mid t \text{ induziert die Identität auf } \bar{L}\}.$$

Dann ist die Faktorgruppe G_P/T_P isomorph zur Galoisgruppe der Erweiterung $\bar{L} = B/P$ von $\bar{K} = A/p$. Die zyklische Galoisgruppe $\mathrm{Gal}(\bar{L}/\bar{K})$ wird von einem Frobeniusautomorphismus s_P von $\bar{K}$ erzeugt. Modulo T_P ist s_P eindeutig durch folgende Kongruenz bestimmt:

$$s_P(\alpha) \equiv \alpha^{\mathcal{N}(p)} \bmod P \qquad \text{für alle } \alpha \in A.$$

Das Element $s_P = (P, L/K) \in \mathrm{Gal}(L/K)$ heißt Artin-Symbol von P.

Es sei bemerkt, daß im Falle von abelschen Erweiterungen L/K das Artin-Symbol nur vom Primideal p von A abhängt. Deshalb bezeichnet man es mit $(p, L/K)$. Die Zuordnung $p \to (p, L/K)$ induziert den im allgemeinen Reziprozitätsgesetz von ARTIN behaupteten Isomorphismus zwischen der Idealklassengruppe von L/K und der Galoisgruppe $\mathrm{Gal}(L/K)$, vgl. [127, S. 106].

Seien nun $P_1, P_2, \ldots, P_r$ die Primideale von B, die über dem Primideal p von A liegen. Dann sind die Trägheitsgruppen T_{P_i} in G konjugiert. Die Frobeniusautomorphismen $s_{P_i} = (P_i, L/K)$ sind alle in G konjugiert, weil T_P normal in G_P ist. Da Charaktere endlicher Gruppen Klassenfunktionen sind, folgt für jeden komplexwertigen Charakter χ der Galoisgruppe $G = \mathrm{Gal}(L/K)$ der endlichen Erweiterung L/K von K und für jede natürliche Zahl $m \geq 1$, daß der Wert

$$\chi(p^m) := \frac{1}{e} \sum_{t \in T_P} \chi((s_P)^m t)$$

unabhängig von der Auswahl des Primideals P von B über p und von der Auswahl des Nebenklassenvertreters s_P in $s_P T_P \in G_P/T_P$ ist, denn $e = |T_P|$. Also ist der Wert $\chi(p^m)$ für jede ganze Zahl m und jedes Primideal p von A eindeutig bestimmt.

Mit diesen Bezeichnungen definierte E. ARTIN [38, S. 169] im Jahre 1930 den Logarithmus der zum Charakter χ der Galoisgruppe $\mathrm{Gal}(L/K)$ gehörigen L-Reihe $L(s, \chi, L/K)$ der Körpererweiterung L/K durch die Reihenentwicklung:

$$\log L(s, \chi, L/K) = \sum_p \sum_{m=1}^{\infty} \frac{\chi(p^m)}{m \mathcal{N}(p)^{ms}},$$

wobei die Summe über alle Primideale p von A zu erstrecken ist.

Die L-Reihe ist dann der Exponent des Logarithmus. In jedem abgeschlossenen und beschränkten Teil der Halbebene $\mathrm{Re}\, s > 1$ konvergiert die L-Reihe $L(s, \chi, L/K)$ absolut und gleichmäßig. ARTIN bewies den folgenden

Satz (E. ARTIN): a) *Ist* $\chi = \sum_{i=1}^{k} c_i \varphi_i$, *wobei alle* $c_i \in \mathbb{Z}$ *und* φ_i *Charaktere der Galoisgruppe* $G = \mathrm{Gal}(L/K)$ *sind, dann ist*

$$L(s, \chi, L/K) = \prod_{i=1}^{k} L(s, \varphi_i, L/K)^{c_i}.$$

b) *Sei* $K \leq F \leq L$ *ein Zwischenkörper mit Galoisgruppe* $H = \mathrm{Gal}(L/F)$. *Ist* ψ *ein Charakter von* H *und* ψ^G *der von* ψ *induzierte Charakter von* $G = \mathrm{Gal}(L/K)$, *dann*

$$L(s, \psi^G, L/K) = L(s, \psi, L/F).$$

c) *Ist* N *der Kern der zum Charakter* χ *von* $G = \mathrm{Gal}(L/K)$ *gehörigen Darstellung und* L_N *der Fixkörper von* N, *dann ist*

$$L(s, \chi, L/K) = L(s, \chi, L_N/K),$$

wobei χ *auf der rechten Seite als Charakter von* G/N *betrachtet wird.*

Mittels dieses Ergebnisses hatte E. ARTIN [38, S. 176] gezeigt, daß die Reihe $L(s, \chi, L/K)^m$ für eine geeignete natürliche Zahl $m > 0$ eine meromorphe Funktion ist. Er machte dann die

Vermutung (E. ARTIN): a) *$L(s, \chi, L/K)$ ist selber eine meromorphe Funktion.*
b) *$L(s, \chi, L/K)$ ist ein Produkt mit ganzzahligen Exponenten von Dirichletschen L-Reihen abelscher Körpererweiterungen.*
c) *Ist $\chi \neq 1_G$ ein nicht trivialer irreduzibler Charakter der Galoisgruppe $G = \mathrm{Gal}(L/K)$, so ist $L(s, \chi, L/K)$ sogar eine ganze Funktion.*

Im Jahre 1946 bewies R. BRAUER die Vermutungen a) und b) von E. ARTIN in seiner Arbeit [82]. In der Einleitung [82, S. 503] erwähnt er, daß ARTIN ihm den Hinweis gegeben hätte, wie man diese Behauptungen auf die Gültigkeit eines damals noch nicht bewiesenen Induktionssatzes aus der Darstellungstheorie endlicher Gruppen reduzieren könne.

Um diesen Induktionssatz von R. BRAUER [82] formulieren zu können, benötigt man den Begriff einer elementaren Untergruppe einer beliebigen endlichen Gruppe G. Eine Untergruppe U von G heißt elementar, wenn U das direkte Produkt $U = A \times B$ einer zyklischen Gruppe A und einer p-Gruppe B für eine geeignete Primzahl p ist.

Induktionssatz (R. BRAUER). *Jeder Charakter χ einer endlichen Gruppe G ist eine ganzzahlige Linearkombination*

$$\chi = \sum_{i=1}^{r} c_i \psi_i^G, \quad c_i \in \mathbb{Z},$$

von induzierten Charakteren ψ_i^G von G, wobei jedes ψ_i ein linearer Charakter einer elementaren Untergruppe E_i von G ist.

Schließlich sei noch bemerkt, daß ARTINs Vermutung c) noch heute offen ist. Nach H. HASSE [108, Bd. II, S. 163] hätte sie folgende Konsequenz: „Die Dedekindsche ζ-Funktion eines jeden algebraischen Zahlkörpers ist teilbar durch die Dedekindsche ζ-Funktion eines jeden Teilkörpers."

Schon sechs Jahre später verschärfte R. BRAUER seinen Induktionssatz in seiner Arbeit [83]. Dort gab er eine äußerst wichtige und nützliche Charakterisierung der Charaktere einer endlichen Gruppe G an. Zu ihrer Formulierung werden die folgenden Bezeichnungen benötigt.

Seien $\chi_1, \chi_2, \ldots, \chi_k$ die sämtlichen nicht äquivalenten irreduziblen komplexwertigen Charaktere von G. Eine Linearkombination $\sigma = \sum_{i=1}^{k} a_i \chi_i$ mit ganzzahligen Koeffizienten $a_i \in \mathbb{Z}$ heißt *virtueller* (oder verallgemeinerter) *Charakter* von G. Mit $R(G)$ wird die Menge aller virtuellen Charaktere σ von G bezeichnet.

Satz (BRAUER). *Sei θ eine komplexwertige Klassenfunktion von G. Genau dann gehört θ zu $R(G)$, wenn die Einschränkung $\theta_{|E}$ für jede elementare Untergruppe E von G zu $R(E)$ gehört.*

Indem J. A. GREEN in seinem Nachruf auf R. BRAUER [46, S. 330] auf diese beiden Sätze von BRAUER Bezug nimmt, schreibt er: „These must be the most widely-quoted of all Brauer's theorems. He applied them himself to class field theory, the theory of Schur indices and to modular and ordinary character theory. Of the many generalizations and applications made by others, we might mention particularly Swan's induction theorem for integral representations [133] and Atiyah's paper [70] on the connection between $R(G)$ and the integral cohomology of G." Wie GREEN weiter in [46, S. 334] erwähnt, hat BRAUER mittels des Induktionssatzes auch eine Vermutung von C. L. SIEGEL aus der algebraischen Zahlentheorie bewiesen.

W. FEIT würdigt in [44, S. 14] R. BRAUERS wissenschaftliche Leistungen wie folgt: „His work on the conjectures of Artin, Cartan and Dickson and his proof of the conjecture about splitting fields of finite groups are ample evidence of his ability to solve important problems. He introduced many new concepts and new points of view to the study of various questions in mathematics ... For sheer originality I think his work on modular representations is preeminent. He developed this theory and discovered and proved the three Main Theorems. He found unexpected and deep applications to group theory."

Vor R. BRAUER hatten sich nur L. E. DICKSON und A. SPEISER mit modularen Darstellungen endlicher Gruppen beschäftigt. Sei p eine Primzahl, die die Ordnung $|G|$ der endlichen Gruppe G teilt. Sei R ein vollständiger diskreter Bewertungsring mit maximalem Ideal πR derart, daß der Quotientenkörper $S = Q(R)$ Charakteristik Null und der Restklassenkörper $F = R/\pi R$ Charakteristik $p > 0$ haben. Das Tripel (F, R, S) heißt p-modulares System für G. Für jede Gruppe G und jede Primzahl p lassen sich solche Bewertungsringe R konstruieren derart, daß F und S Zerfällungskörper für G sind, vgl. W. FEIT [7]. Dies wird im folgenden angenommen. Da die Gruppenalgebra RG ein noetherscher Ring ist, hat sie nur endlich viele zentral-primitive Idempotente $\hat{e} = \hat{e}^2 \neq 0$. Sie sind orthogonal. Ihre Summe ist die Eins 1 des Ringes RG. Sei $e = \hat{e} + \pi RG \in FG$. Da R vollständig ist, folgt, daß auch $e = e^2 \neq 0$ ein zentralprimitives Idempotent in der Gruppenalgebra FG ist. Ein *Block B der Gruppe G* ist ein Tripel $B = (B = eFG, \hat{B} = \hat{e}RG, B_S = \hat{e}SG)$, wobei $\hat{e} = \hat{e}^2 \neq 0$ ein zentral-primitives Idempotent von RG ist.

Sei $A \in \{F, R, S\}$. Ein unzerlegbarer AG-Modul M gehört zum Block B, wenn $M\hat{e} = M$ gilt. Wegen der Orthogonalität der zentral-primitiven Idempotenten $\hat{e}$ gehört jeder unzerlegbare AG-Modul zu genau einem einzigen Block B von G. Mit $l(B)$ wird die Anzahl der nicht isomorphen einfachen FG-Moduln von B bezeichnet. Eine weitere wichtige Blockinvariante ist die Anzahl $k(B)$ der nicht isomorphen SG-Moduln von B_S.

Im Jahre 1946 kündigte R. BRAUER die Hauptsätze der Blocktheorie endlicher Gruppen in den Proceedings of the National Academy of Sciences an, vgl. [35, Bd. I, S. 529–538]. Ausführliche Beweise veröffentlichte er erst 1956 und 1959 in der Mathematischen Zeitschrift. Einer der zentralen Begriffe dieser Theorie ist die Definition „Defektgruppe" eines Blockes. Hierdurch ordnet BRAUER jedem Block B von G eine bis auf G-Konjugation eindeutig bestimmte p-Untergruppe $\delta(B) =_G D$ zu. Ist $|D| = p^d$, so heißt $d = d(B)$ Defekt des Blockes B.

Wie man dem der modularen Darstellungstheorie gewidmeten Lehrbuch [7, S. 159] von W. FEIT entnimmt, sind die Blöcke B von G vom Defekt Null durch folgenden Satz charakterisiert.

Satz (R. BRAUER). *Sei* $\underline{B} = (B, \hat{B}, B_S)$ *ein Block von G mit Defektgruppe* $\delta(B) =_G D$. *Dann sind folgende Aussagen äquivalent:*

1. $B \cong (F)_n$
2. $\hat{B} \cong (R)_n$
3. $B_S \cong (S)_n$
4. $D = 1$

Die Blöcke vom Defekt Null spielen in der modularen Darstellungstheorie eine wichtige Rolle. Mittels des ersten Hauptsatzes der Blocktheorie reduziert R. BRAUER die Bestimmung der Anzahl der Blöcke B von G mit einer vorgegebenen p-Untergruppe D von G als Defektgruppe $\delta(B) =_G D$ im wesentlichen auf die Frage, wieviel Blöcke vom Defekt Null es in einer mittels des Normalisators $N_G(D)$ von D konstruierten Gruppe K gibt. Dabei hat K im allgemeinen kleinere Ordnung als G. Allerdings kennt man keine einfach anwendbare, gruppentheoretische Beschreibung für die Anzahl $z(G)$ der Blöcke vom Defekt Null von einer Gruppe G.

Der zweite Hauptsatz der Blocktheorie gibt einen Algorithmus für die Berechnung der Charakterwerte $\chi(g)$ von p-singulären Elementen $g \in G$ für alle irreduziblen Charaktere χ, die zu einem Block B von G gehören. Insbesondere ist $\chi(g) = 0$, wenn der p-Teil g_p nicht konjugiert ist zu einem Element der Defektgruppe $\delta(B) =_G D$ von B.

Ein weiteres Ziel der Blocktheorie ist die Beschreibung der algebrentheoretischen Invarianten eines Blockes B von G durch die gruppentheoretischen Eigenschaften der Defektgruppe $\delta(B) =_G D$ und der von ihr bestimmten lokalen Untergruppen von G, wie z. B. der Zentralisator $C_G(D)$ oder der Normalisator $N_G(D)$. Insbesondere stellte R. BRAUER 1963 in [35, Bd. II, S. 199] das noch offene

Problem: *Ist* $k(B) \leq |D|$, *wenn B ein Block von G mit Defektgruppe* $\delta(B) =_G D$ *ist?*

Der erste Hauptsatz der Blocktheorie ordnet jedem Block B einer endlichen Gruppe G mit Defektgruppe $\delta(B) =_G D$ genau einen Block b im Normalisator $N = N_G(D)$ von D mit Defektgruppe $\delta(b) = D$ zu. Es gibt zahlreiche offene Vermutungen über die Beziehungen zwischen den entsprechenden Blockinvarianten von B und b. Insbesondere wird vermutet, daß stets $l(B) \geq l(b)$ ist.

All die erwähnten Probleme haben seit langem eine positive Antwort im Falle der Blöcke B mit einer zyklischen Defektgruppe D. Im Jahre 1942 veröffentlichte R. BRAUER zwei grundlegende Arbeiten [80] über Blöcke vom Defekt 1. Indem E.C. DADE die von J.A. GREEN entwickelte Modulkorrespondenz zwischen den nicht projektiven B-Moduln und den entsprechenden Moduln des Brauer-Korrespondenten b benutzte, konnte er 1966 in seiner berühmten Arbeit [91] fast alle Ergebnisse von BRAUER für Blöcke mit beliebiger zyklischer Defektgruppe beweisen.

Satz (BRAUER, DADE). *Sei B ein p-Block einer endlichen Gruppe mit einer zyklischen Defektgruppe D. Dann existiert ein Teiler e von $p-1$ derart, daß gilt:*

a) $l(B) = e = l(b)$

b) $k(B) = e + \dfrac{|D|-1}{e} = k(b)$

c) *B hat $e|D|$ nicht isomorphe unzerlegbare FG-Moduln.*

BRAUER und DADE haben außerdem die Cartan-Invarianten und die Zerlegungszahlen von B bestimmt. Darüber hinaus hat BRAUER dem Block B einen Baum zugeordnet. Aus dessen graphentheoretischen Daten können all diese Blockinvarianten wieder zurückgewonnen werden.

Mittels der Ergebnisse von BRAUER und DADE haben G.J. JANUSZ und H. KUPISCH in ihren Arbeiten [120] und [124] die genaue Struktur der unzerlegbaren projektiven Moduln eines Blocks B mit zyklischer Defektgruppe bestimmt. Aus ihren Ergebnissen folgt, daß die Blockalgebra $B = eFG$ Morita-äquivalent zur F-Algebra des Brauer-Baums von B ist.

Dieses Ergebnis wurde 1979 von GABRIEL und RIEDTMANN [101] erheblich verallgemeinert. Zwei Algebren A und B heißen stabil-äquivalent, wenn ihre Modulkategorien Mod$A$ und Mod$B$ modulo den projektiven Moduln und projektiven Abbildungen übereinstimmen. Im Falle von Blöcken B mit zyklischer Defektgruppe D sind B und sein Brauer-Korrespondent b in $N_G(D)$ stets stabil-äquivalent. In [101] zeigen GABRIEL und RIEDTMANN, daß eine F-Algebra genau dann zu einem Brauer-Baum gehört, wenn sie stabil äquivalent ist zu einer symmetrischen einreihigen F-Algebra. Dabei wird F als algebraisch abgeschlossen vorausgesetzt. Eine Algebra A ist einreihig, wenn jeder unzerlegbar projektive A-Modul P genau eine einzige Kompositionsreihe besitzt. Die oben erwähnten Brauer-Korrespondenten b sind symmetrische, einreihige Algebren.

In den letzten 20 Jahren fand eine sehr stürmische Entwicklung in der Darstellungstheorie endlich dimensionaler Algebren statt. Große Fortschritte wurden bei den darstellungsendlichen Algebren gemacht. Dabei heißt eine endlich dimensionale Algebra A darstellungsendlich, wenn sie nur endlich viele Isomorphieklassen von direkt unzerlegbaren A-Moduln besitzt. Im Jahre 1972 entdeckte P. GABRIEL eine höchst überraschende Beziehung zwischen der Darstellungstheorie gewisser darstellungsendlicher Algebren und den Dynkin-Diagrammen, die bei der Klassifikation der endlich dimensionalen einfachen Lie-Algebren auftreten. Hierzu schreibt PIERCE [33, S. 126]: „This relation between associative and Lie algebras was clarified by Bernstein, Gelfand und Ponomarev; they showed that many algebraic problems can be formulated as questions about representations of quivers.“

Neben diesen kombinatorischen Methoden erwiesen sich die Ergebnisse von M. AUSLANDER und I. REITEN über fast-zerfallende Folgen (almost split sequences) von Moduln und irreduzible Abbildungen $\lambda: U \to V$ zwischen unzerlegbaren Moduln U und V über einer Algebra A als besonders fruchtbar. Dabei heißt $\lambda \in \mathrm{Hom}_A(U, V)$ irreduzibel, wenn für jede Faktorisierung $\lambda = \mu\gamma$ entweder μ ein Linksinverses oder γ ein Rechtsinverses besitzt.

Im folgenden sei A eine endlich dimensionale Algebra über einem algebraisch abgeschlossenen Körper F. Nach einem bekannten Satz von Morita kann angenommen werden, daß A eine Basisalgebra ist, d.h. daß die Restklassenalgebra $\bar{A} = A/J(A)$ nach dem Radikal ist isomorph zum direkten Produkt $F^n = F \times F \times \ldots \times F$ von endlich vielen Kopien des Körpers F. Der Auslander-Reiten-Köcher $\mathcal{Q}(A)$ der F-Algebra A ist der gerichtete Graph, dessen Ecken die Isomorphieklassen der unzerlegbaren A-Moduln U sind. Ferner werden zwei Ecken U und V durch einen Pfeil $U \to V$ verbunden, wenn es eine irreduzible Abbildung von U nach V gibt. Der stabile Auslander-Reiten-Köcher $\mathcal{Q}_s(A)$ der selbstinjektiven F-Algebra A entsteht aus $\mathcal{Q}(A)$, indem alle Isomorphieklassen unzerlegbarer projektiver A-Moduln P zusammen mit den Pfeilen weggelassen werden, die bei einem projektiven A-Moduln enden oder von einem solchen ausgehen. Nach C. RIEDTMANN [131] bestimmt jede Zusammenhangskomponente Γ des stabilen Auslander-Reiten-Köchers $\mathcal{Q}_s(A)$ von A eindeutig (bis auf Isomorphie) einen Baum $\bar{B}$. Die Isomorphieklasse von $\bar{B}$ heißt Baumklasse von Γ. Im Spezialfall der selbstinjektiven Algebren A lautet das Hauptergebnis ihrer grundlegenden Arbeit [131] zur Klassifikation der Algebren vom endlichen Darstellungstyp:

Satz (C. RIEDTMANN). *Sei Γ eine Zusammenhangskomponente des stabilen Auslander-Reiten-Köchers $\mathcal{Q}_s(A)$ der darstellungsendlichen selbstinjektiven Algebra A. Dann ist die Baumklasse $\bar{B}$ von Γ eines der folgenden Dynkin-Diagramme:*

$$A_n \quad 1 - 2 - 3 - - - - - (n-1) - n, \qquad n \geq 1$$

$$D_n \quad 1 - 2 - 3 - - - - - (n-2) \begin{matrix} (n-1) \\ \\ n \end{matrix}, \qquad n \geq 4$$

$$E_n \quad \begin{matrix} 1 - 2 - 3 - - - - - (n-1) - n, \\ | \qquad \\ 4 \qquad \end{matrix} \qquad n = 6, 7, 8$$

Im Fall der Blöcke B einer endlichen Gruppe G mit zyklischer Defektgruppe $\delta(B) =_G D$ tritt nur die Baumklasse $\bar{B} \cong A_n$ auf. Die übrigen Dynkin-Diagramme werden aber bei den unzerlegbaren Darstellungen anderer endlicher dimensionaler Algebren realisiert.

Während der vergangenen 20 Jahre standen Untersuchungen zur Lösung der beiden Brauer-Thrall-Vermutungen im Zentrum des Studiums der darstellungsendlichen Algebren. Schon im Jahre 1968 bewies A. V. ROITER die erste, indem er zeigte [33, S. 124]:

Satz (A. V. ROITER). *Eine endlich dimensionale F-Algebra A ist genau dann darstellungsendlich, wenn die Grade ihrer unzerlegbaren Moduln beschränkt sind.*

In ihrer Arbeit [126] hatten L. A. NAZAROVA und A. V. ROITER 1975 auch einen ersten, schwer verständlichen Beweis für die zweite Brauer-Thrall-Vermutung gegeben. Danach haben sich A. V. ROITER, K. BONGARTZ, R. BAUTISTA, M. AUSLANDER, I. REITEN, P. GABRIEL und C. M. RINGEL intensiv um die theoretische Weiterentwicklung der Darstellungstheorie von endlich-dimensionalen Algebren bemüht. In ihrer grundlegenden gemeinsamen Arbeit [75] erzielten 1985 R. BAUTISTA, P. GABRIEL, A. V. ROITER und L. SALMERÓN einen wichtigen Durchbruch. Sie nennen eine Vektorraumbasis B einer endlich dimensionalen Algebra A über einem algebraisch abgeschlossenen Körper F multiplikativ, wenn das Produkt uv zweier Elemente $u, v \in B$ entweder ein Basisvektor $w = uv \in B$ oder gleich Null ist. Das Hauptergebnis ihrer Arbeit [75] ist der

Satz (BAUTISTA, GABRIEL, ROITER, SALMERÓN). *Eine darstellungsendliche Algebra A besitzt eine multiplikative Basis.*

Durch die abschließenden Arbeiten von R. BAUTISTA, vgl. [75], und K. BONGARTZ [78] liegt nun ein vollständiger Beweis vor für den die zweite Brauer-Thrall-Vermutung beweisenden

Satz (BAUTISTA, BONGARTZ, NAZAROVA, ROITER). *Ist die Algebra A darstellungsunendlich, so ist die Anzahl der Dimensionen, für die es unendlich viele Isomorphieklassen unzerlegbarer A-Moduln gibt, auch selbst unendlich.*

In BRAUERS Gesammelten Werken [35] habe ich keinen Hinweis auf die Formulierungen der beiden Brauer-Thrall-Vermutungen gefunden, wohl aber in der Doktorarbeit [119] von J. P. JANS, die dieser 1956 unter der Anleitung von R. M. THRALL an der University of Michigan in Ann Arbor verfaßt hatte. Dort war R. BRAUER von 1948 bis 1952 Professor.

Einen ausgezeichneten Überblick über die Beweismethoden und neuesten Ergebnisse über darstellungsendliche Algebren hat P. GABRIEL in seinem Vortrag [100] auf dem Internationalen Kongreß 1986 in Berkeley gegeben.

Die nicht darstellungsendlichen endlich dimensionalen Algebren über einem algebraisch abgeschlossenen Körper F sind entweder vom zahmen oder vom wilden Darstellungstyp. Dabei ist A zahm, wenn es für jede endliche Dimension d nur endlich viele Einbettungsfunktoren E_i: $\mathrm{Mod}(F[T]) \to \mathrm{Mod}(A)$ gibt derart, daß alle bis auf endlich viele Isomorphieklassen unzerlegbarer A-Moduln U der Dimension $\dim_F U = d$ von der Form $U \cong E_i(M)$ sind, wobei M ein unzerlegbarer Modul des Polynomrings $F[T]$ in der Unbestimmten T über dem Körper F und E_i einer der endlich vielen Einbettungsfunktoren E_i ist. Die p-Blöcke B einer endlichen Gruppe G mit nicht zyklischer Defektgruppe $\delta(B) =_G D$ sind in der Regel vom wilden Darstellungstyp. Die einzigen Ausnahmen bilden die 2-Blöcke B mit Defektgruppen D, die Dieder-, Semidieder- oder verallgemeinerte Quaternionengruppen sind. Sie sind vom zahmen Darstellungstyp. C.-M. RINGEL hat in seiner Arbeit [132] die unzerlegbaren Darstellungen der Gruppenalgebra FD einer Diedergruppe D über einem Körper F der Charakteristik 2 klassifiziert. Mittels der Green-Korrespondenz und der Clifford-Theorie erhält man dadurch eine Klassifikation der unzerlegbaren B-Moduln. Für die Fälle der Semidieder- bzw. der verallgemeinerten Quaternionengruppen hat C.-M. RINGEL seine Ergebnisse noch nicht veröffentlicht. Bei der Klassifikation der einfachen Gruppen mit kleinem 2-Rang spielten R. BRAUERS Ergebnisse über Blöcke mit einer solchen Defektgruppe eine wichtige Rolle.

5 Klassifikation der endlichen einfachen Gruppen

Im Jahre 1954 begann RICHARD BRAUER seinen Vortrag [84] auf dem Internationalen Mathematiker-Kongreß in Amsterdam mit den Worten: „The theory of groups of finite order has been rather in a state of stagnation in recent years ... If I present here some investigations on groups of finite order, it is with the hope of raising new interest in this field.“ Das ist ihm völlig gelungen.

Ein Element $x \neq 1$ der endlichen Gruppe G heißt Involution, wenn $x^2 = 1$. Eine nicht abelsche Gruppe G ohne echte Normalteiler $1 < N < G$ heißt *einfach*. In [84] kündigte BRAUER das folgende Resultat an:

Satz (BRAUER, FOWLER). *Es gibt nur endlich viele einfache Gruppen G, die eine Involution x besitzen, deren Zentralisator $C_G(x)$ isomorph zu einer vorgegebenen Gruppe H ist.*

Da der Zentralisator $C_G(x)$ einer Involution x einer einfachen Gruppe G stets kleinere Ordnung als $|G|$ hat, stellt dieser Satz den Beginn einer Strategie dar, mit der man das Klassifikationsproblem der endlichen einfachen Gruppen prinzipiell lösen kann. Für diese Klassifikationsmethode gab R. BRAUER in [84] das folgende Beispiel:

Satz (R. BRAUER). *Sei G eine einfache Gruppe mit einer Involution x derart, daß $C_G(x) \cong GL(2, q)$, $q \equiv 1 \bmod 2$. Dann ist entweder $G \cong PSL(3, q)$ oder G ist isomorph zur Mathieu-Gruppe M_{11} der Ordnung* 7920.

Seitdem wurden zahlreiche einfache Gruppen mittels der Struktur der Zentralisatoren ihrer Involutionen charakterisiert. Zwölf Jahre später verwendete

Z. JANKO, jetzt Professor an der Universität Heidelberg, diese Methode zur Konstruktion einer neuen sporadischen einfachen Gruppe J_1. In [118] bewies er:

Satz (Z. JANKO). *Sei G eine einfache Gruppe mit abelschen Sylow-2-Untergruppen der Ordnung* 8. *Sei x eine Involution von G derart, daß* $C_G(x) \cong \langle x \rangle \times PSL(2, 5)$.

Dann ist G eine eindeutig bestimmte einfache Gruppe der Ordnung 175 560. *Sie ist isomorph zur Untergruppe U von* $GL(7, 11)$, *die von den beiden folgenden Matrizen Y und Z mit Koeffizienten aus dem Körper* $GF(11)$ *mit* 11 *Elementen erzeugt wird:*

$$Y = \begin{pmatrix} 0 & 1 & 0 & 0 & 0 & 0 & 0 \\ 0 & 0 & 1 & 0 & 0 & 0 & 0 \\ 0 & 0 & 0 & 1 & 0 & 0 & 0 \\ 0 & 0 & 0 & 0 & 1 & 0 & 0 \\ 0 & 0 & 0 & 0 & 0 & 1 & 0 \\ 0 & 0 & 0 & 0 & 0 & 0 & 1 \\ 1 & 0 & 0 & 0 & 0 & 0 & 0 \end{pmatrix},$$

$$Z = \begin{pmatrix} -3 & 2 & -1 & -1 & -3 & -1 & -3 \\ -2 & 1 & 1 & 3 & 1 & 3 & 3 \\ -1 & -1 & -3 & -1 & -3 & -3 & 2 \\ -1 & -3 & -1 & -3 & -3 & 2 & -1 \\ -3 & -1 & -3 & -3 & 2 & -1 & -1 \\ 1 & 3 & 3 & -2 & 1 & 1 & 3 \\ 3 & 3 & -2 & 1 & 1 & 3 & 1 \end{pmatrix}.$$

Zuvor kannte man nur die fünf einfachen Gruppen von MATHIEU als die einzigen einfachen Gruppen, die nicht isomorph zu einer alternierenden oder einer einfachen Gruppe vom Lie-Typ waren. Da die Ordnung $|J_1|$ der einfachen Janko-Gruppe verschieden von der all dieser Gruppen ist, war es klar, daß J_1 eine neue einfache sporadische Gruppe war. Bei der Konstruktion von J_1 spielte die modulare Darstellungstheorie endlicher Gruppen eine wichtige Rolle. Da alle ungeraden Primteiler p von J_1 nur zur ersten Potenz in $|J_1|$ aufgehen, konnte JANKO all die Ergebnisse von BRAUER über Blöcke mit zyklischen Defektgruppen verwenden. Insbesondere konstruierte er den Brauer-Baum des 11-Hauptblocks von J_1. Dadurch entdeckte er die 7-dimensionale absolut irreduzible 11-modulare Darstellung von J_1 über $GF(11)$, die es ihm ermöglichte, die beiden Erzeuger X und Y zu finden. Mit Hilfe des Computers wies er dann nach, daß die Matrizen X und Y von $GL(7, 11)$ eine einfache Gruppe U mit einer abelschen Sylow-2-Untergruppe und dem in seinem Satz angegebenen Zentralisator erzeugen.

In seinem kürzlich erschienenen Überblicksartikel [102] schreibt D. GORENSTEIN: „This was a remarkable achievement, for Janko had been self-trained in Yugoslavia; and although he had spent some time in Frankfurt with Reinhold

Baer and had already written several papers in group theory, he was now working in almost complete mathematical isolation at Monash University in Australia."

Für die erfolgreiche Beteiligung mehrerer deutscher Nachwuchswissenschaftler an der Lösung des Klassifikationsproblems war meiner Meinung nach die mathematische Atmosphäre, die REINHOLD BAER am Frankfurter Mathematischen Seminar nach seiner Rückkehr aus den USA im Jahre 1956 geschaffen hatte, eine grundlegende Voraussetzung. In seinem Nachruf auf R. BAER schreibt K. W. GRUENBERG [47]: „Baer was fifty-four years old when he returned to Germany ... Within an astonishingly short time Baer had built up at Frankfurt one of the liveliest schools of algebra in Europe. Between 1956 and his retirement in 1967 he supervised nearly thirty students for their Ph. D. degree."

Der Wechsel von der University of Illinois in Urbana nach Frankfurt muß BAER aus wissenschaftlichen wie aus persönlichen Gründen sehr schwer gefallen sein. Nach K. W. GRUENBERG [47] war BAERS Lehrstuhl zuvor von MAX DEHN eingenommen worden, „until he too had been driven out by the Nazis. An extremely difficult choice faced Baer and his wife. There were obvious and strong reasons for not returning. Moreover, their son was firmly launched on his academic career in Chicago and entertained no thought whatever of leaving America ... He finally accepted the chair; and with it, the challenge of creating his own teaching unit. His great success at Frankfurt is proof of the wisdom of that decision."

R. BAER war ein Algebraiker mit breiten mathematischen Interessen. Er verfügte über hervorragende internationale wissenschaftliche Kontakte. Davon profitierten nicht nur seine Frankfurter Schüler, sondern auch die zahlreichen, von ihm in Oberwolfach organisierten Tagungen über Algebra und Geometrie. In seinem Seminar mußten die Studenten, die alle von Assistenten intensiv betreut wurden, über viele wichtige aktuelle Arbeiten aus fast allen Gebieten der Algebra und der Geometrie berichten. Dazu gehören Artikel von R. BRAUER, M. SUZUKI, P. HALL, G. HIGMAN, H. WIELANDT und J. G. THOMPSON aus der Gruppentheorie. BEAR leitete das Seminar souverän und erkannte Fehler unverzüglich. Mehreren Doktoranden vermittelte er kurz nach dem Examen einen mindestens einjährigen Auslandsaufenthalt bei international führenden Fachvertretern in dem betreffenden Arbeitsgebiet. So weilten z. B. O. H. KEGEL an der University of Chicago, B. FISCHER an der Yale University und H. BENDER an der University of Illinois. All dies geschah in einer Zeit, in der die Theorie der endlichen Gruppen in rapider Entwicklung war. Deshalb waren die intensiven internationalen Kontakte für die deutschen Algebraiker besonders wichtig.

Im Jahre 1963 bewiesen W. FEIT und J. G. THOMPSON [95] eine der ältesten Vermutungen der Gruppentheorie, indem sie zeigten:

Satz (FEIT, THOMPSON). *Eine endliche Gruppe ungerader Ordnung ist auflösbar.*

Da ein minimales Gegenbeispiel eine einfache Gruppe ist, in der alle echten Untergruppen auflösbar sind, liefert der 250 Seiten lange Beweis einen ersten Eindruck über die Schwierigkeiten, die bei der Klassifikation der einfachen Gruppen zu überwinden waren.

Eine Untergruppe U einer Gruppe G heißt lokal, wenn U der Normalisator $N_G(D)$ einer p-Untergruppe $D \neq 1$ von G ist. Eine Gruppe G heißt nach J. G. THOMPSON N-Gruppe, falls alle lokalen Untergruppen von G auflösbar sind. In den Jahren 1968 bis 1974 veröffentlichte er eine sechsteilige, 410 Seiten lange Arbeit, in der der folgende Klassifikationssatz [12, S. 18] bewiesen wurde.

Satz (THOMPSON). *Eine einfache N-Gruppe ist zu genau einer der folgenden Gruppen isomorph:*

a) $PSL(2, q), \quad q > 3$
b) ${}^2B_2(q), \quad q = 2^{2n+1}$
c) $PSL(3, 3), \quad PSU(3, 3), \quad {}^2F_4(2)', \quad A_7$ oder M_{11}

Über den Beweis schreibt D. GORENSTEIN [12, S. 18]: „Again, Thompson's strategy was to show first that an arbitrary simple N-group G internally resembles one of the listed groups and then to prove in each case that this resemblance leads to an actual isomorphism. Here one could see for the first time how the local analytic ideas of the odd-order paper could be used and further developed to yield information about the structure of the centralizers of involutions and maximal 2-local subgroups of G."

Auf dem Internationalen Mathematiker-Kongreß, der 1970 in Nizza stattfand, erhielt J. G. THOMPSON für diese herausragende wissenschaftliche Leistung die Fields-Medaille. RICHARD BRAUER hielt dort die Laudatio [35, Bd. III, S. 688–689]. Unter anderem erwähnte er: „The central outstanding problem in the theory of finite groups today is that of determining the simple finite groups. One may say that this problem goes back to Galois ... Important classes of simple groups have been constructed as well as some individual types of such groups. French mathematicians, Galois, Jordan, Mathieu, Chevalley have been the pioneers in this work. In recent years, mathematicians of many different countries have joined.

Thomson's work which has now been honored by the Fields medal is a sequel to the first paper (odd order). In it, he determines the minimal simple finite groups, this is to say, the simple finite groups, whose proper subgroups are solvable ...

These results are the first substantial results achieved concerning simple groups. A number of important corollaries show that one is now able to answer questions on finite groups which had been out of reach before ...

Thompson has had a tremendous influence. Since he first appeared at the International Congress in Stockholm eight years ago, finite group theory simply is not the same any more."

In der Regel sind die lokalen Untergruppen einer einfachen Gruppe nicht auflösbar. Deshalb war der folgende Klassifikationssatz von D. GORENSTEIN und J. WALTER [103] aus dem Jahre 1964 ein großer Fortschritt.

Satz (GORENSTEIN, WALTER). *Ist G eine einfache Gruppe mit Diedergruppen als Sylow-2-Untergruppen, dann ist entweder* $G \cong PSL(2, q)$, $q \equiv 1 \bmod 2$, *oder* $G \cong A_7$.

Der ursprüngliche Beweis dieses Satzes war ebenfalls sehr lang. Inzwischen gelang es H. BENDER [76], für den Satz von Gorenstein und Walter einen verhältnismäßig kurzen und eleganten Beweis zu finden. Dabei stützte er sich auf eine gemeinsame Arbeit [77] mit G. GLAUBERMAN. H. BENDER hatte zuvor durch neue gruppentheoretische Resultate und Methoden erhebliche Vereinfachungen für den Beweis von FEIT und THOMPSON über Gruppen ungerader Ordnung und für den Beweis des Satzes von J. Walter über die Klassifikation der einfachen Gruppen mit abelschen Sylow-2-Untergruppen veröffentlicht, vgl. [11].

Der Satz von Gorenstein und Walter legte es nahe, alle einfachen Gruppen G vom 2-Rang $m_2(G) \leq 2$ zu klassifizieren. Dabei ist der 2-Rang $m_2(X)$ einer endlichen Gruppe X das Maximum der $GF(2)$-Vektorraum-Dimensionen $\dim A$ der elementar-abelschen 2-Untergruppen A von X.

Die schwierigsten Teile dieser Klassifikationsaufgabe lösten J. L. ALPERIN, R. BRAUER und D. GORENSTEIN in ihrer gemeinsamen Arbeit [65] „Finite groups with quasi-dihedral and wreathed Sylow 2-subgroups" im Jahre 1970. In seinem neuesten Buch [12] gibt D. GORENSTEIN einen Überblick über die Beweisideen ihres gemeinsamen Klassifikationssatzes. Dabei zeigt sich, daß ALPERIN und GORENSTEIN zahlreiche neue gruppentheoretische Konzepte entwickeln mußten. GORENSTEIN [12, S. 83] schließt seinen Überblick mit den Worten: „Surely Brauer's spectacular use of modular character theory in this theorem represents one of the high points of the classification of finite simple groups."

Nach GORENSTEIN [12, S. 72] folgt aus den zum Teil gemeinsam veröffentlichten Ergebnissen von J. L. ALPERIN, R. BRAUER, D. GORENSTEIN, R. W. LYONS und J. WALTER die Klassifikation der einfachen Gruppen G mit 2-Rang $m_2(G) \leq 2$.

Satz. *Ist G eine einfache Gruppe mit* $m_2(G) \leq 2$, *so ist G isomorph zu einer der folgenden Gruppen:* $PSL(2, q)$, $q \geq 5$, $PSL(3, q)$, $PSU(3, q)$, $PSU(3, 4)$, A_7, M_{11}, *wobei q stets ungerade ist.*

Der letzte Schritt in jedem Klassifikationsbeweis besteht in der Identifikation der zu klassifizierenden Gruppe G mit einer der bekannten einfachen Gruppen. Nach GORENSTEIN [11] gibt es hierfür im wesentlichen drei Methoden:

1. Man finde eine Präsentation von G durch Erzeugende und Relationen.
2. Man finde eine Operation von G auf einer geeigneten Geometrie.
3. Man finde eine primitive Permutationsdarstellung von G.

Einer der schönsten Erkennungssätze, die mittels Operationen von einfachen Gruppen auf geeigneten Geometrien bewiesen worden sind, ist das folgende Ergebnis [11, S. 143]:

Satz (J. TITS). *Sei G eine einfache Gruppe, die ein (B, N)-Paar vom Range mindestens gleich 3 hat, dann ist G eine endliche Gruppe vom Lie-Typ.*

Dabei ist G eine Gruppe mit (B, N)-Paar, wenn G zwei Untergruppen B und N besitzt derart, daß die folgenden Axiome erfüllt sind:

1. $G = BNB$.
2. $B \cap N = H$ ist normal in N.
3. $W = N/H$ wird von endlich vielen Involutionen w_i, $1 \leq i \leq m$, erzeugt.
4. Für jedes $1 \leq i \leq m$ sei n_i ein Urbild von w_i in N. Dann gilt für jedes $n \in N$, daß $BnBn_iB \leq BnB \cup Bnn_iB$.
5. $B^{n_i} \neq B$ für alle $1 \leq i \leq m$.

Die Zahl m heißt *Rang* der Weyl-Gruppe W oder des (B, N)-Paars.

Wie GORENSTEIN [11, S. 141] beschreibt, konstruierte J. TITS mit Hilfe dieses (B, N)-Paars eine Geometrie, die Tits-Gebäude heißt. Auf ihr operiert G durch Automorphismen. Dieser Satz von Tits ist ein Vorbild für eine Reihe von neueren Arbeiten zur Revision des Klassifikationssatzes der einfachen Gruppen.

Als weiteres Beispiel für einen dieser Erkennungssätze sei der folgende Satz erwähnt, den HANS ZASSENHAUS 1936 in den Hamburger Abhandlungen [143] veröffentlichte.

Satz (ZASSENHAUS). *Sei G eine einfache zweifach transitive Permutationsgruppe auf der Ziffernmenge Ω derart, daß nur die eins von G drei Ziffern von Ω festläßt. Sei B der Stabilisator eines Punktes $a \in \Omega$.*

Dann ist B eine Frobeniusgruppe. Ist darüber hinaus der Frobenius-Kern von B abelsch, dann ist $G \cong PSL(2, q)$, wobei $q > 3$.

Dieser Satz von Zassenhaus spielt eine wesentliche Rolle in der Gruppentheorie. Er hat zahlreiche Anwendungen bei der Klassifikation der einfachen Gruppen gehabt. Hierzu sei auf das Buch [11] von GORENSTEIN verwiesen.

Für die Klassifikation von einfachen Gruppen G mit 2-Rang $m_2(G) > 2$ waren vielfach geometrische Methoden besonders durchschlagskräftig. Als Beispiel hierfür wird im folgenden ein Satz von B. Fischer [96] erwähnt.

Sei p eine ungerade Primzahl und D eine Konjugiertenklasse von Involutionen der Gruppe X. FISCHER nennt D eine Klasse von p-Transpositionen von X, wenn das Produkt von je zwei Involutionen von D stets ein Element der Ordnung 1, 2 oder p ist. Mit $\mathrm{Sol}(X)$ wird der größte auflösbare Normalteiler der Gruppe X und mit X' die Kommutatorgruppe von X bezeichnet.

Satz (B. FISCHER). *Sei X eine Gruppe mit $\mathrm{Sol}(X) = 1$ und $X' = X''$, die von einer Konjugiertenklasse D von 3-Transpositionen erzeugt wird. Dann gilt eine der folgenden Aussagen:*

a) *X ist isomorph zu einer symmetrischen Gruppe S_n, $n \neq 6$.*
b) *X ist isomorph zu einer symplektischen Gruppe $Sp(2n, 2)$, $n \neq 2$.*

c) *X ist isomorph zu einer orthogonalen Gruppe* $O^{\pm}(2n, 2)$.
d) *X ist isomorph zu einer unitären Gruppe* $U(n, 2)$.
e) *X ist isomorph zu einer Erweiterung* $O^{\pm}(n, 3)$ *durch eine zyklische Gruppe der Ordnung* 2.
f) *X ist isomorph zu einer der drei neuen sporadischen einfachen Gruppen* $M(22)$, $M(23)$ *bzw.* $M(24)$.

In [11, S. 114) beschreibt D. GORENSTEIN die Beweismethode von FISCHER folgendermaßen: „The method of attack is to build a geometry from the class D of 3-transpositions on which the group X will act as a group of automorphisms and then, from the properties of these geometries, to determine the possibilities for G.“

Schon ein Jahr später erweiterte M. ASCHBACHER diesen Satz von FISCHER aus dem Jahre 1971 erheblich, indem er Konjugiertenklassen D von ungeraden Transpositionen betrachtete. Solch eine Klasse D von Involutionen der Gruppe X hat die Eigenschaft, daß das Produkt zweier nicht vertauschbarer Involutionen von D stets ungerade Ordnung hat. Durch diese Verallgemeinerung erhielt ASCHBACHER zusätzlich alle symplektischen, unitären und orthogonalen Gruppen, die über einem beliebigen endlichen Körper der Charakteristik 2 definiert sind, vgl. Gorenstein [11, S. 116].

In seinem Buch [11, S. 22, 24] würdigt D. GORENSTEIN den wissenschaftlichen Beitrag von B. FISCHER zur Klassifikation der endlichen einfachen Gruppen wie folgt: „To the non-expert, the name Bernd Fischer ist known solely for its connection with a number of sporadic groups, but to the practitioner, he is recognized as the founder of internal geometric analysis. His work has given rise to five new simple groups ($M(22)$, $M(23)$, $M(24)$, Baby-Monster, Monster); supplemented by the work of his disciple Franz TIMMESFELD, it has also provided a fundamental general technique for studying simple groups, which can reasonably be regarded as second in importance for the classification only to local group-theoretic analysis ... Fischer's ... work also had a strong, though more indirect impact on Aschbacher ... His (Aschbacher's) fundamental ‚classical involution‘ theorem, for which he won the Cole Prize in algebra in 1980, can be viewed as a study of the geometry associated with a conjugacy class of classical involutions.“

Neben B. FISCHER waren auch R. BAERS ehemalige Schüler D. HELD [110] und D.G. HIGMAN [111] erfolgreich bei der Entdeckung neuer sporadischer Gruppen beteiligt. Während HELDS einfache Gruppe mit der zuvor schon von Z. JANKO angewendeten Methode eines vorgegebenen Zentralisators einer Involution gefunden wurde, benutzten D.G. HIGMAN und C. SIMS [111] Ergebnisse aus der Theorie der Permutationsgruppen vom Range 3 zur Konstruktion ihrer Gruppe. Außer ihnen fanden J. MCLAUGHLIN, M. SUZUKI und A. RUDVALIS mit dieser Methode jeweils eine sporadische einfache Gruppe.

Insgesamt gibt es 26 sporadische einfache Gruppen, von denen 21 zwischen 1966 und 1979 entdeckt und konstruiert wurden. Zwölf dieser Gruppen tragen die

Namen von B. FISCHER (5), Z. JANKO (4) und J. CONWAY (3). Unter den schon über hundert Jahren lang bekannten fünf sporadischen einfachen Gruppen von Mathieu sind die Gruppen M_{12} und M_{24} fünffach transitiv auf zwölf bzw. 24 Ziffern. MATHIEU hatte sie 1861 entdeckt. Seine Beweise waren aber zum Teil nur skizzenhaft. Im Jahre 1937 gab E. WITT [142] den ersten überzeugenden Beweis für die Existenz von M_{12} und M_{24}, indem er diese beiden Gruppen als Automorphismengruppen von geeigneten Steinerschen Systemen darstellte.

Im Rahmen dieses Berichtes ist es nicht möglich, auf alle sporadischen einfachen Gruppen oder die Gruppen vom Lie-Typ detailliert einzugehen. Hierzu muß auf die Bücher von GORENSTEIN [11], [12] und CARTER [19] verwiesen werden. Im folgenden wird eine Aufstellung der Ordnungen der zum jetzigen Zeitpunkt bekannten einfachen Gruppen gegeben. Sie heißen einfache K-Gruppen. Der Klassifikationssatz besagt, daß jede einfache Gruppe eine K-Gruppe ist.

Bei den endlich-dimensionalen einfachen Lie-Algebren über dem Körper $\mathbb{C}$ der komplexen Zahlen und bei den zusammenhängenden einfachen algebraischen Gruppen über einem algebraisch abgeschlossenen Körper wird das jeweilige Klassifikationsproblem auf die Analyse der zusammenhängenden Dynkin-Diagramme A_n, $n \geq 1$, B_n, $n \geq 2$, C_n, $n \geq 3$, D_n, $n \geq 4$, E_6, E_7, E_8, F_4 und G_2 reduziert, vgl. Humphreys [21, S. 58] bzw. Carter [20, S. 24].

Eine endliche Gruppe vom Lie-Typ ist nach R. W. CARTER [20] eine Gruppe X^F von Fixpunkten eines Frobeniusendomorphismus F von einer reduktiven algebraischen Gruppe X, die über einem algebraisch abgeschlossenen Körper positiver Charakteristik $p > 0$ definiert ist. Ist X eine adjungierte einfache algebraische Gruppe, dann ist das zugehörige Dynkin-Diagramm D zusammenhängend, und der Frobeniusendomorphismus F induziert eine Symmetrie auf D. Falls diese Symmetrie von der Identität verschieden ist, so erhält man zu jedem solchen Diagramm D neben der stets existierenden Gruppe $D(q)$ noch eine getwistete Gruppe $^2D(q)$ über einem endlichen Körper $GF(q)$, vgl. Carter [20, S. 39]. Eine solche adjungierte Gruppe $D(q)$ bzw. $^2D(q)$ vom Lie-Typ besitzt einen Normalteiler G vom Index d derart, daß G eine endliche einfache Gruppe vom Lie-Typ ist. In der folgenden Tabelle muß die angegebene Ordnung von G bei den einfachen Gruppen vom Lie-Typ durch d geteilt werden:

BEKANNTE EINFACHE GRUPPEN

Gruppe G	$\|G\|$	*d*
	Gruppen vom Lie-Typ	
$A(q)$ $(n, q) \notin \{(1,2), (1,3)\}$	$q^{n(n+1)/2} \prod_{i=1} (q^{i+1}-1)$	$(n+1, q-1)$
$B_n(q)$, $n > 1$	$q^{n^2} \prod_{i=1}^{n} (q^{2i-1})$	$(2, q-1)$

Gruppe G	$\|G\|$	d
$C_n(q)$, $n>2$	$q^{n^2}\prod_{i=1}^{n}(q^{2i-1})$	$(2, q-1)$
$D_n(q)$, $n>3$	$q^{n(n-1)}(q^n-1)\prod_{i=1}^{n-1}(q^{2i-1})$	$(4, q^n-1)$
$G_2(q)$, $n>2$	$q^6(q^6-1)(q^2-1)$	1
$F_4(q)$	$q^{24}(q^{12}-1)(q^8-1)(q^6-1)(q^2-1)$	1
$E_6(q)$	$q^{36}(q^{12}-1)(q^9-1)(q^8-1)(q^6-1)(q^5-1)(q^2-1)$	$(3, q-1)$
$E_7(q)$	$q^{63}(q^{18}-1)(q^{14}-1)(q^{12}-1)(q^{10}-1)(q^8-1)(q^6-1)(q^2-1)$	$(2, q-1)$
$E_8(q)$	$q^{120}(q^{30}-1)(q^{24}-1)(q^{20}-1)(q^{18}-1)(q^{14}-1)(q^{12}-1)(q^8-1)(q^2-1)$	1
${}^2A_n(q)$, $n>1$ $(n,q)\neq(2,2)$	$q^{n(n+1)/2}\prod_{i=1}^{n}(q^{i+1}-(-1)^{i+1})$	$(n+1, q+1)$
${}^2B_2(q)$, $q=2^{2m+1}$, $m\geq 1$	$q^2(q^2+1)(q-1)$	1
${}^2D_n(q)$, $n>3$	$q^{n(n-1)}(q^{n+1})\prod_{i=1}^{n-1}(q^{2i}-1)$	$(4, q^n+1)$
${}^3D_4(q)$	$q^{12}(q^8+q^4+1)(q^6-1)(q^2-1)$	1
${}^2G_2(q)$, $q=3^{2m+1}$, $m\geq 1$	$q^3(q^3+1)(q-1)$	1
${}^2F_4(q)$, $q=2^{2m+1}$, $m\geq 0$	$q^{12}(q^6+1)(q^4-1)(q^3+1)(q-1)$	1
${}^2F_4(2)'$	$2^{11}3^3 5^2 13$	
${}^2E_6(q)$	$q^{36}(q^{12}-1)(q^9+1)(q^8-1)(q^6-1)(q^5+1)(q^2-1)$	$(3, q+1)$
	Alternierende Gruppen	
A_n, $n\geq 5$	$\frac{1}{2}(n!)$	
	Sporadische Gruppen	
M_{11}	$7920 = 2^4\cdot 3^2\cdot 5\cdot 11$	
M_{12}	$95040 = 2^6\cdot 3^3\cdot 5\cdot 11$	
M_{22}	$443520 = 2^7\cdot 3^2\cdot 5\cdot 7\cdot 11$	
M_{23}	$10200960 = 2^7\cdot 3^2\cdot 5\cdot 7\cdot 11\cdot 23$	
M_{24}	$244823040 = 2^{10}\cdot 3^3\cdot 5\cdot 7\cdot 11\cdot 23$	
J_1	$175560 = 2^3\cdot 3\cdot 5\cdot 7\cdot 11\cdot 19$	
J_2	$2^7\cdot 3^3\cdot 5^2\cdot 7$	
J_3	$2^7\cdot 3^5\cdot 5\cdot 17\cdot 19$	
J_4	$2^{21}\cdot 3^3\cdot 5\cdot 7\cdot 11^3\cdot 23\cdot 29\cdot 31\cdot 37\cdot 43$	
HS	$2^9\cdot 3^2\cdot 5^3\cdot 7\cdot 11$	
Mc	$2^7\cdot 3^6\cdot 5^3\cdot 11$	
Suz	$2^{13}\cdot 3^7\cdot 5^2\cdot 7\cdot 11\cdot 13$	
Ru	$2^{14}\cdot 3^3\cdot 5^3\cdot 7\cdot 13\cdot 29$	

He	$2^{10} \cdot 3^3 \cdot 5^2 \cdot 7^3 \cdot 17$
Ly	$2^8 \cdot 3^7 \cdot 5^6 \cdot 7 \cdot 11 \cdot 31 \cdot 37 \cdot 67$
ON	$2^9 \cdot 3^4 \cdot 5 \cdot 7^3 \cdot 11 \cdot 19 \cdot 31$
.1	$2^{21} \cdot 3^9 \cdot 5^4 \cdot 7^2 \cdot 11 \cdot 13 \cdot 23$
.2	$2^{18} \cdot 3^6 \cdot 5^3 \cdot 7 \cdot 11 \cdot 23$
.3	$2^{10} \cdot 3^7 \cdot 5^3 \cdot 7 \cdot 11 \cdot 23$
$M(22)$	$2^{17} \cdot 3^9 \cdot 5^2 \cdot 7 \cdot 11 \cdot 13$
$M(23)$	$2^{18} \cdot 3^{13} \cdot 5^2 \cdot 7 \cdot 11 \cdot 13 \cdot 17 \cdot 23$
$M(24)'$	$2^{21} \cdot 3^{16} \cdot 5^2 \cdot 7^3 \cdot 11 \cdot 13 \cdot 23 \cdot 29$
F_5	$2^{15} \cdot 3^{10} \cdot 5^3 \cdot 7^2 \cdot 13 \cdot 19 \cdot 31$
F_3	$2^{14} \cdot 3^6 \cdot 5^6 \cdot 7 \cdot 11 \cdot 19$
F_2	$2^{41} \cdot 3^{13} \cdot 5^6 \cdot 7^2 \cdot 11 \cdot 13 \cdot 17 \cdot 19 \cdot 23 \cdot 31 \cdot 47$
F_1	$2^{46} \cdot 3^{20} \cdot 5^9 \cdot 7^6 \cdot 11^2 \cdot 13^2 \cdot 17 \cdot 19 \cdot 23 \cdot 29 \cdot 31 \cdot 41 \cdot 47 \cdot 59 \cdot 71$

Nach GORENSTEIN [11, S. 136] lautet der Klassifikationssatz der endlichen einfachen Gruppen folgendermaßen:

Satz. *Jede endliche einfache Gruppe ist isomorph zu einer der bekannten einfachen Gruppen.*

Bezüglich der Beweisideen muß auf die Bücher [11], [12] von D. GORENSTEIN verwiesen werden. Ein minimales Gegenbeispiel ist eine einfache Gruppe G, deren sämtliche echte Untergruppen $U < G$ Kompositionsfaktoren haben, die entweder zyklisch von Primzahlordnung oder einfache K-Gruppen sind. In Anbetracht der langen Liste von K-Gruppen sind bei allen wesentlichen Teilergebnissen stets viele Fallunterscheidungen zu machen. Außerdem benötigt man sehr detallierte Kenntnisse über die Struktur der einfachen K-Gruppen, über ihre Automorphismengruppen und ihre Schurschen Multiplikatoren. Im Falle der 26 sporadischen einfachen Gruppen sind viele dieser Daten im „Atlas der endlichen Gruppen" von J. H. CONWAY, R. T. CURTIS, S. P. NORTON, R. A. PARKER, R. A. WILSON [89] zu finden. Insbesondere gilt dies für ihre Charaktertafeln.

Der Klassifikationssatz der endlichen einfachen Gruppen hat zahlreiche direkte Folgerungen. Insbesondere diejenige, daß jede einfache Gruppe G von zwei Elementen erzeugt werden kann und eine auflösbare äußere Automorphismengruppe $\mathrm{Out}(G)$ hat. Hiermit wurde eine klassische Vermutung von O. SCHREIER bestätigt. Weiter sind die alternierenden Gruppen A_n, $n \geq 5$, und die Mathieu-Gruppen M_{11}, M_{12}, M_{23}, M_{24} die einzigen einfachen vierfach transitiven Permutationsgruppen. In den Proceedings der Santa Cruz Konferenz der Amerikanischen Mathematiker-Gesellschaft über endliche Gruppen befinden sich viele weitere Anwendungen des Klassifikationssatzes in und außerhalb der Algebra.

Mit Hilfe der Clifford-Theorie und I. SCHURs Ergebnissen über projektive Darstellungen lassen sich viele Probleme der Darstellungstheorie endlicher Gruppen auf den Fall von einfachen Gruppen reduzieren. Für die Berechnung der Charaktere der alternierenden Gruppen gibt es seit langem effektive Algorithmen.

Hierzu sei auf das Buch [117] von G. James und A. Kerber verwiesen. Da man von allen sporadischen einfachen Gruppen die Charaktertafeln kennt, reduzieren sich also viele Probleme der Darstellungstheorie auf den Fall der einfachen Gruppen vom Lie-Typ.

In den letzten 15 Jahren hat es besonders große Fortschritte in der Charaktertheorie endlicher Gruppen vom Lie-Typ gegeben. Mittels tiefliegender Ergebnisse aus der algebraischen Geometrie gelang es P. Deligne und G. Lusztig, große Familien von verallgemeinerten Charakteren dieser Gruppen zu konstruieren, vgl. Carter [20]. In einer langen Serie von äußerst originellen Arbeiten konnte G. Lusztig mit diesen Methoden die Grade aller irreduziblen Charaktere aller adjungierten endlichen Gruppen vom Lie-Typ bestimmen, vgl. Lusztig [23]. Hiermit wurden die Resultate von J.A. Green [104] über die irreduziblen Charaktere der generellen linearen Gruppen $GL(n, q)$ für alle endlichen Gruppen vom Lie-Typ verallgemeinert. In vielen Fällen gelang es G. Lusztig, alle Werte eines irreduziblen Charakters zu berechnen, vgl. Carter [20] und Lusztig [23]. Es ist zwar nicht wie in dem von I. Schur 1907 behandelten Fall der $PGL(2, q)$ möglich, die vollständige Charaktertafel einer beliebigen endlichen Gruppe G vom Lie-Typ anzugeben, wohl aber fand G. Lusztig Algorithmen, die im wesentlichen ausreichen, den Wert eines irreduziblen Charakters für eine gegebene Konjungiertenklasse von G zu berechnen.

Für die Darstellungstheorie endlicher Gruppen und ihre Anwendungen in und außerhalb der Algebra stellen der Klassifikationssatz der endlichen einfachen Gruppen und G. Lusztigs Charaktertheorie der endlichen Gruppen vom Lie-Typ besonders durchschlagskräftige Beweismethoden bereit. Im Überblicksartikel [125] des Autors wird über eine Reihe von Problemen aus der modularen Darstellungstheorie endlicher Gruppen berichtet, die sich hierdurch als Folgerungen der Klassifikation der einfachen Gruppen herausstellen.

Literaturverzeichnis

1 Monographien und Lehrbücher

Algebra

[1] Bourbaki, N. (1958-64, 1980): *Eléments de mathématique. Algèbre*, Chapitres 1-9, Hermann, Paris, *Algèbre*, Chapitre 10, Masson, Paris.

[2] Bourbaki, N. (1983-1985): *Eléments de mathématique. Algèbre commutative*, Chapitres 1-9, Masson, Paris.

[3] Bourbaki, N. (1968-1975): *Eléments de mathématique. Groupes et algèbres de Lie*, Chapitres 1-8, Hermann, Paris.

[4] Jacobson, N. (1974, 1980): *Basic algebra I, II*. Freeman, San Francisco.

[5] Waerden, B. L. van der (1931): *Moderne Algebra I, II*. Springer, Berlin.

Darstellungstheorie

[6] Curtis, L.W., I. Reiner (1981, 1986): *Methods of representation theory I, II*. Wiley-Interscience, New York.

[7] Feit, W. (1982): *The representation theory of finite groups*. North-Holland, Amsterdam.

[8] Isaacs, I.M. (1976): *Character theory of finite groups*. Academic Press, New York.

[9] Passman, D.S. (1977): *The algebraic structure of group rings*. Wiley-Interscience, New York.

Gruppentheorie

[10] Gorenstein, D. (1968): *Finite groups*. Harper and Row, New York.

[11] Gorenstein, D. (1982): *Finite simple groups, an introduction to their classification*. Plenum Press, New York.

[12] Gorenstein, D. (1983): *The classification of finite simple groups*. Vol. 1: Groups of noncharacteristic 2 type. Plenum Press, New York.

[13] Huppert, B. (1967): *Endliche Gruppen I*. Springer, Heidelberg.

[14] Huppert, B., N. Blackburn (1982): *Finite groups II, III*. Springer, Heidelberg.

Homologische Algebra

[15] Cartan, H., S. Eilenberg (1956): *Homological algebra*. Princeton University Press, Princeton.

[16] Hilton, P.J., U. Stammbach (1970): *A course in homological algebra*. Springer, Heidelberg.

[17] MacLane, S. (1963): *Homology*. Springer, Heidelberg.

Lie-Algebren und Gruppen vom Lie-Typ

[18] Artin, E. (1957): *Geometric algebra*. Wiley, New York.

[19] Carter, R.W. (1972): *Simple groups of Lie type*. Wiley-Interscience, New York.

[20] Carter, R.W. (1985): *Finite groups of Lie type: Conjugacy classes and complex characters*. Wiley-Interscience, New York.

[21] Humphreys, J.E. (1972): *Introduction to Lie algebras and representation theory*. Springer, Heidelberg.

[22] Jantzen, J.C. (1983): *Einhüllende Algebren halbeinfacher Lie-Algebren*. Springer, Heidelberg.

[23] Lusztig, G. (1984): *Characters of reductive groups over a finite field*. Princeton University Press, Princeton.

Kommutative Algebra

[24] Kaplansky, I. (1974): *Commutative rings*. University Chicago Press, Chicago.

[25] Krull, W. (1935): *Idealtheorie*, Ergebnisse der Mathematik. Springer, Berlin.

[26] Matzat, B.H. (1987): *Konstruktive Galoistheorie*. Lectures Notes in Math. **1284**, Springer, Heidelberg.

[27] Steinitz, E. (1930): *Algebraische Theorie der Körper mit Erläuterungen und einem Anhang von R. Baer und H. Hasse*. Springer, Berlin.

[28] Zariski, O., P. Samuel (1958, 1960): *Commutative algebra I, II*. Van Nostrand, Princeton.

Ringtheorie

[29] Anderson, F.W., K.R. Fuller (1974): *Rings and categories of modules*. Springer, Heidelberg.

[30] Deuring, M. (1935): *Algebren*. Springer, Berlin.

[31] Jacobson, N. (1964): *Structure of rings*. Amer. Math. Soc., Providence.

[32] McConnell, J.C., J.C. Robson (1987): *Noncommutative Noetherian rings*. Wiley-Interscience, New York.

[33] Pierce, R.S. (1980): *Associative algebras*. Springer, Heidelberg.

2 Gesammelte Werke

[34] Brauer, A., H. Rohrbach (1973): *Issai Schur, Gesammelte Abhandlungen*. Springer, Heidelberg.

[35] Fong, P., W.J. Wong (Hrsg.) (1980): *Richard Brauer, Collected papers I, II, III*. MIT Press, Cambridge Mass.

[36] Hilbert, D. (1970): *Gesammelte Abhandlungen I, II, III*. Springer, Heidelberg.

[37] Jacobson, N. (Hrsg.) (1983): *E. Noether, Collected papers*. Springer, Berlin.

[38] Lang, S., J.H. Tate (Hrsg.) (1965): *The collected papers of Emil Artin*. Addison-Wesley. Reading Mass.

[39] Leopoldt, H.W., P. Roquette (1975): *Helmut Hasse, Mathematische Abhandlungen. Bde. 1, 2, 3*. W. de Gruyter, Berlin.

[40] Serre, J.P. (Hrsg.) (1968): *F.G. Frobenius, Gesammelte Abhandlungen I, II, III*. Springer, Heidelberg.

3 Nachrufe und Würdigungen

[41] Alexandroff, P.S. (1936): *In memory of Emmy*. Uspekhi Mat. Nauk **2,** 1936, S. 254-265.

[42] Brauer, A. (1973): *Gedenkrede auf Issai Schur*. Humboldt-Universität, 08. 11. 1960. In: Issai Schur, Gesammelte Abhandlungen I, S. V-XIV, Springer, Heidelberg, 1973.

[43] Brauer, R. (1967): *Emil Artin*. Bull Amer. Math. Soc. **73,** 1967, S. 27-43.

[44] Feit, W. (1979): *Richard D. Brauer*. Bulletin Amer. Math. Soc. (New Series) **1,** 1979, S. 1-20.

[45] Forster, O., W. Jäger, M. Kneser, H. Leptin, P. Roquette (1980): *Helmut Hasse, 25. August 1898 - 26. Dezember 1979*. J. reine angew. Mathematik **314** (1980), 2.

[46] Green, J.A. (1978): *Richard Dagobert Brauer*. Bull. London Math. Soc. **10,** 1978, S. 317-342.

[47] Gruenberg, K.W. (1981): *Reinhold Baer*. Bull. London Math. Soc. **13,** 1981, S. 339-361.

[48] Leopoldt, H.W. (1973): *Zum wissenschaftlichen Werk von Helmut Hasse*. J. reine angew. Math. **262/263,** 1973, 1-17.

[49] Nastold, H.J. (1980): *Wolfgang Krulls Arbeiten zur kommutativen Algebra und ihre Bedeutung für die algebraische Geometrie*. Jahresberichte der Deutschen Mathematiker-Vereinigung **82,** 1980, 63-76.

[50] Rohrbach, H. (1981): *Richard Brauer zum Gedächtnis*. Jahresberichte der Deutschen Mathematiker-Vereinigung **83,** 1981, 125-134.

[51] Schöneborn, H. (1980): *In Memoriam Wolfgang Krull*. Jahresberichte der Deutschen Mathematiker-Vereinigung **82,** 1980, 51-62.

[52] Siegel, C.L. (1968): *Erinnerungen an Frobenius*. In: F.G. Frobenius, Gesammelte Abhandlungen, S. IV-VI, Springer, Heidelberg, 1968.

[53] Waerden, B.L. van der (1935): *Nachruf auf Emmy Noether*. Math. Annalen **111,** 1935, 469-476.

[54] Waerden, B. L. van der (1970): *Nachwort zu Hilberts algebraischen Arbeiten*. In: David Hilbert, Gesammelte Abhandlungen II, Springer, Heidelberg, 1970, 401-403.

[55] Weyl, H. (1970): *Emmy Noether*. Memorial address. Bryn Mawr College, 26. April 1935. In „Elemente d. Math.“, Beiheft 13, Birkhäuser, Basel, 1970, S. 51-72.

4 Geschichte der Algebra

[56] Bourbaki, N. (1960): *Eléments d'histoire des mathématiques*. Hermann, Paris, 1960.

[57] Brewer, J. W., M. K. Smith (Hrsg.) (1981): *Emmy Noether. A tribute to her life and work*. Marcel Dekker, New York.

[58] Dick, A. (1970): *Emmy Noether*. Elemente der Mathematik. Beiheft **13**, Birkhäuser, Basel.

[59] Dieudonné, J. (1984): *Emmy Noether and algebraic topology*. J. Pure and Appl. Algebra **31**, 5-6.

[60] Dieudonné, J. (1985): *History of algebraic geometry*. Wadsworth, Monterey CA.

[61] Hawkins, H. (1972): *Hypercomplex numbers, Lie groups and the creation of group representation theory*. Arch. f. History of Exact Sciences **8**, 243-287.

[62] Hawkins, H. (1971-1972): *The origins of the theory of groups characters*. Archive f. History of Exact Sciences **7**, 142-170.

[63] Waerden, B. L. van der (1985): *A history of algebra*. Springer, Heidelberg.

[64] Wussing, H. (1969): *Die Genesis des abstrakten Gruppenbegriffs*. Deutscher Verlag der Wissenschaften, Berlin.

5 Weitere Literatur

[65] Alperin, J. L., R. Brauer, D. Gorenstein (1970): *Finite groups with quasi-dihedral and wreathed Sylow 2-subgroups*. Transact. Amer. Math. Soc. **151**, 1970, 1-261.

[66] Amitsur, S. A. (1982): *Division algebras. A survey*. Contemporary Math. **13**, 1982, 3-26.

[67] Artin, E. (1924): *Über eine neue Art von L-Reihen*. Abhandl. Math. Sem. Hamburg **3**, 1924, 89-108.

[68] Artin, E. (1927): *Zur Theorie der hyperkomplexen Zahlen*. Abh. Math. Sem. Univ. Hamburg **5**, 1927, 307-316.

[69] Artin, E., J. T. Tate (1961): *Class field theory*. Harvard Univ. Boston, 1961.

[70] Atiyah, M. F. (1961): *Characters and cohomology of groups*. Publ. Math. I.H.E.S. **9**, 1961, 23-64.

[71] Auslander, M., D. Buchsbaum (1959): *Unique factorization in regular local rings*. Proc. Nat. Acad. Sci. USA **45**, 1959, 733-734.

[72] Ax, J., S. Kochen (1965): *Diophantine problems over local fields I*. Amer. J. Math. **87**, 1965, 605-630.

[73] Baer, R. (1934): *Erweiterungen von Gruppen und ihren Isomorphismen*. Math. Z. **38**, 1934, 375-416.

[74] Baer, R. (1940): *Abelian groups that are direct summands of every containing abelian group*. Bull. Amer. Math. Soc. **46**, 1940, 800-806.

[75] Bautista, R., P. Gabriel, A. Roiter, L. Salmeron (1985): *Representation-finite algebras and multiplicative bases*. Inv. Math. **81** (1985), 217-285.

[76] Bender, H. (1981): *Finite groups with dihedral Sylow 2-subgroups*. J. Algebra **70**, 1981, 216–228.

[77] Bender, H., G. Glauberman (1981): *Characters of finite groups with dihedral Sylow 2-subgroups*. J. Algebra **76**, 1981, 200–215.

[78] Bongartz, K. (1985): *Indecomposable modules are standard*. Comment. Math. Helv. **60**, 1985, 400–410.

[79] Brauer, R. (1932): *Über die Konstruktion der Schiefkörper, die von endlichem Rang in bezug auf ein gegebenes Zentrum sind*. J. reine angew. Math. **168**, 1932, 44–64.

[80] Brauer, R. (1942): *On groups whose order contains a prime number to the first power only I, II*. Amer. J. Math. **64**, 1942, 401–420, 421–440.

[81] Brauer, R. (1945): *On the representation of a groups of order g in the field of g-th roots of unity*. Amer. J. Math. **67**, 1945, 461–471.

[82] Brauer, R. (1947): *On Artin's L-series with general group characters*. Ann. of Math. **48**, 1947, 502–514.

[83] Brauer, R. (1953): *A characterization of the characters of groups of finite order*. Ann. of Math. **57**, 1953, 357–377.

[84] Brauer, R. (1954): *On the structure of groups of finite order*. Proc. Internat. Congress Math. 1954, Bd. I, 209–217.

[85] Brauer, R., E. Noether (1927): *Über minimale Zerfällungskörper irreduzibler Darstellungen*. Sitzungsberichte d. Preuss. Akad. d. Wissenschaften, 1927, 221–228.

[86] Burnside, W. (1911): *Theory of groups of finite order*. Cambridge University Press, Cambridge, 1911.

[87] Chevalley, C. (1936): *Demonstration d'une hypothèse de M. Artin*. Abh. Math. Sem. Hamburg **11**, 1936, 73–75.

[88] Cohen, J. S. (1946): *On the structure and ideal theory of complete local rings*. Trans. Amer. Math. Soc. **59**, 1946, 54–106.

[89] Conway, J. H., R. T. Curtis, S. P. Norton, R. A. Parker, R. A. Wilson (1985): *Atlas of finite groups*. Clarendon Press, Oxford, 1985.

[90] Cooperstein, B., G. Mason (Hrsg.) (1980): *The Santa Cruz Conference on Finite Groups*. Proc. Symp. in Pure Math. **37**, Amer. Math. Soc. Providence RI, 1980.

[91] Dade, E. C. (1966): *Blocks with cyclic defect groups*. Ann. of Math. **84**, 1966, 20–48.

[92] Dickson, L. E. (1923): *Algebras and their arithmetics*. Univ. of Chicago Press, Chicago, 1923.

[93] Eilenberg, S., S. MacLane (1945): *General theory of natural equivalences*. Trans. Amer. Math. Soc. **58**, 1945, 231–294.

[94] Eilenberg, S., S. MacLane (1947): *Cohomology theory in abstract groups I, II*. Annals Math. **48**, 1947, 51–78, 326–341.

[95] Feit, W., J. G. Thompson (1963): *Solvability of groups of odd order*. Pacific J. Math. **13**, 1963, 775–1029.

[96] Fischer, B. (1971): *Finite groups generated by 3-transpositions*. Inventiones Math. **13**, 1971, 232–246.

[97] Frobenius, G. (1900): *Über die Charaktere der symmetrischen Gruppe*. Sitzungsberichte Preuss. Akad., 1900, 516–534.

[98] Gabriel, P. (1980): *Auslander-Reiten sequences and representation-finite algebras*. Representation Theory I. Lect. Notes in Math., **831**, Springer, Heidelberg, 1980, 1–71.

[99] Gabriel, P. (1981): *The universal cover of a representation-finite algebra. Representations of Algebras*. Lect. Notes in Math. **903**, Springer, Heidelberg, 1981, 68–105.

[100] Gabriel, P. (1987): *Darstellungen endlich dimensionaler Algebren*. In: Proc. Internat. Congress Berkeley 1986. Amer. Math. Soc., Providence RI, 1987, 378–388.

[101] Gabriel, P., C. Riedtmann (1979): *Group representations without groups*. Commentarii Math. Helvetici **54**, 1979, 240–287.

[102] Gorenstein, D. (1988): *The classification of the finite simple groups. A personal journey: The early*

years. In P. Duren (Ed.), *A century of mathematics in America I*. Amer. Math. Soc., Providence RI, 1988, 447–476.

[103] Gorenstein, D., J. Walter (1964): *The characterization of finite groups with dihedral Sylow 2-subgroups I, II, III*. J. Algebra. **2,** 1964, 85–151, 217–270, 354–393.

[104] Green, J. A. (1955): *The characters of the finite general linear groups*. Trans. Amer. Math. Soc. **80,** 1955, 402–447.

[105] Green, J. A. (1980): *Polynomial representations of* GL_n. Springer Lect. Notes **830,** Springer, Heidelberg 1980.

[106] Gruenberg, K. W., H. E. Roseblade (1988): *The collected works of Philip Hall*. Clarendon Press, Oxford, 1988.

[107] Hall, P. (1940): *What modern algebra is about*. Eureka **3,** 1940, 12–14.

[108] Hasse, H. (1965): *Bericht über neuere Untersuchungen und Probleme aus der Theorie der algebraischen Zahlkörper*. Physica Verlag, Würzburg, 1965.

[109] Hasse, H., R. Brauer, E. Noether (1932): *Beweis eines Hauptsatzes in der Theorie der Algebren*. J. reine angew. Math. **167,** 1932, 399–404.

[110] Held, D. (1969): *The simple groups related to* M_{24}. J. Algebra **13,** 1969, 253–296.

[111] Higman, D. G., C. Sims (1968): *A simple group of order 44 352 000*. Math. Z. **105,** 1968, 110–113.

[112] Hilbert, D. (1890): *Über die Theorie der algebraischen Formen*. Math. Ann. **36,** 1890, 473–534.

[113] Hilbert, D. (1892): *Über die Irreduzibilität ganzer rationaler Funktionen mit ganzzahligen Koeffizienten*. J. reine u. angew. Math. **110,** 1892, 104–129.

[114] Hilbert, D. (1893): *Über die vollen Invariantensysteme*. Math. Ann. **42,** 1893, 313–373.

[115] Hilbert, D. (1909): *Grundlagen der Geometrie*. Teubner, Leipzig, 1909.

[116] Hopkins, C. (1939): *Rings with minimal condition for left ideals*. Annals of Math. **40,** 1939, 721–730.

[117] James, G., A. Kerber (1981): *The representation theory of the symmetric groups*. Addison-Wesley, New York, 1981.

[118] Janko, Z. (1966): *A new finite simple group with abelian 2-Sylow subgroups and its characterization*. J. Algebra **3,** 1966, 147–186.

[119] Jans, J. P. (1957): *On the indecomposable representations of algebras*. Ann. of Math. **66,** 1957, 418–429.

[120] Janusz, G. J. (1969): *Indecomposable modules for finite groups*. Ann. of Math. **89,** 1969, 209–241.

[121] Jordan, D. A. (1988): *Normalizing sequences and completions of non-commutative noetherian rings*. Bull. London Math. Soc. **20,** 1988, 228–234.

[122] Krull, W. (1931): *Allgemeine Bewertungstheorie*. J. reine angew. Math. **167,** 1931, 160–196.

[123] Krull, W. (1938): *Dimensionstheorie in Stellenringen*. J. reine angew. Math. **179,** 1938, 204–226.

[124] Kupisch, H. (1968): *Projektive Moduln endlicher Gruppen mit zyklischer p-Sylow-Gruppe*. J. Algebra **10,** 1968, 1–7.

[125] Michler, G. (1987): *Modular representation theory and the classification of finite simple groups*. In P. Fong (Hrsg.): The Arcata Conference on Representations of Finite Groups. Proc. Symp. Pure Math. **47,** Part 1, 1987, 223–232.

[126] Nazarova, L. A., A. V. Roiter (1975): *Categorical matrix problems and the Brauer Thrall conjecture*. Deutsche Fassung. Mitt. Math. Sem. Gießen **115,** 1975, 1–153.

[127] Neukirch, J. (1986): *Class field theory*. Springer, Heidelberg, 1986.

[128] Noether, E. (1921): *Idealtheorie in Ringbereichen*. Math. Ann. **83,** 1921, 24–66.

[129] Noether, E. (1926): *Abstrakter Aufbau der Idealtheorie in algebraischen Zahl- und Funktionenkörpern*. Math. Ann. **96,** 1926, 26–61.

[130] Noether, E. (1929): *Hyperkomplexe Größen und Darstellungstheorie*. Math. Zeitschr. **30,** 1929, 641–692.

[131] Riedtmann, C. (1980): *Algebren, Darstellungsköcher, Überlagerungen und zurück*. Comm. Math. Helvetici **55** (1980), 199–224.

[132] Ringel, C. M. (1975): *The indecomposable representations of the dihedral 2-groups*. Math. Ann. **214** (1975), 19–34.

[133] Swan, R. G. (1960): *Induced representations and projective modules*. Ann. of Math. **71**, 1960, 552–578.

[134] Swan, R. G. (1969): *Invariant rational functions and a problem of Steenrod*. Inventiones Math. **7**, 1969, 148–158.

[135] Terjanian, G. (1966): *Un contre-example à une conjecture d'Artin*. C. R. Acad. Sci. Paris **262 A**, 1966, 612.

[136] Thompson, J. G. (1959): *Finite groups with fixed point free automorphisms of prime order*. Proc. Nat. Acad. Sci. US **45**, 1959, 578–581.

[137] Tsen, C. C. (1933): *Divisionsalgebren über Funktionenkörpern*. Nach. Ges. Wiss. Göttingen, 1933.

[138] Weyl, H. (1946): *The classical groups*. Princeton Univ. Press, Princeton, 1946.

[139] Wielandt, H. (1940): *p-Sylowgruppen und p-Faktorgruppen*. J. reine angew. Math. **182** (1940), 180–193.

[140] Wielandt, H. (1980): *Zusammengesetzte Gruppen: Hölders Programm heute*. In B. Cooperstein, G. Mason (Hrsg.): The Santa Cruz Conference on Finite Groups. Proc. Symposia in Pure Math. **37**, 1980, Amer. Math. Soc., 161–174.

[141] Witt, E. (1930): *Über die Kommutativität endlicher Schiefkörper*. Abh. Math. Sem. Univ. Hamburg **8**, 1930, 413.

[142] Witt, E. (1937): *Die 5-fach transitiven Gruppen von Mathieu*. Abh. Math. Sem. Hamburg **12**, 1937, 256–264.

[143] Zassenhaus, H. (1936): *Kennzeichnung endlicher Gruppen als Permutationsgruppen*. Abh. Math. Sem. Hamburg **11**, 1936, 17–40.

Algebraische Zahlentheorie

Jürgen Neukirch

Einleitung

„Die Theorie der Zahlkörper ist wie ein Bauwerk von wunderbarer Schönheit und Harmonie; als der am reichsten ausgestattete Teil dieses Bauwerkes erscheint mir die Theorie der Abelschen und relativ-Abelschen Körper, die uns KUMMER durch seine Arbeiten über die höheren Reziprozitätsgesetze und KRONECKER durch seine Untersuchungen über die komplexe Multiplikation der elliptischen Funktionen erschlossen haben. Die tiefen Einblicke, welche die Arbeiten dieser beiden Mathematiker in die genannte Theorie gewähren, zeigen uns zugleich, daß in diesem Wissensgebiete eine Fülle der kostbarsten Schätze noch verborgen liegt, winkend als reicher Lohn dem Forscher, der den Wert solcher Schätze kennt und die Kunst, sie zu gewinnen, mit Liebe betreibt."

Mit diesen Worten beschließt DAVID HILBERT das Vorwort zu seinem epochemachenden „Zahlbericht", und weist damit verheißungsvoll auf eine Zukunft, die heute als fast hundertjährige Vergangenheit einen Reichtum an Erkenntnissen und Entdeckungen zeigt, der alle Erwartungen weit übertroffen hat. Wenn man in der Fülle der betrachteten Probleme nach einem tragenden Prinzip sucht, so sind die von Hilbert genannten Namen KUMMER und KRONECKER mitsamt den herausgestellten Theorien über das Reziprozitätsgesetz und die komplexe Multiplikation in ihren Fortentwicklungen auch heute noch für die zahlentheoretische Forschung repräsentativ. Diese Fortentwicklungen lassen sich unter zwei kennzeichnende Schlagworte bringen, nämlich die „Langlands-Theorie" zum einen und die „arithmetische algebraische Geometrie" zum anderen. Die eine trachtet nach einer „nicht-abelschen" Fortsetzung der Theorie des abelschen Klassenkörpers, die von HILBERT, TAKAGI und ARTIN als Ausdruck eines allgemeinen Reziprozitätsgesetzes aufgebaut wurde. Die andere sucht die klassische Theorie der ganzen algebraischen Zahlen auf höhere Dimensionen auszubreiten mit dem Ziel, einen wirksamen Zugriff auf das Problem der diophantischen Gleichungen zu erhalten.

In dem vorliegenden Aufsatz will ich versuchen, die wichtigsten Gedankengänge zu schildern, welche die Entwicklung der algebraischen Zahlentheorie seit der Entdeckung des Gaußschen Reziprozitätsgesetzes bis zum heutigen Erkenntnisstand bestimmt haben. Bei einer so alten, so weitgediehenen und ausladenden mathematischen Disziplin wie der Zahlentheorie kann ein solcher Versuch nur dann sinnvoll sein, wenn er sich starken Einschränkungen und Vorbehalten beugt. Aus diesem Grund will ich zum einen bewußt nicht den chronologisch genauen historischen Hergang schildern, sondern will die Ideen und Gedankengänge zu Gunsten eines direkten Verständisses vornehmlich an den Zügel der sachlichen Folgerichtigkeit legen. Zum andern muß ich darauf verzichten, die vielen großartigen Entdeckungen zu erwähnen, die sich über die Weil-Vermutung, die Ramanujan-Vermutung, die Mordell-Vermutung, die Birch-Swinnerton-Dyer-Vermutung, die Beilinson-Vermutung, die höherdimensionale Klassenkörpertheorie etc. ergeben haben. Sie alle bedürfen in erheblicher Weise des Einsatzes der höheren algebraischen Geometrie, und da unter algebraischer Zahlentheorie gemeinhin die Theorie der algebraischen Zahlkörper selbst verstanden wird, so muß die ausschließliche Betrachtung dieses „eindimensionalen“ Falles (der bei richtiger Sicht ein dreidimensionaler ist) genügen.

I Das Reziprozitätsgesetz

1 Das Gaußsche Reziprozitätsgesetz

Am Anfang der Entwicklung, die hier dargestellt werden soll, steht das Gaußsche Reziprozitätsgesetz. Es wurde von Leonhard Euler (1707–1783) entdeckt,von Carl Friedrich Gauss (1777–1855) aber als Erstem bewiesen, und hat wie keine andere Entdeckung den Fortgang der algebraischen Zahlentheorie beeinflußt und geprägt. Es betrifft die Diophantische Gleichung

$$x^2 + by - a = 0,$$

die einfachste unter den nicht-trivialen, oder, anders ausgedrückt, die Frage nach der Lösbarkeit der Kongruenz

$$a \equiv x^2 \bmod b.$$

Man gewinnt rasch die Einsicht, daß man sich bei dieser Frage auf den Fall zurückziehen kann, wo b eine ungerade, nicht in a aufgehende Primzahl ist. Zur Behandlung dieses Problems führte der französische Mathematiker Adrien-Marie Legendre (1752–1833) das nach ihm benannte

Legendre-Symbol $\left(\frac{a}{p}\right)$ ein. Es nimmt nur die Werte ± 1 an und ist durch

$$\left(\frac{a}{p}\right) = 1 \Leftrightarrow a \equiv x^2 \bmod p \quad \text{ist lösbar}$$

festgelegt. Mit dieser Bezeichnung lautet das

Gaußsche Reziprozitätsgesetz: Sind l und p zwei verschiedene ungerade Primzahlen, so gilt

$$\left(\frac{l}{p}\right)\left(\frac{p}{l}\right) = (-1)^{\frac{l-1}{2}\frac{p-1}{2}}.$$

Dieses Gesetz erfuhr eine wichtige, wenngleich nur formale Ausdehnung auf den Bereich aller ganzen Zahlen durch das

Jacobi-Symbol $\left(\frac{a}{b}\right)$. Es ist für beliebige Paare ganzer Zahlen a, b mit den Bedingungen $(a,b) = 1, 2 \nmid b$ definiert und ist für positives b mit der Primzerlegung $b = p_1 \dots p_r$ durch

$$\left(\frac{a}{b}\right) = \left(\frac{a}{p_1}\right) \cdots \left(\frac{a}{p_r}\right)$$

gegeben.

Das Jacobi-Symbol hat für die Kongruenz $a \equiv x^2 \bmod b$ i.a. nicht mehr die gleiche direkte Bedeutung wie im Falle, daß b eine Primzahl p ist. Es erweist sich aber als sehr nützlich für die Berechnung des Legendre-Symbols $\left(\frac{a}{p}\right)$ und ist aus diesem Grunde eingeführt worden. Seine wahre Bedeutung kommt ihm jedoch durch die weittragende theoretische Rolle zu, die es durch die Multiplikativität in beiden Variablen a und b einerseits, und durch die allgemeine Reziprozitätsformel

$$\left(\frac{a}{b}\right)\left(\frac{b}{a}\right) = (-1)^{\frac{a-1}{2}\frac{b-1}{2}} \cdot (-1)^{\frac{\operatorname{sgn} a - 1}{2}} (-1)^{\frac{\operatorname{sgn} b - 1}{2}}$$

andererseits einnimmt.

2 Das n-te Potenzrestsymbol

Die große ästhetische Wirkung, die das Gaußsche Reziprozitätsgesetz auf die mathematischen Sinne ausübte, löste die heftigsten Bemühungen um eine Verallgemeinerung desselben auf die n-te Potenzreste aus, also um ein Reziprozitätsgesetz, das die Kongruenz

$$a \equiv x^n \bmod b$$

für einen Exponenten $n > 2$ in gleicher Weise beherrschen sollte, wie das Gaußsche die Kongruenz $a \equiv x^2 \bmod b$. Bei diesem Bemühen wurde nun bald klar, daß der Bereich der ganzen rationalen Zahlen zu eng war, um eine solche Gesetzmäßigkeit beherbergen zu können. Der Exponent n in der Kongruenz $x^n \equiv a \bmod b$ erzwang vielmehr die Betrachtung der n-ten Einheitswurzeln, und damit, anstelle von $\mathbb{Z}$, des mit einer primitiven n-ten Einheitswurzel ζ gebildeten Ringes

$$\mathbb{Z}[\zeta] = \{a_0 + a_1\zeta + \ldots + a_{n-1}\zeta^{n-1} \mid a_i \in \mathbb{Z}\}$$

und seines Quotientenkörpers $\mathbb{Q}(\zeta)$. Hiermit war die Theorie der algebraischen Zahlkörper endgültig aus der Taufe gehoben. Die Werte ± 1 des Legendre-Symbols $\left(\frac{a}{p}\right)$ wurden als zweite Einheitswurzeln gedeutet, und das **Eulersche Kriterium**

$$\left(\frac{a}{p}\right) \equiv a^{\frac{p-1}{2}} \bmod p$$

gab Anlaß zur Definition des allgemeinen

***n*-ten Potenzrestsymbols.** Für eine Zahl $\alpha \in \mathbb{Z}[\zeta]$ und eine Primzahl π von $\mathbb{Z}[\zeta]$ mit den Bedingungen $(\alpha, \pi) = 1$ und $(\pi, n) = 1$ setzt man

$$\left(\frac{\alpha}{\pi}\right) = \omega(\alpha)^{\frac{q-1}{n}},$$

wobei q die Anzahl der Elemente im Restklassenring $\mathbb{Z}[\zeta]/(\pi)$ ist und $\omega(\alpha)$ die durch die Kongruenz

$$\alpha \equiv \omega(\alpha) \bmod \pi$$

eindeutig bestimmte n-te Einheitswurzel in $\mathbb{Q}(\zeta)$. Das Potenzrestsymbol nimmt also Werte in der Gruppe μ_n der n-ten Einheitswurzeln an, und genügt, wie leicht zu sehen ist, der Beziehung

$$\left(\frac{\alpha}{\pi}\right) = 1 \Leftrightarrow \alpha \equiv x^n \bmod \pi \quad \text{ist lösbar.}$$

Die Hoffnung, die sich auf diese sinnfällige Verallgemeinerung des Legendreschen quadratischen Restsymbols baute, wurde durch eine herbe Erkenntnis gedämpft, die zum Wegweiser in eine neue, unbekannte Welt werden sollte. Diese Erkenntnis bestand ganz einfach in der Feststellung, daß der Ring $\mathbb{Z}[\zeta]$ in aller Regel nicht mehr faktoriell ist, daß also die Zerlegung der Zahlen $\alpha \in \mathbb{Z}[\zeta]$ in ein Produkt $\alpha = \pi_1 \ldots \pi_r$ von Primzahlen π_i in $\mathbb{Z}[\zeta]$ nicht mehr eindeutig ist. Dieser mißliche Umstand war in der Tat einschneidend. Die Ausdehnung des Potenzrestsymbols etwa zu einem n-ten Jacobi-Symbol $\left(\frac{\alpha}{\beta}\right)$ für beliebige Zahlen $\alpha, \beta \in \mathbb{Z}[\zeta]$ mit $(\alpha, \beta) = 1$, $(n, \beta) = 1$, die sich im quadratischen Fall durch lineare Fortsetzung aus der eindeutigen Primzerlegung ergab, wurde wegen des Mangels der Zerlegungseindeutigkeit fragwürdig, geschweige denn, daß sich ein Weg zum Beweis eines allgemeinen Reziprozitätsgesetzes auftun wollte.

3 Das Kummersche Symbol

Wie in den gordischen Knoten das Schwert des großen Alexander schlug in diese verfahrene Situation eine Idee, die zu den größten in der Mathematikgeschichte gezählt werden muß. Sie bestand in der Erfindung der **idealen Zahl** durch Eduard Kummer (1810–1893). Um diese Idee zu veranschaulichen, betrachten wir anstelle des Ringes $\mathbb{Z}[\zeta]$ zur Vereinfachung den Ring $\mathbb{Z} + \mathbb{Z}\sqrt{-5}$ im Körper $\mathbb{Q}(\sqrt{-5})$. In diesem Ring besitzt die Zahl 21 die beiden verschiedenen Primzerlegungen

$$21 = 3 \cdot 7 = (1 + 2\sqrt{-5}) \cdot (1 - 2\sqrt{-5}).$$

Von der Erfindung der komplexen Zahlen geleitet, bestand der Kummersche Gedanke darin, daß es für die Zahlen in einem Ring wie $\mathbb{Z} + \mathbb{Z}\sqrt{-5}$ einen erweiterten Bereich „idealer Zahlen“ geben müsse, in denen sie sich **eindeutig** als Produkt „idealer Primzahlen“ darstellen würden. In dem obigen Beispiel etwa würden sich demnach die rechten Faktoren aus „idealen Primzahlen“ $\mathfrak{p}_1, \mathfrak{p}_2, \mathfrak{p}_3, \mathfrak{p}_4$ zusammensetzen nach der Regel

$$3 = \mathfrak{p}_1\mathfrak{p}_2, \quad 7 = \mathfrak{p}_3\mathfrak{p}_4, \quad 1 + 2\sqrt{-5} = \mathfrak{p}_1\mathfrak{p}_3, \quad 1 - 2\sqrt{-5} = \mathfrak{p}_2\mathfrak{p}_4,$$

wodurch sich die obige Mehrdeutigkeit in die fabelhafte Eindeutigkeit

$$21 = (\mathfrak{p}_1\mathfrak{p}_2)(\mathfrak{p}_3\mathfrak{p}_4) = (\mathfrak{p}_1\mathfrak{p}_3)(\mathfrak{p}_2\mathfrak{p}_4)$$

auflösen würde.

Aus den von Kummer konzipierten Zahlen sind später durch Richard Dedekind (1831–1916) die **Ideale** geworden. Auf seiner neuen Theorie fußend definierte nun Kummer für jede Zahl $\alpha \in \mathbb{Z}[\zeta]$ und jedes Primideal $\mathfrak{p}$ von $\mathbb{Z}[\zeta]$ mit $\mathfrak{p} \nmid \alpha$ und $\mathfrak{p} \nmid n$ das Symbol $\left(\frac{\alpha}{\mathfrak{p}}\right) \in \mu_n$ durch

$$\left(\frac{\alpha}{\mathfrak{p}}\right) = \omega(\alpha)^{\frac{q-1}{n}},$$

wobei wieder $q = \# \mathbb{Z}[\zeta]/\mathfrak{p}$ ist, und $\omega(\alpha)$ die durch $\alpha \equiv \omega(\alpha) \bmod \mathfrak{p}$ festgelegte n-te Einheitswurzel in $\mathbb{Q}(\zeta)$. Es ergibt sich wie zuvor die Beziehung

$$\left(\frac{\alpha}{\mathfrak{p}}\right) = 1 \Leftrightarrow x^n \equiv \alpha \bmod \mathfrak{p} \quad \text{ist lösbar.}$$

Weiterhin erhält man für jedes zu α und n teilerfremde Ideal $\mathfrak{b} = \mathfrak{p}_1 \dots \mathfrak{p}_n$ als wohldefinierte Verallgemeinerung des Jacobi-Symbols das Symbol

$$\left(\frac{\alpha}{\mathfrak{b}}\right) = \left(\frac{\alpha}{\mathfrak{p}_1}\right) \cdots \left(\frac{\alpha}{\mathfrak{p}_r}\right).$$

Insbesondere war damit für je zwei Zahlen $\alpha, \beta \in \mathbb{Z}[\zeta]$ mit $(\alpha, \beta) = 1$ und $(n, \beta) = 1$ über das Hauptideal $\mathfrak{b} = (\beta)$ das n-te Potenzrestsymbol

$$\left(\frac{\alpha}{\beta}\right) := \left(\frac{\alpha}{\mathfrak{b}}\right)$$

geschaffen, das der Gegenstand eines Reziprozitätsgesetzes werden konnte.

Nach langer, angestrengter Arbeit von neun Jahren, in denen er nicht nur die Idealtheorie des Kreisteilungskörpers $\mathbb{Q}(\zeta)$ entwickeln mußte, sondern auch die tiefliegenden idealtheoretischen Gesetzmäßigkeiten im „Kummerschen" Körper $\mathbb{Q}(\zeta, \sqrt[n]{\alpha})$, gelang es KUMMER, ein Reziprozitätsgesetz zu beweisen, das zwar nicht die volle Allgemeinheit besaß wie das quadratische, das aber wie eine Offenbarung auf die Mathematiker jener Zeit wirkte und eine unumschränkte Bewunderung auf sich zog. Dieses Reziprozitätsgesetz galt für je zwei zueinander „primäre" Zahlen $\alpha, \beta \in \mathbb{Z}[\zeta]$ – eine einschränkende Bedingung, auf deren Bedeutung hier nicht eingegangen werden soll – und präsentierte sich in der bestechenden Form

$$\left(\frac{\alpha}{\beta}\right) = \left(\frac{\beta}{\alpha}\right).$$

Dabei mußte sich KUMMER allerdings mit dem Fall begnügen, daß der Exponent n eine **reguläre Primzahl** ist, eine Einschränkung, die er zunächst nicht als so einschneidend angesehen zu haben scheint, wie sie sich später erweisen sollte.

4 Das Hilbert-Symbol

Allen bis dahin gefundenen Reziprozitätsgesetzen haftete die Notwendigkeit von Teilerfremdheitsbedingungen an, ein Umstand, der nicht nur als lästige Voraussetzung dem nach Unbedingtheit strebenden mathematischen Gemüt entgegenstand, sondern auch komplizierend auf die Beweise wirkte und die Einsicht in die wahren Gründe der gesuchten Gesetze behinderte. Dies änderte sich in schlagender Weise durch die Entdeckung eines neuen Symbols durch DAVID HILBERT (1862–1943). HILBERT erkannte, daß sich in dem Kummerschen Symbol $\left(\frac{\alpha}{\mathfrak{b}}\right)$ eine Feinstruktur verbarg, die den eigentlichen Kern der Geschichte aufdeckt. Diese Feinstruktur drückt sich für ein Hauptideal $\mathfrak{b} = (\beta)$ in einer Produktzerlegung

$$\left(\frac{\alpha}{\beta}\right) = \prod_{\mathfrak{p} \nmid \alpha n} \left(\frac{\beta, \alpha}{\mathfrak{p}}\right)$$

aus, mit neuen Symbolen $\left(\frac{\beta, \alpha}{\mathfrak{p}}\right) \in \mu_n$, die an keinerlei Teilbarkeitsbedingung gebunden und von der größten Allgemeinheit sind. Sie sind nicht nur für die Zahlen $\alpha, \beta \in \mathbb{Z}[\zeta]$ definiert, sondern für alle von Null verschiedenen Zahlen in einem beliebigen algebraischen Zahlkörper K, der die Gruppe μ_n der n-ten Einheitswurzeln enthält, mehr noch, für alle Elemente α, β in der $\mathfrak{p}$-adischen Komplettierung $K_{\mathfrak{p}}$, also der Komplettierung des Körpers K bzgl. des $\mathfrak{p}$-adischen Absolutbetrages $|\ |_{\mathfrak{p}}: K \to \mathbb{R}$. Das Hilbert-Symbol $\left(\frac{\alpha, \beta}{\mathfrak{p}}\right)$ ist somit seiner Natur nach eine in beiden Argumenten α und β multiplikative Abbildung

$$\left(\frac{\ ,\ }{\mathfrak{p}}\right): K_{\mathfrak{p}}^* \times K_{\mathfrak{p}}^* \to \mu_n\,,$$

wobei $K_{\mathfrak{p}}^*$ die multiplikative Gruppe des $\mathfrak{p}$-adischen Zahlkörpers bedeutet.

Die Definition des Hilbert-Symbols ist nicht einfach, eine Feststellung, in der sich letztlich die Tatsache ausdrückt, daß das auf dieses Symbol begründete allgemeine Reziprozitätsgesetz tiefliegend ist. Jedoch hat es bezwingend einfache Eigenschaften, wie etwa die Schiefsymmetrie

$$\left(\frac{\alpha, \beta}{\mathfrak{p}}\right) = \left(\frac{\beta, \alpha}{\mathfrak{p}}\right)^{-1}$$

und die charakteristische Implikation

$$\left(\frac{\alpha, \beta}{\mathfrak{p}}\right) = 1 \quad \text{für alle } \beta \in K^* \Rightarrow \alpha \in K_{\mathfrak{p}}^{*n}\,,$$

in der sich die Beziehung zu den n-ten Potenzen viel schärfer zeigt als beim Potenzrestsymbol $\left(\frac{\alpha}{\mathfrak{p}}\right)$, wo man nur auf eine Kongruenz $\alpha \equiv x^n \bmod \mathfrak{p}$, nicht aber auf eine Gleichheit $\alpha = x^n$ kommt. Zu den Hilbert-Symbolen $\left(\frac{\alpha, \beta}{\mathfrak{p}}\right)$ für die einzelnen Primideale $\mathfrak{p}$ des Zahlkörpers K gesellen sich noch endlich viele weitere, die zu den „unendlichen" Primstellen $\mathfrak{p}$ von K gehören. Das sind gewisse virtuelle

Primideale, die den gewöhnlichen, durch alle Einbettungen $K \hookrightarrow \mathbb{C}$ entstehenden Absolutbeträgen von K zugeordnet werden und als Komplettierung $K_\mathfrak{p}$ den Körper $\mathbb{R}$ der reellen oder den Körper $\mathbb{C}$ der komplexen Zahlen haben. Im Falle $K_\mathfrak{p} = \mathbb{R}$ und $n = 2$ etwa ist das Hilbert-Symbol durch

$$\left(\frac{\alpha,\beta}{\mathfrak{p}}\right) = (-1)^{\frac{\operatorname{sgn}\alpha - 1}{2}} \cdot (-1)^{\frac{\operatorname{sgn}\beta - 1}{2}}$$

gegeben.

Läßt man nun $\mathfrak{p}$ alle Primideale und die unendlichen Primstellen von K durchlaufen, so erhält man das folgende Hilbertsche Theorem, in dem sich die vorangegangenen Bemühungen um das Reziprozitätsgesetz versammeln, das aber über das vorher Bekannte weit hinausgeht.

Theorem. *Sei K ein Zahlkörper, der die n-ten Einheitswurzeln enthält. Dann gilt für je zwei Zahlen $\alpha, \beta \in K^*$ die Formel*

$$\prod_{\mathfrak{p}} \left(\frac{\alpha,\beta}{\mathfrak{p}}\right) = 1.$$

Auf der linken Seite macht ein Teil des Produktes das Symbol $\left(\frac{\alpha}{\beta}\right)$ aus, ein anderer wegen $\left(\frac{\alpha,\beta}{\mathfrak{p}}\right) = \left(\frac{\beta,\alpha}{\mathfrak{p}}\right)^{-1}$ das Symbol $\left(\frac{\beta}{\alpha}\right)^{-1}$. Wirft man den Rest auf die rechte Seite, so ergibt sich das **allgemeine Reziprozitätsgesetz für die n-ten Potenzen** in der Form

$$\left(\frac{\alpha}{\beta}\right)\left(\frac{\beta}{\alpha}\right)^{-1} = \prod_{\mathfrak{p} \mid n\infty} \left(\frac{\alpha,\beta}{\mathfrak{p}}\right),$$

und zwar für je zwei zueinander und zu n teilerfremde Zahlen α, β des Körpers K. Hieraus erhält man alle zuvor gefundenen Reziprozitätsgesetze, indem man die endlich vielen speziellen Hilbert-Symbole auf der rechten Seite explizit ausrechnet. Die vollständige Lösung dieser letzten Aufgabe hat noch lange auf sich warten lassen. Sie wurde erst in den sechziger Jahren unseres Jahrhunderts von dem Mathematiker Helmut Brückner gegeben.

II Klassenkörpertheorie

5 Das Normrestsymbol

Das Hilbertsche Reziprozitätsgesetz setzte mit seiner Allgemeingültigkeit und seiner Vollkommenheit einen glanzvollen Schlußstein hinter die langen Bemühungen um die Potenzreste. Dennoch war es nur der Beginn einer ganz und gar neuen Entwicklung, die die Zahlentheoretiker für die nächsten Dekaden beschäftigen sollte. Sie mündete in die **Klassenkörpertheorie.** Die klaren und unmittelbar überzeugenden Resultate dieser übergeordneten Theorie ergaben sich nicht mit einem Schlag. Sie fügten sich, aus vielen Luken andeutungsweise herausschauend, nur langsam aus mehreren Erscheinungen verschiedener Art zusammen, und es bedurfte langjähriger, tiefgreifender Arbeit, die wahren Gründe für diese Erscheinungen zu finden, die heute ein Fundament der algebraischen Zahlentheorie geworden sind. Mehr noch als zuvor will ich darauf verzichten, den von verwirrendem Hin und Her bestimmten historischen Gang der Dinge zu schildern, und will lieber die Zusammenhänge vom logischen Aufbau erklären, so wie er sich heute uns zeigt.

Der springende Punkt der neuen Sicht liegt in der **galoistheoretischen Interpretation** der gewonnenen Resultate, die sich bis dahin auf einen festen Körper K allein bezogen hatten. Dies tritt besonders klar am Hilbert-Symbol $\left(\frac{\alpha,\beta}{\mathfrak{p}}\right)$ hervor, das über einem $\mathfrak{p}$-adischen Zahlkörper definiert ist, der die n-ten Einheitswurzeln enthält. Wir bezeichnen diesen Körper vorübergehend mit K anstelle von $K_{\mathfrak{p}}$. Für ein beliebiges Element $\beta \in K^*$ betrachten wir die galoissche Körpererweiterung $L = K(\sqrt[n]{\beta})$ und ihre Galoisgruppe $G(L|K)$. Ein Element $\sigma \in G(L|K)$ wird durch

$$\sigma\sqrt[n]{\beta} = \xi\sqrt[n]{\beta}$$

festgelegt, wobei ξ eine n-te Einheitswurzel ist. Für jedes $\alpha \in K^*$ wird nun das **lokale Normrestsymbol** $(\alpha, L|K) \in G(L|K)$ mit Hilfe des Hilbert-Symbols $\left(\frac{\alpha,\beta}{\mathfrak{p}}\right) \in \mu_n$ durch

$$(\alpha, L|K)\sqrt[n]{\beta} = \left(\frac{\alpha,\beta}{\mathfrak{p}}\right)\sqrt[n]{\beta}$$

definiert. Wir erhalten auf diese Weise ein galoistheoretisches Abbild des Hilbert-Symbols, das seinen Namen durch die unmittelbar zu verifizierende Tatsache

$$(\alpha, L|K) = 1 \Leftrightarrow \alpha \in N_{L|K}(L^*)$$

rechtfertigt. Dabei bedeutet $N_{L|K}\colon L^* \to K^*$ die übliche Normenbildung, $N_{L|K}(L^*)$ also die Gruppe aller Normenelemente in K. Es stellte sich heraus, daß damit die Frage nach den n-ten Potenzresten auf ihren eigentlichen Hintergrund verwiesen wird, nämlich auf die Frage, ob ein Element *Norm* ist oder nicht. Sie hat gegenüber der ersten eine viel universellere Bedeutung. Dies zeigt sich in der folgenden ganz unerwarteten Wendung der Dinge.

Das Normrestsymbol definiert einen Homomorphismus

$$(\ \ , L|K)\colon K^* \to G(L|K)$$

in dessen Kern nach der obigen Bemerkung die Normengruppe $N_{L|K}(L^*)$ liegt, so daß ein kanonischer Homomorphismus

$$K^*/N_{L|K}(L^*) \to G(L|K)$$

der sogenannten „Normrestgruppe“ $K^*/N_{L|K}(L^*)$ induziert wird. Die in dieser Situation ausschlaggebende Entdeckung bestand nun darin, daß das Normrestsymbol $(\ ,L|K)$ nicht nur für die Kummerschen Erweiterungen $K(\sqrt[n]{\beta})|K$ (unter der Voraussetzung $\mu_n \subseteq K$) definiert ist, sondern voraussetzungslos für **alle** endlichen abelschen Erweiterungen $L|K$ eines $\mathfrak{p}$-adischen Zahlkörpers K, und zu dem folgenden überraschenden Ergebnis führt.

Theorem. *Das Normrestsymbol* $(\ ,L|K): K^* \to G(L|K)$ *induziert einen Isomorphismus*

$$K^*/N_{L|K}(L^*) \cong G(L|K).$$

Dieses Theorem wird der **Hauptsatz der lokalen Klassenkörpertheorie** genannt, oder irreführender Weise auch das **lokale Reziprozitätsgesetz.** Die erste Namensgebung rührt von der über das Theorem hinausgehenden Tatsache her, daß die Normengruppen $I = N_{L|K}(L^*)$ in K^* gerade die Untergruppen von endlichem Index ausmachen und die endlichen abelschen Erweiterungen $L|K$ vollständig klassifizieren, mit anderen Worten: Die Untergruppen I von K^* von endlichem Index entsprechen umkehrbar eindeutig den endlichen abelschen Erweiterungen $L|$K. Der Körper L, der zur Untergruppe I gehört, wird der **Klassenkörper** zu I genannt; es gilt für ihn $G(L|K) \cong K^*/I$.

Diese Gesetzmäßigkeit hat sich vom ursprünglichen Reziprozitätsgesetz, dem sie ihre Entdeckung verdankt, durch eine neue, körpertheoretische Zielrichtung getrennt. Abgesehen aber von dieser körpertheoretischen Auswirkung führt das Normrestsymbol zu einer direkten und umfassenden Verallgemeinerung des Hilbertschen Reziprozitätsgesetzes. Wenn nämlich $L|K$ eine endliche abelsche Erweiterung „globaler“ Zahlkörper ist – im Gegensatz zu den als „lokal“ bezeichneten $\mathfrak{p}$-adischen Zahlkörpern nennt man die algebraischen Zahlkörper selbst „globale Körper“ –, so kann man für jede Primstelle $\mathfrak{p}$ von K zur Komplettierung $L_\mathfrak{p}|K_\mathfrak{p}$ übergehen und befindet sich dann in der soeben erläuterten Situation. Man erhält nun durch die Einschränkungen der Automorphismen von $L_\mathfrak{p}$ auf L die Inklusionen

$$G(L_\mathfrak{p}|K_\mathfrak{p}) \subseteq G(L|K),$$

so daß das Normrestsymbol $(\ ,L_\mathfrak{p}|K_\mathfrak{p})$ für jedes $\mathfrak{p}$ Werte in der Galoisgruppe $G(L|K)$ annimmt. Hierüber gilt jetzt das folgende **allgemeine Reziprozitätsgesetz**

Theorem. *Ist $L|K$ eine endliche abelsche Erweiterung algebraischer Zahlkörper, so gilt für jedes $\alpha \in K^*$ die Produktformel*

$$\prod_{\mathfrak{p}} (\alpha, L_\mathfrak{p}|K_\mathfrak{p}) = 1.$$

Das Hilbertsche Reziprozitätsgesetz ist hierin als Spezialfall enthalten, denn wenn $\mu_n \subseteq K$ und $L = K(\sqrt[n]{\beta})$, so ist die Formel $\prod_{\mathfrak{p}} (\alpha, L_\mathfrak{p} | K_\mathfrak{p}) = 1$ gleichbedeutend mit der Formel $\prod_{\mathfrak{p}} \left(\frac{\alpha, \beta}{\mathfrak{p}}\right) = 1$.

6 Das Artinsche Reziprozitätsgesetz

Die scheinbar ganz unabsichtlich gefundene Isomorphie

$$K_\mathfrak{p}^* / N_{L_\mathfrak{p}|K_\mathfrak{p}}(L_\mathfrak{p}^*) \cong G(L_\mathfrak{p} | K_\mathfrak{p})$$

für eine abelsche Erweiterung $L_\mathfrak{p} | K_\mathfrak{p}$ $\mathfrak{p}$-adischer, also lokaler Körper war in Wirklichkeit das Ergebnis einer bewußten Suche, die sich aus einem globalen Analogon ergab. Im Rückblick erklärt sich dieses globale Analogon am besten als Folge der lokalen Isomorphie und des erwähnten allgemeinen Reziprozitätsgesetzes

$$\prod_{\mathfrak{p}} (\alpha, L_\mathfrak{p} | K_\mathfrak{p}) = 1 .$$

Jedoch seien der Darstellung dieses heutigen Standpunktes zwei konkrete und repräsentative Beispiele vorausgeschickt, in denen sich das allgemeine Gesetz plastisch widerspiegelt.

Alles verhält sich so wie im lokalen Fall, nur muß die multiplikative Gruppe $K_\mathfrak{p}^*$ durch eine andere Gruppe ersetzt werden. Sei etwa $L|K$ eine **unverzweigte** abelsche Erweiterung algebraischer Zahlkörper, d.h. jedes Primideal $\mathfrak{p}$ von K zerfällt in L in ein Produkt $\mathfrak{p} = \mathfrak{P}_1 \dots \mathfrak{P}_r$ verschiedener Primideale von L. In diesem Fall kann die **Idealklassengruppe** $Cl(K)$ die Rolle der multiplikativen Gruppe übernehmen. Sie ist die Faktorgruppe

$$Cl(K) = J(K)/P(K)$$

der Gruppe $J(K)$ der gebrochenen Ideale von K modulo der Gruppe $P(K)$ der gebrochenen Hauptideale (α). Die Elemente von $J(K)$ sind die Produkte $\mathfrak{a} = \prod_{\mathfrak{p}} \mathfrak{p}^{\nu_\mathfrak{p}}$, wobei $\mathfrak{p}$ die von Null verschiedenen Primideale des Ringes $\mathcal{O}_K$ der ganzen Zahlen von K durchläuft und $\nu_\mathfrak{p}$ ganze Zahlen sind, die fast alle verschwinden. Als globales Analogon des lokalen Normrestsymbols wird nun das **Artin-Symbol**

$$(\ , L|K) \colon J(K) \to G(L|K)$$

definiert, das jedem Primideal $\mathfrak{p}$ den **Frobenius-Automorphismus** $(\mathfrak{p}, L|K)$ zuordnet, der in der Zahlentheorie eine beherrschende Königsstellung einnimmt. Er ist eindeutig durch die Kongruenz

$$(\mathfrak{p}, L|K)\alpha \equiv \alpha^q \bmod \mathfrak{P}$$

festgelegt, wobei $\alpha \in \mathcal{O}_L$, $q = \# \mathcal{O}_K/\mathfrak{p}$ und $\mathfrak{P}$ ein beliebiges über $\mathfrak{p}$ liegendes Primideal des Ringes $\mathcal{O}_L$ der ganzen Zahlen von L ist. Diese Definition breitet sich von den Primidealen $\mathfrak{p}$ linear auf alle gebrochenen Ideale aus. Das allgemeine Reziprozitätsgesetz

$$\prod_{\mathfrak{p}} (\alpha, L_{\mathfrak{p}} | K_{\mathfrak{p}}) = 1$$

für die Elemente $\alpha \in K^*$ läßt sich nun so deuten, daß bei dem Homomorphismus $(\ , L|K): J(K) \to G(L|K)$ die Hauptideale (α) auf 1 abgebildet werden, so daß ein kanonischer Homomorphismus

$$(\ , L|K): Cl(K) \to G(L|K)$$

der Idealklassengruppe $Cl(K)$ entsteht. Über diesen haben wir das außerordentliche, von HILBERT vorbereitete, von EMIL ARTIN (1898–1962) aber in dieser Form – und in viel größerer Allgemeinheit etablierte

Theorem. *Für jede unverzweigte abelsche Erweiterung $L|K$ induziert das Symbol $(\ , L|K)$ einen Isomorphismus*

$$Cl(K)/N_{L|K}(Cl(L)) \cong G(L|K).$$

So beeindruckend dieses Gesetz auch sein mag, für den Grundkörper $\mathbb{Q}$ bedeutet es gar nichts, weil dieser keine unverzweigten Erweiterungen besitzt. Insbesondere ist der n-te Kreisteilungskörper $\mathbb{Q}(\zeta)|\mathbb{Q}$ nicht einbezogen, der im Zentrum der ganzen Entwicklung des Reziprozitätsgesetzes gestanden hat. Für diese Erweiterung tritt uns jedoch in viel unverblümterer Weise der wohlvertraute Isomorphismus

$$(\mathbb{Z}/n\mathbb{Z})^* \cong G(\mathbb{Q}(\zeta)|\mathbb{Q})$$

entgegen, der jeder primen Restklasse $p \bmod n$, $(n, p) = 1$, den durch

$$\varphi_p \zeta = \zeta^p$$

definierten „Frobenius-Automorphismus“ $\varphi_p \in G(\mathbb{Q}(\zeta)|\mathbb{Q})$ zuordnet.

Lange bevor ARTIN sein allgemeines globales Reziprozitätsgesetz bewies, erkannte HEINRICH WEBER (1842–1913), daß die Gruppen Cl_K und $(\mathbb{Z}/n\mathbb{Z})^*$ lediglich Abbilder eines gemeinsamen Oberbegriffs waren, dem er den Namen **Strahlklassengruppe** gab. Auf diesem Begriff fußend rückte der japanische Zahlentheoretiker TEIJI TAKAGI (1875–1960) mit bahnbrechenden Arbeiten die Klassenkörpertheorie in die Nähe ihrer endgültigen Fassung. Die Strahlklassengruppen wichen später einer noch weiter tragenden Erfindung des französischen Mathematikers CLAUDE CHEVALLEY (1909–1984), die zu einem Grundbegriff der heutigen Forschung geworden ist. Es handelt sich um die „idealen Elemente“ eines Zahlkörpers, die über die Abkürzung id. el. den seltsamen, aber heute gültigen Namen **Idele** erhalten haben. Da dieser Begriff für die weitere Entwicklung ausschlaggebend ist, erläutere ich, wie die Grupp $(\mathbb{Z}/n\mathbb{Z})^*$ als eine **Idelklassengruppe** zu deuten ist.

Wir betrachten die Komplettierung $\mathbb{Q}_p$ von $\mathbb{Q}$ bzgl. aller Absolutbeträge $|\ |_p$ von $\mathbb{Q}$ (der Körper $\mathbb{R} = \mathbb{Q}_\infty$ ist eingeschlossen) und bilden den Ring der **Adele**

$$\mathbb{A} = \prod_p \mathbb{Q}_p = \left\{(a_p) \in \prod_p \mathbb{Q}_p \mid a_p \in \mathbb{Z}_p \text{ für fast alle } p\right\}.$$

Seine Einheitengruppe

$$\mathbb{Q}^* = GL_1(\mathbb{Q}) = \prod_p \mathbb{Q}_p^*$$

ist die **Idelgruppe** von $\mathbb{Q}$. Vermöge der diagonale Einbettung ist $\mathbb{Q} \subseteq \mathbb{A}$, und die Faktorgruppe

$$C_{\mathbb{Q}} = \mathbb{A}^*/\mathbb{Q}^* = GL_1(\mathbb{A})/GL_1(\mathbb{Q})$$

ist die **Idelklassengruppe** von $\mathbb{Q}$.

Für die natürliche Zahl $n = \prod_p p^{\nu_p}$ betrachten wir in $GL_1(\mathbb{A})$ die **kompakte** Untergruppe $K(n) = \prod_p K_p(n)$, wobei

$$K_p(n) = \{a_p \in GL_1(\mathbb{Z}_p) = \mathbb{Z}_p^* \mid a_p \equiv 1 \operatorname{mod} p^{\nu_p}\}, \quad K_\infty(n) = \{\pm 1\}.$$

Es ist dann offensichtlich

$$K(1)/K(n) = \prod_p (\mathbb{Z}/p^{\nu_p}\mathbb{Z})^* = (\mathbb{Z}/n\mathbb{Z})^*.$$

Setzen wir $C_{\mathbb{Q}}(n) = K(n)\mathbb{Q}^*/\mathbb{Q}^*$, so ergibt sich hieraus

$$(\mathbb{Z}/n\mathbb{Z})^* = C_{\mathbb{Q}}/C_{\mathbb{Q}}(n).$$

Ganz analog bildet man für einen beliebigen Zahlkörper K den Ring der Adele $\mathbb{A}_K = \prod_{\mathfrak{p}} K_{\mathfrak{p}}^*$ und die Idelklassengruppe $C_K = \mathbb{A}_K^*/K^*$. Sie hat die Idealklassengruppe Cl_K als kanonische Faktorgruppe. Im Falle $K = \mathbb{Q}(\zeta)$ operiert die Galoisgruppe $G(K|\mathbb{Q})$ auf C_K, und es berechnet sich die Normengruppe zu

$$N_{K|\mathbb{Q}} C_K = C_{\mathbb{Q}}(n).$$

Damit geht der Isomorphismus $G(\mathbb{Q}(\zeta)|\mathbb{Q}) \cong (\mathbb{Z}/n\mathbb{Z})^*$ über in

$$G(\mathbb{Q}(\zeta)|\mathbb{Q}) \cong C_{\mathbb{Q}}/N_{\mathbb{Q}(\zeta)|\mathbb{Q}} C_{\mathbb{Q}(\zeta)}, \quad \varphi_p \mapsto [p],$$

wobei $[p]$ die durch das Idel $(\ldots, 1, 1, 1, p, 1, 1, 1, \ldots)$ repräsentierte Klasse ist.

In dieser Form bleibt der Isomorphismus nun allgemein bestehen, wenn wir $\mathbb{Q}(\zeta)|\mathbb{Q}$ durch eine beliebige abelsche Erweiterung $L|K$ algebraischer Zahlkörper ersetzen. Für jede Komplettierung $K_{\mathfrak{p}}$ von K haben wir wie geschildert das lokale Normrestsymbol

$$(\ ,L_{\mathfrak{P}}|K_{\mathfrak{p}}) \colon K_{\mathfrak{p}}^* \to G(L_{\mathfrak{P}}|K_{\mathfrak{p}}) \subseteq G(L|K).$$

Für ein Idel $\mathfrak{a} = (\mathfrak{a}_\mathfrak{p}) \in \prod_\mathfrak{p} K_\mathfrak{p}^*$ von K definieren wir das Normrestsymbol durch

$$(\mathfrak{a}, L|K) := \prod_\mathfrak{p} (\mathfrak{a}_\mathfrak{p}, L_\mathfrak{p}|K_\mathfrak{p})$$

und erhalten den kanonischen Homomorphismus

$$(\ , L|K) \colon \mathbb{A}_K^* \to G(L|K).$$

Für ein „Hauptidel" $\alpha \in K^*$ haben wir das allgemeine Reziprozitätsgesetz

$$(\alpha, L|K) = \prod_\mathfrak{p} (\alpha, L_\mathfrak{p}|K_\mathfrak{p}) = 1,$$

so daß sich sogar ein Homomorphismus

$$(\ , L|K) \colon C_K \to G(L|K)$$

der Idelklassengruppe ergibt. Für diesen Homomorphismus gilt nun das allumfassende endgültige

Artinsche Reziprozitätsgesetz: Für jede endliche abelsche Erweiterung $L|K$ algebraischer Zahlkörper induziert das Normrestsymbol $(\ , L|K) \colon C_K \to G(L|K)$ einen Isomorphismus

$$C_K/N_{L|K}C_L \cong G(L|K).$$

Wie schon in der lokalen Klassenkörpertheorie werden durch dieses Gesetz die abelschen Erweiterungen L von K vollständig klassifiziert. Sie entsprechen nämlich umkehrbar eindeutig den Untergruppen $I = N_{L|K}C_L$ von C_K, die sich in invarianter Weise als **Kongruenzuntergruppen** von C_K erweisen. Das sind solche Untergruppen, die für einen passenden „Modul" $\mathfrak{m}$ eine kompakte Untergruppe $C_K(\mathfrak{m})$ enthalten, welche in gleicher Weise gebildet ist, wie die Gruppen $C_\mathbb{Q}(n) = K(n)\mathbb{Q}^*/\mathbb{Q}^*$ im Falle des Grundkörpers $\mathbb{Q}$.

Überdies kristallisiert sich aus dem Artinschen Reziprozitätsgesetz ein Ergebnis heraus, das für das ganze Geschehen von elementarer Bedeutung ist: Das **Primzerlegungsgesetz.** Ein Primideal $\mathfrak{p}$ von K zerfällt in der abelschen Erweiterung $L|K$, wenn es unverzweigt ist, in ein Produkt

$$\mathfrak{p} = \mathfrak{P}\mathfrak{P}' \cdot \ldots$$

verschiedener Primideale $\mathfrak{P}, \mathfrak{P}', \ldots$, und es stellt sich die Frage, in wie viele? Durch das Artinsche Reziprozitätsgesetz erhalten wir auf diese Frage eine bündige Antwort. Zum Primideal $\mathfrak{p}$ gehört einerseits der Frobenius-Automorphismus $\varphi_\mathfrak{p} \in G(L|K)$,

$$\varphi_\mathfrak{p} a \equiv a^q \bmod \mathfrak{P}$$

und andererseits die Klasse $[\mathfrak{p}]$ in $C_K/N_{L|K}C_L$, die durch das Idel

$$[\pi_\mathfrak{p}] = (\ldots, 1, 1, 1, \pi_\mathfrak{p}, 1, 1, 1, \ldots)$$

repräsentiert wird, wobei $\pi_{\mathfrak{p}}$ ein Primelement im $\mathfrak{p}$-adischen Zahlkörper $K_{\mathfrak{p}}$ ist. Die beiden Elemente werden durch den Reziprozitätsisomorphismus aufeinander bezogen:

$$C_K/N_{L|K}C_L \xrightarrow{\sim} G(L|K), \quad [\mathfrak{p}] \leftrightarrow \varphi_{\mathfrak{p}}.$$

Aus galoistheoretischen Gründen ist die Anzahl $r_{\mathfrak{p}}$ der Faktoren in der Zerlegung $\mathfrak{p} = \mathfrak{P}_1 \ldots \mathfrak{P}_{r_{\mathfrak{p}}}$ gleich $n/f_{\mathfrak{p}}$, wobei $n = [L:K]$ und $f_{\mathfrak{p}}$ die Ordnung von $\varphi_{\mathfrak{p}}$ ist. Also bestimmt sich diese Anzahl einfach aus der Ordnung der Klasse $[\mathfrak{p}]$ in $C_K/N_{L|K}C_L$. Insbesondere ist $\mathfrak{p}$ **voll zerlegt,** d.h. zerfällt in genau $[L:K]$ Faktoren, wenn $[\mathfrak{p}] = 1$ ist.

Im Beispiel des n-ten Kreisteilungskörpers $\mathbb{Q}(\zeta)|\mathbb{Q}$ etwa, wo das Artinsche Reziprozitätsgesetz in den Isomorphismus

$$(\mathbb{Z}/n\mathbb{Z})^* \xrightarrow{\sim} G(\mathbb{Q}(\zeta)|\mathbb{Q}), \quad p \bmod n \mapsto (\varphi_p : \zeta \mapsto \zeta^p)$$

übergeht, ist eine Primzahl $p \nmid n$ genau dann voll zerlegt in $\mathbb{Q}(\zeta)$, wenn $\varphi_p = 1$, also $p \equiv 1 \bmod n$ ist.

III Die Langlands-Vermutung

7 Neue Bahnen

Mit dem unter vielen Mühen errungenen Artinschen Reziprozitätsgesetz war die lange, mit dem Gaußschen Reziprozitätsgesetz beginnende Entwicklung abgeschlossen. Es war von einer solchen Vollendung, daß ernsthaft die Ansicht geäußert wurde, ein weiteres Fortschreiten auf abermals neuen Bahnen sei unangebracht und müßig. Vielmehr käme es jetzt darauf an, in das prachtvolle neue Haus einzuziehen und es sich in allen Räumen behaglich zu machen. Die Entwicklung ist dieser Empfehlung nicht gefolgt.

Bei aller Vollkommenheit des Artinschen Gesetzes mußte natürlich sofort seine völlige Beschränktheit auf die abelschen Erweiterungen $L|K$ auffallen. Vor der Forderung der nicht-abelschen Erweiterungen jedoch nach ähnlicher Aufklärung etwa ihres Primzerlegungsgesetzes stand man lange Zeit hilflos und ohne die geringste Vorstellung eines gangbaren Weges. Dieser wurde erst in den sechziger Jahren unseres Jahrhunderts durch den kanadischen Mathematiker ROBERT LANGLANDS aufgezeigt, und zwar in einer geradezu prophetischen Weise. Die Entdeckungen von LANGLANDS zeigten aufs Neue alle atemberaubenden Merkmale, die die Zahlentheorie seit jeher als „Königin unter den mathematischen Wissenschaften" bestätigt haben.

Der Keim des Langlandsschen Gedankens läßt sich wieder am N-ten Kreisteilungskörper $\mathbb{Q}(\zeta)\,|\,\mathbb{Q}$ und der Isomorphie

$$(\mathbb{Z}/N\mathbb{Z})^* \cong G(\mathbb{Q}(\zeta)\,|\,\mathbb{Q}) \tag{1}$$

schildern, durch die einer nicht in N aufgehenden Primzahl p der Frobeniusautomorphismus

$$\varphi_p : \zeta \mapsto \zeta^p$$

zugeordnet wird. In dieser Beziehung findet sich, wie schon erwähnt, auch das Zerlegungsgesetz der Primzahlen. Für die Primzahlen $p \nmid N$ haben wir z. B.

$$p \text{ voll zerlegt} \Leftrightarrow \varphi_p = 1 \Leftrightarrow p \equiv 1 \bmod N.$$

Dieser Sachverhalt erfährt nun eine einfache, aber **grundsätzliche** Umdeutung dadurch, daß wir die Isomorphie (1) durch die gleichwertige Isomorphie der Charaktergruppen ersetzen. Die Charaktere ϱ von $G(\mathbb{Q}(\zeta)\,|\,\mathbb{Q})$ entsprechen danach umkehrbar eindeutig den Charakteren χ von $(\mathbb{Z}/N\mathbb{Z})^*$ aufgrund des Diagramms

$$\begin{array}{ccc} & \mathbb{C}^* & \\ \varrho \nearrow & & \nwarrow \chi \\ G(\mathbb{Q}(\zeta)\,|\,\mathbb{Q}) & \cong & (\mathbb{Z}/n\mathbb{Z})^*, \end{array}$$

und es gilt bei dieser Beziehung

$$\varrho(\varphi_p) = \chi(p).$$

Ganz unabhängig von der Isomorphie (1) führen wir nun zwei neue Dinge ins Feld. Jedem Charakter

$$\varrho : G(\mathbb{Q}(\zeta)\,|\,\mathbb{Q}) \to \mathbb{C}^*$$

ordnen wir die **Artinsche *L*-Reihe**

$$L(\varrho, s) = \prod_{p \nmid n} \frac{1}{1 - \varrho(\varphi_p)p^{-s}}$$

und jedem Charakter

$$\chi : (\mathbb{Z}/N\mathbb{Z})^* \to \mathbb{C}^*$$

die **Dirichletsche *L*-Reihe**

$$L(\chi, s) = \prod_{p \nmid n} \frac{1}{1 - \chi(p)p^{-s}}$$

zu. Sind ϱ und χ durch die Isomorphie (1) aufeinander bezogen, so gilt $\varrho(\varphi_p) = \chi(p)$, also

$$L(\varrho, s) = L(\chi, s). \tag{2}$$

Wir stellen uns nun auf den folgenden Standpunkt: Wir vergessen die Isomorphie (1) und behalten nur im Auge, daß die Charaktere ϱ und χ in 1-1-deutiger Korrespondenz stehen, und daß die Gleichheit (2) der ihnen zugeordneten L-Reihen gilt, also

$$\varrho \leftrightarrow \chi, \quad L(\varrho, s) = L(\chi, s).$$

Durch diese Auffassung verlieren wir weder die Isomorphie (1) noch das Primzerlegungsgesetz. Eine allgemeine Tatsache über Dirichlet-Reihen mit Eulerprodukt besagt nämlich, daß aus der Gleichheit (2) in direkter Weise die Gleichheit

$$\frac{1}{1-\varrho(\varphi_p)p^{-s}} = \frac{1}{1-\chi(p)p^{-s}}$$

der „Eulerfaktoren", also $\varrho(\varphi_p) = \chi(p)$ folgt. Hieraus ergibt sich, daß die Zuordnung $\varrho \leftrightarrow \chi$ ein Isomorphismus zwischen den Charaktergruppen von $G(\mathbb{Q}(\zeta)\,|\,\mathbb{Q})$ und $(\mathbb{Z}/N\mathbb{Z})^*$ ist, aus dem man die Isomorphie (1) durch Dualisierung zurückgewinnt. Auch das Primzerlegungsgesetz ist in dieser Fassung eingeschlossen, denn es gilt z. B.

$$\begin{aligned} p \text{ voll zerlegt} &\Leftrightarrow \varphi_p = 1 \Leftrightarrow \varrho(\varphi_p) = 1 \quad \text{für alle } \varrho \\ &\Leftrightarrow \chi(p) = 1 \quad \text{für alle } \chi \Leftrightarrow p \equiv 1 \bmod N. \end{aligned}$$

Der gleichen Interpretation unterwerfen wir den allgemeinen Artinschen Reziprozitätsisomorphismus

$$G(L\,|\,K) \cong C_K / N_{L|K}\, C_L, \tag{3}$$

wobei wir nur der einfacheren Sprechweise wegen anstelle von K den Körper $\mathbb{Q}$ als Grundkörper festhalten wollen. Zunächst deuten wir diesen Isomorphismus wie schon zuvor im Falle $\mathbb{Q}(\zeta)\,|\,\mathbb{Q}$ als einen Isomorphismus zwischen den Charaktergruppen: Aufgrund des Diagramms

$$\begin{array}{ccc} & \mathbb{C}^* & \\ {\scriptstyle\varrho}\nearrow & & \nwarrow{\scriptstyle\chi} \\ G(L\,|\,\mathbb{Q}) & \cong & C_{\mathbb{Q}}/N_{L|\mathbb{Q}}\, C_L \end{array}$$

erhalten wir eine 1-1-Korrespondenz zwischen den Charakteren ϱ von $G(L\,|\,\mathbb{Q})$ und den Charakteren χ von $C_{\mathbb{Q}}/N_{L|\mathbb{Q}}\, C_L$. Diese Charaktere erfahren nun eine weitere Umdeutung.

Sei $G_{\mathbb{Q}} = G(\overline{\mathbb{Q}}\,|\,\mathbb{Q})$ die Galoisgruppe der algebraischen Abschließung $\overline{\mathbb{Q}}$ von $\mathbb{Q}$. Für jede Primzahl p können wir ein „Frobeniuselement" $\varphi_p \in G_{\mathbb{Q}}$ mit den folgenden Eigenschaften auszeichnen: Ist $\mathcal{O}_K$ der Ring der ganzen Zahlen einer beliebigen bei p unverzweigten Erweiterung $K\,|\,\mathbb{Q}$, so gilt

$$\varphi_p a \equiv a^p \bmod \mathfrak{p} \qquad \text{für } a \in \mathcal{O}_K,$$

wobei $\mathfrak{p}$ ein Primideal von K über p ist. Wir erhalten nun das Diagramm

$$\begin{array}{ccccc} & & \mathbb{C}^* & & \\ & \varrho\nearrow & & \nwarrow\chi & \\ \varphi_p \in G_{\mathbb{Q}} \to G(L|\mathbb{Q}) & \cong & C_{\mathbb{Q}}/N_{L|\mathbb{Q}}C_L & \leftarrow & C_{\mathbb{Q}} \ni [p]. \end{array}$$

Interpretation der linken Seite: Wir sehen ϱ als eine 1-dimensionale (irreduzible) komplexe Darstellung

$$\varrho: G_{\mathbb{Q}} \to GL_1(\mathbb{C})$$

der absoluten Galoisgruppe $G_{\mathbb{Q}}$ an. Jede solche Darstellung ϱ liefert umgekehrt eine Erweiterung $L = \overline{\mathbb{Q}}^{\ker(\varrho)}$ von $\mathbb{Q}$ mit der Galsoigruppe $G(L|\mathbb{Q}) = \operatorname{im}(\varrho)$. (Es ergeben sich auf diese Weise nur die zyklischen Erweiterungen. Um alle abelschen Erweiterungen zu erhalten, müßten wir von den irreduziblen Darstellungen ϱ zu den *halbeinfachen* übergehen, eine Tatsache, die wir stillschweigend im Auge behalten wollen.)

Interpretation der rechten Seite: Wir fassen den Charakter χ als einen Charakter der Idelklassengruppe $C_{\mathbb{Q}}$ auf. Ein solcher Charakter heißt **Heckescher Größencharakter.** Unter Beachtung der Projektion

$$GL_1(\mathbb{A}) \to GL_1(\mathbb{A})/GL_1(\mathbb{Q}) = C_{\mathbb{Q}}$$

liefert χ somit eine irreduzible Darstellung der Idelgruppe $GL_1(\mathbb{A})$. Diese Darstellung unterwerfen wir der folgenden Deutung. Auf der lokal-kompakten Gruppe $GL_1(\mathbb{A}) = \prod_p \mathbb{Q}_p^*$ haben wir das Haarsche Maß. Die durch das Reziprozitätsgesetz auftretenden Größencharaktere χ verschwinden auf einer kompakten Untergruppe $K(N)$ und auf der Zusammenhangskomponente $\mathbb{R}_+$ von $GL_1(\mathbb{A})$. Aufgefaßt als Funktion auf dem Raum $GL_1(\mathbb{A})/GL_1(\mathbb{Q})$ ist ein solcher Charakter χ daher *quadrat-integrierbar*, also ein Element des Raumes $L^2(GL_1(\mathbb{A})/GL_1(\mathbb{Q}))$ aller quadrat-integrierbaren Funktionen. Auf diesem Funktionenraum operiert die Gruppe $GL_1(\mathbb{A})$ durch die linksreguläre Darstellung: Ist $f \in L^2(GL_1(\mathbb{A})/GL_1(\mathbb{Q}))$ und $g \in GL_1(\mathbb{A})$, so ist die Aktion $f \mapsto f^g$ durch

$$f^g(x) = f(gx)$$

gegeben. Wir betrachten nun den $GL_1(\mathbb{A})$-invarianten Unterraum

$$\Omega(\chi) \subseteq L^2(GL_1(\mathbb{A})/GL_1(\mathbb{Q})),$$

der durch alle Translate χ^g, $g \in GL_1(\mathbb{A})$, von χ erzeugt wird. Wegen $\chi^g = \chi(g)\cdot\chi$ ist $\Omega(\chi) = \mathbb{C}\chi$ 1-dimensional. Wir ersetzen nun χ durch die Darstellung von $GL_1(\mathbb{A})$ auf dem Raum $\Omega(\chi)$ und erhalten eine irreduzible Teildarstellung von $GL_1(\mathbb{A})$ in $L^2(GL_1(\mathbb{A})/GL_1(\mathbb{Q}))$. Diese Teildarstellung hat noch eine sogenannte „Zulässigkeitseigenschaft", die darauf beruht, daß χ auf einer kompakten Untergruppe $K(N) \subseteq N_{F|\mathbb{Q}} C_F$ verschwindet, und $\Omega(\chi)$ somit im *endlich-dimensionalen* Unterraum

$$L^2(GL_1(\mathbb{A})/GL_1(\mathbb{Q}))^{K(N)} = L^2(K(N)\backslash GL_1(\mathbb{A})/GL_1(\mathbb{Q})) = L^2((\mathbb{Z}/N\mathbb{Z})^*)$$

liegt.

Nach diesen Erläuterungen können wir das Artinsche Reziprozitätsgesetz auch so formulieren:

Wir haben eine 1-1-Korrespondenz

$$\begin{pmatrix}\text{Irreduzible 1-dim.}\\ \text{Darstellungen}\\ \varrho\colon G_{\mathbb{Q}} \to GL_1(\mathbb{C})\end{pmatrix} \leftrightarrow \begin{pmatrix}\text{Irreduzible, zulässige Teil-}\\ \text{darstellungen } \chi \text{ von}\\ GL_1(\mathbb{A}) \text{ in } L^2(GL_1(\mathbb{A})/GL_1(\mathbb{Q}))\end{pmatrix}.$$

Sind ϱ und χ einander zugeordnet, so gilt

$$\varrho(\varphi_p) = \chi([p]), \quad p \nmid N. \tag{4}$$

Die letzten Gleichungen, die das Primzerlegungsgesetz beinhalten, ersetzen wir wieder durch eine Gleichheit von L-Reihen. Ganz unabhängig von der obigen Korrespondenz ordnen wir jeder Darstellung $\varrho\colon G_{\mathbb{Q}} \to GL_1(\mathbb{C})$ die **Artinsche L-Reihe**

$$L(\varrho, s) = \prod_{p \nmid N} \frac{1}{1 - \varrho(\varphi_p)p^{-s}}$$

zu und jeder Darstellung χ von $GL_1(\mathbb{A})$ der beschriebenen Art die Dirichlet-Reihe

$$L(\chi, s) = \prod_{p \nmid N} \frac{1}{1 - \chi([p])p^{-s}}.$$

Sind ϱ und χ durch die obige Korrespondenz aufeinander bezogen, so gilt wegen (4)

$$L(\varrho, s) = L(\chi, s).$$

Wir stellen uns nun auf den schon zuvor im speziellen Fall $\mathbb{Q}(\zeta)$ eingenommenen Standpunkt: Wir vergessen den Artinschen Reziprozitätsisomorphismus (3) und behalten nur im Auge, daß die Darstellungen ϱ und χ eineindeutig aufeinander bezogen sind und die Gleichheit der ihnen zugeordneten L-Reihen gilt, also

$$\varrho \leftrightarrow \chi, \quad L(\varrho, s) = L(\chi, s).$$

Wir betonen wieder, daß hierin das Primzerlegungsgesetz für die durch ϱ festgelegte Körpererweiterung $L|\mathbb{Q}$ eingeschlossen ist, weil aus $L(\varrho, s) = L(\chi, s)$ die Gleichheiten $\varrho(\varphi_p) = \chi([p])$ folgen.

Alle Begriffsbildungen in dieser Fassung des Reziprozitätsgesetzes lassen sich nun verallgemeinern.

8 Artinsche und Heckesche L-Reihen

Die Beschränktheit der Klassenkörpertheorie auf den Fall abelscher Körpererweiterungen findet ihren eigentlichen Grund in der ausschließlichen Betrachtung der multiplikativen Struktur der Körper, also der Gruppe GL_1, und der gänzlichen Außerachtlassung der Addition. Die angestrebte Ausdehnung auf den Fall nicht-abelscher Körpererweiterungen beruht nun auf dem Entschluß, ganz und gar den darstellungstheoretischen Standpunkt einzunehmen und in der soeben geschilderten Korrespondenz $\varrho \leftrightarrow \chi$ die Gruppe GL_1 durch GL_n, $n \geq 1$, zu ersetzen. Zur Erläuterung beschränken wir uns der einfacheren Sprechweise wegen wie zuvor auf den Grundkörper $\mathbb{Q}$.

Artinsche L-Reihen. Wir betrachten eine beliebige komplexe n-dimensionale Darstellung

$$\varrho: G_{\mathbb{Q}} \to GL_n(\mathbb{C})$$

der absoluten Galoisgruppe $G_{\mathbb{Q}} = G(\overline{\mathbb{Q}}|\mathbb{Q})$. Diese legt eine i. a. nicht-abelsche endliche Erweiterung $L = \overline{\mathbb{Q}}^{\ker(\varrho)}$ von $\mathbb{Q}$ fest. Für jede in L unverzweigte Primzahl p betrachten wir das Bild

$$\varrho(\varphi_p) \in GL_n(\mathbb{C})$$

des Frobeniuselementes $\varphi_p \in G_{\mathbb{Q}}$). Dieses ist nur bis auf Konjugiertheit bestimmt. Das charakteristische Polynom von $\varrho(\varphi_p)$ ist jedoch unabhängig von dieser Konjugiertheit und wir können die Artinsche L-Reihe

$$L(\varrho, s) = \prod_{p \notin S} \frac{1}{\det(1 - \varrho(\varphi_p)p^{-s})} = \prod_{p \notin S} L_p(\varrho, s)$$

bilden. Hier steht S wie auch im folgenden für eine endliche Menge von Primstellen, die sich in die jeweilige Betrachtung nicht unmittelbar hineinfügen, aber nicht näher beschrieben werden sollen. Die Betrachtung dieser Ausnahmestellen ist zwar für die Theorie äußerst wichtig und erfordert oft auch sehr schwierige Untersuchungen, jedoch wollen wir uns mit ihnen nicht weiter belasten. Für $n = 2$ haben die „lokalen Eulerfaktoren" $L_p(\varrho, s)$ die Gestalt

$$L_p(\varrho, s) = \frac{1}{1 - a_p p^{-s} + b_p p^{-2s}}.$$

Die Funktion $L(\varrho, s)$ ist zunächst nur für genügend großen Realteil $\mathrm{Re}(s) > M$ definiert, für den das Produkt konvergiert. Die Artinschen L-Reihen $L(\varrho, s)$ besitzen eine meromorphe Fortsetzung auf die ganze komplexe Zahlenebene und genügen einer (hier nicht näher beschriebenen) Funktionalgleichung, die das Argument s mit $1 - s$ verknüpft. Es besteht die berühmte

Artinsche Vermutung. $L(\varrho, s)$ ist holomorph auf ganz $\mathbb{C} - \{1\}$.

Heckesche L-Reihen. Das Analogon der im Falle $n = 1$ gebildeten L-Reihe $L(\chi, s)$ zu einem Größencharakter χ ist im Falle $n = 2$ eine L-Reihe, die der Mathematiker ERICH HECKE (1887–1947) einer Modulform zuordnete. Auf der oberen Halbebene

$$\mathbb{H} = \{z \in \mathbb{C} \mid \operatorname{Im}(z) > 0\}$$

operiert die Gruppe $GL_2^+(\mathbb{R})$ der Matrizen $g = \begin{pmatrix} a & b \\ c & d \end{pmatrix}$ mit positiver Determinante durch

$$z \mapsto gz = \frac{az+b}{cz+d}.$$

Sei $\Gamma \subseteq SL_2(\mathbb{Z})$ eine Gruppe, die eine der Gruppen

$$\Gamma(N) = \left\{ \begin{pmatrix} a & b \\ c & d \end{pmatrix} \in SL_2(\mathbb{Z}) \;\middle|\; \begin{pmatrix} a & b \\ c & d \end{pmatrix} \equiv \begin{pmatrix} 1 & 0 \\ 0 & 1 \end{pmatrix} \bmod N \right\}$$

erhält. Eine ***Modulform*** für Γ vom Gewicht k ist eine holomorphe Funktion $f\colon \mathbb{H} \to \mathbb{C}$ mit den Eigenschaften

M 1) $f\left(\frac{az+b}{cz+d}\right) = (cz+d)^k f(z) \quad$ für $g = \begin{pmatrix} a & b \\ c & d \end{pmatrix} \in \Gamma$,

M 2) f besitzt eine Fourierentwicklung der Form

$$f(z) = \sum_{n=0}^{\infty} a_n e^{2\pi i n h z}.$$

f ist eine ***Spitzenform*** (cuspidal), wenn $a_0 = 0$ (für alle Spitzen müßten wir sagen – hätten wir gesagt, was Spitzen sind).

Eine solche Spitzenform ist das 2-dimensionale Analogon des Größencharakters. Um diese Merkwürdigkeit zu erklären, fassen wir f über die Abbildung

$$GL_2^+(\mathbb{R}) \to \mathbb{H}, \qquad g = \begin{pmatrix} a & b \\ c & d \end{pmatrix} \mapsto gi = \frac{ai+b}{ci+d}$$

als eine Funktion auf der Gruppe $GL_2^+(\mathbb{R})$ auf, modifizieren sie aber, indem wir an ihrer Stelle die Funktion

$$\phi_f(g) = f(gi)(ci+d)^{-k} \cdot \det(g)^{k/2}$$

betrachten. Die Automorphiebedingung M 1) für f geht dann über in

$$\phi_f(\gamma g) = \phi_f(g) \qquad \text{für } \gamma \in \Gamma. \tag{5}$$

Für $\Gamma(N)$ haben wir die adelische Beschreibung

$$\Gamma(N) = K(N) \cap GL_2(\mathbb{Q}), \tag{6}$$

wobei $K(N) = \prod_{p \neq \infty} K_p(N)$ die kompakte, durch

$$K_p(N) = \left\{ \begin{pmatrix} a & b \\ c & d \end{pmatrix} \in GL_2(\mathbb{Z}_p) \,\middle|\, \begin{pmatrix} a & b \\ c & d \end{pmatrix} \equiv \begin{pmatrix} 1 & 0 \\ 0 & 1 \end{pmatrix} \bmod N\mathbb{Z}_p \right\}$$

gegebene Untergruppe von $GL_2(\mathbb{A})$ ist. Wir dehnen nun die Funktion ϕ_f auf die ganze Adelgruppe $GL_2(\mathbb{A})$ aus, indem wir den „starken Approximationssatz"

$$GL_2(\mathbb{A}) = \tilde{K}(N) \cdot GL_2^+(\mathbb{R}) \cdot GL_2(\mathbb{Q})$$

benützen, wobei $\tilde{K}(N)$ das Produkt von $K(N)$ und der Idelgruppe von $\mathbb{Q}$ ist. Jedes $g \in GL_2(\mathbb{A})$ ist danach ein Produkt $g = kg_\infty\gamma$, $g_\infty \in GL_2^+(\mathbb{R})$, und wir setzen

$$\phi_f(g) = \phi_f(g_\infty).$$

Diese Definition ist wegen (5) und (6) unabhängig von der Zerlegung $g = kg_\infty\gamma$, und es gilt

$$\phi_f(g\gamma) = \phi_f(g) \qquad \text{für } \gamma \in GL_2(\mathbb{Q}).$$

Wir können daher ϕ_f als eine Funktion auf dem Raum $GL_2(\mathbb{A})/GL_2(\mathbb{Q})$ auffassen, und übergeben ihr die Rolle, die der Größencharakter $\chi\colon GL_1(\mathbb{A})/GL_1(\mathbb{Q}) \to \mathbb{C}^*$ im Falle $n = 1$ einnahm.

HECKE ordnete nun der Spitzenform

$$f(z) = \sum_{n=1}^{\infty} a_n e^{2\pi i n h z},$$

oder was das gleiche bedeutet, der Funktion ϕ_f die Dirichlet-Reihe

$$L(f, s) = L(\phi_f, s) = \sum_{n=1}^{\infty} \frac{a_n}{n^s}$$

zu, die oft die **„Mellintransformierte"** von f genannt wird. Unter gewissen Voraussetzungen zeigte er, daß diese zunächst nur für $\mathrm{Re}(s) > M$ definierte Funktion eine analytische Fortsetzung auf ganz $\mathbb{C}$ besitzt, einer gewissen s und $k - s$ verknüpfenden Funktionalgleichung genügt und eine Darstellung als Eulerprodukt

$$L(\phi_f, s) = \prod_p L_p(\phi_f, s)$$

hat, wobei

$$L_p(\phi_f, s) = \frac{1}{1 - a_p p^{-s} + b_p p^{-2s}}, \quad (b_p = p^{k-1}).$$

Dies sind Eigenschaften, die auch den Artinschen L-Reihen $L(\varrho, s)$ zukommen, wobei in der Funktionalgleichung jedoch immer nur der Übergang von s zu $1 - s$ auftritt.

9 Automorphe Darstellungem

Die im vorigen Abschnitt dargelegte Situation und ein Vergleich mit dem Fall $n = 1$ führte nun LANGLANDS auf die folgenden beiden Fragen, die den Ursprung seiner umwälzenden Arbeiten bildeten.

A) Kann man die Funktion $L(\phi_f, s)$ als eine L-Reihe interpretieren, die zu einer Darstellung von $GL_2(\mathbb{A})$ in ähnlicher Weise gehört, wie die L-Reihe $L(\chi, s)$ zu einem Größencharakter χ von $GL_1(\mathbb{A})$?

B) Ist die Artinsche L-Reihe $L(\varrho, s)$ die zu einer 2-dimensionalen Darstellung $\varrho: G_{\mathbb{Q}} \to GL_2(\mathbb{C})$ gebildet ist, identisch mit einer Funktion $L(\phi_f, s)$?

Wir erläutern zunächst die Antwort auf die Frage A), indem wir den gleichen Weg einschlagen, wie zuvor im Falle eines Größencharakters. Sei $Z_{\mathbb{A}} = \left\{\begin{pmatrix} a & 0 \\ 0 & a \end{pmatrix}\right\}$ das Zentrum von $GL_2(\mathbb{A})$. Aus der Tatsache, daß f eine Spitzenform ist, schließt man, daß die Funktion ϕ_f beschränkt, invariant unter $Z_{\mathbb{A}}$, und damit quadrat-integrierbar ist über dem Raum $GL_2(\mathbb{A})/GL_2(\mathbb{Q})Z_{\mathbb{A}}$, weil dieser (bzgl. des Haarschen Maßes dg von $GL_2(\mathbb{A})$) ein endliches Volumen hat. ϕ_f liegt also im Raum $\mathscr{L}$ aller meßbaren Funktionen ϕ auf $GL_2(\mathbb{A})/GL_2(\mathbb{Q})$, derart daß $|\phi|$ eine quadrat-integrierbare Funktion auf $GL_2(\mathbb{A})/GL_2(\mathbb{Q})Z_{\mathbb{A}}$ ist. Auf diesem Funktionenraum betrachten wir die linksreguläre Darstellung $GL_2(\mathbb{A}) \to \mathrm{Aut}(\mathscr{L})$, die durch

$$\phi^g(x) = \phi(gx), \quad \phi \in \mathscr{L}, \quad g \in GL_2(\mathbb{A})$$

gegeben ist, und bilden den Unterraum

$$\Omega(f) = \langle \phi_f^g \mid g \in GL_2(\mathbb{A})\rangle_{\mathbb{C}} \subseteq \mathscr{L},$$

der über $\mathbb{C}$ durch alle Translate ϕ_f^g aufgespannt wird. Auf $\Omega(f)$ operiert die Gruppe $GL_2(\mathbb{A})$, und wir erhalten so durch die Modulform f eine Teildarstellung π_f von $GL_2(\mathbb{A})$ in der regulären Darstellung $\mathscr{L}$. Dies ist die darstellungs-theoretische Interpretation der Modulform f, die nun in den Vordergrund der Theorie gerückt wird. Man spricht von einer *automorphen Darstellung*, oder hier, wo f eine Spitzenform ist, von einer *cuspidalen* Darstellung.

Die so entstehenden Darstellungen π_f bilden nur einen Teil derjenigen Darstellungen, die in Wirklichkeit ins Auge gefaßt werden müssen. Dies liegt vornehmlich daran, daß wir die allgemeinere Definition der Modulformen „mit Charakter" außer acht gelassen haben, bei denen die Automorphie-Bedingung M 1) durch eine Gleichung der Form

$$f\left(\frac{az+b}{cz+d}\right) = \psi(a)(cz+d)^k f(z)$$

ersetzt wird. Diese führen zu Teildarstellungen π_f in einem $GL_2(\mathbb{A})$-Modul, der wie folgt zu einem Größencharakter $\psi: \mathbb{A}^*/\mathbb{Q}^* \to \mathbb{C}^*$ gebildet ist.

Wegen $Z_{\mathbb{A}}/Z_{\mathbb{Q}} \cong \mathbb{A}^*/\mathbb{Q}^*$ können wir ψ als einen Charakter des Zentrums $Z_{\mathbb{A}}$ auffassen (unter einem Charakter verstehen wir immer einen stetigen Homomorphismus in die Gruppe $\mathbb{C}^*$). Den Absolutbetrag $|\psi|$ setzen wir durch $|\psi(\det(g))|^{1/2}$ auf $GL_2(\mathbb{A})$ fort und bilden den Raum $\mathscr{S}_0(\psi)$ aller meßbaren, cuspidalen Funktion ϕ auf $GL_2(\mathbb{A})/GL_2(\mathbb{Q})$ mit den Eigenschaften

1. $\phi(zg) = \psi(z)\phi(g)$
2. $|\psi|^{-1} \cdot |\phi|$ ist quadrat-integrierbar über $GL_2(\mathbb{A})/GL_2(\mathbb{Q})Z_{\mathbb{A}}$.

Auf $\mathscr{S}_0(\psi)$ operiert $GL_2(\mathbb{A})$ wieder durch $\phi^g(x) = \phi(gx)$ und wir definieren:

Eine *cuspidale Darstellung* von $GL_2(\mathbb{A})$ zum Größencharakter ψ ist eine irreduzible Teildarstellung π in $\mathscr{S}_0(\psi)$. Aus π erhalten wir den Charakter ψ durch Einschränkung auf das Zentrum $Z_{\mathbb{A}}$ zurück und nennen ihn den *zentralen Charakter* von π.

Mit der Forderung der *Irreduzibilität* in der Definition der cuspidalen Darstellungen kommt ein sehr wesentliches neues Moment ins Spiel. Sie ist nämlich bei den Darstellungen π_f gleichbedeutend damit, daß die Spitzenform f eine Eigenform unter den **Hecke-Operatoren** T_p im klassischen Sinne ist. Es sind dies gewisse Operatoren auf dem Raum der Spitzenformen, die unter der obigen Bedingung durch die Gleichung

$$T_p f = a_p f$$

die Koeffizienten a_p der Fourierentwicklung von f als Eigenwerte herausholen, und dadurch bewirken, daß die f zugeordnete Heckesche L-Reihe $L(f, s)$ eine Darstellung als Eulerprodukt

$$L(f, s) = \prod_p \frac{1}{1 - a_p p^{-s} + b_p p^{-2s}}$$

besitzt. Dies ist ein Faktum, das den Vergleich mit den Artinschen L-Reihen erst möglich macht.

Wir haben bisher nur den Fall $n = 2$ betrachtet. Für beliebiges n stellen sich die Dinge ganz analog dar, indem auf die gleiche Weise die $GL_n(\mathbb{A})$-Moduln $\mathscr{S}_0(\psi)$ gebildet werden. Man hat auch hier den Begriff der Spitzenformen und kann ihnen gewisse Darstellungen π_f zuordnen. Anders aber wie bei $n = 2$ treten diese nicht nur als Teildarstellungen, sondern allgemeiner als Subquotienten der Räume $\mathscr{S}_0(\psi)$ auf. Man definiert dahe eine *cuspidale Darstellung von* $GL_n(\mathbb{A})$ zum Größencharakter ψ als eine irreduzible Darstellung π, die in der regulären Darstellung $\mathscr{S}_0(\psi)$ von $GL_n(\mathbb{A})$ als Subquotient auftritt, und es wird wieder ψ der *zentrale Charakter* von π genannt.

Was hier so lakonisch hingesagt ist, ist der Gegenstand einer sehr tiefsinnigen und weit ausladenden Theorie. Der entscheidende Gesichtspunkt ist dabei der, daß die Heckesche L-Reihe $L(f, s)$, die aus der Spitzenform f als Mellintransformierte entstand (§ 8), direkt und ohne Rückgriff auf f aus der cuspidalen Darstellung π_f definiert werden kann. Dies geschieht durch die – in die darstellungstheoretische Sprache übersetzte – Theorie der **Hecke-Operatoren** $T_{p,i}$, p Primzahl, $i = 0, \ldots, n$, auf dem Raum $\mathscr{S}_0(\psi)$, deren Einschränkung auf den Darstellungsraum $\mathscr{S}_\pi$ einer cuspidalen Darstellung π komplexe Eigenwerte $a_{p,i}(\pi) \in \mathbb{C}$ liefern. Mit ihnen werden die lokalen Eulerfaktoren

$$L_p(\pi, s) = \left[\sum_{i=0}^{n} (-1)^i p^{\frac{1}{2}i(n-i)} a_{p,i}(\pi) p^{-is} \right]^{-1}$$

gebildet. Auf diese Weise kann man den cuspidalen Darstellungen π die L-Reihen

$$L(\pi, s) = \prod_{p \notin S} L_p(\pi, s)$$

zuordnen. Sie bilden zusammen mit den Artinschen L-Reihen $L(\varrho, s)$ zu den galoisschen Darstellungen $\varrho\colon G_{\mathbb{Q}} \to GL_n(\mathbb{C})$ die Grundlage für die verallgemeinerte Formulierung des Reziprozitätsgesetzes.

10 Die Langlands-Vermutung

Eine Langlands-Vermutung, die das Mindestmaß des üblichen Vermutungsbegriffs erfüllt, nämlich das der Formulierbarkeit, ist kaum auszumachen. Es handelt sich vielmehr um eine Fülle von Verdachtsmomenten ein und desselben Charakters, die sich aus sporadischen Einzelfällen einerseits und aus allgemeinen und übergeordneten Erscheinungen andererseits ergeben, die überall eine verblüffende Verträglichkeit aufzeigen, sich aber einer genauen und umfassenden Formulierung noch entziehen. Bedenkt man jedoch, daß die Klassifikation der galoisschen Erweiterungen $L \mid \mathbb{Q}$ und die Aufdeckung des darin herrschenden Primzerlegungsgesetzes ein Hauptanliegen der algebraischen Zahlentheorie ist, daß diese Erweiterungen durch die Darstellung $\varrho\colon G_{\mathbb{Q}} \to GL_n(\mathbb{C})$ gegeben werden, ist man weiterhin davon überzeugt, daß der Aufbau der Erweiterungen allein in der inneren arithmetischen Struktur des Grundkörpers $\mathbb{Q}$ verborgen sein muß und somit durch Objekte beschrieben werden sollte, die dem Körper $\mathbb{Q}$ direkt zugeordnet sind, gibt man schließlich zu, daß die Gruppe $GL_n(\mathbb{A})$ ein solches, und zwar sehr einfach gebildetes Objekt ist, so wird man schon der folgenden speziell gefaßten Vermutung sein Interesse nicht versagen können.

Vermutung (Langlands). Es gibt eine eineindeutige Korrespondenz

$$\begin{pmatrix}\text{Irreduzible } n\text{-dimensionale} \\ \text{Darstellungen } \varrho\colon G_{\mathbb{Q}} \to GL_n(\mathbb{C})\end{pmatrix} \leftrightarrow \begin{pmatrix}\text{Gewisse cuspidale Darstellungen} \\ \pi \text{ von } GL_n(\mathbb{A})\end{pmatrix},$$

derart daß

$$L(\varrho, s) = L(\pi, s) \quad \text{und} \quad \det(\varrho(\varphi_n)) = \psi([p]),$$

wenn ϱ und π einander zugeordnet sind und ψ der zentrale Charakter von π ist.

In dem Wort „gewisse" liegt schon eine Ungewißheit. Die folgende Beobachtung weist aber sofort darauf hin, daß nur sehr wenige cuspidale Darstellungen π in Frage kommen können. Sie besagt nämlich, daß jede L-Reihe $L(\varrho, s)$ einer Funktionalgleichung genügt, die s mit $1-s$ verknüpft. Ist aber etwa $n=2$ und π die Darstellung, die zu einer Spitzenform vom Gewicht k gehört, so genügt $L(\pi, s)$ einer Funktionalgleichung, die s auf $k-s$ bezieht. Im Falle $k>1$ kann also eine Gleichheit mit einer Artinschen L-Reihe gar nicht erwartet werden.

Diese Beobachtung mag demjenigen eine Enttäuschung sein, den ich verleitet habe, auf eine direkte Verallgemeinerung des im Falle $n=1$ herrschenden Artinschen Reziprozitätsgesetzes zu hoffen, etwa in dem Sinne, daß in der obigen Vermutung das Wort „gewisse" gestrichen ist, und alle cuspidalen Darstellungen zugelassen sind. Diese Enttäuschung verliert sich aber bei genauerer Betrachtung der Dinge.

Zum einen stehen ja auf der linken Seite immerhin alle irreduziblen Darstellungen ϱ von $G_{\mathbb{Q}}$, und es besteht der Verdacht, daß man sogar auch die reduziblen einbeziehen kann, wenn man auf der rechten Seite automorphe Darstellungen zuläßt, die von Modulformen herkommen, welche nicht mehr cuspidal sind. Gelingt es also, die sämtlichen automorphen Darstellungen auf der rechten Seite zu bestimmen, deren L-Reihe mit einer Reihe $L(\varrho, s)$ identisch ist und zeigt es sich, daß alle $L(\varrho, s)$ erfaßt werden, so hat man die Klassifikation aller galoisschen Erweiterungen von $\mathbb{Q}$ erreicht, und darf füglich von einer allgemeinen Klassenkörpertheorie sprechen.

Zum zweiten setzt sich durch die Einschränkung auf „gewisse" cuspidale Darstellungen ein Phänomen ins Große fort, was im Kleinen schon im Fall $n=1$ erkennbar wird. Es treten nämlich bei der darstellungstheoretischen Formulierung des Artinschen Reziprozitätsgesetzes nicht alle Größencharaktere χ als Pendant zu den Darstellungen $\varrho\colon G_{\mathbb{Q}} \to \mathbb{C}^*$ auf, sondern nur diejenigen, die auf der Zusammenhangskomponente $\mathbb{R}_+$ der Idelklassengruppe $\mathbb{A}^*/\mathbb{Q}^*$ verschwinden.

Zum dritten erwächst der scheinbaren Mangelhaftigkeit der rechten Seite eine Vision gänzlich neuer Art, die sich, in rascher Entwicklung befindlich, zu verdichten scheint. Es handelt sich um den Gedanken, daß man sehr wohl **alle** cuspidalen Darstellungen zulassen darf, nur muß man auf der linken Seite die Galoisgruppe $G_{\mathbb{Q}}$ abwandeln und zu den irreduziblen Darstellungen einer kanonisch gebildeten, aber noch weitgehend unbekannten Gruppe $T_{\mathbb{Q}} \twoheadrightarrow G_{\mathbb{Q}}$ übergehen.

Nach diesen Erläuterungen wird die Frage endlich ihr Recht fordern, was an Bewiesenem wirklich vorliegt. Von einem endgültigem Ziel ist man noch weit entfernt. Es gibt aber eine Fülle einzelner Ergebnisse, die die prinzipielle Richtigkeit des Langlandschen Gedankens, so kühn er ist, fraglos erscheinen lassen.

Das bedeutendste Ergebnis scheint mir die Klärung des Falles $n=2$ zu sein, die in der einen Richtung von Weil und Langlands, und in der anderen von Serre und Deligne gebracht wurde. Danach hat sich die Langlands-Vermutung voll bestätigt, bis auf die in Abschnitt 8 erwähnte **Artinsche Vermutung,** mit der sie sich cum grano salis als äquivalent erweist. Das Ergebnis lautet, ausgedrückt in der Sprache der Modulformen, wie folgt. Sei

$$\Gamma_0(N) = \left\{ \begin{pmatrix} a & b \\ c & d \end{pmatrix} \in SL_2(\mathbb{Z}) \mid c \equiv 0 \bmod N \right\}$$

und $\chi: (\mathbb{Z}/n\mathbb{Z})^* \to \mathbb{C}^*$ ein Dirichlet-Charakter. Eine **Neuform** vom Typ (k, ψ) ist eine Spitzenform vom Gewicht k zu $\Gamma_0(N)$ und zum Charakter ψ, die einer gewissen Primitivitätsbedingung bzgl. des Niveaus N genügt. Sie heißt normiert, wenn der erste Koeffizient a_1 in ihrer Fourierentwicklung $= 1$ ist. Man hat nun die folgenden beiden Sätze:

Weil-Langlands: Sei $\varrho: G_{\mathbb{Q}} \to GL_2(\mathbb{C})$ eine irreduzible Darstellung mit dem Führer N und ungeradem Charakter $\psi = \det(\varrho)$. Sei

$$L(\varrho, s) = \sum_{k=1}^{\infty} a_n n^{-s} \quad \text{und} \quad f(z) = \sum_{n=1}^{\infty} a_n q^n, \quad q = e^{2\pi i z}.$$

Unter der Annahme der Artinschen Vermutung für ϱ und alle Twistungen $\varrho \otimes \chi$ mit Charakteren $\chi: G_{\mathbb{Q}} \to \mathbb{C}^*$ ist dann $f(z)$ eine normalisierte Neuform zu $\Gamma_0(N)$ vom Typ $(1, \psi)$, und es gilt natürlich

$$L(\varrho, s) = L(f, s).$$

Hier müssen in der Definition von $L(\varrho, s)$ die Eulerfaktoren für *alle* Primzahlen p berücksichtigt werden. Der Charakter $\psi = \det(\varrho)$ wird über die Klassenkörpertheorie als Dirichlet-Charakter aufgefaßt, und heißt ungerade, wenn er eine imaginäre Erweiterung von $\mathbb{Q}$ definiert. In der anderen Richtung hat man:

Serre-Deligne: Sei f eine normalisierte Neuform für $\Gamma_0(N)$ vom Typ $(1, \psi)$. Dann gibt es eine (eindeutig bestimmte) irreduzible Darstellung $\varrho: G_{\mathbb{Q}} \to GL_2(\mathbb{C})$ mit

$$L(\varrho, s) = L(f, s) \quad \text{und} \quad \psi = \det(\varrho).$$

Es wird sich hier die Neugier regen, wie denn überhaupt und grundsätzlich aus einer Modulform f eine Galoisdarstellung ϱ entstehen kann. Dies ist ein sehr aufregender Vorgang, der jedoch, aus mehreren Schritten bestehend, nicht einfach zu schildern ist. Der Grundgedanke besteht darin, daß man der Modulform f eine über $\mathbb{Q}$ definierte algebraische Varietät, sogar eine abelsche Varietät zuordnen kann, die als „Motiv" hinter den verschiedenartigen Erscheinungen steht. Am einfachsten Beispiel läßt sich dieser Grundgedanke wie folgt herausstellen. Die Modulform f wird zuerst durch Multiplikation mit einer Eisensteinreihe zu einer Modulform g abgeändert, die vom Gewicht 2 ist. Auf der Riemannschen Fläche $\mathbb{H}/\Gamma_0(N)$, die sich als Quotient aus der oberen Halbebene $\mathbb{H} = \{z \in \mathbb{C} \mid \operatorname{Im}(z) > 0\}$ ergibt, wird dann $g(z)dz$ eine holomorphe Differentialform. Wenn $N = 11$ ist, ist sie bis auf konstante Faktoren die einzige, und es zeigt sich, daß diese Riemannsche Fläche, kompaktifiziert durch endlich viele Punkte, den „Spitzen", als Menge $X(\mathbb{C})$ der komplexen Punkte aus einer über $\mathbb{Q}$ definierten elliptischen

Kurve X entsteht. Auch im allgemeinen Fall wird der Modulform f eine algebraische Varietät X über $\mathbb{Q}$ zugeordnet, jedoch ist dieser Prozeß viel komplizierter. Im vorliegenden Fall ist die Menge $X(\overline{\mathbb{Q}})$ der $\overline{\mathbb{Q}}$-rationalen Punkte eine abelsche Gruppe, auf der die absolute Galoisgruppe $G_{\mathbb{Q}}$ operiert. Man wählt nun eine Primzahl l und bildet mit den Gruppen $X_{l^n} \equiv \{x \in X(\overline{\mathbb{Q}}) \mid x^{l^n} = 1\}$ der „l^n-Teilungspunkte" den **Tate-Modul**

$$T_l(X) = \varprojlim_n X_{l^n}.$$

Dies ist wieder ein $G_{\mathbb{Q}}$-Modul und überdies ein $\mathbb{Z}_l$-Modul. In dem $\mathbb{Q}_l$-Vektorraum $T_l(X) \otimes_{\mathbb{Z}_l} \mathbb{Q}_l$ erhält man auf diese Weise eine Darstellung von $G_{\mathbb{Q}}$. Dies ist eine Darstellung über $\mathbb{Q}_l$, aus der die gewünschte Darstellung $\varrho\colon G_{\mathbb{Q}} \to GL_2(\mathbb{C})$ durch einen Reduktionsschritt $\operatorname{mod} l$ entsteht, der eine Darstellung $G_{\mathbb{Q}} \to GL_2(\mathbb{F}_l)$ liefert, und einen anschließenden Einbettungsprozeß in den Körper $\mathbb{C}$. Nach diesem verwickelten Vorgang muß es wie ein Wunder erscheinen, daß die L-Reihen $L(\varrho, s)$ und $L(f, s)$ die gleichen sind.

Eine besonders überzeugende Bekräftigung hat die Langlands-Vermutung in jüngster Zeit in ihrer „lokalen" Version erfahren. So wie der globalen Klassenkörpertheorie die lokale Klassenkörpertheorie, so steht auch der bisher erläuterten Langlands-Vermutung eine lokale Langlands-Vermutung zur Seite, die eine 1-1-Korrespondenz voraussagt zwischen den Darstellungen der absoluten Galoisgruppe $G_{\mathbb{Q}_p}$ über dem p-adischen Zahlkörper $\mathbb{Q}_p$ und gewissen „zulässigen" Darstellungen der Gruppen $GL_n(\mathbb{Q}_p)$. Hier haben die Ergebnisse einen Grad der Vollständigkeit erreicht, die an der Richtigkeit der Langlands-Vermutung keinen Zweifel mehr läßt.

11 Nicht-abelscher Ausblick

Fast alle vorliegenden Beweise von Langlands-Korrespondenzen beruhen darauf, daß man die jeweils betrachteten Darstellungen von $G_{\mathbb{Q}}$ einerseits und von $GL_n(\mathbb{A})$ andererseits durch Invarianten klassifiziert und sieht, daß diese Invarianten gleich sind; eine ebenso mühsame wie unbefriedigende Vorgehensweise. Der Zustand ist ähnlich wie in der abelschen Klassenkörpertheorie vor der Entdeckung des Artinschen Reziprozitätsgesetzes, wo auf der einen Seite die abelschen Zahlkörper durch zyklische aufgebaut und auf der anderen die Idealklassengruppen aus einfachen Bausteinen so zusammengesetzt wurden, daß sich mit Gewalt eine 1-1-Korrespondenz ergab. Blickt man auf die derzeitige Entwicklung, so drängen sich zwei übergeordnete, aber wesensverschiedene Aspekte in den Vordergrund, die der erwähnten gewaltsamen Vorgehensweise entgegengestellt werden.

Die eine dieser Tendenzen rät zu einer Abkehr von dem vermessenen Versuch, die fraglichen Langlands-Korrespondenzen in direkter Weise herzustellen, und bietet dagegen die Möglichkeit an, ein tieferes Verständnis für die Dinge zunächst durch das folgende Prinzip zu erlangen. Wenn man schon an eine Beziehung zwischen Darstellungen der Galoisgruppe einerseits und den Modulformen oder automorphen Darstellungen andererseits glaubt, so sollte diese Beziehung auch funktoriell sein. Betrachtet man nun auf der einen Seite eine Situation funktoriellen Charakters, so geschieht es häufig, daß dem analog formulierten Pendant auf der anderen Seite jeglicher Augenschein fehlt. Der Blick auf die eine Seite stellt also auf der anderen eine Vielzahl von Aufgaben, deren Lösung, soweit sie nicht unmittelbar klar ist, stets als schöne Bestätigung für die allgemeine Vermutung gelten darf. Dieses Programm wird die **Langlands-Philosophie** genannt. Um den Gedanken deutlicher zu machen, will ich das folgende Beispiel einer solchen Aufgabenstellung nennen.

Es sei $K|\mathbb{Q}$ eine zyklische Erweiterung vom Primzahlgrad l und $\varrho\colon G_{\mathbb{Q}} \to GL_n(\mathbb{C})$ eine komplexe Darstellung. Wir können ϱ auf die Untergruppe $G_K \subseteq G_{\mathbb{Q}}$ einschränken und erhalten eine Darstellung $R\colon G_K \to GL_n(\mathbb{C})$. Für die beiden Artinschen L-Reihen

$$L(\varrho, s) = \prod_{p \notin S_\varrho} L_p(\varrho, s), \qquad L(R, s) = \prod_{\mathfrak{p} \notin S_R} L_{\mathfrak{p}}(R, s)$$

gilt dann offensichtlich, wenn $\mathfrak{p}|p$,

$$L_{\mathfrak{p}}(R, s) = \begin{cases} L_p(\varrho, s)^l & \text{falls } p \text{ voll zerlegt} \\ L_p(\varrho, s) & \text{falls } p \text{ unzerlegt}. \end{cases}$$

Die Langlands-Vermutung impliziert daher, daß es eine kanonische Zuordnung $\pi \mapsto \Pi$ zwischen automorphen Darstellungen von $GL_n(\mathbb{A}_{\mathbb{Q}})$ und $GL_n(\mathbb{A}_K)$ gibt, derart daß man zwischen den zugeordneten L-Reihen

$$L(\pi, s) = \prod_{p \notin S_\varrho} L_p(\pi, s), \qquad L(\Pi, s) = \prod_{\mathfrak{p} \notin S_R} L_{\mathfrak{p}}(\Pi, s)$$

die gleichen Relationen

$$L_{\mathfrak{p}}(\Pi, s) = \begin{cases} L_p(\pi, s)^l & \text{falls } p \text{ voll zerlegt} \\ L_p(\pi, s) & \text{falls } p \text{ unzerlegt} \end{cases}$$

hat. Dieses sich ganz auf der Seite der automorphen Darstellung (d.h. der Modulformen) abspielende „base-change-Problem" liegt keineswegs an der Oberfläche, wurde aber für $n = 2$ von JACQUET und LANGLANDS und kürzlich für alle n von dem amerikanischen Mathematiker JAMES ARTHUR bewiesen.

Der zweite der übergeordneten Aspekte ist sehr hypothetisch, aber von faszinierendem ästhetischem Reiz. Er führt uns zum Quell der Langlandsschen Theorie zurück und sucht den durch das Normrestsymbol

$$(\ ,L|K)\colon \mathbb{A}_K^* \to G(L|K)$$

gegebenen Artinschen Reziprozitätshomomorphismus für abelsche Erweiterungen $L|K$ in direkter Weise auf den Fall der nicht-abelschen Erweiterungen fortzusetzen. Dies soll dadurch geschehen, daß die Idelgruppe $\mathbb{A}_K^*$ durch eine neue Gruppe ersetzt wird, deren Definition sich durch die folgende Auffassung des bisher Geschilderten ergeben sollte.

Die Langlands-Vermutung selbst steht der Klassenkörpertheorie in einer dualen Position gegenüber, indem der Reziprozitätshomomorphismus $(\ ,L|K)$ ja gerade als Vorbild für eine nicht-abelsche Fortsetzung der Theorie aufgegeben wird: Man geht vielmehr zu den Darstellungen der absoluten Galoisgruppe $G_{\mathbb{Q}}$ einerseits und der Adelgruppen $GL_n(\mathbb{A})$ andererseits über und versucht zwischen diesen eine 1-1-Korespondenz einzurichten. Der Übergang von den Gruppen zu den Darstellungen ist aber im Prinzip ein Dualisierungsprozeß, bei dem man durch den nicht-abelschen Charakter der Ausgangsgruppen aus der Kategorie der Gruppen verstoßen wird. Der neue Gedanke besteht nun darin, daß man von der Gesamtheit der Darstellungen durch einen abermaligen Dualisierungsprozeß wieder zu den Gruppen zurückkommt, die die darstellungstheoretische Langlands-Korrespondenz durch einen gruppentheoretischen Homomorphismus auszudrükken erlauben, welcher als natürliche Fortsetzung des Artinschen Reziprozitätshomomorphismus angesehen werden kann. Genauer soll dies in der folgenden Weise geschehen.

Ein affines Gruppenschema G etwa über dem Körper $\mathbb{C}$ ist eindeutig bestimmt durch die Kategorie $\mathrm{Dar}_{\mathbb{C}}(G)$ seiner endlich-dimensionalen komplexen Darstellungen (Tannaka-Dualität). Eine solche Kategorie ist ausgestattet mit Tensorprodukten, einem Funktor $\omega\colon \mathrm{Dar}_{\mathbb{C}}(G)\to \mathrm{Vek}_{\mathbb{C}}$ in die Kategorie der endlich-dimensionalen $\mathbb{C}$-Vektorräume (dem Vergiß-Funktor) und besitzt weitere spezifische Eigenschaften. Diese Eigenschaften werden nun als Axiome für den abstrakten Begriff einer **neutralen Tannaka-Kategorie** hergenommen. Aus jeder solchen Tannaka-Kategorie C entsteht umgekehrt ein affines Gruppenschema G_C, derart daß $C \cong \mathrm{Dar}_{\mathbb{C}}(G_C)$ ist. Dieses Gruppenschema ist als die Automorphismengruppe

$$G_C = \mathrm{Aut}(\omega)$$

des Funktors $\omega\colon C\to \mathrm{Vek}_{\mathbb{C}}$ definiert. Die Elemente der Gruppe $G_C(\mathbb{C})$ der $\mathbb{C}$-wertigen Punkte etwa sind also die Automorphismenfamilien $\sigma_V\colon \omega(V)\xrightarrow{\sim}\omega(V)$, wobei V die Objekte von C durchläuft und für jeden Morphismus $f\colon V\to V'$ das Diagramm

$$\begin{array}{ccc} \omega(V) & \xrightarrow{\sigma_V} & \omega(V) \\ {\scriptstyle \omega(f)}\downarrow & & \downarrow{\scriptstyle \omega(f)} \\ \omega(V') & \xrightarrow{\sigma_{V'}} & \omega(V') \end{array}$$

kommutativ ist.

Zum Körper $\mathbb{Q}$ betrachten wir nun die Kategorie $\Pi(\mathbb{Q})$ der (richtig gefaßten) automorphen Darstellungen von $GL_n(\mathbb{A})$, $n = 1, 2, \ldots$ Diese Darstellungen sind nota bene fast alle unendlich-dimensional. Nach der Langlands-Vermutung deutet aber alles darauf hin, daß $\Pi(\mathbb{Q})$ eine neutrale Tannaka-Kategorie ist, insbesondere also einen Funktor $\omega: \Pi(\mathbb{Q}) \to \mathrm{Vek}_{\mathbb{C}}$ besitzt, der aus jeder Darstellung $\pi \in \Pi(\mathbb{Q})$ einen **endlich**-dimensionalen $\mathbb{C}$-Vektorraum herauszieht. Damit gehört zu $\Pi(\mathbb{Q})$ ein affines Gruppenschema $G_{\Pi(\mathbb{Q})} = \mathrm{Aut}(\omega)$ mit

$$\Pi(\mathbb{Q}) \cong \mathrm{Dar}_{\mathbb{C}}(G_{\Pi(\mathbb{Q})}).$$

Wäre dem wirklich so, so ließe sich die Langlandstheorie auf eleganteste Weise in einem kanonischen Homomorphismus

$$G_{\Pi(\mathbb{Q})} \to G_{\mathbb{Q}}$$

zusammenfassen, in dem man eine nicht-abelsche Version des Artinschen Reziprozitätshomomorphismus zu sehen hätte. Durch ihn würde sich unmittelbar aus einer komplexen endlich-dimensionalen Darstellung von $G_{\mathbb{Q}}$ eine endlich-dimensionale Darstellung von $G_{\Pi(\mathbb{Q})}$ ergeben, die wegen $\mathrm{Dar}_{\mathbb{C}}(G_{\Pi(\mathbb{Q})}) \cong \Pi(\mathbb{Q})$ einer automorphen Darstellung von $GL_n(\mathbb{A})$ entspräche.

Dies und vieles mehr ist der Inhalt dessen, was man das **Langlands-Märchen** nennt. So hypothetisch der Gedanke auch ist, so rechtfertigt er einen hoffnungsvollen Glauben durch manches spezielle und konkrete Ergebnis, nicht zuletzt aber auch durch die historische Erfahrung, daß die Zahlentheorie den kühnsten Ideen immer wieder recht gegeben hat, wenn sie sich in fester Bindung an die vorhandenen Ergebnisse dem Vertrauen auf eine immerwährende arithmetische Harmonie anheimgegeben haben.

IV Etale Topologie der algebraischen Zahlkörper

12 Die geometrische Auffassung der algebraischen Zahlentheorie

Der große Erfolg, den unser Jahrhundert für die Zahlentheorie gezeitigt hat, beruht ganz wesentlich auf der Verwirklichung eines alten Traumes, nach dem die Zahlentheorie im eigentlichen Sinne Geometrie sei. Das soll heißen, daß ihre Begriffe und Gesetze eine geometrische Interpretation erlauben, daß ihre Methoden von denen der Geometrie bestimmt, ihre Zielsetzungen von geometrischer Erfahrung dirigiert werden und ihre Wahrheiten durch geometrische Anschaulichkeit überzeugen. Die vollständige Realisierung dieses schon im 19. Jahrhundert aufkeimenden Gedankens wurde vornehmlich durch das grandiose Werk des französischen Mathematikers ALEXANDER GROTHENDIECK möglich, das uns, schier alle Grenzen sprengend, eine neue mathematische Welt erschlossen hat, in der die

Zahlentheorie zusammen mit vielen anderen Disziplinen der Mathematik eine gemeinsame, sie in jeder Hinsicht fördernde Heimat gefunden hat.

Der grundlegende Begriff, auf dem sich die geometrische Betrachtungsweise aufbaut, ist der des **Schemas.** Seine Bedeutung liegt in dem kategorischen Imperativ, die Zahlen als Funktionen auf einem topologischen Raum anzusehen. Wenn $\mathcal{O}$ ein beliebiger kommutativer Ring mit 1 ist – wir haben vor allem den Ring der ganzen Zahlen eines Zahlkörpers im Auge –, so besteht dieser Raum einfach aus allen Primidealen $\mathfrak{p}$ des Ringes $\mathcal{O}$ und wird das Spektrum $X = \operatorname{Spec}(\mathcal{O})$ von $\mathcal{O}$ genannt. Jedes Element $f \in \mathcal{O}$ wird dadurch als eine Funktion auf X aufgefaßt, daß der „Wert" von f im Punkte $\mathfrak{p} \in X$ als die Restklasse

$$f(\mathfrak{p}) := f \operatorname{mod} \mathfrak{p}$$

im Quotientenkörper $\kappa(\mathfrak{p})$ des Restklassenringes $\mathcal{O}/\mathfrak{p}$ erklärt wird. Die Sinnfälligkeit dieser Definition wird besonders klar am Beispiel des Polynomringes $\mathcal{O} = \mathbb{C}[t]$. Die von Null verschiedenen Primideale sind hier durch $\mathfrak{p} = (t-a)$ gegeben, wobei a alle Punkte von $\mathbb{C}$ durchläuft, so daß das Spektrum X bis auf den „generisch" genannten Punkt (0) als die komplexe Zahlenebene erscheint. Identifiziert man den Restklassenring $\mathbb{C}[t]/\mathfrak{p}$ von $\mathfrak{p} = (t-a)$ über den kanonischen Isomorphismus

$$\mathbb{C}[t]/\mathfrak{p} \xrightarrow{\sim} \mathbb{C}, \qquad f(t) \mapsto f(a),$$

mit dem Körper $\mathbb{C}$, so geht der oben definierte „Wert" $f(\mathfrak{p}) = f \operatorname{mod} \mathfrak{p}$ eines Polynoms $f \in \mathbb{C}[t]$ in den gewöhnlichen Wert $f(a)$ über.

Um einen Eindruck von den Auswirkungen dieser geometrischen Interpretation der Zahlen und Ringe auf die algebraische Zahlentheorie zu vermitteln, will ich im folgenden ein Theorem erläutern, das eine Brücke schlägt von dem an den Anfang dieses Aufsatzes gestellten **Gaußschen Reziprozitätsgesetz**

$$\left(\frac{p}{l}\right)\left(\frac{l}{p}\right) = (-1)^{\frac{p-1}{2}\frac{l-1}{2}}$$

zu einer der schönsten Gesetzmäßigkeiten der Geometrie, der **Poincaré-Dualität** für eine zusammenhängende kompakte orientierte topologische Mannigfaltigkeit X der Dimension n, die als nicht-ausgeartete Bilinearform durch das Cupprodukt

$$H^i(X, \mathbb{Q}) \times H^{n-i}(X, \mathbb{Q}) \to H^n(X, \mathbb{Q}) \cong \mathbb{Q}$$

auf den Kohomologiegruppen von X gegeben ist. Sie drückt eine bemerkenswerte Symmetrie aus, die der topologischen Gestalt einer jeden kompakten Mannigfaltigkeit eigen ist.

Um einen solchen Dualitätssatz für die Schemata X anstelle der topologischen Mannigfaltigkeiten einzurichten, muß zunächst ein Analogon der Kohomologiegruppen $H^i(X, \mathbb{Q})$ geschaffen werden. Dazu bedarf es einer Topologie auf X. Nun ist in der Tat jedes Schema mit einer natürlichen Topologie versehen, der

Zariski-Topologie. Diese aber ist so grob – für den Ring $\mathcal{O}$ der ganzen Zahlen eines Zahlkörpers K etwa oder für $\mathcal{O} = \mathbb{C}[t]$ bestehen die abgeschlossenen Mengen von $X = \operatorname{Spec}(\mathcal{O})$ nur aus endlich vielen Punkten –, daß sie nicht in der Lage ist, dem Schema eine topologische Gestalt zu geben, die wahrhaft geometrisch genannt zu werden verdient.

Gleichwohl gelang es dem französischen Mathematiker JEAN-PIERRE SERRE im Jahre 1955 einen Dualitätssatz zu beweisen, der sich auf eine glatte projektive algebraische Varietät X der algebraischen Dimension d über einem Körper k bezieht. Dieser drückt sich in einer kanonischen, nicht ausgearteten Paarung

$$H^i(X, \mathcal{F}) \times \operatorname{Ext}_X^{d-i}(\mathcal{F}, \omega_X) \to H^d(X, \omega_X) \cong k$$

endlich-dimensionaler k-Vektorräume aus, welche unter günstigen Umständen über einen Isomorphismus

$$\operatorname{Ext}_X^{d-i}(\mathcal{F}, \omega_X) \cong H^{d-i}(X, \check{\mathcal{F}})$$

in eine Bilinearform

$$H^i(X, \mathcal{F}) \times H^{d-i}(X, \check{\mathcal{F}}) \to H^d(X, \omega_X) \cong k$$

übergeht, die der Poincaré-Dualität ähnlich sieht. Dabei sind $\omega_X, \mathcal{F}, \check{\mathcal{F}} = \operatorname{Hom}(\mathcal{F}, \omega_X)$ „kohärente $\mathcal{O}_X$-Moduln", also gewisse **Garben** auf dem mit der Zariski-Topologie ausgestatteten Schema X. Was immer dies bedeuten mag, und wie immer die Kohomologiegruppen $H^i(X, \mathcal{F})$ definiert sind, man erkennt sofort, daß die Serre-Dualität weder arithmetische Gesetzmäßigkeiten, noch die geometrische Aussage, die in der Poincaré-Dualität steckt, widerspiegeln kann. Denn zum einen ist sie auf die über einem Körper k definierten algebraischen Varietäten beschränkt, und zum andern auf $\mathcal{O}_X$-Moduln $\mathcal{F}$, so daß ein Einsetzen etwa der konstanten Garbe $\mathbb{Q}$ anstelle von $\mathcal{F}$ nicht erlaubt ist. Besonders augenfällig wird der geometrische Mangel an der Tatsache, daß die Dimension i mit der Dimension $d - i$ in Dualität steht, wo doch d als **algebraische** Dimension nur die Hälfte der geometrischen Dimension ausmacht – die komplexe Zahlenebene $X = \operatorname{Spec}(\mathbb{C}[t])$ etwa, die die algebraische Dimension 1 hat, entzieht uns hierdurch ihr zweidimensionales Aussehen. Der Grund für diese Mängel liegt in der Unzulänglichkeit der Zariski-Topologie. Durch die Beschränkung auf die kohärenten $\mathcal{O}_X$-Moduln wird diese Unzulänglichkeit beim Serreschen Dualitätssatz wieder wettgemacht. Er ist seinem Wesen nach der Funktionentheorie, nicht aber der Topologie zuzurechnen.

13 Die Etaltopologie

In dieser engen Lage wurde der Schlüssel zur wahren Räumlichkeit des Schemas X durch die **Etaltopologie** geliefert, abermals eine der vielen bewunderungswürdigen Erfindungen ALEXANDER GROTHENDIECKS. Die offenen Mengen dieser Topologie sind keine Teilmengen des Schemas X mehr, sondern heben sich aus X wie Überlagerungen der Zariski-offenen Mengen heraus. Wenn $\mathscr{o}$ der Ring der ganzen Zahlen eines Zahlkörpers ist, so sind die etal-offenen Mengen von $X = \operatorname{Spec}(\mathscr{o})$ wie folgt gegeben. Sei $L|K$ eine endliche Erweiterung, $\mathscr{O}$ der Ring der ganzen Zahlen von L und $Y = \operatorname{Spec}(\mathscr{O})$. Durch die Inklusion $\mathscr{o} \hookrightarrow \mathscr{O}$ erhält man dann eine Abbildung

$$f\colon Y \to X, \qquad \mathfrak{P} \mapsto \mathfrak{p} = \mathfrak{P} \cap \mathscr{o}.$$

Nimmt man nun aus Y eine endliche Punktmenge S heraus, die alle über $\mathscr{o}$ verzweigten Primideale $\mathfrak{P}$ von $\mathscr{O}$ enthält, so erhält man in $U = Y\text{-}S$, genauer in der Abbildung

$$f\colon U \to X$$

eine typische offene Menge in der Etaltopologie; alle anderen sind endliche disjunkte Vereinigungen von solchen. Die Tatsache, daß die etalen offenen Mengen i. a. keine Teilmengen von X mehr sind, richtet nicht den geringsten Schaden an. Ausschlaggebend ist, daß sie eine Kategorie bilden, in der die Durchschnittsbildung zweier etaler offener Mengen $U \to X$ und $V \to X$ vom Faserprodukt $U \times_X V$ übernommen wird. Diese Kategorie heißt die Etaltopologie von X oder der **etale Situs** von X und wird mit X_{et} bezeichnet.

Unter diesem neuen Aspekt zeigt sich die algebraische Zahlentheorie als eine **dreidimensionale** Welt, d. h. das Spektrum $X = \operatorname{Spec}(\mathscr{o})$ eines Zahlringes $\mathscr{o}$, insbesondere also $X = \operatorname{Spec}(\mathbb{Z})$ hat die etale Dimension 3. Diese Aussage wird durch die gleich zu definierende Etalkohomologie präzisiert, überzeugt aber sofort durch eine unmittelbare Anschaulichkeit, die wegen ihrer leitbildhaften Bedeutung kurz erläutert werden soll.

Man führe sich zunächst den etalen Situs zweier ganz spezieller Schemata vor Augen. Zum einen wird das zweidimensionale Aussehen der komplexen Zahlenebene $X = \operatorname{Spec}(\mathbb{C}[t])$ von der Etalkohomologie bestätigt. Dies liegt, grob gesagt, am „Riemannschen Existenzsatz", wonach topologische Überlagerungen gewöhnlicher offener Mengen $U \subseteq \mathbb{C}$ immer algebraisch sind und daher etale Umgebungen liefern, so daß die etale Topologie von $X = \operatorname{Spec}(\mathbb{C}[t])$ und die gewöhnliche Topologie auf $\mathbb{C}$ in einem zu präzisierenden Sinn äquivalent sind. Zum andern besitzt das Spektrum $X = \operatorname{Spec}(\mathbb{F}_p)$ des Körpers $\mathbb{F}_p$ zwar nur einen Punkt, hat aber doch eine etale Ausdehnung, und zwar eine 1-dimensionale. Denn die (zusammenhängenden) etalen Umgebungen dieses Punktes werden gerade durch die Morphismen $\operatorname{Spec}(\mathbb{F}_{p^n}) \to \operatorname{Spec}(\mathbb{F}_p)$ gegeben, die durch die Körpererweiterungen $\mathbb{F}_p \hookrightarrow \mathbb{F}_{p^n}$, $n \in \mathbb{N}$, entstehen. Der etale Situs $\operatorname{Spec}(\mathbb{F}_p)_{et}$ hat daher das folgende 1-dimensionale Aussehen

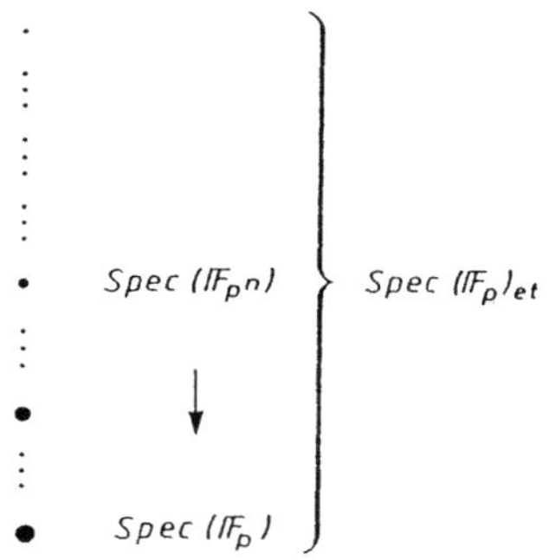

Nun zur Dreidimensionalität von $\operatorname{Spec}(\mathbb{Z})$! Man wird von ihr überzeugt sein, wenn man sie für das Spektrum $\operatorname{Spec}(\mathbb{F}_p[t])$ des Ringes $\mathbb{F}_p[t]$ aufgezeigt sieht, weil dieser mit dem Ring $\mathbb{Z}$ in totaler Analogie steht: Beides sind Hauptidealringe (also von der algebraischen Dimension 1) mit abzählbar vielen Primidealen $\mathfrak{p} \neq 0$, deren Restklassenkörper allesamt endlich sind. Wenn wir von $\mathbb{F}_p$ zum algebraischen Abschluß $\overline{\mathbb{F}}_p$ übergehen, so erhalten wir in $\overline{\mathbb{F}}_p[t]$ einen Ring, der aus ähnlichen Gründen als totales Analogon des Ringes $\mathbb{C}[t]$ gelten muß: die Restklassenkörper sind in beiden Fällen algebraisch abgeschlossen. Daher ist der etale Situs $\operatorname{Spec}(\overline{\mathbb{F}}_p[t])_{et}$ ebenso wie $\operatorname{Spec}(\mathbb{C}[t])_{et}$ als zweidimensional anzusehen.

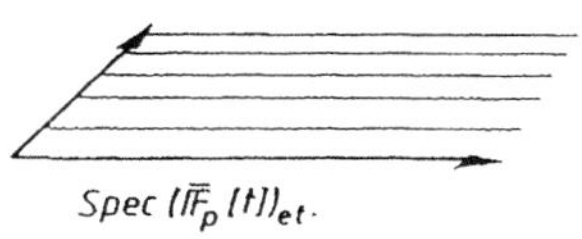

Im Falle des Ringes $\mathbb{F}_p[t]$ jedoch, wo die Koeffizientenkörper $\mathbb{F}_p$ noch die „etalen" Erweiterungen $\mathbb{F}_{p^n}$ besitzt, erhält man zu diesen zwei Dimensionaen noch eine dritte, etale Dimension hinzu, so daß der etale Situs von $\operatorname{Spec}(\mathbb{F}_p[t])$, und damit auch der von $\operatorname{Spec}(\mathbb{Z})$ wirklich 3-dimensional ist:

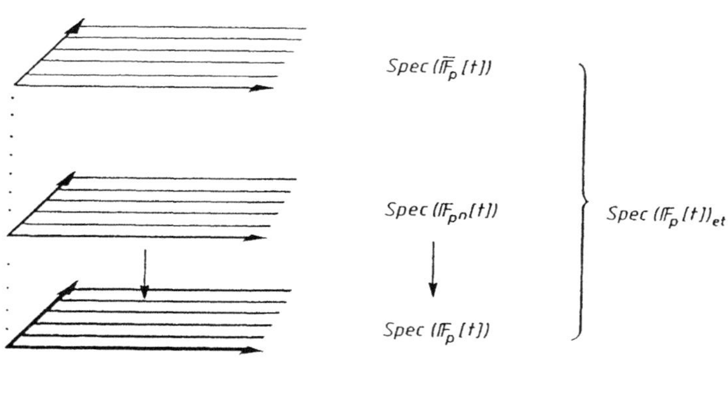

Dem Leser, dem diese heuristische Argumentation etwas abenteuerlich erscheinen will, sei gesagt, daß sie vom kohomologischen Formalismus in jeder Hinsicht bestätigt wird und dem modernen Zahlentheoretiker eine verläßliche Anschauungshilfe ist.

14 Etalkohomologie

Eine **etale Garbe** auf einem Schema X ist ein kontravarianter Funktor auf der Etaltopologie X_{et},

$$F\colon X_{et} \to (ab),$$

der jeder etalen offenen Menge $U \to X$ eine abelsche Gruppe $F(U)$ zuordnet. Die Elemente $f \in F(U)$ muß man sich als Funktionen auf U in äußerster Abstraktion denken. Wenn $i\colon V \to U$ ein Morphismus in X_{et} ist, so sieht man das Bild von f unter der Abbildung $F(i)\colon F(U) \to F(V)$ als die Einschränkung $f|V$ der „Funktion" f auf die etale offene Menge V an. Den Funktor F unterwirft man den üblichen Garbenbedingungen, die zum Ausdruck bringen, daß eine Funktion auf der Vereinigung offener Mengen eindeutig bestimmt ist durch ihre Einschränkungen auf diese Mengen, und daß durch Funktionen auf den einzelnen Mengen eine Funktion auf der Vereinigung definiert wird, wenn sie auf dem Durchschnitt der Mengen übereinstimmen.

Als Beispiel für eine solche etale Garbe sei die sogenannte „multiplikative Gruppe" $\mathbb{G}_m$ hervorgehoben. Sie ordnet jeder etalen offenen Menge U die Einheitengruppe ihres „Koordinatenringes" $\mathcal{O}(U)$ zu,

$$U \mapsto \mathbb{G}_m(U) = \mathcal{O}(U)^*,$$

wobei über die Definition von $\mathcal{O}(U)$ nur so viel gesagt sei, daß $\mathcal{O}(U) = \mathcal{O}$ ist, wenn $U = \operatorname{Spec}(\mathcal{O})$.

Für jede etale Garbe F auf X werden nun die etalen Kohomologiegruppen $H^i_{\text{et}}(X, F)$ in gewohnter Weise gebildet. Man wählt eine „injektive Auflösung" von F, d.h. eine exakte Sequenz

$$0 \to F \to I^1 \to I^2 \to I^3 \to \dots$$

etaler Garben, wobei die I^q injektive Objekte in der Kategorie aller etalen Garben auf X sind. Hieraus erhält man einen Komplex

$$0 \to F(X) \xrightarrow{d^0} I^1(X) \xrightarrow{d^1} I^2(X) \xrightarrow{d^2} I^3(X) \to \dots \tag{1}$$

und setzt

$$H^i_{\text{et}}(X, F) = \operatorname{Kern}(d^{i+1})/\operatorname{Bild}(d^i).$$

In gleicher Weise erhält man für zwei etale Garben F, G auf X aus dem Komplex

$$0 \to \mathrm{Hom}(G, F) \xrightarrow{\delta^0} \mathrm{Hom}(G, I^1) \xrightarrow{\delta^1} \mathrm{Hom}(G, I^2) \to \dots \qquad (2)$$

die Gruppen

$$\mathrm{Ext}^i_X(G, F) = \mathrm{Kern}(\delta^{i+1})/\mathrm{Bild}(\delta^i).$$

Wenn G die konstante Garbe $\mathbb{Z}$ ist, so sind die Komplexe (1) und (2) dieselben, d.h.

$$\mathrm{Ext}^i_X(\mathbb{Z}, F) = H^i_{et}(X, F).$$

Aus der kanonischen Paarung

$$H^i_{et}(X, F) \times \mathrm{Hom}(F, G) \to H^i_{et}(X, G),$$

die jedem Paar (c, f) durch Funktorialität die Kohomologieklasse $f(c) \in H^i_{et}(X, G)$ zuordnet, wird eine allgemeine Paarung

$$H^i_{et}(X, F) \times \mathrm{Ext}^j_X(F, G) \to H^{i+j}_{et}(X, G)$$

abgeleitet. Diese heißt die **Yoneda-Paarung** und ist der Ausgangspunkt aller Dualitätssätze.

Mit diesen Begriffsbildungen ist eine Kohomologietheorie eingeführt, die allen Wünschen gerecht wird, den geometrischen wie den arithmetischen. Zur Illustration seien die folgenden Beispiele angeführt.

Beispiel 1. Wenn X eine glatte algebraische Varietät über dem Körper $\mathbb{C}$ ist, so ist $X(\mathbb{C})$ eine topologische Mannigfaltigkeit, und man hat für jede endliche abelsche Gruppe A einen kanonischen Isomorphismus

$$H^i_{et}(X, A) \cong H^i(X(\mathbb{C}), A).$$

Die Etalkohomologie identifiziert sich also mit der gewöhnlichen singulären Kohomologie, so lange man sich auf einen endlichen Koeffizientenbereich beschränkt. Bei richtiger Ansicht der Dinge ergeben sich aber auch Isomorphismen $H^i_{et}(X, \mathbb{Q}_l) \cong H^i(X(\mathbb{C}), \mathbb{Q}_l)$,wobei $\mathbb{Q}_l$ der Körper der l-adischen Zahlen ist.

Beispiel 2. Die **Fundamentalgruppe** $\pi_1(X)$ einer topologischen Mannigfaltigkeit X ist bekanntlich isomorph zur Gruppe $\mathrm{Aut}_X(\tilde{X})$ der Decktransformationen $\sigma: \tilde{X} \to \tilde{X}$ der universellen Überlagerung $\tilde{X} \to X$ und steht mit der Kohomologie in der Beziehung $H^1(X, \mathbb{Q}/\mathbb{Z}) \cong \mathrm{Hom}(\pi_1(X), \mathbb{Q}/\mathbb{Z})$. Für ein Schema X kann die Fundamentalgruppe als Wegegruppe nicht definiert werden. Es gibt aber den algebraischen Begriff der universellen Überlagerung $\tilde{X} \to X$, so daß man sie als Gruppe der Decktransformationen einführen kann:

$$\pi_1(X) = \mathrm{Aut}_X(\tilde{X}).$$

Sie steht dann mit der Etalkohomologie in der gleichen Beziehung wie im topologischen Fall:

$$H^1_{et}(X, \mathbb{Q}/\mathbb{Z}) \cong \mathrm{Hom}(\pi_1(X), \mathbb{Q}/\mathbb{Z}).$$

Beispiel 3. Setzt man als etale Garbe die multiplikative Gruppe $\mathbb{G}_m$ ein, so erhält man im Einklang mit klassischen Ergebnissen der algebraischen Geometrie einen Isomorphismus

$$H^1_{et}(X, \mathbb{G}_m) \cong \mathrm{Pic}(X).$$

Dabei ist $\mathrm{Pic}(X)$ die Gruppe der „Geradenbündel" auf X. In dem uns interessierenden Fall, wo $X = \mathrm{Spec}(\mathcal{O})$ das Spektrum des Ringes $\mathcal{O}$ der ganzen Zahlen eines Zahlkörpers K ist, ist $\mathrm{Pic}(X)$ einfach die Idealklassengruppe von K: $\mathrm{Pic}(X) = Cl(K)$.

Beispiel 4. Für eine projektive glatte zusammenhängende algebraische Varietät X der algebraischen Dimension d über einem algebraisch abgeschlossenen Körper k erhält man über die Yoneda-Paarung eine nichtausgeartete Bilinearform

$$H^i_{et}(X, \mathbb{Q}_l) \times H^{2d-i}_{et}(X, \mathbb{Q}_l) \to H^{2d}_{et}(X, \mathbb{Q}_l) \cong \mathbb{Q}_l$$

von endlich-dimensionalen Vektorräumen über dem Körper $\mathbb{Q}_l$ der l-adischen Zahlen, wenn die Primzahl l von der Charakteristik von k verschieden ist. Durch dieses von Grothendieck bewiesene Theorem ist eine totale Analogie zur topologischen Poincaré-Dualität hergestellt.

Mit diesem Resultat ist zwar dem geometrischen Anliegen der Etaltopologie genüge getan, nicht aber dem arithmetischen, weil hier ausschließlich Varietäten über **algebraisch abgeschlossenen** Körpern k betrachtet werden, die wahren Objekte der Arithmetik, wie $X = \mathrm{Spec}(\mathbb{Z})$ oder $X = \mathrm{Spec}(\mathbb{F}_p[t])$ aber ausgeschlossen sind. Wie sich nun auch in diesem Fall ein Dualitätssatz einstellt, und welche Bedeutung er für die Zahlentheorie hat, darauf will ich im nächsten und letzten Abschnitt meines Berichtes eingehen.

15 Artin-Verdier-Dualität

Nicht Emil Artin, der Schöpfer des Reziprozitätsgesetzes steht hier im Titel, sondern sein Sohn Michael Artin, der in erheblicher Weise an der Entwicklung der Etalkohomologie mitgewirkt hat. Der Artin-Verdiersche Dualitätssatz lautet so:

Theorem. *Sei $X = \mathrm{Spec}(\mathcal{O})$ das Spektrum des Ringes $\mathcal{O}$ der ganzen Zahlen eines Zahlkörpers K. Für jede konstruierbare etale Garbe F auf X liefert dann die Yoneda-Paarung eine nicht-ausgeartete bilineare Abbildung*

$$H^i_{et}(X, F) \times \mathrm{Ext}^{3-i}_X(F, \mathbb{G}_m) \to H^3_{et}(X, \mathbb{G}_m) \cong \mathbb{Q}/\mathbb{Z}$$

endlicher Gruppen.

Ich will nicht erläutern, was hier als „konstruierbare Garben" zugelassen ist. Es sind dies etale Garben, die einer gewissen Endlichkeitsbedingung genügen – wie z.B. die konstante Garbe $\mathbb{Z}/n\mathbb{Z}$ oder die Garbe μ_n, die jeder etal-offenen Menge $U = \mathrm{Spec}(\mathcal{O})$ die Gruppe $\mu_n(U) = \{\zeta \in \mathcal{O} \mid \zeta^n = 1\}$ der in $\mathcal{O}$ gelegenen Einheitswurzeln zuordnet – wobei bei Vorhandensein reeller Primstellen sogar noch eine gewisse Teilerfremdheit zu 2 verlangt werden muß. Wie C. DENINGER bemerkt hat, dürfen jedoch auch „$\mathbb{Z}$-konstruierbare" Garben wie etwa $\mathbb{Z}$ zugelassen werden.

Das Theorem behält seine Gültigkeit, wenn man $\mathcal{O}$ durch den Bewertungsring eines $\mathfrak{p}$-adischen Zahlkörpers ersetzt. Zusammen mit dieser lokalen Version beinhaltet die Artin-Verdier-Dualität viele der fundamentalen klassischen Ergebnisse der algebraischen Zahlentheorie. Um dies an einem Beispiel zu illustrieren, betrachten wir den Fall $i = 2$ und wählen für F die konstante Garbe $\mathbb{Z}$. Wir haben dann die nicht-ausgeartete Paarung

$$H^2_{et}(X, \mathbb{Z}) \times \mathrm{Ext}^1_X(\mathbb{Z}, \mathbb{G}_m) \to \mathbb{Q}/\mathbb{Z}.$$

Nach dem im vorigen Abschnitt Gesagten ist hierin $\mathrm{Ext}^1_X(\mathbb{Z}, \mathbb{G}_m)$ die Idealklassengruppe $Cl(K)$ von K, denn es gilt

$$\mathrm{Ext}^1_X(\mathbb{Z}, \mathbb{G}_m) = H^1_{et}(X, \mathbb{G}_m) = \mathrm{Pic}(X) = Cl(K).$$

Für die Berechnung der Gruppe $H^2_{et}(X, \mathbb{Z})$ benutzen wir die exakte Sequenz

$$0 \to \mathbb{Z} \to \mathbb{Q} \to \mathbb{Q}/\mathbb{Z} \to 0.$$

Die zugehörige lange Kohomologiesequenz liefert einen Isomorphismus

$$H^1_{et}(X, \mathbb{Q}/\mathbb{Z}) \xrightarrow[\sim]{\delta} H^2_{et}(X, \mathbb{Z}),$$

weil die Gruppen $H^i_{et}(X, \mathbb{Q}) = H^i_{et}(X, \mathbb{Z}) \otimes \mathbb{Q}$ für $i \geq 1$ sämtlich verschwinden, was darauf beruht, daß die etalen Kohomologiegruppen $H^i_{et}(X, \mathbb{Z})$ Torsionsgruppen sind. Wir erhalten hierdurch für die Gruppe $H^2_{et}(X, \mathbb{Z})$ die Beschreibung

$$H^2_{et}(X, \mathbb{Z}) \cong H^1_{et}(X, \mathbb{Q}/\mathbb{Z}) = \mathrm{Hom}(\pi_1(X), \mathbb{Q}/\mathbb{Z}) = \mathrm{Hom}(\pi_1(X)^{ab}, \mathbb{Q}/\mathbb{Z})$$

durch die abelsch gemachte Fundamentalgruppe $\pi_1(X)^{ab}$. Sie ist die Gruppe der Decktransformation $\mathrm{Aut}_X(\tilde{X})$ der maximalen unverzweigten abelschen Überlagerung $\tilde{X} \to X$ von X. Diese aber erhält man als Spektrum $\tilde{X} = \mathrm{Spec}(\tilde{\mathcal{O}})$ des Ringes der ganzen Zahlen der maximalen unverzweigten abelschen Erweiterung $L \mid K$, also des Hilbertschen Klassenkörpers von K. $\pi(X)^{ab}$ ist daher nichts anderes als die Galoisgruppe $G(L \mid K)$ dieser Erweiterung. Mithin ist $H^2_{et}(X, \mathbb{Z})$ das Pontrjagin-Dual von $G(L \mid K)$,

$$H^2_{et}(X, \mathbb{Z}) = G(L \mid K)^{\vee}.$$

Nach dieser Rechnung wird aus der Artin-Verdier-Dualität eine nicht-ausgeartete Paarung

$$G(L|K)^{\vee} \times Cl(K) \to \mathbb{Q}/\mathbb{Z},$$

also ein Isomorphismus

$$Cl(K) \xrightarrow{\sim} G(L|K).$$

Dies aber ist gerade das **Artinsche Reziprozitätsgesetz** für die maximale abelsche unverzweigte Erweiterung $L|K$ - die Normengruppe $N_{L|K}Cl(L)$ erweist sich in diesem Fall als trivial.

Der Dualitätssatz beinhaltet das Artinsche Reziprozitätsgesetz auch für eine beliebige abelsche Erweiterung $L|K$. Seine lokale Version liefert als Spezialfall die lokale Klassenkörpertheorie. Setzt man $i = 1$, so erhält man die klassischen Sätze über die Brauersche Algebrenklassengruppe $Br(K)$, also $Br(K_{\mathfrak{p}}) \cong \mathbb{Q}/\mathbb{Z}$ für einen lokalen Zahlkörper $K_{\mathfrak{p}}$ und die Injektivität der Abbildung

$$Br(K) \to \prod_{\mathfrak{p}} Br(K_{\mathfrak{p}})$$

für einen globalen Zahlkörper K. Insbesondere wird dadurch der Satz von Minkowski-Hasse ein Spezialfall der Artin-Verdier-Dualität, nach dem eine quadratische Form über einem Zahlkörper genau dann eine nicht-triviale Nullstelle hat, wenn sie über jeder Komplettierung eine besitzt.

So wie das Hilbertsche und das Artinsche Reziprozitätsgesetz ist auch der Dualitätssatz von Artin und Verdier ein Resultat, das viele der klassischen Ergebnisse der algebraischen Zahlentheorie zusammenrafft und auf einen Nenner bringt. Seine Wichtigkeit erschöpft sich aber nicht in diesem Merkmal allein. Es gewinnt mit seiner umfassenden Allgemeinheit eine weitertragende Bedeutung dadurch, daß es sich wiederum an den Anfang einer neuen Entwicklung stellt. Die geometrische Fassung des Satzes nämlich fordert die Frage nach einer Verallgemeinerung auf höherdimensionale algebraische $\mathbb{Z}$-Schemata X heraus, durch die sich etwa die Klassenkörpertheorie nur als das erste Glied eines universellen arithmetischen Gesetzes herausstellen sollte. Die Suche nach einer solchen Verallgemeinerung ist der Gegenstand der aktuellsten Forschung. Es hat sich dabei gezeigt, daß dem Artin-Verdierschen Satz schon im (algebraisch) 1-dimensionalen Fall zur höchsten Vollkommenheit ein letzter Anstrich fehlt, indem er auf den Fall **regulärer** Schemata beschränkt ist. Eine Ausdehnung auf höhere Dimensionen erzwingt hingegen die Einbeziehung auch des **singulären** Falles, d. h. des Falles, daß X eine nicht notwendig glatte algebraische Kurve über einem endlichen Körper ist, oder das Spektrum $X = \mathrm{Spec}(\mathcal{O})$ einer **Ordnung** $\mathcal{O}$ des Zahlkörpers K, die nicht notwendig die Hauptordnung sein muß. Es zeigt sich nun, daß die Garbe $\mathbb{G}_m$ in der Paarung

$$H^i_{et}(X, F) \times \mathrm{Ext}^{3-i}_X(F, \mathbb{G}_m) \to H^3_{et}(X, \mathbb{G}_m)$$

in diesem allgemeinen Fall nicht mehr leistet, was sie soll. Ein eingehendes Studium dieses Problems führt sogar zu der Erkenntnis, daß es nicht genügt, eine einzelne etale Garbe an die Stelle von $\mathbb{G}_m$ zu setzen, sondern daß vielmehr ein ganzer Komplex von Garben die Rolle der multplikativen Gruppe übernehmen muß. Welches aber ist dieser Komplex?

Auf diese wichtige Frage hat kürzlich der Mathematiker CHRISTOPHER DENINGER eine bündige Antwort gegeben und damit das letzte Wort zu diesem Thema gesagt. Er zeigte, daß für ein ganz beliebiges 1-dimensionales eigentliches $\mathbb{Z}$-Schema X der „Divisorenkomplex" $\mathscr{G}_X$ das einschlägige Objekt ist, der wie folgt entsteht. Das Schema X besteht aus 1-dimensionalen Punkten η, deren Abschlüsse in der Zariski-Topologie die irreduziblen Komponenten X_η von X sind, und aus den 0-dimensionalen, d. h. den abgeschlossenen Punkten $x \in X$. Auf dem einpunktigen Schema η bzw. x betrachten wir die etale Garbe $\mathbb{G}_m$ bzw. $\mathbb{Z}$. Bezeichnen $j_\eta: \eta \to X$ und $i_x: x \to X$ die Inklusionen, so sind die direkten Bilder $j_{\eta *}\mathbb{G}_m$ und $i_{x*}\mathbb{Z}$ etale Garben auf X. $j_{\eta *}\mathbb{G}_m$ bzw. $i_{x*}\mathbb{Z}$ lebt nur auf der irreduziblen Komponente X_η bzw. nur im Punkte x und ist außerhalb Null. Ist $x \in X_\eta$, so hat man einen kanonischen Homomorphismus

$$\operatorname{ord}_x: j_{\eta *}\mathbb{G}_m \to i_{x*}\mathbb{Z}$$

von Garben auf X. Wenn x kein singulärer Punkt ist, so ist ord_x einfach durch die Bewertung des „Funktionenkörpers" K_η von X_η gegeben, die zu dem x definierenden Primideal $\mathfrak{p}$ von K_η gehört. Wir erhalten hierdurch den Komplex

$$\mathscr{G}_X: \bigoplus_\eta j_{\eta *}\mathbb{G}_m \xrightarrow{\operatorname{ord}_x} \bigoplus_x i_{x*}\mathbb{Z}.$$

Mit diesem Komplex lautet die Deningersche Verallgemeinerung des Artin-Verdierschen Dualitätssatzes:

Theorem. *Ist X ein zusammenhängendes, eigentliches eindimensionales $\mathbb{Z}$-Schema und F ein Komplex konstruierbarer etaler Garben auf X, so hat man (cum grano salis) eine nicht-ausgeartete Paarung*

$$H^i_{et}(X, F) \times \operatorname{Ext}^{3-i}_X(F, \mathscr{G}_X) \to H^3_{et}(X, \mathscr{G}_X) \cong \mathbb{Q}/\mathbb{Z}.$$

Man kann dieses leicht zu handhabende Theorem durch alle Spezialfälle nach konkreter Bedeutung abtasten und findet neben den klassischen Resultaten die interessantesten Verschlingungen der Arithmetik mit der geometrischen Konstellation der Singularitäten. Die Artin-Verdier-Dualität in der Deningerschen Fassung ist eines jener Ergebnisse der algebraischen Zahlentheorie, die der Entwicklung zugleich ein Ende und einen Anfang setzen. Der Rahmen, der diesem Bericht gesteckt ist, läßt eine Erläuterung des Anfangs nicht mehr zu, so daß das Ende gelten soll.

Literatur

Borevič, S. I., I. R. Šafarevič: *Zahlentheorie*. Birkhäuser Verlag. Basel-Stuttgart 1966.

Deninger, C.: *Duality in the Étale Cohomology of One-Dimensional Proper Schemes and Generalizations*. Math. Ann **277**, 529–541 (1987).

Corvallis-Proceedings: *Automorphic Forms, Representations and L-Functions*. AMS Proc. Symp. pure Math. XXXIII Providence, Rhode Island 1979.

Hartshorne, R.: *Algebraic Geometry*. Springer, Heidelberg, 1977.

Hasse, H.: *Bericht über neuere Untersuchungen und Probleme aus der Theorie der algebraischen Zahlkörper*. Physica-Verlag Würzburg–Wien 1970.

Hilbert, D.: *Die Theorie der algebraischen Zahlkörper*. Jahresber. der D. Math. Ver. **4**, 1897.

Janusz, G. J.: *Algebraic Number Fields*. Academic Press, New York and London 1973.

Mazur, B.: *Notes on étal cohomology of number fields*. Ann. Sci. Ecole Norm. Sup. **6** (1973), 521–556.

Milne, J. S.: *Étale Cohomology*. Princeton University Press, Princeton, New Jersey, 1980.

Neukirch, J.: *Class Field Theory*. Springer-Verlag, Heidelberg, 1986.

Neukirch, J.: *Algebraische Zahlentheorie*. In Vorbereitung.

Serre, J. P.: *Corps locaux*. Hermann, Paris, 1962.

ERICH HECKE und die Rolle der *L*-Reihen in der Zahlentheorie

S. J. Patterson

1 Dirichletsche Reihen und Zahlentheorie

HECKE in der Geschichte der Zahlentheorie. In der Entwicklung der Mathematik in den letzten hundert Jahren haben Strukturbegriffe einen immer wichtigeren Platz eingenommen. Diese Methoden haben es ermöglicht, Einsichten in die Natur konkreter Probleme und den Anwendungsbereich von diversen Techniken zu erweitern. Diese Entwicklung ist im kleinen auch im Lebenswerk von ERICH HECKE (20. 9. 1887–13. 2. 1947) deutlich zu sehen. HECKEs frühe Arbeiten dienen der Weiterentwicklung der Ideen seiner Vorgänger aus dem neunzehnten Jahrhundert und sind technisch sehr kompliziert. Seine späten Arbeiten sind technisch viel einfacher und weisen auf die Zukunft hin. Sie sind für die Entwicklung der Theorie der Modulformen von entscheidender Bedeutung und bilden ein Bindeglied zwischen der Mathematik des neunzehnten und des zwanzigsten Jahrhunderts.

Das quadratische Reziprozitätsgesetz. Die Entwicklung der Theorie der Modulformen geht auf zwei historische Quellen zurück. Beide Quellen liegen in den Arbeiten von CARL FRIEDRICH GAUSS (30. 4. 1777–23. 2. 1855) zum quadratischen Reziprozitätsgesetz. GAUSS hat mehrere Beweise des Reziprozitätsgesetzes gefunden, und diese Beweise beruhen auf ganz verschiedenen Grundgedanken. Er hat auch wichtige Ansätze zu einer Theorie höherer Reste über einem Zahlkörper gemacht. GAUSS' Vision eines höheren Reziprozitätsgesetzes hat die Phantasie und den

Ich möchte Herrn Jürgen Elstrodt aus Münster für seine freundliche Hilfe bei der sprachlichen Gestaltung dieses Aufsatzes und eine Reihe weiterer Anregungen sehr danken. Herr W. Scharlau war auch so freundlich, den Aufsatz noch einmal sorgfältig durchzulesen.

Ehrgeiz der ihm folgenden Generation von Mathematikern (DIRICHLET, JACOBI, EISENSTEIN, KUMMER, KRONECKER) beflügelt. Das Ziel dieser Bestrebungen bleibt bis heute bestehen, und obwohl man auf dem Weg zu diesem Ziel eine gute Strecke Weges vorangekommen ist, kann es keineswegs als erreicht betrachtet werden.

Der Primzahlsatz von DIRICHLET. Der erste Versuch, das quadratische Reziprozitätsgesetz zu beweisen, stammt von ADRIEN-MARIE LEGENDRE (18. 9. 1752–9. 1. 1833). Dieser Versuch scheiterte, weil LEGENDRE im wesentlichen annahm, daß es in einer arithmetischen Folge der Form $an + b$, $n \in \mathbb{N}$ mit teilerfremden a, b und $a > 0$ stets unendlich viele Primzahlen gibt. GAUSS hat eine schwächere aber genauere Form dieser Aussage algebraisch bewiesen, und er gab damit den ersten strengen Beweis des quadratischen Reziprozitätsgesetzes [Gauß 1801, § 262]. Trotzdem blieb die wichtige Frage bezüglich der Existenz unendlich vieler Primzahlen in einer arithmetischen Folge obiger Gestalt offen.

Für den Satz, daß es immer unendlich viele solche Primzahlen gibt, hat zuerst PETER GUSTAV LEJEUNE DIRICHLET (13. 2. 1805–5. 5. 1859) im Jahre 1837 einen wunderbaren Beweis gegeben. Er ging in seinen Überlegungen auf eine Bemerkung EULERS zurück. Dieser benutzte die Beziehung

$$\zeta(s) = \sum_{n \geq 1} n^{-s} = \prod_{p \text{ Primzahl}} (1 - p^{-s})^{-1}$$

und die Tatsache, daß gilt

$$\lim_{s \to 1} \zeta(s) = \infty ,$$

um zu folgern, daß es unendlich viele Primzahlen gibt. DIRICHLET betrachtet für eine multiplikative Funktion χ, die auch periodisch modulo a ist, die Funktion

$$L(s, \chi) = \sum_{n \geq 1} \chi(n) n^{-s} \qquad (\mathrm{Re}(s) > 1),$$

und zeigt, daß gilt

$$L(s, \chi) = \prod_p (1 - \chi(p) p^{-s})^{-1} .$$

Sollte $\lim_{s \to 1} L(s, \chi)$ existieren und nicht gleich Null sein, dann könnte man folgern, daß $\sum_p \chi(p) p^{-1}$ konvergiert. Da $\sum_p p^{-1}$ divergiert, ist es nicht schwierig zu schließen, daß es unendlich viele Primzahlen in einer arithmetischen Folge ohne gemeinsamen Faktor gibt. Dieses war der Leitgedanke von DIRICHLET. Die Hauptschwierigkeit liegt natürlich in dem Nachweis, daß $\lim_{s \to 1} L(s, \chi)$ existiert und nicht gleich Null ist. Es stellt sich heraus, daß die Existenz des Limes leicht einzusehen ist. Es ist viel schwieriger zu zeigen, daß dieser Limes von Null verschieden ist.

Man unterscheidet zwei Fälle. Der Fall $\chi^2 \neq 1$ läßt sich ziemlich elementar behandeln. Der Fall $\chi^2 = 1$ liegt viel tiefer. DIRICHLET hat ihn mit der Theorie der binären quadratischen Formen in Verbindung gebracht und gezeigt, daß der Limes mit der Klassenzahl von Formen mit einer bestimmten Diskriminante zusammenhängt. Hiermit lieferte er nicht nur einen Beweis des Satzes über die Existenz unendlich vieler Primzahlen in einer arithmetischen Folge ohne gemeinsamen Faktor sondern auch eine sehr schöne explizite Formel für die Klassenzahl von binären quadratischen Formen mit einer festen Diskriminante. Er benutzte bei diesen Überlegungen das quadratische Reziprozitätsgesetz; deshalb kann sein Satz nicht direkt dazu benutzt werden, den Ansatz von LEGENDRE zum Beweis des quadratischen Reziprozitätsgesetzs zu verwenden. Heute kann man aber mit Hilfe eines Satzes von LANDAU in dieser Weise schließen (vgl. [Siegel 1963, § 2.4]).

RIEMANN und die Zetafunktion. In den darauf folgenden Jahren wurden DIRICHLETS Untersuchungen in zwei wichtigen Punkten fortgeführt. In beiden Fällen verdanken wir diese Entwicklungen jüngeren Mathematikern, mit denen DIRICHLET persönlichen Kontakt hatte. Auf der einen Seite entdeckte GEORG FRIEDRICH BERNHARD RIEMANN (17. 9. 1826–20. 7. 1866), daß die Funktion ζ eine meromorphe Funktion mit einem einzigen Pol erster Ordnung bei $s = 1$ ist. Diese Funktion genügt der Funktionalgleichung

$$\xi(s) = \xi(1 - s),$$

wobei wir gesetzt haben

$$\xi(s) = \pi^{-s/2}\Gamma(s/2)\zeta(s).$$

Hier bezeichnet Γ die Eulersche Gammafunktion.

Eine besonders wichtige Einsicht RIEMANNS war, daß ζ als ein „Weierstraß-Produkt“ dargestellt werden kann. Aus dieser Darstellung folgt eine „explizite Formel“, welche die Anzahl der Primzahlen p mit $p \leq X$ ausdrückt durch die Nullstellen der Zetafunktion. Diese Formel drückt diese Anzahl als eine unendliche und nicht absolut konvergente Reihe über diese Nullstellen aus. Diese Beziehung zwischen den Nullstellen der Zetafunktion und den Primzahlen bildet die Basis eines zentralen Teils der analytischen Zahlentheorie.

Es ist nicht schwierig, die Ergebnisse RIEMANNS auf die Funktionen $L(s, \chi)$ zu übertragen. Nach RIEMANNS Arbeit [Riemann 1858] von 1858 wurden seine Ideen weiter entwickelt bis endlich 1896 JACQUES HADAMARD (8. 12. 1865–17. 10. 1963) und CHARLES-JEAN-GUSTAVE-NICHOLAS DE LA VALLÉE POUSSIN (14. 8. 1866–2. 4. 1962) den Primzahlsatz bewiesen.

Die andere Entwicklung haben FERDINARD GOTTHOLD MAX EISENSTEIN (16. 3. 1823–11. 10. 1852), ERNST EDUARD KUMMER (21. 1. 1810–14. 5. 1893) und LEOPOLD KRONECKER (7. 12. 1823–29. 12. 1891) fortgeführt. Sie haben die Begriffe der Zeta- und L-Funktionen auf gewisse algebraische Zahlkörper ausgedehnt. EISENSTEIN führte die Zetafunktion eines kubischen Zahlkörpers [Eisenstein 1844] ein und erwarb sich durch diese und andere arithmetische Untersuchungen das besondere Wohlwollen von GAUSS, der bekanntlich „im Lobe [der Arbeiten anderer] karg“ war [Eisenstein 1967].

KUMMER entwickelte das erste allgemeine Reziprozitätsgesetz aus einer Verallgemeinerung der GAUSSschen Geschlechtertheorie. Für dieses monumentale Unternehmen benötigte er den Nachweis, daß es so viele Geschlechter gibt, wie es maximal geben kann. Dazu benutzte KUMMER L-Reihen, die er über einem Kreisteilungskörper konstruierte und die als Faktoren der Zetafunktion eines sogenannten Kummerschen Körpers auftreten, und er bewies eine Verallgemeinerung des DIRICHLETschen Satzes, daß gilt $\lim_{s\to 1} L(s,\chi) \neq 0$. Sein Beweis ist dem DIRICHLETschen ähnlichen aber naturgemäß schwieriger. Erst 75 Jahre später hat CLAUDE CHEVALLEY (1909–28. 6. 1984) diese analytische Schlußweise von KUMMER durch ein algebraisches Argument ersetzt.

Die Zetafunktion eines allgemeinen Zahlkörpers wurden 1863 von RICHARD DEDEKIND (6. 10. 1831–12. 2. 1916) eingeführt [Dirichlet/Dedekind 1863]. DEDEKIND war ein Mitstudent von RIEMANN und wirkte mit bei der Herausgabe von B. RIEMANNS gesammelten mathematischen Werken; er schrieb auch den Lebenslauf von RIEMANN in den Gesammelten Werken. Er hat KUMMERS Theorie der idealen Zahlen gründlich studiert und entwickelte daraus in dem berühmten XI. Anhang zu den von ihm herausgegebenen DIRICHLETschen Vorlesungen über Zahlentheorie [Dirichlet/Dedekind 1863] die heutige Idealtheorie algebraischer Zahlkörper. Seine Definition der Zetafunktion $\zeta_k(s)$ eines Körpers k lautet

$$\zeta_k(s) = \sum N(\mathfrak{a})^{-s} = \prod (1 - N(\mathfrak{p})^{-s})^{-1}, \tag{*}$$

wobei $\mathfrak{a}$ alle ganzen Ideale des Rings der ganzen Zahlen von k und $\mathfrak{p}$ alle Primideale durchläuft. Hier bedeutet $N(\mathfrak{a})$ die Norm von $\mathfrak{a}$. Die Reihe und das Produkt sind für $\mathrm{Re}(s) > 1$ absolut konvergent. Die Existenz eines Euler-Produkts ist ein bemerkenswerter Aspekt dieser Definition. Die Identität (*) ist eine analytische Formulierung des Hauptsatzes der Idealtheorie, der besagt, daß jedes ganze Ideal im Ring der ganzen Zahlen eines algebraischen Zahlkörpers als ein bis auf die Reihenfolge eindeutiges Produkt von Primidealen dargestellt werden kann.

L-Reihen und Arithmetik. Anhand einer Reihe von Beispielen, die seit der Zeit von GAUSS während des neunzehnten Jahrhunderts studiert wurden, wurde erkannt, daß für eine abelsche Erweiterung k des rationalen Körpers $\mathbb{Q}$ eine Beziehung folgender Gestalt besteht:

$$\zeta_k(s) = \zeta(s) \cdot \prod L(s,\chi). \tag{1}$$

Hier durchläuft χ eine k zugeordnete Menge von Dirichletschen Charakteren. Im Fall einer quadratischen Erweiterung k von $\mathbb{Q}$ hat DIRICHLET diese Formel benutzt, um das Nichtverschwinden von $L(1,\chi)$ zu beweisen. In diesem Fall ist die Formel äquivalent zum quadratischen Reziprozitätsgesetz.

HECKE und Zetafunktionen. Um die Jahrhundertwende waren die einzigen analytischen Eigenschaften von ζ_k, die bekannt waren, Konsequenzen von (1). So wußte man, daß für eine abelsche Erweiterung von $\mathbb{Q}$ die Funktion ζ_k eine analytische Fortsetzung als meromorphe Funktion mit einem Pol und einer Funktionalgleichung besitzt. Für allgemeine Zahlkörper wußte man lediglich, daß der Limes von $(s-1)\,\zeta_k(s)$ für $s \to 1$ existiert und durch die Klassenzahl und den Regulator von k ausgedrückt werden kann.

Der erste weitere Fortschritt stammt von EDMUND LANDAU (14. 2. 1877–19. 2. 1938), der 1903 in einer großen Arbeit [Landau 1903] eine geometrische Gitterpunktmethode verwendet, um zu zeigen, daß es für jeden Körper k ein $\varepsilon(k) > 0$ gibt, so daß ζ_k eine analytische Fortsetzung zu einer für $\mathrm{Re}(s) > 1 - \varepsilon(k)$ meromorphen Funktion mit einfacher Polstelle bei $s = 1$ besitzt. LANDAU war mit Recht besonders stolz auf diesen Satz, der den Beweis eines Analogons des Primzahlsatzes für einen beliebigen Zahlkörper ermöglichte.

Diese Entwicklung wurde 1917 vorläufig abgeschlossen, als HECKE [1917] eine damals technisch schwierige Verschmelzung der Methoden von RIEMANN und LANDAU angab, mit der er die analytische Fortsetzung, Funktionalgleichung und Lage der Polstellen der Dedekindschen Zetafunktionen bestimmen konnte. Diesen Satz hat HECKE [1917a] in Verbindung mit (1) verwendet, um die Beweise der Sätze der Klassenkörpertheorie zu vereinfachen. Diese Sätze sind zu (1) äquivalent. Um (1) zu beweisen, entwickelte HECKE beide Seiten von (1) in Eulerprodukte, und zeigte zunächst, daß sie bis auf endlich viele Faktoren übereinstimmen. HECKE konnte nun die analytischen Eigenschaften beider Seiten benutzen, um zu schließen, daß Gleichheit bei allen Faktoren besteht. Diese schlichte und elegante Schlußweise umgeht sehr komplizierte Überlegungen und hat mehrere weitere Anwendungen.

Größencharaktere. Diese Untersuchungen führten HECKE zu dem fundamentalen Begriff eines Größencharakters. Für ein tieferes Verständnis der L-Reihen kann auf diesen Begriff nicht verzichtet werden. Deshalb geben wir hier eine modernisierte Form von HECKEs Definition [Hecke 1918] an: Sei k ein Zahlkörper. Dann ist $k \otimes_{\mathbb{Q}} \mathbb{R}$ eine kommutative halbeinfache $\mathbb{R}$-Algebra vom Grad $[k:\mathbb{Q}]$ über $\mathbb{R}$; sie ist daher von der Gestalt $\mathbb{R}^{r_1} \oplus \mathbb{C}^{r_2}$ mit $r_1 + 2r_2 = [k:\mathbb{Q}]$. Die Normabbildung $k^\times \to \mathbb{Q}^\times$ setzt sich zu einer Abbildung $N\colon (k \otimes_{\mathbb{Q}} \mathbb{R})^\times \to \mathbb{R}^\times$ fort. Sei R der Ring der ganzen Zahlen in k. $R^\times$ kann in $(k \otimes_{\mathbb{Q}} \mathbb{R})^\times$ eingebettet werden, und es gilt für alle $u \in R^\times$

$$|N(u)| = 1\,.$$

Nach dem Einheitensatz von DIRICHLET ist das Bild von $R^\times$ in

$$\{x \in (k \otimes_{\mathbb{Q}} \mathbb{R})^\times \,\big|\, |N(x)| = 1\}$$

cokompakt und daher vom Rang $r_1 + r_2 - 1$.

Sei $\mathfrak{f} \neq 0$ ein Ideal von R und $I(\mathfrak{f})$ die Halbgruppe der Ideale, die zu $\mathfrak{f}$ teilerfremd sind. Sei $P(\mathfrak{f})$ die Unterhalbgruppe der Hauptideale in $I(\mathfrak{f})$. Ein Größencharakter χ zum Modul $\mathfrak{f}$ ist dann ein Homomorphismus von $I(\mathfrak{f})$ nach $\mathbb{C}^\times$, so daß $\chi \mid P(\mathfrak{f})$ von der folgenden Gestalt ist:

$$\chi(\langle\alpha\rangle) = \chi_\infty(\alpha)\chi_D(\alpha),$$

wobei χ_∞ ein stetiger Homomorphismus von $(k \otimes_{\mathbb{Q}} \mathbb{R})^\times$ nach $\mathbb{C}^\times$ ist und χ_D eine multiplikative Abbildung von $\{x \in R \mid x$ teilerfremd zu $\mathfrak{f}\}$ nach $\mathbb{C}^\times$, so daß für alle $x \in R$, x teilerfremd zu $\mathfrak{f}$, $y \in \mathfrak{f}$ gilt

$$\chi_D(x+y) = \chi_D(x).$$

Wie bei Dirichletschen Charakteren führt man auch hier den Begriff eines primitiven Größencharakters ein; wir werden immer annehmen, daß unsere Größencharaktere primitiv sind. In diesem Fall heißt $\mathfrak{f}$ der ***Führer*** von χ.

***L*-Reihen mit Größencharakteren.** Für $k = \mathbb{Q}$ kann man alle Größencharaktere in der Form $\chi_\infty \chi_D$ angeben, da $\mathbb{Z}$ ein Hauptidealring ist. Hierbei hat χ_∞ die Gestalt

$$\chi_\infty(x) = |x|^{-s} \qquad \text{falls } \chi_D(-1) = 1, \quad \text{bzw.}$$
$$\chi_\infty(x) = |x|^{-s}\operatorname{sgn}(x) \qquad \text{falls } \chi_D(-1) = -1,$$

mit $s \in \mathbb{C}$; χ_D ist ein Dirichletscher Charakter. Ein anderer wichtiger Fall ist der Fall $\mathfrak{f} = \langle 1 \rangle$. Dann ist χ_∞ von der Form $|N(x)|^{-s}$ mit $s \in \mathbb{C}$, und χ_D ist trivial. In diesem Fall gilt

$$\chi(\mathfrak{a}) = |N(\mathfrak{a})|^{-s} \cdot \chi_0(\mathfrak{a}),$$

wobei χ_0 ein Charakter der Idealklassengruppe ist.

Wir definieren für einen Größencharakter χ zum Führer $\mathfrak{f}$ im Falle der Konvergenz des Produkts die L-Funktion von χ vermöge

$$L(\chi) = \prod (1 - \chi(\mathfrak{p}))^{-1},$$

wobei das Produkt über alle zu $\mathfrak{f}$ teilerfremden Primideale erstreckt wird. Im Fall $k = \mathbb{Q}$ ist $L(\chi)$ dann gleich $L(s, \chi_D)$, wenn χ wie oben in der Form $\chi_\infty \chi_D$ geschrieben wird. Im Fall eines beliebigen Zahlkörpers k mit $\mathfrak{f} = \langle 1 \rangle$ und $\chi_0 = 1$ (in der obigen Notation) ist dann $L(\chi) = \zeta_k(s)$. Die Funktionen $L(\chi)$ verallgemeinern alle früheren Zeta- und L-Funktionen. HECKE konnte die Methoden, die er für die analytische Fortsetzung von ζ_k entwickelt hatte, auch bei den Funktionen $L(\chi)$ anwenden. Er konnte zeigen, daß diese Funktionen immer eine analytische Fortsetzung als meromorphe Funktionen in naheliegender Weise besitzen. In der Tat sind alle $L(\chi)$ außer den ζ_k sogar überall holomorph. Es gibt auch ein Produkt $G(\chi)$ von Gammafunktionen, so daß $G(\chi) \cdot L(\chi)$ einer Funktionalgleichung vom RIEMANNschen Typ genügt.

Diese Erkenntnisse HECKES waren von großer Bedeutung für die Weiterentwicklung der allgemeinen analytischen Zahlentheorie. Nach diesem eindrucksvollen Auftritt werden wir unseren Hauptakteur verlassen, um die zweite Handlung bis zum gleichen Zeitpunkt zu verfolgen. Hier geht es um die Theorie der komplexen Multiplikation und der Modulformen.

2 Komplexe Multiplikation elliptischer Funktionen

Kreistheilungskörper. Dieser Gegenstand geht auch zurück auf GAUSSens Arbeit zum quadratischen Reziprozitätsgesetz. GAUSS hat mehrere Beweise dieses Gesetzes angegeben, die auf ganz unterschiedlichen Grundlagen beruhen. Ein Beweisgang macht Gebrauch von der Theorie der Kreisteilungskörper. Aus seiner Jugendarbeit über die regelmäßigen Vielecke wußte GAUSS, daß jeder quadratische Zahlkörper K als Teilkörper eines Kreisteilungskörpers K' realisiert werden kann. Für jede Primzahl p ist es nicht zu schwierig, die Natur der $\mathbb{Q}_p$-Algebra $\mathbb{Q}_p \otimes_{\mathbb{Q}} K'$ zu bestimmen. Aus dieser Information kann man dann mittels der Galoisschen Theorie die Struktur von $\mathbb{Q}_p \otimes_{\mathbb{Q}} K$ bestimmen. Dieses ergibt das Zerlegungsgesetz für K, woraus das quadratische Reziprozitätsgesetz leicht zu folgern ist. Natürlich hat GAUSS diese Ausdrucksweise nicht benutzt; er hat Gaußsche Summen benutzt. Wir brauchen aber nicht auf die Details des Arguments einzugehen. Für uns wesentlich ist die Existenz einer Familie von Zahlkörpern, der Kreisteilungskörper, deren Arithmetik gut verstanden wird.

GAUSS hat schon um 1807 angefangen, sich eine großartige Erweiterung des quadratischen Reziprozitätsgesetzes vorzustellen. Er hat besonders intensiv über das biquadratische Reziprozitätsgesetz nachgedacht. Eine ausführliche Darstellung hat er erst viel später in [Gauß 1822/32] gegeben.

An dieser Stelle wird es hilfreich sein, wenn wir die GAUSSschen Einsichten in modernerer Sprache zusammenfassen. Diese Zusammenfassung kann nur einen sehr mangelhaften Eindruck der Tiefe der GAUSSschen Gedanken wiedergeben. Dem historisch Interessierten ermöglicht das „Mathematische Tagebuch 1796–1814“ [Gauß 1981] (siehe auch [Grey 1984]) einen atemberaubenden Einblick in die mathematische Werkstatt von GAUSS, wobei die Entwicklung sich zeitweise Tag für Tag verfolgen läßt.

GAUSS und Lemniskatenfunktionen. GAUSS erkannte, daß man für die Formulierung des biquadratischen Reziprozitätsgesetzes den Gaußschen Ring $\mathbb{Z}[i]$ und den Gaußschen Körper $\mathbb{Q}(i)$ $(i^2 = -1)$ einführen muß. Dann ist die Formulierung des biquadratischen Reziprozitätsgesetzes nicht mehr so schwierig. Der Beweis ist aber schwieriger. GAUSS entwickelte mehrere Ansätze zu Beweisen dieses Satzes. Wir werden hier einen davon betrachten. Dieser Ansatz erwuchs aus seinen Überlegungen über das arithmetisch-geometrische Mittel und die lemniskatischen Funktionen, insbesondere über das Integral

$$\int \frac{dx}{\sqrt{1-x^4}}.$$

Er erkannte, daß es günstiger ist, das Integral zu „invertierten“, d. h. die Lösungen f der Differentialgleichung

$$f'(z)^2 = 1 - f(z)^4$$

zu betrachten. Schon 1751 von CONTE GUILIO DI FAGNANO, MARCHESE DE'TOSCHI etc. (1682–1766) und EULER kannte man den Additionssatz

$$f(u+v)=\frac{f(u)\sqrt{1-f(v)^4}+f(v)\sqrt{1-f(u)^4}}{1+f(u)^4f(v)^4}.$$

Wenn man $f(ix)=-f(x)$ setzt, kann man f mit dem Additionssatz auch als eine Funktion einer komplexen Variablen definieren. Man kann dann beweisen, daß der Additionssatz auch im Komplexen gilt, und daß es ein ϑ gibt, so daß für alle $\lambda\in\mathbb{Z}[i]\cdot\vartheta$ gilt

$$f(z+\lambda)=f(z)$$

(doppelte Periodizität). Offenbar hat GAUSS in diesem Zusammenhang schon 1811 die Grundlagen der Funktionentheorie entwickelt. GAUSS hat auch die Darstellung von f als Quotient von Thetafunktionen sehr früh gefunden.

Teilungswerte. Es folgt aus dem Additionssatz, daß für $a,b\in\mathbb{Z}$ die Funktion $f((a+ib)z)$ als eine rationale Funktion von $f(z)$ und $f'(z)$ ausgedrückt werden kann. Diese Bildung betrachtete GAUSS als ein Analogon zur Darstellung von $\sin(a\cdot x)$ als rationaler Funktion in $\sin(x)$ und $\cos(x)$. Dann kann man die „Teilungswerte"

$$f(\vartheta(k+il)/(a+ib)),\qquad f'(\vartheta(k+il)/(a+ib))$$

mit $k,l\in\mathbb{Z}$ als Analoga zu den Kreisteilungszahlen

$$\sin(2\pi\cdot j/a),\qquad \cos(2\pi\cdot j/a)$$

betrachten. Für gegebenes $a+ib$ erzeugen die „Teilungswerte" eine algebraische Körpererweiterung von $\mathbb{Q}(i)$. Es ist nicht schwierig zu zeigen, daß diese Körpererweiterung abelsch ist. Die genaue Form der Gleichungen, denen die Teilungswerte genügen, ist nicht unmittelbar einleuchtend. EISENSTEIN [1850] hat diesen Punkt betont und auf die richtige Formulierung hingewiesen, die auch GAUSS früher bekannt war. Sei $\pi=a+ib$ eine Primzahl im Hauptidealring $\mathbb{Z}[i]$, so daß $p=a^2+b^2$ eine Primzahl in $\mathbb{Z}$ ist. Dann gibt es P_π, $Q_\pi\in\mathbb{Z}[X]$, so daß gilt

$$f(\pi z)=f(z)\,P_\pi(f(z)^4)/Q_\pi(f(z)^4).$$

Darüber hinaus, und dieses ist das Entscheidende, gilt

$$P_\pi(X)/Q_\pi(X)\equiv X^{(p-1)/4}(\operatorname{mod}p). \tag{2}$$

Mit Hilfe dieser Kongruenz läßt sich beweisen, daß der Körper der Teilungswerte eine abelsche Erweiterung mit Galois-Gruppe $\mathbb{Z}[i]/\langle\pi\rangle$ ist. Aus (2) kann man auch das Zerlegungsgesetz für diesen Körper herleiten, und mit einer ähnlichen Schlußweise wie vorher das biquadratische Reziprozitätsgesetz beweisen.

Dieser Gedankengang wurde im Verlauf des neunzehnten Jahrhunderts wesentlich weiter ausgebaut. Die analytische Theorie wurde mit Hilfe von Methoden der Funktionentheorie erheblich durchsichtiger formuliert. Insbesondere ermöglichte der Begriff der Riemannschen Fläche, daß man die analytische Theorie geometrisieren konnte. In dem oben diskutierten Fall bedeutet das: Die Funktionen f, f' liefern einen analytischen Isomorphismus zwischen dem Torus, der auch eine Gruppe ist, und der elliptischen Kurve $y^2 = 1 - x^4$, die ein geometrisches Objekt ist. NIELS HENRIK ABEL (5. 8. 1802–6. 4. 1829) hat schon 1826 die ersten Ansätze zu einer höherdimensionalen Theorie gemacht; diese Theorie und die eng damit verwandte Theorie der Thetafunktionen wurden im Laufe des neunzehnten Jahrhunderts von JACOBI, ADOLPH GÖPEL (29. 9. 1812–7. 6. 1847), RIEMANN und vielen anderen weiterentwickelt.

Zahlkörper. Zur gleichen Zeit wurden der Begriff eines Zahlkörpers endgültig festgelegt und die grundlegenden Sätze in aller Allgemeinheit bewiesen (Zerlegbarkeit von Idealen in Primideale, Endlichkeit der Klassenzahl, Dirichletscher Einheitensatz). Am Anfang dieser Entwicklung hat man in Anlehnung an die Theorie der quadratischen Formen spezielle Formen, die Normformen, untersucht. Die Begriffe „Körper" und „Ring" setzten sich durch, und die Methoden der Galois-Theorie wurden eingeführt und systematisch angewendet. Die Ziele der algebraischen Zahlentheorie wurden gesetzt und die Rolle der Reziprozitätsgesetze viel besser verstanden. Im Rahmen dieses Aufsatzes ist es nicht möglich, die vielen Mathematiker aus verschiedenen Ländern angemessen zu würdigen, die zu dieser Entwicklung beigetragen haben; statt dessen begnügen wir uns mit einem pauschalen Hinweis auf HILBERTS „Zahlbericht" [Hilbert 1897].

Modulfunktionen. Endlich wurde um 1870 klar, daß es sehr hilfreich ist, die Gesamtheit aller elliptischen Kurven (bis auf Isomorphie) zu betrachten, statt über einzelne Kurven nachzudenken. Es wurde erkannt, daß die elliptischen Kurven im wesentlichen von einem komplexen Parameter abhängen. Dieser Parameter heißt ein „Modul". Dieser „Modulstandpunkt" hat zu einem vereinheitlichten Bild geführt. Diese Sichtweise wurde sehr schön in H. WEBERS „Lehrbuch der Algebra" [Weber 1899] dargestellt. Wir wollen jetzt diese Theorie in groben Zügen skizzieren.

Genau wie in dem oben angeführten Beispiel gibt es zu jeder über $\mathbb{C}$ definierten elliptischen Kurve ein Gitter $\Lambda \subset \mathbb{C}$ (Periodengitter) und einen Isomorphismus der Kurve auf $\mathbb{C}/\Lambda$. In der Tat ist für jedes $\zeta \in \mathbb{C}^\times$ der Torus $\mathbb{C}/\Lambda$ isomorph zu $\mathbb{C}/(\zeta\Lambda)$; deswegen brauchen wir Gitter nur bis auf Homothetie zu betrachten. In jeder Homothetieklasse von Gittern gibt es eines, das von der Form $\langle 1, \tau\rangle$ mit $\operatorname{Im}(\tau) > 0$ ist. Für $\begin{pmatrix} a & b \\ c & d \end{pmatrix} \in SL_2(\mathbb{Z})$ (d.h. $a, b, c, d \in \mathbb{Z}$, $ad - bc = 1$) liegt $\langle 1, (a\tau + b)/(c\tau + d)\rangle$ in derselben Klasse wie $\langle 1, \tau\rangle$. Deshalb können wir die Menge der Quotienten der Form $\mathbb{C}/\Lambda$ modulo Homothetie der zugrundeliegenden Gitter durch die Bahnen der Punkte τ mit $\operatorname{Im}(\tau) > 0$ unter der Operation von $SL_2(\mathbb{Z})$ parametrisieren. Sei $\mathbb{H} = \{\tau \in \mathbb{C} \mid \operatorname{Im}(\tau) > 0\}$ die obere Halbebene. Dann schreiben wir die Menge dieser Bahnen als $M = SL_2(\mathbb{Z})\backslash\mathbb{H}$; dieser Raum, der schon in GAUSS' Untersuchungen zur Reduktionstheorie positiv definiter binärer quadratischer Formen aufgetaucht war, ist der Modulraum für die Gitter in $\mathbb{C}$ und a fortiori für die elliptische Kurven über $\mathbb{C}$. Funktionen auf diesem Raum sind per definitionem Modulfunktionen. Dieser Raum trägt in natürlicher Weise die Struktur einer Riemannschen Fläche. Es gibt einen Körper von meromorphen Funktionen auf M. Es ist möglich (obwohl technisch etwas diffizil) einen Teilkörper von „arithmetischen" Funktionen auf M auszuzeichnen. Dieser Teilkörper entspricht der Festlegung eines algebraischen Körpers, über dem M definiert ist. In unserem Beispiel ist dieser Körper gleich $\mathbb{Q}$, der Körper der arithmetischen Funktionen ist $\mathbb{Q}(j)$, und der volle Körper von Modulfunktionen ist $\mathbb{C}(j)$. Hier bezeichnet j wie üblich die absolute Invariante der Modulgruppe $SL_2(\mathbb{Z})$.

Modularkorrespondenzen. Ein surjektiver Homomorphismus $E \to E'$ einer elliptischen Kurve auf die elliptische Kurve E' heißt eine Isogenie; die Ordnung des Kerns, der immer endlich ist, heißt der Grad der Isogenie. Die Isogenien vom Grade n können klassifiziert werden; sie entsprechen der „Korrespondenz"

$$\begin{aligned} T_n = {} & (SL_2(\mathbb{Z}) \times SL_2(\mathbb{Z}))\backslash \\ & \Big\{(z, z') \in \mathbb{H} \times \mathbb{H} \,\Big|\, \text{es gibt} \begin{pmatrix} a & b \\ c & d \end{pmatrix} \in M_2(\mathbb{Z}),\ ad - bc = n, \\ & z' = (az + b)/(cz + d),\ a, b, c, d \text{ ohne gemeinsame Faktoren}\Big\} \end{aligned}$$

auf $M \times M$. Hier entspricht z der Kurve E und z' der Kurve E'. Wir bemerken, daß die Punkte auf dem Schnitt von zwei solchen Mengen T_m, T_n einer quadratischen Gleichung genügen. Solche Punkte heißen „singuläre Moduln". Ein Beispiel ist der Punkt (i, i) auf T_1 (der Identität) und T_2 $\left(\begin{pmatrix} 1 & 1 \\ -1 & 1 \end{pmatrix}(i) = i\right)$; dieser Punkt entspricht $E \times E$ auf $M \times M$, wobei E die Gaußsche Kurve $y^2 = 1 - x^4$ ist.

Vollendung der klassischen Theorie der komplexen Multiplikation. Gegen Ende des neunzehnten Jahrhunderts wurde erkannt, daß die Relation (2) von Seite 636 folgendermaßen interpretiert werden kann. Sei

$$E \colon y^2 = 4x^3 - g_2 x - g_3$$

eine elliptische Kurve, so daß g_2, g_3 in einem algebraischen Zahlkörper K liegen, der galoissch über $\mathbb{Q}$ ist. Dann ist für alle $\sigma \in \mathrm{Gal}(K/\mathbb{Q})$ auch

$$E^\sigma \colon y^2 = 4x^3 - g_2^\sigma x - g_3^\sigma$$

eine elliptische Kurve. Sei $\mathfrak{p}$ ein ‚gutes' Primideal im Ring der ganzen Zahlen von K, so daß $N(\mathfrak{p}) = p$ eine Primzahl in $\mathbb{Z}$ ist. Wir wählen $\sigma \in \mathrm{Gal}(K/\mathbb{Q})$, so daß gilt

$$x^\sigma \equiv x^p \,(\mathrm{mod}\,\mathfrak{p}).$$

Dann gilt

$$(E) \times (E^{\sigma}) \in T_p. \tag{3}$$

Diese Beziehung wurde zuerst von KRONECKER im Jahr 1857 gefunden. Sie spielte eine zentrale Rolle in der Theorie und war ein tragender Pfeiler der klassischen Theorie der komplexen Multiplikation. Mit Hilfe dieser Beziehung, der Strukturtheorie der Körper der Modulformen und mit Hilfe eines weiteren Zusatzes, der später besprochen wird, gelang es eine weitgehend erschöpfende Beschreibung der abelschen Erweiterungen von imaginärquadratischen Zahlkörpern zu geben und zu zeigen, daß diese Erweiterungen von speziellen Werten von Modulfunktionen über $\mathbb{Q}$ erzeugt werden. Die klassische Theorie wurde vollendet und dargestellt in WEBERS wunderbarem Lehrbuch [Weber 1889]. In diesem Buch wird die allgemeine Theorie auch durch viele einzelne Ergebnisse ergänzt und bereichert.

Allgemeiner Begriff eines Klassenkörpers. Eine wichtige Auswirkung der WEBERschen Arbeit war die Formulierung der allgemeinen Probleme der Klassenkörpertheorie. WEBER prägte anhand der Beispiele der Kreisteilungstheorie und der Theorie der komplexen Multiplikation den Begriff eines Klassenkörpers und formulierte die Hauptsätze, die für diese Körper gelten sollten. HILBERT entwickelte diese Ideen viel weiter und brachte sie in Zusammenhang mit algebraischen Begriffen, insbesondere mit den neuen ringtheoretischen Begriffen und der Gauß-Kummerschen Geschlechtertheorie. Die Klassenkörpertheorie wurde in den darauffolgenden 25 Jahren von PH. FURTWÄNGLER, T. TAKAGI, E. ARTIN und H. HASSE aufgebaut (s. [Hasse 1967]).

HILBERTS Programm. HILBERT unterschied zwischen zwei bis dahin nicht scharf getrennten Fragen. Die erste betraf die Beschreibung der abelschen Erweiterungen eines gegebenen Zahlkörpers und die Aufstellung eines allgemeinen Reziprozitätsgesetzes oder Zerlegungsgesetzes. Die zweite Frage betraf die Möglichkeit, solche Erweiterungen mit Hilfe spezieller Werte geeigneter analytischer Funktionen – wie der Exponentialfunktion oder elliptischer Funktionen oder Modulfunktionen – zu erzeugen. Diese zweite Frage hielt er für besonders bedeutsam und skizzierte eine Strategie zu ihrer Lösung, die wir nun beschreiben werden.

Es seien K ein reeller quadratischer Körper und R der Ring der ganzen Zahlen in K. HILBERT bemerkte, daß die Gruppe

$$\Gamma_K = \{\gamma \in GL_2(R) \mid i_k(\det(\gamma)) > 0, k = 1, 2\},$$

wobei $i_1, i_2\colon K \to \mathbb{R}$ die beiden Einbettungen von K in $\mathbb{R}$ sind, auf $\mathbb{H}^2 = \mathbb{H} \times \mathbb{H}$ vermöge

$$g(z_1, z_2) = (i_1(g)(z_1), i_2(g)(z_2))$$

operiert. (Hier haben wir die Einbettungen i_1, i_2 in natürlicher Weise als Einbettungen von $GL_2(K)$ in $GL_2(\mathbb{R})$ aufgefaßt.) Diese Operation ist diskontinuierlich, und der Quotientenraum $\Gamma_K \backslash \mathbb{H}^2$ hat wie vorher fast eine komplexe Struktur. Der

Körper der meromorphen Funktionen auf diesem Raum kann in natürlicher Weise als ein Analogon zum Körper der Modulfunktionen definiert werden. Drei Schüler HILBERTS haben mit der Untersuchung der arithmetischen Eigenschaften dieses Körpers angefangen. Diese waren O. BLUMENTHAL, E. HECKE und R. FUETER. Insbesondere hat HECKE versucht, die Kronecker-Webersche Theorie auf diesen Fall zu übertragen. Dabei benutzte er die Theorie der Thetafunktionen zu Kurven vom Geschlecht zwei, um erzeugende Elemente des Körpers zu konstruieren. Folglich konnte man einen arithmetischen Teilkörper dieses Körpers definieren. In modernerer Sprache ist $\Gamma_K\backslash\mathbb{H}^2$ fast eine Varietät über $\mathbb{C}$, die aber schon über einem Zahlkörper definiert werden kann. Die Korrespondenzen $T_\mathfrak{p}$, $\mathfrak{p}$ ein Primideal von R, das auch ein Hauptideal ist, können definiert und in Verbindung zur Galois-Theorie gebracht werden. Dieses war HECKES Ziel. Leider war dieses Ziel für die damalige Zeit etwas zu hoch gesteckt und HECKES Erwartung (und Versuch eines Beweises), daß es nicht-konstante Funktionen ohne Singularitäten auf $\Gamma_K\backslash\mathbb{H}^2$ gibt, hat sich als völlig falsch erwiesen (s. [Gundlach 1981]). Die Natur der Schwierigkeiten, mit denen HECKE es zu tun hatte, wurde erst viel später verstanden, und die technischen Mittel, die er brauchte, waren noch nicht vorhanden. Erst in den fünfziger Jahren dieses Jahrhunderts wurden die von HECKE behandelten Fragestellungen von dem leider sehr früh gestorbenen Y. TANIYAMA und von G. SHIMURA wieder aufgegriffen. In der Zwischenzeit - fast fünfzig Jahren - war vieles geschehen, an dem auch HECKE einen bedeutsamen Anteil hatte.

3 Linearität und Modulformen

Umbruch. In den zwanziger und dreißiger Jahren dieses Jahrhunderts wurden die Grundbegriffe der modernen Mathematik herausgearbeitet, und die Mathematik nahm ihre heutige Gestalt an. Der Begriff der Linearität gewann eine zentrale Bedeutung. Diese Entwicklung ging an der Theorie der Modulfunktionen nicht spurlos vorüber. HECKE begann die lineare Struktur der seit Jahrzehnten bekannten Räume von Modulformen zu untersuchen. Der Körper der meromorphen Funktionen auf $SL_2(\mathbb{Z})\backslash\mathbb{H}$ oder $\Gamma_K\backslash\mathbb{H}^2$ ist der Quotientenkörper des graduierten Ringes der Modulformen, dessen Komponenten eine lineare Struktur besitzen.

HECKE untersuchte für Untergruppen Γ von endlichem Index in $SL_2(\mathbb{Z})$ die zugehörigen Räume von Modulformen. In dem Fall, wo Γ ein Normalteiler von $SL_2(\mathbb{Z})$ ist, operiert die endliche Gruppe $SL_2(\mathbb{Z})/\Gamma$ auf diesen endlich-dimensionalen Räumen. Man erhält daher eine Darstellung der endlichen Faktorgruppe, und es ist eine naheliegende Frage, diese Darstellungen in irreduzible Komponenten zu zerlegen. Die Untersuchung dieser Frage hat HECKE nach langer Zeit zu einer seiner schönsten und wichtigsten Entdeckungen geführt.

Hecke-Operatoren. HECKE [1936] entdeckte, daß die Korrespondenzen T_n eine kommutative Algebra erzeugen. Die algebraische Struktur dieser Korrespondenzen wurde vor HECKE einfach nicht in Betracht gezogen, obwohl die Korrespondenzen selbst schon von KRONECKER, HURWITZ und anderen gut untersucht worden waren. Es gibt eine natürliche Darstellung dieser Algebra auf dem Raum der Modulformen festen Gewichtes. HECKE vermutete anhand von Beispielen, daß diese Operation immer halbeinfach ist, d.h. daß der Raum der Modulformen sich in eine direkte Summe von simultanen Eigenräumen zerlegen läßt. Daß dieses der Fall ist, wurde kurz darauf von H. PETERSSON bewiesen, indem er eine alte Idee von F. KLEIN und H. POINCARÉ wieder aufgriff und zeigte, daß es ein inneres Produkt auf dem Raum der Spitzenformen gibt, bezüglich dessen die T_n selbstadjungiert sind. Sei T_* die Algebra, die von den T_n erzeugt wird. Diese Algebra wird schon von den T_p, wobei p eine Primzahl bezeichnet, und I (oder T_1) erzeugt. Dann konnte HECKE 1935 beweisen:

1. Für einen gegebenen Homomorphismus $\lambda\colon T_* \to \mathbb{C}$ ist der Raum

   $$A(\lambda) = \{f \in S_k \mid T_n f = \lambda(n) f \text{ für alle } n\}$$

   höchstens eindimensional. Hier ist S_k der Raum von Spitzenformen zur Gruppe der $SL_2(\mathbb{Z})$ vom Gewicht k. Wir schreiben $\lambda(n)$ statt $\lambda(T_n)$.
2. Für einen Homomorphismus $\lambda\colon T_* \to \mathbb{C}$ sei

   $$L(s,\lambda) = \prod_p (1 - \lambda(p) p^{-s} + p^{k-1-2s})^{-1}. \tag{4}$$

   Dann ist der Raum $A(\lambda)$ genau dann nicht trivial, wenn die folgenden beiden Bedingungen A) und B) erfüllt sind:

   A) Das Produkt (4) konvergiert in einer Halbebene $\{s \mid \mathrm{Re}(s) > \sigma\}$ mit geeignetem $\sigma \in \mathbb{R}$ und hat eine analytische Fortsetzung zu einer in der ganzen komplexen Ebene holomorphen Funktion.

   B) Für die Funktion

   $$\Lambda(s,\lambda) = (2\pi)^{-s} \Gamma(s) L(s,\lambda),$$

   gilt

   $$\Lambda(s,\lambda) = \Lambda(k-s,\lambda).$$

Ein Beispiel dieser Art wurde schon 1916 vom indischen Mathematiker SRINIVASA RAMANUJAN (22. 12. 1887–26. 4. 1920) gefunden. Sei

$$\Delta(z) = e^{2\pi i z} \prod_{n \geq 1} (1 - e^{2\pi i n z})^{24};$$

diese Funktion ist eine Modulform vom Gewicht 12. Wir entwickeln $\Delta(z)$ in eine Fourier-Reihe:

$$\sum_{n \geq 1} \tau(n) e^{2\pi i n z}.$$

RAMANUJAN hat beobachtet, daß die Funktion τ multiplikativ ist und daß gilt

$$\sum \tau(n) n^{-s} = \prod_p (1 - \tau(p) p^{-s} + p^{11-2s})^{-1}.$$

Diese Vermutung wurde 1917 von L. J. MORDELL bewiesen. Die analytische Fortsetzung dieser Funktion wurde von J. WILTON im Jahre 1929 bewiesen. Obwohl HECKE nicht auf diese Vorläufer hinweist, ist es unwahrscheinlich, daß er von ihnen nicht gewußt hat, da er ein sehr gebildeter Mathematiker war, der auch wenigstens über LANDAU schon Kontakte mit G. H. HARDY gehabt hat. Eher wahrscheinlich ist es, daß er von der Arbeit von RAMANUJAN und MORDELL zu einer Zeit gehört hat, als sie für ihn nicht relevant war, und daß er sie später vergessen hat.

RAMANUJAN [1916] äußerte eine weitere Vermutung, nämlich daß die Nullstellen des Polynoms

$$1 - \tau(p) X + p^{11} X^2$$

nicht reell sind, d. h. daß gilt

$$|\tau(p)| \leq 2p^{11/2}.$$

Dieses ist die sogenannte *Ramanujansche Vermutung*. Sie ist ungleich tiefer als die anderen und wurde erst 1974 von P. DELIGNE aus der von ihm bewiesenen Weilschen Vermutung hergeleitet (für Details siehe [Freitag/Kiehl 1988]). Die natürliche Verallgemeinerung dieser Vermutung auf Eigenwerte der Hecke-Operatoren, die auf dem Raum der Modulformen vom Gewicht k operieren, wird als Ramanujan-Petersson-Vermutung bezeichnet. Sie wurde ebenfalls von DELIGNE bewiesen.

Die wichtigste Erkenntnis HECKES war nicht die Verallgemeinerung des Mordellschen Satzes, sondern daß L-Reihen und Modulformen zwei Aspekte derselben Sache sind. Die L-Reihen, die hier auftreten, sind „vom Grade 2", d. h. die Faktoren $(1 - \lambda(p) p^{-s} + p^{11-2s})$ sind quadratisch in p^{-s}. Dagegen sind bei den Dirichletschen L-Reihen

$$L(s, \chi) = \prod (1 - \chi(p) p^{-s})^{-1}$$

die Faktoren vom Grade 1.

Die Maaßschen nicht-analytischen Modulformen. Dieser Vorstoß HECKES führte zu neuen Gesichtspunkten. H. MAASS [1949] zeigte bald darauf, daß es naheliegend ist, eine viel breitere Klasse von automorphen Formen in Betracht zu ziehen als die holomorphen, die das Feld bisher beherrscht hatten. Die Maaßschen Formen werden als Eigenfunktionen gewisser Differentialoperatoren definiert, die geeignete Invarianzeigenschaften bezüglich $SL_2(\mathbb{Z})$ (oder anderer Gruppen) aufweisen. Diese Erweiterung des Standpunkts führte zu vielen neuen Entwicklungen, die das heutige Bild der Theorie der automorphen Formen prägen.

Eine dieser Innovationen betrifft die Theorie der Eisensteinschen Reihen. Diese neuere Theorie entstand aus einem Summationsverfahren HECKES, das er zur Definition von gewissen Modulformen durch nicht konvergente Reihen verwendet hat. Er konstruierte eine analytische Fortsetzung etwas allgemeinerer Reihen, die die gewünschten als spezielle Werte liefern. Die Methoden zur analytischen Fortsetzung waren arithmetisch. ATLE SELBERG [1954], [1962] entdeckte nun, daß die analytische Fortsetzung aus sehr allgemeinen funktionalanalytischen Überlegungen folgt. SELBERG [1956] entdeckte auch ein kräftiges technisches Werkzeug zur Diskussion der hier auftretenden Probleme, die Selbergsche Spurformel. Die wahre Bedeutung dieser Techniken wurde erst später von H. JACQUET und R.P. LANGLANDS voll erkannt, und wir werden weiter unten näher darauf eingehen.

Darstellungstheorie und Adele. Eine weitere Entwicklung geht zurück auf die Arbeit H. WEYLS über die Darstellungen der kompakten Lie-Gruppen. WEYL hat gezeigt, daß diese Theorie die richtige Sprache zur Beschreibung von Lösungsräumen von Differentialoperatoren mit gewissen Symmetrieeigenschaften bildet. I.M. GELFAND und seine Mitarbeiter haben diese Erkenntnis auf die Theorie der Modulformen übertragen. In den vierziger Jahren hat V. BARGMANN die unitären Darstellungen von $SL_2(\mathbb{R})$ für quantenmechanische Zwecke klassifiziert. GELFAND und FOMIN [1952] haben 1952 diese Klassifikation benutzt, um einen wichtigen Ergodensatz über diskrete Untergruppen von $SL_2(\mathbb{R})$ zu beweisen. GELFAND, PIATETSKI-SHAPIRO und ihre Mitarbeiter haben dann die automorphen Formen von MAASS in diesen Rahmen eingeordnet und gezeigt, daß der darstellungstheoretische Ansatz sehr flexibel ist und zu sinnvollen Verallgemeinerungen führt. Von großer Bedeutung war in diesem Zusammenhang die Nutzbarmachung der Chevalleyschen Ringe der Adele zur Diskussion von Fragen der allgemeinen analytischen Zahlentheorie. EMIL ARTIN (3. 3. 1898–20. 12. 1962) hat diese Entwicklung geahnt, und sein Schüler J. TATE hat in seiner Doktorarbeit gezeigt, daß der HECKEsche Beweis der analytischen Eigenschaften der Dedekindschen Zetafunktionen und der L-Reihen mit Größencharakteren viel befriedigender in der Sprache der Adele formuliert werden kann. Die Struktur des HECKEschen Beweises wird durchsichtiger, und die Methoden können bei vielen anderen Fragen angewendet werden.

Wir erinnern jetzt an den Begriff der Adele. Dem Körper $\mathbb{Q}$ der rationalen Zahlen ordnet man einen Ring $\mathbb{Q}_{\mathbb{A}}$ zu. Dieser Ring enthält $\mathbb{Q}$; er trägt eine Topologie, so daß die induzierte Topologie auf $\mathbb{Q}$ diskret und der Quotient $\mathbb{Q}_{\mathbb{A}}/\mathbb{Q}$ kompakt ist. Dieser Quotient ist sogar die Pontrjaginsche duale Gruppe zu $\mathbb{Q}$. Wenn S eine endliche Menge von Primzahlen ist, dann ist

$$\mathbb{Q}_S = \mathbb{R} \times \prod_{p \in S} \mathbb{Q}_p,$$

wobei $\mathbb{Q}_p$ den Körper der p-adischen Zahlen bezeichnet, in natürlicher Weise ein Faktor von $\mathbb{Q}_{\mathbb{A}}$. In gewissem Sinne ist $\mathbb{Q}_{\mathbb{A}}$ der kleinste Ring, der $\mathbb{Q}$ enthält und alle

$\mathbb{Q}_S$ als Faktoren besitzt. Sei $\mathbb{Z}_p$ der Ring der ganzen p-adischen Zahlen; dann ist $\mathbb{Q}_{\mathbb{A}}$ die Vereinigung aller

$$\mathbb{Q}_S \times \prod_{p \notin S} \mathbb{Z}_p$$

in $\mathbb{R} \times \prod_p \mathbb{Q}_p$; die Topologie ist dadurch bestimmt, daß diese Teilringe offen sein sollen.

Für einen beliebigen Zahlkörper k setzt man $k_{\mathbb{A}} = k \otimes_{\mathbb{Q}} \mathbb{Q}_{\mathbb{A}}$. Der Ring $k_{\mathbb{A}}$ hat ähnliche Eigenschaften wie $\mathbb{Q}_{\mathbb{A}}$. Zum Beispiel sind k und $k_{\mathbb{A}}/k$ im Pontrjaginschen Sinne zueinander dual.

Automorphe Darstellungen. Wenn man den Gedankengängen H. WEYLS folgt, dann entspricht eine automorphe Form einer irreduziblen Darstellung V von $GL_2(\mathbb{Q}_{\mathbb{A}})$, die mit einer Linearform L: $V \to \mathbb{C}$ ausgestattet ist, für welche gilt

$$L(\gamma v) = L(v) \qquad \text{für alle } \gamma \in GL_2(\mathbb{Q}), v \in V.$$

V heißt dann eine automorphe Darstellung. Es stellt sich heraus, daß jede solche Darstellung V im wesentlichen als ein ‚Produkt' von Darstellungen $V_{\mathbb{R}}$ von $GL_2(\mathbb{R})$ und V_p von $GL_2(\mathbb{Q}_p)$ für jede Primzahl p dargestellt werden kann.

Nun ist es ein naheliegender Schritt, den Körper $\mathbb{Q}$ durch einen beliebigen Zahlkörper k zu ersetzen. Auch ist es naheliegend, die Gruppe GL_2 durch eine beliebige reduktive algebraische Gruppe zu ersetzen. Man wird dann dazu geführt, Darstellungen vom Typ $G(F)$ zu untersuchen, wobei F einen lokalen Körper und G eine über F definierte reduktive algebraische Gruppen bezeichnen. Diese Darstellungstheorie ist seit vierzig Jahren der Gegenstand sehr erfolgreicher mathematischer Forschung, die bei weitem noch nicht abgeschlossen ist.

Artinsche L-Reihen. Wie wir gerade gesehen haben, hat HECKE gezeigt, daß L-Reihen und automorphe Formen zwei Aspekte derselben Sache sind. Jetzt kommen wir zu einem der größten Schritte, der jedoch zu HECKES Zeiten noch nicht getan wurde. In den zwanziger Jahren arbeiteten HECKE und E. ARTIN beide am Mathematischen Seminar der damals neu gegründeten Universität Hamburg. Sie trugen vieles bei zum Aufbau des neuen Mathematischen Seminars, das binnen weniger Jahre eines der wichtigsten Zentren der Mathematik in Deutschland wurde. Sie wirkten beide mit als Herausgeber der Zeitschrift „Abhandlungen aus dem Mathematischen Seminar der Hamburgischen Universität". In dieser Zeit gelang ARTIN eine seiner schönsten Entdeckungen, die Theorie der sogenannten Artinschen L-Reihen. Sei K/k eine Galoissche Erweiterung von Zahlkörpern. Einer Idee von G. FROBENIUS folgend ordnete ARTIN einer Darstellung χ der endlichen Gruppe $\mathrm{Gal}(K/k)$ eine L-Reihe $L(s, \chi)$ zu, die als Euler-Produkt definiert wird. Der „Grad" dieser L-Reihe ist die Dimension oder der Grad von χ. Aus den Artinschen Arbeiten und einem gruppentheoretischen Satz von R. BRAUER (1947) folgt, daß diese L-Reihen eine analytische Fortsetzung als meromorphe Funktionen von s in der ganzen komplexen Ebene besitzen und daß die fortgesetzten

Funktionen einer Funktionalgleichung genügen. Weiter gibt es eine Produktdarstellung von ζ_K der Gestalt

$$\zeta_K(s) = \zeta_k(s) \prod L(s,\chi),$$

wobei sich das Produkt über alle nicht-trivialen irreduziblen Darstellungen von $\mathrm{Gal}(K/k)$ erstreckt (s. z. B. [Martinet 1977]). Man kann die Hauptsätze der Klassenkörpertheorie so formulieren, daß bei abelschen Charakteren χ von $\mathrm{Gal}(K/k)$ die Artinsche L-Reihe $L(s,\chi)$ mit einer Dirichlet-Heckeschen L-Reihe $L(s,\chi')$ identifiziert werden kann. Durch die Einführung seiner L-Reihen hat ARTIN einen entscheidenden Schritt in die Richtung einer „nicht-abelschen" Klassenkörpertheorie vollzogen. Die wichtigste offene Frage in diesem Zusammenhang ist die „Artinsche Vermutung"; diese besagt, daß für alle nicht trivialen irreduziblen Charaktere χ von $\mathrm{Gal}(K/k)$ die Funktion $L(s,\chi)$ holomorph ist.

Ein nicht-vollzogener Schritt. Es wäre für HECKE naheliegend gewesen zu erkennen, daß bei zweidimensionalen χ die Artinschen L-Reihen die Gestalt haben, die von seinem Satz verlangt wird, doch wurde diese Feststellung von HECKE offenbar nicht getroffen. Eine Reihe interessanter Probleme tritt auf, wenn man versucht, die Reihen $L(s,\chi)$ mit Reihen der Form $L(s,\lambda)$ zu identifizieren. Zwanzig Jahre vergingen, bevor diese Fragen wieder aufgegriffen wurden – zwanzig Jahre allerdings, in denen die Welt mit viel ernsthafteren Problemen zu kämpfen hatte.

4 Automorphe Formen und abelsche Varietäten

Die Kroneckersche Grenzformel. Um die gleiche Zeit, als ARTIN und HECKE ihre Entdeckungen machten, wurde die Theorie der komplexen Multiplikation von HELMUT HASSE (25. 8. 1898–26. 12. 1979) und MAX DEURING (9. 12. 1907–20. 12. 1984) neu bearbeitet und begründet. Die Bestrebungen der klassischen Theorie waren auf die Beschreibung der abelschen Erweiterungen der imaginärquadratischen Zahlkörper gerichtet. Das Werkzeug, das zur Verfügung stand, bestand aus der Klassengleichung (2) oder (3) und der Kroneckerschen Grenzformel, die wir nun beschreiben werden. Es seien k ein imaginärquadratischer Zahlkörper und K eine quadratische Erweiterung von k. Dann läßt sich $\zeta_K(s)$ in der Form $\zeta_k(s)L(s,\chi)$ darstellen. Die Kroneckersche Grenzformel ermöglicht es $\operatorname{Res}_{s=1} \zeta_k(s)$ und $L(1,\chi)$ durch Modulfunktionen auszudrücken. Andererseits ist $\operatorname{Res}_{s=1} \zeta_K(s)$ auch in der Form

$$(2\pi)^2 |D|^{-1/2} h \log\varepsilon/w$$

darstellbar, wobei D die Diskriminante, h die Klassenzahl, w die Anzahl der Einheiten endlicher Ordnung und ε eine Fundamentaleinheit von K bezeichnen. Für uns ist der Faktor $\log \varepsilon$ wesentlich. Die obigen Ergebnisse zeigen, daß ε durch spezielle Werte von Modulfunktionen ausgedrückt werden kann. Diese letzte Überlegung muß sehr sorgfältig ausgeführt werden, um alle vorhandenen Möglichkeiten auszuschöpfen (s. [Lang 1983], [Siegel 1961]). Auch in der jüngeren Vergangenheit sind hier noch neue Aspekte entdeckt worden.

Der Hassesche Ansatz. Dieser letzte Ansatz ist zwar sehr speziell, aber auch sehr interessant. Für die Entwicklung der allgemeinen Klassenkörpertheorie war er aber eher hinderlich. Viele der alten Schwierigkeiten der klassischen Theorie der komplexen Multiplikation verschwinden, wenn man schon eine Klassifikation der abelschen Erweiterungen des Grundkörpers besitzt, und diese Klassifikation wurde von der Klassenkörpertheorie, wie sie von FURTWÄNGLER, TAKAGI und ARTIN zirka 1910–1930 entwickelt wurde, geliefert. Dieses hat H. HASSE 1927 zuerst erkannt; er benutzte die neu entwickelte Klassenkörpertheorie, um die Hauptsätze der Theorie der komplexen Multiplikation zu beweisen. In der Darstellung von HASSE ersetzen im wesentlichen die geometrischen elliptischen Kurven die analytischen Modulformen. Die algebraischen Begriffe setzten sich in den Arbeiten von M. DEURING und H. HASSE in den dreißiger und vierziger Jahren durch [Deuring 1958]. Insbesondere hat die moderne Algebra von E. NOETHER und B. L. VAN DER WAERDEN die algebraische Geometrie viel flexibler gemacht, was ermöglichte, relativ komplizierte arithmetische Fragen geometrisch zu behandeln. In diesem Zusammenhang entwickelte A. WEIL eine zufriedenstellende Theorie der Spezialisierungen und eine der Jacobischen und allgemeineren abelschen Varietäten. Dann konnten in den fünfziger Jahren G. SHIMURA und Y. TANIYAMA die Ergebnisse von HASSE und DEURING auf den Fall von abelschen Varietäten ausdehnen. Es ist TANIYAMA zu verdanken, daß er die zentrale Rolle der l-adischen Darstellungen in diesem Zusammenhang erkannt hat.

Die Theorie von SHIMURA und TANIYAMA. Sei A eine abelsche Varietät mit Endomorphismenring E. Wir nehmen an, daß A komplexe Multiplikationen hat; d. h. der Ring E habe die Eigenschaft, daß $E \otimes_{\mathbb{Z}} \mathbb{Q}$ ein Körper vom Grad $2\dim(A)$ über $\mathbb{Q}$ ist. Sei k ein algebraischer Zahlkörper, über welchem A und E definiert sind. Man bilde den algebraischen Abschluß $\bar{k}$ von k ($\bar{k} = \overline{\mathbb{Q}}$) und für eine Primzahl l den projektiven Limes

$$T_l(A) = \varprojlim \operatorname{Ker}(A(\bar{k}) \xrightarrow{\times l^i} A(\bar{k}));$$

die Abbildung $\times l^i$ ist die Multiplikation mit l^i, $i \in \mathbb{N}$. Sei $S_l(A) = T_l(A) \otimes_{\mathbb{Z}_l} \mathbb{Q}_l$ der Tate-Modul. Dann ist $S_l(A)$ ein $\mathbb{Q}_l$-Vektorraum der Dimension $2\dim(A)$, und $\mathrm{Gal}(\bar{k}/k)$ operiert auf $S_l(A)$. Das Hauptergebnis von SHIMURA und TANIYAMA, das die Ergebnisse von HASSE und DEURING verallgemeinert, kann folgendermaßen formuliert werden.

Es gibt eine endliche Menge S von Stellen von k (primitive Idempotente von $k_{\mathbb{A}}$), welche die archimedischen Stellen enthält, so daß S die folgenden Eigenschaften besitzt. Sei R der Teilring von $k \subset k_{\mathbb{A}}$ derjenigen Elemente, die für Stellen nicht in S ganz sind. Sei $S' \supset S$ eine weitere endliche Menge von Stellen von k. Es seien $k_{S'}$ der S' entsprechende Faktor von $k_{\mathbb{A}}$ und R' der entsprechende Teilring von k. Sei $\mathfrak{p}$ ein Primideal von R', $\mathfrak{p} \nmid l$. Wir definieren die Frobeniusklasse $Frob(\mathfrak{p})$ in der üblichen Weise, für Details siehe [Martinet 1977]; in unserem Rahmen existiert diese Klasse, und das charakteristische Polynom

$$\det((I - X \cdot \sigma) \,|\, S_l(A))$$

hängt nicht von der Wahl von $\sigma \in Frob(\mathfrak{p})$ ab. Wir können das charakteristische Polynom daher als $\det((I - Frob(\mathfrak{p})X) \,|\, S_l(A))$ schreiben. Das erste Ergebnis ist, daß dieses Polynom nicht von l abhängt. Wir betrachten $E \otimes_{\mathbb{Z}} \mathbb{Q}$ als $\mathbb{Q}$-Vektorraum. SHIMURA und TANIYAMA zeigen, daß es einen $\mathbb{Q}$-Endomorphismus $\omega(\mathfrak{p})$ von E gibt, so daß gilt

$$\det((I - X \cdot Frob(\mathfrak{p})) \,|\, T_l(A)) = \det((I - X \cdot \omega(\mathfrak{p})) \,|\, E).$$

Man kann nun vermöge Multiplikativität den Endomorphismus $\omega(\mathfrak{a})$ für alle Ideale $\mathfrak{a}$ von R' definieren. Die Abbildung $R' - \{0\} \to \mathrm{Aut}_{\mathbb{Q}}(E)$, $\alpha \mapsto \omega(\langle\alpha\rangle)$ ist die Einschränkung eines stetigen Homomorphismus $k_{S'}^{\times} \to \mathrm{Aut}_{k_{S'}}(E \otimes_{\mathbb{Q}} k_{S'})$, die sogar teilweise genau angegeben werden kann. Diese Aussage ist der tiefste Teil der Shimura-Taniyamaschen Theorie. Unsere Darstellung vernachlässigt viele wichtige Aspekte und ist durch ihre Kürze ziemlich entstellt. Der Leser kann die Theorie in [Shimura/Taniyama 1961] im Detail studieren.

Man kann dieses Ergebnis so ausdrücken, daß ω fast ein Größencharakter im Sinne HECKEs ist. Die erste Aussage dieser Art ist übrigens der letzte Eintrag in GAUSSens Tagebuch.

Kohomologische Deutung. Die Konstruktion der Moduln $S_l(A)$ ist speziell zugeschnitten auf abelsche Varietäten. Man kann sie aber auf andere Varietäten übertragen, wenn man beachtet, daß der Kern von $\times l^i$ auch die l^i-Überlagerungen von A beschreibt. Deshalb beschreibt $S_l(A)$ die l^i-fachen Überlagerungen für alle i. Gemäß der Definition der étalen Kohomologie ist $S_l(A)$ dann genau gleich der étalen Kohomologiegruppe $H^1(A, \mathbb{Q}_l)$, auf der $\mathrm{Gal}(\bar{k}/k)$ ebenfalls operiert [Freitag/Kiehl 1988]. Hier kann man für jedes Primideal $\mathfrak{p}$ auch eine Aktion der Frobeniusklasse definieren, und es gilt

$$\det((I - X \cdot Frob(\mathfrak{p})) \,|\, H^1(A, \mathbb{Q}_l)) = \det((I - X \cdot Frob(\mathfrak{p})) \,|\, S_l(A)).$$

Die globalen L-Reihen. Die Koeffizienten dieser Polynome sind ganze Zahlen, und sie hängen von der Wahl von l nicht ab. Man kann auch zeigen, daß das Euler-Produkt

$$\prod_{\mathfrak{p}} \det((I - N(\mathfrak{p})^{-s} \cdot Frob(\mathfrak{p})) \,|\, H^1(A, \mathbb{Q}_l))$$

für $\mathrm{Re}(s) > 1 + \dim(A)/2$ konvergiert. Diese Reihe stellt eine Verallgemeinerung der Artinschen L-Reihen dar. Der Hauptsatz von DEURING-SHIMURA-TANIYAMA identifiziert diese Funktion bis auf endlich viele Euler-Faktoren mit einem Produkt von $2\dim(A)$ L-Reihen des Heckeschen Typs.

Die Sätze von EICHLER, SHIMURA und DELIGNE. Das gerade beschriebene Ergebnis ist eine weitreichende Erweiterung von (2) und (3). M. EICHLER entdeckte 1954, daß die Kroneckersche Korrespondenz weitreichende Konsequenzen für die Theorie der Modulformen hat. Wir betrachten die Untergruppe $\Gamma_0(N)$ der Elemente $\begin{pmatrix} a & b \\ c & d \end{pmatrix} \in SL_2(\mathbb{Z})$ mit $c \equiv 0 \bmod N$ und konstruieren die Kurve $X_0(N)$, deren $\mathbb{C}$-Punkte eine Kompaktifizierung von $\Gamma_0(N)\backslash\mathbb{H}$ bilden. Wir setzen voraus, daß $X_0(N)$ eine über $\mathbb{Q}$ definierte elliptische Kurve ist. Dann existiert für jede rationale Primzahl p

$$\det((I - X \cdot Frob(p)) \,|\, H^1(X_0(N), \mathbb{Q}_l)).$$

EICHLER folgerte aus der Kroneckerschen Korrespondenz, daß dieses Polynom mit

$$\det((1 - X \cdot T_p + p \cdot X^2) \,|\, S_2(\Gamma_0(N)))$$

identisch ist. Hier ist $S_2(X_0(N))$ der Raum der Spitzenformen vom Gewicht 2 zu $\Gamma_0(N)$. In diesem Fall ist $S_2(X_0(N))$ eindimensional, und die Hecke-Operatoren operieren durch einen Homomorphismus λ auf diesem Raum. Der p-te Euler-Faktor der Heckeschen L-Reihe $L(s,\lambda)$ ist genau gleich $\det((1 - X \cdot T_p + p \cdot X^2) \,|\, S_2(\Gamma_0(N)))$ mit $X = p^{-s}$. Dieses Ergebnis wurde danach von IHARA, KUGA und DELIGNE auf alle $\Gamma_0(N)$ und alle geraden Gewichte verallgemeinert; diese Verallgemeinerung verlangt tiefliegende neuere technische Hilfsmittel. Dieses Ergebnis hatte sehr bedeutsame Anwendungen in der Theorie der Modulformen – siehe [Swinnerten-Dyer 1973], [Ribet 1975] (Kongruenzen für die Koeffizienten von Modulformen), [Ribet 1977], [Mazur/Wiles 1984] (Theorie der Kreisteilungskörper), [Deligne/Serre 1974] (Theorie der Modulformen vom Gewicht 1) und [Livné 1987] (Theorie der Verteilung von kubischen Exponentialsummen). Die bedeutendste Anwendung ist wohl der DELIGNEsche Beweis der Ramanujan-Petersson-Vermutung (siehe [Freitag/Kiehl 1988]).

Die Suche nach einem geeigneten Standpunkt. Es ist klar, daß die hier angesprochenen Fragen alle gemeinsame Züge besitzen. Es ist daher am Platze, einen allgemeineren Standpunkt zu suchen, der es erlaubt, diese Gemeinsamkeiten besser zu verstehen. Ein solcher allgemeiner Rahmen ist in den letzten dreißig Jahren entstanden, und der Rest dieses Aufsatzes wird diesem Thema gewidmet sein.

Wir gehen von dem gerade angesprochenen Satz von EICHLER-IHARA-KUGA-DELIGNE aus. Dieser besagt, daß eine holomorphe Spitzenform, die auch eine Eigenfunktion aller Hecke-Operatoren ist, mit einem „kompatiblen System von 2-dimensionalen l-adischen Darstellungen von $\mathrm{Gal}(\overline{\mathbb{Q}}/\mathbb{Q})$" verknüpft ist. Diese Begriffe müssen erläutert werden. Die Galois-Gruppe $\mathrm{Gal}(\overline{\mathbb{Q}}/\mathbb{Q})$ ist mit einer Topologie ausgestattet und bzgl. dieser Topologie kompakt. Für jeden Zahlkörper k ist $\mathrm{Gal}(\overline{\mathbb{Q}}/k)$ eine offene Untergruppe. Die in Frage kommenden l-adischen Darstellungen werden als stetig vorausgesetzt. Das Wort „kompatibel" bedeutet, daß diese Darstellungen für alle rationalen Primzahlen l mit höchstens endlich vielen Ausnahmen definiert sind, und daß das entsprechende charakteristische Polynom der Frobenius-Elemente von l unabhängig ist. Umgekehrt erwartet man, daß jedem solchen System von zweidimensionalen Darstellungen, das eine weitere notwendige Bedingung erfüllt, eine holomorphe Modulform zuzuordnen ist. Eine Folgerung, die „experimentell" sehr gut belegt ist, besagt, daß es in jeder Isogenieklasse von elliptischen Kurven über $\mathbb{Q}$ immer ein Element gibt, das durch Modulfunktionen parametrisiert wird. Für eine Diskussion dieser von Y. TANIYAMA stammenden und nach A. WEIL benannten Vermutung s. [Swinnerton-Dyer/Birch 1975]. Interessant ist, daß die heute existierenden Techniken den Nachweis für jede gegebene elliptische Kurve ermöglichen. Die Vermutung kann auch über allen Zahlkörpern formuliert werden. Im Falle eines imaginärquadratischen Zahlkörpers gibt es beeindruckende Belege für die Richtigkeit dieser Vermutung (s. [Elstrodt/Grunewald/Mennicke 1980]), aber jeder allgemeine theoretische Ansatz fehlt.

Es ist hier auch zu bemerken, daß man die Ramanujan-Petersson-Vermutung auf die von H. MAASS eingeführten ‚nicht-holomorphen' Formen übertragen kann. Die numerische Belege für die Richtigkeit der Vermutung sind wieder überzeugend (s. [Stark 1984]). Neue Methoden zur Behandlung dieser Frage sind von N. V. KUZNETSOV (Kuznetsovsche Spurformel) [Iwaniec 1984, § 5.2] und C. MORENO und F. SHAHIDI [1983] (unter Anwendung von Gruppen höheren Ranges) entwickelt worden. Die Vermutung kann näherungsweise, aber zur Zeit noch nicht vollständig bewiesen werden.

Bei Gruppen höheren Ranges gibt es auch experimentelle Belege für Zusammenhänge zwischen automorphen Darstellungen und kompatiblen Systemen l-adischer Darstellungen, siehe [Ash/Grayson/Green 1984].

5 Neuere Entwicklungen

Die Langlandssche Philosophie. Es ist wahrscheinlich nicht allzu schwierig, weitere experimentelle Belege für die These eines Zusammenhangs zwischen automorphen Formen und kompatiblen Systemen l-adischer Darstellungen der absoluten Galois-Gruppe zu finden. Jedes der hier angedeutenden Probleme bietet zur Zeit schier unüberwindbare theoretische Schwierigkeiten dar. Dieser Zusammenhang, der anfänglich ‚exotisch' schien, hat sich als ‚natürlich' und von fundamentaler Bedeutung erwiesen. Der neue Standpunkt, der dieser Einsicht Ausdruck verleiht, ist die sog. „Langlandssche Philosophie". Diese „Philosophie" kann man nicht in üblicher Weise als eine Vermutung bezeichnen (vgl. [Neukirch 1990, 3.4]); sie stellt eher einen Komplex von mehr oder minder ausformulierten Vermutungen und Ansätzen dar. LANGLANDS wurde zur frühesten Form dieser Philosophie durch Überlegungen bezüglich der Theorie der Eisenstein-Reihen geführt. Im Laufe der Zeit wurde die Philosophie immer umfangreicher, und heute steht sie der Theorie der Selbergschen Spurformel besonders nah. Wir werden hier einige

Grundideen kurz besprechen, müssen aber den Leser bzgl. Details auf die einschlägige Literatur verweisen, z. B. [Borel (ed.) 1979], [Langlands 1970, 1973, 1980].

Funktionenkörper. Wir haben oben gesehen, daß jeder automorphen Form eine irreduzible Darstellung V von $GL_2(\mathbb{Q}_{\mathbb{A}})$ zugeordnet ist. Diese Darstellung ist mit einer $GL_2(\mathbb{Q})$-invarianten Linearform $L: V \to \mathbb{C}$ versehen. Wie oben schon angedeutet wurde, können wir $\mathbb{Q}$ durch einen Zahlkörper k ersetzen und GL_2 durch eine über k definierte reduktive algebraische Gruppe G. Es ist sogar sinnvoll, für k den Funktionenkörper einer über einem endlichen Körper definierten Kurve zu nehmen. Wie DEDEKIND und WEBER und auch KRONECKER schon 1882 erkannt haben, weisen solche Körper große Ähnlichkeiten mit Zahlkörpern auf. Die ‚Stellen' entsprechen nun den Punkten der Kurve über dem algebraischen Abschluß des endlichen Körpers. Es ist auch möglich, den zugehörigen Ring von Adelen zu definieren.

Die lokale Theorie. In diesem erweiterten Rahmen bieten sich zwei Klassen von Problemen an: Eine Darstellung des angestrebten Typs wird beschrieben durch Darstellungen der Gruppen $G(k_v)$ für alle Stellen v von k, wobei der lokale Körper k_v der Vervollständigung von k an der Stelle v ist. Deshalb ist es nötig, die Darstellungen dieser Gruppen eingehend zu untersuchen und möglichst zu klassifizieren. Als Vorbild dient V. BARGMANNS Klassifikation der unitären Darstellungen von $SL_2(\mathbb{R})$. Die Theorie der Darstellungen der Gruppen der Gestalt $G(k_v)$ ist sehr umfangreich und tief. Es ist nicht möglich, an dieser Stelle alle Autoren zu benennen, die bedeutsame Beiträge zu dieser Theorie geleistet haben. Der Name HARISH-CHANDRAS muß aber unbedingt genannt werden, da sein Lebenswerk [1984] die Grundlagen dieser Theorie gelegt hat.

Es ist allerdings nicht wahr und auch kaum zu erwarten, daß man alle Fragen über solche Darstellungen, die man für die Theorie der automorphen Formen gerne beantwortet gesehen hätte, auch beantworten kann. Nur in wenigen Fällen kann man die Darstellungen klassifizieren. Der Fall $k_v = \mathbb{C}$ ist besonders gut zugänglich (da die absolute Galois-Gruppe trivial ist!); der Fall $k_v = \mathbb{R}$ ist schon weniger einfach [Arthur 1983 a]. Wenn k_v eine Erweiterung eines Körpers $\mathbb{Q}_p$ oder eines Körpers endlicher Charakteristik ist, dann ist Klassifikation noch viel schwieriger. Im Falle von GL_2 hatten die Verfasser [Gelfand/Graev/Piatetski-Shapiro 1969] eine vollständige Klassifikation behauptet. Diese war aber nicht ganz richtig, und erst in den siebziger Jahren haben NOBS, WOLFART und KUTZKO [Kutzko 1980] die Lage geklärt. Die Klassifikation hängt eng mit der Galois-Theorie von k_v zusammen; sie ist mit einer Variante der Galois-Gruppe, der sogenannten Weil-Gruppe verknüpft. Diese Theorie ist kompliziert, und die Kompliziertheit schlägt sich in der Darstellungstheorie der algebraischen Gruppen nieder. In den letzten Jahren hat G. HENNIART große Fortschritte im Fall $G = GL_n$ gemacht – siehe [Henniart 1986].

Die globale Theorie. Die globale Theorie der automorphen Darstellungen hat in den letzten Jahren große Fortschritte gemacht. Mit der Darstellungstheorie hat man zum ersten Male eine Sprache, in der man über automorphe Formen bei allgemeinen Gruppen (wie z. B. GL_3) sprechen kann. Grob gesagt gibt es zwei allgemeine Ansätze zur Untersuchung von allgemeinen automorphen Formen. Der erste ist die Methode der L-Reihen, der zweite beruht auf der Selbergschen Spurformel. Bei der Methode der L-Reihen ordnet man einer automorphen Darstellung eine Familie von L-Reihen zu. Dieser Zugang ist eine Erweiterung des Heckeschen. Es gibt verschiedene Methoden, mit denen man versucht, die analytischen Eigenschaften dieser Funktionen zu analysieren. Im allgemeinen ist es nicht leicht, die analytischen Eigenschaften dieser Funktionen in den Griff zu bekommen. Im Jahre 1975 hat I. I. Piatetski-Shapiro [1975] die Grundlagen dieser Methode gründlich analysiert und ein Programm für weitere Untersuchungen aufgestellt. In den Händen Piatetski-Shapiros und seiner Mitarbeiter hat dieses Programm beträchtliche Fortschritte gemacht. Besonderes Aufsehen erregte Piatetski-Shapiros Entdeckung eines „Umkehrsatzes" für GL_3 [Piatetski-Shapiro 1976] ähnlich dem Heckeschen für GL_2. Mit diesem Satz war es zum ersten Male möglich automorphe Formen für GL_3 zu konstruieren. Dieser „Umkehrsatz" wird in der Sprache der L-Reihen formuliert.

Diese Methode weist eine enge Verwandtschaft auf mit der Theorie der Thetafunktionen, die Carl Ludwig Siegel (31. 12. 1896–4. 4. 1981) als Eckpfeiler seiner analytischen Theorie der quadratischen Formen dient. Diese Theorie galt jahrelang als eine Art Zauberkiste. Es gab keine kohärente Vorstellung von dem, was von dieser Theorie zu erwarten sei. Im letzten Jahrzehnt hat R. Howe diese Theorie sehr genau analysiert, und ihre Struktur ist viel klarer geworden. Insbesondere versteht man ihren Anwendungsbereich viel besser als vorher (bzgl. der Details s. z. B. [Kudla 1984]).

Die andere Methode zur Untersuchung automorpher Formen ist die Selbergsche Spurformel. Obwohl diese Formel schon auf [Selberg 1956] zurückgeht, wird ihre wahre Bedeutung in diesem Zusammenhang erst in [Jacquet/Langlands 1970] ersichtlich. Diese Formel bildet ein Analogon zur Theorie der Charaktere der Darstellungen endlicher Gruppen und kann nach [Jacquet/Langlands 1970] dazu verwendet werden, die Menge der automorphen Darstellungen zweier verschiedener Gruppen zu vergleichen. Der Beweis einer nützlichen allgemeinen Spurformel für allgemeine Gruppen war mit sehr großen technischen Schwierigkeiten verbunden. J. Arthur hat in langjähriger Arbeit diese Schwierigkeiten überwunden, und heute steht eine solche allgemeine Spurformel zur Verfügung (s. [Arthur 1983] und die dort angegebenen Literaturhinweise). Mit der Spurformel ist es unter anderem möglich, Vergleichssätze zu beweisen. Mit einem solchen Vergleichssatz für GL_2, der Gebrauch von einer viel einfacheren Form der Spurformel als der Arthurschen macht, konnte Langlands 1975 [Langlands 1980] die Artinsche Vermutung über die Reihen $L(s,\chi)$ für gewisse Klassen von 2-dimensionalen Darstellungen der Galois-Gruppe beweisen. Dieses war der erste wesentliche Fortschritt auf diesem Sektor seit den Arbeiten von Artin und Brauer.

Die Selbergsche Spurformel hat große Ähnlichkeiten mit dem Lefschetzschen Fixpunktsatz der algebraischen Geometrie. Auf der Tagung über Zetafunktionen in Bombay (1956) berichteten sowohl EICHLER als auch SELBERG über ihre jeweilige Spurformel. Mit den beiden Methoden konnten die Spuren der Operatoren T_n auf den Räumen der Spitzenformen mit endlicher ‚geometrischer' Information ausgerechnet werden; daher kommt die Bezeichnung ‚Spurformel'. Der Beweis SELBERGS war analytischer Natur und machte Gebrauch von einer Spektralzerlegung. Der Beweis EICHLERS war eher mit den Fixpunktformeln der algebraischen Geometrie verwandt und beruhte auf der Berechnung der Schnittmultiplizität der Korrespondenz T_n mit der Identität (Diagonale) auf zwei verschiedene Weisen. Die Methode ARTHURS ist eine Weiterentwicklung der SELBERGschen. Als die entsprechenden Kohomologietheorien verfügbar waren, wurde es auch möglich, den EICHLERschen Ansatz im Rahmen der l-adischen étalen Topologie und des Grothendieck-Lefschetzschen Fixpunktsatzes neu zur Anwendung zu bringen. Die ersten Ansätze in dieser Richtung stammen von R. P. LANGLANDS [1973] und I. I. PIATETSKI-SHAPIRO [1973]. Es wurde damit möglich, relativ direkt die Galoisschen Darstellungen, die in der algebraischen Geometrie der Modulvarietäten vorkommen, mit automorphen Formen in Verbindung zu bringen. In dieser Weise konnten LANGLANDS und PIATETSKI-SHAPIRO den Satz von EICHLER-IHARA-KUGA-DELIGNE beweisen. In [Langlands 1973] wurde diese Methode zum Programm erhoben. Auf diesem Wege wurde diese tiefste Erweiterung des Reziprozitätsgesetzes in einer sehr natürlichen und befriedigenden Weise bewiesen. Der Ansatz wurde kürzlich von Y. Z. FLICKER und D. A. KAZHDAN [1989] und von R. KOTTWITZ (vgl. [Langlands 1988]) weiter entwickelt und verallgemeinert.

An diesem Punkt haben wir mit unserer Geschichte des Reziprozitätsgesetzes und der Modulformen die Gegenwart erreicht. Wie alle Geschichten in der realen Welt ist sie weder vollständig noch abgeschlossen. Die kommenden Jahre werden sicherlich zu neuen Einsichten führen und zu Beweisen dessen, das man heute zu verstehen glaubt, das aber außerhalb unseres derzeitigen Könnens liegt.

Βλέπομεν γὰρ ἄρτι δι' ἐσόπτρου ἐν αἰνίγματι,
τότε δὲ πρόσωπον πρὸς πρόσωπον· ἄρτι γινώσκω ἐκ μέρους,
τότε δέ ἐπιγνώσομαι καθὼς καὶ ἐπεγνώσθην.
(Προς Κορ. Α' Κεφ. ιγ')

Literaturverzeichnis

Arthur, J. (1983): *The trace formula for non-compact quotient*. Proc. Intl. Cong. Math., Vol. II, 1983, Warszawa, 849–859.

Arthur, J. (1983a): *On some problems suggested by the trace formula*. Proc. Special Year in Harmonic Analysis, Maryland, II Lecture Notes in Mathematics 1024, Springer-Verlag (1983) 1–49.

Arthur, J., L. Clozel: *Base change for $GL(n)$*. Manuskript.

Ash, A., P. Grayson, P. Green (1984): *Computations of cuspidal cohomology of congruence subgroups of $SL(3, \mathbb{Z})$*. J. Number Theory **19** (1984) 412–436.

Borel, A. (Ed.) (1979): *Automorphic forms, Representations, and L-functions*. Proc. Symp. Pure Math. **33**, Part 1, 2, AMS, 1979.

Deligne, P., J.-P. Serre (1974): *Formes modulaires de poids 1*. Ann. Sci. Ec. Norm. Sup. **7** (1974) 507–530.

Deuring, M. (1958): *Die Klassenkörper der komplexen Multiplikation*. Enzyk. der math. Wiss., 2. Aufl. Bd. I. 2, Art. 23 (1958).

Dirichlet, P. G. L., R. Dedekind (1863): *Vorlesungen über Zahlentheorie*. Vieweg, Braunschweig, 1863, 1871, 1879, 1894.

Eichler, M. (1954): *Quaternäre quadratische Formen und die Riemannsche Vermutung für die Kongruenzzetafunktion*. Arch. Math. **5** (1954) 355–366.

Eichler, M. (1956): *Modular correspondences and their representations*. J. Indian Math. Soc. 20 (1956) 163–206.

Eisenstein, G. (1975): *Mathematische Werke*. 2 Bde, Chelsea, New York, 1975.

Eisenstein, G. (1967): *Mathematische Abhandlungen*. Berlin, 1847, Nachdruck, G. Olms, Hildesheim, 1967.

Eisenstein, G. (1850): *Über die Irreductibilität und einige andere Eigenschaften der Gleichung, von welcher die Theilung der ganzen Lemniscate abhängt*. J. reine u. angew. Math. **39** (1850) 160–179.

Eisenstein, G. (1844): *Allgemeine Untersuchungen über die Formen dritten Grades mit drei Variabeln, welche der Kreistheilung ihre Entstehung verdanken*. J. reine u. angew. Math. **28** (1844) 289–374 + **29** (1845) 19–53.

Elstrodt, J., F. Grunewald, J. Mennicke (1980): *On the group PSL $(2, \mathbb{Z}[i])$*. Journées Arithmétiques, 1980, Ed. J. V. Armitage, LMS Lecture Notes, **56** (1982) 255–283.

Flicker, Y. Z., D. A. Kazhdan (1989): *Geometric Ramanujan conjecture and Drinfeld reciprocity law*. Symposium in Honor of Atle Selberg, Oslo, 1987, Eds. K. E. Aubert, E. Bombieri, D. Goldfeld, Academic Press, 1989, pp. 201–218.

Freitag, E., R. Kiehl (1988): *Etale Cohomology and the Weil Conjectures*. Springer-Verlag, 1988.

Frobenius, G. (1896): *Über die Beziehung zwischen den Primidealen eines algebraischen Körpers und den Substitutionen seiner Gruppe*. Sitzber. Kgl. Pr. Akad. Berlin, 1896, 689–703.

Gauß, C. F.: *Werke*. 12 Bde, Königl. Ges. d. Wissenschaften, Göttingen.

Gauß, C. F. (1801): *Disquisitiones Arithmeticae*. Fleischer, Leipzig, 1801.

Gauß, C. F. (1981): *Mathematisches Tagebuch, 1796–1814*. Ostwalds Klassiker, 256, AVG Leipzig, 1981.

Gauß, C. F. (1822/32): *Theoria residuorum biquadraticorum, Commentatio prima et secunda*. Comm. soc. reg. sc. Gottingensis rec. VI, 1822 und VII, 1832.

Gelfand, I. M., S. V. Fomin (1952): *Geodesic flows on manifolds of constant negative curvature*. Uspekhi Mat. Nauk. **7** (1952) 118–137, Amer. Math. Soc. Translations **1** (1965) 49–65.

Gelfand, I. M., M. I. Graev, I. I. Piatetski-Shapiro (1969): *Representation Theory and Automophic Functions*. Nauka, 1966 (russisch) und Saunders, 1969 (englisch).

Grey, J. (1984): *A commentary on Gauss's mathematical diary, 1796–1814, with an English translation*. Expo. Math. **2** (1984) 97–130.

Gundlach, K.-B. (1981): *Nullstellen Hilbertscher Modulformen*. Nachr. Akad. Wiss. Göttingen, II. Math. Phys. Kl. (1981) 1–38.

Harish-Chandra (1984): *Collected Works*. Springer-Verlag, 1984.

Hasse, H. (1967): *History of Class Field Theory*. In: Algebraic Number Theory, Eds. J. W. S. Cassels, A. Fröhlich, Academic Press. 1967.

Hasse, H. (1927): *Neue Begründung der komplexen Multiplikation*. J. reine angew. Math. **157** (1927) 115–139, **165** (1931) 64–88.

Hecke, E. (1970): *Mathematische Werke*. Vandenhoeck und Ruprecht, Göttingen, 1970.

Hecke, E. (1917): *Über die Zetafunktionen beliebiger algebraischer Zahlkörper*. Gött. Nachr. 1917, 77–89.

Hecke, E. (1917a): *Über eine neue Anwendung der Zetafunktionen auf die Arithmetik der Zahlkörper*. Gött. Nachr. 1917, 90–95.

Hecke, E. (1918): *Eine neue Art von Zetafunktionen und ihre Beziehung zur Verteilung von Primzahlen*. Math. Z. **1** (1918) 357–376, **6** (1920) 11–51.

Hecke, E. (1936): *Über die Bestimmung Dirichletscher Reihen durch ihre Funktionalgleichung*. Math. Ann. **112** (1936) 664–699.

Henniart, G. (1986): *On the local Langlands conjecture for $GL(n)$: The cyclic case*. Ann. of Math. **123** (1986) 145–203.

Hilbert, D. (1897): *Die Theorie der algebraischen Zahlen*. Jahresb. DMV **4** (1897) 175–546.

Hurwitz, A. (1887): *Über algebraische Korrespondenzen und das verallgemeinerte Korrespondenzprinzip*. Math. Ann. **28** (1887) 561–585.

Iwaniec, H. (1984): *Non-holomorphic modular forms and their applications*. In: Modular Forms, Ed. R.A. Rankin, Ellis Horwood, Chichester, 1984, 157–196.

Jacquet, H., R.P. Langlands (1970): *Automorphic forms on $GL(2)$*. Lecture Notes in Mathematics 114, Springer-Verlag (1970).

Kronecker, L. (1857): *Über die elliptischen Functionen, für welche complexe Multiplication stattfindet*. Monatsber. Berliner Akad. 1857, 455–460.

Kudla, S. (1984): *Seesaw dual reductive pairs*. In: Automorphic Forms in Several Variables, Taniguchi Symposium, Katata, 1981, Birkhäuser (1984), 244–268.

Kummer, E.E. (1859): *Über die allgemeinen Reciprocitätsgesetze unter den Resten der Potenzen, deren Grad eine Primzahl ist*. Math. Abh. köngl. Akad. Wiss. Berlin, 1859, 19–159.

Kutzko, P. (1980): *The Langlands conjecture for GL_2*. Ann. of Math. **112** (1980) 381–412.

Landau, E. (1903): *Über die zu einem algebraischen Zahlkörper gehörige Zetafunction und die Ausdehnung der Tschebyschefschen Primzahlentheorie auf das Problem der Verteilung der Primideale*. J. reine angew. Math. **125** (1903) 64–188.

Lang, S. (1983): *Complex Multiplication*. Grundlehren math. Wiss. 255, Springer-Verlag, 1983.

Langlands, R.P. (1970): *Problems in the theory of automorphic forms*. Lectures in Modern Analysis and its Applications, III, Lecture Notes in Mathematics 170, Springer-Verlag (1970), 18–61.

Langlands, R.P. (1973): *Modular forms and l-adic representations*. In: Modular Functions of one variable, II, Eds. Deligne, Kuyk, Lecture Notes in Mathematics 349, Springer-Verlag (1973) 361–500.

Langlands, R.P. (1980): *Base Change for $GL(2)$*. Annals of Math. Studies 96, Princeton UP, 1980.

Langlands, R.P. (1988): *Representation theory and arithmetic*. Proc. Symp. Pure Math. **48** (1988) 25–33.

Livné, R. (1987): *Cubic exponential sums and Galois representations*. Contemp. Math. **67** (1987) 247–261.

Maaß, H. (1949): *Über eine neue Art von nichtanalytischen automorphen Funktionen und die Bestimmung Dirichletscher Reihen durch Funktionalgleichungen*. Math. Ann. **121** (1949) 141–183.

Martinet, J. (1977): *Character theory and Artin L-functions*. In: Algebraic Number Fields, Ed. A. Fröhlich, Academic Press, 1977.

Mazur, B., A. Wiles (1984): *Class fields of abelian extensions of $\mathbb{Q}$*. Invent. Math. **76** (1984) 179–330.

Mordell, L.J. (1919): *On Mr Ramanujan's empirical expansions of modular functions*. Proc. Cambridge Phil. Soc. **19** (1919) 117–124.

Moreno, C., F. Shahidi (1983): *The fourth moment of the Ramanujan τ-function*. Math. Ann. **266** (1983) 233–239.

Neukirch, J. (1990): *Algebraische Zahlentheorie*. Dieser Band.

Piatetski-Shapiro, I. I. (1975): *Euler subgroups*. In: Lie groups and their representations, Ed. I. M. Gelfand, Hilger, 1975.

Piatetski-Shapiro, I. I. (1973): *Zeta functions of modular curves*. In: Modular Functions of one variable, II, Eds. Deligne, Kuyk, Lecture Notes in Mathematics 349, Springer-Verlag (1973) 317–360.

Piatetski-Shapiro, I. I. (1976): *Converse theorem for $GL(3)$*. Maryland Preprint, 1976.

Ramanujan, S. (1916): *On certain arithmetical functions*. Trans. Cambridge Phil. Soc. **22** (1916) 159–184.

Ribet, K. (1975): *On l-adic representations attached to modular forms*. Invent. Math. **28** (1975) 245–275.

Ribet, K. (1977): *Galois representations attached to forms with Nebentypus*. In: Modular Forms of One Variable, V, Lecture Notes in Mathematics 601, Springer-Verlag (1977) 17–52.

Riemann, B. (1858): *Über die Anzahl der Primzahlen unter einer gegebenen Größe*. Monatsber. der Berliner Akad. 1858/60, 671–680.

Selberg, A. (1954): *Harmonic Analysis, II. Teil*. Vorlesungsausarbeitung. Göttingen, 1954/55. In: A. Selberg: Collected Papers, Vol. I, 626–674, Springer-Verlag, 1989.

Selberg, A. (1956): *Harmonic analysis and discontinuous groups in weakly symmetric Riemannian spaces with applications to Dirichlet series*. J. Indian Math. Soc. **20** (1956) 47–87.

Selberg, A. (1962): *Discontinuous groups and harmonic analysis*. Proc. Intl. Cong. Math. 1962. Stockholm, 177–189.

Serre, J.-P. (1968): *Abelian l-adic representations and elliptic curves*. Benjamin, 1968.

Shimura, G., Y. Taniyama (1961): *Complex multiplication of abelian varieties and its applications to number theory*. Publications Mathematical Society Japan, 1961.

Siegel, C. L. (1963): *Analytische Zahlentheorie, II*. Vorlesungsausarbeitung. Göttingen, 1963.

Siegel, C. L. (1961): *Advanced Analytic Number Theory*. Tata Institute for Fundamental Research, Bombay, 1961.

Stark, H. M. (1984): *Fourier coefficients of Maaß waveforms*. In: Modular Forms, Ed. R. A. Rankin, Ellis Horwood, Chichester, 1984, 263–269.

Swinnerton-Dyer, H. P. F. (1973): *On l-adic representations and congruences for coefficients of modular forms*. In: Modular Functions of One Variable, III, Lecture Notes in Mathematics 350, Springer-Verlag (1973) 1–55.

Swinnerton-Dyer, H. P. F., B. J. Birch (1975): *Elliptic curves and modular functions*. In: Modular Functions of One Variable, IV, Eds. B. J. Birch, W. Kuyk, Lecture Notes in Mathematics 476, Springer-Verlag (1975) 2–32.

Weber, H. (1899): *Lehrbuch der Algebra*. 3 Bde, 2. Auflage, Vieweg, Braunschweig, 1899–1912.

Wilton, J. (1929): *A note on Ramanujan's arithmetical function $\tau(n)$*. Proc. Cambridge Phil. Soc. **25** (1929) 121–128.

Quadratische Formen

Albrecht Pfister

Einführung

In diesem Artikel versuche ich, einen kurzen Einblick in die historische Entwicklung der Theorie der quadratischen Formen für Nichtexperten zu geben. Dabei bietet sich eine Einteilung in die nachfolgenden vier Abschnitte an. Der Beginn mit der Zeit um 1890 ist nicht nur aus dem Anlaß dieser Festschrift verständlich, sondern auch sachlich sinnvoll. Die besondere Berücksichtigung des deutschsprachigen Raums bereitet für die ersten beiden Abschnitte keine Probleme, da der nichtdeutsche Anteil bis etwa 1945 ziemlich gering ist. In der Nachkriegszeit ist die deutsche Beteiligung an unserem Gegenstand weiterhin hoch, wenn auch – spätestens ab 1970 – von einer führenden Rolle wohl nicht mehr gesprochen werden kann.

Da ich aber annehme, daß insbesondere für die jüngeren forschenden Mathematiker das Hauptinteresse gerade der jüngsten Vergangenheit und den möglichen Zukunftsperspektiven eines Gebietes gilt, habe ich mich entschlossen, mit meinem Überblick bis an die Gegenwart heranzukommen. Wenn ich mich dabei auch noch im letzten Abschnitt fast ausschließlich mit den Arbeiten deutscher Autoren beschäftige, so ist das natürlich angesichts der immer stärker werdenden internationalen Zusammenarbeit und des damit verbundenen „Hin- und Herwanderns von Ideen“ sehr problematisch. Als Entschuldigung kann ich nur anführen, daß eine gleichartige Behandlung der weltweiten Entwicklung den Rahmen dieses Artikels bei weitem sprengen würde und daß ich an anderer Stelle [Pfister 1984] eine chronologische Darstellung der wichtigsten Ergebnisse der Jahre 1963–1982 gegeben habe, die hoffentlich einigermaßen ausgewogen ist. Außerdem habe ich versucht, durch einen gegenüber den ersten drei Abschnitten veränderten Stil im letzten Abschnitt die drohende Einseitigkeit abzumildern und die internationalen Wechselbeziehungen an passender Stelle immer wieder zu betonen.

Für Leser, die sich ein genaueres Bild machen wollen, sei gesagt, daß das Literaturverzeichnis vor allem auf Gesammelte Abhandlungen, Bücher und Übersichtsartikel hinweist, aus denen man sich schnell die in Rede stehenden Arbeiten verschaffen kann. Nur an wenigen Stellen schienen mir Direktverweise auf Originalarbeiten unumgänglich zu sein.

1 1890–1920: Minkowski und Hilbert

Das Jahr 1890, also das Geburtsjahr der DMV, hat auch für die Theorie der quadratischen Formen eine besondere Bedeutung. Denn in diesem Jahr erschien eine Arbeit von Minkowski, in welcher er die notwendigen und hinreichenden Bedingungen dafür formuliert, daß zwei n-dimensionale quadratische Formen mit ganzen Koeffizienten *rational* ineinander transformierbar sind. Ebenso gibt er ein System von endlich vielen Kongruenz- und Vorzeichenbedingungen dafür an, daß eine n-dimensionale quadratische Form die Null nichttrivial darstellt. In heutiger Sprechweise ist das der berühmte **Satz von Hasse-Minkowski** für den Körper $\mathbb{Q}$ in seiner schwachen bzw. starken Version.

Die genannte Arbeit war Minkowskis 7. und letzte ausschließlich den quadratischen Formen gewidmete Arbeit. In seinen vorangehenden Arbeiten stand die *ganzzahlige* Theorie über $\mathbb{Z}$ im Vordergrund. Insbesondere hatte er in seiner 1. Arbeit von 1882 die Formel für die Anzahl der Darstellungen einer natürlichen Zahl m als Summe von 5 Quadraten, also die Lösungsanzahl von $m = x_1^2 + \ldots + x_5^2$ mit $x_i \in \mathbb{Z}$, gefunden und damit den (halben) Preis der Pariser Akademie gewonnen. Die bleibende Bedeutung dieser und der anschließenden Arbeiten liegt allerdings weniger in der genannten Formel als in der Tatsache, daß Minkowski hier in genialem Weitblick die Begriffe und Methoden für die Behandlung fast aller Fragen über ganzzahlige quadratische Formen von beliebiger endlicher Dimension schafft, die noch heute richtungsweisend sind. Auf einige Stichwörter wie Klasse, Geschlecht, Maß eines Geschlechts, Darstellungsmaß gehen wir später kurz ein. Insgesamt kann man sagen, daß sich mit dem Werk von Minkowski die Etablierung der quadratischen Formen als selbständiges Teilgebiet der Zahlentheorie anbahnt.

Besonders zu erwähnen ist auch die 8. Arbeit von Minkowski, in welcher er seinen Gitterpunktsatz beweist und Anwendungen auf das Minimum einer positiv-definiten quadratischen Form und auf die Diskriminante algebraischer Zahlkörper gibt. Mit ihr eröffnet er ein neues Teilgebiet der Mathematik, die „Geometrie der Zahlen“. Von hier aus dringt er in seinen späteren Arbeiten zur Theorie der Eichkörper, zur (Minkowski-) Geometrie und zur speziellen Relativitätstheorie vor.

Der Beitrag von Hilbert zur Theorie der quadratischen Formen ist verglichen mit seinem Gesamtopus ziemlich klein, aber für die Entwicklung des Gebiets trotzdem von herausragender Bedeutung. Zunächst zeigt er (1888) durch eine Art Dimensionsbetrachtung, daß eine positiv-definite Form vom Grad $2d$ in n Variablen mit Koeffizienten aus $\mathbb{Q}$ oder $\mathbb{R}$ i. a. nicht Summe von *Formenquadraten* ist (für $d > 2$, $n > 2$). Sodann beweist er aber (1893) unter Heranziehung abelscher Funktionen, daß im Falle $n = 3$ eine positiv-definite Form jedenfalls als Quadratsumme *rationaler* Funktionen darstellbar ist und daß man mit 4 Quadraten auskommt. Nach Dehomogenisierung besagt das in moderner Terminologie: Die Pythagoraszahl von $\mathbb{R}(X, Y)$ ist ≤ 4. Analog stellt er für Zahlkörper die Behauptung auf: Jede total-positive algebraische Zahl ist Summe von 4 Quadraten. Obwohl er nie einen Beweis dieses Satzes veröffentlicht hat, ist nicht daran zu zweifeln, daß er ihn – jedenfalls in groben Zügen – besaß.

Vor allem aber beeinflußten die „Hilbertschen Probleme" die Entwicklung der quadratischen Formen nachhaltig. Das *11. Problem* fragt nach der Klassifikation der quadratischen Formen beliebiger Dimension über einem beliebigen Zahlkörper. Es wurde von HASSE gelöst. Das ebenfalls angesprochene Problem der Klassifikation über Zahlringen wurde von SIEGEL gelöst mit Verfeinerungen durch EICHLER, KNESER u. a. Man siehe dazu den ausgezeichneten Übersichtsartikel [O'Meara 1976] über das 11. Problem.

Das *17. Problem* fragt nach der Darstellung positiv-definiter rationaler Funktionen in beliebig vielen Variablen als Summe von Quadraten. Es wurde von ARTIN gelöst. Dieses Problem bringt auch zwei wichtige Gesichtspunkte in der Theorie der quadratischen Formen klar ans Licht: Einerseits die besondere Rolle, die Quadratsummen seit alters her spielen, andererseits die Notwendigkeit, quadratische Formen über allgemeinen Körpern zu betrachten, nicht nur über Zahlkörpern.

Zu erwähnen sind aus dem Zeitraum 1890–1920 auch die Arbeiten von HURWITZ (1898 und posthum) über die Komposition von Quadratsummen (sie ist möglich in den Dimensionen $n = 1, 2, 4, 8$, aber unmöglich in allen anderen Dimensionen, insbesondere für $n = 16$) und die Arbeiten von LANDAU über die Darstellung positiv-definiter Funktionen aus $\mathbb{Q}(X)$ als Summe von 8 Quadraten.

2 1920–1945: HASSE, SIEGEL und WITT

Wie schon angedeutet, hat HASSE in seinen ersten 5 Arbeiten aus den Jahren 1923/24 die *rationale* Theorie der quadratischen Formen über einem beliebigen Zahlkörper vollendet und damit das 11. Problem von HILBERT gelöst. Er verwendet dabei konsequent die *p-adische Methode* seines Lehrers HENSEL, arbeitet also mit p-adischen Zahlen anstelle von Kongruenzen mod p^m mit variablem Exponenten m. Das bringt einerseits formale Vereinfachungen mit sich und erlaubt es andererseits, die rationale Theorie ganz ohne Verwendung der schwierigeren ganzzahligen Theorie durchzuführen. So wird es auch verständlich, daß HASSE in seiner 1. Arbeit zwar den am Anfang dieses Überblicks vorgestellten Satz von Minkowski über $\mathbb{Q}$ beweist, den Namen MINKOWSKI aber gar nicht erwähnt. HASSES Beweis ist eben vollständig unabhängig von den Methoden von MINKOWSKI. Erst in seiner 2. Arbeit macht HASSE ausführliche Bemerkungen über das Kriterium von MINKOWSKI, leitet es aber erneut mit seinen eigenen *rationalen* Methoden her, um die *ganzzahligen* Methoden (Geschlecht usw.) von MINKOWSKI zu vermeiden.

Auch formuliert er den Hauptsatz (Hasse-Minkowski) als ein **Lokal-Global-Prinzip** und weist damit einen wichtigen Weg für die Behandlung vieler zahlentheoretischer Probleme auf. Die Frucht dieser neuen Methode zeigt sich unmittelbar in seiner 4. und 5. Arbeit bei der Übertragung des Hauptsatzes auf beliebige algebraische Zahlkörper K anstelle von $\mathbb{Q}$. Diese ist nämlich durchaus nicht trivial. Eine entscheidende Rolle spielt hier der Fall der ternären Formen, der mit dem *Hasseschen Normensatz* aus der Klassenkörpertheorie (spezialisiert auf quadratische Erweiterungen) gleichbedeutend ist. Zwar wurde dieser Normensatz für quadratische Erweiterungen schon wesentlich früher von HILBERT ausgesprochen und 1912 von FURTWÄNGLER vollständig bewiesen, aber erst HASSE hat seine Schlüsselstellung für die Behandlung quadratischer Formen beliebiger Dimension erkannt. In der klassischen Theorie über $\mathbb{Q}$ kann man statt des Normensatzes einen elementaren Satz von LEGENDRE und anschließend den Dirichletschen Primzahlsatz heranziehen.

HASSE ist später, abgesehen von einer kleinen Arbeit über binäre Formen, nicht mehr auf quadratische Formen zurückgekommen, sondern hat sich ganz der Theorie der Zahl- und Funktionenkörper zugewandt. Es kann aber gesagt werden, daß schon in seinen Jugendarbeiten über quadratische Formen die für ihn typische vollständige Durchdringung eines Gegenstandes nach einer systematischen Methode, sein Streben nach formaler Geschlossenheit und ein damit verbundener etwas breiter Stil klar zutage treten.

Ganz anders als HASSE hat SIEGEL sein ganzes Leben lang über quadratische Formen gearbeitet und mit etwa 20 Arbeiten, die seitenmäßig etwa einem Drittel seines Gesamtwerks entsprechen, enorm viel zur Weiterentwicklung der Theorie beigetragen. Das beginnt mit seiner 3. Arbeit von 1920, in welcher er den schon angesprochenen Satz von HILBERT über total-positive algebraische Zahlen beweist, und endet mit seiner 96. Arbeit von 1972. Höhepunkt sind natürlich die berühmten Arbeiten *„Über die analytische Theorie der quadratischen Formen"* aus den Jahren 1935–37, in denen er den **Satz von Siegel-Minkowski** beweist und damit das 11. Problem von HILBERT auch in seinem ganzzahligen Aspekt erledigt.

Der Satz besteht in einer Gleichung, in der rechts ein Produkt über *lokale Darstellungsdichten*, also eine im Prinzip effektiv berechenbare Größe, und links eine gemittelte *globale Darstellungszahl* steht. Die Mittelung erfolgt dabei über die endlich vielen *Klassen* im *Geschlecht* der gegebenen quadratischen Form q. Obwohl natürlich die Lösungszahl der individuellen Gleichung $q(x) = m$ interessieren würde, ist die Mittelbildung erforderlich, da lokal nicht zwischen den im Geschlecht von q liegenden Formen unterschieden werden kann. Eine voll befriedigende Formel erhält man also nur, wenn die ***Klassenzahl*** gleich 1 ist, d.h. das Geschlecht von q nur eine Klasse enthält. Dies ist zwar nur in sehr seltenen Ausnahmefällen richtig, gilt aber z.B. für die Form $q(x) = x_1^2 + \ldots + x_n^2$, wenn $n \leq 8$ ist. Insbesondere wird somit die Anzahlformel von MINKOWSKI für $n = 5$ wiedergewonnen.

Bei indefiniten Formen sind die Darstellungszahlen unendlich. Die Formel bleibt jedoch richtig, wenn man das Wort *Darstellungszahl* durch *Darstellungsmaß* ersetzt. Dazu ist ein genaues Studium der Einheitengruppe (oder Automorphismengruppe) von q und ihres Fundamentalbereichs erforderlich, um letztlich zu zeigen, daß dieser endliches (Haarsches) Maß hat. In unmittelbarem Zusammenhang damit steht die ***Reduktionstheorie der quadratischen Formen***, die in ihren Anfängen ebenfalls von MINKOWSKI stammt.

Von der Methode her geht SIEGEL ganz anders vor als HASSE, nämlich nicht so begrifflich und algebraisch sondern rechnerisch und analytisch. In fast allen Arbeiten von SIEGEL finden sich viele explizite Rechnungen mit Matrizen und analytischen Funktionen. Dabei betont er stets den schon bei JACOBI, DIRICHLET und EISENSTEIN auftauchenden und vor und mit ihm von HECKE ausgebauten engen Zusammenhang zwischen quadratischen Formen einerseits und Modulfunktionen, Eisensteinreihen usw. andererseits. Er äußert sogar die Ansicht, daß der eingeschlagene transzendente Weg der inneren Natur der quadratischen Formen entspricht. Diese Ansicht sollte vielleicht durch die Bemerkung ergänzt werden, daß inzwischen für definite Formen auch ein nicht-analytischer Beweis existiert. Er wurde von EICHLER, KNESER und anderen entwickelt und verwendet arithmetisch-geometrische Methoden, insbesondere die sog. *Adele* (siehe z.B. [Kneser 1967]). Aber mit Sicherheit hat man es wie in der Klassenkörpertheorie mit einem Gebiet zu tun, welches seine Geheimnisse erst bei der Kombination von algebraischer und analytischer Betrachtungsweise voll entfaltet.

Bevor wir zu WITT kommen, möchte ich noch den Beitrag von ARTIN und SCHREIER aus den Jahren 1924–27 erwähnen. Sie haben den Begriff des formalreellen Körpers K eingeführt mit Hilfe der charakteristischen Eigenschaft: -1 ist

ERNST WITT
Geb. 26. 6. 1911 in Augustenburg/Alsen. Studium, Promotion (bei HASSE?) und Lehrtätigkeit in Göttingen von 1930 (?) bis 1939. Seit 1939 in Hamburg, Seit 1954 o. Prof.

in K keine Summe von Quadraten. Es kann dann leicht gezeigt werden, daß genau diejenigen Körper (formal-)reell sind, welche mindestens eine Anordnung besitzen. Ausgehend von der Theorie der reellen und reell-abgeschlossenen Körper gelang ARTIN damit die Lösung des 17. Hilbertschen Problems: Positiv-definite rationale Funktionen sind *total-positiv* im abstrakten Sinn, also Quadratsummen. Der Einfluß dieser Arbeiten hat inwzischen zu vielen anderen interessanten Ergebnissen der *„reellen Algebra"* bis hin zu einer Neubegründung der *„reellen algebraischen Geometrie"* geführt.

WITT erregte bereits als Zwanzigjähriger Aufsehen durch seinen superkurzen Beweis des Satzes von Wedderburn über die Kommutativität der endlichen Schiefkörper. Seine 2. Arbeit [Witt 1934] betrifft die Zerlegung algebraischer Funktionen (einer Variablen) in Quadrate und die Klassifikation von Schiefkörpern über einem reellen Funktionenkörper. Er zeigt dort u. a.: Für einen Funktionenkörper F vom Transzendenzgrad 1 über dem Körper $\mathbb{R}$ der reellen Zahlen ist die *Pythagoraszahl* $p(F) \leq 2$. (Zur Definition und Verallgemeinerung auf höheren Transzendenzgrad siehe Abschnitt 4.)

Nach weiteren Arbeiten über algebraische Funktionenkörper, die auch Resultate über Quaternionen-Algebren und die damit eng verwandten ternären und quaternären quadratischen Formen enthalten, erscheint im Jahr 1937 seine berühmte Arbeit mit dem Titel *„Theorie der quadratischen Formen in beliebigen Körpern"* [Witt 1937]. Mit ihr stößt er ein neues Tor auf und leitet die Loslösung von der Zahlentheorie und die Verselbständigung der Theorie der quadratischen Formen ein. Die damals revolutionierenden, heute aber wohlbekannten und in jedem guten Kurs über Lineare Algebra gelehrten Inhalte sind die folgenden:

(1) Eine neue Sprache: Die Begriffe „n-dimensionale quadratische Form", „Äquivalenz von Formen" können ersetzt werden durch die intuitiveren geometrischen Begriffe: „n-dimensionaler Vektorraum mit (quadratischer) Metrik", „Isometrie von quadratischen Räumen".

(2) Der Kürzungssatz für quadratische Formen:
Aus $q \perp q_1 \cong q \perp q_2$ folgt $q_1 \cong q_2$
(Dabei bedeutet $\cong$ die Äquivalenz, $\perp$ die direkte und orthogonale Summe von quadratischen Formen.)

(3) Jeder *isotrope* quadratische Raum enthält eine *hyperbolische Ebene* oder gleichwertig: Jede Form q, welche die Null nichttrivial darstellt, spaltet eine binäre Form $\langle 1, -1 \rangle$ ab. Durch Iteration dieses Verfahrens läßt sich jede quadratische Form q in der Gestalt

$$q \cong i \times \langle 1, -1 \rangle \perp q_0$$

schreiben mit einer anisotropen Form q_0. Dabei sind der *Index* $i \geq 0$ und der *anisotrope Kern* q_0 durch q eindeutig bestimmt.

(4) Die Klassen der anisotropen Formen bilden mit den Operationen orthogonale Summe und Tensorprodukt einen kommutativen Ring $W = W(K)$. Die Theorie

der quadratischen Formen über dem Körper K ist weitgehend durch diesen Ring $W(K)$ bestimmt.

Als Anwendung behandelt WITT dann explizit alle damals bekannten Fälle, nämlich endliche, lokale und globale (d.h. Zahlkörper und Funktionenkörper in einer Variablen) Körper. Er vereinfacht auch den Beweis des Satzes von Hasse-Minkowski ganz erheblich. Das Staunen über diese Arbeit wird womöglich noch vergrößert, wenn man bemerkt, daß im selben Band des Crelle-Journals drei weitere Arbeiten von WITT stehen, z.B. auch die Arbeit über den ***Ring der Witt-Vektoren***, die von großer Bedeutung für die Bewertungstheorie im charakteristik-ungleichen Fall ist. Dieser letztere Ring sollte aber nicht mit dem ***Witt-Ring*** $W(K)$ der quadratischen Formen verwechselt werden.

Nach dem Krieg hat WITT – von einigen Ausnahmen abgesehen – fast nur noch ganz kurze Arbeiten geschrieben, darunter auch 3 Arbeiten zur Theorie quadratischer Formen. Man sollte daraus aber nicht schließen, daß er sich aus der Wissenschaft und Forschung zurückgezogen hätte. Das glaubte ich zunächst, als ich ihm in den sechziger Jahren Sonderdrucke meiner Arbeiten schickte, von denen ich annahm, daß sie ihn interessieren müßten, und längere Zeit keine Reaktion erfolgte. Aber plötzlich, kurz vor Weihnachten 1967, rief er mich an und fragte mich, ob ich „übermorgen" zum Kolloquiumsvortrag nach Hamburg kommen könnte. Dort empfing er mich mit seiner Zwei-Seiten-Version meiner bereits knappen, immerhin jedoch 16 Seiten langen Habilitationsschrift. Er besprach alles ausführlich mit mir, aber trotzdem brauchte ich noch tagelang, um seine superkurzen Beweise zu verstehen. Der entscheidende Induktionsbeweis über die Multiplikativität der Formen

$$\langle 1, a_1 \rangle \otimes \ldots \otimes \langle 1, a_n \rangle$$

war gar auf 2 Zeilen geschrumpft. Meine damals neuen Ergebnisse über quadratische Formen in Funktionenkörpern über $\mathbb{R}$ und die quantitative Lösung des 17. Hilbertschen Problems hatte er in kürzester Zeit „verdaut", und bereits „33 Stunden nach unserer Trennung (05:15 morgens)" hatte er ein noch offen gebliebenes Problem gelöst. Leider hat er diese Dinge nicht selbst veröffentlicht. Immerhin hat er darüber einen Vortrag in Heidelberg gehalten, und die darauf aufbauenden Lecture Notes von F. LORENZ [1970] geben einen lebendigen Eindruck von der Kürze und Eleganz der WITTschen Beweise.

3 1945–1965: EICHLER und KNESER

EICHLER ist zwar nur ein knappes Jahr jünger als WITT, hat aber vor dem Krieg hauptsächlich über die Arithmetik der Algebren gearbeitet. Erst ab 1945 stieg er voll in die Theorie der quadratischen Formen ein. Sein wesentlichstes Verdienst ist wohl die Umsetzung der geometrischen Methode von WITT im Bereich der ganzzahligen Theorie mit Hilfe des Begriffs *Gitter* in einem quadratischen Raum. Dadurch schlägt er gleichzeitig eine Brücke zurück zu MINKOWSKI. Bereits 1952 faßt er seine eigenen und die früheren Ergebnisse in seinem Buch „*Quadratische Formen und orthogonale Gruppen*" zusammen, womit die Sätze von Hasse-Minkowski, Siegel-Minkowski und Witt erstmals in Buchform erscheinen.

MARTIN EICHLER
Geb. 29. 3. 1912 in Pinnow, Kr. Greifswald. Studium u.a. in Zürich und Halle. Promotion 1936 bei H. BRANDT. Lehrtätigkeit in Göttingen, Münster und Marburg. Seit 1958 o. Prof. in Basel.

Drei Ergebnisse von EICHLER verdienen besonders hervorgehoben zu werden:

(1) Die Definition der *Spinornorm* einer orthogonalen Abbildung verbunden mit einem gründlichen Studium der *Cliffordalgebra* der gegebenen quadratischen Form q. Sie ermöglicht die Unterteilung des Geschlechts von q in *Spinorgeschlechter*.

(2) Der Satz, daß im indefiniten Fall der Dimension $n \geq 3$ jedes Spinorgeschlecht nur eine Klasse enthält. Das gestattet im Prinzip eine Klassifikation mit lokalen Methoden.

(3) Die orthogonale Zerlegung positiv-definiter Gitter in eindeutig bestimmte irreduzible Teilgitter.

Der Vollständigkeit halber sei hier erwähnt, daß A. MEYER schon 1884 gezeigt hatte, daß indefinite Formen der Dimension ≥ 5 über $\mathbb{Q}$ stets isotrop sind (ein Ergebnis, auf das sich bereits MINKOWSKI mehrfach bezieht), und daß MEYER in einer Serie von Arbeiten aus den Jahren 1891–96 Klassenzahlen ternärer indefiniter Formen studiert hatte, womit er in gewisser Weise das Ergebnis (2) für den Fall $n = 3$ vorwegnahm. Allerdings muß auch gesagt werden, daß diese Arbeiten nur teilweise verständlich und korrekt sind. Ferner ist zu (2) zu bemerken, daß EICHLER dieses Ergebnis nur unter einschränkenden Annahmen über den zugrundeliegenden Zahlring beweist. In voller Allgemeinheit ist (2) erst 1956 von KNESER bewiesen worden.

KNESER kam 1951 nach seiner Promotion in Berlin nach Münster und teilte dort ein Jahr lang sein Dienstzimmer mit EICHLER. Ab dieser Zeit wurden die

MARTIN KNESER
Geb. 21. 1. 1928 in Greifswald.
Studium in Tübingen, Göttingen und Berlin. Dort Promotion 1950 bei E. SCHMIDT. Weitere Stationen: Hamburg, Münster, Heidelberg, Saarbrücken, München. Seit 1963 o. Prof. in Göttingen.

quadratischen Formen zu einem seiner Hauptarbeitsgebiete. Seine erste diesbezügliche Veröffentlichung ist ein unglaublich eleganter und dazu noch konstruktiver Beweis des oben erwähnten Ergebnisses (3) von EICHLER. Sodann hat er in mehreren Arbeiten über indefinite Formen das Ergebnis (2) von EICHLER vollständig bewiesen und dahingehend verbessert, daß sogar die Darstellungsmaße für alle Spinorgeschlechter in einem Geschlecht übereinstimmen, wenn man von gewissen Ausnahmen in den Dimensionen 3 und 4 absieht. Damit wird natürlich auch der Satz von Siegel-Minkowski im indefiniten Fall wesentlich verschärft.

Bei positiv-definiten Formen hat er mit seiner *Methode der Nachbargitter* eine effektive Bestimmung aller Klassen bei gegebenem Rang n und gegebener Diskriminante d aufgezeigt und damit für $n \leq 16$ alle unimodularen (d.h. $d = 1$) unzerlegbaren Gitter über $\mathbb{Z}$ explizit bestimmt. Diese Ergebnisse wurden inzwischen bis zu $n \leq 24$ und teilweise darüber hinaus verallgemeinert. Sie haben bemerkenswerte Beziehungen zum Problem der Kugelpackungen im $\mathbb{R}^n$ und zur Klassifikation der sporadischen einfachen Gruppen (siehe die Bücher [Milnor-Husemoller 1973] und besonders [Conway-Sloane 1988]). Die übrigen bisher angesprochenen Arbeiten von KNESER kann man am besten dem Buch von CASSELS [1978] oder dem Übersichtsartikel von O'MEARA [1976] entnehmen.

Ab 1960 hat KNESER mit einer Reihe von Arbeiten wesentlich zur Theorie der arithmetischen Gruppen beigetragen. Diese hat heute in gewissem Sinn die Zahlentheorie der quadratischen Formen, die Reduktionstheorie und die analytische Theorie in sich aufgesogen. Eine zentrale Rolle spielen dabei die sog. Approximationssätze für orthogonale Gruppen, die Galois-Kohomologie und die „Tamagawazahl" (siehe z. B. [Kneser 1967 und 1984]).

Auch nach 1970 hat KNESER in mehreren Arbeiten (zum Teil mit Koautoren) weitere Ergebnisse in der Zahlentheorie der quadratischen Formen gewonnen, und in seiner Vorlesungsausarbeitung *„Quadratische Formen"* von 1974 befindet sich ein besonders schöner Beweis des Satzes von Siegel-Minkowski für positiv-definite Formen über $\mathbb{Z}$. Schließlich hat er auch zu der im nächsten Abschnitt zu besprechenden algebraischen Theorie der quadratischen Formen wesentlich beigetragen, z. B. durch einen Beweis des Satzes von Witt für lokale Ringe.

Zum Abschluß meiner Ausführungen über die Jahre 1945–1965 möchte ich ergänzend (im Sinne der Einführung zu diesem Artikel) sagen, daß in dieser Periode auch außerhalb des deutschen Sprachraums sehr bedeutende Fortschritte in der Theorie der quadratischen Formen erzielt worden sind. Besonders zu erwähnen sind dabei:

J. W. S. CASSELS, J. DIEUDONNÉ, B. W. JONES, T. O'MEARA und seine Schüler, T. A. SPRINGER, G. L. WATSON, A. WEIL.

4 1965–1990: Der Aufschwung der algebraischen Theorie

Naturgemäß ist es wegen des fehlenden zeitlichen Abstands ziemlich schwer, auch für die jüngste Zeit die bedeutenden und eventuell zukunftsweisenden Entdeckungen aus der Fülle der publizierten Arbeiten hervorzuheben. Einige Feststellungen scheinen mir aber klar zu sein: Erstens wurde erst jetzt die Idee von WITT, eine Theorie der quadratischen Formen über beliebigen Körpern zu entwickeln, voll umgesetzt. Zweitens ist die Zahl der Mathematiker, die sich aktiv mit quadratischen Formen beschäftigen, auf über 100 gestiegen. Drittens sind neue und überrraschende Querverbindungen zu anderen Zweigen der Mathematik aufgedeckt worden, z. B. zur mathematischen Logik (insbesondere Modelltheorie), zur reellen algebraischen Geometrie, zur K-Theorie und Kohomologietheorie, zur Theorie der pro-endlichen Galoisgruppen und zur (algebraischen und Differential-) Topologie.

Natürlich wurden und werden weiterhin auch Probleme über quadratische Formen in Zahlkörpern behandelt. Mehrere deutsche Mathematiker, darunter eine Reihe von KNESER-Schülern, haben dazu respektable Beiträge geleistet, die ich aber nicht im einzelnen aufzählen kann.

Der Schwerpunkt jedoch liegt in der zu beschreibenden Epoche ganz eindeutig auf der Seite der algebraischen Theorie der quadratischen Formen, die einen ungeahnten Aufschwung erlebt hat. Zum Glück bedeutet Algebraisierung hier aber nicht nur Verallgemeinerung und Abstraktion. Zugleich wurden durchaus konkrete und unmittelbar zugängliche Ergebnisse erzielt, z. B. über die Körperinvarianten „Stufe", „Pythagoraszahl" und „u-Invariante".

Auslöser der ab 1963 einsetzenden neuen Entwicklung waren eigentlich zwei sehr speziell anmutende Gegenstände:

1. Die aus der Artin-Schreier-Theorie kommende und von H. KNESER 1934 konkretisierte Frage: Sei $s = s(K)$ die für jeden nichtreellen Körper K existierende kleinste Zahl derart, daß -1 in K Summe von s Quadraten ist. Was läßt sich über diese Zahl, die sog. *Stufe* von K aussagen? Er zeigte, daß $s = 1, 2, 4, 8$ oder ein Vielfaches von 16 sein muß. Körper mit $s > 4$ waren aber nicht bekannt.

2. Ein Satz von CASSELS, daß gewisse Quadratsummen nicht verkürzt werden können und daß insbesondere das Element $1 + x_1^2 + \ldots + x_n^2$ im Funktionenkörper $\mathbb{R}(x_1, \ldots, x_n)$ nicht als Summe von n Quadraten darstellbar ist.

Ich sah, daß zwischen 1. und 2. ein Zusammenhang bestehen sollte und konnte schließlich auch das Problem über die Stufe lösen: $s(K)$ ist stets eine Potenz von 2, alle Zweierpotenzen kommen auch als Stufe vor. Zum Beweis genügte aber der Satz von Cassels nicht, es war auch nötig zu zeigen, daß die (von Null verschiedenen) 2^n-fachen Quadratsummen in einem Körper K eine Untergruppe von K^* bilden (für alle $n \in \mathbb{N}$). Diese Tatsache widerspricht nur scheinbar dem Satz von Hurwitz über die Komposition von Quadratsummen! Einer Anregung von LENZ folgend konnte ich dann auch zeigen, daß allgemeiner die quadratischen Formen der Gestalt

$$q = \langle 1, a_1 \rangle \otimes \ldots \otimes \langle 1, a_n \rangle \qquad (*)$$

über jedem Körper K *multiplikativ sind* (d.h. wenn a und b von q dargestellt werden, dann auch $a \cdot b$).

Hierdurch ergab sich fast zwangsläufig ein Einstieg in die Behandlung des Wittrings $W = W(K)$. Die binären Formen $\langle 1, a \rangle$, $a \in K^*$, erzeugen nämlich das maximale Ideal I der Elemente gerader Dimension von W. Somit erzeugen die multiplikativen Formen q der Gestalt (*) das Ideal I^n von W. Daraus ergaben sich dann leicht einige Struktursätze über W, z. B. die Charakterisierung der Torsionsuntergruppe W_t, des Nilradikals N sowie der Einheiten und Nullteiler von W. Diese und einige weitere Ergebnisse habe ich in meiner Habilitationsschrift von 1966 zusammengestellt.

Im Jahre 1969 wurde die Primidealstruktur von W durch LEICHT und LORENZ aufgeklärt, im Jahre 1970 konnte ich zusammen mit meinem Schüler ARASON den Krullschen Durchschnittsatz $\bigcap_n I^n = 0$ beweisen. Ferner hatte sich als Anwendung der multiplikativen Formen die folgende quantitative Verschärfung der ARTINschen Lösung des 17. Hilbertschen Problems ergeben: In einem Körper K vom Transzendenzgrad d über $\mathbb{R}$ ist jede Quadratsumme bereits als Summe von 2^d Quadraten darstellbar. Mit anderen Worten: Die *Pythagoraszahl* $p(K) = \text{Min}\{m$: Jede Quadratsumme in K ist als Summe von m Quadraten darstellbar$\}$ ist für die angegebenen Körper durch 2^d nach oben beschränkt. Wie schon erwähnt, hat WITT einen wichtigen Beitrag zur Verbesserung meiner Resultate und der Beweise geliefert.

Von sehr großer Bedeutung für den Aufbau einer diesen Namen verdienenden „algebraischen Theorie der quadratischen Formen" sind die Arbeiten von W. SCHARLAU (ab 1966) und M. KNEBUSCH (ab 1968). SCHARLAU hat als Erster das Verhalten des Wittrings bei algebraischen Körpererweiterungen studiert und mit Hilfe des *Spur-Homomorphismus* kanonische Beweise für die meisten Struktursätze gewonnen, die unabhängig von den multiplikativen Formen und den von mir benutzten transzendenten Methoden sind. Unter Verwendung eines Resultats von HARDER war er damit in der Lage, eine exakte Sequenz abzuleiten, die eine Verbindung zwischen den Wittgruppen eines gegebenen Körpers K, seiner endlichen algebraischen Erweiterungen $L_p = K[t]/p(t)$ und des Funktionenkörpers $K(t)$ herstellt. Diese Sequenz beinhaltet auch ein ***Reziprozitätsgesetz für quadratische Formen***, aus dem z. B. ein sehr einfacher Beweis des klassischen Hilbertschen Reziprozitätsgesetzes für algebraische Zahlkörper folgt. Zu erwähnen sind auch SCHARLAUS spätere Arbeiten über hermitesche Formen und die Charakterisierung von quadratischen Formen, die als *Spurformen* auftreten können. Schließlich hat er mit seinem Buch *„Quadratic and Hermitian Forms"* [1985] einen besonderen Dienst für die mathematische Allgemeinheit geleistet. Dieses Buch gibt einen hervorragenden Überblick über die Entwicklung der algebraischen Theorie bis etwa ins Jahr 1980.

Ganz im Zentrum des Geschehens der siebziger Jahre steht sicher MANFRED KNEBUSCH. Mit über 20 eigenen und fast eben so vielen zusammen mit anderen verfaßten Arbeiten hat er zur Weiterentwicklung der Theorie und zur Pflege der internationalen Kontakte in gleicher Weise beigetragen. Neben den schon bei SCHARLAU angesprochenen Stichworten „algebraische Erweiterungen" und „Reziprozitätsgesetze" hat er sich vor allem mit folgenden Themen beschäftigt: Quadratische Formen über semilokalen Ringen, Definition und Eigenschaften des Wittrings von algebraischen Varietäten, reelle Abschlüsse von kommutativen Ringen, Spezialisierung und generischer Nullstellenkörper einer quadratischen Form, Signaturen des Wittrings usw. Daraus wird schon deutlich, wie weitgespannt bei ihm der Bogen ist. Er führt von ARTIN bis zu einer Neubegründung der reellen algebraischen Geometrie, welcher seit etwa 1980 KNEBUSCHs Hauptinteresse gilt.

An dieser Stelle scheint es angebracht, etwas über den deutschen Raum hinauszuschauen und auf die Arbeiten von ARASON und BAEZA (Schüler von KNEBUSCH) einzugehen, die beide viele Jahre in Deutschland gelebt und gearbeitet haben. ARASON hat in seiner Dissertation 1975 außer dem Wittring W den graduierten Wittring

$$\hat{W} = \sum_{n=0}^{\infty} \bar{I}_n, \quad \bar{I}_n = I^n/I^{n+1} \quad (I \text{ wie früher})$$

betrachtet und seine enge Beziehung zum Kohomologiering

$$\hat{H} = \sum_{n=0}^{\infty} H^n, \quad H^n = H^n(\mathrm{Gal}(\bar{K}/K), \mathbb{Z}/2\mathbb{Z})$$

studiert. Das eröffnet die Möglichkeit, neben den „klassischen Invarianten" Dimension, Diskriminante, Clifford-Hasse-Witt-Invariante und Signatur(en) noch weitere „höhere" Invarianten für quadratische Formen zu definieren. Ein berühmtes offenes Problem, ob nämlich die Gruppen $\bar{I}_2$ und H^2 zueinander isomorph sind, konnte er damals allerdings nicht lösen. Erst 1981 bewies der Russe MERKURJEV dieses wichtige Theorem mit tiefliegenden Methoden der algebraischen K-Theorie. Daran anschließend konnte aber ARASON die K-Theorie wieder eliminieren und damit zeigen, daß auch seine eigenen Methoden zusammen mit einer kühnen Idee von MERKURJEV zum Beweis ausreichen [Arason 1984]. Inzwischen hat ARASON in Gemeinschaftsarbeit mit den Amerikanern ELMAN und JACOB weitere wesentliche Schritte in Richtung auf die „Vermutungen von MILNOR" erzielt. Sie besagen in ihrer allgemeinsten Formulierung, daß für jeden Körper K und jede natürliche Zahl n die Isomorphien

$$\bar{I}_n \cong k_n = K_n/2K_n \cong H^n$$

bestehen, wobei K_n die (Milnorschen) K-Gruppen sind.

Der Beitrag von BAEZA (siehe z. B. [Baeza 1978]) besteht vor allem im Ausbau der Theorie der quadratischen Formen über semilokalen Ringen, wo viele für Körper geltende Sätze noch im wesentlichen richtig bleiben, oft jedoch mit sehr viel schwierigeren Beweisen. Das betrifft z. B. den Satz von Witt, die Sätze über multiplikative Formen und die Stufe. Außerdem hat BAEZA auch Körper und Ringe der Charakteristik 2 behandelt, die in der ganzen Theorie eine unangenehme Ausnahme spielen und daher von den meisten Autoren schlicht ignoriert werden.

Einen wichtigen Satz über das Verhalten des Wittrings $W(R)$ eines kommutativen Rings R bei „Lokalisierung" $R \to R_m$ hat A. DRESS bewiesen: Der Kern der natürlichen Abbildung $W(R) \to \prod_m W(R_m)$ enthält nur nilpotente Elemente, ist also in vielen Fällen klein oder sogar gleich 0.

Eine interessante Größe in der Theorie der quadratischen Formen über einem Körper ist die sog. *u-Invariante* $u(K)$. Sie wurde von KAPLANSKY für nichtreelle Körper K und von ELMAN und LAM, den „Pionieren" des Neuaufschwungs in den USA, für beliebige Körper definiert. Im einfacheren nichtreellen Fall ist $u(K)$ die maximale Dimension einer anisotropen quadratischen Form über K. Eine solche Form ist dann automatisch *universell*, d. h. sie stellt alle Elemente von K dar. Es besteht die Hoffnung, daß diese Invariante für viele (endlich erzeugte) Körper K endlich ist. Als Beispiele seien genannt: $u(K) = 4$ für jeden Zahlkörper K, $u(K) \leq 2^d$ bzw. $\leq 4 \cdot 2^d$ für alle Funktionenkörper vom Transzendenzgrad d über einem algebraisch- bzw. reell-abgeschlossenen Grundkörper k. In enger Beziehung zur u-Invariante steht das „Schwache Lokal-Global-Prinzip", eine sehr weitreichende Verallgemeinerung des Satzes von Hasse-Minkowski. Es wurde (teilweise unabhängig voneinander) von L. BRÖCKER und A. PRESTEL bewiesen. Beide haben auch wichtige Ergebnisse über die u-Invariante $u(K)$ und die Pythagoraszahl $p(K)$ erzielt. Darüber hinaus hat PRESTEL die Beziehung der quadratischen Formen zur Logik (Modelltheorie), BRÖCKER die Beziehung zur reellen algebraischen Geometrie wesentlich gefördert. Dieses Gebiet erlebt heute eine besondere Blütezeit. Schließlich hat BRÖCKER zusammen mit BECKER eine vollständige Charakterisierung des reduzierten Wittrings $W_{\text{red}} = W/W_t$ gegeben und BECKER konnte einen Teil der Artin-Schreier-Theorie und der Ergebnisse über quadratische Formen zu einer Theorie der „Ordnungen höherer Stufe" mit Anwendungen auf Formen höheren Grades ausbauen, woraus interessante Sätze über Summen von k-ten Potenzen und ein verallgemeinertes Waring-Problem folgen.

Abschließend sei noch einmal hervorgehoben, daß es sich bei den angesprochenen Themen und Sätzen aus der algebraischen Theorie der quadratischen Formen nur um eine persönlich gefärbte Auswahl handelt. Alle nicht direkt zitierten Quellen können dem Buch von SCHARLAU [1985] entnommen werden. Die Liste der erwähnten Mathematiker ist natürlich keineswegs erschöpfend, auch nicht die der deutschen. Bei der Fülle des publizierten Materials (an die 1000 Arbeiten seit 1965) konnte es sich nur darum handeln, einige Meilensteine der neueren Zeit hervorzuheben. Trotzdem hoffe ich, daß dieser Artikel etwas von der lebendigen Entwicklung und Faszination vermittelt, welche die quadratischen Formen auch in den letzten 25 Jahren behalten haben.

Literaturverzeichnis

Arason, J. K. (1984): *A proof of Merkurjev's theorem*. Can. Math. Soc. Conf. Proc. **4** (1984), 121–130.

Arason, J. K., R. Elman, B. Jacob (1986): *Fields of cohomological 2-dimension three*. Math. Ann. **274** (1986), 649–657.

Artin, E. (1965): *Collected Papers*. Addison – Wesley 1965.

Baeza, R. (1978): *Quadratic forms over semilocal rings*. Springer Lecture Notes **655** (1978).

Cassels, J. W. S. (1978): *Rational Quadratic Forms*. Acad. Press 1978.

Conway, J. H., N. J. A. Sloane (1988): *Sphere Packings, Lattices and Groups*. Springer 1988.

Eichler, M. (1952): *Quadratische Formen und orthogonale Gruppen*. Springer 1952.

Hasse, H. (1975): *Mathematische Abhandlungen*. W. de Gruyter 1975.

Hilbert, D. (1932–35): *Gesammelte Abhandlungen*. Springer 1932–35.

Hurwitz, A. (1932–33): *Mathematische Werke*. Birkhäuser 1932/33.

Kneser, M. (1967): *Semi-simple algebraic groups. Chap. X in Algebraic Number Theory*. (Ed. Cassels-Fröhlich). Acad. Press 1967.

Kneser, M. (1974): *Quadratische Formen*. Vorlesungsausarbeitung Göttingen 1974.

Kneser, M. (1984): *Representations of integral quadratic forms*. Can. Math. Soc. Conf. Proc. **4** (1984), 159–172.

Lam, T. Y. (1973): *The algebraic theory of quadratic forms*. Benjamin 1973.

Landau, E. (1985): *Collected Works*. Thales-Verlag 1985–89.

Lorenz, F. (1970): *Quadratische Formen über Körpern*. Springer Lecture Notes **130** (1970).

Milnor, J., D. Husemoller (1973): *Symmetric bilinear forms*. Springer 1973.

Minkowski, H. (1911): *Gesammelte Abhandlungen*. Teubner 1911.

O'Meara, O. T. (1976): *Introduction to quadratic forms*. Springer 1963.

O'Meara, O. T. (1976): *Hilbert's eleventh problem: The arithmetic theory of quadratic forms*. Proc. Symp. in Pure Math. **28** (1976), 379–400.

Pfister, A. (1966): Quadratische Formen in beliebigen Körpern. Inv. math. **1** (1966), 116–132.

Pfister, A. (1984): *Some remarks on the historical development of the algebraic theory of quadratic forms*. Can. Math. Soc. Conf. Proc. **4** (1984), 1–16.

Scharlau, W. (1985): *Quadratic and Hermitian Forms*. Springer 1985.

Siegel, C. L. (1979): *Gesammelte Abhandlungen*. Springer 1966 + 1979.

Witt, E. (1934): *Zerlegung reeller algebraischer Funktionen in Quadrate, Schiefkörper über reellem Funktionenkörper*. J. reine angew. Math. **171** (1934), 4–11.

Witt, E. (1937): *Theorie der quadratischen Formen in beliebigen Körpern*. J. reine angew. Math. **176** (1937), 31–44.

Algebraische Topologie

Hans-Werner Henn und Dieter Puppe

Die algebraische Topologie ist genau so alt wie die DMV. Diese Meinung, die der von J. DIEUDONNÉ [1989] nahekommt, läßt sich damit begründen, daß der erste im modernen Sinne algebraische Begriff, der in der Topologie auftauchte, die ***Fundamentalgruppe*** war und diese von H. POINCARÉ in seiner Note [1892] eingeführt wurde.

Zählt man jedoch, wie es üblich ist, Eulersche Charakteristik und Bettische Zahlen (noch ohne Homologie*gruppen*) zur algebraischen Topologie, so begann diese doch schon früher. Die Topologie geschlossener Flächen war 1890 sogar in gewisser Weise abgeschlossen, und es gibt das Buch [J.-C. Pont 1974], das sich ausschließlich mit der Geschichte der Algebraischen Topologie *vor* POINCARÉ beschäftigt. Auch wir werden in den ersten drei Abschnitten ein wenig auf diese Phase eingehen.

Insgesamt kann unser Ziel nur sein, einige Entwicklungslinien nachzuzeichnen, deren Auswahl durch die Vorlieben (und Kenntnisse) der Autoren bestimmt ist. Wer ein vollständigeres Bild sucht, sei auf [Dieudonné 1989] verwiesen, ein Buch, das sich ausdrücklich auf die Zeit von 1900 (im Effekt dann doch 1895) bis 1960 beschränkt, diese aber mit viel Liebe zum Detail behandelt. Wesentlich knapper, aber ohne zeitliche Beschränkung ist der Artikel [G. Hirsch 1978]. Andere umfassende Darstellungen der Geschichte der Algebraischen Topologie aus neuerer Zeit scheint es nicht zu geben. Was es gibt, sind Berichte einiger führender Topologen zu Ausschnitten der Entwicklung, von denen hier [H. Hopf 1953, 1966], [J.F. Adams 1971] und [G.W. Whitehead 1983] genannt seien. Für die früheren Phasen verweisen wir auch auf [Dehn-Heegaard 1907–10], [H. Kneser 1926], [G. Feigl 1928], [B.L. van den Waerden 1930], die Anmerkungen in [Seifert-Threlfall 1934] und die Einleitung zu [Alexandroff-Hopf 1935].

Unsere Darstellung gliedert sich grob in zwei Teile, getrennt durch den Einschnitt des Zweiten Weltkriegs. Innerhalb dieser Teile sind wir weniger chronologisch, sondern hauptsächlich nach Problemstellungen und Themenkreisen vorgegangen.

Wir danken A. DOLD, S. MACLANE, L. MONTEJANO, V. PUPPE und K. VOLKERT[1] für wertvolle Hinweise und Ratschläge.

1 Von den Anfängen bis zum Zweiten Weltkrieg

1.1 Die Euler-Poincarésche Charakteristik

Es herrscht weitgehend Einigkeit, daß die Geschichte - oder mindestens die Vorgeschichte - der Topologie mit der Beobachtung beginnt, die als *Eulerscher Polyedersatz* bekannt ist.[2] Umstritten ist jedoch, ob dieser Satz zu Recht L. EULER zugeschrieben wird, welche seiner Fassungen wirklich topologischer Natur sind und wann sie entdeckt wurden. EULER hat seine Formel

$$S + H = A + 2$$

für die Zahlen S der Ecken (anguli solidi), A der Kanten (acies) und H der Flächenstücke (hedrae) eines „Polyeders" (solidum) in einem Brief vom 14. November 1750 an C. GOLDBACH und in einer der Berliner Akademie am 26. desselben Monats vorgelegten Note ausgesprochen.[3] Einen Beweis hat er in einer Arbeit versucht, die er am 9. September 1751 der Petersburger Akademie vorlegte. Der Beweis konnte nicht gelingen, denn selbst von der Formulierung angemessener Voraussetzungen war man damals noch weit entfernt. Anscheinend hat erst S. LHUILIER um 1812 darauf hingewiesen, daß die Zahl $S - A + H$ für ein Polyeder keineswegs immer 2 ist, sondern von der Anzahl seiner „Löcher" abhängt.

Andererseits finden sich schon in einer Arbeit von R. DESCARTES die beiden folgenden Aussagen [Federico 1982, S. 54, 57]:

(1) Es gibt immer doppelt so viele ebene Winkel (anguli plani) auf der Oberfläche eines Polyeders (corpus solidum) wie Kanten (latera).
(2) Die Zahl der ebenen Winkel ist $2\varphi + 2\alpha - 4$ [wobei φ und α DESCARTES' Bezeichnungen für EULERS S bzw. H sind].

Aus beiden Aussagen zusammen folgt der Eulersche Polyedersatz unmittelbar. Sie stehen allerdings bei DESCARTES ohne besondere Hervorhebung unter vielen anderen Aussagen über Polyeder, folgen nicht unmittelbar aufeinander und werden nicht ausdrücklich zueinander in Beziehung gesetzt. Ob man unter diesen Umständen schließen kann, DESCARTES habe den Eulerschen Polyedersatz *gekannt*, ist Gegenstand einer Kontroverse, die geführt wird, seit COMTE FOUCHER DE CAREIL eine von G. W. LEIBNIZ 1676 angefertigte Abschrift des DESCARTESschen Manuskripts gefunden und 1860 veröffentlicht hat [Federico 1982, S. 6]. Das Original von DESCARTES ist verloren und nie veröffentlicht worden. Auch der genaue Zeitpunkt seiner Entstehung ist unbekannt; FEDERICO vermutet ca. 1630.

Hinreichend für den Eulerschen Polyedersatz und DESCARTES' Behauptung (2) ist bekanntlich die Konvexität des Polyeders.[4] Selbst in diesem Fall ist EULERS Beweis aus dem Jahre 1751 nicht einwandfrei [Pont 1974], aber A.-M. LEGENDRE hat 1794 einen schönen, einfachen Beweis gegeben, der auf der Idee beruht, die Oberfläche des Polyeders von einem seiner inneren Punkte auf eine Kugelfläche zu projizieren.

Hat man aber, wenn man nur so weit ist, überhaupt schon ein Stück Topologie? Das läßt sich bezweifeln, denn Konvexität ist kein topologischer Begriff. Schon frühzeitig erkannte man (vgl. den nächsten Abschnitt), daß es in der Topologie um Invarianz gegenüber Homöomorphismen geht. Zu zeigen wäre also, daß die Eulersche Formel schon dann gilt, wenn das Polyeder zu einem konvexen (und damit zur Kugel) *homöomorph* ist. Es ist nicht ganz klar, wann das zum ersten Mal einwandfrei bewiesen wurde. Hierzu findet man häufig den Hinweis auf das Buch [C. von Staudt 1847]. Dort wird die Eulersche Formel für geschlossene Polyederflächen bewiesen, die durch jeden geschlossenen Kantenweg zerlegt werden. Für ein befriedigendes Ergebnis braucht man also noch den Jordanschen Kurvensatz, der erst bei [C. Jordan 1893] auftaucht und anscheinend erst von O. Veblen [1905] vollständig bewiesen wurde.

Noch länger dauerte es, bis die EULERschen Ideen in angemessener Weise auf Polyeder beliebiger Dimension verallgemeinert werden konnten. Nach Vorarbeiten von L. SCHLÄFLI, V. EBERHARD und W. (VON) DYCK (Näheres bei [Pont 1974]) hat POINCARÉ [1895] für einen Zellenkomplex mit α_i Zellen der Dimensionen $i = 1, \ldots, n$ die Zahl

$$\alpha_0 - \alpha_1 + \ldots + (-1)^n \alpha_n$$

eingeführt, die inzwischen *Euler-Poincarésche Charakteristik* heißt. Ihre topologische Invarianz war erst gesichert, als J. W. ALEXANDER [1915] die Invarianz der Bettischen Zahlen bewiesen hatte. Näheres dazu in den folgenden Abschnitten.

Vgl. zu diesem und dem folgenden Abschnitt auch den Artikel über *Differentialgeometrie* von P. Dombrowski in diesem gleichen Band.

1.2 Das Homöomorphieproblem, die Poincarésche Vermutung und die Hauptvermutung

Den Begriff der *topologischen Äquivalenz* oder *Homöomorphie* hat A. F. MÖBIUS [1863] unter der Bezeichnung „elementare Verwandtschaft" eingeführt. Zwar lag die Definition des topologischen Raumes noch weit in der Zukunft, und die der Stetigkeit befand sich erst in einem Klärungsprozeß, aber wenn man das MÖBIUSsche „Figur" durch „topologischer Raum" ersetzt und bei der Stetigkeit etwas guten Willen zeigt, erhält man genau die heute geltende Definition eines *Homöomorphismus* als einer bijektiven Abbildung, die in beiden Richtungen stetig ist.

Auf der Grundlage dieses Begriffs stellt sich von selbst das *Homöomorphieproblem*, d. h. die Aufgabe, Figuren nach Homöomorphie möglichst vollständig zu klassifizieren. Ansatzpunkte zur topologischen Unterscheidung von Flächen ergaben sich aus der Eulerschen Charakteristik (Abschnitt 1.1) und den Zusammenhangszahlen von B. RIEMANN (Abschnitt 1.3). In [Möbius 1863] wird das Homöomorphieproblem zuerst für Teile der Ebene, die von Jordan-Kurven begrenzt werden, dann für geschlossene Flächen behandelt und weitgehend gelöst, vorläufig allerdings nur für orientierbare Flächen, obwohl MÖBIUS seine in [1865] veröffentlichte Entdeckung des (nicht-orientierbaren) Möbius-Bandes wahrscheinlich schon 1858 gemacht hat. Diese Untersuchungen werden von C. JORDAN, F. KLEIN, G. WEICHOLD fortgesetzt [Pont 1974] und von W. DYCK [1888] unter Einschluß der nicht-orientierbaren Flächen zu einem gewissen Abschluß gebracht. Zwar greifen die Beweise erheblich auf anschauliche Evidenz zurück, die Triangulierbarkeit der Flächen wird vorausgesetzt, der Jordansche Kurvensatz und damit verwandte weitergehende Aussagen werden ohne Prüfung als richtig angenommen – ernster Zweifel an der Wahrheit der Ergebnisse ist jedoch nie aufgetaucht.

Das wurde anders, als sich POINCARÉ mit der Serie seiner topologischen Arbeiten [1892–1904] der Topologie in höheren Dimensionen als zwei zuwandte (s. Abschnitte 1.1 und 1.3 zu Vorläufern). Auch hier steht das Homöomorphieproblem zunächst im Vordergrund. Zwar stellt POINCARÉ schon in der kurzen Note [1892] fest, daß die Bettischen Zahlen (1.3) nicht ausreichen, um alle dreidimensionalen Mannigfaltigkeiten topologisch voneinander zu unterscheiden, aber er glaubt, daß die neu eingeführte Fundamentalgruppe das könne, und zwar für alle Dimensionen. Er muß bald gemerkt haben, daß das in höheren Dimensionen als drei aus recht trivialen Gründen nicht stimmt (S^4 und $S^2 \times S^2$ haben beide triviale Fundamentalgruppe), aber auch für die Dimension 3 stellte es sich später als falsch heraus: Hier gibt es für jedes Paar teilerfremder natürlicher Zahlen (p, q) den Linsenraum $L(p, q)$, der aus $S^3 \subset \mathbb{C}^2$ entsteht, indem jedes $(z_1, z_2) \in S^3$ mit $(\zeta z_1, \zeta^{-q} z_2)$ identifiziert wird, wo ζ eine primitive p-te Einheitswurzel ist. Die Fundamentalgruppe von $L(p, q)$ ist immer zyklisch von der Ordnung p, aber $L(5, 1)$ und $L(5, 2)$ z. B. sind nicht homöomorph, wie ALEXANDER [1919] mit Hilfe der *Eigenverschlingungszahlen* gezeigt hat.

Am Ende des zweiten Komplements zur *Analysis situs* [1900] kündigt POINCARÉ einen anderen, verwandten Satz an, daß es nämlich für die Homöomorphie einer n-dimensionalen Mannigfaltigkeit zur n-Sphäre hinreichend sei, daß alle Bettischen Zahlen und alle Torsionszahlen (s. Abschnitt 1.3) verschwinden. Im 5. Komplement [1904] widerlegt er selbst diese Behauptung durch Konstruktion des *sphärischen Dodekaederraumes*, einer dreidimensionalen Mannigfaltigkeit mit der gleichen Homologie wie die 3-Sphäre, aber der *binären Ikosaedergruppe* mit 120 Elementen als Fundamentalgruppe [Seifert-Threlfall 1934, S. 216–218] und formuliert am Ende eine Frage, die später in eine Vermutung umgedeutet und als solche berühmt wurde, die sogenannte

Poincarésche Vermutung. *Jede geschlossene dreidimensionale (zusammenhängende) Mannigfaltigkeit mit trivialer Fundamentalgruppe ist zur 3-Sphäre homöomorph.*

Trotz ungezählter Versuche ist dies bisher weder bewiesen noch widerlegt [G. Taubes 1987]. Dagegen ist folgende Übertragung auf höhere Dimensionen heute bekannt:

Satz. *Für $n > 3$ ist jede geschlossene n-dimensionale (zusammenhängende) Mannigfaltigkeit mit trivialer Fundamentalgruppe und trivialer Homologie in den Dimensionen von 2 bis $[n/2]$ zur n-Sphäre homöomorph.*

Für $n > 4$ und ohne weitere Voraussetzungen über die Mannigfaltigkeit findet sich ein Beweis in [M. H. A. Newman 1966]. Der entscheidende Schritt hierzu wurde jedoch schon 1960 von S. SMALE getan, der den Beweis unter der zusätzlichen Voraussetzung führte, daß die Mannigfaltigkeit eine Differenzierbarkeitsstruktur hat. Kurz danach kamen J. R. STALLINGS und E. C. ZEEMAN mit der schwächeren Voraussetzung einer kombinatorischen Struktur aus (vgl. auch [Smale 1990] und [Zeeman 1962]). Für $n = 4$ wurde der Satz erst von M. H. FREEDMAN [1982] bewiesen.

Da die Poincarésche Vermutung ungeklärt ist, ist erst recht das Homöomorphieproblem für dreidimensionale geschlossene Mannigfaltigkeiten ungelöst. Dies führte H. SEIFERT [1932] dazu, eine spezielle Klasse solcher Mannigfaltigkeiten zu untersuchen, nämlich die, die in Kreislinien gefasert werden können. Für diese Mannigfaltigkeiten hat er das Klassifikationsproblem in bezug auf fasertreue Homöomorphie vollständig gelöst. Wichtiger noch als dieses Ergebnis war, wie sich später zeigte, der hier zum ersten Mal aufgetauchte Faserungsbegriff und seine Abwandlungen (s. Abschnitt 1.6).

Ist das Homöomorphieproblem bis heute in einem äußerst unbefriedigenden Zustand, weil die bekannten topologischen Invarianten nicht stark genug sind, um in genügend vielen Fällen Räume als nicht-homöomorph zu erkennen, so war es zur Zeit von POINCARÉ noch nicht einmal sicher, ob die konstruierten „Invarianten“ wirklich gegenüber allen Homöomorphismen invariant sind. Das ging zwar für die Fundamentalgruppe unmittelbar aus ihrer Definition hervor, nicht aber für die Charakteristik, die Bettischen Zahlen und die Torsionszahlen. Für deren Konstruktion brauchte man nämlich nicht nur den betrachteten Raum selbst, sondern auch eine *Zellenzerlegung* davon. Immerhin sind diese Größen bei *Unterteilungen* der Zellen invariant. Das ist bei der Charakteristik offensichtlich und wurde für die Bettische Zahlen von POINCARÉ bewiesen. Daraus würde die gewünschte topologische Invarianz folgen, wenn gälte:

Hauptvermutung. *Sind zwei homöomorphe topologische Räume X und Y in bestimmter Weise in Zellen zerlegt, so gibt es Unterteilungen der gegebenen Zerlegungen und einen Homöomorphismus von X nach Y, der die unterteilten Zerlegungen respektiert.*

Der Terminus „Hauptvermutung“ wurde anscheinend erst von H. KNESER [1926] geprägt, die Frage nach ihrer Gültigkeit aber schon von H. TIETZE [1908] gestellt.[5]

Lange Zeit gab es nicht einmal Ansätze, die Frage zu beantworten (außer für kompakte Flächen, wo sie aufgrund der vollständigen Klassifikation bejaht werden konnte). Deshalb entstand eine rein *kombinatorische Topologie*, die sich nur auf Zellenkomplexe bezog und eine Zeit lang neben der sich ebenfalls entwikkelnden *mengentheoretischen Topologie* ohne Verbindung herlief. „Methodenreinheit" wurde zuweilen sogar als Tugend angesehen. Glücklicherweise konnte aber doch unabhängig von der Hauptvermutung auf andere Weise die topologische Invarianz der Charakteristik und der Homologie bewiesen und überhaupt eine tragfähige Brücke zwischen kombinatorischer und mengentheoretischer Topologie geschlagen werden, nämlich durch die Methode der simplizialen Approximation von L. E. J. Brouwer [1911] und dem von P. S. Alexandroff eingeführten Begriff des Nervs einer Überdeckung [1927]. Näheres im folgenden Abschnitt.

Für die Hauptvermutung selbst ergab sich schließlich, daß sie bis zur Dimension 3 richtig ist [Edward M. Brown 1963], und von der Dimension 5 an falsch. Es war eine Sensation, als die ersten Gegenbeispiele in der Dimension 8 gefunden wurden [J. Milnor 1961]. Heute kann man als Gegenbeispiel in der Dimension $n \geq 5$ die $(n-3)$-fache Einhängung des oben erwähnten Poincaréschen sphärischen Dodekaederraums (oder einer anderen dreidimensionalen Homologiesphäre, die nicht homöomorph zur 3-Sphäre ist) nehmen, denn R. D. Edwards und J. W. Cannon haben gezeigt [Cannon 1979], daß diese Räume homöomorph zur n-Sphäre sind, und es ist leicht zu sehen, daß sie mit einer von der Homologiesphäre herrührenden simplizialen Zerlegung nicht kombinatorisch äquivalent zur Standard-n-Sphäre sind. Sie sind allerdings auch keine kombinatorische Mannigfaltigkeiten; für eine Diskussion der Hauptvermutung im Bereich der kombinatorischen Mannigfaltigkeiten s. [L. C. Siebenmann 1971]. In der Dimension 4 ist die Hauptvermutung anscheinend noch ungeklärt.

1.3 Homologie

Es ist ein Grundprinzip der Algebraischen Topologie, topologische Situationen auf algebraische abzubilden in der Hoffnung, diese leichter beherrschen zu können. Das Paradebeispiel hierfür ist die *Homologietheorie*. Allerdings wurde die große Bedeutung der algebraischen Strukturen in diesem Zusammenhang nicht sofort erkannt. Auch als der Gruppenbegriff anderswo in der Mathematik schon hoch geschätzt war und Poincaré sogar die Fundamentalgruppe eingeführt hatte, dauerte es lange, bis man ihn und noch später weitere algebraische Strukturen für die Homologietheorie nutzbar machte. Zunächst handelte es sich um rein numerische topologische Invarianten, die *Bettischen Zahlen* und etwas später die *Torsionskoeffizienten* (auch *Torsionszahlen* genannt).

Die ersten Ansätze zur Homologietheorie machte B. Riemann. Seine funktionentheoretischen Untersuchungen veranlassen ihn, nach Definitionen der Vielfachheit des Zusammenhangs von Flächen zu suchen. Während er in seiner Dissertation [1851] eine Fläche als n-fach zusammenhängend definiert, wenn sie $n-1$ Querschnitte hat, die sie nicht zerlegen, entwickelt er in [1857] für denselben Zweck Gedankengänge, die dem heutigen Begriff der Homologie eindimensionaler Zyklen nahekommen. In einem undatierten nachgelassenen Fragment [1876] versucht er erste, noch sehr unausgegorene Ansätze zur Verallgemeinerung auf höhere Dimensionen. Auch E. BETTIS Beitrag [1871] ist unvollkommen, führte aber immerhin dazu, daß sich der Name ***Bettische Zahlen*** für die Ränge der Homologiegruppen durchgesetzt hat.

Diesen Zustand fand POINCARÉ vor, als er mit der Note [1892] seine topologischen Untersuchungen begann, die sich in der großen Arbeit *Analysis Situs* [1895] und ihren 5 Komplementen [1899–1904] fortsetzten. Obwohl der Inhalt dieser Arbeiten in vielen Einzelheiten angreifbar ist und auch bald kritisiert wurde, z. B. von P. HEEGAARD [1898], kann ihr Einfluß auf die Entwicklung der Algebraischen Topologie kaum überschätzt werden.

Seine erste Definition von Homologie stützt sich auf differenzierbare Mannigfaltigkeiten und steht dem Bordismus näher als dem heutigen Homologiebegriff. Nach HEEGAARDS Kritik rückte er dann Zellenzerlegungen in den Vordergrund. Er hatte sie schon in [1895] eingeführt, um seine Charakteristik zu definieren. Nun definiert er, wie es heute noch üblich ist, ***Zellenketten*** als formale Linearkombinationen von Zellen. Für jede q-Zelle ($= q$-dimensionale Zelle) und durch lineare Fortsetzung für jede q-Kette wird eine bestimmte $(q-1)$-Kette als ***Rand*** erklärt. Eine Kette heißt ***geschlossen*** (heute: ***Zykel*** oder ***Zyklus***), wenn ihr Rand verschwindet, und ***nullhomolog***, wenn sie als Rand auftritt. Es wird gezeigt, daß jeder Rand geschlossen ist, und die q-te Bettische Zahl wird als die maximale Zahl geschlossener q-Ketten definiert, von denen keine nichttriviale Linearkombination nullhomolog ist.

Es wird berichtet, u. a. von H. HOPF [1966], daß erst EMMY NOETHER gegen Ende der zwanziger Jahre auf die Idee kam, die Homologiegruppe als Faktorgruppe der Zyklengruppe nach der Rändergruppe zu definieren. Die erste Veröffentlichung, in der das steht, ist anscheinend [Hopf 1928 b]. Aus den Homologiegruppen erhält man unmittelbar die Bettischen Zahlen als Ränge und die Torsionskoeffizienten. Diese kannte auch POINCARÉ schon, jedoch nur als Elementarteiler der Inzidenzmatrizen.

Nun haben wir aber einige wichtige Entwicklungsschritte übersprungen:

Zunächst stellte sich das Invarianzproblem. Zwar zeigte POINCARÉ sehr früh, daß sich die Bettischen Zahlen bei einer Unterteilung einer Zellenzerlegung nicht ändern, aber das liefert eben nur ihre kombinatorische Invarianz, und es bedürfte der Richtigkeit der Hauptvermutung, um daraus die topologische Invarianz unmittelbar zu folgern. Wie im vorigen Abschnitt geschildert, war das eine vergebliche Hoffnung, aber es gelang auf andere Weise, Invarianzbeweise zu führen.

Der Schlüssel dazu war die Methode der simplizialen Approximation von [Brouwer 1911]. Verwendet wurde bei manchen Invarianzbeweisen, so bei dem ersten von ALEXANDER [1915], auch der Begriff der ***singulären Kette***, der ähnlich schon in [Dehn-Heegaard 1907–10] vorkommt, aber damals nicht recht ausgenutzt wurde. Bis man die ***singuläre Homologietheorie*** definierte, mit der heute fast alle Lehrbücher der Algebraischen Topologie anfangen, dauerte es abermals recht lange: Die ersten Definitionen in [S. Lefschetz 1933] und [Seifert-Threlfall 1934] waren noch nicht voll befriedigend, weil die Kettengruppen nicht frei-abelsch waren. Ihre endgültige Form bekam die Theorie erst durch S. EILENBERG [1944].

Wir haben wieder etwas vorgegriffen. H. KÜNNETH berechnet in [1923] die Bettischen Zahlen und in [1924] die Torsionszahlen des kartesischen Produkts von zwei Zellenkomplexen (er sagt „Mannigfaltigkeiten"). Das Resultat wird heute durch die (zerfallende, aber nicht natürlich zerfallende) *Künnethsche exakte Sequenz*

$$0 \to H_*(X) \otimes H_*(Y) \to H_*(X \times Y) \to \mathrm{Tor}(H_*(X), H_*(Y)) \to 0$$

ausgedrückt, s. z. B. [A. Dold 1972, VI.12.10].

W. MAYER [1929] und L. VIETORIS [1930] untersuchen die Homologie (nun schon die Homologiegruppen) einer Vereinigung zweier Komplexe und erhalten im wesentlichen die heutige exakte *Mayer-Vietoris-Sequenz*

$$\ldots \to H_q(X \cap Y) \to H_q(X) \oplus H_q(Y) \to H_q(X \cup Y) \to H_{q-1}(X \cap Y) \to \ldots$$

s. z. B. [A. Dold 1972, III.8.15].

Das Problem, Homologie auch für topologische Räume zu definieren, die nicht in Zellen zerlegbar sind, wurde zuerst von ALEXANDROFF in Angriff genommen, der in [1927] (wie oben in Abschnitt 1.2 schon erwähnt) topologische Räume durch die simplizialen Komplexe approximierte, die man als *Nerven von Überdekkungen* erhält. Die anschließende Fülle von verschiedenen Homologietheorien neben der schon genannten singulären (u. a. von VIETORIS und E. ČECH) kann hier nicht beschrieben werden. Wir verweisen auf [Dieudonné 1989]. Heute sind davon nur noch die singuläre und bestimmte Versionen der nach ČECH benannten – aber von vielen anderen Topologen mitgestalteten – Theorie von größerer Bedeutung.[6] Vgl. Abschnitt 2.1 für die spätere Entwicklung.

Große Folgen hatte die Entdeckung der Cohomologie, der wir uns im nächsten Abschnitt zuwenden.

1.4 Dualität und Cohomologie

Der *Poincarésche Dualitätssatz* ist zugleich eine der größten und der frühesten Entdeckungen der Algebraischen Topologie. Schon in [Poincaré 1895] findet sich die Dualitätsbeziehung

$$P_p = P_{h-p}$$

für die Bettischen Zahlen P_p einer orientierbaren geschlossenen Mannigfaltigkeit der Dimension h. Über die genaue Definition der Bettischen Zahlen gab es zuerst noch Unklarheiten, die mit dem Torsionsanteil der Homologiegruppen zusammenhängen und einen wichtigen Punkt in HEEGAARDS Kritik [1898] bilden, aber in [1899] und [1900] präzisiert POINCARÉ die Definition der Bettischen Zahlen im heutigen Sinne und ergänzt die obige Aussage durch die Gleichheit der Torsionskoeffizienten in den Dimensionen p und $h - p - 1$.

Ein weiteres Problem war lange Zeit der genaue Begriff der Mannigfaltigkeit. Wegen der Schwierigkeiten mit der Hauptvermutung und der Triangulierbarkeit behalf man sich mit verschiedenen kombinatorischen und homologischen Definitionen. Heute versteht man unter einer *(topologischen) geschlossenen n-dimensionalen Mannigfaltigkeit* einen kompakten (Hausdorffschen) Raum, der an jeder Stelle zu $\mathbb{R}^n$ lokal homöomorph ist, und die angemessene Formulierung des Dualitätssatzes in seiner Grundfassung lautet:

Poincaréscher Dualitätssatz. *Für orientierte geschlossene n-dimensionale Mannigfaltigkeiten M gibt es einen natürlichen Isomorphismus*

$$H^q(M) \cong H_{n-q}(M).$$

S. z. B. [Dold 1972, VIII.8.1].[7]

Was ist hierin die links stehende Größe $H^q(M)$? Es ist die Cohomologiegruppe von M in der Dimension q, zu deren Definition man gerade durch eine Analyse des Poincaréschen Dualitätssatzes gelangte (Näheres zur Geschichte in [Dieudonné 1989, Ch.IV]). In der singulären Theorie (und analog in manchen anderen Homologietheorien) erhält man sie durch Dualisieren des singulären Kettenkomplexes. *Coketten* sind Linearformen auf den Kettengruppen mit Werten in der Gruppe $\mathbb{Z}$ der ganzen Zahlen, und aus dem Randoperator entsteht durch Transponieren (bis auf das Vorzeichen) der *Corandoperator*.

Es liegt nahe, das ein wenig zu verallgemeinern und Coketten mit Werten in *irgendeiner abelschen Gruppe G* anstelle von $\mathbb{Z}$ zu betrachten. Analog kann man bei den Ketten Koeffizienten in G nehmen. Die ersten Schritte in diese Richtung unternahmen VEBLEN und ALEXANDER [1913]. Nützlich ist das z. B. deswegen, weil der Poincarésche Dualitätssatz mit Koeffizienten in $\mathbb{Z}$ (wie oben) ohne die Voraussetzung der Orientierbarkeit falsch wird, aber mit Koeffizienten in $G = \mathbb{Z}/2$ richtig bleibt.

Andererseits stellt sich heraus, daß die Koeffizienten $\mathbb{Z}$ in gewissem Sinn *universell* sind, weil die (singulären) Homologiegruppen mit Koeffizienten in $\mathbb{Z}$ diejenigen mit anderen Koeffizienten und auch alle (singulären) Cohomologiegruppen bis auf Isomorphie bestimmen.[8] Heute drückt man das durch die beiden zerfallenden exakten Sequenzen

$$0 \to H_q(X) \otimes G \to H_q(X; G) \to \mathrm{Tor}(H_{q-1}(X), G) \to 0$$

und

$$0 \to \mathrm{Ext}(H_{q-1}(X), G) \to H^q(X; G) \to \mathrm{Hom}(H_q(X), G) \to 0$$

aus [Dieudonné 1989, p. 102].[9]

Schon POINCARÉs Überlegungen zur Dualität hingen mit Schnittbildungen zwischen Homologieklassen zusammen. Diese liefern multiplikative Verknüpfungen zwischen den Homologiegruppen einer Mannigfaltigkeit, die durch den Dualitätsisomorphismus auf die Cohomologiegruppen übertragen werden können. Wie HOPF in [1966] schreibt, war es eine große Überraschung, als 1935 auf der „Ersten Internationalen Konferenz über Topologie" in Moskau durch Beiträge von J. W. ALEXANDER, I. GORDON und A. N. KOLMOGOROFF nicht nur die Cohomologiegruppen selbst bekannt wurden, sondern auch, daß sie für ***alle Räume*** eine multiplikative Struktur haben (das „cup-Produkt"), die für Mannigfaltigkeiten dem Schnittprodukt in der Homologie entspricht. Dies eröffnete eine Fülle neuer Möglichkeiten, die Algebra zur Lösung topologischer Fragen auszunutzen.

Die folgende weitreichende Verallgemeinerung des Poincaréschen Dualitätssatzes findet sich zuerst in dem Lehrbuch [Lefschetz 1930], allerdings nur unter der Voraussetzung der Triangulierbarkeit.

Poincaré-Lefschetzscher Dualitätssatz. *Für kompakte Teilmengen $L \subset K$ orientierter geschlossener n-dimensionaler Mannigfaltigkeiten M gibt es einen natürlichen Isomorphismus*

$$\check{H}^q(K, L) \cong H_{n-q}(M - L, M - K).$$

S. z. B. [Dold 1972, VIII.7.2].

Hier ist es wichtig, daß auf der linken Seite nicht die singuläre, sondern die Čechsche Cohomologiegruppe steht, die nur unter zusätzlichen Voraussetzungen über K und L mit der singulären übereinstimmt.

Durch Spezialisierung erhält man aus dem letzten Satz nicht nur den ursprünglichen Poincaréschen, sondern mit $M = \mathbb{R}^n$ oder S^n und $L = \emptyset$ auch den *Alexanderschen Dualitätssatz* [Alexander 1922]. Dieser besagt insbesondere, daß die (singuläre) Homologie des Komplements einer kompakten Teilmenge K in $\mathbb{R}^n$ oder S^n durch die Čechsche Cohomologie von K eindeutig bestimmt ist, und enthält als Spezialfall den *Jordan-Brouwerschen Separationssatz:* Ist K zu einer $(n-1)$-Sphäre homöomorph, so hat sein Komplement genau zwei Wegekomponenten.

Man darf sich durch diese schönen Ergebnisse nicht zu der Vermutung verleiten lassen, das Komplement von K in $\mathbb{R}^n$ oder S^n sei vielleicht sogar bis auf Homöomorphie eindeutig bestimmt durch den Homöomorphietyp von K. Schon die Knotentheorie liefert eine Fülle von Gegenbeispielen. Es hat sich aber später gezeigt, daß der *stabile Homotopietyp* (s. 1.5 und 2.10) des Komplements durch den von K eindeutig bestimmt ist [Spanier-Whitehead 1955], und heute gibt es relativ elementare Methoden, um das zu zeigen [Dold-Puppe 1980].

1.5 Homotopie

Zentraler Begriff für den Vergleich stetiger Abbildungen untereinander ist die *Homotopie* (ähnlich wie Homöomorphie für den Vergleich von Räumen). Eine *Homotopie* ist nach Definition eine Schar von Abbildungen

$$f_t: X \to Y, \qquad t \in [0, 1],$$

des Raumes X in den Raum Y, die in jeder Hinsicht stetig ist. Letzteres heißt, daß nicht nur f_t für jedes einzelne $t \in [0, 1]$ eine stetige Abbildung ist, sondern auch

$$f: X \times [0, 1] \to Y,$$

definiert durch $f(x, t) = f_t(x)$. Wenn es eine solche Homotopie gibt, heißen f_0 und f_1 *homotop*.

So einfach und naheliegend dieser Begriff ist, hat man ihm doch erst spät die gebührende Aufmerksamkeit zugewandt. Nur im Spezialfall, daß X die Kreislinie (1-Sphäre) S^1 ist, erscheint eine gewisse Fassung davon schon früh, nämlich in [C. Jordan 1866], wo zwei geschlossene Kurven „réductibles" genannt werden, „si l'on peut passer de l'un à l'autre par une deformation progressive". Das Wort „homotop" taucht anscheinend zum ersten Mal in [Dehn-Heegard 1907–10] auf, hat aber entsprechend der dort vertretenen rein kombinatorischen Auffassung der Topologie eine etwas andere Bedeutung. DIEUDONNÉ [1989] nennt [Brouwer 1912] als erstes Auftreten des Homotopiebegriffs im heutigen Sinne. Dort ist in der Tat von Abbildungen zwischen Mannigfaltigkeiten die Rede, die „sich stetig ineinander überführen lassen", aber das Wort „homotop" kommt nicht vor. Auch später scheint BROUWER es nicht benutzt zu haben; er sagte einfach „Klasse", wo man heute „Homotopieklasse" sagen würde.

Die große Bedeutung des Homotopiebegriffs hat sich zuerst bei der *Fundamentalgruppe* gezeigt. Modern ausgedrückt, besteht die *Fundamentalgruppe* $\pi_1(X, x_0)$ eines Raumes X mit *Grundpunkt* x_0 aus den *punktierten Homotopieklassen* von Abbildungen der Kreislinie S^1 in X. Dabei bedeutet „punktiert", daß ein bestimmter Punkt von S^1, etwa $(1, 0)$, immer in den Grundpunkt x_0 von X abgebildet wird (auch bei allen betrachteten Homotopien). Diese Gruppe wurde von POINCARÉ [1892] eingeführt, dort allerdings mit einer anderen Definition als eine Art „universelle Monodromiegruppe", und erst in [1895] im wesentlichen in der obigen Weise und mit dem Namen „groupe fondamental".

Einige Eigenschaften der Fundamentalgruppe sind leicht zu gewinnen, so z. B. die Unabhängigkeit vom Grundpunkt innerhalb einer Wegekomponente und der Satz, daß die Fundamentalgruppe eines topologischen Produkts das direkte Produkt der einzelnen Fundamentalgruppen ist. Das entscheidende weitere Hilfsmittel zur Bestimmung von Fundamentalgruppen ist der

Satz von Seifert und van Kampen. *Bilden X_1 und X_2 eine offene Überdeckung des Raumes X und ist $X_0 := X_1 \cap X_2$ wegweise zusammenhängend, so erhält man die Fundamentalgruppe von X zu einem Grundpunkt $x_0 \in X_0$, indem man im freien Pro-*

dukt von $\pi_1(X_1, x_0)$ *und* $\pi_1(X_2, x_0)$ *die Bilder aus* $\pi_1(X_0, x_0)$ *miteinander identifiziert.*

Dieser Satz wurde früher häufig nach E. R. VAN KAMPEN benannt, in neuerer Zeit richtiger nach SEIFERT und VAN KAMPEN. Tatsächlich ist es so: In seiner Dissertation [1931] hat SEIFERT den Satz für eine Überdeckung eines simplizialen Komplexes mit zwei Teilkomplexen (anstelle der offenen Überdeckung) bewiesen. In [van Kampen 1933] findet sich der Satz für eine abgeschlossene Überdekkung eines separablen, regulären Raumes mit ziemlich komplizierten Zusatzbedingungen, die man heute durch andere (Cofaserung, ANR) zu ersetzen pflegt, die aber nicht ganz weggelassen werden können.

Für Abbildungen mit einer anderen Quelle als S^1 stammen die ersten Homotopie-Resultate von BROUWER. Er betrachtete Abbildungen zwischen orientierten geschlossenen Mannigfaltigkeiten gleicher Dimension, definierte deren Grad und zeigte seine Homotopieinvarianz [1912]. In der Dimension 2 konnte er zeigen, daß der Grad sogar eine vollständige Klassifizierung nach Homotopie liefert, wenn die Zielmannigfaltigkeit die Sphäre ist. HOPF [1926] verallgemeinerte das auf beliebige Dimensionen.

Einen überaus folgenreichen Fortschritt erzielte HOPF in [1931], als er zeigte, daß es unendlich viele Homotopieklassen von Abbildungen $S^3 \to S^2$ gibt. Er definierte dazu die Größe, die heute *Hopfsche Invariante* heißt, und bewies, daß sie (invariant ist und) für Abbildungen $S^3 \to S^2$ jeden ganzzahligen Wert annehmen kann. In [1935] verallgemeinerte er das auf den Fall von Abbildungen $S^{2n-1} \to S^n$ für alle geraden n. Er konnte zeigen, daß seine Invariante alle geraden Werte annimmt und für $n = 2, 4$ oder 8 auch alle ungeraden, aber ob für andere n ungerade Werte auftreten, wurde ein berühmtes Problem, das erst J. F. ADAMS [1960] löste (s. auch Abschnitt 2.3 und 2.10).

Die genannten Arbeiten von HOPF waren die ersten Schritte zur Homotopie-Klassifikation der Abbildungen von Sphären höherer Dimension in solche von niedrigerer und gaben schon deutliche Hinweise auf die Schwierigkeit der Aufgabe. Trotz eines ungeheuren Apparats, der für diesen Zweck im Laufe der Zeit entwickelt wurde, ist man von ihrer Lösung auch heute noch weit entfernt.

Das Problem wurde in einen größeren Zusammenhang eingebettet, als ČECH und HUREWICZ die *Homotopiegruppen* als höherdimensionale Analoga der Fundamentalgruppe einführten. Die Elemente von $\pi_q(X, x_0)$ sind punktierte Homotopieklassen $S^q \to X$.

Aus Platzgründen müssen wir die Diskussion hier abbrechen. Sie wird in Teil 2 unter anderen Gesichtspunkten wieder aufgenommen. Die Lücke dazwischen ist vielleicht hinnehmbar, weil es nicht nur [Dieudonné 1989], sondern auch die Spezialdarstellung [G. W. Whitehead 1983] gibt.

1.6 Fixpunkte, Vektorfelder und Faserbündel

Wenige Ergebnisse der Topologie haben in anderen Teilen der Mathematik und in anderen Wissenschaften so viele Anwendungen gefunden wie das folgende.

Brouwerscher Fixpunktsatz. *Jede stetige Abbildung einer Vollkugel in sich hat mindestens einen Fixpunkt.*

Unter einem Fixpunkt einer Abbildung f versteht man natürlich einen Punkt x mit $f(x) = x$. BROUWER bewies den Satz in [1912]. Für eine Diskussion, die sich auch an Nichtmathematiker wendet s. [Puppe 1979].

Eine neue Wendung erhielt die Fixpunkttheorie, als LEFSCHETZ [1926] für (kombinatorische) Mannigfaltigkeiten und HOPF [1928a] für kompakte Polyeder (= endliche simpliziale Komplexe) den Index eines isolierten Fixpunkts definierten und zeigten:

Lefschetz-Hopfsche Fixpunktformel. *Hat eine stetige Selbstabbildung eines kompakten Polyeders nur isolierte Fixpunkte, so stimmt deren Indexsumme mit der Spur des in der Gesamtheit aller Homologiegruppen induzierten Endomorphismus überein.*

Was für eine Spur ist das genau? Eine stetige Selbstabbildung f von X induziert für jedes q einen Endomorphismus f_q der Homologiegruppe $H_q(X; K)$ von X mit Koeffizienten in K. Wir nehmen für K einen Körper. Dann ist $H_q(X; K)$ sogar ein Vektorraum über K und f_q eine lineare Abbildung, die im üblichen Sinne eine Spur $\mathrm{Tr}(f_q)$ hat. Die „Gesamtheit aller Homologiegruppen" ist der *graduierte Vektorraum*

$$H_*(X; K) = (H_q(X; K) \mid q \in \mathbb{Z}).$$

Für dessen *graduierten Endomorphismus* $f_* = (f_q \mid q \in \mathbb{Z})$ definiert man die Spur vernünftigerweise als

$$\mathrm{Tr}(f_*) := \sum_{q \in \mathbb{Z}} (-1)^q \, \mathrm{Tr}(f_q).$$

Sie heißt auch *Lefschetzsche Zahl* von f und hängt übrigens nicht von der Wahl des Körpers K ab. Moderne Fassungen und Erweiterungen des Satzes findet man in [Dold 1972, VII.5] und [Dold-Puppe 1980].

Die Lefschetzsche Zahl von f ist die Euler-Poincarésche Charakteristik von X, wenn f in der Homologie die Identität induziert, insbesondere wenn f zur Identität von X homotop ist. Das wirft neues Licht auf diese alte Invariante (vgl. Abschnitt 1.1). Ferner führt es zu folgender Anwendung:

Ein Lipschitz-stetiges Vektorfeld V auf einer geschlossenen differenzierbaren Mannigfaltigkeit M liefert durch Integration eine Aktion der additiven Gruppe von $\mathbb{R}$ auf M, die jedem $t \in \mathbb{R}$ einen Homöomorphismus f_t von M in sich zuordnet. Offensichtlich sind die Selbstabbildungen f_t alle zur Identität f_0 homotop, und für (dem Betrage nach) hinreichend kleine t sind ihre Fixpunkte gerade die Nullstellen von V. An einer isolierten Nullstelle hat V einen *Index*, der (für kleine $|t|$) mit dem Fixpunktindex von f_t übereinstimmt. Aus dem vorigen Satz erhält man also (unter Verwendung einer Approximation von stetigen Vektorfeldern durch Lipschitz-stetige) den

Satz. *Die Summe der Indizes eines stetigen Vektorfeldes auf einer geschlossenen differenzierbaren Mannigfaltigkeit M, das höchstens endlich viele Nullstellen hat, ist die Euler-Poincarésche Charakteristik von M.*

Dieses Ergebnis wird üblicherweise HOPF zugeschrieben und findet sich in [1926]; in [1966] sagt aber HOPF selbst, daß LEFSCHETZ schon 1923 einen Beweis hatte.

Es liegt nahe, den vorstehenden Satz so zu interpretieren, daß die Euler-Poincarésche Charakteristik *das Hindernis* für die Konstruktion eines stetigen Vektorfelds ohne Nullstellen ist, und dann nach den Hindernissen für die Konstruktion von mehreren überall linear unabhängigen Vektorfeldern zu suchen. Solche Hindernisse fanden E. STIEFEL [1935/36] auf Anregung von HOPF und unabhängig davon H. WHITNEY [1935] in Form gewisser Homologieklassen. Bald darauf übersetzte WHITNEY sie in die cohomologische Sprache und erhielt die Cohomologieklassen, die man heute *Stiefel-Whitneysche charakteristische Klassen* nennt. Sie bildeten den Anfang einer äußerst fruchtbaren Theorie der charakteristischen Klassen von Vektor(raum)bündeln.

Vektorbündel kennt heute jeder (theoretische) Physiker, und man kann sie einem jungen Studenten durch das Beispiel des Tangentialbündels einer (in den $\mathbb{R}^n$ eingebetteten) Mannigfaltigkeit leicht nahebringen. Angesichts dessen ist der Begriff erstaunlich neu. Vorher taucht bei WHITNEY der Begriff *Sphärenbündel* auf, zuerst noch unter dem Namen „sphere space" [1935]. Später führte WHITNEY viel von der heute üblichen Terminologie ein und benutzte u. a. die Bezeichnungen „fibre", „fibre space", deren deutsche Äquivalente schon bei SEIFERT [1932] vorkamen, dort aber etwas anders gemeint sind und eine andere Zielrichtung haben (vgl. Abschnitt 1.2).

Auch die Diskussion der Faserbündel können wir aus Gründen des Umfangs hier nicht weiterführen. Wir verweisen – gerade unter historischen Gesichtspunkten – auf das schon recht alte, aber immer noch sehr lesenswerte Buch von N. E. STEENROD [1951]. In Teil 2 kommen wir in anderer Form auf das Thema zurück (Abschnitte 2.7 und 2.8).

2 Vom Zweiten Weltkrieg bis zur Gegenwart

2.1 Axiomatische Homologietheorie

Wie in 1.3 dargelegt wurde, gab es um 1945 eine Fülle konkurrierender Homolgie- und Cohomologietheorien (u. a. singuläre Theorie, Vietoris- und Čech-Theorie), die jedoch alle auf endlichen Polyedern übereinstimmten. Eine überzeugende Erklärung für dieses Phänomen wurde von EILENBERG und STEENROD [1945] angekündigt und ausführlicher in dem für die weitere Entwicklung sehr wichtigen Buch „Foundations of Algebraic Topology“ [1952] gegeben. All diese Theorien erfüllten gewisse Eigenschaften, die von EILENBERG und STEENROD als grundlegend erkannt wurden und die sie zu Axiomen einer abstrakten Homologietheorie erhoben. Dabei konnten sie sich auf die zuvor von EILENBERG und MACLANE [1942] eingeführte Terminologie von Kategorien und Funktoren stützen, die sich immer mehr zu einem sprachlichen Ausdrucksmittel der Algebraischen Topologie und der Algebraischen Geometrie entwickelte und auch aus vielen anderen Gebieten der modernen Mathematik heute nicht mehr wegzudenken ist.

Nach EILENBERG und STEENROD ist eine Homologietheorie eine Sequenz kovarianter Funktoren $H = (H_n)$ von der Kategorie der topologischen Räume (genauer gesagt der Paare topologischer Räume, wobei das Paar $(X, \emptyset)$ als X abgekürzt wird) in die Kategorie der abelschen Gruppen zusammen mit natürlichen Transformationen (sogenannten Randoperatoren oder Verbindungshomomorphismen) $\partial_n\colon H_n(X, A) \to H_{n-1}(A)$ vom Grad -1, die die folgenden Axiome (heute als *Eilenberg-Steenrod-Axiome* bekannt) erfüllen.

EXAKTHEIT: Für jedes Paar (X, A) ist die folgende Sequenz abelscher Gruppen exakt an jeder Stelle

$$\ldots \to H_n(A) \to H_n(X) \to H_n(X, A) \to H_{n-1}(A) \to \ldots$$

Dabei sind die Abbildungen durch die offensichtlichen Inklusionen induziert bzw. durch ∂_n gegeben.

HOMOTOPIE: Sind $f, g\colon (X, A) \to (Y, B)$ homotop als Abbildungen von Paaren, so stimmen die von ihnen induzierten Abbildungen $H_n(f)$ und $H_n(g)$ für alle n überein.

AUSSCHNEIDUNG: Falls U eine offene Teilmenge des Raumes X ist, deren Abschluß im Inneren der Teilmenge A liegt, so induziert die Inklusion der Paare $(X - U, A - U) \to (X, A)$ einen Isomorphismus für alle Homologiegruppen.

DIMENSION: Falls X aus einem einzigen Punkt besteht, so ist $H_n(X) = 0$ für $n \neq 0$. Die Gruppe $G = H_0(X)$ heißt dann die Koeffizientengruppe der Homologietheorie.

Die Definition einer Cohomologietheorie war analog; es ändert sich nur die Richtung der induzierten Abbildungen und der Randoperatoren. Eilenberg und Steenrod konnten dann zeigen, daß je zwei (Co-)Homologietheorien mit denselben Koeffizientengruppen natürlich äquivalent waren, wenn man sie nur auf die Klasse der endlichen Polyeder einschränkt.

Es zeigte sich bald, daß unter diesen Axiomen das sogenannte Dimensionsaxiom eine besondere Rolle spielt. Die in den 50er Jahren entdeckten Bordismustheorien und *K*-Theorien erfüllten außer ihm alle anderen Eilenberg-Steenrod-Axiome. Solche Theorien wurden zunächst als „außergewöhnliche (Co-)Homologietheorien" und schließlich als „verallgemeinerte (Co-)Homologietheorien" bezeichnet. Bordismus und *K*-Theorie, die zu den wichtigsten verallgemeinerten Theorien gehören, sollen in den nächsten beiden Abschnitten etwas näher diskutiert werden.

2.2 Bordismus

Das Konzept des Bordismus wurde von R. Thom [1954] in einer aufsehenerregenden Arbeit eingeführt. Zwei kompakte glatte Mannigfaltigkeiten N und N' heißen bordant, wenn es eine Mannigfaltigkeit W gibt, deren Rand gleich der disjunkten Vereinigung von N und N' ist.[10] W heißt dann auch Bordismus zwischen N und N'. Genauer gesagt heißen N und N' in diesem Fall nichtorientiert bordant und W ein nichtorientierter Bordismus. Eine Mannigfaltigkeit, die Rand einer anderen ist (die also bordant ist zur leeren Mannigfaltigkeit), wird nullbordant genannt. Die disjunkte Vereinigung von Mannigfaltigkeiten verleiht der Menge $\mathcal{N}_*$ der Bordismusklassen die Struktur eines kommutativen Monoids, sogar eines Vektorraums über dem Körper $\mathbb{F}_2$ mit 2 Elementen, da N vereinigt N nullbordant ist durch den Bordismus $N \times [0, 1]$. Durch das kartesische Produkt von Mannigfaltigkeiten wird $\mathcal{N}_*$ schließlich zu einer kommutativen $\mathbb{F}_2$-Algebra, deren Struktur Thom vollständig bestimmen konnte.

Satz. *$\mathcal{N}_*$ ist eine graduierte Polynomalgebra über $\mathbb{F}_2$ mit abzählbar vielen Erzeugenden x_i vom Grad i, wobei i alle natürlichen Zahlen der Form $i \neq 2^k - 1$ durchläuft.*

Thom reduzierte die Bestimmung von $\mathcal{N}_*$ mit Hilfe von differentialtopologischen Techniken auf ein homotopietheoretisches Problem, das man heute als das der Bestimmung der Homotopiegruppen des Thomspektrums MO bezeichnen würde. Die entscheidende Konstruktion in dieser Reduktion wird heute meist Pontrjagin-Thom-Konstruktion genannt, da L. S. Pontrjagin ein wesentliches Element davon schon in [1950] zum Studium von Homotopiegruppen von Sphären verwendet hat. Die Bestimmung der Homotopiegruppen von MO gelang dann unter entscheidender Verwendung der damals noch recht neuen Steenrodoperationen, auf die wir später noch mehrfach zu sprechen kommen. Thom zeigte weiter, daß das Verschwinden der sogenannten Stiefel-Whitney-Zahlen, die aus den

Stiefel-Whitney-Klassen des Tangentialbündels gewonnen werden (vgl. 1.6), eine notwendige und hinreichende Bedingung für Nullbordanz einer Mannigfaltigkeit war. Darüber hinaus konnte er mit Hilfe dieser Zahlen zeigen, daß die Polynomerzeugenden x_i in obigem Satz für gerades i durch die projektiven Räume $\mathbb{R}P^i$ repräsentiert werden können. Eine geometrische Beschreibung der übrigen Erzeugenden gelang DOLD [1956].

Die oben beschriebene Definition des (nichtorientierten) Bordismus kann in mannigfacher Weise variiert werden. Wenn man z. B. verlangt, daß N, N' und W orientiert sind und die Orientierungen von N und N' mit der von W verträglich sind, so erhält man den Begriff des orientierten Bordismus und den orientierten Bordismusring Ω_*. THOM zeigte, daß nach Tensorieren mit $\mathbb{Q}$ der orientierte Bordismusring eine rationale Polynomalgebra mit Erzeugenden y_i vom Grad $4i$ ist, wobei i alle natürlichen Zahlen durchläuft. Als Polynomerzeugende von $\Omega_* \otimes \mathbb{Q}$ kann man die komplex projektiven Räume $\mathbb{C}P^{2i}$ nehmen. Die vollständige Bestimmung von Ω_* wurde mit Hilfe der Adams-Spektralsequenz (s. 2.10) und einem genauen Studium der Steenrod-Algebra (s. 2.4) von MILNOR [1960], AVERBUKH [1959] und WALL [1960] durchgeführt.

Eine weitere sehr wichtige Variante ist der komplexe Bordismus, bei dem man verlangt, daß N, N' und W (kompatible) „stabil fast komplexe Strukturen" besitzen (d. h. daß ihr Tangentialbündel nach Addition eines geeigneten trivialen reellen Bündels isomorph zu einem komplexen Bündel ist). Der zugehörige Bordismusring Ω_{U*} wurde unabhängig voneinander von MILNOR [1960] und NOVIKOV [1960] bestimmt. Ω_{U*} ist eine Polynomalgebra über $\mathbb{Z}$ mit Erzeugenden z_i vom Grad $2i$, wobei i alle natürlichen Zahlen durchläuft. Die Beweise benutzten wieder wesentlich die Steenrod-Algebra und die Adams-Spektralsequenz.

Die oben beschriebenen Bordismusringe sind die Koeffizienten von verallgemeinerten Homologietheorien $\mathcal{N}_*(\,)$, $\Omega_*(\,)$ bzw. $\Omega_{U*}(\,)$. Für einen Raum X erhält man z. B. die nichtorientierte Bordismustheorie $\mathcal{N}_*(X)$, indem man singuläre Mannigfaltigkeiten in X betrachtet, d. h. stetige Abbildungen von glatten Mannigfaltigkeiten nach X, und zwischen diesen eine naheliegende Bordismusrelation einführt.

Seit [Novikov 1967] und der von QUILLEN [1969] aufgedeckten Beziehung zur Theorie der formalen Gruppen spielt die komplexe Bordismustheorie in der stabilen Homotopietheorie eine zentrale Rolle, die in neuester Zeit durch die Resultate von E. DEVINATZ, M. HOPKINS und J. SMITH [1988] sowie M. HOPKINS und J. SMITH [Hopkins 1987] besonders unterstrichen wird (s. 2.11).

Die Kenntnis der Struktur des rationalen orientierten Bordismusrings ermöglichte HIRZEBRUCH [1953] den Beweis seines berühmten Signatursatzes. Die Signatur $\sigma(M)$ einer $2m$-dimensionalen Mannigfaltigkeit M ist definiert als die Signatur der Schnittform in der m-dimensionalen rationalen Homologie. Für ungerades m ist diese Form antisymmetrisch und die Signatur daher 0, für gerades m erhält man jedoch eine symmetrische Form und eine interessante Invariante von M. Der Signatursatz besagt nun, daß $\sigma(M)$ erhalten werden kann, indem man ein geeignetes explizites Polynom in bestimmten charakteristischen Klassen des Tangentialbündels, den sogenannten Pontrjagin-Klassen, auf der Fundamentalklasse von M auswertet.

Der Signatursatz und damit die Struktur von $\Omega_* \otimes \mathbb{Q}$ wurde dann von HIRZEBRUCH [1954, 1956] entscheidend benutzt, um seine Verallgemeinerung des Riemann-Rochschen-Satzes für nichtsinguläre algebraische Varietäten beliebiger Dimension zu beweisen. Auch der erste Beweis des Index-Satzes von ATIYAH und SINGER [1963], der als eine Verallgemeinerung der HIRZEBRUCHschen Version des Satzes von Riemann-Roch angesehen werden kann, beruhte auf Methoden der Bordismustheorie.

Mit Hilfe des Signatursatzes bewies außerdem MILNOR [1956b] das sensationelle Resultat, daß es glatte Mannigfaltigkeiten gibt, die homöomorph, aber nicht diffeomorph zur siebendimensionalen Sphäre sind. Später wurde von E. BRIESKORN [1966] gezeigt, daß viele solche „exotischen Sphären" in natürlicher Weise beim Studium von Singularitäten algebraischer Varietäten auftauchen.

In jüngster Zeit spielt der Bordismus eine wichtige Rolle beim Studium der elliptischen Geschlechter und der elliptischen Cohomologie ([Segal 1988]) und damit bei dem Versuch, eine Indextheorie für „Dirac-Operatoren" auf Schleifenräumen zu finden ([Witten 1988]).

2.3 *K*-Theorie

Wir verstehen hier unter K-Theorie immer nur die „klassische" topologische K-Theorie; eine zusätzliche Diskussion der jüngeren K-Theorien wie der Algebraischen K-Theorie von QUILLEN oder der WALDHAUSENschen K-Theorie würde unseren Rahmen sprengen.

K-Theorie wurde also von ATIYAH und HIRZEBRUCH [1961] eingeführt. Hier geht man von der Menge der Isomorphieklassen Vect(X) von komplexen Vektorbündeln über einem Raum X aus, den wir als kompakt voraussetzen wollen. Die Bildung von direkten Summen von Vektorraumbündeln macht Vect(X) zu einem kommutativen Monoid, aus dem man durch „Adjunktion" von additiven Inversen (Grothendieck-Konstruktion) eine abelsche Gruppe erhält, die mit $K(X)$ bezeichnet wird und (komplexe) K-Theorie von X genannt wird. Die Bildung des Tensorprodukts von Vektorraumbündeln induziert auf $K(X)$ die Struktur eines kommutativen Ringes. Die kurz zuvor gefundene sogenannte Bott-Periodizität [Bott 1958, 1959a, 1959b] wurde von ATIYAH und HIRZEBRUCH [1961] als Isomorphismus $K(X) \otimes K(S^2) \cong K(X \times S^2)$ interpretiert. Mit Hilfe dieser Isomorphismen zeigten sie dann, wie man K-Theorie als eine verallgemeinerte periodische Cohomologietheorie mit Periode 2 verstehen kann. Die Koeffizienten K^* der Theorie sind gegeben als „graduierter Ring endlicher Laurent-Reihen",

d. h. es gilt $K^* \cong \mathbb{Z}[x, x^{-1}]$, wobei x den Grad 2 hat. Die analoge Konstruktion mit reellen Vektorbündeln führt zur reellen K-Theorie $KO(X)$, einer verallgemeinerten Cohomologietheorie der Periode 8, für die also gilt:

$$KO(X) \otimes KO(S^8) \cong KO(X \times S^8).$$

Zu den großen Erfolgen der K-Theorie bzw. des Bottschen Periodizitätssatzes gehören z. B. die Bestimmung der parallelisierbaren Sphären, die elegante, wenn auch nicht erste Beantwortung der Frage, für welche Dimensionen es Abbildungen mit Hopf-Invariante Eins gibt, sowie die Bestimmung der maximalen Anzahl linear unabhängiger Vektorfelder auf einer Sphäre. Wir wollen diese Resultate etwas genauer beschreiben.

Man nennt eine n-dimensionale Mannigfaltigkeit M parallelisierbar, wenn es n tangentiale stetige Vektorfelder auf M gibt, die in jedem Punkt der Mannigfaltigkeit linear unabhängig sind. Es ist einfach zu sehen, daß die n-dimensionale Sphäre S^n parallelisierbar ist, wenn es eine reelle Divisionsalgebra der Dimension $n+1$ gibt. Bott und Milnor [1958] und unabhängig Kervaire [1958] konnten mit Hilfe der Bott-Periodizität zeigen, daß S^n nur für $n = 1, 3, 7$ parallelisierbar sein kann und daß $\mathbb{R}^n$ deshalb nur in den klassisch bekannten Dimensionen $n = 2, 4, 8$ (und natürlich 1) die Struktur einer Divisionsalgebra zuläßt. Für diese algebraische Aussage gibt es bis heute keinen rein algebraischen Beweis.

Eng mit der Parallelisierbarkeit von S^{n-1} verwandt ist die Existenz von Abbildungen von S^{2n-1} nach S^n mit Hopf-Invariante Eins (s. 1.5). Es ist wiederum relativ einfach, aus der Parallelisierbarkeit von S^{n-1} auf die Existenz einer Abbildung von S^{2n-1} nach S^n mit Hopf-Invariante Eins zu schließen. Adams [1960] konnte in einer langen und komplizierten Arbeit mit Hilfe der von ihm eingeführten Spektralsequenz (s. 2.10) und einem eingehenden Studium der Steenrod-Algebra zeigen, daß dies auch wieder nur für $n = 1, 2, 4$ oder 8 möglich ist. Später gaben Adams und Atiyah [1966] dafür einen sehr kurzen und eleganten Beweis, der sich auf K-Theorie und die von Adams gefundenen und nach ihm benannten Operationen in der K-Theorie stützt.

Mit Hilfe von Adams-Operationen in der reellen K-Theorie war Adams [1962] schon vorher die exakte Bestimmung der Maximalzahl linear unabhängiger tangentialer Vektorfelder auf der Sphäre S^{n-1} gelungen. Wenn sich n in der Form $n = a \cdot 2^b$ mit a ungerade und $b = c + 4d$, $c < 4$ schreiben läßt, so sei $\varrho(n) = 2^c + 8d$. Frühe Arbeiten von Hurwitz [1923] und Radon [1922] zeigten mit rein algebraischen Konstruktionen, daß es stets $\varrho(n) - 1$ linear unabhängige tangentiale Vektorfelder auf S^{n-1} gibt. Der Satz von Adams sagt nun, daß es nicht mehr gibt.

Wir hatten oben schon erwähnt, daß komplexe K-Theorie eine periodische Cohomologietheorie mit Koeffizienten $\mathbb{Z}[x, x^{-1}]$ ist. In den 70er Jahren wurden von J. Morava für jede Primzahl p eine Familie $K(n)$, $n = 1, 2, 3, \ldots$ von periodischen Cohomologietheorien konstruiert mit Koeffizienten $\mathbb{Z}/p[v_n, v_n^{-1}]$, wobei v_n den Grad $2(p^n - 1)$ hat. Diese Theorien haben sich inzwischen als fundamental für die stabile Homotopietheorie erwiesen. Wir werden in 2.11 auf sie zurückkommen und wollen es an dieser Stelle mit der Bemerkung bewenden lassen, daß die ersten Morava-K-Theorien $K(1)$ eng mit der komplexen K-Theorie und die zweiten Morava-K-Theorien $K(2)$ mit elliptischer Cohomologietheorie verwandt sind. MORAVAS Konstruktion scheint noch immer unveröffentlicht zu sein. Für einen Überblick verweisen wir auf [Ravenel 1986].

Schließlich wollen wir wenigstens noch erwähnen, daß K-Theorie einen natürlichen Rahmen bereitstellt, in dem der Indexsatz von ATIYAH und SINGER formuliert und bewiesen werden kann [Atiyah und Singer 1968].

2.4 Cohomologieoperationen

Eine weitere wichtige Entwicklung, die bald nach dem Kriege begann, befaßte sich mit dem Studium von Cohomologieoperationen. Die Bedeutung von Steenrod- und Adamsoperationen hatten wir in früheren Abschnitten bereits mehrmals erwähnt. Wir wollen hier nicht versuchen, die etwas langwierige Entwicklungsgeschichte der Steenrodoperationen nachzuzeichnen (vgl. [Dieudonné 1989]), sondern werden Cohomologieoperationen vom heutigen Standpunkt aus diskutieren.

Gegeben zwei Cohomologietheorien E und F, so versteht man unter einer Cohomologieoperation τ vom Typ (E^n, F^m) eine natürliche Transformation von dem Funktor E^n nach dem Funktor F^m, d.h. eine Familie von Abbildungen $\tau = \tau(X)\colon E^n(X) \to F^m(X)$ für alle X, so daß $\tau E(f) = F(f)\tau$ gilt für alle stetigen Abbildungen f von X nach Y.

Die Existenz solcher Operationen erlaubt oft, auf die Nichtexistenz von stetigen Abbildungen mit gewissen Eigenschaften zu schließen. Z.B. kann X nur dann ein Retrakt von Y sein, wenn alle Operationen den zugehörigen Retrakt $E(X)$ von $E(Y)$ invariant lassen. Um diese einfache Überlegung in konkreten Fällen anzuwenden, muß man eine gewisse Kontrolle über solche Operationen besitzen. Dazu betrachtet man meist eine geeignete Klasse von Operationen.

Von besonderer Bedeutung sind dabei Familien $\{\tau_k\}$, $k = 1, 2, 3 \ldots$ von Cohomologieoperationen vom Typ (E^{n+k}, F^{m+k}), die mit den Einhängungsisomorphismen vertauschbar sind. (In diesem Fall kann man übrigens leicht sehen, daß alle Abbildungen $\tau_k(X)$ Homomorphismen sind.) Man nennt eine solche Familie eine *stabile Cohomologieoperation* vom Grad $m - n$. Die Menge der stabilen Operationen von E nach F bildet dann eine graduierte abelsche Gruppe. Falls E und F übereinstimmen, so definiert die Komposition von Operationen auf dieser graduierten Gruppe ein Produkt und man erhält eine graduierte assoziative, aber i.a. nicht kommutative Algebra mit Einselement. Ferner wird die Cohomologie eines Raumes X zu einem graduierten Modul über dieser Algebra und stetige Abbildungen induzieren Modulhomomorphismen.

Diese Algebra wird im Fall der gewöhnlichen singulären Cohomologie mit Koeffizienten in einem Primkörper $\mathbb{F}_p$ als Steenrod-Algebra A_p bzw. nur A (wenn sich p aus dem Kontext ergibt) bezeichnet. Wir beschränken uns im folgenden der Einfachheit halber auf den Fall $p = 2$.

STEENROD hatte in den späten 40er und frühen 50er Jahren in mehreren Arbeiten die heute nach ihm benannten Steenrod-Squares Sq^a, $a = 1, 2, 3 \dots$ konstruiert. Die Berechnung der Cohomologie modulo 2 von Eilenberg-MacLane-Räumen durch SERRE [1953 a] zeigte, daß bestimmte ausgezeichnete Monome in den Sq^a eine Vektorraumbasis von A_2 bilden; insbesondere wird A_2 multiplikativ durch die Sq^a erzeugt. Die Relationen unter den Sq^a wurden von ADEM [1952] bestimmt. Zusammen genommen ergibt dies den folgenden

Satz: *A_2 ist eine assoziative (aber nicht kommutative) graduierte Algebra über $\mathbb{F}_2$, erzeugt durch die Steenrod-Squares Sq^a, $a = 0, 1, 2, 3, \dots$ vom Grad a mit $Sq^0 = 1$ und folgenden (Adem-)Relationen für $0 < a < 2b$:*

$$Sq^a Sq^b = \sum_c \binom{b-c-1}{a-2c} Sq^{a+b-c} Sq^c \quad \textit{mit } 0 \le c \le a/2.$$

Weiterhin hat die Operation von A_2 auf der Cohomologie eines Raumes X die folgenden Eigenschaften (s. [Steenrod und Epstein 1962]):

(I 1) $Sq^a x = 0$ falls $a > i$ und $x \in H^i(X; \mathbb{F}_2)$

(I 2) $Sq^a x = x^2$ falls $a = i$ und $x \in H^i(X; \mathbb{F}_2)$

(I 3) $Sq^c(xy) = \sum_{a+b=c} Sq^a x \cdot Sq^b y$ (Cartan-Formel)

Durch diese Eigenschaften ist zum Beispiel die A_2-Modulstruktur der Cohomologie $H^*(\mathbb{R}P^\infty \times \dots \times \mathbb{R}P^\infty; \mathbb{F}_2) \cong \mathbb{F}_2[x_1, x_2, \dots, x_n]$ des n-fachen Produkts des unendlich-dimensionalen reellen projektiven Raumes $\mathbb{R}P^\infty$ eindeutig festgelegt: Die Polynomerzeugenden x_i haben alle Grad eins, und daher gilt (wegen (I 1) und (I 2)) $Sq^1 x = x^2$ und $Sq^a x = 0$ für alle $a > 1$. Durch die Cartan-Formel (I 3) ist dann die Aktion von Sq^a auf jedem homogenen Polynom in den x_i festgelegt. Wir werden auf diese Kohomologieringe, deren fundamentale Bedeutung erst in den 80er Jahren voll erkannt wurde, in Abschnitt 2.9 zurückkommen.

Wir werden in 2.9 auch noch näher auf die Eigenschaften (I 1)–(I 3) eingehen. An dieser Stelle wollen wir nur die Kategorien $\mathcal{U}$ und $\mathcal{K}$ der instabilen Moduln bzw. instabilen Algebren einführen (für $p = 2$).

Die Objekte der Kategorie $\mathcal{U}$ sind die graduierten A-Moduln M, in denen das Axiom (I 1) gilt, d. h. $Sq^a x = 0$ falls $a > i$ und $x \in M^i$. Morphismen sind genau die A-Modulhomomorphismen.

Die Objekte der Kategorie $\mathcal{K}$ sind instabile A-Moduln K zusammen mit einem Produkt $K \otimes K \to K$ und einer Eins $\mathbb{F}_2 \to K$, die K zu einer graduiert kommutativen und assoziativen Algebra mit Einselement machen, in der die Axiome (I 2) und (I 3) sinngemäß gelten. Morphismen sind A-lineare Abbildungen von Algebren.

Cohomologie modulo 2 kann nun als Funktor von der Kategorie der topologischen Räume in die Kategorien $\mathscr{U}$ bzw. $\mathscr{K}$ aufgefaßt werden und liefert als solcher auf Grund der sehr reichen algebraischen Struktur dieser Kategorien in vielen Situationen sehr präzise Information (s. 2.9).

Auf die Algebra der stabilen Operationen in anderen Cohomologietheorien können wir in unserem Rahmen nicht näher eingehen. Wir wollen aber noch einmal darauf hinweisen, daß vor allem in der stabilen Homotopietheorie neben der gewöhnlichen Cohomologie der komplexe Cobordismus eine Hauptrolle spielt (s. 2.11).

Die folgenden Abschnitte werden sich nun mit mehr homotopietheoretischen Gesichtspunkten befassen.

2.5 CW-Komplexe

Ein Problem, mit dem man in der Homotopietheorie oft zu tun hat, ist das der „richtigen" Allgemeinheit. Man möchte eine möglichst weitreichende Theorie für eine möglichst große Klasse von Räumen entwickeln. Die von J. H. C. WHITEHEAD [1949] eingeführten CW-Komplexe haben sich von diesem Gesichtspunkt aus als sehr nützlich erwiesen. Sie umfassen alle simplizialen Komplexe, sind aber vom Standpunkt der Homotopietheorie wesentlich flexibler als diese.

Eine induktive Definition eines n-dimensionalen CW-Komplex sieht z. B. wie folgt aus: Ein nulldimensionaler CW-Komplex ist eine diskrete Punktmenge, und ein n-dimensionaler CW-Komplex ist ein Raum, der durch Anheften von n-dimensionalen Kugeln (sogenannten n-Zellen) längs ihres Randes an einen $(n-1)$-dimensionalen CW-Komplex entsteht. Im Fall $n = \infty$ muß man die sogenannte schwache Topologie betrachten: Eine Teilmenge ist in dieser Topologie genau dann abgeschlossen, wenn ihr Durchschnitt mit jedem k-Gerüst abgeschlossen ist. Das k-Gerüst ist dabei der k-dimensionale CW-(Unter-)Komplex, der aus allen Zellen der Dimension kleiner gleich k besteht. Schließlich heißt ein CW-Komplex endlich, wenn er aus endlich vielen Zellen aufgebaut ist.

Die höhere Flexibilität der CW-Komplexe gegenüber simplizialen Komplexen zeigt sich z. B. darin, daß das Identifizieren eines Unterkomplexes oder auch die Produktbildung zweier CW-Komplexe in natürlicher Weise wieder CW-Komplexe geben; bei simplizialen Komplexen ist das nicht in natürlicher Weise der Fall. (Beim Bilden des Produkts zweier unendlich-dimensionaler CW-Komplexe kann es allerdings auch passieren, daß das Produkt nicht mehr die schwache Topologie besitzt.)

Als konkretes Beispiel für die Ökonomie von CW-Komplexen betrachte man einen Torus $S^1 \times S^1$. Da S^1 eine Zerlegung in eine 0- und eine 1-Zelle besitzt, kommt man hier mit insgesamt 4 Zellen aus. Eine simpliziale Zerlegung braucht ein Mehrfaches an Simplizes.

Die Kategorie der Räume, die homotopieäquivalent sind zu einem endlichen CW-Komplex, kann man auch wie folgt beschreiben. Es ist die kleinste volle Unterkategorie der Kategorie aller topologischen Räume, die die leere Menge enthält und abgeschlossen ist gegenüber Homotopieäquivalenzen sowie der Bildung von Cofasern. Dabei ist die Cofaser (oder der Abbildungskegel) C_f einer Abbildung f von X nach Y der Raum, den man aus der topologischen Summe von Y und dem Kegel über X, $CX = X \times [0, 1]/X \times \{1\}$, erhält, indem man $(x, 0)$ mit $f(x)$ identifiziert für alle x in X. (Für leeres X besteht CX aus genau einem Punkt, der Kegelspitze.)

Der Begriff der Cofaser hat sich ebenso wie der duale und ältere Begriff der Faser als einer der Grundbegriffe der Homotopietheorie herausgestellt. Wir erwähnen die Cofaser- und Fasersequenzen und die zugehörigen Homotopiesequenzen ([Barratt 1955], [Puppe 1958], [Nomura 1960]).

2.6 Homotopiegruppen

Ein zentrales Problem der Homotopietheorie ist die Berechnung der Homotopiegruppen eines Raumes und insbesondere die der Sphären. Dies ist ein sehr schwieriges Problem und bis heute ist kein einziger einfach zusammenhängender, aber nicht zusammenziehbarer endlicher CW-Komplex bekannt, für den man alle Homotopiegruppen kennt. Es liegen jedoch eine Menge expliziter Berechnungen sowie struktureller Aussagen vor. Von den letzteren möchten wir besonders die Folgenden hervorheben.

Satz: a) *Die Homotopiegruppen eines einfach zusammenhängenden Raumes X sind alle endlich erzeugt als abelsche Gruppen, sofern alle Homologiegruppen $H_n(X, \mathbb{Z})$ endlich erzeugt sind [Serre 1951, 1953 b].*

b) *Falls außerdem $H_n(X; \mathbb{F}_2)$ nichttrivial ist für ein positives n und für alle genügend großen n verschwindet, so enthalten unendlich viele Homotopiegruppen von X die Gruppe $\mathbb{Z}$ oder $\mathbb{Z}/2$ als Untergruppe [Serre 1953 a].*

c) *Die Homotopiegruppen der Sphären sind endlich bis auf folgende Ausnahmen:*

$\pi_n(S^n) = Z$, $\pi_{4n-1}(S^{2n}) = Z \oplus F$, *wobei F eine endliche Gruppe ist [Serre 1951].*

Serre hatte weiterhin vermutet, daß unter den Voraussetzungen von Teil b) dieses Satzes sogar $\mathbb{Z}/2$ stets in unendlich vielen Homotopiegruppen als Untergruppe vorkommt. Dies ist inzwischen von McGibbon und Neisendorfer [1984] bewiesen worden (s. auch [Lannes-Schwartz 1986]).

Als fundamentales Hilfsmittel benutzte Serre die Spektralsequenz einer Faserung [Serre 1951], die er in Anlehnung an die Leray-Spektralsequenz entwikkelt hatte. Serres spektakuläre Erfolge machten Spektralsequenzen schnell zu einem vielbeachteten und heute nicht mehr wegzudenkenden Hilfsmittel der Algebraischen Topologie (s. auch 2.9, 2.10).

Ein weiteres qualitatives Resultat betrifft den p-Exponenten von $\pi_*(S^k)$, d.h. die höchste p-Torsion, die in irgendeiner Homotopiegruppe von S^k auftaucht. Für ungerade Primzahlen hat man sogar vollständige Information und zwar ist er für S^{2k+1} gleich p^k und für S^{2k} gleich p^{2k-1} ([Gray 1969], [Cohen, Moore und Neisendorfer 1979]). Der Beitrag von GRAY war dabei, p-Torsionselemente der angegebenen Ordnung zu konstruieren; COHEN, MOORE und NEISENDORFER zeigten dann, daß es keine höhere Torsion geben kann. Über den p-Exponenten einer einzelnen Gruppe $\pi_n(S^k)$ ist dagegen i.a. nichts weiteres bekannt.

Für einen beliebigen endlichen CW-Complex X braucht i.a. kein p-Exponent von $\pi_*(X)$ zu existieren. J. MOORE wird allgemein die folgende Vermutung zugeschrieben, die in vielen Fällen bekannt ist: Ein endlicher CW-Komplex besitzt einen p-Exponenten für jede Primzahl p genau dann, wenn die direkte Summe aller $\mathbb{Q}$-Vektorräume $\pi_n(X) \otimes \mathbb{Q}$ endlich-dimensional ist.

Ebenso ist i.a. nichts über den p-Rang von $\pi_n(S^k)$, d.h. die Dimension $d_{n,k}$ des $\mathbb{F}_p$-Vektorraums $\pi_n(S^k) \otimes \mathbb{F}_p$ bekannt. Bei festem k weiß man, daß die Folge der $d_{n,k}$ höchstens exponentiell anwachsen kann mit einem Faktor, der kleiner als zwei ist (s. z.B. [Selick 1982], [Bödigheimer und Henn 1983], [Henn 1986]). Die expliziten Berechnungen von niedrigdimensionalen Homotopiegruppen legen jedoch nahe, ein langsameres als ein exponentielles Wachstum zu vermuten. Für Tabellen von Homotopiegruppen von Sphären verweisen wir auf [Toda 1962] und auf das neue Buch [Kochman 1990].

Schließlich gibt es neben dem SERREschen Nichttrivialitätssatz noch viele weitere, für die wir hier stellvertretend das folgende Resultat von MAHOWALD [1982] anführen, das besagt, daß für $n \equiv 3,5 \mod 8$ und $n > 3$ die Gruppen $\pi_{j+n}(S^n)$ nichttrivial sind für alle $j \geq n$. In dieser Arbeit finden sich noch zahlreiche andere in diese Richtung gehende Resultate.

2.7 Klassifizierende Räume (1)

Hier kommen wir zu einem Gebiet, das in den letzten Jahren eine besonders stürmische Entwicklung durchgemacht hat. In diesem ersten Teil wollen wir uns jedoch auf bereits klassische Aspekte beschränken. Für eine gründliche Diskussion der chronologischen Entwicklung verweisen wir wieder auf DIEUDONNÉ [1989].

Klassifizierende Räuem sind zuerst von WHITNEY [1937] und STEENROD [1944] im Zusammenhang mit dem Klassifikationsproblem von „sphere spaces" (in moderner Bezeichnung von Vektorraumbündeln) betrachtet worden. STEENROD zeigte, daß die Isomorphieklassen von k-dimensionalen reellen Vektorbündeln über einem simplizialen Komplex X der Dimension kleiner n in bijektiver Beziehung stehen zur Menge der Homotopieklassen von Abbildungen von X in den Raum der k-dimensionalen Teilräume in $\mathbb{R}^{n+k}$. Für $n = \infty$ erhält man so das erste Beispiel eines klassifizierenden Raumes.

Oftmals hat man es mit speziellen Vektorbündeln zu tun, z. B. mit solchen, bei denen die Kartenwechsel für jede Faser in einer echten Untergruppe der orthogonalen Gruppe $O(k)$ liegen, z. B. in der unitären Gruppe $U(l)$ (falls $k = 2l$) oder in der symmetrischen Gruppe $\Sigma(k)$. In diesen Fällen sagt man, daß sich die „Strukturgruppe des Bündels" auf die entsprechende Untergruppe von $O(k)$ reduzieren läßt. Man wird so in natürlicher Weise dazu geführt, zu einer topologischen Gruppe G sogenannte G-Prinzipalbündel zu studieren. Die Isomorphieklassen solcher Bündel über einem endlich-dimensionalen Komplex X sind dann wieder in bijektiver Beziehung zu den Homotopieklassen von Abbildungen von X in einen Raum, der üblicherweise mit BG bezeichnet wird und klassifizierender Raum der Gruppe G genannt wird. Die Konstruktion von BG und dieser Klassifikationssatz für beliebige topologische Gruppen wurden von MILNOR [1956a] angegeben.

Diese Ergebnisse wurden etwas später von DOLD und LASHOF [1959] auf topologische Monoide verallgemeinert, ein Fall, der z. B. bei der Diskussion allgemeiner Faserungen mit einem endlichen CW-Komplex X als Faser wichtig ist. Die Rolle der Strukturgruppe wird dabei von dem Monoid der Homotopieäquivalenzen von X übernommen (s. auch [Stasheff 1963]).

Besonders wichtige Fälle sind die, in denen G eine kompakte Liesche Gruppe ist, die auch endlich sein darf. Für $G = \mathbb{Z}/2$ ist BG z. B. der unendlichdimensionale reelle projektive Raum $\mathbb{R}P^\infty$, für $G = (\mathbb{Z}/2)^n$ erhält man das n-fache kartesische Produkt von $\mathbb{R}P^\infty$ mit sich, und falls G allgemeiner abelsch und diskret ist, so ist BG gleichzeitig ein Eilenberg-MacLane Raum $K(G, 1)$, d. h. ein Raum, dessen höhere Homotopiegruppen trivial sind und dessen Fundamentalgruppe gleich G ist. Für $G = S^1$ erhält man den unendlich-dimensionalen komplexen projektiven Raum und für $G = O(k)$ den Raum der k-dimensionalen Teilräume in $\mathbb{R}^\infty$, der auch als unendliche Grassmann-Mannigfaltigkeit $G(k)$ bekannt ist.

Das Studium der Räume BG und seiner Invarianten ist auf Grund des Klassifikationssatzes von fundamentaler Wichtigkeit in der Bündeltheorie. Weiterhin ist für endliche Gruppen G die Cohomologie von BG identisch mit der algebraisch definierten Cohomologie der Gruppe G (mit trivialen Koeffizienten). Die Cohomologie der symmetrischen Gruppen steht in enger Beziehung zu den (stabilen) Homotopiegruppen der Sphären (s. z. B. [Priddy 1971]). Schließlich spielen klassifizierende Räume eine wichtige Rolle in der äquivarianten Homotopietheorie und der Fixpunkttheorie (s. z. B. [tom Dieck 1987]).

Diese sind nur einige der Gründe, die die Klasse der klassifizierende Räume zu einer der interessantesten in der Algebraischen Topologie machen.

2.8 Klassifizierende Räume (2)

Im Verlauf des vergangenen Jahrzehnts wurden in der Homotopietheorie klassifizierender Räume endlicher und kompakter Liescher Gruppen umwälzende Fortschritte erzielt. Die Ausgangspunkte dieser Entwicklungen waren die sogenannte Segal- bzw. Sullivan-Vermutung, auf die wir als nächstes etwas eingehen wollen.

Die *Segal-Vermutung* beschreibt die stabile Cohomotopie von klassifizierenden Räumen endlicher Gruppen, d. h. die Gruppe der stabilen Homotopieklassen von BG nach S^0 (s. 2.10). Sie ist ein Analogon eines Resultates von ATIYAH [1961], das die komplexe K-Theorie von BG als die Komplettierung des Darstellungsrings RG von G nach seinem Augmentationsideal IG, bestehend aus den virtuellen Darstellungen der Dimension 0, beschreibt.

Im Fall der Cohomotopie wird die Rolle der Darstellungen von den endlichen Mengen mit G-Operation übernommen, d. h. der Darstellungsring RG wird durch den Burnside-Ring AG ersetzt. Etwas genauer betrachtet man die Menge der Isomorphieklassen endlicher G-Mengen. Die Bildung „disjunkte Vereinigung" verleiht dieser Menge die Struktur eines kommutativen Monoids. Die zugehörige Grothendieckgruppe AG der „virtuellen G-Mengen" ist frei abelsch und hat als Basis die unzerlegbaren (in bezug auf disjunkte Vereinigung) G-Mengen. Durch das kartesische Produkt erhält AG die Struktur eines kommutativen Ringes, und die Abbildung ε von AG nach $\mathbb{Z}$, die einer virtuellen G-Menge ihre Kardinalität zuordnet, ist ein Ringhomomorphismus. Die Segal-Vermutung (in ihrer sogenannten schwachen Form) besagt dann, daß die Vervollständigung von AG nach dem Kern von ε isomorph ist zur 0-ten Cohomotopie von BG. Diese Vermutung wurde nach vereinten Anstrengungen einer Reihe von Mathematikern schließlich von G. CARLSSON [1984] bewiesen.

Das Resultat ist sehr bemerkenswert: Die Berechnung einer Menge von Homotopieklassen ist i. a. sehr schwierig und nur selten wird man eine elegante algebraische Antwort wie hier erwarten können. Nach ATIYAHS Resultat war dies ein weiterer Hinweis, daß klassifizierende Räume sich in der Homotopietheorie oft sehr starr verhalten.

Eine Konsequenz der Segal-Vermutung, in der sich diese Starrheit sehr schön manifestiert und die zuerst von LEWIS-MAY-MCCLURE [1982] beobachtet wurde, ist eine analoge elegante algebraische Beschreibung der stabilen Homotopiekategorie (s. 2.10) von klassifizierenden Räumen endlicher Gruppen, die den stabilen Homotopietyp dieser Räume zu einem viel untersuchten Gegenstand hat werden lassen (s. [Priddy 1987]).

Bei der *Sullivan-Vermutung* wird der Raum map(BG, X) aller Abbildungen aus einem klassifizierenden Raum BG einer endlichen Gruppe G in einen endlichen CW-Komplex X betrachtet und behauptet, daß die Auswertungsabbildung eine schwache Homotopieäquivenz von map(BG, X) nach X ist – ein weiteres Beispiel für eine außergewöhnliche Starrheit! Der Beweis dieser Behauptung ist H. MILLER [1984] zu verdanken.

Die *verallgemeinerte Sullivan-Vermutung* betrachtet den Fall, daß G eine p-Gruppe ist und zusätzlich auf X (zellulär) operiert. Sie setzt die Fixpunktmenge X^G mit der sogenannten Homotopiefixpunktmenge $X^{hG} := \mathrm{map}^G(EG, X)$, dem Raum der G-äquivarianten Abbildungen von EG nach X, in Beziehung, wobei EG die universelle Überlagerung von BG bezeichnet; falls G trivial auf X operiert, so erhält man die zuerst genannte Sullivan-Vermutung für G zurück. Der allgemeine Fall wurde unabhängig und gleichzeitig von CARLSSON, MILLER sowie LANNES 1985 bewiesen [Miller 1987]. Das genaue Resultat besagt, daß die sogenannte p-Komplettierung (im Sinne von BOUSFIELD und KAN [1972]) der Fixpunktmenge X^G schwach homotopieäquivalent ist zur Homotopiefixpunktmenge der p-Komplettierung von X.

Wir wollen den Begriff der Bousfield-Kanschen p-Komplettierung hier nicht näher erläutern und es mit dem Hinweis bewenden lassen, daß die Homotopiegruppen der p-Komplettierung von X gerade die p-adischen Komplettierungen der Homotopiegruppen von X sind, jedenfalls unter geeigneten Voraussetzungen an X. Entsprechendes gilt für die Homotopie- und Homologiegruppen von sogenannten p-Lokalisierungen. Komplettierungen und Lokalisierungen in der Homotopietheorie gehören seit den Arbeiten von SULLIVAN [1970, 1974] zu den Standardwerkzeugen der Theorie. Als Vorläufer dieser Techniken ist die $\mathscr{C}$-Theorie von SERRE [1953b] zu nennen.

Als Kuriosität kann man hier noch vermerken, daß SULLIVANS tatsächliche Vermutung (s. [Sullivan 1970]) den Fall $G = \mathbb{Z}/2$ mit nichttrivialer Operation auf X betraf, also sich in der gegenwärtig üblichen Bezeichnung der verallgemeinerten Sullivan-Vermutung, nicht aber der einfachen Sullivan-Vermutung unterordnet. SULLIVAN war besonders an dem Fall einer komplexen, aber über den reellen Zahlen definierten Varietät $V(\mathbb{C})$ und der zugehörigen reellen Varietät $V(\mathbb{R})$ als Fixpunktmenge unter der $\mathbb{Z}/2$-Operation der komplexen Konjugation interessiert. Eine Konsequenz des oben beschriebenen Resultates ist, daß der 2-komplettierte Homotopietyp von $V(\mathbb{R})$ durch den äquivarianten 2-komplettierten Homotopietyp von $V(\mathbb{C})$ bestimmt ist.

Eine andere weniger naheliegende, aber sehr wichtige und weitreichende Konsequenz der verallgemeinerten Sullivan-Vermutung betrifft die gewöhnliche (d.h. nicht die stabile) Homotopieklassifikation von Abbildungen zwischen klassifizierenden Räumen. So ist sie eines der wesentlichen Hilfsmittel im Beweis des folgenden erstaunlichen Resultates von DWYER und ZABRODSKY [1988].

Satz: a) *Sei P eine endliche p-Gruppe und G eine kompakte Liesche Gruppe. Dann gibt es eine kanonische Bijektion zwischen den Konjugationsklassen von Homomorphismen von P nach G und der Menge der Homotopieklassen $[BP, BG]$.*

b) *Für jeden solchen Homomorphismus ϱ gibt es eine kanonische Abbildung von $BZ_G(\varrho)$ in die entsprechende Komponente des Abbildungsraumes $\mathrm{map}(BP, BG)$, die einen Isomorphismus auf dem Niveau der Fundamentalgruppen sowie der Homologiegruppen modulo p der universellen Überlagerungen induziert. Dabei bezeichnet $Z_G(\varrho)$ den Zentralisator des Bildes von ϱ in G.*

Dieses Resultat wurde von NOTBOHM [1988] auf den Fall verallgemeinert, daß P eine kompakte Liesche Gruppe G ist, deren Zusammenhangskomponente des Einselementes ein Torus T ist und für die G/T eine p-Gruppe ist. Unter Verwendung dieser Verallgemeinerung haben schließlich JACKOWSKI, MCCLURE und OLIVER [1990] ein sehr schönes Resultat über die Homotopieklassifikation von Selbstabbildungen klassifizierender Räume zusammenhängender, kompakter einfacher Liescher Gruppen G angekündigt:

Die Homotopieklasse einer solchen Selbstabbildung f ist vollkommen bestimmt durch die Abbildung, die sie in rationaler Cohomologie induziert. Wenn f nicht nullhomotop ist, so läßt sich f bis auf Homotopie eindeutig zerlegen als $(B\varphi)\,\psi^k$, wobei φ ein äußerer Automorphismus von G ist, k prim zur Ordnung der Weyl-Gruppe von G ist, und die Abbildung ψ^k dadurch charakterisiert werden kann, daß sie in rationaler Cohomologie in Dimension $2n$ die Multiplikation mit k^n induziert.

Schließlich gibt es ermutigende Eindeutigkeitssätze für die Räume BG. Z. B. haben DWYER, MILLER und WILKERSON [1987] gezeigt, daß die Cohomologie modulo p die p-Komplettierung vieler Räume, insbesondere eines klassifizierenden Raumes einer kompakten zusammenhängenden Lieschen Gruppe festlegt, falls p genügend groß ist. Für einige kleine Gruppen ist dies sogar für alle Primzahlen p bekannt, der allgemeine Fall bleibt jedoch offen.

2.9 Instabile Moduln und Algebren über der Steenrod-Algebra

Sowohl im Beweis der Sullivan- als auch der Segal-Vermutung spielten die elementar-abelschen p-Gruppen eine besondere Rolle. Beide Male waren die Eigenschaften der Cohomologie modulo p dieser Gruppen, betrachtet als (instabiler) A-Modul entscheidend. Wir erinnern daran (s. 2.4 im Fall $p = 2$), daß die multiplikative Struktur dieser Cohomologie sehr einfach durch einen Polynomring beschrieben wird. Die A-Modulstruktur ist zwar auch einfach beschreibbar, aber es wurde erst im Verlauf der Arbeit an diesen Vermutungen die überraschende und höchst nichttriviale Tatsache entdeckt, daß $H^*(\mathbb{R}P^\infty \times \ldots \times \mathbb{R}P^\infty, \mathbb{F}_2)$ und analog $H^*(BZ/p \times \ldots \times BZ/p; \mathbb{F}_p)$ injektiv sind in der (abelschen) Kategorie $\mathscr{U}$. Im wesentlichen stammt dieses Resultat von G. CARLSSON [1983] für $p = 2$ und H. MILLER [1984] für die ungeraden Primzahlen, in der angegebenen Formulierung geht es jedoch auf LANNES und ZARATI [1986] zurück.

Die Bedeutung der Injektivität der Cohomologie modulo p elementar-abelscher p-Gruppen V für die Homotopietheorie erklärt sich durch die Bousfield-Kan-Spektralsequenz, die unter geeigneten Voraussetzungen über Y gegen die Homotopiegruppen $\pi_{t-s}(\mathrm{map}(BV, Y))$ konvergiert und deren E_2-Term die Form $E_2^{s,t} = \mathrm{Ext}^s_{\mathscr{K}}(H^*(Y; \mathbb{F}_p), H^*(\Sigma^t BV; \mathbb{F}_p))$ besitzt. Dabei ist jedoch zu beachten, daß die Kategorie $\mathscr{K}$ keine abelsche Kategorie ist und man hier deshalb homologische Algebra in nichtabelschen Situationen zu Rate ziehen muß. Diese Art von homologischer Algebra wurde zum ersten Male von DOLD und PUPPE [1961] im

Zusammenhang mit Untersuchungen von Eilenberg-MacLane-Räumen betrachtet. Weiterhin kann man $\mathrm{Ext}_{\mathscr{K}}$ mittels einer Grothendieck-Spektralsequenz mit $\mathrm{Ext}_{\mathscr{U}}$ in Verbindung bringen und dann aus der Injektivität von $H^*(BV; \mathbb{F}_p)$ in $\mathscr{U}$ auf das Verschwinden eines hinreichend großen Teiles des E_2-Terms der Bousfield-Kan-Spektralsequenz schließen. Auf diese Weise hat H. MILLER [1984] z. B. die Sullivan-Vermutung bewiesen.

Ein großes Problem stellt bei dieser Vorgehensweise die Tatsache dar, daß die Bousfield-Kan-Spektralsequenz zunächst nur über die Zusammenhangskomponente der konstanten Abbildung in $\mathrm{map}(BV, Y)$ Auskunft gab. Mit Hilfe von Arbeiten von BOUSFIELD [1987, 1989], in denen unter anderem gezeigt wurde, wie man die Spektralsequenz für die anderen Zusammenhangskomponenten modifizieren muß, konnten die weiteren algebraischen Eigenschaften von $H^*(BV; \mathbb{F}_p)$, die in erster Linie von Lannes aufgedeckt wurden, erst richtig genutzt werden.

Wir wollen einige der wichtigsten Gesichtspunkte der Theorie von LANNES skizzieren. Mittelpunkt dieser Theorie sind die von LANNES [1987, 1990] eingeführten Funktoren $T_V: \mathscr{U} \to \mathscr{U}$, die charakterisiert sind als linksadjungierte Funktoren zum Tensorieren mit $H^*(BV; \mathbb{F}_p)$. Es gibt also natürliche Isomorphismen

$$\mathrm{Hom}_{\mathscr{U}}\,(M, N \otimes H^*(BV; \mathbb{F}_p)) \cong \mathrm{Hom}_{\mathscr{U}}\,(T_V M, N).$$

Dies ist ein algebraisches Analogon des vertrauten „Exponentialgesetzes“ für Abbildungsräume

$$\mathrm{map}(X \times Y, Z) \cong \mathrm{map}(X, \mathrm{map}(Y, Z)).$$

$T_V M$ entspricht hierbei also $\mathrm{map}(Y, Z)$. (Man beachte, daß Cohomologie ein kontravarianter Funktor ist und daß deshalb die erste Adjunktion ein „kontravariantes Analogon“ der zweiten ist.)

Die Existenz eines solchen Funktors ist eine einfache formale Angelegenheit und hängt insbesondere nicht von speziellen Eigenschaften von $H^*(BV; \mathbb{F}_p)$ ab. Sie wäre also kaum der Rede wert, wenn nicht die Funktoren T_V eine Reihe höchst bemerkenswerter Eigenschaften hätten, die dazu geführt haben, daß T_V verschiedentlich als „magischer Funktor“ bezeichnet wird.

Insbesondere ist T_V exakt und vertauscht mit Tensorprodukten, d. h. es gibt natürliche Isomorphismen $T_V(M \otimes N) \cong T_V M \otimes T_V N$. Dieses sind die beiden zentralen algebraischen Sachverhalte, die eine erstaunliche Anzahl von Konsequenzen haben, von denen wir einige skizzieren wollen (s. [Lannes 1986, 1987, 1990]).

Zunächst einmal gilt, daß $T_V H^*(X; \mathbb{F}_p)$ unter geeigneten Bedingungen an X tatsächlich isomorph zur Cohomologie des Abbildungsraumes $\mathrm{map}(BV, X)$ ist und daß die Berechnung von $T_V H^*(X; \mathbb{F}_p)$ außerdem oftmals erlaubt, den Homotopietyp des Abbildungsraumes zu erraten. Die oben erwähnten algebraischen Eigenschaften machen dazu T_V zu einem überaus gut berechenbaren Funktor.

So schließt man im Fall der Sullivan-Vermutung aus der einfach einzusehenden Tatsache, daß $T_V H^*(X; \mathbb{F}_p)$ und $H^*(X; \mathbb{F}_p)$ für endlich-dimensionales X

isomorph sind, daß dann auch map(BV, X) und X homotopieäquivalent sind. Auf ähnliche Weise kann man auch die verallgemeinerte Sullivan-Vermutung, die Segal-Vermutung und den Satz von Dwyer und Zabrodsky für elementar-abelsche Gruppen zeigen.

Weiterhin gibt $T_V H^*(X; \mathbb{F}_p)$ in der Dimension 0 Information über die Menge der Wegekomponenten von map(BV, X), d.h. die Menge der Homotopieklassen $[BV, X]$. LANNES konnte damit die folgende Vermutung von MILLER beweisen: Für einen einfach zusammenhängenden Raum X, für den $H^n(X; \mathbb{F}_p)$ endlich ist für jedes n, ist die kanonische Abbildung

$$[BV, X] \to \mathrm{Hom}_{\mathscr{K}}\,(H^*(X; \mathbb{F}_p), H^*(BV; \mathbb{F}_p))$$

eine Bijektion.

Im Fall des Satzes von Dwyer und Zabrodsky ist die Berechnung von $T_V H^*(BG; \mathbb{F}_p)$ als Produkt $\prod_{\varrho} H^*(BZ_G(\varrho); \mathbb{F}_p)$, wobei ϱ ein Repräsentantensystem der Konjugationsklassen von Homomorphismen von V nach G durchläuft, auch als eine weitreichende Verallgemeinerung von Resultaten von QUILLEN [1971] über die Struktur von $H^*(BG; \mathbb{F}_p)$ anzusehen. Die QUILLENschen Resultate entsprechen der Berechnung von $T_V H^*(BG; \mathbb{F}_p)$ in der Dimension 0. Die vollständige Bestimmung von $T_V H^*(BG; \mathbb{F}_p)$ zusammen mit Resultaten von SCHWARTZ [1988] und HENN [1989] zeigen, daß die niedrig-dimensionalen Cohomologiegruppen der Zentralisatoren elementar-abelscher Untergruppen von G weitere strukturelle Informationen über $H^*(BG; \mathbb{F}_p)$ geben. Man kann eine Folge immer feinerer Approximationen an $H^*(BG; \mathbb{F}_p)$ konstruieren, von denen die erste (genau genommen nullte) der von QUILLEN entspricht und die n-te für genügend großes n schließlich $H^*(BG; \mathbb{F}_p)$ exakt beschreibt.

Die Bedeutung von $H^*(BV; \mathbb{F}_p)$ wurde außer bei Quillen vor allem in der Theorie von ADAMS und WILKERSON [1980] deutlich. Sie zeigten z.B., daß (für $p = 2$) $H^*(BV; \mathbb{F}_2)$ sich in vieler Hinsicht wie ein „algebraisch abgeschlossenes Objekt" in der Kategorie $\mathscr{K}$ verhält, und daß man in $\mathscr{K}$ in vernünftiger Weise Galois-Theorie treiben kann und so z.B. viele Informationen über die möglichen Polynomalgebren erhält, die als Cohomologie modulo p von Räumen auftauchen können. Auch diese Theorie läßt sich in die Theorie von LANNES eingliedern und dann weiter ausbauen [Henn, Lannes und Schwartz, 1989a, b].

Der letzte Themenkreis, mit dem wir uns befassen wollen, ist die stabile Homotopietheorie.

2.10 Stabile Homotopietheorie

Die stabile Homotopietheorie verdankt ihre Existenz der Tatsache, daß eine Vielzahl von Phänomenen in der Homotopietheorie unabhängig von einer geeigneten „Dimension" sind, falls diese nur genügend groß ist. Wir führen einige Beispiele an.

Nach dem Freudenthalschen Einhängungssatz ([Freudenthal 1937]) sind die Homotopiegruppen von Sphären $\pi_{j+n}(S^n)$ unabhängig von n, sofern n größer als $j+1$ ist. Allgemeiner gilt für einen Raum X, daß $\pi_{j+n}(\Sigma^n X)$ unabhängig von n ist, sofern n groß genug ist. Den Wert für ein solches n nennt man die j-te stabile Homotopiegruppe von X und bezeichnet sie mit $\pi_j^S(X)$. Diese Gruppen bilden eine außergewöhnliche Homologietheorie (vgl. 2.1) und sind damit in vieler Hinsicht zugänglicher als die gewöhnlichen Homotopiegruppen.

Die Parallelisierbarkeit von S^{n-1} oder die Existenz einer Abbildung von S^{2n-1} nach S^n mit Hopf-Invariante Eins impliziert die Existenz eines Elementes in $\pi_{n-1}^S(S^0)$ mit gewissen Eigenschaften, die außer in den Fällen $n = 1, 2, 4$ oder 8 von ADAMS [1960] zu einem Widerspruch geführt wurde (vgl. 1.5 und 2.3).

Der Homotopietyp des Komplements eines in den euklidischen Raum $\mathbb{R}^n$ eingebetteten simplizialen Komplexes X hängt zwar i. a. von der Einbettung von X ab (für $X = S^1$ und $n = 3$ hat man es dann mit Knoten zu tun), aber seine homologischen Invarianten sind auf Grund von Dualitätssätzen unabhängig davon (s. 1.4). SPANIER und WHITEHEAD [1955] zeigten, daß bei festem X der Homotopietyp des Komplements unabhängig von der Einbettung ist, sofern nur n groß genug ist. Dieses Phänomen erklärten sie dadurch, daß das Komplement ein *Dual* in einer geeigneten stabilen Homotopiekategorie $\mathscr{S}$ ist. Diese Kategorie hat als Objekte die endlichen CW-Komplexe und als Morphismen von X nach Y die Homotopieklassen $[\Sigma^n X, \Sigma^n Y]$ für genügend großes n. Vom modernen Standpunt aus handelt es sich bei dieser Dualität um eine *Dualität in einer monoidalen Kategorie;* das „Smash-Produkt" verleiht dieser Kategorie eine sogenannte monoidale Struktur, und damit hat man einen abstrakten Dualitätsbegriff, der analog ist zur gewöhnlichen Dualität von abelschen Gruppen. In diesem Rahmen entspricht dann die Bildung des Komplements im wesentlichen der des Duals (s. [Dold und Puppe 1980]).

Es zeigte sich nun schnell, daß die Kategorie $\mathscr{S}$ zu klein ist. Viele Konstruktionen sind in ihr nicht oder nur sehr schwerfällig möglich, und viele wünschenswerte Objekte können in ihr nicht existieren. Man hat deshalb nach einer Erweiterung der Kategorie $\mathscr{S}$ gesucht, die diese Nachteile nicht aufweist. Die von J. BOARDMAN vorgeschlagene Kategorie von Spektren hat sich dabei als besonders zweckmäßig erwiesen. Wir bezeichnen sie mit $\mathscr{S}\!\mathscr{p}$. Ihre genaue Konstruktion kann hier nicht beschrieben werden; sie findet sich z. B. in [Adams 1974].

In $\mathscr{S}\!\mathscr{p}$ kann man nun eine sehr viel elegantere Konstruktion der Adams-Spektralsequenz geben (s. [Adams 1974]) als dies ursprünglich möglich war [Adams 1958]. Diese Spektralsequenz gehört noch immer zu den wirkungsvollsten Werkzeugen für die Berechnung von stabilen Homotopiegruppen. In ihrer klassischen Form konvergiert sie gegen $\pi_{t-s}^S(X) \otimes Z_p$, wobei Z_p die p-adischen Zahlen bezeichnet und X z. B. ein CW-Komplex ist. Ihr E_2-Term ist gegeben als $E_2^{s,t} = \operatorname{Ext}_A^s(\tilde{H}^*(X; \mathbb{F}_p), \tilde{H}^*(S^t; \mathbb{F}_p))$, d. h. er ist bestimmt durch die Steenrod-Algebra-Modulstruktur der reduzierten Cohomologie $\tilde{H}^*(X; \mathbb{F}_p)$. In späteren Varianten wurde dann Cohomologie modulo p durch andere Cohomologietheorien, insbesondere komplexen Cobordismus ersetzt (s. [Novikov 1967]) und entsprechend die Steenrod-Algebra durch die Algebra der stabilen Cohomologieoperationen in dieser Theorie. Im Fall des komplexen Cobordismus nennt man die zugehörige Spektralsequenz auch Adams-Novikov- oder einfach nur Novikov-Spektralsequenz.

Ein weiterer großer Vorteil von $\mathscr{S}\!p$, der auch in der Konstruktion der Adams-Spektralsequenz zum Tragen kommt, ist der ***Brownsche Darstellbarkeitssatz*** [E. Brown 1962]. Unter geeigneten Voraussetzungen gibt es für eine Comologietheorie E ein bis auf Äquivalenz eindeutiges Spektrum $R(E)$, so daß für jeden endlichen CW-Komplex X die Homotopieklassen von $\Sigma^n X$ nach $R(E)$ natürlich isomorph sind zu $E^{-n}(X)$. Das Studium von außergewöhnlichen Cohomologietheorien ist also eng verbunden mit einem homotopietheoretischen Studium der Kategorie $\mathscr{S}\!p$.

2.11 Stabile Homotopietheorie endlicher CW-Komplexe

Im Mittelpunkt des Interesses stehen hier die stabilen Homotopiegruppen der Sphären. Für Tabellen verweisen wir z. B. auf [Ravenel 1986] und [Kochman 1990]. Wie im instabilen Fall ist man auch hier von einer vollständigen Bestimmung dieser Gruppen weit entfernt. Es liegen neben den Tabellen jedoch eine Reihe interessanter struktureller Einsichten vor, die zum Teil mit einem heute besseren Verständnis der Kategorie $\mathscr{S}$ zusammenhängen und auf die wir im folgenden etwas eingehen wollen.

Zunächst ist seit den Arbeiten von Serre bekannt (s. 2.6), daß $\pi_j^S(S^0)$ für positives j eine endliche Gruppe ist und für $j=0$ gleich $\mathbb{Z}$ ist. Die graduierte Gruppe $(\pi_j^S(S^0))_{j\in\mathbb{Z}}$ ist in natürlicher Weise ein graduiert kommutativer Ring und nach einem Resultat von Nishida [1973] ist jedes Element positiver Dimension nilpotent. Die Ringstruktur ist also nicht sehr hilfreich, wenn man diese Gruppen beschreiben will.

Statt dessen hat sich das Konzept *„periodischer Familien"* als sehr fruchtbar erwiesen. Die ersten solchen Familien, die sogenannten α-Familien, wurden zuerst von Adams [1966] und Toda gefunden. Adams konstruiert für jede Primzahl p „stabile Selbstabbildungen" (der „stabilen Dimension" $k(p)$) $A: \Sigma^{k(p)} M(p) \to M(p)$, wobei $M(p)$ der Abbildungskegel einer stabilen Selbstabbildung der Sphäre S^0 vom Grad p, $k(2)=8$ und $k(p)=2(p-1)$ ist für ungerades p. Die Abbildung A induziert einen Isomorphismus in komplexer K-Theorie, insbesondere ist keine der iterierten Abbildungen $A^t: \Sigma^{k(p)t} M(p) \to M(p)$ nullhomotop. Die Elemente der α-Familie erhält man dann durch Komposition von A^t mit den kanonischen Abbildungen $S^{k(p)t} \to \Sigma^{k(p)t} M(p)$ und $M(p) \to S^1$,

$$\alpha_t: S^{k(p)t} \to \Sigma^{k(p)t} M(p) \to M(p) \to S^1 .$$

Einige Jahre danach gelang es L. Smith [1970], für $p>3$ eine Selbstabbildung B (der stabilen Dimension $2(p^2-1)$) des Abbildungskegels von A zu konstruieren und nachzuweisen, daß alle Iterierten von B nicht nullhomotop sind und in analoger Weise zu einer Familie von Elementen β_t führen. Als nächstes konstruierte dann TODA [1971] für $p > 5$ eine Selbstabbildung C (der stabilen Dimension $2(p^3 - 1)$) des Abbildungskegels von B. Der Nachweis der Nichttrivialität der dazugehörigen Familie γ_t gelang dann allerdings erst MILLER, RAVENEL und WILSON [1977]. Die Konstruktion einer Selbstabbildung D (der stabilen Dimension $2(p^4 - 1)$) des Abbildungskegels von C stößt dagegen auf Probleme, die bis heute nicht gelöst sind.

Für eine systematische Behandlung dieser Familien greift man auf die komplexe Bordismentheorie MU_*[11] bzw. die verwandte von E. H. BROWN und F. P. PETERSON [1966] eingeführte BP-Theorie sowie auf die Morava-K-Theorien $K(n)_*$ zur entsprechenden Primzahl p zurück. So induzieren die Abbildungen A, B und C in diesen Theorien Endomorphismen, die im Falle von MU_* bzw. BP_* nicht nilpotent und im Falle von $K(n)_*$ sogar Isomorphismen sind (mit $n = 1$ für A, $n = 2$ für B und $n = 3$ für C). Weiter legt die algebraische Struktur des E_2-Terms der Adams-Novikov-Spektralsequenz (s. [Miller-Ravenel-Wilson 1977], [Morava 1985]) nahe, daß es weitere periodische Familien geben sollte und daß man versuchen sollte, $\pi_*^S(S^0)$ mit Hilfe von periodischen Familien zu verstehen.

Die obigen Beispiele und die reiche algebraische Struktur des genannten E_2-Terms veranlaßten RAVENEL [1984], eine ganze Reihe faszinierender Vermutungen über die Struktur der stabilen Homotopiekategorie endlicher CW-Komplexe, insbesondere über Nilpotenz- und Periodizitätsphänomene, aufzustellen. Wir wollen uns darauf beschränken, die folgenden beiden, einfach zu formulierenden Vermutungen aufzuführen.

Nilpotenz: *Eine stabile Selbstabbildung $f\colon \Sigma^m X \to X$ eines endlichen CW-Komplexes X ist in der stabilen Kategorie kompositionsnilpotent, wenn $MU_*(f)$ kompositionsnilpotent ist.*

Für die zweite Vermutung betrachten wir zunächst einen endlichen CW-Komplex X mit endlichen Homologiegruppen, die alle p-Torsionsgruppen sein sollen für eine feste Primzahl p. Wir wollen ein solches X einen p-Torsionskomplex nennen. Die volle Unterkategorie aller p-Torsionskomplexe, für die $K(m)_*(X)$ trivial ist für alle $m < n$, bezeichnen wir mit $\mathscr{C}_{n,p}$. Dann gibt es für jedes nichttriviale solche X eine natürliche Zahl n, so daß X in $\mathscr{C}_{n,p}$, aber nicht in $\mathscr{C}_{n+1,p}$ liegt; mit anderen Worten der Durchschnitt aller $\mathscr{C}_{n,p}$ besteht aus den zusammenziehbaren CW-Komplexen. Die Tatsache, daß $\mathscr{C}_{n+1,p}$ echt in $\mathscr{C}_{n,p}$ enthalten ist, ist höchst nichttrivial und war lange Zeit nur für $n \leq 4$ als Konsequenz der Existenz der oben erwähnten Abbildungen A, B und C bekannt. Erst S. MITCHELL [1985] zeigte, daß man stets echte Inklusionen hat.

Periodizität: *Sei X in $\mathscr{C}_{n,p}$, aber nicht in $\mathscr{C}_{n+1,p}$. Dann gibt es eine stabile Selbstabbildung f, die einen Isomorphismus in $K(n)_*$ induziert und in Homologie modulo p trivial ist.* (Damit ist insbesondere die Identität ausgeschlossen.)

All diese RAVENELschen Vermutungen mit Ausnahme der hier nicht beschriebenen Teleskopvermutung sind inzwischen bewiesen – die Nilpotenzvermutung in der bahnbrechenden Arbeit von E. DEVINATZ, M. HOPKINS und J. SMITH [1988], die Periodizitätsvermutung von HOPKINS und SMITH [Hopkins 1987]. Die dabei gewonnenen Erkenntnisse über die Struktur der stabilen Homotopiekategorie muß man als revolutionär bezeichnen. Wir wollen dies mit der folgenden abschließenden Diskussion illustrieren [Hopkins 1987].

Die stabile Homotopiekategorie $\mathscr{C}_p$ aller p-lokalen CW-Komplexe (vgl. 2.8) hat eine Menge Gemeinsamkeiten mit der Homotopiekategorie $\mathscr{C}_R$ von Kettenkomplexen über einem kommutativen Ring R. U.a. gibt es in beiden Kategorien die Begriffe Abbildungskegel und direkter Summand. Nun ist es einfach zu sehen, daß die Unterkategorien $\mathscr{C}_{n,p}$ von $\mathscr{C}_p$ abgeschlossen sind gegenüber der Bildung von Abbildungskegeln und direkten Summanden. Umgekehrt besagt eines der Resultate von HOPKINS und SMITH [Hopkins 1987], daß jede echte volle Unterkategorie von $\mathscr{C}_{0,p}$, die diese Eigenschaften besitzt und einen nicht zusammenziehbaren Komplex enthält, mit einer der Kategorien $\mathscr{C}_{n,p}$ übereinstimmt. Dabei bezeichnet $\mathscr{C}_{0,p}$ die volle Unterkategorie von $\mathscr{C}_p$, die aus den CW-Komplexen besteht, für die die direkte Summe aller Gruppen $H_n(X, Z)$ ein endlich erzeugter Modul über $\mathbb{Z}_{(p)}$, den an p lokalisierten ganzen Zahlen, ist.

Endliche Komplexe entsprechen in $\mathscr{C}_R$ im wesentlichen den endlich erzeugten, dimensionsweise projektiven Kettenkomplexen, und wenn man die zugehörige volle Unterkategorie von $\mathscr{C}_R$ mit $\mathscr{C}_{0,R}$ bezeichnet, so kann man auf recht elementare Weise die vollen Unterkategorien von $\mathscr{C}_{0,R}$ bestimmen, die abgeschlossen sind gegenüber der Bildung von Abbildungskegeln und direkten Summanden. Es sind (jedenfalls unter geeigneten Voraussetzungen über R) genau die, deren Objekte X einen Träger supp(X) besitzen, der in einer fest vorgegebenen Menge S von Primidealen von R liegt, die stabil unter Spezialisierung ist. Dabei ist supp(X) definiert als Menge der Primideale ϱ, für die die Lokalisierung von X an ϱ nichttriviale Homologie besitzt, und S heißt stabil unter Spezialisierung, wenn mit ϱ auch jedes ϱ umfassende Primideal ϱ' in S liegt.

In anderen Worten: Die Kenntnis dieser Unterkategorien ist (für geeignetes R) äquivalent zur Kenntnis von Spec(R) mit seiner Zariski-Topologie, und die obige Charakterisierung der Kategorien $\mathscr{C}_{n,p}$ kann daher als Bestimmung des „Primidealspektrums der stabilen Homotopiekategorie“ bzw. des Sphärenspektrums, betrachtet als sogenannter „Ring bis auf Homotopie“, aufgefaßt werden.

Dies ist einer der Gründe, die dem folgenden Zitat aus [Hopkins 1987] zugrunde liegen: „We have now reached a vista where the algebra and the geometry are really the same thing: the study of periodicity in stable homotopy is the same as the study of the prime ideals of the sphere spectrum“. Man darf auf die künftige Entwicklung gespannt sein.

JOHN FRANK ADAMS
(1930–1989)
Geb. in Woolwich, London. Studium in Cambridge (Trinity College). Promotion 1955 in Cambridge. Lehrte in Oxford, Cambridge und Manchester. Fielden Professor in Manchester (1964), Lowndean Professor in Cambridge (1970). 1964 Mitglied der Royal Society. 1983 Sylvester-Medaille. Bei einem Autounfall am 7. Januar 1989 ums Leben gekommen.

PAWEL SERGEJEWITSCH ALEXANDROFF
(1896–1982)
Geb. in Bogorodsk (heute Noginsk) im Gouvernement Moskau. Studium in Moskau. Lehrte dort ab 1921, ab 1928 als Professor. 1929 wurde er korrespondierendes und 1953 ordentliches Mitglied der Akademie der Wissenschaften der UdSSR. 30 Jahre lang war er Präsident der Moskauer Mathematischen Gesellschaft. In den zwanziger Jahren und bis 1933 mehrere Gastaufenthalte in Göttingen. Dort Begegnung und Freundschaft mit Heinz Hopf.

LUITZEN EGBERTUS JAN BROUWER
(1881–1966)
Geb. in Overschie (Niederlande). Studium in Amsterdam. Promotion dort 1907. Lehrte in Amsterdam ab 1909 als Privatdozent, ab 1912 als außerordentlicher und ab 1913 bis zur Emeritierung 1951 als ordentlicher Professor. 1912 Mitglied der Koninklijke Akademie der Wetenschappen. Am 2. Dezember 1966 von einem Auto angefahren und tödlich verletzt.

JULES HENRI POINCARÉ
(1854–1912)
Geb. in Nancy. Studium an der École Polytechnique in Paris. Promotion 1879. Lehrte anschließend an der Universität Caen, ab 1881 bis zu seinem Tode als Professor in Paris. 1887 Mitglied der Académie des Sciences, 1908 der Académie Française.

Herbert Seifert
(geb. 1907)
Geb. in Bernstadt (Sachsen). Studium in Dresden, Göttingen und Leipzig. Promotion zum Dr. rer. techn. in Dresden 1930 bei W. Threlfall, zum Dr. phil. in Leipzig 1932. Habilitation Dresden 1934. Ab 1935 bis zur Emeritierung 1975 in Heidelberg, zunächst Lehrstuhlvertretung, ab 1937 ordentlicher Professor (Nachfolge Karl Otto Heinrich Liebmann). 1948 ordentliches Mitglied der Heidelberger und 1959 korrespondierendes Mitglied der Göttinger Akademie der Wissenschaften.

Norman Earl Steenrod
(1910–1971)
Geb. in Dayton (Ohio). Studium an der University of Michigan, in Harvard und Princeton. Promotion 1936 in Princeton bei S. Lefschetz. Lehrte an den Universitäten Princeton ab 1936, Chicago 1939, Michigan 1942 und wieder Princeton 1947, ab 1951 bis zu seinem Tode als Full Professor. Mitglied der US National Academy of Sciences.

John Henry Constantine Whitehead
(1904–1960)
Geb. in Madras (Indien). Studium in Oxford (Balliol College) und Princeton. 1933 Fellowship am Balliol College, ab 1947 Wayneflete Professor (Nachfolger von A. C. Dixon) am Magdalen College (Oxford). Mitglied der Royal Society. 1953 Präsident der London Mathematical Society. Gest. im Mai 1960 an einer Herzattacke.

Anmerkungen

1 VOLKERT ist auch dadurch beteiligt, daß er als Assistent des zweiten Autors im Sommersemester 1978 ein Seminar über die Geschichte der Homologietheorie wesentlich mitgestaltet hat. Seine Notizen von damals sind uns sehr nützlich gewesen. Der erste Autor hat an jenem Seminar als Student teilgenommen.

2 Häufig wird das bekannte „Königsberger Brückenproblem" zu den Ursprüngen der Topologie gezählt, das EULER dazu veranlaßte, in einer der Petersburger Akademie schon am 26. August 1735 vorgelegten Arbeit eine notwendige und hinreichende Bedingung für einen Graphen anzugeben, damit dieser einen Weg zuläßt, der jede Kante genau einmal enthält. Dies ist jedoch ein rein kombinatorisches Ergebnis, und obwohl es selbstverständlich Überschneidungen zwichen Topologie und Konbinatorik gibt (vgl. Abschnitt 1.2), zu denen insbesondere Teile der Graphentheorie gehören (z. B. Einbettbarkeitsfragen, Vierfarbenproblem), ist gerade in diesem Ergebnis kaum ein Keim der Topologie zu erkennen.

3 Wir geben in diesem Abschnitt nur wenige Literaturhinweise und Belege. Das Fehlende findet man in [Pont 1974], [Hirsch 1978] und [Federico 1982].

4 Die Annahme liegt nahe, daß DESCARTES und EULER an gar keine anderen Polyeder gedacht haben als konvexe. Im Fall von EULER spricht gegen diese Annahme, daß er in [1752/53, S. 73 in Opera omnia] erwähnt, ein Körper könne von ebenen, konvexen oder *konkaven* Flächenstücken begrenzt sein.

5 KNESER bezieht sich nicht auf [Tietze 1908], sondern auf [E. Steinitz 1908], wo das Problem auch angesprochen, aber weniger deutlich herausgearbeitet wird als bei TIETZE.

6 Im Kontrast hierzu steht die Fußnote auf Seite 92 in [Seifert-Threlfall 1934], wo es heißt, man könne singuläre Homologiegruppen zwar nicht nur für Komplexe, sondern für beliebige (Umgebungs-) Räume definieren, aber nur für Komplexe sei die Definition fruchtbar. Das ist durch spätere Entwicklungen schlagend widerlegt worden – man denke nur an die SERREsche Spektralsequenz – und scheint uns erstaunlich. Die Erklärung ist, daß die anderen Homologietheorien (VIETORIS und ČECH) damals gerade sehr erfolgreich waren (vgl. die zugehörige Anmerkung 16 in [Seifert-Threlfall 1934]).

7 Als der ältere der beiden Autoren im WS 1959/60 in Bonn in Vertretung von F. HIRZEBRUCH dessen Vorlesung Topologie I mit Topologie II fortsetzte, gab es in der Literatur noch keinen für eine Vorlesung geeigneten Beweis des Poincaréschen Dualitätssatzes ohne die Voraussetzung der Triangulierbarkeit. In persönlichen Kontakten mit F. ADAMS, A. DOLD und J. MILNOR wurde ihm ein Beweis bekannt, der in der Vorlesungsausarbeitung [D. Puppe 1960] steht. Auf die gleichen, hauptsächlich von MILNOR stammenden Ideen wird der Beweis heute meistens gestützt.

8 Wir haben nicht herausfinden können, wann und von wem das zum ersten Mal bewiesen wurde.

9 Das letzte Ergebnis oder etwas Ähnliches braucht man übrigens, um zu zeigen, daß die klassische *homologische* Fassung des Dualitäzssatzes aus der modernen *cohomologischen* folgt.

10 THOM benutzte hier das Wort „cobordant". Dies ist vom heutigen Standpunkt etwas unglücklich, da der Begriff in natürlicher Weise zu einer *Homologie*theorie führt und man die Vorsilbe „Co" gern für die zugehörige Cohomologietheorie reserviert.

11 Wir benutzen jetzt anstelle des früheren Ω_U• die heute in der Homotopietheorie übliche Bezeichnung MU• für die komplexe Bordismustheorie.

Literaturverzeichnis

Adams, J. F. (1958): *On the structure and applications of the Steenrod algebra*. Comment. Math. Helv. **23** (1958), 180–214.

Adams, J. F. (1960): *On the nonexistence of elements of Hopf invariant one*. Ann. of Math. **72** (1960), 20–104.

Adams, J. F. (1962): *Vector fields on spheres*. Ann. of Math. **75** (1962), 603–632.

Adams, J. F. (1966): *On the groups $J(X)$ IV*. Topology 5 (1966), 21–71.

Adams, J. F. (1971): *Algebraic topology in the last decade*. Algebraic Topology, Proc. Sympos. Pure Math. **22** (1971), 1–22.

Adams, J. F. (1974): *Stable homotopy and generalized homology*. Chicago: Univ. of Chicago Press 1974.

Adams, J. F. and M. F. Atiyah (1966): *K-theory and the Hopf invariant*. Quart J. Math. Oxford Ser. (2) **17** (1966), 31–38.

Adams, J. F. and C. Wilkerson (1980): *Finite H-spaces and algebras over the Steenrod algebra*. Ann. of Math. **111** (1980), 95–143.

Adem, J. (1952): *The iteration of the Steenrod squares in algebraic topology*. Proc. Nat. Acad. Sci. USA **38** (1952), 720–726.

Alexander, J. W. (1915): *A proof of the invariance of certain constants of analysis situs*. Trans. Amer. Math. Soc. **16** (1915), 148–154.

Alexander, J. W. (1919): *Note on two three-dimensional manifolds with the same group*. Trans. Amer. Math. Soc. **20** (1919), 339–342.

Alexander, J. W. (1922): *A proof and extension of the Jordan-Brouwer separation theorem*. Trans. Amer. Math. Soc. **23** (1922), 333–349.

Alexandroff, P (1927): *Über kombinatorische Eigenschaften allgemeiner Kurven*. Math. Ann. **96** (1927), 512–554.

Alexandroff, P und H. Hopf (1935): *Topologie. Erster Band*. Die Grundlehren der math. Wiss. Band 45. Berlin: Springer-Verlag 1935.

Atiyah, M. F. (1961): *Characters and cohomology of finite groups*. Inst. Hautes Etudes Sci. Publ. Math. **9** (1961), 23–64.

Atiyah, M. and F. Hirzebruch (1961): *Vector bundles and homogeneous spaces*. Proc. Symp. Pure Math. III, Differential Geometry, Amer. Math. Soc. 1961, pp. 7–38.

Atiyah, M. F. and I. M. Singer (1963): *The index of elliptic operators on compact manifolds*. Bull. Amer. Math. Soc. **69** (1963), 422–433.

Atiyah, M. F. and I. Singer (1968): *The index of elliptic operators I*. Ann. of Math. **87** (1968), 484–530.

Averbukh, S. (1959): *The algebraic structure of the intrinsic homology groups*. Dokl. Akad. Nauk USSR **125** (1959), 11–14.

Barratt, M. (1955): *Track groups I, II*. Proc. Lond. Math. Soc. **5** (1955), 71–106 and 285–329.

Betti, E. (1871): *Sopra gli spazi di un numero qualunque di dimensioni*. Ann. mat. pura appl. (2) **4** (1871), 140–158.

Bödigheimer, C. F. and H.-W. Henn (1983): *A remark on the size of $\pi_q(S^n)$*. Manuscr. Math. **43** (1983), 79–83.

Bott, R. (1958): *The space of loops on a Lie group*. Mich. Math. J. **5** (1958), 35–61.

Bott, R. (1959 a): *Quelques remarques sur les théorèmes de périodicité*. Bull. Soc. Math. France **87** (1959), 293–310.

Bott, R. (1959 b): *The stable homotopy of the classical groups*. Ann. of Math. **70** (1959), 313–337.

Bott, R. and J. Milnor (1958): *On the parallelizability of spheres*. Bull. Amer. Math. Soc. **64** (1958), 87–89.

Bousfield, A. K. (1987): *On the homology spectral sequence of a cosimplicial space*. Amer. J. Math. **109** (1987), 361–194.

Bousfield, A. K. (1989): *Homotopy spectral sequences and obstructions*. Israel J. Math. **66** (1989), 54–104.

Bousfield, A. K. and D. M. Kan (1972): *Homotopy limits, completions and localizations*. Lect. Notes in Math. 304, Berlin-Heidelberg-New York: Springer 1972.

Brieskorn, E. (1966): *Beispiele zur Differentialtopologie von Singularitäten*. Invent. Math. **2** (1966), 1–14.

Brouwer, L. E. J. (1911): *Beweis der Invarianz der Dimensionenzahl*. Math. Ann. **70** (1911), 161–165. Auch in: L. E. J. Brouwer Collected Works vol. 2 (ed. by H. Freudenthal). Amsterdam: North-Holland 1976, p. 430–434.

Brouwer, L. E. J. (1912): *Über Abbildung von Mannigfaltigkeiten*. Math. Ann. **71** (1912), 97–115 und 598. Auch in: Collected Works vol. 2, Amsterdam: North-Holland 1976, p. 454–474.

Brown, E. H. (1962): *Cohomology Theories*. Ann. of Math. **75** (1962), 467–484.

Brown, E. H. and F. P. Peterson (1966): *A spectrum whose $\mathbb{Z}_p$ cohomology is the algebra of reduced p-th powers*. Topology **5** (1966), 149–154.

Brown, Edward M. (1963): The Hauptvermutung for 3-complexes. Thesis MIT Cambridge, Mass. 1963 and Trans. Amer. Math. Soc. **144** (1969), 173–196.

Cannon, J. W. (1979): *Shrinking cell-like decompositions of manifolds. Codimension three*. Ann. of Math. (2) **110** (1979), 83–112.

Carlsson, G. (1983): *G. B. Segal's Burnside ring conjecture for $(\mathbb{Z}/2)^k$*. Topology **22** (1983), 83–103.

Carlsson, G. (1984): *Equivariant stable homotopy and Segal's Burnside ring conjecture*. Ann. of Math. **120** (1984), 189–224.

Cohen, F., J. Moore and J. Neisendorfer (1979): *The double suspension and exponents of the homotopy groups of spheres*. Ann. of Math. **110** (1979), 549–565.

Dehn, M. and P. Heegaard (1907–10): *Analysis Situs*. Enzyklopädie der mathematischen Wissenschaften Band III, 1. Teil, 1. Hälfte. Leipzig: Teubner 1907–10, 154–220.

Devinatz, E., M. Hopkins and J. Smith (1988): *Nilpotence and stable homotopy theory I*. Ann. of Math. **126** (1988), 207–241.

Dieck, T. tom (1987): *Transformation groups*. De Gruyter Studies in Mathematics 8, Berlin–New York: de Gruyter 1987.

Dieudonné, J. (1989): *A history of algebraic and differential topology 1900–1960*. Boston – Basel: Birkhäuser 1989.

Dold, A. (1956): *Erzeugende der Thomschen Algebra $\mathfrak{N}$*. Math. Zeitschr. **65** (1956), 25–35.

Dold, A. (1972): *Lectures on algebraic topology*. Grundlehren der math. Wiss. in Einzeldarstellungen Band 200. Berlin – Heidelberg – New York: Springer-Verlag 1972 (2. Aufl. 1980).

Dold, A. and R. Lashof (1959): *Principal quasifibrations and fibre homotopy equivalences of bundles*. Illinois J. Math. **3** (1959), 285–305.

Dold, A. and D. Puppe (1961): *Homologie nichtadditiver Funktoren*. Ann. Inst. Fourier **11** (1961), 201–312.

Dold, A. und D. Puppe (1980): *Duality, trace, and transfer*. Proc. Intern. Conf. Geometric Topology Warsaw 1978. Warsaw: Polish Scientific Publishers 1980. Also in: Proc. Steklov Inst. Math. 1984, 85–103.

Dombrowski, P. (1990): *Differentialgeometrie*. In diesem Band.

Dwyer, W. G., H. R. Miller and C. Wilkerson (1987): *The homotopy uniqueness for BS^3*. Algebraic Topology Barcelona 1980 Proc. (ed. J. Aguade and R. Kane), Lect. Notes in Math. 1298, Springer 1987, 90–105.

Dwyer, W. G. and A. Zabrodsky (1987): *Maps between classifying spaces*. Algebraic Topology Barcelona 1980 Proc. (ed. J. Aguade and R. Kane), Lect. Notes in Math. 1298, Springer 1987, 90–105.

Dyck, W. (von) (1888): *Beiträge zur Analysis Situs I. Ein- und zweidimensionale Mannigfaltigkeiten*. Math. Ann. **32** (1888), 457–512.

Eilenberg, S. (1944): *Singular homology*. Ann. of Math. **45** (1944), 407–447.

Eilenberg, S. and S. MacLane (1942): *Natural isomorphisms in group theory*. Proc. Nat. Acad. Sci. USA **28** (1942), 537–543.

Eilenberg, S. and N. Steenrod (1945): *Axiomatic approach to homology theory*. Proc. Nat. Acad. Sci. USA **31** (1945), 177–180.

Eilenberg, S. and N. Steenrod (1952): *Foundations of algebraic topology*. Princeton Univ. Press 1952.

Euler, L. (1752/53): *Elementa doctrinae solidorum*. Novi comment. acad. sc. Petropolitanae **4** (1752/53), 109–140. Auch in: Euleri Opera Omnia, Ser. prima, Opera Mathematica vol. 26, Hg. von A. Speiser, Zürich: Orell Füssli 1953, p. 71–93.

Federico, P. J. (1982): *Descartes on polyhedra, a study of the „De solidorum elementis"*. Sources in the History of Mathematics and Physical Sciences 4. New York–Heidelberg–Berlin: Springer-Verlag 1982.

Feigl, G. (1928): *Geschichtliche Entwicklung der Topologie*. Jahresber. Deutsche Math.-Vereinig. **37** (1928), 273–286.

Freedman, M. H. (1982): *The topology of four-dimensional manifolds*. J. Differ. Geom. **17** (1982), 357–453.

Freudenthal, H. (1937): *Über die Klassen der Sphärenabbildungen*. Compos. Math. **5** (1937), 299–314.

Gray, B. (1969): *On the sphere of origin of infinite families in the homotopy groups of spheres*. Topology **8** (1969), 219–232.

Heegaard, P. (1898): *Sur l'Analysis Situs*. Bull. Soc. Math. France **44** (1916), 161–242. Übersetzung aus dem Dänischen von: Forstudier til en topologisk teori för de algebraiske Sammenhäng. Kopenhagen 1898.

Henn, H.-W. (1986): *On the growth of homotopy groups*. Manuscr. Math. **56** (1986), 235–246.

Henn, H.-W. (1989): *Some finiteness results in the category of unstable modules over the Steenrod Algebra and applications to stable splittings*. Universität Heidelberg Forschungsschwerpunkt Geometrie Heft 54, 1989.

Henn, H.-W., J. Lannes and L. Schwartz (1989a): *Analytic functors, unstable algebras and classifying spaces*. Contemp. Math. **96** (1989), 197–220.

Henn, H.-W., J. Lannes and L. Schwartz (1989b): *The categories of unstable modules and unstable algebras over the Steenrod Algebra modulo nilpotent objects*. Preprint 1989.

Hirsch, G. (1978): *Topologie*. In: J. Dieudonné, Abrégé d'histoire des mathématiques 1700–1900, 2 Bände. Paris: Hermann 1978. Deutsche Übersetzung: Geschichte der Mathematik 1700–1900, 637–697. Braunschweig–Wiesbaden: Vieweg 1985.

Hirzebruch, F. (1953): *On Steenrod's reduced powers, the index of inertia and the Todd genus*. Proc. Nat. Acad. Sci. USA **39** (1953), 951–956.

Hirzebruch, F. (1954): *Arithmetic genera and the theorem of Riemann-Roch for algebraic varieties*. Proc. Nat. Acad. Sci. USA **40** (1954), 110–114.

Hirzebruch, F. (1956): *Neue topologische Methoden in der algebraischen Geometrie*. Ergebnisse der Math., neue Folge, Heft 9. Berlin: Springer-Verlag 1956.

Hopf, H. (1926): *Abbildungen geschlossener Mannigfaltigkeiten auf Kugeln in n Dimensionen*. Jahresber. Deutsche Math.-Vereinig. **34** (1926), 130–133. Auch in: Selecta Heinz Hopf. Berlin u.a.: Springer-Verlag 1964, S. 1–4.

Hopf, H. (1928a): *A new proof of the Lefschetz formula on invariant points*. Proc. Nat. Acad. Sci. USA **14** (1928), 149–153.

Hopf, H. (1928b): *Eine Verallgemeinerung der Euler-Poincaréschen Formel*. Nachr. Ges. Wiss. Göttingen 1928, 127–136. Auch in: Selecta Heinz Hopf. Berlin u.a.: Springer-Verlag 1964, S. 5–13.

Hopf, H. (1931): *Über die Abbildungen der dreidimensionalen Sphäre auf die Kugelfläche*. Math. Ann. **104** (1931), 637–665. Auch in: Selecta Heinz Hopf. Berlin u.a.: Springer-Verlag 1964, S. 38–63.

Hopf, H. (1935): *Über die Abbildungen von Sphären auf Sphären niedrigerer Dimension*. Fundam. Math. **25** (1935), 427–440. Auch in: Selecta Heinz Hopf. Berlin u.a.: Springer-Verlag 1964, S. 95–106.

Hopf, H. (1953): *Vom Bolzanoschen Nullstellensatz zur algebraischen Homotopietheorie der Sphären*. Jahresber. Deutsche Math.-Vereinig. **56** (1953), 59–76.

Hopf, H. (1966): *Einige persönliche Erinnerungen aus der Vorgeschichte der heutigen Topologie*. Colloque de Topologie tenu à Bruxelles 1964, CBRM, Louvain et Paris 1966, p. 9–20.

Hopkins, M. (1987): *Global methods in homotopy theory*. Proceedings of the Durham Symposium on Homotopy Theory 1985, Cambridge University Press 1987.

Hurwitz, A. (1923): *Über die Komposition der quadratischen Formen*. Math. Ann. **88** (1923), 1–25.

Jackowski, S, J. McClure and R. Oliver (1990): *Self-maps of classifying spaces of compact Lie groups*. Bull. Amer. Math. Soc. **22** (1990), 65–72.

Jordan, C. (1866): *Des contours tracées sur les surfaces*. Journ. Math. Pures Appl. (2) **11** (1866), 110–130. Auch in: Oeuvres vol. 4, Paris: Gauthier-Villars 1964, p. 91–111.

Jordan, C. (1893): *Cours d'Analyse, 2nd ed. p. 92*. Paris 1893.

van Kampen, E. R. (1933): *On the connection between the fundamental groups of some related spaces*. Amer. J. Math. **55** (1933), 261–267.

Kervaire, M. (1958): *Nonparallelizability of the n-sphere for n > 7*. Proc. Nat. Acad. Sci. USA **44** (1958), 280–283.

Kneser, H. (1926): *Die Topologie der Mannigfaltigkeiten*. Jahresber. Deutsche Math.-Vereinig. **34** (1926), 1–14.

Kochman, S. D. (1990): *Stable homotopy groups of spheres, a computer-assisted approach*. Lect. Notes in Math. 1423, Berlin–Heidelberg–New York: Springer 1990.

Künneth, H. (1923): *Über die Bettischen Zahlen einer Produktmannigfaltigkeit*. Math. Ann. **90** (1923), 65–85.

Künneth, H. (1924): *Über die Torsionszahlen von Produktmannigfaltigkeiten*. Math. Ann. **91** (1924), 125–134.

Lannes, J. (1986): *Cohomology of groups and function spaces*. Preprint 1986.

Lannes, J. (1987): *Sur la cohomologie modulo p des p-groupes abéliens élémentaires*. Proceedings of the Durham Symposium on Homotopy Theory 1985, Cambridge University Press 1987.

Lannes, J. (1990): *Sur les espaces fonctionels dont la source est le classifiant d'un p-groupe abélien élémentaire*. Preprint 1990.

Lannes, J. and L. Schwartz (1986): *A propos de conjectures de Serre et Sullivan*. Invent. Math. **83** (1986), 593–603.

Lannes, J. and S. Zarati (1986): *Sur les $\mathcal{U}$-injectifs*. Ann. Scient. Ec. Norm. Sup. **19** (1986), 303–333.

Lefschetz, S. (1926): *Intersections and transformations of complexes and manifolds*. Trans. Amer. Math. Soc. **28** (1926), 1–49.

Lefschetz, S. (1930): *Topology*. Amer. Math. Soc. Coll. Publ. No. 12. Providence, RI, 1930.

Lefschetz, S. (1933): *On singular chains and cycles*. Bull. Amer. Math.. Soc. (2) **39** (1933), 124–129.

Lewis, G., P. May and J. McClure (1982): *Classifying G-spaces and the Segal conjecture*. In: Current Trends in Algebraic Topology, Canadian Math. Soc. Conference Proc. vol. 2 part 2 (1982), p. 165–179.

Mahowald, M. (1982): *The image of J in the EHP sequence*. Ann. of Math. **116** (1982), 65–112.

Mayer, W. (1929): *Über abstrakte Topologie*. Monatsh. Math. Phys. **36** (1929), 1–42 und 219–258.

McGibbon, C. and J. Neisendorfer (1984): *On the homotopy groups of a finite dimensional space*. Comment. Math. Helv. **59** (1984), 253–267.

Miller, H. (1984): *The Sullivan conjecture on maps from classifying spaces*. Ann. of Math. **120** (1984), 39–87.

Miller, H. (1987): *The Sullivan conjecture and homotopical representation theory*. Proc. Intern. Congr. Math. 1986, Vol. 1, S. 580–589.

Miller, H., D. Ravenel and S. Wilson (1977): *Periodic phenomena in the Adams-Novikov spectral sequence*. Ann. of Math. **106** (1977), 469–516.

Milnor, J. (1956a): *Construction of universal bundles, I, II*. Ann. of Math. **63** (1956), 272–284 and 430–436.

Milnor, J. (1956b): *On manifolds homeomorphic to the 7-sphere*. Ann. of Math. **64** (1956), 399–405.

Milnor, J. (1960): *On the cobordism ring Ω^* and a complex analogue*. Amer. J. Math. **82** (1960), 505–521.

Milnor, J. (1961): *Two complexes which are homeomorphic but combinatorially distinct*. Ann. of Math. (2) **74** (1961), 575–590.

Mitchell, S. (1985): *Finite complexes with $A(n)$-free cohomology*. Topology **24** (1985), 227–246.

Möbius, A. F. (1863): *Theorie der elementaren Verwandtschaft*. Ber. Verh. Königl. Sächs. Gesellsch. Wiss., Math.-Phys. Klasse **15** (1863), 18–57. Auch in: Gesammelte Werke Band 2. Leipzig: Hirzel 1886.

Möbius, A. F. (1865): *Über die Bestimmung des Inhalts eines Polyeders*. Ber. Verh. Königl. Sächs. Gesellsch. Wiss., Math.-Phys. Klasse **17** (1865), 31–68. Auch in: Gesammelte Werke Band 2. Leipzig: Hirzel 1886.

Morava, J. (1985): *Noetherian localizations of categories of cobordism comodules*. Ann. of Math. **121** (1985), 1–39.

Newman, M. H. A. (1966): *The engulfing theorem for topological manifolds*. Ann. of Math. (2) **84** (1966), 555–571.

Nishida, G. (1973): *The nilpotency of elements of the stable homotopy groups of spheres*. J. Math. Soc. Japan **25** (1973), 707–732.

Nomura, Y. (1960): *On mapping sequences*. Nagoya Math. J. **17** (1960), 111–145.

Notbohm, D. (1988): *Abbildungen zwischen klassifizierenden Räumen*. Dissertation Göttingen 1988.

Novikov, S. P. (1960): *Some problems in the topology of manifolds connected with the theory of Thom spaces*. Doklad. Akad. Nau. SSSR **132** (1960), 1031–1034 (Russisch), ins Englische übersetzt in Soviet Math. Dokl. 1, 717–720.

Novikov, S. P. (1967): *The methods of algebraic topology from the viewpoint of cobordism theories*. Izv. Akad. Nauk. SSSR Ser. Mat. **31** (1967), 855–951 (Russisch), ins Englische übersetzt in Transl. Math. USSR-Izv. (1967), 827–913.

Poincaré, H. (1892): *Sur l'analysis situs*. C. R. Acad. Sci. Paris **115** (1892), 633–636. Auch in: Oeuvres vol. VI, Paris: Gauthier-Villars 1953, p. 189–192.

Poincaré, H. (1895): *Analysis situs*. Journ. École Polytechn. (2) **1** (1895), 1–121. Auch in: Oeuvres vol. VI, Paris: Gauthier-Villars 1953, p. 193–288.

Poincaré, H. (1899): *Complément à l'analysis situs*. Rend. Circ. Mat. Palermo **13** (1899), 285–343. Auch in: Oeuvres vol. VI, Paris: Gauthier-Villars 1953, p. 290–337.

Poincaré, H. (1900): *Second complément à l'analysis situs*. Proc. London Math. Soc. **32** (1900), 277–308. Auch in: Oeuvres vol. VI, Paris: Gauthier-Villars 1953, p. 338–370.

Poincaré, H. (1902a): *Sur certaines surfaces algébriques; troisième complément à l'analysis situs*. Bull. Soc. Math. France **30** (1902), 49–70. Auch in: Oeuvres vol. VI, Paris: Gauthier-Villars 1953, p. 373–392.

Poincaré, H. (1902b): *Sur les cycles des surfaces algébriques; quatrième complément à l'analysis situs*. Journ. Math. Pures Appl. (5) **8** (1902), 169–214. Auch in: Oeuvres vol. VI, Paris: Gauthier-Villars 1953, p. 397–434.

Poincaré, H. (1904): *Cinquième complément à l'analysis situs*. Rend. Circ. Mat. Palermo **18** (1904), 45–110. Auch in: Oeuvres vol. VI, Paris: Gauthier-Villars 1953, p. 475–498.

Pont, J. C. (1974): *La topologie algébrique des origines à Poincaré*. Bibliotheque de Philosophie Contemporaine. Paris: Presses Univ. de France 1974.

Pontrjagin, L. S. (1950): *Homotopy classification of the mappings of an $(n+2)$-dimensional sphere on an n-dimensional one*. Dokl. Adad. Nauk USSR **70** (1950), 957–959.

Priddy, S. (1971): *On $\Omega^\infty S^\infty$ and the infinite symmetric groups*. Proceedings of Symposia in Pure Mathematics **22**, Amer. Math. Soc. 1971, 217–220.

Priddy, S. (1987): *Recent progress in stable splittings*. Proceedings of the Durham Symposium on Homotopy Theory 1985, Cambridge University Press 1987.

Puppe, D. (1958): *Homotopiemengen und ihre induzierten Abbildungen I, II*. Math. Zeitschr. **69** (1958), 299–344 und 395–417.

Puppe, D. (1960): *Topologie II*. Vervielfältigtes Manuskript einer Vorlesung im WS 1959/60 in Bonn, ausgearbeitet von H.-B. Brinkmann und R. von Randow. Bonn: Mathematisches Institut der Univ. 1960.

Puppe, D. (1979): *Fixpunkte stetiger Abbildungen - Mathematische Theorie und Anwendungen*. Vortrag auf der 110. Versammlung der Gesellschaft Deutscher Naturforscher und Ärzte in Innsbruck 1978, Naturwissenschaften **66** (1979), 294-299.

Quillen, D. (1969): *On the formal group laws of oriented and complex cobordism theory*. Bull. Amer. Math. Soc. **75** (1969), 1293-1298.

Quillen, D. (1971): *The spectrum of an equivariant cohomology ring*. Ann. of Math. **94** (1971), 549-572.

Radon, J. (1922): *Lineare Scharen orthogonaler Matrizen*. Abh. Math. Seminar. Univ. Hamburg **1** (1922), 1-14.

Ravenel, D. (1984): *Localization with respect to certain periodic homology theories*. Amer. J. Math. **106** (1984), 351-414.

Ravenel, D. (1986): *Complex cobordism and stable homotopy groups of spheres*. Academic Press 1986.

Riemann, B. (1851): *Grundlagen für eine allgemeine Theorie der Functionen einer veränderlichen complexen Größe*. Inauguraldissertation, Göttingen 1851. Auch in: B. Riemann's Gesammelte Mathematische Werke und Wissenschaftlicher Nachlass, Hg. von H. Weber, Leipzig: Teubner 1876, p. 3-47.

Riemann, B. (1857): *Theorie der Abel'schen Functionen*. Borchardt's Journal für reine und angewandte Mathematik **54** (1857). Auch in: B. Riemann's Gesammelte Mathematische Werke und Wissenschaftlicher Nachlass. Leipzig: Teubner 1876, p. 81-135.

Riemann, B. (1876): *Fragment aus der Analysis Situs*. B. Riemann's Gesammelte Mathematische Werke und Wissenschaftlicher Nachlass. Leipzig: Teubner 1876, 479-482.

Schwartz, L. (1988): *La filtration nilpotente de la catégorie $\mathcal{U}$ et la cohomologie des espaces de lacets*. Algebraic Topology, Rational Homotopy Proc., Louvain-la-Neuve 1986 (ed. Y. Felix), Lect. Notes in Math. 1318, Springer 1988, 208-218.

Segal, G. (1988): *Elliptic cohomology*. Seminaire Bourbaki, Exposé 695, Asterisque **161-162** (1988).

Seifert, H. (1931): *Konstruktion dreidimensionaler geschlossener Räume*. Ber. Sächs. Akad. Wiss., Math,-Phys. Klasse **83** (1931), 26-66.

Seifert, H. (1932): *Topologie dreidimensionaler gefaserter Räume*. Acta Math. **60** (1932), 147-238.

Seifert, H. and W. Threlfall (1934): *Lehrbuch der Topologie*. Leipzig - Berlin: Teubner 1934.

Selick, P. (1982): *A bound on the rank of $\pi_q(S^n)$*. Illinois J. Math. **26** (1982), 293-295.

Serre, J.-P. (1951): *Homologie singulière des espaces fibrés*. Applications. Ann. of Math. **54** (1951), 425-505.

Serre, J.-P. (1953 a): *Cohomologie modulo 2 des complexes d'Eilenberg-MacLane*. Comment. Math. Helv. **27** (1953), 198-232.

Serre, J.-P. (1953 b): *Groupes d'homotopie et classes de groupes abéliens*. Ann. of Math. **58** (1953), 258-294.

Siebenmann, L.C. (1971): *Topological Manifolds*. Actes du Congrès International de Mathématiciens 1970, Nice, tome 2, Paris: Gauthier-Villars 1971, p. 133-163.

Smale, S. (1990): *The story of the higher dimensional Poincaré conjecture (What actually happened on the beaches of Rio)*. Math. Intelligencer Vol. 12 No. 2 (Spring 1990), 44-51.

Smith, L. (1971): *On realizing complex cobordism modules IV, applications to the stable homotopy groups of spheres*. Amer. J. of Math. **99** (1971), 418-436.

Spanier, E. and J.H.C. Whitehead (1955): *Duality in homotopy theory*. Mathematika **2** (1955), 56-80.

Stasheff, J.D. (1963): *A classification theorem for fibre spaces*. Topology **2** (1963), 239-246.

von Staudt, C. (1847): *Geometrie der Lage*. Nürnberg: Bauer und Rasse 1847.

Steenrod, N. (1944): *The classification of sphere bundles*. Ann. of Math. **45** (1944), 285-311.

Steenrod, N.E. (1951): *The topology of fibre bundles*. Princeton Univ. Press 1951.

Steenrod, N. and D. Epstein (1962): *Cohomology operations*. Ann. of Math. Studies 50. Princeton Univ. Press 1962.

Steinitz, E. (1908): *Beiträge zur Analysis situs*. Sitz.-Ber. Berl. Math. Ges. **7** (1908), 29-41. Beigebunden in: Archiv der Mathematik und Physik **13** (1808).

Stiefel, E. (1935/36): *Richtungsfelder und Fernparallelismus in n-dimensionalen Mannigfaltigkeiten*. Comment. Math. Helv. **8** (1935/36), 305–353.

Sullivan, D. (1970): *Geometric Topology, part I: Localization, periodicity and Galois symmetry*. Mimeographed notes, MIT 1970.

Sullivan, D. (1974): *Genetics of homotopy theory and the Adams conjecture*. Ann. of Math. (2) **100** (1974), 1–79.

Taubes, G. (1987): *What happens when hubris meets nemesis*. Discover July 1987, 67–77.

Thom, R. (1954): *Quelques propriétés globales des variétés différentiables*. Comment. Math. Helv. **28** (1954), 17–86.

Tietze, H. (1908): *Über die topologischen Invarianten mehrdimensionaler Mannigfaltigkeiten*. Monatsh. Math. Phys. **19** (1908), 1–118.

Toda, H. (1962): *Composition methods in homotopy groups of spheres*. Ann. of Math. Studies No. 49. Princeton Univ. Press 1962.

Toda, H. (1971): *On spectra realizing certain exterior parts of the Steenrod algebra*. Topology **10** (1971), 53–65.

Veblen, O. (1905): *Theory of plane curves in non-metrical analysis situs*. Trans. Amer. Math. Soc. **6** (1905), 83–98.

Veblen, O. and J.W. Alexander (1913): *Manifolds in n dimensions*. Ann. of Math. (2) **14** (1913), 163–178.

Vietoris, L. (1930): *Über die Homologiegruppen der Vereinigung zweier Komplexe*. Monatsh. Math. Phys. **37** (1930), 159–162.

van der Waerden, B.L. (1930): *Kombinatorische Topologie*. Jahresber. Deutsche Math.-Vereinig. **39** (1930), 121–139.

Wall, C.T.C. (1960): *Determination of the cobordism ring*. Ann. of Math. **72** (1960), 292–311.

Whitehead, G.W. (1983): *Fifty years of homotopy theory*. Bull. Amer. Math. Soc. (N.S.) **8** (1983), 1–29.

Whitehead, J.H.C. (1949): *Combinatorial homotopy, I, II*. Bull. Amer. Math. Soc. **55** (1949), 213–245 and 453–496.

Whitney, H. (1935): *Sphere spaces*. Proc. Nat. Acad. Sci. USA **21** (1935), 464–468.

Whitney, H. (1937): *Topological properties of differentiable manifolds*. Bull. Amer. Math. Soc. **43** (1937), 785–805.

Witten, E. (1988): *The index of the Dirac operator in loop space*. Proc. Conf. on Elliptic Curves and Modular Forms in Algebraic Topology, Princeton 1986, Lect. Notes in Math. 1326, Springer 1988.

Zeeman, E.C. (1962): *The Poincaré conjecture for $n \geq 5$*. Topology of 3-Manifolds and Related Topics, Englewood Cliffs, New Jersey: Prentice Hall 1962, p. 198–204.

Mathematische Logik

Kurt Schütte und Helmut Schwichtenberg

Einführung

Kurz vor der Gründung der DMV waren die *„Grundlagen der Arithmetik"* (1884) von FREGE und *„Was sind und was sollen die Zahlen?"* (1888) von DEDEKIND erschienen. Bald darauf folgten die *„Beiträge zur Begründung der transfiniten Mengenlehre"* (1895–97) von CANTOR. Hiermit begann eine systematische Grundlagenforschung der Mathematik und zugleich die Entwicklung der transfiniten Mengenlehre. Voraussetzung für die mathematischen Grundlagenuntersuchungen war die hauptsächlich von FREGE und von PEANO geschaffene Systematik einer exakten mathematischen Logik.

Wir skizzieren in diesem Artikel zunächst die Grundlegung der modernen mathematischen Logik und beschreiben dann die verschiedenen Richtungen (Logizismus, Beweistheorie und Intuitionismus), die in den ersten Jahrzehnten dieses Jahrhunderts zur Begründung der Mathematik eingeschlagen wurden. Anschließend kehren wir zur Mengenlehre zurück, die zwar schon vor der Jahrhundertwende begründet, aber erst später in völlig formalisierter Weise mit den Methoden der mathematischen Logik behandelt wurde. Weiterhin berichten wir hauptsächlich über Ergebnisse, die von deutschen Logikern auf anderen Teilgebieten der mathematischen Logik erzielt wurden, insbesondere in der Rekursionstheorie, in der Modelltheorie, in Anwendungen auf die Algebra, in der Nichtstandard-Analysis und im Zusammenhang mit der Informatik. Dieser kurze Bericht kann natürlich keinen Anspruch auf Vollständigkeit erheben.

Für ihre Hilfe bei der Abfassung dieses Berichts möchten wir H.-D. Donder, H. Osswald, A. Prestel und M. Ziegler herzlich danken.

1 Die Grundlegung der modernen mathematischen Logik

Die formale Logik, die bereits ARISTOTELES in exakter Weise begründet hatte, war zwar von der Scholastik in verschiedenen Richtungen weiterentwickelt worden, wurde aber erst in der Mitte des vorigen Jahrhunderts in mathematischer Weise völlig neu geschaffen, und zwar zunächst in Analogie zur Algebra ohne jegliche Bezugnahme auf die vorhergegangenen Behandlungsweisen der Logik. Die mathematische Logik begann mit der Entwicklung einer Booleschen Algebra, die eine Formalisierung der Aussagenlogik und verwandter mathematischer Strukturen liefert, aber noch nicht die volle Ausdrucksfähigkeit der modernen mathematischen Logik besitzt.

Die weiterführenden Begriffsbildungen, die der heutigen mathematischen Logik zugrunde liegen, wurden in Deutschland hauptsächlich von GOTTLOB FREGE (1848–1925) eingeführt und in klarer Weise zur Anwendung gebracht. In seiner *„Begriffsschrift"* (1879) hat FREGE erstmalig eine lange Reihe logischer Formeln in streng formaler Weise aus wenigen Axiomen abgeleitet. Hierbei tritt im Unterschied zu den Formalisierungen, die in Analogie zur Algebra durchgeführt wurden, die fundamentale Bedeutung der Implikation klar in Erscheinung. Die Fregeschen Axiomenschemata

$$A \to (B \to A) \quad \text{und} \quad (A \to (B \to C)) \to ((A \to B) \to (A \to C))$$

der Implikation liefern nämlich zusammen mit der Schlußregel des modus ponens ein fundamentales System der Logik, das sich durch Hinzunahme von sehr einfachen und naheliegenden Axiomen zur vollen klassischen Aussagenlogik erweitern läßt.

GOTTLOB FREGE
geb.: 08. 11. 1848 in Wismar
gest.: 26. 07. 1925 in Bad Kleinen

Die Werke von FREGE enthalten eine Fülle von damals völlig neuartigen Einsichten, insbesondere bezüglich des Unterschiedes von Variablen und Konstanten, des Begriffs der logischen Funktion und des Quantors sowie der Einführung von Kennzeichnungstermen. Hierzu hatte FREGE eine ausdrucksvolle logische Systematik geschaffen, mit der er eine Grundlegung der gesamten Mathematik in Angriff nahm. Seine Grundlagenuntersuchungen der Mathematik gehören dem von ihm begründeten Logizismus an, den wir im nächsten Abschnitt besprechen werden.

Die von FREGE verwendete Begriffsschrift, die zwar in klarer Weise die logischen Beziehungen veranschaulicht, konnte sich jedoch nicht durchsetzen, weil sie im Unterschied zu allen üblichen Schreibweisen zweidimensional ist. Daher schloß sich die später in der mathematischen Logik verwendete Symbolik nicht an FREGE, sondern im wesentlichen an die von G. PEANO eingeführte Symbolik an.

Es ist erstaunlich, daß die bahnbrechenden Arbeiten von FREGE zunächst überhaupt nicht beachtet wurden. Der Hauptgrund war wohl, daß die von FREGE verwendete zweidimensionale Symbolik allgemein abgelehnt und häufig mißverstanden wurde. Es hat seit dem Erscheinen der Begriffsschrift zwanzig Jahre gedauert, bis man auf FREGE aufmerksam wurde, und es hat weitere zwanzig Jahre gedauert, bis die strenge Exaktheit der FREGEschen Arbeiten in der mathematischen Logik wieder erreicht wurde. Es war BERTRAND RUSSELL, der zuerst die Bedeutung FREGEs erkannte und ausdrücklich erklärte, daß ihm die Ideen von FREGE sehr wertvoll seien.

Ein weiterer erfolgreicher Logiker dieser Zeit war in Deutschland LEOPOLD LÖWENHEIM (1878–1957). Er verfaßte mehrere Arbeiten über Eliminations- und Reduktionsverfahren im Rahmen der Algebra der Logik von ERNST SCHRÖDER. 1915 bewies LÖWENHEIM als erster den als *Satz von Löwenheim und Skolem* bekannten Fundamentalsatz der Logik, der besagt, daß jede Theorie in der Sprache der Prädikatenlogik erster Stufe, die ein Modell hat, bereits ein abzählbares Modell hat. LÖWENHEIM bewies diesen Satz unter Bezugnahme auf eine höhere Prädikatenlogik, während TH. SKOLEM denselben Satz 1920 allein im Rahmen der Prädikatenlogik erster Stufe bewies.

2 Der Logizismus

Die Fortschritte, die gegen Ende des vorigen Jahrhunderts in der mathematischen Logik erzielt waren, reizten dazu, nun eine Grundlegung der Mathematik mit den Methoden der mathematischen Logik zu unternehmen. Der von FREGE begründete Logizismus war der Ansicht, daß sich die gesamte Mathematik allein in der reinen Logik entwickeln läßt. Die Tatsache, daß das Unendlichkeitsaxiom in der Mathematik unentbehrlich ist, war für den Logizismus kein Einwand gegen seine These, weil der Übergang von der Denkbarkeit eines unbeschränkten Iterationsprozesses zur Denkbarkeit einer unendlichen Gesamtheit als rein logisch empfunden wurde, wie es ja auch in der Schrift „*Was sind und was sollen die Zahlen?*“ von DEDEKIND zum Ausdruck kommt.

FREGE hat in seinen Büchern *„Die Grundlagen der Arithmatik"* (1884) und *„Grundgesetze der Arithmetik"* (1893–1904) die Mathematik in voller Ausführlichkeit mit reiner Logik zu begründen versucht. Sein Aufbau der Mathematik ist jedoch, da er völlig typenfrei ist, den logischen Antinomien ausgesetzt, insbesondere der RUSSELLschen Antinomie der Menge aller Mengen, die nicht sich selbst als Element enthalten. FREGE hat, nachdem dies bemerkt wurde, selbst eingesehen, daß sein Unternehmen gescheitert ist. Immerhin sind seine Untersuchungen in mancherlei Hinsicht sehr instruktiv gewesen.

Ein zweiter Versuch zur Begründung der Mathematik in der reinen Logik wurde in dem umfangreichen Werk *„Principia Mathematica"* (1910–1913) von BERTRAND RUSSELL und ALFRED NORTH WHITEHEAD unternommen. Hier wurde, um die logischen Antinomien auszuschließen, eine verzweigte Typenlogik zugrunde gelegt. Das heißt, daß hier jedes Prädikat, in dem gewisse Quantoren auftreten, einem höheren Typ zugerechnet wird als die Typen der in ihm auftretenden Quantoren, so daß ein Objekt, das unter Bezugnahme auf eine gewisse Gesamtheit definiert ist, nicht selbst dieser Gesamtheit zugerechnet wird. Ein derartiges System ist völlig konstruktiv. Es vermeidet nicht nur die bekannten logischen Antinomien, sondern ist sogar nachweisbar widerspruchsfrei.

In dieser verzweigten Typenlogik läßt sich jedoch nicht die klassische Mathematik entwickeln. Man erhält hier anstatt des klassischen Begriffs der reellen Zahl eine Hierarchie von reellen Zahlen verschiedener Ordnungen. Daher konnte in den *Principia Mathematica* die klassische Mathematik nur durch Hinzunahme eines Reduzibilitätsaxioms gewonnen werden. Dieses Axiom besagt im wesentlichen, daß jedes Prädikat, dessen Bedeutungsbereich eine Menge von Grundobjekten ist, extensional äquivalent einem entsprechenden Prädikat kleinsten Typs ist. Hierdurch wird jedoch der konstruktive Ansatz der verzweigten Typenlogik aufgehoben, so daß nach Hinzunahme des Reduzibilitätsaxioms keine Garantie mehr für die Widerspruchsfreiheit des Systems besteht.

Daraufhin haben verschiedene Logiker, insbesondere CHWISTEK und RAMSEY bemerkt, daß es einfacher und völlig ausreichend sei, anstatt der verzweigten Typenlogik eine einfache Typenlogik, die kein Reduzibilitätsaxiom benötigt, zugrunde zu legen. In der einfachen Typenlogik wird nur zwischen Grundobjekten, Mengen von Grundobjekten, Mengen von Mengen usw. unterschieden, aber keine Typenverzweigung zwischen verschiedenen Mengen von Grundobjekten vorgenommen. Man kann zwar bisher nicht beweisen, daß eine Formalisierung der klassischen Mathematik im Rahmen der einfachen Typenlogik widerspruchsfrei ist, vermeidet aber bereits in der einfachen Typenlogik die bekannten logischen Antinomien, so daß die Benutzung der einfachen Typenlogik nicht problematischer als der in den *Principia Mathematica* eingeschlagene Weg ist.

Die vom Logizismus unternommenen Versuche, die Mathematik in der reinen Logik zu begründen, konnten jedenfalls ihr Ziel nicht erreichen, haben aber die Weiterentwicklung der mathematischen Logik wesentlich gefördert. So sind die *Principia Mathematica* für mehrere Jahrzehnte das wichtigste Lehrbuch der mathematischen Logik geworden. Es hatte ja sonst keine so vollständige und aufschlußreiche Systematik der mathematischen Logik gegeben, wie sie in den *Principia Mathematica* zur Darstellung gekommen ist.

3 Die Grundlagenkrise der Mathematik

Die Besinnung auf die Grundlagen der Mathematik, die vom Logizismus ausgegangen war, hatte darauf aufmerksam gemacht, daß die bisherige Mathematik durchaus nicht so unproblematisch ist, wie es bis dahin im allgemeinen angenommen wurde. Schon viel früher hatten bereits KRONECKER und POINCARÉ Einwände gegen die indirekten Beweisführungen in der Mathematik erhoben. Nun war es vor allem L. E. J. BROUWER, der das den indirekten Beweisen zugrunde liegende *tertium non datur* entschieden ablehnte.

Ein zweiter Einwand richtete sich gegen die imprädikative Verwendung des Begriffs der reellen Zahl. Man erhält ja die Vollständigkeitseigenschaft der reellen Zahlen nur dadurch, daß man die obere Grenze einer beliebigen nach oben beschränkten Mengen reeller Zahlen unter Bezugnahme auf die Gesamtheit der reellen Zahlen, also in imprädikativer Weise definiert. Auf die Problematik dieses Verfahrens hat HERMANN WEYL in seinem Buch „*Das Kontinuum*" (1918) hingewiesen mit der Erklärung, daß man die Theorie der reellen Zahlen unter Verlust der Vollständigkeitseigenschaft erheblich einschränken müsse, um ihre Exaktheit sicherzustellen.

Aufgrund dieser gegen die bisherige Mathematik erhobenen Einwände sprach man in den zwanziger und dreißiger Jahren von einer Grundlagenkrise der Mathematik, nachdem 1921 in der Mathematischen Zeitschrift ein Aufsatz von HERMANN WEYL erschienen war mit dem Titel „*Über die neue Grundlagenkrise der Mathematik*".

Es wurden nun zur Neubegründung der Mathematik zwei verschiedene Richtungen eingeschlagen, nämlich die des Intuitionismus von L. E. J. BROUWER und die der Beweistheorie von DAVID HILBERT, die damals als Formalismus bezeichnet wurde.

HILBERT hatte es jedoch stets abgelehnt, als Formalist bezeichnet zu werden, denn es kam ihm ja nicht darauf an, bedeutungslose Formalismen zu entwikkeln, sondern die klassische Mathematik in streng formaler Weise als widerspruchsfrei und somit als mathematisch bedeutungsvoll sicherzustellen. Wir wollen uns, wie er sagte, nicht aus dem Paradies vertreiben lassen, das uns CANTOR beschert hat.

4. Die Hilbertsche Beweistheorie

Hilberts Auffassung von der Mathematik, die ihm schon lange vor der sogenannten Grundlagenkrise der Mathematik völlig klar war, kommt in einem Brief, den er 1899 an Gottlob Frege schrieb, deutlich zum Ausdruck. In diesem Brief heißt es:

> Sie schreiben: Aus der Tatsache der Axiome folgt, daß sie einander nicht widersprechen. Es hat mich sehr interessiert, gerade diesen Satz bei Ihnen zu lesen, da ich nämlich, solange ich über solche Dinge denke, schreibe und vortrage, immer gerade umgekehrt sage: Wenn sich die willkürlich gesetzten Axiome nicht widersprechen, mit sämtlichen Folgen, so sind sie wahr, so existieren die durch die Axiome definierten Dinge.

Man könnte für diese Auffassung von Hilbert den Vollständigkeitssatz der Prädikatenlogik anführen, der allerdings damals noch nicht vorlag. Nach diesem Satz hat ja jede Theorie im Rahmen der Prädikatenlogik erster Stufe, wenn sie widerspruchsfrei ist, ein Modell, so daß die Objekte, die durch die Axiome der betreffenden Theorie definiert sind, tatsächlich existieren.

Es war nun das Ziel der Hilbertschen Beweistheorie, die einzelnen Teile der klassischen Mathematik in vollformalisierter Gestalt als widerspruchsfrei nachzuweisen. Hierzu hat man nicht nur die Objekte, sondern auch die Aussagemöglichkeiten, Axiome und Schlußregeln der mathematischen Theorie formal zu fixieren, um in einer metamathematischen Untersuchung ihre Widerspruchsfreiheit nachweisen zu können. Die Metamathematik oder Beweistheorie, deren Untersuchungsobjekt die als widerspruchsfrei nachzuweisende formalisierte mathematische Theorie ist, sollte sich nach dem ursprünglichen Plan von Hilbert auf eine sehr elementare Untersuchungsmethode beschränken, die Hilbert als finit bezeichnete, nämlich auf die kombinatorische Behandlung von zwar beliebig umfangreichen, aber stets als endlich anzusehenden Zeichenfiguren.

In der Hilbertschen Metamathematik wird nicht wie im Logizismus der Versuch unternommen, die natürlichen Zahlen in der reinen Logik zu entwickeln, weil dies viel zu aufwendig und durchaus nicht elementar wäre. Es wird vielmehr ein sehr elementarer Teil der Arithmetik bereits der Metamathematik zugrunde gelegt. Man kann ja die nichtnegativen ganzen Zahlen in einer sehr einfachen Weise durch sogenannte Ziffern repräsentieren, nämlich nach folgender induktiven Definition:

(z1) Das Symbol 0 ist eine Ziffer.
(z2) Ist z eine Ziffer, so ist auch z' (der Nachfolger von z) eine Ziffer.

Bei derartigen induktiven Definitionen ist es vielfach üblich eine weitere Definitionsregel hinzuzufügen, die besagt, daß die Menge der Ziffern die kleinste Menge mit den Eigenschaften (z1) und (z2) ist. Die Hinzunahme einer solchen Regel wäre hier nicht nur überflüssig, sondern sogar irreführend, da sie auf den allgemeinen Mengenbegriff Bezug nimmt, von dem in der Metamathematik überhaupt keine Rede ist. Ziffern sind nach ihrer induktiven Definition genau diejenigen Zeichen oder Zeichenreihen, die sich durch Anwendungen der Regeln (z1) und (z2) ergeben, wobei in jedem Fall natürlich nur endlich viele Anwendungen dieser Regeln in Betracht kommen. Für diese Ziffern gilt definitionsgemäß das Prinzip der vollständigen Induktion. Man braucht hierfür in der Metamathematik kein Axiom. Erst bei der Formalisierung eines weniger elementaren Teils der Mathematik wird ein Axiom oder Axiomenschema der vollständigen Induktion benötigt.

Die ersten Widerspruchsfreiheitsbeweise für Teile der Mathematik wurden nach einer Idee von HILBERT in den Jahren 1924–25 von WILHELM ACKERMANN durchgeführt, und zwar für quantorenfreie Formalisierungen von mathematischen Theorien, die anstelle der Axiome und Schlußregeln für Quantoren nur das Axiomenschema $A(t) \rightarrow A(\varepsilon_x A(x))$ für beliebige Terme t haben.

Hierbei bezeichnet $\varepsilon_x A(x)$ ein Objekt mit der Eigenschaft A, falls es ein solches gibt, andernfalls ein beliebiges Objekt. Eine derartig formalisierte Theorie erweist sich als widerspruchsfrei, wenn sich in jeder formalen Herleitung einer numerischen Formel alle ε-Terme unter Erhaltung des Herleitungszusammenhanges eliminieren lassen, weil in einer Herleitung, die keine ε-Terme enthält, keine falschen numerischen Formeln auftreten können.

ACKERMANN gelang es, ein allgemeines Verfahren zur Elimination der ε-Terme zu entwickeln. Hiermit konnte man jedoch nicht einmal die reine Zahlentheorie als widerspruchsfrei nachweisen, da man hierfür nicht beweisen konnte, daß das Ackermannsche Eliminationsverfahren stets nach endlich vielen Schritten abbricht. Ein solcher Beweis war, wie sich nach einigen Jahren herausstellte, allerdings in finiter Weise überhaupt nicht möglich.

Nachdem in Wien KURT GÖDEL 1930 in seiner Dissertation erstmalig den Vollständigkeitssatz der Prädikatenlogik bewiesen hatte, bewies er 1931 in seiner Habilitationsschrift *„Über formal unentscheidbare Sätze der Principia Mathematica und verwandter Systeme"* zwei Sätze von sensationeller Bedeutung. Der erste Satz besagt, daß jedes hinreichend starke formale System grundsätzlich unvollständig ist, das heißt, Sätze zu formulieren gestattet, die in dem System weder beweisbar noch widerlegbar sind, sofern das System nicht widerspruchsvoll ist. Der zweite Satz besagt, daß die Widerspruchsfreiheit eines formalen Systems, das die rekursive Zahlentheorie und gewisse natürliche Ableitungsregeln enthält, nicht mit den Mitteln dieses Systems beweisbar ist. Aus diesem zweiten Unvollständigkeitssatz folgt insbesondere, daß die Widerspruchsfreiheit der reinen Zahlentheorie nicht in finiter Weise beweisbar ist, weil die finiten Methoden in der reinen Zahlentheorie enthalten sind.

Weder GÖDEL noch HILBERT haben diese neuen Erkenntnisse als eine Widerlegung des HILBERTschen Programms aufgefaßt. Beide haben hieraus nur die Konsequenz gezogen, daß der von HILBERT ursprünglich eingenommene streng finite Standpunkt zu einem allgemeineren konstruktiven Standpunkt erweitert werden müsse, um die Widerspruchsfreiheit von mathematisch bedeutungsvollen Theorien beweisen zu können.

So hat HILBERT bald nach dem Erscheinen der Gödelschen Unvollständigkeitssätze in einem Göttinger Kolloquiumsvortrag vorgeschlagen, die formalisierte vollständige Induktion, deren beweistheoretische Behandlung besonders schwierig ist, durch die konstruktive Anwendung einer Schlußregel mit unendlich vielen Prämissen zu ersetzen. Diese von HILBERT als ***unendliche Induktion*** bezeichnete Schlußregel besagt, daß auf die Allformel $(x)A(x)$ geschlossen werden darf, wenn in konstruktiver Weise $A(z)$ für jede Ziffer z hergeleitet werden kann. Diese Idee von HILBERT wurde zunächst nicht beachtet, sondern erst nach fast zwanzig Jahren aufgegriffen und ist heute für beweistheoretische Untersuchungen unentbehrlich geworden.

In Göttingen hat dann GERHARD GENTZEN zunächst in seiner Dissertation *„Untersuchungen über das logische Schließen"* (1934-35) mit seinem System des natürlichen Schließens und mit seinem Sequenzenkalkul eine sehr durchsichtige neue Systematik der Prädikatenlogik entwickelt, die sich als äußerst fruchtbar erwiesen hat und zum Allgemeingut aller Logiker geworden ist. Anschließend gelang es ihm 1936, die Widerspruchsfreiheit der reinen Zahlentheorie zu beweisen, und zwar mittels transfiniter Induktion bis zur kleinsten ε-Zahl ε_0. Diese transfinite Induktion überschreitet zwar den finiten Standpunkt, wie es nach GÖDEL erforderlich ist, verläuft aber in einer völlig konstruktiven Weise, so daß der Beweis von GENTZEN als ein Evidenznachweis für die reine Zahlentheorie im Sinne des erweiterten HILBERTschen Programms anzusehen ist.

GERHARD GENTZEN
geb.: 24. 11. 1909 in Greifswald (Pommern)
gest.: 04. 08. 1945 in Prag

Durch transfinite Induktion bis ε_0 konnte nun auch WILHELM ACKERMANN 1940 beweisen, daß sein Verfahren zur Elimination der ε-Terme im formalen System der reinen Zahlentheorie stets nach endlich vielen Schritten zum Abschluß kommt, womit sich ein weiterer Widerspruchsfreiheitsbeweis für die reine Zahlentheorie ergab.

Durch die Untersuchungen von GENTZEN wurde erstmals erkannt, daß sich die Beweisstärke eines formalen Systems durch eine Ordinalzahl kennzeichnen läßt. Man bezeichnet heute als die beweistheoretische Ordinalzahl eines formalen Systems der Mathematik die kleinste Ordinalzahl α mit der Eigenschaft, daß sich keine rekursive Wohlordnung vom Ordnungstyp α in dem betreffenden formalen System als wohlgeordnet beweisen läßt. Wie GENTZEN 1943 in seiner Habilitationsschrift bewies, ist ε_0 die beweistheoretische Ordinalzahl der reinen Zahlentheorie.

GERHARD GENTZEN war zuletzt Dozent an der Universität Prag und ist am Ende des Krieges in tschechischer Gefangenschaft umgekommen, nachdem sich sowohl amerikanische als auch russische Mathematiker vergeblich um seine Freilassung bemüht hatten.

Nach dem Kriege wurden in Anknüpfung an die Methoden von GENTZEN auch gewisse Teilsysteme der klassischen Analysis als widerspruchsfrei nachgewiesen, und zwar im Rahmen einer Prädikatenlogik zweiter Stufe, in der sowohl über die Grundobjekte als auch über Mengen von Grundobjekten quantifiziert wird. Die reellen Zahlen werden hier durch Mengen von Grundobjekten (natürlichen oder rationalen Zahlen) repräsentiert. Zur Mengenbildung dient das *Komprehensionsaxiom*, das bezüglich einer Formel $A(x)$ die Menge $\{x: A(x)\}$ aller Grundobjekte mit der Eigenschaft A zu bilden gestattet. Bei uneingeschränkter Verwendung dieses Komprehensionsaxioms erhält man die volle klassische Theorie der reellen Zahlen, von der nicht zu erwarten ist, daß sie sich durch einen Widerspruchsfreiheitsbeweis auf grundsätzlich einfachere Beziehungen zurückführen läßt. Durch Einschränkungen des Komprehensionsaxioms lassen sich jedoch Teilsysteme der Analysis abgrenzen, für die konstruktive Widerspruchsfreiheitsbeweise erbracht werden konnten. Auf andere Weise hat auch PAUL LORENZEN gewisse Teile der klassischen Analysis konstruktiv begründet.

Unter Verwendung der von HILBERT vorgeschlagenen unendlichen Induktion konnte auch der GENTZENsche Widerspruchsfreiheitsbeweis etwas einfacher und durchsichtiger gestaltet werden, weil sich mit Hilfe dieser Schlußregel alle Quantoren in den Herleitungen numerischer Formeln eliminieren lassen, was in dem von GENTZEN behandelten formalen System nicht allgemein möglich ist.

Durch die beweistheoretischen Untersuchungen konnte auch eine Grenze für die Prädikativität ermittelt werden. Zu Beginn der sechziger Jahre wurde nämlich von S. FEFERMAN und K. SCHÜTTE gleichzeitig und unabhängig die kleinste Ordinalzahl Γ_0 bestimmt, welche die Eigenschaft hat, daß keine Wohlordnung vom Ordnungstyp Γ_0 in prädikativer Weise als wohlgeordnet beweisbar ist. Hiermit konnte FEFERMAN den prädikativ interpretierbaren Teil der klassischen Analysis genau charakterisieren, nämlich durch Einschränkung der Komprehension auf sogenannte Δ^1_1-Formeln, in denen die Mengenquantoren nur in einer besonders schwachen Weise auftreten.

Mit der Grenze der Prädikativität ist bereits die Grenze für die Durchführbarkeit des erweiterten HILBERTschen Programms erreicht. Man hat für jedes prädikativ interpretierbare Teilsystem der Analysis einen Widerspruchsfreiheitsbeweis durch transfinite Induktion bis zu einer Ordinalzahl $< \Gamma_0$, der den Anforderungen des erweiterten HILBERTschen Programms genügt. Ein Teilsystem der Analysis, das nicht prädikativ interpretierbar ist, läßt sich aber nicht in prädikativer Weise und somit nicht im Sinne des erweiterten HILBERTschen Programms als widerspruchsfrei nachweisen.

Immerhin hat sich gezeigt, daß der prädikativ interpretierbare Teil der klassischen Analysis wesentlich umfangreicher ist als der auf arithmetische Komprehension beschränkte Teil, auf den HERMANN WEYL in seinem Buch *„Das Kontinuum"* die Analysis einzuschränken gedachte. Fast alle bisher bewiesenen fundamentalen Sätze der klassischen Analysis gehören dem prädikativ interpretierbaren Teil an.

Nachdem sich nun herausgestellt hatte, daß der klassischen Mathematik eine viel stärkere Abstraktion zugrunde liegt, als HILBERT erwartet hatte, wurden auch für wesentlich imprädikative Teile der Mathematik Widerspruchsfreiheitsbeweise durchgeführt. Diese Beweise sind allerdings nicht als Evidenznachweise im Sinne des erweiterten HILBERTschen Programms anzusehen, geben aber Aufschluß über die Beweisstärken der betreffenden formalen Systeme.

Die Grundlagenkrise der Mathematik ist inzwischen überwunden. Schon 1930 hatte PAUL BERNAYS, der Mitarbeiter HILBERTS, in einer seiner philosophischen Abhandlungen erklärt:

> Es erscheint als eine unberechtigte Zumutung von seiten der Philosophie an die Mathematik, daß sie ihre einfachere und leistungsfähigere Methode zugunsten einer beschwerlicheren und an Systematik zurückstehenden Methode aufgeben solle, ohne durch eine innere Nötigung dazu veranlaßt zu sein.

Diese Auffassung hat sich durchgesetzt. Es besteht mit vereinzelten Ausnahmen kein Zweifel mehr an der Exaktheit der klassischen Mathematik.

Den ersten Widerspruchsfreiheitsbeweis für ein wesentlich imprädikatives Teilsystem der Analysis hat in Weiterentwicklung der GENTZENschen Methoden 1967 G. TAKEUTI erbracht, und zwar für die sogenannte Π^1_1-Analysis, die äquivalent ist mit demjenigen Teilsystem der Analysis, in dem die Komprehension auf beliebige Formeln mit höchstens einem Mengenquantor eingeschränkt ist. Für dieses und einige bedeutend stärkere Teilsysteme der Analysis sowie für entsprechende Teilsysteme der Mengenlehre haben in München W. BUCHHOLZ, G. JÄGER und W. POHLERS durch Widerspruchsfreiheitsbeweise die beweistheoretischen Ordinalzahlen bestimmt.

Unter Bezugnahme auf diese beweistheoretischen Ordinalzahlen konnten H. FRIEDMAN und S. G. SIMPSON die Beweisbarkeit oder Unbeweisbarkeit gewisser kombinatorischer Sätze in verschiedenen Teilsystemen der Analysis nachweisen.

5 Der Intuitionismus

Der zur Zeit der Grundlagenkrise der Mathematik von L. E. J. BROUWER begründete Intuitionismus hatte nicht nur das *tertium non datur*, auf dem die indirekten Beweisführungen beruhen, sondern überhaupt das axiomatisch-formale Verfahren der klassischen Mathematik abgelehnt. Die BROUWERsche Mathematik weicht daher sehr stark von der klassischen Mathematik ab. An die Stelle des Mengenbegriffs tritt hier der Begriff der Wahlfolge, womit sich ein völlig anderes Kontinuum als in der klassischen Mathematik ergibt. Jede Funktion reeller Zahlen ist hier stetig, und jede Operation auf einem Funktional natürlicher Zahlen ist hier bereits eindeutig bestimmt durch die Werte dieses Funktionals in einem hinreichend großen Abschnitt.

Die intuitionistische Mathematik hat sich nicht durchgesetzt, aber in mancherlei Hinsicht zu neuen Erkenntnissen geführt. Wesentliche Teile der intuitionistischen Mathematik wurden von S.C. KLEENE, J. MYHILL, G. KREISEL und A. S. TROELSTRA und anderen in einer Weise interpretiert, die auch für die klassische Mathematik bedeutungsvoll ist.

Insbesondere hat die von A. HEYTING 1930 durchgeführte Formalisierung der intuitionistischen Prädikatenlogik eine fundamentale Bedeutung bekommen. Diese intuitionistische Prädikatenlogik, in der das *tertium non datur* nicht ableitbar ist, kann sowohl als ein Teilsystem als auch als eine Erweiterung der klassischen Prädikatenlogik aufgefaßt werden. Sie ist ein Teilsystem insofern, als die in ihr herleitbaren Formeln eine echte Teilmenge der in der klassischen Prädikatenlogik herleitbaren Formeln bilden. Andererseits kann die gesamte klassische Prädikatenlogik in einer Weise ausgedrückt werden, die auch in der intuitionistischen Prädikatenlogik gültig ist. Dazu hat man die Disjunktion und Existenzquantifizierung als definiert anzusehen (durch Negation und Konjunktion beziehungsweise durch Negation und den Allquantor), und man muß ferner für jedes Prädikatensymbol P das Prinzip des indirekten Beweisens

$$\forall x_1 \dots x_n (\neg\neg P x_1 \dots x_n \rightarrow P x_1 \dots x_n)$$

(auch Stabilität von P genannt) annehmen. Auf diese Weise hat man dann die klassische Prädikatenlogik mit dem in ihr gültigen *tertium non datur* in der intuitionistischen Prädikatenlogik interpretiert, die außerdem noch eine in der klassischen Prädikatenlogik nicht definierbare Disjunktion, Implikation und Existenzquantifizierung enthält. Derartige Zurückführungen von formalen Systemen der klassischen Mathematik auf entsprechende Systeme der intuitionistischen Mathematik wurden vielfach vorgenommen, insbesondere von KURT GÖDEL bei der Einführung seiner Funktionale endlicher Typen (1958) und von CLIFFORD SPECTOR in einer Arbeit, die nach seinem frühen Tode von GEORG KREISEL 1962 herausgegeben wurde unter dem Titel: „***Provably recursive functionals of analysis: a consistency proof of analysis by an extension of principles formulated in current intuitionistic mathematics.***“ In dieser Arbeit führt SPECTOR die Widerspruchsfreiheit der klassischen Analysis zurück auf die Existenz von gewissen Funktionalen, die im Rahmen der intuitionistischen Mathematik durch Bar-Rekursion definiert sind. Es handelt sich hierbei um eine Rekursion, die es in der klassischen Mathematik nicht gibt, sondern nur in der intuitionistischen Mathematik aufgrund der Voraussetzung, daß jede Operation auf einem Funktional natürlicher Zahlen bereits durch die Werte dieses Funktionals in einem hinreichend großen Abschnitt bestimmt ist.

Die Bar-Rekursion höherer Typen, die von SPECTOR gebraucht wird, bedarf jedoch einer besonderen Begründung. Eine solche Begründung wurde zuerst von B. SCARPELLINI 1970 durch ein topologisches Modell für die Bar-Rekursion höherer Typen gegeben. HORST LUCKHARDT hat dann 1973 in den *Springer Lecture Notes 306* in ausführlicher Systematik eine Begründung der GÖDELschen Funktional-Interpretation und der Bar-Rekursion höherer Typen entwickelt, die im Zusammenhang mit der Arbeit von SPECTOR zwar keine Begründung der Analysis im Sinne des erweiterten HILBERTschen Programms liefert, aber als eine Begründung der klassischen Analysis im Sinne der intuitionistischen Mathematik angesehen werden kann.

6 Die Mengenlehre

Nachdem RICHARD DEDEKIND (1831–1916) in seiner Schrift „*Was sind und was sollen die Zahlen?*“ 1888 die Theorie der reellen Zahlen schon in mengentheoretischer Weise begründet hatte, wurde die allgemeine Mengenlehre bereits vor der Jahrhundertwende von GEORG CANTOR (1845–1918) geschaffen. CANTOR setzte sowohl den Begriff der Kardinalzahl als auch den der Ordinalzahl ins Transfinite fort, wobei die Ordinalzahlen, die im Finiten den Kardinalzahlen entsprechen, eine viel feinere Zahlenstruktur als die Kardinalzahlen liefern. Hiermit wird die vollständige Induktion der Arithmetik zu dem viel stärkeren Beweisverfahren einer transfiniten Induktion erweitert. Die allgemeine Anwendbarkeit der transfiniten Induktion folgt aus dem Wohlordnungssatz, den ERNST ZERMELO 1904 bewies. Der Beweis dieses Satzes beruht auf dem *Auswahlaxiom*, dessen Annahme zwar recht naheliegend ist, das aber zu so starken völlig unkonstruktiven Ergebnissen führt, daß seine Gültigkeit nicht unproblematisch zu sein scheint. Nach dem Wohlordnungssatz läßt sich ja unter anderen auch die Menge der reellen Zahlen wohlordnen, während man sich überhaupt nicht vorzustellen vermag, wie eine solche Wohlordnung hergestellt werden kann. Das Auswahlaxiom hat daher gewisse Kritik hervorgerufen, wird aber im allgemeinen der mathematischen Forschung zugrunde gelegt. So ist zum Beispiel das *Zornsche Lemma*, das nur mit dem Auswahlaxiom beweisbar ist, ein fundamentales Beweismittel der Algebra geworden.

Es wurde sehr bald erkannt, daß der zunächst äußerst allgemein aufgefaßte Mengenbegriff einer gewissen Einschränkung bedarf, da zum Beispiel der Begriff der Menge aller Mengen, ja schon der Begriff der Menge aller Kardinalzahlen oder der Menge aller Ordinalzahlen zu Widersprüchen führt. Man ist deshalb dazu übergegangen, beliebige Gesamtheiten nicht als Mengen, sondern als Klassen zu bezeichnen, wobei die Mengen spezielle Klassen sind und nicht jede Klasse eine Menge ist.

Daraufhin wurden Axiomatisierungen der Mengenlehre hauptsächlich von E. ZERMELO 1908, A. FRAENKEL 1925–28 und J. V. NEUMANN 1925 entwickelt.

Um die Ordinalzahlen, die sich als Äquivalenzklassen wohlgeordneter Mengen ergeben, in einem axiomatischen System der Mengenlehre nicht als echte Klassen, sondern als Mengen zu erhalten, hat man jede Ordinalzahl durch ein spezielles Element ihrer Äquivalenzklasse zu repräsentieren. Dies geschieht nach J. V. NEUMANN am einfachsten dadurch, daß man die Ordinalzahlen durch diejenigen Mengen repräsentiert, die bezüglich der $\in$-Relation wohlgeordnet sind. Die Ordinalzahlen erscheinen dann als die Mengen ihrer Vorgänger, also die Ordinalzahl 0 als die leere Menge, die Ordinalzahl 1 als die Menge, deren einziges Element die leere Menge ist, usw. Diese Charakterisierung der Ordinalzahlen als die Mengen ihrer Vorgänger ist allerdings nur für den allgemeinen Ordinalzahlenbegriff im Rahmen eines axiomatischen Systems der Mengenlehre sinnvoll. Man kann ja gewisse Ordinalzahlenabschnitte auch durch rekursiv definierte Wohlordnungsrelationen auf der Menge der natürlichen Zahlen repräsentieren. Für die in dieser Weise bezeichneten Ordinalzahlen kann natürlich keine Rede davon sein, daß sie die Mengen ihrer Vorgänger sind.

Ausführliche systematische Untersuchungen einer im Rahmen der Prädikatenlogik erster Stufe axiomatisierten Mengenlehre wurden zuerst hauptsächlich von PAUL BERNAYS durchgeführt und im *Journal of Symbolic Logic* (1937–38 publiziert, später auch in dem gemeinsam mit A. FRAENKEL herausgegebenen Buch *„Axiomatic Set Theory"* (1958).

Einen bedeutenden Fortschritt in der axiomatischen Mengenlehre hat KURT GÖDEL mit einem relativen Widerspruchsfreiheitsbeweis für das Auswahlaxiom

KURT GÖDEL
geb.: 28. 04. 1906 in Brünn
gest.: 14. 01. 1978 in Princeton, USA

und die *verallgemeinerte Kontinuumhypothese* erzielt. Diese Hypothese besagt, daß die Kardinalität der Potenzmenge einer jeden unendlichen Menge genau um 1 größer ist als die Kardinalität der betrachteten Ausgangsmenge. GÖDEL hat nach dem Erscheinen seiner berühmten Habilitationsschrift noch in Wien eine Vorlesung über seinen relativen Widerspruchsfreiheitsbeweis gehalten, der dann 1938 in Princeton publiziert wurde.

GÖDEL bewies, daß aus der Widerspruchsfreiheit eines formalen Systems der Prädikatenlogik ersten Stufe, das die üblichen Axiome der Mengenlehre, aber weder das Auswahlaxiom noch die Kontinuumhypothese enthält, die Widerspruchsfreiheit eines entsprechenden formalen Systems mit Auswahlaxiom und verallgemeinerter Kontinuumhypothese folgt. Er hat seinen Beweis der Anschaulichkeit halber modelltheoretisch formuliert, indem er von einem Modell des gegebenen formalen Systems ausging und hieraus durch Einschränkung der Mengen auf sogenannte konstruktible Mengen ein Modell bildete, in dem außer den vorgegebenen mengentheoretischen Axiomen auch das Auswahlaxiom und die verallgemeinerte Kontinuumhypothese gilt. Der Beweis ist aber im Grunde von rein syntaktischer Natur, da hier allein aus der Widerspruchsfreiheit des gegebenen formalen Systems in konstruktiver Weise auf die Widerspruchsfreiheit des Systems der konstruktiblen Mengen geschlossen wird.

Die nächste Frage war nun, ob das Auswahlaxiom und die Kontinuumhypothese abhängig oder unabhängig von den übrigen Axiomen der Mengenlehre sind. GÖDEL hat, wie aus seinen späteren Äußerungen hervorgeht, auch in dieser Hinsicht Untersuchungen unternommen und ist wahrscheinlich der Lösung dieser Frage bereits sehr nahe gekommen, hat aber hierüber nichts veröffentlicht.

Es war dann PAUL COHEN, der 1963 als erster die *Unabhängigkeit des Auswahlaxioms und der Kontinuumhypothese* bewies. Seine Beweise verwenden eine neue Erzwingungsmethode, mit der in einer gewissen syntaktischen Weise Modelle mit den erwünschten Eigenschaften konstruiert werden. Bald darauf wurde von D. SCOTT und R. SOLOVAY eine weitere Methode für Unabhängigkeitsbeweise eingeführt, bei der den Formeln anstelle von Wahrheitswerten Werte in einer Booleschen Algebra zugeordnet werden. Diese Methode ist rein modelltheoretischer Natur und setzt die Existenz eines sehr starken Universums voraus.

Hiermit setzte eine intensive mengentheoretische Forschung ein, die eine Fülle neuer Unabhängigkeitsbeweise erbrachte und auch die Konsequenzen von stärkeren mengentheoretischen Axiomen untersucht.

RONALD JENSEN, der in Bonn bei HASENJAEGER studiert hatte, hat sehr viel zur frühen Verbreitung der Erzwingungsmethode in Deutschland beigetragen. Der Höhepunkt seiner frühen Arbeit auf diesem Gebiet war die Konstruktion eines Modells der Mengenlehre, in dem die Souslinhypothese und die allgemeine Kontinuumshypothese gelten. Die *Souslinhypothese* besagt, daß jede nichtleere vollständig und dicht geordnete Menge ohne erstes und letztes Element, in der jede disjunkte Menge von offenen Intervallen höchstens abzählbar ist, isomorph zu den reellen Zahlen ist.

Diese Hypothese war auch ein Ausgangspunkt für die erste Hauptrichtung der Forschung von JENSEN, nämlich der Untersuchung des konstruktiblen Universums L. JENSEN zeigte 1968, daß in L die Souslinhypothese falsch ist. Die Beweisanalyse führte zu dem kombinatorischen Prinzip $\diamondsuit$, einer Verstärkung der Kontinuumshypothese, das inzwischen mannigfaltige Anwendungen in der allgemeinen Topologie, Algebra und kombinatorischen Mengenlehre gefunden hat. In gewisser Weise benötigt der Beweis von $\diamondsuit$ in L nur „grobe" Eigenschaften dieses Universums, die im wesentlichen schon GÖDEL bekannt waren.

Schon in seiner Habilitationsschrift aus dem Jahre 1967 begann JENSEN jedoch eine neue detaillierte Untersuchung des konstruktiblen Universums. Hier wird genau die „kleinste" Stelle in dem hierarchischen Aufbau von L untersucht, wo sich bestimmte Dinge ereignen. Dies wird heute als Feinstrukturtheorie von L bezeichnet. Mit ihrer Hilfe hat JENSEN eine fast vollständige Analyse der kombinatorischen Struktur von L durchgeführt. Die dabei destillierten Prinzipien, z. B. $\square$ und Moräste, fanden wie $\diamondsuit$ vielfältige Anwendungen.

Im Jahre 1974 kehrte JENSEN nach längerer Abwesenheit aus Deutschland für einige Jahre nach Bonn zurück. Gleich am Anfang dieser Periode bewies er zwei tiefe und überraschende Stuktursätze. Aus seiner Beschäftigung mit dem singulären Kardinalzahlproblem entwickelte er den *Überdeckungssatz für L*. Grob gesprochen besagt dieser Satz, daß jedes innere Modell nahe bei L liegt oder sehr viel größer als L ist. Sein *Kodierungssatz* besagt, daß jedes abzählbare transitive Modell der Mengenlehre eine klassengenerische Erweiterung besitzt, in der alle Mengen aus einer festen reellen Zahl konstruktibel sind.

Der Überdeckungssatz für L führte zu einer neuen Entwicklung in der Theorie der inneren Modelle. Zusammen mit TONY DODD führte JENSEN das *Kernmodell K* ein, welches die Lücke zwischen L und den von KUNEN untersuchten natürlichen inneren Modellen für meßbare Kardinalzahlen füllte. Dies führte zu weiteren wichtigen Überdeckungssätzen. Außerdem zeigte sich, daß die Feinstrukturtheorie grundlegend für die Untersuchung des „vollen" Universums V ist.

In gewisser Weise ist das Kernmodell K eine natürliche Erweiterung von L, das heißt die Elemente von K sind fast konstruktibel. In den letzten Jahren hat sich JENSEN neben anderen sehr bemüht, noch bessere „konstruktible" Approximationen an das Universum V zu entwickeln. Dieser grundlegende Zweig der mengentheoretischen Forschung ist noch nicht am Ziel angelangt und überschneidet sich mit der Suche nach natürlichen inneren Modellen für große Kardinalzahlen. Schon jetzt ist aber deutlich, daß eine verallgemeinerte Feinstrukturtheorie grundlegend für diese Untersuchungen ist.

In Deutschland haben außerdem noch H.-D. DONDER und B. KOPPELBERG wertvolle Beiträge zur Mengenlehre geliefert.

7 Die Rekursionstheorie

Das wohl einfachste Rekursionsschema ist das der primitiven Rekursion: es definiert eine zahlentheoretische Funktion f aus gegebenen Funktionen g und h durch die Gleichungen

$$f(0, x_2, \ldots, x_n) = g(x_2, \ldots, x_n),$$

$$f(k+1, x_2, \ldots, x_n) = h(k, f(k, x_2, \ldots, x_m), x_2, \ldots, x_n).$$

Dieses zunächst recht speziell aussehende Definitionsschema ist erstaunlich stark. Besonders SKOLEM hat gezeigt, daß die darauf aufgebaute sogenannte primitiv rekursive Zahlentheorie zur Formalisierung der elementaren Zahlentheorie völlig ausreicht. HILBERT hat dann die Frage gestellt, ob es überhaupt berechenbare zahlentheoretische Funktionen gibt, die nicht mehr primitiv rekursiv sind. Dieses Problem wurde 1928 von ACKERMANN gelöst: Definiert man

$$f_1(x, y) = x + y, \quad f_2(x, y) = xy, \quad f_3(x, y) = x^y$$

und allgemein $f_n(x, y)$ durch die entsprechende Fortsetzung, so ist die durch $g(n, x, y) := f_n(x, y)$ definierte Funktion offenbar berechenbar, aber aus Wachstumsgründen nicht mehr primitiv rekursiv.

Die Ausgangsfrage der Rekursionstheorie im eigentlichen Sinne ist die nach dem allgemeinen Begriff eines Algorithmus, also eines Berechnungsverfahrens, bei dem die Argumente (Eingabedaten) und die Werte (Ausgabedaten) konkrete Objekte (etwa Zeichenreihen) sind. Schon immer hat man sich in der Mathematik darum bemüht, Algorithmen zur Lösung von Problemen anzugeben. Ein frühes Beispiel ist etwa der Euklidische Algorithmus zur Bestimmung des größten gemeinsamen Teilers zweier natürlicher Zahlen.

Es hat jedoch in der Mathematik auch immer Fragestellungen gegeben, die sich einer algorithmischen Lösung widersetzt haben. Ein Beispiel ist das zehnte Problem aus der berühmten Liste, die HILBERT in seinem 1900 gehaltenen Vortrag vor dem Internationalen Mathematikerkongreß in Paris angegeben hat.

> Eine diophantische Gleichung mit irgendwelchen Unbekannten und mit ganzen rationalen Zahlenkoeffizienten sei vorgelegt. *Man soll ein Verfahren angeben, nach welchem sich mittels einer endlichen Anzahl von Operationen entscheiden läßt, ob die Gleichung in den ganzen rationalen Zahlen lösbar ist.*

Hier haben viele erfolglose Lösungsversuche schließlich zu der Vermutung geführt, daß es überhaupt keinen Algorithmus gibt, der über die Lösbarkeit einer vorgelegten diophantischen Gleichung entscheidet; wir werden weiter unten darauf zurückkommen. Damit wird jedoch die Fragestellung auf eine andere Ebene gehoben. Es geht jetzt nicht mehr darum, einen konkreten Algorithmus anzugeben, sondern man muß sich über die allgemeine Natur von Algorithmen soweit klar werden, daß man einen Beweis für die Nichtexistenz eines Algorithmus der verlangten Art führen kann.

Ein erster Schritt in diese Richtung wurde von HERBRAND getan. In einem Brief vom 7. April 1931 an GÖDEL möchte HERBRAND eine Axiomatisierung der Arithmetik genau angeben. Er schreibt

> ... Außerdem haben wir in der Arithmetik andere Funktionen, zum Beispiel durch Rekursion definierte Funktionen, die ich mit folgenden Axiomen definieren werde. Nehmen wir an, daß wir alle die Funktionen $f_n(x_1, x_2, \ldots, x_{p_n})$ einer gewissen endlichen oder unendlichen Menge F definieren wollen. Jedes $f_n(x_1, \ldots)$ wird gewisse Definitionsaxiome haben. ... Diese Axiome werden folgenden Bedingungen genügen.
>
> 1. Die Definitionsaxiome von f_n enthalten, außer dem f_n, nur Funktionen von kleinerem Index.
> 2. Diese Axiome enthalten nur freie Variable und Konstanten.
> 3. Man muß mit intuitionistischen Beweisen zeigen können, daß es möglich ist, den Wert der Funktionen für jedes bestimmte Wertsystem ihrer Argumente mit diesen Axiomen eindeutig zu berechnen.
>
> Zum Beispiel haben wir folgende Beispiele:
>
> a) Die Funktionen $x + y$ und $x \cdot y$, die die Menge E_1 machen, die mit folgenden Axiomen definiert sind:
>
> $$x + 0 = x \quad x + (y + 1) = (x + y) + 1$$
> $$x \cdot 0 = 0 \quad x(y + 1) = xy + x$$

HERBRAND gibt dann unter b) die Axiome der primitiven Rekursion an und erklärt unter c), daß nach seinem allgemeinen Schema noch viele andere Funktionen definiert sein können, wobei er als Beispiel die Ackermannsche Funktion erwähnt.

Es handelt sich hier um den ersten schriftlich vorliegenden Versuch, den Begriff der rekursiven, also durch einen Algorithmus gegebenen Funktion zu definieren.

GÖDEL hat 1934 in einer Vorlesung in Princeton als „suggested by Herbrand" die folgende Definition einer rekursiven Funktion angegeben:

> If ϕ denotes an unknown function, and $\psi_1, \ldots, \psi_k$ are known functions, and if the ψ's and ϕ are substituted in one another in the most general fashions and certain pairs of the resulting equations are equated, then, if the resulting set of functional equations has one and only one solution for ϕ, ϕ is a recursive function.

GÖDEL hat diesen Definitionsversuch HERBRAND irrtümlich zugeschrieben. Denn aus dem oben auszugsweise zitierten Brief HERBRANDS an GÖDEL und aus GÖDELS Antwort vom 25. Juli 1931 (die HERBRAND, der am 27. Juli 1931 in den

Alpen tödlich verunglückt ist, nicht mehr erreicht hat) geht hervor, daß dieser Briefwechsel die einzige Kontaktaufnahme zwischen beiden war. Ferner ergibt sich aus einem Briefwechsel von GÖDEL mit J. VAN HEIJENOORT, daß GÖDEL 1934 bei der Vorbereitung der Vorlesungen in Princeton der Brief HERBRANDS nicht mehr vorlag und er sich auf sein Gedächtnis verlassen mußte.

KALMAR hat 1956 gezeigt, daß diese Definition nicht den intendierten Begriff trifft: Er hat eine algorithmisch nicht berechenbare Funktion angegeben, die sich als eindeutige Lösung eines Gleichungssystems darstellen läßt. Später haben GRZEGORCZYK, MOSTOWSKI und RYLL-NARDZEWSKI diejenigen Funktionen charakterisiert, die als eindeutige Lösungen von Gleichungssystemen auftreten. Es sind dies genau die hyperarithmetischen Funktionen, von denen weiter unten noch die Rede sein wird.

GÖDEL selbst hat schon in der Vorlesung von 1934 eine wichtige Modifikation an diesem Definitionsversuch vorgenommen. Er verlangt, daß für jedes Argumententupel der Funktionswert durch gewisse einfache formale Regeln (im wesentlichen eine Einsetzungs- und eine Ersetzungsregel) ausrechenbar sein muß. Diese Definition ist 1936 (in leicht veränderter Form) von KLEENE zur Grundlage einer ersten Ausarbeitung der Theorie der rekursiven (und der partiell-rekursiven) Funktionen gemacht worden. KLEENE bewies dort unter wesentlicher Verwendung der 1931 von GÖDEL eingeführten Technik der Numerierung von Formeln einige inzwischen klassischen Resultate: den *Substitutionssatz* (auch S-m-n-Theorem genannt), den *Rekursionssatz*, ferner – mittels des Kleeneschen Normalformensatzes – die Übereinstimmung der rekursiven Funktionen mit den sogenannten μ-rekursiven Funktionen, die aus einfachen Ausgangsfunktionen durch Anwendung der Definitionsschemata der Einsetzung, der primitiven Rekursion und des folgenden μ-Schemas erzeugt werden: Ist eine Funktion g bereits erzeugt, und hat g die Eigenschaft, daß es zu jedem $x_1, \ldots, x_n$ ein y gibt mit $g(x_1, \ldots, x_n, y) = 0$, so darf man übergehen zu der durch $f(x_1, \ldots, x_n) := \mu y(g(x_1, \ldots, x_n, y) = 0 :=$ das kleinste y mit $g(x_1, \ldots, x_n, y) = 0$ definierten Funktion.

Daraufhin hat A. CHURCH 1936 die heute nach ihm benannte These aufgestellt, daß der oben diskutierte Begriff der allgemeinen rekursiven Funktion und der von ihm eingeführte äquivalente Begriff der λ-definierbaren Funktion mit dem der „effektiv berechenbaren" Funktion (in einem etwas vagen intuitiven Sinn) zusammenfällt. Diese These ist heute allgemein akzeptiert. Eine wesentliche Stützung hat sie erfahren durch die von A. TURING 1937 durchgeführte Analyse der Operationen, die ein menschlicher Rechner ausführt. (Eine ähnliche Überlegung wurde gleichzeitig und unabhängig von E. POST angestellt.) Diese Analyse führte TURING auf ein abstraktes Maschinenmodell, das heute nach ihm benannt wird. Es zeigte sich, daß auch die durch solche Turing-Maschinen berechenbaren Funktionen mit den allgemein rekursiven Funktionen zusammenfallen.

Als äquivalent mit dem Begriff der allgemeinen rekursiven Funktionen erwies sich dann auch der Begriff der kombinatorisch definierbaren Funktion, der sich im Rahmen der von H. B. CURRY 1930 in seiner Göttinger Dissertation (bei HILBERT) begründeten kombinatorischen Logik ergibt. Der λ-Kalkül von CHURCH ist äquivalent mit der viel früher von CURRY entwickelten kombinatorischen Logik. Die Formeln des λ-Kalküls sind übersichtlicher als die der kombinatorischen Logik, während die kombinatorische Logik den Vorteil hat, im Unterschied zum λ-Kalkül völlig ohne gebundene Variablen auszukommen. Besonders der λ-Kalkül, aber teilweise auch die kombinatorische Logik haben Anwendungen in der Informatik gefunden.

Auch von den 1954 eingeführten Markov-Algorithmen hat sich gezeigt, daß die hiermit definierbaren Funktionen mit den allgemeinen rekursiven Funktionen zusammenfallen.

Bereits 1931 hat schon GÖDEL mit dem Begriff der in einem formalen System S entscheidungsdefiniten Relation eine Definition formuliert, von der sich herausgestellt hat, daß sie mit dem Begriff der rekursiven Relation (d. h. einer Relation, deren charakteristische Funktion rekursiv ist) zusammenfällt. Dies hat GÖDEL selbst 1946 gemerkt, nachdem er schon vorher eine gewisse Absolutheit (d. h. Unabhängigkeit von dem zugrunde liegenden System) dieses Begriffs festgestellt hatte.

Nachdem so der Begriff des Algorithmus eine befriedigende und mathematisch präzise Klärung gefunden hatte, war erstmals die Möglichkeit eröffnet, von gewissen mathematischen Problemen zu zeigen, daß sie algorithmisch *nicht* lösbar sind. Innerhalb der Theorie der rekursiven Funktionen lassen sich solche Probleme leicht angeben: KLEENE konstruierte 1936 ein Beispiel einer primitiv rekursiven Relation R derart, daß $\{n : \forall x R(x, n)\}$ nicht rekursiv ist. Nun hatte GÖDEL bereits 1931 ein Verfahren angegeben, das zu jedem primitiv rekursiven R eine prädikatenlogische Formel erster Stufe liefert, deren Erfüllbarkeit mit der Richtigkeit von $\forall x R(x, n)$ äquivalent ist. Es folgt also, daß die Menge der erfüllbaren prädikatenlogischen Formeln erster Stufe nicht rekursiv ist, das heißt nicht algorithmisch charakterisiert werden kann. Dieses Resultat wurde explizit zuerst von CHURCH formuliert.

Später sind dann vielfältige Verschärfungen hiervon gefunden worden: für viele syntaktisch abgegrenzte Klassen $\mathscr{F}$ von Formeln der Prädikatenlogik erster Stufe konnte man zeigen, daß die Frage nach der Erfüllbarkeit von Formeln $F \in \mathscr{F}$ unentscheidbar bzw. entscheidbar ist. An diesen Untersuchungen waren besonders HERBRAND, GÖDEL, HAO WANG, BÖRGER und GOLDFARB beteiligt. Als besonders nützlich für Unentscheidbarkeitsbeweise hat es sich herausgestellt, den Begriff der Rekursivität durch sogenannte Registermaschinen (anstelle von Turingmaschinen) zu charakterisieren. Eine Übersicht über den heutigen Stand der Kenntnisse auf diesem Gebiet findet man in dem 1985 erschienenen Buch „*Berechenbarkeit, Komplexität, Logik*“ von E. BÖRGER.

Auch für viele in der Mathematik aufgetretenen Fragestellungen konnte die algorithmische Unlösbarkeit nachgewiesen werden: Aufbauend im wesentlichen auf Vorarbeiten von JULIA ROBINSON, die sich auf Lösungen der Pellschen Gleichung beziehen, zeigte MATIJASEVITCH 1970 die Unentscheidbarkeit des zehnten Hilbertschen Problems. BOONE und NOVIKOV bewiesen in den fünfziger Jahren die Unentscheidbarkeit des Wortproblems der Gruppentheorie.

Der Begriff der Rekursivität läßt sich offenbar relativieren: Eine Menge A natürlicher Zahlen heißt rekursiv in einer Menge B (Schreibweise: $A \leq_T B$), wenn es eine Turingmaschine M gibt, die die Zugehörigkeit einer vorgelegten Zahl zu der Menge A entscheidet, wobei M im Verlauf der Rechnung B als *„Orakel“* benutzen kann, das heißt beliebig oft Anfragen stellen kann, ob ein Zwischenergebnis zur Menge B gehört oder nicht. Die Äquivalenzklassen bezüglich der von $\leq_T$ erzeugten Äquivalenzrelation nennt man *rekursive Grade*; Untersuchungen über ihre Struktur sind sehr schwierig und machen ein Hauptgebiet der heutigen Rekursionstheorie aus. Von besonderem Interesse sind rekursiv aufzählbare Grade, das heißt die Grade mit rekursiv aufzählbaren Repräsentanten. Eine Menge heißt *rekursiv aufzählbar*, wenn sie sich in der Form $\{n\colon \exists x R(x, n)\}$ mit rekursiven R definieren läßt. POST hat 1944 das Problem formuliert, ob es überhaupt rekursiv aufzählbare Grade gibt, die von $\mathbf{0}$ (dem Grad der rekursiven Mengen) und dem maximalen rekursiv aufzählbaren Grad $\mathbf{0}'$ (dessen Existenz man sich leicht überlegen kann) verschieden sind. Diese Frage wurde 1956 unabhängig voneinander von FRIEDBERG und MUCKNIK positiv beantwortet. Beide Autoren verwendeten zum Beweis eine neuartige Methode, die sogenannte *Prioritätsmethode*, die seitdem in vielerlei Hinsicht erweitert worden ist und die heute noch diesen Teil der Rekursionstheorie charakterisiert. In Deutschland hat hierzu besonders AMBOS-SPIESS wichtige Beiträge geliefert.

Bisher war von Rekursionstheorie nur über den natürlichen Zahlen die Rede gewiesen. Schon früh hat man jedoch versucht, den Begriff der Rekursivität auch über anderen Bereichen zu studieren. Hier stellt sich sofort die Frage, welche Bereiche denn angemessen sind. Eine Antwort darauf haben KRIPKE und PLATEK gegeben: Sie konnten zeigen, daß die sogenannten zulässigen Ordinalzahlen oder etwas allgemeiner die Abschnitte L_α von GÖDELS Hierarchie der konstruktiblen Mengen mit einer zulässigen Ordinalzahl α geeignete Bereiche für Rekursionstheorien sind. Die kleinste zulässige Ordinalzahl oberhalb von ω ist ω_1^{CK} (CK steht für CHURCH und KLEENE), das heißt die kleinste Ordinalzahl, die nicht mehr durch eine rekursive Wohlordnung dargestellt werden kann. In der Rekursionstheorie über zulässigen Ordinalzahlen, der sogenannten *α-Rekursionstheorie*, ist es von großer Wichtigkeit, den Begriff der Endlichkeit geeignet zu verallgemeinern; darauf hat zuerst KREISEL hingewiesen. Im Fall der Rekursionstheorie über ω_1^{CK} haben KREISEL und SACKS den Endlichkeitsbegriff zum Begriff einer hyperarithmetischen, also Δ_1^1-Teilmenge der natürlichen Zahlen verallgemeinert. Im allgemeinen Fall der α-Rekursionstheorie für zulässiges α ist der passende Endlichkeitsbegriff der eines α-rekursiven Bildes einer Ordinalzahl $< \alpha$.

Später haben insbesondere S. FRIEDMAN und SACKS versucht, Rekursionstheorie auch auf L_β mit beliebigen Limeszahlen β zu verallgemeinern. In dieser sogenannten *β-Rekursionstheorie* lassen sich die Begriffe der β-rekursiv aufzählbaren Menge und der β-rekursiven Funktion in natürlicher Weise definieren. Weniger naheliegend war die folgende Definition eines angemessenen Endlichkeitsbegriffs, die von W. MAASS gefunden wurde: eine Teilmenge von L_β heißt invariant endlich, wenn sie ein Element der kleinsten rekursiv invarianten Klasse von β-rekursiven beschränkten Teilmengen von L_β ist.

Schließlich ist noch über eine Verallgemeinerung der Rekursionstheorie zu berichten, in der die betrachteten Objekte nicht mehr nur Funktionen über den natürlichen Zahlen sind, sondern Funktionale oder von noch höherem Typ. In einer viel beachteten Arbeit *„Über eine noch nicht benützte Erweiterung des finiten Standpunkts"* von 1958 hat GÖDEL die eingangs betrachteten primitiv rekursiven Funktionen auf höhere Typen erweitert. Die zugehörige Theorie T hat dann die volle Stärke der Arithmetik.

Die volle Rekursionstheorie hat KLEENE auf höhere Typen erweitert. Er hat dabei grundlegende Zusammenhänge mit der Theorie der hyperarithmetischen Mengen aufgedeckt: eine Menge natürlicher Zahlen ist hyperarithmetisch genau dann, wenn sie rekursiv ist in dem Typ-2-Objekt E, das 0 oder 1 ist je nachdem ob sein Funktionsargument eine Nullstelle besitzt oder nicht. KLEENES Rekursionstheorie höherer Typen hat als Grundannahme, daß alle betrachteten Objekte total, das heißt überall definiert sein müssen. Das führt dazu, daß man unendliche Rechnungen zulassen muß. Denn wenn ein Typ-2-Objekt wie etwa das obige E als Argument in einer Rechnung auftritt, dann kann dieses Argument ja nur so benutzt werden, daß man es anwendet auf eine (nach KLEENES Grundannahme totale) Funktion, das heißt auf ein unendliches Objekt, das vorher durch die Rechnung bereitgestellt werden muß. Es ist deshalb nicht verwunderlich, daß die weitere Entwicklung dieser Art von Rekursionstheorie auf Fragestellungen führt, bei denen die Antwort von den zugrunde gelegten mengentheoretischen Axiomen (wie etwa $V = L$) abhängt. Genaueres hierüber findet man etwa in dem 1978 erschienen Buch *„Recursion-Theoretic Hierarchies"* von P. HINMAN.

Eine Rekursionstheorie höherer Typen, in der alle Rechnungen endlich sind und die deshalb von vornherein partiell definierte und stetige Objekte zugrunde legt, ist (nach Vorarbeiten von PLATEK) von D. SCOTT und YU. ERSOV entwickelt worden. Die Grundidee ist hier, die unendlichen Objekte als Limiten (genauer: Ideale) endlicher Approximationen darzustellen. Ein Funktional heißt dann rekursiv, wenn das Ideal seiner endlichen Approximationen rekursiv aufzählbar ist. Diese sogenannte *Bereichstheorie* (domain theory) ist in der Informatik von grundlegender Bedeutung, insbesondere für die Semantik von Programmsprachen.

8 Die Modelltheorie

Neben der Beweistheorie entwickelte sich seit Beginn der zwanziger Jahre die *Modelltheorie*. In ihr steht nicht die Frage nach der Widerspruchsfreiheit eines (formalen) Axiomensystems für die Mathematik oder Teilgebiete davon im Vordergrund – diese wird, im Gegenteil, als gegeben angenommen – sondern die Untersuchung der Modelle eines solchen Axiomensystems. Ihre Wurzeln hat die Modelltheorie einerseits in der schon in Abschnitt 1 erwähnten Arbeit von LÖWENHEIM (1915) und in einer Arbeit von SKOLEM aus dem Jahr 1934, andererseits in GÖDELS Dissertation (1930). In der Arbeit von SKOLEM wird mit einer Konstruktion, die im wesentlichen die Ultraproduktkonstruktion darstellt, unter anderem gezeigt, daß es kein (formales) Axiomensystem geben kann, das die natürlichen Zahlen bis auf Isomorphie charakterisiert. Diese Methode der Konstruktion von sogenannten Nichtstandard-Modellen eines Axiomensystems stand Pate bei der Entwicklung der Nichtstandard-Analysis durch ABRAHAM ROBINSON in den sechziger Jahren. In seiner Arbeit von 1930 zeigte GÖDEL, daß die auf FREGE, WHITEHEAD, RUSSELL und HILBERT zurückgehende Formalisierung der Mathematik alle mathematischen Schlußweisen vollständig erfaßt, daß also eine Unbeweisbarkeit notwendig in einem „Gegenbeispiel" begründet sein muß. Die Konstruktion dieses Gegenbeispiels stellt eine andere grundlegende Methode der heutigen Modelltheorie dar.

Die beiden eben angesprochenen Methoden wurden in den dreißer Jahren von A. TARSKI durch weitere ergänzt und systematisiert. TARSKI begann auch das Studium konkreter algebraischer Theorie unter modelltheoretischen Gesichtspunkten. Seine Untersuchungen erbrachten die Entscheidbarkeit einiger wesentlicher Teiltheorien der Mathematik, so zum Beispiel der Theorie der komplexen Zahlen, der Theorie der reellen Zahlen und der Theorie der euklidischen Ebene. TARSKIS geometrische Untersuchungen wurden in den sechziger Jahren in Deutschland von W. SCHWABHÄUSER fortgeführt. Er zeigte unter anderem die Entscheidbarkeit der ebenen hyperbolischen Geometrie.

In den sechziger Jahren erhielt die Modelltheorie wesentliche Impulse einerseits durch den tiefliegenden Satz von MORLEY, andererseits durch die aufsehenerregende Anwendung modelltheoretischer Methoden durch J. AX und S. KOCHEN in dem Problemkreis diophantischer Gleichungen.

Mit den Arbeiten von AX und KOCHEN eröffnete sich der Modelltheorie ein weites Feld der Anwendung – Fragen der Entscheidbarkeit und Axiomatisierbarkeit in der Algebra, speziell der Körpertheorie, bis hin zur Behandlung rein algebraischer Fragestellungen. In Deutschland lieferten insbesondere A. PRESTEL, V. WEISSPFENNING und M. ZIEGLER hierzu zahlreiche Beiträge.

Der Satz von Morley besagt, daß für eine Theorie je zwei Modelle gleicher, aber beliebiger überabzählbarer Mächtigkeit isomorph sind, falls dies schon für mindestens eine überabzählbare Mächtigkeit richtig ist. Der Beweis dieses Satzes brachte für die Modelltheorie wiederum neue Konstruktionsmethoden, die sich für die weitere Entwicklung als grundlegend erwiesen haben. Insbesondere wurde hierdurch die sogenannte Stabilitätstheorie und damit letztlich S. SHELAHS Klassifikationsprogramm für Teiltheorien der Mathematik inspiriert. Theorien, deren Modellklasse eine Strukturtheorie ähnlich der Theorie algebraisch abgeschlossener Körper erlaubt, gelten dabei als besonders einfach (sie sind insbesondere stabil), während Theorien von Strukturen mit einer linearen Ordnung, wie zum Beispiel der reellen Zahlen, als besonders kompliziert gelten (sie sind insbesondere instabil). Beiträge hierzu lieferten in Deutschland unter anderen U. FELGNER und J. REINEKE zur Theorie der Gruppen und Ringe und M. ZIEGLER zur Theorie der Moduln.

Wie schon oben erwähnt, entwickelte in den sechziger Jahren A. ROBINSON seine Nichtstandard-Analysis, die eine späte Rechtfertigung des Rechnens mit infinitesimalen Zahlen von LEIBNIZ brachte. In gewisser Weise stellt eine Arbeit von SCHMIEDEN und LAUGWITZ von 1958 einen Vorläufer davon dar. Mit modelltheoretischen Überlegungen (Saturiertheitsprinzip) wurde gezeigt, daß man, ohne auf Widersprüche zu stoßen, die Existenz von unendlich großen und unendlich kleinen „reellen“ Zahlen annehmen kann. Dieser neue Zahlenbereich bildet wieder einen angeordneten Körper, der dieselben formalen Eigenschaften wie die üblichen reellen Zahlen hat (Transferprinzip). Das Vollständigkeitsaxiom gilt nur für die internen Mengen (Prinzip der definitorischen Abgeschlossenheit der internen Mengen). Diese drei Prinzipien der Nichtstandard-Analysis wurden auf die vielen Arten topologischer Strukturen und auf die natürlichen Zahlen angewandt. So entwickelte sich die Nichtstandard-Analysis, obwohl logischen Ursprungs, zu einem eigenständigen Teilgebiet der Mathematik. Einen besonderen Aufschwung erlebte die Nichtstandard-Analysis durch Arbeiten von LOEB, ANDERSON und KEISLER in den siebziger Jahren, in denen gezeigt wurde, daß man alle straffen Wahrscheinlichkeitsmaße als Zählmaße auffassen und deshalb stochastische Integrale (bis auf unendlich kleine Fehler) pfadweise definieren kann. In dem Buch mit dem Titel *„Nonstandard Methods in Stochastic Analysis and Mathematical Physics“* (Academic Press, 1986), das S. ALBEVERIO (Bochum) zusammen mit drei Norwegern geschrieben hat, findet man einen Überblick auch über Teile der in Deutschland entstandenen Anwendungen der Nichtstandard-Analysis auf den Gebieten Mathematische Logik (Wahrscheinlichkeitslogik), Funktionalanalysis, Stochastik und Mathematische Physik.

Der topologische Übertragungsprozeß, der der Nichtstandard-Analysis zugrunde liegt, initiierte die Entwicklung der sogenannten topologischen Modelltheorie, deren Entwicklung und Anwendung in Deutschland besonders FLUM, PRESTEL und ZIEGLER vorantrieben. ROBINSON hatte 1972 die Frage gestellt, welche Logik für topologische Strukturen dieselbe Rollen spielen könnte wie die Logik erster Stufe für algebraische Strukturen. Die zu betrachtenden Strukturen haben offenbar die Form $(\mathscr{M}, \tau)$, wobei τ eine Topologie auf der Trägermenge der erststufigen Struktur $\mathscr{M}$ ist. Beispiele sind etwa topologische Räume ($\mathscr{M}$ ist hier nur eine Menge), topologische Gruppen und topologische Vektorräume. Es hat mehrere Versuche gegeben, die Frage von ROBINSON angemessen zu beantworten, und zwar durch folgende formale Systeme:

1. $\mathscr{L}^{mon}$, eine Version der monadischen Logik zweiter Stufe, in der die Mengenquantoren über offene Mengen laufen.
2. $\mathscr{L}^{t}$; dies ist eine Einschränkung von $\mathscr{L}^{mon}$, in der Mengenquantoren (die also wieder über offene Mengen laufen) nur erlaubt sind im Kontext

   $$\exists X(t \in X \wedge \phi)$$

   wobei X nur negativ in ϕ vorkommt, beziehungsweise im dualen Kontext

   $$\forall X(t \in X \rightarrow \phi)$$

   mit X nur positiv in ϕ.
3. $\mathscr{L}^{I^n}$. Hier hat man die übliche Logik erster Stufe um einen n-stelligen Operator zur Bildung des Inneren erweitert.

Man kann zeigen, daß die Ausdrucksfähigkeit dieser Sprachen echt abnimmt, also $\mathscr{L}^{mon} > \mathscr{L}^{t} > \mathscr{L}^{I^n}$.

Es stellt sich die Frage, welche dieser Sprachen sich für eine topologische Modelltheorie eignet. Eine überzeugende Antwort ist im wesentlichen durch Untersuchungen von ZIEGLER gegeben worden: $\mathscr{L}^{t}$ (im Gegensatz zu $\mathscr{L}^{mon}$) erfüllt den Kompaktheitssatz (das heißt: Eine Menge von $\mathscr{L}^{t}$-Sätzen hat ein topologisches Modell genau dann wenn jede endliche Teilmenge eines besitzt) und den Satz von Löwenheim-Skolem. Es gilt sogar eine Form des Lindström-Satzes für $\mathscr{L}^{t}$, daß nämlich $\mathscr{L}^{t}$ eine maximale Logik mit diesen beiden Eigenschaften ist. Es scheint also, daß mit $\mathscr{L}^{t}$ eine Antwort auf die eingangs gestellte Frage von ROBINSON gefunden ist.

Für weitere wichtige Eigenschaften von $\mathscr{L}^{t}$ (etwa rekursive Axiomatisierbarkeit, Interpolationssatz) müssen wir auf die Literatur verweisen, etwa auf das Buch „*Topological Model Theory*“ von J. FLUM und M. ZIEGLER (*Springer Lecutre Notes 769*). Dort werden auch Anwendungen behandelt, etwa die (erbliche) Unentscheidbarkeit der Theorie der T_2-Räume und eine vollständige Axiomatisierung der Theorie des topologischen Körpers der komplexen Zahlen.

Geschichte der analytischen Zahlentheorie seit 1890

Wolfgang Schwarz[1]

Einführung

Hier soll die Entwicklung einiger Teilgebiete der analytischen Zahlentheorie[2] angedeutet werden, beginnend ungefähr mit dem Geburtsjahr der DMV. Der Zeitraum um 1890 bietet einen günstigen Einstieg. HADAMARD und DE LA VALLÉE-POUSSIN erbrachten 1896 den ersten Beweis des Primzahlsatzes, im selben Jahr erschien MINKOWSKIS ‚Geometrie der Zahlen', weiter der HILBERTsche ‚Zahlbericht', und 1882 hatte LINDEMANN die Unmöglichkeit der Quadratur des Kreises gezeigt.

Wie andere Teilgebiete der Mathematik ist die analytische Zahlentheorie in den letzten hundert Jahren enorm angewachsen. Die *Enzyklopädie der Mathematischen Wissenschaften*, Band 1, Leipzig 1898–1904[3], nennt unter „analytische Zahlentheorie" die Teilgebiete (additive) Zerfällungen der Zahlen, Dirichletsche Reihen und Methoden, Gaußsche Summen, Zahlentheoretische Funktionen, asymptotische Abschätzung zahlentheoretischer Funktionen, Verteilung der Primzahlen, mittlere Funktionswerte, Transzendenz der Zahlen e und π.

Die *analytische* Zahlentheorie blühte auf, als *Methoden* gefunden wurden, lange bekannte Probleme anzugehen, wie

- die Fermatsche Vermutung über die *Unlösbarkeit* der Gleichung $x^n + y^n = z^n$ in ganzen Zahlen x, y, z, alle ungleich Null, wenn $n > 2$
- das Goldbachproblem (1742) über die Möglichkeit der Darstellung natürlicher Zahlen als Summe von Primzahlen
- das Waringproblem (1770)
- die Frage nach der Verteilung der Primzahlen
- das Verhalten der Partitionsfunktion.

Andere Probleme entstammen dem Fortschreiten der Theorie[4], wie

- die Riemannsche(n) Vermutung(en) über die Zetafunktion
- die Frage nach der Gestalt höherer Reziprozitätsgesetze
- die Frage nach Irrationalität oder Transzendenz gegebener Zahlen.

Die Arbeiten zur Zahlentheorie im Berichtszeitraum sind gut dokumentiert. Die Frühzeit deckt DICKSONS *History of the Theory of Numbers*[5] (Washington 1919, 1920, 1923) ab, für 1940–1972 bzw. 1973–1983 liegen die von W.J. LE VEQUE bzw. K. GUY herausgegebenen *Reviews in Number Theory* vor (AMS 1974 bzw. 1984). Ein ausführliches von W.J. und F. ELLISON verfaßtes Kapitel in [DIEUDONNÉ 1985] ist der Zahlentheorie gewidmet. Schließlich gibt es zu Teilgebieten der Zahlentheorie Ergebnisberichte und Übersichtsartikel (vgl. Literaturverzeichnis).

1 Die Zeit vor 1890

Die **Anfänge der Zahlentheorie** reichen weit zurück. Die griechischen Probleme der Winkeldreiteilung, Würfelverdopplung und Quadratur des Kreises sind algebraisch-zahlentheoretischer Natur. Der ‚euklidische Algorithmus' ist Paradebeispiel für eine zweckmäßige Rechenvorschrift, DIOPHANT mußte seinen Namen für die Lösung von Gleichungen in ganzen Zahlen borgen, ERATOSTHENES (ca. 295–195 vor Christus) beschrieb eine Methode zur Erstellung (großer) Primzahltabellen (Rechenaufwand $\mathcal{O}(N \cdot \log\log N)$). Die sokratische Vorstellung der Wissenschaft als begriffliches Denken, das Aufsuchen von Begriffen und die systematische Darstellung des Wissensgebäudes sind grundlegend für die heutige Mathematik[6].

Das **Mittelalter** mit Zahlenmystik und Zahlenspekulation darf übergangen werden, auch wenn etwa die Mathematik für NICOLAUS VON CUES (1401–1464) großes Gewicht besaß.

Im **17. Jahrhundert** fand P. FERMAT (1601–1655) wichtige Ergebnisse der (elementaren) Zahlentheorie und glaubte, den großen Fermatschen ‚Satz' bewiesen zu haben. Die überragende Figur des **18. Jahrhunderts** war L. EULER (1707–1783); von Bedeutung für die Zahlentheorie waren auch A.M. LEGENDRE (1752–1833) und J.L. LAGRANGE (1736–1813).

Das 19. Jahrhundert. Die Zahlentheorie, zunächst eine Ansammlung von Problemen und ad hoc-Lösungen, gewann die Gestalt einer systematischen Theorie mit dem Beginn des 19. Jahrhunderts mit C.F. GAUSS (1777–1855). GAUSS befaßte sich mit der Theorie der quadratischen Reste, der quadratischen Formen und der Auflösbarkeit der Kreisteilungsgleichung $x^n = 1$. *„In den Disquisitiones Arithmeticae schuf Gauß im eigentlichen Sinne die moderne Zahlentheorie und bestimmte bis* *zum heutigen Tage die ganze folgende Entwicklung. Unsere Bewunderung für diese Leistung muß noch wachsen, wenn wir beobachten, wie Gauß diese ganze Gedankenwelt ursprünglich rein aus sich selbst schafft, ohne irgendwelche äußere Anregung ...*" [Klein 1926/27].

PETER GUSTAV LEJEUNE DIRICHLET (* 13. 2. 1805 Düren, † 5. 5. 1859 Göttingen, verheiratet mit Rebecca Mendelssohn-Bartholdy, der jüngeren Schwester von Felix Mendelssohn und Fanny Hensel, Nachfolger von C. F. GAUSS auf dessen Göttinger Lehrstuhl 1855) „*war der erste verständige Leser der Disquisitiones Arithmeticae, die er immer bei sich trug, wieder und wieder studierte und durch vereinfachte Darstellung in weiten Kreisen wirksam machte. ... Dirichlet's große Leistung, die der gesamten weiteren Entwicklung der Zahlentheorie die Wege gewiesen hat, war die Anwendung analytischer Funktionen auf arithmetische Probleme.*" [Klein 1926/27, 97].

Mit dem Satz über die Existenz unendlich vieler Primzahlen in der arithmetischen Progression (1837) hat L. DIRICHLET in erheblichem Umfange transzendente Hilfsmittel in die Zahlentheorie eingeführt und damit die Disziplin „analytische Zahlentheorie" begründet.

BERNHARD RIEMANN (1826–1866)
Geboren bei Hannover, Promotion 1851 in Göttingen, 1854 Habilitation, 1857 außerordentlicher Professor, 1859 ordentlicher Professor. Gestorben 1866 in Selasca am Lago Maggiore.

B. RIEMANN (1826–1866) erkannte 1859 in „*Über die Anzahl der Primzahlen unter einer gegebenen Größe*" die Bedeutung der Untersuchung der Zetafunktion $\zeta(s) = \sum_{n=1}^{\infty} n^{-s}$ im *Komplexen* für das Studium der Verteilung der Primzahlen; er gab die Funktionalgleichung

$$\zeta(1-s) = 2 \cdot (2\pi)^{-s} \cos \tfrac{1}{2}\pi s \cdot \Gamma(s) \cdot \zeta(s)$$

und deckte tiefe Ergebnisse über die Nullstellen von $\zeta(s)$ auf; von seinen ohne Beweis mitgeteilten Eigenschaften der Zetafunktion[7] sind inzwischen alle bis auf die eigentliche Riemannsche Vermutung (alle nichttrivialen Nullstellen der Zetafunktion liegen auf der Geraden $\mathrm{Re}\, s = \frac{1}{2}$) bewiesen worden. C. L. SIEGEL (*Über Riemann's Nachlaß zur Analytischen Zahlentheorie*, 1932) schreibt: „*Die Legende,*

RIEMANN habe die Resultate seiner mathematischen Arbeit durch ‚große allgemeine' Ideen gefunden, ohne die formalen Hilfsmittel der Analysis zu benötigen, ist wohl jetzt nicht mehr so verbreitet wie zu KLEINS Lebzeiten. Wie stark RIEMANNS analytische Technik war, geht besonders deutlich aus seiner Ableitung und Umformung der semikonvergenten Reihe für $\zeta(s)$ hervor."

R. DEDEKIND (1831–1916) veröffentlichte eine umfassende Theorie der Zahlkörper und führte die Zetafunktion $\zeta_K(s) = \sum_{\mathfrak{a}} \{N(\mathfrak{a})\}^{-s}$ algebraischer Zahlkörper K ein (1871); seine *Klassenzahlformel* verknüpft Klassenzahl und andere Bestimmungsstücke des Zahlkörpers mit dem Residuum von $\zeta_K(s)$ bei $s = 1$. So war durch DIRICHLET, DEDEKIND und RIEMANN vorgezeichnet, wie mächtige Hilfsmittel der Analysis für die Zahlentheorie nutzbar gemacht werden konnten.

Die Ausgangssituation. Um 1890 wäre für einen Abiturienten mit zahlentheoretischen Interessen als Studienort zunächst wohl Berlin in Frage gekommen, dann aber Göttingen, wo KLEIN seit 1886, HILBERT seit 1895 wirkte und später MINKOWSKI (1902) und LANDAU (1909) hinzukamen. An Lehrbüchern gab es keine große Auswahl; man konnte sich an LEGENDRES *Théorie des Nombres* (1886 ins Deutsche übertragen) oder (besser) an DIRICHLETS *Vorlesungen über Zahlentheorie* (1863, 4. Aufl. mit umfangreichen Supplementen von DEDEKIND 1894) halten. Das dreibändige WEBERsche „Lehrbuch der Algebra" erschien erst ab 1899, das im 1. Bande u.a. Kettenbrüche[8], die Pellsche Gleichung und Einheitswurzeln, im 2. Bande algebraische Zahlen, quadratische und Kreisteilungskörper, Klassenzahl und Einheiten behandelte. Ohne Zweifel war durch DEDEKIND, DIRICHLET und KUMMER die *algebraische* Zahlentheorie viel weiter vorangetrieben worden als die *rationale* Zahlentheorie.

Die Probleme der rationalen Zahlentheorie schienen hoffnungslos schwer, das Arsenal zahlentheoretischer Methoden war trotz DIRICHLET noch verhältnismäßig wenig entwickelt. Es gab aktuelle Entwicklungen; nach dem Transzendenzbeweis für e durch HERMITE 1873 zeigte LINDEMANN 1882 die Transzendenz von π. Schon 1844 hatte LIOUVILLE mit seinem *Approximationssatz* die Möglichkeit der Konstruktion (überabzählbar) vieler transzendenter Zahlen (z.B. $\sum_k 10^{-k!}$) aufgezeigt, und G. CANTOR, der spätere erste Vorsitzende der DMV, zeigte 1874, daß alle Zahlen bis auf abzählbar viele Ausnahmen transzendent sind. Er war damit Wegbereiter der metrischen Theorie transzendenter Zahlen.

Im Gebiet der *Diophantischen Approximationen* gab es erste Ansätze mit den Approximationssätzen von DIRICHLET (Verschärfung durch HURWITZ 1891), LIOUVILLE 1851 und KRONECKER 1884.

Ob MEISSELS mühsame Berechnungen (1870–1885) von $\pi(10^8)$ und $\pi(10^9)$ viel Begeisterung erwecken konnten, darf als fraglich gelten, auch wenn vom heutigen Standpunkt aus MEISSEL einen wichtigen Beitrag zur Algorithmischen Zahlentheorie geleistet hat. Ergebnisse von TCHEBYCHEFF (1848) und die Mertensschen asymptotischen Formeln, wie $\sum_{p \le x} p^{-1} \cdot \log p = \log x + \mathcal{O}(1)$, boten einen

Einstieg in die Primzahltheorie. Kroneckers Grenzformel (1889), die für

$$Z(s) = \sum_{m_1, m_2 \neq (0,0)}\sum \{\varphi(m)\}^{-s}$$

mit einer definiten binären quadratischen Form φ der Diskriminante Δ den Grenzwert $\lim_{s \to 1} (Z(s) - \pi(s-1)^{-1}\Delta^{-1/2})$ gibt, schien interessant.

2 Das letzte Jahrzehnt des 19. Jahrhunderts

Zwischen 1890 und 1900 erreichte die analytische Zahlentheorie eine erste Blütezeit im Berichtszeitraum.

JACQUES HADAMARD (1865–1963)
Geboren in Versailles, Promotion 1892. 1909 bis 1937 Professur am Collège de France. 1963 verstorben.

DE LA VALLÉE-POUSSIN, CHARLES-JEAN (1866–1962)
Seit 1893 Professor in Löwen. Mitglied der Académie Royale de Belgique, Membre Associé der Pariser Akademie.

J. HADAMARD und DE LA VALLÉE-POUSSIN bewiesen 1896 den **Primzahlsatz.** *Die Anzahl $\pi(x)$ der Primzahlen unterhalb x ist asymptotisch gleich $x \cdot (\log x)^{-1}$, genauer gilt*

$$\pi(x) = li\, x + \mathcal{O}(x \exp\{-A\sqrt{\log x}\}),$$

mit dem Integrallogarithmus $li\, x = li\, 2 + \int_2^x \{\log t\}^{-1}\, dt.$

Der Beweis des Primzahlsatzes beruht auf der von HADAMARD entwickelten Theorie der ganzen Funktionen (Verschärfung des WEIERSTRASSschen Produktsatzes, 1893), die zum Studium der ganzen Funktion $\frac{1}{2}s(s-1)\pi^{-\frac{1}{2}s}\Gamma(\frac{1}{2}s)\zeta(s)$ eingesetzt wird. Das Fehlerglied stammt von DE LA VALLÉE-POUSSIN.

Nun hatte die analytische Zahlentheorie nicht nur heuristisches Wissen um die Bedeutung der Zetafunktion für die Verteilung der Primzahlen, sondern auch wirksame Methoden zur Hand. H. VON MANGOLDT (1894) bewies von RIEMANN angegebene Eigenschaften der Zetafunktion und 1897 auch $\sum_{1 \leq k < \infty} k^{-1}\mu(k) = 0$; E. LANDAU findet 1899 einen einfachen Weg, dieses Ergebnis aus dem Primzahlsatz abzuleiten.

Ein Studium der Dirichletschen L-Reihen gibt den Primzahlsatz für die arithmetische Progression. *Für* $(k, l) = 1$ *ist die Anzahl* $\pi(x; k, l)$ *der Primzahlen* $p \leq x$, *die* $p \equiv l \bmod k$ *erfüllen,*

$$\pi(x; k, l) = \{\varphi(k)\}^{-1} \cdot li x + \mathcal{O}(x \cdot \exp(-A\sqrt{\log x})).$$

Die Frage der *Gleichmäßigkeit* dieser Asymptotik bezüglich l und k bleibt noch lange offen. Erst C. L. SIEGEL ermöglichte 1934 den *Primzahlsatz von Page-Siegel-Walfisz*, der Gleichmäßigkeit in l und $k \leq (\log x)^B$ aussagt, durch seinen Nachweis, daß die Dirichletschen L-Reihen in einem vom Modul des Charakters abhängigen (kleinen) Bereich links von $s = 1$ keine reelle Nullstelle besitzen (vgl. Abschnitt 5).

Das Gebiet der **transzendenten Zahlen** ist aktuell, eine Reihe führender Mathematiker veröffentlicht Beweisvereinfachungen zur Transzendenz von e und π. K. WEIERSTRASS zeigte 1885, daß für paarweise verschiedene algebraische Zahlen α_ν und algebraische $\beta_\nu \neq 0$ der Ausdruck $\sum \beta_\nu \exp(\alpha_\nu)$ stets ungleich Null ist. E. BOREL gibt 1899 das erste *Transzendenzmaß* für e: *Zu jedem n gibt es höchstens endlich viele Polynome* $P \in \mathbb{Z}[X]$ *vom Grade n mit*

$$|P(e)| < h^{-c \cdot \log\log h},$$

wobei $c = c(n) > 0$ *ist und h die Höhe, d.h. das Maximum der Beträge der Koeffizienten von P bezeichnet.* Dieses Ergebnis wird von POPKEN 1929 erheblich verbessert. Der Exponent $-c \cdot \log\log h$ kann durch $-(n + c(n)/\log\log h)$ ersetzt werden.

H. MINKOWSKI entwickelt 1896 ein völlig neues Gebiet, die **Geometrie der Zahlen.** CASSELS schreibt 1959: *„We owe to MINKOWSKI the fertile observation that certain results which can be made almost intuitive by the consideration of figures in n-dimensional euclidean space have far-reaching consequences in diverse branches of number theory. For example, he simplified the theory of units in algebraic number fields and both simplified and extended the theory of approximation of irrational numbers by rational ones."*

Die nächsten Jahrzehnte bringen wichtige Beiträge (H.-F. BLICHFELDT 1914, 1929, R. REMAK 1923, 1925), aber erst gegen Ende der Dreißiger Jahre begann mit Arbeiten von C. L. SIEGEL (1935), K. MAHLER, L. J. MORDELL, H. DAVENPORT ein großer Aufschwung dieses Gebietes, wobei als erste Höhepunkte die Ergebnisse von G. HAJOS (Verschärfung des Minkowskischen Linearformensatzes, 1942) und E. HLAWKA (Existenz ‚zulässiger' Gitter für symmetrische Sternkörper $\mathscr{S}$, 1944 – weitere Verschärfungen hat später W. M. SCHMIDT bewiesen) gelten können. C. L. SIEGEL (1945) setzt den Satz von Minkowski-Hlawka in einen allgemeineren Rahmen durch Einführung einer ‚natürlichen' Mittelbildung über Gitter.

A. WEIL führt 1946 nochmals allgemeinere Gesichtspunkte (Integration auf homogenen Räumen) ein. Die weitere Entwicklung des Gebietes soll hier nicht verfolgt werden.

Der Einfluß des 1896 im Jahresbericht der DMV erschienenen Berichts *„Die Theorie der algebraischen Zahlkörper"* von D. HILBERT kann kaum überschätzt werden. HILBERT hat die vorliegende Theorie ergänzt, vereinfacht, systematisiert und in *„ein großartiges Gebilde aus einem Guß"* (H. WEYL) verwandelt.

K. HENSEL führte 1897 die ***p*-adischen Zahlen** ein, die für die Weiterentwicklung der algebraischen Zahlentheorie (CHEVALLEY, TATE, A. WEIL) unentbehrlich wurden und die als gleichrangige Untersuchungsobjekte neben den Körper der komplexen Zahlen traten. Der Satz von OSTROWSKI über die Gesamtheit der Bewertungen des rationalen Zahlkörpers wird 1918 bewiesen.

Auch in der Theorie der transzendenten Zahlen besitzen viele Ergebnisse Analoga in p-adischen Zahlkörpern (K. MAHLER, ROTH-RIDOUT, etc.). Auf die durch W. SCHÖBE und TURKSTRA begonnene, durch A. F. MONNA fortgesetzte p-adische Analysis[9], die eine analytische Zahlentheorie in p-adischen Zahlkörpern möglich macht, bis hin zu den Rationalitätssätzen von B. DWORK für Zetafunktionen (ab 1960) kann hier nicht eingegangen werden, auch nicht auf das Stichwort p-adische L-Funktionen (T. KUBOTA und H. W. LEOPOLDT, IWASAWA).

3 Das Jahrzehnt 1900 bis 1910

Zum Anfang des zwanzigsten Jahrhunderts stellt D. HILBERT seine berühmten **23 Probleme** auf dem ICM in Paris vor. Kurz danach löst MAX DEHN eines dieser Probleme: die räumliche Inhaltslehre kann nicht elementargeometrisch begründet werden; für die Zahlentheorie kommen die HILBERTschen Probleme erst später zum Tragen.

Im Jahre 1909 löst HILBERT das **Waringsche Problem.** *Für jedes ganze $k \geq 2$ gibt es ein $s = s(k)$, so daß jedes natürliche n eine Summe von höchstens s k-ten Potenzen ist.* Einen Ansatzpunkt hatte HURWITZ gegeben: wenn die Behauptung für k richtig ist, so auch für $2 \cdot k$. Den Hilbertschen Beweis vereinfachten REMAK 1912 und STRIDSBERG 1916. E. KAMKE ersetzt 1921 „k-te Potenzen" durch „Werte eines Polynoms mit ganzen Koeffizienten vom k-ten Grade". Wird mit $g(k)$ das kleinste s bezeichnet, so daß jedes n eine Summe von höchstens s k-ten Potenzen ist, so zeigte G. J. RIEGER, daß die Hilbertsche Methode zu einer (nicht sonderlich guten) Abschätzung von $g(k)$ führt:

$$g(k) < (2k+1)^{260(k+3)^{3k+8}}.$$

Eine weitere *elementare* Lösung für WARINGS Problem gab Y. LINNIK 1943. Der letztgenannte Beweis wird in KHINCHINES *„Drei Perlen der Zahlentheorie"* (1951) übernommen.

EDMUND LANDAU (1877–1938)
Geboren in Berlin, Promotion 1899 in Berlin, 1901 Habilitation. 1909 ordentlicher Professor in Göttingen als Nachfolger von H. Minkowski. Seit 1905 verheiratet mit MARIANNE EHRLICH (1886–1963). 1933 nach NS-Vorlesungsboykott in den Ruhestand versetzt. 1938 in Berlin verstorben.

Ab 1900 entfaltet E. LANDAU erhebliche Aktivität und entwickelt zahlentheoretische Techniken. Er zeigt, daß viele zahlentheoretische Fragen auf den Primzahlsatz zurückgespielt werden können; fast trivial läßt sich so die LIONNETsche Frage (1872) nach der Richtigkeit von

$$\pi(2x) - \pi(x) < \pi(x) \qquad (x \text{ groß})$$

beantworten.[10] Weiter folgert LANDAU aus dem **Primzahlsatz** Aussagen (Verhalten von $M(x) = \sum_{n \leq x} \mu(n)$ etc.), die zu diesem elementar äquivalent sind.

1903 benützt E. LANDAU nur verhältnismäßig einfache Eigenschaften der Zetafunktion, um über Cauchys Integralsatz, angewandt auf $\int_{\mathrm{Re}\, s=2} s^{-2} \cdot x^s \cdot \zeta'(s) \cdot \zeta^{-1}(s)\, ds$ bei geeigneter Deformation des Integrationsweges (Methode der ‚*komplexen Integration*') auf $\sum_{p \leq x} \log p \cdot \log(x/p)$ zu schließen und damit einen einfacheren Beweis des Primzahlsatzes zu geben. Der Vorteil dieser Methode, die Übertragbarkeit auf algebraische Zahlkörper $\varkappa$, ermöglichte E. LANDAU *erstmals* den Beweis des *Primidealsatzes*

$$\pi_\varkappa(x) = \sum_{N(\mathfrak{p}) \leq x} 1 = \mathrm{li}\, x + \mathcal{O}(x \cdot \exp(-\sqrt[12]{\log x})).$$

Die Beweismethode ist auf den Primzahlsatz in der Progression übertragbar, und LANDAU gibt auch die asymptotische Formel für die Anzahl der Primideale mit Norm $\leq x$ in einer festen Idealklasse. Der Hadamardsche Beweis war *nicht* auf algebraische Zahlkörper übertragbar, denn zum damaligen Zeitpunkt war nicht bekannt, ob die Dedekindsche Zetafunktion in der ganzen Ebene existiert. Erst E. HECKE konnte dies 1917 mit seiner Funktionalgleichung der Dedekindschen Zetafunktion nachtragen.

LANDAUS Leistungen auf dem Gebiete der Primzahltheorie wurden 1909 im *Handbuch von der Lehre der Verteilung der Primzahlen* zusammengefaßt. Später hat er nach Bekanntwerden der HECKEschen Arbeiten über die Dedekindsche Zetafunktion die analytische Theorie der algebraischen Zahlkörper durch seine *Einführung in die elementare und analytische Zahlentheorie der algebraischen Zahlen und der Ideale* (1917, 2. Aufl. 1927) sehr gefördert.

1908 wendet E. LANDAU den Primzahlsatz an, um über die Anzahl $\pi_k(x)$ der aus genau k Primfaktoren zusammengesetzten Zahlen $\leq x$ etwas zu erfahren. 1953 gibt H. E. RICHERT eine asymptotische Formel für die Anzahl dieser Zahlen in der arithmetischen Progression, die zudem noch gleichmäßig in den eingehenden Parametern ist.

Die Funktion $\pi_k(x)$ hat ein außerordentlich kompliziertes Verhalten, wenn man Gleichmäßigkeit in k anstrebt. P. ERDÖS erzielte 1948 Gleichmäßigkeit in $|k - \log\log x| < c \cdot \sqrt{\log\log x}$. Dies reicht aus für den Beweis des Satzes von P. ERDÖS-KAC, der die Abweichung von $\omega(n)$ von $\log\log n$ mit dem Fehler-Integral in Beziehung setzt; dieser Satz ist ein Vorbild für eine große Zahl ähnlicher Sätze über additive Funktionen in der *Probabilistic Number Theory*. Man vgl. die Bücher von J. KUBILIUS und P. ELLIOTT. Für $\pi_k(x)$ erreichen SATHE und SELBERG 1954 Gleichmäßigkeit in $1 \leq k \leq (2-\delta) \cdot \log\log x$. SELBERG schätzt $\sum_{n \leq x} z^{\omega(n)}$ gleichmäßig in $x \geq 2$ und $|z| \leq C$ ab. Die besten Ergebnisse stammen von A. HILDEBRAND und G. TENENBAUM, 1987.

Auch die *Anzahlabschätzung* von **Gitterpunkten** in gewissen Bereichen kommt voran. Mit elementaren Methoden hatten GAUSS und DIRICHLET die Anzahl der Gitterpunkte im Kreis bzw. unter der Hyperbel bestimmt:

$$\sum_{u^2+v^2 \leq x} 1 = \pi \cdot x + \mathcal{O}(\sqrt{x}) \tag{*}$$

und

$$\sum_{n \leq x} \tau_2(n) = x \cdot \log x + (2\mathscr{C} - 1) \cdot x + \mathcal{O}(\sqrt{x}), \tag{**}$$

wobei $\tau_k(n)$ die Anzahl der Lösungen von $u_1 \ldots u_k = n$ bezeichnet. Die (**) entsprechende Formel für τ_k war 1881 von PILTZ mit dem Rest $\mathcal{O}(x^{\alpha(k)} \cdot \{\log x\}^{k-2})$ mit $\alpha(k) = 1 - \frac{1}{k}$ bewiesen worden (*Piltzsches Teilerproblem*). Einen wesentlichen Fortschritt erzielte G. VORONOI (1903); er ersetzte das Restglied beim *Dirichletschen Teilerproblem* (**) durch $\mathcal{O}\left(x^{\frac{1}{3}} \log x\right)$. W. SIERPIŃSKI erreichte 1906 beim *Kreisproblem* (*) das Restglied $\mathcal{O}\left(x^{\frac{1}{3}}\right)$.

LANDAU beweist 1912 mit komplexer Integration einen allgemeinen Gitterpunktsatz für Probleme, die durch Dirichletreihen mit Funktionalgleichung beschrieben werden können. Dieser Satz enthält als Spezialfälle (mit wesentlich vereinfachtem Beweis gegenüber G. VORONOI und W. SIERPIŃSKI) sowohl eine Asymptotik für das Piltzsche Teilerproblem mit $\alpha(k) = (k-1)/(k+1) + \varepsilon$ im Restglied wie auch für das Problem der Gitterpunkte in Ellipsoiden mit dem Fehlerglied $\mathcal{O}(x^{\eta(k)})$, $\eta(k) = \frac{1}{2}k(k-1)/(k+1) + \varepsilon$; für $k = 2$ wird $\eta(2) = \frac{1}{3} + \varepsilon$. Kurz vorher hatte J. E. LITTLEWOOD (1912) gezeigt, daß aus der Richtigkeit der Riemannschen Vermutung $\alpha(k) = \frac{1}{2} + \varepsilon$ für alle $k \geq 2$ folgt.

Bezeichne $R(\mathcal{K}, x)$ bzw. $R(\vartheta, x)$ das Restglied beim Kreisproblem bzw. beim Dirichletschen Teilerproblem. Verschärfungen des Exponenten in $R(\vartheta, x) = \mathcal{O}(x^{\Theta+\varepsilon})$ auf Werte unter $\frac{1}{3}$ beruhen auf aufwendigen Abschätzungen für ein- und mehrdimensionale Exponentialsummen.[11] J. G. VAN DER CORPUT (1923) erreichte $\Theta = 37/112$, H. E. RICHERT (1953) $\Theta = 15/46$, G. KOLESNIK 1982 $\Theta = 35/108$, H. IWANIEC und C. J. MOZZOCHI $\Theta = 7/22$ (1987).

Ähnliche Verbesserungen wurden für $R(\mathcal{K}, x)$ erzielt. Weitere Untersuchungen bezogen sich auf Abschätzungen von Mittelwerten über das Restglied und – für Anwendungen wichtig – auf eine gleichmäßige asymptotische Auswertung der Summe $\sum_{n \leq x} \tau(n)$, wobei n auf Restklassen $n \equiv a \bmod q$ beschränkt ist (A. LAVRIK 1966).

Die *Vermutung* $\Theta = \frac{1}{4} + \varepsilon$ wird gestützt durch untere Abschätzungen. G. H. HARDY zeigte 1915, daß $\overline{\lim_{x\to\infty}}\, R(\mathcal{K}, N) \cdot \{\sqrt[4]{(N \log N}\}^{-1} > 0$ ist, und entsprechendes gilt für das Teilerproblem. Ein besonders schönes Ergebnis stellt der Satz von P. Erdös und W. H. J. Fuchs (1956) dar: *Ist $\mathcal{A}$ eine beliebige Folge natürlicher Zahlen und bezeichnet $r_n(\mathcal{A})$ die Anzahl der Darstellungen von n in der Form* $n = a + a'$ mit a, a' *aus $\mathcal{A}$, so kann eine asymptotische Formel der Gestalt* $\sum_{n \leq N} r_n(\mathcal{A}) = c \cdot N + o(N^{1/4}\{\log N\}^{-1})$ *nicht bestehen.* Der Beweis benützt erzeugende Potenzreihen und die Theorie der Fourierreihen. Das multiplikative Analogon dieses Satzes stammt von H. E. RICHERT (1961).

Einen ausgezeichneten Überblick über die angesprochenen Probleme findet man in [Krätzel 1988].

Auf dem Gebiete der **diophantischen Approximationen** gelingt A. THUE 1908, 1909 ein wichtiger Fortschritt. *Ist α eine algebraische Zahl vom Grade $s > 1$, so hat für jedes $\mu > 1 + \frac{1}{2} \cdot s$ die Ungleichung*

$$\left|\alpha - \frac{a}{q}\right| < q^{-\mu} \tag{*}$$

höchstens endlich viele Lösungen in ganzen Zahlen a, q. Damit wurde erstmalig eine Verschärfung des LIOUVILLEschen Satzes von 1844 erzielt. In Richtung auf eine systematische Behandlung von diophantischen Gleichungen mit zwei Variablen zeigt THUE: *Ist F eine irreduzible, binäre Form mit ganzen Koeffizienten vom Grade* ≥ 3, *so hat für jedes ganze* $m \neq 0$ *die „Thue-Gleichung"* $F(x, y) = m$ *höchstens endlich viele ganze Lösungen.* Bezeichnen die α_ν die Nullstellen von $F(x, 1)$, so gibt jede Lösung x, y der Thue-Gleichung auf Grund der multiplikativen Zerlegung

$$F(x, y) = a \cdot (x - \alpha_1 \cdot y) \dots (x - \alpha_n \cdot y) = m$$

eine gute rationale Approximation $|\alpha - x/y| < c \cdot y^{-n}$, $c = c(F, m)$, im Widerspruch zu (*), wenn y genügend groß ist.

THUES Ergebnis ist *nicht effektiv*; es läßt sich zwar eine Schranke für die Anzahl der Lösungen angeben, nicht aber für deren Größe; das Beweisargument geht nämlich von ‚großen' Lösungen aus, die nicht zu existieren brauchen, und kommt dann zu einem Widerspruch. Somit ist mit THUES Ergebnis *kein* Algorithmus zur Bestimmung der Lösungen gewonnen.

T. SKOLEM (1935) erzielt THUES Ergebnis mit p-adischen Methoden, ebenfalls ineffektiv. Erst A. BAKER konnte 1968 zeigen, daß die Lösungen x, y der Thue-Gleichung für jedes $\beta > n + 1$ die Ungleichung $\max(|x|, |y|) < c \cdot \exp(\log m)^\beta$ erfüllen, wobei *c effektiv berechenbar* ist. Zum Beispiel ist

$$\max(|x|, |y|) < (3 \cdot 10^5 m)^{23},$$

wenn $x^3 - 2y^3 = m$ gilt (1964). BAKERS Ergebnis lautet folgendermaßen: *Ist* $K = \mathbb{Q}(\vartheta)$ *ein algebraischer Zahlkörper vom Grade d über* $\mathbb{Q}$, $\mu \neq 0$ *aus* K, *und sind* $\alpha_1, \dots, \alpha_n$ *verschiedene Zahlen aus* K $(n \geq 3)$, *so hat die verallgemeinerte Thue-Gleichung*

$$(X - \alpha_1 \cdot Y) \dots (X - \alpha_n \cdot Y) = \mu$$

höchstens endlich viele Lösungen in ganzalgebraischen Zahlen X, Y aus K. Bezeichnet $\|\alpha\|$ *die Höhe von* α, *d.h. das Maximum der Beträge aller Konjugierten, so gilt*

$$\max(\|X\|, \|Y\|) < \exp(d \cdot H)^{(10d)^5},$$

wobei H das Maximum der Höhen der α_ν, *von* μ *und* ϑ *bezeichnet.*

4 Die Jahre 1910 bis 1930

Bis 1910 konnte man behaupten, daß der deutschsprachige Raum eine führende Stellung im Bereich der Zahlentheorie besaß. Jetzt freilich, im zweiten Jahrzehnt, entsteht in Großbritannien durch das Zusammenwirken von G. H. HARDY und J. E. LITTLEWOOD, dann noch S. RAMANUJAN, ein zahlentheoretisch außerordentlich fruchtbares Klima.

Freilich wirken immer noch hervorragende Zahlentheoretiker im deutschsprachigen Raum, und ab 1921 wird der spätere Wolf-Preisträger C. L. SIEGEL hervortreten. Das ‚Aus' kam in den Jahren nach 1933, durch Vertreibung, Ausschaltung oder Ermordung der jüdischen Gelehrten, die in hohem Maße für die Blüte der Mathematik zu Beginn des 20. Jahrhunderts im deutschsprachigen Raume gesorgt haben. Nach dem Zweiten Weltkrieg hat es sehr lange gedauert, bis die Mathematik im deutschsprachigen Raum sich von den Folgen des ‚Dritten Reiches' erholt hatte. Die führende Stellung war endgültig verlorengegangen.

1916 schuf H. WEYL eine neue Teildisziplin der Zahlentheorie, die **Theorie der Gleichverteilung**; diese ist in [Kuipers/Niederreiter 1974] bestens dargestellt, so daß wir uns kurz fassen können.

Eine Folge $f(n)$ reeller Zahlen heißt *gleichverteilt* modulo Eins, wenn für jedes Teilintervall $[a, b]$ von $[0, 1]$ die Anzahlfunktion $\mathscr{A}(N, a, b, f) = \# \{n \leq N, a \leq \{f(n)\} < b\}$ die Beziehung $\lim_{N\to\infty} N^{-1} \mathscr{A}(N, a, b, f) = b - a$ erfüllt. Die *Diskrepanz* wird definiert durch

$$D_N(f) = \sup_{0 \leq a < b \leq 1} |N^{-1} \cdot \mathscr{A}(N, a, b, f) - (b - a)|.$$

Die Folge $f(n)$ ist gleichverteilt genau wenn

$$\lim_{N\to\infty} N^{-1} \sum_{n \leq N} \exp(2\pi i \cdot h \cdot f(n)) = 0$$

ist für jedes ganze $h \neq 0$. Gleichverteilung läßt sich auch mehrdimensional definieren, und beinhaltet dann eine schärfere Fassung des Kroneckerschen Approximationssatzes.

Mit dem genannten Zusammenhang der Gleichverteilung mit Exponentialsummen lassen sich viele spezielle Folgen als gleichverteilt nachweisen. Wichtig hierfür erwies sich der VAN DER CORPUTsche Differenzensatz (1931). Nützlich für Diskrepanzabschätzungen nach oben sind Ungleichungen von P. ERDÖS und P. TURÁN (1948) und von J. LE VEQUE (1965). Für viele Folgen wurde die Diskrepanz abgeschätzt, z. B. für die Werte von Polynomen aus $\mathbb{R}[X]$ (mit wenigstens einem irrationalen Koeffzienten) an ganzen Stellen oder Primzahlen (I. M. VINOGRADOV). Diese Ergebnisse lassen sich auf diophantische Ungleichungen anwenden.

Die *metrische Theorie* befaßt sich mit Gleichverteilungsaussagen für *viele* oder *fast-alle* Folgen aus gewissen Klassen. Hierher gehören auch Ergebnisse über ‚Normale Zahlen', d. h. solche, deren Ziffernfolge zufällig ist; fast alle Zahlen sind normal, aber man weiß sehr wenig über die Normalität individuell vorgegebener Zahlen wie π.

Die Theorie der Gleichverteilung läßt sich auf kompakte Räume und auf topologische Gruppen verallgemeinern. Hieran hat besonders die ‚Österreichische Schule' um E. HLAWKA (mit P. GERL, H. CIGLER, G. HELMBERG und H. NIE-

EDMUND HLAWKA (geboren 1916 in Bruck a.d. Mur) Promotion 1938, Dr. habil. 1944, Januar 1945 Dozent an der Universität Wien, 1946 Dozent an der TH Wien, 1948 ordentlicher Professor an der Universität Wien, 1981 ordentlicher Professor an der TH Wien. Mitglied der Österreichischen Akademie der Wissenschaften, der „Leopoldina", korr. Mitglied der Rheinisch-Westfälischen Akademie, der Bayer. Akademie der Wissenschaften und Akademie Bologna. Erhielt Dannie-Heinemann-Preis, Gauß-Medaille, Schrödinger-Preis, Ritter von Prechtl-Medaille, Ehrenmedaille der Stadt Wien in Gold, Goldenes Ehrenzeichen für Verdienste um die Republik Österreich, Dr. h.c. der Universitäten Wien, Salzburg und Graz.

derreiter u.a., aber auch J.H.B. KEMPERMANN) gearbeitet. Für Anwendungen der mehrdimensionalen Gleichverteilung auf die numerische Auswertung von Integralen vgl. man [Hua/Wang 1981].

Einem überraschenden Phänomen kam VAN AARDENNE-EHRENFEST 1945, 1949 auf die Spur. Die Gleichverteilung einer Folge kann nicht *zu gut* sein, genauer gilt $N \cdot D_N \to \infty$. K.F. ROTH (1954) verschärfte dies erheblich zu

$$N \cdot D_N(\omega) > C_k \cdot (\log N)^{\frac{1}{2}k}$$

unendlich oft für jede unendliche Folge ω im $\mathbb{R}^k$. W.M. SCHMIDT (1968/1972) ersetzte die rechte Seite dieser Ungleichung im eindimensionalen Falle $k = 1$ durch die bestmögliche (!) Schranke $c \cdot \log N$.

Unregelmäßigkeiten in der **Verteilung der Primzahlen.** 1903 hatte E. SCHMIDT bewiesen, daß für jedes $\delta > 0$

$$\pi(x) - \operatorname{li} x = \Omega_{\pm}\left(x^{\frac{1}{2}-\delta}\right)$$

ist (d.h. unendlich oft größer als $+x^{\frac{1}{2}-\delta}$ und unendlich oft kleiner als $-x^{\frac{1}{2}-\delta}$). 1914 zeigte J.E. LITTLEWOOD erheblich genauer

$$\pi(x) - \operatorname{li} x = \Omega_{\pm}\left(x^{\frac{1}{2}}\{\log x\}^{-1} \cdot \log\log\log x\right).$$

Numerische Rechnungen hatten die *Vermutung* $\pi(x) < \operatorname{li} x$ für alle $x > 1$ nahegelegt (bis 10^9 richtig). Aber J.E. LITTLEWOOD zeigte 1914, daß unendlich oft $\pi(x) > \operatorname{li} x$ wird. Trotzdem kann bis heute kein Vorzeichenwechsel angegeben werden. Nach S. SKEWES (1933, 1955) tritt der erste Vorzeichenwechsel von $\pi(x) - \operatorname{li} x$ unterhalb (10 hoch 10 hoch 10 hoch 34) ein. R.S. LEHMANN (1966) erniedrigte diese Schranke auf 1.65×10^{1165}, H. TE RIELE 1986 auf 6.69×10^{370} – weit außerhalb des Bereiches jeden Computers. J. PINTZ zeigte 1979, daß die Anzahl der Vorzeichenwechsel der Funktion $\pi(x) - \mathrm{li}\,x$ im Intervall $[1, Y]$ mit effektiv angebbaren Konstanten c_1, c_2 größer als $c_1 \sqrt{\log Y}$ ist, wenn nur $Y > c_2$ ist; nach J. KACZOROWSKI (1985) ist diese Anzahl $> c \cdot \log Y$, c ineffektiv.

Eine stattliche Anzahl von Veröffentlichungen zur *Comparative Prime Number Theory*, d. h. zur Frage nach Unregelmäßigkeiten der Verteilung der Primzahlen in der arithmetischen Progression, liegt von P. TURÁN, S. KNAPOWSKI und J. PINTZ vor. Diese Untersuchungen wurden möglich durch P. TURÁNS ‚Neue Methode in der Analysis' (vgl. Abschnitt 7).

H. CRAMÉR folgert 1921 aus der Riemannschen Vermutung für die Differenz aufeinanderfolgender Primzahlen[12]

$$\Delta p_n = p_{n+1} - p_n = \mathcal{O}(\sqrt{p_n} \cdot \log p_n) \quad \text{(uARV)}$$

und *vermutet* 1936

$$\Delta p_n = \mathcal{O}(\log^2 p_n).$$

R. A. RANKINS untere Abschätzung (1938) konnte bis heute nahezu nicht verbessert werden: *Unendlich oft ist*

$$\Delta p_n \geq (\tfrac{1}{3} - \varepsilon) \cdot \log p_n \cdot \log\log p_n \cdot \log_4 p_n \cdot \{\log_3 p_n\}^{-2}.$$

Die CRAMÉRsche Fragestellung nach der Existenz von Primzahlen in kurzen Intervallen erwies sich bis in die heutige Zeit als fruchtbar. Ohne Verwendung unbewiesener Hypothesen konnte

$$\Delta p_n = \mathcal{O}(p_n^{1-\delta})$$

mit $\delta = 1/33000$ erstmalig 1930 durch G. HOHEISEL gezeigt werden. Dies geht weit über das, was aus dem Primzahlsatz gefolgert werden kann, hinaus. A. E. INGHAM konnte den Wert auf $\delta = 3/8 - \varepsilon$ verbessern (1937), D. HUXLEY erreicht $\delta = 5/12 - \varepsilon$, H. IWANIEC und R. HEATH-BROWN $\Delta = 11/20 + \varepsilon$ mit $\Delta = 1 - \delta$, H. IWANIEC und J. PINTZ 23/42, und schließlich C. J. MOZZOCHI $\Delta = 11/20 - 1/384 + \varepsilon$.

D. HUXLEY zeigt 1984, daß $\liminf_{n\to\infty} \Delta p_n / \log p_n < 0.4394$ ist, nach H. MAIER 1985 sogar < 0.248. Die Verteilung der Primzahlen in sehr kurzen Intervallen wird sehr unregelmäßig nach H. MAIER (1985). *Für* $\varphi(x) = (\log x)^\lambda$, $\lambda > 1$, *gilt*

$$\lim \begin{matrix}\sup\\ \inf\end{matrix} \left(\{\pi(x + \varphi(x)) - \pi(x)\} / \{\varphi(x)/\log x\}\right) \begin{matrix}> 1\\ < 1\end{matrix}.$$

Durch Anwendung von Exponentialsummen gelingt es 1922 erstmals, das Restglied $\mathcal{O}(x \cdot \exp(-c\sqrt{\log x})$ des **Primzahlsatzes** zu verbessern. J. E. LITTLEWOOD zeigte

$$\pi(x) = \mathrm{li}\,x + \mathcal{O}(x \exp(-c\sqrt{\log x} \cdot \sqrt{\log\log x}))$$

und leitete damit eine Entwicklung ein, die über TSCHUDAKOV (1936), E.C. TITCHMARSH (1938) zu I.M. VINOGRADOVS Fehlerglied (1958)

$$\mathcal{O}(x \cdot \exp\{-c \cdot (\log x)^{3/5}(\log\log x)^{-1/5}\})$$

führte (man vgl. auch N.M. KOROBOV (1958)). Y. MOTOHASHI zeigte 1979, daß I.M. VINOGRADOVS nullstellenfreier Bereich (und damit obiges Restglied) mit Hilfe der Siebmethode erreichbar ist.

Sei $Q_k(x)$ die Anzahl der k-freien Zahlen $\leq x$ und $\Delta_k(x)$ das Restglied in der asymptotischen Formel $Q_k(x) = (x/\zeta(k)) + \Delta_k(x)$. Nach A. AXER (1911) ist unter Annahme der Richtigkeit der Riemannschen Vermutung

$$\Delta_k(x) = \mathcal{O}(x^{(2/(2k+1)+\varepsilon}) \quad \text{(uARV)};$$

der Exponent $1/2k$ wäre bestmöglich. Eine Verbesserung gelingt erst H.L. MONTGOMERY und R.C. VAUGHAN um 1977 durch eine raffinierte Kombination der Methode der komplexen Integration mit VAUGHANS „Fundamental identity" und durch Abschätzug von Exponentialsummen; sie erhalten

$$\Delta_2(x) = \mathcal{O}(x^{9/28+\varepsilon}) \quad \text{(uARV)}.$$

Es bezeichne $N(T)$ die Anzahl der **Nullstellen ϱ der Riemannschen Zetafunktion** im Rechteck $0 \leq \mathrm{Re}\varrho \leq 1$, $0 \leq \mathrm{Im}\varrho \leq T$, und $N_0(T)$ die Anzahl der Nullstellen dieses Rechtecks, die *auf* der Geraden $\mathrm{Re}s = \frac{1}{2}$ liegen. Durch H. VON MANGOLDT war 1895, 1905 gezeigt worden, daß

$$N(T) = (2\pi)^{-1}T \cdot (\log(T/2\pi) - 1) + \mathcal{O}(\log T)$$

gilt. 1914 bewies G.H. HARDY, daß *unendlich* viele Nullstellen *auf* der kritischen Geraden liegen. 1921 verschärften HARDY und LITTLEWOOD dies zu $N_0(T) > c \cdot T$ (mit einer positiven Konstanten c). Nach A. SELBERG (1942) liegt ein echter Bruchteil aller Nullstellen von $\zeta(s)$ auf $\mathrm{Re}s = \frac{1}{2}$ und schließlich bewies N. LEVINSON 1974 die Ungleichung

$$N_0(T) > \tfrac{1}{3}N(T).$$

HEATH-BROWN zeigte 1979 sogar, daß die Anzahl der *einfachen* Nullstellen auf $\mathrm{Re}\varrho = \frac{1}{2}$ mit $\mathrm{Im}\varrho \leq T$ größer als $0.3474 \cdot N(T)$ ist. Nach H. CONREY (1983) kann die Konstante $\frac{1}{3}$ durch 0.3658 ersetzt werden.

Die *approximative Funktionalgleichung* der Zetafunktion, die für ein Studium von $\zeta(s)$ im kritischen Streifen wichtig ist, wird 1922, 1929 bewiesen (G.H. HARDY und J.E. LITTLEWOOD; man vgl. auch C.L. SIEGEL (1932)). *Gleichmäßig in* $0 < \sigma < 1$, $x, y > h > 0$, $2\pi xy = t$ *gilt*

$$\zeta(s) = \sum_{n \leq x} n^{-s} + \chi(s) \cdot \sum_{n \leq y} n^{s-1} + \mathcal{O}\left(x^{-\sigma} + t^{\frac{1}{2}-\sigma} \cdot y^{\sigma-1}\right)$$

mit $\chi(s) = 2^s \pi^{s-1} \Gamma(1-s) \cdot \sin \frac{1}{2}\pi s$. Zur approximativen Funktionalgleichung für L-Funktionen vgl. man TATUZAWA (1952/53), A. F. LAVRIK (1965), und für $\zeta^k(s)$ R. WIEBELITZ 1951/52, A. IVIĆ (1983).

Für weitere Untersuchungen um die Zetafunktion, wie etwa Abschätzungen von $\zeta(\frac{1}{2}+it)$, $\zeta(1+it)$, Integralmittel $\int^T |\zeta(\sigma+it)|^k dt$, Dichte der Nullstellen (auch bei L-Reihen), fastperiodisches Verhalten etc. vgl. man A. IVIĆs Monographie [1985].

Seit EULERS Zeit war die erzeugende Potenzreihe der **Partitionsfunktion** $p(n)$ bekannt. 1917 beweisen G. H. HARDY und S. RAMANUJAN einen Tauberschen Satz, aus dem sie das asymptotische Verhalten von $\log p(n)$ ableiten können.[13]

Ein gründliches Studium der erzeugenden Funktion führt 1918 G. H. HARDY und S. RAMANUJAN zu einer asymptotischen Entwicklung für $p(n)$ mit einem Fehlerglied $\mathcal{O}(n^{-1/4})$ (!). H. RADEMACHER kann schließlich 1937 eine konvergente Reihendarstellung für $p(n)$ geben. Elementare Beweise für das asymptotische Verhalten der Partitionsfunktion erbrachten später P. ERDÖS (1942) und D. J. NEWMAN (1951, 1962). SIEGEL gibt 1955 einen einfachen Beweis für die Transformationsformel der η-Funktion.

Weitere Arbeiten befassen sich später mit Partitionen in verschiedene spezielle Summanden, wie z. B. auch Primzahlen. Im Hinblick auf den Bericht von H. OSTMANN 1956 wird auf weitere Erläuterungen verzichtet. Ebenso soll das reizvolle, mit der Theorie der Modulformen zusammenhängende Gebiet der sogenannten Ramanujan-Kongruenzen für die Partitionsfunktion übergangen werden.

Die von HARDY und RAMANUJAN eingeführte Methode zum Studium arithmetischer Funktionen über Integraldarstellung mit Hilfe der erzeugenden Funktion und Auswertung des Integrals durch Addition von Beiträgen zum Integral, die aus kurzen Stücken in der Nähe der Singularitäten hervorgehen, markiert einen Meilenstein in der Entwicklung der Methodik der analytischen Zahlentheorie.

Die ebengenannte Methode erwies sich auch als außerordentlich wirksam zur Behandlung des **Waring-Problems:** *ist jedes hinreichend große natürliche n als Summe von höchstens G(k) k-ten Potenzen darstellbar?* HILBERTS algebraische Lösung gab nur eine schlechte Abschätzung für $G(k)$. In einer Reihe von Arbeiten zur „*Partitio numerorum*“ (1920–1928) entwickelten G. H. HARDY und J. E. LITTLEWOOD ‚ihre‘ Methode der Darstellung der Lösungsanzahl von $\sum_i x_i^k = n$ durch ein Integral und dessen Auswertung durch Farey-Zerschneidung, Approximation mit Hilfe bekannter asymptotischer Formeln in den ‚major arcs‘ und Abschätzung der Beiträge, die von den ‚minor arcs‘ kommen.

Für eine nähere Darstellung der Ergebnisse sei auf [Vaughan 1981], [Ostmann 1956] und [Hua 1959] verwiesen. Als Haupt-Entwicklungslinien können folgende *Fragenkreise* gelten.

- asymptotische Formeln für die Darstellungsanzahl
- möglichst gute Abschätzung von $G(k)$ nach oben (I. M. VINOGRADOV 1934: $G(k) < C \cdot k \cdot \log k$)
- Abschätzung und Bestimmung von $g(k)$ (1986 zeigten BALASUBRAMANIAN, DESHOUILLERS und DRESS $g(4) = 19$)
- Ersetzung der x_i^k durch Polynome $f(x_i)$ oder Primzahlpotenzen
- Darstellung in der Form $n = \sum x_i^{i+1}$ (K. F. ROTH, THANIGASALAM, R. C. VAUGHAN)
- Lösung von Systemen von Gleichungen $x_1^\varkappa + \ldots + x_s^\varkappa = N_\varkappa$, $1 \leq \varkappa \leq k$
- Diophantische Ungleichungen: Ist $\left|\sum_{1 \leq i \leq s} \lambda_i x_i^k\right| < \varepsilon$ lösbar in ganzen (oder primen) x_i?[14]

G. H. HARDY und J. E. LITTLEWOOD konnten 1923 auch das Goldbach-Problem (bedingt) lösen: *Jedes hinreichend große ungerade N ist eine Summe von drei Primzahlen,* ***wenn*** *keine der L-Reihen* $L(s,\chi)$ *in* $\mathrm{Re}\, s \geq 3/4$ *eine Nullstelle besitzt.*

Über die Darstellbarkeit totalpositiver ganzer Zahlen eines *algebraischen Zahlkörpers K* als Summe totalpositiver Primzahlen beweist H. RADEMACHER 1924, 1928 bedingte Ergebnisse. Das Waringproblem in algebraischen Zahlkörpern behandelt als erster C. L. SIEGEL 1944, 1945 und führt hierbei wichtige neue Techniken ein. Verbesserte Ergebnisse, die denen von I. M. VINOGRADOV entsprechen, können schließlich 1958 T. TATUZAWA und 1961 O. KÖRNER zeigen: $G_K(k) < \deg(K) \cdot k \cdot \left(3 \log k + 3 \cdot \log\left(\frac{1}{2}(\deg^2(K) + 1)\right) + 11\right)$.

Im Jahre 1918 schätzt G. PÓLYA die **Charaktersumme**

$$S(t) := \sum_{n \leq t} \chi(n) = \mathcal{O}\left(k^{\frac{1}{2}} \cdot \log k\right)$$

ab, wobei χ einen (Nicht-Haupt-) Charakter modulo k bezeichnet. Diese Abschätzung impliziert wichtige Ergebnisse über die Verteilung der quadratischen Reste. I. SCHUR gibt einen zweiten Beweis, unabhängig von G. PÓLYA veröffentlicht auch I. M. VINOGRADOV 1919 einen Beweis; E. LANDAU überträgt 1918 den Satz auf algebraische Zahlkörper.

H. L. MONTGOMERY und R. C. VAUGHAN beweisen viel später die Abschätzung $S(t) = \mathcal{O}\left(k^{\frac{1}{2}} \log\log k\right)$ *unter Annahme der Richtigkeit der großen Riemannschen Vermutung*. Bereits 1932 hatte R. E. A. C. PALEY gezeigt, daß diese Abschätzung bestmöglich ist.

1979 zeigen H. L. MONTGOMERY und R. C. VAUGHAN, daß die Abschätzung für $S(t)$ *im Mittel* verbessert werden kann. Es gilt nämlich

$$\sum_{\chi \neq \chi_0 \bmod k} (S_\chi(t))^{2r} = \mathcal{O}_r(\varphi(k) k^r), \quad r = 1, 2, \ldots$$

$$\sum_{2 < p \leq P} \max \left| \sum_{n \leq N} \left(\frac{n}{p}\right) \right|^{2r} = \mathcal{O}_r(\pi(P) \cdot P^{2r})$$

mit dem Legendre-Symbol $\left(\frac{n}{p}\right)$. Aufsehen erregten die Abschätzungen (1962–1964) von D. A. BURGESS für *kurze* Charaktersummen $\sum_{N+1<n<N+H} \chi(n)$ und deren Anwendung auf die Abschätzung der kleinsten Primitivwurzel mod$p$ (diese ist $< c \cdot p^{1/4} \cdot \log p$). Jetzt standen freilich das schwere Geschütz der inzwischen bewiesenen Riemannschen Vermutung für die Zetafunktion von Funktionenkörpern über endlichen Konstantenkörpern (A. WEIL) und die daraus folgenden Abschätzungen von Exponentialsummen zur Verfügung.

SRINIVASA RAMANUJAN (1887–1920)
Geboren in Erode bei Kumbakonam (Indien). Gemeinsame Arbeit mit G. H. Hardy in England von 1914 bis 1919. 1920 verstorben.

Der geniale S. RAMANUJAN hat in seiner kurzen Lebenszeit (1887–1920), insbesondere in der Zeit seines Aufenthaltes bei G. H. HARDY (1914–1919) eine unglaubliche Vielfalt von Fragestellungen der Zahlentheorie behandelt. G. H. HARDYS Buch ***Ramanujan*** behandelt zehn Gebiete, auf denen S. RAMANUJAN aktiv war. Seine Behauptungen in den ‚Note-Books' haben vielen Mathematikern harte Arbeit bereitet (z. B. WATSON, B. BERNDT, G. E. ANDREWS, A. O. ATKIN und anderen). Über die Entwicklung der Gebiete, die von S. RAMANUJAN bearbeitet wurden, gibt der Kongreßband *Ramanujan Revisited*, Academic Press 1988, Auskunft.

In den Jahren ab 1915 (bis 1924) entwickelt V. BRUN ‚seine' **Siebmethode,** deren Bedeutung kaum überschätzt werden kann; ***„Brun's method is perhaps our most powerful elementary tool in number theory"*** (P. ERDÖS). Die Methode geht aus von

$$\sum_{d|n,\,\omega(d)\le 2s+1} \mu(d) \le \sum_{d|n} \mu(d) \le \sum_{d|n,\,\omega(d)\le 2s} \mu(d)$$

und ermöglicht Anwendungen auf obere Abschätzungen von Problemen mit Primzahlen (z. B. Anzahl der Primzahlzwillinge) und untere Abschätzungen für derartige Probleme mit ‚Fast-Primzahlen', d. h. natürlichen Zahlen, die nur aus ‚wenigen' Primfaktoren zusammengesetzt sind. So ist jede genügend große gerade

Zahl n eine Summe zweier Fastprimzahlen, wobei über die Anzahl der Primfaktoren noch genauere Aussagen gemacht werden können (H. RADEMACHER 1924, T. ESTERMANN 1932).

CARL LUDWIG SIEGEL (1896–1981)
Geboren in Berlin. Promotion 1920 in Göttingen, 1921 Habilitation. Ab 1922 ordentlicher Professor in Frankfurt a. M., ab 1938 ordentlicher Professor in Göttingen. Emigration 1940. Ab 1951 wieder in Göttingen, 1959 emeritiert. 1978 Preisträger der Wolf Foundation. 1981 in Göttingen verstorben.

1929 führte C. L. SIEGEL **E-Funktionen** $\sum\{n!\}^{-1}\cdot a_n\cdot x^n$ mit Koeffizienten aus einem festen algebraischen Zahlkörper K mit *nicht zu großem Nenner* ein, die einem System von Differentialgleichungen

$$y_j' = \sum f_{ij}(x)\cdot y_i$$

(mit rationalen f_{ij} mit Koeffizienten in K) genügen. Beispiele sind Besselfunktionen und hypergeometrische Funktionen. SIEGEL mußte sich allerdings auf Differentialgleichungen höchstens zweiter Ordnung beschränken; die Erweiterung auf Systeme höherer Ordnung blieb viele Jahre offen und führte erst durch A. B. SHIDLOVSKI (ab 1959) zum Satz von Siegel-Shidlovski. *Sind die E-Funktionen* $E_1(x),\ldots,E_n(x)$ *algebraisch unabhängig über* $K(x)$, *so sind die Werte* $E_1(\alpha),\ldots,E_n(\alpha)$ *algebraisch unabhängig für jedes algebraische* $\alpha \neq 0$, *das von den Polen der* f_{ij} *verschieden ist.* E. BOMBIERI (*On G-Functions* 1979/81) dehnt den Satz von Siegel-Shidlovski nochmals aus.

Die *rationalen Punkte* auf einer **elliptischen Kurve** über $\mathbb{Q}$ bilden bei geeignet definierter Verknüpfung (‚chord and tangent-process') eine Gruppe. L. MORDELL zeigt 1922, daß diese Gruppe *endlich erzeugt* ist. 1928 erweitert A. WEIL den Satz von Mordell beträchtlich: *Die Gruppe der k-rationalen Punkte jeder über einem algebraischen Zahlkörper k (endlichen Grades) definierten abelschen Varietät der Dimension n ist endlich erzeugt.*

MORDELL vermutet, daß jede über $\mathbb{Q}$ definierte algebraische Kurve vom Geschlecht $g \geq 2$ nur endlich viele rationale Punkte besitzt. Diese Vermutung bleibt bis 1983 offen und wird dann von G. FALTINGS in allgemeinerer Form bewiesen. Die **Mordellvermutung** in *Funktionenkörpern* war übrigens schon durch J. MANIN und H. GRAUERT (1963, 1965) bewiesen worden.

In Richtung auf die Mordellsche Vermutung erzielte C. L. SIEGEL 1929 die ersten Ergebnisse. Wenn die Gleichungen

$$f_i(X_1, \ldots, X_n) = 0, \quad 1 \leq i \leq m,$$

eine algebraische Kurve vom Geschlecht größer als Null bestimmen, so hat dieses Gleichungssystem höchstens endlich viele *ganzzahlige* Lösungen. Einen Beweis für den SIEGELschen Satz, der mit Methoden der Nicht-Standard-Analysis arbeitet, gaben A. ROBINSON und P. ROQUETTE 1975.

EMIL ARTIN beweist in seiner Dissertation die Riemannsche Vermutung für die Zetafunktion von Funktionenkörpern über endlichem Grundkörper im hyperelliptischen Fall und *vermutet* die Richtigkeit dieser Aussage allgemein (vgl. hierzu Abschnitt 5).

Ist α reell aus $]0, 1[$ mit der Kettenbruchentwicklung $[0; a_1, a_2, \ldots]$, so bezeichne $m_n(x)$ das Lebesgue-Maß der Punktmenge $\{\alpha; [0; a_{n+1}, a_{n+2}, \ldots] < x\}$. GAUSS hatte vermutet, daß für $n \to \infty$ die Reste

$$r_n(x) = m_n(x) - \log(1+x)/\log 2$$

gegen Null konvergieren. KUZMIN beweist dies 1928. *Mit passendem* $0 < q < 1$ *gilt* $r_n(x) = \mathcal{O}(q^{\sqrt{n}})$. P. LÉVY (1937) gibt $q = 0.7$, P. SZUSZ (1961, 1968) erreicht $\mathcal{O}(q^n)$, $q = 0.485$. Schließlich beweist E. WIRSING 1973/74 eine Verallgemeinerung eines FROBENIUSschen Satzes über Spektren positiver linearer Operatoren und erhält

$$r_n(x) = (-\lambda)^n \cdot \Psi(x) + \mathcal{O}(x(1-x) \cdot \mu^n),$$

mit Konstanten $0 < \mu < \lambda$, $\lambda = 0.30366\ldots$ und einer zweimal stetig differenzierbaren Funktion Ψ, die in 0 und 1 verschwindet.

5 Das Jahrzehnt 1930 bis 1940

Im Jahre 1934 ermöglicht C. L. SIEGEL im **Primzahlsatz** für die Progression eine gleichmäßige Restglied-Abschätzung. *Zu jedem* $\varepsilon > 0$ *existiert ein* $c(\varepsilon) > 0$ *so, daß für jeden reellen Chyrakter* $\chi \bmod k$ *die Dirichletsche L-Reihe*

$$L(s,\chi) \neq 0 \quad \textit{ist für } \sigma > 1 - c(\varepsilon) \cdot k^{-\varepsilon}.$$

T. ESTERMANN vereinfacht 1948 den Beweis; er startet mit der *Annahme* einer Nullstelle in $1 - c \leq \sigma < 1$ für $L(s, \chi_1)$ und leitet dann durch Betrachtung der Kombination $L(s,\chi_1) \cdot L(s,\chi_2) \cdot L(s,\chi_1 \cdot \chi_2)$ eine untere Abschätzung für $L(1,\chi_2)$ her, aus der $L(\sigma,\chi_2) \neq 0$ in einem geeigneten Bereich folgt. Da vermutlich $L(\sigma,\chi) \neq 0$ ist in $\frac{1}{2} < \sigma < 1$, ist dieser Beweis nicht effektiv, und bis heute ist kein effektiver Beweis (der also die Berechnung von $c(\varepsilon)$ bei gegebenem ε gestattet) für den SIEGELschen Satz bekannt. Effektive, viel kleinere nullstellenfreie Bereiche nahe 1 gaben DAVENPORT 1966 und HANEKE 1973; diese lassen sich mit Hilfe von Resultaten von GROSS und ZAGIER erheblich verbessern (man sehe GOLDFELD und SCHINZEL (1975)).

Für die Klassenzahl $h(k)$ eines quadratischen Zahlkörpers mit negativer Fundamentaldiskriminante $-k$ gilt

$$h(k) = \pi^{-1} \cdot \sqrt{k} \cdot L(1, \chi), \quad \text{mit } \chi(n) = \left(\frac{-k}{n}\right) \quad \text{(Kroneckersymbol).}$$

Nach E. HECKE (vgl. E. LANDAU 1918) impliziert $L(\sigma, \chi) \neq 0$ in $\sigma \geq 1 - a/\log k$ die Beziehung $h(k) > c(a)\sqrt{k}/\log k$. H. HEILBRONN zeigte 1934

$$\liminf_{k \to \infty} h(k) = \infty .$$

Aus SIEGELS Satz folgt $h(k) > c(\varepsilon) k^{\frac{1}{2} - \varepsilon}$ (ineffektiv). Eine schwächere, allerdings effektive untere Abschätzung $h(k) > c(\varepsilon) \cdot \log^{1-\varepsilon} k$ erzielten 1983 GROSS und ZAGIER unter Zuhilfenahme einer Idee von GOLDFELD.

GAUSS kannte 9 imaginär-quadratische Zahlkörper mit negativer Fundamentaldiskriminante und **Klassenzahl 1.** Die Frage nach der Existenz weiterer solcher Körper beantwortet 1934 H. HEILBRONN derart, daß er höchstens noch *einen* weiteren geben könne. Dessen Existenz wurde 1967 von H. STARK ausgeschlossen; das Problem wird in Beziehung zu elliptischen Modulfunktionen und zur Lösung gewisser diophantischer Gleichungen gesetzt. 1969 zeigte H. STARK, daß ‚im wesentlichen' schon HEEGNER (1952) einen Beweis für diesen Satz besaß. Einen zweiten Zugang veröffentlichen A. BAKER (1969) und P. BUNDSCHUH und A. HOCK (1969). Weitere Beweise von M. DEURING und C. L. SIEGEL folgen.

Die hierbei entwickelten effektiven Methoden werden auch auf das Klassenzahl-2-Problem angewandt (H. STARK, A. BAKER 1971).

L. SCHNIRELMANN führt 1930, 1933 die nach ihm benannte **Dichte** von Teilmengen $\mathscr{A}$ von $\mathbb{N}$ (mit Anzahlfunktion $A(n)$) ein als $\sigma\mathscr{A} = \inf_{n \geq 1} n^{-1} \cdot A(n)$ und entwickelt deren Eigenschaften. Die beste Abschätzung der Dichte einer Summenmenge findet H. B. MANN 1942: *Ist* $0 \in \mathscr{A} \cap \mathscr{B}$, *so ist* $\sigma(\mathscr{A} + \mathscr{B}) \geq \min\{1, \sigma\mathscr{A} + \sigma\mathscr{B}\}$. Einfachere Beweise gaben E. ARTIN und SCHERK 1943 sowie F. DYSON 1945.

Analoge, komplizierter zu formulierende Ergebnisse für die *asymptotische Dichte* gibt M. KNESER 1953; man vgl. die Darstellung bei H. HALBERSTAM und K. F. ROTH [1966].

In Verbindung mit der Brunschen Siebmethode konnte L. SCHNIRELMANN 1930 zeigen, daß für eine geeignete Konstante K jede natürliche Zahl > 1 als Summe von höchstens K Primzahlen darstellbar ist. Die zunächst sehr große Konstante K wurde in der Folgezeit noch erheblich verkleinert, doch konnte sie nicht im entferntesten an die 3 herangebracht werden, die dem VINOGRADOVschen Satze entsprochen hätte.[15]

Im Jahre 1937 kann I. M. VINOGRADOV *ohne jede unbewiesene* Voraussetzung nachweisen, *daß jede hinreichend große ungerade Zahl eine Summe von drei Primzahlen* ist; seine Methode ist die von HARDY und LITTLEWOOD (in einer leichter zu handhabenden Form); für die Behandlung der ‚major arcs' steht der Primzahlsatz von Page-Siegel-Walfisz zur Verfügung. VINOGRADOVS große Leistung ist, daß er Exponentialsummen mit Primzahlen nichttrivial abschätzen kann und damit auch den Integranden auf den ‚minor arcs' behandeln kann. Bald danach läßt sich auch das Waring-Problem mit Primzahlen behandeln (man vgl. [Hua 1959]).

Die Übertragung des VINOGRADOVschen Satzes auf Zahlkörper erfolgt durch T. TATUZAWA 1955, O. KÖRNER 1960, 1961 und T. MITSUI 1961. Mit der Darstellung durch Primzahlpotenzen in Zahlkörpern befaßt sich KÖRNER 1964.

Mit Hilfe von Dichtesätzen über die Nullstellen der L-Reihen können Y. LINNIK 1945, N. G. TCHUDAKOV 1947 zeigen, daß auch der ursprüngliche HARDY-LITTLEWOODsche Ansatz von 1923 zu einem Beweis des VINOGRADOVschen Drei-Primzahlen-Satzes umgestaltet werden kann.

B. ROSSER zeigt 1938, daß p_n stets größer als $n \cdot \log n$ ist und gewinnt eine Vielzahl weiterer expliziter, numerisch brauchbarer Ungleichungen für verschiedene Primzahlfunktionen, die z. T. erhebliche Kenntnisse, auch numerischer Art, über die Zetafunktion voraussetzen. Wir verweisen auf B. ROSSER und L. SCHOENFELD, Ill. J. 1962, Math. Comp. 1975, 1976.

THEODOR SCHNEIDER (1911–1988)
Geboren in Frankfurt a. M. 1934 Promotion in Frankfurt a. M., 1939 Habilitation in Göttingen. 1953 ordentlicher Professor in Erlangen, 1959 in Freiburg, 1976 emeritiert. Direktor des Mathematischen Forschungsinstituts Oberwolfach von 1959 bis 1963. 1988 in Freiburg verstorben.

In seiner Dissertation löst TH. SCHNEIDER 1934 das siebte Hilbertsche Problem. *Ist α eine algebraische, von* 0 *und* 1 *verschiedene Zahl, und ist β eine irrationale algebraische Zahl, so ist α^β* ***transzendent.*** Unabhängig von SCHNEIDER und etwas früher gibt auch A. O. GELFOND (1934) eine Lösung mit einem in wesentlichen Teilen abweichenden Beweis. Die Beweismethode ließ sich auch auf elliptische Funktionen und elliptische Integrale anwenden; nach Teilergebnissen von PÓLYA, C. L. SIEGEL, POPKEN und K. MAHLER bringt SCHNEIDER 1936 abschliessende Transzendenzergebnisse über elliptische Integrale und zeigt 1941, daß die Perioden eines Abelschen Integrals erster oder zweiter Gattung, dessen Integrand als algebraische Funktion von x nur algebraische Zahlkoeffizienten besitzt, nicht alle algebraisch sind. 1949 beweist TH. SCHNEIDER einen eleganten Satz, aus dem viele der bis dahin bekannten Transzendenz-Ergebnisse folgen.

Viele Ergebnisse der analytischen Zahlentheorie können durch die Anwendung von **Tauberschen Sätzen** für die Laplace-Transformierte bewiesen werden. J. KARAMATA gibt 1931 einen verhältnismäßig einfachen Beweis des Taubersatzes von HARDY-LITTLEWOOD. S. IKEHARA beweist 1931 eine für die Primzahltheorie wichtige Ausdehnung des LANDAUschen Taubersatzes, N. WIENER zeigt 1933 seinen ‚allgemeinen Taubersatz', der ebenfalls zum Beweis des Primzahlsatzes geeignet ist. A. E. INGHAM veröffentlicht 1941 einen sehr allgemeinen Taubersatz für Partitionen.

1934 zeigt P. TURÁN, wie einfache Ideen aus der Wahrscheinlichkeitstheorie zum Beweise eines Satzes von HARDY und RAMANUJAN nutzbar gemacht werden können: *Eine Zahl n hat meistens ungefähr* $\log\log n$ *Primteiler.* J. KUBILIUS verallgemeinert die TURÁNsche Idee zu einer Ungleichung für additive Funktionen, die wichtige Anwendungen in der Probabilistic Number Theory hat. Die Turán-Kubilius-Ungleichung kann durch elementare Rechnungen oder nach ELLIOTT aus dem großen Sieb gefolgert werden. *Ist w eine stark additive Funktion mit Erwartungswert* $E(N) = \sum_{p \le N} p^{-1} \cdot w(p)$, *so gilt mit* $D(N) = \left\{ \sum_{p \le N} p^{-1} \cdot w^2(p) \right\}^{\frac{1}{2}}$ *die Ungleichung*

$$\sum_{n \le N} |w(n) - E(N)|^2 \le c \cdot N \cdot D^2(N).$$

ELLIOTT gibt später höherdimensionale Analoga der Ungleichung und eine ‚duale' Ungleichung. Die Turán-Kubiliussche Ungleichung wurde von A. RÉNYI 1965 angewandt, um einen eleganten Beweis von DELANGES Mittelwertsatz (1960/61) für multiplikative Funktionen zu geben; diese Methode ist auch geeignet, um die Zugehörigkeit solcher Funktionen zu gewissen Klassen fastperiodischer Funktionen nachzuweisen (vgl. Abschnitt 8 „Mittelwerte").

6 Das Jahrzehnt 1940 bis 1950

Im Jahre 1949 wird der erste **elementare Beweis des Primzahlsatzes** gefunden, d. h. ein Beweis, der Funktionentheorie wie Fourieranalysis wie ein Studium der Nullstellen der Zetafunktion vermeidet, und zwar durch P. ERDÖS (1949) und A. SELBERG (1949). Grundlegend sind Selbergsche Formel

$$\vartheta(x) \cdot \log x + \sum_{p \le x} \vartheta(x/p) \cdot \log p = 2x \cdot \log x + \mathcal{O}(x)$$

und Schwankungsbedingung (für $1 \le y < x \le 2y$)

$$\vartheta(x) - \vartheta(y) \le 2 \cdot (x - y) + \mathcal{O}(x \cdot (1 + \log x)^{-1}).$$

Hieraus wird mit diffizilen, wenn auch elementaren Tauberschen Argumenten der Primzahlsatz in der Form

$$\vartheta(x) \sim x \quad \text{für } x \to \infty$$

gefolgert. A. SELBERG erhält bald darauf die Fields-Medaille, P. ERDÖS später den Wolf-Preis. Die elementare Beweismethode wird in der Folge von vielen Autoren abgewandelt und vereinfacht. Auch der Primzahlsatz in der arithmetischen Progression läßt sich entsprechend behandeln. Es zeigt sich, daß die elementare Beweismethode auch Restglieder liefert; nach Anfängen durch VAN DER CORPUT, BREUSCH und KUHN zeigen E. BOMBIERI (1962) und E. WIRSING (1962, 1964) auf elementare Weise

$$\vartheta(x) = x + \mathcal{O}_A(x \cdot (\log x)^{-A}), \quad A > 0 \text{ beliebig.}$$

Das Restglied wird 1970 durch H. DIAMOND und J. STEINIG auf

$$\mathcal{O}(x \cdot \exp(-\log^{1/7-\varepsilon} x))$$

verschärft. Schließlich ersetzen A. F. LAVRIK und A. S. SOBIROV 1973 den Exponenten 1/7 durch 1/6. Man vgl. W. SCHWARZ, Überblicke Math. 1968 und H. DIAMOND, Bull. AMS 1982.

A. SELBERG 1944, 1946, 1949 entwickelt seine **Siebmethode.** Die etwas schwerfällig zu handhabende Brunsche Siebmethode wird durch eine – zumindest in bezug auf die obere Abschätzung – außerordentlich einfache Methode ersetzt. Anwendungen, z. B. auf Primzahl-k-tupel, werden etwa in K. PRACHARS *Primzahlverteilung* gegeben.

Bezeichnet P_r eine ‚Fast-Primzahl' mit höchstens r Primfaktoren (d. h. $\Omega(P_r) \le r$), so gibt die Selbergsche Siebmethode Ergebnisse über Fast-Primzahlen in ‚kurzen' Intervallen, über Fastprimzahlen in der Folge der Werte eines (irreduziblen) Polynoms f aus $\mathbb{Z}[X]$ und über die additive Zerlegung gerader Zahlen in der Gestalt

$$n = P_r + P_s \quad \text{(modifiziertes Goldbachproblem).}$$

Unter Auslassung wichtiger Zwischenergebnisse (A. I. VINOGRADOV, H. HALBERSTAM und H. E. RICHERT u. v. a.) werde hier nur das Ergebnis $r = 1$, $s = 2$ von CHEN JING RUN (1973) zitiert, das allerdings noch den Primzahlsatz von E. BOMBIERI benötigt; dieses CHENsche Ergebnis stellt die beste bekannte Approximation an die Lösung des Goldbachproblems für *gerade* Zahlen dar.

Eine klare Beschreibung der den Siebmethoden zugrundeliegenden Ideen findet man in H. HALBERSTAM und K. F. ROTH, *Sequences*, 1966. Eine umfassende Darstellung der Methoden und Anwendungen wird in der Monographie *Sieve Methods* von H. HALBERSTAM und H. E. RICHERT [1974] gegeben.

Das Große Sieb. Eine für Primzahltheorie und Theorie der Zetafunktion und L-Reihen wichtige Entwicklung begann 1941 mit Y. V. LINNIKS Arbeit *The Large Sieve*, fortgesetzt durch A. RÉNYI (1950, 1958, 1959, später K. F. ROTH 1965, E. BOMBIERI 1965, E. BOMBIERI und H. DAVENPORT 1966, 1968, 1969 u. v. a.). Die Grundidee ist wahrscheinlichkeitstheoretischer Natur. Ein sehr guter Überblick über Methode und Anwendungen wird in [Richert 1976] oder [Bombieri 1974] gegeben.

Sind Z verschiedene natürliche Zahlen n_ι in $[M+1, M+N]$ gegeben, und bezeichnet $Z(q,h)$ die Anzahl der gegebenen $n_\iota \equiv h \bmod q$, so wird die quadratische Abweichung

$$p \sum_{1 \le h \le p} (Z(p,h) - p^{-1} \cdot Z)^2$$

in Verbindung mit Exponentialsummen $S(x) = \sum_n \exp(2\pi i \cdot n_\iota x)$ gebracht. Verwendet man geeignete Gewichte, so kann man z. B. folgenden Satz erhalten. *Sind komplexe a_n, $M+1 \le n \le M+N$, gegeben, so bezeichne $\omega(p)$ für jedes prime p die Anzahl der Restklassen $h \bmod p$, für die $a_n = 0$ ist, wenn $n \equiv h \bmod p$ gilt. Für jedes $Q \ge 1$ ist dann*

$$|\sum a_n|^2 \le L^{-1} \cdot N \cdot \sum |a_n|^2,$$

wobei

$$L = \sum_{q \le Q} \mu^2(q) \cdot \left(1 + qQN^{-1} \cdot \frac{15}{8}\right)^{-1} \cdot \prod_{p|q} \omega(p) \cdot \{p - \omega(p)\}^{-1}.$$

Hiermit läßt sich der Satz von Brun-Titchmarsh verschärfen. *Es gibt ein $\delta > 0$ derart daß für alle $q < \delta \cdot N$ die Abschätzung*

$$\pi(M+N; q, a) - \pi(M; q, a) \le 2 \cdot N \cdot \{\varphi(q) \cdot \log(N/q)\}^{-1}$$

gilt (H. L. MONTGOMERY, *Topics in Multiplicative Number Theory*, 1971). Der Satz von Brun-Titchmarsh (erstmals mit einer Konstanten c an Stelle von 2 durch E. TITCHMARSH aus dem Brunschen Sieb 1930 gefolgert) gibt eine obere Abschätzung für die Anzahl der Primzahlen in der arithmetischen Progression von der richtigen Größenordnung für ‚große' Moduln q, für die der Primzahlsatz in der Progression keine brauchbare Aussage mehr liefert.

Die Riemannsche Vermutung für die Kongruenz-Zetafunktion. Ist K ein algebraischer Funktionenkörper einer Variablen über dem endlichen Konstantenkörper F_q, so führte E. ARTIN (1924) die *ζ-Funktion $\zeta_K(s)$ des algebraischen Funktionenkörpers K/k*

$$\zeta_K(s) = \sum_{\mathfrak{a}} N(\mathfrak{a})^{-s} = \prod_{\mathfrak{p}} (1 - N(\mathfrak{p})^{-s})^{-1}$$

ein, wobei $\mathfrak{a}$ die ganzen Divisoren von K durchläuft. Schreibt man $Z_K(u) = \zeta_K(s)$ mit $u = q^{-s}$, so zeigte F. K. SCHMIDT 1931 mit Hilfe des Riemann-Rochschen Satzes, daß $Z_K(u) = P(u)/(1-u)(1-qu)$ mit einem Polynom vom Grade $2 \times$ Geschlecht rational ist und daß eine Funktionalgleichung besteht. Die Riemannsche Vermutung für die Kongruenz-Zetafunktion bewies A. WEIL 1948 mit Methoden der algebraischen Geometrie. Den elliptischen Fall (Geschlecht 1) hatte schon H. HASSE 1936 erledigt. Einen neuen Beweis gab 1953 P. ROQUETTE in seiner Dissertation. Weitere Beweise von A. MATTUCK und J. TATE (1958) sowie A. GROTHENDIECK (1958) folgten.

Einen neuen Zugang (in Spezialfällen), der auf THUEschen Ideen beruht, entwickelte A. STEPANOV 1969–1972. Diese Methode wurde von W. M. SCHMIDT (1973) und E. BOMBIERI (1973) aufgegriffen und zum Beweis des HASSE-WEILschen Ergebnisses ausgestaltet.

Die Wichtigkeit dieses Ergebnisses für die analytische Zahlentheorie besteht darin, daß nunmehr die Lösungsanzahlen gewisser Kongruenzen sehr genau abgeschätzt werden können (S. LANG und A. WEIL, *Number of points of varieties in finite fields*, Am. J. Math. 76, 1954). W. M. SCHMIDT zeigt (*Equations over Finite Fields, An Elementary Approach*, 1976 – das Buch enthält viele weitere interessante Anwendungen): *Ist $f(X, Y) \in F_q[X, Y]$ absolut irreduzibel und vom Grad $d > 0$, so ist die Anzahl N der Lösungen der Kongruenz*

$$f(x, y) \equiv 0 \operatorname{modulo} q$$

für $q > 250\, d^5$ abschätzbar durch

$$|N - q| < \sqrt{2} \cdot d^{5/2} \cdot q^{\frac{1}{2}}.$$

WEILS Ergebnis gibt schärfere Konstanten, nämlich

$$|N - q| \leq (d-1)(d-2) q^{\frac{1}{2}} + c(d).$$

Die Weil-Vermutung. Die obige Begriffsbildung läßt sich verallgemeinern; auch für n-dimensionale (nicht-singuläre, absolut irreduzible) Varietäten V über F_q läßt sich eine Zeta-Funktion

$$Z(u, V) = \exp\Big(\sum_{m \geq 1} m^{-1} \cdot N_m u^m\Big)$$

definieren, wobei N_m die Anzahl der F_q^m-rationalen Punkte von V ist, d. h. die Anzahl der Punkte von V mit Koordinaten im Körper mit q^m Elementen. Nach B. DWORK (1960, 1962) ist $Z(u, V)$ eine rationale Funktion.

Die Riemannsche Vermutung für $Z(u, V)$ bewies P. DELIGNE 1974. Zahlentheoretische Konsequenzen dieses Ergebnisses sind Abschätzungen mehrdimensionaler Exponentialsummen,

$$\Big|\sum_{(x_1, \ldots, x_n) \in F_q^n} \exp\{p^{-1} \cdot 2\pi i \cdot \operatorname{tr}_{F_q/F_p}(F(x_1, \ldots, x_n))\}\Big| \leq (d-1)^n \cdot q^{\frac{1}{2}n},$$

wobei F ein Polynom in n Variablen mit ganzen Koeffizienten ist, das noch gewissen Einschränkungen genügt, und deren Anwendung auf die Bestimmung der Lösungsanzahlen von Kongruenzen und die Richtigkeit der Vermutung von S. RAMANUJAN:

Die mit der Ramanujan-Funktion $\tau(n)$ (definiert als Fourierkoeffizienten der Spitzenform $\Delta(z)/(2\pi)^{12}$) gebildete Dirichletreihe $\sum \tau(n) \cdot n^{-s}$ hat ein Eulerprodukt

$$\prod (1 - \lambda_p \cdot p^{-s} + p^{11-2s})^{-1},$$

wobei $|\lambda_p| < 2 \cdot p^{11/2}$ gilt.[16]

1946 zeigt P. ERDÖS, daß eine **additive Funktion** f, die zusätzlich $\Delta f(n) := f(n+1) - f(n) \to 0$ für $n \to \infty$ oder $\Delta f(n) \geq 0$ (für alle n) erfüllt, ein konstantes Vielfaches der Logarithmusfunktion ist. Nach Zwischenergebnissen, z.B. von I. KÁTAI und R. SUCK, zeigte E. WIRSING 1979: *Ist f vollständig additiv und $\Delta f(n) = o(\log n)$, so ist $f = c \cdot \log$,* und er erhält ein ähnliches, komplizierteres Ergebnis im additiven Fall; das direkte Analogon ist nämlich falsch, wie ein Gegenbeispiel von P. ERDÖS zeigt.

7 Das Jahrzehnt 1950 bis 1960

Diophantische Approximationen. Im Jahre 1955 bewies K.F. ROTH folgenden langgesuchten Satz. *Ist $\varkappa > 2$, so hat für algebraisches α vom Grade $n \geq 3$ die Ungleichung*

$$\left|\alpha - \frac{a}{q}\right| < q^{-\varkappa}$$

höchstens endlich viele Lösungen in ganzen Zahlen a, q.

KLAUS FRIEDRICH ROTH (1925 in Breslau geboren) 1961 Professur am University College London, 1966 Professor für Reine Mathematik am Imperial College London. 1958 Fields Medaille, 1983 De Morgan Medaille der LMS, 1966 Foreign Hon. Member der American Academy of Arts.

Vorstufen waren der schon behandelte Satz von THUE, die Sätze von C. L. SIEGEL ($\varkappa = \min_{1 \le t \le n} (t + n \cdot (t+1)^{-1}) + \varepsilon$, 1921) und F.J. DYSON ($\varkappa > \sqrt{2n}$ genügt, 1947). Als Anwendung lassen sich nun diophantische Gleichungen der Gestalt

$$f(x, y) = g(x, y)$$

behandeln, wobei der Grad des Polynoms g um wenigstens 3 kleiner als der Grad der Form f sein muß. Es ergeben sich wieder höchstens endlich viele ganzzahlige Lösungen; Schranken für diese lassen sich nicht geben, denn auch der Satz von K. F. ROTH ist nicht effektiv. Der BAKERsche Zugang gibt *explizite Schranken* (1969).

Der Satz von K. F. Roth wurde kurze Zeit später in einer Version bewiesen, die auch endlich viele p-adische Bewertungen in Betracht zieht (D. RIDOUT 1958).

E. WIRSING gibt 1961 eine Version für algebraische Zahlkörper, wobei die approximierenden Zahlen nicht in einem festen Zahlkörper zu liegen brauchen. *Ist α algebraisch vom Grade ≥ 3, so gibt es höchstens endlich viele algebraische Zahlen β vom Grade n und von der Höhe H, derart daß*

$$|a - \beta| < H^{-2n-\varepsilon}$$

ist. Der Exponent von H ist noch nicht bestmöglich. Den optimalen Exponenten $-(n+1) - \varepsilon$ (an Stelle von $-2n - \varepsilon$) konnte schließlich W. M. SCHMIDT 1970 erreichen.

MAHLERs Klasseneinteilung. K. MAHLER teilte 1932 die reellen (bzw. komplexen) Zahlen in vier algebraisch unabhängige Klassen A, S, T, U ein, wobei A die Menge der algebraischen Zahlen ist. Die Klasse U enthält die Liouvillezahlen. Die genaue Definition der Einteilung auf Grund der Approximationsfähigkeit lese man in [Schneider 1957] nach. Die lange offene Frage nach der Existenz von T-Zahlen konnte erst W. M. SCHMIDT 1968 bejahen. Ein zweites schwieriges Problem ergab sich mit S-Zahlen; nach K. MAHLER sind im Sinne des Lebesgueschen Maßes fast alle Zahlen S-Zahlen, sogar mit einem ‚Typus‘ ≤ 4, und ≤ 3 nach KOKSMA 1939. W. LE VEQUE bzw. B. VOLKMANN erniedrigten 1953 diese Schranke auf 2 bzw. 4/3. Die MAHLERsche Vermutung *‚fast alle reellen Zahlen sind S-Zahlen vom Typus 1‘* konnte erst V. SPRINDJUK 1965 beweisen.

Additive Zahlentheorie. Die von HARDY und LITTLEWOOD 1922 ausgesprochene Vermutung, daß jede hinreichend große natürliche Zahl Summe einer Primzahl und zweier Quadrate sei und die sich bisher den analytischen Methoden der additiven Zahlentheorie entzogen hatte, wird von C. HOOLEY 1957 bewiesen, unter Annahme der Richtigkeit der großen Riemannschen Vermutung. Für den Beweis war eine Kombination analytischer Methoden mit Siebmethoden erforderlich – die dann in der Folgezeit zu einem Reichtum von kaum für möglich gehaltenen Ergebnissen führte.

Der Hooleysche Satz wird 1960 von Y. V. LINNIK mit seiner Dispersionsmethode ohne Annahme einer unbewiesenen Vermutung gezeigt. Nachdem 1965 der Bombierische Primzahlsatz zur Verfügung stand, konnte auch die genannte unbewiesene Annahme aus HOOLEYS Beweis entfernt werden (ELLIOTT und HALBERSTAM, 1966).

Computational Number Theory. Nachdem ab Anfang der fünfziger Jahre leistungsfähige Rechner zur Verfügung standen, begannen einzelne Zahlentheoretiker, voran D.H. LEHMER, dieses Werkzeug zu nutzen, um mit bekannten Algorithmen numerisch-zahlentheoretische Kenntnisse zu gewinnen. Es stellte sich rasch heraus, daß für ein Vordringen in den Bereich größerer Zahlen die Algorithmen abgeändert werden mußten oder sogar völlig neue Versionen erfunden werden mußten.

D. H. LEHMER wendet sich zunächst der Frage nach den **Nullstellen der Zetafunktion** zu. Ältere Rechnungen von J. P. GRAM 1903, R. BACKLUND 1912–1915 und J. I. HUTCHINSON 1925 hatten ergeben, daß die Riemannsche Vermutung für Nullstellen mit Imaginärteil unterhalb 300 richtig ist. Eine Fortführung der Rechnungen durch E.C. TITCHMARSH 1935, 1936 mit L.J. COMRIE kam bis zum Grampunkt g_{1040}, d. h. die Riemannsche Vermutung war für die ersten 1041 Nullstellen richtig. D. H. LEHMER zeigte dies 1956 für die ersten 25000 Nullstellen. Außer schnellen Computern stand ihm jetzt eine Methode von A. M. TURING 1953 zur (rascheren) Anzahlbestimmung der Nullstellen in einem vorgegebenen Rechteck zur Verfügung. Die (rasche) Berechnung von Zetawerten erfolgt mit der Riemann-Siegelschen Formel

$$\zeta\left(\tfrac{1}{2}+it\right)\exp(i\vartheta(t)) = 2 \sum_{1\le n\le N} n^{-\frac{1}{2}}\cos(\vartheta(t) - t\cdot\log n) + \mathit{Fehler},$$

wobei der Fehler durch ein Integral gegeben ist, das sich gut mit der Sattelpunktmethode approximieren läßt. Die Funktion $\vartheta(t)$ ist hierbei $-\frac{1}{2}\arg\left(\chi\left(\frac{1}{2}+it\right)\right)$ mit dem aus der Funktionalgleichung bekannten Ausdruck $\chi(s) = 2^s\pi^{s-1}\sin\left(\frac{1}{2}\pi s\right)\Gamma(1-s)$.

Die Rechnungen werden durch R.S. LEHMANN 1966, J.B. ROSSER, J.M. YOHE, L. SCHOENFELD 1969, R.P. BRENT, J. VAN DER LUNE, H.J.J. TE RIELE und D.T. WINTER (ab 1982) fortgeführt und ergeben, daß die ersten 1,5 Milliarden Nullstellen der Zetafunktion exakt auf der kritischen Geraden liegen.

D. H. LEHMER nimmt 1959 die MEISSELsche Berechnung der Funktion $\pi(x)$ für große Argumente wieder auf und bestimmt $\pi(10^{10})$. Mit einer Methode von D.C. MAPES 1963 kommt J. BOHMANN 1972 bis $\pi(10^{13})$. J.C. LAGARIAS, V.S. MILLER und A.M. ODLYZKO entwickeln um 1984 zwei neue Verfahren zur Bestimmung von $\pi(x)$, die weniger Speicherbedarf und weniger Rechenzeit erfordern und kommen bis $x = 4\times 10^{16}$.

Mit Fragen der unteren und oberen Abschätzung der Rechengeschwindigkeit von Algorithmen befaßt sich die **Komplexitätstheorie.** Z. B. konnten

A. SCHÖNHAGE und V. STRASSEN 1971 zeigen, daß für die Multiplikation zweier großer, n-stelliger Zahlen Algorithmen existieren, die mit $\mathcal{O}(n \cdot \log^{1+\varepsilon} n)$ 1-stelligen Operationen auskommen. Man vgl. D. KNUTHS *Art of Computer-Programming* und SCHÖNHAGES Hauptvortrag beim ICM Berkeley 1986.

Durch das auf elementare Zahlentheorie gegründete Rivest-Shamir-Adleman-Verfahren der Kryptographie hat die Frage nach der Geschwindigkeit, mit der große Zahlen **faktorisiert** bzw. als prim nachgewiesen werden können, große praktische Bedeutung erlangt. Die zweitgenannte Frage ist einer Lösung recht nahegekommen: Eine n-stellige Zahl kann unter Annahme der Richtigkeit der großen Riemannschen Vermutung in $\mathcal{O}(\log^{5+\varepsilon} n)$ Schritten als prim oder zusammengesetzt erkannt werden (MILLER 1976), ohne eine solche Hypothese in $\mathcal{O}((\log n)^{c \log\log\log n})$ Schritten (ADLEMAN, RUMELY, POMERANCE, H. COHEN, H. W. LENSTRA Jr. 1983).

Beim Problem der Faktorisierung großer Zahlen sind die Fortschritte viel bescheidener. 1975 glückte die Faktorisierung der Fermatzahl F_7, 1980 die von F_8 (M. A. MORRISON, J. BRILLHART, R. P. BRENT), wohlgemerkt durch die Entwicklung neuer Algorithmen. Weitere Fortschritte erzielten J. B. DIXON 1981, C. P. SCHNORR 1982, C. P. SCHNORR und H. W. LENSTRA 1984; schließlich wurde die Theorie elliptischer Kurven eingesetzt.

TURÁNS Methode. Etwa ab 1949 führte P. TURÁN eine neue Methode in die analytische Zahlentheorie ein, deren Grundidee in der Abschätzung von Potenzsummen komplexer Zahlen, wie etwa

$$\inf_z \max_\nu \left| \sum_{1 \le j \le n} b_j \cdot z_j^\nu \right| \quad \text{bzw.} \quad \inf_z \max_\nu \operatorname{Re} \left(\sum_{1 \le j \le n} b_j \cdot z_j^\nu \right)$$

besteht. P. TURÁN erkannte, daß sich solche Abschätzungen wirkungsvoll auf Zusammenhänge zwischen Exponentialsummen und der Riemannschen Vermutung, auf Dichte-Sätze für L-Reihen, auf das Restglied des Primzahlsatzes und besonders auf die *Comparative Prime Number Theory* anwenden lassen. Eine umfassende Darstellung wird in [Turán 1984] gegeben.

PAUL TURÁN (1910–1976)
Geboren in Budapest. Promotion 1935 in Budapest. 1937 bis 1946 Gymnasiallehrer, zwischen 1940 und 1944 Arbeitslager. 1946 Dozent, 1949 Professor an der Eötvös Lorand Universität. 1953 ordentliches Mitglied der Ungarischen Akademie der Wissenschaften. 1976 in Budapest verstorben.

Die Dichtehypothese, die aussagt, daß nur wenige Nullstellen der Zetafunktion oder der L-Funktionen ‚nahe' der Geraden $\mathrm{Re}\, s = 1$ liegen, kann als Ersatz für die LINDELÖFsche Hypothese dienen. Anwendungen ergeben sich z. B. auf die Abschätzung der kleinsten Primzahl $p \equiv a \bmod q$ in der Form $p < q^c$ (LINNIK 1944, Reduktion der Konstanten c durch M. JUTILA ab 1969 u. a.).

8 Das Jahrzehnt 1960 bis 1970

Linearformen in Logarithmen. Der GELFOND-SCHNEIDERsche Satz über die Transzendenz von α^β läßt sich auch folgendermaßen formulieren. Für nichtverschwindende algebraische Zahlen $\alpha_1, \alpha_2, \beta_1, \beta_2$, für die $\log \alpha_1$, $\log \alpha_2$ über $\mathbb{Q}$ linear unabhängig sind, ist stets

$$\beta_1 \log \alpha_1 + \beta_2 \log \alpha_2 \neq 0 .$$

Die naheliegende Verallgemeinerung auf mehr als zwei Summanden – die eine Vielzahl neuer Anwendungen auf Transzendenzergebnisse und auch das Klassenzahl-Eins-Problem erlaubt – konnte erst nach Einführung wesentlich neuer Methoden von A. BAKER 1966 bewiesen werden. *Sind* $\alpha_1, \ldots, \alpha_n$ *nichtverschwindende algebraische Zahlen, derart daß die Logarithmen* $\log \alpha_1, \ldots, \log \alpha_n$ *linear unabhängig über* $\mathbb{Q}$ *sind, so sind* $1, \log \alpha_1, \ldots, \log \alpha_n$ *sogar linear unabhängig über dem Körper aller algebraischen Zahhlen.* Darüber hinaus gestattete die Methode, auch effektive untere Abschätzungen für den Absolutbetrag von Linearformen (mit algebraischen Koeffizienten) in $1, \log \alpha_1, \ldots, \log \alpha_n$ zu gewinnen, die dann durch N. I. FELDMAN 1968 in eine fast bestmögliche Form gebracht wurden. Bezüglich der Einzelheiten sei auf [Baker 1975] verwiesen.

S. LANG gibt den SCHNEIDERschen Transzendenzresultaten eine neue Formulierung und beweist zusammen mit E. BOMBIERI 1970 höherdimensionale Versionen des SCHNEIDERschen Satzes. Angeregt durch CARTIER werden Trans-

ALAN BAKER (1939 in London geboren)
1958 bis 1961 Studium am University College London. 1961 bis 1964 am Trinity College Cambridge. Seit 1964 Fellow of Trinity College Cambridge. Seit 1974 Professor für Reine Mathematik an der University of Cambridge. 1987 First Turán Lecturer in Ungarn, 1970 Fields-Medaille, 1972 Adams Prize Cambridge. Seit 1973 Fellow Royal Society, 1980 Fellow Indian National Science Academy.

zendenzprobleme für Exponentialabbildungen kommutativer algebraischer Gruppen formuliert, was sich in der Folge als äußerst fruchtbar erwiesen hat (vgl. WALDSCHMIDT 1979).

Heute kann der BAKERsche Linearformensatz als Spezialfall solcher allgemeiner Transzendenzsätze für Exponentialabbildungen angesehen werden. Neben den klassischen funktionentheoretischen Techniken werden Nullstellensätze der algebraischen Geometrie verwendet (NESTERENKO, BROWNAWELL, MASSER-WÜSTHOLZ).

In der **Primzahltheorie** gelingt ein entscheidender Fortschritt mit dem Primzahlsatz von E. BOMBIERI und A. I. VINOGRADOV; dieser besagt, daß *im Mittel* das Restglied des Primzahlsatzes für die arithmetische Progression so gut ist, wie dies aus der großen Riemannschen Vermutung folgen würde.

E. BOMBIERI beweist 1966, wobei sowohl der Primzahlsatz von PAGE-SIEGEL-WALFISZ wie auch die Theorie des ‚Großes Siebes' benötigt wurden: *Zu jeder Konstanten* $A > 0$ *gibt es eine Konstante* $B > 0$, *derart daß für jedes* $Q \leq \sqrt{x} \cdot (\log x)^{-B}$ *die Abschätzung*

$$\sum_{q \leq Q} \max_{y \leq x} \max_{a;(a,q)=1} |\pi(y; q, a) - \mathrm{li}\, y/\varphi(q)| = \mathcal{O}(x \cdot (\log x)^{-A})$$

gilt. Eine neue Beweismethode gab R. C. VAUGHAN 1980. In Richtung auf die gewünschte Vergrößerung von Q über $\sqrt{x}$ hinaus wurden in den letzten Jahren erste Ergebnisse durch E. FOUVRY, H. IWANIEC 1983, E. FOUVRY 1984, E. BOMBIERI, J. B. FRIEDLANDER und H. IWANIEC 1986 erzielt, und zwar für Summen der Gestalt

$$\sum_{q \leq Q} \lambda(q) \cdot |\pi(x; q, 1) - \mathrm{li}\, x/\varphi(q)|$$

mit geeigneten Gewichtsfunktionen λ.

ARTINS Vermutung: *Ist P ein homogenes Polynom vom Grade d in n Variablen über* $\mathbb{Q}_p$, *so hat P für* $n > d^2$ *eine nichttriviale Nullstelle* wird 1965/66 durch J. AX und

HENRYK IWANIEC (1947 in Elblag (Polen) geboren) 1972 Promotion in Warschau, 1976 Habilitation. Korr. Mitglied der Polnischen Akademie der Wissenschaften. Professor der Polnischen Akademie der Wissenschaften, 1984 Boulder, 1983/84 und 1985/86 Member des Institut of Advanced Study Princeton.

S. KOCHEN für $p \geq p_0(n, d)$ als richtig nachgewiesen (die Richtigkeit für $d = 3$ geht auf D. LEWIS 1952 zurück). Der Beweis ist ein schöner Erfolg für die Modelltheorie; ein *transfer principle* gestattet, das Ergebnis für alle bis auf endlich viele Primzahlen aus der Richtigkeit der Vermutung im Potenzreihenkörper $F_p((t))$ zu folgern.

Allerdings ist ARTINS Vermutung nicht richtig, TERJANIAN gab ein Gegenbeispiel (mit $p = 2$, $d = 4$, $n = 18$). Die Vermutung ist sogar ,very false', auf Grund von Ergebnissen von G.I. ARCHIPOV und A.A. KARACUBA 1982, D. LEWIS und H.L. MONTGOMERY 1983 und BROWNAWELL 1984. *Es gibt unendlich viele d, für die Formen F vom Grade d mit* $n > \exp(d/\{\log d \cdot (\log\log d)^{1+\varepsilon}\})$ *Variablen existieren, derart, daß* $F(a_1, \ldots, a_n) \equiv 0 \bmod p$ *die Beziehung* $a_1 \equiv \ldots \equiv a_n \equiv 0 \bmod p$ *zur Folge hat.*

Ist $a \neq 0, 1, -1$ *kein Quadrat, so gibt es unendlich viele Primzahlen derart, daß a* **Primitivwurzel modulo *p*** *ist, und für die Anzahl* $N_a(x)$ *dieser Primzahlen bis x gilt*

$$N_a(x) \sim A(a) \cdot (x/\log x). \qquad (*)$$

Das Analogon dieser Artinschen Vermutung (1927) für Funktionenkörper wurde 1937 von L. BILHARZ bewiesen. Den Beweis von (*) erbrachte C. HOOLEY 1967, allerdings unter Annahme der Richtigkeit einer Riemannschen Vermutung für gewisse Dedekindsche Zetafunktionen; diese ist nötig, um im Beweis für die Anzahl $\pi_k(x)$ der Primzahlen $p \leq x$, die vollständig in jedem Körper $\mathbb{Q}(\zeta_q, a^{1/q})$ für $q \mid k$ zerfallen, eine asymptotische Formel mit hinreichend gutem Restglied zu gewinnen.

Eine weitere Entwicklungslinie begann 1983 mit R. GUPTA und RAM MURTY. R. HEATH-BROWN zeigte 1985: *Wenigstens eine der Zahlen* 2, 3, *oder* 5 *ist Primitivwurzel* mod*p für unendliche viele Primzahlen p*, und 1986, daß die Anzahl der Nicht-Quadrate $n \leq x$, für die ARTINS Vermutung falsch ist, ein $\mathcal{O}(\log^2 x)$ ist. (Siehe auch R. MURTY und S. SRINIVASAN 1987).

Beim Problem des **größten Primteilers** P_x des Produktes $\prod_{n \leq x} (n^2 + 1)$ (als Prototyp für ähnliche Fragestellungen), aktuell seit TCHEBYCHEFFS Aussage $P_x/x \to \infty$, erzielt C. HOOLEY 1967 (nach T. NAGELL 1921, $P_x/x > \log^\varepsilon x$ für jedes $\varepsilon < 1$ und P. ERDÖS 1952, $P_x/x > (\log x)^{A \cdot \log\log\log x}$) einen wesentlichen Fortschritt via Siebmethoden und zeigt $P_x > x^{11/10}$. J.M. DESHOUILLERS und H. IWANIEC verbessern 1982 den Exponenten auf 1.202.

Mittelwerte. Multiplikative Funktionen $f\colon \mathbb{N} \to \mathbb{C}$ sind durch ihre Werte an den Primzahlpotenzen festgelegt. Man kann daher erwarten, daß für die Asymptotik der Summe $M(f, x) = \sum_{n \leq x} f(n)$ wegen der Seltenheit der höheren Primzahlpotenzen p^k, $k \geq 2$, im wesentlichen das Verhalten der Summe $\pi(f, x) = \sum_{p \leq x} f(p)$ Bedeutung haben wird. Einen entsprechenden Satz für *nichtnegative multiplikative*

Funktionen f zeigte E. WIRSING 1961. *Ist* $\pi(f,x) \sim \tau \cdot x/\log x$ *und sind die Werte* $f(p^k)$ *für* $k \geq 2$ *‚nicht zu groß', so gilt die asymptotische Beziehung*

$$\sum_{n \leq x} f(n) \sim e^{-\mathscr{C}\tau} \cdot \Gamma(\tau+1)^{-1} \cdot \frac{x}{\log x} \cdot \prod_{p \leq x} \left(1 + \frac{f(p)}{p} + \ldots\right).$$

Gleichzeitig charakterisierte H. DELANGE multiplikative komplexwertige Funktionen vom Betrage $|f| \leq 1$ mit nicht-verschwindendem Mittelwert $\mathscr{M}(f) = \lim_{x\to\infty} x^{-1} \cdot M(f,x)$, im wesentlichen durch die Konvergenz der Reihe $\mathrm{Del}(f,x) = \sum_{p \leq x} p^{-1} \cdot (f(p) - 1)$, $x \to \infty$.

E. WIRSING verschärfte 1967 seinen Satz erheblich durch Abschwächung der Voraussetzungen auf asymptotische Aussagen über $\mathrm{Del}(f,x)$; insbesondere folgt aus seinen Sätzen der erste Beweis für eine Vermutung von ERDÖS: *Jede multiplikative Funktion, die nur die Werte* 1 *oder* -1 *annimmt, besitzt einen Mittelwert* (dieser Satz enthält mit $f = \lambda$ den Primzahlsatz). G. HALÁSZ beweist 1968 durch eine scharfsinnige Anwendung der Methode der komplexen Integration eine asymptotische Formel für $M(f,x)$ für jede multiplikative Funktion vom Betrage ≤ 1, und gibt damit einen zweiten Beweis für die genannte Vermutung von P. ERDÖS.

P. D. T. A. ELLIOTT verallgemeinert 1975, 1980 DELANGES Satz auf Funktionen mit endlicher q-Norm $\|f\|_q = \left(\limsup_{x\to\infty} x^{-1} \cdot M(f,x)\right)^{1/q}$. Später erweisen sich die in den Sätzen von DELANGE und ELLIOTT gegebenen Bedingungen als notwendig und hinreichend für die Zugehörigkeit multiplikativer zahlentheoretischer Funktionen zu gewissen Klassen fastperiodischer Funktionen (H. DABOUSSI, W. SCHWARZ und J. SPILKER, K. H. INDLEKOFER). Entsprechende Ergebnisse für additive Funktionen werden von J. SPILKER & A. HILDEBRAND, und P. D. T. A. ELLIOTT bewiesen. Sehr allgemeine Mittelwertsätze zeigt K.-H. INDLEKOFER. E. HEPPNER und W. SCHWARZ geben 1983 als vielseitig verwendbares technisches Hilfsmittel einen Satz über *benachbarte* multiplikative Funktionen.

Methoden aus der Integrationstheorie zum Studium zahlentheoretischer Funktionen zieht erstmals E. V. NOVOSELOV heran (1962–1964), später SCHWARZ und SPILKER, J. KNOPFMACHER, dann J. MAUCLAIRE.

HILBERTS zehntes Problem fragt nach einem Algorithmus, der für jedes Polynom $f \in \mathbb{Z}[X_1, \ldots, X_n]$ in endlich vielen Schritten zu entscheiden gestattet, ob die diophantische Gleichung

$$f(x_1, \ldots, x_n) = 0$$

lösbar ist. Beginnend mit JULIA ROBINSON 1952 konnten M. DAVIS, H. PUTNAM und J. ROBINSON 1961 zeigen, daß es für ‚exponentielle' diophantische Gleichungen

$$f(x_1, \ldots, x_n, 2^{x_1}, \ldots, 2^{x_n}) = 0$$

keinen solchen Algorithmus gibt. Schließlich gab Y. MATIJASEVIČ 1970 die *negative Antwort* auf D. HILBERTS zehntes Problem. Als Nebenprodukt fiel ab, daß es Polynome in vielen Variablen gibt, deren positive Werte an den ganzen Zahlen genau die Primzahlen sind; solche lassen sich explizit angeben. Man vgl. den Übersichtsartikel von M. DAVIS, Y. MATIJASEVIČ und J. ROBINSON in HILBERTS Problems, AMS 1975.

9 Die Jahre ab 1971

P. ERDÖS und P. TURÁN vermuteten 1936: *Zu gegebenem ℓ enthält jede Menge $\mathscr{A}$ natürlicher Zahlen mit positiver oberer Dichte eine* **arithmetische Progression mit ℓ Gliedern.** Durch eine scharfsinnige Abänderung der HARDY-LITTLEWOODschen Methode konnte K. F. ROTH um 1952 zeigen, daß diese Vermutung für $\ell = 3$ richtig ist. E. SZEMERÉDI zeigte die Vermutung 1969 für $\ell = 4$, und 1975 allgemein und gewann hierbei die von P. ERDÖS ausgesetzten 1000 $. Zwei Jahre später gab H. FÜRSTENBERG einen Beweis für den SZEMERÉDIschen Satz mit Methoden der Ergodentheorie.

R. C. VAUGHAN entwickelte eine neue Methode zur Abschätzung von **Exponentialsummen mit Primzahlen,** die einen vereinfachten Zugang z. B. zum Drei-Primzahlensatz von VINOGRADOV wie auch zum BOMBIERIschen Primzahlsatz gibt. Man vgl. VAUGHANS Mittag-Leffler-Institut-Report No. 9, 1977.

Über VAUGHANS Verschärfungen der HARDY-LITTLEWOODschen Methode und die damit erzielten Ergebnisse im Umkreis des Waringproblems kann hier nicht berichtet werden. Man sehe [VAUGHAN, 1981].

CHEN JING RUN beweist 1973 mit Siebmethoden seinen Satz über die Darstellbarkeit gerader Zahlen als Summe einer Primzahl und einer Fastprimzahl mit höchstens zwei Primfaktoren.

Aus dem in Abschnitt 2 erwähnten Transzendenzsatz von LINDEMANN-WEIERSTRASS folgt eine Aussage über **algebraische Unabhängigkeit,** die 1983 von PHILIPPON und G. WÜSTHOLZ auf elliptische Funktionen übertragen werden konnte. Weitergehende Vermutungen über Unabhängigkeit von Werten der Exponentialfunktion (SCHANUEL) erwiesen sich als äußerst widerstandsfähig. Herausragende Resultate in dieser Richtung stammen von D. BROWNAWELL und M. WALDSCHMIDT (1970): *unter den Zahlen* e, e^e *und* e^{e^2} *gibt es mindestens zwei algebraisch unabhängige*, und von PHILIPPON (1986): *Für* $\alpha \neq 0, 1$ *und algebraisches* β *vom Grade d sind mindestens die Hälfte der Zahlen* $\alpha^\beta, \alpha^{\beta^2}, \ldots, \alpha^{\beta^{d-1}}$ *algebraisch unabhängig.* Die einzigen bisher bekannten Aussagen über algebraische Unabhängigkeit von Perioden abelscher Integrale wurden von G. V. CHUDNOVSKY bewiesen. Aus diesen folgt unter anderem die Transzendenz von $\Gamma(\frac{1}{3})$ und $\Gamma(\frac{1}{4})$ (man vgl. WALDSCHMIDT 1977).

R. APÉRY findet 1978 sehr gute rationale Approximationen an $\zeta(3)$ (*‚A proof that EULER missed‘*) und kann so die Irrationalität von $\zeta(3)$ beweisen. Für diesen Satz gibt F. BEUKERS 1979 einen eleganten Beweis, der das Polynom $P_n(x) = (n!)^{-1}(d/dx)^n\{x^n(1-x)^n\}$ und das Doppelintegral

$$\iint_0^1 \log(xy)(1-xy)^{-1} \cdot P_n(x) \cdot P_n(y)\,dx\,dy = \{A_n + B_n\zeta(3)\} \cdot d_n^{-3}$$

benützt. Leider erwies sich keiner dieser Beweise als verallgemeinerungsfähig auf $\zeta(5)$.

Im Jahre 1979 lösen D. R. HEATH-BROWN und S. J. PATTERSON ein altes **Problem von KUMMER** und zeigen (unter Korrektur der offenbar auf zu geringes numerisches Beispielmaterial gestützten Vermutung), daß die Verteilung des Argumentes der kubischen Gaußschen Summe

$$g(\pi) = \sum_{1 \le r \le p-1} \exp\{2\pi i \cdot r/p\} \cdot (r/\pi)_3$$

für Primzahlen $\pi \equiv 1 \bmod 3$ aus $\mathbb{Z}(e^{2\pi i/3})$, $p = N(\pi)$, gleichförmig ist.

Zeta- und *L*-Funktionen. Die Mertenssche *Vermutung*

$$\Big|\sum_{n \le x} \mu(n)\Big| \le \sqrt{x}$$

wird durch A. ODLYZKO und H. J. TE RIELE 1985 widerlegt. Schon A. INGHAM hatte 1940 gezeigt, daß sogar $\Big|\sum_{n \le x} \mu(n)\Big| \cdot x^{-\frac{1}{2}} \to \infty$ strebt, *wenn* die Imaginärteile der nichttrivialen Nullstellen der Zetafunktion $\mathbb{Q}$-linear unabhängig sind. Die Widerlegung der Mertensschen Vermutung ist nicht durch Computer-Rechnungen zu erbringen. Die erforderlichen Überlegungen wurden durch W. JURKAT und A. PEYERIMHOFF 1976 vorbereitet. Es war nötig, für eine Cosinus-Summe mit vielen Termen Werte des Argumentes konstruktiv zu finden, für die alle auftretenden Cosinus-Terme möglichst nahe bei 1 liegen; dies wurde möglich durch den neuen *LLL*-Algorithmus in der Theorie der Optimierung.

In bezug auf die Abschätzung aufeinanderfolgender Nullstellen $\frac{1}{2} + i\gamma$ der Zetafunktion (uARV) wird

$$\lambda = \limsup \{\text{bzw. } \mu = \liminf\} (\gamma_{n+1} - \gamma_n)/(2\pi \log \gamma_n)$$

betrachtet. Die Erwartung $\mu = \lambda = 1$? ist falsch; nach J. MOSER 1974–76, A. KARACUBA 1981 zeigt JULIA MUELLER $\lambda \ge 1.9$. In der anderen Richtung gilt nach H. L. MONTGOMERY $\mu \le 0.68$.

W. M. SCHMIDT behandelt 1971, 1972 **Normformen-Gleichungen** und zeigt, daß für gegebene algebraische Zahlen $\alpha_1, \ldots, \alpha_n$ und rationales $a \neq 0$ die diophantische Gleichung

$$\mathcal{N}(\alpha_1 X_1 + \ldots + \alpha_n X_n) = a$$

WOLFGANG M. SCHMIDT (1933 in Wien geboren) 1955 Promotion an der Universität Wien, 1960 Habilitation. Seit 1961/62 University of Colorado, 1965 Full. Prof., 1970/71 und 1985/86 Member des Institute for Advanced Study Princeton. 1972 Cole Prize (AMS). 1981 Dr. h.c. der Universität Ulm. 1986/87 Senior Research Fellow der Humboldt Stiftung.

höchstens endlich viele Lösungen besitzt, wenn der aus den Punkten $\alpha_1 X_1 + \ldots + \alpha_n X_n$, alle $X_\nu \in \mathbb{Z}$, gebildete Modul nicht-entartet ist. Unter zusätzlichen Voraussetzungen können auch diophantische Gleichungen der Gestalt

$$\mathcal{N}(\alpha_1 X_1 + \ldots + \alpha_n X_n) = \text{Polynom in } X$$

behandelt werden.

Die **FERMATvermutung** der nichttrivialen Unlösbarkeit der diophantischen Gleichung

$$x^n + y^n = z^n$$

ist für alle Exponenten $2 < n \leq 125\,000$ richtig; eine durch S. WAGSTAFF 1978 durchgeführte Überprüfung mit Computerhilfe zeigt, daß für die betrachteten Exponenten jeweils wenigstens eines der bekannten Kriterien für die Unlösbarkeit der FERMATgleichung anwendbar ist (für solche siehe etwa L. WASHINGTON, *Introduction to Cyclotomic Fields*, 1980).

G. FALTINGS' Beweis der Mordellschen Vermutung (1983) ergibt, daß die Fermatgleichung für jeden Exponenten $n > 2$ höchstens endlich viele Lösungen besitzt.

R. HEATH-BROWN (1985) und unabhängig auch A. GRANVILLE zeigen, daß Fermats Vermutung für asymptotisch fast alle natürlichen Exponenten n richtig ist.

‚Klassische' Methoden der analytischen Zahlentheorie ergeben, daß der erste Fall der Fermatschen Vermutung (Unlösbarkeit mit $p \nmid xyz$) für unendlich viele primen Exponenten $n = p$ richtig ist, genauer für mehr als $c \cdot x^{2/3}$ aller Primzahlen $\leq x$ (L. M. ADLEMAN und R. HEATH-BROWN 1985 in Verbindung mit E. FOUVRY, 1985).

Dieses Ergebnis beruht auf einer Verallgemeinerung eines Kriteriums von SOPHIE GERMAIN und ganz entscheidend auf neuen Ergebnissen der Primzahltheorie. Bezeichnet $A_a^*(x, \delta)$ die Anzahl der Primzahlen $p \equiv 2 \bmod 3$, $a + 2 \leq p \leq x$, derart, daß der maximale Primteiler von $(p - a)$ größer als x^δ ist, so gilt: *Es existiert ein* $c_0(\delta, a)$, *so daß für* $x > x_0(\delta, a)$ *die Abschätzung*

$$A_a^*(x, \delta) > c_0 x / \log x$$

*besteht, **wenn***
$\delta = 0.625 - \varepsilon$ (C. HOOLEY 1973) *bzw.*
$\delta = 0.6563$ (J. M. DESHOUILLERS und H. IWANIEC 1982) *bzw.*
$\delta = 0.6578$ *bzw.* $= 0.6687$ (E. FOUVRY, 1984 bzw. 1985)
ist. Erst der letztgenannte Wert machte eine Anwendung auf die Fermatgleichung möglich.

Anmerkungen

1 Den Herren J. WOLFART, A. SCHINZEL und P. BUNDSCHUH habe ich für wichtige Ergänzungen und kritische Bemerkungen sehr zu danken. Herrn G. FISCHER danke ich für seinen Einsatz bei der Beschaffung der Abbildungen. – Die Darstellung ist i. a. jahrzehntweise gegliedert; wichtige Entwicklungen des betreffenden Zeitraums werden angesprochen, u. U. dann aber bis in die Jetztzeit verfolgt.

2 Andere Aspekte der Zahlentheorie werden in den Artikeln von P. GRUBER, J. NEUKIRCH und A. PFISTER angesprochen.

3 Es finden sich neben ‚analytische Zahlentheorie' Übersichtsartikel über Irrationalzahlen (PRINGSHEIM), Niedere Zahlentheorie (BACHMANN), Arithmetische Theorie der Formen (VAHLEN), Theorie der algebraischen Zahlkörper, Theorie des Kreiskörpers (beides HILBERT) und Komplexe Multiplikation (WEBER).

4 Günstige Problemstellungen führten zur Entwicklung neuer Disziplinen, z. B. fördert die Behandlung des Fermatschen Problems die Entwicklung der algebraischen Zahlentheorie, additive und multiplikative Fragen der Zahlentheorie machen die Abschätzung von Exponentialsummen oder Charaktersummen notwendig (DELIGNE erhielt für den Beweis der Weilvermutung, die solches impliziert, die Fields-Medaille), und Fragen nach der Darstellbarkeit durch Quadrate stimulieren die Theorie der automorphen Funktionen.

5 Band I behandelt Divisibility and Primality, Band II Diophantine Analysis einschließlich diophantischer Gleichungen, Waring-Problem, Fermat-Problem, Band III Quadratic and Higher Forms.

6 THE CREATION OF A MATHEMATICS that transcends practical purposes was one of the most remarkable events in the history of human culture, and one that had an enormous impact on the development of all branches of science (aus ENCYKLOPEDIC DICTIONARY OF MATHEMATICS, *Greek Mathematics*).

7 1882 zeigt HURWITZ die Funktionalgleichung für L-Reihen mit reellen Charakteren. – H. VON MANGOLDT beweist 1895 die Riemannsche Primzahlformel und die ähnliche Formel

$$\tfrac{1}{2}(\psi(x+0) + \psi(x-0)) = x - \sum_\varrho \varrho^{-1} \cdot x^\varrho - \zeta'(0)/\zeta(0) - \tfrac{1}{2}\log(1 - x^{-2}),$$

wobei ϱ die Nullstellen von $\zeta(s)$ im kritischen Streifen durchläuft.

8 Die Anwendung von Kettenbrüchen zum Beweis scharfer Formen des Dirichletschen Approximationssatzes, zur Lösung der linearen diophantischen Gleichung $a \cdot x - b \cdot y = 1$ und die Benutzung der Näherungsbrüche des Kettenbruchs von $\sqrt{D}$ zur Lösung der Pellschen Gleichung $x^2 - Dy^2 = 1$, $D > 0$, waren bekannt (LEGENDRE, HURWITZ 1891, E. BOREL 1903, K. T. VAHLEN 1895).

9 Man sehe den Übersichtsartikel von A. C. M. VAN ROOIJ und W. H. SCHIKHOF, *Non-archimedean analysis*, 1971, oder A. F. MONNAS *Analyse non-archimèdienne*, *Springer* 1970, oder die Bücher von G. BACHMANN 1964 bzw. Y. AMICE 1975.

10 Die 1923 von HARDY und LITTLEWOOD geäußerte *Vermutung* der Subadditivität der Anzahlfunktion $\pi(x)$, $\pi(x+y) \leq \pi(x) + \pi(y)$, die z. B. für alle $y < 146$ (bei beliebigem x) nachgewiesen ist, ist *zweifelhaft*, weil D. HENSLEY und I. RICHARDS (1972, 1974) die Unverträglichkeit der Subadditivität von $\pi(.)$ mit der *„prime-pattern-conjecture"* nachgewiesen haben; diese besagt, daß für jedes k und jedes (zulässige) System $(a_1, \ldots, a_k)$ Primzahl-k-Tupel $(p + a_1, \ldots, p + a_k)$ in der nach der HARDY-LITTLEWOODschen Methode asymptotisch erwarteten Häufigkeit auftreten.

11 Genauere Darstellungen findet man in E. LANDAUS „Vorlesungen", TITCHMARSHS „Theory of the Riemann zeta function" sowie im Enzyklopädie-Artikel von L. K. HUA. Die Ausdehnung der Untersuchungen auf Gitterpunkte in Ellipsoiden erfolgte durch V. JARNÍK und A. WALFISZ (man sehe dessen „Gitterpunkte in mehrdimensionalen Ellipsoiden") und danach durch B. NOVÁK und B. DIVIŠ.

12 Unter Annahme einer stärkeren Form der H. L. MONTGOMERYschen pair-correlation-conjecture verbessern R. HEATH-BROWN und D. A. GOLDSTON dieses Ergebnis 1984 zu $\mathcal{O}(\sqrt{p_n} \cdot \sqrt{\log p_n})$.

13 Eine sehr allgemeine Version dieses Taubersatzes und dessen Anwendung auf Partitionsfunktionen wird vom Verfasser 1968 gegeben. J. HERZOG (ab 1987) untersucht Partitionen in ‚große' Summanden mit Hilfe von parameterabhängigen Versionen des genannten Taubersatzes und des INGHAMschen Taubersatzes.

14 Man vgl. hierzu den Ergebnisbericht des Verfassers 1977.

15 Man vgl. einen Übersichtsartikel von N. KLIMOV, 1968 (MR 38 # 4431).

16 $\tau(n)$ ist nach MORDELL (1917) multiplikativ, nach RAMANUJAN ist unendlich oft $|\tau(n)| \geq n^{11/2}$. PETERSSON zeigte 1930

$$\tau(n) = A n^{11/2} \sum_{q \geq 1} q^{-1} \cdot S(1; n, q) \cdot J_{11}(4\pi\sqrt{n}/q).$$

SALIÉ 1933, DAVENPORT 1932 zeigten $\tau(n) = \mathcal{O}(n^{6+\varepsilon-1/6})$; nach A. WEIL kann $-1/6$ durch $-1/4$ ersetzt werden. In Richtung auf die Vermutung $\tau(n) \neq 0$ zeigte J. P. SERRE, daß $\tau(n) = 0$ nicht allzuoft eintreten kann.

Literaturverzeichnis

Baker, A. (1975): *Transcendental Number Theory*. Cambridge, 1975.

Bombieri, E. (1974): *Le grand crible dans la théorie analytique des nombres*. Astérisque, 1974.

Cassels, J. W. S. (1959): *An Introduction to the Geometry of Numbers*. Springer, 1959.

Dieudonné, J. (1985): *Geschichte der Mathematik 1700–1900. Ein Abriß*. Dt. Übersetzung Vieweg 1985.

Elliott, P. D. T. A. (1979): *Probabilistic Number Theory*. Springer 1979, 1980.

Feldman, N. I., A. B. Shidlovskii (1967): *The development and present state of the theory of transcendental numbers*. Usp. Mat. Nauk 22-3,3-81, 1967.

Guy, R. K. (1981): *Unsolved Problems in Number Theory*. Springer 1981.

Halberstam, H., K. F. Roth (1966): *Sequences*. Oxford 1966.

Halberstam, H., H. E. Richert (1974): *Sieve Methods*. Acad. Press 1974.

Hooley, C. (1976): *Applications of Sieve Methods to the Theory of Numbers*. Cambridge 1976.

Hua, L. K. (1959 a): *Exponentialsummen und ihre Anwendung in der Zahlentheorie*. Leipzig 1959.

Hua, L. K. (1959 b): *Additive Primzahltheorie*. Leipzig 1959.

Hua, L. K., Wang Yuan (1981): *Applications of Number Theory to Numerical Analysis*. Springer 1981.

Ivić, A. (1985): *The Riemann Zeta Function*. Wiley 1985.

Klein, F. (1979): *Vorlesungen über die Entwicklung der Mathematik im 19. Jahrhundert*. 1926/27, Reprint Springer 1979.

Koksma, J. F. (1936): *Diophantische Approximationen*. Springer 1936.

Krätzel, E. (1988): *Lattice Points*. Berlin 1988.

Kuipers, L., H. Niederreiter (1974): *Uniform Distribution of Sequences*. Wiley 1974.

Landau, E. (1937): *Über einige neuere Fortschritte der additiven Zahlentheorie*. Cambridge 1937.

Landau, E. (1987 ff): *Collected Works*. Thales Verlag 1987 ff.

Montgomery, H. L. (1971): *Topics in Multiplicative Number Theory*. Springer 1971.

Ostmann, H. H. (1956): *Additive Zahlentheorie*. 2 Bände, Springer 1956.

Ribenboim, P. (1988): The Book of Prime Number Records. Springer 1988.

Richert, H. E. (1976): *Lectures on Sieve Methods*. Bombay 1976.

Scharlau, W., H. Opolka (1980): *Von Fermat bis Minkowski, Eine Vorlesung über Zahlentheorie und ihre Entwicklung*. Springer 1980.

Schmidt, W. M. (1976): *Equations over Finite Fields, An Elementary Approach*. Springer 1976.

Schmidt, W. M. (1980): *Diophantine Approximation*. Springer 1980.

Schneider, Th. (1957): *Einführung in die Transzendenten Zahlen*. Springer 1957.

Schroeder, M. R. (1984): *Number Theory in Science and Communication, with Applications in Cryptography, Physics, Biology, Digital Information, and Computing*. Springer 1984.

Schwarz, W. (1977): *Survey on analogues of the Waring Problem: Diophantine Inequalitites*. Journées Arithmétiques Bordeaux 1977.

Schwarz, W. (1985): *Über einige Probleme aus der Theorie der Primzahlen*. Sitzg.ber. Wiss. Ges. Frankfurt 1985.

Schwarz, W. (1987): *Einführung in die Zahlentheorie*. Darmstadt 1987.

Turán, P. (1984): *On a new method of analysis and its applications*. Wiley 1984.

Vaughan, R. C. (1981): *The Hardy-Littlewood Method*. Cambridge 1981.

Waldschmidt, M. (1984): *Algebraic Independence of Transcendental Numbers, Gelfond's Method and Its Developments*. In Anniversary of Oberwolfach 1984.

Wolfart, J. (1981): *Primzahltests und Primfaktorzerlegung*. Überblicke Mathematik 1981.

Mathematische Statistik

Hermann Witting

Vorbemerkung

Die Mathematische Statistik, als eigene Disziplin etwa um 1890 entstanden, hat sich insbesondere im angelsächsischen Sprachraum zu einem selbständigen Teilgebiet der Mathematik entwickelt. Der folgende Beitrag will zum einen die Mathematisierung der Statistik anhand einiger wichtiger Marksteine aufzeigen; zum anderen sollen relevante Beiträge aus dem deutschsprachigen Raum skizziert werden. Die Grenzen zur Wahrscheinlichkeitstheorie sind naturgemäß fließend. Der Leser findet deshalb manches für die Statistik Bedeutsame auch im Artikel von U. Krengel. Verschiedenen Kollegen danke ich für ausführliche Gespräche und wertvolle Hinweise. Leider konnten nicht alle interessanten Aspekte erwähnt und zumeist nur Sekundärliteratur genannt werden. Die Fußnoten beziehen sich auf die nicht in Bildlegenden enthaltenen, am Schluß des Artikels zusammengestellten biographischen Daten, Jahreszahlen in eckigen Klammern auf das Literaturverzeichnis.

1 Anfänge der Mathematischen Statistik: F. Galton und K. Pearson

Die Statistik hat, wie ihr Name andeutet, ihren Ursprung im Staatswesen, insbesondere in der Erhebung von Daten über Bevölkerung (Volkszählungen) und Handel sowie deren Nutzbarmachung für das jeweilige Gemeinwesen. Der Name selbst geht u.a. auf eine Vorlesung des Göttinger Staatswissenschaftlers G. Achenwall (1719–1772) über Staatenkunde unter dem Titel „Notitia politica vulgo statistica" zurück (ital.: statista = Staatsmann). Das Interesse an statistischen Untersuchungen, also am Gewinnen von Erkenntnissen aus vorliegenden Daten, war jedoch lange Zeit gering. Einer der ersten, der sich mit derartigen Fragen beschäftigte, war der Engländer J. GRAUNT (1620–1674), der auf Grund umfangreicher Geburts- und Sterbelisten Gesetzmäßigkeiten beim Geschlechterverhältnis von Neugeborenen und in der Sterberate zu erkennen suchte und so zusammen mit dem Wirtschaftswissenschaftler W. PETTY (1623–1687) zum Begründer der *politischen Arithmetik* wurde. Von dem Astronomen E. HALLEY (1656–1742) wurden 1693 erstmalig (Vorläufer der heute üblichen) Sterbetafeln als Grundlage für den Verkauf von Leibrenten erstellt, die übrigens auf Daten der Stadt Breslau basierten. In Deutschland war es besonders der Feldprediger J.P. SÜSSMILCH (1707–1767), der durch Auswertung preußischer Kirchenbücher zu entsprechenden Einsichten kam und statistische Regelmäßigkeiten in der Bevölkerungsstatistik als eine „göttliche Ordnung" ansah (1741).

Die zahlenmäßige Erfassung und Analyse von Massenerscheinungen trat erst Anfang vergangenen Jahrhunderts mehr in den Vordergrund, was in der Gründung statistischer Ämter und deren Veröffentlichungen ihren sichtbaren Ausdruck fand. Gleichzeitig lieferte der Aufschwung der Naturwissenschaften zunehmend umfangreicheres Zahlenmaterial. In Deutschland waren es insbesondere C.F. GAUSS (1777–1855) und F.W. BESSEL (1784–1846), die sich mit der Auswertung geodätischer und astronomischer, mit Fehlern behafteter Daten beschäftigten. Sie gingen hierbei von der Annahme aus, daß Meßfehler normalverteilt sind, da sich so die Benutzung des Stichprobenmittels rechtfertigen ließ. Der durch die Konstruktion des „mittleren Menschen" bekannte belgische Mathematiker und Astronom A. QUETELET (1796–1874) sah die Normalverteilung dann sogar als allgemeingültig auch zur Beschreibung sozialwissenschaftlicher Daten an. Das nun auch in den biologischen Disziplinen gewonnene Datenmaterial führte jedoch mehr und mehr zu der Erkenntnis, daß auch *schiefe Verteilungen* zur Beschreibung herangezogen werden müssen. Trug in Deutschland besonders G.TH. FECHNER (1801–1887) durch Verwendung unsymmetrischer zweiteiliger Gauß-Gesetze zur Befreiung vom Dogma der Symmetrie bei, so war es in England insbesondere K. PEARSON (1857–1936), der diesen Umstand durch Einführung einer großen Klasse schiefer Verteilungsgesetze mit einheitlichem Bildungsgesetz berücksichtigte (1893).

Das Bemühen, durch geeignetes Auswerten statistischer Daten zu wissenschaftlich gesicherten Erkenntnissen zu kommen, mußte jedoch solange ohne größeren Erfolg bleiben, wie die entsprechenden methodischen Hilfsmittel fehlten. Im 19. Jahrhundert wurde die für die Entwicklung der Statistik zentrale Erkenntnis gewonnen, daß der Wahrscheinlichkeitsbegriff dieses leistet. Die Frage, ob und in welcher Form sich dieser wirklich zur Beschreibung realer Massenerscheinungen eignen würde, war Gegenstand der Arbeiten des Nationalökonomen W. LEXIS (1837–1914). Seine Dispersionstheorie wurde zum Ausgangspunkt der in Deutschland und Rußland vertretenen sog. *kontinentalen Schule*, deren bekann-

SIR FRANCIS GALTON (1822–1911)
Humangenetiker, auch durch Expeditionen nach Afrika und als Meteorologe hervorgetreten. Seine Arbeiten zur Vererbungslehre – er war Vetter von Charles Darwin – wie auch zur Psychometrie geben der Statistik entscheidende Impulse. Aus seiner Entdeckung des regressiven Verhaltens von Vererbungsvorgängen entwickelt sich die Bezeichnung Regression. Anhänger und engagierter Förderer der Eugenik, deren Namen er prägte.

teste Vertreter L. VON BORTKIEWICZ, A. A. TSCHUPROV[14], A. MARKOV und O. ANDERSON[1] waren; vgl. [Bauer 1955] und [Heyde-Seneta 1977] sowie in allgemeinerem Rahmen [Krüger 1987].

Gegen Ende des vergangenen Jahrhunderts brachten dann die Arbeiten des Anthropologen F. GALTON entscheidende Impulse. In diesen wurden nicht nur mehrdimensionale Beobachtungen und ihre stochastischen Abhängigkeiten zum Gegenstand statistischer Betrachtungen gemacht; sie bewirkten auch, daß aus der Statistik als einer reinen Fehlertheorie eine allgemeine Theorie zur Analyse zufallsabhängiger Phänomene wurde. Sein 1889 erschienenes Buch *Natural Inheritance* regte Arbeiten des Ökonomen F. Y. EDGEWORTH[3], des Zoologen W. WELDON (1860–1906) sowie insbesondere des Mathematikers K. PEARSON an; vgl. [MacKenzie 1981] und [Porter 1986]. So wurde es diesem Kreis in London arbeitender Wissenschaftler bewußt, daß der gemeinsame statistische Kern – losgelöst vom speziellen Problem – der systematischen Behandlung bedurfte. Die sich hieraus entwickelnde *englische statistische Schule* wurde durch die Arbeiten von K. PEARSON, W. S. GOSSET, R. A. FISHER, J. NEYMAN und E. S. PEARSON zum Ausgangspunkt der modernen Entwicklung. Somit kann der Beginn der Mathematischen Statistik etwa mit dem Jahr 1890 angesetzt werden; vgl. [Stigler 1986] und [Peters 1987].

Dabei zeichnete sich ein grundlegender Unterschied zwischen Statistik und Wahrscheinlichkeitsrechnung ab: Anders als bei Modellen für Glückspiele, bei denen alle interessierenden Verteilungen durch a priori angebbare Wahrscheinlichkeiten bestimmt sind, hängen die bei einer zufälligen Stichprobenentnahme aus einer realen Grundgesamtheit auftretenden Verteilungen noch von unbekannten Kenngrößen ab. Und es sind häufig gerade diese *Parameter*, welche die interessierenden Aspekte der zugrundeliegenden Situation widerspiegeln und somit bei einer modellmäßigen Beschreibung aufgrund der vorliegenden Daten an die reale Situation anzupassen sind.

Standen auch bei der englischen Schule zunächst noch Aspekte der beschreibenden Statistik im Vordergrund, erwähnt seien die Einführung der Begriffe

Regression (1885) und Korrelation (1888) durch F. GALTON, so waren es sehr bald Aussagen über die zugrundeliegende Verteilung bzw. die sie kennzeichnenden Parameter, die das Hauptinteresse beanspruchten. Zu erwähnen ist hier insbesondere die Einführung des χ^2-Tests durch K. PEARSON [1900] zur Überprüfung der Anpassungsgüte eines Modells an vorliegende Beobachtungen. Deshalb wird diese Arbeit vielfach als Beginn der „schließenden Statistik" angesehen. Die Idee der Rechtfertigung eines zur Beschreibung realer Daten verwendeten Modells durch Berechnung eines geeigneten Abstandsmaßes findet sich jedoch auch schon in den erwähnten, 1876–1879 entstandenen Arbeiten von W. LEXIS [1903]. Anfang dieses Jahrhunderts erkannte man insbesondere in England als spezifische Aufgaben der *Mathematischen Statistik* das Ziehen von Rückschlüssen aus den Beobachtungen auf die tatsächlich vorliegenden Parameterwerte aufgrund wahrscheinlichkeitstheoretischer Überlegungen. Der Name „Mathematische Statistik" findet sich, wenn auch mehr in programmatischer Form, übrigens schon in den Titeln zweier deutschsprachiger Bücher von TH. WITTSTEIN (1867) und G. ZEUNER (1869).

KARL PEARSON (1857–1936)
Begründer der Mathematischen Statistik als einer eigenen Disziplin und der biometrisch orientierten englischen statistischen Schule. Studierte Mathematik und Jura, aber auch – u.a. in Heidelberg und Berlin – Physik, Philosophie, Geschichte der Reformation, Deutsche Sozialgeschichte sowie während mehrerer Aufenthalte im Schwarzwald deutsches Brauchtum. Ab 1884 Professor am University College, London, zunächst für Angewandte Mathematik und ab 1911 für Eugenik.

2 Die kontinentale und die englische Schule

Die Entwicklung der Statistik vollzog sich zunächst getrennt in der englischen und der kontinentalen Schule und trug so zu einer zunehmenden Trennung der mathematisch-biometrischen und sozial-(wirtschafts-)wissenschaftlichen Statistik bei. Ausgangspunkt der kontinentalen Schule war die Untersuchung von LEXIS über die Stabilität und Homogenität von Beobachtungsreihen bei Massenerscheinungen. Im Anschluß an LAPLACE hatte man lange Zeit geglaubt, derartige Daten stets mit den Resultaten wiederholter Ziehungen aus einer Urne vergleichen zu können und zwar mit gleichbleibendem Mischungsverhältnis, etwa verschiedenfarbiger Kugeln. LEXIS wandte sich gegen eine solche, allzu kritiklose

Anwendung dieser Modellvorstellung bei sozialwissenschaftlichen Problemen. Bei unabhängigen binomial-p_i-verteilten Zufallsgrößen X_i liegt nämlich nicht nur bei $p_i \equiv p$ nach dem Bernoullischen Gesetz der großen Zahlen Stabilität der relativen Häufigkeiten vor; auch bei variablen p_i klingen deren Schwankungen ab. Ziel seiner *Dispersionstheorie* war deshalb eine Klassifikation der heterogenen Situationen (also solcher mit $p_i \not\equiv p$) und die Angabe von „Tests" auf Homogenität. Das von ihm diskutierte Modell unabhängiger binomial-p_{ij}-verteilter Zufallsgrößen verwendet m Stichproben von jeweils n Beobachtungen $x_{i1}, \ldots, x_{in}$, $i = 1, \ldots, m$. Mit den Abkürzungen $\bar{x}_{i.}$ für das i-te Stichprobenmittel, $\bar{x}_{..}$ für das Gesamtmittel und $\bar{p}_{..}$ für das Gesamtmittel der p_{ij} lauten der als Maßzahl zur Abweichung von der Homogenität eingeführte *Lexissche Dispersionskoeffizient* L sowie der leichter handhabbare *empirische Dispersionskoeffizient* $\hat{L}$

$$L = \frac{1}{m} \sum (\bar{x}_{i.} - \bar{p}_{..})^2 \Big/ \frac{1}{n} \bar{p}_{..}(1 - \bar{p}_{..}), \qquad \hat{L} = \frac{1}{m} \sum (\bar{x}_{i.} - \bar{x}_{..})^2 \Big/ \frac{1}{n} \bar{x}_{..}(1 - \bar{x}_{..}).$$

Hier ist die formale Übereinstimmung von $\hat{L}$ mit der Prüfgröße des einfachsten Varianzanalysentests von R. A. FISHER [1925] offensichtlich. Auch stimmt $\hat{L}$ im Spezialfall binomial-p_i-verteilter Zufallsgrößen X_{ij} mit der Prüfgröße des χ^2-Tests der $m \times 2$-Feldertafel von K. PEARSON [1900] überein. Auf die Verwandtschaft der Untersuchungen von PEARSON und LEXIS, die auch durch das Auftreten der χ^2-Verteilung als Prüfverteilung in beiden Fällen zum Ausdruck kommt, wies erstmalig FISHER (1928) hin. Bei LEXIS wie bei PEARSON werden alle quantitativen Vergleiche noch *asymptotisch*, d. h. mit Hilfe der jeweiligen Normalapproximation, durchgeführt.

WILHELM LEXIS (1837–1914)
Studierte in Bonn Mathematik und Physik mit Promotion (1859), dann ab 1861 in Paris Sozialwissenschaften. Ab 1872 Professor für Wirtschaftswissenschaften in Straßburg, 1874 Dorpat, 1876 Freiburg i. Br., 1884 Breslau, 1887 Göttingen. Unter seinem Einfluß wurde 1898 eine besondere Lehrbefähigung für Angewandte Mathematik in die Preußische Prüfungsordnung für Lehramtskandidaten eingeführt; vgl. F. Klein [1914].

LEXIS unterschied zwischen Folgen *normaler*, *übernormaler* und *unternormaler Dispersion*, je nachdem ob die (empirische) Streuung gleich, größer oder kleiner als die theoretische (aufgrund der Modellvorstellung einer Urne mit konstantem Mischungsverhältnis ermittelte) Streuung ist. Als Beispiele für derartige Folgen gab er drei Modelle an, die man später als Bernoulli-, Lexis- bzw. Poisson-

Schemata bezeichnete und zwar je nachdem, ob $p_{ij} \equiv p$ (Homogenität), $p_{ij} \equiv p_i$ für $i = 1, \ldots, m$ (Homogenität innerhalb der m Stichproben) bzw. $p_{ij} \equiv p_j$ für $j = 1, \ldots, n$ (Entnahme der j-ten Beobachtung aller m Stichproben aus einer j-ten Grundgesamtheit) vorliegt. LEXIS wandte seine Methode auf verschiedene konkrete Massenerscheinungen an, u. a. auf das Geschlechterverhältnis bei Geburten. Dabei ergab sich, daß nur bei diesen - aufgrund umfangreicher, aus verschiedenen Gebieten und Zeitepochen stammenden - Beobachtungen die Annahme einer normalen Dispersion gerechtfertigt war; alle anderen untersuchten Beispiele zeigten übernormale Dispersion.

Neben LEXIS sind aus dem deutschsprachigen Raum für jene Zeit insbesondere noch der Geodät F. HELMERT[6] sowie der Psychologe und Philosoph G. TH. FECHNER zu erwähnen. HELMERT verwendete bereits (1876) im Zuge der Auswertung geodätischer Messungen beim Bau des Gotthard-Tunnels ein Modell mit zufälligen Effekten. Die volle Bedeutung derartiger Varianzkomponentenmodelle erkannte jedoch erst R. A. FISHER (1915) im Zuge seiner grundlegenden Untersuchungen genetischer Fragestellungen. Bekannter ist HELMERT in der statistischen Literatur durch die *Helmert-Transformation* [1876], einer speziellen linearen Transformation zum Nachweis, daß unter der Normalverteilungsannahme die Stichprobenstreuung vom Stichprobenmittel $\bar{x}$ stochastisch unabhängig ist und $\sum (x_i - \bar{x})^2/\sigma^2$ einer χ^2_{n-1}-Verteilung genügt. Letzteres findet sich übrigens auch schon 1863 in der Jenaer Habilitationsschrift von E. ABBE, dem späteren Partner von C. Zeiss; vgl. [Kotz-Johnson 1982, Vol. 1].

GUSTAV THEODOR FECHNER (1801-1887)
Studium der Medizin. Ab 1834 Professor für Physik in Leipzig. Widmete sich aus gesundheitlichen Gründen (zeitweise Erblindung) ab 1839 zunehmend Fragen der Naturphilosophie; Begründung der Psychophysik (Weber-Fechnersches Gesetz), die ihn zu verschiedenen statistischen Beiträgen führte. Seine Kollektivmaßlehre beeinflußte lange Zeit die Entwicklung der Statistik in Deutschland.

Von größerer Bedeutung waren die Arbeiten von G. TH. FECHNER. So enthalten z. B. seine „Elemente der Psychophysik" (1860) - bis auf das Konzept der Randomisierung - bereits die wesentlichen Ideen der modernen Versuchsplanung. In seiner Kollektivmaßlehre [1897] benutzte er unsymmetrische zweiteilige Gauß-Dichten der Form $c \cdot \exp(-x^2/2\tau^2)$ für $x \geq 0$ bzw. $c \cdot \exp(-x^2/2\sigma^2)$ für $x < 0$ zur Beschreibung schiefer Verteilungen und erkannte deshalb die Bedeutung des Modalwerts M neben dem Median m und dem Mittelwert μ. Die für

$\sigma < \tau$ (und einige andere schiefe Verteilungen) gültige Ungleichung $M < m < \mu$ bezeichnet man auch als *Fechnersches Lagegesetz* [Runnenburg 1978]. In Verallgemeinerung der bekannten Minimaleigenschaft des Stichprobenmittels $\bar{x} = \sum x_i/n$ führte FECHNER [1878] durch Minimierung von $\sum |x_i - \alpha|^m$ hinsichtlich α (für beliebiges $m \in \mathbb{N}$) die ***Potenzmittelwerte*** ein und diskutierte (für $m = 1$) die Vorteile des Stichprobenmedians gegenüber $\bar{x}$ sowie dessen Nicht-Eindeutigkeit. Von FECHNERS Kollektivmaßlehre stark beeinflußt ist weiter ein Lehrbuch [1906] des Leipziger Astronomen H. BRUNS (1848–1919) wie auch dasjenige von VON MISES [1931]. In beiden wird u.a. die ***Brunssche Reihe*** dargestellt, eine Reihenentwicklung zur Darstellung beliebiger (speziell empirischer) Verteilungsfunktionen nach den Ableitungen einer „Normfunktion" [Krüger 1987, Vol. I].

LADISLAUS VON BORTKIEWICZ (1868–1931)
Studierte in St. Petersburg, Berlin und Göttingen, wo er bei W. Lexis 1893 promovierte. 1895 Habilitation in Straßburg, ab 1897 Lehrtätigkeit in Rußland, ab 1901 Professor für Statistik und Nationalökonomie in Berlin. International durch wichtige Beiträge zur Wahrscheinlichkeitsrechnung sowie zu verschiedensten Anwendungen der Statistik bekannt, blieb sein Einfluß in Deutschland u.a. durch die schwere Lesbarkeit seiner Schriften gering.

Für den Anfang dieses Jahrhunderts ist im deutschsprachigen Raum in erster Linie L. VON BORTKIEWICZ zu nennen. Als einer der letzten überblickte er die Statistik noch in ihrer ganzen Breite und trug sowohl zu deren mathematischen Entwicklung wie auch zu ihren vielfältigen Anwendungen relevante Ergebnisse bei [Gumbel 1931]. Als theoretischer Nationalökonom machte er sich u.a. durch die Axiomatisierung der Indexzahlen einen Namen. Auf ihn geht die Einführung diffizilerer statistischer Methoden bei quantitativen Aussagen über Radioaktivität zurück. Zur Bevölkerungsstatistik und Versicherungsmathematik lieferte er ebenso wichtige Beiträge wie zur Wahrscheinlichkeitsrechnung, etwa durch den Nachweis der Anwendungsrelevanz der Poisson-Approximation („Gesetz der kleinen Zahlen") und seine Theorie der Iterationen. Als wichtig erwiesen sich auch zwei kleine Arbeiten zur Variationsbreite bei normalverteilten Stichproben, mit denen er Arbeiten von VON MISES und GUMBEL und damit die gesamte Entwicklung der *Extremwerttheorie* anregte. In diesen berechnete er die Verteilung der Variationsbreite einer Stichprobe bei unabhängigen normalverteilten Zufallsgrößen sowie den Erwartungswert des Maximums und korrigierte so die damals vorherrschende Meinung, daß die Extremwerte einer Stichprobe für statistische Aussagen ungeeignet seien.

Im Mittelpunkt seines Denkens stand jedoch die Dispersionstheorie seines Lehrers LEXIS, die er u. a. durch die Berechnung des Erwartungswerts $Q^2 := E(\hat{L})$ sowie den Nachweis der Gültigkeit von $Q = 1$, $Q > 1$ bzw. $Q < 1$ im Fall normaler, übernormaler und unternormaler Dispersion ausbaute. TSCHUPROV[15] ließ später noch gewisse Abhängigkeiten zu und nahm die Verallgemeinerung auf den Fall normalverteilter Zufallsgrößen vor; MARKOV zeigte u. a., daß für festes m bereits bei Vorliegen gewisser Momentenbedingungen $(m - 1)L$ asymptotisch für $n \to \infty$ einer χ^2_{m-1}-Verteilung genügt. Unter dem Einfluß von TSCHUPROV, der als einer der ersten die Bedeutung *empirischer Verteilungen* für die Statistik erkannte, widmete sich die kontinentale Schule dann mehr *nichtparametrischen Fragestellungen*, was schließlich zur Entwicklung der Kolmogorov-Smirnov-Tests führte (1933, 1939).

Zu erwähnen ist auch die Entwicklung von Verfahren, die nur von der Anordnung der Beobachtungen nach wachsender Größe (Rangzahlen), nicht aber von den (z. B. in der Pädagogik und Psychologie) darüber hinaus häufig willkürlichen Zahlenwerten abhängen. Basierend auf Ansätzen von G. TH. FECHNER und F. GALTON sind – hauptsächlich von G. F. LIPPS (1865–1931) und C. SPEARMAN[12] – wesentliche Beiträge hierzu in der von G. TH. FECHNER und W. WUNDT (1832–1920) begründeten Leipziger Psychologischen Schule entstanden. So findet sich der heutzutage als Kendallsches τ bezeichnete Rangkorrelationskoeffizient bereits 1898 bei G. F. LIPPS [1906]. Der gemeinhin nach F. WILCOXON (1945) benannte *Rangtest* zum Vergleich zweier Stichproben wurde in der Mann-Whitney-Form bereits [1914] in der Habilitationsschrift des Psychologen und Pädagogen G. DEUCHLER (1883–1955) angegeben, in der ebenfalls ausführlich auf die Relevanz von *Rangkorrelationen* hingewiesen wird [Kruskal 1957]. Auch die am meisten zitierte Arbeit über Rangkorrelationen, nämlich diejenige von C. SPEARMAN (1904), ist in Leipzig entstanden; sie enthält übrigens den Dank an den damals dort wirkenden F. HAUSDORFF (1868–1942) für die Herleitung einer kombinatorischen Hilfsaussage. Entsprechendes gilt für zwei weitere, u. a. die Ideen der Faktoranalyse entwickelnde Arbeiten (1904, 1906); vgl. [Singer, 1979] und [Krüger, 1987], Vol. I.

EMANUEL CZUBER (1851–1925)
Studierte in seiner Heimatstadt Prag. Ab 1886 Professor an der TH Brünn, ab 1891 an der TH Wien. Außer durch Bücher sowie Beiträge zur Anwendung der Fehlertheorie in der Geodäsie bzw. zur Theorie und Praxis des Versicherungswesens besonders durch seinen Übersichtsartikel im Jber. der DMV [1898] und einen Enzyklopädieartikel (1901) über Wahrscheinlichkeitsrechnung bekannt.

Aus Österreich ist in erster Linie E. CZUBER zu nennen, der sich – durch geodätische Interessen motiviert – besonders der Fehlertheorie widmete und große Verdienste auf dem Gebiet der Versicherungsmathematik hat. Demgemäß nehmen im statistischen Teil seines DMV-Berichts [1898] – wie übrigens auch im Enzyklopädieartikel von L. VON BORTKIEWICZ [1901] – spezielle Probleme, insbesondere über versicherungsmathematische Fragen, sowie die Fehlertheorie einen verhältnismäßig großen Platz ein. Dagegen werden die aus heutiger Sicht zentralen und zwischen 1880 und 1890 entwickelten statistischen Grundbegriffe Regression und Korrelation noch in keinem dieser beiden Artikel erwähnt. Dies erfolgt erst in dem [1921] erschienenen Buch von E. CZUBER über „Die statistischen Forschungsmethoden", in dessen dritter, von dem Leipziger Statistiker F. BURKHARDT (1888–1973) besorgten Auflage [1938] dann auch die in der englischen Schule entwickelten Schätz- und Testverfahren Erwähnung finden.

Zusammenfassend kann gesagt werden, daß die Mathematische Statistik als eigenständige Disziplin im deutschsprachigen Raum um die Jahrhundertwende wie in der Folgezeit noch nicht existierte. So lautet auch die einschlägige Sektion im „Jahrbuch über die Fortschritte der Mathematik" noch bis 1915 „Kombinationslehre und Wahrscheinlichkeitsrechnung"; erst ab 1939 gibt es einen eigenen Unterabschnitt „Mathematische Statistik, Fehler- und Ausgleichsrechnung".

Die entscheidenden Fortschritte der Mathematischen Statistik wurden Anfang dieses Jahrhunderts in der englischen Schule erzielt. Dabei stand die Herleitung von Verfahren, welche auf spezielle, durch einen endlich-dimensionalen Parameter charakterisierte Klassen $\mathfrak{P} = \{P_\vartheta : \vartheta \in \Theta\}$ von Verteilungen *(Verteilungsannahme)* zugeschnitten sind, im Vordergrund des Interesses. In den Bereich dieser *parametrischen Statistik* fallen etwa die bekannten t- und F-Tests oder die Verfahren der Varianz- und Regressionsanalyse, die auf der Normalverteilungsannahme beruhen und vornehmlich mit den Namen W.S. GOSSET („STUDENT") und R.A. FISHER verknüpft sind, aber auch etwa die Verfahren zum Vergleich von Häufigkeiten (Multinomial- und Poissonverteilungen) bei endlichem Stichprobenumfang. Mit diesen Untersuchungen dokumentierten sie, daß sich statistische Schlüsse auch bei *kleinen Stichproben* durchführen lassen. Hierzu berechnete STU-

WILLIAM SEALY GOSSET (1876–1937)
Bekannter unter dem Pseudonym „Student", da er als Angestellter der Guiness-Brauerei nicht publizieren durfte. Erkannte die Notwendigkeit zur Statistik kleiner Stichproben und löste unter der Normalverteilungsannahme erstmalig statistische Probleme für endlichen Stichprobenumfang. Bezeichnungen wie Studentsche t-Verteilung und „Studentisierung" dokumentieren seinen nachhaltigen Einfluß.

DENT schon 1908 für Normalverteilungsmodelle die exakten Verteilungen der Stichproben-Standardabweichung und der Prüfgröße des *t*-Tests, FISHER dann 1915 diejenige des Stichproben-Korrelationskoeffizienten. Während STUDENT schon die Bedeutung der Gegenhypothese erkannte, war das Testen für FISHER jedoch nur das Prüfen einer Nullhypothese.

SIR RONALD AYLMER FISHER (1890–1962)
Nach Studium der Mathematik ab 1919 Statistiker an der Landwirtschaftlichen Versuchsanstalt in Rothamstead, ab 1930 Nachfolger von K. Pearson als Professor für Eugenik in London und ab 1943 Professor für Genetik in Cambridge. Durch zahlreiche grundlegende Beiträge hat er die Entwicklung der Statistik wie die der Genetik stark beeinflußt. Seine Bücher und Vorträge trugen wesentlich zur Verbreitung der Statistik bei.

Die Bezeichnung ***Parameter*** wurde von R. A. FISHER in die Statistik eingeführt. Dabei verstand er unter einer parametrischen Verteilungsfamilie eine solche, deren Elemente sich nur durch die Werte einzelner „Kenngrößen", insbesondere von Lage-, Skalen- und Abhängigkeitsparametern, nicht aber in ihrer Gestalt unterscheiden. Er unterschied erstmalig zwischen Verteilungsparametern und den entsprechenden Stichprobengrößen. Zur Elimination des Einflusses systematischer Veränderungen in den Versuchseinheiten führte FISHER das Konzept des *randomisierten Versuchsplans* und zur Auswertung derartig durchgeführter Feldversuche die Technik der *Varianzanalyse* ein. Seine Bedeutung für die Statistik ergibt sich auch aus den mit seinem Namen verbundenen, heutzutage zentralen Begriffen wie Suffizienz, Likelihood, Maximum-Likelihood-Schätzer, Varianzkomponenten und Permutationstest. Zwar finden sich diese zum Teil schon andeutungsweise bei GAUSS, LEXIS, HELMERT, EDGEWORTH, STUDENT und anderen, vgl. etwa PRATT [1976] oder auch STIGLER [1978]; in ihrer vollen Bedeutung wurden sie jedoch zumeist erst von FISHER erkannt [Fienberg-Hinkley 1980].

3 Die Entwicklung im deutschsprachigen Raum von 1920 bis 1933

Die Etablierung der Statistik im Bereich der Mathematik beginnt mit der Einrichtung zweier Extraordinariate für Versicherungsmathematik und Mathematische Statistik, und zwar 1908 in Wien und 1911 in Göttingen. A. TAUBER[14], bekannt durch seine Arbeiten auf dem Gebiet der unendlichen Reihen (Taubersche Sätze), hatte bereits als Privatdozent seit 1895 regelmäßig Vorlesungen über Versicherungsmathematik gehalten, als er 1908 an der Universität Wien zum a.o. Professor ernannt wurde. Er hat jedoch nur von 1911–1914 und nach seiner Emeritierung von 1936–1938 Mathematische Statistik gelesen und ist nicht durch eigene Veröffentlichungen zu diesem Gebiet (wohl aber zur Versicherungsmathematik) hervorgetreten; zu seiner Person und seinem Schicksal vgl. Binder [1984].

F. BERNSTEIN hatte sich zunächst unter dem Einfluß von G. CANTOR mit Fragen der Mengenlehre beschäftigt (Bernsteinscher Äquivalenzsatz), dann aber bereits nach seiner Habilitation in Halle (1903) Vorlesungen über Wahrscheinlichkeitsrechnung und Versicherungsmathematik gehalten. In Göttingen, wo er schon ab 1907 als Privatdozent und Leiter der mathematischen Klasse des 1895 durch W. LEXIS gegründeten Seminars für Versicherungsmathematik tätig war, publizierte er längere Zeit noch über verschiedene Fragen der Reinen Mathematik. Nach der Gründung eines eigenen Instituts für Mathematische Statistik (1918) und der Umwandlung seiner Professur in ein persönliches Ordinariat (1921) standen zunächst vornehmlich praxisorientierte Probleme der Versicherungsmathematik im Vordergrund seines Interesses. So konzipierte er u.a. die 1919 ausgegebene „Deutsche Sparprämienanleihe" und war unter dem Finanzminister Erzberger auch kurzzeitig Reichskommissar für Anleihen. In zunehmendem Maße beschäftigte er sich jedoch mit mathematischen Problemen der Biologie, speziell der Humangenetik. Hier machte er sich insbesondere mit der Klärung der Vererbung der Blutgruppen A, B, AB und 0 sowie mit seinen Beiträgen zur formalen Genetik einen Namen. Erwähnt seien auch Untersuchungen zur Chromosomentheorie,

FELIX BERNSTEIN (1878–1956)
Geb. in Halle, gest. in Zürich. Bekannt durch den Bernsteinschen Äquivalenzsatz sowie als Pionier einer mathematischen Genetik. Anwendungen von Wahrscheinlichkeitsrechnung und Statistik auf Versicherungsmathematik und Vererbungsprobleme. Vertritt diese Gebiete in Göttingen 1907–1933, dabei seit 1911 auf dem ersten Lehrstuhl für Versicherungsmathematik und Mathematische Statistik in Deutschland. 1933 Emigration in die USA; 1949 in Göttingen emeritiert.

eine Korrektur eines durch Familienauslese bei rezessiven Erbgängen verursachten Fehlers sowie sein Handbuch-Artikel über Variations- und Erblichkeitsstatistik [1929].

Obwohl gerade zu jener Zeit die Weiterentwicklung der parametrischen Statistik durch die englische Schule im Vordergrund des Interesses stand, trat F. BERNSTEIN nicht mit eigenen methodischen Beiträgen hierzu hervor. Auch bediente er sich bei seinen statistischen Auswertungen nur selten der in England entwickelten Schätz- und Testverfahren. Sein Ziel war es vielmehr, der Mathematischen Statistik immer neue Anwendungsgebiete zu erschließen. So erklärt sich sein Hang zu spektakulär erscheinenden Anwendungen, z. B. die Schätzung der Lebenserwartung aus dem Grad und Zeitpunkt der Alterssichtigkeit oder sein Versuch der Rassenanalyse aufgrund der menschlichen Singstimme. In seinen Vorlesungen spielen die klassischen Konzepte von GAUSS und HELMERT eine große Rolle; vgl. auch [Frewer 1981].

Weitaus größere Bedeutung für die Entwicklung der Mathematischen Statistik hat R. VON MISES. Zwar war die (letztlich für ihn) 1920 in Berlin eingerichtete Professur dem Gesamtgebiet der Angewandten Mathematik gewidmet; auch ist sein Name vielleicht mehr mit der (klassischen) Angewandten Mathematik und Mechanik sowie der Grundlegung des Wahrscheinlichkeitsbegriffs verbunden; dennoch hat VON MISES in der Mathematischen Statistik zumindest zu vier Fragenkreisen entscheidende Beiträge geliefert: der Extremwerttheorie, dem Bernstein-von Mises-Theorem, dem Cramér-von Mises-Test und den von Mises-Funktionalen. Dieses ist um so bemerkenswerter, als von Mises - zumindest in Berlin - weder eine Vorlesung über Mathematische Statistik gehalten noch einen Doktoranden auf diesem Gebiet betreut hat [Bernhardt 1979]. Er stand in der Tradition der kontinentalen Schule, wie auch die Darstellung der Lexis-Theorie in seinen Büchern [1931], [1964] und Arbeiten seiner Assistentin und späteren Ehefrau H. (POLLACZEK-)GEIRINGER, etwa zur Entwicklung willkürlicher Verteilungen (1928) oder zur Rechtfertigung der oben erwähnten Einteilung in Bernoulli-, Lexis- und Poisson-Schemata vermöge der Erwartungswerte der Streuungen zwischen und innerhalb der Stichproben (1942) zeigen.

Die Arbeiten zur *Extremwerttheorie* begannen mit einer Verallgemeinerung (1922) der Arbeiten von VON BORTKIEWICZ zur Variationsbreite auf den Fall, daß eine beliebige, eindimensionale Verteilungsfunktion F zugrunde liegt. Er zeigte, daß sich der Erwartungswert des Maximums M_n asymptotisch für $n \to \infty$ wie $F^{-1}(1 - 1/n)$ verhält. Dieses Resultat war der Beginn der Extremwerttheorie als Teilgebiet der nichtparametrischen Statistik und insbesondere der Ansatz für das zentrale, heutzutage bereits klassische Resultat von FISHER-TIPPETT (1928). Es beinhaltet, daß bei unabhängigen Zufallsgrößen für die Limesverteilungen von M_n - im Unterschied zum Stichprobenmittel - drei Typen möglich sind. Wie erst sehr viel später durch Angabe notwendiger und hinreichender Bedingungen gezeigt wurde, hängt die Form der Limesverteilung allein von den Wahrscheinlichkeiten in den Flanken von F ab. Aber auch hierzu geht die grundlegende Erkenntnis auf VON MISES (1936) zurück, der bei Vorliegen von Dichten bereits hinreichende – wegen ihrer leichten Überprüfbarkeit in der Praxis auch heute noch verwendete – Bedingungen angibt.

RICHARD VON MISES

Dem *Bernstein-von Mises-Theorem* liegt die – letztlich auf TH. BAYES (1702–1761) zurückgehende – Möglichkeit zugrunde, über eine a priori Verteilung für den Parameter ϑ zu einer durch die Beobachtung „verbesserten“ a posteriori Verteilung und damit zu einer Lösung des jeweiligen statistischen Problems zu kommen. Die Rechtfertigung einer derartigen Vorgehensweise bestand für VON MISES darin, daß eine solche *Bayes-Lösung* bei wachsendem Stichprobenumfang von der a priori Verteilung unabhängig wird. Bereits LAPLACE (1820) hatte für den Spezialfall einer konstanten a priori Dichte gezeigt, daß bei wachsendem Stichprobenumfang die a posteriori Verteilung asymptotisch normal ist. VON MISES (1919; 1931) bewies nun, daß diese – von ihm nach Bayes-Laplace bezeichnete und durch die Konvergenz der Dichten präzisierte – Aussage auch unter schwächeren Voraussetzungen gilt, etwa daß die a priori Verteilung eine stetige und beschränkte Dichte besitzt. Verwandte Überlegungen wurden von dem russischen Analytiker S. BERNSTEIN (1917) durchgeführt. Deshalb bezeichnet man diese Aussagen seit LE CAM (1953), der sie in größerer, adäquaterer Allgemeinheit bewiesen hat, als Bernstein-von Mises-Theorem. VON MISES betont dabei die (in den Aussagen, nicht in den Beweisen vorhandene) Parallelität dieser indirekten (statistischen, „Bayesschen“) Fragestellungen zu den direkten (wahrscheinlichkeitstheoretischen, „Bernoullischen“). So formulierte er auch für die indirekte Fragestellung ein Gesetz der großen Zahlen wie auch einen auf H. POLLACZEK-GEIRINGER (1928) zurückgehenden Poissonschen Grenzwertsatz.

Der *Cramér-von Mises-Test* ist ein zur nichtparametrischen Statistik gehörender Anpassungstest. Wie schon erwähnt, hatte K. PEARSON (1900) zum Vergleich einer hypothetischen mit einer empirischen Verteilung das χ^2-Abstandsmaß $\chi_n^2 = \sum_{i=1}^{k} (h_i - np_i)^2/np_i$ verwendet. Dabei bezeichnen h_i die bei n Wiederholungen beobachteten relativen Häufigkeiten und p_i die zugehörigen hypothetischen Wahrscheinlichkeiten. Es setzt zu seiner Anwendung also entweder eine Verteilung mit endlicher Trägermenge oder eine Einteilung des Ergebnisraums in endlich viele Zellen voraus. Zur Vermeidung einer derartigen, letztlich willkürlichen Zelleinteilung schlug VON MISES [1931] zum Vergleich ein quadratisches Integralmittel der Form $\omega_n^2 = \int \lambda(z)(\hat{F}_n(z) - F_0(z))^2 dz$ vor, wobei F_0 die hypothetische Verteilungsfunktion, $\hat{F}_n$ die empirische Verteilungsfunktion und λ eine zunächst beliebige positive Gewichtsfunktion ist. Da die exakte Verteilung von ω_n^2 unter F_0 nur schwer angebbar ist – auch die Limesverteilung wurde erst 1936 von SMIRNOV bestimmt –, verglich VON MISES ω_n^2 mit den Streuungsgrenzen $E_0\omega_n^2 \pm c\sqrt{\mathrm{Var}_0\omega_n^2}$, wobei er c so festlegte, daß ω_n^2 unter F_0 zwischen diesen Grenzen mit Wahrscheinlichkeit 1/2 liegt. In Spezialfällen – insbesondere wenn F_0 einer Gleichverteilung auf einem beschränkten Intervall entspricht und dabei λ konstant gewählt wird – wurden die unter der Nullhypothese F_0 ermittelten Werte $E_0\omega_n^2$ und $\mathrm{Var}_0\omega_n^2$ sowie die Prüfgröße ω_n^2 in Summenform explizit angegeben. In anderem Zusammenhang hatte CRAMÉR bereits 1928 ein verwandtes Prüfmaß vorgeschlagen. Man nennt deshalb heutzutage den Test mit der Prüfgröße

$$T_n = n \int (\hat{F}_n(z) - F_0(z))^2 dF_0(z)$$

Cramér-von Mises-Test. Die Limesverteilung von T_n für $n \to \infty$ läßt sich im Anschluß an DOOB und DONSKER (1952) dadurch relativ einfach bestimmen, daß man T_n als Funktional des auf (0,1) reduzierten empirischen Prozesses $u \mapsto \sqrt{n}(\hat{F}_n(u) - u)$ auffaßt und ausnutzt, daß dieser für $n \to \infty$ die leichter handhabbare Brownsche Brücke $B(u)$ und damit T_n diejenige von $\int B^2(u)du$ als Grenzverteilung besitzt. Dieses auch bei anderen Funktionalen anwendbare „heuristische Prinzip“ löste nach 1950 die Entwicklung der inzwischen umfangreichen Theorie der schwachen Konvergenz von Maßen aus.

Die Frage der Limesverteilung von ω_n^2 griff VON MISES später (1936, 1947) noch in größerem Rahmen auf. Hierbei zeigte er allgemeiner für Statistiken T_n, die sich als ***Funktionale*** $\gamma(\hat{F}_n)$ der empirischen Verteilungsfunktion $\hat{F}_n$ darstellen lassen, daß z. B. bei unabhängigen Zufallsgrößen $X_1, \ldots, X_n$ mit derselben Verteilungsfunktion F der Typ der Limesverteilung durch die erste, von Null verschiedene Ableitung der „Taylorentwicklung“ der Funktion $\gamma(\cdot)$ an der Stelle F bestimmt wird. Ist dies die erste Ableitung, so ist die Limesverteilung eine Normalverteilung. Ist es wie bei ω_n^2 und χ_n^2 der quadratische Term, so ist es eine gewichtete Summe von χ^2-Verteilungen; dabei läßt sich deren genaue Gestalt durch die Eigenfunktionen zu einem geeigneten Integralkern darstellen. Bei dem von ihm entwickelten Differentiationskalkül wird die Funktion $t \mapsto \gamma((1-t)F + t\hat{F}_n)$ einer reellen Veränderlichen t betrachtet, für deren m-te Ableitung in $t = 0$ er eine multilineare Darstellung

$$\int \ldots \int \psi_m(z_1, \ldots, z_m) d\hat{F}_n(z_1) \ldots d\hat{F}_n(z_m)$$

fordert. Dieser *von Mises-Kalkül* ist in neuerer Zeit sowohl in der nichtparametrischen wie in der robusten Statistik wieder aufgegriffen worden und spielt hier eine wichtige Rolle.

Im Zusammenhang mit Berlin ist noch H. O. HIRSCHFELD[7] zu erwähnen, der dort 1934 über ein analytisches Thema promovierte und nach seiner Emigration nach England den Namen H. O. HARTLEY annahm. Er erwarb 1940 in Cambridge den Doktorgrad in Statistik und wurde später in den USA zu einem der international bekanntesten praktischen Statistiker. Dem theoretischen Statistiker ist er vielleicht am geläufigsten durch den *Pearson-Hartley*, die zweibändige Neubearbeitung der „Biometrika Tables for Statisticians", und durch den *Greenwood-Hartley*, einen ebenso bekannten „Guide to Statistical Tables". Wichtiger sind jedoch seine zahlreichen – stets auch auf die numerische Lösbarkeit ausgerichteten – Arbeiten zu den verschiedensten Fragen der praktischen Statistik, Biometrie und Stichprobentheorie.

Weiter ist für die Zeit vor 1933 E. GUMBEL zu nennen, der in Heidelberg im Bereich der Sozial- und Staatswissenschaften lehrte, von 1930–1932 als Extraordinarius. Seine wichtigsten Arbeiten sind jedoch erst nach seiner Emigration entstanden. Wie F. BERNSTEIN war er primär an konkreten Anwendungen der Statistik auf den verschiedensten Gebieten interessiert. So finden sich viele seiner Arbeiten in Zeitschriften der Versicherungsmathematik, Physik, Ingenieur-, Wirtschafts- und Sozialwissenschaften. Sein Name ist hauptsächlich mit der *Extremwerttheorie* verbunden. Hier zeigte er bereits 1935, daß bei n unabhängigen Zufallsgrößen zu exponentiell abklingenden Dichten die zweitgrößte, drittgrößte, ... und allgemein die m-größte Beobachtung $M_n^{(m)}$ bei festem $m \in \mathbb{N}$ nach geeigneter Standardisierung je eine feste Limesverteilung besitzt, die sich von derjenigen der größten Beobachtung M_n nur um einen in e^{-x} polynomialen Korrekturfaktor unterscheidet. Auch gab er aufgrund asymptotischer Überlegungen für konkrete Anwendungen geeignete Näherungsausdrücke für den Mittelwert, den Modalwert und den mittleren Fehler von $M_n^{(m)}$ an. Seine stark intuitive und insbesondere die Existenz von Dichten verwendende Argumentationsweise hinderte ihn jedoch daran, die – mit Verteilungsfunktionen leicht beweisbare – Allgemeingültigkeit der Aussage zu sehen, daß $M_n^{(m)}$ (nach geeigneter Standardisierung) genau dann eine Limesverteilung hat, wenn die größte Beobachtung M_n eine solche besitzt, und zwar im wesentlichen die gleiche.

Nicht zuletzt ist GUMBEL der Pionier für Anwendungen der Extremwerttheorie auf der Praxis entstammende Fragestellungen. Deshalb bezeichnet man die bei zugrundeliegender Normalverteilung vorliegende *Extremwertverteilung*

EMIL JULIUS GUMBEL (1891–1966)
Geb. in München, gest. in New York. Studium der Mathematik und Nationalökonomie mit Promotion in Statistik (1914) in München, Habilitation (1923) und a.o Professur (1930) für Statistik in Heidelberg. Engagierter Gegner des Rechtsradikalismus; vgl. den Artikel von N. Schappacher. 1932 Entzug der Lehrberechtigung; vgl. Jaspers [1977]. Nach der Ausbürgerung 1933 zunächst in Frankreich, ab 1940 in New York. Nach dem Kriege Gastaufenthalte an der FU Berlin und in Hamburg.

auch als *Gumbel-Verteilung*. Bei Problemen der Radioaktivität verwandte er erstmalig das (experimentell leichter bestimmbare) Zeitintervall maximaler Länge zwischen zwei Emissionen zur Bestimmung der Zerfallskonstanten. Angeregt durch versicherungsmathematische Fragen leitete er ein Modell zur Bestimmung der nach statistischen Gesichtspunkten zu erwartenden maximalen Lebensdauer her und gab auf der Basis der jeweiligen Sterbetafeln Zahlenwerte für die einzelnen Länder an. Anstelle unbefriedigender, mit physikalischen Überlegungen gewonnener Lösungsvorschläge entwickelte er eine statistische Theorie der Ermüdungserscheinungen von Metallen. Schließlich beschäftigt sich eine Vielzahl seiner Arbeiten mit klimatologischen Fragen, etwa mit der aufgrund langjähriger Erfahrungen in einem bestimmten Zeitraum zu erwartenden maximalen Höhe eines Hochwassers. Aus diesen konkreten Anwendungsfällen ging eine Vielzahl weiterer Arbeiten hervor, in denen verteilungstheoretische Fragen der Extremwerttheorie gelöst wurden. So bewies er 1944, daß die größte und die kleinste Beobachtung für $n \to \infty$ asymptotisch unabhängig sind, und konnte hiermit z. B. die Limesverteilung von Variationsbreite und Stichprobenmittel leicht bestimmen. Große Bedeutung für die weitere Entwicklung und Verbreitung dieses Gebiets hatte nicht zuletzt die von ihm [1958] verfaßte erste zusammenfassende Darstellung. Seine Anwendungsorientierung spiegelt sich auch in der Entwicklung und Darstellung zahlreicher graphischer und sonstiger Näherungsmethoden wider.

In die Zeit vor 1933 fallen noch die Beiträge von W. U. BEHRENS[2] (1902–1962). Sein Name ist mit dem *Behrens-Fisher-Problem* des Vergleichs der Mittelwerte zweier Normalverteilungen bei nicht notwendig gleichen Varianzen [1929] verbunden. Weniger bekannt ist, daß er in [1930] und in einem 1933 publizierten Buch Ein- und Zweistichproben-Rangtests für den Vergleich zweier (Heil- oder Herstellungs-)Verfahren angab, lange bevor die heutzutage zumeist zitierten Arbeiten entstanden und ihren Einzug in die mathematische Literatur hielten; vgl. [Noether 1974]. Auch betonte BEHRENS die praktische Relevanz von Rangverfahren und erkannte dem SPEARMANschen Rangkorrelationskoeffizienten eine eigenständige Bedeutung zu, sah in ihm also nicht nur – wie etwa K. PEARSON und zu jener Zeit vielfach üblich – eine zum Zwecke der numerischen Berechnung vereinfachte Version des üblichen Korrelationskoeffizienten.

In jener Zeit wurden in Deutschland auch einige weitere, in der Praxis heute noch benutzte bzw. viel zitierte statistische Verfahren entwickelt, etwa auf dem Gebiet der Dosis-Wirkungsanalyse die Methode von B. BEHRENS und G. KÄRBER (1931) zur Bestimmung der mittleren tödlichen Dosis eines Giftes oder sonstigen Wirkstoffes [van der Waerden 1956], [Kotz-Johnson 1983, Vol. 4]. Nicht zuletzt ist zu erwähnen, daß eine der ersten Anwendungen statistischer Methoden auf Probleme der Massenfabrikation (Daeves, 1924) in Deutschland durchgeführt und auch das erste Lehrbuch der statistischen Qualitätskontrolle, nämlich dasjenige von BECKER, PLAUT und RUNGE [1927], hier entstanden ist. Auf beide Publikationen wird bei SHEWHART [1931] ausdrücklich hingewiesen. SHEWHART gilt heutzutage als einer der Wegbereiter der modernen Qualitätskontrolle [Kotz-Johnson 1986, Vol. 7].

4 Grundlegung der Mathematischen Statistik: J. NEYMAN und A. WALD

Waren bei der Gewinnung statistischer Verfahren zunächst nur intuitive Gesichtspunkte maßgebend – z. B. ist das Stichprobenmittel ein naheliegender Schätzer für den Mittelwert einer Verteilung –, so kamen ab ca. 1930 auch *optimierungstheoretische Gesichtspunkte* hinzu. Für praktische Anwendungen interessiert ja nicht irgendein, sondern ein „möglichst gutes" Verfahren. Auf die Notwendigkeit einer optimalen Festlegung wurde im Rahmen der Schätztheorie schon von R. A. FISHER (1922, 1925) hingewiesen. Es dauerte aber noch weitere zehn Jahre, bis für die – in mancher Hinsicht schwierigere – Testtheorie J. NEYMAN und E. S. PEARSON [1933] entsprechende Klarheit gewonnen hatten. Wesentlich dabei war die – wie erwähnt auf W. S. GOSSET zurückgehende – Erkenntnis, daß zur Angabe eines optimalen Tests zur Prüfung einer Nullhypothese auch gesagt werden muß, wogegen diese Prüfung erfolgen soll. Erst die Präzisierung der Gegenhypothese (Alternative) ermöglicht es, die Bestimmung eines Tests auf die Lösung eines Optimierungsproblems zu reduzieren. Der so gewonnene, heutzutage (nach leichter Modifikation) auch in der Praxis allgemein übliche *Signifikanztest* beruht darauf, unter Einhaltung einer Schranke für die Wahrscheinlichkeit von Fehlern 1. Art (Ablehnen einer richtigen Nullhypothese) die Wahrscheinlichkeit für Fehler 2. Art (Annahme einer falschen Nullhypothese) zu minimieren. Die Lösung dieses Optimierungsproblems läßt sich im Spezialfall von einfacher Null- und Gegenhypothese explizit angeben (Fundamentallemma) und daraus für einfach strukturierte Probleme ein gleichmäßig bester Test (uniformly most powerful test) gewinnen. Dabei wurde klar, daß die Existenz einer optimalen Lösung wesentlich von der Verteilungsannahme abhängt. Für die Gewinnung optimaler Verfahren (bei festem endlichen Stichprobenumfang) besonders geeignet erwiesen sich die in den dreißiger Jahren von Koopman und Darmois eingeführten *Exponentialfamilien* [Kotz-Johnson 1983, Vol. 4 bzw. 1982, Vol. 2], [Lehmann 1959].

Der zweite grundlegende Beitrag von NEYMAN zur theoretischen Statistik betrifft das Problem der Intervallschätzung. NEYMAN [1937] präzisierte dies durch Angabe eines *Konfidenzintervalls*, d. h. als ein von den Beobachtungen abhängendes (und somit zufälliges) Intervall, das den zugrundeliegenden Parameter mit vorgegebener Mindestwahrscheinlichkeit enthält; vgl. hierzu auch [Lehmann 1959]. Dabei werden andere (also falsche) Parameterwerte nur mit minimaler Wahrscheinlichkeit überdeckt. Dies entspricht der unterschiedlichen Behandlung von Fehlern erster und zweiter Art in der Testtheorie. Diese Vorgehensweise führt nur für einfach strukturierte Probleme zur Lösung. Dieser *Konfidenzschluß* entspricht der von ihm und den meisten Statistikern vertretenen frequentistischen Auffassung der Statistik. Er weicht jedoch von dem zuvor von R. A. FISHER propagierten *Fiduzialschluß* ab, bei dem – wie bei dem u. a. von VON MISES verwendeten *Bayesschluß* – die Beobachtung letztlich als fest und die resultierende Ver-

JERZY NEYMAN (1894–1981) (links) und EGON SHARPE PEARSON (1895–1980)
J. Neyman, geb. als Sohn polnischer Eltern in Bendery (Rußland), nach dem Studium der Mathematik in Charkow ab 1921 in Polen an landwirtschaftlichen Instituten tätig. Bei einem Gastaufenthalt in London (1926) wurde die Basis zur Zusammenarbeit mit E. S. Pearson – Sohn von Karl Pearson und ab 1933 dessen Nachfolger auf dem Lehrstuhl für Statistik – gelegt, welche die Entwicklung der modernen Statistik nachhaltig beeinflußte. Neyman lehrte ab 1934 in London, ab 1938 in Berkeley.

teilung als Ausdruck der Unsicherheit unseres Wissens über den unbekannten Parameter angesehen wird. Diese unterschiedlichen Interpretationen wie auch die bei etwas komplexeren Problemen hiermit verbundenen unterschiedlichen Lösungen führten zu einem lang andauernden Streit zwischen NEYMAN und FISHER, den beiden damals prominentesten Statistikern; vgl. auch [Stute, 1989] sowie [Fisher-Box 1978] und [Reid 1982].

Die große Leistung von NEYMAN besteht darin, daß er zuvor relativ vage umrissene statistische Fragestellungen zu mathematisch klar formulierten Problemen präzisierte, und so die Suche nach *optimalen Lösungen* ermöglichte. NEYMAN prägte aber nicht nur die moderne theoretische Statistik; er dokumentierte auch ihre Relevanz durch zahlreiche, vielfach neuartige Anwendungen statistischer Methodik auf den verschiedensten Gebieten – von der Meteorologie bis zur Kosmologie, von der Agrikultur bis zur Medizin. Auch diese Anwendungen trugen dazu bei, daß er die von ihm in den dreißiger Jahren entwickelten Konzepte später in zunehmendem Maße erweiterte, z. B. durch asymptotische Methoden zur Bestimmung lokal optimaler Tests bei Vorliegen von Nebenparametern oder durch beste asymptotisch normale Schätzer; vgl. [Le Cam, Lehman 1974].

Hatten J. NEYMAN und E. S. PEARSON insbesondere die Grundprobleme der Testtheorie durch Einbettung in einen optimierungstheoretischen Rahmen zum Gegenstand mathematischer Überlegungen gemacht, so ist es das große Verdienst von A. WALD, für viele statistischen Entscheidungsprobleme eine *einheitliche mathematische Formulierung* gegeben zu haben. Bei dieser werden statistische Verfahren als (meßbare) Abbildungen e des Stichprobenraums in den Raum aller möglichen Entscheidungen aufgefaßt und durch den unter P_ϑ erwarteten Verlust, die sog. *Risikofunktion*

$$r(\vartheta, e) = \int \Lambda(\vartheta, e(x))\, dP_\vartheta(x) \qquad (*)$$

ABRAHAM WALD (1902–1950)
Nach Graduierung in seiner Heimatstadt Klausenburg ab 1927 Studium der Mathematik mit Promotion 1931 in Wien. Arbeiten zum von Mises'schen Kollektivbegriff sowie zur Ökonometrie. Nach seiner Emigration 1938 in die USA grundlegende Beiträge zur Mathematisierung der Statistik; Professor in New York. Kam 1950 während einer Vortragsreise durch Indien bei einem Flugzeugunglück ums Leben.

verglichen. Dabei wird unterstellt, daß sich der bei einer Entscheidung a unter P_ϑ eintretende Verlust durch eine Zahl $\Lambda(\vartheta, a)$ bewerten läßt. Durch Wahl einer Entscheidungsfunktion e^* ist also das Risiko $r(\vartheta, e)$ zu minimieren. Da ϑ unbekannt ist, sind hierbei alle möglichen Werte $\vartheta \in \Theta$ in Betracht zu ziehen. Es gibt jedoch in der Gesamtheit $\mathfrak{E}$ aller Entscheidungsfunktionen im allgemeinen keine gleichmäßig optimale Lösung, da man für jedes ϑ eine andere Zielfunktion zu minimieren hätte. Eine Möglichkeit sah WALD [1950] darin, e^* als *Minimaxlösung*, d. h. durch Minimierung des (hinsichtlich ϑ) maximalen Risikos festzulegen und spieltheoretisch zu interpretieren. Unterstellt man nämlich, daß die speziell zugrundeliegende Verteilung ϑ durch einen fiktiven Gegenspieler des Statistikers, den man gemeinhin die „Natur" nennt, festgelegt wird, so läßt sich das statistische Entscheidungsproblem als *Zweipersonen-Nullsummenspiel* mit der Natur als Spieler I, dem Statistiker als Spieler II und der durch (*) definierten Abbildung $r\colon \Theta \times \mathfrak{E} \to \mathbb{R}$ als Auszahlungsfunktion auffassen. Bei dem statistischen Entscheidungsproblem stehen also der Natur die reinen Strategien $\vartheta \in \Theta$ und dem Statistiker die reinen Strategien $e \in \mathfrak{E}$ zur Verfügung.

J. VON NEUMANN (1903–1957) hatte [1928] für den Fall endlicher Strategienmengen den Begriff des Zweipersonen-Nullsummenspiels eingeführt und gezeigt, daß jedes derartige Spiel nach Einführung gemischter Strategien ϱ und τ eine rational begründbare Lösung besitzt, nämlich in Form von *Minimaxstrategien* ϱ^*, τ^*, die den minimalen Gewinn der einzelnen Spieler maximieren. Dabei sind *gemischte Strategien* solche, bei denen die tatsächlich verwendeten Strategien zufällig entsprechend Wahrscheinlichkeitsverteilungen ϱ bzw. τ über den Mengen der reinen Strategien ausgewählt werden. Im Fall eines statistischen Entscheidungsproblems läßt sich eine gemischte Strategie ϱ der Natur als *a priori Verteilung* interpretieren. Bei dieser handelt es sich hier – wie bei VON MISES – nur um ein technisches Hilfsmittel und nicht um ein quantifiziertes Vorwissen über die zugrundeliegende Verteilung. Als Auszahlungsfunktion wird demgemäß der bzgl. ϱ bzw. τ gebildete Erwartungswert des Risikos verwendet,

$$R(\varrho, \tau) = \int_{\mathfrak{E}} \int_{\Theta} r(\vartheta, e)\, d\varrho(\vartheta)\, d\tau(e). \qquad (**)$$

WALD konnte zeigen, daß unter geeigneten Voraussetzungen Minimax-Lösungen Bayes-Lösungen bezüglich ungünstigster a priori Verteilungen sind.

Natürlich wird die in realen Problemen tatsächlich zugrundeliegende Verteilung kaum die für den Statistiker ungünstigste Verteilung sein. Zur Auszeichnung praxisrelevanter Verfahren sind deshalb andere *Optimalitätskriterien* wichtiger. Diese sind zwar letztlich auch wiederum willkürlich, beschreiben jedoch zugleich wesentliche Eigenschaften der hierdurch definierten Verfahren wie etwa die Invarianz oder den Minimaxcharakter. WALD gelang es, durch geeignete Verallgemeinerung des aus der klassischen Statistik stammenden Begriffs einer Bayes-Lösung die Gesamtheit aller *zulässigen Lösungen* zu charakterisieren, also all derjenigen, für die es im Sinne der durch (*) bzw. (**) eingeführten partiellen Ordnung keine gleichmäßig bessere Lösung gibt. WALDs Verdienst liegt vornehmlich in der Klärung der mathematischen Struktur statistischer Entscheidungsprobleme.

Von den sonstigen Publikationen von WALD ist zunächst die aus Fragen der Qualitätskontrolle entstandene und aus Geheimhaltungsgründen während der Kriegszeit erst [1947] publizierte „*Sequential Analysis*" zu nennen. Bei dieser werden die Beobachtungen sukzessive gewonnen. Dabei wird nach jeder Beobachtung über den Abbruch oder die Fortsetzung entschieden und erst nach einer derartigen Festlegung des Stichprobenumfangs die terminale Entscheidung über die zugrundeliegende Verteilung getroffen. Seine Präzisierung des besten Sequentialtests für zwei einfache Hypothesen hat sich als grundlegend erwiesen und die weitere Entwicklung dieses Gebietes entscheidend geprägt.

In einer die Entwicklung der *lokal-asymptotischen Testtheorie* auslösenden Arbeit hat WALD letztlich gezeigt, daß sich hinreichend reguläre Verteilungsklassen durch Familien von Normalverteilungen approximieren und so nicht-degenerierte Limesprobleme gewinnen lassen, welche eine vergleichsweise einfache asymptotische Lösung des finiten Ausgangsproblems ermöglichen. Diese Arbeit wurde insbesondere durch LE CAM und HÁJEK zu einer umfassenden Theorie mit zahlreichen tiefliegenden Resultaten ausgebaut. Auch soll noch der erste mathematisch strenge Beweis der Konsistenz des Maximum-Likelihood-Schätzers sowie der zusammen mit G. DANTZIG geführte Nachweis genannt werden, daß die Bedingungen des Fundamentallemmas auch notwendig für die Optimalität eines Tests sind [Wolfowitz 1952]. Alle diese Arbeiten haben die Forschungen in der Bundesrepublik stark beeinflußt. Übrigens hatte sich WALD schon vor seiner Emigration u.a. mit Arbeiten zum von Misesschen Wahrscheinlichkeitsbegriff und zur Ökonometrie einen Namen gemacht; vgl. den Artikel von Krengel bzw. [Tintner 1952].

WALD ist der prominenteste durch die Wiener Universität geprägte und zur Emigration gezwungene Mathematiker, der zur Entwicklung der Mathematischen Statistik in den USA beigetragen hat. Weiter ist hier H. B. MANN (geb. 1905) zu nennen, der nicht nur durch den Mann-Test gegen Trend und den bereits erwähnten Mann-Whitney-(Wilcoxon-)Test, sondern auch durch verschiedene sonstige statistische Arbeiten (z. T. gemeinsam mit A. WALD) sowie ein Buch zur Versuchsplanung hervorgetreten ist. Ebenso ist Z. W. BIRNBAUM (geb. 1903) zu erwähnen, über dessen vielseitige statistischen Beiträge bei GANI [1982] nachgelesen werden kann. G. TINTNER (1907–1983), der von 1937–1973 in den USA und dann wieder in Wien wirkte, trat als Statistiker durch Arbeiten zur Regressionstheorie, multivariaten Analysis und Zeitreihenanalyse hervor und gehört zu den Begründern der modernen *Ökonometrie*; vgl. [Schmetterer 1985]. O. MORGENSTERN (1902–1977) hat frühzeitig die Anwendbarkeit spieltheoretischer Überlegungen auf die Wirtschaftswissenschaften erkannt und durch seine Axiomatisierung des subjektiven Nutzens (1935) hierfür eine Grundlage geschaffen [von Neumann/Morgenstern 1944]. Er hat den Ausbau der *Spieltheorie* und die Entwicklung der Ökonometrie als Leiter des Österreichischen Instituts für Konjunkturforschung (bis 1938) und des Econometric Research Program (ab 1948) in Princeton mitgeprägt.

Bereits die Arbeiten von J. NEYMAN hatten gezeigt, daß in der Statistik die gleiche mathematische Strenge möglich und erforderlich ist wie in der Wahrscheinlichkeitstheorie. So erschien [1946] mit dem Buch von H. CRAMÉR (1893–1985) das erste Lehrbuch der mathematischen Statistik, in dem der Wahrscheinlichkeitsbegriff im Sinne von KOLMOGOROV als normiertes Maß über dem Stichprobenraum verwendet wurde. Die erste Arbeit, in der eine tieferliegende statistische Aussage auf *maßtheoretischer Basis* und so in voller Allgemeinheit bewiesen wurde, ist diejenige von HALMOS-SAVAGE [1947], in der das bereits auf FISHER und NEYMAN zurückgehende Faktorisierungslemma zur Charakterisierung suffizienter Statistiken in beliebigen dominierten Verteilungsklassen gezeigt wurde. Beide Publikationen sowie das erstmalig aus optimierungstheoretischem Blickwinkel geschriebene Buch von E. L. LEHMANN [1959] und das spieltheoretisch orientierte Buch von BLACKWELL-GIRSHICK [1954] haben die weitere Entwicklung der mathematischen Statistik sehr beeinflußt. Dies gilt auch für die Arbeiten der Statistiker der „nächsten Generation", vornehmlich von Neyman- bzw. Wald-Schülern. Neben E. L. LEHMANN und D. BLACKWELL seien hier T. W. ANDERSON, H. CHERNOFF, L. LE CAM, J. KIEFER, H. ROBBINS, C. STEIN und J. WOLFOWITZ genannt; vgl. auch [Reid 1982].

Zugleich entwickeln sich jedoch auch verschiedene „philosophische" Schulen, die unterschiedliche Wege zur Gewinnung statistischer Verfahren propagieren. So geht eine Vielzahl von Statistikern – vornehmlich in England und den USA, aber auch in einigen anderen Ländern – davon aus, daß stets ein in Form einer a priori Verteilung quantifizierbares (subjektives) *Vorwissen* existiert. Für die *Bayesianer* ist das Beobachten dann ein „Lerneffekt", der sich mathematisch im Übergang zur a posteriori Verteilung widerspiegelt. Rückschlüsse auf den Verteilungsparameter erfolgen ausschließlich mittels Bayes-Lösungen, also aufgrund des durch die Beobachtung x korrigierten Vorwissens. Dabei werden a priori und a posteriori Wahrscheinlichkeiten in einem subjektiven Sinn interpretiert. Die Bayesianer unterscheiden sich daher von den durch NEYMAN und WALD geprägten *Frequentisten* in der Auffassung des Wahrscheinlichkeitsbegriffs und in der Bedeutung, die dem Konzept einer a priori Verteilung zugemessen wird. Letztere spielt für die Frequentisten eine untergeordnetere Rolle und wird von diesen in einem mehr technischen Sinne gebraucht, d. h. als eine Möglichkeit, über eine – meist nur formal angenommene – a priori Verteilung ϱ über dem Parameterraum zu einer Lösung des jeweiligen statistischen Problems zu kommen. Durch eine solche wird nämlich die zunächst von ϑ abhängige Minimierung von (*) ersetzt durch diejenige des a priori Risikos $R(\varrho, e) = \int r(\vartheta, e)\, d\varrho(\vartheta)$, die wiederum äquivalent ist mit der – punktweise für jede Beobachtung x und somit wesentlich leichter auszuführenden – Minimierung des a posteriori Risikos $R^x(\varrho, e)$. Die Brücke zu der sonst von ihnen vertretenen und durch das Gesetz der großen Zahlen charakterisierten *frequentistischen Auffassung* liefert dann gerade das oben diskutierte Bernstein-von Mises-Theorem.

Auch wenn beim *Fiduzialschluß* der Parameter durch eine Verteilung ersetzt wird, ist FISHER kein Bayesianer. Vielmehr war es gerade sein Anliegen, zu einer objektiv gültigen Aussage über den Parameter zu kommen und insbesondere eine Abhängigkeit von einer letztlich willkürlichen a priori Verteilung zu vermeiden. Seine Fiduzialverteilung kann jedoch als eine Art Substitut zur a posteriori Verteilung angesehen werden, zumal er implizit eine konstante a priori Dichte verwendet. Diese wiederum war der Grund, weshalb in den zunächst betrachteten einfachsten Beispielen das Neymansche Konfidenzintervall mit dem Fisherschen Fiduzialintervall übereinstimmte und so die Bedeutung der unterschiedlichen Vorgehensweisen erst nach und nach erkennen ließ.

5 Die Mathematische Statistik im deutschsprachigen Raum von 1933 bis ca. 1955

Die politischen Veränderungen des Jahres 1933 trafen die Mathematische Statistik mehr als jede andere mathematische Disziplin. Nicht nur, daß sie wegen des ihr in Deutschland zugemessenen geringen Stellenwerts bereits zuvor schon kaum vertreten war; nun mußten – nachdem VON BORTKIEWICZ 1931 verstorben war – mit BERNSTEIN, GUMBEL und VON MISES alle Repräsentanten emigrieren, ohne daß habilitierte Schüler vorhanden gewesen wären, welche die Arbeiten hätten fortsetzen können. So wurden die in den nächsten Jahren in England und den USA erzielten grundlegenden Fortschritte kaum registriert; Ausnahmen bilden Arbeiten von M.-P. GEPPERT[4] [1942] und S. KOLLER[9] [1940], die jedoch vorwiegend auf Anwendungen in der Biologie und Medizin ausgerichtet sind. Dabei kam die mathematische Behandlung erbbiologischer Fragen durch einige Arbeiten des Bernstein-Schülers S. KOLLER, der sich mit einem Rockefeller-Stipendium in den USA weiter auf dieses Gebiet spezialisiert hatte, und durch ein [1938] erschienenes Buch über „*Erbmathematik*“ von H. GEPPERT und S. KOLLER in den Sog der politischen Verhältnisse; zur Frage der persönlichen Verstrickung von S. KOLLER und zur Geschichte der Eugenik in Deutschland vgl. auch [Weingart, Kroll und Bayertz 1988].

In Berlin erfolgte [1940] noch die Promotion von W. HOEFFDING[8] mit einer bereits seine späteren Interessen widerspiegelnden Arbeit über maßstabinvariante Korrelationstheorie. Bei dieser fungierte der Astronom A. KLOSE, der seit 1937 den von Mises-Lehrstuhl innehatte, als Gutachter; vgl. hierzu [Gani 1982]. HOEFFDING ging 1946 in die USA, wo er sehr bald zu den bekanntesten Vertretern der theoretischen Statistik gehörte. Insbesondere lieferte er mit Arbeiten über U-Statistiken (1948) und über die Charakterisierung linearer Rangtests als lokal optimale invariante Tests (1951) grundlegende Beiträge zur nichtparametrischen Statistik. Diese hatten auch auf die Forschung in der Bundesrepublik nachhaltigen Einfluß. U-Statistiken unterscheiden sich von den Entwicklungstermen der von Mises-Funktionale dadurch, daß nur über die Summanden $\psi(X_{i_1},\dots,X_{i_m})$ mit $i_j \neq i_\ell$ für $j \neq \ell$ summiert wird. Hierdurch sind sie erwartungstreue („unbiased") Schätzer für den Verteilungsparameter

$$\gamma(F) = \int \dots \int \psi(z_1,\dots,z_m)dF(z_1)\dots dF(z_m) = E_F\psi(X_1,\dots,X_m).$$

HOEFFDING konnte durch einen Vergleich mit einer geeigneten Summe unabhängiger Zufallsgrößen zeigen, daß U-Statistiken wie von Mises-Funktionale häufig asymptotisch normal- bzw. gewichtet-χ^2-verteilt sind. Erwähnt sei in diesem Zusammenhang auch eine Arbeit von G. E. NOETHER (1949), einem in die USA emigrierten Neffen von EMMY NOETHER; in ihr wird ein anderes, auf WALD-WOLFOWITZ zurückgehendes Beweisprinzip zum Nachweis der asymptotischen Normalität ausgebaut.

Mit Fragen der Korrelationstheorie beschäftigte sich auch H. GEBELEIN (1907–1985). Von seinen verschiedenen Publikationen hierzu ist insbesondere die Einführung des Maximalkorrelationskoeffizienten [1941] zu erwähnen. Auch fallen in die Zeit vor 1945 die ersten statistischen Arbeiten von B. L. VAN DER WAERDEN[16], die sich vorwiegend mit der Bestimmung von Intervallschätzern für Wahrscheinlichkeiten bei medizinischen Fragestellungen beschäftigen, etwa im Bereich der Dosis-Wirkungs-Analysen. Große Verbreitung fanden KOLLERS „Graphische Tafeln" [1940]. Einen Überblick über die sonstigen – wenn auch geringen – wissenschaftlichen Aktivitäten auf dem Gebiet der Mathematischen Statistik in Deutschland während des Krieges geben die beiden Artikel von G. SCHULZ [1953] sowie von M.-P. GEPPERT [1953].

Für die Nachkriegsentwicklung ist neben M.-P. GEPPERT der Bernstein-Schüler H. MÜNZNER[10] zu nennen, der bereits seit seiner Habilitation 1937 das verwaiste Göttinger Institut geleitet hatte. Dabei ist die Aufarbeitung der in Deutschland fast nicht existierenden neueren anglo-amerikanischen Literatur, vgl. etwa [H. Münzner 1949], hervorzuheben. Auch wenn MÜNZNER die auf praktische Probleme (insbesondere in der Versicherungsmathematik) ausgerichteten Interessen seines Doktorvaters übernommen hatte, entstanden durch ihn in Göttingen wie durch die insbesondere auf Initiative von M.-P. GEPPERT (ab 1954, vornehmlich in Bad Nauheim) stattfindenden „Biometrischen Kolloquien" Keimzellen der Ende der fünfziger Jahre wieder auflebenden Mathematischen Statistik. Bemerkenswert sind auch eine Reihe von Gastvorträgen bekannter amerikanischer Statistiker bei M.-P. GEPPERT in Frankfurt.

Eine entsprechende Funktion in der DDR hatte E. WEBER (1897–1988), von der bereits 1935 ein Buch über Variations- und Erblichkeitsstatistik erschienen war und die nun dort den in den angelsächsischen Ländern entwickelten neueren statistischen Verfahren der Versuchsplanung und -auswertung insbesondere im Bereich der Biometrie zum Durchbruch verhalf. Standen nach 1945 auch in der DDR zunächst Arbeiten über die Anwendungen der Statistik auf den verschiedensten Gebieten im Vordergrund, so entwickelte sich seit Mitte der sechziger Jahre eine theoretische Forschung mit beachtlicher Breite. Einen Überblick über die Zeit bis 1974 geben H. AHRENS und O. BUNKE [1974].

In der Schweiz war es A. LINDER (geb. 1904), dessen [1945] bzw. [1953] erschienene Bücher auch in der Bundesrepublik wesentlich zur Verbreitung insbesondere des Fisherschen Gedankenguts, etwa der Tests durch orthogonale Vergleiche, beigetragen haben. LINDER war neben R. A. FISHER einer der Initiatoren zur Gründung der Biometric Society 1949. Seine Arbeiten und Bücher sind zwar vornehmlich auf biologisch-medizinische Fragestellungen ausgerichtet, behandeln aber auch Anwendungen auf Probleme der chemischen Industrie und Qualitätskontrolle.

Dank des Wiederauflebens der Biometrie konnten wenigstens einige der ab 1963 an allen Universitäten der Bundesrepublik eingerichteten Lehrstühle für medizinische Statistik mit biometrisch interessierten Mathematikern besetzt werden. Hier ist in erster Linie E. WALTER (1925–1984) zu nennen, der durch seine Arbeiten über Rangtests bei verbundenen Stichproben auch international hervorgetreten war und nun neben S. KOLLER (ab 1963 in Mainz) und M.-P. GEPPERT (ab 1964 in Tübingen) einen der ersten Lehrstühle (ab 1963 in Freiburg) übernahm. Insbesondere S. KOLLER hatte die Möglichkeiten statistischer Betrachtungsweisen in das Bewußtsein der Mediziner gerückt und so zu den Empfehlungen des Wissenschaftsrates (1960) zur Errichtung von Lehrstühlen für „Medizinische Statistik und Dokumentation“ wie auch zu deren Ausgestaltung beigetragen.

Zu nennen ist weiter K. STANGE[13], der sich nach 1945 zunehmend mit Problemen der Mathematischen Statistik bei Anwendungen auf technische Probleme beschäftigte und wie zuvor schon U. GRAF (1908–1954) um die Verbreitung moderner statistischer Verfahren in der Industrie bemüht war. Mit seinen Arbeiten zur statistischen Qualitätskontrolle, bei denen er häufig Bayessche Methoden verwendete, errang er internationale Anerkennung. Angeregt durch Probleme der Verfahrenstechnik trat er besonders durch Beiträge zur statistischen Beurteilung von Mischungen körniger Stoffe, zur Wahl des optimalen zeitlichen Abstands von Probenahmen bei kontinuierlich ablaufenden technischen Prozessen sowie zur Entwicklung kostenoptimaler Stichprobenpläne hervor.

Besondere Impulse gingen nach 1945 von Österreich aus. Hier war es W. WINKLER (1884–1984), der durch seine Tätigkeit im Österreichischen Statistischen Bundesamt und ab 1929 als Professor der Statistik in der Rechts- und Staatswissenschaftlichen Fakultät der Universität Wien die Bedeutung mathematisch fundierter statistischer Schlußweisen für wirtschafts- und sozialwissenschaftliche Probleme sowie die Notwendigkeit zu einem eigenen Studiengang Statistik erkannte. Der von ihm ab 1951 – erstmalig im deutschsprachigen Raum – zunächst informell als Aufbaustudium organisierte viersemestrige „Lehrgang für Statistik" wurde nicht nur zur Keimzelle für die 1966 in Österreich eingeführte Studienrichtung „Statistik", sondern auch Vorbild für die 1974 in Dortmund bzw. 1979 in München eingerichteten Studiengänge für Statistik. Diese Lehrgänge, bei denen die Vorlesungen über Mathematische Statistik von L. SCHMETTERER gehalten wurden, besuchten übrigens auch eine Reihe heute als Hochschullehrer tätige Absolventen der Wiener Hochschulen, u. a. J. PFANZAGL und K. WEICHSELBERGER. Erwähnt seien auch die von L. SCHMETTERER gemeinsam mit A. ADAM und J. PFANZAGL schon ab 1952 in Österreich abgehaltenen Kurse über technische Statistik und Qualitätskontrolle.

In der Bundesrepublik ist für den Bereich der mathematisch orientierten Wirtschaftsstatistik in erster Linie O. ANDERSON[1] zu nennen. Er war einer der Pioniere der Theorie und Anwendung von *Stichprobenverfahren* [Tintner 1961]. Unter seinem Einfluß wurde diese Methodik in die zuvor nur Totalerhebungen verwendende amtliche Statistik in der Bundesrepublik besonders von H. KELLERER, H. STRECKER und S. KOLLER eingeführt und ausgebaut; vgl. eine vom Statistischen Bundesamt [1960] herausgeg. Darstellung. ANDERSON hatte sich schon 1914 mit der - übrigens parallel zu GOSSET - entstandenen „Variate Difference Method" einen Namen gemacht. Diese auf der Verwendung sukzessiver Differenzen beruhende Methode zur Elimination „zufälliger" Schwankungen von der glatten (Trend-, Konjunktur- und Saison-)Komponente bei (langen) *Zeitreihen* wurde später insbesondere von G. TINTNER für kurze Reihen und von H. STRECKER zu einer „Quotientenmethode" (für Modelle mit ausgeprägtem wirtschaftlichem Wachstum) modifiziert; vgl. [Kotz-Johnson 1988, Vol. 9 bzw. 1986, Vol. 7].

In diesen Zeitraum fallen auch die meisten weiteren statistischen Arbeiten von B. L. VAN DER WAERDEN, in denen vornehmlich Probleme aus den Bereichen der Biologie und Medizin einer handhabbaren Lösung zugeführt werden. Dabei beschäftigen sich mehrere Publikationen mit dem nichtparametrischen Vergleich zweier Stichproben, insbesondere mit Güteaussagen beim *van der Waerden-Test*. Dieser ist eine auf die einfachere praktische Durchführung ausgerichtete Variante des - im Sinne von HOEFFDING - gegen Normalverteilungsalternativen lokal optimalen Rangtests. Bemerkenswert sind weiter sein durch langjährige praktische Erfahrung geprägtes, vielfach intuitiv und anhand von Beispielen argumentierendes Lehrbuch über Mathematische Statistik [1957] sowie zwei Arbeiten zur Qualitätskontrolle mit Anwendungen des Waldschen Sequentialtests.

Für die Schweiz ist noch W. SAXER (1896–1974) zu nennen, der - von der Versicherungsmathematik her kommend - relativ früh die Bedeutung der modernen Wahrscheinlichkeitstheorie und Statistik erkannte und so deren Ausbau wie die Entwicklung der Versicherungsmathematik zu einer mathematisch orientierten Risikotheorie förderte; zu den Beiträgen von H. BÜHLMANN vgl. den Artikel von U. Krengel.

6 Das Wiederaufleben der Mathematischen Statistik nach 1955

Der Beginn des eigentlichen Aufschwungs der Mathematischen Statistik in der Bundesrepublik kann mit den Jahren 1955–1956 angesetzt werden. Zum einen wurden 1955 in München bzw. 1956 in Hamburg erstmalig im deutschsprachigen Raum ordentliche Lehrstühle für Mathematische Stochastik eingerichtet und mit H. RICHTER[11] bzw. L. SCHMETTERER besetzt; zum anderen fanden ab 1955 – nicht zuletzt unter dem Einfluß von H. KNESER, der auch viele sonstige Verdienste um das Wiederaufleben der Mathematischen Stochastik in der Bundesrepublik hat – am Mathematischen Forschungsinstitut in Oberwolfach die ersten Tagungen über Mathematische Statistik statt.

H. RICHTER war Schüler von B. L. VAN DER WAERDEN während dessen Leipziger Zeit und wandte sich nach einer zahlentheoretischen Dissertation schon vor dem Kriege erneuerungstheoretischen Fragen der Versicherungsmathematik zu. Wie in der Wahrscheinlichkeitstheorie, vgl. hierzu den Artikel von Krengel, war er auch in der Mathematischen Statistik stark an den erkenntnistheoretischen und mathematischen Grundlagen interessiert. Dabei suchte er Brücken zwischen „Objektivisten“ und „Subjektivisten“ sowie zwischen Anhängern des „Konfidenzschlusses“ und „Fiduzialschlusses“ zu schlagen. Auch seine multisubjektiven Tests, die eine Verallgemeinerung von Bayes- und Minimax-Tests darstellen, sind Ausdruck dieser Haltung. Von seinen späteren statistischen Arbeiten erwähnt seien diejenigen, die sich mit Fragen der Sequentialanalysis beschäftigen, insbesondere mit endlich-stufigen Verfahren sowie der Untersuchung des vorderen Randes des Risikobereichs, der allein für die Anwendungen von Interesse ist. Zur Vermeidung maßtheoretischer Voraussetzungen faßt er dabei die bei einer Beobachtung x unter den einzelnen Verteilungen P_ϑ, $\vartheta \in \Theta$, eintretenden Verluste zum Schadensbereich $S(x) \subset \mathbb{R}^\Theta$ zusammen, aus dem sich vermöge eines eigens entwickelten Integrationskonzepts mengenwertiger Funktionen der Risikobereich ergibt.

Größeren Einfluß auf die Entwicklung der Mathematischen Statistik in Deutschland hatte L. SCHMETTERER, insbesondere durch sein [1956] in 1. Auflage erschienenes Lehrbuch und seine darin enthaltene Propagierung des Neyman-Pearsonschen Gedankenguts. Auch international wurde dieses Buch viel beachtet und zwar nicht nur wegen der nahezu vollständigen Erfassung der bis 1954 erschienenen Literatur, sondern ebenso wegen der zu jener Zeit noch nicht üblichen mathematischen Strenge. Nach einer zahlentheoretischen Promotion hatte sich L. SCHMETTERER zunächst mit Problemen der klassischen Analysis, insbesondere der Theorie der Fourier-Reihen beschäftigt. Demgemäß tragen auch seine statistischen Arbeiten eine stark analytische Note. Einen Schwerpunkt bilden Beiträge zu *erwartungstreuen Schätzern*. In der finiten Theorie verallgemeinert er hier durch Heranziehen funktionalanalytischer Hilfsmittel das bekannte Rao-Kriterium für die – im Sinne minimaler Varianz – (lokale) Optimalität auf allgemeinere

LEOPOLD SCHMETTERER (geb. 1919 in Wien)
Studium der Mathematik, Promotion (1941) und Habilitation (1949), jeweils an der Universität Wien. Professor in Hamburg (1956–1961) und Wien. Sein 1956 (in 1. Auflage) erschienenes Lehrbuch gibt der Mathematischen Statistik im deutschsprachigen Raum entscheidende Impulse und findet auch international große Beachtung.

Verlustfunktionen [1978]; in der asymptotischen Theorie schwächt er die zur Vermeidung der kurz zuvor entdeckten „Supereffizienz" herangezogene Voraussetzung der gleichmäßigen Konvergenz zur stetigen Konvergenz ab. Einen zweiten Schwerpunkt bildet die *stochastische Approximation*, also die Untersuchung iterativer Prozesse der Form $X_{n+1} = X_n + c_n(\alpha - Y_n)$, wobei Y_n eine Zufallsgröße mit unbekannter Verteilung und unbekanntem (bedingtem) Erwartungswert $E(Y_n | X_n = x) = M(x)$ ist. Derartige Prozesse waren 1951 von ROBBINS-MONRO zur Bestimmung der Stelle ϑ mit $M(\vartheta) = \alpha$ bzw. in leicht modifizierter Form 1952 von KIEFER-WOLFOWITZ zur Bestimmung des Extremums der im allgemeinen unbekannten Funktion M eingeführt. Bereits 1953 machte SCHMETTERER erste Aussagen über die Konvergenzgeschwindigkeit, die er später durch Verschärfungen sowie subtilere Aussagen zur Konvergenz ergänzte. Erwähnt seien die Einführung von Summationstechniken und die ohne Wachstumsbedingungen an die Funktion M gewonnenen Aussagen, auf Grund deren neben Konvergenz nur Oszillationen mit den Häufungspunkten $+\infty$ und $-\infty$ möglich sind; vgl. [1979].

Auch wenn die Mathematische Statistik im deutschsprachigen Raum – etwa im Vergleich zu den USA oder vielen europäischen Ländern – heutzutage immer noch zahlenmäßig unterrepräsentiert ist, so kann doch auf die weitere Entwicklung nur noch ansatzweise eingegangen werden. Hier sei J. PFANZAGL genannt. Er konnte schon 1965 zeigen, daß es nur in Exponentialfamilien für jeden Stichprobenumfang gleichmäßig beste Tests für einseitige Hypothesen gibt. Mehr noch ist sein Name mit der internationalen Entwicklung der *asymptotischen Statistik* verknüpft. Dieses Gebiet ist heutzutage nicht auf die Approximation von Verteilungen von Schätzern und die Gütefunktionen von Tests durch Limesausdrücke beschränkt. Vielmehr können diese durch Hinzufügen weiterer Terme in asymptotische Reihen entwickelt werden, deren Glieder typischerweise wie $n^{-1/2}$ fallen. Solche Entwicklungen ermöglichen nicht nur eine numerisch genauere Approximation der meist nicht analytisch angebbaren Verteilungs- oder Gütefunktionen; sie erlauben auch genauere Einsichten in deren Struktur. In jüngster Zeit wurden diese, zunächst auf parametrische Fragestellungen ausgerichteten Untersuchungen, unter Heranziehung differentialgeometrischer Begriffe auf nichtparametrische Verteilungsklassen ausgedehnt. Zu diesem Fragenkreis hat PFANZAGL wichtige Beiträge geliefert [1985]. So hat er u.a. gezeigt, daß bei asymptotisch effizienten Schätzern das (auf die Normalapproximation folgende) Glied der Ordnung $n^{-1/2}$ eine bestimmte Struktur besitzt und daß es unter diesen ein optimales gibt.

Auch unter dem Einfluß anderer Kollegen haben sich Schulen herausgebildet, so daß auf verschiedenen Gebieten der Anschluß an die internationale Entwicklung erreicht werden konnte. Genannt seien die klassische Schätz- und Testtheorie einschließlich ihrer optimierungstheoretischen Grundlagen sowie die asymptotische und nichtparametrische Statistik einschließlich ihrer wahrscheinlichkeitstheoretischen Hilfsmittel, z.B. stochastische Entwicklungen, Verfahren basierend auf Rängen und Ordnungsgrößen, Kurvenschätzer und empirische Prozesse. Weitere Gebiete sind die robuste Statistik, die Sequential- und Zeitreihenanalyse, die Versuchsplanung und linearen Modelle, die Spieltheorie sowie die Qualitätskontrolle,

In der Schweiz wurde besonders das Gebiet der *robusten Statistik* vorangetrieben. Hier gehen auf P. HUBER erste mathematische Aussagen zurück wie zum Beispiel ein Minimax-Resultat für robuste Schätzer (1964) und (zusammen mit V. STRASSEN) eine Grundlegung der robusten Testtheorie durch die Verallgemeinerung des Neyman-Pearson-Lemmas auf Kapazitäten; vgl. [Huber 1981].

Unter dem Eindruck des in den USA erreichten Entwicklungsstandes wurden um 1960 an acht weiteren und später dann auch an den restlichen Hochschulen der Bundesrepublik *Lehrstühle* für Mathematische Statistik und Wahrscheinlichkeitstheorie eingerichtet. Dabei wurde die erste Gruppe von Stellen mit Kollegen besetzt, die - ähnlich wie H. RICHTER und L. SCHMETTERER - zuvor auf anderen, zum Teil methodisch verwandten Gebieten der Reinen und Angewandten Mathematik gearbeitet hatten. Bei der zweiten Gruppe wurden - je nach Verfügbarkeit - mehr wahrscheinlichkeitstheoretisch oder mehr statistisch orientierte Kollegen berufen. Zwar konnten an einigen Orten weitere Stellen eingerichtet werden; ein sachgemäßer und der Anwendungsrelevanz entsprechender Ausbau scheiterte jedoch an den verschiedenartigsten Widerständen. Ein amerikanischen Vorbildern folgendes „Department of Statistics" wurde letztlich nur in Dortmund errichtet. Auch die Tatsache, daß die Statistik-Ausbildung mit Ausnahme von Dortmund und München in das Mathematik-Studium eingebettet ist, hat eine geringere Breite zur Folge. So wird die Statistik in Industrie, Wirtschaft und Verwaltung in der Bundesrepublik auch in näherer Zukunft nicht die gleiche Bedeutung wie in den USA erreichen.

Zu dem Anschluß an die internationale Entwicklung haben die Tagungen im Mathematischen Forschungsinstitut *Oberwolfach* maßgeblich beigetragen. Diese fanden ab 1955 in regelmäßigen Abständen statt und erhielten durch die Teilnahme prominenter ausländischer Wissenschaftler (z.B. E.L. LEHMANN, J. NEYMAN, H. CRAMÉR, J. WOLFOWITZ, um nur einige, mehr statistisch orientierte Kollegen zu nennen) ihre besondere Note. Insbesondere in den ersten Jahren wurden diese Tagungen für die jüngeren Teilnehmer aus dem deutschsprachigen Raum zur ersten persönlichen Begegnung mit der modernen Mathematischen Statistik. War die erste Tagung (1955, Leitung H. KNESER) noch der „Theorie der Spiele und angrenzenden Gebiete der Mathematischen Statistik" gewidmet, so waren die folgenden beiden (1956, Leitung H. RICHTER; 1958, Leitung L. SCHMETTERER) bereits als Tagungen über „Mathematische Statistik" bezeichnet, wobei sie in gleicher Weise der Wahrscheinlichkeitstheorie wie den wichtigsten Anwendungsgebieten gewidmet waren. Ab 1960 fanden dann in ein- bis zweijährigem Rhythmus Tagungen über „Mathematische Statistik und Wahrscheinlichkeitstheorie" statt. Nachdem es die zunehmende Expansion der Gebiete wie auch deren Etablierung im deutschsprachigen Raum 1971 zweckmäßig erscheinen ließen, die Tagungen in solche über Mathematische Statistik und Wahrscheinlichkeitstheorie zu trennen, gibt es seit 1975 eine regelmäßig stattfindende „Frühjahrstagung", in der die Querverbindungen von Wahrscheinlichkeitstheorie und Mathematischer Statistik im Vordergrund stehen. Daneben finden seit 1968 Spezialtagungen über die verschiedensten aktuellen Teilgebiete der Mathematischen Stochastik statt.

Auch die *Deutsche Forschungsgemeinschaft* sah den Nachholbedarf der Mathematischen Statistik und unterstützte die Bemühungen, das insbesondere seit 1933 eingetretene Defizit abzubauen. So wurden ab 1958 mehrfach Stipendien an jüngere Wissenschaftler für einjährige Studien- und Forschungsaufenthalte in den USA vergeben, um sich an Ort und Stelle mit der neueren Entwicklung und den dortigen Ausbildungsgängen vertraut zu machen. Eine besondere Rolle spielte hierbei Berkeley, dessen Department of Statistics so wesentlichen Anteil am Wiederaufbau der Mathematischen Statistik in Deutschland hatte. Ein 1963 eingerichtetes Schwerpunktprogramm, bei dessen vorbereitender Sitzung übrigens die Benutzung des Namens „Mathematische Stochastik" propagiert wurde, brachte jedoch nicht den erhofften Erfolg, da im Zuge eines organischen Aufbaus bei gleichzeitiger Einrichtung weiterer Lehrstühle nicht genügend qualifizierte Mitarbeiter für reine Forschungsvorhaben zur Verfügung standen. Der 1972 bis 1985 in Bonn arbeitende Sonderforschungsbereich „Approximation und mathematische Optimierung in einer anwendungsbezogenen Mathematik" widmete sich in seinem stochastischem Teilprojekt neben Fragen der Statistik vor allem Problemen der Steuerungstheorie und der dynamischen Optimierung. In dem 1978 in Heidelberg eingerichteten Sonderforschungsbereich „Stochastische mathematische Modelle" werden aus der Statistik Methoden der Zeitreihenanalyse mit Anwendungen in der Neurologie sowie Methoden der Sequentialstatistik und Nichtparametrik bearbeitet. Bis heute gibt es jedoch keinen primär der Statistik gewidmeten Sonderforschungsbereich.

1958 wurden das von O. ANDERSON, H. KELLERER und H. MÜNZNER 1949 gegründete „Mitteilungsblatt für Mathematische Statistik" und die bereits seit 1948 existierende, zunächst von W. WINKLER herausgegebene „Statistische Vierteljahresschrift" zur „Metrika" vereinigt, um als „Zeitschrift für Theoretische und Angewandte Statistik" der weiteren Entwicklung der Statistik, insbesondere im deutschsprachigen Raum, besser Rechnung tragen zu können. Statistische Arbeiten publizierte auch die von Anfang an deutlicher mathematisch und international orientierte „Zeitschrift für Wahrscheinlichkeitstheorie und verwandte Gebiete“, auf deren Entstehung U. Krengel eingegangen ist. Mehr statistisch ausgerichtet war von Anfang an die 1970 in der DDR herausgegebene Zeitschrift „Mathematische Operationsforschung und Statistik“, die sich mit Band 8 (1977) in die Zeitschriften „Optimization“ und „Statistics“ teilte. Daneben entstand 1980 die ebenfalls auf einen internationalen Leserkreis ausgerichtete Zeitschrift „Statistics and Decisions“. Erwähnt sei auch die seit 1959 erscheinende „Biometrische Zeitschrift“.

Trotz ihrer zunehmenden Mathematisierung hat auch in der Bundesrepublik die *Anwendungsrelevanz* der Mathematischen Statistik an Bedeutung gewonnen. Neben K. STANGE war es nach 1955 besonders J. HEINHOLD[5], der die Anwendungen auf den Gebieten der Ingenieurwissenschaften und Unternehmensforschung pflegte. Sichtbarer Ausdruck hierfür in neuerer Zeit ist die Konzeption des ersten eigenen Fachbereichs Statistik an der Universität Dortmund. Insbesondere ihr 1974 eingerichteter praxisorientierter Studiengang hat bei den Studierenden großen Zuspruch gefunden. Letzteres gilt auch für den seit 1979 an der Fakultät für Philosophie, Wissenschaftstheorie und Statistik der Universität München existierenden Studiengang für Statistik.

7 Schlußbemerkung

Im Rahmen des hier zur Verfügung stehenden Raumes war es leider nicht möglich, die allgemeine Entwicklung der Mathematischen Statistik über das Jahr 1945 hinaus anhand ihrer wichtigsten Ergebnisse zu verfolgen. Kennzeichnend ist jedoch die Verwendung immer diffizilerer mathematischer Methoden und die zunehmende Abstraktion der Überlegungen. Dabei sind die neueren Entwicklungen auf dem Gebiet der theoretischen Statistik auch für die Anwendungen von großer Bedeutung. So lassen sich vielfach komplexe Probleme durch asymptotische Betrachtungen so weit vereinfachen, daß sie einer approximativen Lösung zugänglich werden. Auch die Statistik stochastischer Prozesse hat durch die Verwendung moderner wahrscheinlichkeitstheoretischer Hilfsmittel wie Martingale und stochastische Integration bei der für die medizinische Statistik und Qualitätskontrolle wichtigen Analyse von Lebensdauern beachtliche Fortschritte erzielt.

Außerdem ist zu erwähnen, daß die Fortschritte in der *elektronischen Datenverarbeitung* grundlegend neue Möglichkeiten geschaffen haben und zwar nicht nur für die praktisch-statistische und datenanalytische Arbeit, sondern auch für theoretische Untersuchungen, etwa durch den Einsatz neuer rechenintensiver Verfahren. Auch sind Simulationsstudien neben die Fehlerabschätzungen der asymptotischen Theorien getreten und Resampling-Verfahren wie Bootstrap sind heutzutage übliche Hilfsmittel bei der Untersuchung nichtparametrischer Fragestellungen. So haben die Neuerungen in der Computer-Technik das Erscheinungsbild der Statistik innerhalb und außerhalb der Hochschulen in den letzten Jahren verändert.

Die Mathematische Statistik, um die Jahrhundertwende entstanden, ist heute ein vollwertiges Teilgebiet der Mathematik und verwendet große Teile ihrer Methoden. Ein Beispiel hierfür ist das Buch von LE CAM [1986]. Andererseits haben schnelle Rechner neue Möglichkeiten für Theorie und Anwendungen geschaffen, was bereits jetzt einen deutlichen Einfluß auf die in der theoretischen Statistik bearbeiteten Fragestellungen hat. Die langfristigen Auswirkungen dieses Wandels lassen sich jedoch noch nicht absehen.

Anmerkungen

1 OSKAR ANDERSON, 1887–1960. Studium in St. Petersburg. Betrachtete sich als Schüler von A. TSCHUPROV als letzten Repräsentanten der kontinentalen Schule. Professor in Varna und Sofia sowie in Kiel, 1942, und München, 1947. Arbeiten zur Zeitreihenanalyse, Ökonometrie und Stichprobenverfahren.

2 WALTER ULRICH BEHRENS, 1902–1962. Studium der Chemie mit Promotion in Leipzig. 1924–1935 in landwirtschaftlich orientierten Instituten, nach Ablehnung (1934) seines Habilitationsgesuchs aus politischen Gründen ab 1935 Leiter des agricultur-chemischen Laboratoriums der Kali-Chemie AG.

3 FRANCIS YSIDRO EDGEWORTH, 1845–1926, heutzutage vornehmlich bekannt durch die Edgeworth-Reihe zur Verbesserung der Normalapproximation von Summenverteilungen. Wichtige Beiträge zur theoretischen Ökonomie und Statistik. Erkennt als erster, daß die bedingten Verteilungen bei Normalverteilungen wieder normal und Maximum-Likelihood-Schätzer asymptotisch effizient sind; vgl. auch Stigler [1978] und Pratt [1976].

4 MARIA-PIA GEPPERT, geb. 1907, Promotion 1932 in Mathematik und 1936 in Statistik bei C. GINI in Rom. Sie leitete ab 1940 die Statistische Abteilung des Kerckhoff-Instituts in Bad Nauheim, initiierte 1952 die Gründung einer deutschen Sektion der Biometric Society und organisierte ab 1954 deren regelmäßige Tagungen, zumeist in Bad Nauheim. 1942 Habilitation in Gießen, ab 1943 Privatdozentin in Frankfurt, ab 1964 Professor für medizinische Biometrie in Tübingen.

5 JOSEF HEINHOLD, geb. 1912. Promotion 1938, Habilitation 1940. Ab 1950 ao. Professor, ab 1955 o. Professor an der TH München.

6 FRIEDRICH ROBERT HELMERT, 1843–1917. Ab 1872 Professor der Geodäsie in Aachen, ab 1887 an der Universität Berlin und Direktor des Preußischen Geodätischen Instituts in Potsdam.

7 HERMANN OTTO HIRSCHFELD, 1912–1980. Emigrierte 1934 nach England und publizierte ab 1938 unter dem Namen H.O. HARTLEY. Ab 1953 in den USA wurde er einer der führenden und einflußreichsten praktischen Statistiker. Die große Anerkennung spiegelt sich auch in zahlreichen Ehrungen bzw. Nachrufen wider.

8 WASSILY HOEFFDING, 1914 als Sohn eines dänischen Vaters in der Nähe von St. Petersburg geboren, studierte ab 1934 Mathematik an der Universität Berlin und war 1940–1945 Mitarbeiter von H. GEPPERT am „Jahrbuch über die Fortschritte der Mathematik". Nach kurzer Tätigkeit an der Columbia University, New York, lehrte er von 1947 bis 1979 an der University of North Carolina in Chapel Hill, USA, wo er heute als Emeritus lebt.

9 SIEGFRIED KOLLER, geb. 1908, Promotion 1931 in Mathematik bei F. BERNSTEIN mit einer Arbeit über statistische Untersuchungen bei Blutgruppen und 1939 in Medizin. 1931–1940 Leiter der Statistischen Abteilung des Kerckhoff-Instituts, 1939 Dozent für Medizinische Statistik Gießen, ab 1941 Biostatistisches Institut in Berlin. 1946–1952 Haft in der DDR, 1953–1962 Statistisches Bundesamt in Wiesbaden, ab 1963 Professor für Medizinische Statistik und Dokumentation in Mainz.

10 HANS MÜNZNER, geb. 1906, leitete nach seiner 1937 erfolgten Habilitation das durch die Emigration von F. BERNSTEIN verwaiste Göttinger Institut. Ab 1956 o. Prof. für Statistik und Versicherungsmathematik an der FU Berlin.

11 HANS RICHTER, 1912–1978. Promotion 1936 in Leipzig bei VAN DER WAERDEN, ab 1937 am dortigen Institut für Versicherungsmathematik. Habilitation 1940. Ab 1950 Honorarprofessor in Freiburg i. Br., ab 1955 o. Professor in München.

12 CHARLES SPEARMAN, 1863–1945. Trotz philosophischer Interessen zunächst Offizier. Von 1897–1905 mit Unterbrechung durch den Burenkrieg (1900–1902) Studium der Psychologie in Leipzig; 1906 Gastaufenthalte in Würzburg, Göttingen und Berlin; vgl. etwa [Hearnshaw 1964] und [Krüger 1987, Vol. I]. Ab 1907 Reader, ab 1911 Professor der Psychologie am University College London.

13 KURT STANGE, 1907–1974. Nach dem Studium der Mathematik 1930 Promotion bei PRANDTL in Göttingen, Habilitation 1950 in Karlsruhe. Ab 1955 Professor in Berlin, ab 1962 in Aachen.

14 ALFRED TAUBER, 1866–1942. Studium der Mathematik ab 1884, Promotion 1889, Habilitation 1891, a. o. Prof. 1908, jeweils Universität Wien. 1892–1908 Chefmathematiker einer Versicherungsgesellschaft, ab 1901 auch Honorardozent und mit der Leitung des Lehrstuhls für Versicherungsmathematik an der TH Wien beauftragt. 1933 Emeritierung, 1942 Deportation nach Theresienstadt, wo er bereits nach einem Monat verstarb.

15 ALEXANDER A. TSCHUPROV, 1874–1926. Studium in Moskau, Berlin und Straßburg. Professor in St. Petersburg. Lebte nach seiner Emigration 1917 zurückgezogen in Dresden, wo letztlich die meisten seiner Arbeiten sowie ein Buch über Korrelationstheorie entstanden.

16 BARTHEL LEENDERT VAN DER WAERDEN, geb. 1903 in Amsterdam; o. Prof. Groningen 1928, Leipzig 1931, Amsterdam 1948, Zürich 1951. Mitglied des Ordens „Pour le Mérite“ für Kunst und Wissenschaft.

Literaturverzeichnis

Ahrens, H., O. Bunke (1974): *Mathematische Statistik*. In: Entwicklung der Mathematik in der DDR, herausgeg. von H. Sachs. VEB Deutscher Verlag der Wissenschaften, Berlin.

Bauer, R. K. (1955): *Die Lexissche Dispersionstheorie in ihren Beziehungen zur modernen statistischen Methodenlehre, insbesondere zur Streuungsanalyse*. Mittlbl. math. Stat. **7**, 25–45.

Becker, R., H. Plaut, I. Runge (1927): *Anwendungen der Mathematischen Statistik auf Probleme der Massenfabrikation*. Springer, Berlin.

Behrens, W. U. (1929): *Ein Beitrag zur Fehlerberechnung bei wenigen Beobachtungen*. Landwirtsch. Jb. **68**, 807–837.

Behrens, W. U. (1930): *Zur Feststellung von Korrelationen nach der Rangmethode*. Landwirtsch. Jb. **72**, 591–605.

Bernhardt, H. (1979): *Zum Leben und Wirken des Mathematikers Richard von Mises*. Schriftenreihe Naturw. Techn. Med. **16** (2), 40–49; vgl. auch: dies. (1980): *Zur Geschichte des Instituts für Angewandte Mathematik an der Berliner Universität 1920/1933*. ebd. **17** (1), 23–31.

Bernstein, F. (1929): *Variations- und Erblichkeitsstatistik*. In: Handbuch der Vererbungswissenschaft, Band I, herausgeg. von Baur, E.; M. Hartmann, Bornträger, Berlin.

Binder, Ch. (1984): *Alfred Tauber (1866–1942). Ein Österreichischer Mathematiker*. Jahrbuch Überblicke Mathematik 1984, 151–166.

Blackwell, D.; M. A. Girshick, (1954): *Theorie of Games and Statistical Decisions*. Wiley, New York.

von Bortkiewicz, L. (1901): *Anwendung der Wahrscheinlichkeitsrechnung auf Statistik*. Enzyklopädie der Math. Wiss., ID 4a. Teubner, Leipzig.

Bruns, H. (1906): *Wahrscheinlichkeitsrechnung und Kollektivmaßlehre*. Teubner, Leipzig.

Cramér, H. (1946): *Mathematical Methods of Statistics*. Princeton UP, Princeton.

Czuber, E. (1898): *Die Entwicklung der Wahrscheinlichkeitstheorie und ihre Anwendungen*. Jber. DMV **7**, 1–275.

Czuber, E. (1921): *Die statistischen Forschungsmethoden.* Seidel, Wien; 3. Aufl. (1938), herausg. von F. Burkhardt.

Deuchler, G. (1914): *Über die Methoden der Korrelationsrechnung in der Pädagogik und Psychologie.* Z. pädag. Psychol. **15,** 114–131, 145–159, 229–242.

Fechner, G.Th. (1878): *Über den Ausgangswert der kleinsten Abweichungssumme ...* Abh. math.-phys. Klasse kgl. sächs. Ges. Wiss. **11,** 1–76.

Fechner, G.Th. (1897): *Kollektivmaßlehre.* Engelmann, Leipzig.

Fienberg, S.E.; D.V. Hinkley (1980): *R.A. Fisher, An Appreciation.* Springer, New York.

Fisher, R.A. (1925): *Statistical Methods for Research Workers.* Oliver & Boyd, Edinburgh.

Fisher-Box, J. (1978): *R.A. Fisher, The Life of a Scientist.* Wiley, New York.

Frewer, M. (1981): *Felix Bernstein.* Jber. Dt. Math. Vereinigung 83, 84–95; Kurzfassung einer Diplomarbeit (1978), Göttingen.

Gani, J. ed. (1982): *The Making of Statisticians.* Springer, New York.

Gebelein, H. (1941): *Das statistische Problem der Korrelation als Variations- und Eigenwertproblem und sein Zusammenhang mit der Ausgleichsrechnung.* Z. angew. Math. Mech. **21,** 364–379.

Geppert, H.; S. Koller (1938): *Erbmathematik, Theorie der Vererbung von Bevölkerung und Sippe.* Quelle & Meyer, Leipzig.

Geppert, M.-P. (1942): *Über den Vergleich zweier Häufigkeiten.* Dt. Math. **7,** 533–592.

Geppert, M.-P. (1953): *Anwendungen der Mathematik auf Biologie, Medizin und Bevölkerungswissenschaften.* In: Naturforschung und Medizin in Deutschland 1939–1946, Band 3, Angewandte Mathematik, Teil I. Herausgeg. von A. Walther. Verlag Chemie, Weinheim.

Grohmann, H. (1989): *Von der „Kabinettstatistik" zur „Statistischen Infrastruktur".* Allg. Stat. Archiv, **73,** 1–15.

Gumbel, E.J. (1931): *L. von Bortkiewicz.* Deutsches Statistisches Zentralblatt, 231–236.

Gumbel, E.J. (1958): *Statistics of Extremes.* Columbia U.P., New York.

Halmos, P.R., L.J. Savage (1949): *Application of the Radon-Nikodym Theorem to the Theory of Sufficient Statistics.* Ann. Math. Stat. **20,** 225–241.

Hearnshaw, L.S. (1964): *A Short History of British Psychology. 1840–1940.* Methuen, London.

Helmert, F.R. (1876): *Über die Wahrscheinlichkeit der Potenzsummen der Beobachtungsfehler und über einige damit zusammenhängende Fragen.* Zeitschr. f. Math. u. Phys. **21,** 192–218.

Heyde, D.C., E. Seneta (1977): *I.J. Bienaymé, Statistical Theory Anticipated.* Springer, New York.

Huber, P. (1981): *Robust Statistics.* Wiley, New York.

Hoeffding, W. (1940): *Maßstabinvariante Korrelationstheorie.* Schriften Math. Inst. u. Inst. angew. Math. Univ. Berlin **5,** 180–234.

Jaspers, K (1977): *Philosophische Autobiographie.* Erw. Neuausg., Piper, München.

Kellerer, H. (1960): *Statistik im modernen Wirtschafts- und Sozialleben.* Rowohlt, Reinbek.

Klein, F. (1914): *Wilhelm Lexis.* Jber. DMV **23,** 314–317.

Koller, S. (1940): *Graphische Tafeln zur Beurteilung statistischer Zahlen.* Steinkopff, Dresden.

Koller, S. (1940): *Allgemeine statistische Methoden in speziellem Blick auf die menschliche Erblehre.* In: Handbuch der Erbbiologie des Menschen, Band II, herausgeg. von G. Just. Springer, Berlin.

Kotz, S., N.L. Johnson, eds. (1982–1988): *Encyclopedia of Statistical Sciences, Vol. 1–9.* Wiley, New York.

Krüger, L., et al. (ed.) (1987): *The Probabilistic Revolution; Vol. I: Ideas in History; Vol. II: Ideas in the Sciences.* MIT Press, Cambridge, Mass.

Kruskal, W.H. (1957): *Historical Notes on the Wilcoxon unpaired two-sample test.* J. Am. Stat. Assoc. **52,** 356–360.

Le Cam, L. (1986): *Asymptotic Methods in Statistical Decision Theory.* Springer, New York.

Le Cam, L.; E.L. Lehmann (1974): *J. Neyman – On the occasion of his 80th birthday.* Ann. Stat. 2; VII–XIII.

Lehmann, E. L. (1959): *Testing Statistical Hypotheses*. Wiley, New York; vgl. auch ders. (1950): *Notes on the Theory of Estimation*. Associated Student's Store, Berkeley.

Lexis, W. (1903): *Abhandlungen zur Theorie der Bevölkerungs- und Moralstatistik*. Fischer, Jena (Zusammenfassung seiner Arbeiten aus den Jahren 1876–1879).

Linder, A. (1945): *Statistische Methoden*. Birkhäuser, Basel; 3. Aufl. (1960).

Linder, A. (1953): *Planen und Auswerten von Versuchen*. Birkhäuser, Basel.

Lipps, G. F. (1906): *Die Psychischen Maßmethoden*. Vieweg, Braunschweig.

MacKenzie, D. A. (1981): *Statistics in Britain 1865–1930*. Edinburgh UP.

von Mises, R. (1931): *Vorlesungen aus dem Gebiete der Angewandten Mathematik; 1. Bd.: Wahrscheinlichkeitsrechnung und ihre Anwendung in der Statistik und theoretischen Physik*. Deuticke, Leipzig-Wien.

von Mises, R. (1964): *Mathematical Theory of Probability and Statistics*. Edited and complemented by H. Geiringer, Academic Press, New York.

Münzner, H. (1949): *Die typischen Schlußweisen der mathematischen Statistik. I–IV* Mittbl. math. Stat. **1,** 5–20, 69–80, 185–202; **2** (1950), 185–202.

von Neumann, J. (1928): *Zur Theorie der Gesellschaftsspiele*. Math. Ann. **100,** 295–320.

von Neumann, J.; O. Morgenstern (1944): *Theory of Games and Economic Behaviour*. Princeton UP, Princeton.

Neyman, J. (1937): *Outline of a theory of statistical estimation based on the classical theory of probability*. Phil. Trans. Roy. Soc. (A) **236,** 333–380.

Neyman, J., E. S. Pearson (1933): *On the problem of the most efficient tests of statistical hypotheses*. Phil. Trans. A **231,** 289–337.

Noether, G. E. (1974): *W. U. Behrens and Nonparametric Statistics*. Biometr. Zs. **16,** 97–101.

Pearson, E. S., M. Kendall (1970, 1977): *Studies in the History of Statistics and Probability I + II*. Griffin, London.

Pearson, K. (1900): *On the criterion that a given system of deviations from the probable* ... Phil. Mag. V, **50,** 157–175.

Peters, W. S. (1987): *Counting for Something; Statistical Principles and Personalities*. Springer, New York.

Porter, Th. M. (1986): *The Rise of Statistical Thinking 1820–1900*. Princeton UP, Princeton.

Pfanzagl, J., W. Wefelmeyer (1985): *Asymptotic Expansions for General Statistical Models*. Springer, Berlin.

Pratt, J. W. (1976): *F. Y. Edgeworth and R. A. Fisher on the efficiency of maximum likelihood estimation*. Ann. Stat. **4,** 501–514.

Reid, C. (1982): *Neyman from life*. Springer, New York.

Runnenburg, J. Th. (1978): *Mean, Median, Mode*. Statist. Neerlandica **32,** 73–79.

Schmetterer, L. (1956): *Einführung in die Mathematische Statistik*. 2. Aufl. 1966. Springer, Wien.

Schmetterer, L. (1978): *Einige Resultate aus der Theorie der erwartungstreuen Schätzungen*. Transactions 7th Prague Conference on Information Theory, Statistical Decision Functions, Random Processes. Reidel, Dordrecht, 489–503.

Schmetterer, L. (1979): *From Stochastic Approximation to the Stochastic Theory of Optimization*. Bericht **127,** Math.-Stat. Sektion Forschungszentrum Graz, 1–38.

Schmetterer, L. (1985): *G. Tintner*. Almanach der Österreichischen Akademie der Wissenschaften, **134,** 288–299.

Schulz, G. (1953): *Wahrscheinlichkeitsrechnung und Mathematische Statistik*. In: Naturforschung und Medizin in Deutschland 1939–1946, Band 3, Angewandte Mathematik, Teil I. Herausgeg. von A. Walther. Verlag Chemie, Weinheim.

Shewhart, W. A. (1931): *Economic Control of Quality of Manufactured Products*. Van Nostrand, Princeton.

Singer, B. (1979): *Distribution-free methods for nonparametric problems: A classified and selected bibliography*. British J. of Math. & Stat. Psychology, **32,** 1–60.

Statistisches Bundesamt (Hrsg.) [1960]: *Stichproben in der amtlichen Statistik*. Kohlhammer, Stuttgart.

Stigler, S. M. (1978): *Francis Ysidro Edgeworth, Statistician*. J. Roy. Stat. Soc. **A 141,** 287–322.

Stigler, S. M. (1986): *The History of Statistics, The Measurement of Uncertainty before 1900*. Harvard UP, Cambridge, Mass.

Stute, W. (1989): *Der historische Streit zwischen R. A. Fisher und J. Neyman*, Math. Sem. Ber. **36,** 61–84.

Tintner, G. (1952): *Abraham Wald's Contributions to Econometrics*. Ann. Math. Stat. **23,** 21–28.

Tintner, G. (1961): *The Statistical Work of O. Anderson*. J. Am. Stat. Assoc. **56,** 273–280.

van der Waerden, B. L. (1956): *Mathematische Statistik*. Springer, Berlin.

Wald, A. (1947): *Sequential Analysis*. J. Wiley, New York.

Wald, A. (1950): *Statistical Decision Functions*. J. Wiley, New York.

Weingart, P.; J. Kroll; K. Bayertz (1988): *Rasse, Blut und Gene. Geschichte der Eugenik und Rassenhygiene in Deutschland*. Suhrkamp, Frankfurt.

Wolfowitz, J. (1952): *Abraham Wald, 1902–1950*. Ann. Math. Stat. **23,** 1–13.

Bildnachweis

Wir danken den nachfolgenden Verlagen und Institutionen für die freundliche Genehmigung zur Reproduktion der im folgenden genannten fotografischen Abbildungen.

Seite	
15	MPI für Strömungsforschung
24	Birkhäuser
25	Birkhäuser
31	Marcel Dekker
37	Teubner
86	Birkhäuser
94	MIT Press
100	Academic Press
101	Wiley
103	North-Holland
233	3. Bild v.o., Teubner
271	Springer
325	1. Bild v.o., Gauthiers-Villars
325	2. u. 3. Bild v.o., Springer
362	Becksche Verlagsbuchhandlung
363	oben, Teubner
363	unten, London Mathematical Society
433	Springer
440	de Gruyter
479	The Applied Probability Trust
492	1. u. 2. Bild v.o., Springer
493	Springer
555	1. u. 2. Bild v.o., Springer
555	4. Bild, Addison-Wesley
556	2. Bild v.o., MIT Press
556	3. Bild v.o., de Gruyter
707	1. Bild v.o., Springer
707	3. Bild v.o., North-Holland
708	2. Bild v.o., Springer
708	3. Bild v.o., Pergamon Press
724	North-Holland
783	Harvard UP
784	Springer
785	Harvard UP
786	Harvard UP
788	Teubner
790	Springer
798	Springer
799	Springer

Des weiteren gilt unser Dank dem Mathematischen Forschungsinstitut Oberwolfach, Prof. Dr. G. Fischer, Prof. Dr. K. Jacobs und weiteren zahlreichen Privatpersonen für die Beschaffung und Bereitstellung umfangreichen Bildmaterials.

Personenregister

I

J

GPSR Compliance

The European Union's (EU) General Product Safety Regulation (GPSR) is a set of rules that requires consumer products to be safe and our obligations to ensure this.

If you have any concerns about our products, you can contact us on ProductSafety@springernature.com

In case Publisher is established outside the EU, the EU authorized representative is:

Springer Nature Customer Service Center GmbH
Europaplatz 3
69115 Heidelberg, Germany

Batch number: 10593089

Printed by Printforce, the Netherlands